U0150150

中國茶全書

—— 贵州遵义卷 ——

《中国茶全书·贵州遵义卷》编纂工作委员会　主编

中国林業出版社

图书在版编目(CIP)数据

中国茶全书.贵州遵义卷/《中国茶全书·贵州遵义卷》编纂工作委员会主编.
-- 北京:中国林业出版社, 2022.1
ISBN 978-7-5219-0868-8

Ⅰ.①中… Ⅱ.①中… Ⅲ.①茶文化—遵义 Ⅳ.①TS971.21

中国版本图书馆CIP数据核字(2020)第207383号

中国林业出版社
责任编辑:李 顺 陈 慧 薛瑞琦
出版咨询:(010)83143569

出 版:中国林业出版社(100009 北京西城区德内大街刘海胡同7号)
网 站:http://www.forestry.gov.cn/lycb.html
印 刷:北京博海升彩色印刷有限公司
发 行:中国林业出版社
电 话:(010)83143500
版 次:2022年1月第1版
印 次:2022年1月第1次
开 本:787mm×1092mm 1/16
印 张:52.5
字 数:1000千字
定 价:398.00元

《中国茶全书》
总编纂委员会

《中国茶全书·贵州遵义卷》编纂委员会

出版说明

2008年，《茶全书》构思于江西省萍乡市上栗县。

2009—2015年，本人对茶的有关著作，中央及地方对茶行业相关文件进行深入研究和学习。

2015年5月，项目在中国林业出版社正式立项，经过整3年时间，项目团队对全国18个产茶省的茶区调研和组织工作，得到了各地人民政府、农业农村局、供销社、茶产业办和茶行业协会的大力支持与肯定，并基本完成了《茶全书》的组织结构和框架设计。

2017年6月，在中国林业出版社领导的指导下，由王德安、段植林、李顺等商议，定名为《中国茶全书》。

2020年3月，《中国茶全书》获中宣部国家出版基金项目资助。

《中国茶全书》定位为大型公益性著作，各卷册内容由基层组织编写，相关资料都来源于地方多渠道的调研和组织。本套全书可以说是迄今为止最大型的茶类主题的集体著作。

《中国茶全书》体系设定为总卷、省卷、地市卷等系列，预计出版180卷左右，计划历时20年，在2030年前完成。

把茶文化、茶产业、茶科技统筹起来，将茶产业推动成为乡村振兴的支柱产业，我们将为之不懈努力。

王德安

2021年6月7日于长沙

民国农林部选派的茶叶专业人员与台湾茶业公司人员合影

贵州茶文化生态博物馆展品

贵州茶文化生态博物馆展品

中国茶工业博物馆

民国中央实验茶场天平秤

湄潭茶场工人荣获的劳动模范奖章

20世纪80年代核桃坝村生产的“银凤”茶

陈列于贵州省茶科所的茶叶包装盒

20世纪70年代湄潭茶场喜采春茶

贵州茶文化生态博物馆开馆仪式

湄潭永兴万亩茶海

凤冈奇艺民族商贸公司林茶相间茶园

正安土坪镇太平岭白茶种植基地

余庆凤香苑基地

道真玉溪镇桑木坝村茶园

务川茶园

播州区佳之景茶叶公司茶园一角

绥阳县小关乡金银花种植基地

2007年7月15日，中国工程院院士陈宗懋等在仙人岭调研硒锌茶发展

因茶致富的湄潭县兴隆镇田家沟村

2012年正安县获“中国白茶之乡”殊荣

习水大树茶采摘

务川古茶树

桐梓古树茶茶青

务川大叶茶

务川大叶茶

贵州宜茶山地（湄潭）

多云寡照的宜茶气候

中国茶树良种资源圃及科普园

品种园

茶树品种对比试验

复合生态茶园

湄潭坪上生态茶园

余庆苦丁茶园

晨曦中的锌硒茶园

炒青加工

遵义红红茶生产车间图

2019年全国茶叶（绿茶）加工技能竞赛

白茶茶青

凤冈县田坝村每一片茶园里
都有禁用农药品种指示牌

凤冈县50万亩有机茶园全
部覆盖太阳能杀虫器

茶中有花

正安县茶园标准化建设与管理专题会议

兰馨100毛峰

兰馨100红茶

工夫红茶

正安乐茗香白茶干茶

陆圣康源茶缤纷金品6罐装

正安璞贵公司白茶

正安苦丁毛尖

野鹿盖花茶

湄潭明前雀舌

桐梓仙人山茶

正安白茶干茶

杯中正安白茶

黑松（遵义红）

2005年5月28日，贵州省首届茶文化节在凤冈举办

2010年第六届茶业经济年会中国茶叶可持续发展论坛（正安）

2016年“中国现代茶业从这里走来高峰论坛”

2019年中国·贵州国际茶文化节暨茶产业博览会

2010年10月28日，第六届中国茶业经济年会暨2010年中国贵州国际绿茶博览会在遵义举办

多彩贵州 · 最美茶乡

2018 “贵州茶一节一会”万人品茗活动暨
贵州绿茶第二届全民冲泡大赛

时　间：2018年4月29日—5月1日
地　点：遵义凤凰山广场
主办单位：遵义市人民政府、贵州省农业委员会
承办单位：贵州省绿茶品牌发展促进会、贵州省茶文化研究会、遵义市供销社、遵义市农业委员会、遵义市林业局、红花岗区人民政府、遵义市茶叶流通行业协会、遵义市茶文化研究会

2018贵州茶一节一会万人品茗活动暨贵州绿茶第二届全民冲泡大赛

湄江茶青交易市场

2019年第11届中国·贵州国际茶文化节暨茶产业博览会开幕式

茶城

2017年6月务川美国拉斯维加斯国际茶展

第124届广交会正安朝阳品牌推介会

遵义县茶叶企业参加在贵阳举办的2012年中国·贵州国际绿茶博览会

2018年9月正安朝阳参加
上海国际茶业展现场

正安白茶贵阳旗舰店开业庆典

仡佬族老茶壶

黔北土著茶壶

20世纪中期遵义人用于沏茶的各色茶壶

明清时期仡佬族自制的土陶茶壶，上
面均有粘贴烧制的仡佬“和合”图案

瓷茶具

凤冈参加2011北京马连道全国茶艺表演

凤冈县茶艺表演艺术团在思南县春茶开采
节表演锌硒绿茶茶艺《凤茶雅韵》

家庭茶艺馆

喝茶听川戏

乡场茶客

中国工程院院士陈宗懋品尝凤冈土家油茶

茶海之心紫薇堂茶庄夜景

陈氏茶庄菜肴

茶叶鲊肉

《湄潭县志》2010年6月茶国行吟品茗晚会

仡佬族采茶灯（正安）

茶城花海

阳光洒在茶海上

日出茶海红霞飞

茶海幸福路

茶海碧波

人间仙境

茶乡之韵

湄潭天城李家堰水库“茶岛明珠”

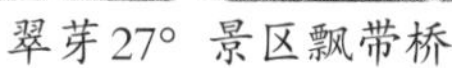

翠芽27° 景区飘带桥

茶海人家

正安九道水自然风光

茶山美

永兴茶海

永安镇田坝茶园

茶园之春

赤水望云峰茶园

湄江画廊

国家茶体系中茶所专家贵州行培训会

遵义市冬季茶园统防统治现场观摩会在湄潭举行

遵义市文化馆举办第二期贵州省级非遗手工茶技艺传承人培训班

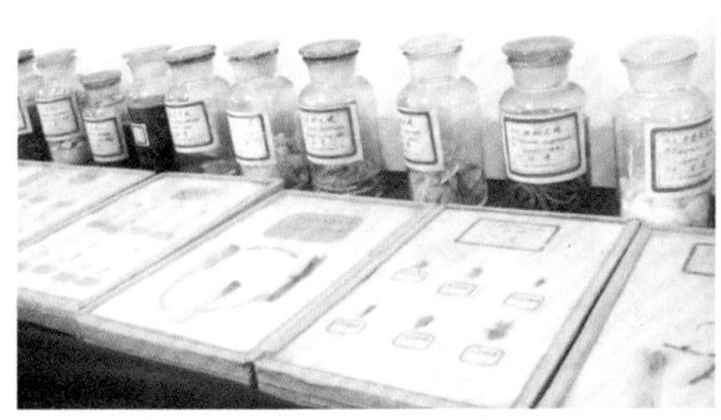

保存在贵州省茶叶研究所的茶叶病虫害标本

茶叶专家深入茶农家庭传授技术

高级茶艺师培训授课中

张天福在100岁庆典上

1984年，李联标（前右二）、徐国桢（前右一）在贵州省茶叶科学研究所实验茶园考察

2005年中华茶界专家吴甲选在永安田坝茶园采茶

陈宗懋到仙人岭公司考察

2008年9月，中国国际茶文化研究会会长刘枫（中）在凤冈夷州老茶调研

序

《中国茶全书·贵州遵义卷》问世了。它是一部系统反映遵义市茶产业发展和茶文化传承的学科性巨著，更是一部为社会各界爱茶人士全面了解遵义茶产业发展状况和茶文化知识而提供的好书。

遵义地处东经105°36'~108°13'、北纬27°8'~29°13'之间，属于高海拔、低纬度的中亚热带和北亚热带高原湿润季风气候带区域。该区域多云寡照、气候温和、雨热同季、水量充沛，土壤微酸，适宜茶树生长。遵义44%的森林覆盖率和林中有茶、茶中有树，构成茶林相间、相得益彰的生态植被系统，得天独厚、自然天成的气候优势和地理环境，孕育和铸就遵义成为全国“高品质绿茶产区”。遵义产茶历史悠久，自西汉始，历朝历代对遵义茶都有记载，遵义名茶均作为“贡茶”进贡。据茶学家庄晚芳教授考证记载“炎帝神农氏，从中原向西南翻越崇山峻岭至大娄山系，尝百草，遇七十二毒，得茶而解之”，并论证在原始社会时期，川滇黔山区少数民族就开始饮用茶叶。茶树育种专家刘其志认定，贵州是茶树原产地中心之一。20世纪90年代在大娄山系西南的晴隆、普安发现具有百万年历史的四球茶籽化石，亦可以佐证地处大娄山系的遵义具有种茶久远的历史。如果说，中国是世界茶的故乡，云贵高原是中国茶的原产地，那么，地处大娄山系的遵义便是世界、中国茶源的核心区之一。

20世纪40年代国民政府经济部中央农业实验所和中国茶叶公司合办的湄潭实验茶场（以下简称“中央实验茶场”）的建立，是现代遵义茶业发展的开端。遵义生产的茶叶通过茶马古道，输外换取物资，支持了抗战。新中国成立后，国家倡导大力发展茶叶生产，相继办起社队茶场、知青茶场，但因各方面原因，终未形成产业。改革开放后，随着农村经济的转型升级，湄潭县委率先提出把茶叶生产作为农村经济的主导产业来抓。至2001年，全县实现茶园面积10万亩，加工企业20余家，茶叶品牌20多个，综合效益达10亿元，达到了基地面积规模化、企业加工一体化、品牌创造多样化、茶叶销售市场化、收入来源多元化，形成了湄潭茶业产业化的雏形，茶农收入显著增加，茶农居住条件得到改善。贵州省调研组，各地市、县考察组纷纷驻足湄潭，湄潭引领了省、市、县茶产业的快速发展。至2019年，遵义市茶园面积达到13.76万hm^2，茶叶产量达到15.5万t，茶叶总产值133.14亿元。遵义茶产业成为当今遵义农业农村不可替代的支柱产业，成为广大茶农脱贫攻坚、奔向小康的富民产业。

在整个遵义茶产业的形成过程中，一改传统的有性系繁育为无性系繁育即从种子直播改为扦插育苗移栽。遵义13.5万hm^2的茶园面积中，98%为无性系扦插育苗移栽。茶园葱绿茂盛，枝头芽壮厚实，处处彰显金山银山的美好图景。遵义"科技兴茶"中，贵州省茶叶科学研究所功不可没：一是研发推广了适应性强的黔湄419号、502号、601号、701号等茶叶新品种和收集了大量防虫治病标本，研究实施了对茶园的有效管护；二是指导全市各地开展大面积无性系扦插育苗移栽，为加快实现茶产业奠定了坚实的苗木基础。老茶人何殿伦、牟应书、冯绍隆、陈世友为指导扦插育苗移栽，推进遵义茶产业作出了突出贡献！"科技兴茶"使遵义茶产业迈上新台阶。

遵义湄潭眉尖茶、务川高树茶历史上曾为贡品。随着茶产业的深入发展，品种呈现多样化。湄潭翠芽已成为中国驰名商标；遵义红红中国红遍全球；凤冈锌硒茶成为人们追求的保健养生茶；正安白茶以9.1%的氨基酸含量赢得消费者青睐；余庆苦丁茶被誉为"绿色金子"。还有仡山西施、天池玉叶、金砖、银砖等，高、中、低档品种齐全。陆圣康源公司研发的茶多酚、南方嘉木公司开发的茶籽油、兰馨公司及沁园春公司研制的茶树花品种也赢得消费者的喜爱。茶叶、茶籽、茶树花齐开发，茶产业链条不断深化。在茶叶品牌建设中，吴贤才率先制作了湄潭翠芽，叶文盛领头打造了遵义红知名品牌。湄潭翠芽、凤冈锌硒茶、正安白茶、遵义红红茶等品牌多次获得国际、国内殊荣，产品远销国外，备受青睐。

1999年举办的遵义市首届名优茶品评会暨黔北茶文化研究会，开启了遵义、贵州茶事活动的先河。20年来在遵义境内请进来举办的省、市、县诸如茶博会、茶文化节、高端论坛、茶开采节、茶旅游节、祭茶节等茶事活动达40多次，走出去在北京、上海、西安、杭州、广州、重庆、深圳、武汉、济南乃至意大利米兰等地举行的展览会、展示展销会、万人品茗会、产品交易会以及茶博会等茶事活动30多次，广泛宣传了遵义的茶品牌、茶文化和茶产业。还组织市内外一批墨客文人，挖掘茶历史、整理茶文化，著书立说、吟诗作画，编辑出版了《茶说遵义》《茶的途程》《茶国行吟》《黔茶盛典》《遵义市茶文化志》，以及遵义市茶文化研究会机关刊物《当代茶经》等。收集、整理出版了浙江大学在湄潭办学期间"湄江吟社"九君子的诗词歌赋。茶事活动连绵，文化彰显厚重，助推产业加快发展。此外，凤冈创建了"茶文物展示博物馆"，湄潭创建了"贵州茶文化生态博物馆"、中央实验茶场纪念馆、中国茶工业博物馆和象山茶史陈列馆等；阳春白雪茶业公司建设了“茶佑中华文化长廊”；位于湄潭天下第一壶茶文化博览园内的“中华茶道馆”，是首个集中展示中国唐、宋、明、清各朝代和海峡两岸及日本、韩国茶道茶艺的主题馆。这些设施的建设，为展示贵州和遵义茶文化、宣传茶知识发挥了重要作用。

贵州是名副其实的“公园省”，遵义茶区处处是公园。通过贵州省、遵义市旅游业发展大会和遵义市、县旅游文化节的推动，遵义紧紧抓住茶园景区建设，以打造“红色遵义、人文遵义、醉美遵义”为主题，建成了万亩茶海休闲度假景区、茶海之心旅游景区和飞龙湖休闲度假旅游景区三大茶旅景区。还建成了AAAA级天壶公园和飞龙寨等4个景区，正在建设AAAA级仙人岭茶圣公园等3个景区。200km多的栈道在茶园里曲折蜿蜒行进，是一道靓丽的旅游风景线。茶园变公园，茶区变景区，旅游观光者络绎不绝，茶旅一体繁荣之日，就是遵义茶产业兴旺之时。

为了编纂好《中国茶全书·贵州遵义卷》，遵义市政府根据“中国茶全书”系列丛书总编纂委员会的要求，召开了编纂工作调度会，作了全面的安排部署，并明确由遵义师范学院幸克坚教授为撰稿人，另从遵义市供销社、市茶协、市茶办抽人协助。经过一年多的资料收集整理，对纲目及正文的数次修改调整，现得以出版。在此，对所有撰稿编辑人员付出的艰苦努力和辛勤劳动，致以最诚挚的谢意！对市直各工作部门和各县（市、区）的支持，表示衷心的感谢！

遵义茶产业发展的辉煌成就，是贯彻落实党的改革开放政策取得的重大成果；是贵州省委、省政府和遵义市委、市政府领导全市人民振兴乡村战略的伟大壮举；也是县、镇、村各级干部带领群众脱贫攻坚的重大实践活动。我作为遵义茶产业发展和茶文化传播的局内人，谨以此言，聊表心愿。且为序。

黄天俊

2020年8月25日

凡例

一、本书按照“中国茶全书”系列丛书总编纂委员会的要求，运用历史唯物主义和辩证唯物主义的观点和方法，客观、真实、全面地反映遵义市行政区域内的茶产业与茶文化活动。坚持横排竖写原则，尽力厘清茶产业发展的历程和现状，展现其全貌，使之让全社会知晓和关注，同时为经济社会可持续发展提供科学依据，为加快推进兴遵富民强市提供有益借鉴，为读者系统了解遵义市欣欣向荣的茶产业和丰富多彩的茶文化提供方便。

二、本书时限，上限尽量上溯，以有文字和图片资料记载为始，下限止于2019年12月，记载范围以现遵义市行政区域为主，为体现遵义茶产业在全省的地位，也会引用全省相关数据和资料。

三、本书体裁，按章、节、目的层次编写，卷尾附遵义茶产业发展大事记、2019年遵义市茶叶销售基本情况统计表和遵义市市级以上龙头茶叶企业名单。另附参考资料目录和后记。全书辅以图片和表格，图片采用卷首和随文附图形式编排，随文图片和表格按章编号，卷首图片不编号。

四、本书严格按照“‘中国茶全书’系列丛书撰稿与编审要求”进行编撰。除引文外，一律用现代汉语记述，使用第三人称和规范简化汉字。历史资料中涉及的名词术语及计量单位，按原有资料加注今名或换算为现行法定计量单位（涉及的文件中所含“亩”不予改变）。

五、本书以历史纪年统合古今，中华人民共和国成立前采用朝代年号并括注公元纪年；中华人民共和国成立后采用公元纪年。一些具有标志性的时段不以具体时间出现，如“文化大革命”“改革开放”等。

六、1997年6月10日国务院批准撤销遵义地区设遵义市，同时撤原遵义市设红花岗区，先后还有赤水县、仁怀县撤县设市，遵义县撤县设播州区，相关机构、组织名称发生变化，本书均用撤地设市（撤县设市、区）前后当时名称记述。

七、本书设人物篇，介绍人物时仅记述其与茶产业、茶文化直接相关的职务与事迹。

八、本书数据，以统计部门公布的或茶产业管理部门统计数据为准。

九、本书资料力求翔实可靠，主要来源于各县（市、区）按照《中国茶全书·贵州遵义卷》编委会要求所提供和撰稿人当年撰写《遵义市茶文化志》时所收集，也广泛参阅了历史文献、行业媒体、各类档案、本地涉茶图书资料和本区域内市、县级地方志、年鉴以及政府茶产业管理部门及本区域内规模较大的茶叶企业所提供的材料。在此一并向上述资料的提供者和制作者致谢。

目录

概述

一

遵义市是贵州省最大的产茶区，其茶园面积、茶叶产量、产值一直居全省首位，茶园面积占全省三分之一，茶叶产量占全省的40%，历史上茶叶产量曾占全省半数左右。茶叶是遵义市传统出口创汇商品。

茶树生长对环境条件有一定的选择，影响茶树生长发育的基本因素包括光照、温度、水分、空气、土壤、地形地势、植被等。遵义地处东经105°36'~108°13'、北纬27°8'~29°13'之间，属于低纬度区域，除赤水河河谷处于南亚热带气候外，其余地域属中亚热带和北亚热带高原湿润季风气候带。该类型气候覆盖的区域，总体上日照较少、辐射较小、漫射光多、雨水丰富。气候特点是四季分明、雨热同季、无霜期长、多云寡照。气候环境优越，有利于茶树生长。

茶树生长发育需要较高的热量条件，茶树正常生长的气温10~35℃，适宜温度范围15~23℃，日平均气温≥10℃。茶树生长需要的年有效积温一般为3000℃以上，无霜期一般为270~300d。遵义市年平均气温12.6~13.1℃，全年大于10℃的有效积温为5000℃左右，气候温和，冬无严寒，夏无酷暑，无霜期一般为254~340d，这种气温有利于茶树正常生长。

茶树为短日照植物。遵义是全国太阳辐射低值区之一，全年总辐射介于3253~3718MJ/m^{2}之间，日照率为23%~29%，年日照时数1000~1300h，全年阴天日数占全年总日数的61%~68%，冬季高达75%。遵义市常年四季云雾缭绕，空气湿度较大，相对湿度长期稳定在78%~85%，在雨季和部分特殊生态环境条件下空气湿度更高。

茶树属于喜温但不喜强光的植物，需漫射光较多。遵义市上空云层较多且变幻无常，山区海拔差异较大，太阳辐射的特点是散射的比例占60%以上，散辐射大于直辐射。

茶树属喜湿植物，生长周期长，需要不断地发育新鲜芽叶供采摘，茶叶生长所需的年降水量一般在1000~1500mm，生长期（4~10月）月均降雨量≥100mm。遵义年降水量1000~1300mm，属于全国降水量比较丰富的地区。且具有雨量充沛、常年稳定、雨日较多、雨势缓和（日降水量≥100mm的大暴雨日数，年平均在0.5d以下）的特点。

适合茶树生长的土壤呈酸性，pH值在4.5~6范围最为适宜，一般要求土层厚0.6m以上，有机质含量在1%以上，土壤结构良好、土壤湿度较高。适于茶树生长的地带性土壤包括黄壤、红壤和赤红壤、黄红壤、黄棕壤、紫色土等。遵义属中亚热带黄壤地带，是贵州黄壤的主要分布地，低山丘陵盆地主要分布黄壤，海拔1400m以上的山区主要分布黄棕壤。贵州省内的宜茶紫色土主要分布在遵义市的余庆县、道真仡佬族苗族自治县（以下简称“道真县”）、播州区、仁怀市、习水县、赤水市等地。大多数土壤均为酸性或偏酸性黄壤，pH值在4~6.5范围。土层较厚，许多地方土层厚度一般达1m以上甚至厚达数米，耐旱性强、有机质含量高，有机质为3%~4%，十分有利于茶树生长。

茶树在中低纬度地区的栽种区域一般位于海拔300~1600m范围内，并且海拔较高地区出产的茶叶质量较高。遵义市处于云贵高原向湖南丘陵和四川盆地过渡的斜坡地带，在云贵高原的东北部，地形起伏大，地貌类型复杂，海拔高度一般在800~1200m，属较低纬度较高海拔区域。

茶树经过长期生态适应形成了喜荫蔽的习性，这需要较高的森林覆盖率和丰富的植物群落。遵义全市森林覆盖率44%，高于贵州省和全国平均水平。遵义茶园广泛分布于走势不同、地貌各异、高低不等的山地、丘陵、缓坡地域，茶园周围植被类型复杂多样，再加上人工种植的茶园周围防护林（隔离林）、茶园中的荫蔽树和经济林木、大面积间种的品质生态林（如茶树与桂花等），构成茶林相间、相得益彰的生态植被系统。

优越的自然地理条件，为遵义茶叶生产奠定了良好基础，遵义市几乎所有县（市、区）的土壤、气候都适宜茶树生长，湄潭、凤冈、余庆都属于全国重点产茶县。

二

遵义种茶历史悠久。

西汉杨雄著《方言》云："蜀西南人，谓荼为蔎。"汉代蜀，包括今云贵川部分地区，遵义在其中。

东晋常璩撰《华阳国志·巴志》云："涪陵郡（注：辖今重庆市之彭水和贵州省的道真、正安等县）……无蚕桑，少文学，惟出茶、丹、漆、蜜、蜡。"

唐代茶圣陆羽在《茶经》中载："黔中生思州、播州、费州、夷州……往往得之，其味极佳。"遵义所辖的多数县（市、区），都属于或部分属于这4个州。

北宋初期，乐史撰《太平寰宇记》载："夷州、播州、思州以茶为土贡。"

元代马端临《文献通考》载："黔阳、源陵，后溪产都濡高株"，都濡即今务川仡佬族苗族自治县（以下简称"务川县"），都濡高株为古代茶名。

明洪武五年（1372年），播州杨铿归顺明王朝，并"贡方物"，即以马匹、茶叶为主的土特产。明洪武十七年（1384年），设容山长官司治理湄潭境地，治所设于文家场（今黄家坝镇官堰村）。长官司韩、张二氏每年必须将当地所产之茶叶交播州茶仓，作为播州宣慰使司向朝廷进贡的"方物"。明洪武三十年（1397年）在播州（今遵义）、成都、重庆、保宁建立四大官茶专仓以强化官茶加工、贮藏、调运管理。

清光绪二十五年（1899年）所纂之《湄潭县志》载：“夷州所置之地，约今之湄潭、龙泉、务川傍石阡一带地”。今务川属思州，湄潭、凤冈、绥阳大部属夷州，凤冈东部属费州，今遵义红花岗区、汇川区与播州区及桐梓、绥阳大部属播州。古茶区夷州，其治所几易其地，但不管治所于何处，湄潭、凤冈、正安的一部分地区均属《茶经》中提及的夷州范围。

宋、元、明、清历代，遵义茶都作为贡茶进贡。

民国时期，中央实验茶场建于湄潭，是中国第一个现代茶业科研生产机构，大力促进了遵义茶业的发展，奠定了遵义作为茶叶主产区的坚实基础。

回顾历史，可以说遵义茶业始于唐、兴于宋、盛于民国中央实验茶场建立。

三

中华人民共和国成立后，遵义在全省范围内率先以贵州省湄潭茶叶试验站（即中央实验茶场，以下简称“省茶试站”）为基础建立了贵州省茶叶科学研究所（以下简称“省茶科所”）和贵州省湄潭茶场，成为遵义乃至贵州茶产业的骨干力量。70年来，经过“大跃进”“文化大革命”“改革开放”等重大历史时期导致的忽起忽落，遵义茶产业在动荡和变革中仍然得到了巨大的发展，其间经历了以下阶段。

1949年，全地区茶园仅1064hm^2（含大树茶），年产茶498.3t。中华人民共和国成立后，湄潭县政府接管了湄潭桐茶实验场（即中央实验茶场），1950年，更名为贵州省湄潭桐茶实验场。1954年，建立中国茶叶公司贵州省遵义营业处。是年，对原有茶园进行补植和合理更新，同时组织科技人员向农民传授茶树丰产优质种植技术，推广合理采摘和茶叶加工工艺，对私营茶商进行公私合营的社会主义改造，全地区茶叶生产逐步纳入计划管理轨道，相继建立一批农垦（国营）茶场和大批社队茶场（集体所有制）。

1958—1978年，遵义茶产业经历了大起大落的曲折发展。在“大跃进”影响下，1958年茶园面积有较大增长。1958—1959年，遵义品牌的茶叶产品“黔红”“黔绿”相继在湄潭问世。1959年开始的三年自然灾害，“毁茶种粮”现象时有发生，茶园面积随之逐年回落。20世纪60年代初的国民经济调整时期，国际、国内茶叶市场开始好转，国家茶叶出口量大增，茶叶生产逐步恢复并获得较大发展。此期间大力创建社队茶场，发展茶园、兴办茶叶职中。社队茶场建造了一大批较集中的条式新茶园，创办了半机械化的制茶工厂，改变了传统的单家独户、分散零星、丛式栽植、手工制作的模式。1965—1978年，成立了地、县、区以供销社为主，有农、林等部门参加的各级多种经营办公室，主抓茶叶等品种的生产发展。湄潭、务川、仁怀、桐梓、赤水等县召开了茶农代表会，交流了茶叶生产、采制技术，全地区培训茶叶技术人员数千人，对茶叶生产推动很大。20世纪70年代，各级供销社发动广大农民积极开荒种茶，为发展茶叶生产投入了大量人力物力。1981年统计，茶园发展到16667hm^2，产量突破2500t，除6个国营茶场外，全区先后建立1261个社、队茶场。

在这一时期，农垦企业也发挥了较大作用。其中贵州省湄潭茶场（由省茶试站即中央实验茶场扩建而来，以下简称“湄潭茶场”）开垦的永兴茶场面积达534hm^2，是全省最大的农垦茶场。1953—1959年，贵州省农垦局从省茶试站派出技术人员，奔赴全省各地指导以农垦茶场为主的茶场建设，促进了全省茶业的发展。20世纪60至80年代，农垦茶场是茶叶生产特别是茶叶出口主力军。20世纪90年代后，农垦茶场生产力开始下降。进入21世纪以来，农垦茶场逐渐退出茶叶生产主要地位。

1979—2005年，遵义茶产业发展较快，如道真、正安两县原是茶叶的销区，每年需从外地调进茶叶250t左右供应市场。20世纪70年代末，两县决心结束吃茶不产茶的历史，用5年时间兴办茶场110个。到1982年，道真县茶叶产量逾500t，由“不产茶、吃茶靠外调”县变为“茶叶自给有余”县，当时年产量仅次于湄潭、遵义两县，跃居全地区第三产茶大县的位置。

中共十一届三中全会以后，在农村推行联产承包经营责任制，首先实行场长承包责任制，进展到“公司+基地+茶农”三位一体经营管理新模式，一般产茶县都有3~5个经济实力较强的茶业公司和一定数量的优良茶园基地。同时，依靠科学技术，推广湄潭茶场的科技成果，使全地区茶叶科研与茶叶生产逐步结合起来，成为这一时期遵义茶叶发展的重要特点。20世纪80年代开发利用非耕地资源，新建起凤冈田坝茶场、正安朝阳茶场和桴焉茶场、余庆狮山茶场。

这一时期，遵义地区供销社把经营茶叶同生产茶叶密切结合，并把扶持生产作为搞好经营业务的基础。在茶叶业务两度划归外贸部门的情况下，仍然立足于茶叶的生产，积极代购并投入人力物力，通过提供化肥、饼肥、生产用煤、柴油等生产资料和提供资金、技术培训、引进优良茶苗等政策措施，引导和扶持茶农增加茶叶生产。

20世纪90年代后，遵义制茶企业通过承包、租赁或公司加农户等形式，建立起稳定的茶青生产原料基地。在此期间，非山茶科代茶饮料植物也得到较大规模开发利用。至2000年，湄潭翠芽茶、凤冈锌硒绿茶等在全国不同的博览会获奖。在市场经济条件下，一批茶叶和茶青综合市场或专业市场应运而生，茶馆、茶楼得到恢复和发展。

2005年8月，湄潭、凤冈、余庆三县与贵州省茶叶研究所（原称贵州省茶叶科学研究所，以下简称“省茶研所”）共同发起联合签署“中国西部茶海特色经济联合体章程与合作协议”，12月，中国茶叶流通协会复函同意命名为“中国西部茶海”，遵义茶叶生产迈上规模化、产业化新台阶。

2006年以来，遵义市把茶叶作为“七个一百”工程、“八大农业产业”重要产业之一来抓，狠抓茶产业发展。

2006年3月，遵义市人民政府批复，同意三县一所建立“中国西部茶海特色经济联合体”，简称“西部茶海”。是年，遵义市出台《遵义市国民经济和社会发展第十一个五年规划（2006—2010年）》，提出“十一五”期间打造百万亩茶海，在湄潭、凤冈、余庆、正安、道真、务川、遵义、红花岗等重点产茶县（区）的55个乡镇大规模、高质量、高标准发展百万亩优良品种茶园建设，构建以湄潭县名优特色茶、凤冈县富硒富锌茶、正安县高山云雾茶、余庆县小叶苦丁茶为中心的四大优势产茶区。随后，中共贵州省委、省人民政府颁发《关于加快茶产业发展的意见》，中共遵义市委、遵义市人民政府《关于加快实施百万亩茶业工程的意见》提出，到2010年，确保全市茶园面积达到百万亩，新增65万亩无性系良种茶园，实现茶叶年产值8亿元以上。到2015年，实现无公害茶叶生产面积占全部茶园面积的90%以上，绿色食品茶面积占60%以上，有机茶认证面积占40%以上，茶叶年产值达40亿~50亿元。把遵义市建设成为国内名优绿茶生产、加工、原料生产重要基地及绿茶出口中心，建成全国绿色食品茶、有机茶、茶饮料重要生产基地的发展目标。

2012年，遵义市委、市政府出台《进一步加快茶产业发展的意见》，提出建设260万亩茶园，实现100亿元综合产值的目标。每年安排不少于2000万元专项资金用于茶产业建设，并组建专门机构，推进全市茶产业发展。调整了规划，湄潭由原来的40万亩调整为60万亩，凤冈由原来的35万亩调整为50万亩等。新增绥阳10万亩，茶叶主产县由7个增至8个。全市茶园面积从2005年的28.96万亩发展到2017年的206.84万亩，茶叶产量从2006年的1.0423万t发展到2018年的13.4912万t。

四

遵义茶叶生产，一直在继承传统的基础上不断运用新的科研成果，茶业科研伴随茶叶生产的全过程。20世纪40年代始于中央实验茶场的茶业科研，1949年后由贵州省湄潭茶叶科学研究所（后改称贵州省茶叶科学研究所，以下仍简称“省茶科所”）延续至今。

就茶叶品种而言，遵义产茶历史悠久，所用茶树品种也比较丰富。民国时期，中央实验茶场即开始立足湄潭、面向全省进行茶树品种调查，将黔北（基本上就是遵义地区）地方茶树品种分为10大类型，并著《茶树育种问题之研究》一书。中华人民共和国成立后，省茶科所继续开展遵义乃至贵州茶树品种资源的调查和搜集整理，共整理出务川大茶树、湄潭苔茶等17个品种类型，汇入中国农业科学院茶叶研究所（以下简称“中茶所”）编写的《全国茶树品种志》。其中湄潭苔茶于1965年被中茶所推荐为全国12个优良地方茶种之一，1984年全国第二次茶树良种审定委员会通过，1985年3月25日农牧渔业部批准，湄苔等30个传统茶树品种为全国茶树良种。

从20世纪50年代中期开始，省茶科所应用选择法进行有性选种，先后选育出黔湄303号等10余个茶树新品种。1979年，中茶所明确黔湄419号、502号、601号、701号等品种适应性强，在贵州的气候条件下生长良好，产量可提高30%以上。1987年全国第三次茶树良种审定委员会全票通过，农牧渔业部批准，黔湄419号、502号这两个品种被认定为新育成的全国茶树优良品种，并经全国农作物品种审定委员会批准，分别统一编号为“华茶31号”“华茶32号”，其中黔湄419号位居同时认定的22个优良品种之首。两个品种分别于1990年、1991年获贵州省科技进步二等奖。

遵义茶产业注重引进省外良种茶树品种，20世纪70年代以来，先后引进福鼎大白茶、安吉白茶、名山白毫131、名山特早芽213、龙井43、金观音、黄观音、铁观音、台茶12号、福云6号、福选9号、迎霜、丹桂、黄金桂、福建梅占、湖南桃红茶、龙井长叶、浙江中小叶种、福鼎大白茶群体种等20余个品种。

茶树栽培方面，逐步从传统的零星丛植，演化为丛植、单行条植、双行条植、多条式密植免耕栽培；茶树繁殖途径，也从传统有性繁殖的种籽直播逐步改变为无性繁殖的茶苗移栽。茶业科研除上述茶树品种调查与选育、茶树栽培技术研究之外，还涉及茶园土壤及培肥研究、茶树病虫害防治、制茶工艺研究与制茶机具改良、茶产调查与史料研究等方面。

五

作为传统产茶区，遵义茶产品较丰富，除古代作为贡茶的砖茶之类以外，近代以来，遵义茶叶主要有炒青茶、青毛茶、烘青茶和红碎茶。其中湄潭、凤冈、正安、余庆、道真、务川、播州等县（区）以生产青毛茶、炒青茶、烘青茶为主，务川、仁怀、桐梓、习水、赤水等县（市）是全国定点的南路边茶生产基地县，桐梓茶厂是由全国供销合作总社投资兴建的砖茶加工定点厂，主要生产康砖和金尖砖茶。

20世纪40年代遵义引进杭州龙井茶加工工艺和炒青茶、工夫红茶加工方法，据中央实验茶场1941年《茶情》载：湄潭乡镇茶区已生产少量毛尖茶、饼茶和大宗茶。中央实验茶场则产有外销工夫红茶（湄红）、炒青绿茶（湄绿）、仿制龙井茶、桂花茶、玉露茶等。全县有8个品种，为全省品种门类最多的一个县。20世纪50年代引进边销茶生产技术，60年代开始试制红碎茶，至70年代生产有红碎茶、工夫红茶、炒青茶、烘青茶、青毛茶、边茶和遵义毛峰、湄江碎片、狮山碧针、核伦春、龙泉剑茗等特种茶、花茶，以及五珍茶、六君茶、七珍茶、杜仲茶等保健茶品种，以适应外销、内销和边销市场需要，茶叶品种不断增多，并初步形成高、中、低系列产品。

进入21世纪后，遵义茶叶迈进了标准化、规模化、品牌化发展的时期，茶叶新产品开发层出不穷，绿、红、黄、黑、白、青六大基本茶类都有出产。代表性产品有湄潭翠芽茶、遵义红、凤冈锌硒茶、凤冈锌硒乌龙茶、凤冈绿宝石茶、正安白茶、正安吐香翠芽、天池玉叶、乐茗香芽、余庆小叶苦丁茶、构皮滩翠片茶、道真仡山西施、仡佬玉翠、仡佬银芽、遵义会茶牌翠片等。并先后有多个产品获国际、国内多项殊荣，奖项不计其数，主要奖项有“中茶杯”“中绿杯”“国饮杯”“贵州省名牌产品”“贵州十大名茶”“贵州三大名茶”等国内奖项和意大利米兰世博会等国际奖项。同时，遵义茶叶深加工产品也得到发展，高纯度茶多酚产品、品质优良的茶叶籽油分别于2007年、2009年在湄潭开发成功……遵义出产的茶叶凸显“香气馥郁高长、滋味鲜爽醇厚”的品质，获得业界专家和消费者的认可，产品远销非洲、欧盟、北美及日本等国家和地区，在国内山东、江苏、浙江、上海、北京、四川、重庆以及西北地区等市场备受青睐。

近年遵义生产的茶叶产品主要分为绿茶产品——以湄潭翠芽、凤冈锌硒茶为主要代表，是遵义的主要茶叶产品；红茶产品——以“遵义红”为代表的红茶系列产品；其他茶产品——凤冈锌硒乌龙茶、桐梓金砖茶等属于青茶、黑茶类产品；再加工与深加工茶类茶品——花茶、紧压茶和袋泡茶之类再加工产品和茶多酚、茶籽油等属于茶叶产业链延伸的深加工产品；非山茶科代茶饮用植物产品——苦丁茶、金银花等“非茶之茶”产品。

遵义市茶文化活动丰富多彩，与茶产业发展互相促进，相得益彰。茶文化活动从级别和区域来分，有市、县两级组织的活动、承办上级活动和参加国家级、省级的相关活动；从形式上来分有集会（节会）、比赛、茶艺表演或大赛、制茶比赛、茶文化采风、茶书编著、茶文化文物调查与保护、茶博物馆建设等。

全市茶文化活动主要有：1999年6月，遵义市政府主办，湄潭县政府承办的“遵义市首届名优茶品评会暨黔北茶文化研讨会”（以下简称“名茶两会”）；2005年5月，凤冈县承办的“贵州省首届茶文化节”；2006年5月，湄潭县政府承办的“中国西部春茶交易会暨第二届贵州省茶文化节”；2007年3月，凤冈、湄潭、余庆等县承办的“中国西部茶海·遵义首届春茶开采节”；2008年4月，余庆县政府承办的“中国西部茶海·遵义·茶文化节暨余庆首届旅游节”；2009年7月，遵义市政府和贵州省农业委员会承办的“2009中国贵州国际绿茶博览会”；2010年10月，遵义市政府、贵州省农业委员会承办的“第六届中国茶业经济年会暨2010中国贵州国际绿茶博览会”；2011年4月，凤冈县政府、遵义市总工会、市农业委员会承办的“2011年中国·贵州遵义茶文化节”和“2011中国茶产业论坛”；2013年9月，湄潭县委、县政府和中国茶叶流通协会茶叶籽利用专业委员会承办的“中国（湄潭）首届茶资源综合开发利用高端论坛”等；2014年5月8—10日，由贵州省政府、中国国际茶文化研究会、中国茶叶流通协会主办，遵义市政府、贵州省农业委员会承办的“第十三届国际茶文化研讨会暨中国（贵州·遵义）国际茶产业博览会”在湄潭“中国茶城”举行，这次大会主题是“复兴中华茶文化，振兴中国茶产业”。2015年9月，贵州省委、省政府决定，从当年起，每年一度的“中国·贵州国际茶文化节暨茶产业博览会”（以下简称“一节一会”）在湄潭县举办。从那时起，每年都在湄潭县中国茶城举办“一节一会”，至2019年已达5届。

除在市域开展各种活动外，还积极组团参加全国各地的茶文化活动，主要有：2008年10月“第五届中国国际茶叶博览会”（北京），11月“第九届广州国际茶文化博览会”；2009年4月“贵州绿茶·秀甲天下”万人品茗活动（北京），9月“首届香港国际茶展”，10月“第六届中国国际茶业博览会”（北京），12月“第二届中国（深圳）国际茶业文化博览会”；2011年中国（上海）国际茶业博览会、上海人民公园万人品茗活动和第五届中国西部国际茶业博览会（西安）；2012年7月“2012中国·贵州国际绿茶博览会”（贵阳）；2013年8月“2013中国·贵阳国际特色农产品交易会”和“2013中国·贵州国际绿茶博览会”（贵阳）、“2013中国国际茶业博览会”（北京）；2016年中国（上海）国际茶业博览会等。在这些博览会上，遵义的茶叶产品获得各类奖项不计其数。2017年，遵义市与中国茶叶流通协会、北京市西城区政府在北京展览馆联合主办了“2017北京国际茶业展·北京马连道国际茶文化展·遵义茶文化节”，其间举办了8场市、县两级茶文化暨茶旅游推介活动，提升了遵义茶在北京的知名度。

全市还组织编著了不少茶文化书籍，主要有：《贵州名优茶选编》《贵州茶叶产业的开发与应用》《中国名茶志·贵州卷》《南国茶乡》《西部茶乡的画意诗情》《贵州茶文化》

《茶的途程》《茶说遵义》《茶国行吟》《20世纪中国茶工业的背影——贵州湄潭茶文化遗产价值追寻》《画境诗心——浙江大学湄江吟社诗词解析》《黔茶盛典》《凤茶掠影》《遵义市茶文化志》《习水古茶树》摄影作品集等。

除上述活动外，还通过各种媒体宣传遵义茶。最典型的一次是2012年4月至次年4月，在《中华合作时报·茶周刊》上开辟为期一年的“名城美·名茶香”系列宣传活动。以宣传“遵义市高品质绿茶产区”“贵州绿茶秀甲天下”为宣传主题，围绕遵义茶叶品牌，采取新闻报道、人物通讯、小说散文、诗词歌赋等形式，展示遵义茶产业发展现状，并对遵义茶叶品牌建设、茶史茶文化的挖掘、美丽的生态环境等方面进行宣传报道。为期一年的宣传活动中，共刊载48期50篇文稿。

在市级活动之外，各产茶县也组织各种各样的茶文化活动，主要集中在湄潭、凤冈、正安、余庆等县。

1939年，中央实验茶场落户湄潭，为湄潭乃至贵州留下一大批茶叶科研生产旧址及所属茶园等现代茶工业文化遗产，既是遵义乃至贵州省茶叶发展历史的实物佐证，也是全国不可多得的重要历史文化资源。它们见证了一个世纪以来遵义乃至贵州茶叶发展的轨迹，也可说是中国茶叶发展的缩影，赋予遵义乃至贵州茶产业深厚的文化底蕴和丰富的历史内涵。湄潭县茶文化研究会积极开展茶文化文物的调研和普查等活动，组织会员、文史专家和文物工作者对中央实验茶场及全县各产茶区、制茶工厂等茶文物进行多次专题调研活动，发现了中央实验茶场、原湄潭茶场、省茶科所及其所属打鼓坡、囤子岩、永兴3个分场和茶园等生产科研旧址，还发现了其所拥有的较为完整的木制红茶生产线、民间木制茶机具、不同时期的各类现代金属茶机具，以及不同时期的各种茶叶包装盒及样品、标本、图片、手稿等成千上万件茶文物，其数量之大、品种之多、保存之完好度，均十分罕见。调查组对全县茶文物进行勘测和数据登录，拍摄大量照片，绘制相关图纸，建立茶文物档案。据此，湄潭县召开了“纪念民国中央实验茶场落户贵州湄潭72周年暨茶文化遗产保护与开发座谈会”，多位专家学者指出：湄潭对茶文物的保护具有文化和历史的眼光，保存的茶文物就完整性和系统性而言，在全国少有，这些都使得湄潭具有建立茶文化生态博物馆的先天条件。贵州茶文化生态博物馆由此应运而生。

贵州茶文化生态博物馆群是获贵州省文物局批准建设的贵州省关于茶文化主题的唯一展览馆群，包括中心馆、中央实验茶场纪念馆、中国茶工业博物馆、象山茶史陈列馆等专馆，总占地面积约3.5hm^2，展厅面积逾8000m^2，是一个内容丰富、内涵深刻的茶文物博物馆群。中心馆位于湄潭县“中国茶城”内，占地逾2000m^2，展陈茶的起源、古代茶事、历史名茶、中央实验茶场、茶叶农垦、茶叶科研、茶叶供销与外贸、当代茶叶、茶礼茶俗9部分。首次全面、系统、精辟地展示了贵州茶文化从起源发展至现在的全过程。

除贵州茶文化生态博物馆群外，位于湄潭县的贵州阳春白雪茶业有限公司，在其制茶工厂绿化区域内建设了一个茶文化专题长廊。该长廊以史实为基础，简要呈现湄潭茶的历史渊源、近代发展、特殊使命，包含“元前135”“溯源”“茶佑中华”等主题雕塑和“大师园”人物铜像、名茶基地沙盘等几个单元；位于湄潭县天下第一壶茶文化博览园内的“中华茶道馆”，是中国首个集中展示唐、宋、明、清各个朝代和台湾地区茶文化，以及日本、韩国茶道茶艺的主题馆，它的建成为湄潭建设茶文化博物馆聚落增添了新的内容，也为把湄潭建成贵州茶文化展示和宣传基地发挥了重要作用。

位于凤冈县城的“凤冈茶文化展览中心”也是一个收藏和保护、展示茶文物的博物馆，该馆收藏了茶桌、茶椅、茶凳、茶几、茶雕刻等数百件木质老茶器；有宋代至清代时期的土陶茶壶、铜茶壶、锡茶壶共数百件，土陶茶叶罐、瓷茶叶罐、木茶叶罐、铜茶叶罐共一百余件；有民国至“文革”时期的瓷茶壶、铁茶壶共数十件；还有与当地茶礼茶俗密切相关的其他类器物数十件；有与地方茶文化、茶医疗相关内容的古籍善本二十余册（套）；有茶文化内容的清代至民国时期木刻印版上百块。有龙凤呈祥、三阳开泰、喜鹊闹梅和渔樵耕读4个展示厅，共计1000m^2。

七

遵义本地的茶艺，与全国各地的基本相似。全市茶艺工作者和业余爱好者自愿组合成群众性组织——遵义市茶艺表演艺术团，在市文化局领导下，旨在“整合茶艺人力资源，促进茶文化传播，弘扬中华茶文化”。主要任务是为茶艺行业服务，配合政府主管部门宣传遵义、推介遵义、提升遵义茶产业的品牌效应，推动遵义茶产业的突破，打造茶旅一体的新型生态旅游品牌，以促进茶文化的繁荣发展。各县（市、区）在学习和引进外地茶艺的基础上，形成相对固定的一种技艺，如湄潭的茶艺创作和表演始于“陆羽茶楼”。20世纪90年代，湄潭茶文化界一批有识之士潜心研究茶道茶艺、创作表演茶艺，各种研究论文常见诸于专业学术刊物或其他报刊，各种茶艺表演也常见于茶艺馆和茶文化盛会。2007年，凤冈县成立一支专业的表演团队——锌硒茶乡艺术团，完全进行市场运作，并承担政府和各单位的演出活动。艺术团表演队获“贵州省茶艺茶道大赛”一等奖。“土家油茶情”“军心如茶”等节目多次获国家级和省级茶艺活动奖项。

遵义是茶叶产区，逢年过节或结婚喜庆，普遍以茶、酒为礼。境内各地普遍饮茶，茶是每家必备的饮料，不论贫富，每家都备有茶水饮用。在城乡，“客来敬茶”是起码的礼仪，无茶不成礼，无茶难交心，以茶会友是茶文化最广泛的社会功能之一。不论是婚丧嫁娶、兴居祝寿、节庆待客，茶是先行之物、厚重之品。各地有各地的礼俗，如正安等县喝茶有晨茶、午茶、晚茶、夜宵茶的习惯，但相当一部分基本相同。各县关于婚姻喜事的茶俗，在不同的进展环节，分为洞房茶、三朝茶、亲家茶、改口茶等。

遵义的茶品饮，各地大同小异。有桐梓瓦缸茶、砂罐茶、正安炖茶、湄潭老鹰茶、混合茶、凤冈清茶、凤冈白族“三道茶”、道真清茶、务川笼笼茶、熬茶、涨茶、仁怀苗族擂茶等。

遵义土著多为少数民族，各民族茶具丰富多彩但多已失传。遵义境内早期最广泛、最原始的茶具，要数煤砂锅质地的“茶罐”和本地烧制的土陶壶和土陶碗了。煤砂锅“茶罐”是较为古老的独特土陶制品，能保持茶汤的原滋原味，对茶叶没有破坏性，比铝壶等金属容器好。

遵义的地方饮茶习俗有清饮和混饮两类，清饮即把茶作为饮料自饮和以待客为主，混饮实际上是茶食。遵义茶食最为普及和当地人引以为自豪的是“油茶”，喝油茶是遵义东部各县，尤其是茶叶基地县土家族、仡佬族的传统茶饮习俗，也是仡佬族“三幺台”饮食文化的组成部分，“三幺台”的第一台茶席，主食就是油茶。油茶的一般制作技艺为：炒制茶叶、熬制茶羹、加工制作。以青茶为原料，把新鲜茶青放入铁锅，用微火炒制，然后将猪油或茶油放在铁锅内煮半小时左右，再用木瓢背反复磨压、揉挤，使茶叶烂如泥羹状，制成茶羹，最后将茶羹放入锅内，回炒一会儿，根据茶羹的多少，酌量放开水或冷水煮沸，适度加盐、香葱、花椒面、芝麻等佐料，即可食用，并以黄饺、荞皮等佐餐。油茶制作程序已经成为一种民族风情浓郁的茶艺文化，各县、甚至具体到乡镇油茶的做法，在“大同”之中有外人难以觉察的“小异”。

遵义对茶的利用，除了饮用、食用之外，还有作为药用的“茶疗”。民间常用治疗方法一般称为“单方”，常见的家庭茶疗单方有：盐茶、糖茶、姜茶、蜜茶、醋茶、莲茶、菊茶、奶茶、苦丁茶、大海冰糖茶、柿茶、茶粥等。

据考证，明清时期，凤冈县原本有不少载有茶疗药方的医籍典册，如在凤冈太极洞被发现的明朝原著、民国重刊的《太极洞经验神方》中，用茶入药的方子就有近30个，所治之症包涵了内、外、妇、儿、五官各科及诸多疑难杂症；清代凤冈《回春堂》手抄本《医疗神方》中，载有数十条以茶为药的良方；清光绪年间，凤冈石火炉刊刻的茶馆唱本《治家良言》中，亦有用茶入药的良方。

茶馆作为茶客饮茶的场所，是茶文化中的重要成分。遵义地处黔北，受四川风俗的影响，不少的地方都有茶馆。民间的茶楼或茶馆，是茶销售的集中地，爱茶者的乐园，也是人们休息、消遣、交际和群众文化活动的场所。据史料记载，在唐代，遵义境内已有茶水摊，多为义士善举，路人渴了即可到茶水摊喝茶；宋代“茶马互市”在贵州兴起后，逐步有了专门泡茶冲饮的“幺师”；到了清代，艺人开始进入茶馆茶楼；抗战时期，来黔外省人增多，各色茶馆应运而生；20世纪50年代后茶馆茶楼基本停业，直到80年代，传统茶馆茶楼才得到恢复。早期茶馆中有以吃早茶、晚茶为主的广式茶馆，以说相声、清唱为主的茶室，专门以喝茶为主的茶馆。

现在遵义市的茶馆大体分为四类：一是餐茶馆，即不仅提供喝茶场所，也提供餐饮棋牌娱乐，一般都设有包房，内置麻将机，迎合遵义人打麻将的嗜好，这类茶馆比较多，往往冠以“会所”名称；二是纯粹喝茶的茶馆，同时提供茶艺表演和各种形式的茶文化传播；三是近年来悄悄兴起的家庭茶艺馆，多开设在私人住宅里，招揽一些茶艺爱好者表演和传授茶艺；四是露天茶馆，特别是夏季供市民乘凉的露天茶座。茶馆不仅饮茶，还是文化活动和处理某些事务的场所，商务活动、民事纠纷调解、信息交流、文化传播（说书、唱戏）都常在茶馆中进行。

中国茶叶流通协会和中华合作时报社举办的2003—2004年度、2005—2006年度、2007—2008年度全国百佳茶馆推荐活动，遵义市的凤冈县万佛缘茶楼、凤冈县静怡轩茶楼、余庆县和香聚茶楼三家获“全国百佳茶馆”殊荣。

“琴棋书画诗酒茶”被称为中国古代文人的“七件宝”。由茶产生的文学艺术作品和文学艺术作品所反映的茶，包含茶诗、茶词、茶联、茶赋、茶谚、茶谜、茶歌茶舞、茶戏剧、茶的故事与传说和茶与美术等，在遵义也比较普遍。

遵义的茶诗历史悠久。正安、凤冈、湄潭都有明清时期的茶诗。散见于《遵义府志》《郑珍巢经巢诗集校注》《增修仁怀厅志》《黔北明清之际僧诗选》等书籍中。抗战时期，中央实验茶场落户湄潭和浙江大学（以下简称“浙大”）西迁遵义，产生著名的“湄江吟社”，为遵义留下了大量的格律诗，其中以茶为题的也不少。2010年，湄潭县委、县政府举办“茶国行吟”笔会，也创作了许多茶诗。

遵义最早的茶词，是宋代文坛大家黄庭坚的《阮郎归·茶》，其中的“都濡春味长”就直接称赞务川的茶。后人也创作了不少茶词，以“茶国行吟”笔会为最。

茶联、茶赋、茶灯茶戏、茶歌茶舞、茶与美术、茶谚、茶谜和茶的故事与传说在遵义也较为普遍，如与遵义茶相关的“赋”，最早的是黄庭坚的《煎茶赋》，也是古代著名《茶赋》之一。茶灯茶戏则主要出现在逢年过节的花灯、农忙和采茶时节田间山歌等场合，各县大同小异。一般来源于三种渠道，一是由关于茶的诗词到茶歌，即由文人的作品转变成歌曲；二是茶叶生产活动中形成的民谣，文人把民谣整理后，配上乐谱，再返回民间；三是完全由茶农和茶工自己创作的民歌或山歌。

八

遵义市在大力发展茶产业的同时，也在积极推进旅游业的发展。《2007年遵义市人民政府工作报告》提出“积极发展茶文化、民族民间文化和生态旅游”。《2009年遵义市人民政府工作报告》提出“办好中国（遵义）茶博会，依托生态优势发展第三产业。继续办好‘中国西部茶海·茶文化节’等节会活动，紧紧围绕‘西部茶海’等资源，大力发展茶文化特色旅游，将湄潭—凤冈‘百里生态茶园观光长廊’打造成为国内最大的茶叶观光风景带”。《2011年遵义市人民政府工作报告》明确“十二五”时期国民经济和社会发展主要目标任务是“加快川黔渝旅游‘金三角’、黔北渝南和武陵山区等旅游景区开发，突出提升中国茶海等‘五大品牌’”；2012年遵义市委召开常委会议，重点研究促进旅游产业发展、茶产业发展和县域经济发展事宜，重点审议并原则通过《首届遵义市旅游产业发展大会方案》；《2013年遵义市人民政府工作报告》安排的主要任务是“全力推进文化旅游产业大发展，加快中国茶海景区建设，支持各地竞相发展文化旅游创新区，打造茶文化旅游节等”，明确“中国茶海”是全市“七大旅游品牌”之一。市级财政追加旅游专项资金，打造“红色遵义、人文遵义、醉美遵义”。其中有湄潭万亩茶海休闲度假景区、凤冈茶海之心旅游景区、余庆飞龙湖休闲度假旅游景区3个茶叶景区。这些景区建设将以旅游形象品牌为引领，以建设精品线路和精品景区为重点，大力发展文化旅游、生态旅游、休闲度假旅游和乡村旅游，加快推进旅游产业由“数量扩张型”向“效益增长型”转变。

2008年，遵义东线乡村茶文化生态旅游正式启动；2009年4月，承办“中国绿茶专家论坛暨茶海之心旅游节”；7月承办包括茶乡之旅在内等6项活动的“2009中国贵州国际绿茶博览会”；9月在遵义召开“第四届贵州省旅游产业发展大会”；2010年10月，贵州省“茶乡之旅”活动在遵义市启动；2011年4月，“中国遵义茶文化节”在凤冈仙人岭陆羽广场开幕；2012年10月，“首届遵义旅游发展大会”在赤水市开幕；2013年4月，遵义市“直航遵义·醉美之旅”推介会在北京举行，并相继在上海（7月）、西安（8月）、三亚（9月）、昆明（10月）等地以“红色遵义·人文遵义·醉美遵义”为主题开展了“直飞遵义·醉美之旅”专场宣传推介活动；9月以“红色遵义·醉美茶海”为主题的“遵义市第二届旅游产业发展大会”在湄潭县永兴镇“中国茶海”景区主会场召开。

在茶叶景区标准化建设方面，湄潭天壶公园景区、余庆飞龙湖飞龙寨景区等景区已通过国家评审，获国家AAAA级旅游景区称号；茶海之心景区等3个景区启动申报国家

AAAA级旅游景区评定工作。

遵义的茶旅一体化、落脚点在遵义的“茶”和“文化”上，抗战时期西迁遵义（含湄潭）办学的浙大，在遵义和湄潭都留下了相关的旅游景点，如位于湄潭文庙的浙大西迁历史陈列馆，是全国唯一以抗战时期大学西迁流亡办学为主题的专题陈列馆。

遵义市茶产业欣欣向荣，茶文化内容丰富。特别是2006年以来，各级党委和政府将茶产业发展、茶文化发掘与传播、茶旅一体化建设等作为本地经济社会发展的重中之重，使得茶产业呈现一片蒸蒸日上的喜人景象，相信遵义的茶产业和茶旅一体化事业将会在规模效应的基础上得到突飞猛进的发展。

貢方物
通
寶

茶史篇

第一章

遵义种茶历史悠久，在唐代甚至更早即被列为全国茶叶主产区之一。

当代茶圣吴觉农主编的《茶经述评》中记载：“公元三世纪，三国时傅巽在他所著的《七诲》中提到了‘南中茶子’”。南中，相当今四川省大渡河以南和云南、贵州二省，遵义属此范围。《茶经述评》还记载：“晋·常璩在公元350年左右所撰的《华阳国志·巴志》中说：‘周武王伐纣，实得巴蜀之师，著乎尚书……其地东至鱼复，西至僰道，北接汉中，南极黔涪。上植五谷，牲具六畜，桑蚕麻纻，鱼盐铜铁，丹漆茶蜜……皆纳贡之’。这说明早在公元前1066年周武王率南方八个小国伐纣时，巴蜀（现在的四川省以及云南、贵州两省的部分地区）已用所产茶叶作为‘贡品’。”同时包含川、黔两省部分地区，自然含遵义所在地黔北。

唐代茶圣陆羽在《茶经》中载：“茶之出黔中，生思州、播州、费州、夷州……往往得之，其味极佳。”《茶经述评》还说：“思州，贵州务川、印江、沿河和四川酉阳各县……值得一提的是务川高树茶……播州，遵义市（应指今红花岗区和汇川区）和遵义（今播州区）、桐梓各县……湄潭眉尖茶……曾列为贡品。”《西部开发报·茶周刊》对近年来国内学者对思、播、费、夷四州进行的考证，综合起来大致有：

① 一为思州指务川，播州指遵义（1980年邓乃朋《茶经注释》）；二为思州是遵义（1981年陈祖规和朱自振定义）；三为思州指今务川和石阡，播州指今遵义，夷州指绥阳（1981年云南农业大学张芳赐等定义）；四为思州指今思南、务川等县，播州指遵义市附近一带，费州指桐梓、正安、道真三县，还包括四川的南川等县，夷州指绥阳、湄潭、凤冈等县（1982年周靖民定义）。

② 民国三十七年（1948年）《贵州通志》唐代建置沿革图载：“思州，务川、印江；播州，遵义、桐梓；费州，绥阳、凤冈、湄潭。”

③《中国历史地图集》第五册，根据唐开元二十九年（741年）唐代道、州设置资料绘制的“黔中道地图”。思州，辖区包括今务川；播州，州治遵义，辖区包括遵义市（今红花岗区、汇川区）、遵义县（今播州区）、桐梓县；夷州，州治绥阳（今凤冈县城），辖区包括今凤冈、湄潭、绥阳三县。

从以上考证可见，遵义所辖的各县（市、区），绝大多数都属于这4个州。

《茶经述评》还记载：“在《茶经》以前的古代史料中，早有关于我国包括四川、云南、贵州等省在内的西南地区是茶树原始生产地的记载。”

从上述文献的年代，说明早在公元三世纪，至迟到唐代，遵义产茶已经较为普及。宋、元、明、清历代，遵义茶均作为“贡茶”进贡。民国时期，中央实验茶场建于湄潭，是中国第一个现代茶业科研生产机构，促进了遵义茶业的发展，奠定了遵义作为茶叶主产区的坚实基础。新中国成立后，遵义茶产业步入发展轨道，70年来，历经“大跃进”“文化大革命”、改革开放等时期，得到巨大发展。特别是进入21世纪以来，全市茶业进入跨越式发展阶段，茶叶产量从1949年的498t增长到2019年的15.5万t，增长311倍。

第一节　古代茶事（民国以前的遵义茶业）

一、遵义古代茶史

遵义是茶树的原产地之一，产茶历史悠久，在唐代遵义即被列为全国茶叶主产区之一。唐宋时期，贵州未建省，今遵义各县（市、区）当时分属几个州，那时遵义的茶叶虽未形成规模，但多处均产茶叶。

吴觉农多年考证，中国西南地区即云、贵、川为世界茶树原生地，而今遵义所在的黔北处于茶树原产地和起源中心地带。茶树分布辽阔，茶树品种资源繁多，几乎各县（市、区）均产茶。古老大茶树和栽培型大树茶是鉴定茶树原产地的重要依据，历史上很多珍贵的古老大树茶被毁伐无存，全国罕见的大茶树至今在遵义的习水、道真、务川等县（市、区）都可看到，还可采制饮用。《茶经述评》记载：“据贵州省农业厅及茶叶科学研究所调查，在习水、赤水、桐梓……务川等县，先后发现大茶树。”《西部开发报·茶周刊》报道：“1939年叶知水在婺川（今务川）县西北老鹰山发现10余棵大茶树，高6m，干粗20cm。1940年李联标也在婺川发现大茶树1棵，树高7m，叶长13~16cm，叶宽7~8cm。”1957年在赤水县黄金区和平乡海拔1400m的山林中发现树高12m的大茶树。1976年，又在道真县海拔1100m的山区发现树高13m，叶长21.2cm，叶宽9.4cm的大茶树。道真县洛龙镇双河村有一棵三人合抱的古树茶，高8m，茎围2m，幅宽6m，遵义市绿化委员会认定为古大珍稀树，挂牌保护（图1–1）。

图1–1　道真县“全国第一株大树茶”

据贵州茶史专家管家骝在《贵州产茶史拾遗》中介绍：“据《史记·货植列传》记载，汉武帝时，巴郡的茶叶已被运到甘肃武都出卖，而巴郡包括今贵州境内道真、务川、德江、习水之地。”

唐代，《茶经》载：“茶者，南方之嘉木也。一尺、二尺乃至数十尺。其巴山峡川，有两人合抱者，伐而掇之。”（图 1–2）巴山峡川即今天的重庆东部、贵州北部地区。说明在1800多年前，已有两人合抱的野生大茶树；清光绪元年（1875年）《彭水县志》载：“唐·天宝初黔中郡领……洪社……都濡六县……各乡皆有茶。”洪社即今贵州务川县洪社溪，都濡即今贵州务川县。

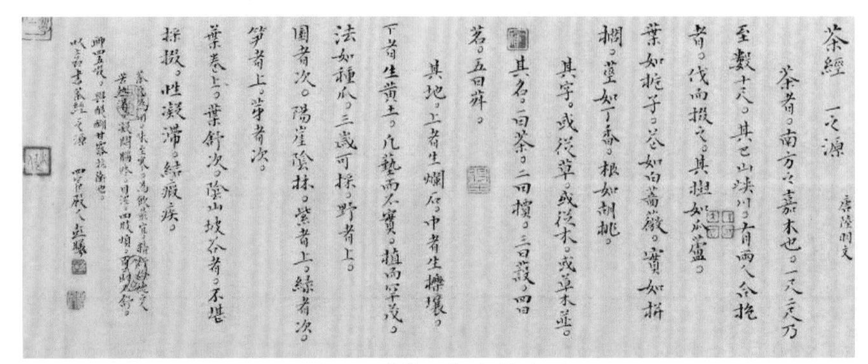
茶經 一之源
唐陸羽文
茶者。南方之嘉木也。一尺二尺乃
至數十尺。其巴山峽川。有兩人合抱
者。伐而掇之。其樹如瓜蘆。
葉如梔子。花如白薔薇。實如栟
櫚。莖如丁香。根如胡桃。
其字。或從草。或從木。或草木並。
其名。一曰茶。二曰檟。三曰蔎。四曰
茗。五曰荈。
其地。上者生爛石。中者生櫟壤。
下者生黃土。凡藝而不實。植而罕茂。
法如種瓜。三歲可採。野者上。
園者次。陽崖陰林。紫者上。綠者次。
筍者上。芽者次。
葉卷上。葉舒次。陰山坡谷者。不堪
採掇。性凝滯。結瘕疾。

图1–2《茶经》书籍内页

宋代，《太平寰宇记》有“夷州、播州、思州以茶为土贡”的记载，即以茶为名贵方物上贡；又记：“泸川有茶，夷人（指道真、务川仡佬族苗族少数民族）携瓢攀茶树采茶”“涪州夷州土产茶，播州土生黄茶”，说明道真、务川、播州等县（区）均产茶，至今习水等地古树茶采摘仍需上树或搭梯（图1–3）。

元代，马端临《文献通考》：“黔阳、源陵、后溪产都濡高株。”

明代，嘉靖《思南府志·土产》：“丹砂、水银、银朱、茶出婺川县（即今务川）”；《明史·食货志四》：“洪武末，置成都、重庆、宝宁三府及播州茶仓四所”，不许私茶出境，说明朝廷已对茶叶流通进行管理；万历二十九年（1601年）后，客户逐渐迁入湄潭，茶叶生产有了进一步发展；嘉靖二十年（1541年）顾元庆《茶谱》：“茶之产于天下多矣……黔阳之都濡高株……其名皆著”；李时珍（1552—1578年）撰《本草纲目》载：“蜀之茶，则有黔阳之都濡”；明万历十九年（1591年）黄一正辑注《事物绀珠》载茶类：“平越茶、播州

图1–3 习水古树茶采摘

茶、永宁茶……”，明代平越茶（1602年“平播之役”后设平越府）当指湄潭茶，可见湄潭所产之茶已出名并载入史册。

清代，《湄潭县志》（康熙年间）载：“平灵台，县北四十里，在马蝗箐。悬崖四面，攀陡甚难……顶上方广十里，茶树千丛，清泉醇秀”，说明当时湄潭境地早有野生茶树群。乾隆年间，爱必达著《黔南识略》（1749年）载：“遵义府所属各县均产茶。”清乾隆三十年（1765年），《石阡府志》载：“茶近镇远、龙泉（今凤冈），各山间有。”《贵州通志》（乾隆年间成书）载：“黔省各属皆产茶，都濡高株茶、湄潭眉尖茶昔皆为贡品，均属佳品”“茶出务川，名高树茶，色味亦佳”，仁怀珠兰茶、桐梓东山茶、播州黄茶，鱼钩茶、舌茶、细毛尖茶，从明代起向朝廷岁岁上贡佳品茶，相传深为崇祯皇帝所喜爱，赐名鱼钩茶。清道光二十年（1840年），陈熙晋编《仁怀直隶厅志》载：“茶有大茶、丛茶二种……产土里及河西两滩一带山中……土里有茶引四十道，归仁怀县征解。”清道光二十一年（1841年），平翰、郑珍撰《遵义府志》载：“山高地、寒地、阴晦地可以种茶，此间茶味甚好，佳者不减吴越。每丛五六株，三许以便加粪，茶可耐荒，宜时锄理”，其《卷十七・物产》：“《仁怀志》小溪、二郎、土城、吼滩、赤水产茶，树高数寻，额征茶课。按：五属惟仁怀产茶，清明后采叶，压实为饼，一饼厚五六寸，长五六尺，广三四尺，重者百斤①，外织竹筐包之。其课本县输纳，多贩至四川各县。圃中间有种者，与湄潭茶同，亦不能多也。又有老鹰茶、苦丁茶、女儿茶、甜茶，皆生山谷。”清道光《思南府续志・风俗》载：“家常惟资婺川之高树茶与楚省安化粗叶，以袪渴焉。”清光绪二十五年（1899年）《湄潭县志》凡例中提示：“物产，湄较他邑为备，除五谷外，以山丝家丝为大宗，又产茶漆辣棓桐棬各物，民间均沾其利。”

从上述各代文献记载可见，遵义产茶历史悠久且延续不断。

二、民国以前的遵义名茶及贡茶

（一）遵义名茶

明清时期，在“移民就宽乡”的政策鼓励下，大批移民涌入，将外地先进的生产技术带到遵义所在的黔北，尤其是长江中下游一带先进制茶方法的传入，促进遵义的茶叶生产发展和茶叶品质的提高，名茶不断涌现。遵义金鼎山云雾茶和绥阳卢项茶于清代已负盛名；清嘉庆年间凤冈之云雾芽茶色味双绝，胜石门芽茶；清道光年间郑珍、莫友芝编纂的《遵义府志》载：“绥阳茶，味甚好，佳者不减吴越”；清光绪《湄潭县志》载：“茶，质细味佳，所产最盛”；由贵州省茶文化研究会编著的《贵州茶》一书中列举：“明

① 1斤=500g

清时期，用品质优异的贵州茶进贡朝廷的茶品越来越多，除贵定云雾贡茶之外，有史可查的便有湄潭眉尖茶、桐梓东山茶、仁怀茅台茶等。”1980—1982年，贵州省农业厅和湄潭茶场联合组成历史名茶研究组，对贵州若干历史名茶中的9个品牌进行系统的现场考察、文献查考、分析化验、总结评审。继后，湄潭茶场又调查了贵州历史上的地方历史名茶，遵义有遵义金鼎茶、赤水珠兰茶、习水老鹰茶、务川高树茶等。

有3种分别产于唐、宋、明代的名茶可找到相关介绍：

唐代产于湄潭的湄潭眉尖茶，属绿茶类条形茶，外形隽秀、内质丰富、品质优越，是为古代贡品之佳品。

宋代产于务川的都濡月兔，属绿茶类（图1–4）。宋代《国史补》中记述：“五代时，已有都濡高株茶充贡事实。”宋代文学家黄庭坚被贬谪到涪州当别驾，在黔州安置时，经常到各地访茶问茶、品茶说茶。他在《答从圣使君》中写道：“今往黔州都濡月兔两饼，施州入香六饼，试将焙碾尝。都濡在刘氏时贡炮也，味殊厚。”还在茶词中赞其“酒栏茶碗舞红裳，都濡春味长”。《煎茶赋》有“黔阳都濡高株”，在品尝了都濡茶之后，也曾肯定遵义茶本质品味好。其《阮郎归》：“黔中桃李可寻芳，摘茶人自忙。月团犀胯斗园方，研膏入焙香”，对黔北茶予以称赞。都濡即今务川县都濡镇。

图1–4 都濡月兔茶

明代产于桐梓县的桐梓东山茶，属绿茶类，清明后采摘。初泡时，它在茶具中一升一降，跳起茶舞，有观赏性，捧杯香气扑鼻。饮时味韵隽永，泡出的汤色黄绿明亮，滋味醇和鲜爽，飘溢出的清香持久。《桐梓县志》载：“城外东山是火石地，产茶尤佳，气味香回，村人竞相种植”“夜郎箐顶重云积雾，爰有晚茗，离离可数，泡以沸汤，须臾揭顾，白气幕缸，蒸气腾散。益人意思，珍比蒙山矣”。“火石地”即《茶经》里所指的烂石地，《茶经》在谈及茶质与土壤关系时说“上者生烂石……”。

图1–5 贵州历史名茶

遵义有史可查的历史名茶有仁怀厅赤水珠兰茶、湄潭眉尖茶、遵义金鼎茶等（图1–5）。历史名茶多数为炒青绿茶，有少量的烘青绿茶、晒青绿茶，加工工艺较为精细，大宗茶则多为晒青绿茶或黑茶，加工方法较简单。但是，许多历史名茶的加工技术已经失传或湮没无闻，至今还保留或部分保留着传统制作技术的仅有湄潭眉尖茶等。随着茶叶加工技术不断进步和发展，其中有些名茶的制作工艺和品质风格也有所改变。

（二）遵义贡茶

唐代，是贡茶的形成期，后演变为原始形式的一种实物税，一直延续到清咸丰年间才陆续取消。《茶经》中“其味极佳”的评价使贵州茶叶成为上贡朝廷的方物，但史料无详细记载。至1948年《贵州通志·风土志》才有“石阡、湄潭眉尖茶皆为贡品”的记载。唐代贡茶州郡有16个，唐代末期增至17个。时思州、播州、费州、夷州其味极佳的优质茶，都曾作为贡品进献给宫廷。今凤冈、湄潭、务川一带，在唐代都是纳贡优质茶的地区。

北宋，《太平寰宇记》也有“夷州、播州、思州惟茶为土贡”的记载，说明北宋年间也有遵义茶作为朝廷贡品。

元代，作为贡茶的地区仍包含今遵义凤冈、湄潭、务川一带。对这些地区，朝廷采取“因俗而治”的民族政策，在播州建茶马市，用当地少数民族首领为官，逐步形成土司制度。

明代，贵州成为向朝廷上贡茶叶的5个布政司之一，每年贡茶数量仅次于浙江布政司，而今遵义地域占有比重较大。明洪武五年（1372年），播州杨铿归顺明王朝，并“贡方物”（图1-6），其“方物”即以马匹、茶叶为主。明洪武十年（1377年），杨铿受命在播州建茶仓便于向朝廷进贡和进行贸易，发展播州经济。

图1-6 阳春白雪公司雕塑——贡方物

明洪武十七年（1384年），设容山长官司治理湄潭境地，治所设于文家场（今黄家坝镇官堰村）。长官司韩、张二氏每年必须将本地所产之茶叶交播州茶仓，作为播州宣慰使司向朝廷进贡的“方物”。明《太祖洪武实录》254卷2页载：明洪武三十年（1397年）“命户部于四川成都、重庆、保宁三府及播州宣慰使司，置茶仓四所贮茶，以待客商纳米中买及与西番商人易马，各设官以掌之”。

清代，茶业进入鼎盛时期。以产茶著称的区域及区域化市场形成，贡茶产地进一步扩大。《平越州记》载：“黔省各属皆产茶……得之不易，石阡，湄潭眉尖载‘贡品’。”民国《贵州通志》载：“黔省各属皆产茶……湄潭眉尖茶历为贡品，其次如仁怀之珠兰，均属佳品”，同时也是贡茶。这一时期的贡茶，犹以湄潭的眉尖茶、桐梓的东山茶、仁怀的珠兰茶品质为优。

三、各县（市、区）古代茶史

（一）湄潭县古代茶史

湄潭为中国古老的茶区之一，地理条件优越、地质地貌及气候均适宜于茶树的生长，茶叶生产历史悠久，早在远古时期，湄潭境内就有野生茶林，秦汉以来，茶就成为当地居民的传统饮品。湄潭在唐代分别由播州夷州割据，直至明万历二十九年（1601年）才正式建县隶属贵州平越军民府，民国三年（1914年）划属遵义。湄潭产茶的历史体现于以下6个方面。

1. 古茶区分布

湄潭的主要产茶区有南北两处：南部指从县城边上的象山向南延伸自乌江边上一带山脉及两侧，北部指从中华山山脉向北延伸至复兴铁笔山等地。2011—2014年，湄潭县政协文史委组织相关人员，对全县古茶树资源进行系统调查，据不完全统计，湄潭境地存留有明清至民国时期栽种的茶树3万余丛50万余株。

2. 土著人自古种茶

明代以前，湄潭境内土著人属播州土司领的容山长官司所治，自古就产茶叶的容山地带，土著人春天采摘茶叶加工后交给容山长官司（张韩二氏）带到播州，进入京城或其他地方。

3. 屯兵后裔湄潭种茶

明洪武四年至十四年（1371—1381年），朱元璋相继收服四川、贵州地方势力，推行屯田制，大量屯兵进入今湄潭境地，与当地土著人和谐相处，同时带来先进生产方式，他们在耕种自给的同时还栽种茶树、管理茶园。随着中原一带汉人的进入，将湄潭境地的茶叶种植、加工推向一个新的高潮。

如湄潭县城边的象山向南延伸约4km的云贵山（亦称银柜山），山下的大庙场集镇坐落在一片田园大坝边上，大坝由南至北分为上、中、下3坝。新中国成立前，3坝的土地及东西两边的山坡分别为当地周、廖两姓的大户人家所有。历经上百年的历史变迁，周、廖两姓创下一片家业，在山坡上开垦土地种植庄稼和茶园。兴隆镇大庙场村小泥坝青枫坳是明清时期当地王姓望族居住旧址，当时的王氏家族，遵循“三分戍守，七分耕种”的屯兵制度，在平坝田土种粮，山坡种茶。兴隆镇凉桥村打木垭田氏家族祖籍江西临江府，入黔始祖随明军进入湄潭驻扎于客楼屯，田氏家族由此世世代代居住于此，并在周边栽种大量茶园。

4. 史料记载湄潭产茶

湄潭产茶的历史，清代以前无详细记载，仅从唐代陆羽的《茶经》提及“黔中生思州、夷州、播州……往往得之，其味极佳”推断，古时分别隶属播州和夷州的湄潭，至迟在唐代即产茶，并且品质优良；宋代，有以茶为名贵方物上贡的记载，北宋乐史《太平寰宇记》载“夷州土产茶……”；播州宣慰使司向朝廷进贡的“方物”，均说明今天的黄家坝当时是重要的茶叶集散地。

湄潭清代的文献，将茶列入土特产之首。清康熙二十六年（1687年）湄潭县令杨玉柱与文士韩应时等同僚游湄水桥，见美景如画，遂触景生情吟出“两岸踏歌声，士女采茶工且艳”的诗句。同年所纂之《湄潭县志》载：“平灵台……顶上方广十里，茶树千丛，清泉醇秀”，说明湄潭境地早有野生茶树群。晚清时期这里曾经发生过大火，因此该地得名“大火焰”。康熙县志记载的千丛茶树，就被那次毁灭性的大火烧掉，现在尚有茶树存在，是由原来的茶树根系重新发芽生长起来的，县志记载的千丛茶树栽种于何年也无法考证。明清时期，湄潭所产之茶为毛尖细茶，上者为眉尖，在清代就被列为贡茶。中国少数民族古籍集成《黔诗纪略》，是晚清著名诗人莫友芝等编纂的明清贵州作家的诗歌总集，在书中选录有清乾隆辛卯举人倪本毅的一首《谢钱生惠湄潭茶》：“白绢斜封待远还，毛尖到手喜开颜。乡园佳味从来好，不用逢人说雁山。”“雁山”指雁山贡茶，即产于浙江省乐清市雁荡山的雁荡毛峰，旧称“雁茗”，为雁荡地区著名的高山云雾茶，明代即列为贡茶，佳茗之声名闻遐迩。倪本毅获湄潭茶品尝之后的惊喜状态，在诗中刻画得惟妙惟肖。西南巨儒莫友芝《金鼎山云雾茶歌》“拌买湄毛待渴羌，秘试珍烹门自闭”句中解释湄毛为“湄潭毛尖茶，时俗所争尚”。清光绪二十五年（1899年）所纂之《湄潭县志》在凡例中提示：“物产，湄较他邑为备……产茶漆辣桔桐棬各物。”该志书卷四《食货志·货类》记载：“茶，质细味佳，所产最盛”，说明在清代，湄潭的茶叶味道很好，并且已有相当规模；《贵州通志·风土志》（1948年）载：“湄潭眉尖茶皆为贡品”，湄潭茶不仅产量大，质量好，而成为贡品。宋、明、清历代史书都记述湄潭当时即是贡茶主要产区之一。此外，多有记述湄潭佳茶的文案流传于世，为湄潭茶叶在明末清初走俏国内，产生了较深远的影响。

5. 老茶树老茶园是湄潭产茶的见证

在湄潭兴隆镇庙塘、红坪、帝卧坝等村的田边地角有直径15~30cm不等茶树根系，说明这些地方产茶历史悠久（图1-7、图1-8）。在一个叫打木垭的地方发现成片的老茶园，茶树最大直径有18cm。复兴镇隋阳山村也有悠久的产茶历史，从陈家茶园几十丛老茶树可以判断，茶园栽种于清代或民国初。

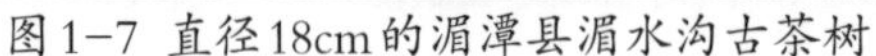

图1-7 直径18cm的湄潭县湄水沟古茶树　　图1-8 复兴镇隋阳山村清末民初的茶园

距湄潭县城西4km的一带山脉，是茶树原产地的主要地区，现在湄潭兴隆镇境地的云贵山等地还生长着古茶树。乾隆年间，被赐为“威武大将军”的镇远府镇台曹仲，解组（解下印绶，谓辞去官职）后迁湄潭永兴场定居，种植大片茶园，至今其地名仍叫“茶园”。土地山林的划界以及买卖定会涉及茶园，清光绪《湄潭县志》记载县城文昌宫业有茶园一幅，永兴茅坝后坝屯夏氏土地买卖契约也涉及茶园。

湄潭茶树品种之独特、野生古茶遍及全境、名优产品之多、茶人传播之广，特别是其面积、产量、产值均为全省之冠，在全国茶界占有重要地位。

6. 名人雅士扫叶烹茗诗词唱和，体现湄潭茶文化历史渊源

湄潭，山川秀丽，景色迷人。历史上数次战争期间，其地多为宁静的后方，山峦隔绝了城市的喧嚣，成为名人雅士归隐之地。

自南明永历年间，孙可望入黔挟天子令诸侯，不少南明臣子退出仕途，纷纷隐逸。到今湄潭境地的有监察御史钱邦芑、武康伯胡执恭及其任宾州知州和湖广巡抚之子胡钦华、贵州总督范鑛、四川总督兵部尚书程源、礼部祠祭司郎中郑之珖等。

南明永历五年（清顺治八年，即1651年），胡钦华著《客溪山庄记》清晰地描述了居住环境，尤其提及修建的十余间房屋中，一间为“茗柯堂”，房屋“居之外，茶百丛春……”。

南明永历八年（清顺治十一年，即1654年），南明监察御史钱邦芑移居湄潭西来庵，每天早上起来看到湄江河边村姑采茶的情景，犹如一幅山水图画，于是写下《采茶》五律：“队队携筐去，朝朝采叶归。绿沾岚影重，青带露痕稀。柔嫩疑伤指，芬芳欲疗饥。及时供茗具，幽事虑多违。”钱邦芑与当地儒雅吴扶林交往甚密，当喝到吴扶林冲泡的新茶后，感慨万千吟出《试新茶》：“消渴废诗笺，新芽手自煎。流泉春雨后，活火舞风前。香绕歌余梦，凉浸醉里禅。落花如有意，轻飏竹炉烟。”

明万历四十七年（1619年），考取进士功名的四川富顺人范鑛，先后任贵州巡抚、吏部尚书等职。躲避战乱来湄潭湄江边上的柏杨坝筑庐隐居，设馆授徒。其住地的河流中，常年河水冲刷泥沙堆积成一个数亩大的沙洲，形如古琴，范鑛将此命名“琴洲”（图1-9）。每当胡钦华从家中带来茶叶，与钱邦芑、程源、郑之珖等拜会范鑛时，他们总是抱琴提壶撑船到琴洲，然后“扫叶烹茗”，诗词唱和，啸歌于琴洲之上，纵情于山水之间。清同治十三年（1874年），进士安盘金，在游湄潭清虚洞（今观音洞）时，留下了“诗笺扫苔石，茶鼎听松风”的诗句，可见当时茶在湄潭的普及。

图1-9 南明臣子“扫叶烹茗”之地——琴州

纵览湄潭茶叶的发展历程，应该史载于唐、垦植于明、鼎盛于清、繁荣于现当代。历经数百年，勤劳的人家逐渐富裕成为大户，在衣食富足的前提下，他们将产粮欠丰的土地种上茶树。至清代，湄潭境地的茶树遍及全境。明清时期的湄潭茶以“眉尖”“毛尖”为上品，深受人们所喜欢，但产量并不大，尤其在制作工艺储藏保管上有一定的局限。民国二十七年（1938年）《续遵义府志》对湄潭茶就有客观的评价：“湄潭毛尖茶，初制尚鲜，储之不慎，日久不免含尘土，味品斯次矣。”

（二）凤冈县古代茶史

凤冈产茶、饮（食）茶历史悠久，源自何时很难考证。但凤冈属唐代茶圣陆羽《茶经》所述“四州”，据考证，唐代夷州治所就在今凤冈县绥阳镇一个叫“城址”的地方。如今，城址还保留着百余米长、丈许宽的土夯古城墙，墙外三丈多宽的城沟亦依稀可辨。原整个“城址”宽逾500m、长逾600m（图1-10）。现在，城址内的田土中，还遍地都有瓦砾碎陶，城址正中遗留的地基下面，还有大量的古代砖瓦条石。1996年中国地图出版社出版的《简明中国历史地图集》，在“唐代篇”地图上，清楚地标明了古夷州治所与今凤冈的地理位置关系。这座城址遗迹的存在和相关史料，佐证了凤冈茶在唐代就以优异的品质而被载入《茶经》，凤冈茶的名声亦随着陆羽的《茶经》而传扬异域。因之，凤冈茶有记载的历史最少也可追溯至唐朝。

图1-10 唐夷州故城遗址之城沟、城墙

凤冈茶在唐代就已走向闹市、京都，得到极高评价，足以证明早在1300多年前，凤冈茶的种植生产就具有一定规模和相当好的加工技术。

从唐宋至明清，凤冈茶树多半是人工在房前屋后或田边地角不经意地栽上三五棵，任其自由生长，少有修剪，有的可高达丈许，需要爬树或搭梯采摘。大多人家种茶只为满足自用或馈赠没有茶树的邻里亲戚。有的大家族寨子，会有几棵祖辈遗留下来的上百年老茶树，自然成为了共有资产，寨中人可以随便采摘享用，即便是外族人来采摘些自食，也是不用付钱的，这是凤冈地域千百年来不成文的茶之文明，人们一般将这类老茶树称为家茶。而一些地方的能人富户，则将茶树种植成园，以制茶、贩茶为养家活口主业之一，则大多又为子承父业，辈辈相传。因其时年长久，对专业种茶的地，人们就习惯性地以“茶”来呼其名了。直到今天，凤冈以茶为名的村子、土坡、山坳等，至少也在五六十处以上。清嘉庆年间凤冈之云雾芽茶色味双绝，胜石门芽茶。虽种茶历史悠久，但由于清朝以前的茶场都是官办为主，民间很少有人种植，仅仅是人工零星种植和自然生长的产物，没有成规模茶园，只有散布的茶丛和野生茶树。

（三）正安县古代茶史

正安也属陆羽《茶经》“四州”，故产茶至迟可追溯到唐代。在正安原土坪区新洪乡中坪村（即马脑山）有一棵200多年的老茶树，当地称“柳杨茶”，为清乾隆“贡茶”（图1-11）。

图1-11 正安中坪村的“柳杨茶”

唐代以前，正安茶是由山区天然产出，粗放管理，民间自产自用，即使有产品流入文坛和官场，也少见反应。自从陆羽茶经问世，茶才“登堂入室”。茶成了生活必需后，茶叶成为国家的重要税源。据清嘉庆《正安州志》载：“正安额载茶课，每年征解藩库银二两，历系差役征交……此项不论现在茶树之有无，悉照原载册名按户征收。”这段记载说明，正安境内不少农民多以种茶为生，茶税也曾是较长时期官府主要财政收入之一。种茶是正安山区农民的一项重要经济来源，至少在清嘉庆年间，尽管正安茶业已经不再辉煌，可山区农民仍然艰苦地经营着，一直延续着茶叶的种植和生产。正安茶叶各地均有零星种植，产量不多，质粗味淡，除供自用外，一部分进入市场交易。境内茶树主要分布于海拔900~1400m地区，多见于山崖深谷混生林，民间有采摘加工饮用之习俗。

（四）余庆县古代茶史

关于余庆沿革的记载，已发现的康熙、光绪、民国3本《余庆县志》均保持一致："……汉属牂牁郡，唐属播州路乐源郡，宋遵唐建制，元初改白泥、余庆为长官司，隶属播州、明朝建制不变，改由四川重庆府播州宣慰司管辖。明万历二十九年（1601年），设余庆县，隶属平越府。"可见余庆属播州即《茶经》所述"四州"之内。康熙年间《余庆县志》把茶、茶油作为土产中的货类加以收录，这是目前看到的关于余庆茶起源的最早记载。

（五）道真县古代茶史

道真农民历来有种茶习惯，种茶和饮茶历史悠久，据《道真县志》记载"道真种茶有300多年历史"。清道光二十一年（1841年）《遵义府志》卷十七物产："茶，涪州出三般茶，宾化最上（宾化即今四川南川、贵州道真一带）。"

（六）务川县古代茶史

务川产茶历史悠久，唐代陆羽《茶经》记载："黔中，生思州（今务川一带）、播州、费州、夷州。"栽植品种为乌龙大叶茶，俗称务川大叶茶，史料记称都濡高株。《务川县志》载："县内茶叶生产悠久历史。乌龙大叶茶，又名都濡高株茶，在唐宋时期享有盛名（图1-12、图1-13）。"

图1-12 务川大树茶茶树

图1-13 务川大树茶成品

北宋大诗人、大书法家、"苏门四学士"之一，有"分宁一茶客"之称的黄庭坚遭贬在涪州当别驾，在黔州（即今重庆市彭水苗族自治县，毗邻贵州道真、务川两县。按史书记载，当时的黔州辖道真、务川等县。）安置期间，他四处访茶问茶、品茶说茶，并写下了贵州最早的茶词《阮郎归》："黔中桃李可寻芳，摘茶人自忙。月团犀胯斗园方，研膏入焙香；青箬裹，绛沙囊，品高闻外江。酒阑传碗舞红裳，都濡春味长（都濡即今务川都濡镇）。”随后，黄庭坚在《煎茶赋》中又写道：“汹汹乎如涧松之发清吹……宾主欲眠而同味，水茗相投而不浑。苦口利病，解涤昏，未尝一日不放箸……黔阳之都濡高株（指务川的大茶树）……宾至则煎，去则就榻，不游轩石之华胥，则化庄周之蝴蝶”，称道务川大树茶的绝妙。后来，黄庭坚把务川大树茶带回赠予友人，并在他所写的《答从圣使君》中，再次写道：“此邦（指黔州）茶乃可饮。但去城或数日，土人不善制度，焙多带烟耳，不然亦殊佳。今往黔州都濡月兔两饼，施州入香六饼，试将焙碾尝。都濡在刘氏时贡炮也，味殊厚。恨此方难得真好事者耳。”文中的施州是今湖北恩施地区，“月兔”“入香”是茶名，首次将务川大树茶炮制的茶叶称作“月兔茶”。同时，更进一步说明了务川大叶茶内在品质。

宋代《国史补》记载，在五代时，也有都濡茶充贡事实。

据顾元庆《茶谱》（1541年）、屠隆《茶》（1590年前后）和许次纾《茶疏》（1597年）等记载，明代名茶计有50余种，务川都濡高株茶与云南普洱、信阳毛尖等名列其中。明代张谦德的《茶经》及清代刘源其的《茶史》里也有“黔阳之都濡高枝”之说。李时珍《本草纲目》载：“蜀之茶，则有黔阳之都濡……煮饮，止渴明目除烦，消痰利水，清上膈……”，描述了务川大树茶的药用价值。

明嘉靖《思南府志·土产》载：“丹砂、水银、银朱、茶出婺川县。”清乾隆年间的《贵州通志》载：“茶出务川，名高树茶，色味亦佳”，说明务川大树茶在当时即已名贵。清道光《思南府续志·风俗》载：“家常惟资婺川之高树茶与楚省安化粗叶，以祛渴焉。”清《黔中记闻》载：“黔之龙里、东坡……诸处产名茶，而出务川者名高树茶。”在清代，务川大树茶与产于福建崇安武夷山的乌龙茶、安徽歙县的黄山毛峰、浙江的西湖龙井等40种茶叶并列为清代名茶。

（七）播州区古代茶史

《茶经》有“播州之茶，气味清鲜，上品也”的记载，“播州”即遵义，今播州区由遵义县更名而成，有回顾历史之意，说明播州区产茶历史悠久，但多在田边地角零星种植。《续遵义府志》载：“明有茶仓之置”，证明当时已有大量茶叶生产，《莼斋偶笔》（1936年）说“遵义之金顶山亦产……云雾茶”。

（八）仁怀市古代茶史

仁怀种茶历史悠久，品种有大茶、苔茶、马口茶、细叶、桃红茶、苦丁茶等。东晋史学家常璩所著《华阳国志》载：“平夷县，山出茶蜜。”据有学者考证，今之仁怀市茅坝、小湾等茶产地，即在其境内。陆羽《茶经》所述“四州”中的播州茶区，学者们亦认为包括了仁怀境内至今犹盛产茶的高大坪、大坝等地。说明当时的仁怀，茶已成规模地生产，成批量地加工和销售，成了政府税赋收入的来源之一。《贵州通志》对茶也有专章记述，“黔省各属皆产茶……仁怀之珠兰均属佳品”，同时也是贡品。清道光年间（1735年前后），仁怀生产的“怀茶”，品质优良，被列为贵州名产。相传怀茶曾进贡皇室，被列为珍品。

仁怀清代诗人卢郁芷，一生喜茶，有茗即品，把家乡特产饮得荡气廻肠。有诗曰：“耕桑有暇便耘麻，每到春来放杏花；恰过清明三月半，村庄儿女采新茶。”描绘了每到清明时节，仁怀村寨忙于采摘新茶的景象。

（九）习水县古代茶史

习水县是茶叶生产适宜区，野生茶资源丰富，境内自古以来就分布较多野生大树茶，起源于何时无法考证。20世纪50年代，在原东皇区天鹅公社天鹅池边发现有300余株主干直径20~30cm的大树茶，在原习水县官渡区石保公社青溪大队发现有逾150亩主干直径在15~30cm的大树茶。这两处大树茶种植，不但规模大，而且株行距比较规则，说明习水县大树茶由野生转入人工栽培阶段，时间至少在500~800年之间。全县凡是有野生茶树资源分布的区域，农民世世代代都有在房前屋后栽培几棵大树茶的习惯，有一定栽培经验。区域内茶叶种植、饮用、生产历史悠久。《遵义府志》载：“明洪武年间，温水大坡小核坪、大核坪有成片大茶树，良村锅厂坝至红圈子一带有成片大茶树，天水池至大白塘尖山有成片大茶树，官渡清溪沟至搭勾岩（今赤水市辖）有规格成片大茶园。”

据史料记载，习水县土城明初产茶“四十引”，这些茶场分布在土城周围的九龙囤、七宝囤、天子囤、茶园、茶垭、茶山和葫芦坪等地，留传至今的“茶园”“茶垭”“茶山”等地名，就是以古代茶场命名的，古老茶树至今尚存（图1-14）。

习水县所产茶叶历来以边茶为主，民国《习水县志》载：“习水县茶叶远在明清时代，通过‘茶马古道’远销西藏、西康等边疆地区，最高年产量曾达三千担。”明洪武三十年（1397年），播州设官办茶仓，把茶叶远销西康、西藏、新疆。清道光十八年（1838年）《遵义府志》卷十七产物记载：“小溪、二郎、土城、吼滩产茶，树高数寻，额证茶课……”据《仁怀厅志》载，在清朝初期，习水县农民已将野生大树茶叶经过加工，商人收购经高洞（地名，在习水河下游，今赤水市长沙镇）用小木

图1-14 习水古茶树

船运出，经长沙运到外地销售。温水、官渡一带地方茶农，采茶青制茶饼，有的运销四川转西康、西藏等地换马回程，朝廷地方衙署在长沙设关卡禁止私运出境，茶农只得偷偷贩运。有诗云“贩茶小艇系青林，高洞河流几许深，此去符阳（今四川省合江县城）无一舍，三江恶浪易惊心”，反映了习水县茶叶产销皆旺，说明习水县农民利用野生大树茶已有400年以上。

（十）桐梓县古代茶史

《桐梓县志》载：“城外东山红油砂土种茶为上。村人竞相种茶，香气味回尤佳，泡以沸汤，须臾揭顾，白气幕缸，蒸气腾散，珍比蒙山矣。”新中国成立后桐梓主产的康砖茶创制约于1074年，主要使用四川雅安、乐山一带的原料，后扩大到宜宾、重庆等地，主销西藏、青海及四川甘孜等藏族地区。

（十一）赤水市古代茶史

根据《赤水县志》记载，赤水县茶叶生产大约兴起于清道光年间（约1735年），在清代及民国时期，高山地区种植丛茶，丛茶加工后的细茶称怀茶（赤水原为“仁怀厅”治所，故有此名），是全国出名的“桓山大茶”（因主产区在赤水县大同区所属桓山一带即今两河口镇黎明村，故得此称谓）。由于赤水县自然条件优越，气候温暖多雨，空气湿度较大，山雾多而勤，土壤质地深厚，酸性红黄壤较多，植被丰富而茂密，这些条件都利于茶树生长发育。传说，赤水县的“怀茶”，曾作为贡茶，只可惜，由于统治者的无能而使之淹没在历史长河之中。

第二节　现代茶事（民国时期的遵义茶业）

民国时期，遵义多数县均产茶，以湄潭、凤冈、正安、余庆、道真、务川、遵义、习水、赤水、绥阳等县为主要产区，多为农家零星种植，制作工艺落后，以生产青毛茶为主。茶业时兴时衰，如民国二十一年（1932年），遵义县产茶仅逾10t。后因制茶工艺不良，茶质差，茶叶产量一度下降，到民国三十四年（1945年）产茶仅0.9t。早年茶叶生产较发达的有遵义县（含今播州、红花岗及汇川三区）、湄潭、赤水、习水等县。习水边茶远在明清时代已远销西藏、西康等地区，最高数量曾达150t。但由于茶赋苛重，茶价低落，农民无心经营，逐渐迁出茶园，茶园因无人经营而荒芜，1949年，全地区仅产粗毛茶498.3t。

据中央实验茶场民国三十三年（1944年10月18日）《论发展贵州茶叶》载：全省茶叶年产量在0.5t以上有23个县，遵义就有湄潭、仁怀、习水、赤水、绥阳5个；年产量在5t以上有3个县，安顺86t、湄潭62t、石阡50t，湄潭名列全省第二名。

一、民国时期各县产茶情况

（一）湄潭县

民国时期直到遵义解放时，湄潭产茶叶在遵义所占比例最大。

中央实验茶场成立后，对湄潭的茶区分布、茶叶产品、产量、销量等作了全面的系统的调查。

1. 湄潭茶区分布

中央实验茶场《湄潭茶产调查报告》中提及湄潭产有砖茶、虫茶、饼茶等。调查统计：1940—1942年，湄潭种茶户数为11140~12530户，约占全县农户总数的1/3以上。民国时期湄潭茶区已分布在50多个地方，并有一定规模。在全县40联保中（1938年，川黔保甲方案以联保取代乡镇），仅一联保无产茶户。

2. 湄潭茶产业概况

1）产　量

茶园面积平均每茶户1.37亩，若以全县茶户最少以11140户计算，则全县茶园至少有1.53万亩；茶产量平均每茶户6.29kg，则全县茶产量为70t左右（上述1944年为62t）。

2）产　品

中央实验茶场1941年《茶情》载：湄潭乡镇茶区已生产少量毛尖茶、饼茶和大宗茶。中央实验茶场则产有外销工夫红茶“湄红”、炒青绿茶“湄绿”、仿制龙井茶、桂花茶、玉露茶等。全县品种有8种，为全省品种门类最多的一个县。

3）销　量

1948年《湄潭茶产调查》载：湄潭全县有茶馆152家，每家茶馆平均年销量58.23kg，总销量8850.96kg；全县30651户，平均每户每年用茶1.75kg，家庭用茶总量约53486kg。县城茶行仅有城区南门郭姓一家，大约创设于民国十七年（1928年）之际。全县有大溪客楼（大庙场）、永兴仁和（随阳山）、兴隆场茶行3处，其中大庙场、随阳山二地贩茶较多。全县有50余人从事茶叶经销，每人每年经销量大致在50kg以上，全县达2500kg以上。全县有15人从事茶叶外销，其中：西路大致在大庙场一带有6人，其主要去路为遵义火烧舟（今新舟）、团溪、遵义城（今红花岗区、汇川区）一带；东路亦有5人，主要销售凤冈、绥阳及湄潭北面邻县；其余4人销往外地。平均每人每年约销350kg，全县外销茶叶达5250kg以上。本场（县城）每年约有1t精茶远销他埠。

自1939年中央实验茶场落户湄潭后，湄潭茶业犹如添上腾飞的翅膀，跨入贵州茶业的前列。

（二）凤冈县

民国时期，凤冈茶叶生产的发展极为缓慢，没有成片茶园，只有野生茶树和农户在自家田边地角或房前屋后零星小丛种植的茶丛，品种主要是本地苔茶，产量极低。抗战期间，中央实验茶场落户湄潭，永兴为湄潭凤冈临界地。受中央实验茶场的影响与引导，凤冈茶开始步入了江浙模式的规范茶园种植期，亦陆续有外来茶树品种落户凤冈。民国三十年（1941年）全县产茶0.75t，民国三十四年（1945年）产茶0.9t，1949年全县茶叶产量为8.5t。

（三）余庆县

1949年，有茶园面积100亩，总产1.5t，为零星种植，手工制作，品质不高，自饮不足，市场流通量小，群众多饮野生苦丁茶、甜茶等。

（四）务川县

新中国成立前，境内灌木、中小叶型茶树也有栽种，但少而零星。1939年，中央农业实验所对务川大树茶进行研究后认为，务川大树茶是难得的茶资源。福建省农科院茶叶研究所用其制成"乌龙大叶茶"，品质甚佳，认为是制作乌龙茶的理想原料，但没有形成产业。1941年，茶学家、茶树栽培专家、茶叶科学研究先驱之一的李联标在中央实验茶场工作期间，对湄潭、凤冈、务川、德江四县的茶树地方品种做调查时，在务川县老鹰山岩上首次发现全国野生乔木型大茶树，其树高7m，叶大16cm×9cm。推翻了驻印英军勃士少校宣布的只在印度阿萨姆皮珊新福区才有野生茶树的论断。

（五）播州区

播州区原为遵义县，民国时期全县发展茶叶种植，按每公顷52500丛计算，大约有零星茶园约367hm^2，主要分布在枫香、泮水、鸭溪、松林、山盆等区。茶叶生产水平低，直至1954年，县农林科调查，枫香、泮水农户生产茶叶只有5级茶和青茶，每户产茶5~10kg，少数茶户有50kg左右，两个产区生产量共20t。民国时期，丁村、广坎一带的茶叶非常有名。

（六）仁怀市

民国二十一年（1932年），仁怀物资统计表载：有茶田42.6hm^2，330户农家种茶，总产约7t。民国三十三年（1944年），中央实验茶场《论发展贵州茶叶》记载：贵州省茶叶年产量在0.5t以上的有23个县，其中包含仁怀。

（七）习水县

民国时期，习水县生产的茶叶主销西藏等边疆地区，又称边茶。习水县产有边茶、绿茶两种，主产于官渡、东皇、良村、温水所属地带，多系野生，有大树茶、细绿茶、老鹰茶、苦丁茶、白茶等。1944年，中央实验茶场《论发展贵州茶叶》记载贵州省茶叶年产量在0.5t以上的23个县中包含习水。1949年，全县年产茶叶117.8t。新中国成立初期，全县约有茶树面积8000亩。

（八）桐梓县

《桐梓县志》载：1929年“后箐数十里皆红油沙地，产茶尤佳，气香味回”。这说明桐梓县产茶且质量好，未反映出产量。

（九）赤水市

根据《赤水县志》记载，清代及民国时期，高山地区种植丛茶、大茶。丛茶加工后的细茶称怀茶，是贵州名茶之一，主产于宝源乡桓山一带，年销外地2t。民国九年（1920年）曾有外地商人到宝源乡建立“大西劳茶场”，生产“龙井茶”，年产5t，销重庆、上海等地，抗战爆发即停止生产。1944年，中央实验茶场《论发展贵州茶叶》记载贵州省茶叶年产量在0.5t以上的23个县中包含赤水。

（十）绥阳县

民国期间，全县少量种茶。1944年，中央农业实验所《论发展贵州茶叶》记载贵州省茶叶年产量在0.5t以上的23个县中包含绥阳。1948年产茶3.25t，用于自食。

二、中央实验茶场

1939年，抗战进入相持阶段，中国东南沿海已被日军占领封锁，传统出口产品茶叶、丝绸受阻。国民政府被迫西迁重庆后，为继续坚持抗战，出台了一系列旨在加强经济建设的措施，其中包括决定在重庆召开为期一周的“全国生产会议”，会议强调奖励生产、开发资源，加快抗战大后方经济发展的步伐，保障前线财力物力供给。1939年4月上旬，由中央农业实验所（以下简称“中农所”）和中国茶叶公司联合派遣王淘（中农所人事课长）、张天福（技士、金陵大学学士）、李联标（技士、金陵大学学士）、朱源林（技士、浙江森林专科学校学士）、叶知水（技佐、四川大学农学院学士）等茶叶专家先后考察了四川成都、自贡、宜宾、雅安，云南昆明、曲靖，贵州贵阳、安顺、遵义、平坝、惠水、瓮安、湄潭等老茶区。

考察完毕，考察组成员之一的福建省立福安农业职业学校校长兼福建省建设厅福安茶业改良场场长张天福，执笔将专家组的考察情况写成《发展西南五省茶叶》，作为全国生产会议的“提案”，并作为全国茶界唯一代表在这次会议发言：“茶叶之于我国，为人民生计之所托，抑且为国家经济之所系。数十年来，因受新兴茶叶之竞争，益以生产方法之落后，经营之不善，致销路日蹙……‘由独霸世界茶叶市场，而降居输出之第四位，自神圣抗战以来，奄奄待毙之中国茶叶出口贸易，更受严重之打击’……是有亟待于开发西南之富源。关于茶叶之发展改进，尤应迅以妥慎确定整个计划，切实推行，以树百年大计。”“查西南各省气候土质环境，除西康仅有东南及云南西北部少数雪线地带外，无不适于茶树之生长……将来之发展，未可限量。”关于设立茶业改良场的问题，张天福在提案中写道：“设立茶业改良场，关于旧茶园之整理，新茶园之开辟，茶树品种之改良，栽制技术改善与示范，病虫害之防治，茶业干部推广人才之训练等，均为茶业改良与发展之要图，自应设立一茶业改良场总揽其事……”分析了当时茶界的形势、贵州的条件和茶场建设的设想。

时值国民政府欲在西南山区大后方重建茶叶生产出口和茶学研究基地并通过西南国际通道（史迪威公路）和云川北上连结西亚、中东、苏联的陆路出口通道，出口长期以来受到国际社会青睐的中国茶叶，以换回抗战急需物资。因此张天福《发展西南五省茶叶》生产的提案即获通过，最终选定湄潭作为基地，创建中央实验茶场，隶属经济部，为国家级茶叶科研生产机构，并得到重庆国民政府的认可，由张天福奉命继续留在湄潭，着手筹措工作。后因张天福被福建省省长陈仪“抢”去福建创办示范茶厂，1939年9月，中农所委派王淘、李联标、金阳镐、朱源林、黄道煊等人负责筹建中央实验茶场工作。1940年4月，在湄江河畔象山脚下的江西会馆——万寿宫挂牌成立“中央农业实验所湄潭实验茶场”，全称为“经济部中央农业实验所、中国茶叶公司湄潭实验场”，即中央实验茶场。由重庆国民政府委派全国茶业技术讨论会成员、我国著名昆虫学家、中农所技正、清华大学毕业后赴美就读于俄州农工大学、后又获哈佛大学昆虫博士学位的河南商城人刘淦芝为首任场长。至此，完成

图1-15 中央实验茶场旧址（万寿宫）

图1-16 1946年的湄潭茶场

中国大西南后方首个全国性茶叶研究机构的考察筹建工作。中央实验茶场以万寿宫为制茶工厂（图1-15），并以城南打鼓坡荒地为主，开辟60亩集中连片山地标准（等高）茶园（图1-16），作为生产和科研基地，至1949年达555亩，成为中国西部近代开垦面积最大的首例标准茶园，这是湄潭建立茶场之始。

由于场地限制，中央实验茶场除了研究茶叶，还要承担森林、油桐、乌桕、小麦等研究，除了垦殖500多亩茶园外，尚有200多亩油桐和其他杂木林地、旱地、水田780亩供试验所用。场内设总务室、技术室、特作室、经济资料室和农场管理室。李联标为首任主任的技术室主要负责研究茶树育苗和栽培，经济资料室主任寿宇（技士、浙大学士）、农场管理室主任张天鹏（技士、金陵大学学士）、技术员助理李成智负责仿制龙井茶。同时在万寿宫和水府祠还设立藏书1600余册的图书室、茶叶检验室，以及标本室、炒茶、发酵、烘焙等场所，购置揉捻机、压茶机等机具。在大小桐子坡修建办公楼、萎凋室、烘焙室。招收部分工人进中央实验茶场，主要开垦象山茶园和道路。1941年，中国茶叶公司退出，中央实验茶场更名为“国民政府农林部中央农业实验所湄潭茶场”（仍简称“中央实验茶场”）。按1942年中央实验茶场职工花名册统计，共有干部职工93人。1946年，中央农业实验所迁回南京，部分江、浙科技人员随之调回，中央实验茶场改为“湄潭桐茶实验场”，直至1949年10月。

中央实验茶场建立后，对全省茶树资源品种、茶叶生产情况进行系统征集和调查，同时开展茶树栽培实验和红茶、绿茶的试制，并引进龙井茶、红茶等茶叶的生产加工工艺和技术，还开展了一系列茶叶科学研究。1940年4月用湄潭茶青成功试制出工夫红茶“湄红”和精制绿茶“珍湄”两个品种茶和仿龙井茶，开湄潭机器制茶之先河。其中湄红最早开创贵州红茶市场，经浙大农化系化学分析，以全溶物（水浸出物）为例，湄红34%，湄绿43.62%，仿制龙井42.22%。样茶经中国评茶大师、顺宁（今凤庆）茶厂厂长冯绍裘用中国最优之安徽祁门工夫红茶对照审评认为：“湄红形状细嫩匀齐不亚祁红，色泽润泽，香气颇清香较祁红为低，滋味似祁红，液色较祁红略暗，叶底暗。总评，品质似不若祁红之优异，制造得法或可胜于祁红。”在当时中国中小叶种地区，祁红香高凸显为第一，湄红制法稍加改进，当数第二。祁红以香高为特征，湄红以形味见长，这与湄潭茶叶具有优良的本地苔茶群体品种和优越的自然条件分不开，也为以后湄潭茶场每年生产500~1000t优质出口红碎茶和乡镇茶场生产数百吨优质红、绿茶远销欧美、西亚、澳洲等国家和地区奠定了坚实基础。中国著名茶学家、原中央实验茶场第二任代理场长李联标在1984年回忆中说：“1940年，由云南顺宁茶厂派遣技术人员与技工到湄潭协助制成的红茶，当时取名湄红，品质很好，由此开创了贵州红茶制作的先河。”“1941年4月，中央实验茶场特请浙江杭州西湖茶区邬、郭两位制茶师傅到湄潭帮助创制名优绿茶，经过反复试制终于创制‘色绿、形美、味醇、馥郁’四绝的湄潭绿茶，其与杭州西湖最佳狮峰龙井相比，别具一格。这是贵州乃至中国西部首次创制扁平类名优绿茶。”1940年湄潭红茶试制成功，是继云南顺宁试制滇红后，成为中国西部又一个工夫红茶生产和出口基地。中央实验茶场的产品以“黔茶”商标注册（图1–17）。

图1–17 中央实验茶场的黔茶商标

民国时期，湄潭境内的茶园基本上是富裕人家所有，有少量土地者，吃饭是第一件大事，他们舍不得在土地上种茶，自家土地上那几棵茶树是属于自家采摘食用的。中央实验茶场在湄潭的任务是发展西南茶业，生产出口茶叶换取外汇，购买抗战物资。1940年4月，中央实验茶场单是工夫红茶就制出逾350kg。“仿龙井”及工夫红茶的原材料，来自湄潭农村。中央实验茶场初创时期因新建茶园幼小，大部分供试验和生产所需茶青均从附近乡间收购，以1芽2叶为主。1940年春，分别在湄潭县大庙场等地设点共收购茶青5117.5kg；1941年春，共收购茶青6683.5kg，均价为1.42元，湄潭茶农收入9000多元。湄潭的茶农感觉出售茶青远比自家粗制出售的茶叶划算，遂将采摘的茶青卖到中央实验茶场，一些人家也在自家的土地上种茶。1940—1949年，湄潭茶园面积逐步扩大，同时出现专门从事茶叶收购的茶商，将收购的茶青卖到中央实验茶场，促成了全县茶叶产量的提高。

从1939年9月重庆国民政府派专家筹建，到1949年12月湄潭接受贵州省人民政府接管，中央实验茶场在湄潭历时10年。中央实验茶场落户湄潭，标志着遵义乃至贵州茶叶生产由原始粗放状态逐步向科学集约的方向发展，标志着中国第一个国家层面建立的茶叶科研机构、试验示范规模化种植茶场成立，推开了中国现代茶叶第一扇大门，为日后贵州乃至全国茶叶的大发展奠定了坚实的科研基础和深厚的人文底蕴。

三、浙大与中央实验茶场

中央实验茶场还与抗战时期浙大西迁湄潭有密切联系。

抗战爆发后，日寇进攻上海，逼近杭州。浙大为保护学校师生安全，继续为国家培养人才，在校长竺可桢带领下，毅然举校西迁，开始了筚路蓝缕、慷慨悲壮的“文军西征”。从杭州出发横穿浙江建德，江西吉安、泰和，广西宜山，贵州青岩等地，行程逾2600km，历时两年半，于1940年初抵达遵义，在遵义、湄潭办学达7年之久。

浙大农学院与中央实验茶场仅仅一河相隔，每年农学院都要派学生到茶场实习，学习制茶技术。浙大和中央实验茶场联合创办了桐茶职业学校（即贵州省立实用职业学校），并多方面参与中央实验茶场的工作。1941年秋，浙大寿宇、曹景熹等8名应届毕业生，在农学院院长蔡邦华博士推荐下，到中央实验茶场工作，成为中央实验茶场专业技术人才。其中曹景熹、寿宇研究成果显著，曹景熹编著《世界茶树害虫一览》。至今，寿宇当年采集的标本还保存于省茶科所（图1–18），寿宇等人的研究成果和撰写的《湄潭茶产调查报告》获蔡邦华、刘淦芝两位博士的肯定。

图1–18 浙大学生寿宇采集的标本

据《茶情》（图1–19）1941年4月19日载："制茶忙，招待忙。自开始制茶以来，各界人士如浙大竺可桢、蔡邦华、李四光、苏步青、王淦昌、贝时璋、吴有训、吴耕民等教授来场参观者极众。他们对仿制的龙井茶，清香味美，倍加赏识，谈笑风生，表扬赞颂。刘场长引领至各部参观，参观毕则以享以'龙井'或'玉露'，既得一瞥制茶情形，又得名茶润喉，无怪乎参观者之众矣！……浙大物种作物学班，昨日由孙逢吉教授带领学生十余人来场实习制茶。""加工制作在破旧狭小的万寿宫里进行，每到加工季节，一派热闹景象，因千百年来湄潭茶农从未制作过可供出口的优质红、绿茶，参观的人络绎不绝，当地官员和浙大师生也常来光顾。"其中提到的"优质红、绿茶"指中央实验茶场利用收购的茶青加工绿茶为"龙井""玉露""珍眉"，加工的工夫红茶为"湄红"。据4月22日《茶情》载："浙大教授杨守珍曾为本场分析茶叶之化学成分，今年又向本场索取新制茶叶数种代为分析。浙大生物系助教姚女士对制茶极感兴趣，时常到场实习，昨天下午又来学制玉露茶。"据4月26日《茶情》载："为明了湄潭茶树之病害，特请浙大陈鸿逵、杨新美两位先生来场调查茶青之病害，受病率达10.77%。"讲师葛起新及林世成、学生张书德也参加了茶青病害调查。

图1–19 1941年中央实验茶场刊物《茶情》

中央实验茶场还聘请浙大教授陈鸿逵博士、梁庆椿博士、副教授杨新美、讲师葛起新、助教姚瑗女士为科学顾问和质量监督。

抗战胜利后，浙大回迁杭州，中央农业实验所也回迁，但中央实验茶场和浙大的科研精神、办学精神却永远地留存在湄潭，中央实验茶场成为省茶研所和湄潭茶场的前身（图1–20）。

图1-20 中央实验茶场打鼓坡茶园原址新貌

第三节 当代茶事（新中国成立后的遵义茶业）

一、当代遵义茶产业的发展

遵义在新中国成立初期除湄潭外，茶树极少，且多为零星种植，几无茶叶上市。1949年后，各行业百废待兴，国家制定发展茶叶生产的方针、政策，对茶农实行奖励、扶持、培训等，茶叶生产得以恢复和发展。

1949—1952年，茶业开始步入发展轨道。之后，历经“大跃进”“三年自然灾害”“文化大革命”等影响，茶产业发展曲折缓慢。1978年改革开放以来，茶产业得到较快发展，进入21世纪后特别是2006年来，贵州省委、省政府和遵义市委、市政府大力推进茶产业发展，遵义茶业进入跨越式发展阶段。

（一）恢复时期（1950—1957年）

1949年，遵义地区茶园仅1.6万亩（含大树茶），年产茶498.3t；是年12月，贵州省人民政府接管湄潭桐茶实验场，更名为贵州省湄潭桐茶实验场，成为遵义地区茶叶企业的骨干。1954年10月，建立中国茶叶公司贵州省遵义营业处。20世纪50—70年代，既有技术人员在基层作茶叶技术指导，又有茶叶部门在茶叶改进费中开支聘茶叶辅导员，指导遵义、务川、正安、仁怀、桐梓等县茶叶生产。该时期茶园建设以垦复改造原有茶园为主，茶叶制作以试制红茶为重点，产品主要满足出口需要。1954年，根据全国茶叶专业会议关于“以开展互助合作为中心，积极整理现有茶园，提高茶叶产量”的精神，对原有茶园进行补植和合理更新。同时，组织科技人员向农民传授茶树丰产优质种植技术，推广合理采摘和茶叶加工工艺，对私营茶商进行公私合营的社会主义改造，全地区茶叶生产逐步纳入计划管理轨道。20世纪50年代，建成遵义县枫香茶场和龙坪茶场、正安县上坝茶场、道真县洛龙茶场等种茶、制茶企业。但因遵义地区山高路偏，生产落后，农民温饱问题长期没有解决，粮茶矛盾十分突出，不可能全力以赴发展茶业。国家对农村茶业基本无力扶持，单纯依靠社队集体力量，全地区仅有设备简陋茶场200多个。1957年，全地区茶叶产量由1949年的498.3t增加到1032t，有所发展。

（二）曲折发展时期（1958—1978年）

这一时期遵义茶叶生产经历了大起大落的曲折发展：

在“大跃进”思想指导下，1958年茶园面积有较大增长。1958—1959年，茶叶品牌“黔红”“黔绿”相继问世。1959年开始的“三年自然灾害”，国民经济遭受严重挫折，毁茶种粮现象时有发生，茶园面积逐年回落，严重影响了茶叶生产。20世纪60年代初，国际国内茶叶市场开始好转，国家茶叶出口量大增，为保证出口需要，茶叶生产逐步恢复并获较大发展。在省茶科所和相关部门指导下，农村创建社队茶场，发展茶园、兴办茶叶职业中学，发展集体经济，增加收入，使茶叶生产跃上一个新台阶。社队茶场建造了一大批较集中的条式新茶园，创办了半机械化的制茶工厂，改变了传统的单家独户、分散零星、丛式栽植、手工制作的模式。1965—1978年，根据中共中央、国务院指示精神，遵义地、县、区各级成立以供销社为主，有农、林等部门参加的多种经营办公室，主抓茶叶等品种的生产发展。湄潭、务川、仁怀、桐梓、赤水等县召开茶农代表会，交流茶叶生产、采制技术等经验，全地区培训茶叶技术人员数千人。1966年开始的“文化大革命”，茶叶生产受到冲击。20世纪70年代，各级供销社发动农民开荒种茶（图1-21），为发展茶叶生产投入大量人力、物力；到1975年“文革”接近尾声，茶农生产积极性有所调动，全区茶叶年产达2418t；至1977年，全区开辟良种茶园1.67万hm^2，茶叶产量达3249t；到1981年，除6个国营茶场外，全区先后建立1261个社队茶场。

图1-21 20世纪70年代湄潭县开垦随阳山公社八角山茶园

农垦茶场：1956年，政务院（今国务院）设立农垦部，主要工作是避免与农争地而在无农地区开辟新农业基地，满足国家建设对粮食等物资的需要。贵州农垦企业于1953年开始组建，其中湄潭茶场在永兴开垦的永兴茶场面积最大，达577.5hm^2，是全省最大的农垦茶场，贵州规模较大的农垦茶场14个中遵义占5个（表1–1）。1953—1959年，贵州省农垦局从贵州省湄潭实验茶场（或称“省茶试站”）派出技术人员，赴全省指导以农垦茶场为主的茶场建设。20世纪60—80年代，农垦茶场成为茶叶生产特别是茶叶出口主力军。20世纪90年代后，农垦茶场生产力开始下降。进入21世纪以来，随着国企改革不断推进，民营茶叶企业快速发展，农垦茶场逐渐退出茶叶生产主要地位。

表 1–1　遵义茶叶农垦企业

序号	茶场名称	规模面积 /hm^2	备注
1	湄潭茶场	577.5	重点茶场
2	遵义县龙坪茶场	280	重点茶场
3	遵义县枫香茶场	79.5	重点茶场
4	道真县洛龙茶场	236	重点茶场
5	正安县上坝茶场	366.7	重点茶场

（三）稳定发展时期（1979—2005年）

这一时期遵义茶产业发展较好，如道真、正安两县原是茶叶的销区，当地少数民族和农民有吃“油茶”的习惯，两县每年需从外地调进约250t茶叶供应市场。20世纪70年代末，两县供销社扶持农民发展茶叶生产，用5年时间兴办茶场110个，新种茶叶960hm^2，至1982年道真县茶叶产量达500t多，年产量仅次于湄潭、遵义两县。自1982年，茶叶由外贸交供销社经营后，通过调查，全地区约有茶园13329.5hm^2，其中投产或半投产面积为8212.7hm^2，尚有5116.7hm^2荒芜茶园。有人管理的茶园6695.5hm^2，其中5475.5hm^2实行生产承包责任制，产量、质量均有提高。1983—1988年，地区供销社系统以扶持乡村茶叶恢复发展生产为基础、桐梓茶厂的精制加工为依托，实行茶叶经营体制改革，推行生产、加工、销售一体化的联合经营。全地区茶叶产量上升到5000t左右，供销社收购量达2050t。

十一届三中全会以后，在农村推行以联产承包经营责任制为主的一系列改革，调动了农民种茶的积极性。从经营权与所有权两权分离的场长承包责任制，进展到“公司+基地+茶农”三位一体经营管理新模式，各产茶县都有3~5个经济实力较强的茶业有限责任公司和500~1000亩优良茶园基地。同时，依靠科学技术，推广湄潭茶场的科技成果，使全地区茶叶科研与茶叶生产逐步结合起来，成为遵义茶叶发展的重要特点。1981年4月，湄潭县核桃坝村党支部书记何殿伦等4名党员，与省茶科所签订茶树良种短穗扦插繁殖试验示范合同，由省茶科所无偿提供黔湄系列良种、资金和技术，在核桃坝村试验获得成功。通过实验，省茶科所的优良品种得以推广，核桃坝村也逐步走上种茶致富之路（图1–22）。20世纪80年代，全地区开发利用非耕地资源，新建凤冈县田坝茶场、正安县朝阳茶场和桴焉茶场、余庆县狮山茶场。截至1989年，全地区茶园面积达1万hm^2，茶叶产量达6044t。1990年，地区供销社、农业局和茶叶学会在湄潭县联合召开“遵义地区茶业生产会暨茶叶学会年会”，总结遵义地区近年来茶业生产和经营的情况，介绍茶叶生产管理中的科学技术，并对打开遵义地区茶叶经营局面的方法进行探讨。20世纪90年代后，遵义茶叶企业通过承包、租赁或公司加农户等形式，建立茶青生产原料基地。在此期间，非山茶科饮用茶得到较大规模的开发利用。2000年，全市茶园面积12574hm^2，茶叶产量7027t，产值6500万元；2004年，全市茶园面积15370hm^2，茶叶产量8014t，茶叶年产值1.57亿元；2005年全市茶园面积为19307hm^2，产量9685t，其中，无性系良种茶园占总面积的34.5%。遵义市1949—2005年茶园面积和茶叶产量见表1–2、表1–3。

图1–22 20世纪80年代核桃坝农民靠种植茶苗，逐步走上富裕路

2005年后，按照遵义市委、市政府建设百万亩茶园的要求，遵义茶产业进入迅速发展时期。

表1–2 遵义市1949—2005年部分年度茶园面积统计表

年度	面积 /hm^2	年度	面积 /hm^2	年度	面积 /hm^2
1949	1064	1975	15612	2002	12841
1955	223	1980	12542	2003	13490
1960	931	1992	12683	2004	15370
1965	1345	2000	12547	2005	19307
1970	12542	2001	12219		

表1–3 遵义市1949—2005年茶叶产量分年度统计表

年度	产量 /t	比上年增长 /%	年度	产量 /t	比上年增长 /%	年度	产量 /t	比上年增长 /%
1949	498	—	1952	649	16.7	1955	1647	48.1
1950	503	1.0	1953	687	5.9	1956	1022	–37.9
1951	556	10.5	1954	1112	61.9	1957	1032	1.0

续表

年度	产量/t	比上年增长/%	年度	产量/t	比上年增长/%	年度	产量/t	比上年增长/%
1958	1398	35.5	1974	2125	44.8	1990	5703	-5.6
1959	2255	61.3	1975	2418	13.8	1991	5549	-2.7
1960	1541	-31.7	1976	2155	-10.9	1992	5031	-9.3
1961	1243	-19.3	1977	3249	50.8	1993	5538	10.1
1962	1420	14.2	1978	2660	-18.1	1975	2418	13.8
1963	1541	8.5	1979	2240	-15.8	1976	2155	-10.9
1964	1447	-6.1	1980	2785	24.3	1996	6056	-3.2
1965	1579	9.1	1981	3032	8.9	1997	6128	1.2
1966	1486	-5.9	1982	3421	12.8	1998	6797	10.9
1967	1455	-2.1	1983	3836	12.1	1999	7025	3.4
1968	1119	-23.1	1984	4652	21.3	2000	7027	0.0
1969	1640	46.6	1985	5223	12.3	2001	7245	3.1
1970	1395	-14.9	1986	5819	11.4	2002	7243	0.0
1971	1497	7.3	1987	5732	-1.5	2003	7379	1.9
1972	1324	-11.6	1988	6094	6.3	2004	8014	8.6
1973	1468	10.9	1989	6044	-0.8	2005	9685	20.9

数据来源：遵义统计局《遵义六十年》

（四）高速发展时期（2006年以来）

进入21世纪后，特别是2006年以来，遵义市委、市政府出台了一系列发展茶产业的政策，极大地调动了全市茶界的积极性，全市茶产业进入高速发展时期。茶叶基地规模扩张的速度，可用“迅猛”二字来形容，无论是从茶园面积、茶叶产量、产值还是企业总量等综合规模来看，遵义市均居全省产茶市（州、地）第一位，在全国名列前茅。茶产业的发展源于以下几点。

1. 政策驱动

2004年2月8日，中共中央、国务院发布《关于促进农民增加收入若干政策的意见》，规定降低农业税税率、取消农业特产税和对农民实行直接补贴，调动了茶农种茶的积极性。

2005年8月25日，湄潭、凤冈、余庆三县与省茶研所联合签署“中国西部茶海特色经济联合体”章程和合作协议；12月，中国茶叶流通协会复函，同意命名为“中国西部茶海”，遵义茶叶生产迈上规模化、产业化新台阶。2006年3月27日，遵义市政府批复同意三县一所建立“中国西部茶海特色经济联合体”，简称“西部茶海”。三县以整合资源、形成规模、责任共担、互惠互利、共同发展为合作宗旨，共同制定产业发展规划，积极发展茶叶基地，形成规模化茶叶产业基地。以“中国西部茶海”为地域品牌，以此带动成员县的茶叶产品品牌，使之形成地域性的品牌群。成员县共同举办茶叶产业和茶文化推介活动、制定规模营销计划并组织实施、共同制定旅游线路；以“中国西部茶海”为载体，整合土地资源、产业资源、风景名胜资源、文化资源、人力资源、财力资源，形成强大的宣传优势、品牌优势、产业优势。通过现代营销手段，抢占市场先机，实现区域性经济的共同发展。三县制定茶业发展规划，计划到2015年，联合正安、道真、务川等县共同打造中国西部“茶叶航母”，形成百万亩茶海，总产量达7.5万t，产值25亿元。“中国西部茶海特色经济联合体”的总部设在地处湄潭县的省茶研所，联合体常务工作由成员县申请或轮流主持。联合体设执行主席，执行主席组建联合办公室，执行主席由主持联合体工作的成员县县长担任，任期一年。

2006年6月，遵义市政府在全省率先出台《关于推进百万亩茶叶工程建设的实施意见》，明确提出建设百万亩茶叶工程是市委、市政府“六个一百”工程的重要组成部分，提出到2010年全市茶园总面积达百万亩的目标。成立市级百万亩茶叶工程领导小组，要求市、县两级在财政预算内补助新垦茶园和茶区基础设施建设。随后，遵义市政府办公室发布《关于推进百万亩茶叶工程建设的实施意见》，提出具体的要求、目标和工作措施。2006年，遵义市出台《遵义市国民经济和社会发展第十一个五年规划（2006—2010年）》，提出“十一五”期间打造百万亩茶海，在湄潭、凤冈、正安、余庆、道真、务川、播州、红花岗等县（区）55个乡镇大规模、高质量、高标准发展百万亩优良品种茶园建设，构建以湄潭县名优特色茶、凤冈县富硒富锌茶、正安县高山云雾茶、余庆县小叶苦丁茶为中心的四大优势产茶区。带动了湄潭、凤冈、正安、余庆呈现你追我赶竞争势态，茶农积极性高涨，客商投资开发和宣传推介的景象络绎不绝。

2007年，贵州省委、省政府出台《关于加快茶产业发展的意见》，明确对大力发展全省茶产业作了全面部署和要求，为贯彻落实这个文件精神，10月27日，遵义市实施百万亩茶业工程推进大会在湄潭召开。会议指出，要站在“三农”问题、实现农业现代化的高度认识实施百万亩茶业工程的意义，要以基地为基础，以科技为支撑，以市场为导向，以质量为核心，着力把茶产业培育成农民增收、企业增效、财政增长的主导产业。2007年10月，遵义市委、市政府出台《关于加快实施百万亩茶业工程的意见》，在茶园基地建设、加工企业扶持、品牌创建等方面给予扶持，决定每年投入1000万元专项资金扶持茶产业发展。规划目标分两步：第一步，到2010年，在保持现有茶园基础上，新增4.2万hm^2无性系良种茶园，使全市茶园总面积达百万亩，茶叶年产值达8亿元以上；第二步，到2015年，无公害茶园面积占茶园总面积90%以上，其中，绿色食品茶园面积占茶园总面积60%以上、有机茶园认证面积占茶园总面积40%，茶叶年产值达40亿~50亿元，使遵义市成为国内名优绿茶生产基地、加工基地、原料供给基地和绿茶出口中心，成为全国绿色食品茶、有机茶和茶饮料重要生产基地。2007年10月27日，“遵义市实施百万亩茶业工程推进大会”在湄潭召开，贵州省农业厅、省乡镇企业局、省茶叶协会等领导在会上作了发言，湄潭、凤冈、正安三县对加快茶产业发展作经验交流。遵义市委、市政府对当年茶园建设和茶产业发展成绩突出的7个县、8个乡镇、11个村、2个种植及育苗大户和20家加工企业进行了表彰奖励；对第四届中国国际茶业博览会上获得4金1银的五家企业分别给予10万元和2万元的表彰奖励。

2008年1月，贵州省委、省政府召集省直有关部门领导，全省9个地（州、市）和42个茶叶发展县党政领导及农业局、茶叶办（局）负责人等约140人在湄潭县召开“全省茶产业发展现场会”。会议充分肯定湄潭、凤冈、正安等县加快茶产业发展的做法和经验，重点强调推进茶产业的发展有利于增加农民收入，有利于提高农业综合效益，有利于保护生态环境、丰富“生态立省”战略内涵、建设生态文明，有利于推进社会主义新农村建设。

2009年初，遵义市经济工作会议要求东部加速开发，湄潭、凤冈、余庆三县“要以茶产业为突破口”。是年，贵州省农业委员会按照贵州省委、省政府《关于加快茶产业发展的意见》中“优化茶叶区域布局”的要求，按地理位置、生态环境、产品结构及市场基础等因素划分的贵州茶产业区域，以县级行政区域为基本单元，将贵州省茶叶产区布局为五大产业带，其第一带——“黔北锌硒优质绿茶产业带”区域为遵义市所属各县（市、区）。

2011年通过的《贵州省国民经济和社会发展第十二个五年规划纲要》提出：发展壮大茶产业，以发展高品质绿茶为重点，继续加强优质、生态茶叶生产基地建设，提高茶叶规模化、标准化生产水平。加强茶叶综合开发利用，提高茶产业综合经济效益，加大资源整合力度，积极培育和引进一批茶叶龙头企业，打造在国内外市场有较强竞争力的“黔茶”品牌，使贵州成为国内绿茶产业发展的大

图1-23 2011中国茶产业论坛在茶海之心举行

省、强省。2011年4月，由遵义市政府和贵州省农业委员会主办、凤冈县人民政府和贵州凤冈生命产业投资管理有限公司承办的“2011中国茶产业论坛”在茶海之心——凤冈县永安镇田坝村举行（图1-23），其主题为“品牌·文化·资本——中国茶产业的遵义机会”。论坛的专题演讲有：“中国茶道的商业前景”“整合、定位、聚集、发力——中国茶企需要做好的几件事”“中国茶业进入20时代”“茶叶消费的秘密和品牌持续成长之道”“茶叶品牌成功链的打造”“谁将是中国茶产业的王者”“茶叶产业振兴的战略构想”等。互动交流中，专家就如何提高茶产业附加值和竞争力、如何制定有机茶产业的行业标准、茶产业如何避免国内的过度竞争并且整合资源和扩大出口、茶饮料是否仍然具有全国茶文化的精髓、如何进一步继承和创新茶文化、扩大凤冈锌硒有机茶的品牌影响力进行了交流。

2012年5月，“全省茶产业发展大会”在湄潭县召开，会议提出：贵州省茶产业已进入加速发展的关键时期，进入由茶产业大省向强省转变的重要时期；要大力打造茶产业的核心竞争力和品牌竞争力；实现“四个增加”即到2015年，茶园面积从330万亩增加到700万亩，加工企业从616家增加到3000家，综合总产值从33亿元增加到500亿元，从业人员从240万人增加到500万人；达到“四个提高”即提高农民种茶收入，提高茶产业收入比重，提高茶园集中度，提高品牌竞争力。会议期间，与会人员考察了湄潭县和凤冈县茶叶种植基地、加工企业、专业合作社、工业园区、专业村寨等。贵州省农业委员会汇报了全省茶产业发展情况，湄潭县和贵州湄潭盛兴茶业有限公司、贵州凤冈县仙人岭锌硒有机茶业有限公司作了大会发言。2012年，遵义市委、市政府出台《进一步加快茶产业发展的意见》，提出建设260万亩茶园，实现100亿元综合产值的目标。每年安排不少于2000万元专项资金用于茶产业建设，并组建隶属于市农业委员会的副县级单位——遵义市茶产业发展中心，推进全市茶产业发展。调整规划，湄潭由原来的40万亩调整为60万亩，凤冈由原来的35万亩调整为50万亩，新增绥阳10万亩。茶叶主产县由7个增至8个，位于西部的仁怀市为确保国酒生产的天然屏障，实现同步小康目标，确定每年财政投入1000万元，在南部5个乡镇发展茶叶10万亩。2012年10月，遵义市委、市政府召开茶产业发展大会。各产茶县（市、区）出台相应的扶持政策：湄潭县兑现2011—2012年各项奖补资金1600万元；凤冈县投入1000万元在高速公路设置宣传广告；余庆县每年预算茶产业发展资金400万元等。各茶叶主产县加大上级（中央与省级）资金的争取力度，在省级11个一档县中遵义市湄潭、凤冈、正安、余庆、道真五县入围，加上第二档的务川县，共争取中央和省级财政资金4400万元，为茶园基地建设打下基础。

2013年，作为遵义茶叶生产基地县的湄潭、凤冈、正安、余庆、道真、务川六县，从丰富的茶树资源综合利用出发，着手改善茶叶产品结构。提出“绿、红、白、黑”全面发展，高、中、低端协调推进，茶叶、茶饮料、茶纺织品、茶食品、茶艺术品综合开发；着力做强产品加工销售企业，不断深化县县合作，鼓励县内企业跨县办基地、收原料，扩大加工规模。鼓励企业间通过多种形式深化合作，优化重组，扩大资产规模，增强市场竞争力。同时，注重市场开拓和品牌推介，进一步加强统筹，抱团出击，加大市场开拓和品牌建设力度，积极争取省、市支持，形成更大合力闯市场，共同推动全市茶产业实现新发展、新突破。

2014年4月，贵州省政府办公厅印发《贵州省茶产业提升三年行动计划（2014—2016年）》，遵义市委、市政府也配套出台《遵义市贯彻落实贵州省茶产业提升三年行动计划实施意见》，提出以“湄潭翠芽”“遵义红”两个省级重点品牌为引领，加快加工转型升级、优化品种结构、构建茶叶质量安全体系、促进茶旅一体化发展等全产业发展思路。以市场主导、政府推动、龙头带动、品牌引领、调整结构、丰富品种、提升质量、确保品质为基本原则；制定了3年及各年投产茶园面积、产量和综合产值目标；行动内容有品牌创建、市场拓展、加工升级、基地提升、质量保障、科技创新、金融服务、文化宣传；保障措施有加强领导，明确职责，多措并举，增加投入，落实土地、税收等优惠政策，建立激励机制。

2017年9月，为贯彻落实省、市关于脱贫攻坚产业扶贫的决策部署，加快遵义市茶产业裂变发展，进一步促进全市茶产业转型升级，助推农业农村经济发展和脱贫攻坚，遵义市政府印发《遵义市发展茶产业助推脱贫攻坚三年行动方案（2017—2019年）》，制定出3年茶产业发展和精准扶贫总体目标和分年度目标：以“遵义红”“遵义绿”为代表的名优茶、大宗茶、出口茶生产基地，以“遵义大树茶”为代表的古树茶生产基地，其他茶类及茶衍生产品的产业布局；明确茶园提质增效工程、质量安全保障工程、加工升级工程、渠道建设工程、品牌宣传工程和改革创新工程为具体内容的实施方案；落实围绕“四个精准”发力的政策措施、组织措施和保障措施。

2. 措施落实

建立组织协调机构，成立百万亩茶叶工程领导小组和由分管领导为召集人、有关部门和单位负责人为成员的百万亩茶产业联席会议制度，负责研究茶产业发展的总体规划、年度计划和一些重要事宜，协调解决全市工程建设实施过程中的重大问题。各产茶县（市、区）建立茶产业发展联席会议制度和领导小组，主要领导亲自抓，分管领导集中精力抓，相关部门抽调人员。各县（市、区）理顺和规范茶叶管理机构，组建茶产业发展机构（局、办、中心），增加编制。单设科级茶叶机构的地方，充实人员，抓好发展；没有单设机构而隶属其他机构管理的，纳入县（市、区）农业统一管理；有茶叶生产任务的乡镇，在农技站（农推站）加挂茶叶工作站的牌子，一套人马，两牌块子，编制人员不足则由其他机构业务人员调剂；各地还配备相应的茶叶专业技术人员，解决乡镇发展茶叶生产中技术指导服务问题。

加强部门配合，协力推进百万亩茶业工程。发改、农业、林业、农机、乡企等部门加大茶产业项目的争取力度，捆绑使用农业综合项目资金向茶产业倾斜，加大推进对茶叶生产的扶持补贴力度；经贸、商务、招商等部门做好外企外资引进工作，加快茶叶生产与加工技术等科技装备的提升，支持企业参与国内国际茶叶市场竞争，扩大茶叶出口创汇；工商、税务、环保、卫生、质检等部门做好企业申报、QS认证、商标注册、出口退税等工作；建设茶叶质量卫生监管体系，确保茶叶产品质量和农资质量安全。

遵义市委、市政府把百万亩茶业工程纳入农业农村工作综合考核的重要内容，每年对各县（市、区）新种茶园面积进行检查验收，各产茶县健全考核机制，把各项政策措施落到实处。

3. 财政投入

2006年，《遵义市关于推进百万亩茶叶工程建设的实施意见》规定：建立投入机制，加大扶持力度……要把茶叶投入纳入财政预算，湄潭、凤冈、正安、余庆、道真5个主产县，每年财政投入资金应在100万元以上，其中湄潭县800万元以上，凤冈县500万元以上；其余的务川、遵义等县，每年投入应在50万元以上。为加快茶叶发展，遵义市政府决定对新垦茶园每亩奖励补助实施主体20元，补助县（市、区）基础配套设施建设市场（水、电、路等），年终由市政府组织有关部门验收兑现。各地各部门进一步加大对茶产业的扶持投入力度，建立稳定长效的投入机制。农业综合开发、扶贫开发、以工代赈、农村沼气建设等各种项目资金，实行捆绑使用，有效整合，重点向发展茶叶产区倾斜。引导工商企业、私营业主、外来资金和社会资金投入工程建设，形成多渠道、多层次的投资体系，保障工程建设的资金需要。

2007年，贵州省委、省政府《关于加快茶产业发展的意见》明确要加大财政支持力度：省财政要逐年加大对农业产业化经营专项资金的投入（图1-24）。从当年

图1-24 贵州省财政资金支持遵义市四县茶产业工作

起，将茶产业加工企业生产发展、技术改造等贷款进行贴息，对达到一定规模的无性良种繁育基地建设进行补贴；对连片开发、品种符合规划、质量符合标准的种茶企业和种茶大户给予扶持；对茶叶市场体系建设、茶叶产品展示展销推介活动等给予补助；对茶叶新技术研究、新产品开发和新技术推广等进行投入；对获得无公害农产品、绿色食品和有机食品认证的给予奖励。各市（州、地）和有关县（市、区）也要加大财政资金对茶产业的投入，支持茶产业发展。如2009年，共有5800万元中央现代农业生产发展资金支持湄潭、凤冈、正安、务川四县茶产业发展，实施面积17万亩。支持方式有直接补助、贷款贴息、以奖代补、以物折资、先建后补等多种投入引导方式。

2009年，《中共遵义市委、遵义市人民政府关于加快实施百万亩茶业工程的意见》规定：加大财政投入力度。从当年起，市财政每年安排1000万元茶叶产业化经营专项资金，主要用于茶苗补贴和调控、贷款贴息、扶持龙头企业、落实激励机制等方面。相关县（市、区）也要制定茶产业资金扶持政策，加大财政资金对茶产业的投入。

遵义市、县两级金融机构特别是农行、农发行、农村信用联社等部门为茶产业发展提供信贷支持，增加信贷投放额度，支持农户发展茶叶生产。如在2015年春茶即将采摘前夕之际，贵州银行授信凤冈县生态有机茶叶小微企业商会6000万元，积极帮助凤冈茶企业缓解收购茶叶期间资金断链的问题，通过创立生态茶业小微企业联合基金会，形成互相监督、互相支持、互相帮助的团体，严把产品质量关，进一步实现茶叶企业抱团发展，切实扶持把凤冈锌硒茶做大做强做优。

4. 成效显著

从2006年起，遵义茶产业进入跨越式发展阶段。贵州省委、省政府和遵义市委、市政府印发系列文件后，全市茶业迅速发展，湄潭、凤冈、正安、余庆、道真、务川等县（市、区），形成一股全县抓茶业发展的势头。2005年9月至2006年6月，仅湄潭、凤冈、余庆、道真和红花岗四县一区新垦茶园面积就达2854hm^2，新垦茶园茶树成活率均达90%以上。栽培品种皆为无性系良种，种植规格较为合理，茶园管理相对精细，茶树长势整体表现良好，园林生态条件较好。2006年，形成湄潭、凤冈、正安、余庆、道真五县茶产业区域带，全市茶园面积2.11万hm^2，产量1万t，产值2.15亿元。

2007年，全市茶园面积2.49万hm^2，比上年增长18%，占全省的34.3%；茶叶产量1.28万t，比上年增长28%，占全省的43%；产值3.96亿元，占全省的35%。

2008年，全市茶园面积3.44万hm^2，其中投产茶园面积1.8万hm^2。无公害茶园达到100%，绿色、有机茶园认证面积占总面积的5.5%，无性系良种茶园占总面积的73.9%。茶叶总产量1.44万t，总产值5.8亿元。

2009年，全市新增茶园面积1.13万hm^2，达4.7万hm^2，其中投产茶园2.19万hm^2，产茶1.98万t，实现总产值9.76亿元。全市获有机、绿色食品、无公害认证茶园分别达3100hm^2、600hm^2、2500hm^2。是年，农业部定点农副产品茶叶专业批发市场——湄潭西南茶城农副产品（茶叶）专业批发市场茶叶交易2700t，交易额3.2亿元，成为带动和辐射湄潭、凤冈、余庆等地茶叶流通的重要市场。湄潭、凤冈等在茶区相继建立农民茶青交易市场25个，年交易量7000t，年交易额2.5亿元。湄潭、余庆两县获农业部授予的“无公害农产品茶叶示范基地县”称号，余庆县获“中国小叶苦丁茶之乡”称号，凤冈县获“中国富锌富硒有机茶之乡”称号，湄潭县获“中国名茶之乡”称号。

2010年，全市茶园面积达6.22万hm^2，投产面积2.73万hm^2，总产量2.4万t，总产值13.2亿元。茶园面积、茶叶产量均居全省之首。10月，中国茶叶流通协会授予遵义市“中国高品质绿茶产区”称号。

2011年，全市茶园面积达到8.35万hm^2，完成百万亩茶叶工程目标，茶园面积在全省排名第一，在全国地级市中名列云南普洱市、河南信阳市之后，成为全国名茶主要生产基地。投产茶园3.5万hm^2，产茶2.08万t，总产值17.03亿元。

2012年，茶园面积达8.59万hm^2，居全国第二位。其中，投产茶园4.37万hm^2，全年茶叶总产量4.75万t，产值29.8亿元。不少地方兴起茶旅一体化的乡村旅游，在凤冈田坝，当地茶农一手卖茶叶，一手“卖”生态。是年，湄潭绿色食品工业园区获批省中小企业示范园区；湄潭国家农业科技园区挂牌；湄潭获“全国十大茶叶生产发展示范县”称号；正安、凤冈县茶叶进入欧盟市场；成功申报正安“中国白茶之乡”品牌；推进中国茶城等项目建设；国家级茶及茶制品获筹建批文；贵州湄潭兰馨茶业有限公司的“兰馨”牌商标成为贵州茶企第一件中国驰名商标。

2013年，全市茶园面积10.09万hm^2，投产茶园面积5.34万hm^2，产茶5.8万t，产值43.59亿元。无性系茶树良种比例93.4%，有机茶园达5647hm^2。形成以福鼎大白茶、名山系列、黔湄系列、安吉白茶为主的无性系茶树品种。

2014年，全市茶园面积达11.59万hm^2，比上年增长14.9%，占全省的26.3%。茶叶总产量7.36万t，产值54.36亿元，分别比上年增长26.6%、24.7%。湄潭县、凤冈县在全国重点产茶县排名中分列第2位和第16位，创贵州产茶县最好排名，湄潭还获“中国茶行业十大转型升级示范县”称号。在“第十三届国际茶文化研讨会暨中国（贵州·遵义）国际茶产业博览会”上，中国国际茶文化研究会授予遵义市“圣地茶都”、授予湄潭县“中国茶文化之乡”称号。根据贵州省委、省政府决定：自2015年起，每年的“一节一会”定点在湄潭召开，充分肯定了遵义茶产业发展所取得的成绩。

2015年，全市茶园面积达到12.99万hm^2，比上年增长12%，茶叶总产量9.04万t，比上年增长22.8%。

2016年，全市茶园面积达到13.76万hm^2，比上年增长6%，茶叶总产量10.95万t，比上年增长21.1%。

2017年，全市茶园面积稳定在13.76万hm^2，投产茶园11万hm^2，比上年增长17.1%；通过“三品一标”认定的茶园11.19万hm^2，占茶园总面积的88.4%，其中无公害茶园10.67万hm^2、绿色食品茶园640hm^2、有机茶园0.5万hm^2；茶叶总产量12.51万t，比上年增长14.2%；总产值100.56亿元，比上年增长18.2%；投产茶园平均每公顷单产1137kg，产值91035元。无论是从茶园规模、茶叶产量还是企业总量上来看，遵义市均居全国产茶市（州）第一位。

2018年，全市茶园总面积稳定在13.76万hm^2，无性系良种达98%以上，其中湄潭县4.05万hm^2、凤冈县3.33万hm^2、正安县2.33万hm^2、余庆县1.2万hm^2、道真县1.4万hm^2、务川县1.07万hm^2，其他县（市、区）均有分布。通过“三品”认证茶园达到90%以上，其中有机茶园0.85万hm^2、雨林认证茶园1640hm^2。全市投产茶园11万hm^2，全年茶叶产量13.49万t，全年茶叶产值111.53亿元，全年茶叶销售数量12.9万t，销售额106.5亿元。从产业综合规模比较，已跃居全国产茶市（州、地）前列。是年，遵义市向国家商标局申请将“遵义红”“遵义绿”商标由湄潭县茶业协会和凤冈县茶叶协会转让到遵义市茶产业发展中心，12月根据遵义市委决定组建注册成立遵义茶业集团。

2019年，全市茶园总面积稳定在13.76万hm^2，投产茶园11.34万hm^2，全年茶叶产量15.5万t，全年茶叶产值133.14亿元。全年茶叶销售数量14万t，销售额128亿元。

表1-4　遵义市2006—2019年茶园面积、茶叶产量产值统计表

年度	总面积/hm^2	比上年增长/%	投产茶园/hm^2	比上年增长/%	产量/t	比上年增长/%	产值/万元	比上年增长/%
2006	21067	—	13260	—	10000	—	21500	—
2007	24867	18.0	16647	25.5	12796	28.0	39616	84.3
2008	34373	38.2	18040	8.4	14401	12.5	57913	46.2
2009	47020	36.8	21913	21.5	19769	37.3	97550	68.4
2010	62200	32.3	27300	24.6	24021	21.5	131980	35.3
2011	83533	34.3	34980	28.1	20781	-13.5	170306	29.0
2012	85913	2.8	43727	25.0	47528	128.7	298002	75.0
2013	100880	17.4	53367	22.0	58148	22.3	435949	46.3

续表

年度	总面积/hm^2	比上年增长/%	投产茶园/hm^2	比上年增长/%	产量/t	比上年增长/%	产值/万元	比上年增长/%
2014	115900	14.9	65533	22.8	73644	26.6	543600	24.7
2015	129853	12.0	80100	22.2	90404	22.8	716640	31.8
2016	137613	6.0	93367	16.6	109516	21.1	851120	18.8
2017	137613	0.2	109967	17.8	125107	14.2	1005610	18.2
2018	137613	0.0	109967	0.0	134912	7.8	1115300	10.9
2019	137613	0.0	113406	3.13	154879	14.8	1331413	10.4

数据来源：遵义市茶产业发展中心

今天的遵义，处处可见“茶”的文化：湄潭人说，当农民种茶去；凤冈人说，茶叶改变了凤冈；正安人说，茶叶是“减贫摘帽”的最大希望……“中国名茶之乡”湄潭、“中国富锌富硒有机茶之乡”凤冈、“中国白茶之乡”正安、“中国小叶苦丁茶之乡”余庆……作为贵州省茶叶大市的遵义，十多年间，基地规模发展迅猛，龙头加工快速提升，市场品牌风生水起，农民增收日益明显，整个产业在全省树起标杆，成为黔茶不可或缺的重要板块。

二、各县（市、区）当代茶产业的发展

（一）湄潭县

计划经济时期，湄潭县开垦了一批茶园，建设改造了一批社队茶场。改革开放后，湄潭县提出“优势在茶，特色在茶，出路在茶，希望在茶，成败在茶”。湄潭县委、县政府加大茶叶产业发展力度，出台系列优惠政策，为茶叶产业发展注入强劲活力，推动全县茶产业快速崛起。

1. 湄潭茶产业发展阶段概述

从中央实验茶场基础上发展起来的湄潭茶产业，经历70年风风雨雨，如今已成为湄潭工农业经济发展和农民脱贫致富奔小康的第一支柱产业。从其发展历程来看，从1949年到现在大致可以分为4个不同发展阶段。

1）起步时期，时间大致为1950—1965年

1952—1954年，当时贵州省湄潭实验茶场帮助城郊东南、高山、土坝等乡村建立大田农作物技术示范推广点，建立互助合作社开辟茶园。20世纪50年代中期，在当时的贵州省湄潭茶叶试验场站指导与帮助下，全县相继有洗马、团林、清江、随阳山等10个乡

（村）开辟出较集中、有一定规模的茶园。1957年，全县农村茶园已发展到365hm^2，国营茶场发展到335hm^2。1959年，为庆祝中华人民共和国成立10周年，县委抽调民工和共青团员1000余人，在协育开垦茶园逾千亩，命名为“共青团茶园”。1965年，全县农村茶园近800hm^2。

2）发展时期，时间大致为1966—1979年

20世纪70年代初，湄潭农村先后办起22个社办茶场，149个大队茶场，茶园面积达764hm^2。1972年，县政府组织各有关部门和公社领导36人赴湖南、安徽、浙江等省15个产茶区参观学习；同年，从外省引进茶种8万kg，加上本地收购茶种12万kg，开辟新茶园107hm^2，创造历史上开荒种茶最高纪录。1975年春，全县农村已拥有新、老茶园近2800hm^2。1978年，国务院批准湄潭县为全国100个年产2500t的茶叶基地县之一。1979年，全县共有茶园2846hm^2。

3）快速发展时期，时间大致为1980—2005年

改革开放后的一段时期，湄潭茶业发展相对较为缓慢，湄潭茶场逐渐由鼎盛开始转向衰落。但在历届县委、县政府对茶叶产业的重视下，中国西南茶叶第一村——核桃坝村茶业异军突起，率先依靠发展茶叶产业走上富裕道路。1981年，省茶科所与湄潭核桃坝村签订“茶树短穗扦插繁殖试验合同”。1988年1月3日，贵州省首个茶农协会暨茶业基金会在核桃坝村成立。20世纪90年代起，湄潭龙泉山名茶研制场研制的“龙泉剑茗”茶开始享誉全国。1997年，茶叶被确定为全县农业支柱产业，随后开始重点发展茶叶产业，并形成“南烟北茶”布局，全县也开始出现一些以茶叶为主导产业的村，带动全县农村茶产业发展。1999年6月，湄潭举办“遵义市首届名优茶品评会暨黔北茶文化研讨会”“名茶两会”开全市乃至全省茶业“节”“会”的先河。2000年，组建茶产业管理机构——湄潭县茶叶事业局。2001年4月，贵州省首个茶文化节在湄潭举行。

进入21世纪后，湄潭县委、县政府抓住农村产业结构调整和退耕还林大好机遇，使湄潭茶叶种植面积迅速增大，种茶农户增多，优良品种增多，茶叶生产由粗放型向高精型生产转变，茶叶生产快速发展。2001年新发展466.67hm^2，4月，湄潭县被农业部确定为首批创建“全国无公害农产品（茶叶）生产示范基地县”。2002年新发展333.33hm^2，成为全国首批“无公害茶叶生产基地达标县”。2003年通过退耕还林还茶866.67hm^2，零星茶园133.33hm^2。2004年全县茶叶产量2432t，产值6148万元，建在湄潭的西南茶城经农业部核准为“农业部定点市场”；是年，湄潭县委、县政府明确提出“制定一个规划，建好一个基地，扶强一个企业，打造一个品牌，培育一个市场，形成一大产业”的茶产业经营思路，培育和扶持茶叶龙头企业，创新营销理念，实施名牌战略，进一步

调动农民种茶积极性和增强企业发展茶产业决心。2005年，全县茶园面积发展到8333.33hm^2，其中无性系良种茶园占茶园总面积65.3%，远高于全省11%和全国30%，茶叶总产量达2877t，茶叶主要产品以“湄潭翠芽”等扁形名优茶为主，同时生产针型绿茶、大宗炒（烘）青绿茶（含珠茶），也生产少量的碧螺春、龙井茶、红碎茶等；是年，湄潭县被中国三绿工程组委会授予“中国三绿工程茶业示范县”称号，县政府获中国茶叶学会和农民日报社授予“中国茶叶产业发展政府贡献奖”（图1-25）。1978—2005年，茶叶产量由1093t增至2877t。特别是2006年以来，茶叶成为全县的支柱产业，茶产业进入高速发展的辉煌时期。

图1-25 2005湄潭县中国茶产业发展政府贡献奖

表1-5　1978—2005年湄潭县茶叶产量

年度	产量/t	年度	产量/t	年度	产量/t
1978	1093	1988	1682	1998	2314
1979	925	1989	1682	1999	2472
1980	1009	1990	1741	2000	2291
1981	1006	1991	1677	2001	2346
1982	1066	1992	1526	2002	2134
1983	1183	1993	1979	2003	2209
1984	1638	1994	2107	2004	2432
1985	1672	1995	2020	2005	2877
1986	1374	1996	2009		
1987	1632	1997	1887		

2. 湄潭茶场

湄潭县除了本县的茶农和茶企之外，还有一个管辖权限几经变换的大型农垦企业——贵州省湄潭茶场。

1）机构沿革

1949年11月，湄潭县人民政府成立，湄潭桐茶实验场由湄潭县政府建设科接管；同年12月，又由遵义地区行署建设科接管。1950年春，再由贵州省政府军管会农林处正式接管，更名为“贵州省湄潭桐茶实验场”，继续开展桐、茶试验研究，隶属贵州省农林厅。1952年10月，改名为“贵州省湄潭实验茶场”。1955年1月，贵州省农林厅将贵州省湄潭实验茶场更名为“贵州省湄潭茶叶试验站”（以下简称“省茶试站”）。随着生产规模不断扩大，1962年，省茶试站分别扩建省茶科所和贵州省湄潭茶场两块牌子、一套人马。1973年9月，省茶科所、湄潭茶场单独建制，省茶科所属县级事业单位，茶场属县级企业单位，同属贵州省农业厅。

2）规　模

湄潭茶场是贵州省农垦系统规模最大、出口茶最多，全国8个重要茶叶出口基地之一的省属国营大型茶场（图1-26）。建场以来，经历了艰苦创业、起伏徘徊、改革发展的历程，大致可分为7个时期：1939年11月至1949年10月的科研生产全面发展时期（民国时期）；新中国成立时的接管时期；1950—1952年的恢复时期；1953—1958年的大发展时期；1959—1964年的调整—充实—再调整时期；1965—1977年的“四清”“文化大革命”受控时期；1978—2009年改革发展时期。

图1-26 20世纪50年代湄潭茶场、省茶科所合署办公楼

1950年，贵州省湄潭桐茶实验场只有象山（即打鼓坡）和桐子坡的茶园37hm²。1955—1956年，省茶试站在湄潭县城附近五马槽、屯子岩等地扩建茶园千亩，1956—1958年又在湄潭、凤冈两县交界的永兴断石桥一带开垦新茶园266.67hm²，并分别建起3个分场，为建成全省农垦系统规模最大的茶叶生产和出口基地打下基础。1953年打鼓坡茶园初具规模，1957年打鼓坡分场拥有新辟茶园60hm²，加上1940年中央实验茶场开垦的37hm²，共有茶园97hm²。1954年，在囤子岩新辟46.67hm²茶园，并正式成立贵州省湄潭实验茶场屯子岩分场（以下简称“屯子岩茶场”）。1954年，贵州省农林厅将永兴荒地400hm²土地拨给茶场使用。1956年7月，贵州省农业厅在原勘测400hm²基础上扩大为533.33hm²，建立经营茶叶为主、生产粮食为辅的综合农场，在此建大型茶园。茶园的开垦以拖拉机、人工、畜力为主（图1-27、图1-28），还将二战退役下来的坦克改装为推土机进行开垦。贵州省政府周林省长特批调进一台大型拖拉机（图1-29），遵义又配了2台45马力的拖拉机。1965年，屯子岩茶场的茶园面积由1954年的46.67hm²发展到66.67hm²，茶青产量由1958年的10t左右提高到近50t。

图1-27 人力开垦　　图1-28 畜力开垦　　图1-29 开垦茶园使用的“东方红”拖拉机

时至今日，永兴茶场共有茶园面积427hm²。在永兴茶场还建有茶树品种园（亦称科技园），品种园占地4hm²，引进云南大叶茶、福建黄金桂、水仙、梅占、铁观音等品种，20世纪70年代引进福建“福鼎大白茶”、浙江绍兴“瓜子茶”，并栽种省茶科所专家研制开发的黔湄系列品种（601号、502号、415号、419号等）。根据当地气候土质进行比较实验，然后推广至贵州全省。1963年，邓乃鹏、冯绍隆、黄建国等人将永兴茶场第一生产队哨楼坡一块面积0.15hm²的茶园作为丰产试验园，创造了中叶型苔茶每亩产鲜叶1058.7kg的高产纪录，将实验成果转到永兴茶场三队，由省茶科所汪桓武、赵翠英等人负责执行采摘、施肥、防虫等33.33hm²茶园的中间试验，求证出高产成果后推广到全省。

20世纪60年代，湄潭茶场制作出口包装箱的木工有60多人，时常有催促产品的电报到茶场（图1-30）。

图1-30 20世纪60年代的木制包装箱

按1990年统计，湄潭茶场全场有土地933.33hm²，其中茶园600hm²，总人口5000人，职工近2000人，有年加工茶叶1000t的制茶工厂两座，年产各类茶近1000t，年创汇70万美元，年利税200万元；1978年，该场与全国国营农垦企业一样，步入改革开放时代；1982年冬，实行企业改革，推行大面积茶园联产承包责任制，即茶园生产队实行定面积定人员定大型农机具，包年用工包产量产值包成本包利润的“三定四包”生产责任制；1984年实施“全奖全赔”制等；1993—2010年，为适应市场经济发展形势，湄潭茶场不断深化改革，转轨转型，调整生产结构，实现了产量产值与职工生活水平的同步增长与提高。

3）产　品

新中国成立初期，贵州的红茶引起了中国茶叶公司的重视，专门派员到贵州建立技术推广站，普及红毛茶粗制技术，然后将贵州生产的红毛茶调往重庆进行精制，拼入四川红茶出口。随着贵州茶园面积增大和制茶技术普及，1958年，贵州结束了红毛茶拼入“川红”才能出口的历史，创立了自己的品牌“黔红”。由于湄潭属产茶大县，又有贵州省农业厅直管的湄潭茶场和省茶科所的技术推广辅导，全省红毛茶均调入湄潭茶场进行精制出口。

湄潭茶场主要产品有红碎茶、工夫红茶、（炒、烘青）绿茶、茉莉花茶、边茶、湄江毛峰和湄江翠片等（图1-31）。其中湄江翠片以“色绿、馥郁、味醇、形美”四绝著称，连续获得省优、部优和“贵州四大名茶”“十大名茶”称号；“红碎茶”颗粒紧结、规格分明、色泽乌润、香气鲜浓、滋味浓强、汤色红艳、叶底红亮，产品远销美、英、澳、丹麦、日本、巴基斯坦等十多个国家和地区。其中“红碎茶二号”连续四年获省优、部优产品称号，颇受广州口岸公司的青睐。内销绿茶、红茶、花茶主销省内和川、桂、闽、湘、鄂等十多个省份，在广大的消费者中具有较高的信誉度。

图1-31 20世纪50—70年代湄潭茶场生产的部分茶叶产品

（二）凤冈县

新中国成立以来，凤冈茶产业有较大发展，但起伏波动很大。1949年，凤冈县茶叶年产量仅为8.5t，年需饮茶量为115t，尚差106.5t。20世纪50—60年代，茶叶的年产量在6~18t之间徘徊，最高的1956年为18.2t，最低的1961年为6.6t，不及1949年的水平。如1958年，全县产茶叶17.95t，消费量155t，相差132.05t。这期间除由县政府每年组织50t茶叶供应外，不足部分人们只能以苦丁茶和老鹰茶替代。

从1949—2005年，凤冈县的茶产业发展经过以下几个阶段。

新中国成立后，政府对茶叶实行统购统销，全县茶叶生产得到关注。1953年，全县农场种植4hm^2茶园，为规模种植茶叶之始。1958年，县政府发动群众在水河村开辟茶园，并创办第一个社办茶场，以此带动全县茶叶生产发展。1967年，水河公社办起第一个社队联办茶场40hm^{2}茶园，接着永安等公社又相继开辟茶园，至1972年春，全县有茶园180hm^2。此后，全县各公社几乎都开辟茶园、兴办茶场，部分大队和生产队也办茶场。

1. 初创阶段（1972—1980年）

1972—1980年是凤冈茶叶的初期发展阶段，县供销社系统负责茶叶种子等物资投入和统购内销，外贸销售由凤冈县外贸公司负责，生产技术指导由各区农技站承担，行政管理由各公社、大队和生产队负责，产、供、销分离。

1976年，全县种茶2920hm^2，有137个社队茶场、280个生产队茶场，全县用于茶场投资270万元。由于短期内茶场大批兴起，产、供、销一时无法协调，技术指导不力，制茶机具缺乏，土法加工，质量较差，有的茶场年年亏本，有的茶场长期无产量，出现严重的毁茶种粮现象。到1978年对全县茶园进行普查丈量时，仅有茶园538.67hm^2。1981年农村实行包干到户的生产责任制，茶场解散，茶园下放给村民分户管理，有的荒芜，有的毁茶种粮，加上县供销社大量收购边茶，茶园再一次受到毁坏。到1982年，全县茶园仅有858hm^2，平均每公顷产茶135kg、产值357元。布局分散，规模小，单产低，加工设备简陋，工艺简单，产品仅限于晒青茶、青毛茶、炒青茶三种。

2. 恢复发展阶段（1982—1989年）

面对茶园产量低、质量差、效益不佳、成片被毁的状况，贵州省农业厅和贵州省科委组织部分县进行低产茶园的技术攻关改造，并在经营管理上采取了相应的措施，凤冈县政府成立了茶叶技术攻关领导小组。1982—1985年，共改造低产茶园427hm^2，新（换）种茶园650hm^2，共投资340多万元，办了良种基地，改造的茶园产量和质量都有了提高，平均每公顷产茶937.5kg，每公顷产值由原来的357元提高到4830元，使凤冈茶产业得到了恢复；1986年凤冈利用非耕地开发贷款47万元，低改茶园69.2hm^2，换种茶园85hm^2；1987年，利用扶贫资金26.1万元和省地贴息开发贷款86.9万元，低改茶园149.5hm^2，新种茶园568.7hm^2；1988年，利用贴息贷款150万元，新种茶园539.3hm^2，换种茶园100.7hm^2；1989年，从省茶科所引进良种扦插苗40多万株，建立高标准良种茶园6.67hm^2，新发展的茶园引进“福鼎大白茶”品种和无性系列良种苗；至1989年底，全县茶园面积发展到2721.2hm^2。

此间，凤冈县作为全省5个重点产茶县参加了贵州省农业厅和贵州省科委组织的低产茶园改造技术攻关项目。1982年10月，凤冈县聘请省茶科所专家作技术指导，通过“深耕、补密、稳水、增肥、除草、修剪”等技术手段和措施，使濒临荒芜的低产茶园重新焕发了生机；1985年1月由凤冈县农业局、省茶科所和17个乡村茶场成立“凤冈县茶叶联营公司”，实行生产、技术、科研和供销四位一体联营。在低改技术攻关中，先后组织了基础条件比较好的宏丰、水河等20来个乡村茶场参加，总面积344hm^2；1987年12月凤冈县政府成立局级茶叶公司，负责全县茶叶生产、技术、供销等服务及管理职能；1989年后，茶叶产品由二类商品放开，允许自由经营，外销基本停止。凤冈县茶叶公司由于承担茶叶贷款230万元，并支付银行本息及各种费用，同时还要对茶农进行技术培训，导致不堪重负，无力对茶叶产业进行支撑，茶叶发展又陷入一个低谷；到1992年底，出现茶园严重丢荒，茶叶品质下降，全县茶园实际管理面积下降到1931.8hm^2。

3. 巩固发展阶段（1993—2002年）

1993年，凤冈县茶叶公司通过清算债务的方式，先后接管了大堰、大都、田坝、金鸡、新建、西山茶场进行直接管理。1994年聘请安徽农业大学专家组刘和发教授一行四人指导开发凤冈“富锌富硒绿茶”和名优茶生产，并在省茶科所、遵义地区茶叶学会及县技术监督和食品卫生部门的帮助下制定了《凤冈富锌富硒绿茶》《凤泉雪剑》名优茶企业标准。1995—1996年，公司引进珠茶机械并加强技术培训，提高名优茶的产量和质量，改变了当时炒青绿茶销售困难的局面。1997年，全国茶叶市场复苏，各地客商纷至沓来，全县各茶场生产销售量大增，使凤冈县成为750t以上产茶大县。1998年，名优茶产量继续增加，产值提高，凤冈县茶叶公司组织“凤冈富锌富硒绿茶”“凤泉雪剑”两个产品参加了农业部在北京农业展览馆组织的农产品博览会。1999年，凤冈县茶叶公司在田坝村改造种植无性系良种茶苗20hm^2，培育良种茶苗300万珠，“凤泉雪剑”特级茶荣获遵义市首届评比优质名茶称号，“凤冈富锌富硒绿茶”被评为消费者信得过产品。2000年全县改造种植无性系良种茶苗46.67hm^2，培育良种茶苗400万珠。2001年，凤冈县茶叶公司充分利用小额信贷扶贫资金和生态建设项目资金，对全县老茶园进行品种改良工作，并建立茶树良种苗圃基地3.33hm^2、苦丁茶苗圃1.33hm^2。同时推广无公害茶叶生产技术，当年实现无公害管理茶园1400hm^2。2002年凤冈县茶叶公司改制，成立凤冈县茶叶事业办公室，当年主要负责实施贵州省农业厅安排的“茶叶机械化采摘项目”和“名优茶采制技术推广”项目。进行机械采摘技术培训，发放技术资料，推广实施无公害茶叶生产技术，并组织全县50多名农民技师在全县的1333.33hm^{2}茶园中，逐渐推广实施。

到2002年，全县共有19个茶场参与凤冈县茶叶公司联合经营，主要产品有炒青绿茶、烘青茶、红碎茶、珠茶和名优绿茶。名优茶中有开发生产的“凤泉雪剑”“凤泉毛峰”“凤泉毛尖”和“富锌富硒绿茶”。其中“富硒富锌绿茶”获中国攀枝花第四届苏铁观赏暨物资交易会“金奖”，田坝茶场生产的“富硒绿茶”获“中国现代家庭消费品质量鉴评和最佳质量保健品”金奖，产品销往湖南、四川、广东、山东、广西、上海和本省各地。代表凤冈茶叶形象的“仙人岭”商标已通过了国家商标局注册，“仙人岭”系列包装茶叶精品深受广大消费者的青睐。

4. 快速发展阶段（2002年至今）

21世纪初，凤冈茶产业因其生产环境、产品质量、产品特色等优势而被列为绿色产业发展的重中之重，进入了快速发展阶段。2000年，凤冈县委、县政府印发《实施国家西部大开发战略的初步意见》，提出把建设富锌富硒茶基地列入六大产业基地之一，打造“西部茶海”，创建“中国西部最大有机茶之乡”的构想。相继出台一系列政策措施，以农民为主体，利用小额贷款、退耕还林政策、财政预算支农资金、引进外资、机关帮扶，引进福鼎大白茶、龙井长叶、金观音、黄观音等优良无性系国家级良种，按照“猪—沼—茶—林”模式建园，组织标准化生产，发展新茶园，改造老茶园，凤冈茶叶产业进入蓬勃发展时期。2002年，凤冈县政府撤销凤冈县茶叶联营公司，成立凤冈茶叶事业办公室。2003年，成立绿色产业领导小组办公室，统揽有机茶的申报及认证工作。县委、县政府提出“以茶富民、以茶兴县、以茶扬县”的发展思路，先后出台50多项茶产业发展的优惠政策，吸引外来投资者，支持鼓励机关干部职工兴办茶叶企业。全县茶叶发展专题会议明确：坚持“高端运作，抢占先机”的思路；坚持“差异就是特色”的发展理念，至此拉开了大力发展凤冈茶叶产业的帷幕。2004年，全县建茶园263.4hm^2；8月，中国特产之乡推荐暨宣传活动组委会授予凤冈县“中国富锌富硒有机茶之乡”称号（图1-32）。2005年，全县建茶园885.87hm^2，茶叶基地面积恢复发展到3333.34hm^2，有机茶认证面积190hm^2（表1-6）；是年，获得国家质量监督检验检疫总局（以下简称“国家质检总局”）实行地理标志产品保护，并通过《凤冈天然富硒富锌绿茶》贵州省地方标准；5月28—30日，承办“贵州省首届茶文化节”，开展“贵州省十大名茶评选”“贵州省第二届茶艺茶道大赛”活动；8月，凤冈县参与创建“中国西部茶海特色经济联合体”；是年，凤冈县委、县政府发布《关于鼓励县直各单位部门参与茶园建设的通知》，倡导并鼓励县直各单位、各部门参与全县茶园建设，采取鼓励支持本单位干部、职工留职带薪、带职带薪创办茶园、投资建园，出租经管，招商引资，一对一帮扶建园等形式参与茶园建设；是年，凤冈县参加贵州省农业厅和贵州省科委组织的低产茶园改造技术攻关项目，被省里评为“攻关一等奖”，同时被列入贵州省十大产茶县之一。2006年以后，凤冈茶产业也进遵义全市茶产业进入高速发展阶段。

图1-32 凤冈获“富锌富硒有机茶之乡”称号

表 1-6　1978—2005 年凤冈县茶叶产量

年度	产量 /t	年度	产量 /t	年度	产量 /t
1978	32	1988	426	1998	800
1979	37	1989	334	1999	850
1980	94.4	1990	315	2000	900
1981	137	1991	388	2001	950
1982	178	1992	377.1	2002	962
1983	253.3	1993	450	2003	1067
1984	263	1994	595	2004	1112
1985	327	1995	550	2005	1205
1986	366	1996	620		
1987	396	1997	700		

（三）正安县

新中国成立后，正安县茶叶生产获得了恢复和发展。1956—1958年，县政府决定在市坪、谢坝、流渡一带垦复茶园，并在谢坝金花辟植多处小块茶园。1958年，垦复老茶园1.4hm^2，产量0.195t。1961年，全县有成片茶树面积26.5hm^2，产茶19t。1960—1972年，全县茶叶生产出现徘徊倒退局面。1972年冬，全县各社、队大办集体茶场，突击垦荒种茶和垦复茶园共800hm^2。1973年，全县掀起开辟茶园热潮，茶园面积增至2207hm^2，产茶26.8t。1974年，正安县委按照“全面规划，加强领导，因地制宜，相对稳定，逐步发展”的指导思想，调整部署，同时将国营上坝农场改为上坝茶场，开辟成片茶场34hm^2。20世纪70年代末，正安县用5年时间兴办茶场数十个，新种茶园数千亩。当时正安已列入《全国茶区分布及主要产茶县》，成为全国年产茶2500t以上的113个主要产茶县之一。1978年，有茶园1493.34hm^2，收购茶叶50t。1980年，农村生产体制改革，土地到户，除国营上坝茶场外，大多数集体茶场、茶园、茶山管理松弛，渐趋荒芜。据1984年普查，共存各类茶园1146.67hm^2，投产茶园270.67hm^2，产茶40.6t。1987年，县委、县政府建立正安县茶叶生产领导小组，成立正安县茶叶开发公司，统领全县茶叶生产，以上坝茶场为依托，开辟茶叶生产基地。其间先后从浙江、湖南、福建和贵州各省的茶科所等地，引进浙江中小叶、湖南桃红、福建福鼎大白茶以及黔湄系列（303、419、502号）等茶品种在上坝、桴焉等茶场培育。相继恢复瑞溪等乡村茶场，新辟朝阳等4个茶场333.33hm^2。截至1990年，全县种茶面积1046.67hm^2，投产800hm^2，产茶叶378t。1991—1993年，新建、扩建或改建桴焉等10个茶场，种茶面积693.34hm^2（图1-33）。1995年，正安县茶叶开发公司及所属朝阳、市坪茶场茶产业进入市场化运作。2000年后，深化产业结构，把发展茶产业摆到重要位置加以规划、落实。2005年，茶园面积达2000hm^2，其中规模化茶园1167hm^2，投产534hm^2。2006年以来，随着全市茶产业进入高速发展时期，正安县茶产业也得到长足发展。

图1-33 正安桴焉茶园

（四）余庆县

1949年，余庆县有茶园面积100亩，产茶1.5t。1952年，成立茶叶指导站，发展茶叶生产，至1959年，茶园面积发展到400亩，产茶6.1t。1974—1975年，相继开办公社办茶场8个，大队办8个，新增茶园面积7600亩。1981年，太平等茶园采取专业技术人员承包、国家借贷资金扶持等措施，茶叶生产得到发展。20世纪70—80年代，县政府组织并发展了狮山茶场、柏果山茶场等相当规模的茶场。1986年引进福建大白茶（种子）开辟春播高密植免耕茶园。1987年，全县有茶园面积349hm^2，产茶叶58.9t，野生苦丁茶、甜茶、刺梨茶等仍有农户采揉并在市场出售。1989年播福鼎大白茶种子22.23hm^2，至1992年，建成福鼎大白茶茶园64.53hm^2，并配套建设年加工能力100t的厂房和机械设备；随后建成富源茶场等，总面积228.67hm^2。1989年，狮山茶场茶叶注册“狮达牌”商标。但余庆茶产业主要以非山茶科的“小叶苦丁茶”为代表，用采于乌江沿岸的木犀科粗壮女贞树嫩芽叶经特殊加工而成，并经过野生采摘、移植驯化、野生枝条扦插繁育种子育苗、无性繁殖等方式进行种植发展。

到2007年为止，苦丁茶发展经历了以下三个阶段。

1. 起步阶段（1994—2001年）

1994年，技术人员通过采摘野生苦丁茶芽叶试制苦丁茶产品投放市场，收到良好的效果，当年开始人工试种余庆县境内的野生小叶苦丁茶。1995年，全县苦丁茶园562.53hm^2，后因管理不善，荒芜较多。1997年，首次将苦丁茶产业作为县后续支柱产业，将小叶苦丁茶发展列入县域经济发展重点工程，成立县茶叶办，同年引进余庆县七砂绿色产业开发有限责任公司生产经营苦丁茶。2001年经国家标准化管理委员会批准余庆县成为第三批全国农业标准化示范区；是年，全县苦丁茶园达4000hm^2，苦丁茶产量为150t；贵州省人民政府编制《贵州省农业结构调整规划》将小叶苦丁茶作为特色产品发展。

2. 兴盛阶段（2002—2005年）

全县利用国家退耕还林政策，发展苦丁茶基地建设。2002年栽植苦丁茶1333.33hm^2，年产苦丁茶350t。2003年，全县人工密植茶园达2466.67hm^2，苦丁茶产业发展兴盛，产量以每年翻番速度增长，生产、销售呈现欣欣向荣的景象，完成农业标准化示范项目——“余庆县苦丁茶农业标准化示范区”苦丁茶园466.67hm^2，经农业部抽查，连续三年质量合格率100%，课题成果“苦丁茶快速无性繁殖技术”获遵义市科技进步三等奖，余庆县成为全国小叶苦丁茶主产区，获“全国小叶苦丁茶示范基地”证书（图1-34）。2004年2月，中国特产之乡推荐暨宣传活动组委会和中国茶叶流通协会向余庆县颁发“中国小叶苦丁茶之乡”标志（图1-35），国家质检总局批准使用“地理标志产品”专用标志；《余庆苦丁茶综合标准体系》成为贵州省地方标准。2005年，全县苦丁茶产量800t，是年被农业部认定为全国第二批无公害茶叶生产示范基地县。

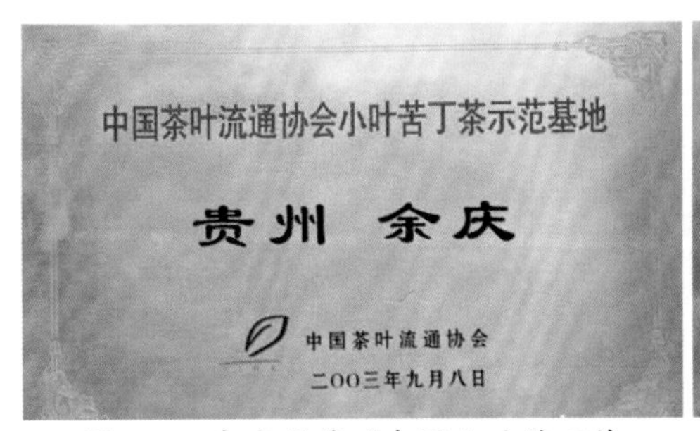

图1-34 余庆县获“中国小叶苦丁茶示范基地”称号

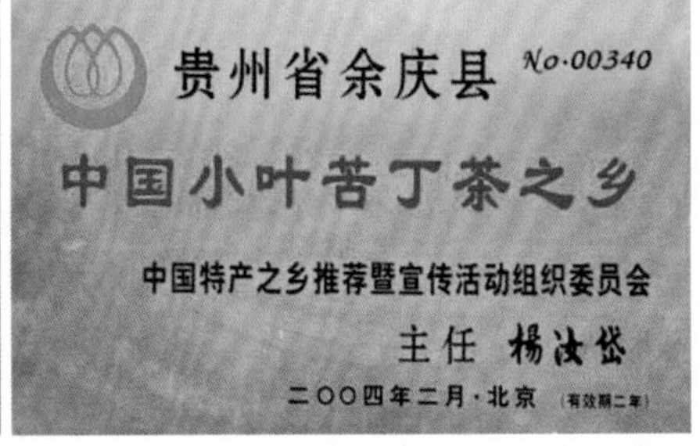

图1-35 余庆县获“中国小叶苦丁茶之乡”称号

3. 低落阶段（2005—2007年）

因四川省筠连县苦丁茶加工过程中添加色素、葡萄糖被中央电视台曝光，全国的苦丁茶市场走向低迷。这阶段余庆苦丁茶由余庆县世纪阳光公司统一生产、销售，后因公司经营管理不善而撤出余庆。由于公司的撤出，苦丁茶出现产销脱节的情况，苦丁茶发展进入低迷期，部分苦丁茶园开始荒芜，甚至人工毁园。全县苦丁茶仅保留下小腮镇等地的规模性茶园和部分退耕还林种植的分散茶园。

2007年以后，随着遵义全市茶产业的高速发展，余庆苦丁茶也进入了快速发展的阶段。

（五）道真县

道真县有广阔的硒锶富集土壤资源和独特的山地气候，所产茶叶品质佳（图1-36）。道真饮泡茶普遍，喝油茶者较多，但产茶叶少，长期不能自给。1956年，建洛龙南县沟茶场，1963年改建地方国营洛龙茶场。20世纪60年代末至70年代初，各公社、大队普遍垦荒开辟茶园，建立茶场。1970年，全县新增茶园627.14hm^2。至1977年，除国营茶场外，全县建有公社茶场25个、大队茶场187个、生产队茶场1130个，种植面积逾2000hm^2，51%的生产队建有茶场（茶园）；是年，全县茶园总面积2413.87hm^2，产量132t，向国家交售茶叶89.51t，其中外贸出口34.7t。20世纪70年代末，县供销社扶持农民发展茶叶生产，1979年，茶园面积2575.33hm^2，向国家交售茶叶296.22t，其中外贸出口85.22t。县内所产茶叶除国内销售外，远销苏丹、扎伊尔等国家。1980年农业生产体制改革后，公社茶场、大队茶场逐渐实行承包经营，生产队茶场（茶园）分给社员家庭管理，由于供销体制、外贸体制等商品流通体制变化，社队茶场承包人生产的茶叶多数销路不畅，茶业发展受到冲击。1983年，全县茶园面积缩减为1469.73hm^2，比1979年减少1105.6hm^2，此后近20年时间内，全县茶叶面积在1000~1500hm^{2}之间徘徊。1985年，生产红碎茶503t，由于出口受阻，红茶市场大滑坡。但茶叶质量声誉一直不错，道真仍是贵州省7个产茶基地县之一。

图1-36 道真茶园景色

1999年，县委、县政府成立道真县农业产业化经营领导小组，对农业产业化建设作出重大决策，全县茶叶产业化建设开始起步。2000年后，将茶叶生产作为全县重要产业，茶叶生产恢复并较快发展。2004年，县农业办公室组织人员到四川省名山县考察茶业发展情况，并规划以玉溪镇、河口乡为主建设富硒生态茶叶产业带，牵头组织玉溪镇政府、扶贫办、县信用联社以订单方式支持道真自治县宏福茶业发展有限公司建6.67hm^{2}无性繁殖名优茶苗圃，第二年育出1200万株规格茶苗供全县栽植，栽植面积234.53hm^2。

2006年以来，随着全市茶产业进入高速发展时期，道真县茶产业也得到长足发展。

（六）务川县

1949年产茶4t，主要是边茶和粗茶。新中国成立后，务川大树茶曾引起国内专家学者关注，中茶所，省茶科所、贵州农学院、福建省农科院茶叶研究所、中国药品生物制品检定所、卫生部北京老年医学研究所、大连市中医院、药品检验所等先后对务川大树茶进行研究。香港凤凰卫视、贵州电视台“发现贵州”等新闻媒体对务川大树茶作过专题报道。1956年起，供销社大力扶持茶叶发展，5月，县政府发出《迅速做好茶树选种留种护种工作的通知》，要求采种2250kg，当年全县产茶40.24t。1958年办起国营丝棉茶场，开荒种茶2hm^2。1964年，大坪、泥水等公社建立队办茶场。20世纪70年代连续几年用人民公社补助款扶持茶叶生产，集中连片开荒种茶，办起公社茶场14个、大队茶场45个、生产队茶场95个，面积共333.34hm^2。1970年以后全县各区社创办一批社队茶园，茶园发展到446.13hm^2。1976年茶园面积达637.87hm^2，总产26.6t。1978年茶园637.87hm^2，总产81t。1978年以后，由于农村体制改革，茶园未能及时承包，部分茶园被挖掉和荒芜，茶叶产量下降。1985年茶园面积仅254.87hm^2，产茶77t。1996年茶园仅169.33hm^2，产茶57t。

2006年以来，随着全市茶产业进入高速发展时期，务川县茶产业也得到长足发展。

（七）播州区

播州区（原遵义县）多在田边地角零星种植，新中国成立初期，全县有民国时期遗留下来的零星茶园约367hm^{2}左右（按每公顷52500丛计算），在较长时期内区内茶叶的产量、产值均居全省第二位。1950—1955年，全县年产量15t左右，茶园面积小，零星分散。1956年，县农林科派茶叶技术干部到枫香、鸭溪等区办技术培训班，培训农民掌握茶叶生产和加工技术，更新老茶树，开辟新茶园，建立专业队，创建枫香、白龙两个集体茶场。1957年，鸭溪等区组建专业队，恢复和发展新茶园，试制生产红毛茶。县农林科派技术干部和茶叶辅导员分别到山盆等区组建茶叶专业队，专门从事茶叶生产，推广新法制茶、种茶。1958年，县政府批准建立国营遵义县枫香茶场，先后开辟茶园73.33hm^2；是年全县有茶园510.93hm^2，年产量132.9t；是年供销社鼓励农民复垦，复垦每公顷发奖金4500元，复垦茶园130.13hm^2。1959年，全县茶园面积发展到1273hm^2，集中产茶区成立专业队56个1640余人专门从事茶叶生产及加工指导，茶园全部属于集体所有，茶叶产量达150t，供销社收购茶叶53.45t。自1959年起连续三年自然灾害，损毁和荒废茶园达584hm^2，也损失了一大部分制茶机械设备，茶叶生产受到了沉重打击，退回20世纪50年代中期水平，1962年产量只有54.15t。三年自然灾害后，重新将茶叶生产提上发展日程，但由于“文革”期间生产发展受阻，到1970年全县茶园面积仅1000hm^2，茶叶产量235t。1963年，国务院作出收购茶叶实行奖售化肥、粮食、棉布和卷烟等物资政策，是年茶叶总产量上升到246.05t。1964年后生产又下降，至1970年期间，年产量只有5~10t。1971年后，全县集体茶场迅速发展。1972年，茶叶生产开始向中、东部地区发展，茶叶产量上升到113.25t。1974年，遵义县革命委员会批准在龙坪区大土公社征用荒山建国营遵义县龙坪茶场（图1–37），先后开辟茶园213hm²。1975—1978年，遵义县列入全国100个2500t茶叶生产基地县之一，全县茶叶发展进入兴盛时期，4年间全县17个区中有16个区、55个公社发展新茶园，建公社茶场38个，茶园面积683.47hm²；大队茶场115个，茶园面积744hm²，生产队茶园面积440hm²，国营茶场（茶园）面积386.67hm²，全县有茶园2254.14hm²。20世纪70年代末农村茶园实行承包责任制，产量迅速增长。1980年，茶园面积增至2536.33hm²，总产量435.95t。1982年，贵州省政府把遵义县低产茶园改造列入“六五”期间科技攻关项目，投资12万元改造面积266.67hm²，经过深耕改土，增施有机肥，补栽、培养树冠，加强病虫草害防治，改造后的第三年，每公顷净增产量476.25kg。

图1–37 播州区（原遵义县）龙坪茶场

20世纪80年代初农村实行家庭联产承包责任制后，有的茶园分到户，有的因承包不落实，到1982年社队茶场垮掉85个，茶园荒芜813.33hm²，仅保留1440hm²。1983年，随着承包责任制的落实，一些垮掉的茶场逐步恢复，全县茶叶总产量550t，收购量达411.5t。1984年，国家把边茶以外的茶叶放开实行议购议销，全县直到1986年才执行这个决定。茶叶自由购销后，出现多家争购的局面。1985年，全县茶叶总产量1024.95t，平均每公顷产117.5kg。1988年，全县茶园面积1886.67hm²，茶叶产量1125t。1989年，遵义县农业局编制了《遵义县非耕地发展茶叶生产规划（1989—2000年）》，计划新种植茶叶800hm²，产量达1200t，产值达2200万元。1990年后，新蒲等7个镇划入红花岗、汇川区，加上国际茶叶市场和国内低档茶叶冲击，茶叶价格走低，茶叶生产企业不适应市场经济发展需要，亏损严重，纷纷转制，采取承包租赁方式，个体经营，茶园面积减至不足1200hm²。1998年转制后，生产水平提高，茶园在施肥、病虫防治等方面有较大改善，茶叶加工水平进一步提高，名优特新品种和名茶比例上升，产量增加。随着我国加入WTO，农产品质量安全要求越来越高，全县计划加快茶园更新，严格茶叶生产，提高产品质量安全，加快QS认证步伐，使产品适应市场需求。

（八）仁怀市

仁怀市原为仁怀县，茶叶生产历史悠久，属遵义早期产茶大县之一。连片种植面积较少，多零星分布。

1951年春，中国茶叶公司西南区公司派干部和技术人员分别到仁怀建立红茶初制技术推广站，推广红毛茶初制技术，制造工夫红茶，品质特优，被命名为“怀红”，调重庆茶厂精制后销到国外。1956年，“怀红”代表贵州省名产参加全国农展。1959年，“怀红”品质空前提高，跃居全省第一。外贸部上海商标局评语，可与我国出口名茶“祁红”媲美。除中国茶叶公司技术指导生产的红茶、绿茶外，仁怀茶叶全按传统土法炒揉制成。因采摘过迟，叶老杆多，以粗青茶为主。

从产业规模来看，新中国成立以来，仁怀茶产业不断发展，产量不断增长。也曾经反复、大起大落。

1950年全县产茶132.5t，比新中国成立前增加5倍多；1969年，从浙江引进茶种12万kg；1978年，全县茶园面积1170.467hm^2，年产茶叶115t，土地承包到户；1980年，茶园面积减少至447.33hm^2；1987年，贵州省把仁怀茶叶列为开发项目之一，投资34万元贴息贷款扶持，次年，全县茶园面积扩大到570.2hm^2，总产292.6t；1989年后，因山林、土地承包及租赁、拍卖等原因，全县茶园面积继续减少，集体茶场仅仅保留了小湾茶场，面积33.33hm^2。1995年承包给私人经营，年产优质茶叶10t以上，其余均为零星分布，产量较少；2000年，茶园面积恢复到382hm^2，产茶叶327t；2005年茶园面积达400hm^2，年产茶叶406t。

（九）习水县

习水县属于遵义地区早期产茶大县之一，野生茶资源丰富，有大树茶、细绿茶、老鹰茶、苦丁茶、白茶等。野生茶转为人工栽培的历史已有几百年，有一定的栽培经验。在20世纪50年代，习水县茶树多系野生，零星分散，生长于林间沟谷之中，很少成片茶林，主要分布于境内东部及中、北部习水河流域的一带山地。民间用茶，历代是饮大树茶和白茶为主，又称粗青茶，其次还有苦丁茶、老鹰茶等，但数量很少。商品茶主要是边茶，是用大树茶叶和白茶树叶加工而成，主要向边疆少数民族地区销售。1949年产茶117.8t，约有茶树8000多亩。

新中国成立后，茶叶列为二类商品物资，纳入国民经济计划生产。1954年，习水县供销合作社开始大量收购边茶，并着手帮助农村发展茶叶生产，同时提倡垦复荒芜茶园，外贸部门指导技术，供销社提供种子，群众种茶。1955年，全县边茶收购量近500t，被贵州省列为边茶主产区。1957年，全县产茶261t。1958年，全县年产茶叶增加到312.65t。1958年以后，县内大力发展绿茶生产，利用非耕地土地资源开垦新茶园种茶，出现全县茶叶发展和生产队办茶园、公社大队办茶场的热潮（图1-38）。在1964年以前全县以上级下达的边茶指标生产，运往四川雅安制成砖茶供应边区人民。1964年，首次从外地引进小丛茶种子11.65t，开荒种植茶园11hm^2，主要制作细绿茶（又称青毛茶）和边茶等。1966年开始兴办茶场，至1972年，全县建立生产队、大队、公社三级茶场230余个，新建茶园1505.73hm^2。茶园由荒山野茶发展成为梯级茶园，茶树品种由大树茶发展到小白叶茶，由生产边茶转向生产小青茶，全县边茶生产由依赖野生大树茶逐渐步入人工栽培的梯级茶园过渡。全县从1964—1974年共播种小丛茶种籽245t，开荒种植小丛茶1600hm^2，兴办公社茶场29个，大队茶场66个，生产队茶场96个。但在丛茶发展中，缺乏因地制宜、统一规划以及管理工作未跟上，导致茶园荒芜、毁掉、改种其他作物。

图1-38 20世纪60年代习水县吼滩公社在海拔1000m多的高山上开辟茶园1000多亩

1972年以前，生产边茶是将上山采摘野生大树茶的叶子通过杀青（用甑子蒸或用大铁锅煮一下捞起）、晒干加工而成。野生大树茶树干高大，生长在深山野岭之中，茶树零星分散，离居住地较远，上山采摘茶叶的茶农，离家近者当天回家，晚上加工，次日晒干。离家远者，则三五成群带上生活干粮上山安营扎寨，采摘茶叶，就地加工，利用山上的大石板，将茶叶晒干运回。多的一天每人能采鲜叶50kg左右，晒干后可得10~15kg。全区每年动员组织群众一两千人上山采茶。1949—1984年，共收购边茶9789t，平均每年收购271.9t。在1961年和1972年国务院召开的会议上，习水县边茶生产均获国务院嘉奖。1972年后，由于新建茶园逐渐投产，大树茶只采摘嫩叶加工成粗青茶，新建茶园生产绿茶。到20世纪70年代中期，由于生产量少，主要是内销，随着生产量逐年增大，70年代中期后，则开始上调外销。

1978年后，农村改革逐步深化，由于管理不善造成茶园经营的效益较低，茶园面积进一步减少，仅有7个乡办茶场保留完整，但几乎处于无管理状态。1981年，全县茶园面积下降到759.07hm^2，其中产茶面积456.67hm^2。1982年，县里对已办的各类茶场，坚持“社办社有、队办队有、联办共有、谁办谁有”的原则，推行定、包、奖联产计酬和包干到户，一包几年的责任制，并实行定基数收购，“一定5年”和“购5留5”的收购办法，一些小型茶场随着土地联产承包划予农民经营，大的茶场亦发包与农民经营；是年专题调查，全县乡办茶场仅26个，大队茶场27个，生产队1.33hm^{2}以上成片茶园28个。小丛茶面积共760hm^2，投产面积457hm^2，产茶65.6t，其余294.33hm^{2}茶园相继失管荒芜。

1981年开始生产茉莉花茶，1982年建立茉莉花场，1983年修建花茶厂，1984年在土城建起花茶加工场，除产本地花茶外，还为湄潭等地加工，销全国各地。20世纪90年代后基本停止花茶加工生产。

1986年底，全县茶园仅存380hm^2，产茶147t，其中红毛茶98t，细绿茶49t；是年，寨坝区开始利用本区生产的小丛茶加工红碎茶，当年产量98t，1989年后停止加工。1987年全县产茶402t，1988年全县产茶1063t，1990年全县产茶304t。边茶全部调出，支援边疆和出口，绿茶大部分内销，少部分上调供出口。

20世纪90年代后，县供销社统购统销体制被打破，各茶场生产茶叶销售困难，经济效益低下，多数失管荒芜，茶园面积不断萎缩，全县茶叶生产跌入低谷。2001年，茶园恢复到380hm^2。中共十六大提出全面建设小康社会奋斗目标后，习水县开始调整农村产业结构，利用退耕还林、天保工程、水保工程等项目成规模发展苦丁茶173.33hm^2，茶业生产才有了好的转机。

（十）桐梓县

1972年桐梓茶厂作为边销茶定点生产厂正式投产，在四川省雅安茶厂帮助下，建起了南路边茶的康砖和金尖茶生产线，成为雅安藏茶外区生产加工单位。贵州省政府为落实边销茶的国家指令性生产计划，划定了12个县为边销茶原料生产基地，12个县所收购的茶原料统一交桐梓茶厂加工康砖、金尖茶（图1-39）。从1985年调拨西藏康砖茶4726t开始，1989年1568.45t（其中金尖359t），1990年为2424t，1992年为2110t。

图1-39 桐梓金尖砖茶

桐梓茶厂从建厂以来对产品质量十分重视，严格控制原料进厂和成品出厂环节，建立起一整套完善的茶叶精制加工管理制度。同时，每年都要邀请销区客户来厂或派人深入销区，广泛征求用户对产品质量的意见和改进要求，不断地提高产品质量。因而桐梓茶厂生产的康砖、金尖一直深受西藏、青海等地广大兄弟民族欢迎。西藏、青海等地区还与桐梓茶厂签订了长期包销桐梓康砖、金尖的合同。1983年，桐梓茶厂生产的康砖、金尖获得了商业部颁发的优质产品称号。

1982年下半年起，随着茶叶流通体制的改革，桐梓茶厂也开始引入新的经营策略，除了完成边销茶计划外，逐步扩大绿茶、红茶、花茶品类的生产。到20世纪90年代中后期，桐梓茶厂边销茶逐渐减量以至停产，茶厂慢慢地淡出了边销茶定点企业序列。

（十一）赤水市

赤水市原为赤水县，山高水清，云雾缭绕，有利于茶叶生长。山区所产苦丁茶、白茶、青茶及虫茶，民众喜食。境内茶叶虽经多次发展，各地均有所产，但因产量少，制茶技术不高而未成名品。

新中国成立后，赤水成为贵州省边茶重点县之一，边茶执行计划收购，全县常年收购量250t左右，最高年达350t。收购之边茶，沿用传统制成砖茶，减小体积，便于运输。砖茶加工曾一度在赤水进行，后集中在桐梓县加工。20世纪50年代，边茶发展最为迅速。1952年开始生产边茶起，赤水县就担负着贵州省50%的边茶生产任务。边茶蒸汽打包技术在赤水试验成功后，为边茶贮运工作创造了理想的条件，促进了边茶的发展。

1951年，中国茶叶公司贵州省分公司在赤水县大同区宝元乡设立红茶精制厂，专门生产红茶。由于品质差，销售困难且价格低，经济效益少，1953年停止红茶生产。同期，绿茶生产面临缺技术、缺资金等困难，为了解决困难，赤水县政府采取农商结合的办法，对茶叶生产进行不断的技术指导，并早在1955年就对茶叶生产实行经济扶持。全县组织了64个茶叶生产组，兴建小型社制厂38个，推广木质揉捻机13部，为绿茶加工打下了基础。每年都分别通过茶农代表会和技术培训4~5次，10来年培训人数达1万多人次。1956年秋，县农业科成立了“赤水县茶叶技术推广站”，并且各区安排有技术辅导员1~3人。到1959年，全县的茶园面积发展到逾133.33hm^2，茶叶产量由1950年的7.5t增长到33.7t。

1960年，赤水县撤销赤水县茶叶技术推广站，茶叶生产由农业科“农业技术推广站”统一领导，茶叶生产实际上处于自由状态，使20世纪60年代初期茶叶生产明显衰降。赤水县于1963年组织有关部门联合召开“茶叶技术会议”，贯彻上级方针政策，总结经验教训，提出实施方案。1963年茶叶生产获得丰收，全县的茶叶收购量达270t，为1962年的1.6倍，也为下一年的生产打下了基础。1964年，赤水县边茶收购量就达285t。为提高单产，还制定一套技术设施，并进行试验，茶叶产量和品质逐渐提高，茶园面积不断扩大。1965年，新发展茶园48hm^2，全县有茶园360hm^2，茶叶产量和品质创有史以来最佳年份。

“文革”开始后，茶园面积不断减少，到1970年，茶园面积仅66.67hm^2。20世纪70年代，“文革”风潮转向低落阶段，各领导组织得到基本稳定，又着手提倡种茶，重点发展茶园，1975年，全县茶园面积增至802.67hm^2。10来年中，主要进行了开山种茶、兴办社队企业茶场以及引用机械加工茶叶等工作。从1970年大搞开山种茶以来，兴建了一批梯土茶园，全县的茶园面积不断扩大。在以前没有茶园的地方，甚至从未开展过茶叶生产的地区，都建起了茶园。

从1972年起，全县开始社队企业茶场的兴建，到1978年，共有社办茶场11个，队办茶场25个，专业人员510人，茶场茶园达333.33hm²。

1974年，开始了炒青绿茶的生产，装上赤水县茶叶生产史上第一套电动揉茶机，当年秋茶就得以顺利投产。1977年，赤水县采用机械制茶的已发展为8个生产点，到1979年，全县具有初制设备的社队企业茶场就有11个。

20世纪80年代初期，随着农村经济政策的落实，茶园被下放，社队企业茶场也相继垮台，到80年代中期已经倒闭殆尽，剩下来也不景气，仅存茶园虽近67hm²，但真正有人管理的、具有发展潜力的则不过20hm²，其余茶园，茶树已衰老，部分茶园逐步改种其他作物，几乎无茶可采了。

（十二）绥阳县

绥阳县主产绿茶、苦丁茶，其主要特色产业为非山茶科代茶饮用植物金银花。1950年产茶0.35t；1957年产茶1.86t；1970年全县茶园发展到673.67hm²，产茶3.58t；1978年产茶58t；1980年产茶78t；1982年茶园面积471.13hm²，产茶84.95t；1988年茶园面积337.8hm²，产茶254.4t；1990年茶园面积350.4hm²，产茶358t；1995年茶园面积280hm²，产茶304t；2000年茶园面积313.33hm²，产茶259t；2002年茶园面积320hm²，产茶285t；2003年茶园面积300hm²，产茶269t；2006年茶园面积513.33hm²，产茶377t。均呈上下浮动现象。

（十三）汇川区

汇川区是2004年5月经国务院批准成立的县级行政单位，其属地2004年之前主要属于原遵义市（县级），20世纪50—60年代，境域内茶叶多为一家一户在田边地角零星种植，自给自足。20世纪70—80年代，茶叶生产有较大发展，乡镇、村集体和农户均有种植。先后建起董公寺北关茶场等15个茶场，总面积近300hm²。2007年，全区有茶园面积156hm²，茶叶总产量103t。

（十四）红花岗区

红花岗区基本上包含原县级遵义市全境，1997年6月10日，经国务院批准，原遵义地区撤地设市的同时，原县级遵义市撤市设区更名为红花岗区。新中国成立初，茶树极少，且为零星种植，几无茶叶上市。1950年，奶牛场建园植茶树1hm²；1952年，在凤凰山梯土边缘植茶苗1300株，其后扩大种植，一般年产0.5t，最高年产量为1.5t；

图1-40 红花岗区忠庄公社红旗茶场

1955年，产茶1.2t；1959年产茶4.6t；1960—1964年失管，产量降至0.4t；1968年忠庄公社创办红旗茶场（图1-40）和十多个小型茶场，形成小队种茶、大队制粗茶、公社制细茶的生产体制；1971年茶叶产量回升至13.55t；1973年长征公社民政大队辟地26.67hm^2建茶场；1975年北关茶场建立，辟地40hm^2，由省茶科所指导，按密植免耕规范化茶园标准进行播种，是年，巷口沙坪茶场建立，辟地20hm^2；1977—1978年建海龙等茶场26.67hm^2；1978年全境茶园477.47hm^2，产茶76.35t；1979—1981年茶园经营管理实行联产承包责任制，一部分低产园改种，全境茶园332.53hm^2，年产量108.3t；1984年国家对内销茶和出口茶实行开放政策，全境茶叶生产出现量、质双升的局面；1985年毛峰池茶被评为贵州省四大名茶之一；1989年全境茶树种植面积333.33hm^2，平均亩产约每公顷产量480kg。

第四节　遵义茶重要历史贡献

遵义茶产业有今天的规模，最主要的原因是当年中央实验茶场落户湄潭，奠定了湄潭成为全省茶叶第一县、遵义成为全省乃至全国茶叶第一（地级）市的坚实基础。

80年前，中国现代史上第一个国家级的茶叶科研生产机构“中央实验茶场”落户湄潭，推开了中国现代茶业的第一扇大门，推出了一系列茶叶科研成果，产生了一批杰出的茶人，对贵州乃至中国茶业发展产生了深远影响。80年过去了，中央实验茶场以及由此发展起来的湄潭茶场、省茶科所在遵义乃至贵州的茶产业发展上起了巨大的推动作用，具有深厚的人文底蕴与独特的经济、历史、文化价值。

中茶所研究员权启爱说：“我是来湄潭朝圣的，湄潭是一代茶叶大师张天福、李联标开创茶叶事业的地方，在今天的中国茶界，是一个圣地。”同一单位的研究员姚国坤说：“湄潭是中国最有影响的茶区，是茶人向往和朝拜的圣地，是全国最早的茶叶科研机构所在地。这里有中国第一个茶叶科学研究所，这里走出了一大批现代茶叶科学研究的领军人物，这里的茶叶科研成果开启了现代茶叶科学研究的先河。”因此可以说，中央实验茶场的建立，在中国茶业发展史上是一个标志性的事件，也是中国抗战史、科技史、经济史上举足轻重的事件，它宣告了茶业工业化时代的来临，在一定意义上说，奠定了当代贵州乃至全国茶工业的基础。

一、中央实验茶场落户湄潭的历史贡献

中央实验茶场1939年11月落户遵义，80年后的今天审视这一历史事件，其重要的历史贡献为：

（一）贵州历史上第一个中央直属的茶业科研机构

贵州自明永乐十一年（1413年）设置布政使司后，正式成为省级行政单位。历史上的贵州距国家集权中心都很远，封建王朝也没有在地方设置中央直辖部门的先例。中央实验茶场在湄潭设立，原因主要是局势和条件使然。

一是局势使然。“七七事变”后，大片国土失守，工业集中的东南沿海地区相继沦陷，致使中国经济遭到巨大损失。国民政府为了应对战争，在经济方面采取了一些紧急措施，建设大后方经济，促使平时经济向战时经济转轨，扩大战时生产并全力发展农村经济。在这样的历史背景下，1939年全国生产大会召开前，派员到西南地区考察设立“实验茶场”之地，最终选定湄潭。二是条件使然。湄潭在1939年前即有较好的茶叶生产基础和其他辅助条件，才使考察组选定这里，促成了中央实验茶场的建立。

中央实验茶场，是我国第一个国家级的融研究和生产为一体的机构，它在湄潭设立，开启了中央政府在贵州设立国家级农业科研机构之先河，对贵州农业和经济发展有着极其深远的影响。

（二）为延续中国茶叶出口作出了贡献

中国是世界产茶大国。鸦片战争后中国沦为半封建半殖民地，外国商人为了谋利，将中国茶叶大量运销欧美，促进了茶叶出口。后来英国人在印度、锡兰（今斯里兰卡）大量发展茶叶生产，至20世纪初，中国茶叶产量锐减。后因战争影响，更使茶叶生产大幅度下降，中国茶叶出口遭重挫，中央实验茶场正是在这一时期建立的。1940年4月，中央实验茶场试制工夫红茶获得成功，命名为“湄红”。“湄红”试制成功后，即大面积推广，直至20世纪70年代，茶场每年均有500~1000t红茶出口。中央实验茶场是西南继云南顺宁试制“滇红”成功后的又一个工夫红茶生产、出口基地。2011年4月，在湄潭茶场的文物清理时发现了1958年的几封电报。其中5月5日电报电文如下：“沃洲叙利亚近索黔红甚殷，如五六月无货，沃市伤，将为川红代替。过后售价差，需量减，请速安排，提早加工，于六月十日前调达广州……”这封电报，清晰地记载着当时湄潭茶场红茶产销两旺和大量出口的史实。

在抗战期间，我国东南沿海被日军占领封锁，传统出口产品茶叶、丝绸出口受阻，只有西南史迪威公路能够与国际交通，被称为“西南国际通道”（图1-41）。国民政府批准农业部在湄潭设立中央实验茶场，意在通过史迪威公路出口长期以来受到国际社会青睐的中国茶叶，从而换回更多外汇，以充军需，也延续我国的茶叶出口。20世纪50—70年代，湄潭茶场的红茶生产更是兴旺繁荣，为换取外汇、推进经济社会发展作出了重要贡献。

图1-41 当年中央实验茶场茶叶出口必经之路
——史迪威公路晴隆二十四道拐

（三）推进了中国茶叶科技发展

中央实验茶场在湄潭建立后，贵州从此开启了茶叶科研之门。随着历史的推进，无论在哪一个时期，科研人员都不辞辛劳，孜孜不倦地在茶叶科研的漫漫长路中上下求索，不断地获得科研成果，推进茶叶生产的进步。

民国时期，李联标主持的全国茶树品种资源的征集与比较研究，是我国最早的全国茶树品种资源研究；刘淦芝主持的湄潭茶园害虫调查及主要害虫生活史研究，是全国最早的茶树病虫害系统研究；叶知水、李联标先后在务川县调查发现贵州野生大树茶（图1-42），是最早的野生大茶树系统调查，为中国茶史和茶树原生地研究提供了重要的科学依据；徐国桢的《茯砖茶黄霉菌的研究》著述，是最早的研究“金花菌”及其与茯砖茶发酵关系的研究成果……

新中国成立后，中央实验茶场演变为省茶科所和湄潭茶场，不管沿革如何，工作者们前仆后继，辛勤耕耘在茶叶科学的土地上，科技成果丰硕。省茶科所获省级以上奖励的科技成果有60余项。这些科技成果在贵州甚至在全国推广应用，为贵州和全国的茶产业发展作出了贡献。

图1-42 1940年李联标采集的务川大树茶标本

（四）丰富了中国茶文化

1940年，浙大西迁遵义、湄潭、永兴办学达7年之久。出任中央实验茶场场长的刘淦芝是著名昆虫学家、哈佛大学博士，兼任浙大农学院植物病虫系教授。刘淦芝在工余闲暇或新茶试制成功之时，常邀请浙大竺可桢等教授小聚，以茶会友，品茶赋诗。在江问渔、苏步青等教授的组织倡导下，1943年2月28日，“湄江吟社”在山明水秀的湄江河畔正式宣告成立（图1–43），成员有苏步青、江问渔、王季梁、祝廉先、钱宝琮、胡哲敷、张鸿谟、刘淦芝、郑晓沧一共9人，人称“九君子”。“湄江吟社”成立后，共举行了8次诗会，创作诗词200多首，其中茶为主题的诗词有60余首。湄江吟社九君子都是著名的学者、专家，或是学界精英，或是独成大家，都成就斐然。他们以品茶为名，切磋诗艺，陶冶性情；或歌颂客居之地的秀美风光，以表达对祖国大好河山的热爱之情；或借景抒怀，表达离乡背井的怀乡之愁。他们的诗词作品章法考究，格律工整，立意高远，情怀博大，无疑为丰富多彩的茶文化添上了独具神韵的一笔。

图1–43“湄江吟社”集社处所——西来庵

（五）保存了完好的中国现代最早的茶叶工业化生产遗址

随着茶叶出口需求量增大和生产量的减少，供求矛盾日益突出，催化了茶叶加工机械开发。20世纪30年代末，一代茶人陈尊诗、丁符若、俞寿康、张天福等开始了茶叶生产机具的研制；20世纪40年代，中央实验茶场在湄潭建立后，为研制工夫红茶，采用三桶式木质人推揉捻机制茶；1953年，继承了中央实验茶场基因的贵州省湄潭实验茶场科研人员设计了木铁结构的滚筒杀青机炒干机投入使用，比手工制茶提高了5~10倍的效率；到20世纪50年代末，省茶试站发展成为贵州最大的农垦茶场，而木制的红茶生产线起到扩大规模生产的作用，为大量红茶出口夯实了基础。

中茶所研究员权启爱在《我国茶叶机械化的发展现状与展望》一文中提出：“我国茶叶机械化，起步于20世纪50年代，80年代行业规模初步形成。此后企业体制改革和名优茶生产的快速发展，改变了茶机行业的格局，促进了名优茶机械的快速发展，使整个行业显现出新的形势和特点。”湄潭茶场的茶叶机械研制正是这一时期。

由于在战争中毁损，或是随着茶叶生产技术的改进而推陈出新，或是因为企业的体制改变而流失等诸多原因，全国其他地方始于20世纪50年代左右的规模化制茶工厂几乎无一存在。湄潭茶场因是贵州最大的国营农垦茶场，1949年后由地方接管，最后由省级直管，其性质一直属省管国营企业，茶场的部分车间一直生产到21世纪初。综上历史原因，加上湄潭县政府和茶场领导层有意识的保护，沿自中央实验茶场的湄潭茶场得以完整保存至今，其红茶机械化生产线完整保留（图1-44），占地3hm²多的厂区依然保存着新中国成立初的风貌。这为中国茶叶工业化的研究和爱国主义教育留下了宝贵财富。

图1-44 湄潭茶场全套木制红碎茶生产线

（六）开创了贵州茶叶生产的新纪元

贵州地处茶树原生地核心区，是我国古老的产茶区之一。然而，由于贵州地处西南内地，长时期少数民族自治，疏于与中原地区交流，茶叶生产技术陈旧。明、清时贵州一些地方也有茶叶作为贡品，但整体生产水平远不及东南沿海地区。中央实验茶场落户湄潭，客观地推动了贵州茶叶科研、生产。

1. 最早的茶园示范推动了贵州茶业发展

1940年，中央实验茶场在象山建设示范茶园555亩，成为推动贵州茶业发展的历史节点。1954年，贵州省湄潭实验茶场在囤子岩新辟46.67hm²茶园，在永兴断石桥片区开辟新茶园，至1958年，开垦成533.33hm²连片茶园。至此，湄潭茶场成为贵州最大的农垦茶场，为贵州茶业发展起到了示范推进的作用。

2. 最早的品牌创建推动了贵州茶业发展

1940年4月，中央实验茶场试制外销工夫红茶取得成功。1941年4月，中央实验茶场湄潭绿茶取得成功。“湄红”“湄绿”得到当时审评大师冯绍裘较高的评价，称“湄红”制造得法或可胜似“祁红”，“湄绿”清香似“屯绿”，滋味醇厚，湄潭龙井茶堪与杭州西湖最佳狮峰龙井媲美，这是贵州乃至中国西部首次创制扁平类名优绿茶。“湄红”“湄绿”和“湄潭龙井”试制成功，很快对接了市场，推动了种茶面积扩展。

3. 最早的茶树良种选育推广推动了贵州茶业发展

1956—1957年，贵州省湄潭茶叶实验站刘其志主持开展应用选择法进行有性选种，共选出16种选种材料进行品种比较试验。从1958年开始，选种工作改用无性系选种的方法，至1966年，选出黔湄系列（101、303、412、419、502号等）第一批无性系新品种，

1967年又选出黔湄601、701号等新品种，同时还成功引进福鼎大白茶种。这些品种一直到20世纪90年代都是贵州主要繁殖推广的茶树良种，进一步加快了贵州茶产业的发展。

4. 科技推广推动了贵州茶业发展

源于20世纪40年代中央实验茶场刘淦芝等对茶树病虫害的研究，是贵州茶叶科技运用的开头。从20世纪50年代开始，湄潭茶场抽派了一批技术骨干到全省各产茶区工作，或是扶持新场创建，或是传授种茶、制茶技术。1975年11月27日，中茶所在湄潭主持召开南方茶树病虫座谈会。1978年，湄潭茶场与省茶科所合作，由冯绍隆主持，在0.2hm^{2}密植茶园进行“茶树密植免耕快速高产栽培技术”研究试验并获成功（图1-45）。密植免耕是对传统栽培技术的重大革新，比过去单行条植茶园提早2~3年成园投产。全国16个产茶省份1万余人先后到湄潭参观考察。

图1-45 湄潭打鼓坡密植免耕茶园

5. 对机械化的研究和推广促进了贵州茶业发展

1972—1978年，汪桓武主持进行炒青绿茶初制工艺及机具研究项目，对双锅杀青机和黔安“40”型揉捻机进行引用与试验测定；1974—1978年，由汪桓武、何国昌主持，研制CD-9型滚筒炒茶机，由于该机可多用，深受贵州农村茶场用户的欢迎；1985年用全滚工艺制成的炒青绿茶，经有关部门审评，符合外销出口绿茶的品质规格要求，1987年经贵州省标准计量局批准，炒青绿茶初制全滚工艺定为贵州省地方标准，在全省范围内实施。

（七）开贵州茶学专业教育之先河

贵州最早的茶学专业教育始于1943年，由中央实验茶场和浙大联合创办“贵州省立实用职业学校”，设茶叶科和蚕桑科，学制3年。茶叶科主任由中央实验茶场技术室主任李联标兼任，浙大部分教授兼任教员，该校共办2期，为贵州培养了100余名茶叶专业技术人才。此后，或是以贵州省湄潭实验茶场为基地，或是茶场科技人员外出支援，贵州省农业部门或学校举办了若干期茶专业培训。

（八）诠释了“锲而不舍，勇于创新，甘于奉献”的茶人精神

中央实验茶场落户贵州湄潭，使得国内一批大师级行业精英先后来到湄潭工作，为贵州茶业发展作出了贡献。他们先后在湄潭这块土地上，无论物质条件多么艰难，也无论科研过程多么艰辛，都坚持孜孜不倦地在科学道路上求索，为贵州乃至中国茶产业发展奉献了全部精力，真正诠释了“锲而不舍，勇于创新，甘于奉献”的茶人精神。

《西部开发报·茶周刊》评论道：“国民政府农林部决定在西南地区选一个合适的地方建立中央实验茶场，以此为中心进行茶叶科学研究、试验示范与推广，促进和带动西南乃至全国茶叶生产的发展，开启了中国现代茶业的第一扇大门，为日后贵州茶叶乃至全国茶叶的大发展奠定了坚实的科研基础和深厚的人文底蕴。”“中央实验茶场落户湄潭，不仅开创了湄潭现代茶业的先河，更是拉开了创建贵州乃至中国西部现代茶业辉煌历史的序幕。湄潭、贵州乃至中国茶叶事业的发展从此进入了高速发展的历史新阶段。在特殊的历史条件下，湄潭成就了中国茶业历史！”

2016年4月20日下午，“中国现代茶业从这里走来”高峰论坛在湄潭县象山广场举行。茅盾文学奖获得者、著名作家、浙江农林大学茶文化学院院长王旭烽，中茶所权启爱等12名专家学者，就中国现代茶业开端起始的史实、历史地位及当代价值和意义作深入探讨，肯定了湄潭县在中国现代茶业中的突出贡献。

二、遵义茶从规模到效益都走在全国前列

贵州是全国茶叶种植面积最大的省份，也是全国茶叶质量最好的省份之一。2007年起，贵州大力发展茶产业，将茶产业作为贵州经济的“五张名片”之一来打造。截至2016年底，贵州省茶园种植面积达到46.4万hm^2，产量28.4万t，产值达300亿元，连续三年成为中国第一产茶大省。而在这个“第一产茶大省”中，遵义稳居第一。

从茶叶产业规模上来看：截至2019年底，遵义市茶园总面积稳定在13.76万hm^2，茶叶产量15.5万t，茶叶总产值133.14亿元；茶叶销售14万t，销售金额128亿元（其中出口4148t，出口金额35364万元）。从产业综合规模比较，遵义市已跃居全国产茶市（州）前列。

从茶叶产业经济效益上来分析：遵义市每公顷茶园单产在1125kg左右、平均效益为11.3万元，这远远高于全省每公顷795kg的单产、6万元的平均效益，也高于全国茶产区

每公顷1110kg左右的单产、5.25万元左右的平均效益。说明遵义茶叶产业整体发展的经济效益是比较高的，不仅仅领先全省，引领贵州茶产业崛起，而且在全国都走在前列。各项综合数据指标体现了遵义茶叶产业发展的规模和效益——遵义茶叶产业处于领先全省、全国前列的位置。

2014年起，贵州省着重向外界推广的“三绿一红”（湄潭翠芽、都匀毛尖、绿宝石、遵义红）四个品牌中，其中湄潭翠芽、遵义红两个品牌就来自湄潭，绿宝石来自凤冈。此外，在遵义，凤冈锌硒茶、正安白茶、余庆苦丁茶也都是具有一定知名度的茶叶品牌，遵义也因此成为贵州茶产业的代表。

遵义市第一产茶大县湄潭是个名副其实的“茶城”，在道路的命名上，当地政府就有意突出其茶乡特色，比如茶城大道、茶圣大道、茶海路、茶香路、翠芽路、遵义红路等，2016年被农业部认定为全国第一批区域性茶叶良种繁育基地，荣获“中国十大最美茶乡”的美誉。

三、“茶博会”引领黔茶加速崛起

1999年6月，由遵义市政府主办，湄潭县政府承办了“遵义市首届名优茶品评会暨黔北茶文化研讨会”，为每年度召开茶产业盛会奠定了基础，更是开创了贵州历史上前无古人的茶事活动先河。此后，作为全国茶叶种植面积最大的省份和全国茶叶质量最好的省份之一，从2009年起，贵州每年都召开“中国·贵州国际茶文化节暨茶产业博览会”（以下简称“一节一会”）。2014年，贵州省政府决定，自2015年起，“一节一会”定点在湄潭召开。每年4月中下旬“一节一会”已经成为遵义的重要节日。而贵州省之所以将这一国际性的茶产业盛会放在遵义湄潭，与湄潭在贵州茶产业中突出的地位有关，这充分肯定了遵义茶产业发展所取得的成绩，也提升了遵义茶产业在全国的知名度。遵义先后被授予“高品质绿茶产区”“圣地茶都”“中国最具茶文化魅力城市品牌”等称号。同时，遵义湄潭县还是首批“中国名茶之乡”、凤冈县是“中国富锌富硒有机茶之乡”、正安县是“中国白茶之乡”、余庆县是“中国小叶苦丁茶之乡”。

近年来，贵州全省把茶产业作为重要的脱贫产业、生态产业、乡村振兴产业、特色优势产业来抓，加快建设茶产业强省，贵州茶已成为多彩贵州的一张靓丽名片。“一节一会”是贵州省茶界规格最高、规模最大、最具权威和影响力的茶产业盛会，是贵州深入践行“绿水青山就是金山银山”理念，围绕“黔茶出山·风行天下”主题，精心策划、周密部署的一项系统工程。目的是扩大交流合作、互利共赢，让更多贵州茶走出大山、走向世界。

“一节一会”已连续举办12届，每届都是一次巨大的推动和进步。遵义以此为契机，一方面加大投入加快改善基础设施建设，建设了会展中心、酒店、茶旅设施，不断提升汇聚产业人才、服务产业发展的“硬实力”；另一方面，通过加快对茶产业发展的扶持推动，着力为茶园注入文化元素，增加内涵品质，积极把一个个茶园变成公园、茶区变成景区，不断地丰富了吸引四方游客、推动创新发展的“软实力”。遵义茶人将把茶产业作为重点产业来打造，进一步提升茶品质、做强茶品牌，以茶兴业、以茶惠民，为决战脱贫攻坚、打造西部内陆开放新高地、建设黔川渝结合部中心城市而努力奋斗。

茶产篇

第二章

2006年以来，遵义市茶产业进入跨越式高速发展时期，无论是茶园面积、茶叶产量、产值，还是企业总量等综合规模来看，遵义市均居全国产茶市（州）前列。本章较详细地记述遵义茶产区的现状。

第一节　遵义茶产区分布

遵义市所辖县（市、区）绝大部分地区均适宜茶树生长，各县（市、区）根据具体情况各有侧重。

一、遵义茶产区分布概况

（一）茶叶生产基地县

2006年，遵义市《关于推进百万亩茶叶工程建设的实施意见》明确要求：科学规划合理布局，建设高标准、高质量商品茶基地，为龙头企业提供基地支撑，带动商品茶基地迅速发展。2007年，贵州省委、省政府《关于加快茶产业发展的意见》提出："重点支持黔北湄潭、凤冈、正安、余庆和其他市（州、地）一些主产县，建设一批规模化、标准化和专业化程度较高的茶叶基地"。这四县属于贵州省重点产茶县，遵义市委、市政府将这四县加上务川县、道真县和遵义县（今播州区）共七个县（区）定为遵义市茶叶基地县。七县宜茶面积超过16万hm^2，涉茶人数近100万人。

七县代表性产品有湄潭翠芽茶，凤冈锌硒茶、绿宝石茶，正安白茶、吐香翠芽、天池玉叶、乐茗香芽，余庆小叶苦丁茶、构皮滩翠片茶，道真仡山西施、仡佬玉翠、仡佬银芽，"遵义会茶"牌翠片等。代表性区域品牌有湄潭翠芽、遵义红、凤冈锌硒茶、正安白茶、余庆苦丁茶等；代表性企业品牌有兰馨、栗香、盛兴、春江花月夜、仙人岭、春秋、吐香、世荣、安绿、构皮滩、春夏秋冬、仡山西施、仡佬山、遵义会茶等；还有贵州湄潭兰馨茶业有限公司、贵州省湄潭县栗香茶业有限公司、贵州湄潭盛兴茶业有限公司、贵州凤冈县仙人岭锌硒有机茶业有限公司、贵州省凤冈县浪竹有机茶业有限公司、贵州贵茶有限公司、正安县金林茶业有限责任公司、贵州省正安县乐茗香生态有机茶业有限公司、余庆小叶苦丁茶业有限责任公司、道真自治县博联茶业有限公司等茶叶生产、加工规模企业。

茶叶基地县选用黔湄系列和引进名山系列、乌龙系列、安吉白茶等良种，按照产业化经营模式，统一规划，合理布局，推广茶树密植免耕快速高产栽培技术和无公害、有机、绿色食品优质高产栽培技术，保证茶叶生产规模和产品质量。

遵义境域覆盖了《贵州省“十二五”茶产业发展规划》五个茶叶产业带之首的黔北锌硒优质绿茶产业带。2007年，遵义市委、市政府在《关于加快实施百万亩茶业工程的意见》中，本着优化茶叶区域布局的目标，根据自然条件和全市茶叶优化分布特点，提出建设和打造“四大产业带”——以湄潭翠芽、银针茶为主的湄潭名优绿茶产业带；以凤冈县为主的富锌富硒茶产业带；以正安、道真县为主的富锌硒高山云雾茶产业带；以余庆县为主的名优苦丁茶产业带。四大优势带产茶面积共79万亩，占全市的79.1%。

七县之外的县（市、区）也有为数不少的茶园，如习水县拥有全省最丰富的大树茶资源。2012年以来，贵州省委、遵义市委相继召开茶产业发展大会，进一步明确把茶产业确定为重要支柱产业，各县（市、区）均相继制定了发展茶产业的政策措施。

（二）主要产茶乡镇

2007年，遵义市委、市政府在《关于加快实施百万亩茶业工程的意见》中，把7个茶叶生产基地县加上红花岗区8县（区）的55个乡镇列入全市茶产业规划区，在区内大规模、高质量、高标准发展百万亩优良品种茶园建设。其中，湄潭县湄江镇等9个乡镇为核心乡镇，每个乡镇茶园面积要到达2300~3300hm^2；湄潭县马山镇等46个乡镇，每个乡镇茶园面积要到达670~1300hm^2。

规划区55个乡镇是：

① 核心乡镇9个：湄潭县湄江镇、永兴镇、兴隆镇、复兴镇、天城乡、西河乡，凤冈县永安镇、龙泉镇、何坝乡。

② 规划区乡镇46个：湄潭县马山镇、洗马乡、黄家坝镇、抄乐乡、茅坪镇，凤冈县琊川镇、进化镇、花坪镇、绥阳镇、土溪镇、新建乡、石径乡，正安县谢坝乡、流渡镇、土坪镇、和溪镇、斑竹乡、中观镇、市坪乡、格林镇、碧峰乡、瑞溪镇、安场镇，余庆县松烟镇、敖溪镇、关兴镇、小腮镇、花山乡，道真县玉溪镇、大磏镇、河口乡、三桥镇、洛龙镇，务川县涅水镇、茅天镇、镇南镇、涪洋镇、黄都镇，播州区三岔镇、三合镇、枫香镇、泮水镇、山盆镇、永乐镇、龙坪镇，红花岗区新蒲镇。

除规划区外，凡有宜茶条件的乡镇都要依据自身优化发展茶园生产，列入规划区的乡镇要组织动员群众大力发展茶叶专业乡镇、专业村和专业大户。

（三）茶叶专业村

在茶叶生产基地县和主要产茶乡镇之外，还有一批茶叶专业村，主要集中在湄潭、凤冈两县。贵州茶文化生态博物馆展出的《贵州重点茶叶专业村分布示意图》中，全省12个重点茶叶专业村，遵义市占了9个。

2017年，“北斗发现——百佳茗村”数据库从录入的300多个样本名录中，按照评价标准经严格调研和反复评价进行遴选排名选出全国“百佳茗村”，涵盖了铁观音、龙井、大红袍、普洱、猴魁、都匀毛尖、碧螺春、湄潭翠芽、凤冈锌硒茶等名茶原产村、主产村。贵州省10个茶村上榜，湄潭县湄江镇核桃坝村、金花村，凤冈县永安镇田坝村榜上有名。

二、茶叶基地县茶产区

（一）湄潭茶产区

1. 产区概况

1）环境条件

湄潭位于贵州高原北部，大娄山南麓，乌江北岸。东与凤冈县毗邻，西与播州区隔江相望，南与余庆县、黔南州瓮安县接壤，北与正安县、绥阳县临界，杭瑞高速与道瓮高速交会湄潭。县城距遵义机场35km、遵义市区60km。地处东经107°15'~107°41'、北纬27°20'~28°12'之间，海拔最高1562m、最低461m，平均海拔927m。属亚热带黔北温和湿润气候区，年平均气温14.9℃，冬无严寒，夏无酷暑，无霜期284d，年平均日照时数1163h，年平均降水量为1141mm。森林覆盖率达65.52%，常年空气达国标一级。自然土壤为黄壤、石灰土和紫色土，丘陵低山区以黄壤为主，海拔1400m以上为黄棕壤。

湄潭土壤富含锌硒等对人体健康有益的微量元素，是典型的高海拔、低纬度、寡日照、多云雾、无污染地区，其自然地理环境特别适宜于茶树生长。湄潭生态好，生物平衡多样，不易发生病虫害，茶园农药使用少，质量安全可靠。湄潭气温低，茶叶生长缓慢，营养物质积累丰富，氨基酸含量高达4%以上、茶多酚28%以上、水浸出物40%以上，高出全国平均水平6%~7%。出产的绿茶香高持久，滋味鲜爽，汤色翠绿明亮，叶底嫩绿鲜活，红茶甜香浓郁、汤色红艳明亮、滋味鲜浓醇厚。

2）茶产业成效

湄潭县是贵州省重点产茶县、遵义市茶叶基地县，是贵州最大的茶区。2001年成为全国首批“无公害茶叶生产示范基地县”，2005年获“中国三绿工程茶业示范县”，2008年获西南地区唯一的“中国名茶之乡”称号（图2–1），2009年获“全国特色产茶县”称号（图2–2），2010年被《人民网》评为“最受百姓欢迎产茶地”，2012年获“全国十大茶叶产业发展示范县”，2009—2017年连续获“全国重点产茶县”并连续4年蝉联全国第二，2013年获“国家级出口茶叶质量安全示范区”“全国茶叶籽产业发展示范县”，2014年获

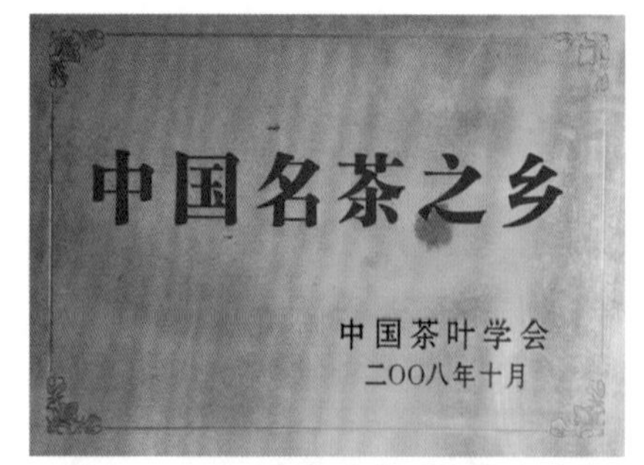

图2–1 2008湄潭“中国名茶之乡”

“中国茶业十大转型升级示范县”“全国茶文化之乡”，2015年获“贵州茶产业第一县”“中国茶叶产业示范县”，2016年获“中国十大最美茶乡”，2017年获“中国茶产业扶贫示范县”，2018年获“中国茶业百强县”“中国茶业品牌影响力全国十强县（市）”（图2-3），是贵州省现代茶业高效示范园区，茶产业已成为湄潭农村经济中最重要的支柱产业。

贵州省湄潭县：
2009年全国特色产茶县
中国茶叶流通协会
2009年10月

图2-2 湄潭“2009全国特色产茶县”

荣誉证书
贵州省湄潭县：
荣获“2018中国茶业品牌影响力全国十强县（市）”称号。
中国茶叶流通协会
二〇一八年十一月

图2-3 湄潭“2018中国茶叶品牌影响力全国十强县（市）”证书

2019年，全县茶园面积4万hm^2，投产茶园3.92万hm^2。其中无性系良种达99%以上，无公害茶园认定面积3万hm^2，有机茶园0.32万hm^2，绿色食品茶园0.06万hm^2，茶叶总产量7.25万t，产值52.66亿元，茶业综合收入139.45亿元，茶园涉及8.8万农户35.1万余人，全县茶叶生产、加工、营销企业及加工大户725家，年产值500万元以上的企业350家，国家级龙头企业4家、省级24家、市级23家，年加工能力8万t，产品涉及绿茶、红茶、黑茶及白茶等15类产品。全县有茶叶商标700个，获国家级金奖116次，品牌价值达14.23亿元。有茶青交易市场36个，茶青可在30分钟内进入市场交易。在全国20多个省份地级以上城市设立品牌专卖店、旗舰店、批发部1000家，在天猫、阿里巴巴等全国知名网站开设网店400家。

茶文化旅游景点方面，湄潭有天下第一壶茶文化博览园、翠芽27°（北纬）两个国家AAAA级景区，有贵州十大魅力景区之一的中国茶海，有贵州茶文化生态博物馆、中国茶工业遗址博物馆、象山茶博园、茶博会展中心等茶文化标志性景点吸引着国内外游客纷沓而至观光、体验。湄潭涉茶的农商旅投公司、文化创新公司、茶庄园、私人订制等新型经营主体、经营业态展呈多栖发展，展现出蓬勃生机。

2. 主要措施

湄潭以中央实施乡村振兴战略为契机，以茶产业助力脱贫攻坚为抓手，重点围绕“夯实一个基地——茶园建设，巩固两个品牌——湄潭翠芽、遵义红，拓展三个市场——国内目标市场、线上线下市场、国际市场，全面融合发展——推进茶产业的三产融合，不断提升茶叶附加值、延长产业链条”工作总体思路，不断推动茶产业提质增效，转型升级，努力实现“产业兴、人气旺、生态好、环境美”的产业发展目标。

3. 主要经验

① 县委县政府高度重视，各届都作为一把手工程，全县上下一心，形成发展茶产业共识。② 因地制宜，科学规划，形成了6条茶叶产业带、7个茶叶专业镇、一批茶叶专业村和专业户，实现集约化、标准化、规模化经营。③ 以茶产业发展为抓手，推进扶贫攻坚，带动一方百姓致富奔小康。④ 加大产业基础设施建设，实施茶旅一体化发展，延伸产业链条，提升茶产业综合效益。⑤ 加大政策措施保障，2007年、2011年、2013年、2015年，县委、县政府分别出台茶产业发展纲领性文件，每年制定实施意见，从基地、加工、市场、品牌、文化旅游等方面进行扶持和引导。⑥ 加大财政投入，每年整合上级财政资金4000万以上、县级财政预算专项资金1000万元以上直接投入茶产业建设，茶区基础设施等相关联的投入更大。

《西部开发报·茶周刊》载原湄潭县茶产业发展中心主任田维祥的文章总结了湄潭茶产业发展的7条经验为：基地建设规模化、生产企业集群化、生产管理规范化、产品构成品牌化、产品质量安全化、市场体系网络化和茶旅建设一体化（图2-4），并制定了详细的发展目标及措施。

图2-4 湄潭茶产业发展七条经验

4. 茶叶名镇选介

在遵义市规划的55个乡镇中，湄潭占了11个；其中的9个核心乡镇中湄潭占了6个；全省12个茶叶专业村中，湄潭占了8个，足见湄潭茶产业在全市和全省的位置。

1）湄江街道

原名义泉镇、湄江镇，是湄潭建县以来各个时期县政府驻地，自1601年以来，皆为全县政治、经济、文化中心。2015年12月，经贵州省政府批准设置湄江街道。杭瑞、银百2条高速公路和326国道、204省道在境内交会，村村通油路。

抗战时期，国民政府在此设立中央实验茶场，建立桐茶基地，开发象山茶园、桐子坡茶树品种园，开启了中国现代茶产业发展的进程。随后，浙大西迁湄潭，分部设此，其农学院与中央实验茶场合作，引进西湖龙井制作工艺，推动了域内茶业发展。新中国成立后，全省唯一茶叶科学研究所落户在此。20世纪70年代初，域内核桃坝村开始率先栽种茶叶，形成茶叶特色产业，带动其他村茶产业快速发展。

湄江街道辖区内核桃坝村、金花村等皆是茶园面积333.33hm^{2}以上的茶叶大村，各村

图2-5 天下第一壶茶文化博览园

图2-6 象山茶博公园

图2-7 象山茶史展牌

以农业产业化和茶叶产业支撑，成为全县龙头先进富民村，跻身全国先进茶村行列。至2019年，镇域已拥有成林茶园2130hm^2，茶农5000多户，茶叶从业人员近2万人，有茶叶加工企业65家（其中国家级龙头企业3家），加工大户120余户，有茶叶专业村2个。

湄江街道文化底蕴厚重，有浙大湄潭办学旧址、中国工农红军第九军团司令部旧址等6处全国、省级重点文物保护单位。茶文化景区较多，著名的国家三级博物馆贵州茶文化生态博物馆、省级非物质文化遗产项目展示基地湄潭翠芽非遗传习基地馆和天下第一壶茶文化博览园、象山茶博公园、象山茶史展牌、中华茶道馆等，皆在域内（图2-5、图2-6、图2-7）。

域内还有省级科研机构省茶研所基地、农业部定点市场“中国西南茶城”。

2）永兴镇

永兴镇位于县境东北部，系湄潭县第二大集镇。原名马桑坪，明万历二年（1574年）开市兴场，是湄潭最先开设的集镇，时有“万商幅凑，百货云集”，被誉为“中国商业名镇”。镇政府驻地永兴场，距县城20km，326国道和杭瑞、银百两条高速公路贯穿镇域及城镇街区，村村通油路或砼路。抗战时期，浙大一年级分部设永兴达7年之久，诺贝尔奖得主李政道博士曾就读于此。2006年，贵州省政府公布为“贵州历史文化名镇”，湄潭浙大旧址欧阳宅（浙大文艺活动旧址）、浙大永兴分校教授住处（图2-8）、李氏民宅（浙大学生住处）3处被国务院公布为第六批全国重点文物保护单位。

永兴镇是湄潭县重要茶叶生产基地，著名的“中国茶海”就在境域内。20世纪50年代，贵州省湄潭实验茶场在永兴断石桥一带开荒种植茶田。经数年开垦，茶园面积达到466.67hm^2，并先后在此组建11个茶场生产队，成立湄潭茶场永兴分场并建立制茶工厂（图2-9）。

图2-8 浙大永兴分校教授住处

图2-9 湄潭茶场永兴分场制茶工厂

国营茶场的成立和带动，促进了当地茶叶发展，从20世纪60年代始，永兴农村种茶面积逐年增加，茶叶品种多为湄潭苔茶、福鼎、黔湄601号。

改革开放后，永兴镇茶叶生产发展加快，其梁家坝村、流河渡村、马义村、德隆村、中华村、桐梓园村均是茶园面积达333.33hm^{2}以上的茶叶大村，还涌现出一些种植面积达十几亩、百亩的种茶大户。至2019年，镇域拥有茶园总面积5570hm^2，域内涉茶企业，除国营茶场外，还有栗香、玉喜等加工技术先进的茶叶加工企业，另有茶叶注册企业68家，茶叶加工作坊120余家。

3）兴隆镇

位于县境东南部。镇政府驻地兴隆场，距县城8.6km。204省道、瓮道高速公路穿境而过，另有高沙等多条县内主要干道，各村皆通砼路。

兴隆镇大庙场村、云贵山（图2-10）皆是湄潭历史上的主要产茶区，客溪一带至今仍然保留有数百年的古茶树。2002年冬，兴隆镇开始大规模种植茶叶，成为湄潭重点产茶区。茶园分布面广，龙凤村、大庙场村、太平村等皆是茶园面积达333.33hm^{2}以上的茶叶大村。

国家“十二五”规划实施以来，兴隆镇茶园面积不断拓展。至2019年，域内拥有茶园面积4200hm^2，其中投产茶园3000hm^2，种茶农户达7000余户，户均0.57hm^2，人均0.113hm^2；全镇共有茶叶加工企业25家，其中省级龙头企业2家、市级龙头企业2家，茶叶加工户70余户，茶叶专业合作社5个，茶青专业交易市场5个；茶农在茶叶方面的人均收入已达5300元。

兴隆镇茶旅一体化突出，因茶致富的湄潭县田家沟村、接官坪小茶海、云贵山贡茶、客溪古茶树等，皆是著名的茶叶风情景区。

图2-10 兴隆镇云贵山茶区

4）复兴镇

位于县境北部，镇政府驻地复兴场，距县城34km。县道永复公路，乡道马复、永杨、永随、复杨等公路分别通永兴镇、马山镇和杨家坪村、随阳山村、七里坝村。

复兴镇是湄潭主要产茶区，中国茶海部分在其域内。茶叶是镇支柱产业，自2003年大力发展茶产业以来，至2019年，全镇茶园总面积达6130hm²，是全县茶园面积最多的镇，人均0.13hm²。其随阳山村、观音阁是湄潭古茶区，也是全县茶园面积最大的茶叶专业村，两村茶园面积均在1133hm²以上。其七里坝村、湄江湖村、高岩村皆是茶园面积超过333hm²以上的茶叶大村。其他各村都有133hm²以上的连片茶园，县著名茶企栗香公司在镇域建有茶园基地。全镇实现合作社管理，成立了复兴有机茶专业合作社，建立“合作社+茶农+加工厂”的运行模式，通过茶农“自我参与，自我监督，自我管理”，规范茶叶生产加工和销售。有日加工茶青10t以上规模加工厂5家，投资100万元以上大型加工厂1家，小作坊式加工厂42家。年产茶近2000t，产值达2000万元。

茶旅一体化渐具规模，主要有中国茶海、湄江湖等茶情风景区。尤以随阳山村八角山（图2-11）著名，这里可观看茶海全貌，以油茶汤为代表的茶饮食享誉周边地区。

图2-11 湄潭复兴镇八角山茶场

此外，湄潭属于全市茶产业规划区的核心乡镇还有天城乡、西河乡，属于规划乡镇的有洗马乡、黄家坝镇、抄乐乡、茅坪镇。

5. 茶叶名村

茶叶名村指以茶产业为主要经济发展模式脱贫致富奔小康的茶叶专业村和茶叶种植大村。湄潭县各镇（街道）皆有茶叶村，茶园面积达133.33hm^{2}以上茶叶村就有85个，茶园面积达333.33hm^{2}以上茶叶名村达42个之多，其中的核桃坝等8个村属于贵州重点茶叶专业村。

1）核桃坝村

核桃坝村属湄江街道，位于湄潭县东部，距县城10km。1980年，该村原是农民人均纯收入只有210元的穷山村。为实现脱贫致富奔小康的目标，1981年，该村与省茶科所签订了茶树短穗扦插繁殖试验合同，由省茶科所无偿向核桃坝村提供黔湄系列无性系良种短穗、化肥、资金及技术，帮助核桃坝村发展茶叶产业；当年，共开发0.03hm^{2}良种苗圃，经精心培育，试验获得成功；次年，出土优质茶苗56万株，收入1.1万元。正是这0.03hm^{2}茶园苗圃，为核桃坝村加快良种茶园建设奠定了重要基础，也改写了核桃坝村的历史（图2–12）。该村种茶户从原来的5户扩大到户户种茶，并成为贵州省茶叶无性繁殖良种基地。经过十多年的努力，该村培育的良种茶苗除自用外，大部分销往县内外、省内外。获得成功以后，利用当地有利于茶树生长的气候、土壤条件，将全村荒山荒地进行全面规划，全村规划茶园533hm^2。该村依靠科学技术发展茶叶生产，实现脱贫致富奔小康的实践，在湄潭县乃至贵州省产生了重要示范作用。

图2–12 20世纪80年代，核桃坝村支书何殿伦与村民一起研究本村茶叶产业

20世纪80年代末期，核桃坝村茶园发展初具规模，面积达333hm^{2}多，人均茶园面积达0.12hm^2，成为“中国西部生态茶叶第一村”。1988年，《求是》杂志发表署名文章：“中国的地表开发起始于核桃坝”。随后，国内外多位专家学者前来核桃坝调研，对核桃坝发展茶叶经济评价很高，核桃坝由此声名远播。

1995年，何殿伦带头创办以茶农入股组建的湄潭县核桃坝茶叶公司并出任董事长，提出产、供、销一体，农、工、商联营经营模式。成为湄潭县第一个由茶农自主经营、自负盈亏的茶叶企业。

2003年2月，核桃坝茶叶专业技术协会正式成立；2006年，核桃坝村在核桃坝茶叶公司的基础上整合组建“贵州四品君茶业有限公司”，依托“湄潭翠芽”商标，在遵义市建起“四品君”茶文化一条街，在贵阳、南京等地开设“四品君”茶叶销售连锁店。此后，公司评为省级农业产业化经营重点龙头企业。“四品君”公司的成立，成为壮大当地茶产业，促进茶农增收，解决农民工就业，加快新农村建设和推进生态农业旅游，推动农业产业化进程的一个成功典范。

2019年，核桃坝村拥有茶农1920户，茶园面积729hm^2。

依托茶产业作为经济支撑，核桃坝村在新农村建设上寻求新突破，规划建设了以“千壶园”为主体格调的村庄集镇化示范点，以富、学、乐、美“四在农家”为载体，以打造乡村旅游为突破口，在新民居的雕花窗上，家家户户都刻有精致的小茶壶图案，与县城“天下第一大茶壶”遥相呼应。村里的生态茶园，如今已成为AAA级绿色旅游观光带。该村获得的荣誉或称号有：1996年和1998年2次获贵州省政府命名为“小康村”；2005年获中央文明委命名“全国创建文明村镇先进村”；2007年获中国科学技术协会、财政部授予“全国科普惠农兴村先进单位”称号；2008年获国家旅游局评定为“全国农业旅游示范点”，浙大选定为“浙江大学师生社会实践基地”，被誉为“中国西部生态茶叶第一村”“中国西部生态茶叶专业村”；获中组部、中央文明办和全国妇联授予“全国先进基层党组织”“全国先进文明村镇”，是贵州省委组织部确定的全省村干部培训基地。2011年7月8日，核桃坝村获“贵州最美茶乡”称号（图2-13、图2-14）。2009年以来，全国农村精神文明建设工作经验交流会代表到核桃坝村参观，多位中央领导先后到村里视察调研。

“到湄潭当农民去!”这是许多新闻媒体和记者报道的话题，也是周边县农民工的向往，慕名到湄潭当农民的地方，主要是核桃坝及周边的茶叶村。核桃坝是外来农民工最多的地方，到核桃坝以茶务工的外来人口有3500多人，超过全村的常住人口。核桃坝村校的小学生，60%以上是外来农民工的子女。

图2-13 2011年核桃坝村获“贵州最美茶乡”

图2-14 湄潭县核桃坝村景致

2）梁家坝村

梁家坝村属永兴镇，村委会所在地大湾距县城23km。326国道、杭瑞高速公路、茶海旅游线路横穿境域，各村民组皆通砼路或沥青路。

梁家坝村毗邻湄潭茶场永兴分场，受其影响，是湄潭农村发展茶产业最早的村之一，村民从20世纪50年代就开始种茶，茶园面积超过1万亩。村成立有湄潭县永兴镇梁家坝村诚信茶叶专业协会，有玉喜、家玉等茶叶加工厂15家，生产湄潭翠芽、湄江翠片、湄潭香茶、炒青绿茶、红茶。全村集茶叶种植、加工、销售于一体，村民依托茶叶走出一条适应本地特色的致富之路。

2019年，全村茶农3486户，茶园面积800hm^2。域内茶园与永兴分场茶园接壤，是“中国西部茶海”的一部分，茶旅一体化极具潜力。

3）随阳山村

随阳山村属复兴镇，村委会所在地随阳山街曾是乡政府、人民公社所在地，距县城40km，乡道永随公路穿越境内，各村民组皆通砼路。

随阳山村产茶历史悠久，民国时期设有茶市，境内至今仍有保存较好的古茶园。2019年，茶园面积1221hm^2，是全县面积最大的茶村。域内建有面积达240m^{2}的茶青交易市场2个，年茶青交易金额近1.1亿元，其中随阳山茶青交易市场日交易额在30万~50万元。全村茶农4693户，种茶大户256户，茶叶加工40户，有栗香茶业公司茶叶加工厂和仁和茶业公司大型加工厂，有中小型茶叶加工厂35家。

该村紧临“中国茶海”，环境优美、交通便利。依托生态优势，全村大力发展茶旅风情游。境内八角山村民组以茶为载体打造美景、美食，成为茶旅一体化典范。

4）观音阁村

观音阁村属复兴镇，村委会所在地观音阁村，距县城33km。村道随观公路穿越域内，各村民组皆通砼路。

观音阁村种茶历史悠久，茶叶历来是村支柱产业。与随阳山村接壤，连接“中国茶海”，形成一条茶风情观光带，旅游发展极具潜力。茶园面积仅次于随阳山村，2019年，茶园面积1168hm^2，有茶叶基地2个，茶叶加工厂6个。全村茶农5525户，0.67hm^{2}以上种茶大户200余户。

5）龙凤村

龙凤村属兴隆镇，村委会所在地田家沟距县城13km，境域为金龙公路沿线，各村民组皆通砼路。

茶叶历来是村支柱产业，20世纪90年代后期，龙凤村大种茶叶，茶园逐渐形成规模。

村建有茶青交易市场，面积1400m²，年交易额达2亿元。2019年，全村茶农1787户，茶园面积381hm²。

龙凤村生态良好，林茶相间，系湄潭县优质茶叶基地。近年，在茶园中广植桂花、樱花树，修建木栈道，把茶园变成景区。村居环境优越，风景优美，依托茶产业，成为全国新农村建设样板，是2009年9月全国农村精神文明建设工作经验交流会和2017年第三次全国改善农村人居环境工作会议主要参观点。域内田家沟（图2-15）村民组是花灯戏《十谢共产党》发源地，也是贵州省委党校培训基地和浙大教育实践基地。

图2-15 醉美新农村田家沟

此外，湄潭县列入属于贵州重点茶叶专业村的还有德隆村、大庙塘村和流河渡村。

6. 茶业园区建设

自2005年以来，湄潭县大力发展茶业园区建设，推动茶产业发展，取得明显成效。

1）湄潭绿色食品工业园区

2005年8月开工建设；10月，县委提出以县绿色食品工业园区式为载体，实现配套优惠政策，鼓励各类环保型企业入驻，发展壮大农副产品加工业，推动湄潭工业经济快速发展，努力构建湄潭工业经济走廊。园区建立以来，汇聚了30余家本土规模企业，成功引进厦门以晴集团、浙江正泰集团等中国民营500强企业。2009年，园区升级为市级工业园区，更名遵义市（湄潭）绿色食品工业园区（图2-16），成为遵义市七大重点园区和重点规划新兴产业发展带之一。

图2-16 遵义市（湄潭）绿色食品工业园区

2012年，升格为贵州（湄潭）经济开发区，成为贵州省主要经济开发区之一，有国家级龙头企业4家，省级7家、市级8家，2000万元以上规模企业85家，园区中涉茶企业所占比重最大，汇聚兰馨、粟香、阳春白雪、黔茗、陆圣康源、南方嘉木等知名茶企业。

2）现代茶叶科技示范园区

湄潭现代茶叶科技示范园区主要分布在翠芽27°景区，以核桃坝现代茶叶示范园区为基础，拓展至金花、龙凤村一带。园区特点：生态良好，林茶相间，极宜优质茶叶生产，有机茶认证茶园面积大；企业带动较强，有四品君、湄江印象、芸香等规模茶业公司；组织化程度较高，成立了茶叶专业合作社，采取“公司+专业合作社+茶农”的发展模式；社会化服务较好，合作社设立了农资服务处，方便茶农。

园区基础设施建设完善：修筑了各类道路并在道路两旁栽上桂花树、樱花树；设置茶园品种示范牌，注明品种特征和适制性；安装喷灌设施并修建蓄水池，防止干旱；安装病虫害无理防治系统，力求不施用农药；实施茶青市场建设、住房改造，污水、垃圾处理等环保工程和停车场建设；规范清洁化加工，对园区茶叶加工企业，严格按照清洁化加工进行生产；园区与旅游结合，精心设计、打造茶旅线路精品。园区在翠芽27°景区带动下，已辐射至全县各茶区，以茶促旅、以旅兴茶、构建全境域茶旅一体化格局，努力打造成为省级现代茶叶科技示范园区典范（图2–17）。

图2–17 湄潭现代茶叶科技示范园区

3）国家现代农业产业园

2017年9月，农业部、财政部批准湄潭创建“国家现代农业产业园”。产业园按“一环三园多基地”（茶旅融合发展环，茶产业加工园、茶产业商贸园、茶产业科技与服务园，20个规模化绿色茶园基地）规划布局，规划面积411km^2，涉及县域3个镇（街）、12个村（居）、农业人口11.2万人，建档立卡贫困户500户。

“产业园”有1.33万hm^{2}投产茶园，建立了服务茶产业的四大茶叶中心：

图2-18 良种繁育中心智能大棚育苗

① **贵州茶树良种繁育中心**：贵州茶树良种繁育中心强化茶树新品种选育，加强良种储备和品种多样化建设，为贵州省46.67万hm^2茶园、湄潭县4万hm^2茶园品种改造提供苗木支持。中心建设规模133.33hm^2，项目总投资4000万元。设引种品比园、母本园和繁育场，年出苗2.25亿株。引种、品比全国良种达150个以上，可辐射带动周边良种育苗面积333.33hm^2以上，年出苗8亿株。截至2019年4月，项目完成组培中心调试运营、科技大棚苗木繁育更新和茶菌肥循环利用项目试产（图2-18）。

② **贵州茶叶集中精制中心**：精制中心是以茶叶精制为主体，茶菌肥循环利用、加工机械制造、茶叶包装为配套的茶产业全产业链加工园。位于贵州（湄潭）经济开发区，占地面积94714m^2，建筑面积64237m^2，计划投资2.8亿元。建设内容含茶叶精制车间、电商物流港、冷链中心和综合服务楼（包括电商孵化器，贵州茶产业云平台及审评室、化验室、办公室、展厅）等。项目建成后将形成年精制茶叶3万t的加工能力。目前一期工程已基本完工，已形成茶叶精制生产能力2000t。

精制中心与脱贫攻坚产业扶贫紧密结合，聚焦茶业品牌化、标准化建设，引领贵州茶叶，实现“集聚资源、集群加工、集中精制、集约经营、集团发展”。

③ **贵州遵义茶叶交易中心**：交易中心是贵州省政府、商务厅批复的首个茶叶交易中心（图2-19），位于湄潭县中国茶城二期，项目建筑面积约11000m^2，一期项目投资约8700万元人民币。该项目主要分为展示中心、休闲商务中心、现货权益交易中心、办事办公中心、大数据中心五大板块。

图2-19 茶叶交易中心

交易中心将通过现货、期货挂牌交易与竞价拍卖、招投标与专场交易模式，实现大宗商品订单、竞买、竞卖、招标、撮合、挂牌等多种交易处理，形成网上交易、线上支付、物流管理、行情分析、品质溯源等功能为一体的综合性电子商务平台。交易中心将致力于推进茶产业转型升级，集约化茶叶流通市场，全力推动湄潭茶叶经济的跨越式发展。

交易中心积极响应国家"数字乡村战略"，深入推进"互联网+农业"，扩大农业物联网示范应用，项目将推进重要农产品全产业链大数据建设，加强本地及贵州地区数字农业农村系统建设。

该项目所涉及的农村产权及土地二级市场交易，将进一步巩固和完善农村基本经营制度，深化农村土地制度改革，深入推进农村集体产权制度改革，完善农村支持保护制度，全面激发乡村发展活力。

④ 黔北茶叶生产资料配送服务中心：生产资料配送服务中心位于兴隆镇，临近204省道，建筑面积7500m^2。共4层楼，负一层为物资仓储；一层为茶用农资超市，含生态茶园之家、电子商务培训基地、茶叶厂家直销培训基地；二层为现代茶叶经济陈列室和物联网信息中心；三层为院士工作站和茶叶科技培训中心。

配送服务中心设多个展区，服务范围涵盖茶叶生产农药、肥料、机具、电子商务、物联网等，开启现代茶业生产、管理、销售和宣传模式。中国工程院院士陈宗懋已与园区管理委员会签订协议，开展新产品研发、技术攻关、成果转化、人才培训等方面的综合研究。2015年5月，黔北茶叶生产资料配送服务中心成立并开始运行。

作为贵州第一产茶大县，湄潭成了名副其实的"茶都"，湄潭茶产业可圈可点的内容还很多。"春天卖翠芽，秋天卖老茶，冬天卖茶籽，四季卖风景"，对于已经种植的4万hm^2茶园，湄潭人做出了这样的答案，这也是外界对湄潭茶产业发展状况的描绘（图2-20至图2-22）。

图2-20 湄潭永兴万亩茶海

图 2-21 湄潭茶区分布示意图

湄潭优势茶叶产业带分布图

清江锌硒有机茶叶产业带

湄江湖优质茶叶产业带

仙谷山优质茶叶产业带

核桃坝观光茶叶产业带

云贵山生态茶叶产业带

凤凰山有机茶叶产业带

图 2-22 湄潭优势茶业产业带分布示意图

表 2-1 湄潭县 2006—2019 年茶园面积、茶叶产量产值情况统计表

年度	茶园面积 /hm^2		产量产值		
	总面积	投产茶园	产量 /t	产值 / 万元	综合收入 / 万元
2006	6667	3333	3260	12400	—
2007	8333	4333	5285	22900	—
2008	11000	6000	7660	37900	71000
2009	14913	8333	11000	61600	102000
2010	19000	11000	15000	91300	137000
2011	22000	15000	14400	116200	162000
2012	24333	19000	25400	165500	250000
2013	26867	21667	30100	211000	412000
2014	32000	24333	35700	254200	452000
2015	37333	27000	41000	281000	500000
2016	40000	32000	53000	359000	885000
2017	40000	37333	61600	427000	1020000

续表

年度	茶园面积 /hm²		产量产值		
	总面积	投产茶园	产量 /t	产值 / 万元	综合收入 / 万元
2018	40000	38000	67700	482000	1248500
2019	40000	38553	72550	526636	1394500

表 2-2　湄潭县 2006—2019 年荣誉称号统计表

序号	获奖日期	获奖单位	获奖名称	颁发部门
1	2006.5	湄潭县天壶公园大茶壶	大世界基尼斯之最最大的实物造型——"天下第一壶"	大世界基尼斯
2	2008.6	湄潭县茶业协会	贵州省无公害农产品（茶叶）产地	贵州省农业厅
3	2010	湄潭县茶业协会	千年金奖	上海世博会国际信息发展网馆
4	2011.4	湄潭县	2011 年中国茶叶区域公共品牌最具带动力品牌	中国茶叶区域公用品牌价值评估课题组
5	2008.10	湄潭县	中国名茶之乡（首批）	中国茶叶学会
6	2009.7.28	"遵义红"	2009 年贵州十大名茶	贵州省茶叶协会、贵州省茶文化研究会
7	2009.9	湄潭县	2009 年全国重点产茶县	中国茶叶流通协会
8	2010.10.28	"湄潭翠芽"	2010 年贵州三大名茶	贵州省茶叶协会、贵州省茶文化研究会、贵州省绿茶品牌发展促进会
9	2011.12	"湄潭翠芽"	驰名商标（贵州茶叶第一枚）	国家工商总局商标局
10	2012.10	湄潭县	2012 年度中国茶叶产业发展示范县	中国茶叶流通协会
11	2013.12	湄潭县	国家级出口食品农产品（茶叶）质量安全示范区	国家质检总局
12	2013.9	湄潭县	中国茶叶籽产业发展示范县	中国茶叶流通协会
13	2014.10	湄潭县	荣获"2014 年度中国茶业十大转型升级示范县"称号	中国茶叶流通协会
14	2014.3	湄潭县	贵州省农业标准化示范区（茶叶）	贵州省农业委员会
15	2015.7	"湄潭翠芽""遵义红"	百年世博中国名茶金奖	"百年世博中国名茶"评鉴委员会
16	2015.10	湄潭县	荣获"2015 年度中国茶叶产业示范县"称号	中国茶叶流通协会

续表

序号	获奖日期	获奖单位	获奖名称	颁发部门
17	2015.9	湄潭县	贵州茶产业第一县	贵州省农业委员会
18	2016.10	湄潭县	荣获“2016 年度中国十大最美茶乡”称号	中国茶叶流通协会
19	2017.10	湄潭县	荣获“2017 年度中国茶业扶贫示范县”称号	中国茶叶流通协会
20	2017.12	遵义湄潭象山茶园	“2017 黔茶说”网友最喜爱的贵州名茶山	新华网
21	2017.12	遵义湄潭云贵山	“2017 黔茶说”网友最喜爱的贵州名茶山	新华网
22	2017.6.19	湄潭县遵义红茶艺表演队	在 2017“马连道杯”全国茶艺表演大赛中，荣获一等奖	2017 北京马连道国际茶文化展组委会
23	2018.11	湄潭县	“2018 中国茶业品牌影响力全国十强县（市）”称号	中国茶叶流通协会

表 2-3　湄潭县 1995—2019 年茶产品获奖统计表

奖项级别	国家级（含国际）					省级（含同等级别）					其他奖项
奖项等级	特等奖	一等奖	二等奖	金奖	银奖	特等奖	一等奖	二等奖	金奖	银奖	优质奖
获奖次数	5	30		116	23	2		1	6	—	41

（二）凤冈茶产区

1. 凤冈茶产区概述

凤冈县位于贵州省东北部，东与德江、思南接壤，南与石阡、余庆毗邻，西界湄潭，北靠正安、务川。地处东经107°31'~107°56'、北纬27°31'~28°21'之间，距遵义市区95km，距遵义机场60km。平均海拔720m，年均温度15.2℃，极端最高气温37.8℃，极端最低气温-7.4℃，无霜期277d，年平均积温5548℃，年平均日照时数1139h，年平均降雨日数180d左右，降水量1257mm。属中亚热带湿润季风气候，气候温和、湿润多雨，冬无严寒、夏无酷暑，森林覆盖率53.7%。全县宜茶地海拔在500~1200m之间，土壤主要分布为黄壤、石灰土、紫色土、水稻土四类，主要为黄壤，山地发育为黄棕壤。土层深达80~200cm，pH值4.5~6.5，肥力中等，有机质含量丰富。土壤中锌、硒含量较高。2004年贵州省理化测试分析研究中心、贵州师大分析测试中心对凤冈规划区内的土壤和茶叶（茶青和干茶）进行检测：凤冈县土壤中锌含量为95.3mg/kg，硒含量为2.5mg/kg；茶叶中锌含量为40~100mg/kg，硒含量为0.25~3.5mg/kg，且完全来源于茶树对土壤中锌硒的天

图2-23 2009年全国重点产茶县

图2-24 2010年全国名茶之乡

图2-25 2010年全国特色产茶县

然吸附。凤冈茶叶因富含锌硒微量元素和有机品质在茶界享有较高的知名度。

凤冈县是全国重点产茶县（图2-23）、贵州省重点产茶县、遵义市茶叶生产基地县、国家级富锌富硒茶农业标准化示范区县，2004年获“中国富锌富硒有机茶之乡”称号，之后历年获中国生态旅游百强县、中国西部茶海中心县、全国农业生态旅游示范区、中国名茶之乡（图2-24）、全国特色产茶县（图2-25）、全国十大生态产茶县、中国十大最美茶乡、全省首个“贵州·凤冈国家级出口茶叶质量安全示范区”等。

主要区域品牌为凤冈锌硒茶，企业品牌有春江花月夜、春秋、仙人岭、浪竹等；主要茶叶企业有贵州凤冈黔风有机茶业有限公司、贵州凤冈县仙人岭锌硒有机茶业有限公司等。

凤冈是遵义市茶业生产基地县的后起之秀。20世纪90年代末，凤冈茶产业还属于默默无闻状态。进入21世纪，国家实施西部大开发政策后，特别是2006年以来，凤冈茶因其占有自然地理、生态环境、产品质量、产品特色等优势而被列为绿色产业发展的重中之重。凤冈县选择“以茶富民、以茶兴县”的区域发展之路，采用以企业为主体、以科技和文化为两翼的政策扶持，吸引各方投资，茶产业蓬勃兴起，成为凤冈县支柱产业。凤冈人说，“茶叶改变了凤冈”，因为凤冈用大致十年（2003—2013年）时间，完成至少五十年，甚至上百年才能完成的事情。这种跨越式发展不仅助推了全省茶产业的发展，同时引起全国茶界的关注与重视，被业内称为“凤冈现象”。凤冈人将其归纳为“决策魄力、活动魅力、招商引力、凤冈标准、凤冈模式、规模神话、凤茶品牌、凤茶文化”八大现象。

2. 2006—2019年的发展历程

2005年，凤冈县委、县政府出台了《鼓励支持干部职工、城镇居民和个体工商户、私营业主参与生猪、茶叶产业建设实施细则》，拉开了发展茶产业攻坚战的大幕，优惠政策的助推力，吸引各方投资者纷至沓来，凤冈茶叶产业进入了高速发展时期。

2006年，凤冈提出“强茶、壮烟、兴畜、稳粮、重特”的产业结构调整思路，提出2005—2010年的目标任务是坚持每年以2万~3万亩的速度推进，至2010年，茶园总面积达1.6万hm^2，确立了茶叶产业作为建设生态农业的首选产业和支柱地位；是年，全县茶园面积达5467hm^2，茶叶产量2400t，产值1.55亿元，成为全省第二产茶大县。

2007年，贵州省委、省政府制定《关于加快茶叶产业发展的意见》后，凤冈县政府出台了50项优惠政策和《关于调整茶叶产业发展政策的意见》，决定在5年之内连续每年投入1000万元用于扶持茶叶基地建设、生产加工和品牌打造等方面，当年被列为国家财政支农资金整合试点县，有力地推动凤冈茶产业实现跨越式发展；3月31日，举办“中国西部茶海·遵义首届春茶开采节”；11月，《凤冈锌硒乌龙茶》省级地方标准经省质监局专家委员会评审通过；是年，全县茶园面积达9393hm^2，茶叶产量2600t，产值1.85亿元。

2008年1月，凤冈县委《关于加快茶叶产业发展的决定》明确提出：到2012年，实现茶园面积1.67万hm^2，确保到2015年，全县投产茶园达到2.33万hm^2，把凤冈县建设成为优质绿茶出口县和全国名优绿茶基地县，实现“以茶富民、以茶兴县”目标；8月，凤冈县政府与中茶所合作，就凤冈茶业开展茶树品种选择与布局、茶叶标准化体系建设、茶叶栽培与加工技术培训、凤冈锌硒茶宣传与推介4个课题合作与研究，并整合资金2000万元以上，用于茶产业发展；创办管护示范点11个，在30个重点村各办茶叶生产示范点3.33万hm^2，投入肥料、安装茶叶杀虫灯、建茶区机耕道等；开展种茶、制茶能手培训；是年，凤冈茶叶累计获国家级金奖17个、银奖5个，茶园1.22万hm^2，茶叶产量3000t，产值2.1亿元，超过贵州省茶叶总面积的十分之一，居全省第二。

2009年3月，《人民日报》《光明日报》、中央电视台、中央人民广播电台四大国家级主流媒体齐聚凤冈，对凤冈茶产业进行了深度报道。3月21日，以“有机茶叶绿了青山富了农”为题在中央电视台《新闻联播》中播出；是年，实施茶园管护示范点17个，面积126.6hm^2，完成392.1hm^2的有机茶基地复审和1家有机茶加工厂复查检查工作；凤冈锌硒茶、春江花月夜、绿宝石被评为贵州省十大名茶；全县茶园面积达到1.48万hm^2，其中，有机茶园面积582hm^2，茶叶产量3500t，综合产值2.6亿元。

2010年，进一步贯彻落实县委“以茶富民、以茶兴县”发展思路，加快了全县茶产业建设步伐。组建茶叶专业合作社11家，资产评估县内企业（大户）茶园9家，共评估茶园568hm^2，总评估价值7969.41万元；4月，“贵州·凤冈出口茶叶质量安全示范区”与贵州出入境检验检疫局考察评定后挂牌；5月，凤冈县成为经贵州省质量技术监督局批准的全省首个优质茶叶示范区；中国茶叶流通协会授予凤冈县“2010年全国十大特色产茶县”称号；被中国茶叶学会评选为“中国名茶之乡”；凤冈锌硒茶被评为“贵州省三大名茶”；是年，茶园1.68万hm^2，产量4317t，产值3.8亿元，涉茶人数超过12万人。

2011年，建成1333.33hm^2以上的茶叶乡镇5个，666.67hm^2以上的茶叶乡镇6个，涉茶农户5.3万户，涉及茶农20万人；引进同济堂入驻凤冈，整合贵州凤冈黔风有机茶业有限公司及贵阳春秋实业有限公司成立贵州凤冈贵茶有限公司，建设年产2000t“春江花月夜”牌系列有机绿茶加工厂，项目共投资1.1亿元；12月，由贵茶公司生产的“绿宝石”，通过欧盟414项指标检测，顺利出口德国；是年，全县茶园面积达到1.88万hm^2，茶叶产量5000t，产值5亿元。

2012年，凤冈县委、县政府出台《关于“十二五”期间加快茶叶产业发展的实施意见》，提出“八大转型工程”，拉开了凤冈茶产业转型升级的序幕，提出到2016年，实现茶园面积3.33万hm^2，投产茶园达2.33万hm^2，产值达30亿元以上；要在全省“黔茶”的产量、产值、品牌地位及品质上力争实现“四个第一”的目标，实现全县农民“人均一亩茶、户户奔小康”。使茶叶年产值达20亿元，实现综合收入30亿元以上，实现“以茶富民、以茶兴县”目标；是年，全县茶园面积2.08万hm^2，产量1.5万t，产值9亿元，涉及农户5.3万户，带动茶农及其他就业人员20万人。

2013年，凤冈茶叶通过欧盟农药残留、重金属含量等食品安全指标的检测，向欧洲多个国家出口30t茶叶；茶产业涉及14个乡镇70多个村居，涉茶农户6万余户，覆盖群众20余万人，种植有20余个品种，茶树良种化率达80%以上；是年，全县茶园面积达2.35万hm^2，产量1.9万t，产值16亿元。

2014年，凤冈县委、县政府出台了《关于加快推进茶产业转型升级的实施意见》和《凤冈县茶产业发展奖励和补助办法》；茶叶园区建设逐步推进，省级重点田坝有机茶生产示范园区进展迅速，市级重点太极养生园区已入驻企业10余家，建设茶园1333.33hm^2，县级重点金玛瑙茶旅休闲区已建茶园2.35hm^2；全县有茶叶加工厂、年加工能力、常年从业人员、茶叶企业等指标都得到极大提升，“茶旅一体化”建设效果明显。是年，全县茶园面积2.68万hm^2，茶叶产量1.94万t，产值17.6亿元。

2015年3月，凤冈县茶产业发展中心与贵州省农科院共同编制了《凤冈县“十三五”茶产业发展规划》（以下简称“《规划》”，图2-26）；《规划》对“十二五”以来的成绩做了总结，明确了对茶产业进一步发展的目标、思路、原则。《规划》进行了有利条件分析——锌硒同具、有机品质、古夷州茶文化具有较大开发潜力优势；茶产业定位——凤冈锌硒绿茶为主导，适当发展红茶、白茶及黑茶，将凤冈县打造成“全省茶园的重心、加工的中心、品牌的核心”，建成全省茶叶第一大县、绿茶出口大县，争取列入全国茶叶十大县、世界绿茶名县，将凤冈锌硒茶创建为国内一流和国际知名茶品牌，努力形成

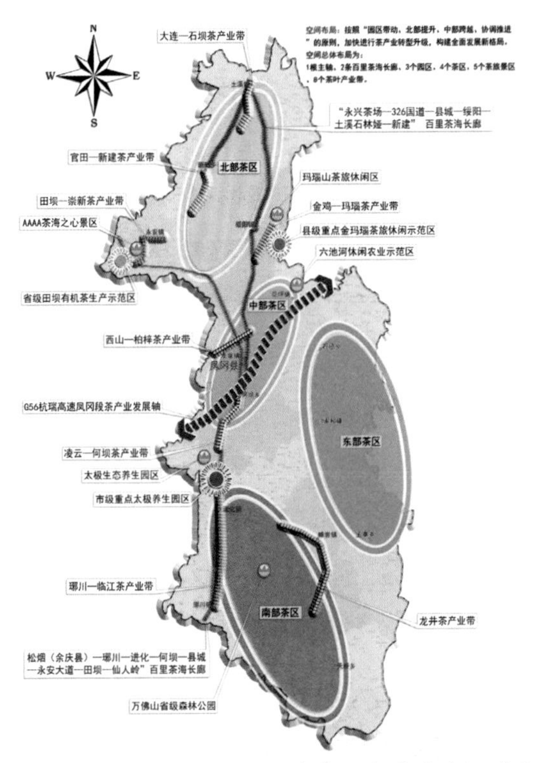

图2-26 凤冈县“十三五”茶产业发展总体规划图

“东有龙井，西有凤冈”的广知名度及茶经济、茶文化、茶旅游协调发展的格局；总体目标——到2020年，茶园基地达到3.33万 hm^2，集中连片33.33万 hm^2以上生态茶园创建率达100%，投产茶园达到2.67万 hm^2。茶叶年产量达到6万t，茶叶年出口量100t以上，茶叶年产值达到60亿元以上，综合产值实现100亿元以上。培育国家级龙头企业5家，省级20家；驰名商标2个，省级著名商标20个；国家级名牌产品5个，省级名牌产品10个。以省级重点园区——田坝有机茶生产示范园区、市级重点园区——太极养生园区、县级重点园区——金玛瑙茶旅休闲示范区为引领，打造3个茶叶园区；将全县所有涉茶乡镇分为北部、中部、南部、东部4个茶区；按照“茶旅一体、协同发展”的思路，向AAAA茶海之心景区、太极生态养生园区、金玛瑙山茶旅休闲区、六池河休闲农业示范区、万佛山省级森林公园5个茶旅景区游客提供休闲修身养性为主的旅游服务项目，并宣传、推介凤冈锌硒茶；按照全县茶产业分布，将凤冈县分为8个茶产业带。是年，全县茶园面积3.01万 hm^2，茶叶产量2.7万t，产值21亿元。

2016年，《规划》通过县政府审定公布并在全县实施，全县茶园面积达到3.33万 hm^2，茶叶产量3.5万t，产值25亿元。

2017年，全县茶园面积和有机茶园面积稳定在上年水平，茶叶产量4.5万t，产值35亿元。

2018年，在《规划》基础上，出台了《凤冈县进一步推进茶产业发展的实施意见》《凤冈县加快推进茶产业发展三年行动计划（2018—2020年）》等产业发展文件，提出着力实施基地提升、品质提升、加工提升、品牌提升、市场提升、人才提升“六大提升工程”，加快茶产业转型升级。

到2019年，茶产业已成为凤冈县第一大支柱产业，基地规模较大，标准化程度较高；茶叶基地规模全省第二，茶树品种配置具有竞争力；标准化建设达到一定程度，茶叶质量有保障；加工能力迅速提升，产品结构日趋合理；茶产业基础设施显著改善；“茶旅一体化”建设进程加快，效果明显；品牌优势逐步突显，市场建设前景看好；茶产业精准扶贫成效显著。截至2019年底，全县茶园面积3.33万hm^2，投产茶园3.1万hm^2。其中无性系良种达99%以上，无公害茶园认定面积3万hm^2，有机茶园2000hm^2，绿色食品茶园1333hm^2。茶叶总产量5.7万t，产值47亿元，茶业综合收入85亿元。涉及6万农户24万余人。全县茶叶生产、加工、营销企业及加工大户280家，其中注册企业210家，年产值500万元以上的企业50家，国家级龙头企业1家，省级13家，市级25家。年加工能力2万t以上，产品涉及绿茶、红茶、黑茶及白茶等6类产品。全县有茶叶商标300个，获国家级金奖65次，品牌价值达19.57亿元。茶区建有茶青交易市场16个，茶青可在10分钟内进入市场交易。在全国50多个地级以上城市设立品牌专卖店、旗舰店、批发部200余家，在天猫、阿里巴巴等全国知名网站开设网店15家。

在茶园建设上扎实推进“畜—沼—茶—林”生态循环建园模式，以农户为基本单元、以发展茶叶为核心、以建沼气池为基础、以畜禽养殖为辅助，在茶园中套种红豆杉、雪松、香樟、桂花等花卉苗木，有效提升茶叶品质，形成了“茶中有林、林中有茶、茶林相间、茶行有树、树中有花”的独特“茶旅一体”生态茶园（图2–27），累计建成标准化茶园达到2万hm^2；认证有机茶基地保持在3450hm^2，无公害茶园2.95万hm^2。

图2–27 凤冈打造成“林中有茶、茶中有林、林茶相间”的生态茶园

凤冈特别注重科技创新与人才引进。县域内在国家知识产权局公布的涉茶专利253项，涉及茶叶种植、茶叶加工工艺及机械、茶叶包装、茶叶深加工等领域。进行了黄化茶树品种在贵州凤冈的适应性研究、凤冈茶区茶树粉虱类害虫年发生规律调查、茶食品健康协同创新体系、茶叶深加工产物等多方面科研，并与浙大签订战略合作协议，组建中国（凤冈）茶资源深加工研究中心，开发传统茶叶新产品和茶叶深加工产品，推广茶叶连续化、清洁化、现代化加工技术。

2005年，聘请中国茶文化国际交流协会常务理事兼副秘书长、中国国际茶文化研究会常务理事林治为凤冈县首席茶文化顾问。2007年10月，中国工程院院士陈宗懋考察凤冈县茶产业，对凤冈茶叶和生态环境作了：“好山好水出好茶，锌硒有机茶金不换”和

“浓而不苦、青而不涩、鲜而不淡、醇厚甘甜、锌硒同具、全国唯一”的评价，高度评价了凤冈茶叶的内在品质和茶产业发展思路与运作方式，为凤冈茶产业的发展献计献策。在考察期间，陈宗懋接受担任凤冈县茶产业发展的首席顾问的聘请（图2-28）；2007年，聘请“绿宝石”品牌的创始人、制茶大师牟春林为凤冈县绿茶加工技术顾问。2012年，聘请原无锡市茶叶研究所副所长曹坤根为凤冈县红茶加工技术顾问。2018年8月，聘请浙大茶学系博士生导师屠幼英教授为凤冈县茶产业发展科技顾问；还邀请刘枫、吴甲选等全国茶学泰斗、茶文化专家、茶业界龙头企业到凤冈考察、讲学。

图2-28 2007年10月，凤冈县聘请中国工程院院士陈宗懋为“茶产业发展首席顾问”

表2-4 凤冈县茶产业分区及产茶品种

名称	涉及乡镇	主要茶叶品种
北部绿茶、白茶茶区	永安镇、新建乡、土溪镇、绥阳镇	翠芽、毛峰、绿宝石、炒青、烘青、绿片茶、碾茶，工夫红茶、红宝石，白茶
中部绿茶、红茶茶区	龙泉镇、何坝乡、花坪镇	翠芽、毛峰、绿宝石、炒青、绿片茶，工夫红茶、红宝石，乌龙茶
南部红茶、黑茶茶区	进化镇、琊川镇、蜂岩镇、天桥镇	翠芽、毛峰、炒青，工夫红茶，黑茶
东部绿茶、白茶茶区	石径乡、永和镇、王寨镇	翠芽、毛峰、碾茶，工夫红茶，碾茶

3. 主要产茶乡镇

2007年遵义市茶产业规划区的55个乡镇，9个核心乡镇中有凤冈县永安镇、何坝乡、龙泉镇。

永安镇位于凤冈县西北部，距县城34km。该镇茶叶发展采取“猪—沼—茶—林”有机循环方式，茶叶生产采取“公司+茶厂+基地+农户”的管理模式。全镇茶叶面积2695.4hm^2，通过南京国环有机产品认证中心认证的有机茶园1248.57hm^2，成为西南地区最大的有机

图2-29 凤冈永安镇“贵州最美茶乡”

茶生产基地，也是贵州省首个出口农产品质量安全示范区。有茶叶加工国家级龙头企业1家、省级3家。凤冈锌硒茶、绿宝石、春江花月夜获“贵州十大名茶”称号，营销网络遍布全国各地。2008年被授予为国家级农业旅游示范区（中国西部茶海第一村）和国家AAA级旅游景区。2011年7月，永安镇获“贵州最美茶乡”称号（图2-29）。

4. 茶叶专业村

凤冈县茶叶专业村（带）的布局规划：永安镇田坝村、新建乡新建村、土溪镇大连村、绥阳镇金鸡村、龙泉镇西山村、何坝乡水河村、进化镇中心村、蜂岩镇龙井村。

凤冈县规定了茶叶专业村的详细标准，包含所具备的条件、任务、政策保障和申报认定4个方面。所具备的条件是至少有1万亩以上适宜种茶的土地面积，具备林茶相间，海拔在800m左右，呈丘陵地状；有优良的生态环境，水、电、路方便；有茶叶加工厂或具备建茶叶加工厂的茶园规模。任务是“十一五”计划期末，全村茶园面积达1万亩以上、户均茶园面积达4亩；涉茶农户占全村总户数的60%以上，接受栽培与管理技术的培训；按“猪—沼—茶—林”建园模式建高效茶园；茶叶收入占农户经济收入的60%以上，成为农户家庭经济收入的主要来源；茶叶专业村有标准化、清洁化的大（中）型茶叶加工厂；通过3~5年的努力，该村因茶产业支撑能进入省（市、区）新农村建设示范村。

凤冈茶叶专业村中最著名的是永安镇田坝村，属于全省12个重点茶叶专业村之一。

田坝村属永安镇，位于凤冈县西北部，距县城40km，地势平坦，交通便利，环境优美、气候宜人，森林覆盖率86%。全村有2161户9266人。20世纪90年代以前，田坝村因缺水、干旱而成为凤冈县出名的贫困村之一。为早日脱贫致富，该村结合自身实际，在产业结构调整中坚持发展茶叶产业。2006年以来，田坝村发挥现有茶产业自然地理条件和茶品牌（品质）优势，突出锌硒特色，凭借833.33hm^{2}生态茶园、190hm^{2}有机茶基地，4家标准化、清洁化的大（中）型茶叶加工厂而富甲一方、名扬全省。

田坝村的发展，归纳为力争“四最”和坚持“三个原则”。“四最”为：种茶面积最大，在2006年茶园800hm^{2}的基础上加大发展力度，力争创建成为全国种茶面积最大的建制村；茶叶品质最优，田坝村属西南地区最大的有机茶基地，计划目标为1万亩有机茶园；茶叶品牌最特，田坝茶叶富有锌、硒、有机三大特色同具一体，在全国茶叶行业也属少见，通过实行无公害化生产，颇得国内知名专家和茶叶界同仁的一致认可和高度赞赏，着力加大提升品牌“最特”的含金量；种茶效益最高，通过加强茶园科技化管理，提高产品加工标准化增值率，在2006年每亩产茶效益0.6万~0.7万元的基础上，力争实现1万元收益的目标。“三个原则”是：因地制宜原则——选准产业；专业化定律——锲而不舍，打造特色，形成专业村；规模化效应——以茶园规模筑巢，全方位招商引资。

田坝茶农为了通过产品质量维护市场信誉，还约定了“乡规民约”：① 严格按照规定施农药和有机肥，对不按规定施农药和肥料的农户，一经发现即向县级有关部门举报，在合作社内部通报，坚决处理，绝不含糊；② 茶园基地生物农药和有机肥料统一由合作社进购，发放到农户家中；③ 严禁在凤冈县域以外收购茶青进行加工，发现后坚决予以举报，有关单位和部门予以处罚；④ 在外地进成品茶来掺合充当凤冈锌硒茶的，及时向县茶叶协会和工商、质监等部门反映，取消其加工资格，并重处重罚；⑤ 对外销售的茶叶统一包装、统一品牌、统一管理、统一加工、统一价格，避免相互抬价、压价和漫天要价的现象发生；⑥ 每年由合作社聘请茶叶专家到专业合作社为茶农开展1~2次茶叶种植、管理、加工、制作技术等培训。

田坝村2006年被列入贵州省新农村建设百村试点之一，又是遵义市重点实施的14个试点村之一。田坝村坚持“建设生态家园，开发绿色产业”的战略定位，发挥“锌硒特色、有机品质”优势，按照“以规划为龙头，道路为骨架，茶区为载体、锌硒为特色，‘猪—沼—茶’为纽带，生态旅游为根本，农民增收为核心”的建设要求，打造成“绿色窗口”和“绿色银行”，“茶旅一体化”模式健康发展，被誉为“中国西部茶海第一村”。

该村是“中国西部茶海之心”核心之地，初夏时节，放眼望去，在林中有茶、茶中有林（图2-30）、茶中有花的茶海里，到处是村民们忙碌穿梭采茶的身影。

图2-30 凤冈永安田坝村林茶相间茶园

在2009年“贵州十大名茶”和2010年“贵州三大名茶”评选中，以田坝村茶叶为代表的“凤冈锌硒茶”“绿宝石”“春江花月夜”牌明前毛尖榜上有名。到2011年初，全村茶园发展到2.5万亩，其中有机茶园1.71万亩，有茶叶加工点61个。2000多户村民家家都有茶园，人均2.7亩，茶叶产量1500t，茶叶总产值9400余万元。涉茶农户1942户，涉茶人口7882人，全村人均纯收入超过6000元，其中茶叶收入占90%。有规模型茶叶企业17家，其中国家级龙头企业1家、省级2家。茶叶知名品牌有春江花月夜、绿宝石、仙人岭、浪竹等。在各项茶叶品质评比中获34枚金奖。

2008—2011年，该村分别获全国绿色小康村、巾帼示范村、全国农业旅游示范点、国家AAA级旅游景区、省级“文明镇村”等称号。中共田坝村支部获“贵州省先进基层党支部”称号。

2017年，田坝村入选全国“北斗发现——百佳茗村”。

5. 凤冈茶产业重大项目及茶业园区选介

凤冈县田坝有机茶生产示范园区：该园区为贵州省政府2013年3月批准创建的全省“五个一百工程”的“一百个现代高效农业示范园区”之一，2014年列入全省重点园区。园区位于凤冈县永安镇，距凤冈县城区38km、距遵义100km左右，主导产业为茶叶。现为“国家AAA级旅游区”“茶海之心景区”“全国休闲农业和乡村旅游示范点”“第五批国家级生态示范区”“贵州省首个出口茶叶质量安全示范区”。

园区规划范围为永安镇田坝村、永安村、崇新村和永隆社区4个村居，涉及6100多户2.3万余人，核心示范面积为1867hm^2，规划建设总投资12.8亿元，示范带动面积1万hm^2（图2-31）。以茶叶为主导产业，以茶促旅、以旅带茶、茶旅互动的模式。

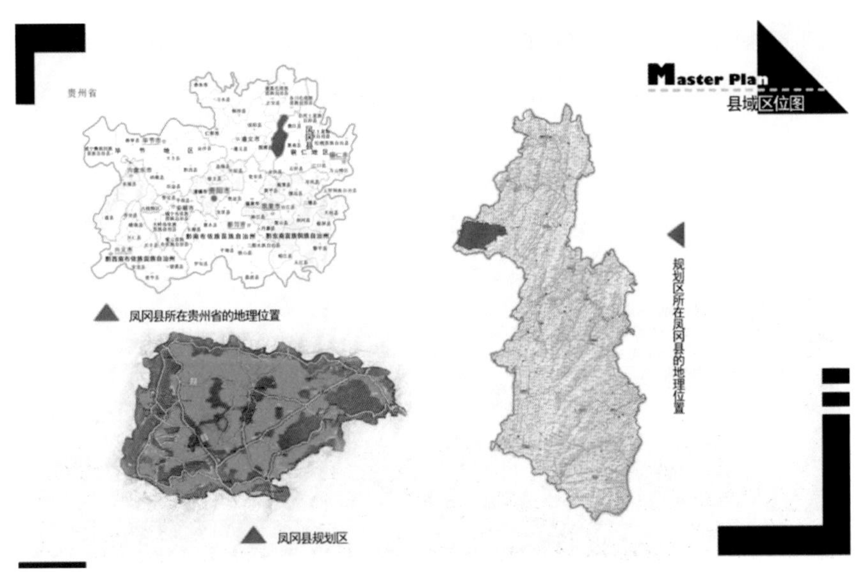

图2-31 凤冈县田坝有机茶生产示范园区建设规划

园区内现有大小企业82家，其中国家级龙头企业1家、省级5家、专业合作社5家，从业人员13500人。已创建了凤冈锌硒茶、绿宝石、仙人岭、浪竹、田坝红、露芽春、万壶缘等茶叶系列品牌。其中，绿宝石、仙人岭、浪竹为贵州省著名商标，凤冈锌硒茶为国家地理标志保护产品，2014年3月获“中国驰名商标”认证。园区茶叶产品在各种茶评和博览会中共获得43枚奖牌。建设有机茶叶生产示范区、旅游观光区、综合服务区，打造有机食品城（茶天下茶叶交易市场）“三区一城”。

表 2-5 凤冈县 2006—2019 年茶园面积、茶叶产量产值统计表

年份	总面积 /hm^2	产量 /t	产值 / 万元	综合收入 / 万元
2006	5467	2400	15500	60000
2007	9393	2600	18500	65000
2008	12213	3000	21000	80000
2009	14787	3500	26000	90000
2010	16793	4317	38000	120000
2011	18807	5000	50000	150000
2012	20800	15000	90000	180000
2013	23473	19000	160000	220000
2014	26800	19400	176000	250000
2015	30140	27000	207000	350000
2016	33333	35000	250000	460000
2017	33333	45000	350000	600000
2018	33333	55000	450000	700000
2019	33333	57000	470000	850000

表 2-6 凤冈县 2004—2019 年荣誉称号统计表

序号	颁发日期	荣誉单位	荣誉称号	颁发部门
1	2004.8	凤冈县	中国富锌富硒有机茶之乡	中国特产之乡推荐暨宣传活动组织委员会
2	2005.5	凤冈县茶叶协会	贵州省十大名茶	贵州省茶叶协会、贵州省茶文化研究会
3	2006.1	凤冈富锌富硒茶	国家地理标志保护产品	国家质检总局
4	2007.1	凤冈县	国家级生态示范区	国家环保总局
5	2009.10	凤冈县	全国重点产茶县	中国茶叶流通协会
6	2009.10	凤冈县	全国特色产茶县	中国茶叶流通协会
7	2010.1	凤冈县茶叶协会	多彩贵州十大特产	多彩贵州 100 强品牌推选活动组委会
8	2010.10	凤冈县茶叶协会	贵州省五大名茶	贵州省茶叶协会、贵州省茶文化研究会
9	2010.10	凤冈县茶叶协会	贵州省三大名茶	贵州省茶叶协会、贵州省茶文化研究会
10	2010.11	凤冈县	中国名茶之乡	中国茶叶流通协会
11	2013.1	凤冈锌硒茶	贵州省自主创新品牌 100 强称号	贵州自主创新品牌 100 强推介活动组委会
12	2013.1	凤冈县	城市符号征集活动之最具影响力十大茶产地	人民网

续表

序号	颁发日期	荣誉单位	荣誉称号	颁发部门
13	2014.3	凤冈锌硒茶	中国驰名商标	国家工商总局商标局
14	2014.5	“茶海之心”景区	国家4A级旅游景区	全国旅游景区质量等级评定委员会
15	2014.5	凤冈锌硒茶	2014年度中国茶叶区域公共品牌“五力”品牌	中国茶叶区域公用品牌价值评估课题组
16	2014.10	凤冈县	2014年度全国重点产茶县	中国茶叶流通协会
17	2014.11	凤冈锌硒茶	农产品地理标志产品	国家农业部
18	2014.12	凤冈县	国家级出口茶叶质量安全示范区	国家质检总局
19	2015	仙人岭	中国三十座最美茶园	中国农业国际合作促进会茶产业委员会、中国合作经济学会旅游合作专业委员会
20	2015.7	凤冈锌硒茶	百年世博中国名茶金奖	“百年世博中国名茶”国际评鉴委员会
21	2015.10	凤冈县	2015年度中国茶业十大转型升级示范县	中国茶叶流通协会
22	2016.10	凤冈县	2016年度中国十大最美茶乡	中国茶叶流通协会
23	2017.4	凤冈锌硒茶	中茶博上榜品牌	中国茶叶博物馆
24	2017.6	凤冈锌硒茶	“中欧100+100”地理标志产品互认保护	国家农业部
25	2017.6	茶乡艺术团	2017“马连道杯”全国茶艺表演大赛一等奖	2017北京马连道国际茶文化展组委会
26	2017.12	凤冈锌硒茶	全国名特优新农产品	国家农业部
27	2018.5	凤冈县	中国十大茶乡旅游精品线路	中国茶叶流通协会
28	2018.5	凤冈锌硒茶	2018年度中国茶叶区域公共品牌最具品牌发展力品牌	中国茶叶区域公用品牌价值评估课题组
29	2018.6	凤冈锌硒茶	馆藏优质茶样	中国茶叶博物馆

表2-7 凤冈县2006—2019年茶产品获奖统计表

奖项级别	国家级（含国际）					省级（含同等级别）					其他奖项
奖项等级	特等奖	一等奖	二等奖	金奖	银奖	特等奖	一等奖	二等奖	金奖	银奖	
获奖次数	2	—	—	65	19	12	6	—	—	—	“寸心草牌·金黔眉红茶”在贵州省2017年度秋季斗茶赛中喜获“茶王”称号

（三）正安茶产区

1. 正安茶产区概述

正安县位于遵义市东北部，位于北纬28°9'~28°51'，东经107°4'~107°41'。东抵务川县，东南靠凤冈县，南邻湄潭县，西南接绥阳县，西北毗邻桐梓县，北与重庆市南川区相连，东北与道真自治县接壤。地处黔北大娄山脉南麓，海拔448~1838m，属亚热带湿润季风气候，年平均气温16.1℃，冬无严寒，夏无酷暑，年平均降水量为1300mm，年均日照数1089h，全年无霜期300d，森林覆盖率52.88%，属低纬度、高海拔、寡日照地区。土壤以砂页岩发育成的酸性黄壤和山地黄棕壤为主，土层深厚、通透性和耐旱性好，是茶树生长的最佳土壤。茶园距离城镇、工厂遥远，无公害污染，水净、土净、空气净，山清水秀的原生态自然环境，是正安茶叶不可复制的优势，茶叶内在品质好，锌、硒等微量元素丰富，被划为富硒茶区。

正安县是贵州省重点产茶县、遵义市茶叶生产基地县、百万亩茶海重点县之一。主要区域品牌为正安白茶，企业品牌有怡人、凤龙、璞贵、吐香、朝阳、天池玉叶、乐茗香等。

2. 2006—2018年的发展历程

2006年，是正安茶产业转折之年。正安县委、县政府编制了《全县茶产业“十一五”规划》，提出“一定要把茶产业培育成为正安农民增收致富的主导产业”，正安茶产业驶入快车道。鉴于全县茶业规模小、品牌杂，没有一个品牌能代表正安茶叶，更无一个品牌能统领正安茶叶的情况，县委、县政府决定把发展白茶作为茶产业发展的主攻目标，将正安茶叶品牌定位为“正安白茶”，打造品牌并打入国际市场，配套建设白茶加工、科研、销售及茶文化体系；规定干部职工可带薪带职领办或创建茶园；并成立正安县绿色产业发展办公室（以下简称“正安县绿产办”），专门负责全县茶产业规划发展、技术指导。全县有29名公职人员领办种茶442.33hm^2、9名村干部领办种茶62hm^2，全县十多个大中型茶场均系动员机关企事业单位干部带头办起来的；当年，全县新建高标准无性系茶园361.33hm^2，茶园面积达1695hm^2，产量337t，产值1653万元。

2007年9月，正安县委、县政府出台《关于2007—2009年新建十万亩优质茶园的若干意见》，提出“举全县之力打造茶产业大县”战略目标，编制《全县茶产业“十二五”规划（2011—2015年）》。当年，新建高标准无性系茶园1873.33hm^2，老茶园低产改造100hm^2，全县茶园面积达3568hm^2，产量360t，产值1820万元。

2008年8月，正安县委、县政府出台《正安县干部职工领办效益农业发展项目管理办法》，当年，新建高标准无性系茶园1837hm^2，老茶园低产改造200hm^2，全县茶园面积5405hm^2，产量590t，产值2480万元。

2009年，贵州省正安县茶叶协会挂牌成立。正安县成功申报“正安白茶”地理证明商标，后又获贵州省著名商标称号。经中茶所等机构检测，国家农业部茶叶质量监督检验测试中心发布权威结论：正安白茶氨基酸含量达9%以上，在人体不能合成的22种天然氨基酸中，正安白茶含11种，占50%，其中茶氨酸含3.62%、精氨酸含2.62%，两项高达6.24%。这一数据表明，正安白茶的氨基酸含量是普通绿茶的2~3倍，目前与国内其他产区白茶氨基酸最高含量相比，要高出3%，居全国第一，这为正安白茶乃至正安茶产业参与市场竞争打下坚实的基础。是年，新建茶园2057hm^2，茶园总面积达7641.08hm^2，产量1395t，产值6189万元。

2010年5月，县政府出台《关于构建新型融资平台推进现代农业（茶产业）快速发展的实施意见》；全年新建茶园1866.67hm^2，全县茶园面积达9326.67hm^2，产量2650t，产值8800万元，涉茶人数超过15万人。

2011年，“正安白茶”获国家质检总局批准为“国家地理标志保护产品”，并被贵州省工商行政管理局评审为“贵州省著名商标”（图2-32）；全县全年新建茶园1733hm^2，茶园面积达1.1万hm^2（其中白茶面积4000hm^2），产量3125t，产值1.2亿元。

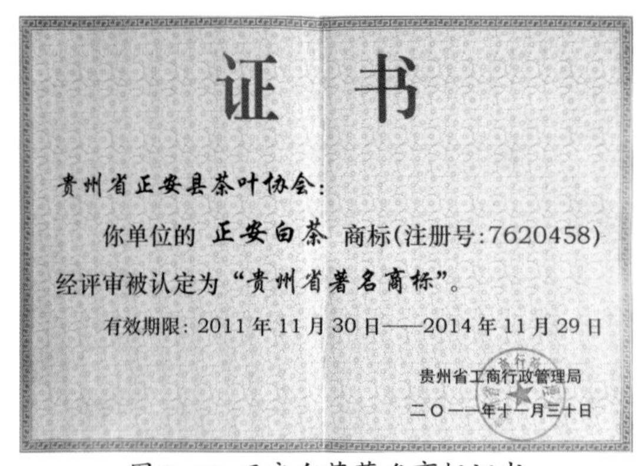
证书

贵州省正安县茶叶协会：

你单位的 正安白茶 商标(注册号:7620458)经评审被认定为“贵州省著名商标”。

有效期限：2011年11月30日——2014年11月29日

贵州省工商行政管理局

二〇一一年十一月三十日

图2-32 正安白茶著名商标证书

2012年7月，正安县委、县政府出台的《关于加快发展的决定》，把2.67万hm^{2}茶叶的发展和“中国白茶之乡”申报作为其中六件大事之一来抓；10月，召开高规格的“茶产业发展攻坚大会”，出台《县委、县政府关于强力推进茶叶产业快速发展的意见》等文件；10月，正安天赐生态科技有限公司获湖南欧格有机认证有限公司（德国BCS机构授权）认证中心认证有机茶园面积218.27hm^2；12月，吐香茶业有限责任公司获中国农科院中农质量认证中心有机茶园认证面积60hm^2；在2012年中国茶业区域公用品牌价值评估中，“正安白茶”品牌价值1.06亿元人民币；是年，全县茶园总面积达1.5万hm^2，其中白茶面积7333.33hm^2，规模已位居遵义市第三、贵州省第五，贵州省委、省政府将之列为全省20个重点产茶县之一。茶叶总产量4887t，总产值2.43亿元；是年，正安县荣获“中国白茶之乡”，成为中国三大白茶生产县之一；12月18日，中国特产之乡推荐暨宣传活动组委会、中国特产报社与正安县委、县政府在北京人民大会堂举行特产扶贫战略研讨会暨中国白茶之乡（贵州正安）授牌仪式（图2-33）；12月24日，由遵义市政府主办，正安县委、县政府承办的中国白茶之乡（贵州·正安）新闻发布会在遵义宾馆三楼多功能会议室隆重举行。

2013年，正安县以培育发展生态有机茶园基地建设为重点，着力在基地建设、精深加工、品牌打造、质量认证、市场营销等方面开展工作，下功夫大力培育“正安白茶”；6月25日，贵州省质量技术监督局发布《地理标志产品 正安白茶》的贵州省地方标准，正安县及时召开“正安县茶园标准化建设与管理专题会议”贯彻落实（图2-34）；是年，正安县桴焉茶业有限责任公司获有机茶认证面积169.2hm^2，贵州省正安县乐茗香生态有机茶业有限公司获有机茶园认证面积67.8hm^2；全县实施机修茶园面积1416.5hm^2。年底茶园面积达1.87万hm^2，产量5800t，产值3亿元（其中白茶8666.67hm^2，产值1.2亿元）。

图2-33 在人民大会堂举行特产扶贫战略研讨会暨中国白茶之乡授牌仪式

图2-34 正安县茶园标准化建设与管理专题会议

2015年，按照区域化布局、规模化发展、标准化生产，产业化经营的原则，正安县高标准、高要求、高质量新建茶园776.33hm^2，全县茶园面积达2.25万hm^2，其中白茶种植面积达1万hm^2，“正安白茶及图”注册商标被国家工商行政管理总局（以下简称“国家工商总局”）商标局批复认定“中国驰名商标”。

2017年，正安县委、县政府出台了《关于茶产业助推脱贫攻坚工作的实施意见》，全年新建茶园1.2万亩。

2018年3月，正安县召开“正安白茶”商标授权使用与管理大会，正安县璞贵茶业有限公司等10家茶叶企业获得“正安白茶”地理标志证明商标使用权。全县茶园面积稳定在2.33万hm^2，茶叶年产量1.2万t，产值10亿元。

2019年，全县茶园面积2.33万hm^2，投产茶园1.6万hm^2。其中无性系良种达90%以上，无公害茶园认定面积1.93万hm^2，有机茶园1200hm^2，绿色食品茶园333.33hm^2（图2-35）。茶叶总产量1.32万t，产值12亿元，茶业综合收入16亿元。茶园涉及5万农户20万余人。全县茶叶生产、加工、营销企业及加工大户115家，其中注册企业164家，年产值500万元以上的企业31家，国家级龙头企业1家，省级11家，市级18家。年加工能力2万t以上，产品涉及白茶（白叶一号）、绿茶、红茶等6类产品。

图2-35 正安上坝茶场

全县有茶叶商标85个，获国家级金奖31次，品牌价值达6亿元。茶区建有茶青交易市场15个，茶青可在30分钟内进入市场交易。在全国12个省份地级以上城市设立品牌专卖店、旗舰店、批发部22家，在天猫、阿里巴巴等全国知名网站开设网店13家。

3. 茶区分布

正安按照适度规模，整体推进，相对集中的原则，全县分3个茶叶产业带。东部茶叶产业带包括格林等6个乡镇，2019年茶园总面积达9000hm^2；中部茶叶产业带包括土坪等6个乡镇，2019年茶园总面积达8500hm^2；西部茶叶产业带包括桴焉等3个乡镇，2019年茶园总面积达5833.3hm^2。

4. 主要经验

正安创造了“5432”模式：“5”就是坚持和完善“五动组织模式”——政府推动、基地拉动、大户带动、农户主动、效益驱动；“4”就是坚持和完善“四项工作措施”——科学规划、规模辐射、示范引领、项目扶持；“3”就是坚持和完善“三优特色”——优良品种、优秀品质、优势品牌；“2”就是坚持和完善“两个奋斗目标”，即到2020年在家农户人均1亩、户均5亩茶、全县投产茶园达2.33万hm^2，到2020年人均因茶增收3000元以上，总产值达20亿元以上。

正安县确立了“品牌统领产业”战略，通过县财政注资成立正安县璞贵茶业有限公司，独家经营“正安白茶”公共品牌，着力品牌打造、宣传推介、营销策划、技术培训、加工、企业技改等项目，走高端之路，打公共品牌，减少了品牌杂乱、各自为政现象，提高了知名度，扩大了市场影响力。

正安还通过向外招商、对内挖潜，激活资本，先后引进和成立浙江天赐、金林茶业、吐香茶业、凤龙茶业、瑞缘茶业等以茶叶生产加工为主、连接基地和农户的茶叶精深加工企业，带动成千上万农民加入订单生产行列。自2006年来短短十来年，实现了全县茶产业超常规发展，无论是茶园规模、加工厂建设的量都是前30年的总和，品种上实现了科学选种、合理布局。

5. 正安主要产茶乡镇——流渡镇

流渡镇位于正安县城东南56km。从20世纪70年代开始大规模种茶，起步早、规模大、劳动力充足，是正安县产茶重镇。流渡镇立体气候明显，由河谷到山顶，不同高层同存一系列热量带，有“山分四季，十里不同天”之说，具有生产优质绿茶得天独厚的自然条件。流渡镇在“十二五”期间开辟1333.33hm^{2}无公害有机绿茶基地，三年开挖完成，五年内实现净收益，七年后达到年产值2亿元以上的稳健收益。

6. 正安茶产业重大项目

1）正安县罗汉洞有机茶叶示范园区

园区位于桴焉乡坪生、瑞溪镇金山至安场镇东山梁子，是省级农业示范园区，该项目总投资5.19亿元。园区规划面积包括桴焉乡、瑞溪镇、凤仪镇、安场镇7个行政村。根据正安县茶园建设总体规划，结合园区现有茶园现状、新建茶园规划、交通及基础设施条件、各类项目整合情况，将示范园区划分为“三区一集群”，即坪生有机茶园示范区、罗汉洞生态茶园示范区、东山高标准白茶种植示范区和茶叶加工企业集群。

主要建设内容包括品种展示、基地建设、标准化生产、规范化管理、茶青采摘加工体验、生态林果业及生态畜牧业发展、生态环境建设、基础设施建设、产品加工销售、质量安全体系建设、市场建设、地方民族茶艺演示及茶文化体验等，同时对集中连片2.2万亩茶园进行生态园艺绿化，按照茶园果园复合经营要求，在茶园内配套栽植桂花、清脆李、樱桃等树种，形成花果飘香、延绵30km长的绿色特色生态茶园旅游带。

截至2019年底，园区茶叶年产量2200t，年产值3.48亿元，综合产值5.7亿元，带动种茶农户8520户28500人，带领农户人均因茶增收3500元以上。

2）流渡镇茶产业合作开发项目

该项目位于流渡镇星光村、白花村，开辟1333.33hm^{2}无公害有机绿茶基地，多渠道引进茶叶公司，走加工、销售、育种苗、科研技术服务一条龙，实行点带面科学营销模式。同时重视有机绿茶环境建设，做国内一流产业品牌，主要建设内容及规模：建设规模化标准化茶园1万亩，建现代化茶叶加工厂1个；按照集镇整体布局规划，在流渡镇星光村鱼塘建一座有机茶加工厂，占地面积2hm^2，厂房建筑面积1万m^2；该项目总投资2900万元。该项目的实施，实现了机械化大规模加工茶叶，提高了质量，降低了生产费用，产业化程度更高，可年加工茶叶60t，实现增收2400万元，可解决当地农村剩余劳动力就业问题，使茶叶市场更加活跃，企业收入显著提高。

表 2-8 正安县 2006—2019 年茶叶产量产值情况统计表

年度	总面积 /hm²	投产茶园 /hm²	产量 /t	产值 / 万元	综合收入 / 万元
2006	1694.64	450	337	1653	—
2007	3567.97	450	360	1820	—
2008	5404.93	790	590	2480	—
2009	7461.08	1860	1395	6189	—
2010	9327.75	2610	2650	8800	12300
2011	11065.57	3476	3125	12000	15000
2012	15119.74	4906	4887	24280	28500
2013	18677.65	6900	5800	30500	35000
2014	21414.01	8133	6730	41700	58000
2015	22533.33	9850	7800	65000	78000
2016	22533.33	10033	8500	70000	95000
2017	23333.33	13450	9500	85000	120000
2018	23333.33	16666.66	12000	100000	150000
2019	23333.33	16666.66	13200	120000	160000

表 2-9 正安县 2010—2019 年荣誉称号统计表

序号	颁发日期	荣誉单位	荣誉称号	颁发部门
1	2010.3	正安县	中国绿色名县	中华环保联合会、中国农业生态环境保护协会
2	2010.12	正安县	中国优秀尹珍文化旅游名县	中华生态旅游促进会
3	2010.12	正安县	中国生态观光旅游名县	中华生态旅游促进会
4	2011.5	正安县人民政府	批准“正安白茶”为国家地理标志保护产品	国家质检总局
5	2012.8	正安县	中国白茶之乡	中国特产文化节组委会
6	2015.6	正安县	贵州省农业标准化示范区	贵州省农业委员会
7	2015.6	正安白茶	中国驰名商标	国家工商总局商标局
8	2015.9	璞贵公司	在上海股权托管交易中心挂牌上市	上海股权托管交易中心
9	2015	正安白茶	在 2015 年中国茶叶区域公共品牌价值评估中，正安白茶品牌价值为 3.48 亿元	中国茶叶品牌价值评估课题组
10	2016.12	正安县人民政府	贵州出口食品农产品（茶叶）质量安全示范区	贵州出入境检验检疫局
11	2016.12	正安县茶产业发展中心	全国农牧渔业丰收奖（农业技术推广成果奖）	农业部
12	2018.12	正安县人民政府	国家有机产品认证示范区	国家认证认可监督管理委员会

表 2-10 正安县 2006—2019 年茶产品获奖统计表

奖项级别	国家级（含国际）					省级（含同等级别）				
奖项等级	特等奖	一等奖	二等奖	金奖	银奖	特等奖	一等奖	二等奖	金奖	银奖
获奖次数	2	5	8	31	22	2	2	1	5	12

（四）余庆茶产区

1. 环境条件

余庆县位于云贵高原向湘西过渡的斜坡地带，属遵义市东南部，是遵义、铜仁、黔东南、黔南四地（市、州）结合部，东邻石阡、施秉两县，南接黄平、瓮安两县，西连湄潭县，北靠凤冈县。地势西北部偏高，东南部地区偏低，地貌形态复杂，道路崎岖，属黔中高原二级梯面上的低中山、低山、丘陵、盆地地形。地处东经107°12'~108°02'、北纬27°08'~27°42'之间，海拔最高1396m、最低410m，平均海拔868m。属亚热带温暖湿润气候区，境内生物种群丰富，森林覆盖率达54.95%。年平均温度16.5℃，年均湿度75%~80%，年平均日照时数1050h，无霜期280d，年平均降水量1092mm。属高海拔、低纬度、寡日照地区，山清水秀，气候宜人，生物资源丰富，冬无严寒、夏无酷暑、雨热同季、植被丰茂。贵州第一大河流乌江横贯县境68.5km，河谷及两岸山地丘陵由于受到河谷蒸腾水气的影响，常年云雾缭绕，境内无工业污染，对发展茶产业具有得天独厚的生态优势。

余庆县是贵州省重点产茶县、遵义市茶叶生产基地县、全国第二批创建无公害茶叶生产示范基地县、中国小叶苦丁茶之乡、中国茶叶流通协会小叶苦丁茶示范基地县、全国重点产茶县（图2-36），获“小叶苦丁茶地理标志保护产品”等全国性殊荣。

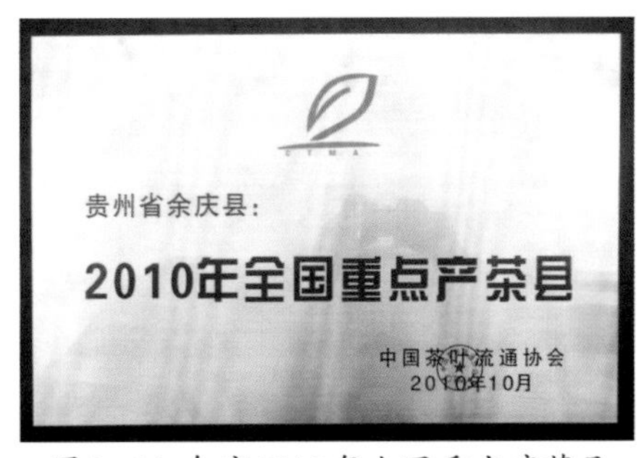

图2-36 余庆2010年全国重点产茶县

2. 近年发展茶产业的主要措施

① **政府重视**：余庆县紧紧抓住遵义市实施百万亩茶海的战略机遇，制定茶产业发展规划措施，提出“十一五”期间的具体目标；做好余庆小叶苦丁茶地理标志保护，打造1~2个余庆茶叶知名品牌。县委、县政府以苦丁茶作龙头产业，大力推出全县特色“小叶苦丁茶”并取得成效，走进CCTV7“乡村大世界”栏目。

② **组织保障**：县委、县政府成立专门领导小组，2002年，县茶叶生产办公室改名为“余庆县农业产业化建设办公室”，各乡镇设立“产业办”，确保思想统一、力量集

中、步调一致。

③ **加强企业建设**：全力推进“企业建基地，基地联茶农”的开发模式，全面提高茶叶加工企业的准入门槛，对诚信加工带动茶产业的加工企业给予政策优惠、项目资金扶持、年终考评奖励。

④ **强化科技报务**：建设高标准茶园。一是严格规划，制定技术规程，加强绿色防控工作、病虫害综合防治、配方施肥、清洁化加工等技术。二是开展技术指导，茶叶技术人员深入茶区指导茶农严格按照标准化技术规程进行田间操作，帮助茶农解决生产过程中遇到的技术难题。三是开展技术培训，利用阳光工程培训项目，讲授茶艺、茶叶历史文化、管理、制作与加工等课程。

余庆苦丁茶发展技术创新，先后实施了“小叶苦丁茶的栽培及加工技术研究”“国家农业标准化苦丁茶示范园区——余庆苦丁茶综合标准体系”等项目。“余庆苦丁茶栽培及加工技术研究”获2002年贵州省科技进步三等奖、“余庆苦丁茶组培快繁技术”获国家专利。起草《余庆苦丁茶》5个地方标准，《余庆苦丁茶》产品标准在2004年上升为省级地方标准。

⑤ **加快土地流转，打造茶旅经济一体化建设**：突破茶园建设用地制约，执行统一规划、集中连片原则，推进茶园标准化、集约化、规模化经营。成功打造建成大乌江镇风吹坝苦丁茶示范观光园区、花山乡飞龙湖库区白茶产业旅游带、松烟镇二龙茶区中国第一骑游小镇（图2–37）。

图2–37 2016年松烟茶海山地自行车赛

⑥ **产品推介**：以“贵州绿茶，秀甲天下”为展示平台，积极组织茶叶企业参加省内外各项茶叶产品推介活动，宣传提升余庆茶叶品牌。

⑦ **利用网络**：利用大数据云服务平台搞好茶园建设和茶产品质量监督管理，对生产、加工全程监控，用好电子商务平台进行网上销售茶产品。

3. 近年发展成果

2005年苦丁茶园达到3333.33hm^2。

2007年加工苦丁茶500t。

2008年，随着全国茶叶市场的复苏，余庆县通过政府组织企业参加全国各地开展的茶叶博览会，把苦丁茶产品再次推向全国各地茶叶市场，至2011年，苦丁茶产品销售量逐年增加。

2009年，全县有密植园3866.67hm^2，其中绿茶面积1400hm^2，人工栽培密植示范茶园2466.67hm^2，还有天然野生苦丁茶园4666.67hm^2，获“全国小叶苦丁茶示范基地”“中国小叶苦丁茶之乡”“全国第二批无公害农产品（苦丁茶、绿茶）示范基地县”称号。

2010年，全县茶园面积4533.33hm^2，其中投产茶园2733.33hm^2，涉茶人数4.6万人，进入全国百强重点产茶县。

2011年，茶园面积5666.67hm^2，投产茶园3333.33hm^2，茶叶产量1180t，产值8700万元。形成以木樨科粗壮女贞、福鼎大白茶、安吉白茶、黔湄601号为代表的良种系列。

2013年，茶园面积7066.67hm^2，投产茶园3533.33hm^2，万亩以上茶业乡镇4个，666.67hm^{2}以上茶叶专业村2个。

2015年，全县茶叶基地面积达1.33万hm^2，实现茶叶产值5亿元。

2017年，全县茶园面积达1.21万hm^2，投产茶园7000hm^2，产量5036t，产值3.5亿元；666.67hm^{2}以上茶业乡镇4个，666.67hm^{2}以上茶叶专业村4个，每公顷丰产茶园为茶农增收4.8万元以上；无性系良种茶园面积提高到98%，从基地建设上适应了消费市场多元化的需求。

2019年，全县茶园面积1.08万hm^2，投产茶园9800hm^2。其中无性系良种达10226hm^2，无公害茶园认定面积9133.4hm^2，绿色食品茶园100hm^2，茶叶总产量6043t，产值5.31亿元，茶业综合收入8.9亿元，茶园涉及17260农户63000余人；全县茶叶生产、加工、营销企业及加工大户60家，其中注册企业23家，年产值500万元以上的企业12家，其中省级龙头企业3家，市级6家，年加工能力2万t以上，产品涉及绿茶、红茶、黑茶及白茶等。

全县有茶叶商标10个，主要区域品牌为“余庆小叶苦丁茶”“飞龙湖白茶”两个品牌，主要茶产品为苦丁茶和绿茶。获国家级金奖1次，品牌价值达4.87亿元。主要茶叶企业有贵州余庆小叶苦丁茶有限责任公司等。

4. 茶区分布

2017年打造了以乌江流域为主的特色苦丁茶产业带；以松烟、关兴、龙家休闲度假为主的江北绿茶产业带；以飞龙湖库区旅游观光为主的白茶产业带。

① **苦丁茶产业带**：余庆苦丁茶主要生长在乌江河流域喀斯特地貌中，这里山清水秀，空气湿度大，土地肥沃且多呈弱酸性，境内无任何工业污染，空气清新。近年来，苦丁茶产量逐渐增加，产品走俏全国，苦丁茶产业进行了科学合理规划，形成以大、小乌江流域——大乌江、龙溪、白泥为主的特色苦丁茶产业带，种植面积2666.67hm^2（图2-38）。

② **绿茶产业带**：余庆县江北四镇土地资源丰富，气候温和，日照时间长，环境舒适，

全年无霜期280天左右，属于中亚热带季风气候，适宜于各种作物生长。目前，已形成了以江北四镇——松烟、关兴、龙家为主的绿茶产业带，基地面积6933.33hm^2（图2-39）。

③ **白茶产业带：**白茶是营养丰富的高档名贵茶种之一，被誉为世界珍稀茶种。余庆工业不发达，污染源较少，土壤结构非常适合白茶的生长。“干净茶”已成为余庆发展茶产业的理念，为建设高标准白茶产业，形成了以花山、构皮滩、飞龙湖一带为主的白茶产业带，标准化基地面积2533.33hm^2（图2-40）。

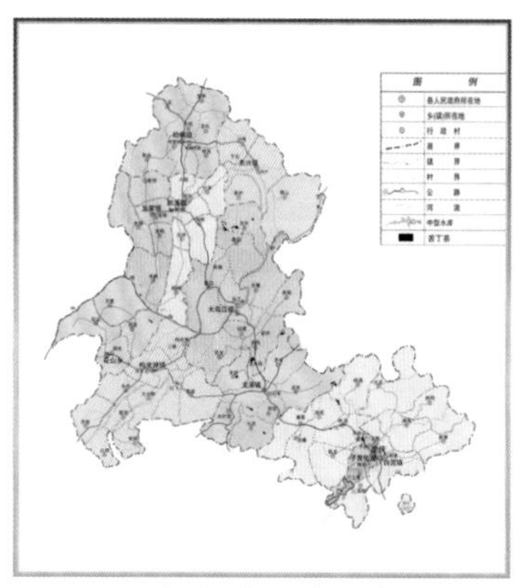

图2-38 余庆苦丁茶分布示意图

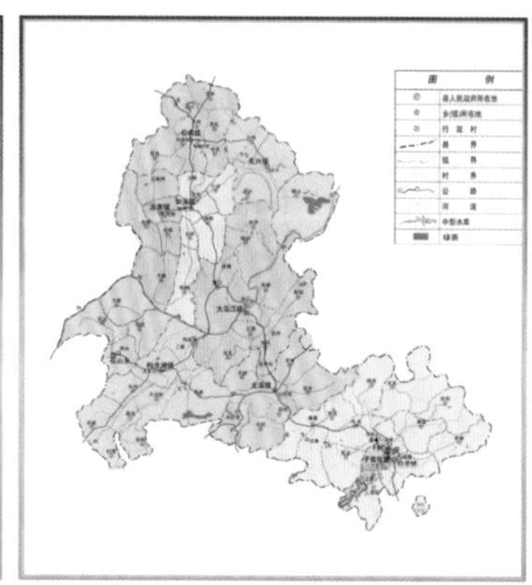

图2-39 余庆绿茶产业分布示意图

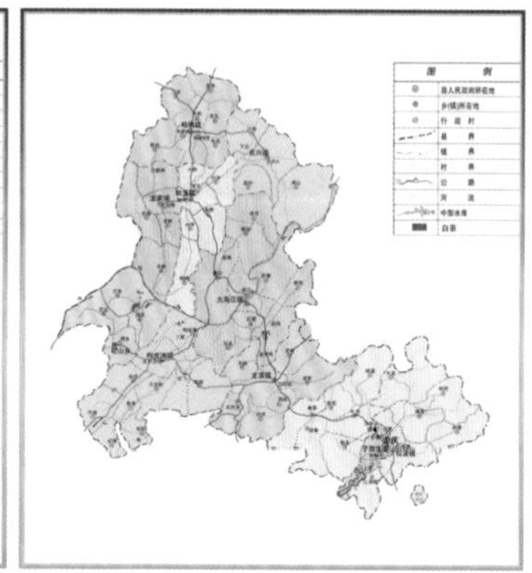

图2-40 余庆白茶产业分布示意图

5. 目前在建项目

1）基地建设

重点打造3个千亩欧标茶园示范基地。其中：关兴镇群益湖千亩黄金芽、白茶；大乌江风吹坝千亩苦丁茶；花山乡千亩黄金芽、白茶。未来一年完成万亩订单基地，未来3~5年完成5万亩订单基地种植。

2）厂房建设

① **兴民关兴镇茶叶加工厂：**占地面积12648.6m^2，厂房占地面积2000m^2，建有清洁化生产线两条，加工厂附属设施及茶叶冷藏保鲜库，总投资1200万元。主要生产大宗茶及名优茶，可加工覆盖茶叶基地2万亩，年加工能力500t以上。

② **兴民大松碾茶加工厂：**占地面积1.23万hm^2，总投资1600余万元。厂房及仓库2545m^2，业务用房640m^2，茶艺轩及品茗轩400m^2。是集茶叶生茶加工、展示、品饮及茶文化展示的综合性茶叶加工厂，主要生产以碾茶及名优茶为主，年加工能力500t以上。

6. 余庆县产茶乡镇

① **关兴镇：**位于余庆县东北部，距余庆县城98km。主产茶叶为苦丁茶和绿茶。全镇已发展苦丁茶园666.67hm^2，有绿茶茶园133.33hm^2。关兴镇绿茶以久负盛名的狮山绿茶为主，狮山茶地处高海拔地区，该地区常年云雾缭绕，特别适宜于绿茶生长，并且抗

氧化能力较强，杯中隔夜茶往往还是绿色，没有氧化变为黄色。

② **小腮镇：**位于余庆县东北部，距县城16km，是遵义市“四在农家”发源地乡镇。茶产业发展起源于2000年春，立足镇内小乌江沿岸丰富的野生苦丁茶资源分布，以“大户+基地”方式从山上挖掘野生苦丁茶苗木，率先建成连片基地21.33hm²，后以此为母本园实施短穗扦插育苗，逐步壮大发展苦丁茶产业，为余庆县成功打造成“中国小叶苦丁茶之乡”起到良好的推进作用。至今实现全镇1万亩茶叶基地，建茶叶专业合作社4个，茶品牌有“富源春”等。

花山乡、松烟镇也是余庆的主要产茶乡镇。

7. 茶产业重大项目

① **余庆小叶苦丁茶示范基地项目：**余庆县小叶苦丁茶现代农业生态观光园区是2001年国家标准化管理委员会批准建设的第3批全国农业标准化示范区之一。园区位于大乌江镇凉风村风吹坝，基地核心区建设占地80hm²，辐射带动发展种植苦丁茶1333.33hm²。项目主要建设规模为建设“余庆小叶苦丁茶产业化基地”，新增小叶苦丁茶密植园666.67hm²、建小叶苦丁茶产品加工厂、小叶苦丁茶药用及饮用系列产品加工厂；项目建设总投资5000万元，投产后每年提供茶叶鲜叶1000t，苦丁茶系列产品年产值2500万元，创利500万元。

② **贵州省余庆县小叶苦丁茶深加工项目：**余庆县充分利用小叶苦丁茶是一种集保健、药用为一体的代茶饮品，开展做茶叶精深加工。该项目建设规模规划建设用地0.67hm²，年产精品小叶苦丁茶1500t。主要建设内容为小叶苦丁茶生产线、厂房及相关配套设施；项目总投资5000万元，已完成项目规划，苦丁茶基地已形成；项目建成投产后，可实现销售收入7000万元/年，年平均利润总额1400万元；投资回收期5年。

③ **余庆苦丁茶农业生态观光园：**位于美丽中国特色镇和全国特色景观旅游名镇、省级风景名胜区大乌江镇南岸的凉风村，交通便利、绿水青山、空气清新，是避暑的天堂。园区规模为80hm²，分两期建设完成：第一期主要完成茶园建设和绿化景观、生产管理设施建设；第二期主要完成生产加工设施和综合服务设施建设。现已从223户农户中流转土地20hm²作农业生态观光园的核心区，核心区可辐射茶园面积1333.33hm²。园区建设因地制宜保存山水田园风光，突出余庆苦丁茶特色，打造茶旅结合样板，建设美丽乡村，形成都市休闲港湾

图2-41 余庆苦丁茶农业生态观光园

和现实版“世外桃源”（图2-41）。园区布局为苦丁茶种植区66.67hm^2、生产加工仓储区1hm^2、茶产品展示区0.33hm^2、荷花种植区1hm^2、盆景区1.33hm^2、综合服务区1.33hm^{2}和主路两侧绿化带6.67hm^{2}共7个区域。

建成后的园区，主要以茶产业、花卉苗木、园艺产品、休闲旅游服务为支撑核心，每年可创收2000万元，助农增收500万元，可解决就业岗位200个，季节性用工1000人。今后的园区，不仅是道路、建筑景观与茶园融为一体的原汁原味的自然景色和无污染的生态茶园，更是苦丁茶产业的科技前沿阵地，同时还能促进地方经济发展。

表2-11 余庆县2000—2019年荣誉称号统计表

序号	颁发日期	荣誉单位	荣誉称号	颁发部门
1	2000	余庆县	贵州省茶叶产业化技术示范工程县	贵州省科技厅、贵州省农业厅
2	2003.8	余庆县	全国小叶苦丁茶生产示范基地县	中国茶叶流通协会
3	2004.2	余庆县	中国小叶苦丁茶之乡	中国特产之乡推荐暨宣传活动组织委员会
4	2004.8	余庆小叶苦丁茶	国家地理标志保护产品	国家质量技术监督检验检疫总局
5	2005.5	余庆县	全国无公害农产品（苦丁茶、绿茶）生产示范基地县	农业部
6	2005.12	满溪等16个村	贵州省无公害（苦丁茶）农产品产地	贵州省农业厅
7	2010.1	余庆小苦丁茶	多彩贵州十大特产	多彩贵州100强品牌推选活动组委会
8	2010.9	余庆小叶苦丁茶	世界名茶	世界华人文化名人协会
9	2010.10	余庆县	全国重点产茶县	中国茶叶流通协会
10	2015	县内4万亩茶叶基地	贵州省无公害农产品产地	贵州省农业委员会
11	2016	县内5万亩茶叶基地	贵州省无公害农产品产地	贵州省农业委员会
12	2017	县内6万亩茶叶基地	贵州省无公害农产品产地	贵州省农业委员会
13	2018.10	余庆县	全国百强产茶县	中国茶叶流通协会
14	2019.6	余庆小叶苦丁茶品牌	2019中国茶叶区域公共品牌价值评估4.87亿元	中国茶叶品牌价值评估课题组

表2-12 余庆县2003—2019年茶产品获奖统计表

奖项级别	国家级（含国际）					省级（含同等级别）					其他奖项
奖项等级	特等奖	一等奖	二等奖	金奖	银奖	特等奖	一等奖	二等奖	金奖	银奖	茶王赛优质奖
获奖次数	3	4	—	9	1	—	—	—	4	—	1

（五）道真茶产区

1. 环境条件

道真县位于遵义最北部、贵州高原向四川盆地过渡的斜坡地带，北面与重庆南川区、武隆区、彭水苗族土家族自治县毗邻，西南、东南分别与正安县、务川县接壤。地处东经107°21'~107°52'、北纬28°36'~29°14'之间，海拔最高1940m、最低318m，平均海拔1000m左右，年平均日照时数1076h，属低纬度、高海拔、寡日照地区。年平均气温16℃，冬无严寒，夏无酷暑，年平均降水量1000~1200mm。属中亚热带高原湿润季风气候，常年雨量充沛，四季分明，气候垂直差异明显，自然条件独特，茶树资源丰富。土壤主要类型为黄壤，宜茶土壤面积为2.33万hm^2，是茶叶最适宜种植区。

2. 近年发展情况

道真县是遵义市茶叶生产基地县。

2006年3月，县委、县政府提出"十一五"期末建成3333.33hm^2茶园生产基地目标。遵义市政府将道真县列为遵义市北部以湄潭为中心的茶产业带，茶产业进入新的发展时期。是年，新发展茶园371hm^2。

2007年，成立茶叶产业化建设工作领导小组和茶叶产业化建设办公室，从组织上保证茶叶产业化建设。制定茶产业"十一五"发展规划。明确了奖励、贷款扶持等具体措施，并将茶业发展纳入工作考核。县委书记、县长带头领办茶叶基地，出台政策，鼓励和引导茶叶企业、茶园承包人和种茶适宜区农户通过转包、转让、租赁、入股等形式，实现茶园、耕地使用权的合理流转。实施对新建茶园每亩补助退耕还林后续产业项目资金200元政策，对品牌建设实行财政奖励。是年，全县新发展茶园317hm^2，新建富硒富锶绿茶基地200hm^2，带动茶园更新改造，实施无公害茶叶生产技术面积670hm^2，8个企业获有机茶园转换认证面积437hm^2。全县共有茶园面积2900hm^2，茶叶产量432t，产值3542万元。

2008年，道真县政府围绕省、市精神，编制《道真自治县茶产业建设规划》，制定近期目标、中期目标和远景目标。近期目标，2008年新建茶园2000hm^2，茶叶总产量2543.5t；中期目标，2002—2012年，全县新增茶园6306.67hm^2，建成无性系良种茶园8000hm^2，其中有机茶2000hm^2，配套建成茶叶精制加工厂22个，实现年生产茶叶9500t以上；远景目标，2013—2020年，全县新增无性系良种茶园2000hm^2，无性系良种茶园达1万hm^2，其中有机茶园2000hm^2，其他茶园均达到无公害标准，再配套新建茶叶精细加工厂9个，实现年产茶叶23000t以上。是年，全县新建无性系优质茶园966.67hm^2。

2009年，新建无性系良种茶园1233.33hm^2，改造低产茶园66.67hm^2，建良种茶树繁育苗圃33.33hm²。整合发改、扶贫、农办等12个部门共55个项目3139万元在茶区实施，全县建成优质茶园137.75hm²，道真被列为贵州省18个中央财政扶持茶产业重点县之一。

2010年，在宜茶区集中打造茶叶村和种植基地，采取“基地建设为主，大力建设合作社，充分带动散户”方式建优质茶园。指导农户对上年冬及本年春因干旱死亡的茶苗缺窝断行及时补植，对新建茶园按每亩400元补助茶苗款和肥料、保水剂。对2009年受灾茶园补植所用茶苗全额补助。县政府下达茶叶产业发展指导计划666.67hm²，实际新建无性系良种茶园1686.67hm²。县组建“道真仡佬族苗族自治县仡山西施茶业有限公司”，利用品牌效应扩大茶叶销售。

2011年，规划“中部有机茶叶产业带”，不断扩大茶园基地面积。目标是建立标准化无性系良种茶园1333.33hm²，补植2009年和2010年受灾损失茶苗的茶园1000hm²，建清洁化加工厂1间，升级改造茶叶加工厂2间，完成200hm²有机茶园生态提升。加大资金扶持力度，新建基地茶园每亩补助700元，散户种植每公顷补助5400元，补植每公顷补助1350元。是年，茶园面积达7333.33hm²，茶叶产量900t，产值为9000万元，涉茶人数超过30万人。

2012年，县政府编制《道真县“两带两区”20万亩茶产业发展规划》(图2-42)，调整县茶叶产业建设工作领导小组，按照“加速发展，加快脱贫，追赶跨越，富民升位”的总体要求，以玉溪等7个宜茶区为重点，打造“两带两区”20万亩优质茶园，并制定了相关扶持措施。是年，道真县被列为全国100个产茶重点县。省茶科所编制的《仡乡茶海茶旅一体化高效农业示范园区建设规划》完成并通过市级评审。

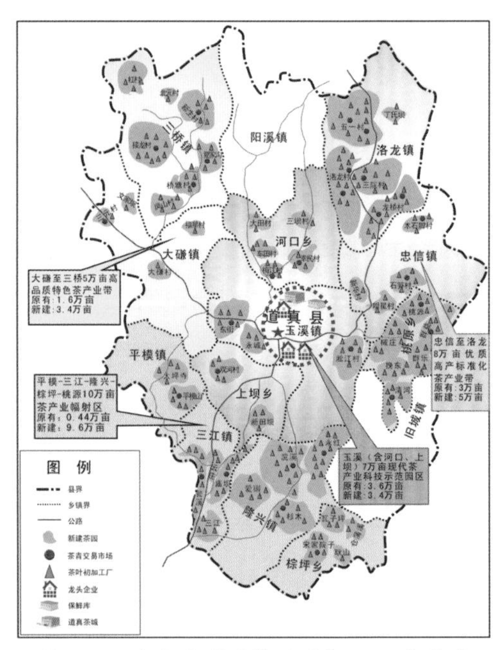

图2-42 道真县“两带两区”20万亩茶产业发展规划图

2013年，启动中国硒锶茶之乡、硒锶茶地理标志产品、仡山西施品牌省级著名商标申报工作。对基地建设、示范建设、补植补造、老茶园改造、茶园管护和加工厂建设都制定了经济扶持政策。道真县茶叶发展办公室由副科级事业单位升格为正科级事业单位并更名道真县茶产业发展中心。是年，新建茶园1333.33hm²，茶园面积达8000hm²，产量3026t，实现产值2.01亿元。

2014年，道真茶业建设紧紧围绕仡乡茶海茶旅一体化现代高效农业示范园开展工作，成立领导小组全面推进。是年，道真仡佬族苗族自治县千山药业有限公司“鸡笼山”牌金银花茶获有机产品生产基地认证和有机产品加工认证；棕枰乡被评为“贵州十大古茶树之乡”；道真自治县宏福茶业发展有限公司精制茶加工厂等4家工厂开工建设，37家种茶大户享受购置茶叶机械补贴；全县新建规范化茶园基地84hm^2，补植补造634hm^2。

2015年，按照《贵州省现代化高效农业示范园区建设2015年工作方案》和《2015年遵义市现代高效农业园区建设工作方案》要求，全县茶业发展重点为仡乡茶海茶旅一体化现代高效农业示范园区建设。总投入资金31146万元，建成道真茶城1个，新建茶园基地65hm^2，建标准化茶叶加工厂1个，水利设施建设、路网建设、通讯设施建设配套完成，培育园区主体茶企业16个、茶叶专业合作社12个。园区茶园面积达2000hm^2。是年，道真绿茶（道真硒锶茶）获国家质检总局“国家地理标志保护产品”（图2-43）。

图2-43 道真硒锶茶国家地理标志保护产品

2016年以后，全县茶业由广度发展为主转为广度与深度并重，在扩大栽种面积的同时，注重田间管理、绿色防控，推广黄板消灭茶园虫害，严格按无公害茶园标准使用农药，督促企业创造条件获得食品生产许可证。积极参加茶博会，选送名优茶参评，扩大道真茶叶知名度，鼓励企业到大城市建茶叶销售窗口，拓展销售市场，加大企业加工厂建设投入。加大茶叶主产区基本设施建设，为茶产业持续发展创造条件。2016年，道真仡佬族苗族自治县银杉茶叶有限公司获批为农业产业化市级龙头企业，贵州武陵山茶业有限公司和贵州茗香茶业发展有限公司获批为农业产业化省级龙头企业，产品销售到上海、北京等大城市，并成为直接对外出口茶产品的知名企业。10月7日，道真县获中国茶叶学会评选的第五届“中国名茶之乡”称号（图2-44）。2016—2018年，全县新增茶园433.33hm^2，茶园面积突破12033.33hm^2，茶叶综合产值6.5亿元。

图2-44 道真获“中国名茶之乡”称号

道真县通过近几年的努力，茶叶已成为2万户茶农增收致富的支柱产业，2019年，全县茶园面积稳定在12033.33hm^2，投产茶园9533.33hm^2。其中无性系良种达80%以上，无公害茶园认定面积8000hm^2，有机茶园200hm^2，绿色食品茶园666.67hm^2。茶叶总产量9216t，产值7.54亿元，茶业综合收入10.5亿元。茶园涉及2.4万农户8.4万余人。全县茶叶生产、加工、营销企业及加工大户51家，其中注册企业51家，年产值500万元以上的企业30家，其中省级龙头企业3家、市级10家。年加工能力9500t以上，产品涉及绿茶、红茶、黑茶及白茶等25类产品。

全县有茶叶商标22个，获国家级金奖6次，品牌价值达10亿元。

茶区建有茶青交易市场15个，茶青可在10分钟内进入市场交易。在全国十多个省份地级以上城市设立品牌专卖店、旗舰店、批发部13家，在天猫、阿里巴巴等全国知名网站开设网店5家。

3. 茶业园区建设

仡乡茶海茶旅一体化现代高效农业示范园区是贵州省首批农业园区之一，规划面积71.2km^2（图2-45）。园区主导产业茶叶，按照农业园区、旅游景区、新型社区三区融合思路，走茶旅一体化路子，2012年底开建设。园区已投入资金4亿多元，主干道已建成48.7km，旅游环线已形成，旅游路网基本成型。引进滴灌系统和绿色防控体系，实施生态提升工程，套种桂花、樱花、桃、李、杨梅等林木12万株。建有小气候自动观测站、万茶荟萃品种展示园、景观亭、停车场。2014年借道真首届仡佬傩文化艺术节召开之际顺利实现开园。园区现有茶园面积2000hm^2，其中投产面积1333.33hm^2，以“仡山西施”为主推品牌，产品有道真工夫绿茶、仡佬玉翠、仡佬银芽等。2015年园区总产值达2.7亿元。2017年8月，园区省级龙头企业博联茶业在北京新三板成功上市，成为道真县首个上市的民营企业，贵州博联茶业集团道真硒锶茶连锁专卖店在北京开业；9月，“仡山茶海”被评为“2017年度全国三十座最美茶园”。

图2-45 道真仡乡茶海现代高效农业示范园区

园区项目总投资18亿元，建成后，茶叶综合年产量5000t，示范带动全县两带两区30万亩茶产业发展。以“仡乡十景”“茶海十景”茶旅一体化进行建设，通过融入仡佬民俗文化，形成独具特色的生态旅游精品线，对接重庆南川金佛山、武隆仙女山、道真大沙河旅游环线，把仡乡茶海茶旅一体化现代高效农业示范园区打造成为以“古朴仡乡·休闲茶海”为主题的特色园区，旅游业年综合产值3亿元。

表 2-13　道真县 2006—2018 年茶叶产量产值情况统计表

年度	总面积 /hm²	投产茶园 /hm²	产量 /t	产值 / 万元	综合收入 / 万元
2006	2613	2333.3	419	3352	3500
2007	2900	2400	432	3542	3620
2008	3600	2433.3	438	3679.2	3800
2009	4400	2500	562.5	5456.25	5800
2010	4666.67	3000	675	6615	7100
2011	7333	4000	900	9000	12000
2012	6666.67	5333.33	2572	16718	21000
2013	8000	6000	3026	20123	23000
2014	9333.33	6666.67	3574	23945	28000
2015	10666.67	7333.33	4102	28162	35000
2016	11666.67	7866.67	4505	31048	38000
2017	12000	9000	7512	59344	62000
2018	12026.67	9333.33	7882	63179	65000
2019	12026.67	9533	9216	75400	105000

表 2-14　道真县 2012—2018 年荣誉称号统计表

序号	颁发日期	荣誉单位	荣誉称号	颁发部门
1	2012	道真县	全国重点产茶县	中国茶叶流通协会
2	2014.8	道真县	贵州十大古茶树之乡	贵州省茶产业发展联席会议办公室
3	2015	道真县	“道真硒锶茶”获国家地理标志保护产品	国家质检总局
4	2016.10	道真县	中国名茶之乡	中国茶叶学会

表 2-15　道真县 2003—2019 年茶产品获奖统计表

奖项级别	国家级（含国际）					省级（含同等级别）				
奖项等级	特等奖	一等奖	二等奖	金奖	银奖	特等奖	一等奖	二等奖	金奖	银奖
获奖次数	6	—	2	9	1	—	—	—	—	—

（六）务川茶产区

1. 环境条件

务川仡佬族苗族自治县位于贵州省东北部，云贵高原向四川盆地过渡的斜坡地带。处于大娄山脉东段主体的山丛中，在地貌上属于黔北山原中山峡谷，丘陵盆地，地势总趋向是东南倾斜丘陵与河谷盆地。东连德江县、沿河县，南接凤冈县，西与正安、道真两县毗邻，北与重庆市武隆、彭水县交界。地处东经107°37'~108°12'、北纬28°10'~29°05'之间，海拔最高1743m、最低290m，平均海拔高966m，年平均日照时数1014h，属低纬度、高海拔、寡日照的中亚热带季风湿润气候。年平均气温15℃，冬无严寒、夏无酷暑，年平均降水量1282mm。县内土壤以黄壤为主，地带性黄壤和非地带性石灰土分布最广。pH值在4.5~6.5之间，有机质含量大部分在2%左右。森林覆盖率40.5%，地貌垂直分布明显。无污染源，生态环境优越，适茶区域广，全县有9个乡镇（街道）为适茶区域，具备“高山云雾出好茶”的优势条件。生态环境好，绿色是仡佬之源的主色，县域森林覆盖率高，工业污染、土壤污染指数偏低，生态保持良好，具备原生态的独特环境和“绿水青山就是金山银山”的后发优势。

务川县是遵义市茶叶生产基地县、国家新阶段扶贫开发重点县。茶树种类特别是非山茶科植物种类繁多，有老鹰茶、苦丁茶、绞股蓝茶、藤茶、银杏茶等品种。主要茶产品有仡山香茗、都濡月兔、尖尖茶等。

县域有厚重的历史底蕴，有历史悠久的茶种植和茶文化传统，古茶树资源依然组团式分布于黄都、分水、泥水等地，现存有140多棵。唐代以来，文史多有记载。茶圣陆羽在《茶经·八之出》中提到“都濡高株茶”时说：“往往得之，其味甚佳”，高度评价了务川大树茶的品位。北宋诗人黄庭坚甚为推崇的“大树茶”种植历史悠久，被誉为“茶中珍品”。

2. 发展措施

2007年以来，县委、县政府将茶产业定位为全县支柱产业，制定产业扶持政策，并在土地流转、政策保险等方面配套出台政策，凸显茶产业优势地位。按照“财政资金引导、整合县级涉农项目经费、金融贷款支持、招商引进省外资金、吸纳民间资本投入”的筹资原则，整合各部门项目资金投入茶产业发展。按照“南茶北烟”的产业布局规划和“政府引导、茶农为主、规模种植、补助发展”原则和“区域化布局、规模化发展、专业化生产、标准化建设、产业化经营”要求，打造茶产业差异化发展之路。

2008年，县委、县政府出台《关于加快实施10万亩茶业工程的意见》，提出“以市场为导向、基地为核心、大户为示范、科技为支撑、政策扶持为突破口、引进龙头企业为着力点”，出台了种茶补助政策，实现茶产业快速发展。力争在“十一五”期间，每年按2.5万亩以上速度推进，全县茶园建设面积达10万亩，实现茶叶产值2.5亿元以上。主动融入“西部茶海”，使广大农民实现从“要我种茶”到“我要种茶”的思想转变。2011年制定“十二五”规划，力争“十二五”期间建成20万亩茶园，无公害茶叶生产面积达

100%，绿色食品茶面积达60%，有机茶认证面积达40%，打造国家级、省级、市级名优茶叶品牌各一个，使务川茶叶公共品牌享有广泛的知名度和影响力。

在发展茶产业的大政方针之下，务川县制定了详细的鼓励和奖励政策，主要有：① 茶园建设补助，含新建茶园补助、老茶园改造（补植）、良种育苗基地补助、茶园流转、农机补贴和贷款贴息补助。② 土地使用优惠政策，含大户独资建园土地流转费一次性补助和林地使用。③ 茶园管护补助。④ 茶厂建设补助。⑤ 专业村基地配套设施投入。⑥ 茶青市场建设补助。⑦ 茶叶质量安全补助。⑧ 实施品牌战略。⑨ 工作成效奖励。⑩ 其他专项奖励。并对验收与兑现作了详尽明确严格的规定。

3. 取得成效

县委、县政府多措并举大力发展茶产业，使得全县茶产业在量、质上提升之外，在产业发展路径探索上取得了显著成效。

① **产业规模高速发展：**2008年，全县茶园面积仅为1300hm^2，到2019年底，全县茶园面积8333.33hm^2，投产茶园面积6693.33hm^2。其中无性系良种100%，无公害茶园认定面积100%，绿色食品茶园166.67hm^2，雨林联盟认证茶园153.33hm^2，建茶青交易市场12个。茶叶总产量3011t，产值3.5亿元，茶业综合收入5.1475亿元。茶园涉及9445户，农户3.8万余人。全县注册企业41家，年产值500万元以上的企业1家，省级龙头企业1家，市级10家，获得QS认证8家，年加工能力8000t以上，产品涉及绿茶、红茶、黑茶等类。

② **产业布局合理：**自2007年以来，先后引进无性系福鼎大白茶、特早213号、名山白毫、龙井43号、白茶、黔湄601号、黄金芽等良种。

③ **品牌建设成效显著：**县域茶叶生产主要以红茶、绿茶、大叶茶为主，先后有都濡月兔、七柱山、松香龙芽、务川大叶茶、藏寿王等近50款茶产品投放市场，有茶叶商标42个，各茶业公司在上海、广州、江苏、重庆等省内外多处开设专卖店，品牌效益初步凸显。

④ **科技先导作用逐步体现：**县政府与西南大学签订县校合作协议，聘请西南大学专家、教授对务川茶产业发展进行整体规划，并通过请进来、走出去的方式对茶叶生产、加工和营销等环节进行技术指导和培训，指导发展茶叶基地和有机茶产品认证。2018年4月，鑫隆缘等4家茶业公司申报绿色食品认证已通过省级专家评审。

⑤ **品质特殊作用逐步彰显：**良好的生态、优质的土壤结构和气候，造就县域产出优质茶。贵州省质检部门多次到务川取样抽查，其产品均为合格，尤其是农残指标控制较好。2014年以来，县内5家贵州贵茶（集团）有限公司的加盟企业生产的绿宝石、红宝石经检测，各项指标符合欧标，产品出口欧洲。

⑥ **龙头带动作用逐步显现：**以金科农业、鑫隆缘茶业为代表的茶企，将科学种植、

规范管理技术向周边茶农传授，起到示范作用。同时与茶农签订茶青收购协议，把分散茶园归集统一管理，企业（专业合作社）+基地+农户管理的模式已初步健全。企业与茶农利益联接机制更加紧密，有效提高了茶农种茶管茶积极性，为规模化、专业化起到了促进作用，为全县茶叶产业健康持续发展奠定了坚实基础（图2-46、图2-47）。

图2-46 务川县黄都镇春茶采摘

图2-47 务川县蕉坝镇茶园一角

表2-16 务川县2008—2019年茶叶产量产值情况统计表

年度	总面积 /hm^2	投产茶园 /hm^2	产量 /t	产值 / 万元	综合收入 / 万元
2008	1300	—	—	—	—
2009	1764.3	—	—	—	—
2010	4046.4	—	—	—	—
2011	6442.9	1864.3	71.1	1280	1318.4
2012	6550	3046.4	122.5	2240	2912
2013	7059.7	4972.9	225	4200	5126
2014	8121.8	5050	1230	12000	15000
2015	8287.8	5527	1376	13500	17200
2016	8313	6424	1667	14100	16900
2017	8313	6575	1861	15200	18100
2018	8333	6667	2855	16400	24140
2019	8333	6695	3011	35000	51475

（七）播州茶产区

1. 基本情况

播州区即原遵义县，是遵义市茶叶生产基地县（图2-48）。位于贵州省北部、黔中丘原与黔北山原的过渡地带，以娄山山脉和南北向娄山支脉为骨架，与沟谷盆地等自然组合形成形态各异的地貌。东接湄潭县、瓮安县，南邻息烽县、开阳县，西连仁怀市、金沙县，北界桐梓县、绥阳县、红花岗区、汇川区。地处东经106°17'~107°25'、北纬27°13'~28°03'之间；地势西北高而东南低，最低点海拔480m，最高点海拔1849m；年平均日照时数1000~1100h，属中亚热带湿润季风气候，年平均气温14.6~16℃，年平均降水量900~1100mm。土壤主要类型为宜茶黄壤。

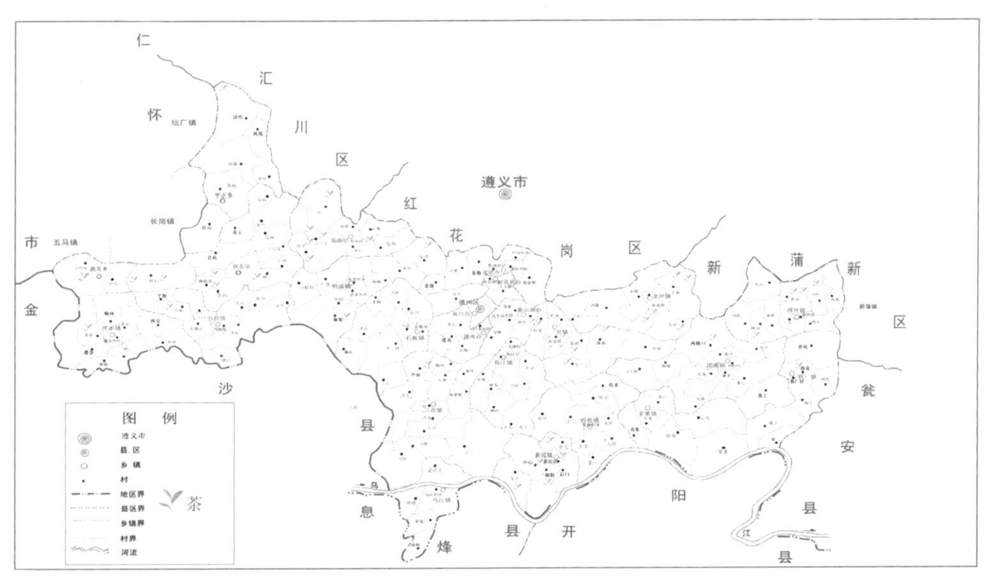

图2-48 播州区茶产业分布示意图

种植的主要品种为福鼎大白茶、黔湄601号等。代表性产品有“遵义会茶”牌翠片、三省毛峰等。“遵义会茶”已在国家商标局注册保护，2001年获贵州食品上榜品牌，2006年获“多彩贵州”旅游商品二等奖（图2-49）。三省毛峰获2010年首届“国饮杯”特等奖和中国（上海）国际茶业博览会金奖。

图2-49 播州区遵义会茶

代表性企业有贵州省遵义县遵义上上农业产业有限责任公司、贵州三省茶业有限责任公司等。

2. 近年发展概况

1）发展历程

2005年，遵义县按照遵义市政府提出“打造遵义百万亩茶海，提升茶叶产品质量，增加农民收入”的产业化发展思路，编制了茶叶产业发展规划。

2007年，县政府下发《关于加快茶叶产业发展的意见》，计划到2011年，全县新增优质茶园3333.33hm^2，改造低产老茶园1333.33hm^2，全优质茶园面积达6666.67hm^2，实现年产值1亿元以上，认证绿色食品茶园1333.33hm^2，有机茶园666.67hm^2；产茶乡镇要培养壮大2~3个茶叶专业村和专业大户，茶园全部实现标准化生产。

2009年，由于交通区位优势日益凸显，群众选择短、平、快产业，辣椒、蔬菜、烤烟等成为主导产业，茶产业发展受到不同程度的影响。

2010年底，茶园面积1873.33hm^2，投产茶园1566.67hm^2，全年茶叶总产值为1745万元，涉茶人数3260人。

2007—2015年，新发展茶园800hm^2，但由于茶园见效慢，茶农管护时间长，管护投入大，大部分茶园弃管。

2013年，设立遵义县茶产业发展中心，为县农牧局所属财政全额预算正科级事业单位，负责全县茶产业发展相关工作和指导服务。

2016年3月，撤销遵义县设立遵义市播州区，全区茶园面积约1333.33hm^2，其中投产茶园1000hm^2，荒废弃管茶园333.33hm^2，良种推广率达65.7%；已申请无公害产地认证706.67hm^2，无性系茶园繁育率35.2%。

2019年，全区茶园面积1045hm^2，投产茶园968hm^2。其中无性系良种达35%以上，无公害茶园认定面积400hm^2。茶叶总产量2549t，产值1.3151亿元。茶园涉及20农户70多人。全县茶叶生产、加工、营销企业及加工大户12家，其中注册企业10家，年产值500万元以上的企业2家，市级龙头企业2家，年加工能力3000t以上，产品涉及绿茶、红茶。全区有茶叶商标9个，在浙江、上海设立品牌专卖店、批发部2家。

2）基本做法

① 以大户种植为主，散户种植为辅；② 茶叶种植与加工生产建设同步，解决种植后续问题；③ 区域化布局、规模化发展、标准化种植、产业化经营、品牌化销售。

3）基本政策

① 在茶产业发展以引进企业或种植大户为主，让企业引领茶产业发展和带动周边老百姓的种植；② 资金上以整合巩退、石漠化治理、基本农田建设、土地整治等涉农项目资金扶持企业或大户进行发展；③ 政策上立足于扶持大户，对大户或企业加大投入，每年初从产业化发展资金中预算100万元进行扶持补助。

3. 主要产茶乡镇

山盆镇：位于区域西北部，距县城80km，生产的“遵义会茶”很早就享誉省内外。境内农户多在田边土角零星种植茶树，20世纪50年代茶园面积约2~3.5hm^2，年均产茶约

4t。1971年开始大力发展茶园，1979年茶园达361hm²，产茶21.95t。20世纪80年代实行土地承包责任制，茶园面积逐年渐少，1982年有茶园面积152.2hm²，产茶37.75t。1993年撤区建镇后，有茶园100hm²，当年采摘41hm²，产茶3.63t。1998年山盆镇有茶园109hm²，当年产茶70t。

表 2-17 播州区 2006—2019 年茶叶产量产值情况统计表

年度	总面积 /hm²	投产茶园 /hm²	产量 /t	产值 / 万元	综合收入 / 万元
2006	—	—	1341	—	—
2007	—	—	1060	—	—
2008	1507	1250	1607	1293	—
2009	—	—	1779	1498	—
2010	—	—	1875	1745	—
2011	—	—	2171	2496	—
2012	—	—	2412	3099	—
2013	2823	1491	2169	5452	—
2014	—	—	1877	3605	—
2015	—	—	1949	2440	—
2016	—	—	1459	2238	—
2017	—	—	1943	2522	—
2018	—	—	2426.2	9000	—
2019	1045	968	2549	13151	—

三、茶叶基地县以外茶产区

（一）仁怀茶产区

仁怀种茶历史悠久，品种有苔茶、丛茶、细茶、桃红茶、怀茶、苦丁茶等。

2006年以来，随着遵义全市茶产业迅猛发展，仁怀虽不属于重点产茶县和茶叶基地县，但茶园面积仍较快增长。

2019年，茶园面积1300hm²，投产茶园600hm²，其中无性系良种达80%以上，无公害茶园认定面积800hm²，绿色食品茶园800hm²。年产茶叶200t，产值5000万元，茶业综合收入6000万元。茶园涉及2300农户10800余人。茶叶生产、加工、营销企业及加工大户12家，其中注册企业5家，年产值500万元以上的企业1家，省级龙头企业1家，年加工能力500t以上，产品涉及绿茶、红茶、黑茶等。

（二）习水茶产区

习水自古以来就分布较多的野生大树茶资源。民国时期，习水县生产的茶叶主销西藏等边疆地区，又称边茶。20世纪50—60年代，习水在边茶生产上作出了很大贡献（图2–50）。但后来习水茶业起伏波动较大。20世纪60年代以后种植的茶园已经所剩无几，基本上荒芜或毁损。

“十一五”期间，县委、县政府提出发展茶叶特色产业的思路，茶产业重新走上发展之路。2010年，茶园恢复到2.92万亩，茶叶产量351t。

图2–50 习水县社员进行茶叶加工（1958年）

2012年起，县境内丰富的大树茶资源引起重视，陆续有贵州习水县勤韵茶业有限公司等茶叶企业进驻习水。以大树茶为原料制作野生古树红茶上市，市场影响力逐年提升，现已在业界具有一定影响。

2013年，贵州习水县勤韵茶业有限公司“乡枞”牌金枞丝野生红茶荣获第三届中国国际茶业及茶艺博览会特等金奖。

2015年，经县林业局初步普查，全县有大树茶23万株（不包括国家级自然保护区），其中地径10cm以上的有10万株。

2017年，国家质检总局发布2017年第39号公告，批准习水红茶为国家地理标志保护产品（图2–51）。

图2–51 习水红茶国家地理标志保护产品

2019年，全县茶园面积1247hm^2，投产茶园412hm^2。其中无性系良种达67hm^2。年产茶叶135t，产值2200万元，茶业综合收入3000万元。全县茶叶生产、加工、营销企业及加工大户14家，其中注册企业11家，年产值500万元以上的企业2家，市级龙头企业1家。年加工能力250t以上，产品涉及绿茶、红茶及白茶等类。全县有茶叶商标25个，在全国多个省份地级以上城市设立品牌专卖店、旗舰店、批发部4家。

（三）桐梓茶产区

桐梓产茶有很好的基础，新中国成立以来，地处桐梓的市供销社直属企业桐梓茶厂，是国家边茶——康砖茶定点生产企业，为我国边茶生产作出了很大贡献。进入21世纪以来，县委、县政府结合实际制定了《关于加快发展茶叶产业的实施意见》，其基本原则：坚持政府引导、市场主导；坚持龙头带动，品牌引领。提出的目标任务是到2020年，力争逐步形成茶叶基地明显优化，确保全县茶园面积3万亩以上，无性系良种率达到99%，有机茶园认证1万亩以上，绿色食品茶园认证2万亩以上，无公害认证全部通过。茶叶年生产量1000t，产值达2.5亿元以上。

2019年，全县有茶园1000hm^2，投产茶园236hm^2，年产茶叶263t，产值1365万元。全县有规模茶场4个，加工企业3家，涉及茶农约1万户3万人。

（四）赤水茶产区

1. 茶产业概况

赤水市原为赤水县，1990年12月撤县设市。赤水县茶叶生产大约兴起于清道光年间（约1735年），茶叶生产史上，曾生产过绿茶、红茶和边茶三大类，其中绿茶以炒青绿茶为主，烘青次之。新中国成立前茶叶生产以绿茶为主，新中国成立后以产边茶为主。

20世纪80年代，茶园在“做烧柴”和“开荒种粮”等情况下急剧减少，社队企业茶场到20世纪80年代中期已经倒闭殆尽。2006年末，全市有茶园面积47hm^{2}且全部投产，年产茶叶52.5t，产值210万元。

2019年末，全市有茶园面积70hm^2，投产茶园37hm^2，年产茶叶12t，产值132万元。产品主要是绿茶、红茶，有茶叶商标2个。近年来由于赤水市旅游发展突飞猛进，现经营较好的洞坝茶场，也以观光旅游为主，主要围绕体验、观光、采摘等农旅结合方式打造茶场发展，更名为现在的望云峰（图2-52）。

图2-52 赤水望云峰游客采茶

2. 赤水虫茶

赤水虫茶是赤水特有的一种非山茶科代茶植物饮料，原料为稀有植物豹皮樟，野生数量极少、人工驯化困难，导致野生虫茶价值昂贵（图2-53）。

2002年，赤水市桫龙虫茶饮品有限责任公司成立，“桫龙”商标于2003年9月7日正式在国家商标局注册领证并在2007年获“最佳商标创意奖”和“贵州省著名商标”。2012年在国家商标局先后注册了9块商标，并在国家中英文域名中心将“虫茶”“中国虫茶”“贵州虫茶”“赤水虫茶”中英文域名注册登记。

为保证桫龙虫茶质量的纯天然、原生态，对基地成长中的幼苗一律严禁使用任何化学肥料和激素增长剂，严格按纯天然、无公害的地理生长条件进行栽培。公司“用白茶树为原料生产虫茶的方法”向国家知识产权局申请了专利，已被受理。

为了更好地打造赤水纯天然、无公害的绿色生态健康产业，桫龙公司于2012年在旺隆镇红花村石子山组征用土地1.33hm^2，修建桫龙虫茶生态疗养观光体验园，该项目投资3140万元，分三期修建完成，目前项目施工有序推进中（图2–54）。

图2–53 赤水虫茶

图2–54 赤水桫龙虫茶生态疗养观光体验园效果图

（五）绥阳茶产区

1. 茶产业

绥阳县有茶产业发展的良好基础，后发优势明显，被市委规划为发展茶产业县。2012年，绥阳县政府发布《绥阳县茶产业建设与发展实施方案》，分析茶产业建设与发展的背景、发展茶产业的现状与特点，提出茶产业发展基本构想与总体目标、茶产业发展思路与原则、经营模式和保障与措施，并作了组织保障等相应安排。县供销社结合全县发展10万亩茶园规划，开展“帮、联、驻”工作，以“专业合作社+基地+农户”模式，统一规范茶叶种植和销售，使茶叶生产成为全县群众增收致富的主导产业。

2019年，全县茶园面积904hm^2，投产茶园573hm^2。年产茶叶102.86t，产值1265.9万元，茶业综合收入2107万元，茶园涉及432农户1216人。全县茶叶生产、加工、营销企业及加工大户3家，产品涉及绿茶、红茶、黑茶及黄金茶等。

2. 金银花产业

绥阳县是非山茶科代茶饮用植物品种金银花的主产地，金银花品种为灰毡毛忍冬，属忍冬科，是绥阳县地方特色经济树种（图2–55），自然分布广，人工种植面积大，是绥阳县重点发展产业。绥阳县挖取野生金银花种植已有40年的历史，积累了一套成熟的种植技术和粗加工技术，到2011年，人工种植面积2万hm^2，年产量8000t，总收入3亿元。有金银花中小型加工企业55家，鲜花能成批量杀青、烘干，还有14家金银花茶生产加工营销公司。近年来引进大量现代化杀青机、烘干机，初加工生产已日趋成熟，已开发有金银花红茶、金银花绿茶、金银花叶茶、金银花五彩花茶、金银花花蕊茶（图2–56）。

绥阳县专门成立绥阳县金银花产业发展领导小组，设立绥阳县金银花产业发展办公室，镇乡村相继成立多家专业合作社与协会。

图2–55 金银花

图2–56 金银花茶产品

3. 产业项目

绥阳县小关金银花山区特色农业示范区是贵州省级113个建设点之一，2013年被列入全省重点园区，是贵州省扶贫办指导的省级农业示范园区创建点，示范区属新建中药材类示范区，是集产加销、贸工农一体的综合示范区。示范区立足“生产与加工、科技示范与体系创新、结构调整与就业增收、农业休闲旅游与科普宣教”四大功能定位，规划建成“育苗区、生产示范基地、加工交易综合服务区、科技示范园区和农业观光区”5个功能区（图2–57）。

图2–57 小关金银花山区特色农业示范园区

示范区预计总投资13.95亿元，建有现代科技育苗区、核心种植示范区、加工交易项目、科技研发和示范项目、农业观光项目、基础设施工程项目。建有各类加工车间、冷藏库、塑料大棚、农产品质量检测室、中药材交易市场和金银花产地交易市场等。

（六）汇川茶产区

汇川区原为遵义经济技术开发区，2003年12月，经国务院正式批复设立遵义市汇川区。

2017年，全区有茶园面积819hm^2、采摘面积520hm^2，产量234t，产值1404万元，品种有白茶、黄金茶、金牡丹。其中白茶茶园面积54hm^2，年产500kg，外省销售400kg，

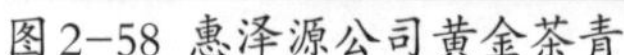

图2-58 惠泽源公司黄金茶青

图2-59 惠泽源公司黄金茶

产值75万元，远销售浙江等地；黄金茶，茶园面积65.33hm^2，年产850kg，销售850kg，产值17万元，远销售浙江等地（图2-58、图2-59）；金牡丹，茶园面积708亩，年产250kg，产值28.8万元。

第二节　特色优势茶区产业带

遵义市主产绿茶和红茶，茶产区主要由特色优势绿茶产业带和红茶产业带构成。

一、绿茶优势产业带

（一）基本情况

绿茶是遵义主要茶叶产品，主要有两大系列：出自传统产茶大县湄潭的区域品牌“湄潭翠芽”系列；出自新兴产茶大县凤冈的区域品牌“锌硒茶”系列，另外几个茶叶基地县也主产绿茶。

遵义市本着优化茶叶区域布局的目标，根据自然条件和全市茶叶优化分布特点，提出建设和打造“四大产业带”——以湄潭翠芽、银针茶为主的湄潭名优绿茶产业带；以凤冈县为主的富锌富硒茶产业带；以正安、道真县为主的富锌硒高山云雾茶产业带；以余庆县为主的名优苦丁茶产业带。4个产业带面积共5273hm^2，占当时全市茶园面积的79.1%。

上述优势茶产区和产业带都是绿茶。

2009年，贵州省农业委员会按照优化茶叶区域布局的要求，按地理位置、生态环境、产品结构及市场基础等因素划分贵州茶产业区域，将贵州省茶产区布局为五大产业带。五大茶叶产业带之首——“黔北锌硒优质绿茶产业带”为遵义市所属各县（市、区）。主栽茶树品种为黔湄系列和湄潭苔茶、福鼎大白茶等中小叶种；主要产品为湄潭翠芽、湄江翠片、贵州银针、凤冈富锌富硒有机茶、遵义毛峰、眉尖、兰馨、栗香、仙人岭、春江花月夜、绿宝石、寸心草、仡佬银芽等，都属绿茶。重点布局为7个茶叶基地县，规划乡镇为基地县的55个乡镇。以土壤富含锌硒元素的湄潭、凤冈、正安、道真县为重点，覆盖余庆、务川、绥阳、播州、桐梓、仁怀、习水、赤水及红花岗等县（市、区）。《西部开发报》所载“贵州绿茶生产地域分布图”也基本上覆盖了遵义全境，可以说，遵义全境都属于绿茶优势产业带。

茶类优势产业带必须有足够的原料基地，从茶树品种适制性来看，遵义种植的茶树品种中，下列品种占了很大比重：传统茶树品种中最普遍的“家茶”中的赤水河流域早生黄芽小丛茶种；中央实验茶场起一直延续到新中国成立后的省茶科所科研人员选育品种中的湄潭苔茶种，苔选03~10号，黔湄303号、502号，黔茶7号、8号和黔辐4号；引进品种中的福鼎大白茶、安吉白茶、名山白毫131号、名山特早芽213号、龙井43号等，都是适制绿茶的茶树品种。同时适制红茶和绿茶的品种有：黔湄系列（101号、306号、308号、415号、416号、809号）以及引进品种迎霜（亦称迎爽）、黄观音、金观音和福云6号等，也在全市茶园中占了很大比重。这两类品种为遵义绿茶优势产业带提供了充足的原料资源。

2010年10月，遵义因茶叶产量大、品质优，规模化、标准化、清洁化绿茶生产有显著成就。中国茶叶流通协会经过综合评定、实地考察后，授予遵义市“中国高品质绿茶产区”称号（图2-60）。

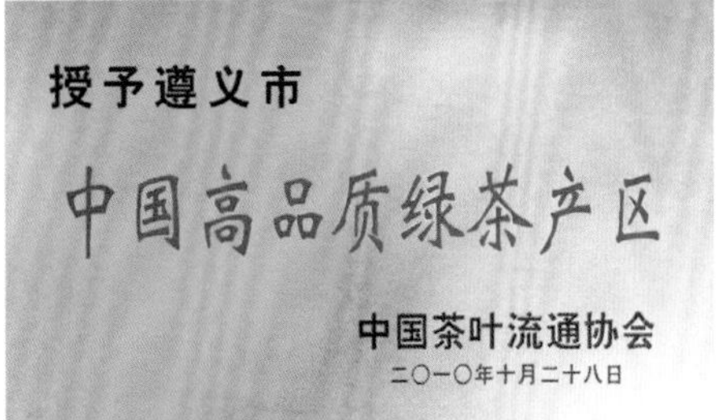

图2-60 遵义市高品质绿茶产区

（二）遵义市高品质绿茶示范基地

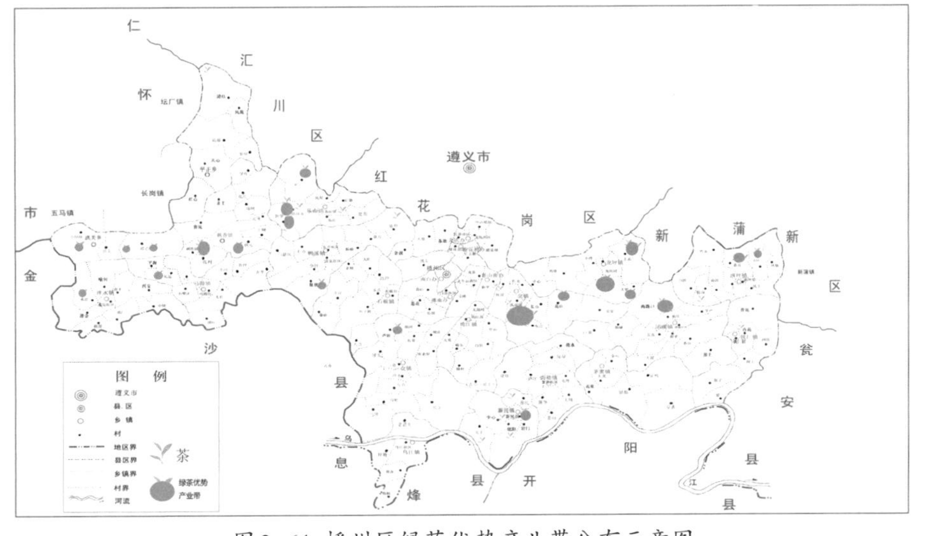

图2-61 播州区绿茶优势产业带分布示意图

2013年8月，为充分宣传和发挥“遵义——中国高品质绿茶产区”这一品牌，为遵义湄潭翠芽、凤冈锌硒茶、余庆苦丁茶、正安白茶等一批知名品牌提供强有力的支撑，遵义市茶叶流通行业协会在全市会员单位范围内开展了“遵义市高品质绿茶示范基地”推荐评选活动。经会员单位自愿申请，各县茶叶协会、茶产业部门认真审查推荐，专家组严格综合评审，确定贵州湄潭兰馨茶业有限公司兴隆镇圣心山茶叶种植基地等24个茶园为遵义市中国高品质绿茶产区示范基地（图2-61）。遵义市茶叶流通行业协会希望获得中国高品质绿茶产区示范基地称号的会员单位，要始终以标准化、规模化、科学化管理茶园，珍惜中国高品质绿茶产区这一荣誉称号，为推动全市茶产业健康可持续发展作出更大贡献。

二、红茶优势产业带

红茶是世界第一大茶类，是我国继绿茶生产量和销售量之后的第二大茶类，遵义红茶产量仅次于绿茶居于第二。红茶产区没有明确的划分，主要从品种结构上认定。

同绿茶一样，红茶优势产业带必须有足够的原料基地，从茶树品种来看，遵义种植的茶树品种中，下列品种占了很大比重：传统茶树品种中的秃房茶种是适制红茶的优良品种；中央实验茶场起一直延续到新中国成立后的省茶科所科研人员选育品种中的黔湄系列（419号、601号、701号）是适制红茶的优良品种。同时适制红茶和绿茶的品种有：黔湄系列（101号、306号、308号、415号、416号、809号）以及引进品种迎霜、黄观音、金观音和福云6号等，也在全市茶园中占了很大比重。这些品种为遵义红茶优势产业带提供了充足的原料资源。

有学者选用遵义栽培茶树品种中的黔湄系列（419号、502号、601号、809号），以及福鼎大白茶、湄潭苔茶鲜叶为原料，采用理化分析与感官审评分析相结合的方法，分析上述品种的红茶适制性，结论为黔湄系列茶树品种比其他品种更为适制红茶。这说明从1939年中央实验茶场入住湄潭起，由中国知名茶人李联标、刘其志先生发起，一直延续到新中国成立后的湄潭茶场和省茶科所科研人员辛勤培育和引进的一大批良种成为遵义乃至贵州得天独厚的红茶优势资源。70多年来特别是近30年来贵州、遵义红茶主要采用适制红茶的黔湄系列良种，如著名的“遵义红”就主要采用黔湄419号、502号、601号的1芽或1芽1叶。该系列品种抗冻、抗病虫害能力较强，产量高，水浸出物、茶多酚含量高，制红茶品质好，香气高长，汤色红艳或棕红明亮，滋味浓强爽鲜。其中黔湄419号制红碎茶可达国家出口二套样水平，在省内外推广面积达十余万亩。

适制红茶的品种还有遵义境域内多个县（市、区）野生和栽培的、群众俗称大茶树的大叶种，在湄潭、遵义、桐梓、仁怀、习水、道真及务川等8县（市、区）均有栽培。其中，以习水县最多，其产量要占该县总产量的70%左右，桐梓次之，其他各县（市、区）则较少。栽培的地方，一般在海拔800~1200m，年平均温度13~15℃，雨量988~1600mm。树高一般3~6m，冠径0.3~4.5m，干径10~15cm者最多。最大的树高达11m，干径25cm左右。

遵义的红茶优势产业带主要分布于种植上述品种和大叶种的区域，相关县（市、区）分布情况大致为：

① **湄潭县**：是黔湄系列品种种植较早较多的地区之一，种植黔湄系列达20万亩，相当于全县茶园总面积的三分之一，多数用于制作红茶，主要是“遵义红”。

② **凤冈县**：制作红茶的主导品种是黔湄601号、福鼎大白茶，种植面积以2012年为例，黔湄809号种植85hm^2，黔湄601号432hm^2，福鼎大白茶9736hm^2，龙井长叶58hm^2，黄观音631hm^2。

③ **正安县**：20世纪80年代先后引进黔湄系列（303号、419号、502号等）茶品种用于生产红茶，面积不详。

④ **仁怀市**：生产红茶时间较早，且比较出名。《仁怀县志》载：1951年春，中国茶叶公司西南区公司派30多个干部和技术人员到仁怀县建立红茶初制技术推广站，当年仁怀试制红茶44t，调重庆茶厂精制后销往国外。在中枢、小湾等地继续制造工夫红茶，品质特优，被命名为“怀红”。因此，仁怀当属遵义红茶优势产业带范围。近年来主要由位于九仓镇的贵州省仁怀市香慈茶业有限公司引种作为生产红茶的原料（图2-62），品种有金观音、梅占等，种植面积分别为20~50hm^2。

图2-62 仁怀市香慈茶叶合作社红茶产品

⑤ **习水县**：野生茶树较多，零星分散生长于林间沟谷之中，很少有成片茶林，大树茶（地径大于20cm或胸径大于15cm的古茶树）资源主要分布在习水县境内习水河流域一带山区高海拔（海拔大约在600~1300m）贫困乡镇仙源、良村、双龙、温水的山地。大树茶产业发展带动了贫困山区农民增收，全县每年收购大树茶鲜叶在100t左右，能制红茶20t左右。2012年后，由于茶叶消费市场的需求，县境内野生大树茶资源得到重视

和关注，陆续有茶叶企业开发出古树红茶进入市场，习水县大树茶逐渐在省内外市场和行业中具备一定影响力和知名度。贵州习水县勤韵茶业有限公司带动乡镇发展种植大树茶333.33hm^2，用于生产“金枞丝”野生红茶（图2-63）。双龙、仙源、二里等贫困乡镇和兴隆村、蔺江村等3个省级深度贫困村种植大树茶、白茶等特色茶树1万亩。

图2-63 习水县金枞丝红茶

⑥ **桐梓县**：20世纪70年代种植的茶叶品种均为中叶种，适合制作红茶、普洱类发酵茶。而今，40多年前种植的那些中叶种茶树，有着顽强生命力，正一天天的逐步变成古茶树（图2-64），由于没有市场，农户也没有管理施肥施药，反而为制作优质红茶奠定了十分优良的基础。桐梓县是山区地形，对红茶品质是有利条件。桐梓县有巨大的野生古茶树源，树龄均在几百年左右，也是制作红茶的宝贵自然资源。

图2-64 桐梓马鬃古茶树

⑦ **播州区**：红茶优势产业带主要分布在龙坪、团溪、西坪、枫香镇产茶区（图2-65），现有种植品种有：福鼎大白茶系列、龙井长叶、中茶108号、黔湄系列（502号、601号、701号）、安吉白茶、鸠坑、本地苔茶等，绝大多数都适制红茶。

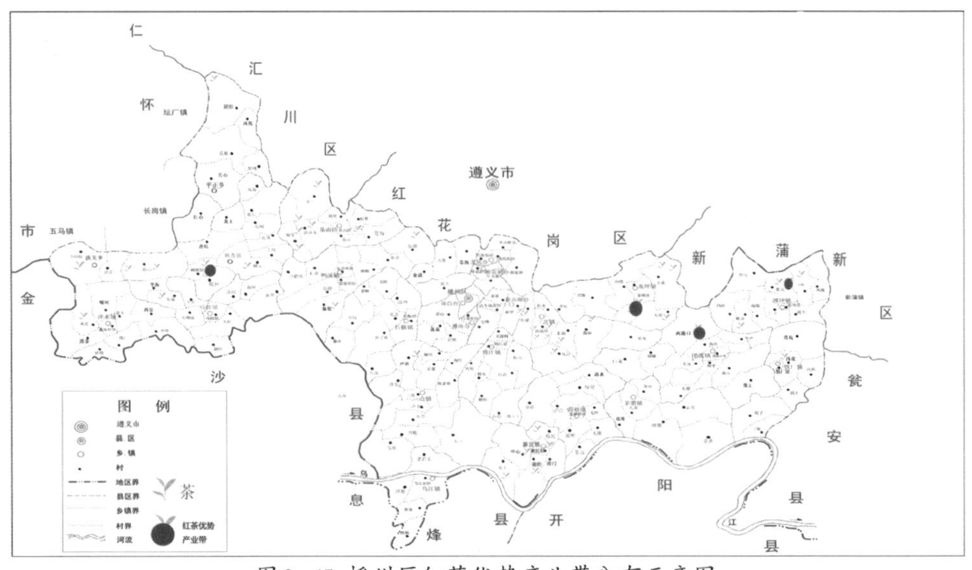

图2-65 播州区红茶优势产业带分布示意图

其他县（市、区）如务川县、赤水市等也有适制红茶的茶树品种资源，构成了遵义红茶优势产业带的有力补充。

第三节　茶产业与精准扶贫

近年来，遵义市坚持把扶贫开发作为第一民生工程，着力看真贫、扶真贫、真扶贫，推动扶贫开发与产业发展结合起来。茶产业已成为遵义市助推脱贫攻坚、实现同步小康最成功的典型范例。2006年，全市6个茶叶主产县有贫困乡镇59个、贫困村340个、涉及贫困户10.64万户43.64万人。2006—2016年，涉茶贫困乡镇茶园面积从9428hm^{2}发展到83287hm^2；茶产业带动16个贫困乡镇、129个村、11.4万人脱贫致富，贫困乡镇人均年收入也从2006年的1320元提升到6246元。2017—2018年，茶产业带动全市3万人涉茶贫困人口脱贫，涉茶贫困户年人均增收2830元。2019年，全市累计带动5.14万贫困人口脱贫，带动的贫困户年均总收入6137.5元，人均增收2405.7元。目前，全市所有贫困县、乡镇已全部脱贫。随着茶园相继投产，茶产业将逐步成长成为已脱贫困农户稳定收入的支柱产业。

遵义市茶产业扶贫主要体现在以下几点。

一、政府重视

2017年5月，遵义市政府办公室印发《遵义市发展茶产业助推脱贫攻坚三年行动方案（2017—2019年）》（以下简称“《方案》”），其基本内容为以下几点。

（一）《方案》的基本原则

① 市场导向，政府推动；② 转型升级，提质增效；③ 立足当前，着眼长远；④ 各方参与，惠及大众。

（二）《方案》的目标任务

1. 总体目标

到2019年底，全市投产茶园达到13.33万hm^{2}以上，茶叶总产量、总产值、综合产值分别由2016年底的10.95万t、85.11亿元、183.7亿元增加到15万t、120亿元，250亿元，共计带动6.3万人脱贫。2019年，全市加工企业集群达到1000家以上，加工能力20万t以上。全面打造2~3个在国内有一定影响力和竞争力的龙头企业及知名品牌，力争1~2个企业挂牌上市。大力开拓国内国际市场，全力打造“中国茶业第一市”，让遵义“干净茶”飘香海内外。

2. 年度目标

① 2017年全市茶园面积稳定在13.33万hm^2以上，投产面积10.67万hm^2以上，总产量12万t，总产值95亿元以上，茶业综合产值达到200亿元以上。② 2018年全市茶园面积稳定在200万亩以上，投产茶园面积180万亩以上，总产量13.5万t，总产值105亿元以上，茶业综合产值达到230亿元以上。③ 2019年全市茶园面积稳定在13.33万hm^2以上，投产茶园面积13.33万hm^2以上，总产量15万t，总产值120亿元以上，茶业综合产值达到250亿元以上。

3. 脱贫目标

2017年，带动1.5万贫困茶农脱贫，人均增收2750元；2018年，累计带动3.7万贫困茶农脱贫，人均增收2880元；2019年，累计带动6.3万贫困茶农脱贫，人均增收2985元。

以上年度目标基本都按期实现，如2017年脱贫目标1.5万人，实际脱贫2.59万；目标产量12万t，实际12.5万t；目标产值95亿元，实际100.6亿元。以2018年目标总产量13.5万t，总产值105亿元以上，实际结果是2018年全市茶叶总产量13.49t，产值111.53亿元。

围绕上述目标，进行全面的产业布局，包括建设以遵义红、遵义绿为代表的名优茶、大宗茶、出口茶生产基地，以遵义大树茶为代表的古树茶生产基地以及其他茶类及茶衍生产品。明确落实了茶园提质增效工程、质量安全保障工程、加工升级工程、渠道建设工程、品牌宣传工程、改革创新工程六项主要任务；制定了完善的政策、组织等保障措施；强调了2017年起，强化问题导向，对茶区扶贫对象6.3万人给予精准帮扶，并鼓励支持企业与贫困户结对子，全方位开展“一对一”帮扶活动，全面提高茶产业精准扶贫科学化管理水平，规范茶产业发展资金管理，市、县两级茶产业发展资金要倾斜用于适宜种茶贫困村、贫困户。

二、媒体助力

遵义市还通过贵州省与中央电视台签署的广告精准扶贫项目，推介遵义市茶产品，促进黔茶走出大山，带动百姓脱贫致富。2017年5月起，遵义茶作为国家品牌计划公益项目“广告精准扶贫”的重点扶持对象，在中央电视台1、2、4、7和13五个频道重点时段推出广告片，为遵义红、湄潭翠芽、凤冈锌硒茶、正安白茶4个品牌免费宣传近500余次，遵义茶品牌知名度、美誉度、影响力得到了极大提高，遵义名茶在全国观众中的认知度不断提升，销量明显增长。通过央视广告宣传，依托生态优势打造完成的天下第一壶、茶海风光、茶桂风情等茶旅景观逐渐成为省内外游客向往之地，国内外游客纷沓而至观光、体验遵义茶旅一体化。近年各个小长假，遵义以茶为主导产业的各县（市、区），旅游收入显著增长。

2017年，“一节一会”的主体活动之一——“大扶贫·大数据与贵州茶产业高峰论坛”于4月28日在遵义市湄潭县举行。与会嘉宾就“大扶贫与贵州茶产业”“大数据与贵州茶产业”等话题进行了深层次讨论，共同为“黔茶出山，决胜脱贫攻坚，同步全面小康”建言献策。

三、渠道多样化

遵义市茶产业扶贫渠道呈现多样化，至少表现为以下几种：

① **政府直接投入**：政府直接投资扶助贫困茶农进行茶叶生产，实施对开辟茶园、种植和购买茶苗、农资等进行补助、奖励，对茶青收购进行保护等政策措施。

② **企业带动**：主要通过“公司+基地+农户”的形式，利用一家茶叶企业，带动一片农民种茶。企业通过技术指导，甚至送苗送种，帮助周边农民扩大茶树种植面积，并收购农民的全部茶青，解除农民后顾之忧，为农民打开增收途径。

③ **土地流转或入股**：农民通过土地流转到茶叶企业获得资金，或将土地入股，每年享受分红，形成农民增收的长效机制。

④ **提供劳务市场**：茶叶企业扩大生产规模之后，日常加工、管理，需要增加人手，特别是采摘茶青需要大量劳动力，为农村提供了巨大的劳动力需求，为贫困户提供了大量就业机会。

⑤ **三产拉动**：茶旅一体化使得不少茶业园区成为上档次的茶旅景点，每逢各个小长假，游客纷至沓来，景点吃住行的需求，为周边农户提供了较大的市场——乡村饭馆、乡村旅社应运而生，贫困户又多了一条增收途径。

在精准扶贫活动中，茶业企业发挥了重要作用，充分发挥社会担当，为推进茶产业发展，提高茶农收入而努力、拼搏、奋斗。不少企业因此被评为“省级扶贫龙头企业”“脱贫攻坚优秀非公有企业”等，并获各级政府奖励，如2008年正安桴焉公司获国家级扶贫龙头企业、2018年余庆凤香苑公司获全国工商联、国务院扶贫办“万企帮万村精准扶贫行动先进企业”等。

四、各县（市、区）茶产业精准扶贫

（一）湄潭县

1. 成　效

湄潭县系武陵山区区域发展与扶贫攻坚重点县，近年坚持将茶产业发展与脱贫攻坚、富民强县有机结合、深度融合，以茶产业发展带动脱贫致富。湄潭县茶产业的发展给贫困人口带来了脱贫福音，为深化农村一二三产业融合、发展茶旅文化产业开创了新的发展机遇。湄潭种茶的地方，农民守着茶园便是守住了金山银山。2017年，湄潭县获中国茶叶流通协会授予的“2017年度中国茶业扶贫示范县”称号（图2-66）。

证书

贵州省湄潭县：

荣获“2017年度中国茶业扶贫示范县”称号。

中国茶叶流通协会
二〇一七年十月

图2-66 湄潭获中国茶业扶贫示范县称号

湄潭茶产业对脱贫贡献巨大：

① **贫困对象受益广**：全县5个贫困镇、64个贫困村实现茶园全覆盖，受益贫困户5404户17800人，分别占全县贫困户和贫困人口的40%、41%，涉及茶园面积5670hm^2。受益程度深，大大降低了贫困发生率。到2016年底，涉茶贫困户已实现脱贫70%，贫困发生率在2.6%以下，新建部分茶园陆续投产后，涉茶贫困户可实现全部脱贫。

图2-67 茶产业富裕湄潭新农村

② **产业富民后劲足**：首先是茶青采摘富民。据统计，单位面积茶园的收入相当于其他农作物的3~5倍，有利于脱贫致富。2016年全县投产茶园3.2万hm^2，茶业综合收入88.5亿元。其中涉及农民的一产产值24.37亿元，每亩茶青收入0.5万元，可让22个贫困人口实现脱贫，实现农民持续增收。其次是茶叶加工富民。全县有茶叶生产、加工企业、加工大户725家，通过易地搬迁、剩余劳动力转移等实现贫困人口在内就业人数每年近2万人（图2-67、图2-68）。

图2-68 春茶俏，农民笑（湄潭）

③ **茶旅增收明显**：湄潭全力打造了6条茶叶产业带，为茶旅游发展奠定了基础，七

彩部落、核桃坝、田家沟等景点是茶旅带动脱贫的成功典型。2016年，全县实现茶旅综合收入15亿元左右。

2. 主要做法

湄潭县在发展茶产业、开展扶贫攻坚工作中，坚持统筹协调兴产业、扶真贫与增后劲的关系，把兴产业作为扶贫攻坚的基础，把扶真贫作为发展产业的重要出发点，采取有效的政策措施，增强后劲，确保茶产业健康发展和扶贫工作有效推动同步实现，在保证全县茶产业高速健康发展的同时，为坚持长效精准扶贫提供了可靠的产业基础。

（二）凤冈县

1. 茶产业扶贫主要做法

① **聚焦扶贫目标，做好产业规划：**制定《凤冈县发展茶产业助推脱贫攻坚三年行动方案（2017—2019年）》，采取因户制宜，分类指导，精准施策，对有生产能力、有发展意愿的茶产业扶贫户，集中力量帮助他们在茶园管护、生产加工、市场拓展、融资贷款、基础设施建设等方面精准发力，开展帮扶。

② **聚合各方力量，确保规划落地：**通过招商引资积极引进有实力的企业入驻建设茶叶加工厂，提升加工能力、增加就业岗位、扩宽茶青销路，带动茶农增加收入。同时，积极争取中央和省级项目资金，推动基地提质增效、打造市场渠道建设和品牌宣传，推进茶产业整体健康稳步发展。

③ **落实扶贫政策，培育经营主体：**对培育和引进龙头企业，根据厂房建设规模，给予30万~45万元不等的建厂资金补助；对于合作社，通过争取项目资金，在茶园管护、阵地建设等方面给予扶持。通过贷款贴息，让经营主体由小到大、由弱变强，快速发展，生产规模不断扩大，进一步带动贫困户发展。

④ **着眼长远发展，创新管理模式：**企业与贫困户建立利益联结机制，对贫困户优先流转土地、优先提供就业岗位、优先提供技术服务、优先解决茶青销售；企业还对帮扶的贫困户发放登记卡，对持卡贫困户的茶青按高于市场价20%~30%的价格进行收购，有效促进了贫困户增收。

⑤ **搭建交流平台，加快产品流通：**建立凤冈县茶产业联谊微信群，将茶企、大户、经销商等纳入群中，方便企业相互交流和沟通，并及时发布市场信息，让企业更好地了解市场动态。在各乡镇建立1~2间茶青交易市场，解决茶农和茶企茶青交易难题。

⑥ **强化科技服务，注重人才培养：**与中茶所、浙大、贵州省农科院、遵义医学院、省茶研所等科研院校单位建立了科技成果转化实践合作关系。每年邀请科研院校专家、茶企技术骨干、乡土专家为茶企业、合作社、茶农和贫困户授课，实施培训全覆盖，提

升技术水平和造血功能。

2. 茶产业精准扶贫效果明显

凤冈县明确把茶产业作为农民脱贫致富的重要支柱产业发展以来，通过大力发展基地建设、项目精准扶持、干部结对帮扶等模式，有效推进了茶产业精准扶贫。在实施茶产业扶贫之前，全县建档立卡贫困户有10880户41423人，其中涉茶贫困户有2015户5085人。实施茶产业扶贫之后，至2018年底，全县8674户35109人脱贫，茶农人均年收入比未种茶前平均增收1500~2000元。

（三）正安县

自2007年正安县委、县政府大力发展茶产业以来，把茶产业作为解决三农问题、振兴农村经济、决战脱贫攻坚、决胜全面小康的重要农业主导产业之一持续推进。茶产业在助推脱贫攻坚中的作用逐步显现（图2-69）。

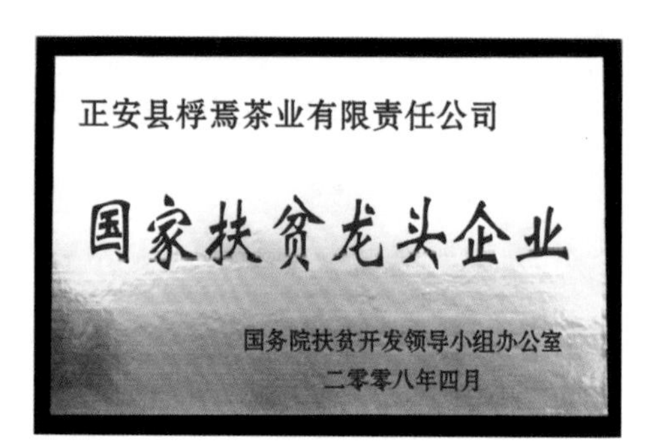

图2-69 2008年正安桴焉公司获“国家扶贫龙头企业”称号

2010年，全县加大基地建设力度，倾力打造“正安白茶”公共品牌，不断打开茶叶营销渠道，茶叶产量超过1000t，茶叶产值达1亿元，惠及茶农8万人，农民人均茶业增收超过1500元。2012年，为积极抢抓深入实施西部大开发、《国务院关于进一步促进贵州经济社会又好又快发展的若干意见》、武陵山区域扶贫规划等政策机遇，如期实现“减贫摘帽”目标。正安举全县之力突出抓好茶叶产业，把“40万亩茶园建设及白茶之乡申报”作为“六件大事”强力推进。2014年，全县茶园面积超过1.33万hm^2，茶叶产量3200t，产值3.2亿元，惠及10万人，农民人均因茶增收1800元。2015年，全县25万亩茶园覆盖全县19个乡镇90余个行政村，带动农户3.5万户近15万人。2016年，为积极发挥茶产业在助推脱贫攻坚中的重要作用，安排茶叶政策、项目、资金向贫困乡镇、贫困村、贫困户倾斜；同时，加强对贫困茶农的培训和技术指导，提高贫困茶农素质，增强贫困茶农增收致富本领。2016年以来，累计开展茶叶培训156期，培训茶农15080人次；为加强对贫困茶农的金融支持力度，精准识别贷款茶农中的贫困户238户，并对贷款贫困茶农进行贷款贴息，共计贴息418249.84元，有效减轻了贫困茶农负担。2017年是决战脱贫攻坚、决胜全面小康的关键之年，为坚决打赢茶产业“摘穷貌、拔穷根”的脱贫攻坚硬仗，坚持以脱贫攻坚为统揽，大力发挥茶叶新型经营主体作用，支持56家企业申报贵州省脱贫攻坚投资基金扶贫产业子基金项目，申请资金达6亿元。2018年，制定《关于正安县茶产业助推脱贫攻坚实施方案》《正安县2018年茶叶发展实施方案》，明确对一般种茶户按每公顷1.2万元进行补助，对贫困种茶户按每公顷1.5万元进行补助；同时，加大资金投入力度，按照《关于下达2018年整合资金新建白茶基地项目资金计划的通知》文件，整合资金570万元对2017年新建茶园进行补助，涉及农户3661户15257人，其中带动贫困户922户3845人。2018年以来，全县茶园覆盖19个乡镇104个行政村，涉及贫困乡镇17个，贫困村48个，带动茶农5万户近20万人，其中贫困户8746户32255人，带领贫困户人均因茶增收3000元以上（图2-70、图2-71）。

图2-70 正安土坪明星村茶青收购

图2-71 正安2018年“脱贫攻坚战——星光行动”姚晨团队到正安开展扶贫调研

（四）余庆县

余庆围绕产业脱贫工作要求，不断创新茶叶利益链接机制。一是深入推进“三变”改革，引导农民将土地入股或者流转给村级集体经济组织、专业合作社，通过分红或收取土地租金的利益联结机制，使贫困户持续增收；二是不断强化村级集体经济建设，将村级集体经济积累和项目资金投入到村级集体经济建基地、搞加工，盈利部分的30%用于集体经济积累和再发展基金，70%用于贫困户分红，使贫困户持续增收；三是严格项目资金的投入使用，按照项目资金投入量，量化企业带动贫困户就业数，贫困户通过在茶企、合作社务工的利益联结机制，使贫困户持续增收；四是强化加工建设，扶持企业提升加工能力，解决贫困户卖茶难问题，企业通过收购贫困茶农茶青的利益联结机制，使贫困户持续增收。

近几年来，通过茶产业带动涉茶贫困户脱贫5000余人，人均年增收2300余元。

（五）道真县

全县有茶园面积1.2万hm^2，涉及茶农2万多户，其中贫困户有928户。

为加快全县减贫摘帽步伐，县委政府每年出台茶产业发展意见，合理规划种植面积，从种植、管护、加工到品牌宣传、销售等各方面给予补助，帮助企业发展茶产业，带动农户增收。采取的主要措施有：

① **加强领导：**茶产业发展中心在茶区6个乡镇成立扶贫领导小组，为开展包干扶贫工作创建良好条件。

② **落实责任：**县委组织部、县扶贫办负责做好包干扶贫工作的统筹协调，动员茶区企业、种植大户开展贫困村包干扶贫工作，确保贫困村全覆盖。

③ **强化考核：**把帮扶单位开展包干扶贫工作纳入绩效目标考核范围，对工作表现突出的集体和个人进行表彰和奖励。

④ **政策激励：**全面落实针对帮扶单位、企业及个人的扶贫捐赠税前扣除、税收减免等扶贫公益事业税收优惠政策。参照城镇登记失业人员就业支持政策，对茶区贫困人口帮扶企业，享受同等税收优惠、社会保险补贴、职业培训补贴、信贷支持相关支持政策。

⑤ **舆论引导：**对在包干扶贫工作中涌现出的先进典型和先进事例进行积极报道和宣传，共同营造全社会关注支持脱贫攻坚的良好舆论环境。

⑥ **企业带动：**在茶区内，精准扶贫户无茶园基地的，当地企业采取“返租倒包”形式免费提供茶园给农户管理，连同其他有基地的茶农一起管理，免费提供技术指导，在生产环节上免费提供生产物资，并按照市场价格收购符合生产要求的茶青，极大提高农户发展产业的积极性。

茶产业发展取得的成效：一是规模上有突破；二是规划上有成效，全县稳步推进茶产业建设，仡乡茶海茶旅一体化现代高效农业示范园区覆盖农户2744户，劳动力7350人；三是投入上有力度；四是人才培训上有革新，通过各种渠道，先后组织上万人茶农开展了茶叶种植管理技术培训。茶产业的发展壮大，为精准扶贫提供了强有力的平台。

全县茶产业的发展，几年来新增茶农1万多户，帮助1600多户7000多人脱离贫困，随着茶园投产面积的增加，脱贫人口数量将进一步增多。茶园全部进入盛产期，每亩产达80kg。按当地茶青市场价计算，全部盛产茶园仅鲜叶就可达产量14400t，产值上亿元。由于贫困地区大多以山区为主，根据道真县人口土地平均计算，每人约有0.2hm^2以上，种植茶园0.17hm^2，成龄茶园每公顷产值7.5万元，农户用肥使用自家农家肥，茶农年可收入12750元，比茶园建设前人均收入2300元增加10450元。

（六）务川县

自2007年以来，县委、县政府按照“区域化布局、规模化发展、标准化生产、产业化经营”的要求，在丰乐等9个乡镇（街道）61个村居种植茶园0.83hm^2，覆盖涉茶贫困户2277户9632人。2018年务川县共生产加工茶叶2046.42t，产值达1.6亿以上，带动贫困户人口6672人，脱贫人数3500人，产业区贫困农户户均收入增加2500元以上，有力助推了全县脱贫攻坚，为振兴乡村战略产业兴旺打下了坚实基础。

（七）播州区

通过强化龙坪、团溪、西坪、新民、枫香、乐山、泮水茶叶主产地茶产业发展主导地位，带动就业，促进农民增收（图2-72）。

2017年，带动就业50000人次，其中贫困人口就业1500多人次，人均增收3000元以上。2018年，带动就业50000人次，其中贫困人口就业1300人次，人均增收3200元以上。2019年，带动就业50000人次，其中贫困人口就业2000多人次，人均增收3500元以上。

图2-72 播州区奥元公司茶青收购

（八）仁怀市

仁怀市茶产业精准扶贫主要由位于九仓镇莲花山上的省级龙头企业“仁怀市香慈茶叶种植专业合作社”进行，其主要做法为：

① **带动当地妇女创业就业**：带动茶园周边的农户妇女自主种茶，周边种茶农户和合作社栽种茶园面积共计达到666.67hm^{2}以上。

② **解决劳动力就业**：每年茶园采摘茶青时，使用采茶工2000人次以上，其中贫困户季节性就业1000人次左右；核心区精准贫困户123户379人，解决精准贫困户季节性就业55人，每人每天收入100~120元，贫困户家庭每人每年在合作社收入3500~5000元；茶园管护期间，优先解决贫困户季节性务工，每人每天收入100元以上。

③ **开展科技培训**：每年举办培训班10余期，培训农民1000多人，其中培训贫困人口300人以上，让每户都能够掌握1~2门农业生产技术。

④ **建立连续采茶奖励基金**：作社专门设立连续采摘明前茶奖励基金，对参加清明前连续采摘茶青的贫困农户进行优先奖励帮扶。除按照正常采茶工支付工资外，对采摘的茶青按每斤上浮3%~10%的奖励资金。同时，实行订单式收购茶青。对精准贫困户自种茶青，在同等条件下收购价格上浮5%~8%；

⑤ **建立会员股份制**：合作社采取农户以土地入股、劳务入股、流转土地租金入股方式，广泛吸收核心区贫困农户加入合作社股份，每年年底财务决算后，按比例进行分红。

⑥ **积极参加公益活动**：几年来，引导茶叶企业参与众筹扶贫活动，捐资近20万元，为脱贫攻坚做出积极贡献。

（九）习水县

习水县大树茶产业发展带动了贫困山区农民增收，全县大树茶主要分布于贫困乡镇，8个省级深度贫困村就有7个村分布有大树茶。通过茶产业发展，一是带动贫困山区农户增收。全县每年收购大树茶鲜叶价位50~100元/kg，收购量在100t左右，农民采摘交售茶青收入约600万元以上，户均增收2000元以上，其中带动1000户以上贫困农户增收200万元以上，成为贫困山区农民增收的新渠道（图2-73）。二是增加农民务工收入。茶叶企业带动当地农民就近务工开展种植、管护和加工等，年均解决农民务工200多人，增加务工收入50万元以上。三是带动贫困乡镇和贫困村的产业发展。通过茶叶企业带动，双龙、仙源、二里等贫困乡镇和兴隆村、蔺江村等3个省级深度贫困村发展了以大树茶、白茶等特色茶树种植，新发展茶叶种植面积1万亩，新建加工厂2家，促进了贫困山区特色产业发展。

图2-73 习水农民采摘大树茶增收

（十）桐梓县

桐梓县茶产业精准扶贫业主要由位于桐梓县马鬃苗族乡的“贵州森航茶业有限公司”带领。2016年，贵州森航集团积极响应中共桐梓县委、县政府“脱贫攻坚·百企帮百村”的号召，主动深入马鬃苗族乡、容光镇参与全县脱贫攻坚精准扶贫工作，以“产业扶贫”带动贫困百姓脱贫致富（图2-74）。

图2-74 桐梓农民因茶而增收

在马鬃以“康养示范基地、生态旅游胜地、红苗文化腹地，古茶体验园地”发展定位规划落实“茶旅一体产业扶贫示范基地”精准扶贫项目，投入资金4000余万元，流转农户土地866.67hm^2，茶叶种植387hm^2，产业扶贫实施阶段使用农民务工达到10.8万个工日以上，支付农民务工工资达到1368万元，支付村级劳务组织费27.36万元。同时，基地建设吸纳农户“特惠贷”和财政扶贫到户补助资金320万元，通过保底分红方式，与187户贫困农户形成利益联结机制，2016年共计发放贫困农户分红资金19.2万元；2017年新增保底分红资金100万元，新增利益联接贫困户20户，保底分红覆盖贫困户达到207户，发放保底分红资金25.2万元。

通过发展产业吸纳贫困户就业，截至目前，通过酒店业和文艺演出解决贫困户子女务工27人，户均增收2.4万元。通过实用技术培训，在中岭村茶叶基地解决了200余人就近务工，使贫困户实现户均增收2000余元。

"公司+专业合作社+农户"发展模式效果明显。贵州森航集团追加投资5000万元在中岭村建成2000亩茶旅一体示范观光园，建立茶叶种植专业合作社，重点扶持贫困对象种植茶叶脱贫致富。

（十一）赤水市

赤水市茶产业精准扶贫主要以望云峰生态农业园区为主（图2-75至图2-77）。园区秉承以自身发展带动农户共同富裕的宗旨，坚持带动当地农户脱贫致富。通过常年聘用周边农户参与园区基础设施建设、茶园管理、商品茶采摘加工等，特别是在每年清明春茶上市季节，园区茶场都需要大量摘茶工，其中大部分都是附近贫困户，为他们脱贫致富创造有利条件。

图2-75 农村老人采茶忙

园区限于规模，接待游客食宿紧张，带动周边村民发展乡村旅店、乡村饭庄等旅游服务第三产业，使乡村达到共同致富。

图2-76 赤水市望云峰园区采茶勤工助学

园区分次投资60多万元，为临近村修建乡村公路，使得农户的农副产品可以运出大山，拉动农村经济发展。积极响应政府"精准扶贫"号召，让20户建档立卡贫困户通过"特惠贷"将100万元注入公司（5万元/户），实现"资金变股金、资源变资产、农民变股民"，每户每年分得4000元的红利，引领贫困户成功地实现脱贫目标。公司还经常向贫困户捐款捐物，积极帮助其因地制宜发展生产，改变落后的生活习惯，改善农户家庭饮水条件，为脱贫攻坚奠定坚实的基础。

图2-77 上海对口帮扶遵义种茶项目

2017年11月，赤水市望云峰生态农业园有限公司被赤水市委、市政府授予"赤水市脱贫攻坚先进集体"荣誉称号。

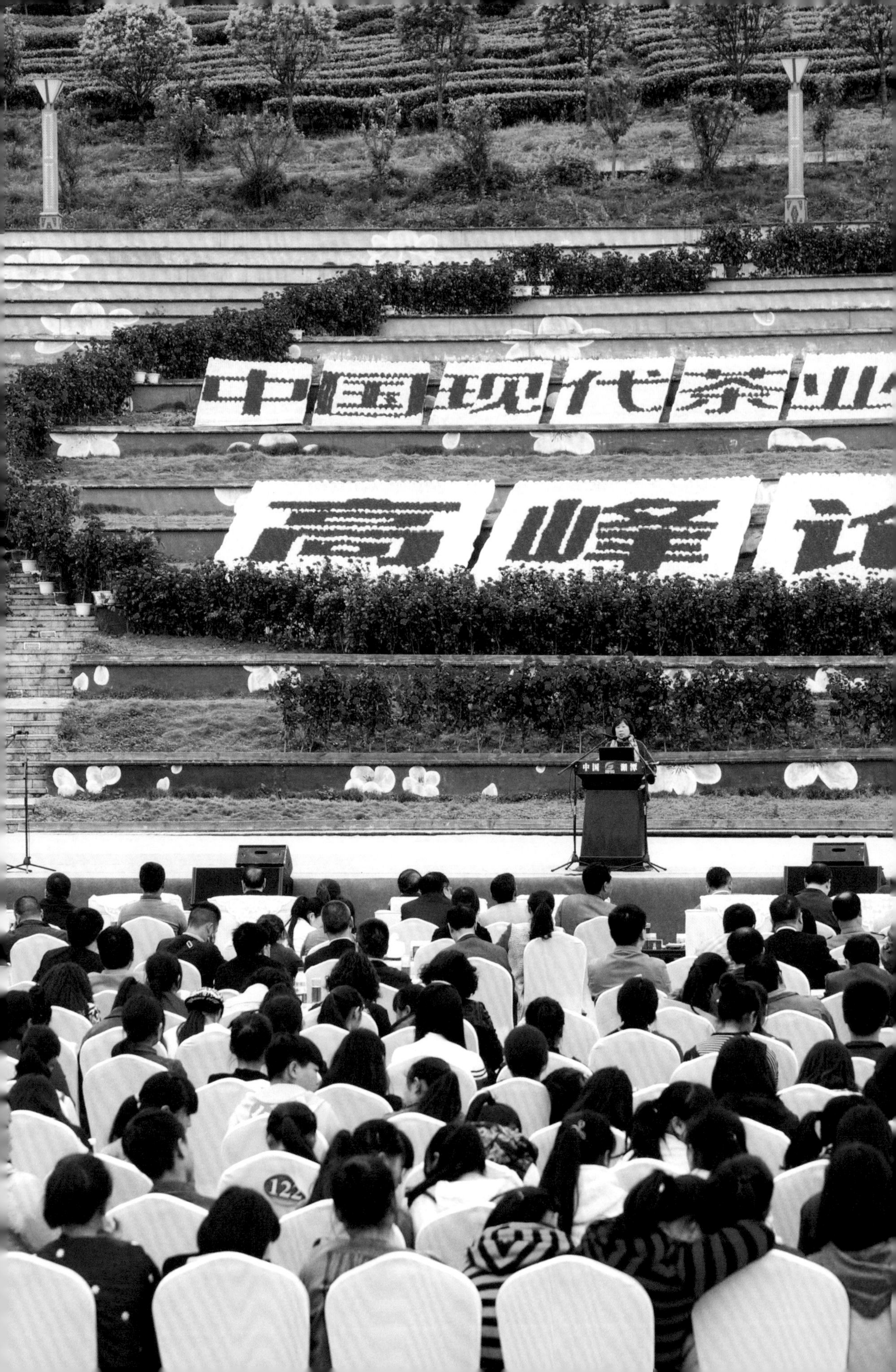
中国现代茶业
高峰

第三章 茶企篇

第一节　遵义茶品牌建设

茶叶品牌是知名度、美誉度、市场占有率三者的有机统一。茶叶品牌一般包括区域公用品牌和企业产品品牌，区域公用品牌一般由政府和茶叶协会申报地理标志产品或注册证明商标，企业产品品牌由企业注册商标。

一、全市简况

（一）全市品牌建设

遵义茶叶公用品牌现有湄潭翠芽、凤冈锌硒茶、遵义红、正安白茶、余庆苦丁茶、道真硒锶茶、务川大叶茶等。从全国范围来看，在一个地区有如此多公用品牌，从数量上乃至品类上都很突出。如果再加上众多企业产品品牌，不但数量较多，而且相对齐全。但除规模之外，遵义茶产业在全国市场占有率和效率等方面，还不具有明显优势，需要不断坚持品牌建设来提升产业竞争力和经济效益。

2014年，《贵州省茶产业提升三年行动计划（2014—2016年）》提出大力实施黔茶品牌战略，贵州省质监局与贵州省农委联合下发《关于开展贵州省茶叶品牌标准制（修）订工作的通知》，决定在全省开展茶叶公用品牌标准体系制定和修订。是年，遵义市为加强自主品牌建设，增强产业竞争力，市政府发布《关于加强品牌建设的实施意见》（以下简称"《实施意见》"），提出四条原则：① 企业为主、政府推动。强化企业在品牌建设中的主体作用，增强品牌建设意识，提高自主创新能力，完善政府服务功能，积极引导企业开展品牌建设，加强对品牌的宣传、培育和保护；② 自主创新、提高质量。依靠科技进步创建品牌，把增强自主创新能力和提高管理水平作为增强品牌竞争力的根本途径，走质量兴企、以质取胜的道路，加大科技投入，加强质量管理；③ 市场导向、重点培育。尊重市场经济规律，充分发挥市场机制的作用，推动企业围绕消费需求打造品牌，加大重点产业领域品牌培育力度，扩大品牌在市场竞争中的知名度和影响力；④ 各方参与、形成合力。动员全社会各方积极参与和推动品牌建设，形成企业为主、政府推动、社会参与、促进有力的品牌建设机制。

《实施意见》要求"到2020年，培育形成一批在国内外具有较强竞争优势的名牌产品、国家地理标志保护产品、著（驰）名商标、农产品地理标志商标和国家级、省级知名品牌创建示范区"，明确了"立足生态优势和产业基础，以发展高品质绿茶为方向，培育壮大一批茶叶龙头企业，引导茶叶企业组建产销联合体，加快打造凤冈锌硒有机茶、湄潭翠芽、绿宝石、正安白茶、遵义红等有较大影响力和较强竞争力的黔茶品牌”的重点任务。

（二）部分县（市、区）品牌建设

遵义各产茶县一直在坚持进行品牌建设，几个茶叶基地县的进展情况为：

1. 湄潭县

湄潭县茶叶产品众多，自清代以来，主要有眉尖贡茶、湄潭龙井、玉露、珍眉、湄红、湄绿、湄江茶、遵义毛峰、湄潭翠片、贵州银芽茶、湄潭翠芽、遵义红等。十多年前，湄潭全县只有茶叶企业注册的商标，小而散，没有形成拳头，没有品牌优势。自2005年以来，开始打造知名品牌。注册了“湄潭翠芽”和“遵义红”地域品牌证明商标，主推两大公用品牌。全县现有茶叶商标700余个。

① **历史品牌：**湄潭的历史品牌有湄潭眉尖茶、湄绿、湄江茶暨湄江翠片、湄潭毛尖、遵义毛峰茶、高级武陵春绿茶、龙泉剑茗、贵州针、贵州天然富硒茶等绿茶品牌和湄红、黔茗红等红茶品牌。

② **公用品牌：**湄潭翠芽、遵义红。

③ **企业品牌：**企业茶叶品牌有兰馨雀舌（“兰馨”是“中国驰名商标”，图3-1）、贵芽、夷州、黔茗红、盛兴、银凤、黔江、三品清等，茶产品综合开发利用品牌有陆盛康源牌茶多酚、南方嘉木牌茶叶籽油等。

图3-1 2013年“兰馨”被认定为“中国驰名商标”

2. 凤冈县

凤冈茶叶商标的使用，始于20世纪80年代末至90年代初。当时，凤冈县茶叶公司、凤冈县田坝茶厂开始在其简易的茶叶包装上使用龙泉毛峰、凤泉雪剑、凤绿茶、黔北翠芽、永安翠芽、龙江翠芽等字样来命名出产或抽检的茶叶。1994年，凤冈县茶园土样及产出茶叶中，经贵州省理化测试分析研究中心检测，发现富含硒锌，随后“富硒绿茶、富硒富锌绿茶”开始作为商标在凤冈茶包装上使用。

凤冈县最早的茶叶企业注册商标“仙人岭”于1996年12月28日由当时的凤冈田坝茶厂申请获得，之后惠云、浪竹、芸馨等茶叶商标相继注册并走向市场。1996年起，富硒富锌、富锌富硒、凤冈锌硒等字样大量出现在凤冈茶叶产品包装上及对外宣传中，凤冈县茶商标经过20多年的发展，商标注册量大增，注册领域也从单一的茶叶商标，向茶饮、茶食和茶文化相关领域拓展。至2019年11月，凤冈县茶叶商标申报量超过400件，注册商标数量已达271件，而这一数量还在动态增长。

在茶业商标发展中，凤冈茶商标的知名度和品牌影响力正在日渐提升，除“凤冈锌硒茶”先后获得中国驰名商标、贵州省著名商标外，仙人岭、浪竹、野鹿盖、娄山春、万壶缘、田坝、绿玛瑙等茶叶商标也先后也获得了“贵州省著名商标”。

表 3-1 凤冈茶叶著名与驰名商标

商标名称	商标类别	持有人
凤冈锌硒茶	中国驰名商标	凤冈县茶叶协会
绿宝石	贵州省著名商标	贵州凤冈贵茶有限公司
寸心草	贵州省著名商标	贵州寸心草有机茶业有限公司
仙人岭	贵州省著名商标	贵州凤冈县仙人岭锌硒有机茶业有限公司
浪竹	贵州省著名商标	贵州省凤冈县浪竹有机茶业有限公司
野鹿盖	贵州省著名商标	贵州野鹿盖茶业有限公司
田坝	贵州省著名商标	贵州省凤冈县田坝魅力黔茶有限公司
万壶缘	贵州省著名商标	贵州聚福轩万壶缘茶业有限公司
娄山春	贵州省著名商标	凤冈县娄山春茶叶专业合作社
绿玛瑙	贵州省著名商标	贵州省凤冈县玛瑙山茶业有限责任公司
春江花月夜	贵州省名牌产品	贵州凤冈黔风有机茶业有限公司

表 3-2 凤冈茶名牌产品

名称	类别	生产者
仙人岭牌红茶	贵州省名牌产品	贵州凤冈县仙人岭锌硒有机茶业有限公司
凤冈锌硒有机茶	贵州省名牌产品	贵州凤冈县仙人岭锌硒有机茶业有限公司
春江花月夜牌绿茶	贵州省名牌产品	贵州凤冈黔风有机茶业有限公司
绿宝石牌绿茶	贵州省名牌产品	贵州凤冈贵茶有限公司
香珠玉叶牌绿茶	贵州省名牌产品	贵州省凤冈县浪竹有机茶业有限公司
万壶缘牌凤冈锌硒茶	贵州省名牌产品	贵州聚福轩万壶缘茶业有限公司

3. 正安县

正安县确立“品牌统领产业”战略，在绿茶中选择高端产品作为引领，并通过县财政注资成立贵州正安璞贵茶业有限公司，独家经营“正安白茶”公用品牌，着力品牌打造、宣传推介、营销策划、技术培训、加工、企业技改等项目，走“高端”之路，打“公共”品牌，减少了品牌杂乱、各自为政的现象。

4. 余庆县

余庆全县重点打造飞龙湖白茶、余庆苦丁茶两个品牌，同时企业注册有余庆绿翠、春夏秋冬、富源春、茗园春、构皮滩、飞龙湖等近20余个商标。

5. 道真县

道真县除“道真硒锶茶”公用品牌外，全县茶叶企业已在国家商标总局注册的商标有仡佬山、武陵山、仡山西施、留青山、黔北、芭蕉山等商标22个，仡佬山和武陵山为贵州省著名商标。

6. 务川县

有都濡月兔、七柱山、松香龙芽、务川大叶茶、藏寿王等近50款茶产品投放市场，注册商标42个，品牌效益初步凸显。

7. 播州区

枫香茶场、遵义兴旺农业开发科技有限责任公司、遵义奥元农业发展有限公司、遵义茗珠农业发展有限公司和贵州祥生生态农牧有限公司等企业申请注册了贵君、播春绿、贵芊、山地茗珠、芸星和遵春绿茗系列茶商标9个。

8. 绥阳县

以小关乡金银花为特色品牌的“绥阳金银花”地理标志证明商标在2011年3月成功获通过，以小关乡金银花为核心种植示范基地的“中国金银花之乡”称号也成功获批；2013年8月，绥阳金银花通过地理标志保护产品审查。

二、公用品牌

（一）湄潭翠芽公用品牌

1940年4月，中央实验茶场首次试制“龙井”成功，命名湄潭龙井茶；1958年4月，省茶试站一、二级龙井茶得到中国对外贸易部上海商品检验局肯定和称赞；1954年，贵州省省长周林将湄潭龙井茶更名为湄江茶；1980年，安徽农学院茶叶系陈椽教授根据其“色绿、馥郁、味醇、形美”的品质特征，结合地名、色、形，命名为“湄江翠片”；20世纪90年代中期，湄潭茶场以福鼎大白茶和湄潭苔茶为原料在湄江翠片基础上进行研制，产品命名为湄潭翠芽（图3-2）。

图3-2 湄潭翠芽

2003年，湄潭县选定“湄潭翠芽”为公用品牌并由县委、县政府统一命名，向国家工商总局申报“湄潭翠芽”证明商标。2005年6月，贵州省质量技术监督局发布《湄潭翠芽茶》贵州省地方标准，从产地、鲜叶、产品要求，检验方法、标识等作了严格详尽的要求。县委、县政府规定：无论任何企业，只要按此标准执行，均可使用“湄潭翠芽”这个品牌。湄潭翠芽地方标准于2015年重新修订发布，至2019年，授权使用“湄潭翠芽”商标的茶叶企业334家，全部实现了标准化、清洁化、规模化生产。

图3-3 湄潭翠芽茶中国茶叶区域公用品牌最具带动力品牌

图3-4 湄潭翠芽茶驰名商标

2011年，湄潭翠芽获“中国茶叶区域公用品牌最具带动力品牌”（图3-3）和“中国驰名商标”（图3-4）称号，成为贵州第一个获此殊荣的茶叶品牌；2012年，湄潭县茶业协会实行了“湄潭翠芽”商标证明标识准入制度，湄潭还与国品黔茶＆国酒茅台系统签约，进驻10家国品黔茶专卖店，以公用品牌专柜的形式展示和宣传湄潭翠芽；2014年，“中国·贵阳国际特色农产品交易会暨绿茶博览会”将“湄潭翠芽”“都匀毛尖”“绿宝石”与“遵义红”列为全省“三绿一红”重点品牌，占全省重点茶叶品牌半壁江山，是国家农产品地理标志保护产品，获首届贵州茶业最具公众影响力“五张名片”称号；2015年初，“湄潭翠芽传统制作技艺”非物质文化遗产代表性项目名录被贵州省政府公布为贵州省第四批非物质文化遗产代表性项目名录；2016年12月12日，由中国品牌建设促进会、经济日报社、中国国际贸易促进委员会、中国资产评估协会等单位联合举办的“2016年中国品牌价值评价信息发布会”在北京举行，“湄潭翠芽”位列区域品牌——茶叶类地理标志产品榜单第9位；2017年获“地理标志保护产品”（图3-5）和“中国驰名商标”“中国优秀茶叶区域公用品牌”称号；2018年，获上海国际茶业展“最具影响力品牌”称号（图3-6），全市湄潭翠芽覆盖面积2.53万hm^2，产量2644t，产值25.53亿元。2019年授权使用企业33家。

图3-5 湄潭翠芽地理标志

图3-6 湄潭翠芽“最具影响力品牌”

多年来，“湄潭翠芽”品牌价值评估不断上升：2011年9.03亿元、2014年13.71亿元、2015年14.36亿元、2017年18.05亿元、2018年21.93亿元（图3-7），“湄潭翠芽”茶以优质、稳定、安全的品质得到市场和消费者广泛认可，先后150多次获“中茶杯”特等奖、“中绿杯”金奖、“国际名优茶评比”金奖、“贵州三大名茶”“千年金奖”“茶王”等荣誉，其中国家级金奖88次。

证书

在2018中国茶叶区域公用品牌价值评估中，湄潭翠芽品牌价值为21.93亿元人民币。

中国茶叶品牌价值评估课题组
Chinese Tea Brand Value Evaluation

图3-7 2018年湄潭翠芽区域品牌价值评估21.93亿元

（二）凤冈锌硒茶公用品牌

1. 凤冈锌硒茶的发现

1993年9月，经贵州省理化测试分析研究中心测试分析，发现凤冈县茶叶公司选送的“龙泉毛峰”“凤绿茶”这两种茶的锌、硒含量明显高于其他茶叶。1994年，安徽农业大学到凤冈开展科技智力支边活动，帮助凤冈开发“富锌富硒绿茶”和名优茶生产；同年10月，在省茶科所、遵义地区茶叶学会及县技术监督和食品卫生部门帮助下制定了《凤冈富锌富硒绿茶》《凤泉雪剑》名优茶企业标准。至此，《凤冈富锌富硒绿茶》正式诞生。

1994年、2005年、2007年，有关部门三次对凤冈县境土壤普查检测，发现绝大部分土壤中含锌硒元素，尤以中部和北部地区土壤中锌硒元素含量富而适中，形成凤冈茶独特的自然优势，是目前国内唯一、其他任何地方不能比拟和取代的天然优势。

2. 凤冈锌硒茶品牌建设的进展

2000年，凤冈县委、县政府提出把建设富锌富硒茶基地列入六大产业基地之一。

2003年，明确坚持“高端运作、抢占先机”的思路，坚持“差异就是特色”的发展理念，县绿色产业办公室统揽有机茶的申报及认证工作。

2004年10月，凤冈县获得“中国富锌富硒有机茶之乡”的称号，开始使用“凤冈锌硒茶”商标统称凤冈茶，并全面开启了茶叶公用商标申报和打造之路。

2005年5月，贵州省首届茶文化节在凤冈成功举办，“凤冈锌硒绿茶”获“贵州省十大名茶”称号；6月，中国茶文化专家林治应邀对凤冈茶产业和茶文化进行详细考察后，提出“打好锌硒牌、打好有机牌、打好高原牌、打好生态牌”理念，称凤冈锌硒茶为“中国营养保健第一茶”，欣然出任凤冈茶文化顾问。

2006年1月，“凤冈富锌富硒茶”获国家质检总局批准的国家地理标志保护产品（图

3-8）；是年12月，凤冈县茶叶协会发布了《贵州十大名茶 凤冈锌硒茶管理办法》《凤冈县富锌富硒茶地理标志产品专用标志保护管理办法》。

图3-8 2006年凤冈富锌富硒茶获国家地理标志保护产品

2008年2月，国家标准化管理委员会批准凤冈为“国家级富锌富硒茶农业标准化示范区”；3月，贵州省凤冈县“中国西部茶海”办公室与北京理工大学合作，就凤冈锌硒茶进行“锌硒微量元素在土壤和茶叶中的存在方式”“凤冈锌硒茶最佳冲泡方式”“凤冈锌硒茶对人体免疫功能”等科学实验，该项目获2012年遵义市科学技术进步奖三等奖，科研成果达到国内领先水平。

2010年10月，“凤冈锌硒茶”获“贵州三大名茶”和“贵州五大名茶”称号。

2011年12月，“凤冈锌硒茶”通过国家工商总局商标局的审查，获准注册为“地理标志证明商标”。

2013年12月，国家工商总局商标局公布认定“凤冈锌硒茶”商标为中国驰名商标，成为凤冈首个农产品类驰名商标；是年，中国茶叶100强区域公用品牌价值排行榜中，凤冈锌硒茶以品牌价值4.93亿元而榜上有名，名列全国第74名。

2014年，凤冈锌硒茶品牌价值6.83亿元，名列全国第64名；12月29日，“凤冈锌硒茶”商标被贵州省工商局认定为“贵州省著名商标”。

2015年5月，凤冈县政府印发了《凤冈县锌硒茶地理标志证明商标管理办法（试行）》和《凤冈县锌硒茶地理标志证明商标“五统一”管理办法实施意见》，以授权使用方式将全县茶叶统一在“凤冈锌硒茶”的注册商标下，实行公用品牌和企业品牌并存的子母商标运作模式。从此凤冈茶产业界，以区域公用品牌“凤冈锌硒茶”为母商标，以企业商标为子商标的母子商标组合发展或母子商标并行发展格局全面形成，取得了良好的品牌集聚效应；7月，“凤冈锌硒茶”获得百年世博中国名茶金奖国际殊荣；10月30日，第一届“东有龙井·西有凤冈”品牌与茶文化交流论坛在杭州市西湖区举行，凤冈锌硒茶品牌价值9.63亿元，名列全国第60名。

2016年，凤冈锌硒茶品牌价值11.86亿元，名列全国第51名。

2017年，农业部优质农产品开发服务中心将“凤冈锌硒茶”收录入全国名特优新农产品目录，凤冈锌硒茶进入中国茶叶博物馆馆藏，被列入首批100个中欧互认地理标志产品名单；是年，凤冈锌硒茶品牌价值13.53亿元，名列全国第45名。

2018年中国茶叶区域公用品牌价值评估中，“凤冈锌硒茶”品牌价值16.49亿元，全国排名第44位。从历次排名可见，价值在逐步提高，名次在不断提前。2018年，凤冈锌硒茶茶园面积为32933.33hm^2，产量为54500t，产值44.45亿元，授权使用企业44家，2019年达到53家，在全市各品牌中居前列。

3. 凤冈锌硒茶品牌建设策略

品牌定位从高档礼品茶调整为中低档、价廉物美，适宜大众消费的“民茶”，品牌宣传通过传递绿色、健康理念，树立凤冈锌硒茶——“干净茶”的形象，品牌管理以整合品牌资源，在“凤冈锌硒茶”大品牌下建立“子品牌”，加强“凤冈锌硒茶”的管理，实行使用申报制与“五统一”，即按照统一标识管理、统一宣传口径、统一产品包装、统一门店风格、统一技术标准（图3-9）。品牌使用实行申请制，使用企业要符合以下规定条件。

凤凰图案的各个组成部分分别体现了凤冈的自然及人文，整体形象是对凤冈锌硒茶各方面视觉符号化的概括与表现。

图3-9 凤冈锌硒茶象征图形释义

4. 凤冈锌硒茶品牌的贡献

最直接的贡献是拉动凤冈茶行业的整体发展。《西部开发报》曾评论道：“遵义乃至贵州茶产业公用品牌，成长最快的应属凤冈锌硒茶，也是唯一一个最具现代商战意识的公用品牌。其成功的经验为定位清晰：首先，凤冈锌硒茶抓住一个产品特性——富含锌硒；其次，凤冈去夺取锌硒代表的第一认知，抢先给消费者确立认知，让消费者想到锌硒，最先想到的就是凤冈；其三，凤冈锌硒茶运营上已经上升为一个绿茶的子品类，在这个子品类上可以为凤冈旗下企业品牌拓展更多的发展空间，即用锌硒特性来拉动凤冈茶行业的整体发展，从而借势给企业创造无数的产品品牌。”

凤冈锌硒茶先后获“中茶杯”“中绿杯”“国饮杯”等国家级各类奖项77个，先后荣膺贵州十大名茶、贵州五大名茶、贵州三大名茶等称号（图3-10）。2015年，“凤冈锌硒茶”亮相米兰世博会，获百年世博中国名茶金奖。凤冈锌硒茶还先后获中宣部、国家质检总局等中央部门的高度重视和充分肯定，得到了中央电视台等主流媒体的竞相报道。

图3-10 凤冈锌硒雀舌报春

（三）遵义红公用品牌

1.“遵义红”的诞生

1940年春，中央实验茶场试制工夫红茶取得成功，产品取名“湄红”。20世纪50—80年代，湄潭茶场生产的“黔红”是贵州茶叶出口创汇的支柱产业。2003年，贵州湄潭盛兴茶业有限公司根据湄潭黔湄系列茶树品种的特性，将湄红、黔红加工工艺与福建政和工夫红茶、坦洋工夫红茶、祁门红茶的加工工艺相结合，并对照正山小种的某些生产理念，博采众家之长，恢复和提升了贵州工夫红茶生产工艺，于2008年开始研发、打造“湄红”新产品。

“湄红”新产品诞生后，2009年7月29日，在“一节一会”期间，贵州十大名茶评比，盛兴公司在湄潭县茶业协会同意下，将“湄红”以“红色遵义”独特的地域特性作为商品名称“遵义红”进行品牌申报，2010年商标注册成功，商标持有人——湄潭县茶业协会。在全省近百只绿茶样品中独树一帜，万绿丛中一点红。以她“色泽红艳、金毫显露、紧细卷曲的外形，红亮艳丽的汤色（图3-11、图3-12），果香浓烈悠长的香气，滋味强烈尚鲜，叶底明亮匀嫩”的评语，获得评委的一致好评。“遵义红”主要采用黔湄419号、502号、601号的芽或1芽1叶，该系列品种抗冻、抗病虫害能力较强，产量高，水浸出物、

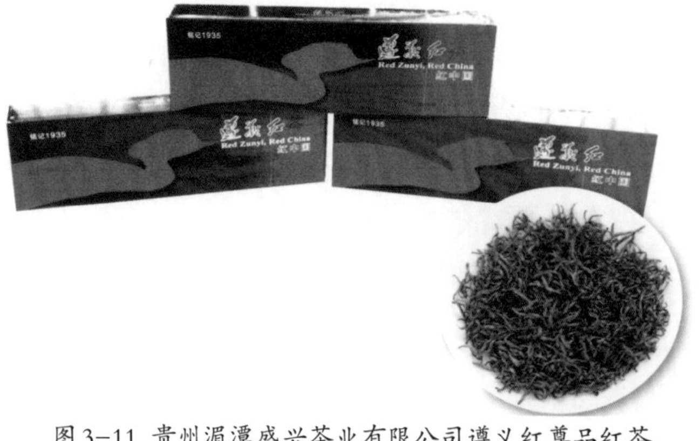

图3-11 贵州湄潭盛兴茶业有限公司遵义红尊品红茶

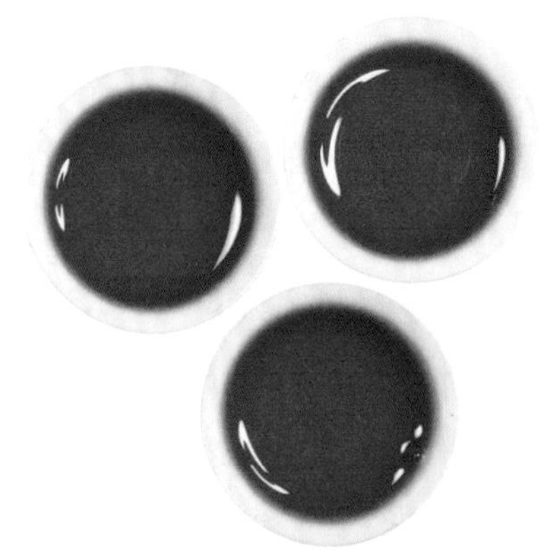
图3-12“遵义红”汤色

茶多酚含量高，制红茶品质好，香气高长。所制产品外形紧细、秀丽披毫、色泽褐黄；汤色红艳或棕红明亮，香气醇正悠长、带果香（似烤红薯香），滋味纯正，叶底匀嫩。与福建名优红茶“金骏眉”难分伯仲。由于综合了国内最有名的祁红和滇红的优点，“遵义红”一经问世即受到了茶届泰斗张天福先生及陈宗懋院士等专家学者以及消费者的极高评价。

与“湄潭翠芽”同属公用品牌，遵义红与都匀毛尖、湄潭翠芽、绿宝石共同组成贵州省重点打造的“三绿一红”品牌，占全省重点茶叶品牌半壁江山，是国家农产品地理标志保护产品。

2.“遵义红”品牌效应

① **公用品牌知名度不断提升**：2011年在信阳茶博会上，“遵义红”一举跻身全国十大红茶之列；2014年，“遵义红”作为贵州省重点打造品牌之一，开启了红天下之路；2015年初，“遵义红茶传统制作技艺”非物质文化遗产代表性项目名录被贵州省人民政府公布为贵州省第四批非物质文化遗产代表性项目名录；2017年获“中国茶叶区域优秀品牌”，是年12月，获贵州省大国工匠产品称号（图3-13、图3-14）。

图3-13“遵义红”地理标志保护产品

图3-14“遵义红”最具竞争力品牌

② **品牌产品市场占比越来越大**：2009年在湄潭茶区茶叶生产中，“遵义红”均价仅次于湄潭翠芽，为780元/kg，是毛峰毛尖类茶叶均价的2倍多。在湄潭红茶产区每亩收入已达0.78万元。“遵义红”的生产，恢复并壮大了贵州工夫红茶这一传统产品，为茶农增收致富、茶产业发展提供了又一个平台。自“遵义红”诞生以来，湄潭所产“遵义红”茶产量也稳步上升。2019年，全市“遵义红”种植面积达2.5万hm^2，授权使用企业133家。

③ **获得荣誉颇为丰富**：“遵义红”红茶产品推出后，获国际茶文化博览会、“中茶杯”“中绿杯”、国际茶文化节、中国名茶评比、国际名茶评比等各种奖项，至今先后获得28次各类金奖。

遵义红的诞生，还带领遵义乃至贵州茶业走出名优绿茶“越嫩越好，只采春茶”的怪圈。

3.“遵义红”产品系列不断扩展

2018年1月16日，遵义市茶产业发展中心、遵义市供销合作社、遵义市茶叶流通行业协会邀请省茶研所专家评审组，对湄潭县茶业协会、联合利华（中国）投资有限公司等单位起草的贵州省团体标准《遵义红 袋泡原料茶》《遵义红 袋泡原料茶加工技术规程》进行审查后，一致同意通过审定。

联合利华是全球最大茶叶企业，拥有“立顿”世界知名茶叶品牌。“遵义红”袋泡茶原料标准的制定发布，将有利于推动遵义茶叶标准化生产，为遵义茶叶企业生产经营和质量控制提供了技术依据。“遵义红”袋泡茶原料利用1芽2、3叶至机采茶，成为联合利华（中国）投资有限公司采购“袋泡茶”主要原料，提高了茶叶下树率，实现助农增收，又通过世界知名茶品牌“立顿”扩大了“遵义红”品牌知名度。

（四）正安白茶公用品牌

1.正安白茶简介

正安白茶采用正安县域内无性系良种白叶一号茶树鲜叶为原料制作，其白色源于品种自身，属于绿茶特殊品类，是茶叶生长过程中一种“白茶异化现象”导致。这种茶树在每年清明节前，气温在23℃以下条件下发芽，产生DNA断裂，致使叶绿素不能合成，早春时节幼芽呈玉白色。一旦环境变化，气温超过23℃，白茶异化现象消失，因此夏秋茶为绿色。故白茶采摘、生产期只有在叶片呈白色时，全年仅在清明前后短短不到一个月时间。因此，正安白茶属稀缺资源产品且具有不可复制优势，“物以稀为贵”是正安白茶产品价值昂贵的主因。

正安白茶外形优美、完整匀齐，色泽黄绿相间、鲜香持久，汤色明亮（图3-15），滋味鲜爽回甘，叶底明亮有光泽。经中茶所检测，正安白茶氨基酸含量达9%以上，是普通绿茶的2~3倍，在人体不能合成的22种天然氨基酸中，正安白茶含11种，占50%。其中茶氨酸3.62%、精氨酸2.62%，两项就高达6.24%，为健康上品。

图3-15 杯中正安白茶

2.正安白茶的发现和认同

1980年春的一个早晨，在正安上坝茶场茶园基地里，生产队长发现45多亩茶园里有200余株零星“新生芽叶”是白色的，以为得了病害，非常紧张，担心“病害”传染面扩大，迅速逐级报告到了县革委，县革委立即组织调研组深入农场进行现场调查研究，通过现场实地查勘和近一个半月观察，调研组结论为：此种异常变化可排除人为破坏因素，不存在引种不当问题，此种变化应是种子片面性变化所造成，不会造成大面积病害。通过前后近一个半月的观察，出现异常变化的茶株最后均已恢复正常，与大面积茶株生长情况相比较，并无异常。

1981年，“部分茶叶‘新生芽叶’周期性是白色的”现象，引起了上坝农场加工厂厂长李贵莲的兴趣。她通过一段时间的观察、大胆尝试、反复实践，发现这种茶青所制作的茶叶味道独特，便将其茶籽进行育种、繁殖了3亩茶苗，并把它命名为“上坝一号”。1987年，朝阳、新模两个茶场就近引种了部分“上坝一号”，其长势喜人，品质较好。1990年，县委邀请省茶科所专家到上坝茶场对“上坝一号”进行现场指导，他们认为该品种属于白茶系列，品质较好，可以大力发展。至此，“上坝一号”在1992年新辟的吐香坝等多个茶场进行了试种，“正安白茶”概念得以形成和认同。

3. 正安白茶品牌建设的历程及成果

2007年，正安县委、县政府积极响应省、市号召，科学谋划、果断抉择，响亮地提出以正安白茶为核心品牌，全力打造“黔北新兴茶叶基地县”，并相继出台《正安白茶生产管理标准》《正安白茶产品标准》等一系列配套政策措施，为正安白茶步入良种化、规模化、标准化轨道夯实了坚实基础。

2009年，正安县成功申报“正安白茶”证明商标并获国家工商总局批准注册。2010年9月，“正安白茶”地理标志证明商标成功注册，成为贵州省仅有的9件地理标志证明商标之一。2011年5月，正安白茶被国家质检总局批准为国家地理标志保护产品（图3–16）；是年11月，“正安白茶”被评为“贵州省著名商标”。2012年，正安县获“中国白茶之乡”“最具奢侈品潜力的中国品牌”称号。2013年，“正安白茶”获贵州省知识产权局、贵州省财政厅、贵州省工商行政管理局联合颁发的“贵州省十佳著名商标”称号；是年6月25日，贵州省质量技术监督局发布《地理标志产品　正安白茶》贵州省地方标准，规定了正安白茶的保护范围、术语和定义、分类、自然环境和生产加工、质量要求、试验方法、检验规则、标志、包装、运输和储存等。该标准于2015年进行重新修订，于2015

正安县人民政府：
经审查：批准正安白茶为国家地理标志保护产品

公告号：2011年第69号
国家质量监督检验检疫总局
二〇一一年五月十二日

图3–16　正安白茶国家地理标志保护产品

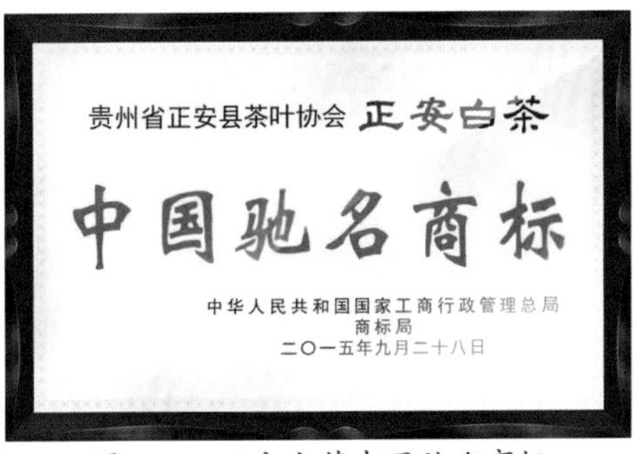
贵州省正安县茶叶协会　正安白茶
中国驰名商标
中华人民共和国国家工商行政管理总局
商标局
二〇一五年九月二十八日

图3–17　正安白茶中国驰名商标

年3月15日实施。2015年6月，“正安白茶及图”注册商标被国家总局商标局认定为“中国驰名商标”（图3-17），为了规范“正安白茶”生产流程、保证其外形内涵品质、统一市场定价定位，贵州省正安县茶叶协会特将其所拥有的“正安白茶”商标授权给贵州正安璞贵茶业有限公司独家经营，统一质量、统一包装、统一价格，以保证“正安白茶”品牌信誉；是年9月，贵州正安璞贵茶业有限公司在上海股权委托交易中心成功上市。

“2011中国茶叶区域公用品牌价值排行榜”中“正安白茶”榜上有名，其品牌价值1.03亿元人民币，2012年升至1.06亿元，2014年升至2.03亿元。2019年，全市正安白茶种植面积10929hm^2，授权使用企业12家，产量164.3t，产值2.87亿元。

正安县对正安白茶采取品牌、标准、包装、监管、销售“五统一”营销模式，使“正安白茶”品牌知名度、美誉度日益提升，市场影响力日益增强，品牌效应明显。“正安白茶”显现出强劲品牌力量，成为发展正安县茶产业的主力。

（五）余庆苦丁茶公用品牌

余庆县是目前全国生产、加工小叶苦丁茶最权威的地方。余庆小叶苦丁茶是国家地理标志保护产品。

1. 余庆苦丁茶特征

余庆苦丁茶属木樨科粗壮女贞，与海南、浙江等地的大叶苦丁茶完全不同。它生长在乌江流域喀斯特地貌中。其产品外形条状紧结、色泽嫩绿、香气清纯；冲泡出的茶水，汤色绿亮、滋味醇爽、入口微苦、回味甘甜、口感独特；叶片在水中展开后，嫩芽叶底翠绿、叶片鲜活。因而余庆苦丁茶具有干茶绿、汤色绿、叶底绿的“三绿”特征，有一个诱人的名字——“绿色金子”（图3-18）。

图3-18 余庆小叶苦丁茶

苦丁茶不是茶而胜似茶，其独特功效，主要在于其有较高营养价值和极佳药理保健作用。据古典医籍《医学纂要》《本草纲目拾遗》等记载，苦丁茶具有清热解毒、除烦止渴、消食化痰、散肝风、清头目等功效；《中国医学大辞典》记载，苦丁茶具有“活血脉、凉子宫”之功效。经中科院天然产物化学重点实验室、中科院地化所等权威单位检测，余庆小叶苦丁茶含有人体必需的17种氨基酸，并含有硒、锌、镁、茶多酚、还原糖等多种物质，黄酮类含量为1.17%，咖啡碱0.087%。在其挥发油中，发现70多种有益人体健康的化合物，有降血压、降血脂、抗衰老、清热解毒、健胃消积、利尿减肥的效果，有防癌抑癌及调节人体生理机能的作用。

2. 余庆苦丁茶溯源

余庆苦丁茶作为民间传统野生饮品，历史悠久。苦丁茶物名的出现和被人们利用，始于东汉时期，唐代以前称皋卢、瓜卢、过罗，宋代以后逐渐改称为登、苦登、苦登茶，清代以后才称为苦丁、苦丁茶。《余庆县志》记载有“小叶女贞”，“康熙《余庆县志》将茶叶列为县内土产类记载……群众多饮野生苦丁茶、甜茶等”，其加工制作的苦丁茶除满足县内食用和销售外，还销往周边县。

3. 余庆苦丁茶的品牌创建

余庆小叶苦丁茶从1994年开始试制样品小规模投放市场，收到很好效果。1998年5月，由贵州省农业厅、遵义市农业局、遵义市茶叶学会组织茶叶专家组，就余庆小叶苦丁茶产业建设发展进行了专项考察，根据考察组意见，结合余庆县实情，余庆县委、县政府决定将余庆小叶苦丁茶发展列入县域经济发展“3122”工程；同年7月，余庆县组织人员参加上海“首届狮达牌小叶苦丁茶沪上研讨推广会”，得到上海市媒体广泛宣传和上海广大消费者的认可。2000年1月，“狮达”牌苦丁茶被贵州省农业厅评定为“贵州省优质农产品”。2001年，余庆小叶苦丁茶作为国家质检总局第三批全国农业标准化示范项目，组织制定了《余庆苦丁茶》综合标准体系等5个地方标准，该标准于2004年4月升为贵州省地方标准。2002年“狮达”牌苦丁茶获“中国名优经济林产品”“贵州省保健科学技术学会推介产品”称号。2003年8月，余庆县政府向国家质检总局提出申请，将余庆小叶苦丁茶列为原产地域产品保护。2004年，余庆县获“全国小叶苦丁茶示范基地县”“中国小叶苦丁茶之乡”称号。2005年余庆小叶苦丁茶获批准使用国家地理标志保护产品专用标志（图3-19），余庆县被农业部正式通过认定为全国无公害茶叶（苦丁茶、绿茶）生产示范基地县。2010年，余庆县获中国茶叶流通协会授予“全国重点产茶县”称号。2011年，在中国茶叶公用品牌价值评估中，“余庆小叶苦丁茶”品牌价值为3.16亿元人民币。2013年，国家工商总局商标局授权“余庆苦丁茶”商标注册证；是年，在中国茶叶公用品牌价值评估中，“余庆小叶苦丁茶”品牌价值为3.34亿元人民币。

图3-19 余庆小叶苦丁茶国家地理标志保护产品

余庆县紧紧抓住“全国小叶苦丁茶示范基地县”“中国小叶苦丁茶之乡”“全国第二批无公害农产品（苦丁茶、绿茶）生产示范基地县”的区域品牌，健全组织，加强领导；建立茶业产业专项发展基金；加大茶园管理力度，建高产优质茶园；实施茶园标准化生产；健全茶叶网络，开拓市场等方面入手，做强做优余庆小叶苦丁茶产业。

4. 余庆苦丁茶现状

现有苦丁茶园面积2800hm^2，苦丁茶年产量1200t，产值9200万元，开发产品远销国内外。目前，已通过“贵州省无公害苦丁茶、绿茶产地认证”“小叶苦丁茶产地产品认定”，全县已有春夏秋冬、富源春、茗园春、山绿丹、大乌江、构皮滩等10余个苦丁茶品牌，并多次获“中茶杯”“中绿杯”等各种奖项。余庆县还加大对小叶苦丁茶深加工研究，先后进行了小叶苦丁茶瓶装矿泉水、小叶苦丁茶膏状体产品加工研究、小叶苦丁茶胶囊及瓶装饮料、小叶苦丁茶含片、小叶苦丁茶糖果、小叶苦丁茶护理剂等的开发。不断地加大苦丁茶研究和创新，发挥苦丁茶更多的作用。

（六）道真硒锶茶公用品牌

1. 道真硒锶茶产地环境

道真县是贵州有名的富硒富锶土壤带。经多批次土壤抽样检测，土壤中硒含量为0.44~0.82mg/kg，平均硒含量为0.61mg/kg；土壤中锶含量为0.13mg/kg，平均锶含量为0.1mg/kg。这类土壤为道真硒锶茶提供了茶树生长的适宜条件。

2. 道真硒锶茶特点

道真硒锶茶有3种，分别是扁形茶、卷曲茶和珠形茶。扁形茶外形扁直光滑、匀整、绿润，内质清香持久，汤色绿亮，滋味醇厚，叶底匀整绿亮；卷曲形茶的外形紧细卷曲，白毫显露，匀整绿润，内质清香持久，汤色清澈明亮，滋味鲜爽，叶底匀整绿亮；珠形茶外形似圆珠形、匀整、色泽嫩黄，光润显毫，香气持久，滋味鲜爽醇厚回甜。

道真硒锶茶以茶叶中富含人体必需的微量元素硒和锶而得名。道真硒锶茶硒和锶含量符合《中国居民膳食营养素参考摄入量》规定的健康范围。经西南大学食品科学学院检测，硒、锶两种微量元素以有机态吸收于道真硒锶茶中，硒含量达2.5mg/kg，锶含量达7.0mg/kg。道真硒锶茶是未经过发酵制成的茶，因此较多保留了鲜叶的天然物质，除硒锶含量丰富外，水分含量在6.5%以下，灰分含量在5.8%以下，粗纤维含量在13.5%以下，浸出物含量大于40%，茶多酚含量大于12%，除具有普通名优茶香高味浓、香味持久、色泽翠绿明亮、滋味清醇鲜爽的特性外，还具有防癌治癌、防治心血管疾病等独特保健功效。

3. 道真硒锶茶公用品牌建设

2008年，道真县政府依据全县土壤分布情况，把茶业发展产业带划分为三带，中部一带为“富硒富锶特色有机茶产业带”。道真县政府高度重视对茶叶产品的品牌打造，通过准确市场定位，精心策划包装，有针对性地开拓各地市场，为道真硒锶茶“走出去”起到了示范带动作用。道真硒锶茶面向大众消费，以中高档为主，包装简化和小分量包

图3-20 道真硒锶茶

装销售后，深受消费者欢迎（图3-20）。通过参加各种名优茶品评、产品推介活动、茶博会宣传、招商洽谈等方式提高硒锶茶知名度。通过专场店、订单、外贸出口和网络商城等方式销售，销往贵阳、重庆、北京、厦门、浙江、山东、海南、深圳、上海等地。博联发展公司还获得了外贸出口销售资质，产品已销往欧洲、葡萄牙等国。

2015年4月，国家质检总局正式宣布“道真硒锶茶”为国家地理标志保护产品。2017年9月27日，贵州省质量技术监督局发布地理标志产品《道真绿茶（道真硒锶茶）贵州省地方标准》，2018年3月26日起实施。该标准规定了地理标志保护产品道真绿茶（道真硒锶茶）的保护范围、术语和定义、实物标准样、要求、检验方法、检验规则、标志标签、包装、运输和贮存。适用于国家质检总局根据《地理标志产品保护规定》批准保护的地理标志保护产品道真绿茶（道真硒锶茶）。

第二节　遵义茶叶企业

在改革开放前的计划经济时期，遵义茶叶企业分为两类：一类是国有企业如湄潭茶场和为数不少的农垦茶场，一类为人民公社、生产大队和生产队集体所有制茶场。现主要分布在各茶叶基地县的大量茶叶企业，多为改革开放以来出现的民营企业。截至2019年底，全市共有茶业经营主体2297家，其中注册茶企1096家、合作社320家，有加工大户881家；其中，国家级龙头企业5家、省级51家、市级92家，年加工能力已提升至20万t；具有进出口资质的企业41家，新三板上市企业1家。2018年底，由国有资本投资的遵义茶业（集团）有限公司挂牌成立，当年完成对贵州黔茶联盟茶业发展有限公司的收（并）购及兰馨、琦福苑、栗香三家公司的资产评估工作。全市茶企基本上都分布在各县（市、区）。除市供销社直属企业之外，本节只记述部分农业产业化经营省级龙头及以上级别的茶叶企业。

一、市供销社直属茶叶企业

（一）桐梓茶厂

桐梓茶厂位于桐梓县，1966年由国家外贸部投资按边销茶要求修建，设计年产边销紧压茶1000t，隶属遵义市外贸局主管（图3-21）。1973年试制金尖砖茶成功并正式投产，主要用南路边茶生产“金龙牌”康砖茶、金尖砖茶，属国家二类物资，主销西藏和青海等地区。1981年试制成功普洱茶，1982年1月，茶叶业务由地区外贸局移交地区供销社领导，1983年开始，由过去单一生产紧压茶发展为生产内、外边销茶的精制加工综合型、生产经营型企业。

图3-21 桐梓茶厂旧址

图3-22 桐梓茶厂生产的金砖尖茶、茉莉花茶

计划经济时期，由国家供销总社每年给桐梓茶厂安排1500t调拨任务，全厂为确保边疆少数民族生活必须饮用品保障供应作出较大贡献。特别是在1984—1985年，由于四川雅安地区受灾，当地茶叶减产，国家供销总社把供应西藏边销茶任务的60%交给桐梓茶厂承担，这两年调给西藏的边茶在原有计划上增大两倍。

1984—1987年，桐梓茶厂进行第一期技术改造工程，技改后发展为综合性加工厂，注重开发新产品，从只能生产边销茶发展到拥有多种茶叶加工能力，除生产金尖砖茶、康砖茶和茯砖茶外，还能加工精制红茶、绿茶、茉莉花茶，专供边疆少数民族食用的紧压茶、普洱茶、杜仲系列茶、各种小包装和袋泡茶（图3-22）。其中1986年试制成功杜仲茶并获国家发明专利，最大年生产能力达4000t以上。产品远销国内和国际市场，曾出口苏联、日本、东南亚等国家及中国香港地区，其中普洱茶生产出口量达1000t以上，杜仲茶在日本已由伊香保环境事业团（株式会社）专卖。桐梓茶厂年创汇折合人民币1200多万元，利润100万元。

桐梓茶厂“金龙牌”康砖茶、金尖砖茶分别于1983年、1987年获贵州省优产品。“杜仲茶及杜仲叶茶研制”于1987年获贵州省科技进步三等奖、全国“星火计划”科技成果展览银奖。“杜仲茶”获全国保健食品研评会银奖，畅销国内外的“金龙牌”二级普洱茶获贵州省于1990年优质产品称号。

桐梓茶厂1986年获国家经委“六五技术进步先进企业（全优奖）”称号；1987年、1989年获国家商业部“设备管理优秀单位”“第二次工业普查部级先进单位”称号、连续七年获贵州省“重合同守信用”荣誉；1997年被“全国民族贸易和民族用品生产”和联席会议办公室认定“全国民族用品定点生产企业”；2002年获中国中轻产品质量保障中心认定为“中国知名茶叶质量公证十佳品牌”称号。

1991年，国家民委、商业部对全国边销茶生产加工企业重新审定，确定全国16个生产加工企业为民族用品（边销茶）定点生产企业，桐梓茶厂是其中之一，同时是中国商品检验局注册“出口食品生产厂”。桐梓茶厂在20世纪80年代末90年代初对西藏、青海的康砖茶供应发挥巨大作用。1994年桐梓茶厂受逐年饮料市场冲击，加之国家税制改革税赋增加等因素影响，使企业运转困难，整体恶性循环态势明显。1996年4月，桐梓茶厂进行机构改革，归口县商务局管理。主要产品仍然保持边销金尖、康砖茶，出口普洱茶、绿茶、杜仲保健茶，内销茉莉花茶等。1997年桐梓茶厂进行改制，在县政府的指导下，组建股份制企业，更名为贵州省桐梓县金龙茶叶有限责任公司，以生产边销茶为主，继续生产供应西藏、青海等地区。

（二）遵义茶业（集团）有限公司

遵义茶业（集团）有限公司是遵义交旅投资（集团）有限公司依照市委常委会议精神，为促进遵义市茶产业发展，打造全国乃至世界知名的茶产业品牌而于2018年12月在湄潭注册成立的全资一级子集团。

遵义茶业集团按照“品牌引领、茶业金融、茶旅一体”的战略定位要求，计划以遵义茶业集团总部为统筹，分步成立基地公司、精制工厂、销售公司、品牌公司、金融公司、茶旅公司为拓展，涉及茶产业全产业链制造服务工作。以打造黔茶一站式全产业链服务平台为主营业务，通过对茶树良种繁育推广、“茶—菌—肥”绿色循环供应链服务、程控智能茶叶加工装备服务、文创包装定制加工与服务等业务板块的全资源整合。

通过实施子企业推行混合所有制、完善产业链发展体系、上市、品牌推广和打造等举措，稳步实现“五大战略目标”：一是通过组建茶业集团，企业规模实力显著增强；二是通过对子企业推行混合所有制，企业支撑能力显著增强；三是通过建立完善全产业链发展体系，企业竞争力显著增强；四是通过培育企业上市，企业发展能力显著增强；五是通过品牌推广和打造，企业品牌在全国的知名度显著提升。

作为全国优质茶产区国有企业，遵义茶业集团现已推出了优质系列茶品“遵义红”万里挑一、千里挑一、百里挑一和“遵义绿”万里挑一、千里挑一、百里挑一系列产品，以及臻选、巨匠、青山和1939、1935系列产品，收获了业内极高评价和良好口碑，在第十五届中国茶业经济年会暨2019中国英德红茶文化节开幕式上获“2019中国茶业最受消费者认可品牌”称号。集团旗下贵州黔茶联盟茶业发展有限公司“皇金苔古树红茶”获“2019年贵州省秋季斗茶赛”古树茶类金奖。

二、各县（市、区）茶叶企业

（一）湄潭县茶叶企业

20世纪50—70年代，湄潭只有10余家茶业企业，主要有湄潭茶场和其所属县城、永兴两个大型制茶工厂，另有药材农场茶厂及一些规模不大的社办、队办茶厂。改革开放后，全县茶叶生产发展很快，各类茶叶企业、品牌也应运而生。20世纪90年代始，随着非公有制经济迅猛发展，又陆续出现一些规模化、现代化的私营茶叶企业。至2019年，全县茶叶生产、加工、营销企业及加工大户725家，其中农业产业化国家重点龙头企业4家，省级24家，市级23家。国家级、省级企业有：

1. 国家级龙头企业

1）贵州湄潭兰馨茶业有限公司

贵州湄潭兰馨茶业有限公司前身是创建于1996年的湄潭县兰馨制茶厂，2001年改制组建为自然人出资有限责任公司，始终秉持“君子若兰，德才双馨”企训及“合作共赢，创新发展”战略，努力让国茶走向世界，走向未来，逐步壮大成长为集茶叶种植、研发、加工、销售于一体的知名茶企集团，现为中国茶叶行业百强企业（2018年排名第72位）、农业产业化国家重点龙头企业（2008—2020年）、全国“五一”劳动奖状荣誉单位、贵州省科技领军型企业、贵州黔茶联盟理事长单位（图3-23）。以贵州茶企第一枚（目前唯一）中国驰名商标“兰馨”为品牌旗舰（图3-24），以圣心、田坝、点犀、叶之韵、阑珊美人、贵在知心等136件注册商标为品牌补充，以21次荣获金奖的金字招牌为推手，以29项国家专利技术为支撑，以线下实体销售模式与B2C、O2O网销业态相融合的战略为引擎，积极稳妥推进企业发展。目前，公司旗下拥有贵阳兰馨茶业销售有限公司、遵义君品兰馨

图3-23 贵州湄潭兰馨茶业有限公司鸟瞰图

图3-24 兰馨雀舌（君度1号）

茶业有限公司、贵州省凤冈县田坝魅力黔茶有限公司、贵州湄潭圣心茶酒有限公司、贵州兰馨时尚茶品有限公司等6家全资或控股子公司，贵州黔茶联盟茶业发展有限公司、贵州省湄潭县黔茶大酒店有限公司、贵州湄潭茶叶工程技术研究有限公司等5家参股公司，合并总资产2.2亿元，年销售收入1.9亿元，员工360人，有标准化厂房、技术中心共6万m^2，茶叶加工设备1600台（套），自有核心茶叶基地453.33hm^2（其中一个茶文旅庄园133.33hm^2），辐射带动合作社基地3万亩，各类茶叶年产能1500t。

兰馨公司成长之路是贵州茶产业发展的缩影，而永不停息的创新精神则是冲破传统茶产业发展“瓶颈”，集小胜为大胜，量变引起质变，最终推动企业蜕变升级的核心动力：一是夯实产业基础，在创新利益联结机制、携手茶农做大基地规模上有新做法；二是突破技术瓶颈，在关键技术创新上有新突破；三是焕发创新活力，在探索产学研合作机制、引领黔茶创新上有新举措；四是推进精深加工，在茶叶综合利用上有新成果；五是重视营销模式创新，在电子商务平台建设上有新成效。以创新为基础，兰馨公司着力打造区域茶产业发展战略联盟，抱团茶企136家，辐射茶园总面积5.33万hm^2（惠及11万户茶农），整合茶业上游资源，打造“黔茶联盟总部综合体”。规划至2022年，建成年销售百亿元以上的“航母级”黔茶联盟产销平台，为贵州茶产业做出更大的贡献！

2）贵州湄潭盛兴茶业有限公司

贵州湄潭盛兴茶业有限公司是农业产业化国家级重点龙头企业、贵州茶行业“三绿一红”品牌十大领军企业、贵州省大国匠心企业、中国茶叶行业综合实力百强企业（图3-25、图3-26）。

公司位于湄江街道金花村，2007年11月成立。2012年9月，由贵州盘江投资控股（集团）有限公司投资控股，由民营企业转为混合所有制企业。2016年12月，成为盘江集团旗下贵州贵天下茶业有限责任公司全资子公司。以茶园种植、培育、茶叶生产、加工、

图3-25 贵州湄潭盛兴茶业有限公司

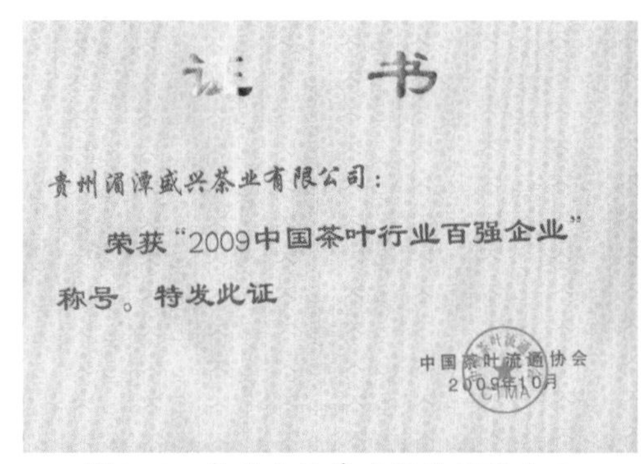
证 书

贵州湄潭盛兴茶业有限公司：

荣获“2009中国茶叶行业百强企业”

称号。特发此证

中国茶叶流通协会

2009年10月

图3-26 盛兴公司茶叶行业百强企业

图3-27 盛兴公司遵义红尊品

销售等为经营主体，拥有无公害核心茶园基地380hm^2，以“公司+基地+农户”模式连接带动茶农2000余户。

公司成立以来，先后通过SC、HACCP、ISO9001认证。一直专业从事“遵义红”红茶系列产品研究、开发、生产及销售，以“遵义红”为主打品牌（图3-27）。

公司拥有先进设备、创新工艺、完善和严格的检测手段，先后承担《高品质红茶遵义红发酵工艺技术研究与应用》《智能控制红茶发酵技术研究》《“遵义红”红茶关键工艺新技术专利战略研究》等国家星火计划、贵州省科技厅攻关计划项目和省、市、县合作项目16项。陆续开发“遵义红”红茶系列产品9种，申请专利27件，其中已授权发明专利2件、实用新型专利8件、外观专利6件。产品在全国300多个大中城市3000多家大卖场中销售。进驻沃尔玛、家乐福、大润发等著名销售平台，在安徽峨峤、贵州贵阳、广东东莞等城市设立多个专卖店、直销点和批发站。

3）贵州省湄潭县栗香茶业有限公司

贵州省湄潭县栗香茶业有限公司是农业产业化国家重点龙头企业、贵州“三绿一红”十大领军企业、科技小巨人成长企业（图3-28）。公司总部位于贵州湄潭经济开发区，占地28368m^2，建有面积3660m^{2}厂房车间，清洁化名优茶叶初加工生产线2条、精

图3-28 贵州省湄潭县栗香茶业有限公司

加工生产线1条。公司在永兴镇流河渡、复兴镇随阳山分别建有占地面积14000m^2余、厂房面积4570m^2茶叶加工厂，有清洁化名优茶叶初加工生产线2条、相关制茶设备358台（套），名优茶年生产能力1000t；在永兴、马山、复兴、洗马等镇建有茶园生产基地4个，自有茶园面积200hm^2，以“公司+基地+协会+农户”形式茶园2379hm^2，辐射带动茶农11800户约48000人；建有“贵州省无性系优质茶苗繁育基地”1个，苗圃面积80hm^2，年茶苗繁育能力可达1.2亿株。

公司有“集团军”称誉，旗下有流河渡茶场、真武茶场、随阳山制茶厂和湄潭、遵义、贵阳销售公司。业务涵盖茶园基地建设、茶叶生产加工、茶叶营销、良种茶苗繁育与销售等方面。产品以贵州印象、妙品栗香、湄潭翠芽、办公茶、贵州栗香茶为主要品牌，“栗香”商标获“贵州省著名商标”，“栗香”牌湄潭翠芽获贵州省名茶称号（图3-29）。产品多次获“世界名茶评比活动”“中茶杯”世界绿茶评比等项目金奖，被评为贵州省名牌产品。

公司在遵义、贵阳及国内部分大城市开设专卖店，产品通过电子商务及销售公司远销全国各地。

图3-29 贵州省湄潭县栗香茶业有限公司湄潭翠芽

4）遵义陆圣康源科技开发有限责任公司

遵义陆圣康源科技开发有限责任公司是农业产业化国家重点龙头企业、国家级高新技术企业、茶多酚十强企业，是一家主要从事茶叶深加工“茶多酚”系列产品的现代化茶叶企业（图3-30）。公司位于贵州湄潭经济开发区，2005年成立。厂区占地面积9.2hm^2，总投资5.6亿元。拥有茶园600hm^2，建成年产300t高纯度茶多酚、年产16万t茶饮料以及年产1400万瓶以高纯度茶多酚为主要原料的胶囊保健食品生产线。系列产品有今省胶囊、今舒胶囊、今纤胶囊、辅助降血脂胶囊、今康胶囊、祛黄褐斑胶囊、清咽含片和高纯度茶多酚、茶氨酸、茶香精、茶蛋白、茶多糖、速溶茶粉等，获美国NOP和欧盟EU有机产品、ISO22000食品安全、HACCP、ISO9001质量体系认证，胶囊保健食品已获GMP管理体系认证。

公司通过与美国药典委员会、澳大利亚悉尼科技大学、中国中医科学研究院、北京大学医学院、江南大学进行科研与技术合作，采用国内外领先技术水平和装备，共同对贵州丰富茶叶资源进行综合深度开发。以雄厚的技术力量、先进的检测手段和完善的质量控制体系，以生产“绿色、有机、安全、健康”产品为宗旨，开创“生物科技，健康之源”经营理念。绿茶提取物高纯度茶多酚经美国NSF检测机构按照美国食品安全NSF / ANSI 173—2011标准检测，148项农残及重金属检测结果全部合格达优。公司与美国药典委员会合作研究生产高纯度茶多酚产品，其中一项指标全世界独有，获得美国USP茶多酚国际标准（图3-31）。

图3-30 遵义陆圣康源科技开发有限责任公司

图3-31 美国药典委员会为遵义陆圣康源科技开发有限责任公司建立茶多酚国际标准

公司通过自身努力创新，完善建立科研制度，按销售收入10%比例投入科研经费，为科研项目实施搭建良好平台。公司有高素质科研队伍、雄厚的技术力量、先进科研手段和完善的质量控制体系，拓展提升专利技术。共有79项自主知识产权，其中54项授权专利，有8项属发明专利，是国家科技部高新技术生产高纯度茶多酚创新项目实施单位。2013年，获中华全国工商业联合会“科技进步特等奖”。2017年，获中国民族医药协会“国际合作奖一等奖”。

2. 省级龙头企业

1）贵州阳春白雪茶业有限公司

贵州阳春白雪茶业有限公司是贵州省农业产业化经营省级重点龙头企业、省“三绿一红”品牌十大领军企业、中国十佳成长型企业，2015—2017年，连续获中国茶行业综合实力百强企业（图3-32）。

图3-32 贵州阳春白雪茶业有限公司

公司总部位于贵州湄潭经济开发区，

2004年登记注册，占地面积15427m^2，是一家集茶叶科研、基地种植、生产加工、品牌营销、茶文化传播为一体的茶叶实业公司，采用“公司+基地+合作社+茶农”经营管理模式，联结茶园1333.33hm^2，其中自建基地533.33hm^2。2013年获“中国高品质绿茶示范基地”称号，2015年通过有机认证。主打产品贵芽、湄潭翠芽、遵义红、湄江工夫、阳春白雪等公用或自主品牌，自主品牌“贵芽”为贵州省著名商标。产品通过电子商务及实体店远销北京、上海、广州、深圳、成都、重庆、吉林、新疆等地，同时远销韩国、意大利和德国等欧盟国家和地区及港、澳、台地区。公司以“阳春白雪·只做好茶”为企业理念，以“茶旅一体、工旅一体、茶文化庄园”为发展方向，产品10余次获国家金奖。公司先后获贵州省工人先锋号、贵州省“五一”劳动奖状、贵州省茶行业最具影响力企业、遵义市脱贫攻坚先进集体等荣誉。

公司在发展规模化种植和加工同时，注重茶文化挖掘、传承及保护。组织将“湄潭翠芽茶制作技艺”申报为省级非物质文化遗产代表性项目；出资建设省级非物质文化遗产“湄潭翠芽非遗传习基地”和茶文化景观“茶佑中华文化长廊”，出资保护云贵山“明清贡茶园”；按AAA景区标准建设阳春白雪茶文化园、生产车间可视化参观通道、茶艺大厅、产品展厅、产品研发中心、检测中心、电子商务中心等设施。

2）贵州琦福苑茶业有限公司

贵州琦福苑茶业有限公司是贵州省农业产业化省级重点龙头企业、贵州省级非物质文化遗产代表性项目“遵义红茶传统制作技艺”申报传承企业，是一家集生态茶园建设、精细化茶叶加工、品牌化茶叶经营和茶产品研发、茶文化交流为一体的现代化茶叶企业（图3-33）。

公司位于贵州湄潭经济开发区，2012年10月注册成立。厂区占地面积4hm^2，厂房面积6000m^{2}余；有红茶生产线2条、绿茶生产线2条、乌龙茶传统生产线1条；有高品质自有基地133.33hm^2，已完成48hm^{2}有机茶基地建设。

图3-33 贵州琦福苑茶业有限公司

图3-34 贵州琦福苑茶业有限公司“遵义红”

公司创建以来，主要经营茶叶种植、生产、加工、销售，坚持“自己种、自己做、干净茶、放心茶”经营理念，追求产品原生态；在食品安全管理方面，做到从基地、从源头抓起，完善产品可追溯体系；用“智慧茶园”现代农业管理技术与可视化生产加工技术实现消费者实时监管、放心饮茶；在保证茶叶品质稳定性的同时，进一步提升茶叶品质，不断创新（图3-34）；坚持企业自主核心基地与“公司+基地+农户”产业建园模式并举，示范带动茶农建成3333.33hm^{2}标准化茶园，通过利益联结机制，促进茶农增收致富。

3）**贵州高原春雪有机茶业有限公司**

贵州高原春雪有机茶业有限公司是贵州省农业产业化经营省级重点龙头企业（图3-35）。公司位于湄潭县抄乐镇群丰村。1992年初创小型茶叶加工作坊，2004年创建湄潭县绿缘抄乐制茶厂，2006年成立湄潭县绿缘有机茶业有限公司，2007年改名贵州高原春雪有机茶业有限公司；2009年扩建厂区占地面积3000m^{2}多，达年产300t茶叶的生产能力；2014年，进一步扩大规模，购买2000m^{2}原抄乐乡大众茶厂，同时获“出口企业卫生备案”证书，生产基地也获“出口种植场备案”证书。通过有机茶、QS、ISO9001和ISO22000认证并取得茶叶产品出口贸易资格。

公司自成立以来，坚持抓基地、抓生产、抓销售“三抓”政策发展。自2005年认定79hm^{2}有机茶园，现已联结茶叶基地面积333.33hm^2。同时，采取“企业+基地+农户”合作模式，逐步完善项目单位与农户利益联结机制，每年都与1000多户农户签订合作协议，以订单形式向农民收购茶青产品，统一实行最低保护价收购保证农户利益，带动周边地区农户脱贫致富。

公司茶叶产品有绿茶、红茶、珠茶、碎茶等，年加工各类茶叶1000t以上（图3-36）。产品深得国内外市场欢迎，从省内茶叶市场逐步向北京、上海、广东、重庆等经济发达地区辐射。公司按照欧盟标准生产绿宝石、红宝石茶叶，通过贵茶公司销往美国和欧盟。公司品牌“高原春雪”湄潭翠芽，在“中绿杯”“中茶杯”均获过一等奖。

图3-35 贵州高原春雪有机茶业有限公司

图3-36 高原春雪公司产品

4）贵州省湄潭县黔茗茶业有限责任公司

贵州省湄潭县黔茗茶业有限责任公司是贵州省农业产业化省级重点龙头企业、自主创新优秀品牌企业、知识产权优势企业、茶行业十佳出口企业（图3-37）。

公司位于贵州湄潭经济开发区，2008年成立，是一家集茶叶生产、加工、销售、出门、弘扬茶文化为一体的综合型现代化企业。厂区占地面积30440m^2，建有880m^{2}恒温保鲜冻库。拥有国内先进名优绿茶、名优红茶、大宗绿茶清洁自动化生产线3条，具有绿茶分段速冷、茶叶光波杀青、自动加压揉捻及风选回软等多项先进技术，年茶青加工能力达1000t。红茶生产线具有红茶自动揉捻系统、数控发酵系统及数控模拟碳焙系统等先进设备，年茶青加工能力达1500t。绿茶智能化生产线和红茶生产线的产业化和自动化，解决了3000户茶农、600hm^{2}基地、500t夏秋茶的采摘与加工，每亩可增收0.2万元左右，有效促进村民脱贫。公司通过ISO9001和HACCP认证、雨林联盟认证，并取得出口贸易经营权。

公司现有无公害绿色生态茶园866.67hm^2，其先进技术和设备共申报18项国家专利。开发黔潭玉翠、黔茗红、随意泡等系列产品（图3-38）。产品为“贵州省著名商标”，企业品牌入选2015年米兰世博会“金骆驼奖”。

公司销售网络分布广，在全国主要城市专业批发市场拥有合作商40余家，茶叶深加工合作企业3家，出口合作企业2家，全国品牌专卖加盟店17家，在老舍茶馆等知名茶馆、商场设置品牌号柜130余个。公司发展电商渠道，在天猫商城开设黔茗茶叶专营店，并同时入驻京东、善融商务、电商云等知名电商平台。

公司秉承爱心，招收了18名残疾人职工，为残疾人就业、创业搭建一个良好平台。

图3-37 贵州省湄潭县黔茗茶业有限责任公司

图3-38 黔茗公司茶叶产品

5）贵州省湄潭县芸香茶业有限公司

贵州省湄潭县芸香茶业有限公司是贵州省农业产业化省级重点龙头企业，是一家集茶叶加工、贸易、茶旅一体化为一体的新型茶企（图3-39）。公司位于“中国西部茶叶第一村”核桃坝村。2002年成立，占地面积1万m^2，有清洁化、规模化生产厂房2458m^2，有绿茶、红茶生产线各1条，包装生产线2条，年产各类绿茶、红茶200t。先后通过SC及ISO9001、ISO22000认证，并把创建欧标茶园作为基地管理核心。实施“美丽工程”，以“公司+农户”统一流转茶园千亩，在茶园里套种樱花、桃花、桂花、银杏等观赏树木，同时配以茶园体验栈道、观光亭台，让茶园变成公园。实施“智慧工程”，在茶园里安装360°高清摄像头、气象传感器，接入光纤电缆，配置储存器、服务器及监控平台、LED显示屏、在线参观系统等，通过互联网和物联网，让茶园成为用户手机端或PC端在线可视化茶园。

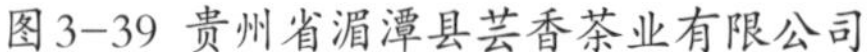
图3-39 贵州省湄潭县芸香茶业有限公司

图3-40 芸香公司产品

公司奉行“以技立身、以质问道”理念，从茶青入厂到产品销售每个环节都按照标准进行严格管控。主要产品有湄潭翠芽、遵义毛峰、遵义红三大类20余种（图3-40）。重视自主品牌培养，“国翠飘香”品牌在“中绿杯”名优绿茶、国际名茶评比中多次获奖；2010年，被评为“贵州省著名商标”；2012年，获贵州省“自主创新优秀品牌”殊荣。

公司依托核桃坝村优质茶园产业带资源优势，以生态茶园建设、标准化茶叶加工品牌茶叶销售为主线，集茶、旅综合经营，精心打造面积近3000m^2的茶旅一体化主题宾馆。融汇茶文化、饮食、音乐、健身、养生等多元文化体验元素，把茶园、林地、山庄融合在一起，成为吃、住、玩、游、购、娱六位一体茶旅结合，一二三产融合发展新平台。

6）贵州四品君茶业有限公司

贵州四品君茶业有限公司是贵州省农业产业化省级重点龙头企业，是湄潭县第一个由茶农自己创建、自主经营、自负盈亏的茶叶公司（图3-41）。公司位于被誉为“生态茶叶第一村”的贵州省湄潭县核桃坝村，创始人何殿伦是全国劳模，并当选2004年中国十大茶人风云人物，2005年被国际名人中心授予“世界杰出人士”称号，被业界誉为“天下第一老茶农”。

公司初建于2006年，由核桃坝村38户茶叶种植大户和村、支两委，按股份制方式筹资组建，并建起标准化厂房和先进茶叶生产线，首任董事长何殿伦。2008年，正式挂牌成立“贵州湄潭核桃坝四品君茶业经纪发展有限公司”。

公司成立改变了核桃坝村无大型茶叶加工企业历史，推动了当地茶叶发展，形成茶产业链条。在公司带领下，核桃坝村先后引进和组建4家省、市级龙头企业，几十家茶叶加工厂，年产优质茶1000t以上，年产值上亿元。核桃坝村茶叶种植形成产业后，人均茶园面积达3.5亩，村民年收入增幅超过25%。成为名副其实的茶叶专业村、小康村。

图3-41 贵州四品君茶业有限公司

图3-42 四品君公司产品

公司拥有20hm²有机茶园、333.33hm²无公害茶园，下辖四品君茶厂有近1.3万m²清洁化生产车间和综合办公大楼。公司通过QS、ISO9001、HACCP体系认证；以各系列、各等级的绿茶、红茶为主要产品（图3-42）；以“农户+基地+连锁店+旅游景点+度假区”产业化模式，发展名优茶生产和茶乡旅游。在北京、上海、贵州、广东、江西、福建等10余省份开设连锁店30余家、合作经销商50余家。产品远销日本、欧洲和美洲。

7）贵州湄潭沁园春茶业有限公司

贵州湄潭沁园春茶业有限公司是贵州省农业产业化省级重点龙头企业，是一家集开发、生产、销售、茶文化体验、茶风情旅游为一体的茶叶企业（图3-43）。公司位于兴隆镇大庙场村，2006年创立。现有无公害茶园基地466.67hm²，其中核心有机茶园基地41hm²，带动农户发展茶叶基地2000hm²余，主要从事中高档绿茶生产加工。主要产品有湄潭翠芽、遵义红、长相守、茗花仙子等茶树花系列茶产品（图3-44）。年产湄潭翠芽250t、茶树花100t以上，产品获HACCP、ISO9001、有机认证。

公司基地坐落云贵山，海拔1209m，是湄潭明清时期出产贡茶的地方，至今仍然保留着较为完好的清代茶园。云贵山海拔较高，生态良好，茶树在云蒸霞蔚中造就独特品质。公司主打产品“沁园春雪”湄潭翠芽精选云贵山优良品种“湄潭一号”茶优质嫩芽，经选叶杀青、理条整形、磨锅提香等12道工序精心制作而成，经久耐泡，香高持久，味甘醇厚，2006年获“贵州省名茶”称号。

图3-43 贵州湄潭沁园春茶业有限公司

图3-44 沁园春公司茶叶产品

公司率先实行茶园私人订制，在茶园建立茶园监视系统，生产活动全天接受消费者检查，确保茶叶品质。成功打造了云贵山沁园春茶庄，依托云贵山丰富的人文内涵、凉爽的气候和美丽茶园风光，吸引大批游客来此避暑休闲，形成以茶促旅、以旅促茶良性循环。

8）贵州黔茶联盟茶业发展有限公司

贵州黔茶联盟茶业发展有限公司是贵州省农业产业化省级重点龙头企业，由贵州湄潭兰馨茶业、贵山茶业、凤冈魅力黔茶、茗都茶业、黔茗茶业、湄潭芸香茶业、怡壶春茶业、沁园春茶业等全省9个市（地、州）80家茶叶企业共同参与组建的黔茶产销联盟，2014年6月成立（图3-45）。

联盟公司现有国家级龙头企业1家、省级13家、市级22家；拥有中国驰名商标1枚，贵州省著名商标6枚，发明专利11项，实用新型专利21项，外观专利36项；生产名优茶、大宗茶、配制茶、调味茶、茶叶衍生品等茶产品500余种（图3-46），产品获国家级、省部级金奖39次；联盟成员企业注册资金3.6亿元，厂房17.6万m^2，涉茶生产线166条，固定资产8.6亿元，产业工人5000余人，带动农户18万户。建设核心示范基地4000hm^2，辐射带动农民专业合作社基地2.64万hm^2，联盟品种资源市场适应能力强。联盟公司成立两年，就实现销售2100万元，联盟成员企业服务销售4.6亿元。

联盟公司成立以来，致力打造黔茶一站式全产业链和全球最大茶园定制服务平台，打造贵州茶叶精制中心；积极推进集聚资源、集群加工、集中精制、集约经营、集团发展；采取“联盟+成员企业+核心基地+合作社+农户”新型产业化模式，打造核心示范基地；实施“中小茶企技术提升计划”，夯实联盟加工端标准化技术体系；建立“精制规模化、拼配数据化”黔茶标准化平台；以市场需求为导向，建成黔茶直通市场起飞港；按照大数据时代的崭新理念，做好“从茶园到茶杯的生态品质链”；以电子商务与实体销售相结合的市场战略为基本框架，在国内大中城市实施“智慧黔茶O2O体验店”落地工程，通过内部并购与重组，以品牌为龙头，市场为纽带，打造国际领先的全产业链型茶业集团航母。

图3-45 贵州黔茶联盟茶业发展有限公司

图3-46 黔茶联盟公司产品

联盟公司组建黔茶联盟（深圳）有限公司、贵州黔茶联盟科技发展有限公司等全资或控股销售公司，建立“味道湄潭”“黔茶未来”等O2O、B2C电商平台。联盟各成员企业在全国各地建立200余个销售机构，现有市场规模每年近20亿元，自有销售渠道年销售规模超过15亿元。

9）贵州怡壶春生态茶业有限公司

贵州怡壶春生态茶业有限公司位于兴隆镇红坪工业园区，2008年4月成立，是贵州省农业产业化省级重点龙头企业、黔茶联盟成员企业、深圳市企业创新发展促进会会员单位（图3-47）。

公司占地面积7912m^2，加工生产车间2600m^2，仓库面积800m^2。建有“质量检测中心”“技术研发中心”，为产品质量提供了安全保障并为新产品开发提供技术支撑。有专业的生产技术研发团队，现拥有国家发明专利2项，实用新型专利1项，申请国家发明专利51项，注册商标33件。

“公司+农户+基地”的现代产业化经营模式，现有茶园406hm^2，拥有5条生产线，年生产能力775t。

公司主要产品“怡壶春”牌湄潭翠芽、遵义红、毛峰茶、老白茶等，多次获各类奖项（图3-48）。从2009年以来，相继通过ISO9001、ISO22000认证、有机产品种植和有机产品加工认证。获贵州省知识产权局“中小企业知识产权战略推进工程实施单位”、贵州省企业信用评价AAA级信用企业、贵州省无公害农产品产地认定、出口食品生产企业、出口食品原料种植场检验检疫备案证书、农业部无公害红茶和绿茶农产品证书、贵州省中小企业局“星光工程，匠心铸梦”品牌企业、雨林联盟认证等称号。

图3-47 贵州怡壶春生态茶业有限公司

图3-48 怡壶春生态茶业公司产品

10）贵州湄潭林圣茶业有限公司

贵州湄潭林圣茶业有限公司位于中国名茶之乡——湄潭湄江街道回龙村，是一家集种植、加工、销售为一体的民营独资企业，于2012年9月成立，是“2014年贵州茶业最具公众影响力”十大品牌企业之一，农业产业化省级重点龙头企业、小巨人成长型企业、科技型创新企业（图3-49）。

公司在贵州省茶科所有关专家的指导下，以“公司+合作社+农户+基地”的发展模式，对基地进行科学化统防统管，拥有无公害和绿色食品认证茶园基地618hm^2，直接带动农户3500户。

图3-49 贵州湄潭林圣茶业有限公司

图3-50 林圣茶业公司产品

公司占地0.2hm^2，有清洁化厂房1200m^2，全面通过SC食品安全生产许可和QS质量体系认证、HASPO（中文哈士博）质量管理体系认证，年生产能力可达686t，产值可达1.2亿元。

公司产品现有湄潭翠芽、遵义红茶、遵义毛峰等，注册商标有林圣茶业、黔圣春舌、黔圣甜红、柒品林圣和遵相印（图3-50）。主要销往北京、山东、安徽、湖北、陕西、甘肃、四川、贵州、广东、重庆、浙江、甘肃。

公司2018年获“一种热能回收循环利用茶叶杀青机”“一种野生甜茶及揉捻、加工方法”“一种扁形茶压造机”等多项专利。

11）贵州雅馨茶业有限公司

贵州雅馨茶业有限公司位于鱼泉街道新石村，2009年成立，占地面积3020m^2，是贵州省农业产业化省级重点龙头企业、遵义市扶贫龙头企业、贵州茶行业“2017年度最具影响力企业”，是一家集茶叶种植、加工、销售、茶旅为一体的茶叶企业（图3-51）。

公司产品有湄潭翠芽等18个规格产品，独创品牌“雅馨紫娟茶”系列产品以“紫茎、紫叶、紫芽”独特品貌著称于世（图3-52），富含天然花青素、茶多酚、儿茶素等多种有益物质，被誉为“稀世之珍、养生圣品”，年产量达500t。该产品获贵州茶业经济年会组委会颁发的“消费者最喜爱的贵州茶叶品牌”荣誉证书。

公司茶园基地分布于鱼泉街道仙谷山和洗马镇境内。公司通过HACCP和ISO9000认证，采用“公司+合作社+农户”产业模式，在项目区辐射带动农户发展。在销售领域已建立综合营销网络体系，在各地建立49家“雅馨茶叶专卖店”，并在沃尔玛、北京华联等各大超市及终端零售市场建486家“雅馨专柜”，同时开设淘宝企业店、阿里巴巴电商平台，实行线上线下综合全面销售。

图3-51 贵州雅馨茶业有限公司

图3-52 雅馨公司紫娟茶

12）贵州省湄潭县银峰茶业有限责任公司

贵州省湄潭县银峰茶业有限责任公司于2008年成立，是一家集茶叶种植、创新、研发、加工、销售为一体的新型企业，是贵州省农业产业化省级重点龙头企业、贵州省国家级茶园科技特派员创新创业产业链成员单位、2016年全省十佳优秀管理奖和2017年贵州茶行业最具影响力茶企（图3-53）。

公司从一个作坊加工做起，已经拥有一座现代化的茶叶加工厂房，拥有2条规模化、标准化、清洁化、年产350t名优绿茶和150t红茶的加工生产线。采用“公司+合作社+基地+农户+市场”的运行模式，既促进了企业快速发展，又增加了农民的收入。

公司秉承“持诚守信，做干净茶，赚干净钱”的理念，获ISO9001及ISO22000认证、5235亩无公害农产品产地认定证书。公司银峰牌“湄潭翠芽”“银峰雀舌”“遵义红”“古树茶”及“新产品桂花红茶”等系列产品远销全国各地，深受消费者喜爱（图3-54）。

图3-53 贵州省湄潭县银峰茶业有限责任公司

图3-54 银峰茶业公司产品

13）贵州湄江印象茶业有限责任公司

贵州湄江印象茶业有限责任公司是贵州省农业产业化省级重点龙头企业、贵州茶行业“2017年度业最具影响力企业”，是一家集种植、生产、深加工、销售、旅游、开发为一体的股份制民营公司（图3-55）。公司位于湄江街道核桃坝村，有加工厂房6000m^2，黑砖茶、大宗绿茶、红茶、名优茶生产线各1条，各类制茶设备40余台（套），年加工340t绿茶和4000t青砖茶。自有无公害茶园基地253hm^2，签约基地1045hm^2，辐射带动湄江等镇（街道）连片13666.67hm^2无性系良种茶园。主要生产以黑砖茶为主的湄江印象牌砖茶，以翠片、碧螺春、毛峰、针茶为主的高、中、低档绿茶和大宗红茶。

公司成立以来，采用“龙头企业+专业合作社+基地+农户”产业化经营模式，创新机制、开拓进取、谋求跨越式发展。绿茶、边销茶（黑砖茶）通过国家QS、ISO9001、HACCP、无公害、有机等认证。注册商标湄江印象、平灵、梅春品牌，产品多次获奖。“湄江印象红茶”系贵州五张名片十大品牌之一，获贵州省食品行业最具影响力品牌和贵州省文化厅促进全省县域文化产业发展“三个一”工程“特色文化产品”。公司立足黔茶，择重黑茶，开发金系、银系、龙系、碧系、丹系5个系列“金花”黑茶，是贵州省黑茶领军品牌（图3-56）。在生产经营中，突出全流程科技创新特点，现有独立知识专利1项，申报砖茶、茶粉等专利3项。

图3-55 贵州湄江印象茶业有限责任公司

图3-56 湄江印象公司黑茶

14）贵州南方嘉木食品有限公司

贵州南方嘉木食品有限公司是贵州省农业产业化省级重点龙头企业，位于贵州湄潭经济开发区，成立于2006年8月，占地面积$2hm^2$，建筑面积$1.5m^2$，有茶叶籽示范基地$13.33hm^2$，与茶农合作基地$1169hm^2$，现有年加工茶叶籽油成品3000t和年产黑茶500t生产线各1条，是贵州省茶叶籽油地方标准制定单位（图3-57）。主要经营范围：食用植物油精加工销售、边销茶（黑砖茶）加工销售、茶籽收购等。

图3-57 贵州南方嘉木食品有限公司

图3-58 南方嘉木公司茶叶籽油

公司是集科研、生产、加工、销售为一体的茶叶资源综合开发利用企业，有茶叶籽资源开发中心和检测中心。现已开发出边销茶（黑砖茶）、茶叶籽油、茶叶籽油胶囊、茶皂素、茶多酚、茶足爽、茶皂素化妆品等系列产品。公司自主研究的《低温低水分纯物理压榨精炼技术》，已获专利，并解决茶叶籽油“乌黑苦涩、口感戟喉”等多年来难以攻克的加工技术难关，通过贵州省科技厅科技成果鉴定，属国内领先（图3-58）。茶叶籽油2008年通过省级新产品鉴定，获贵州省政府2009年度优秀新产品、新技术二等奖，2009年中国西安杨凌农业高新科技成果博览会金奖。2011年获贵州省著名商标和名牌产品称号，着力打造的“七里香”茶叶籽油品牌，2018年9月获第十六届中国国际粮油产品及设备技术展示交易会金奖。

公司参与起草茶叶籽油贵州省强制性地方标准，经贵州省质监局公布实施。坚持科技创新和技术进步，应用现代科学技术成功地开发出茶皂素等系列产品，茶叶籽油、茶皂素均采用公司自有专利技术进行生产，公司现有发明专利3项。

公司在贵阳、北京、成都、重庆、昆明、石家庄等城市建立了省级经销商，线上有淘宝专营店，现产品已畅销省内外。

15）湄潭县京贵茶树花产业发展有限公司

湄潭县京贵茶树花产业发展有限公司是贵州省农业产业化省级重点龙头企业、省科技型小巨人成长企业，是一家主要从事茶树花及各种绿茶、红茶的生产加工公司（图3-59）。

公司位于贵州湄潭经济开发区，2011年12月成立，占地面积1.33hm^2。有茶叶、茶树花加工车间、茶叶及茶树花制品检验中心，共计5600m^{2}余。已建成无害化茶园示范基地面积133.33hm^2，年产茶青450t，茶树花300t，辐射茶园面积333.33hm^2。公司坚持质量第一、诚信为本、科学发展、规范管理的经营理念，采取“公司+基地+农户”发展模式，实现标准化、规模化种植。现拥有精品茶叶、普通茶、茶树花、茶树花酒生产线等目前国内先进生产设备。产品获国家食品药品监督管理总局颁发全国工业产品生产许可证，中国质量中心HACC质量控制体系认证。

图3-59 湄潭县京贵茶树花产业发展有限公司

图3-60 京贵茶树花公司产品

公司在北京、上海、天津、广州、重庆、哈尔滨等地设办事处。主要产品：“京贵”湄潭翠芽、茶树花、茶树花饮料，“满路开”茶树花酒（图3-60）。一种茶树花酒的生产加工工艺、一种茶叶自动成形机、茶树花分级筛选装置、茶树花精油提取物护肤品面膜、茶树花中有效成分的提取方法等9种专利被国家知识产权局受理。

16）贵州贵福春茶业有限公司

贵州贵福春茶业有限公司是贵州省农业产业化省级重点龙头企业，位于湄潭县天城镇，2012年注册成立“湄潭县天平茶叶有限公司”，2014年变更为“贵州贵福春茶业有限公司”（图3–61）。公司现有基地153.33hm^2，采取“公司+基地+农户”的产业化模式，依托周边农户、专业合作社，大力发展无公害有机茶园基地；采取集中管理，统一收购，全力培育公司原料核心基地，为广大消费者提供“绿色、环保、安全”的茶产品（图3–62）。有年加工优质名优绿茶、红茶80t的现代清洁化生产线各1条，于2013年底投产，现有厂房建筑面积2000m^2。公司通过ISO9001认证、HACCP认证和有机认证等，逐步建立现代企业制度，强化内部管理，积极开拓省内外市场。

图3–61 贵州贵福春茶业有限公司

图3–62 贵州贵福春茶业有限公司产品

公司产品主要销往浙江、安徽、重庆、南京、深圳、北京、上海等地。

17）湄潭县落花屯茶叶专业合作社

湄潭县落花屯茶叶专业合作社是贵州省农业产业化省级重点龙头企业、十佳农民专业合作社、贵州茶行业“2017年度最具影响力企业”、国家级示范合作社（图3–63）。合作社位于抄乐镇落花屯村，2009年7月注册成立，是一家“公司+合作社+基地+农户”经营模式合作社茶叶企业。按照统一供应肥料、农药、种苗，统一统防统治，统一生产管理，统一技术培训，统一保底收购价格，统一服务与财务管理的“六统一”管理模式，组建龙头企业，基地带农户，形成茶产业、农业链条。现有基地面积906hm^2，合作社与鑫辉茶业公司合作，拥有名优红、绿茶加工设备各一套，年加工能力600t。有雅眉、雪雨青2个注册商标品牌，“雅眉”牌茶叶获农业部百家合作

图3–63 湄潭县落花屯茶叶专业合作社

社百个农产品品牌称号（图3-64）。

合作社与瓮福集团、开磷高塔集团、德丰肥业、先锋肥业等企业联手，推出优质低价农资；与政府及贫困农户合作，签订三方精准扶贫协议；与茶企业合作，不断引进新奖牌。

图3-64 落花屯茶叶专业合作社产品

18）贵州湄潭百道茶业有限公司

贵州湄潭百道茶业有限公司是贵州省农业产业化省级重点龙头企业，前身系成立于1996年的贵州湄潭县银龙茶业有限公司，2010年6月组建，专业从事绿茶、红茶、古树茶、白茶、黑茶等加工。

公司总投资2600万元，占地面积10000㎡。有红茶、白茶、绿茶3条清洁化生产线。加工能力共计年生产名优茶逾150t，年产值3000万元以上，创税50万元左右。

公司技术力量较强，拥有中级评茶员、化验员、质量检验人员等技术骨干。成功注册百道、百道红、百道香、百道雀舌等系列商标，获发明专利和实用新型专利等多达十多项。与四川农业大学茶叶系、贵州大学茶学院、省茶研所多所院校合作共同研发茶叶品质。

公司解决社会就业专业人员36人（采茶工500人以上），季节工、临时工150人以上。帮扶2个贫困村，12户贫困人口家庭。

公司在全国已建立30多个销售网点，产品远销全国各地。公司生产的“百道红”牌遵义红茶和湄潭翠芽多次获中茶杯、中国北京国际茶博会、上海国际茶博会评比金奖。2019年6月荣获“香港国际茶博会”唯一一支“最佳滋味奖”。

（二）凤冈县茶叶企业

2019年底，全县茶叶生产、加工、营销企业及加工大户280家，含注册茶叶企业210家，其中国家级龙头企业1家，省级13家，市级25家。国家级和省级企业有：

1. 国家级龙头企业

贵州凤冈黔风有机茶业有限公司是一家集茶叶种植、加工、销售，茶产品开发于一体的农业产业化国家重点龙头企业。公司位于凤冈县永安镇田坝村，占地3.23hm²，其中生产办公面积1.68hm²。公司目前拥有先进自动化生产线4条，其中，拥有进口绿宝石茶生产线、进口碾茶线、绿片茶生产线、名优茶生产线各1条，年产干茶1000t余（图3-65、图3-66）。

公司拥有顶级优质茶园32hm²，其中自有茶园20hm²全部为欧盟标准专属茶园。按照茶树品种优良化、茶园建设生态化、基地管理无害化、茶叶加工卫生化、茶叶产品标准化“五化”规程，组织高品质天然锌硒有机茶生产加工，致力于打造中国高品位和高品质生态名优茶品牌。公司目前主要拥有春江花月夜品牌。春江花月夜为贵州十大品牌，旗下含明前雀舌、明前翠片、明前毛尖、明前翠芽等名优茶产品。该品牌系列绿茶曾获贵州省名牌产品、北京国际茶博会金奖、上海国际茶博会金奖等荣誉称号。

图3-65 贵州凤冈黔凤有机茶业有限公司

图3-66 黔凤公司欧标茶园

2. 省级龙头企业

1）贵州凤冈县仙人岭锌硒有机茶业有限公司

贵州凤冈县仙人岭锌硒有机茶业有限公司坐落在中国西部茶海之心——凤冈田坝，于1993年创建，注册资金500万元。现为贵州省农业产业化省级重点龙头企业、首批省级休闲观光旅游示范点、全国森林康养建设示范单位、食品安全示范单位、省级企业技术中心和中国有机食品生产基地（图3-67）。

图3-67 贵州凤冈县仙人岭锌硒有机茶业有限公司

图3-68 仙人岭茶业公司产品

公司集有机茶种植、加工、研发、销售及茶旅一体化，资产总值2.8亿元。公司厂房总面积1.8万m^2，建有2条生产线，自拥有机茶基地177hm^2。主要生产“仙人岭”牌系列有机锌硒绿茶和红茶产品，近100个包装类型（图3-68）。公司产品相继通过了SC、有机、ISO9001等认证，先后获国际国内多项大奖，2015年获“百年世博”中国名茶金骆驼奖且被评为贵州省名牌产品。“仙人岭”商标自2006年至今一直是“贵州省著名商标”。公司在“仙人岭”品牌建设和市场营销上，结合一、二、三产业融合发展，采取以“走出去”“请进来”的运营模式培育客户群体，已在山东、山西、广东、上海、河南、北京、湖南和省内开设直营店18家，加盟店36家，年销售收入达到6200万元(含旅游酒店收入)。

2）贵州省凤冈县茗都茶业有限公司

贵州省凤冈县茗都茶业有限公司位于有“中国西部茶海之心”“中国富锌富硒有机茶之乡”凤冈县永安镇田坝村，注册于2012年9月，是一家集茶叶基地建设、茶叶标准化加工、茶叶营销、品牌打造为一体的综合性农产品经营特色企业（图3-69）。拥有茶叶加工车间4100m^2（图3-70），茶叶加工设备100余台（套），覆盖和联结农户茶园400hm^2，辐射带动季节性采茶工5万余人次，年加工能力300t。公司主要产品为“新尧”牌系列绿茶、红茶。公司自成立以来先后取得SC认证、无公害认证、绿色认证。2013年公司参加第十届“中茶杯”名优茶评比获“一等奖”。2017年公司被评为“2017年度贵州茶行业最具影响力企业”；2018年被评为“贵州省农业产业化省级重点龙头企业”。

图3-69 贵州省凤冈县茗都茶业有限公司

图3-70 凤冈茗都公司车间

3）贵州野鹿盖茶业有限公司

贵州野鹿盖茶业有限公司成立于2006年9月15日，注册地为凤冈县，是一家集茶叶种植、加工、销售为一体的私营企业。公司拥有202hm^{2}有机茶园基地，年生产能力500t的2座有机茶加工厂，涉及2个乡镇直接带动农户731户，间接带动农户1500余户（图3-71、图3-72）。公司长期由国家环保部南京国环有机产品认证中心认证（OFDC）。生产的产品有“野鹿盖”牌系列绿茶，如雀舌、旗枪、福螺春等系列产品；红茶类有明前金红、桂红、福螺红等系列产品，远销省外大、中城市如北京、山东、广东、上海、福建等，产品深受广大消费者青睐，供不应求。

公司产品曾获第八届“中茶杯”全国名优茶评比一等奖，中华全国工商业联合会医药业商会养生基地管理委员会指定使用产品证书，中国国际健康养生美食大赛指定贵宾礼品。公司被中国科学技术协会、财政部授予“全国科普惠农兴村”先进单位，2010年、2013年分别获省级扶贫龙头企业和农业产业化省级重点龙头企业。

图3-71 贵州野鹿盖茶业有限公司加工厂

图3-72 贵州野鹿盖茶业有限公司基地

4）贵州省凤冈县红魅有机茶业有限公司

贵州省凤冈县红魅有机茶业有限公司位于凤冈县蜂岩镇，是集茶园基地管理、生产加工、产品销售为一体的农业产业化省级重点龙头企业。

现有无公害认证茶园320hm^2，厂房建筑面积3000m^2，主营产品为毛峰、高绿、工夫红茶等。公司通过了QS认证，产品已销往北京、上海、重庆、河南、江苏等省份，有专业网络销售团队2个，目前已经与淘宝网、阿里巴巴网、爱特购网、京东网接轨。

公司依托独特的锌硒茶叶资源优势，推行优化、整合资源，努力打造“红魅”品牌，并本着“红魅”茶叶大众化、个性化的经营思路（图3-73）。

图3-73 红魅公司产品

5）贵州省凤冈县田坝魅力黔茶有限公司

贵州省凤冈县田坝魅力黔茶有限公司位于凤冈县永安镇田坝村“茶海之心”，成立于2007年12月，是一家集茶叶种植、加工、营销和研发于一体的民营企业，贵州省农业产业化省级重点龙头企业（图3-74、图3-75）。公司占地面积11000m^{2}余，有生产、检验、库房、行政、生活等用房6000m^2，有绿茶、红茶生产和检验设备150余台（套、件），年产能达500t。拥有茶园核心基地55hm^2，连接和辐射茶园187hm^2，已建设“欧标”茶园基地34hm^2。

公司主体商标为“田坝”，推出“田坝锌硒茶”系列绿茶产品和“田坝红”系列红茶产品，先后获QS认证、无公害农产品认证。公司注册商标有田坝、田坝红、田坝168，推出有“田坝锌硒茶”绿茶系列产品、“田坝红”红茶系列产品。先后在北京、广东、山东、四川、贵州等省份建立代理、经销、直销网点42处。至2019年底，公司已获得发明专利2项，实用新型专利6项，外观设计7项，均已获得授权证书。

图3-74 贵州省凤冈县田坝魅力黔茶有限公司

图3-75 田坝魅力黔茶公司鸟瞰图

6）贵州省凤冈县浪竹有机茶业有限公司

贵州省凤冈县浪竹有机茶业有限公司位于凤冈县永安镇田坝村，成立于2005年8月，是一家集茶叶生产加工、销售及茶旅为一体的省级龙头企业（图3-76）。公司采取公司加基地、合作社带动农户的经营方式，建有有机茶园基地100hm^2。拥有现代化、清洁化、规模化的茶叶加工厂2个，茶叶专业合作社1个，年产有机绿茶250t，产值3800万元。主营产品：浪竹牌陈氏手工茶、春芽茶、翠芽茶、毛峰茶、毛尖茶、香珠玉叶红绿姊妹茶、浪竹红茶系列产品（图3-77）。

图3-76 贵州凤冈县浪竹有机茶业有限公司

图3-77 浪竹公司香珠玉叶

7）贵州聚福轩万壶缘茶业有限公司

贵州聚福轩万壶缘茶业有限公司位于凤冈县永安镇崇新村，成立于2005年6月，是集生产、加工、销售和茶馆经营为一体的省级龙头企业，拥有占地面积为4000m^2、年加工能力200t余的茶叶加工厂，66.67hm^{2}直属茶园基地，700m^{2}的综合性茶楼（图3-78）。公司“万壶缘”商标获“贵州省著名商标”，公司“凤冈锌硒茶”系列产品（图3-79）被评为“贵州名牌产品”和国际茶博会及“中茶杯”金奖产品，被国家质检总局审查获准使用“凤冈锌硒茶地理标志保护产品”专用标志。2016年公司申报有机茶园和有机产品获得通过，成功申报3个专利并获贵州省科技型种子企业。

公司在遵义、贵阳、上海、山东、河南等地建立了直销店，在淘宝网、阿里巴巴和天猫商城等电商平台上建立和加盟销售店5家。

图3-78 贵州聚福轩万壶缘茶业有限公司

图3-79 聚福轩万壶缘公司产品

8）贵州省凤冈县黔雨枝生态茶业有限公司

贵州省凤冈县黔雨枝生态茶业有限公司位于凤冈县何坝镇凌云村，是一家集有机茶园建设、管理、有机茶生产、加工、销售、研发及生态农业综合开发等为一体的规模化茶叶生产企业，是贵州省最早的有机茶生产企业之一（图3-80、图3-81）。

图3-80 凤冈黔雨枝生态茶业有限公司

图3-81 黔雨枝茶业公司

公司厂房建筑面积6000m^{2}余，拥有国内最先进的清洁化生产线2条，年生产能力500t。公司采取"公司带基地、基地+农户"模式，建成林茶相间有机茶示范基地266.67hm^2，直接覆盖带动当地农户900户。2010年被农业部、国家工商总局、国家质检总局评为食品安全示范单位，9月公司荣获贵州省省级扶贫龙头企业；2011年3月公司茶园地基获得中茶所《有机茶园认证证书》《有机加工者·贸易者证书》《有机茶产品销售证书》。公司产品"黔雨枝"牌锌硒绿茶、锌硒翠芽多次获"中茶杯"等奖项。公司坚持以人为本，品质至上，诚实守信的经营理念，立足凤冈营造健康时尚的现代生活而不懈努力。

9）贵州凤冈贵茶有限公司

贵州凤冈贵茶有限公司是贵州贵茶（集团）有限公司全资子公司，为贵州省最大、最先进的有机茶生产企业、贵州省农业产业化省级重点龙头企业（图3-82）。公司拥有全省首家引进的与国际接轨、集清洁化、全电能、环保型有机茶生产于一体的流水线2条，并拥有贵州最大的茶叶冷藏库以及日加工鲜叶10t的茶叶加工厂（图3-83）。所有生产设备、工艺流程和生产环境完全符合农业部有机食品生产标准，填补了贵州有机茶深加工的空白。目前已发展成为以现代生态文明为核心、以倡导健康生活为理念，集有机茶叶基地建设、生产、加工、销售、科研、生态农业综合开发等为一体的农业产业化经营企业。

图3-82 贵州凤冈贵茶有限公司

图3-83 贵茶公司加工生产线

10）贵州寸心草有机茶业有限公司

贵州寸心草有机茶业有限公司位于凤冈县龙泉镇，茶园基地拥有得天独厚的自然生态条件，富含稀有微量元素锌硒的土壤孕育出了香高馥郁、滋味鲜爽醇厚的“高原有机茶”，高标准生态有机茶园在源头上确保了寸心草产品的优良品质（图3-84、图3-85）。主营产品：寸心草牌醉明珠系列红茶、寸心草牌醉美天下系列绿茶、寸心草牌锌硒1号系列产品、寸心草牌恋菁系列产品、寸心草牌泡泡杯。寸心草牌系列产品多次荣获全国金奖。

图3-84 贵州寸心草有机茶业有限公司

图3-85 寸心草茶业公司车间

（三）正安县茶叶企业

2019年底，全县茶叶生产、加工、营销企业及加工大户115家，其中省级龙头企业11家，市级18家。省级企业有：

1. 贵州正安璞贵茶业有限公司

公司成立于2010年5月，系正安县政府注册成立的国有企业，注册资金2000万元，拥有清洁化加工厂1间，核心基地1333.33hm^2，年产正安白茶40t，年产值1.5亿元（图3-86）。公司经贵州省正安县茶叶协会授权，主要从事“正安白茶”产品的精深加工、市场销售以及“正安白茶”品牌经营管理，同时经营“正安绿茶”以及璞贵绿珍珠、红珍珠、白珍珠等。公司于2013年被评为农业产业化省级重点龙头企业；2015年9月，公司在上海股权委托交易中心上市。公司经营管理的“正安白茶”先后获贵州省“著名商标”、国家工商总局“地理标志证明商标”、国家质检总局“地理标志保护产品”等荣誉。2015年6月，“正安白茶”再获国家工商总局“中国驰名商标”认证，其品牌价值突破4亿元。

截至2019年，公司分别在北京、大连、上海、深圳、重庆、遵义、贵阳等城市设立了多家直销网点，在全国大中城市开设20个专卖店，布局了300个代销网点，并开通了“京东商城正安白茶茶叶旗舰店”。全年总销售额收入近1500万元，引领“正安白茶”公共品牌走出了贵州，走进了全国，走出了世界。

图3-86 璞贵茶业公司车间

2. 正安天赐生态科技有限公司

正安天赐生态科技有限公司位于正安县班竹镇，是盾安控股集团有限公司（在中国500强企业排名251位）下属企业，2011年4月经正安县政府招商引进，整体流转正安县上坝老知青茶场组建而成，拥有茶园6672、加工厂房4600m^2、清洁自动化茶叶加工生产线6条。2012年公司正式入驻正安县瑞新工业园区，总投资达5亿元，建有加工厂房、冷库、研发中心、审评中心、公司茶文化展示博物馆等（图3-87、图3-88）。

至2019年底，有日本进口蒸青流水线2条，红茶加工设备1套。加工厂房3000m²，加工机具200台（套），年产茶叶6000t以上，实现产值1亿元。主要产品有怡可有机绿茶、怡可有机红茶、怡可有机翠芽、毛峰、白茶。公司相继获得“中国高品质绿茶产区示范基地”“贵州省农业产业化省级重点龙头企业”“省级扶贫龙头企业”等荣誉称号。

图3-87 正安天赐生态科技有限公司

图3-88 正安天赐公司入驻正安瑞新工业园区

3. 正安县桴焉茶业有限责任公司

正安县桴焉茶业有限责任公司（图3-89）始建于1988年，总投资1.2亿元，建设有机茶园233.33hm²，茶叶加工厂2间，年产茶叶1000t；生产的天池玉叶、生态翠芽、高原雪峰、华池玉剑等茶叶产品在“中绿杯”“中茶杯”等茶类评比活动中多次获金奖；注册的“世荣”商标获得贵州省“著名商标”。

2008年被评为“国家扶贫龙头企业”；2010年评为贵州省农业产业化省级重点龙头企业；2009—2014年连续五年贵州省工商局授予“守合同、重信用”单位称号。企业采用“公司+茶农+基地+合作社”的经营模式，对农户的茶青实行保护价订单收购，辐射周边乡镇1533.33hm²茶叶基地，直接带动受益农户1300多户，带动茶农户均增收6000元以上。

图3-89 正安县桴焉茶业有限责任公司

4. 贵州省正安县怡人茶业有限责任公司

贵州省正安县怡人茶业有限责任公司位于贵州省正安县瑞溪镇燕子坝村，成立于2011年8月，注册资金500万元，建有生态有机茶园166.67hm²，清洁化茶叶加工厂5000m²，安装高科技茶叶加工生产线3条，有茶叶恒温贮存冷库2栋，茶青精选车间、茶青收购和茶农休息用房。2014年被评为“遵义市茶文化理事单位”，2015年被评为贵州省农业产业化省级重点龙头企业（图3–90、图3–91）。

图3–90 贵州省正安县怡人茶业有限责任公司

图3–91 怡人公司产品

注册有“怡人牌”茶叶商标，产品多次在北京、上海、广州茶叶博览会上获“金奖”。

5. 正安县吐香茶业有限责任公司

正安县吐香茶业有限责任公司位于正安县市坪乡吐香坝，成立于2002年5月（图3–92）。拥有有机茶园112hm²，固定资产6300万元。主要产品有吐香翠芽，吐香毛峰，吐香雪青，烘青，炒青（图3–93）。

图3–92 正安县吐香茶业有限责任公司

图3–93 吐香茶业公司毛峰

2002年，公司获自营进出口经营权，通过ISO9001认证；2004年，产品“吐香牌吐香翠芽特级”被贵州省食品工业协会、贵州省食品工业协会茶叶分会授予“贵州省名优茶”称号，公司获贵州茶叶行业优秀企业；2006年2月，获HACCP认证，5月被中国茶叶学会命名为“中国茶叶学会茶叶科技示范基地”；2010年获贵州省农业产业化省级重点龙头企业、省级扶贫龙头企业称号；2014年“吐香”牌商标获“贵州省著名商标”。公司产品吐香翠芽获贵州省茶叶行业知名品牌，多次获“中茶杯”“国饮杯”奖项。至2019年底，公司年产茶叶950t，实现产值3580万元，利税356万元，带动贫困人口600多人。

6. 遵义凤龙茶业有限公司

遵义凤龙茶业有限公司位于正安县和溪镇米粮村，成立于2007年3月，建有茶叶加工厂2000m^2，拥有固定资产650万元，是一家集茶叶种植、加工、销售为一体的民营企业（图3-94）。

公司主要生产名优茶、白茶、优质绿茶等茶叶产品，公司已成功申请注册了“珍州绿”茶叶商标，凭借良好的产品品质，“珍州翠芽”先后在北京、广州、上海等地国际茶文化节“中国名茶”评选中获“金奖”，已得到市场的广泛认可和消费者的普遍青睐，产品畅销省内外（图3-95）。

公司2013年被评为遵义市农业产业化市级重点龙头企业和贵州省农业产业化省级重点龙头企业。

图3-94 遵义凤龙茶业有限公司

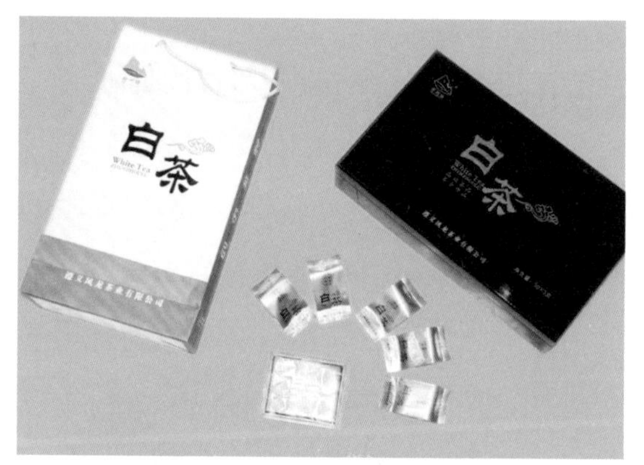

图3-95 凤龙茶业公司产品

7. 正安县金林茶业有限责任公司

正安县金林茶业有限责任公司位于正安县和溪镇，是县政府从浙江省松阳县招商引资至本县从事茶产业发展的企业，于2005年8月18日在正安县工商局注册登记成立，建有各类茶苗品种培育基地20hm^2、生态有机茶园333.33hm^{2}与周边农户合作管理茶园1333.33hm^2（图3-96）。

公司目前主要产品为“黔北”牌白茶、龙剑茶、翠芽、毛峰、香茶（图3-97）。公司的白茶产品经农业部茶叶质量监督检验测试中心检测，氨基酸含量高达10.2%，明显高于同类产品。产品获2009年第十六届上海国际茶博会“金奖”；2014年3月获“贵州省名牌产品”荣誉称号；公司“黔北”牌茶叶商标于2016年11月获得“贵州省著名商标”称号。

公司先后获茶园种植大户先进个人、先进私营企业、正安县农村科技致富带头人等荣誉，2010年评为贵州省农业产业化省级重点龙头企业，2014年被评为“2012—2013年度省级诚信私营企业”，2016年被评为“2015年度市级守合同、重信用”单位。

图3-96 正安县金林茶业有限责任公司加工厂建设开工仪式

图3-97 正安金林茶业公司产品

8. 贵州省正安县乐茗香生态有机茶业有限公司

贵州省正安县乐茗香生态有机茶业有限公司成立2008年4月，是私营独资企业（图3-98）。公司生产基地位于瑞溪镇燕子坝村罗汉洞观音寺旁，建有国家级无性系良种茶树高标准生态有机茶园68hm^2。公司建有茶叶加工厂1.3万m^2，其中清洁化茶叶加工厂房面积1600m^2。现有清洁化生产线2条，已安装好全不锈钢清洁化茶叶加工设备48台（套）（图3-99）。具备生产名优扁形、针形、卷曲形、珠形茶的能力，能加工白茶、乌龙茶、红茶、绿茶，年加工茶叶150t。

图3-98 贵州省正安县乐茗香生态有机茶业有限公司

图3-99 乐茗香茶业公司车间

公司已成功注册“乐茗香”商标，生产“乐茗香”牌白茶、乌龙茶、红茶、绿茶等特色高品质茶叶。公司茶叶产品“乐茗香芽”在广州、上海等地国际茶文化节和“中国名茶”评选中连续获金奖。产品销往北京、天津、上海、重庆、大连等大中城市，深受消费者喜爱。

9. 贵州省正安县银茗香有机茶有限公司

贵州省正安县银茗香有机茶有限公司位于正安县瑞溪镇，于2009年12月成立（图3-100）。建有有机白茶基地40hm^2，建设茶叶加工厂2500m^2，安装多功能机、杀青理条机、揉捻机、烘干机等茶叶加工、检测和化验设备1套，年加工能力300t，是一家集种植、加工、销售和进出口业务为一体的农业产业化民营企业。公司注册有“汉珍牌”茶叶商标，“汉珍白茶”于2012年9月获国家工商总局商标局注册商标（图3-101）；2012年12月获中国中轻产品质量保障中心“中国著名品牌（重点推广单位）证书”；“汉珍月芽”（白茶）在2104年第七届中国宁波国际茶文化节“中绿杯”中国名优绿茶评比中获“金奖”。

公司于2013年评为农业产业化省级重点龙头企业。2018年3月，被授权使用获国家质量监督检疫总结批准使用国家地理标志保护产品专用标志“正安白茶”。

图3-100 贵州省正安银茗香有机茶有限公司

图3-101 银茗香公司产品

（四）余庆茶叶企业

2019年底，全县茶叶生产、加工、营销企业及加工大户60家，含注册企业23家。省级龙头企业3家、市级6家。省级龙头企业有：

1. 贵州省余庆县凤香苑茶业有限责任公司

贵州省余庆县凤香苑茶业有限责任公司位于余庆县二龙村境内，成立于2010年12月，注册资金1000万元，是集茶叶种植、加工、研发、销售于一体的农业产业化民营独资公司（图3-102）。公司占地总面积17450m^2，建筑面积7100m^2，有高级绿茶、苦丁茶、红茶自动清洁化生产线各1条，高标准精致拼配车间1个，碾茶生产线1条。年产绿茶、红茶、白茶、苦丁茶等520t。

公司拥有生态茶叶基地666.67hm^2，其中无公害标准化示范茶园基地200hm^{2}余。采取“公司+合作社+基地+农户”的发展模式，辐射带动周边农民走上致富道路。公司以绿茶、红茶、余庆小叶苦丁茶的种植、加工、销售为主，主要产品有：翠芽、黄金芽、绿宝石、毛峰、高山竹叶青、碾茶、红茶、白茶、余庆小叶苦丁茶（图3-103）。产品通过了“ISO22000、ISO14001、ISO9001认证”，并且获得681hm^{2}的无公害认证及无公害农产品认证，2018年4月公司加入“雨林联盟”。

图3-102 贵州省余庆县凤香苑茶业有限责任公司

图3-103 凤香苑茶业公司产品

公司是遵义市茶文化研究会“常务理事单位”、贵州省绿色生态标杆企业。2018年，评为农业产业化省级重点龙头企业。公司与省茶研所合作，建立茶叶种植、产品研发生产基地，培养专业技术人员。公司获“适用新型专利”2项，注册商标4个。绿茶直接出口俄罗斯、迪拜，通过贵茶集团与星巴克合作，形成国际化市场格局。

2. 余庆县构皮滩茶业有限责任公司

余庆县构皮滩茶业有限责任公司成立于2006年4月，自有基地80hm^2，3个茶叶加工厂，是一家集茶叶种植、加工、销售为一体的中华全国供销合作总社农业产业化重点龙头企业、贵州省农业产业化省级重点龙头企业（图3-104、图3-105）。公司助力脱贫攻坚，实现生产合作、供销合作、信用合作。

图3-104 余庆县构皮滩茶业有限公司

图3-105 构皮滩公司基地鸟瞰

公司“柏果山”“构皮滩”商标为贵州省名牌产品。“柏果山”商标为绿茶系列产品，产品曾多次获奖，“柏果山”神仙茶是余庆县家喻户晓的品牌。公司基地始建于20世纪60年代，无任何污染，属福鼎小叶（土茶），已获有机产品认证。产品外形光滑油润、色泽鲜绿，嫩栗香、浓爽味，汤色、叶底微黄明亮。“构皮滩”商标为苦丁茶系列产品，以余庆小叶苦丁茶为主，具有干茶绿、汤色绿、叶底绿的“三绿”特征。在消费者心中有较高的认知。

3. 余庆县玉龙茶业有限公司

余庆县玉龙茶业有限公司位于余庆县松烟镇，成立于2010年3月，注册资金300万元，拥有茶叶加工清洁化自动化生产线3条，全封闭管理生产车间，符合食品生产卫生要求（图3-106）。年生产量可达名优茶100t，大宗绿茶200t，产值可达2400万元。公司现有茶园面积达到218hm^2，采取“公司+合作社+基地”的产业化建园模式，长期与玉河茶叶产销农民专业合作社签订原料供求合同，辐射带动周边茶农1500余户，茶园面积近1200hm^2。2013年获遵义市茶叶流通行业协会“中国高品质绿茶产区”示范基地称号。公司为“农业产业化省级重点龙头企业”，并获“贵州省著名商标”；2018年获贵州“名牌产品”称号及16项“适用新型专利”。

公司主要从事茶叶种植、加工、销售；秉承“绿色、更安全”为核心价值，在继承传统茶叶加工工艺的基础上，采用清洁化工艺流程，不断提高产品品质。公司主要经营名优绿茶、大宗绿茶、“玉河”牌余庆小叶苦丁茶和“玉河”牌系列绿茶。产品远销福建、广西、浙江、湖南等地（图3-107）。现与贵茶公司结成了“绿宝石”茶生产联盟，着力实现茶叶加工原料基地化、茶叶加工生产现代化、茶叶加工产品优质化。

图3-106 余庆县玉龙茶业有限公司

图3-107 玉龙茶业公司产品

（五）道真县茶叶企业

2019年，全县茶叶生产、加工、营销企业及加工大户51家，均为注册企业，其中省级龙头企业3家，市级10家。省级龙头企业有：

1. 贵州武陵山茶业有限公司

贵州武陵山茶业有限公司位于道真县洛龙镇，是农业产业化省级龙头企业，是道真县政府于2013年从浙江省招商引资引进的农产品开发加工民营企业，公司团队均由中国绿茶之乡浙江省松阳县从事茶叶种植、茶叶加工、茶叶营销的优秀骨干人士组成（图3-108）。经营范围：茶苗繁育、茶叶种植、加工及销售、茶叶科技研发、茶园管理技术服务；主营“武陵山”牌白茶、红茶、玉翠、银芽、香茶等硒锶茶系列产品（图3-109）。

图3-108 贵州武陵山茶业有限公司

图3-109 武陵山公司产品

公司以道真优越的地理区位优势、独特的气候环境，富含“硒锶”微量元素的宜茶土地资源，通过引进安吉白茶、龙井43号、黄金芽、乌牛早等名特优品种，建设高标准有机茶园示范基地100hm^2，示范推广有机茶种植、加工。与当地茶叶种植专业合作社和农户签订免费技术服务和原料收购合作协议，统一收购茶青，建立“产—加—销”一体化利益联盟机制，与当地茶农合作联结茶园433.33hm^2，保证茶农茶园投产的基本利益，提高了农民种茶积极性。公司建有清洁化标准化加工厂房3000m^2，引进国内茶叶加工先进设备，具备年加工成品茶500t的生产能力。

公司以浙大和省茶研所为技术依托，组建了一支茶叶科研开发、茶园植保及茶叶加工技术指导的驻企业技术骨干队伍，开展茶叶生产、加工、销售和新产品研发，打造具有道真“硒锶”特色的“武陵山硒锶茶”品牌。

2. 贵州茗香茶业发展有限公司

贵州茗香茶业发展有限公司于2012年11月注册成立，为招商引资入驻道真仡山茶海高效农业示范园区企业，注册资金500万元，主要从事茶树新品种引种、种植新技术的引进、开发，茶叶新产品开发与利用推广（图3–110）。2018年，公司被评为农业产业化省级龙头企业。

公司与浙大屠幼英团队、省茶研所签订了技术服务咨询协议，聘请多位专家为企业顾问。公司采用“公司+基地+农户+科技”的发展模式，建设茶园基地37.87hm²作为浙大教学实训基地，辐射带动周边农户612户茶园种植333.33hm²。

公司在浙大、省茶研所的帮助下，引进浙江余姚黄金芽、湖南保靖黄金茶、胥源白茶品种，推广地膜覆盖和遮阳网2项新技术，3个品种生长表现性状稳定，生长势良好，对推广、改变道真现有茶叶品种结构，提升当地茶叶品质意义重大。同时为全县茶产业做好示范带动、技术推广及为今后品种改良作好技术与种质资源储备。

公司“仡佬三色茶”“道真翠峰”“道真玉露”“道真红茶”参加“峨眉山杯”第十一届国际名茶、第四届“国饮杯”全国名优茶评比，均获奖项（图3–111）。

图3–110 贵州茗香茶业发展有限公司

图3–111 茗香公司产品

3. 贵州博联茶业股份有限公司

贵州博联茶业股份有限公司位于道真县上坝乡，成立于2003年，注册资金1000万元，是一家集茶叶研究、种植、开发、制作、生产、加工、销售一条龙服务的贵州省农业产业化省级重点龙头企业（图3–112）。

在道真县建自有茶园150hm²，标准化加工厂3间，清洁化加工厂5600m²，引进先进的茶叶加工生产线，年加工生产能力260t。于2017年8月在北京股权交易所成功挂牌新三板，成为贵州省茶业企业中唯一一家新三板上市企业。公司茶园有得天独厚的地利条件，在150hm²自建茶园中，有40hm²余茶园所产茶叶天然有机硒含量达到3.2~4mg/kg，天然有机锶含量4.0~5.0mg/kg，位居同类产品含量之首。

公司与浙大等知名高校签订“产、学、研”战略伙伴协议，研究生产以茶叶为主要原料的，具有保肝养肾、降三高、降尿酸、减肥美颜功能的茶产品及衍生产品。公司产品除在本省及上海、北京、青岛等城市销售外，远销俄罗斯、土耳其、荷兰等国家并建有网络销售平台上线销售。公司主要产品为：绿茶、红茶、养生茶等高山有机茶。其中绿茶、红茶为天然有机茶种，属高富硒富锶茶叶，在同类产品中含量居首（图3–113）。公司产品曾获“中茶杯”“中绿杯”、国际名茶评比特等奖、金奖。

图3–112 贵州博联茶业股份有限公司

图3–113 博联茶业公司产品

2014年通过了ISO9000认证，无公害茶园2205亩认证；2016年“仡山西施”红茶被评为贵州省名牌产品并获食品出口企业许可证；2017年通过有机茶园认证60hm^2、无公害茶园认证147hm^2；2018年公司新产品获得了“十大旅游”商品称号；2019年通过了雨林联盟认证。

（六）务川县茶叶企业

2019年，务川县有注册企业41家，含省级龙头企业1家，市级10家。

务川县鑫隆缘茶业有限责任公司是农业产业化省级重点龙头企业，位于务川县黄都镇，成立于2012年，属民营独资企业，是集茶叶生产、加工、销售、出口、弘扬茶文化为一体的综合型现代化企业，加工厂区占地面积12000m^2，有名优茶、办公茶、大宗茶、红茶、黑茶生产线5条（图3–114）。

图3–114 务川县鑫隆缘茶业有限责任公司

公司有茶叶基地266.67hm^2，2018年获雨林联盟认证茶园面积153.33hm^2。种植基地与加工场所全程装有监控设备，防止周边农户喷施农药污染到公司茶园。公司计划在十年之内把公司基地打造成集旅游、佛教寺庙、休闲养生、休闲山庄、垂钓、宾馆和疗养一体化服务基地，通过多元化经营模式来吸引更多顾客。

公司至今研发申报发明专利30项，获得发明专利证书2项，注册商标4项，受理24项。公司与贵州大学茶学院共同研发生物茶园项目；与遵义医学院、贵州大学茶学院、贵州省农科院等科研机构签订技术合作协议；与贵州贵茶有限公司、凤冈江梅茶业有限公司和浙江宝纳制茶有限公司合作。公司每年安排员工到贵州大学茶学院学习，聘请茶学院与贵州省农科院教授每年到公司培训指导相关技术。

2016年评为科技型企业；2017年获“绿色地理标志”并获科技型企业奖；2018年获农业产业化省级龙头企业、绿色食品认证。目前正在申报国家高新技术产业，申报农业科技产业园区。

公司基地与松树林相连，开发了“松香”牌绿宝石、龙芽、红茶、茶花茶、小茶罐等系列产品，色香味独特，营养丰富，无污染，无残留农药，属天然绿色食品。其中“松香宝石”获得松香绿茶发明专利，远销全国25个省份（图3-115）。公司产品已达到欧盟标准，2018年获雨林联盟认证，近年来公司产品主要出口欧洲，公司产品出口免检。

图3-115 鑫隆缘茶业公司产品

（七）仁怀市茶叶企业

2019年，全市茶叶生产、加工、营销企业及加工大户12家，含注册企业5家，省级龙头企业1家。

仁怀市香慈茶叶种植专业合作社（贵州省仁怀市香慈茶业有限公司）位于仁怀九仓镇，成立于2013年8月，注册资金600万元，原为原仁怀县小湾公社建设于20世纪70年代的集体企业小湾茶场，是以茶叶种植、加工、销售为一体的省级重点龙头企业，合作社有厂房7000hm^2，有绿茶生产线2条、红茶生产线1条，已通过QS认证，能年产茶叶500t（图3-116）。

图3-116 仁怀市香慈茶叶种植专业合作社

到2019年底，茶园基地发展到401.33hm^2，已投产

361.33hm^2，年产量200t多。辐射带动周边农户发展茶园约333.33hm^2，覆盖区现有无公害茶叶基地733.33hm^2，覆盖1300多户农户，其中贫困户123户。

合作社为贵州省农业产业化省级重点龙头企业、遵义市茶文化研究会理事单位；2014年8月获贵州省茶叶发展联席会议办公室评为“贵州茶叶行业十大返乡农民创业之星”；2015年8月被列为贵州省妇联巾帼示范基地，9月获遵义市妇联“遵义市第四届旅发大会妇女手工展优秀奖”；合作社覆盖区668hm^{2}茶园基地获贵州省农委颁发的“无公害农产品产地认定”；2016年5月获仁怀市总工会“返乡农民工创业之星”称号，9月获贵州省总工会授予“雁归圆梦·百千万行动创业之星”称号；2017年申报国家农业部绿色食品认证，获专家现场审核通过；2018年获国际雨林联盟认证茶园333.33hm^{2}和雨林联盟证书，申请贵州省绿色食品标志认证茶园733.33hm^2。

合作社与贵州大学、贵州省农科院等单位形成了长期稳定的“产、学、研”合作关系，先后在品种筛选、环境保护、产品精加工方面投资4800多万元。

合作社着力打造茶品牌，2012年注册了“香慈”品牌商标，2015年“香慈”品牌获“贵州省著名商标”，产品主要有“香慈”牌翠芽、毛尖、毛峰、香茶等绿茶系列产品和

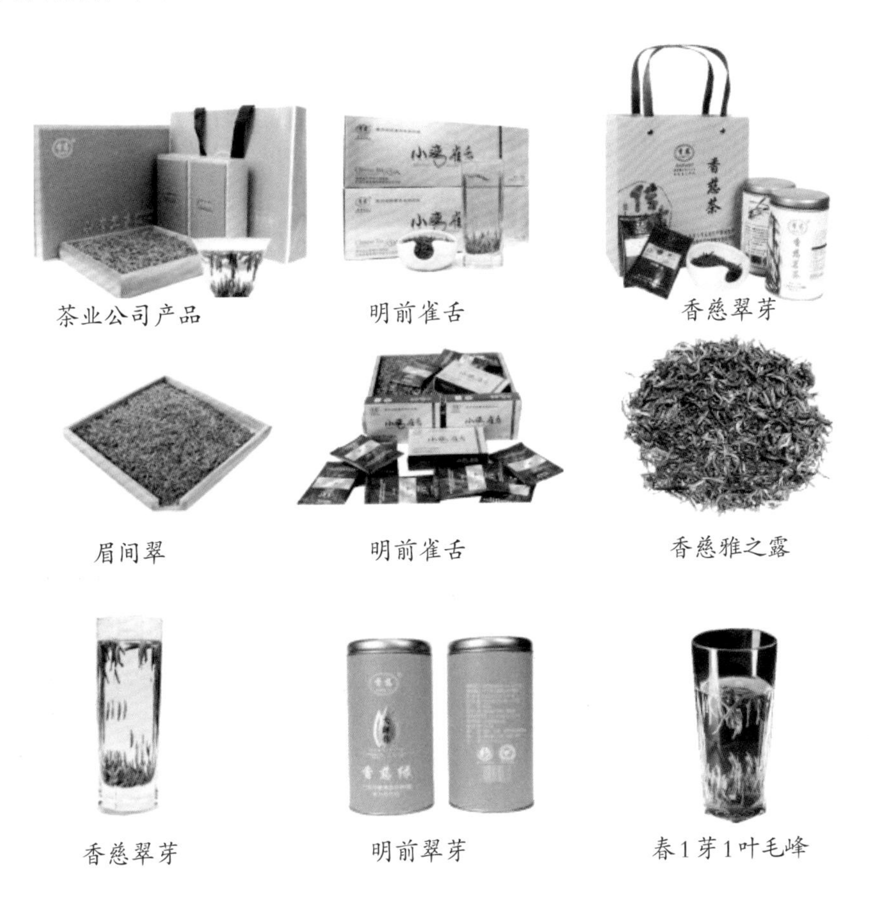

图3-117 香慈茶叶合作社产品

“香慈”牌红茶系列产品（图3-117）。在仁怀市、遵义市等设立有3个销售门店，年销售收入3000万元以上。产品销往遵义、贵阳、北京、上海、广东、四川、重庆、东北等地。

（八）其他县（市、区）茶叶企业

上述各县（市、区）都是选介其省级以上农业产业化重点龙头企业，其他县（市、区）到2019年，暂时还没有省级及以上级别的农业产业化重点龙头企业，但有些茶叶企业经营和精准扶贫也做得有声有色。下面对这些县（市、区）的茶叶企业作简单记述：

1. 播州区

2019年，全区茶叶生产、加工、营销企业及加工大户12家，含注册企业10家，市级龙头企业2家。年加工能力3000t以上。比较知名的有：

① 遵义县枫香茶场（图3-118）：贵州省传统出口绿茶生产基地，农垦系统出口茶定点生产单位，主产红茶、绿茶、特种茶、保健茶等。

② 遵义县龙坪茶场：1974年建成的国有农垦企业，主产红碎茶、绿茶、毛峰和南边茶等。

③ 遵义上上农业产业有限责任公司：农业产业化市级重点龙头企业，主产的“遵义会茶”系列产品。

2. 习水县

2019年，全县茶叶生产、加工、营销企业及加工大户14家，含注册企业11家，市级1家。年加工能力250t以上。比较知名的有：贵州习水县勤韵茶业有限公司（图3-119），遵义市农业产业化市级重点龙头企业，主产“金枞丝”野生红茶、“金枞丝”习水大树茶。

3. 桐梓县

比较知名的茶企有：贵州森航茶业有限公司，全国“万企帮万村”精准扶贫行动先进民营企业，主产古树红茶、古树绿茶、黄金芽等品种。

图3-118 遵义县枫香茶场加工厂

图3-119 勤韵茶业大树红茶专卖店

4. 赤水市

比较知名的茶企有：赤水市望云峰生态农业园有限公司（图3-120），原为始建于20世纪70年代大同镇洞坝茶场，2014年4月正式成立，属茶旅一体化的市级龙头企业，主产绿茶、红茶，注册商标有望云峰、洞坝望云红、洞坝望云绿等。

图3-120 望云峰公司茶园

古茶篇

第四章

我国是饮茶、种茶、制茶最早的国家。据考证，包括四川、云南、贵州及部分西藏高原地区的西南地区是世界上茶树的原产地，是世界最古老的茶区和茶文化的发源地，遵义属于这一区域。

第一节　遵义古茶树分布

从唐代《茶经》到清代《贵州通志》《湄潭县志》等古籍，都记载今遵义境域早有野生茶树分布。当代茶圣吴觉农在《茶经述评》中介绍：“据贵州省农业局及茶叶科学研究所调查，在习水、赤水、桐梓……务川等县，先后发现大茶树”。《贵州野生大茶树分布图》中共标注了24处，属于遵义的就有6处，占了全省的四分之一，说明遵义境域的古茶树分布较广。

本节分县（市、区）记述其古茶树分布情况。

一、湄潭县

湄潭古茶区有南北两处：南部指从县城边上的象山向南延伸自乌江边上一带山脉及两侧，北部指从中华山山脉向北延伸至复兴铁笔山等地。2011—2014年，湄潭县政协文史委组织相关人员，对全县古茶树资源进行系统调查，湄潭境内存留有明清至民国时期栽种的茶树至少3万余丛，50万余株（图4-1）。

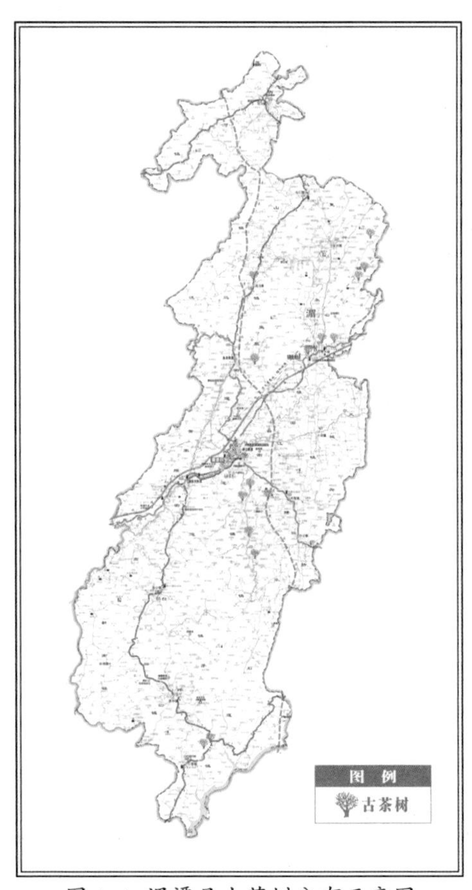

图4-1　湄潭县古茶树分布示意图

（一）南部古茶区

云贵山是湄潭县城边上的象山山脉向南延伸的最高山峰，海拔高度1209.3m，土壤多为沙石（风化石），常有云雾缭绕，该处有明清茶树200余丛。

湄水沟茶叶在民国年间很受外地茶馆青睐，春茶出来后，县域开茶馆的老板们专门跑来这里收购茶叶，该地方有明清茶树400余丛。

客溪（今朝阳村民组）南明时期该地方就有茶树百丛，今仍叫小茶园，后山的白�禅院附近的田土和茶园为庙产。民国年间，当地采摘的春茶当天交寺庙和尚制茶销售。调查显示，该地方有明清茶树500余丛。

庙塘坝村打木垭，田氏家族由江西起籍迁到此地耕种自给，调查统计该地方有明清茶树600余丛（图4–2）。

图4–2 湄潭打木垭古茶树

大庙场下坝茶园坡有清末民初古茶树600余丛。

云贵山古茶树分布在大庙场村云坝组及湄水沟菜龙组，调查统计，有明清古茶树600余丛。2014年6月，湄潭县政府将云贵山古茶树公布为县级文物保护单位。

大庙场集镇边上的两个小山堡，花园坪有古茶树400余丛，初步断定为明代栽种；庙坡顶有古茶树1200余丛，初步断定为清代栽种。

上坝村民组有古茶树1200余丛，初步断定为明清时期栽种。

在大庙场贺家沟入口左面半山地名叫老屋基，有古茶树200余丛，初步断定为明代栽种。

大面坡临近牛场张长沟，经调查统计有古茶树300余丛，初步断定为明清时期栽种。

泥冲古茶树群在一片退耕还林时所栽种的现代茶园中，使古茶树与栽种的茶树融为一体（图4–3），整个泥冲山头及周边土坎、茶园中古茶树随处可见。经调查有古茶树600余丛，初步断定为明代栽种。

图4–3 野生大茶树与种植茶树共生

颜家坡一个叫窝凼的地方有古茶树上百丛，初步断定为清代茶园。经调查颜家坡有古茶树500余丛，初步断定为明清时期栽种。

与客溪相邻的小泥坝村有一个山头名叫青枫坳，整个山头有土地270亩。原来整个山头有茶树1000余丛，最大一丛茶，由上百根茶树组成，茶树高2.5m，冠幅3m，最大根系直径为30cm。土坎上有直径20cm、15cm的大茶树，是目前发现的最大古茶树群。经调查统计青枫坳有古茶树800余丛，初步断定为明代栽种。

客溪口公路两边的梯土坎上有黄泥堡茶树群，左边数层土坎有茶百余丛，右边土坎约有40余丛。根据茶树根茎判断及调查当地村民，知此地茶树为晚清时期间栽种。经调查统计黄泥堡及岩佬一带有古茶树530余丛，初步断定为晚清时期栽种。

客溪山庄后面半坡的客栈及周边有古茶树600余丛，初步断定为明代栽种。

李邱氏茶园位于白�禅院山后半坡有茶树14丛分布在土坎上，最大茶树的根系22cm，根的直径16cm。初步判断为清代前期或者中期种植。在白�山有一棵最大的茶树，为山下朝阳寺的庙产。经调查统计白筕山及周边肖家坡一带有古茶树1000余丛，初步断定为明清时期栽种。

凉桥村清水湾一个山头上全是茶树，为当地杨氏家族在清代栽种，经统计有600余丛。

庙塘坝村葛麻池一带，田边土角均有古茶树，为清代栽种，经统计有100余丛。

茅坪镇平顺坝苗寨周边的土坎生长的茶树，为清代栽种，共有200余丛。

石莲黎明村团结组段家寨一个叫大山的山头，一丛高大的古茶树格外引人注目，茶丛高6m，冠幅7m，从一个根块上长出大小茶树40余株，出土的茶树最大直径24cm，裸露根块直径60cm。在寨棚坳一株单独生长的茶树，根块直径35cm，直径11cm，高380cm。村民田维兴的责任地土坎有一排十余丛古茶树，最大根块直径40cm。整个大山周边，同一时期栽种的古茶树应该有300丛以上，栽种年代大致在明末清初。

石莲镇九坝村民组一个地名叫何太子的地方，有数丛古茶树。古茶树高4.3m，冠幅4.5m（图4-4），根块直径50cm，从根块上长出三株茶树，最大直径为13cm，其余直径为12cm。其中一株在离地25cm处分支长出两株，每株直径各9cm。据初步统计该地方有古茶树150余丛。

图4-4 湄潭南部石莲古茶树

（二）北部古茶区

湄潭北部复兴镇随阳山是县域历史上的古茶区，中央实验茶场在湄期间，李联标、叶知水、寿宇等就对随阳山一带的古茶树进行过调查。

400多年前的古地名中有个叫三跳的地方，但现湄潭地图无此地名，这地方有很多与湄潭历史有渊源的故事。清光绪年间《湄潭县志》记载该地方为湄潭的启跳甲。在当地较为出名的是杨家茶园，茶园六层梯土每层都保留有古茶树，根据茶树的大小，初步断定为明清时期栽种；在杨家茶园坡的东南面欧阳茂常家的责任地均为古茶树，根据茶树的大小，初步断定为晚清时期；在杨家茶园坡的南面一个叫“刘家环边”的地方，三层梯土每层都有古茶树，最大茶树的直径23cm，根据茶树的大小，初步断定为明代茶园；其次在村民阮仁远的责任地也有老茶树。

经调查统计三跳一带有古茶树600余丛，初步断定为明清时期栽种。下场口陈家9堡13湾茶园开垦于清代，现在存留有古茶树400余丛。上场口陈家茶园位于随阳山集镇北面，通往凤冈的公路边上，初步断定为清代，有古茶树200余丛。

二、凤冈县

通过近年的调查考证，在花坪关口、龙泉文昌等处相继发现古茶树群，凤冈县古茶树共计108株。

① 按乡镇分：何坝镇60株、琊川镇11株、龙泉镇10株、石径乡7株、蜂岩镇6株、永和镇5株、土溪镇4株、花坪镇3株、天桥镇1株、绥阳镇1株。② 按树种分：古茶树涉及2种，分别是茶98株、普洱茶10株。③ 按生长场所分：城区（龙潭河湿地公园）46株，乡村62株。④ 按权属分：国有46株，个人61株，其他1株。⑤ 按古树等级分：全部为三级古树。⑥ 按地围大小分：30~60cm的85株，60~70cm的11株，70~80cm的11株，80cm以上的1株。⑦ 按生长势分：正常生长的57株，衰弱的51株。

三、正安县

正安大树茶种质类型为野生资源，有性系，属乔木型，分布于新州、庙塘、安场、和溪一带海拔900~1400m地区，多见于山崖深谷混生林（图4–5）。树高6~7m，树龄500年以上，最大者基径37cm，胸径23cm。还有部分灌木丛茶，主要分布在中观、市坪、谢坝、流度、土坪等村寨房屋周围的园地土坎。正安县民间久有采摘加工饮用之习惯。

图4–5 正安古茶树

正安老鹰茶属乔木，正安县种植老鹰茶已有几百年历史，春季开粉红色茶花，香气怡人。具有四季常青的特点，分春、夏两次发梢。广泛分布在该地区海拔600~2000m之间的地带，遍及全县各乡镇。已发现100年以上树龄的茶花树3株，分布于庙塘镇木耳村，小地名花大坪2株，一株树龄为125年，树高12m，地围155cm，冠幅10m；另一株树龄为100年，树高9.5m，地围116cm，冠幅5m；和溪镇青龙村，小地名为“三组大屋基”，有茶树树龄为110年，树高9m，地围230cm，冠幅12m。

四、余庆县

余庆县能见到的山茶科古茶树只有野生油茶籽树（图4-6），山茶科山茶属，位于余庆县白泥镇新寨前进组，树龄150年左右；有属于樟科木姜子属的老鹰茶树，位于余庆县敖溪镇指挥村大水井组，树龄150年左右；还有野生苦丁茶树，又名粗壮女贞树，木樨科女贞属，位于余庆县白泥镇桂花村，树龄100年左右。

图4-6 余庆县油茶籽树

五、道真仡佬族苗族自治县

道真县古茶树有两种：一种是零星分布的大树茶，另一种是成片分布的道真天茶。

（一）零星古茶树

道真古茶树多且分布广，洛龙镇双河白岩堂有一株300多年的特大乔木绿茶树，当地人称之为“茶树王”（图4-7），由于土质肥沃，大茶树历经数百年而生长旺盛。经丈量，树高12.6m，树干胸围1.15m，树冠9m^2，每年可采制干茶叶30kg多，方圆百里之内以该茶树产的茶为精品。当地老人介绍，早在清朝时期，生活在这里的人们便争相攀上大树采摘茶叶。不但枝繁叶茂，而且“子孙”繁多，树根分枝及茶籽落地长出的茶树一大片，树高也达2~3m。

图4-7 道真洛龙古茶树

玉溪镇淞江村石尚台现今生长着一棵“老鹰茶”树王，树龄200年以上，由前人从山林中挖出移栽在农家院边。主杆高10m，树干胸围3.25m，因树大而遭雷击过，主干下部已空心，生长不旺。大磏镇三元村有8棵老鹰茶树，高5~10m不等，生长旺盛。

2016年底，三桥镇发现几株300年以上野生大茶树，县茶产业发展中心组织三桥镇相关人员进行了野生古茶树普查，最终发现大量野生古茶树，其中最古老的有600多年历史，目前正在对古茶树进行建档立卡保护和取样化验。

（二）成片古茶树

位于道真县南部的棕坪乡是大片野生“天茶”的集中地，航拍面积达833.33hm^2，范围包括整个棕坪乡的翻山、老林、老厂一带，土壤属黄壤、石灰土壤组合区。经省茶科所考察报告认证，棕坪乡野生天茶主要分布在海拔1100~1400m的崇山峻岭原始次生林中，与方竹、杉、杜鹃等林木混生，面积1200hm^2。在密林中、悬岩峭壁上生长数百年未曾开发，保持了绝对原生态，在全国亦属罕见（图4-8）。当地老百姓将它称作“天茶”，即天然生长的茶。茶区终年多雾，泉水清清，沟渠纵横，属亚热带湿润季风气候，气候温和、雨量充沛。

图4-8 道真棕坪天茶

最老的野生天茶树龄达800年以上，据不完全统计，100年以上的野生天茶约在10万株以上，有代表性的几十株茶树特别显眼。野生茶树群属有性系，乔木型、大中叶种，中生性；植株较高大，树高4~5m，树姿半张开，分枝较密，径5~8cm，冠覆2~3m^2；叶片呈上斜或水平状着生，叶色深绿或绿色，叶面平尚隆，有光泽，叶质柔软，叶尖渐尖，叶龄密、浅，叶长6.5~15cm，叶宽3.2~5.5cm，茸毛少，叶脉11~16对；芽黄绿或绿色，夏季有紫芽；花腋生或顶生，花柄6~10cm，无毛；花瓣11~13瓣，白色，花柱4~5列；果实椭圆形，直径3~4.5cm，花果期在每年的9~12月。

“天茶”的发现，拓宽了贵州省茶树育种材料资源，是研究茶树起源及进化的活化石之一，进一步证明中国西南地区是中国茶树起源中心之一，具有很高的研究价值和经济价值。

六、务川仡佬族苗族自治县

图4-9 务川古茶树

务川县境内古茶树资源品种是野生大树茶（疏齿茶），因其具有独特的口感深受业内人士好评，可说是务川县的瑰宝（图4-9）。2013年，根据务川县政府统筹安排，务川自治县茶产业发展中心组织人员对全县古茶树进行了一次全面普查，务川县现存野生古茶树有72株，主要分布在涪洋、黄都、浞水、泥高和分水5个乡镇。全县大树茶均属乔木型，大叶类，树姿直立，平均树高4.6m，平均直径20.1cm；分支较密，叶绿色或淡绿色，富有光泽；叶面平，水平或稍上斜着生，叶长9~16.8cm，宽4.2~6.2cm，叶脉6~8对，锯齿稀、浅、钝，叶质薄脆；花白色，花瓣8~10片，萼片5片，柱头3裂，裂位中，子房无毛；发芽期早，持嫩性强，芽叶壮实，产量高；细嫩新梢呈黄绿色或微具紫红色，蒴果多呈三角形。根据后来工作中的发现，在黄都、涪洋等乡镇其他地方仍有零星分布，全县现存大树茶至少在100株以上。

七、播州区

图4-10 播州区石门子古树茶

《遵义县山盆镇志》载："现茶厂村白杨坝组石门子附近尚有7棵古树茶。其中最高的一棵高约10m，最大的一棵胸径0.17m，高5m多，树冠直径4m多，树龄约80多年，采摘一次能炒茶2kg左右（图4-10）。大树茶木质坚硬、纹理细密、树皮较丛茶略显粗糙，表蒙烟灰，呈淡绿色；叶似丛茶，较丛茶叶子大而厚实，呈深绿色，一般长约0.14m，宽约0.06m；开白花，花状似丛茶花而比丛茶花大。"

八、仁怀市

仁怀小湾夫妻茶，位于仁怀市九仓镇筲箕湾村新庄村民组，为农户曾传红所有，相传为其祖上栽植于明朝年间，距今已有300多年了。两株古茶树并立而生，相隔6m。其中一株高3m，树冠5m，胸径25cm，另一株略小，均属大叶型。至今仍枝繁叶茂，绿色葱茏，每株每年能产鲜叶25kg左右。采其鲜叶制成红茶，茶味极佳，十分难得（图4-11）。附近每有结婚喜事，小夫妻多约树下叩头焚香，敬挂红色布条，祈求婚姻幸福美满，互敬互爱，白头偕老。近常有游人慕名来拜，在树下合影留念。

在中枢镇交通村，有一棵不知年代的大树茶，至今还可供人们采摘用于制茶（图4-12）。

图4-11 仁怀小湾夫妻茶（大株）

图4-12 仁怀交通大树茶

九、习水县

习水县有丰富的野生大树茶资源，境内随处可见主干直径在20~50cm的大树茶（图4-13）。距习水县城4km处的图书村水口组王运习家房前有三株大树茶，最大的一株高9m，主干直径44.9cm，中等的一株高7m，主干直径44.4cm（图4-13）；在习水县城边的九龙村坪子组，有5株主干直径25~40cm的大树茶；20世纪50年代，进行对大树茶的开发利用时，在原东皇区大鹅公社的大鹅池边发现有300余株主干直径20~30cm的大树茶；在原习水县官渡区石保公社青溪大队也发现有百余亩主干直径在15~30cm的大树茶；1964年中国科学院专家到习水县考察野生大树茶，指出云南西双版纳发现的野生大树茶主干直径有13.8cm，据考察已有5000年以上的历史，习水大树茶类似云南大树茶，说明习水县的大树茶生长历史也在5000年以上。根据贵州省林业厅、省农委关于《启动全省古茶树资源调查工作的通知》，习水县林业局2018年对全县辖区内的古茶树资源进行调查，调查结果显示，古茶树主要分布在习水县东南部高海拔地区的乡村，其中仙源、良村、双龙、温水、东皇、三岔河等为主要分布区域。据习水县林业局2015年初步统计，在全县各乡镇和习水自然保护区均有分布，共涉及18个乡镇（街道或林场），共计233759株（不含自然保护区）。其中胸径大于10cm有133390株。如同民镇蔺江村茶山组就较为集中地生长着2000多株大树茶。

2015年5月，经茶研所虞富莲教授一行专家前往习水县双龙乡双龙村杉树湾考察当地古茶树，就古茶树的树种、茶叶形态、加工工艺等方面做技术指导。专家们一致初步认定当地古茶树有两株属稀有品种“疏齿茶”：有一株茶树叶片形态介于野生型与栽培型之间，可能是杂交类型，属半驯化野生茶；有一株灌木小叶茶为栽培种，非常稀少。

图4-13 习水二里乡新庄村古茶树林

十、桐梓县

图4-14 贵州森航公司发现的特大叶种古茶树

桐梓县地形复杂，造成差异明显的立体生态环境，从而使茶树发生同源隔离分居状况，形成丰富的茶树种质资源。近几年调查表明，桐梓县古茶树资源包括栽培型茶树和野生大茶树两种类型，现存活数量约5000株，集中分布在马鬃苗族乡等11个乡镇（图4-14、图4-15）。

桐梓县茶树种质资源具有丰富的遗传多样性，主要表现为其具有形态多样性，首先是营养器官具多样性：从树型来看，有乔木型、小乔木型，也有少数灌木型；从叶片大小看，有小叶、中叶、大叶、特大叶。其中目前在桐梓发现的“茶树王”位于马鬃苗族乡，海拔1159m，直径61cm，树高8m，东西冠幅4m，南北冠幅8m，成熟叶片，叶脉对数6~7对，叶片长度约15cm，宽度约6.5cm，肥厚无毫，具有抗病、抗逆、抗寒、耐贫瘠等优良特性。其次是花、果、种子形态的多样性。

图4-15 桐梓楚米镇古茶树

十一、赤水市

“赤水大树茶”是我国六大野生茶之一。普遍分布在赤水县的高山地区，属高大乔木或半乔木型植物。1959年发现的一株“赤水大树茶”，位于赤水县黄金区和平乡前锋社茶坪子。树高12m，树干周长（靠近地面处）250cm，离地1m处周长180cm，离地2m处周长142cm；叶宽7cm左右，叶长16cm左右；叶脉8~12对；叶尖突出，叶色浓绿，芽头肥壮，茶芽长而大。该茶树位于山谷中，所在地海拔约1400m，周围是森林茂密的高山。该茶树年龄估计在500~600年以上（附近一带的大树茶都是上百年的乔木型茶树）。该茶树为青毛茶的理想原料。据当地群众介绍，该茶树1957年采的春茶原料200kg左右，如果采做边茶，可采原料250kg左右。

十二、汇川区

图4-16 汇川古茶树

据毛石镇农业服务中心调查，在该镇白花村河坎组有古茶树85株、中坝村茶园组1株、毛石村龙井湾2株（图4-16）。

第二节　古茶树保护与开发

古茶树历经沧桑，记录了真实的历史信息，具有重要的生态价值和历史文化价值，还能提供茶叶种质资源科学研究价值，对研究茶叶起源和茶文化有重要作用。为加强古茶树保护管理，促进古茶树资源合理开发利用，2017年8月3日，贵州省第十二届人民代表大会常务委员会第二十九次会议通过了《贵州省古茶树保护条例》(以下简称“《条例》”)，自2017年9月1日起施行。

《条例》界定了古茶树概念“树龄100年以上的原生地天然生长和栽培型茶树”及古茶树保护管理和开发利用原则：“坚持保护优先、科学管理、有序开发、可持续利用的原则，兼顾基因保存、文化传承、品牌培育、产业基础等方面的协调发展。”明确了县、乡镇、村（居）民委员会在古茶树保护方面应该承担的工作，以及经费安排、保护管理、开发利用、法律责任等。据悉，这是全国第一个发布的古茶树保护省级法规条例，使全省的古茶树保护有法可依、违法必究。

早在《条例》发布之前，遵义所属各县（市、区）已经开始从事古茶树保护和合理开发利用，各县（市、区）所从事的这方面工作有以下几点。

一、湄潭县

2010年10月，湄潭开始进行第一次茶文物调查，这是贵州茶文化遗产进行真正意义上保护与利用的开端。2011年4月、2013年5月，湄潭县又对全县茶文物进行认真仔细的专题调研和全面深入的实地勘测与数据登录，拍摄大量照片，绘制相关图纸，建立茶文物档案。

湄潭县茶文物普查包含了古茶树资源保护情况调研，2011—2014年，湄潭县政协文史委组织相关人员，对全县古茶树资源进行系统调查，在田野调查中，发现了全县各个产茶区的古茶园、古茶树，掌握了湄潭境地存留有明清至民国时期栽种的茶树情况。在古茶树保护方面，贵州湄潭兰馨茶业有限公司筹资150余万元，历经3年辗转数省份，行程上万千米，收集、移栽古茶树406株，在公司总部建成占地2500m²的“古茶树园”(图4-17)。

图4-17　湄潭兰馨公司古茶树园

二、凤冈县

凤冈县对古茶树的保护与开发利用方面做了如下工作：

（一）开展古茶树调查

根据贵州省林业厅、省农委《关于启动全省古茶树资源调查工作的通知》中《贵州省古茶树资源调查工作方案》的安排，凤冈县政府印发《关于印发凤冈县古茶树资源调查工作方案的通知》，及时制定凤冈县古茶树资源调查工作方案，组织各乡镇林业站长、技术人员全面开展全县古树大树名木的调查。古茶树外业调查工作于2018年4月23日全面完成，通过调查，掌握了全县古茶树数量，拍摄古茶树照片348张作为资料留存。

（二）古茶树资源的保护

首先是认识到古茶树是祖先留给我们和子孙后代的宝贵财富，具有不可替代的作用和重要价值，必须善待和保护好。其次是正视现实，城区古茶树46株，占全县古树大树名木总数量的42.6%，为县域龙潭河湿地公园建设中引进栽植，相对较易保护；而分布在乡村的田边、土角、房前、屋后的古茶树受人为干扰极大，随时都有可能受到损坏，多数处于一种无人保护的状态。最后是具体措施：① 层层落实古茶树保护责任制，出了问题要有人承担职责；② 每株古茶树都有专人管护养护；③ 针对目前生长衰弱和濒危的古茶树马上进行抢救，改善它们的生长环境，使其能够尽量恢复生长势头；④ 针对因城市开发与古茶树生长出现矛盾的地方，及时研究并落实保护方案；⑤ 各级政府及财政部门加大对古茶树保护、修复、抢救经费的投入，减少人们对古茶树经济价值的依赖。

为发现和保护古茶树，2013年4月，凤冈县茶叶协会发布公告称，凡在凤冈县范围内发现古茶树（不含茶籽树）的，请报告该县茶叶协会办公室。经县茶叶协会现场调查，情况属实的，奖励报告人200~500元。

（三）古茶树资源的开发利用

一是在开展古茶树保护和抢救的同时，开展古茶树的科学普及和科学研究工作。二是将古茶树资源集中用于旅游和古树茶产品的合理开发，筹集资金用于对古茶树进行更好的保护。

三、正安县

正安县林业局对已发现的4株古茶树进行了编号和挂牌，并落实了管护责任单位和责任人。

四、道真县

道真县对古茶树的保护与开发利用方面作了如下工作：

（一）考察及结论

2006年，西南大学茶学系三位教授来道真对境内野生茶树开展调查；2007年5—11月，省茶科所研究员一行四人对棕坪乡野生茶树进行两次调研；2011年，贵州大学茶学系多位教授到道真对野生茶树开展调查，浙大屠幼英教授率领多位研究人员到棕坪乡考察古茶树资源，并采集样品进行内涵检测。

道真“天茶”的生长土壤贫瘠，环境独特。典型表象是树体高大直立、花大而质厚、果大而皮厚、叶片革质。可作为培育特用商业品种的育种材料，也可作为茶树远缘杂交、基因累加等高科技育种材料，利用人工杂交、快繁技术与组织培养相结合的途径，进行突破性育种开发。短期内可将“天茶”进行扦插或嫁接繁育，野性栽培驯化。

专家建议当地政府和人民适度开发并加以保护，成立保护机构，划定保护范围，制定保护措施，落实专人专管挂牌保护，实现资源的有效利用和可持续发展。

（二）保护与利用

1949年后，南县沟老百姓自觉保护古茶树，由所有人看管。“人民公社”时期，生产队明确就近的一户农民专管，并规定茶叶只能由集体派人采摘，对偷采者给予重罚。1987年，林业部门列为古树进行保护。2000年8月，县林业局再次调查登记，建档明确茶树保护责任人，实行挂牌保护。2011年，县农牧局发出《关于印发对洛龙、棕坪野生茶树保护的通知》，提出六个方面的保护办法：一是明确责任单位；二是要求进一步提高对古茶树资源有效保护与合理利用的认识；三是进一步明确古茶树资源保护和管理职责；四是加强对古茶树生态系统及其生存环境的保护；五是加强对古茶树资源利用、改造、保护的科学论证和监督管理；六是鼓励社会力量积极投入古茶树资源保护。相关单位已对古茶树实行围栏保护。

2011年，与浙大屠幼英教授团队签订协议，对道真县野生天茶开展研究和开发；2012年，县政府与省茶研所签订协议，由省茶研所对县域野生茶树进行驯化培育、科研、发展及利用；2014年，棕坪乡政府申报贵州十大古茶树之乡获准，授牌“贵州十大古茶树之乡”（图4-18）。

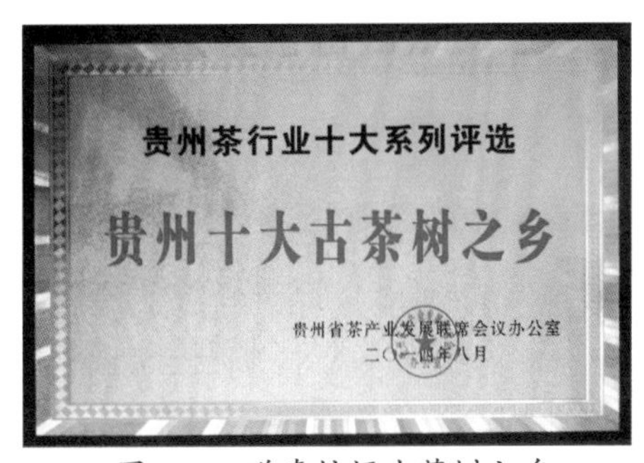

图4-18 道真棕坪古茶树之乡

五、务川县

务川县对古茶树的保护与开发利用作了如下工作：

（一）鉴定正名品种

一是成立专门调查组，通过查阅历史资料，走访群众，实地调查、现场鉴别；二是请权威专家鉴别。2015年10月26日，请中国科学院昆明植物研究所植物学研究员、博士杨世雄和省茶研所茶树育种研究员陈正武，到县域对普查到的古茶树资源进行实地考察鉴别。结论是：县域的野生大树茶为疏齿茶种，与云南的大树茶同种。考察中还发现有部分树龄不太大的大树茶子房有绒毛，不再是纯疏齿茶种，而是疏齿茶与引进的栽培种进行杂交的后代。

（二）挂牌建档保护

利用GPS对每株古茶树进行定位，“一树一牌”挂设，县政府制作的永久性“古大珍稀树木保护牌”，拍照成像制成图片，“一树一档”建立古茶树专门档案，便于今后的探索和研究（图4-19）。

图4-19 挂牌保护古茶树

（三）古茶树的利用

① **优选扩繁**：全县72株古茶树资源形态特征各不相同，为了更好地利用其特性价值，2015年11月初，通过子房进行鉴定，按挂牌编号选取未被杂交的古茶树枝条进行扦插扩繁。

② **加工制茶**：从2014年春起，县域雾峰茶叶农民专业合作社对古茶树茶青进行收购加工，2015年贵州金科现代农业发展有限公司和雾峰茶叶农民专业合作社合作，开发研制出了“黔稌坊”牌务川大叶茶，并在2015年8月荣获第十一届“中茶杯”全国名优茶评比“特等奖”。

（四）后续工作

① **建立母本园，快速扩繁**：为了充分保护县内濒临绝境的野生古茶树资源，县茶办将继续按挂牌编号选取未被杂交的古茶树枝条进行扦插扩繁，尽快建立务川古茶树母本园，确保品种纯正，加快对古茶树的合理开发利用。

② **研发创新，打造品牌**：加强古茶树品质特性研究，挖掘其独特之处，继续研发创新，开发出务川古茶树茶叶新产品，提高市场竞争力，造福全县人民。

③ **加大古茶树保护力度**：务川县茶办组织专业人员，继续搜集古茶树资源，鉴别确认，挂牌建档保护。

六、播州区

为了顺利开展古茶树资源普查工作，播州区林业局制定了《遵义市播州区古茶树保护工作方案》，成立了古茶树资源普查工作领导小组，负责全区整个古茶树资源普查的人员培训、技术指导以及质量检查等各项工作。普查工作由区林业局牵头，协助各乡镇林业站、街道办农业综合服务中心开展具体的普查作业，抽调精干人员参与全部调查工作。

（一）外业调查工作

播州区古茶树资源调查工作于2018年2月23日启动，全区以乡镇为调查小组，于2018年3月15日结束外业调查任务。

根据《贵州省古茶树调查技术方案》确定古茶树资源调查范围。调查范围为分布在城乡孤立或群团生长的古茶树，包括远郊野外、乡村街道、城区、风景名胜区等空间的古茶树，切实保证应纳入调查范围的古树名木不重、不漏。

调查工作严格按照贵州省林业厅制定的《贵州省古茶树调查技术方案》执行。逐乡镇、逐村、逐株进行全覆盖实地实测，不留死角。调查人员对调查范围内的古茶树进行现场测量树高、胸径、冠幅等数据，确定树种、树龄、位置、权属、生长势、保护价值、保护现状等，并填写《古茶树每木调查表》。群状分布的古树若符合古树群定义的，进行古茶树群现场观测与调查。古茶树群现场观测与调查除进行单株古树的现场观测与调查内容以外，还调查古树群主要树种、面积、古茶树株数、林分平均高度、林分平均胸径（地径）、平均树龄、郁闭度、下木、地被物、管护现状、人为经营活动情况、目的保护树种和管护单位等，并将古树群调查结果填写到《古树群调查表》。

根据《中国树木志》等工具书的形态描述和检索表，鉴定出树木的科、属、种。对于存疑古茶树和新增古茶树，由调查人员采集标本以及不同器官（花、果实、叶、树干）照片，由区林业局组织专业技术人员根据标本进行鉴定；区林业局无法确定的，将照片送市进行鉴定，以此类推。部分调查人员不认识的树种识别也通过调查人员现场采集标本拍照后传到专用QQ群，由群内的专业人士协助识别。特别重要的古树名木，请专家现场鉴定。

（二）区级自查工作

按照《贵州省古茶树资源调查技术方案》，区林业局成立了古树茶树自查验收组。核实外业工作无虚报，坐标与记载内容相符，各项指标无虚报，采集照片与实际相符合。核实内业数据库与外业调查表填写完整，采集照片符合标准。

（三）内业工作

2018年3月15—20日，历时5天，内业统计汇总工作结束，完成了对调查数据进行整理，相关调查因子的整改完善，建立数据库并进行相关表单的统计以及调查报告的编制。

七、仁怀市

九仓镇政府对仁怀市九仓小湾夫妻茶挂牌保护，有关部门作为旅游景点，新建围树亭栏，方便人们参观。

八、习水县

2015年5月28日，中茶所、中国科学院昆明植物研究所、云南省农科院茶叶研究所科研人员前往习水县双龙乡双龙村杉树湾考察当地古茶树，就古茶树的树种、茶叶形态、加工工艺等方面做技术指导。通过初步判定，专家们一致认定当地古茶树有两株属稀有品种“疏齿茶”，为进一步确定树种，建议对其花果进行鉴定，同时建议采摘春茶1芽2叶生化样进行生化成分分析，目的是进一步确定古茶树的茶类适制性。专家们认为习水古茶树资源非常难得，大多都属于茶树类的稀有品种，建议当地政府将这些物种的开发和保护工作提上日程，应注意茶树的可持续利用价值。

九、桐梓县

桐梓县古茶树资源具分布广泛、种类丰富等特点，是珍贵的茶树种质资源保存地。《贵州省古茶树保护条例》出台后，随着对古茶树资源的逐渐重视，县域相关政府部门开始关注，并对境内古茶树资源的分布及部分性状进行了初步普查工作，开展古茶树资源保护。政府支持和鼓励具有社会责任心的当地民营企业贵州森航集团携手省茶研所参与桐梓县古茶树资源的保护和集中开发利用，科学研究与合理开发古茶树，从中优选出特异资源，开展品种选育，开发桐梓特色茶叶产品。同时通过对桐梓古茶树文化研究，探寻桐梓茶叶差异化创新发展路径，最大化发挥古茶树的经济价值和社会价值。

十、赤水市

赤水市桫龙虫茶饮品有限责任公司成立后，对赤水域内所有白茶树资源进行了全面调查，并对赤水仅有的1700多株濒危的野生大白茶树进行专家会诊。为了对赤水河流域一带濒危的野生大白茶树实行保护性措施和攻克桫龙虫茶原材料紧缺的难关，公司向有关部门提出了对野生白茶原生母树进行政策性保护，得到了当地政府及有关部门的大力支持，对800株原生树种完成挂牌保护工作。

第三节　古树茶

古树茶指用古茶树茶青生产的茶叶。遵义古茶树分布较广，《遵义市发展茶产业助推脱贫攻坚三年行动方案（2017—2019年）》指出："以'遵义大树茶'为代表的古树茶生产基地，覆盖习水、桐梓、务川、湄潭、道真、凤冈现有古茶树资源，突出大树茶资源，打造'遵义大树茶'品牌，涵盖习水大树茶、务川大叶茶等品牌，适当发展，面积达到3333.33hm^2，产量1000t，产值4亿元"。因此，"古树茶"与"大树茶"本质上是同一个概念。

道真、务川、仁怀、习水、桐梓、赤水等县（市、区）1949年前主要沿袭传统，采摘大树茶用手工制作"金玉茶（普洱茶同义词）"，每棵野生大茶树平均可产金玉茶约2.5kg。古代交通闭塞，销售茶叶只能靠人挑马驮，沿着"茶马古道"运往西藏。1949年后相当长一段时间，遵义各县（市、区）仍以生产边销茶为主，原料仍是野生大树茶。

据各县（市、区）地方志等文献记载，大树茶有野生和家植两类，本节着重记述野生大树茶。

一、道真大树茶

道真大树茶有两种，一种是零星分布的大树茶，如下面记述的道真大树茶1、2号；另一种是成片分布的道真天茶，其分布情况见本章"第一节 遵义古茶树分布"。

① **道真大树茶1号：**生长于道真县涪洋镇，乔木型，大叶类；树姿开张，树皮灰白色，木质疏松，高13m，树冠直径8m；叶革质，淡绿色，长椭圆形，水平着生，叶长12.5~21.2cm，宽4.8~9.4cm，叶脉9~13对，叶尖急尖，叶基楔形，嫩芽细长少毛；蒴果呈球形或三角形，种籽褐色较小。

② **道真大树茶2号：**生长于道真县双河乡，小乔木型，中叶类。树姿直立，木质坚硬，高3m；叶革质，深绿色，长椭圆形，上斜着生，叶长7.5~11.6cm，宽3.8~4.6cm，叶脉7.8对，叶尖渐尖，叶基楔形，嫩芽短壮少毛；蒴果呈三角形。

③ **零星分布的大树茶：**其产品难以形成规模，道真的大树茶产品主要出自道真天茶。省茶研所科研人员对道真天茶生长环境及生物学特性实地考察，对干茶生化成分检测，进一步明确"天茶"野生态性。通过采摘1芽2叶春茶制烘青绿茶样，审评结果：香气清香、汤色淡黄，滋味纯正，叶底黄绿。省茶研所中心实验室就干茶进行生化成分测定：茶多酚34.8%、氨基酸总量3.4%、咖啡碱5.2%、儿茶素总量155.3mg/g、水浸出物49.0%、总灰分7.4%。"天茶"具有咖啡、水浸出物、茶多酚含量三高品质，清醇香浓、

回味甘甜，滋味和香气纯正。当地老百姓因长期进山采饮该茶，80岁以上的寿星颇多。科研人员对其产业化开发提出建议，在春夏季节采收加工成保健茶供人们饮用。

道真县已在棕坪乡建设了占地80hm^2、年产1200t天茶的棕坪乡天茶项目。

二、务川大树茶

务川大树茶又名高树茶、务川乌龙大叶茶，史料记称都濡高株、都濡月兔，属古老大叶型细嫩绿茶。其中树龄最长者在1000年以上，是贵州最早的茶树品种资源之一，为较原始的大树茶良种，秃房茶系。

据史料记载，在清代，务川大树茶与产于福建武夷山的乌龙茶、产于安徽的黄山毛峰、产于浙江的西湖龙井等40种茶叶并列为名茶，说明务川大树茶在封建社会时期就产生了深远的影响力。

务川大树茶呈野生和家种并存状态，移植引种历史悠久。据史料记载，务川泥水一带在唐宋时期即有种植，至今在都濡、泥水、涪洋、黄都等乡镇还生长着原始的大树茶，当地人称为“大叶茶”（图4–20）。中央实验茶场对务川大树茶进行研究后认为，务川大树茶是难得的茶资源。福建省农科院茶叶研究所用其制成“乌龙大茶”，品质甚佳，认为是制作乌龙茶的理想原料。

图4–20 务川大叶茶

新中国成立后，务川大树茶曾引起国内专家学者的关注，中茶所、省茶科所、贵州大学农学院、福建省农科院茶叶研究所、中国药品生物制品检定所、卫生部北京老年医学研究所辽宁大连中医院、药品检验所等先后对务川大树茶进行了研究。香港凤凰卫视、贵州电视台“发现贵州”等新闻媒体对务川大树茶作了专题报道。

务川大树茶于20世纪50年代被列入全国著名茶树品种之一，被录入《全国茶树品种志》。20世纪50年代，省茶科所从务川引种大树茶成功。福建省农科院茶叶研究所用其制成“乌龙大叶茶”，品质甚佳，认为是制作乌龙茶的理想原料。

据1981年湖南省农科院茶叶研究所对春茶炒青样品分析，务川大树茶含水浸出物38.24%、茶多酚28.15%、咖啡碱6.16%、氨基酸1.12%、水分9.84%、儿茶素172.10mg/g，不仅具有“去痰热，止渴，消食下气，清神少睡”的一般功效外，而且有降低血液中胆固醇和甘油三酯的含量，减少脂质在血管壁的沉积，具有预防动脉粥样硬化、降低血压、稀释血液、抗凝溶栓等保健防病功能。

图4-21 务川大叶茶加工

2007年以来，为务川茶叶能够走出去，务川县大力进行茶叶品牌创建。2014年，在贵州金科现代农业发展有限公司主导下，由务川自治县灵山茶业有限责任公司、务川自治县雾峰茶叶农民专业合作社等5家茶叶企业的技术骨干，经过挖掘、整理散落在民间的务川百年名茶都濡高枝茶制茶工艺（图4-21），通过学习、消化、吸收、创新、最终用“务川大叶茶”还原了务川百年名茶——都濡高枝茶的历史韵味，为务川历史名茶的传承和发展奠定了基础，让务川的百年名茶得以重放光彩。2015年4月5日，务川县政府批复同意“务川大叶茶”为全县茶叶公共商标并将“务川大叶茶”作为地理标志保护产品申报。

三、仁怀大树茶

《遵义府志卷十七 物产》载：“《仁怀志》小溪、二郎、土城、吼滩、赤水产茶，树高数寻……”，说明从仁怀经过习水直到赤水都有大树茶的存在。仁怀大树茶主要出现在中枢镇张家坪村一带，属茶组假秃房茶，以“仁怀大丛茶”的名称被录入《中国茶树品种志》。新中国成立后，仁怀和习水都属于边茶生产县，传统产品都是用大树茶生产而成。随着边茶的淡出，大树茶业从仁怀茶产业中逐渐消失。

四、习水大树茶

（一）习水大树茶的历程

习水县大树茶起源于哪个年代无法考证，但习水县城边的九龙村坪子组和原东皇区天鹅公社的天鹅池边发现两处大树茶种植，不但规模大，而且株行距比较规则，说明习水县大树茶由野生转入人工栽培阶段，时间至少在500~800年以上。20世纪70年代，安徽农业大学陈椽教授到习水县考察大树茶，他所著《中国茶业通史》中认定习水大树茶是栽培型的，而不是野生的大树茶。但栽培型的起源一定是野生，说明习水既是茶树原产地，又是茶树栽培中心，人工栽培大树茶较早。《仁怀厅志》载，在清朝初期，习水县农民采摘野生大树茶叶加工，商人收购经高洞（原习水县长沙区，今赤水市长沙镇）用小木船运出，经长沙运到外地销售，当时已形成商业行为，这说明习水县农民利用野生大树茶已有400年以上。

新中国成立后，在天鹅池边开垦出连片的大树茶300余株，同时在青溪大队开垦出连片的大树茶405亩。在各区、公社宣传保护大树茶，不准砍伐。1958年“大办钢铁”运动，使大树茶遭受很大破坏，但改革开放以后，农民又把高山的大树茶苗移栽到田边地角、房前屋后，经过20多年精心管理，大树茶基本恢复到20世纪50年代水平，达到自给自足。习水人工种植的大树茶，幼龄期（1~3龄）每亩产量可达20kg；半成熟期（3~5龄）每亩产量达51kg；成熟期（5龄以上）每亩产达288kg，属于高产品种。20世纪50—70年代初，作为边茶重点产区，习水野生大树茶对边区稳定作出了巨大贡献。1972年后，习水县1962年后发展的茶园逐渐投产，大树茶只采摘嫩叶加工成粗青茶，新发展的茶园生产绿茶。

（二）习水大树茶的成分

1993年，专业人员在习水县做过加工试验，大树茶嫩叶可以加工毛峰茶，栗香味浓。经中茶所与省茶科所测定：茶多酚含量比中小叶茶高得多，有益人体的矿物元素十多种，其中，铁元素含量最丰富，真叶是普洱茶最佳原料。

1993年6月，遵义市农业局李华超在习水青山茶场采了几斤大树茶鲜叶原料加工炒青茶，与中小叶茶进行比较，经省茶科所测定结果为（表4-1）：药效起主导作用的茶多酚和营养成分氨基酸均高于中小叶茶，水浸出物、咖啡碱和水分低于中小叶茶。

表4-1 习水大树茶炒青茶样测定结果

茶　样	水　分	茶多酚	氨基酸	水浸出物	咖啡碱
习水大树茶	6.674%	28.6583%	1.3201%	28.2198%	1.5738%
中小叶茶	6.9700%	17.5300%	1.0465%	37.4789%	1.7521%

（三）习水大树茶的新生——习水古树茶

习水县境内的大树茶多为林茶相间，自然生长，从未接触过化肥和农药，是开发极品茶叶的高端原料和珍稀资源，制作的古树红茶茶叶成分中水浸出物总量和茶氨酸含量高，具有耐泡鲜爽的特征。2012年以来，县境内有建立生产型茶叶企业5家，陆续开发了金枞丝、仙源红、鳛国故里、叶文盛等品牌的野生古树红茶产品，在茶叶市场崭露头角，习水古树茶具有了一定的知名度和影响力。习水红茶选用当地古茶树作为原料，按照标准分批多次采摘，经过萎凋、揉捻（切）、发酵、干燥等典型工艺过程精制而成，成茶外形细紧、微卷、有锋苗，色泽乌黑油润，汤色红亮，香气浓郁，带花果香或花蜜香，滋味醇厚回甘耐泡，叶底红匀、明亮、完整。2017年，国家质检总局批准习水红茶为国家地理标志保护产品。

① **金枞丝野生红茶**：贵州习水县勤韵茶业有限公司2012年研制成功“金枞丝”古

树红茶，上市后引起了茶界专家的高度重视，受到市场许多消费者的喜爱。虞富莲教授、牟应书、吴锡源先生等茶界资深专家品尝后给予很高评价：“习水古树红茶外形紧细秀丽、汤色橙黄明亮，有明显的花果香和蜜香，稍带玫瑰香，滋味醇正厚重、回味悠长，是珍稀的高端茶叶资源，具有极高开发利用价值，市场前景十分广阔”。北京、广州、贵阳等地茶商和茶客品尝后，纷纷发表赞赏。“金枞丝”野生红茶获2013年第三届中国国际茶业及茶艺博览会特等金奖，产品畅销全国，深受消费者的喜爱和青睐，在茶叶市场享有较高的知名度（图4–22）。

图4–22 习水金枞丝野生红茶

② **仙源红古树红茶**：贵州仙源红古茶树茶业公司生产的古树红茶，经过专家评定“回味甘甜，香味持久，汤色红亮，经久耐泡”，有青花青果香，根据其汤色红亮的特点，取名为仙源红。产品先后获2015年中国（贵州·遵义）国际茶文化节暨茶产业博览会“贵州最具推荐价值古树茶”、2015年香港金芽奖“中国最具国际潜力茶企品牌”、2016年深圳金芽奖“2016科技创新进步奖”。产品深受消费者喜爱，现在茶叶已经销售到丹麦等国（图4–23）。

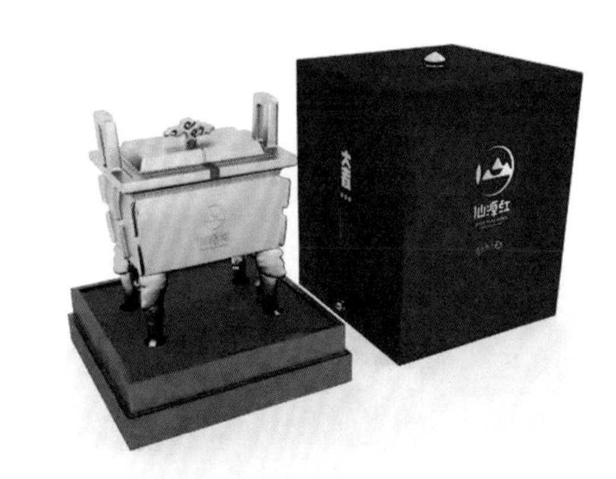
图4–23 习水仙源红古树红茶

图4–24 叶文盛古树红茶

③ **鳛国故里古树红茶**：贵州鳛国故里茶业发展有限公司与贵州习水县勤韵茶业有限公司共同研发的“鳛国故里”古树红茶系列产品，茶香气浓郁，滋味醇厚，气味芬芳高雅，汤色红艳明亮，滋味甘鲜醇厚，2018年评定为遵义市十大旅游商品。

④ **叶文盛古树红茶**：2015年，贵州叶文盛茶业有限公司利用习水古树茶资源，经过

不断研发努力，结合政和工夫红茶、武夷山正山小种加工工艺，制作出独特的习水古树红茶品种，习水古树茶红茶外形条索紧结，色泽乌润，茶性温和，汤色红艳透亮，古木幽香绵长，口感厚重润滑，叶底乌红明亮（图4–24）。

五、桐梓大树茶

《桐梓县志》载：“大树茶生长于桐梓县元田镇和楚米镇一带，乔木或小乔木型，大叶类，树枝半开张，木质坚硬，树高7.21~7.44m，叶绿色或深绿色。其中一个种春季萌芽较早，叶面隆起，叶背有细茸毛，嫩叶黄绿背卷，嫩芽茸毛中等，叶长11.16cm、宽5~5.5cm，叶尖渐尖，叶齿钝、密度中；另一个种春季发芽中等，叶革质，叶面平，叶背无毛，芽叶肥大少毛、微紫色，叶长14~17cm、宽5.8~8.7cm，叶柄0.8~1cm”。

图4–25 贵州森航公司黄金芽

桐梓大树茶产品主要有“古雾堂”系列茶叶产品。

古雾堂是贵州森航集团旗下贵州森航茶业有限公司于2017年6月成功注册的茶叶品牌商标，已成功试制古树红茶、古树绿茶、黄金芽（图4–25）等。

茶青来自桐梓县野生300~1000年以上古茶树，主要以马鬃大叶种古茶树为主，该地具有终年雨水充足、云雾弥漫、土壤肥厚、绿色环保等自然环境优势。采用传统手工制法生产，经过自然萎凋、手工精揉、木炭烘焙等制作过程。其茶形紧秀，汤色红亮，香气浓郁，滋味浓醇，叶底明亮。茶叶富含胡萝卜素、维生素A、钙、磷、镁、钾、咖啡碱、异亮氨酸、亮氨酸、赖氨酸、谷氨酸、丙氨酸、天门冬氨酸等多种营养元素，具有防癌抗癌、消脂减肥、抗衰养颜、强健牙齿、养胃护胃、舒张血管、提神消疲、生津清热、降血糖、降血压、降血脂、抗辐射等功效。

六、赤水大树茶

《赤水县志》载：“赤水境内大茶树种，是全国六大野生茶之一，叶色浓绿，芽头肥壮且长，是做青毛茶的理想原料，一株成年树可采春茶原料200kg，采边茶500kg左右。赤水县是全省边茶重点产区之一。”由于20世纪70年代以后，边茶生产逐渐淡出，赤水古树茶也逐渐停止生产。

七、其他县（市、区）大树茶

除上述各县（市、区）之外，鉴于气候、土壤的各方面环境条件和风俗文化的相似性，其余县（市、区），均有大树茶分布，只是由于量小，未见记载。如《遵义县山盆镇志》载："现茶厂村白杨坝组石门子附近尚有七棵树茶……采摘时间与丛茶相同，炒制揉捻时手感粗糙，制成红茶，可煨饮三道。从前，大树茶多产于茶厂坝。"以及《遵义府志》载仁怀土产茶"树高数寻"，均为大树茶。

各县大树茶沿袭传统手工制作"金玉普洱茶"：杀青→包揉→发酵→晒干→大包装。人们以瓦罐茶饮为主，每家灶头或火堆旁都放有茶罐，先灌满清水，置火上烧开后，投入一把茶叶，在水中翻滚一下就端离火头，谓之"炖茶"。

好田种茶 效

种植篇

第五章

茶产业的基础是茶树种植，本章记述遵义的茶树种植，依次有生长环境、茶园建设、茶树品种和种植方法四节。

第一节 生长环境

茶树生长环境对茶叶品质有很大影响，茶叶的味道与生长地土质、水、气候、光线等条件密切相关。

影响茶树生长发育的基本因素包括光照、温度、水分、空气、土壤、地形地势、植被等。茶树对环境有“四喜四怕”特性：即喜酸怕碱，喜光怕晒，喜暖怕寒，喜湿怕涝。在适宜的条件下生长发育正常，反之则停止生长甚至死亡。

遵义具有垂直差异明显的立体气候特征。在气候、气温、日照辐射、空气湿度、降水量、土壤以及生态环境等方面都适宜茶树生长。

一、气候条件

遵义属于低纬度区域，除赤水河河谷处于南亚热带气候外，其余县（区、市）属中亚热带和北亚热带高原湿润季风气候带。该类型气候覆盖的区域，总体上日照较少、辐射较小、漫射光多、雨水丰富，雨热同季、无霜期长、多云寡照，利于茶树生长。

遵义气候带的分布受地形地貌影响较大，境内的大娄山等山脉对立体气候的形成影响较大：一是对冷空气的屏障和阻滞作用，使山脉的两侧受冷空气的影响不同而导致气温差异；二是迎风坡对气流的抬升作用，形成迎风坡多湿润而背风坡较为干燥的气候现象。境内的大小山脉高低不同、走向不同、坡度不同、凹凸不同，在各种复杂地形地貌的特定区域往往存在复杂的气候类型。“一山有四季”“十里不同天”就是本地立体气候的体现。立体气候条件使不同发育期、不同特性的茶树品种均可生长，为遵义茶树品种的多样性提供了有利条件：低纬度、低海拔地区适宜于大叶种茶树生长；随着纬度的北移和海拔的升高，中小叶种的种植面积逐步扩大；在地势较低的缓坡、丘陵地带适宜于一般畏寒性茶树品种生长；而在地势较高、温度较低的山地则适宜于耐寒品种的生长。基于气候变化的时间差，可为优质春茶的产出时间分布调剂、产品类型调整、茶叶生产资源的合理配置提供有利条件。例如，在南部地区既要利用气候优势发展品质稳定的早芽种，也可根据市场需要和生产资源配置能力栽种迟芽种，以延长春茶产出时间；北部则可优先发展早芽种，以抢占早春市场，同时根据各种生产资源的配置情况和产品结构要求协调发展中芽种和迟芽种。

二、气温条件

图 5-1 低纬度、高海拔、寡日照、雨量充足的气候条件

茶树喜欢温暖的气候条件，对温度和热量有一定的要求，在适当的温度条件下，茶树才能生长良好。

遵义市冬无严寒、夏无酷暑，年平均气温12.6~13.1℃。7月最高，月均温23~28℃；1月最低，月均温2~8℃。全年大于10℃的有效积温为5000℃左右，气候温和，冬无严寒（最冷月均温4~5℃，极端最低温 -4~-8℃），夏无酷暑（最热月均温25~26℃，极端最高温为35~37℃，这种天气极少），无霜期254~340d，冬暖夏凉，这种气温有利于茶树正常生长（图5-1）。遵义春夏秋三季的气温，具备了茶树良好生长的气候条件，夏季因气温过高而灼伤茶树叶子、冬季因温度过低造成茶树冻害的现象较为少见。

三、日照条件

茶树为短日照植物。遵义是全国太阳辐射低值区之一，全年总辐射介于3253~3718MJ/m^2之间，日照率为23%~29%，年日照时数在1000~1300h之间，全年阴天日数占全年总日数的61%~68%，冬季高达75%，这种少日照条件是茶树生长良好的基础生态条件之一。

四、光照条件

茶树属于喜温但不喜强光的植物，喜阴，需漫射光较多。

遵义市上空云层较多且变幻无常，山区海拔差异较大，山形、地势千变万化；且太阳光经过云层、水雾、山势、林间等多重交叉反射，在不同小地域、不同时间段容易形成丰富的漫射光，太阳辐射的特点是散射的比例占60%以上，散辐射大于直辐射。能有效地利用日光中的蓝紫光，有利于茶树叶片中生成大量叶绿素，促进植株体内蛋白质和含氮物质的形成和积累，促成茶树新梢肥壮、嫩度好。同时，山区大多常有水雾形成，在多雨雾气候和适当遮阴条件下，茶新梢持嫩性强，内含物质增多。

五、空气湿度条件

茶树是耐阴植物，长期系统发育形成喜高湿的特性，茶树适应的空气相对湿度在80%、土壤相对湿度70%以上。空气湿度较高时，空气中充满悬浮水滴，较容易保存在枝繁叶茂的茶树枝叶上，有利于茶树体内水分平衡和有机物质的积累，茶树生长表现出茶叶芽头肥壮、持嫩性好等优良性状。

图5-2 云雾缭绕的茶园

遵义市常年四季云雾缭绕（全年云雾日占总日数的61%~68%），空气湿度较大，相对湿度长期稳定在78%~85%之间，在雨季和部分特殊生态环境条件下空气相对湿度更高，这是遵义茶叶具有滋味鲜爽浓厚、香气馥郁持久等品质特征的原因之一（图5-2）。

六、降水条件

茶树属喜湿植物，所需水分来自于降水，茶叶生长所需的年降水量一般在1000mm以上，生长期（4~10月）月均降雨量≥100mm。

遵义年降水量1000~1300mm，属于全国降水量比较丰富的地区。且具有雨量充沛、常年稳定、雨日较多、雨势缓和（日降水量大于或等于100mm的大暴雨日数，年平均在0.5天以下）的特点，能满足茶树生长的常需要。

七、土壤条件

茶树对土壤条件有一定要求，一般要求土层深厚、排水良好，适合茶树生长的土壤呈酸性，pH值在4.5~6范围最为适宜，一般要求土层厚0.6m以上，有机质含量在1%以上。遵义土壤结构良好，受长期地质发育和气候的影响，在地理分布上具有垂直——水平复合分布规律，即在相同纬度下发育了同一地带性土壤，但在不同的地势高度下，由

图5-3 遵义宜茶黄红壤

于成土条件的差异，在不同的海拔高程地段又形成不同的土壤带，因而在水平地带性基础上，又表现出垂直分布的特点。地带性土壤有适宜于茶树生长黄壤、红壤、赤红壤、黄棕壤、紫色土等（图5–3）。

遵义所在的黔北高原是贵州高原主体的一部分，属中亚热带黄壤地带，是贵州黄壤的主要分布地，低山丘陵盆地主要分布黄壤，海拔1400m以上的山区，主要分布黄棕壤。贵州省内的宜茶紫色土主要也分布在遵义的赤水市、习水县、仁怀市、道真县、余庆县、遵义县等地。大多数土壤均为酸性或偏酸性黄壤，pH值在4~6.5范围。土层较厚，一般为0.8~1.2m，有机质一般在3%~4%，许多地方土层厚度达1m以上甚至厚达数米，耐旱性极强，利于茶树生长。

八、海拔分布条件

茶树在中低纬度地区的栽种区域一般位于海拔300~1600m范围内，并表现出海拔较高地区出产优质茶叶的特点。

遵义市处于云贵高原向湖南丘陵和四川盆地过渡的斜坡地带，在云贵高原的东北部，地形起伏大，地貌类型复杂。海拔高度一般在800~1200m，在全国地势第二级阶梯上，属于宜茶海拔区。

九、地势条件

不同海拔、不同坡度的坡地条件可为茶叶生产中茶树品种搭配、采摘时间调剂、产品分类开发提供有利条件。遵义处于云贵高原的东部斜坡地带，全市平坝及河谷盆地面积占6.57%，丘陵占28.35%，山地占65.08%，有不少的平顶山（峰），相对高差不大。大量的坡地均处于茶树生长的适宜海拔范围内。在个别山区绵延较长、坡度较大（总体坡度20°~25°）、面积较大的山坡下段可种植发育较早的茶树品种、开发早市产品，在山坡上段则可根据需要种植发育相对较晚的品种，延长新茶上市时间，同时有利于调剂采摘加工时间（图5–4）。

图 5–4 宜茶坡地

十、生态植被条件

茶树喜荫蔽，需要较高的森林覆盖率和丰富的植物群落。遵义全市森林覆盖率44%，高于全省和全国。地势复杂多变的山坡上植被类型极为丰富，既有亚热带类型的地带性植被常绿阔叶林，又有近热带性质的沟谷季雨林、山地季雨林；既有寒温性亚高山针叶林，又有暖性平地针叶林；既有大面积次生的落叶阔叶林，又有分布极为局限的珍贵落叶林。植被在空间分布上表现出明显的过渡性，从而使各种植被类型在地理分布上相互重叠、交错，形成各种复杂多样的植被类型组合。植物生态系统中各种植物之间高低分布、疏密分布错落有致，为茶树生长提供程度不同的遮阴条件。遵义茶园广泛分布于走势不同、地貌各异、高低不等的山地、丘陵、缓坡地域，茶园周围植被类型复杂多样，再加上人工种植的茶园周围防护林和隔离林、茶园中的荫蔽树和经济林木、大面积间种的品质生态林（如茶树与桂花等），构成茶林相间、相得益彰的生态植被系统。

第二节　茶园建设

茶园是种茶的基地。抗日战争时期的湄潭茶产调查显示："本县茶树之栽培，尚无集约之经营……近十年来湄潭茶园之在日渐荒芜退落中……"说明总体上看，历史上遵义茶园尚未规范。

一、茶园建设

遵义茶园建设经历了较长的时期，在历史上农村零星茶丛的基础上，1940年民国中央实验茶场在湄潭县城南打鼓坡荒地为主，开辟60亩集中连片山地标准茶园，开大规模茶园建设的先河（图5-5、图5-6）。新中国成立后，遵义茶产业历经4个时期，茶园规模产生了天翻地覆的变化，20世纪90年代后，茶园面积快速扩张。2006年，遵义市政府出台《关于推进百万亩茶叶工程建设的实施意见》并制定系列配套措施，遵义茶产业进入高速发展的快车道，茶园面积急剧增加。从下面几个时间节点可以看出茶园规模扩张的概况（表5-1）：

表5-1　遵义市四个时期茶园面积及增长情况

年度	茶园面积 / 万亩	比上一时期增长 /%
1949	1.6	—
1960	1.4	-12.5
1980	18.81	1247.15
2005	28.96	53.94
2017	206.84	614.21

图 5-5 茶园垦辟

图 5-6 20 世纪 70 年代，桐梓县高桥公社青龙大队在海拔一千多米的高山上垦辟茶园

二、茶园分类

综合考虑茶树品种、茶园地势和各方面的原因等，遵义茶区有不同类型的茶园，分类如下：

（一）按种植植物类别分类

① **纯茶园：**这是多年来长期沿用的茶园形式，园中基本全部种植茶树，没有或少有其他共生林木。遵义的纯茶园起源有证可考的时间是1940年中央实验茶场在湄潭开始。新中国成立以来，纯茶园建设始于20世纪50年代，兴于60—70年代；80年代之后，因这种茶园生态单一、生态环境脆弱、自然调控能力差、区域性小气候不稳定、茶树易受恶劣气候和病虫害威胁而急剧萎缩。

② **自然茶林复合生态茶园：**在不改变或较小改变原生态的前提下分散建茶园于森林植被较好环境内的茶园模式。其特点是林中有茶（园）、茶中有林。此类茶园模式始于20世纪80年代，以湄潭县核桃坝茶叶专业村为先导，邻县相继铺开。凤冈县田坝村也做得很好，湄潭、凤冈两县建成此类茶园数十万亩。这种茶园只求布局相对集中，而布点相对分散，一般无林木间隔的连片面积在30亩以内，周边原生植被较好，园内的原生林木酌情保留，茶园生态稳定，茶树生长良好。

③ **人工复合型生态茶园：**用人工造林方式建设成茶林共生的生态茶园。即采用茶树与其他经济林木（果树、药材等）按一定行距株距间作套种；或在茶园周边、园内沟路两旁、零星散地上种植其他多年生经济林木。这种茶园有丰富的植物群落种类，茶园生态稳定性提高，自然调控能力增强，有利于茶园优质、高产、稳产，降低管理投入。

图 5-7 人工复合型生态茶园

遵义倡导建设茶果（林）间作类茶园始于20世纪80年代，但现存的此类茶园比较分散，规模较小，利用周边和园中沟路两旁营造的生态茶园规模相对较大（图5-7）。

（二）按地表地貌形状分类

① **梯式种植茶园**：在10°~20°缓坡地上建设的宽幅梯层茶园和在20°~30°陡坡地建设的窄幅梯层茶园模式（图5-8）。20世纪50—80年代，遵义同全省一样，推行省外建园模式，在10°以上的山坡上建设水平梯式茶园。技术措施是：先作横坡梯式垦殖，平整梯面，梯面宽度视种茶行数而定，种一行茶的梯宽为1.7~2m，种2行茶的梯宽为3~3.5m，依此类推。梯式茶园的优点是有利于水土保持，当茶树成园达到一定覆盖度后，与非梯式茶园并无差别。其缺点是建设时花工多、成本高，土地有效利用率随坡度上升而降低，开垦时因大量肥沃表土刮向梯坎或被埋入下层，使土壤肥力下降，茶园管理增加割梯坎杂草的投入，茶园中小气候水热变化相对较大，茶园效益不高。自20世纪70年代以来，省茶科所和湄潭茶场开始进行非梯化建设新茶园的尝试和研究，梯式茶园建设模式逐渐被非梯式茶园取代。

图5-8 梯式、非梯式茶园

② **非梯式横坡带状茶园**：在人工非梯式垦辟的山坡上实行横坡带状种植的茶园建设模式。20世纪80年代由省茶科所孙继海、吴子铭总结坡地非梯式茶园的良好效应后，于90年代提出，并在推广应用中取得较好效果。其主要技术要求是：坡度控制在30°以下，坡面长度控制在30~40m以内，长坡分段设置等高拦山沟控制；开垦深度50cm，不设梯；等高（特殊地段可近似等高）双行沟式种植（大行距1.3~1.5m，小行距0.4~0.5m，丛距0.3~0.4m，每丛种苗2株或用种子5~8粒，种植沟低于土面10cm以上）；加强肥培速养树冠；幼年期停止雨季耕作，成园后免耕。非梯化茶园在地表改造上突出“顺其自然”，克服了梯式茶园需要“大兴土木”进行较大翻动并将相对肥沃的表土压在底土之下的缺陷。茶园生态条件有较大改善，水热稳定，平均增产效果达36.1%，技术容易掌握。此成果于1999年获贵州省科技进步三等奖，并在全省新茶园建设中普遍采用。遵义茶叶生产基地县的大多数茶园属于非梯式横坡带状茶园。

全市重点产茶县凤冈，在实践中探索和总结出“猪—沼—茶—林”生态茶园建园模式。就是以农户为基本单元，实施改厨、改灶、改厕和在茶园中有计划地配套植树。通过生猪产生的粪便为沼气池提供原料，沼气池中产生的沼气用于煮饭照明，沼液沼渣作为有机肥用于茶园。凤冈等县通过茶园的对比试验，检测结果表明：发酵后的沼液沼渣氮的利用率提高20%，磷的利用率提高17%，钾的利用率提高20%，施用沼液沼渣的茶园，芽头饱满、壮实、均匀，单位面积产量提高10%以上；按这种建园模式，户均需种茶3~5亩，建一个10m³的沼气池，饲养5~10头生猪，以养猪促进茶叶发展，以茶叶收入巩固生猪产业，达到茶叶、生猪双增收的目的；施用沼液沼渣的茶园，茶叶中氨基酸的含量可达5.4%以上，水浸出物达到48%以上，分别比未施用前增长18%和12%，农残含量低于施用常规肥料的1.6倍；沼气池产生的沼气作为一种能源，不仅可解决农户的照明、煮饭、烧水，还节制了索取薪材的乱砍滥伐，提高了森林覆盖率，改善了人居生态环境；按这种模式，在茶园中有计划地配套种植桂花、杜仲松杉等经济林木，构建林中有茶、茶中有树，林茶相间的相对封闭循环生态系统，使茶采林之精华，林吸茶之灵气，相得益彰，达到提高茶叶内在品质，助推茶产业可持续发展的目的。

“猪—沼—茶—林”生态茶园循环链回答和解决了提高茶叶单位面积产量、增加单位面积收入、茶叶农残与食品安全直至环境保护等一系列问题，顺应社会主义新农村建设的需要，符合贵州“生态立省”的发展战略（图5-9）。

图5-9 凤冈“猪—沼—茶—林”模式带来的林茶相间的茶园

三、茶园土壤整理

遵义市茶园多处山区，要建立较完善的排蓄水系统，尽量做到小雨中雨不出园，大雨暴雨不成灾，排蓄兼顾，灌溉方便，减少或避免水土流失，确保茶树生长具有良好的水分条件。茶园预留开好主沟（纵沟）、支沟（横沟）、隔离沟（与其他地类隔开），根据地形和土地条件选择树种营造防护林（以防风为主），遮阴树以长大后遮阴度不超过30%为宜。茶园土地一般选择平地、缓坡地、坡地（坡度小于25°）均可，土壤可耕深度大于

60cm，土壤PH值4.5~6。茶园地块根据土地分布情况，茶行长度以50m左右为宜，茶行方向尽量保持一致。要根据茶园基地规模大小合理规划道路网，以方便生产管理和节约土地为出发点，预留干道、支道、步道、环园道。

茶园土地整理和深翻，在深翻前做好地面清理。要坚持深耕改土，以保持水土，保护生态、经济合理用地，节约劳动力为基本原则。平地东西向开垦；缓坡地（坡度小于15°）横向环山水平或非梯次开垦，使坡面相对一致；如果坡面不规则，按“大弯随形，小弯取直”的原则开垦。翻犁过的熟土，直接栽植沟，深度要求达到0.5m以上。而在15°以上的陡坡地开辟茶园，为了能有效拦截雨水、蓄水保水、防止水土流失，必须修筑成梯土（图5-10）。梯面宽度大于1.5m，可继续深挖的土层厚度大于0.5m。修建梯土的要求：梯层等高，环山水平；心土筑埂，表土回沟；外高内低，外埂内沟；梯梯接路，沟沟相通。

深翻后的土壤，最好经过一段时间自然下沉再栽茶。用条栽方式，大行距以1.5m左右为宜。平地从最长的一边开始，距土边0.6m划出第一条栽植线作为基线，再按大行距宽度依次划出其他栽植线。缓坡地要从横坡最宽的地方距土边0.6m开始按等高划基线，再按大行距宽度依次划出其他栽植线环山而过，遇陡断行，遇缓加行。梯地应距梯边0.6m划基线，由外向里定线，最后一行离梯壁或隔离沟0.6m，遇宽加行，遇窄断行。

翻犁后的熟土按划好的种植线挖沟：宽0.6m、深0.5m，表土取出放在沟的一边，心土取出放在沟的另一边。每亩施农家肥（堆肥、圈肥、沼渣等）2t以上，或施普钙100kg，用心土覆盖；如不施底肥，先把有肥力的表土回沟，再用心土覆盖到距沟口10cm处，整细土块（图5-11）。

图5-10 桐梓茶园建设

图5-11 道真新建高标准茶园现场培训

第三节 茶树品种

遵义所用茶树品种比较丰富，包含山茶科野生茶、传统茶树品种、培育与引进品种等，还有不少非山茶科代茶饮用植物品种。

一、茶树品种资源调查研究

贵州茶树品种资源丰富，可供科研、开发和利用的包括地方传统品种（含栽培型和野生型）、培育品种和引进品种等，其中大部分集中在遵义所在的黔北。民国时期，中央实验茶场即开始立足湄潭，面向全省进行茶树品种进行调查。1940年，中央实验茶场技士李联标对湄潭、凤冈、务川等县的茶树品种资源进行调查研究，李联标还拟定“全国茶树品种征集与鉴定”的研究项目，将调查研究辐射到全国范围。至1948年，共发出征集信函1000余件，收到全国各地寄来茶种270种，分布全国13个省区。经过播种育苗，出土定植成活的茶种163个，8000余个植株，初步掌握了全国茶树栽培品种的类型、分布及其主要特征，总结了茶树育种工作的进展情况，并据此著有《茶树育种问题研究》一书。提出从茶树的叶部进行品种分类：叶面积在45cm^2以上为最大叶种，30~45cm^2为大叶种，15~35cm^2为中叶种，15cm^2以下为小叶种。另从茶树叶片的长宽比例分类，叶比倍（长宽比）在2.3以下为圆叶种，2.3~3.3之间为长叶种，3.3以上为柳叶种。此项研究工作后由该场徐国桢主持。中央实验茶场留下的湄潭桐梓坡茶树品种园，当时就汇聚了全国100多个品种（图5-12、图5-13）。

图5-12 民国中央实验茶场桐子坡全国茶树品种园

图5-13 民国中央实验茶场留下的桐梓坡茶树品种园

新中国成立后，以省茶科所刘其志为主，继续开展遵义乃至贵州茶树品种资源的调查和搜集整理，陆续在全省茶区发现了部分野生、半野生和栽培型茶树资源。其中遵义地区有湄潭苔茶、务川大树茶、仁怀大丛茶和小丛茶、习水团叶大树茶、兔耳茶、鸡嘴茶、柳叶茶、细叶茶等。并在茶树品种资源调查整理上，提出茶树系统分类的建议，按树型、花、果、叶四方面性状分为八级检索，将全国品种资源整理划分为5个亚种、11个变种，57个类型，将全省茶树品种资源整理为3个亚种、7个变种、19个类型，相关资料已汇入中茶所编写的《全国茶树品种志》。

二、山茶科野生茶品种

（一）遵义野生茶概述

遵义到处有野生茶树分布，贵州野生茶树资源有30多个生态类型，其中遵义就占了较大数量，其中大部分是大树茶。野生大茶树是具有原始特性的茶树品种，属野生、半野生型。主要分布在北纬25°~27°和东经104°~110°之间，海拔高度在1000~1900m之间，生长需要的年有效积温为4000~5000℃。大都为乔木型，大叶类，是原始茶种的直接后代，在许多方面保留着较原始的属性，具有研究茶树起源、进化、分类、系统发育以及遗传育种等方面的重要学术价值，也是培育优异茶树品种的重要资源。1957年，遵义地区供销社曾提出“向荒山进军，挖掘新品种，扩大采购业务”的号召，组织老农民、猎户、老中医上山探宝，两年间共发现野茶树48205株。

（二）比较集中的野生茶

① 道真棕坪野生茶：第四章“第一节 遵义古茶树分布”已作详细介绍。

② 习水野生茶：第四章“第一节 遵义古茶树分布”已作详细介绍。

③ 绥阳县卢项茶：绥阳县卢项茶生产地位于枧坝镇箐口卢项，海拔1300m。此处有一幽深的地坑，常年升腾雾气，迂回缭绕，经久不散。洞周有方圆约3hm^{2}的茶园，茶树经雾气长久滋养，叶片厚实，细长粒大，满身白芒。现卢项山顶一带已开辟茶林山66.67hm^2。

三、传统种植品种

1. 大树茶种

本地较原始的茶树类型（属乔木大树茶亚种），其中包括秃房茶系、四球茶系和大理茶系中的一些新种和变种。大树茶在遵义市所辖范围分布广，多属野生或半野生状态，亦有栽培型。树高5m以上，分枝少而部位较高，主干明显，大叶类，叶脉10对左右。遵义的代表种类为务川县大树茶和习水县大树茶等。

2. 大丛茶种

大树茶和小丛茶的自然杂交后代经人为选择栽培的茶树种类。多为小乔木型，中叶类（亦有大叶类），树高3~5m，主干不明显，下部常有较明显的主干，根颈处分枝力不强，树势开张，分枝较稀；叶面积比大树茶小，叶脉对数较少，鲜叶内含物质比大树茶多，制茶品质好。遵义的典型代表为仁怀大叶大丛茶。

3. 秃房茶种

多为野生和半野生状态，主产于遵义大娄山区。乔木或小乔木型，嫩枝无毛，叶梢圆，先端急尖，基部楔形，叶长9~15cm，宽5~6cm，无毛，侧脉9~10对，边缘疏锯齿；萌芽期早，芽叶黄绿色，叶肉较薄，叶柄长7~10mm；花梗长1~1.4cm，花萼无毛，花瓣7片，子房3室，无毛，花柱3裂；蒴果圆锥形，果尖凸起，种子肾脏形，类似油茶籽。含咖啡碱2.4%，含氨基酸等物质均高于四球茶，滋味较纯和。所制南路边茶历史悠久，所制红茶、绿茶汤色明亮，所制乌龙茶品质优良，是茶树原始品种的又一过渡类型。

4. 茶

多数地方也称为“家茶”或“普通茶”，栽培历史悠久，是长期以来各地自然生长和栽培的主要茶种，在农村常零星生长在田边地角房前屋后。多为灌木型，偶有小乔木型；子房3室，有毛，花柱3裂。经长期自然选择和人工选种栽培，形成丰富的地方群体栽培品种，主要类型有大娄山系大叶大丛茶种、赤水河流域早生黄芽小丛茶种、湄潭苔茶种（图5-14）、小叶茶种等。

图5-14 湄潭苔茶

① **大娄山系大叶大丛茶种：**主要种植于遵义大娄山区各县，系当地秃房茶与小丛茶自然杂交的后代经人为选种栽培而形成的新品种。树高3~5m，主干不明显，根茎处常有明显主轴，根茎处分枝能力不强，树势较开展，分枝稀疏；叶长11~13cm，宽5~6cm，叶脉7~9对，叶肉隆起，叶尖凸出，叶如倒卵状椭圆形，嫩叶肉薄，黄绿色，芽毛较少；1芽3叶，长约9cm；花大4~5cm，子房3室，有毛，花柱3裂；果实锥状三角形，种籽椭圆形或圆锥形。萌芽期早，芽叶含水浸出物44.8%、咖啡碱2.3%、茶多酚偏少，制茶滋味清鲜，汤色明亮。仁怀大丛茶属于其中之一，茶叶肉较厚，滋味较浓，品质较优。

② **赤水河流域早生黄芽小丛茶种：**主要种植于赤水河流域，灌木丛生中叶茶类型，萌芽期早生性，芽叶黄绿色，芽毛较少，叶肉较薄。所制绿茶香气较高，汤色明亮，滋味清鲜。芽叶青绿色，花萼有茸毛。

③ **湄潭苔茶种**：原产于湄潭县，系苔子茶中的优良地方群体品种之一。1965年被中茶所推荐为全国12个优良地方茶种之一，1984年全国第二次茶树良种审定委员会通过，1985年农业部批转认定为国家级有性繁殖系茶树良种。灌木型，中叶类，中生性；树势半开展，分枝较密，育芽力强；叶椭圆或长椭圆形，叶色深绿，叶面平或微隆起；芽叶茸毛多，春梢绿色，夏梢带紫红色；结实率高，生长适应性强，产量高；所制绿茶滋味醇爽。在安徽品种比较试验中比当地储叶良种增产50%，在陕西紫阳品比试验中产量品质位居第一，在福建品比试验中比当地茶品种每亩增产鲜叶350kg，在浙江杭州种植密植茶园第五年每亩产干茶近500kg。被认为是茶树密植速成栽培的优良有性繁殖系品种，被录入《全国茶树品种志》。

5. 苗岭云雾山系大叶毛尖茶种

主要种植于遵义市东部各县，以丛生灌木为主。树高2m左右，树势半开展，分枝多；叶长7~11cm，宽3.5~4.5cm，叶形为长椭圆形，叶尖渐尖，1芽3叶，长约9cm；发芽密，芽叶春季为绿色，夏季有6~7成显紫红色，芽毛多，萌芽期中生性，持嫩期长，属高产优质群体品种之一。芽叶含水浸出物54%，茶多酚21%~30%，氨基酸3%~3.2%，所制绿茶香高味醇，是红茶、绿茶兼制的地方品种。

6. 柳叶茶种

多为野生和半野生状态，亦有少量人工栽培；灌木型或小乔木型，叶型细长似柳叶，叶质硬脆；花蕾子房3室，有毛，花柱3裂；发芽晚、产量低、所制绿茶品质稍差，但所制红茶香气颇佳，黔北山区各县均有生长。属栽培利用茶种中的淘汰类型，被录入《全国茶树品种志》。

7. 细叶茶种

叶质硬脆，其余性状同柳叶茶。

8. 鸡嘴茶种

叶型小似鸡嘴状，其余性状同柳叶茶。

9. 兔耳茶种

叶型小似兔耳状，其余性状同柳叶茶。

10. 瞌睡茶种

叶质硬脆，发芽期特晚，故名瞌睡茶。其余性状同柳叶茶。

四、选育与引进的部分品种

遵义茶产业在良种培育和引进上起步于1940年，上面已述。

（一）选育茶树良种

1. 茶树良种选育概述

20世纪50年代中期，省茶科所刘其志主持开展应用选择法进行有性选种。1956—1957年共选出16种材料进行品种比较试验；从1958年开始，改用无性系选种的方法，1960年选出22个单株无性系，进行选种试验鉴定。1965年选育出首批茶树新种黔湄系列（303、412、419、502号）四个无性系新品种，其中黔湄419、502号最优。1967年，又选出黔湄601、701号等新品种，1984年被列为省级推广茶树良种，1987年参加全国茶树良种区域试验。

1979年，中茶所明确了黔湄系列（419、502、601、701号）等品种适应性强，在贵州的气候条件下生长良好，产量可提高30%以上，制成红碎茶，质量达国家二套样水平。

经1987年全国第三次茶树良种审定委员会全票通过，农牧渔业部批准，黔湄419、502号这两个品种被认定为新育成的全国茶树优良品种，并经全国农作物品种审定委员会批准，分别统一编号为华茶31号、华茶32号，其中黔湄419号位居同时认定的22个优良品种之首。1989年，经全国茶树良种审定委员会杭州会上通过，农牧渔业部批转，认定黔湄601、701号为国家级茶树良种。两个品种分别于1987年获省科技成果三等奖；1990、1991年连续获贵州省科技进步二等奖。

省茶研所资料显示，到2010年，贵州共有茶树种质材料597个，其中本省首种材料及育成品种458个，引进外省品种139个；在本省育种材料及育成品种中，有国家级育成品种5个、认定品种1个（湄潭苔茶），原有育种材料261个，新收集材料191个。至2010年，全省有国家级良种6个、省级良种6个和一批全国区域试验的新品种。

2. 选育品种介绍

① **苔选03~10号**：省茶研所从湄潭苔茶种中新选出。无性繁殖系，小乔木型，中叶类，中生种；树姿直立，分枝部位较高，分枝密度中等；叶片上斜着生，叶形长椭圆形，叶长8.5~11.1cm，叶宽3.3~4.1cm，叶色绿且具光泽，叶尖渐尖，叶肉厚，叶面平，叶齿浅密，叶脉9~10对；发芽密度中等，育芽力强，芽直而壮，茸毛少，持嫩性强；花多而结实少，扦插易成活。所制绿茶，品质好。

② **苔选03~22号**：省茶研所从湄潭苔茶种中新选育。无性繁殖系，灌木型，中叶类，早生种。树姿开张，分枝部位较低，分枝密度大；叶片水平或稍向上斜着生，叶长7.7~10.6cm，叶宽2.9~4.2cm，叶形长椭圆形，叶色绿且具光泽，叶尖尖锐，叶肉厚而微隆起，叶脉8~10对，叶齿浅密；发芽密度中等，育芽力强，芽直而壮，茸毛少，持嫩性

强；花多而结实少，扦插成活率高。1芽2叶含水浸出物41.7%、茶多酚23.0%、氨基酸3.9%、咖啡碱4.6%。所制绿茶品质良好。

③ **黔湄101号**：20世纪中后期省茶研所于湄潭苔茶种中选出。无性繁殖系，灌木型，中叶类，中生种；树姿半开张，叶形椭圆形，叶片稍向上斜着生；发芽密，芽叶绿色，茸毛中；叶面隆起，叶尖渐尖，基部楔形，叶质中。是制作扁平类优质绿茶的主要品种，每亩产量达260kg，适制红茶、绿茶。制绿茶外形肥壮暗绿，汤色黄明亮，香气清香高锐，滋味鲜爽；制红茶外形棕润，汤色红亮，香气清高，滋味浓爽（图5-15）。

图 5-15 黔湄 101 号

④ **黔湄303号**：省茶研所选育。无性繁殖系，小乔木型，中叶类，中生种。树姿开张，叶形椭圆形，叶片稍向上斜着生，叶柄处有一紫环；发芽密度中，芽叶黄绿色，茸毛多；叶面隆起，叶身内折，叶尖渐尖，基部楔形。所制红茶品质优异，所制绿茶品质较好，显栗香。抗寒能力较差，宜在海拔900m以下地区栽培（图5-16）。

图 5-16 黔湄 303 号

⑤ **黔湄419号**：黔育茶树国家级良种，又名"抗春迟"（图5-17）。1952—1987年省茶科所从云南大叶茶和广西高脚茶自然杂交后代优势变异中选出。小乔木型，大叶类，迟芽种，植株较高大，树姿半开张，分枝较密，叶片水平或上斜着生，株型紧凑；叶长椭圆形，叶尖渐尖，叶肉隆起，叶长平均10.69cm，叶宽5.05cm，叶脉3~9对，叶色浅绿；芽3月下旬萌发，4月中旬开采，芽叶肥壮，茸毛特多，终年保持绿色，1芽3叶百芽重71g，持嫩期长；花萼5片有毛，花瓣7片，子房三室，柱头3裂，茶果三角形，果尖凸起，种籽椭圆形，直径1.5cm，每千克种籽约680粒。对茶饼病、白星病、茶牡蛎蚧、半跗线螨等有较强抵抗能力；每亩产干茶325.3kg，较湄潭苔茶增产71.8%。鲜叶含茶多酚36%、氨基酸1.4%、咖啡碱3.4%、儿茶素总量22.9%。适制红茶，所制红茶香气浓烈持久，滋味浓强，汤色红浓明亮，红碎茶可达国家二套样上档水平。以该品种开发的"遵义红"颇受好评。该品种适应于长

图 5-17 黔湄 419 号

江以南海拔1300m以下，最低气温不低于-6~-7℃地区种植。1970年以来，品种已在贵州、四川、广西、广东、湖北等茶区繁殖推广。

⑥ **黔湄502号**：黔育茶树国家级良种，又名“南北红”。1952—1987年，省茶科所从云南凤庆大叶种和湖北宣恩长叶茶的人工杂交后代中选育而成。该品种为无性繁殖系，小乔木型，大叶类，中生种。植株较高大，树姿开张；叶片水平着生，叶长平均9.21cm，叶宽4.16cm，叶肉隆起，叶尖凸出，叶脉平均7.7对，叶色深绿多毫；芽叶终年绿色，嫩叶背卷，茸毛粗多，1芽2叶3340个/kg；花萼5片，无毛，花瓣6~7片，子房3室，花柱3裂；蒴果尖平，种子近圆形，直径1.75cm，每千克960粒。生长旺盛，成园快，抗半跗线螨力较强；芽叶持嫩期长，产量高，每亩产干茶274.3kg，比湄潭苔茶增产45.7%。鲜叶含茶多酚37.7%、氨基酸1.1%、咖啡碱3%、儿茶素总量23%。适制红茶，所制红茶水色红浓，香气高长，滋味鲜浓，叶底红浓，红碎茶可达国家出口二套样水平；所制绿茶芽毫显露，滋味浓厚，香气高爽。宜于中国长江以南海拔1300m以下、绝对低温不低于-6~-7℃地区种植（图5-18）。

图5-18 黔湄502号

⑦ **黔湄601号**：黔育茶树国家级良种，又名“宁庆玉茸”。1954—1980年省茶科所从镇宁团叶茶作母本、云南凤庆大叶茶为父本的人工杂交后代中单株选育而成，经株选于1959年定型。1995年经全国茶树良种审定会议认定，农牧渔业部批准转为国家级茶树良种。该品种为无性繁殖系，小乔木型，大叶类，中生性，红绿茶兼用品种。分枝开展，树形大，叶长平均16.7cm，叶宽6.4cm，叶脉10~12对，叶肉隆起，叶尖毛状凸出；上部叶略向上斜着生，中部叶水平着生，下部叶略向下垂，有较好利用光能的株形结构，叶肉较厚；叶色深绿，芽叶长大，1芽3叶，长11.5cm，重1.1g，芽毛多；持嫩期长，花果少，产量高，每亩产干茶量472kg。在遵义地区年生长期长达240d左右，一般可采摘至11月份，能抗-7℃低温，对螨类虫害有较强抵抗力。鲜叶含茶多酚32.9%、氨基酸1.6%、儿茶素总量19.2%。所制红茶香气鲜浓，汤色黄明，滋味浓厚较鲜，叶底红亮，加工红碎茶可达到国家二套样水平，是制“遵义红”的良种。又可加工出外形内质兼优的高档绿茶和毛峰茶，所制绿茶品质良好，是湄潭茶区生产“贵州针”芽茶的主要品种（图5-19）。

图5-19 黔湄601号

图 5-20 黔湄 701 号

⑧ **黔湄701号**：黔育茶树国家级良种，又名“湄云黄”。1954—1980年省茶科所从湄潭晚花大叶茶为母本、云南凤庆大叶茶为父本的人工杂交后代中选育而成，1995年经全国茶树良种审定会议认定，农牧渔业部批准转为国家级茶树良种。无性繁殖系，小乔木型，大叶类，中早生种。持嫩期长，树势开展；叶片水平着生，叶长椭圆形，叶尖顺尖，叶肉较薄，叶长平均14.6cm，叶宽6.2cm，叶脉9~11对；萌芽期中早，在湄潭地区生长期240~260d；芽叶黄绿色，密生细茸毛；花萼无毛，产量高，每亩产干茶318.7kg。鲜叶含茶多酚42.4%，所制红茶香气鲜浓，汤色棕红明亮，滋味浓强较鲜，叶底红亮，经中国茶叶科学研究所审评内质总分得93分，达国家出口二套样水平。适制红茶，为新近开发优质工夫红茶“遵义红”的优良品种。该品种抗寒性差，宜在贵州海拔1000m以下温暖地区种植（图5-20）。

图 5-21 黔湄 809 号

⑨ **黔湄809号**：黔育茶树国家级良种。20世纪中后期省茶科所从福鼎大白茶与黔湄系大叶茶杂交后代中选育而成，2002年经全国农作物品种审定委员会审定为国家级茶树良种，编号为“国审茶2002007”。无性繁殖系，小乔木型，大叶类，发芽期为中生偏早型。主干较明显，分枝匀称，树姿半开张，有较好的株形结构；叶形长大，叶片略向上斜着生叶长平均14.2cm，叶宽6.87cm，叶比值2.08，叶脉9~11对，叶肉较厚而隆起，叶尖凸出，叶色淡绿；芽叶密生茸毛，常年保持淡绿色，1芽2叶重0.77g，长6.4cm，1芽3叶重1.13g，长10.5cm。鲜叶含茶多酚30.5%、氨基酸1.5%、咖啡碱3.9%、儿茶素总量20%、水浸出物42.3%。红绿茶兼用品种，所制红茶和绿茶品质均较优良。萌芽期中偏早，抗寒抗旱能力较强，长势旺，单位面积均产量比福鼎大白茶高37.2%~81.8%，适宜在海拔1300m以下，绝对低温不低于-6~-7℃的地区种植（图5-21）。

图 5-22 黔辐 4 号

⑩ **黔辐4号**：全国区域试验茶树新品种，省茶研所选育（图5-22）。种子辐射处理变异的无性繁殖系，株形高大，树势半开展，分枝部位较高，分枝密度中等；叶片稍上

斜着生，叶形呈椭圆形，叶色深绿且具光泽，叶尖渐尖，叶肉厚而隆起，叶脉7~10对，叶齿浅密；萌芽期中生性，发芽密度中等，育芽力强，茸毛多，持嫩性好；抗茶牡蛎蚧、螨类、茶饼病、白星病等；花多，但不结实，扦插成活率高。1芽2叶含水浸出物44.1%、茶多酚37.0%、咖啡碱5.5%、氨基酸1.9%，所制绿茶感官审评品质良好，已进入全国第四轮茶树品种区域试验。

（二）引进茶树良种

遵义茶产业注重引进省外良种茶树品种，20世纪70—80年代，遵义先后引进福鼎大白茶、安吉白茶、名山白毫131号、名山特早芽213号、龙井43号、金观音、黄观音、铁观音、名山白毫、台茶12号、福云6号、福选9号、迎霜、丹桂、黄金桂、梅占、湖南桃红茶、龙井长叶、浙江中小叶种、福鼎大白茶群体种等20余个品种。

① **福鼎大白茶：**引进茶树品种。分有性系与无性系两个品种：有性系原产于福建省福鼎县，灌木型、中叶类，较早生种，芽毫较多，适应性较强。该品种的无性系品种发芽期为早生型，小乔木型、中叶类。抗逆性强，单产高。成熟叶片椭圆形或长椭圆形，叶色绿；芽叶肥壮，茸毛粗而长，1芽3叶百叶重104g，芽叶持嫩性强，抗逆性强，生长势旺盛。春茶一芽二叶含氨基酸4.3%、茶多酚16.2%。所制绿茶清香味醇。适制绿茶、白茶及毛峰类名茶，品质优，具板栗香。遵义1967年成功引进福鼎大白茶种，各产茶基地县均有栽培，为全市引进数量最大的品种。引进湄潭县后已成功进行无性繁殖，其氨基酸、水浸出物等含量特别是茶多酚已远高于原产地（图5-23）。

图5-23 福鼎大白茶

② **安吉白茶：**引进茶树品种，无性系，又名“大溪白茶”。原产于浙江省安吉县山河乡大溪村，1998年浙江省认定的省级良种。灌木型，中叶类，中生种。安吉白茶是一种珍罕的变异茶种，属于“低温敏感型”茶叶，其阈值约在23℃。春季，因叶绿素缺失，在清明前萌发的嫩芽为白色；清明后至谷雨前，色渐淡，多数呈玉白色；谷雨后至夏至前，逐渐转为白绿相间的花叶；夏至后，芽叶恢复为全绿，与一般绿茶无异。故春茶嫩芽叶呈玉白色，夏、秋茶嫩芽叶均为绿色。茶树产“白茶”时间很短，通常仅一个月左右。茸毛中等，育芽生育力中等，持嫩性强，产量较低。适制绿茶，所制“白茶”色泽翠绿，香气似花香，滋味鲜爽，叶底玉白色，颇有特色，品质优良。抗寒性强，抗高温较弱，易扦插繁殖。该品种有湄潭、凤冈、正安、余庆等县引进栽培，正安县成效最好，正安县和余庆县飞龙湖的环境特别适应安吉白茶这种“白化”现象，从而所产茶叶颇具特色，

造就了氨基酸等内含物质含量比原产地显著提高的“正安白茶”和“飞龙湖白茶”。

③ **名山白毫131号**：又名名选131号。是从四川省名山县境内古老茶园中选择萌芽早、多毫持嫩、株型结构优良的216个单株中，经16年的系统分离、单株选育而成的茶树良种，通过国家级良种鉴定，是四川省继早白尖5号之后培育出的第二个国家级茶树良种。名山白毫131号经过8年的区域性试验，具有鲜浓型风格，制成绿茶后外形紧结，绿润、披毫，内质毫香浓郁、纯正持久、滋味鲜浓厚醇。名山白毫适宜在各地种植，扦插繁殖、移栽成活率高，每年3月10—15日春梢萌发可达一芽一叶展。适应性、抗冻性强，对茶云纹叶枯病、螨类有较强的抗性。凤冈、道真、务川等县引进栽培。

④ **龙井43号**：该品种系中茶所从龙井群体中采用单株选育而成的灌木型、中叶类无性系良种，1987年通过国家级品种审定。发芽早，春芽萌发期一般在3月中下旬，1芽3叶盛期在4月中旬；发芽密度大，育芽力特强，芽叶短壮，茸毛少，叶绿色，抗寒性强；但抗旱性稍弱，持嫩性较差，1芽3叶百芽重39g。产量高，适制绿茶，特适制龙井、旗枪等扁形茶类。所制扁茶的特征为：外形挺秀、扁平光滑、色泽嫩绿、香郁持久、味甘醇爽口。宜种于土层深厚、有机质丰富的土壤，在秋冬季须增施有机肥，夏秋季宜铺草，旱季须引水抗旱，须及时勤采。湄潭、凤冈、正安等县引进栽培。

⑤ **黄观音**：小乔木型，中叶类，早生种。树株较高大，树姿半开张，分枝较密；叶片呈水平状着生，叶椭圆形或长椭圆形，叶色黄绿，有光泽，叶面隆起，叶缘平，叶身平，叶尖钝尖，叶齿较钝浅稀，叶质尚厚脆；芽叶黄绿带微紫色，茸毛少，百芽重58g；花冠直径3.9cm，花瓣6瓣，子房茸毛中等，花柱3裂；芽叶生育力强，发芽密，持嫩性较强，1芽3叶盛期在4月5日左右。产量高，每亩产乌龙茶200kg。春茶一芽二叶干样约含氨基酸2.3%、茶多酚27.3%、儿茶素总量12.6%、咖啡碱3.5%。适制乌龙茶、红茶、绿茶。制乌龙茶，品质优异，条索紧结，色泽褐黄绿润，香气馥郁芬芳，具有黄金桂“透天香”的特征，滋味醇厚甘爽，制优率特高；制绿茶、红茶，条索紧细，香高爽，味醇厚。抗旱性与抗寒性强，扦插繁殖力强，成活率高。湄潭、凤冈县引进种植。

⑥ **黄金桂**：原产于安溪虎邱美庄村，是乌龙茶中风格有别于铁观音的又一极品。黄金桂是以黄旦品种茶树嫩梢制成的乌龙茶，因其汤色金黄色有奇香似桂花，故名黄金桂（又称黄旦）。清咸丰年间（1850—1860年）原产于安溪罗岩。植株为小乔木型，中叶类，早芽种。树势较高，树冠直立或半展开，枝条密集，分枝部位高，节间短。叶为椭圆形，先端梭小，叶片薄，发芽率高，芽头密，嫩芽黄绿，毫少。在现有乌龙茶品种中是发芽最早的一种，制成的乌龙茶，香气甚高，故在产区被称为清明茶、透天香，有“一早二奇”之誉。早，是指萌芽早，采制早，上市早；奇是指成茶的外形细、匀、黄，条索细

长匀称，色泽黄绿光亮；内质香、奇、鲜，即香高味醇，奇特优雅，有“未尝清甘味，先闻透天香”之称。凤冈县引进栽培。

⑦ **金观音**：引进茶树品种，无性系。又名“茗科1号”，福建省农科院茶叶研究所选育。国家级无性系品种，灌木型，中叶类，早生性。树势半开展，分枝较密，发芽整齐，育芽力强，持嫩性好，抗寒抗旱力强，产量高，易繁殖。茸毛少，适制乌龙茶、红茶和绿茶。所制乌龙茶品质优异，条索紧结，色泽褐绿润，香气馥郁悠长，滋味厚而回甘，有铁观音香味。凤冈县引进栽培。

⑧ **龙井长叶**：由中茶所选育的早生、优质、抗寒、抗病虫的绿茶新品种，1994年通过全国茶树良种审定委员会审定。无性繁殖系，属灌木型、中叶类、早生种。树姿较直立，分枝密；叶色绿，芽叶黄绿色、茸毛较少，百芽重36.2g；新梢持嫩性强；春茶萌芽早，一般在3月中旬萌发，3月底可达1芽1叶。发芽密度较大，育芽能力强，芽叶黄绿色，茸毛较少，持嫩性好。抗寒、抗旱性均强，适应性广。特适制龙井类扁茶，所制绿茶品质特征为香高味鲜醇。制成的龙井茶，外形挺秀尖削、扁平光滑，色泽翠绿略带黄，香气清高突出，滋味鲜醇。其生化成分，春茶鲜叶含氨基酸4.1%，茶多酚18.6%。该品种产量高，一般每亩产量在210kg以上，比福鼎大白茶增产8.2%。该品种与龙井43号相比，由于其持嫩性好、氨基酸含量高，更具有品质优良的特点，种植时可适当密植。凤冈县引进栽培。

五、部分县（区、市）主用品种

（一）湄潭县

近年来，湄潭茶叶基地建设通过茶树良种化，全县现有茶园无性系良种达99%以上，茶树品种主要有福鼎大白茶、黔湄系列（419、502、601、701、809号）、湄潭苔茶、福云6号、调整种植新品种金观音、金牡丹、黄金桂、黄金芽等。

2017年1月，国家农业部旨在强化区域性良种繁育基地保护和建设，提升农作物供种保障能力，公布了国家第一批区域性良种繁殖基地认证名单，湄潭县成功入选，成为贵州省唯一获这次认定的县。

（二）凤冈县

凤冈县原生茶树品种主要是本地苔茶，产量极低。新中国成立后，全县分几次引进外地品种：1975—1976年，品种为浙江省鸠坑种，有性系（即种籽、茶籽）；1985—1988年，品种为福鼎大白茶，全部是有性系；2002—2012年，为集中引进时段，先后引进品种有21个，全部是无性系（即扦插苗），国家级良种占多数；来源地为贵州、福建、四川、浙江、湖北等省。至今全县保存下来、面积较大的茶树品种有25个，面积处于前4位的是福鼎大白茶、黄观音、浙江中小叶品种、福鼎大白茶群体种。

除直接引进品种之外，凤冈县从1996年起就开始进行茶树无性系繁育（即扦插育苗）和新品种引进试验。针对茶树品种老化、茶产量低的薄弱环节，积极推广“茶树良种更新工程”，扶持建立良种茶苗育苗基地，为茶农改造茶园提供种苗保证。

凤冈主产绿茶，茶树品种以绿茶为主，鉴于绿茶夏秋茶利用率低，兼顾红茶、乌龙茶、白茶、黑茶等品种，制定了《凤冈县茶树品种结构规划目标》（表5-2）。

表5-2 凤冈县茶树品种结构规划目标

茶类	主导品种	辅助品种	搭配原则
绿茶	福鼎大白茶、名山白毫131号、龙井长叶、中茶108号	黔湄601号、安吉白茶、黄金芽	以中小叶种为主，早生与晚生搭配。
红茶	黔湄601号、黄观音	福鼎大白茶、黄金桂、金牡丹	以早生品种为主
乌龙茶	金观音、黄观音、铁观音	丹桂、台茶12号、黄金桂、金牡丹	
白茶	福鼎大白茶、福云6号	金观音、金牡丹	

（三）正安县

传统品种为大树茶、丛茶，丛茶系大树茶和小丛茶的自然杂交后代，经人为选择栽培后的茶树种类。20世纪80年代，境内先后从浙江、湖南、福建和贵州各省的茶科所，引进浙江中小叶、湖南桃红、福建福鼎大白茶、黔湄系列（303、419、502号）等茶品种。21世纪后，境内茶树栽培品种主要有正安白茶、福鼎大白茶、龙井43号等国家级良种，以及乌牛早及金观音、黄观音等（图5-24）。

图5-24 正安黄观音试种

（四）余庆县

1972年前，余庆茶叶主要是零星种植贵州苔茶（老品系、中小叶种），群众多饮野生苦丁茶、甜茶等。1972年开始引进浙江鸠坑种（茶种子），采取丛、行种植。现种植主要品种为福鼎大白茶、黔湄601号等，其中非山茶科代茶饮用植物品种——小叶苦丁茶尤为著名。

（五）播州区

民国时期保留下来的品种有：小丛茶、大丛茶、娄山泡桐茶，西部茶区多仁怀苔茶，东部茶区多湄潭苔茶。20世纪50年代中后期至70年代初，在全县收购本地茶种供应新辟茶园用种。1975年以后从浙江购进鸠坑群体种，从广西购进紫芽种（高脚茶），1985年从福建省福安县、浦城县购进福鼎大白茶种。1987年经中央农业部批准，在新蒲将原县农科所改建为“遵义茶树良种苗圃”600亩，繁殖品种有黔湄系列（419、502、601、701、303号）、福鼎大白茶等，每年可提供各类良种苗500余万株。现有福鼎大白茶系列、龙井长叶、中茶108号、黔湄系列（502、601、701号）、安吉白茶、鸠坑、本地苔茶等品种。

（六）仁怀市

仁怀传统使用的茶树品种有原始野生类的大叶大丛茶种和赤水河畔早生黄芽小丛茶种，现代多使用引进的优质品种，如1974年从福建引种福鼎小叶，还有黔湄419、601号，金观音，金牡丹，龙井长叶，中茶108号，金萱，紫牡丹等。

六、非山茶科代茶饮用植物品种

遵义有多种非山茶科代茶饮料植物品种，都被人们统称“茶”，如苦丁茶、老鹰茶、杜仲茶、金银花茶等。多年来，遵义对非山茶科代茶饮料植物中的野生女贞苦丁茶进行了人工驯化和大面积栽培，同时对野生藤茶、老鹰茶等非山茶科代茶饮料植物进行逐步开发利用。

（一）苦丁茶

苦丁茶是遵义市非山茶科代茶饮用植物产品中最普及的一种，有较大产量和广泛的消费群体。遵义境内最常见的苦丁茶有木樨科、冬青科两种，其中木樨科女贞属的苦丁茶分布范围最广，资源贮量最丰富，产量最大。

1. 木樨科苦丁茶

遵义非山茶科代茶饮用茶树品种之一，源于日本木樨科女贞属多种植物（图5-25）。主流品种为粗壮女贞和光萼小蜡，还有紫茎女贞、变叶女贞、华叶女贞、紫药女贞、序梗女贞等。

图 5-25 木樨科女贞属苦丁茶

木樨科小叶苦丁茶生长发育的气候条件是：年平均气温14~16.7℃，年日照时数900~1500h，海拔300~1500m，年降雨量750~1500mm，空气相对湿度80%~84%，年无霜期250~300d左右。土壤质地为砂质壤土，有机质含量4%~7.5%，全氮230~390mg/g，碱解氮21~41mg/g，速效磷3~9mg/kg，速效钾30~200mg/kg，PH值5.1~8.2。

据1992—1994年调查，在湄潭、凤冈、余庆、务川、正安、道真、赤水、仁怀、习水、播州等县（区、市）地都有木樨科女贞属苦丁茶种分布，资源全部处于野生状态。全省分布中心有3个，遵义市所属各县属其中之一。

① **余庆苦丁茶**：俗名"贵州小叶苦丁茶"，属木樨科女贞属，主产于余庆县。苦丁茶内含多种氨基酸和微量元素，黄酮类含量极高，为茶叶的1.6~14.7倍，咖啡碱含量极低，仅为绿茶的1%。木樨科小叶苦丁茶原为野生，群众常采摘加工饮用。1994年，采摘乌江沿岸野生苦丁茶叶试制样品2kg；1995年，制苦丁茶80kg，产值8万元；1996年，移植驯化野生苦丁茶300株，面积1.5亩；1997年，用野生枝条插穗2万株，成活率30%；2000年，搞无性繁殖，选用苦丁茶树枝条，再用生根粉浸泡4h，成活率70%左右。龙家镇、白泥镇采用土壤消毒，将半木质化或初木质化嫩枝条，用生根粉浸泡4h扦插，全县扦插200万株，成活率最高达92%。

② **务川苦丁茶**：务川苦丁茶也属木樨科粗壮女贞，多生长于荒山野岭之中。务川苦丁茶的制作、饮用历史悠久。《黔志》载："獠人（指当地少数民族）多饮野生苦丁茶、藤茶。"务川苦丁茶色泽绿润，香气清纯、汤色绿亮、滋味醇爽、入口微苦、回味甘甜、叶底翠绿、鲜活等特点。其"三绿"（外形绿、汤绿、叶底绿）和"头苦二甜三回味"的特征明显，

③ **习水苦丁茶**：习水县内著名的是坭坝小叶苦丁茶，也属木樨科粗壮女贞，小叶苦丁茶以天然小叶女贞树鲜嫩叶为原料，以传统工艺，利用现代生物技术炒杀、气杀加工精制而成。坭坝小叶苦丁茶品质好，开水浸泡后，茶叶保持鲜叶的本色，茶汤呈浅鲜绿色，汤液清澈无任何沉渣，口味苦回甜。

2. 冬青科苦丁茶

大叶冬青苦丁茶是冬青科冬青属苦丁茶种常绿乔木，俗称茶丁、富丁茶、皋卢茶，赤水又别名菠萝树、大叶茶、苦灯茶，是我国一种传统的纯天然保健饮料佳品。遵义各县（区、市）几乎都有零星分布，而且是一种传统茶品，多在夏天用作消暑降火的清凉饮料。偶尔有将其作为再加工茶类的原料，如遵义县团溪六君茶是一种袋泡茶，就以冬青科大叶苦丁茶为主料。

（二）杜仲茶

杜仲树，杜仲科、杜仲属落叶乔木，高达20m，特有的珍贵树种。主要分布在长江中下游及南部各省，其树皮为珍贵滋补药材。单叶互生，椭圆形或卵形，长7~15cm，宽3.5~6.5cm。树皮含杜仲胶6%~10%，树叶含杜仲胶2%~4%，含维生素E、维生素B及β—胡萝卜素等，还含有很多人体必须的微量元素。

杜仲茶是贵州传统非山茶科饮用茶产品。以杜仲树叶为原料，在杜仲叶生长最旺盛时、或在花蕾将开放时、或在花盛开而果实种子尚未成熟时采收，按茶叶加工方法制作而成。

遵义是杜仲的适生区，杜仲资源丰富，除野生植被外，人工栽培杜仲已具有一定生产规模。

（三）老鹰茶

各地传统称为老鹰茶的原料植物有多种，遵义的老鹰茶植物以属于樟科木姜子属的学名毛豹皮樟为主，对生长环境条件的要求不甚严格，适生长于海拔500~1200m高的山地丘陵阔叶疏林、针叶疏林或灌丛中，在岩山缝隙中也能生长，耐寒、耐旱、耐瘠薄，遍及遵义各县（区、市），比较集中的是务川县和正安县山区，均为野生（图5-26）。形态特征：常绿乔木，树高一般在4~5m，叶互生，叶片呈椭圆形，叶质甚厚，色泽深绿，面绿背白。茎直立，圆柱状；根系发达，分布于深度30cm以内的微酸性土壤内。旁枝繁多，不逸不斜，向上生长，密匝成簇。老鹰茶是以老鹰茶树嫩叶为原料加工而成的植物饮品。

图5-26 老鹰茶

（四）藤 茶

葡萄科蛇葡萄属显齿葡萄种藤本植物，俗称茅岩莓茶、端午茶、藤婆茶、山甜茶、龙须茶（图5-27）。多年生常绿植物，叶互生，阔椭圆形叶尖渐尖，叶缘有锯齿，叶质甚厚，叶色深绿；藤长5~10m不等，攀附于乔木、灌丛或岩石上；根系发达，主根入土深度为50~80cm，侧根和须根入土深度为30cm以内。遵义多数县（区、市）有分布，主要在务川、习水、正安等山脉较为高大的县份。原为野生状态，人工种植主要分布在务川县、正安县的部分乡镇，种植于房前屋后的院墙和竹栏边，已有数百年种植历史。藤茶生长对环境条件要求较低，适生于海拔500~1200m高的山地丘陵的阔叶林疏林、针叶林疏林、灌木丛或岩山缝隙的微酸或微碱性土壤中；耐寒、耐旱、耐瘠薄。藤茶初级产品春季为特级嫩叶和连枝嫩叶，夏秋季为统货连枝叶，采摘后直接晒干即成。藤茶冲泡后汤色淡黄、清纯可口、微甜，是当地百姓待客的饮品。藤茶味甘甜，性凉，内含17种氨基酸和丰富的维生素C、蛋白质等。具有清热润肺、平肝益血、消炎

图5-27 藤茶

解毒、降压降脂、消除疲乏之功效。尤其对因烟酒过度、肝火过旺、油腻过多而引起的身体不适、消化功能障碍具有保健功效。除作茶饮用外，务川境内的藤茶还有多种药用功效。若身体的某处有无名肿瘤，只需采摘一把新鲜的藤茶叶，就着山泉水捣烂，敷于患处，肿瘤不出两天即可消除；如小便干涩，只需用凉水泡一杯藤茶饮下，连服三次，难言之隐会殆然全无；藤茶还是一种很好的解酒良药，如遇酒醉，只需摘3~5片鲜嫩的生藤茶叶放于口中细嚼慢咽连渣吞下，酒醉即可快速消除。

藤茶由于受当地文化和经济水平的限制，至今仍未进入市场，处于自种、自饮、自品的阶段。2004年，正安县将藤茶列入经济开发重点保护品种之一，开展优质、高产栽培技术研究，已见成效。

（五）甜 茶

蔷薇科悬钩子属木本植物，又称甜叶悬钩野生植物，主要生长于务川、道真、习水等山比较大的县（图5-28）。多年生落叶灌木，树高1~3m不等。茎直立，圆柱状，枝条疏软，有皮刺，丛生；根系主要分布在30cm深的表土层内，为浅根性植物；叶甚甜，单叶互生，掌状7深裂或5深裂，裂片披针形或椭圆形，中央裂片较长，边缘具重锯齿；花白色，单花瓣5片，聚合酱果，卵球形，成熟时橙红色，味甜可食。甜茶对生长环境要求不甚严格，适生长于海拔500~1000m丘陵山地的常绿阔叶疏林、林缘松杉疏林或灌丛中；喜肥沃又能耐瘠薄、耐严寒，温度适应范围-3~38℃，对有效积温的要求不甚敏感，适应幅度较大；对地形、土壤的要求较粗放，在微酸至微碱的土壤上都能正常生长；耐干旱、忌积水，在排水良好、肥沃疏松的新垦荒地上生长特别良好。甜茶中富含18种氨基酸，每100m干品含氨基酸331.54mg，特别是富含人体必须的但又不能生成，只能从食

图5-28 甜茶树

物中吸收的8种氨基酸。甜茶中富含的营养物质和人体必需的微量元素，主要有钙0.8%、锌105.5mg/kg、锗5.5μg/kg、硒17.94μg/kg，及钾、镁、磷、铁、钠、铜、铬、锶、锂等，不含咖啡因；其中所含的锗、硒等均优于一般绿茶和苦丁茶；还富含维生素C和B、超氧化物岐化酶，鲜甜茶中维生素C的含量高达115mg/100g；含4.1%生物类黄酮、18%的茶多酚和5%的甜茶素。甜茶具有清热解毒、防癌、抗过敏、润肺化痰止咳、减肥降脂降压、降低血液胆固醇、抑制动脉粥样硬化、防治冠心病和糖尿病等功能。遵义的甜茶属于采摘野生，自己饮用为主、零星出售为辅，没有加以开发形成产业。

（六）绞股蓝茶

绞股蓝，双子叶纲葫芦科多年生草质藤本攀援植物，中药名为七叶胆，别名小苦药、公罗锅底、遍地生根等，在日本和东南亚地区被称为福音草、甘茶蔓、健美女神、百病克星、抗癌新秀、神药、仙草等，在中国被誉为南方人参、第二人参、茶中人参、新人参、五叶参、七叶参等，有“北有长白参，南有绞股蓝”之誉（图5–29）。

图 5–29 绞股蓝

遵义各县（区、市）均有出产，主要为野生，早有人工种植。近年来因据说绞股蓝能降血脂、血压而备受推崇，人工种植面积增加较快。产量最大为务川县，尤以石朝乡最为丰富。

（七）金银花茶

金银花一名出自《本草纲目》，又名忍冬、银花、双花等，为四十种家种大宗药材之一，也常见野生。金银花为半常绿性缠绕灌木，适应性很强，耐旱、耐寒、野生于丘陵、山谷、林边。扦插成活后第2年即可开花，3~4年后进入盛花期，幼枝密生柔毛，单叶对生，卵状椭圆形，长3~8cm，幼时两面有毛，后渐光滑。浆果球形、黑色。春夏开花，花期在4~7月，花冠长3~4cm，有芳香，开花时初开为白色，后转为黄色，黄白相映，因此得名金银花（图5–30）。金银花虽属藤本植物，但根系发达，枝叶茂盛，固土保水能力强，是水

图 5–30 金银花

土保持与石漠化治理的好品种。金银花普遍存在于遵义各地山间，过去多为野生，现人工栽培较多，扦插繁殖。遵义种植金银花的主要区域为绥阳县，由于地理、气候的优势，绥阳县小关金银花的品质通过专家鉴定为优质金银花，已进入2005年版国家《中华人民共和国药典》，属中药材，其药材被名为“贵州银花”。

（八）其他非山茶科代茶植物

除了上述产量比较大的代茶饮用植物品种外，遵义市还有一些产量不大，但历史悠久的非山茶科代茶饮用植物品种。

① **赤水野生白茶：**赤水野生白茶不同于安吉白茶或福鼎大白茶，是赤水特有的林产品，是制作赤水白茶和赤水虫茶的原料。仅产于赤水四洞沟景区附近。在四洞沟周边深山中生长着一些百年树龄的大白茶树。

② **楠木茶：**野生茶，主产于赤水河流域各县，习水县较多，其他县也有分布。乔木型，大叶种，树冠高大，木质中性较好，香气浓，口感好，茶叶煮炖汤液呈悬蚀液，味接近老鹰茶，颜色似白茶，是夏天常用消暑饮料。

③ **习水倒勾茶：**野生茶，灌木型，茶汤呈中褐色，有一定的茶香味，当地部分群众在采摘饮用。

④ **绥阳刺茶：**产自绥阳县耿家寨，海拔在1200m以上，沙土淡黄色，制作工艺是传统的水煮过后炒青再晒干，有600年的历史，当地的农家常用来消暑，保护嗓音，用白糖加姜加刺茶可缓解嗓子发干发涩的症状。据当地老百姓诉说，此茶泡过在炎热的夏天都不会腐败。

⑤ **水柏腊茶：**产于绥阳县枧坝镇黄鱼村杨家沟，海拔在800m，是当地人用此茶来治疗高血压、高血脂等病。可以和红糖加姜，还可以和红豆熬稀饭。

此外，还有苦荞茶、小白叶茶、木头茶、娘娘茶、草米茶、安桂茶、红籽茶等野生土茶，虽然产量不大，分布也不广，但也是当地百姓生活中对山茶科茶叶饮料的必要补充。

第四节　种植方法

一、传统茶树种植简述

茶树种植的历史，应该稍晚于饮茶的历史，到唐以后才有零星的文字记载。

唐代茶树种植，采取丛直播的办法。成熟茶籽采收后，和湿沙拌匀，置筐篮中盖草贮藏越冬，至翌年二月春播。宋时茶籽直播的方法继续沿用，又因茶与婚俗的关系，时人皆以茶不能移栽。明朝后期，茶籽采收后，先用水选，每穴播种量也大大减少，且于出苗后第二年分植，打破了明代前期《七修汇稿》中“种茶下籽，不可移植，移植则不生也”的说法。但不论直播或育苗移栽，都是有性繁殖，在古代的技术条件下，很难保持茶树的优良种性。因此，在茶树良种资源较多的福建省，最先产生和应用了茶树压条繁殖技术，其最初记载见于《建瓯县志》(1939年)。

二、遵义茶树种植模式

(一)零星丛植

遵义农村茶树传统种植模式，是在房前屋后、田边地角等不成片的闲散地上栽种。主要特点是零星分散、品种单一，有茶而不成茶园，疏于管理，任茶树自然生长。

抗日战争时期湄潭茶产调查显示：“栽法，每亩之茶树41~48丛……”《遵义县志》载：“1954年调查，全县约有5500亩，按350丛1亩计。”说明至迟到1954年，茶树丛栽仍是常见。

(二)丛 植

茶树传统栽培模式。即按照一定的行距、丛距和每公顷基本苗(丛)数量等规格来栽培茶树的一种较为规范的模式之一。20世纪40年代湄潭实验茶场在湄潭县城南门外打鼓坡和桐子坡建立的一种探索性种植模式。其行距、丛距为1.5~2m，每公顷密度3750~4500丛。茶树只进行少量修剪，树高2m左右，树幅较宽，田间管理较精细，全年实行多次采摘，生产水平比零星栽培显著提高。但种植密度仍然较小，每公顷单产仅几百斤干茶。丛式栽培虽然在湄潭茶区得到一定推广应用，但农村的丛栽茶园多半无固定行距丛距，常与其他作物进行间套作，产量不高。除有少许保留外，多数已被淘汰(图5-31)。

图5-31 湄潭茶区残存的丛栽茶园

(三)单行条植

茶树传统种植模式，20世纪50年代学习苏联先进经验时引进并在国内大力推广。贵州省湄潭茶叶试验站于1955—1956年首次采用此法在湄潭县城附近五马槽和屯子岩等处扩建新茶园67hm^2，1956—1958年又以同样方式在湄潭县永兴区断石桥扩建新茶园267hm^2，并将此模式向全地区乃至全省推广。一些国营农场如道真洛龙茶场等率先大面积建设单条式茶园，面积达数千公顷。其种植标准：行距为1.5m，丛距33~40cm，每公顷种植15000~20100丛，每丛3~5株；坡地栽培强调建成水平梯式茶园；在田间管理要求“三耕四锄冬深耕”，需经3~4次修剪培养后才能正式投产；旺产期时间需7~8年。产量水平多为每公顷产大宗干茶1500kg以下（图5-32）。

图5-32 单条行植

（四）双行条植

双行条植是现代茶树种植模式。全省首次较大面积地采用此模式的茶园为湄潭县共青团茶场，1960年在湄潭茶叶试验站指导下新建近34hm^{2}茶园。茶园采用大行距1.5m，小行距和丛距各33cm的标准种植，每公顷种植茶株比单行条植增大一倍，排列方式优于单行条植，成园较快，单产较高，成为遵义乃至全省第一片大面积每公顷产干茶过1500kg的茶园。双条式茶园种植密度适中，排列方式合理，个体与群体之间结构协调，小行之间可形成优良的“蓬心土壤”，增强了茶园的自然调节能力，为免耕管理奠定了基础。投产期比单条式茶园早，容易获得高产稳产，每公顷产干茶2250kg左右。双条式栽培适合种子直播茶园，适合无性繁殖系茶苗栽种，适合平缓地茶园和坡地非梯化茶园（图5-33）。

图5-33 双行条植

（五）多条式密植免耕

现代茶树种植模式，由原贵州省湄潭茶叶试验站科技工作者于1958年探索创建。早期做法是，将单条植茶树原丛移植归并为多行密植茶园，或将茶树苗圃直接改变（间苗）为多行密植茶园。这类多条式密植茶园在精细肥培下短期内产量比常规茶园成倍翻番，并因覆盖度很大减少耕作而节省劳动力。20世纪70年代初，西南农学院教授吕允福等带领茶叶专业师生到湄潭教学实习，发现这些茶园经历了10余年未耕和少耕仍然高产稳产，他结合国外农业已有的免耕先例，便提出了深入研究的建议，支持贵州省湄潭茶叶科学研究所冯绍隆、吴子铭、李明瑶等已列项开展的研究。这种茶树栽培模式被正式命名为多条式茶树密植免耕栽培模式。具体做法：在土壤深耕施足底肥后，选用适应当地条件和适宜密植的苔茶种籽，采取宽幅多行（150~165cm，种3~4小行）播种，种植密度为常规单行茶园的3~5倍，加强肥培管理，减少定型修剪次数，使茶蓬在2~3年内覆盖地面，随之免去土壤耕作，施肥改用撒施。

图 5-34 多条式免耕密植栽培茶园

与常规茶园比较，这种栽培模式成园快，产量高，成本低。第三年即可投产，4~5年进入高产期，投产期比常规单条式栽培模式提前2~3年，高产期提前5年，大面积每公顷产干茶2250kg以上，小面积每公顷产干茶3750kg以上。多条式茶树密植免耕栽培模式曾在全国茶业界产生过重大影响，除在贵州各地大面积推广应用外，西南、华东、中南及山东、河南、甘肃等地大面积推广，1978年获贵州省首届科学大会重大成果奖（5-34）。

三、茶树繁殖途径

茶树繁殖途径，是指用什么方式使茶园中长出茶树苗。一般为种籽直播和茶苗移栽两种。

（一）种籽直播

在茶叶零星种植阶段，由于数量少，一般都没有专门进行育苗，如果老茶树下有小苗，小苗长到0.4m左右即可挖去栽种，老树下没有茶苗则采用种籽直播。

20世纪90年代以前，各县茶树种植多为种籽直播，茶树从种苗到成熟都不挪动地点（图5-35）。这也与不少地方民俗认为茶不能移栽而将茶用于婚俗的关系相关。种籽直播2~3月播种，播前用清水泡种3~5天。播种前先按大行距挖种植沟，施足底肥（有机肥配磷肥），于施肥沟中心向两边展开按小行距和丛距打穴两行，边打穴边盖肥，然后摆放种籽，盖上厚3~5cm的泥土，保持种籽湿润，便于发芽。

图 5-35 有性繁殖茶园

（二）育苗移栽

20世纪90年代以后，随着茶产业科技水平的提高，茶树无性系繁殖的比重越来越大，茶树种籽直播方式逐渐被茶苗移栽取代，茶苗来源也分为两种情形：其一是用茶树种籽在苗圃育苗后移栽；其二是用无性繁殖（压条、扦插等途径）培育的茶苗进行移栽（图5-36）。

图 5-36 正安县和溪镇大坎白茶育苗基地

茶苗移栽的最适宜时期是茶苗地上部处于休眠时或雨季来临前，此时移栽容易成活，以秋末冬初（10月中旬至11月下旬）和早春（2月上旬至3月上旬）为好，移栽时一定要考虑当时的气候条件，土壤湿度和灌溉水源。

茶苗栽植前先分苗（将大苗小苗分开并用浓黄泥浆为茶苗根系上好浆，分别在不同土块栽植）；再挖好宽深均为10~15cm的栽植沟；栽植时一手轻提茶苗，使茶苗根系处于自然状态，另一手用细土覆盖苗根，覆盖好后，用手将茶苗轻轻向上一提，使茶苗根系自然舒展，用力将泥土压紧，再盖土，再压紧，层层压实，使苗根与土壤紧密接触，不能上紧下松；浇足定根水，待水浸下，再盖土到比茶苗原入土痕迹高3cm左右，用脚踩紧，在茶行两边培土使中间成小沟形，以便下次淋水和接纳雨水。单行双株栽植时两株苗分开3~5cm移栽；双行单株时两小行茶苗错开栽植。移栽后及时定剪，剪口离地面15~20cm；在茶苗脚铺草10~15cm，冬季保温防寒、夏季降温抗旱，减少土壤水分蒸发，有利茶苗成活和保苗齐。

四、部分茶叶主产县的种植方式

上面所述是遵义全境的一般做法，但在部分茶叶基地县，还有自己相对独特的种植方法：

① **湄潭县：**湄潭县是省茶科所所在地，全省茶产业各项科研、实验、技术改进，往往都率先在湄潭出现。20世纪40—70年代，从民国中央实验茶场到省茶科所开展的栽培技术研究，都是从湄潭向全国茶区推广应用，涉及16个产茶省（区、市），推动湄潭、贵州乃至全国茶叶的发展。所以，上述各种种植方式，湄潭都走在前面。

② **凤冈县：**茶园栽培模式主要有纯茶园型、茶桂套作型、茶果套作型、茶花套作型、茶药套作型及茶林套作型。20世纪60年代，茶树多用种子点播，为零星分散的小丛种植，不修剪，管理粗放；20世纪70年代开始兴办茶场，茶园多采用双行单株方式种植，坡地茶园等高种植。随着优良茶树品种的引进，又采用了扦插繁殖技术。

③ **正安县：**主要是安吉白茶的种植，茶苗选择按照国家标准允许出土的茶苗，即二级以上的茶苗。定植时间：春季为2月中旬至3月上旬；秋季为10月至11月下旬。栽种后在茶行两侧铺好稻草，再在稻草上用行间土覆盖，以利于保持土壤水分和地温。同时，还要做好抗旱防冻和缺株补植，确保全苗、壮苗。

④ **余庆县：**1986年开始实行密植免耕茶园种植。

⑤ **道真县：**绝大部分茶园采取横行条播、双行条播行距等。20世纪70年代，推行密植免耕法。

⑥ **播州区：**历史上均用种子种植，多在田边、土坎、空闲地零星种植。20世纪50—90年代，仍采取种子直播方式发展茶园。50年中期至70年代初，以集中、成片的梯式种植方式为主，单行或双行条播，采用苏联种茶规格，2m厢宽，每厢种1~2行，称苏式茶园。规模少则几公顷，多则上百公顷。2000年后新植茶园基本采取无性系扦插育苗移栽。

⑦ **红花岗区：**20世纪50—70年代，在奶牛场茶园推行单行条播技术、红旗茶场推行施底肥双行条播技术、北关茶场推行免耕技术。

五、茶树田间管理

20世纪50年代前期，遵义茶园零星分散丛栽，管理粗放，仅松土、剪枝、治虫，不采秋茶，茶篷不成型，单产低。50年代后期开始，积极推广科学栽茶新技术，从70年代起，湄潭县在核桃坝建立了无性繁殖基地，使境内优质高产茶园面积逐年扩大。

从20世纪70年代开始，茶园管理逐步走上正轨。茶苗移栽后，必须强化管理保证成活。成活率越高，成园越快，缺株断行少，园相好，产量和效益也就越高。移栽后，当年茶苗进行恢复和适应性生长，抗逆性较低，保苗主要抓好浇水防寒抗旱、遮阳防晒、苗脚铺草覆盖三大措施。搞好除草、浅耕培土、适时追肥等项工作，才能确保茶苗成活，长势良好。

茶园田间管理一般包括：

（一）茶树保护

包括补植缺株断行、遮阴护苗等。播种后的种籽和栽种的幼苗，用野草、农作物秸秆、树叶或塑料膜等材料，覆盖于土壤表面或茶树丛下和茶园行间，保湿保温护苗护籽，防止幼苗受旱受冻。

茶园铺草一般选择在茶园除草松土及施肥后、伏旱出现之前，杂草生长旺盛季节前期和雨季来临之前较为适宜。幼龄茶园选择在5~6月或12月至翌年1月冬闲时铺草。新建茶园，无论是在秋冬10~12月或1~3月移栽，移栽结束后立即铺草。

（二）茶园中耕与除草

茶园中耕指在种植了茶树的茶园进行耕作，中耕可以疏松茶园土壤和清除杂草。新建茶园必须经常浅耕松土除草。每年至少4次，第一次3月下旬，第二次4月下旬，第三次5月下旬至6月上旬，第四次7月中旬至8月下旬。也可根据茶园杂草生长情况及时进行，除早除小。要求新定植茶园小行内及茶苗脚往大行中心方向26cm内手工拔草，一手按苗一手拔草，不伤茶根。大行中间用锄除草松土，耕锄深度10cm左右。第二年，茶行内及两侧往大行中心26cm内，耕锄深度不超过3cm，大行中间10cm左右。三年以上，茶行两侧33cm内，耕锄深度不超过5cm，大行中间15cm左右。每次除草松土后在茶苗脚培土5cm厚。

（三）茶园灌溉

茶园灌溉就是实施人工补充水分的管理措施。幼龄茶园管理茶苗移栽后要保持根部附近土壤湿润，连续5~7天不下雨，应浇水抗旱，平时观察土壤干湿情况及时浇水。新建茶园一般均有不同程度的缺苗，必须抓紧时间在建园一年内采用同龄的茶苗补植，补植后要浇透水。

（四）茶园施肥

施肥能补充和调节土壤中的各种营养素。茶树幼龄期以培养植株形成强壮的骨架枝、庞大的根系和达到快速成园为主要目的进行施肥，施肥以氮、磷、钾配合。

1. 追　肥

宜用沼液或腐熟的人畜粪尿稀释后薄施勤施，20~30天追肥一次，直至茶树地上部分停止生长时为止，以有机肥为主，配合使用氮、磷、钾速效化肥提苗，根据茶苗长势逐渐增加（图5-37）。1~2年生茶园的茶苗小、根系分布范围窄，用肥量较少。2~3年生茶园年施肥3~5次，第一次在3月中旬，施入全年用量的60%；第二次在5月下旬至6月上旬，施入全年用量的20%；第三次在7月下旬至8月上旬，施入全年用量的20%。新定植茶园适当增加磷钾比重，根施至少年施追肥3次。此外，幼龄茶园追肥要做到少量多次，薄肥勤施。新定植茶园第一年初夏，可进行第一次追肥，每公顷用沼液或腐熟人畜粪尿2.25t兑水稀释后（浓度10%）浇施、尿素3kg兑水稀释后（浓度0.2%）浇施，以10%沼液或腐熟人畜粪尿穴施最好，及时培土和铺草覆盖。当年夏、秋季节还应再施追肥（或根外追肥）2~3次。第二年开始每年分春、夏、秋三季施追肥3~5次。幼龄期茶园追肥用量应随树龄增长逐年增加。幼龄茶园开沟施肥时，施肥沟距离茶苗脚距离：1年至2年生为10cm左右；3年至4年生为12cm左右；追肥深度5~10cm；4年生以上在树冠外缘垂直于地面处开沟施，沟深10~15cm，施后立即盖土。追肥方法宜在土壤含水量高时开沟均匀撒施或挖穴施用，及时盖土，干旱时兑水薄施，梯级茶园宜在坡上方沟施。

图5-37 沼肥管茶长势好、品质佳

2. 基　肥

从第三年开始施第一次，以后每两年施一次。肥料主要用沼渣、圈肥、油饼等有机肥和复合肥等长效无机肥。三龄以上茶园每公顷施沼渣或圈肥22.5t，或油饼2.25t，或普钙0.75t，或复合肥0.75t。一般在10月中下旬至11月上中旬进行。平地茶园在茶苗脚向大行方向26cm处，坡地茶园在茶行上方26cm处开沟施入，沟深20~26cm，宽20cm，施后盖土。

（五）茶园虫害及防治

传统方法是化学防治，即主要用农药杀虫，这往往会导致农药残留。遵义茶区近年来由于坚持按无公害、绿色和有机三个层次的标准执行，特别注意杜绝农药残留。在病虫害防治中尽可能避免化学防治，采用物理防治和生物防治。物理防治主要有人工捕杀、灯光诱杀、色板诱杀、性信息素诱杀、糖醋诱杀等；生物防治即采用生物技术防治病虫害，主要有保护害虫的天敌、应用病源微生物制剂、利用植物源农药如苦参碱、除虫菊和鱼藤酮等。茶园病虫害最好的防治方式是农业防治，即通过加强茶园管理增强茶树树势，改善茶园生态环境。

（六）茶树修剪

茶树修剪是为改变茶树自然生长趋势的人工整形技术，以培养高产优质的树冠、延长经济年龄和创造理想的采摘树型。茶园定型修剪必须同时配合如中耕、深翻、施肥等农业措施，才能充分发挥修剪的作用，达到预期的效果。

幼龄茶树的修剪主要目的是促进幼龄茶树分枝，控制高度，加速横向扩张，使分枝结构合理，主干枝粗壮，为培养优质高产树冠奠定坚实基础（图5-38）。定剪一般为3~4次。春夏秋季均可进行，早春3月以春茶茶芽未萌发之前为最好。

图 5-38 幼龄茶树定型修剪

第一次定型修剪：在有75%以上茶苗高度达到25cm以上，主茎粗3mm以上时进行。离地面15 ~ 20cm处水平剪去主枝，不剪侧枝。

第二、三、四次定型修剪：要求每次在前一次定型修剪的剪口上提高10~15cm左右剪去上部枝条或以采代剪。经定型修剪后，茶树高达到50cm左右，此时为打顶养蓬采摘阶段，这阶段采用“以养为主、以采为辅、采中留边、采高留低、采养结合”的采养方法，切忌重采、强采。

定剪必须三次整形，每剪提高10~15cm左右，枝条长好才能剪，骨干枝壮侧枝盛。

（七）茶园间作

在茶园大行间套种其他农作物，能充分利用土地，增加收益，实现“以短养长”，增加有机肥源，减少杂草生长和水土流失（图5-39）。

上述茶园田间管理措施，遵义茶区都在认真履行，政府管理部门会下发专门文件进行督促检查，如遵义市农业委员会《关于加强幼龄茶园管护和新垦茶园栽植工作的通知》，就具体对茶园补植措施要求、茶树定型修剪、幼龄茶园田间管理、茶园施肥技术、茶园病虫害防治、新垦茶园种植技术措施，都作了详细要求。

图 5-39 幼龄茶园套种花生

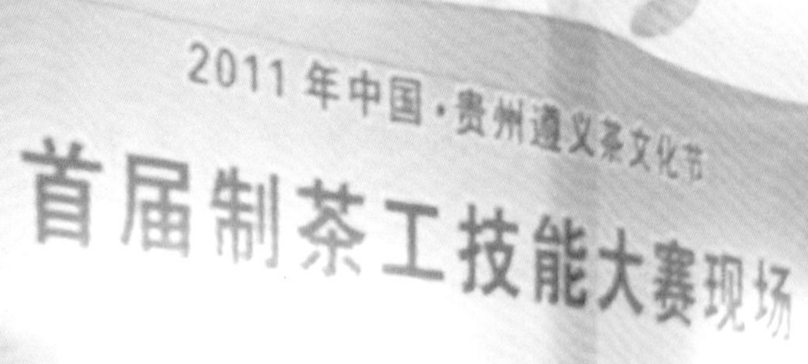
2011 年中国·贵州遵义茶文化节
首届制茶工技能大赛现场

解块工序

加工篇

第六章

加工是茶树种植到茶叶成品之间的重要环节，同样的茶树品种，不同的加工方式或工艺水平生产出的茶叶成品、质量会有很大差异。目前，遵义茶业企业多呈“公司+基地+农户+加工+销售”形式，种、产、销一条龙。千余家茶企的加工方法、工艺水平等，在同类茶产品基本相同的基础上，也有各自的特色。本章记述遵义茶叶加工的概况和为了保证茶叶产品质量和安全而进行的茶叶标准化工作与成效。

第一节　制茶原料

茶青，指从茶树上采摘下来供制茶用的新梢，是茶叶成品的原料。包括新梢的顶芽、顶端往下的第1、2、3、4、5叶以及着生嫩叶的梗。规格有1芽、1芽1叶初展、1芽1叶、1芽2叶初展、1芽2叶、1芽3叶、1芽4叶、1芽5叶、开面叶、对夹叶以及茶树较嫩的枝条等。

什么茶树品种的茶青能制什么茶叶成品，没有明确的规定，但根据不同茶树品种和不同茶叶成品的特点，大体上还是需要考虑哪种茶青适合加工哪种茶叶成品，这叫做茶青品种的适制性。叶色深绿、蛋白质含量高、茶多酚与游离氨基酸含量不太高的茶树品种适制绿茶；叶色浅绿或浅黄绿、茶多酚含量高的品种适制红茶……品种适制性不是绝对的，有的品种适制两类或两类以上的茶。

一、茶青质量

（一）茶青质量直观指标

凭感官直接评判的标准，也称为茶青的物理特性。茶青质量非常重要，如特级茶青1芽2叶必须在85%以上，独芽特级的实心芽要达到90%以上，匀净度一致。影响茶青质量的直观指标大致有嫩度、匀度、净度、新鲜度、肥壮度、叶色、叶形、节间、茸毛、叶质软硬度、芽叶组成等方面，以茶青嫩度为主要指标。

① **茶青嫩度**：茶树芽叶伸展的成熟度，主要根据芽头大小、数量多少、叶张开展度、单片叶和1芽3、4叶的老化程度和数量等综合评价。② **茶青匀度**：同一批鲜叶质量的一致，茶树品种相同、茶树生态环境基本相同、茶青规格基本相同。③ **茶青净度**：鲜叶中含夹茶梗、茶籽、其他叶子、杂草、虫体、虫卵、泥砂之类杂物的程度。④ **茶青新鲜度**：鲜叶保持原有理化性状的程度。

（二）茶青质量内涵指标

茶青内含成分的质量指标，也称为茶青的化学特性（图6-1至图6-3）。包括：

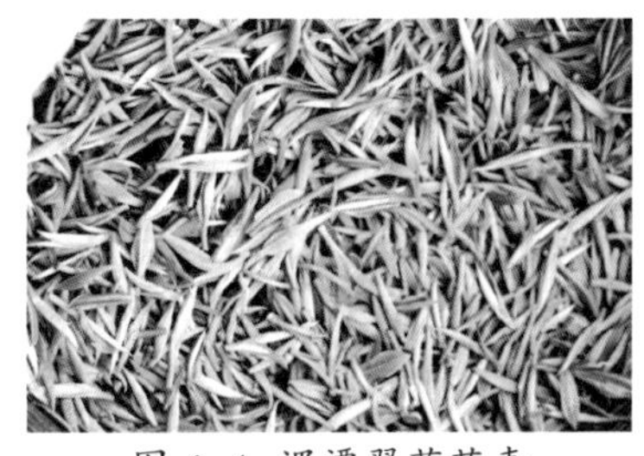
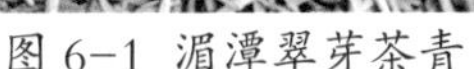
图 6-1 湄潭翠芽茶青

图 6-2 凤冈锌硒茶茶青

图 6-3 正安白茶茶青

① **茶叶水分：**茶树鲜叶内含物质中的水分比重。

② **茶叶水浸出物：**在规定的条件下，用沸水萃取茶叶干物质中的可溶性物质，包括茶多酚、氨基酸、咖啡碱、可溶性糖、果胶、水溶色素、维生素和某些芳香物质等，含量一般在30%~47%。茶叶品质的优劣取决于水浸出物的含量及其组成。

③ **茶叶茶多酚：**茶树鲜叶中30余种多酚类物质的总称，又称茶单宁、茶鞣质。

④ **茶叶氨基酸：**茶树吸收氮元素后经新陈代谢转化而成的20多种含氮物质的总称。主要有天门冬氨酸、谷氨酸、精氨酸、绿氨酸、甘氨酸和茶氨酸等。

⑤ **茶叶生物碱：**茶叶水浸出物中咖啡碱、茶叶碱和可可碱的总称。

⑥ **茶叶有机酸：**茶鲜叶中草酸、苹果酸、柠檬酸、没食子酸、绿原酸等多种滋味物质的总称。

⑦ **茶叶酶类：**茶树体内进行各种化学反应的多种催化剂的总称。

⑧ **茶叶色素：**茶鲜叶内含物质中多种脂溶色素和水溶色素的总称。

⑨ **茶叶矿质元素：**茶叶经高温灼烧后所剩无机物（灰分）的总称。

二、茶青采摘

茶青采摘就是通过手工作业或机械作业方式将幼嫩芽叶采摘下树的过程，采摘时要做到“勤采勤运，严防紧压和损伤”，采摘及运输过程要采用像竹编箩筐之类透气性好的容器。

（一）采摘原则

茶树的绿色鲜叶，既是收获的对象，又是营养的主要器官，在采摘过程中，就存在采与养、产量与质量之间的矛盾。一个基本原则是：既要采好鲜叶，又要养好茶树，保证茶叶产量和质量双丰收；既要达到眼前优质高产，又要兼顾维持较长期稳产高产年限；能促进新梢多发快长，能合理调节采制劳力，做到平衡生产。应根据不同树龄树势，按下述几种情况选择适当的采摘：

① **在茶树幼龄阶段或投产初期：**应以养为主，以采为辅，养是中心，采是手段，结

合修剪适当采摘。

② **在第一次定型修剪后：**春季待新梢大部分接近成熟时开采，坚持高枝打顶，短枝不采；夏季可留二叶采，但必须控制树冠平整；秋季可留鱼叶（开春芽头露出后接着萌发出的第一片小叶子）采。

③ **第二次定剪后：**按春季留二叶，夏季留一叶，秋季留鱼叶采。进入正常投产的茶园，应以采为主，采养结合。

④ **五年生以上茶树：**根据茶树春季落叶早而多的特点，实行春末和夏茶前期分批留一叶采，其余时间留鱼叶采。

⑤ **重剪更新后的茶树：**初期仍应以培养树冠为主，结合修剪进行采摘，使之迅速恢复树势，培养再生产能力，从第三年起可按正常投产茶园采摘。

（二）采摘标准

① **细嫩采：**是制作湄潭翠芽、遵义红、凤冈锌硒茶等各类名优茶的采摘标准，即采下独芽、1芽1叶初展的细嫩芽叶。这种采摘标准花工多、产量低、品质佳、季节性强，但经济效益高，特别是清明节前的品质最佳。但采太嫩茶，会伤害茶树的生活组织，既影响生长，又降低产量，而且香气低，滋味淡。

② **适中采：**是炒青绿茶、烘青绿茶、红茶的采摘标准，即当新梢长到一定程度时，采下1芽2、3叶和幼嫩对夹叶。这种混采标准，产量和品质较优，二者矛盾少，经济效益好。

③ **采茶方法：**主要有手工采摘、采茶剪采摘和机械采摘。手工采摘，方法有捏提法、摘采法、挡采法、钩采法。采茶剪采摘，即在一种轻型篱剪上装一个收集茶叶的网袋作采摘工具，用人工操作采摘。机械采摘的工具是采茶机，有单人背负式和双人抬式（图6-4）。遵义茶区春季绿茶以其较高的经济价值成为茶叶市场的主产品，每年春茶采摘也是茶区农民增收致富的主要渠道。但由于传统绿茶原料采摘完全依靠人力，用工荒、采茶难成为制约企业发展的技术瓶颈。所以，也有改变传统采摘方式，选择依靠机械化采摘。但目前用机械采下的芽叶，其芽叶嫩度不均，破碎叶混杂，难以作为高档绿茶加工的原料，是一个有待科研人员和茶叶企业认真研究的课题。

图 6-4 茶叶机械生产现场操作观摩会

④ **采茶季节：**茶青按采茶季节分为春茶、夏茶、秋茶。春茶，又名头帮茶或头水

茶，清明前至谷雨后所采之茶，茶叶至嫩，品质甚佳。采摘期间一般在3月中旬起至5月下旬，随各地气候而异。夏茶，又称二帮茶或二水茶，一般指6~7月新发的茶叶采制成的茶。秋茶，又称三水茶，一般指8~10月所采制的茶。遵义传统主产绿茶，所以传统茶农和茶企一般只采春茶，很少采夏茶，基本不采秋茶，现在的茶叶企业增加了茶类品种，不仅限于春茶，也采夏茶和秋茶。除按季节分类外，还有按节气进行分类的产品。遵义茶区常于清明前后采摘第一道春茶，其时，叶芽质嫩、带白绒毛，可精制翠芽和毛峰茶等高档茶。清明前采的称为“明前茶”，清明后谷雨前采的称为“雨前茶”，这两个名称是用节气时段表明茶叶的档次，谷雨之后的就没有专门的名称。4月中下旬采摘第二道茶，可制为一级或二级茶；5月后采第三道茶叶，多制为一般茶。遵义市以春茶、夏茶为主产，春茶占年产量的50%~60%。1955年前只采春茶，1955年后才开始采摘秋茶；20世纪60年代初秋茶产量不高；20世纪60年代中后期，部分新茶园投产，秋茶产量逐步上升；到20世纪70年代，普及推广分批、及时标准采摘，一般采叶达10批以上，秋茶采摘量占全年采叶量的三分之一左右；20世纪70年代后期又提倡留养秋茶，以恢复树势，保持丰产茶叶的稳定性。在广大农村，农家不成规模自制自饮的茶叶，多在清明后春耕农忙基本结束时采摘，粗制为农家茶（图6-5、图6-6）。

图6-5 白茶茶青采摘（正安）

图6-6 采茶季节（余庆）

三、各地茶叶采摘

各县（区、市）的茶叶采摘，见诸于文字的不多，现将有记载的记述于下：

① **中央实验茶场**：建场初期新建茶园幼小，大部分供试验和生产所需茶叶加工的原料——茶青，均从附近乡间收购，以一芽二叶为主。1941年共收购茶青6500kg，湄潭茶农收入33000多元。

② **湄潭**：传统采摘只采头道茶的占13.01%，采二道茶的占62.60%，采三道茶的占

21.14%，不采者占3.25%。最长时间延长到10月封园。

③ **凤冈：**锌硒茶春茶采摘时间为3月至5月，秋茶有少量采摘加工，最长可以持续采摘到9月中旬。

④ **播州区：**传统采茶时间多在清明节以后。从坝河沿岸地带地势低矮，采摘时间要比其他地方提前10天左右。20世纪50年代初，农民沿袭旧的采摘方法，待茶芽生长到4~7片叶时，从萌芽基部采下，一年只采一次，少数采两次，茶树少的农户要采3次。还有采老茶叶的，多在晴天采茶。1956年以后，推行分批分期留叶采摘法：清明后，当大部分茶芽长到1芽3、4叶时，先采中心蓬面高、壮的1芽2、3叶，弱小茶芽待10d后再进行第二次采摘，春茶可反复采5~7次。采下的茶青老嫩均匀，有利提高下季茶的产量。对未投产的幼龄茶园，以养为主，采养结合。等新梢生长到4~5片叶时，留1~2叶，采摘中心部位强壮芽，留边缘弱芽，等到弱小芽长到相当高度时再进行采摘，促进蓬面形成，增大分枝密度。由于农村大量青壮年外出务工，劳动力缺乏，为提高工作效率，现在除名茶外，都采用机械采收，提高效益，一年多数采两次。

采摘下来的茶青，要注意妥善管理，保证品质不发生劣变。茶青管理包括茶青运送、茶青验收、分级摊放贮存等。这些都是十分细致而又重要的工作，是保持茶青质量的关键。管理不当，会引起茶青劣变，影响茶叶品质。

第二节　制茶工艺

一、遵义茶叶加工概述

遵义茶叶历史悠久、品种繁多、品质优异，加工方法大多流传至今。

（一）传统茶叶加工

蒸青饼茶：唐代先进的制茶方法，逐渐传遍全国各茶区，遵义所在的思、播、费、夷等州得到较广泛的运用。北宋黄庭坚《答从圣使君书》云：“今奉黔州都濡月兔两饼……”，说明务川县都濡月兔茶为饼茶，《遵义府志卷十七·物产》记载的仁怀厅紧压茶是再加工茶类，广大农村则是以炒青为主。

（二）现代茶叶加工

遵义的茶叶加工，除各县地方特色的少数品种外，本质上与贵州全省乃至全国各地相同。

新中国成立前遵义民间的茶叶加工，正如贵州省湄潭实验茶场在《茶情》中记述：“湄邑茶农之习惯，除明前所采毛尖细茶外，均将当年生之茶芽齐腋间连胎叶全部摘下，以实分量，因而所制毛茶，老叶及梗片特多，且揉捻粗放、条索扩张，外形极不美观。”虽特指湄潭，但遵义全境基本相同。

现代意义上的遵义茶叶加工始于民国年间。1940年中央实验茶场应用机械制茶，开贵州现代茶叶加工制作的先河。1949—1957年，除少量历史名茶外，基本上是手工揉制茶为主，茶叶加工较为粗放，产品质量不高，多为自给性加工。1957年后，制茶生产向半机械化发展，开始是畜力、水力为动力带动揉茶机制茶，20世纪80年代后机械设备基本上以电为能源。20世纪90年代开始，以湄潭县、凤冈县、正安县为主，加快推进对陈旧落后的加工企业及设备进行改造升级，建设了一批规模型现代加工企业，引进了具有国内先进水平的清洁化自动加工生产设备，加工装备水平得到整体提升，茶叶加工能力满足投产茶园面积逐年增加的生产需要。

遵义茶叶加工已由零星分散逐步向相对集中发展；由作坊式加工向龙头企业带动发展；由全手工向机械化发展；由经验型加工向自动化、清洁化发展；由粗加工向精、深加工发展。中国六大基本茶类基本都有加工，涉茶产品花色越来越多，茶叶加工产量逐年增加，质量逐年提升。茶叶加工企业所有制结构由过去以农垦、供销、国营、社队（农场）为主变为国营、集体、个体、外商、独资、股份制等多元化共同发展的新格局。

随着现代科学技术的运用，遵义茶叶加工的科技含量、加工水平不断提高，特别是传统名茶中的某些品种在加工技术上的科技含量更高，多数工序已基本实现自动化；蒸汽、微波等技术的应用已于20世纪90年代后期取得突破性进展；计算机技术在某些领域的应用研究已经起步，超微粉碎机组已应用于茶食品加工领域，咖啡因除脱技术已应用于低咖啡因绿茶生产；茶籽油生产技术、茶多酚提取技术等也走在国内省内同行业的前列。

1. 绿茶加工工艺

1957年，省茶试站制成滚筒杀青机。1974—1978年，湄潭茶场与遵义市南关机械厂合作，进行了炒青绿茶初制工艺研究，其滚工艺于1978年被贵州省标准计量局批准定为贵州省地方标准，在全省范围内实施。20世纪80年代末，遵义绿茶加工逐渐由被动转向主动，带动了绿茶加工工艺、加工机具的发展。进入21世纪，清洁化生产引入贵州绿茶加工，微波、热风、远红外等技术已为茶叶加工企业所应用。普遍采用的绿茶加工工艺：

1）晒青或摊青

晒青为传统加工工艺，20世纪50年代初期，茶叶制作仍保留新中国成立前手工制作晒青的方法，到20世纪80年代还有部分茶农制作晒青（图6-7）。摊青，是将茶青摊放于清洁卫生、通风透气的贮青槽或贮青间（图6-8），避免阳光直射，摊放厚度视天气、茶青老嫩而定，一般摊叶厚度2~3cm，时间6~18h，当芽叶柔软，色泽变暗，青气减退，略显清香时即可进行下一道工艺——杀青。

图6-7 绿茶加工——晒青

2）杀　青

杀青是绿茶加工的关键工序（图6-9）。常见有锅炒杀青、蒸汽杀青等形式，均为高温杀青。温度掌握先高后低，杀青时多抛少焖，嫩叶杀老，老叶杀嫩。用机械杀青，温度一般在270~290℃，8~10min，杀青量不超过10kg；手工炒青，温度掌握在200~250℃之间，每次放茶青1~1.3kg，炒7~10min，先在热锅内反复抛炒1~2min，待叶色转暗，再反复焖炒至叶色转为黄绿色时，又抖炒1~3min，达到茎梗折不断，有新鲜清香为止。

图6-8 绿茶加工——摊青

3）做　形

杀青完毕之后就是给产品造型，称为“做形”。遵义绿茶从产品形状来分，有扁形绿茶如湄潭翠芽、卷曲形绿茶如毛峰和毛尖、颗粒形绿茶如绿宝石三类，不同形状做形方法不同：

图6-9 绿茶加工——手工杀青

① **扁形绿茶**：做形工艺流程为“理条→压扁→脱毫”。“理条”是使茶叶在炒制过程中变直，需要控制好温度、速度、投叶量和时间，当叶条扁直，色泽润绿，达到4~5成干时即可下机摊凉；“压扁”是使茶叶在炒制过程中变扁、平，也需控制好温度和投叶量，至叶色为黄绿，茶叶扁平直，香气显露，含水率达15%~20%即下机摊凉；“脱毫”是使茶叶在炒制过程中变“光滑”，掌握好温度、速度、投叶量和时间，至茶叶含水量降为9%~11%，外形扁平直时，即可下机摊凉。

② **卷曲形绿茶**：做形工艺流程为“揉捻→脱水→做形提毫”。“揉捻”按照“轻-重-轻”的加压原则进行揉捻，揉捻时间25~30min为宜。当叶质变软，有黏手感，手握成团而不弹散，少量茶汁外溢，成条率80%以上时即可进行脱水。

③ **颗粒形绿茶**：做形工艺流程为“揉捻→脱水→造型”。揉捻采取“轻揉、慢速、短揉”的揉捻方式。揉捻转速每分钟33~35r，揉捻时间为15~20min，到揉捻叶成条率达95%以上停止揉捻，保持揉捻叶的完整。

揉捻工序的投叶量多少，根据揉捻机的型号而定，揉捻时间亦据茶类和茶叶老嫩有所不同。但一般每桶少则13~15kg，多则30~35kg。揉捻程度掌握在60%~70%茶叶成条，手捏有粘手感觉为止。如用手工揉捻，每次茶叶1~1.5kg，反复揉捻成条。边揉边抖解块，揉时用右手抓回，左手用力推出，这样揉出的条索比较伸直。

4）干　燥

可分为炒二青、三青、烩锅（亦称辉锅）三道工序。每次将揉捻叶35kg左右装入滚炒机内，约炒20min，使之不粘手，手捏稍成团，松手能弹散时，转入炒干机炒三青，炒到手握茶有少部分发硬但不断碎且有弹性时起锅，其后再用滚炒机烩干，约炒90min以上，含水量只有5%~6%时为止。如用手工炒青，炒约20min，摊凉炒三青，最后烘干。

2. 红茶加工工艺

1）遵义红茶生产的历史

1940年4月，中央实验茶场首次试制工夫红茶成功之后，开展红茶萎凋帘摊叶量、发酵时间与温度、烘笼摊叶量与时间、红绿茶初制减水量等茶叶制造课题研究，为新中国成立后贵州茶叶加工奠定了基础。

1957年以前较长一段时间，全省所产红毛茶均集中于贵州省湄潭实验茶场，用自制铁木结构机械精制后运送重庆茶厂。1958年贵州省湄潭实验茶场在工艺、机具设备、包装等方面作了技术改进，精制红茶首次以“黔红”牌号直接原批进入国际市场，结束了贵州红茶运往重庆并入“川红”出口的历史。1963年春末夏初，省茶科所将原产条形味醇的“黔红”牌工夫红茶改产成颗粒型味强的分级红茶，开始对分级红茶的初制工艺、摊晾、连续加叶揉捻、烘干和贮藏方法等进行系统研究，得出分级红茶采用短时摊晾后再烘干的技术要明显优于长时间摊晾的技术，以及茶叶含水量保持在4%~7%的理论数据。1974—1976年省茶科所、国营羊艾茶场率先开展对原红碎茶生产机具转子揉机及相应工艺进行革新研究，得出红碎茶加工时“轻度萎凋、强烈揉切、适度发酵、快速烘干”的生产原则。并针对红碎茶细胞损伤大、体型小、易氧化等特点，提出了六级叶象发酵理论。1980—1981年，开展红碎茶初制揉切分联装机研制，研制成果在湄潭等大中型茶场推广应用，并逐步扩大到重点乡村茶场应用。这些工艺流程及机具在原中央实验茶场随处可见其原始状态。

2）红茶加工工艺

红茶是全发酵茶，以1芽2、3叶为原料。红茶加工原理是促进多酚类化合物在酶促作用下进行完全氧化，使之具有“红汤红叶”的品质特色。遵义红茶初制工艺分萎凋、揉捻、发酵、干燥4道工序。

① **萎凋**：萎凋是适当蒸发水分，使叶质柔软，便于揉捻。伴随水分的蒸发，散发掉部分青草气，同时增强酶的活性，促使物质转化，为成茶的色、香、味打好基础。萎凋适度的叶子，叶面失去光泽，叶色由鲜绿转为暗绿，叶质柔软，手捏成团，松手时叶子不易弹散，嫩茎梗折而不断，透发清香，含水量以58%~64%为适度。

② **揉捻**：目的在于卷紧条索，便于干燥时造型；适当破坏叶片组织，使茶叶容易冲泡。揉捻是塑造其特有外形和内质的重要工序。

③ **发酵**：目的是增强酶活性，促进内含物质深刻变化，形成红茶特有的色、香、味。发酵适度的叶子，青草气消失，清鲜的花果香显现，叶色变红。在实际生产中，发酵程度掌握适度偏轻，因干燥时叶温上升有个过程，不能立即破坏酶的活性，阻止酶性氧化，为防发酵过度，发酵程度宁轻勿重。

④ **烘干**：目的是利用高温破坏酶的活性，停止发酵；蒸发水分，紧缩条索，达至足干，便于储藏；继续散发青气，进一步发展茶香。

3）红茶分类

依制法不同、品质差异，主要分为条红茶和红碎茶两种。

① **条红茶**：又叫工夫红茶。茶青以1芽2、3叶为主，将茶青放置竹席悬挂室内进行萎凋；20世纪50年代末至60年代初，茶场采用木制揉捻机进行揉捻，4人手推，用明火烘干，与烘青茶法同。

② **碎红茶**：20世纪70年代以后大量生产，用萎凋槽进行加温萎凋再进行发酵，将揉好的颗粒茶发红后进行烘干；烘干分毛火、足火两次进行。先用半自动烘干机烘干，温度：毛火120~150℃，足火100~110℃。茶叶外形如半粒米大小，内质与红条茶相同。

3. 黑茶加工工艺

黑茶是后发酵茶，属六大基本茶类之一，遵义有黑毛茶（初制）和压制茶（砖茶）两类。黑毛茶的制造工艺分杀青→初揉→渥堆→复揉→干燥五道工序。黑茶所用鲜叶原料较粗老，需要渥堆变色，有干坯渥堆或湿坯渥堆变色两种。黑毛茶的制造工艺为：

① **杀青**：利用高温破坏酶的活性，采用手工杀青或机械杀青，温度260~300℃。

② **初揉**：将粗大茶叶初步揉成条，直至茶汁挤出附于叶表，需轻压、慢揉，揉捻时间15min左右。

③ **渥堆**：选择通风洁净无阳光直射的室内地面，覆盖湿布保温保湿，环境温度保持在25℃左右，相对湿度保持在85%以上。

④ **复揉**：对渥堆后的茶叶再揉捻，压力较初揉小，时间一般8~10min.

⑤ **干燥**：加温烘干。

⑥ **压制**：黑茶类的砖茶，还需要对黑毛茶进行压制成型的工序。压制茶品质总要求：外观形状与规格要符合该茶类应有的规格要求，成型的茶外形平整紧实结，不起层脱面，压制的花纹清晰，色泽具有该茶类应有的色泽特征；内质要求香味纯正，无酸、馊、霉、粗、涩等异味。

黑茶类的茯砖茶是工艺最难的一类茶，流程中发花工艺是关键环节，要求砖内发花茂盛。是用特有的工艺使得茶叶中生长“金花”，专业术语称为“冠突散囊菌”，金花越多，品质越好。发花使这类茶具有中药茯苓的功效，称为“茯茶”，古代只能在夏季三伏天做，因此亦称“伏茶”。1941年，中央实验茶场徐国桢从四川取得茶样，就专门进行过砖茶“金花菌”研究。

以上是遵义主要茶类加工的一般工艺，具体到各茶叶基地县和茶叶品牌，有一定的特色。

（三）茶叶的包装贮藏运输

茶叶产品需要妥善包装、贮藏和运输，茶叶保存期限的长短，与包装储藏条件有很大关系，包装储藏条件越好，保存期限越长，反之则短。

1. 茶叶包装

遵义零售茶叶最初采用牛皮纸包装或者使用锡箔包装。多层复合材料出现后，茶叶包装普遍使用新型银色薄膜材料，使用最普遍的是铝箔小袋封装甚至抽真空或充氮小包装，再用纸质、铁质听装或透明塑料盒，外面再用大的硬纸盒包装，并附上手提纸袋便于携带。

茶农和种茶大户生产的毛茶销到茶叶厂再加工，大批量茶叶在运输过程中的包装，过去使用布袋包装，近年来使用麻袋内衬塑料袋或者涂塑料麻袋包装。

2. 茶叶储藏

遵义茶叶储藏有常温储藏、低温冷藏以及家庭用茶储藏与保管等。常温储藏是储存在常温下的仓库之内。仓库内要清洁卫生、干燥、阴凉、避光，并备有垫仓板和温、湿度计及排湿度装置。茶叶应专库储存，不得与其他物品混存、混放。

低温冷藏是茶叶存放在0~10℃范围内，即冷藏。冷藏的茶叶品质变化较慢，其色、香、味保持新茶水平，是储藏茶叶比较理想的方法。茶叶销售点、茶楼、茶馆乃至家庭都采用这种方法。采用冷柜或冰箱储存茶叶，茶叶必须盛装在密闭的包装容器内，而且不能与其他有异味的物品存放在一起。

家庭保存茶叶传统方法多是用竹篓和皮纸口袋盛装（图6–10），也有在瓷坛内放入成块的生石灰或烘干硅胶吸湿的瓷坛储茶法、将充分干燥的茶叶装入热水瓶内并用蜡封口的热水瓶储藏法、将茶叶装入茶罐然后放进一二包除氧剂，加盖，用胶带密封保存的罐装法。当今最普遍、最通用的是用塑料袋盛装冰箱储藏。茶叶储存时间不宜过长，因为其色、香、味受温度、湿度、光照和氧气等因素影响会不断地陈化而降低品质。因此茶叶储藏中必须防潮湿、防高温、防光照、防氧化、防吸附，即干燥储存、低温储存、避光储存、密封储存、单独储存。

图 6-10 遵义民间传统装茶叶的竹篓

3. 茶叶运输

遵义传统的茶叶运输多通过盐茶古道靠人力驮运，运输的茶叶一般是布袋包装，力夫再用油布包好后肩挑背驮。现在茶叶运输主要依靠公路交通，也有部分通过铁路或空运。茶叶运输过程的各个环节有良好的卫生控制，用于包装茶叶成品的物料符合卫生标准并且保持清洁卫生，不得含有有毒有害物质。包装的物料要不易褪色；包装物件需干燥通风，不得有污染；运输车辆符合卫生要求，并根据产品特点配备防雨、防尘、冷藏、保温等设施。

二、各县的茶叶加工工艺及所产名茶加工

除上述一般的加工工艺外，各县（区、市）和各大品牌茶叶，基本上都有一定的加工特色，下面作部分介绍：

（一）湄潭县

1. 湄潭茶叶加工一般工艺

湄潭茶农加工茶叶传统工艺主要是：采摘→炒青→揉捻→复炒→晒干。

1940年民国中央实验茶场的茶叶加工方法：玉露制法——先将茶入竹筒内蒸5~6min取出，将茶置于封贴皮纸的木框中，框下有火，在木框内搓干。珍眉分粗制和精制两步，粗制将茶炒好即揉、揉毕入焙房，烘干即可，精制再将制品分筛检择方可；红茶则先将生叶萎凋，揉捻机内揉捻，日光下发酵，室内发酵至适当程度，放焙房烘干为粗制，粗制品再加以分筛、拣择后成精制；龙井则是杭州来的师傅按西湖龙井的工艺加工。

近年来，以国家级龙头企业兰馨茶业公司为代表，在模拟传统“湄江翠片”手工工艺的基础上，引进微波杀青、微波干燥、远红外提香等3项专利技术，彻底废除作坊式生产方式，变定性操作为定量操作。

湄潭具有悠久的黑茶加工生产历史，晚清时期湄潭生产黑茶最具代表的人物陈德轩

家有九堡十三湾茶园，制作的手筑黑茶销往外地，杨秀财制作手筑黑茶销往遵义新舟等地。2015年初，“湄潭手筑黑茶传统制作技艺”非物质文化遗产代表性项目名录被贵州省人民政府公布为贵州省第四批非物质文化遗产代表性项目名录。

2. 湄潭所产名茶加工

① **湄潭翠芽茶：**绿茶类扁形茶。茶青要求：特级青规格为1芽或1芽1叶初展，长1.5~2cm；一级青规格为1芽1叶，长2~2.5cm；二级青规格为1芽1叶或1芽2叶初展，长2.5~3cm。要求芽长于叶或与叶长相等，芽心紧卷。不采用雨水叶、露水叶、紫色芽叶、病虫害芽叶、机械损伤芽叶、渥红叶，匀净度好。加工工艺：杀青→做形→辉锅。

② **兰馨雀舌茶：**绿茶类扁形茶。鲜叶要求：于清明节前15天开采，采摘形似雀舌的饱满单芽或1芽1叶初展，长2~2.5cm。加工工艺：杀青→做形→辉锅，全手工炒制。

③ **“夷州”牌湄潭翠芽茶：**绿茶类扁形茶，是在继承历史名茶“湄江茶”传统手工制作工艺的基础上，于1995年经湄潭县茗茶有限公司改进以机制为主、辅之以手工制作的创新名茶。加工工艺：杀青→整形制坯→手工整形→机炒辉锅→手工辉锅。

④ **遵义毛峰茶：**绿茶类直条形茶。湄潭、凤冈均有生产，是省茶科所于1974年创制的名茶。茶青要求：当地每年开园头15天左右的福鼎大叶茶之1芽1叶初展至1芽2叶茶青为原料，采摘标准分三个级别。特级青标准为1芽1叶初展或全展，长2~2.5cm；一级青规格为1芽1叶为主，长2.5~3cm；二级青规格为1芽2叶，长度3~3.5cm。茶青进厂经2~3h摊青后再行炒制。加工工艺：摊青→杀青→摊晾→揉捻→解块筛分→初干（炒）→搓条→提毫→足干（烘）。工艺要点：“三保一高”，即一保色泽翠绿，二保茸毫显露且不离体，三保峰苗挺秀完整；一高就是保香高持久。

⑤ **湄江翠片：**绿茶类扁形茶。鲜叶要求：品种为湄潭苔茶，特、一、二级翠片采摘标准分别为：1芽1叶初展、1芽1叶、芽长于叶，长度分别为1.5、2、2.5cm。三级翠片采摘标准分别为：1芽2叶初展，芽叶长不超过3cm。通常制500g特级翠片需采摘5万个以上芽头。一级翠片约需4万个左右芽头。加工工艺：杀青→做形→辉锅，每道工序结束需将茶坯摊晾透。

⑥ **贵州银芽：**绿茶类扁形茶，产于湄潭县核桃坝村。选用黔湄502、601号及湄潭苔茶中小叶品种1芽1叶初展茶青。加工工艺：萎凋摊晾→高温杀青→风选→二炒理条→三炒压条→分筛摊凉→磨锅提香→分级储藏→包装。

⑦ **龙泉剑茗：**绿茶类扁形茶，产于湄潭县龙泉山高级绿茶研制场。选用黔湄303、601号及福鼎大白茶1芽1叶茶青，采用嫩采芽毫、高温杀青、中温理条、低温做形、加火定型生香、文火烘干的独特工艺技术精制而成。

⑧ **贵州针茶**：绿茶类针形茶，产于湄潭县核桃坝村。茶青要求：以黔湄系列大叶种为原料，茶青规格为芽或1芽1叶，肥壮，长2~2.5cm，要求无病虫害芽叶、无紫色芽叶、无白色芽叶。采回的茶青薄摊在簸箕内2~4h，摊失部分水分后即可付制。加工工艺分为毛针：杀青→烘干；青针和炒针：杀青→烘干→脱毫。

⑨ **黔江银钩茶**：绿茶类卷曲形茶。茶青要求：福鼎大白茶为原料，以1芽1叶为主。加工工艺：杀青→揉捻→做形（揉团提毫）→干燥。

⑩ **贵州珠茶**：珠形绿茶，又称“圆茶”“圆炒青”。鲜叶要求：1芽2、3叶，品种一致，老嫩一致。采用高温、火匀、时短、少盖的匀火炒法，适用于高山茶区或土质肥沃茶区叶质肥壮的鲜叶。炒制中小锅、对锅、大锅温度均较高，且温差较小，炒干时间宜短

⑪ **贵州绿碎茶**：切细绿茶，由省茶科所研制。是绿茶用机器切碎后生产的一种茶，其原料主要来自绿茶深加工过程中产生的一部分断碎茶、较大叶片、茶末等。使用切碎机将断碎叶、较大叶片切碎，使其形成外形、大小、色泽等都基本一致的片状茶。然后进行筛分，将同一筛号的茶分别包装成袋，做成“袋泡茶”。

⑫ **遵义红**：工夫红茶。茶青要求：品种为黔湄419、502、601号等国家级良种，特级青原料为芽或1芽1叶初展、一级青原料为1芽1叶；同一批付制的鲜叶要一致，不带特大芽叶或过小芽叶，要鲜活、匀净度好。加工工艺：萎凋→揉捻→发酵→干燥。

⑬ **湄潭红碎茶**：国家优质出口红茶。茶青要求：采用当地湄潭苔茶种、福鼎等中小叶品种的茶青。加工工艺：萎凋→揉搓→发酵→烘干→精制而成。

⑭ **贵州青茶**：青茶类，由省茶研所研制。茶青要求：叶肉较肥厚的品种，开面叶或同等嫩度的对夹叶。加工工艺：萎凋→做青（包括静置）→杀青→揉捻→炒干等。

⑮ **遵义青砖茶**：黑茶类压制茶，由湄江印象有限责任公司研制并生产。其原料是每季名优茶采摘后的修剪枝，要求无枯枝、老梗、麻梗、鸡爪枝等。加工分为面茶加工和里茶加工，然后再压制成砖。面茶工艺即杀青→揉捻→初晒→复炒→复揉→渥堆→干燥→筛分→风选→脱梗分级；里茶工艺即杀青→揉捻→渥堆→干燥→轧切→筛分→风选→拣梗分级；压制工艺即称茶→汽蒸→试压制→主压制→定型→退砖→烘干→修边→干燥。湄江印象茶业公司针对湄潭当地特殊的生态环境下产出的茶青进行物质分析，自主创新采用低、高、中温重复发酵技术。低温（30~35℃）培养丰富酵母菌，通过酵母菌产生二氧化碳，分解茶叶中的咖啡因、咖啡碱；高温（45~55℃）让各种生物酶将纤维素、果胶、蛋白质等充分分解成茶多糖、葡萄糖，并通过酶促作用将茶中的儿茶素转化成茶黄素和茶红素，杜绝产生茶黑素；最后中温（35~38℃）产生乳酸菌和双歧杆菌，并通过葡萄糖酸杆菌将葡萄糖转化成维生素C、P和多种氨基酸。兰馨、栗香等大企业还将加工工艺制

成标牌悬挂于车间（图6-11至图6-13）：

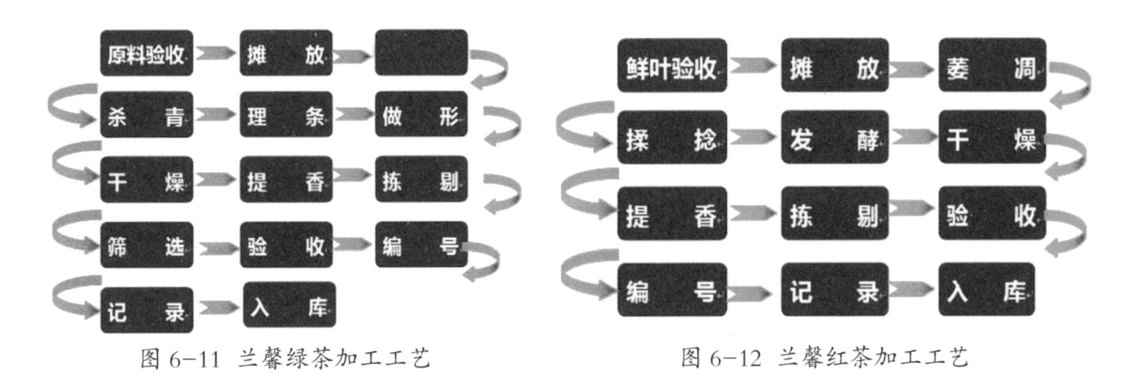

图6-11　兰馨绿茶加工工艺　　　　图6-12　兰馨红茶加工工艺

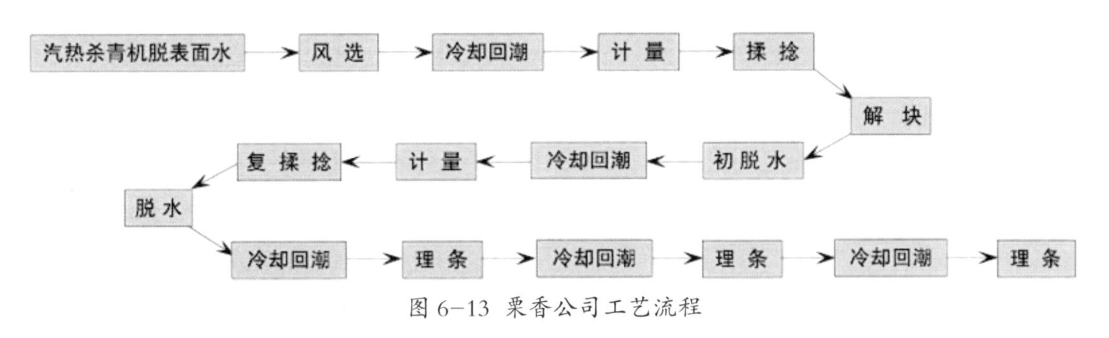

图6-13　栗香公司工艺流程

（二）凤冈县

1. 凤冈茶叶加工一般工艺

传统加工方法是将茶青放锅内加温，用手工揉搓。随着揉茶机、烘干机等制茶机器的引进，加工能力和水平都有了很大的提高。

凤冈所产茶类较多，下面介绍其中部分：

① **凤冈绿茶加工**：凤冈县绿茶是经高温杀青、揉捻、干燥等工序制成。按其干燥和杀青方法不同，可分为炒青绿茶、烘青绿茶、晒青绿茶和蒸青绿茶等四类。

② **凤冈锌硒乌龙茶（青茶）加工**：凤冈锌硒乌龙茶是采摘具有一定成熟度的茶树鲜叶，经：晒青→摇青→萎凋→杀青→揉捻→烘焙→摊凉→包装而成。

③ **凤冈黑茶加工**：凤冈黑茶主要以黑毛茶和砖茶为主，工艺同上述“3.黑茶加工工艺”。

④ **凤冈黄茶加工**：黄茶属轻发酵茶类，杀青、揉捻、干燥等工序均与绿茶制法相似，只是在干燥前，增加一道最重要的工序“闷黄”，利用高温杀青破坏酶的活性，其后多酚物质的氧化作用则是由于湿热作用引起，这是形成黄茶特点的关键。主要做法是将杀青和揉捻后的茶叶用纸包好，或堆积后以湿布盖之，时间以几十分钟或几个小时不等，促使茶坯在水热作用下进行非酶性的自动氧化，形成黄色。黄茶的品质特点是黄汤黄叶。

黄茶制作工艺为：杀青→揉捻→ 闷黄→干燥。

⑤ **凤冈锌硒红茶加工：**原料选用特级、一级、二级红茶鲜叶，要求鲜叶细嫩，匀净，新鲜。加工前严格对照鲜叶分级标准进行检验分级，分别加工制作，经摊青→萎凋→摇青→揉捻→发酵→做形→烘干→提香→评审等级八个工序加工而成的。

⑥ **凤冈白茶加工：**白茶的制作工艺是最简单的，茶青不经杀青或揉捻，薄薄地摊放在竹席上置于微弱的阳光下，或置于通风透光效果好的室内，让其自然萎凋，晾晒至七八成干时，再用文火慢慢烘干即可。

基本工艺包括晒青（萎凋）→烘焙（或阴干）→拣剔→复火等工序。

⑦ **凤冈砖茶加工：**以优质黑毛茶或晒青经过筛、扇、切、磨等过程，再经过高温汽蒸压成砖。

⑧ **凤冈碾茶、抹茶加工：**碾茶、抹茶属于绿茶中的新兴茶类，抹茶是用碾茶磨成的粉末状产品。选用适制碾茶的茶树品种、采用覆盖栽培的茶树鲜叶，嫩度1芽 3~5 叶或同等嫩度的开面叶，经蒸汽杀青、未经揉捻，以辐射热方式干燥制成的叶片为材料，经研磨工艺加工而成的微粉状茶产品。工艺流程：

初制（碾茶）：鲜叶→切割→筛分→蒸汽杀青→冷却、散茶→干燥→梗叶分离→二次烘干→茎叶分离－检验入库；精加工（抹茶）：碾茶→匀堆→精制→拼配匀堆→磨粉→检验入库。

2. 凤冈所产名茶加工

① **凤冈锌硒绿茶：**有锌硒翠芽、锌硒毛峰、锌硒毛尖、锌硒香绿、锌硒绿宝石、锌硒雀舌、锌硒仙竹等。为半手工半机制加工，其工艺是：茶青摊晾→杀青→揉捻→烘干机初烘→烘焙机复烘做形→滚炒机磨锅提香→产品精选（筛分）→成品包装入库。杀青选用60~80型连续杀青机，筒温在150℃左右；揉捻使用40~55型揉捻机，投叶量适度掌握，采用“轻—重—轻”的加压方式；初烘采用连续式烘干机烘干，温度控制在120℃，茶叶水分在70%左右；复烘一般在烘焙机上进行，用手工辅助搓揉成卷曲鱼钩状，温度掌握在80~100℃之间，下锅茶叶水分控制在20%以内；磨锅提香选用名优茶辉干机，前期磨锅温度控制在65℃，后期提香温度升高到80℃，干茶要炒到烫手，有栗香，水分含量在7%以下方可出锅。炒干后的成品茶要进行筛分，分别用4孔筛、6孔筛和12孔筛进行分段和“撩头隔末”后进入冷库贮藏。

② **“春江花月夜”牌明前毛尖茶：**绿茶类卷曲形茶。茶青要求：清明节前采摘茶青，1芽1叶初展。加工采用全程清洁化管理，除提毫采用手工外，其余工序全部是自动化加工。加工工艺：杀青→揉捻→提毫→烘干等。

③ **贵州绿宝石：**颗粒状绿茶，产于凤冈县。茶青要求：以1芽2叶、3叶为主。加工工艺：杀青→揉捻→毛火→做形炒干。

（三）正安县

1973年前，茶叶加工普遍使用普通铁锅、竹制簸箕、竹刷把等简易工具，加工工艺一般是锅炒、手搓、日晒晾干，所制茶叶品质粗糙，外形松扁短碎。1973年后，逐步使用炒茶机、揉茶机、烘干机等机械制茶。

① **正安白茶：**选用白茶鲜叶：特级鲜叶为1芽1叶（长2~2.5cm），嫩、匀、净，芽叶完整、鲜活，无机械损伤叶、渥红叶、病害叶等；一级鲜叶为1芽1叶（长2.6~3cm），嫩、尚匀齐、净，芽叶完整，鲜活无渥红叶、病害叶等；二级鲜叶为1芽1叶（至50%）、1芽2叶（长3.1~3.5cm），尚嫩、匀、净，鲜活，无渥红叶、病害叶等。正安白茶有松针形和扁叶形两种。松针形茶的加工流程为：鲜叶→摊青→杀青→理条→干燥→包装→入库。扁叶形茶的加工流程为：鲜叶→摊青→杀青→压扁做形→干燥→包装→入库。摊青，进入加工间的鲜叶要立即摊青，摊青间要清洁卫生、空气流通、无异味，厚度以1m^{2}摊1kg茶青，摊放时间以4~8h为宜；杀青，采用名茶杀青机，以杀青至杀青叶萎瘪不粘手为宜，并采用理条机理条。扁叶形茶则用扁形名茶机压扁作形；干燥采用名茶干燥机，一般干燥至含水量5%以下，最后摊凉至冷却后包装入库。

② **正安绿茶：**炒青，即利用高温锅炒杀青和锅炒干燥；烘青，是鲜叶经过杀青、揉捻，而后烘干；晒青，是鲜叶经过杀青、揉捻以后，用日光晒干；蒸青，具有“色绿、汤绿、叶绿”的三绿特点。

（四）余庆县

现在炒青有手工和机械两种方式，但制作高档茶时还是采用手工锅炒，规模大的茶企茶厂为了达到量产，需要用杀青机，有锅式、转筒式等。

（五）务川县

务川茶叶产量较大的是务川笼笼茶，经过杀青、揉捻、干燥三道工序，制作过程较多的保留了鲜叶内的天然物质。

（六）播州区

传统茶叶制作，是锅杀青、手揉捻、锅焙干。产品有烟味、煳味。具体操作：第一次是大火杀青，往往要续适量的水，盖上锅盖焖一会再炒，待青色退尽便可出锅，热度稍减即稍事揉捻使之成条，然后摊凉，待冷定后再炒第二次。第二次火要小一些，待炒干水汽即可出锅，热度稍减便趁热揉捻，使条更紧，至揉捻冷却。第三次用微火炒干，火要逐渐减小，冷定后即可装储。传统制茶皆用手工揉捻，1965年起有部分生产队开始使用手动木制揉茶机。

1958年首建的国营枫香茶场是采用传统方法制作，20世纪50年代末到60年代初，该茶场从外地引进杀青、揉捻、焙干等专业加工设备，加工生产全部实现机械化。从20世纪70年代中期起，集体茶场开始装备机电制茶设备，不断引进杀青、揉捻、烘干机具，全县绿茶初制基本上实现机械化，茶叶质量由手工初制等外茶，提高到级内毛茶占70%，级外茶占30%左右。

1. 炒青茶

集体茶场都备有电力炒茶烘干机和揉捻机，炒茶、揉茶和烘干都可以由机器来完成。炒青茶只采3~4片叶芽，茶青不能挤压，摊放厚度不能超过3cm，采后必须在24h内炒制。青茶炒制过程比较复杂，概括起来就是炒3道、揉2道、晾4道，最后烘干。炒第一道是杀青，第二道使其脱水30%，第三道使其脱水20%，最后完全烘干。共揉捻两道，杀青摊晾冷却后揉第一道，使其成条；待炒第二道摊晾冷却后揉捻第三道，使捻条更紧些。每次炒后都要摊晾使其冷却，完全烘干并摊晾冷却才能包装。

2. 烘青茶

因用明火烘干而得名，杀青、揉捻与炒青工艺相同，20世纪60年代以前多采用木炭烧火，待没有烟时，茶叶盛装在竹器焙笼中，放置炭火上进行烘干，分毛火、摊凉、足火直至全干，外形较炒茶松散。用作花茶茶坯。

3. 晒青茶

杀青揉捻后，晴天用竹席摊放晒干。

4. 条红茶

又叫工夫红茶。茶青以1芽2、3叶为主，将茶放置竹席悬挂室内进行萎凋；20世纪50年代末至60年代初，茶场采用木制揉捻机进行揉捻，4人手推，用明火烘干，与烘青茶法同。

5. 红碎茶

20世纪70年代以后，大量生产，用萎凋槽进行加温萎凋再进行发酵，将揉好的颗粒茶发红后进行烘干；烘干分毛火、足火两次进行。先用半自动烘干机烘干，温度：毛火120~150℃，足火100~110℃。

6. 茉莉花茶

原遵义县制作茉莉花茶，以绿茶和鲜茉莉花、玉兰花为原料。窨制花茶的时候，根据原茶的品质来确定工序和下花比例。特级绿茶和一级绿茶的工序都为“三窨一提”，其他低档茶叶则为“二窨一提”或“一窨一提”。“窨”，即是原茶与鲜花均匀混合后进行烘干的过程，称为“窨花”。1992年前落炉花厂采用烤房窨花，以后才采用烘干机窨花。“提”，即是将混于茶叶中的干花提出后对成品花茶进行包装。“三窨一提”实际是四窨。每窨一次都要按比例下鲜花，烘干后再窨下一次，第四次窨后接着便提花包装。

下花的比例：特级绿茶50kg，需用鲜花45kg。第一窨下20kg，第二窨下14kg，第三窨下7.5kg，第四窨下3.5kg。一级绿茶50kg，需用鲜花40kg。第一窨下15kg，第二窨下12.5kg，第三窨下8.5kg，第四窨下4kg。低档茶用花更少，每窨下花的比例也各不相同。

7. 黑 茶

① **加工原理：**先杀青再渥堆，使之在微生物和湿热的作用下引起物质转化，形成黑茶特有的品质。

② **原料要求：**黑毛茶鲜叶原料粗大，采摘标准是一级毛茶以1芽3、4叶为主，二级毛茶以1芽4、5叶为主，三级毛茶以1芽5、6叶为主，四级毛茶采对夹叶。其品质特征：外形，叶张宽大，色泽黑褐，汤色橙黄，叶底黄褐，带有松烟香味。

③ **加工工艺：**杀青，利用高温破坏酶的活性，制止多酚类化合物的酶促氧化，以防止叶子红变，蒸发部分水分，使叶质柔软，便于揉捻成条；初揉，使叶片初步成条，叶组织损坏，茶汁揉出黏附表面，为渥堆创造条件，采用热揉、短时、轻压、慢揉；渥堆，促进多酚类化合物氧化，除去部分涩味，使叶色由暗绿变为黄褐；复揉，促使渥堆后回松茶条紧结，进一步破坏叶组织，增进茶汤浓度，采取轻压、短时、慢揉的原则，时间10min左右，复揉后进行解决，使条索匀直，没有团块；烘焙，传统制法采用七星灶，松柴明火烘焰，不忌烟味，分层累加湿坯长时一次干燥法，使黑毛条形成油黑和松烟味。

（七）习水县

传统手工制作方法：将鲜茶叶用铁锅微火炒熟，用手搓揉后直接晒干或用火烘干即成。1962年后全县各大茶场都配备了烘干机、揉茶机、包装机等机械化制茶设备。1980年随着茉莉茶投产，手工制茶逐步转向了机械化或半机械化操作。但随着各茶场的败落，大部分加工机械已老化或流失，现在还停留在手工作坊或半机械化加工方式。

（八）桐梓县

1967年，桐梓县内鞍山、元田、高桥、花秋、松坎、狮溪等产茶区中有105个生产队购置茶叶加工机具，改进加工工艺，生产精茶。① **桐梓康砖茶：**黑茶类压制茶，加工工艺：毛茶整理→蒸揉→渥堆→干燥→筛分→拼配→蒸压。② **桐梓普洱茶：**黑茶类条形茶，加工工艺：毛茶整理→发酵渥堆→自然干燥→筛分→包装入库。

（九）赤水市

赤水珠兰茶：卷曲形绿茶，属绿茶窨制的花茶，以当地古茶树的细嫩芽叶和珠兰籽作原料制成。加工方法：于清明节前后10天左右采摘古茶树上的细嫩芽叶（1芽1~3叶），采摘时用清洁卫生的竹篮装盛，采回后用清洁水洗净，滤干，薄摊于簸箕内，使叶片表面水分完全挥发；炒制时只能用柴火，不能用煤火；炒制前先洗净铁锅，尤其要除去铁锈，并在锅内面涂抹少许芝麻油；待铁锅烧红后投叶杀青，立即有噼啪炸声，用竹杈在锅内翻抖，每分钟翻抖5~7次，使其杀匀杀透；见杀青叶变软并开始卷缩时即起锅，置于簸箕内趁热揉捻，揉捻时双手只能朝一个方向，揉至叶卷成条索而止；待热散尽，洗锅再炒；炒至七八成干时起锅摊凉，然后洗锅再炒，炒至足干，即起锅；然后拌入少量珠兰籽进行渥闷，渥堆上盖以厚布，置于烈日下暴晒5~7天即成。

（十）红花岗区

新中国成立前大体以蒸、炒、晒、炕诸法制茶。1957年，推行高温杀青、揉捻、摊凉后，高温快烘二青，低温长炒焙干方法制茶。各道工序均用人工。1968年，忠庄公社兴办红旗茶场，1970年购进滚茶机、揉茶机、分块机等设备，1972—1974年，市郊各公社先后办起茶场，购置设备制茶，始用40型揉捻机揉茶。1974—1989年，相继购进各种类型揉捻机、炒茶机，先后派员至湄潭和安徽省屯溪市、浙江省余杭县等产茶区学习各种茶叶的粗、精制工艺。现能制绿茶（1~5级）、红茶、毛峰茶、茉莉花茶、边茶。

三、非山茶科代茶植物饮料加工

除山茶科茶叶之外，遵义还有相当数量的非山茶科代茶植物饮料，如苦丁茶、杜仲茶、金银花茶等。

（一）苦丁茶加工

利用木樨科、冬青科等以“苦丁茶”为名的植物之鲜叶作原料进行代茶饮料的加工技术。遵义所产苦丁茶分为两类：一类是木樨科小叶苦丁，主产于余庆县、湄潭县，是20世纪90年代之后才发展起来，已形成规模产业；一类是冬青科大叶苦丁，这是遵义各县传统的代茶饮料，时间久，范围广，未形成产业。

1. 木樨科苦丁茶加工

① **鲜叶的采摘**：以木樨科小叶女贞属植物的细嫩芽叶作原料，于清明节前后15天采摘，芽叶组成为：1芽2、3叶占10%，1芽4、5叶占90%，紫芽较多。要求鲜叶老嫩、粗细、长短基本一致，同级同放，无杂质。采摘时直采，不能用指甲掐挟断。采摘时一手扶住树枝，另一手依次由下至上采摘，并且掌心向上，待一定量时轻放于器具中。不采雨水叶、露水叶、老残叶、虫伤叶和单片叶；要求芽叶完整、新鲜、嫩度好、净度高，含水量75%左右（除去表面水），符合国家卫生标准；所采鲜叶用清洁卫生、透气性好的

硬篾质竹篓装运，不能紧压和日晒雨淋，减少机械损伤，勤采勤运。

② **鲜叶的保管**：在田间采摘茶青时不能用易改变温度的器具存放，器具要放在遮阴处，晴天气温高时，每半小时存放一次。茶青，有条件的最好是几个人同存放一个器具。其他时间因情况而定。摊青室要求温度一般在18℃以内，湿度在80%左右，通风透气，避阳光直射，发现茶青有萎凋现象时，不能向茶青喷水，茶青存放厚度3厘米左右，并每隔1~2h翻动一次。茶青采摘后存放时间不能过长，一般不超过8h。

③ **初加工**：苦丁茶的初加工按杀青方法分煮青、蒸青、炒青；按颜色分绿、红、黄、黑等；按形状分粉末、球形、块状、片状、条形等。煮青：工艺流程为鲜叶→摊晾→杀青→冷却→揉捻→二炒→做形→三炒→毛茶。蒸青：工艺流程为杀青→冷却→揉捻→脱水→二炒→做形→三炒→毛茶。炒青：工艺流程为杀青→冷却→揉捻→二炒→做形→三炒→毛茶。完成以上程序，起锅封装储存的成品即为毛茶。

2. 冬青科苦丁茶加工

冬青科苦丁茶也称大叶苦丁茶，是遵义农村普遍的传统代茶植物饮料，制作方式与小叶苦丁茶不同，《遵义县山盆镇志》载：“镇内农户饮用的苦丁茶比较粗劣。一年四季都可采摘，但主要是初夏时节采摘，采时不分老嫩全树一扫光，回到家中上甑一蒸，趁大太阳天一晒就可以了。”

（二）金银花加工

1. 采　收

① **采收时间**：遵义地区金银花一般在6月中下旬开始采摘，通常在7月20日左右全部可以采摘完毕，其中海拔在1300m的地区时间可推迟5~7d。初期以采摘花蕾为主，选择采摘一束花中的“青蕾”；后期以分期采花为主，一般在2~3次就可以采完，但尽量以一束花中“青蕾”较多时采摘。② **采摘方法**：轻采轻放。由于花蕾和花组织很嫩，采摘的花蕾必须轻采轻放，忌用手压紧，避免伤花及发热，做到“轻摘、轻握、轻放”。这样的鲜花经加工后，成色好，香气浓郁，能保持良好的生药性状。透气盛装，采摘金银花时所使用的盛器，必须通风透气，一般使用竹篮、条框或藤笼。不能用布袋、塑料袋、纸盒装，以防采摘下来的花蕾蒸发的水分不易挥发再浸湿花蕾，热量不易散失而发热发霉变黑等。

2. 加　工

① **时效**：采摘下来的花应立即加工干燥，当天采摘的尽量在当天加工干燥完为宜。② **程度**：当干花捏而有声、抓而即碎、色泽纯正、香气浓郁时即可。③ **方法**：有自然晒干法、烘干法等。烘干法：以机械烘干最佳。机器烘干法主要流程：杀青（蒸青）→

热风脱水→冷却→初烘→复烘而制得。该法具有自动化程度高的特点，设有传送装置，可减少手工操作所带来的污染，并能自动控制温度、湿度，提高产品质量和初加工效率，降低生产成本，便于大规模生产。

3. 包　装

金银花晒干或烘干后，要待其变软才能进行包装，否则花朵容易破碎，影响商品等级和药材质量。

（三）其他非山茶科代茶植物饮料加工

1. 杜仲茶加工

杜仲茶采用名贵中药材杜仲的叶为其基本原料，以“绿茶的杀青、普洱茶的发酵”相结合的杀青、揉捻、发酵、烘焙等一整套工艺精制而成。

① **鲜叶采摘标准**：老嫩均匀，叶片大小一致，无病枯叶，不含虫体、杂草、泥沙等夹杂物，必要时经拣选后才能加工。② **漂洗和摊青**：用漂洗机对鲜叶进行漂洗，除去粉尘和泥沙，然后摊放于凉爽、清洁、通风、无阳光直射的室内竹席上，厚度约3cm，经18h左右，待叶质变软、失去表面光泽、叶色由鲜绿转暗绿、含水量降至60%~65%时，即可进行杀青。摊青过程中，每隔2~3h翻动一次，以利散热换气。③ **杀青**：与绿茶杀青技术基本相同，要求不生青、不黄熟、不焦边、叶质柔软，稍有弹性。④ **揉碎与烘干**：将杀青叶用揉碎机破碎，要求叶细胞充分挤破，茶汁溢到表面，及时烘至水分含量6.5%~7%为宜。⑤ **拼配**：将中高档茶叶用粉碎机破碎后，与纯杜仲茶充分拌匀，再用抖筛机筛去粉末茶，碎茶颗粒要求在16~28孔之间。拼配比例：杜仲叶碎茶占30%，其他碎茶占70%。⑥ **包装**：准确称取拼配均匀的碎茶3g，用漏斗均匀地装入过滤袋中，加提线、烫封口、挂吊牌，然后将过滤袋装入外纸袋中，再按每小盒20袋的数量装盒，外套玻璃纸包装，即成小包装杜仲袋泡茶成品。

2. 六君茶加工

六君茶产自遵义县枫香茶场，以黔北地区民间流传的防病强身秘方为基础，选用枫香茶场所产野生岩茶为主料，然后配之以当地天然的杜仲鲜叶、银茶、菊花、刺梨等原料，根据一定比例拼和加工而成。

3. 五珍茶加工

五珍茶是遵义县团溪营林场1984年研制出来的产品。该产品主要原料是利用野生苦丁茶、露香茶、老鹰茶和金银花、茉莉花“五珍”为主料，加上其他辅助原料，经粉碎分级、灭菌杀青、发酵蒸煮、微火烘干、精心配制而成。五珍茶的生产工艺在于：选料考究、粉碎分级、灭菌杀青、发酵蒸煮、微火烘干、精心配制。

4. 藤茶加工

藤茶采用葡萄科蛇葡萄属显齿蛇葡萄种植物的细嫩芽叶作原料。加工工艺由切断→炒黄→烘干→粉碎→包装等工序组成，炒黄烘干温度为90~110℃。可将藤茶嫩叶经过清洗后，依“风干表面水分、杀青、揉捻、解块、烘干”等工序制成。亦可于夏季采摘嫩枝叶，置沸水中稍煮烫片刻，及时捞起，沥干水分，摊放通风处吹干，至表面现有星点白霜时即成。

5. 老鹰茶加工

以老鹰茶树的细嫩枝叶为原料。加工方法为采摘老鹰茶树鲜叶，一是传统加工杀青、晒干，即用沸水杀青（将老鹰茶叶倒入沸水中，不停地拌混，要求杀透、杀熟、杀匀,杀青时间1~2min）后晒干或晒干；二是采用现代加工工艺：鲜叶→分选→萎凋→杀青→揉捻（或不揉捻）→烘干即成。

务川老鹰茶的加工、饮用独特，春季采摘其嫩尖，杀青略呈糊状为止，再搓揉，使之柔软，然后放入棕制口袋或竹篾器具中，挂在土灶上方的炕架上，用柴火熏烤。熏烤的时间越长，茶的色彩、味道越佳，亦可直接取茶梗，茎或根熬煮，待熬出来的茶色红酽、有点类似于可乐的颜色，但色泽却比可乐厚些时即可饮用。正安老鹰茶采制方法与务川老鹰茶相同，特点是耐浸泡、清纯可口、颜色呈红褐色。除农家自制自食外，每年夏季均有5万kg左右商品上市销售，销重庆、四川、广西等地。

6. 务川银杏茶加工

银杏茶是利用银杏叶生产而成。与其他茶相比，银杏茶的加工比较复杂，一般要经过严格的六道程序。

① **采叶**：制茶的叶以主干及侧枝中下部位置的叶片为佳，采摘时间以在生长期内的中午10时以前为宜。采回的叶子要及时加工处理，一时加工不完须注意保鲜。② **杀青**：当杀青锅温烧至200℃左右时，将1kg鲜叶投入锅内焖0.5~1min，然后用手或“Y”字形木杈将叶片迅速从锅底翻上来，再均匀地抖顺锅底，直至手握青叶能成团，并稍有弹性时即可起锅。③ **揉捻**：叶片杀青后稍加摊晾，接着用手紧握成团，在木板上向前推滚成圈状，使叶成细条状。推滚时用力要轻，方向要一致，直至用双手握紧叶子后再放开，叶能自然松散即可。④ **初炒**：将锅加温到170~190℃，投入揉捻过的叶子，用双手或小木板压在锅内滚炒，并几次散开使叶子受热均匀。如此反复进行，直至有手感时取出摊晾，让其回潮变软。⑤ **复炒**：将摊晾过的茶叶再投入锅中，用大火加热，但翻动要轻，用力要匀，炒至叶烫手为止。⑥ **包装**：复炒茶叶摊晾凉后，用簸箕除碎末和杂质，用无毒塑料袋或铁罐等容器包装。密封后放在干燥无异味处贮存。

7. 赤水野生白茶加工

赤水白茶仅产于赤水四洞沟景区附近。在四洞沟周边深山中生长着一些百年树龄的大白茶树，赤水白茶就是这种茶树的嫩叶制成，具有外形芽毫完整或形态自如花朵、满身披毫、毫香清鲜汤色清中显绿、滋味清淡回甘的品质特点。白茶初制基本工艺是萎凋→烘焙（或阴干）→拣剔→复火等工序。萎凋是形成白茶品质的关键工序。

8. 赤水虫茶加工

赤水虫茶，以四洞沟周边深山中生长的一些百年树龄野生大白茶树为原材料。制作工艺精湛复杂，具有典型的地方特色。每年春夏之交野生大白茶树新叶繁茂之时，当地茶农采集古老大白茶新嫩茶叶放在通风的地方，其自身散发出的奇特清香招引黑夜蛾（又名化香夜蛾）驻留其上产卵繁殖，数日后幼虫——约5mm长的米缟螟（又名茶蛀虫或米黑虫）破茧而出，啃食白茶新叶逐渐长大，并排出形状、色泽、大小均酷似油菜子的胶体状粪便；收集幼虫便，经过烘干、去茶梗、精筛、烘炒等工艺后做成虫茶。赤水地区把虫茶又称为化香蛾金茶。或将野生白茶树嫩叶采摘回去，经过仔细筛选后在开水锅里轻轻一烫，然后迅速捞出，晾干水分，加入经柴火炒香的糯米，然后用筛子筛去残渣，选用匀称之颗粒，即为生虫茶；把它放在热锅上炒干，再按蜂蜜：茶叶：虫屎＝1：1：5比例混合复炒即成。还有一种说法是：没有竹林的地方，白茶再多，也无法繁殖专吃白茶的昆虫，所以有赤水竹海特定生态环境，才有今天的虫茶供游客品尝。

9. 绞股蓝茶加工

绞股蓝茶制作简单，将生于山野的绞股蓝藤蔓摘回，洗净后用刀切成寸许长短，放入烈日下暴晒风干即可成茶饮用。

第三节　加工机械

一、传统茶叶加工机具

在很长的历史时期内，遵义茶叶加工基本上完全用手工制作，制茶设备仅是简单的农村家用器具。一般农家茶叶加工普遍使用普通铁锅、竹制簸箕、竹刷把等简易工具，用茶篓、盛茶筐采茶装茶；用储茶缸储集采回的芽叶；用木质饭甑蒸茶；用斗筐、簸箕晾茶；用木瓢、焙笼焙茶；用铁锅炒茶。

二、自制茶叶加工机械

20世纪30年代末至40年代初，中央实验茶场在湄潭建立后，开了贵州茶叶机械加工的先河。首先是为研制工夫红茶，采用三桶式木质人推揉捻机制茶。随着茶叶出口需求量的增大，供求矛盾日益突出，催化了茶叶加工机械开发。一代茶人陈尊诗、丁符若、俞寿康、张天福等开始茶叶生产机具的研制，他们推广的制茶技术和留下的庞大茶叶加工工业旧址、各种茶机具现大多保存完好。

1953年，继承中央实验茶场基因的贵州省湄潭实验茶场科研人员设计了铁木结构的滚筒杀青机炒干机投入使用，比手工制茶提高5~10倍的效率。到20世纪50年代末，湄潭茶场发展成为贵州最大的农垦茶场，其木制红茶生产线起到扩大生产规模的作用，为大量红茶出口夯实了基础。

① **揉捻机的研制**：自1953年后，湄潭等茶叶产区相继掀起研制茶叶加工机械，不断改进加工技术的热潮。1953—1958年，遵义茶区主要产茶公社基本实现茶叶揉捻木质机械化。在湄潭县境内兴隆镇大庙场村、复兴镇随阳山村、永兴镇天棚村、抄乐乡群峰村都有木制揉捻机。各个地方的揉捻机大同小异（图6-14）。20世纪50年代，开始的木质揉捻机为单独人工操作，为提高功效，茶叶科技工作者通过农村碾坊的原理，用水作为动力带动转盘，转盘再带动一至四个揉捻机，囤子岩、抄乐乡群峰村至今还存有当年的揉捻机转盘（图6-15）。没水源的地方则采用牛或马作为动力，带动三桶、四桶木制揉捻机。1956年，省茶试站研制的木制畜力揉捻机和滚筒杀青机模型试制成功，并进京参展。此后，木制畜力揉捻机迅速在全省推广。自湄潭县城边上东方红电站建成后，结束了畜力揉捻机的历史，引进了大量的制茶机械，湄潭茶场出口红茶生产更是突飞猛进。

图6-14 湄潭茶农至今还在使用的木制揉捻机

图6-15 揉捻机动力转盘（大平车）

② **红茶加工机具研制**：20世纪50年代，由中央实验茶场改建的贵州省湄潭桐茶实验场生产的工夫红茶、红碎茶销往10多个国家。当时国际市场红茶紧俏，茶叶产量不断上升，凭中央实验茶场遗留下来的制茶机具远不能完成生产任务。于是，桐茶试验场招聘木工60多人，组成木工班，复制大型木质制茶机具，形成几套木制红茶生产流水线。木工班还肩负木制机具的维修、出口包装箱的制作等工作。1963年夏初，省茶科所决定将原产"黔红"工夫红茶改制成颗粒状分级红茶。为达到分级红茶的出口规格要求，便对原有制茶机具进行改革，经与有关部门合作制造出一批先进适用的制茶机具。从20世纪60年代传统平盘揉切机到70年代转子式揉切机，再到80年代揉切分机组联装和不萎凋新工艺、新机组，对提高工效、改进品质、降低生产消耗，实现红碎茶加工自动化、规范化打下了良好基础。20世纪70年代，湄潭茶场、省茶科所与省内有关部门联合组成红碎茶试制组，对红碎茶工艺和相应的转子揉切机，先后三年共进行10余种机型改革，64次工艺测试，完成30型滚切式转子揉切机的单机定型工作，成为当时国内最早研制成功的转子机之一。在一机部、外贸部、商业部、农业部先后两次召开的全国红碎茶机械研制经验交流现场测试会上，被推荐为全国较优样机，并批准批量生产。

③ **绿茶加工机具研制**：1974—1978年，湄潭茶场与遵义市南关机械厂合作，进行了炒青绿茶初制机具研制，制成可一机多用的6CG-100型滚筒炒青机，适用农村茶场使用。随后全省各地先后有8个厂制造各种茶叶机械，主要有遵义市轻工机械厂的"遵义513型自动茶叶烘干机"（图6-16），湄潭茶场生产的"遵湄—萎凋热风输送排风扇"（图6-17）、"湄潭单锅杀青机"，桐梓茶厂生产的"遵桐—平面圆筛机"，遵义南关茶机厂生产的"遵茶—115型多用滚炒机""遵茶—255型揉捻机"，道真县农机厂生产的"道真—滚筒炒茶机"，湄潭县农机厂生产的"遵湄—单锅和双锅杀青机"等。

图6-16 湄潭茶场烘干机

图6-17 湄潭茶场萎凋床

三、引进茶叶加工机械

遵义还广泛从外地引进茶叶加工机械。1961年，贵州首次从浙江嵊县购进“58”型铁木结构揉茶机铁质部件45台，供省内各茶区自行装配使用，也包括遵义产茶地区（图6-18、图6-19）。以遵义县为例：20世纪50年代中后期始用畜力木制机具加工；60年代初改用柴油作动力；70年代从浙江引进265、50型揉捻机，锅式杀青机，16型烘干机，安顺产255、40型揉捻机，110型烘干机；80年代从四川夹江、江津引进55型揉捻机和16型烘干机。全县乡村茶场绿茶初制加工机具基本配套，国营茶场已有全套精制齐备。随着市场经济迅速发展，茶叶加工机械也在不断更新，加工工艺不断改进，茶叶品质不断提升，茶叶综合效益也大幅提升。《遵义县志》记载：“从20世纪70年代中期起，集体茶场在农业、商业部门的资金扶持和技术指导下，开始装备机电制茶设备。至1987年底，已经拥有揉茶机98部，炒干机112部，烘干机39部和一些配套辅助机械。”

图6-18 湄潭茶场茶叶揉切机

图6-19 湄潭茶场克虏白揉切机

各县多次成批引进的茶叶加工机械还有：

① **6CFd－70型名优茶鲜叶分级机**：用于鲜叶分级。② **6CS系列滚筒杀青机**：该机利用高温钝化鲜叶中酶的活性，制止多酚类物质氧化，保持杀青叶绿的特色，散失青草气，初步形成茶香，蒸发部分水分，使叶质变软，达到杀青的要求，以便揉捻和做形。③ **6CZSC系列常压炉蒸汽杀青机**：主要功能是利用蒸汽杀青。采用蒸汽杀青作业，能保持茶叶色泽翠绿，不产生焦边、红梗、泡点等现象，能去除茶叶苦涩青臭味。④ **6CZSH系列蒸汽杀青烘干两用机**：兼有杀青和烘干两种功能。杀青作业时，同时开启杀青、烘干两种装置；烘干作业时，只开启烘干装置。采用蒸汽杀青作业能保持茶叶色泽翠绿，不产生焦边、爆点、红梗等现象，能去除茶叶青臭、苦涩味。⑤ **6CR系列揉捻机**：适用于高档茶的揉捻作业，具有卷紧条索快、破碎率低等特点，符合小筒快揉的名优茶工艺要求。⑥ **6CDY系列多用机**：具有茶叶杀青、理条（整形）、炒干等

功能，设计紧凑，性能可靠，操作简单，适合于名优茶特别是扁形、条形茶类的制作。⑦ **6CLZ系列理条机**：主要用于名优高档直条茶类的整形作业。理出的茶叶具有条索紧直、芽叶完整、峰苗显露、色泽绿润等优点。⑧ **6GQ双锅曲毫炒干机**：适用于卷曲形（包括球形）名优茶的整形、炒干作业。⑨ **6GHL系列连续烘干机**：适用于各类茶的毛火、足火烘干作业，主要用于高温快烘、低温慢烘和毛火烘干工艺。⑩ **6CH型百叶手拉式名优茶烘干机**：适用于各种高档名茶的烘干作业，采用烘（翻）板式结构，分层送风，拖拉作业。⑪ **6CSP型瓶式炒干机**：具有茶鲜叶杀青和烘干功能。⑫ **6CT茶叶提香机**：同时具备烘干功能，主要用于各类名优茶、大宗茶的提香作业。

近年来，为加快推进茶园基地与茶叶加工建设的协调发展，不断提高茶叶加工装备水平。通过采取政策扶持、招商引资、社会融资、企业自筹等方式，以湄潭县、凤冈县、正安县为主，加快推进对陈旧落后的加工企业及设备进行改造升级。建设一批规模型现代加工企业，自主研发电热与微波组合杀青、远红外提香等新工艺。引进具有国内先进的清洁化自动加工生产设备如热汽杀青机组、冷却回潮机组、程控揉捻机组、连续理条机组、连续紧条机组以及电子计量装置和风选、解块装置，形成技术先进、工艺合理、全程连续、环保节能的名优茶清洁化流水生产线（图6–20）、年产1200t高纯度茶多酚生产线等（图6–21）。

图6–20 湄潭栗香公司生产线

图6–21 陆圣康源公司茶多酚生产车间

面对茶叶加工中茶青利用率不高、茶叶种类繁多、质量参差不齐等问题，大量茶企开始利用茶叶数字化加工实现清洁化、标准化、规模化生产，遵义茶产业“初制标准化、精制规模化、拼配数据化”的格局正在形成。如贵茶“绿宝石”绿茶在诞生之初，是以单机作业为主，随着公司市场份额的扩大，单机作业出现了人工成本高、效率低、能耗高等方面缺点。为此，贵茶公司投入大量人力物力对“绿宝石”自动生产进行研究，首先全面准确收集各工序的技术参数，提供给设备生产厂家对绿宝石加工设备进行量身定做，先后考察了国内外茶叶机械设备厂家，最后选定设备生产厂家，耗资3000万余元从国外引进全套流水生产线。该流水生产线为贵州省首条与国际接轨、集清洁化、全电能、环保型有机茶生产于一体的绿茶生产线，而且是按照“绿宝石”的生产工艺专门量身定制的。可日生产“绿宝石”成品茶2t，精制茶日处理能力达5t。该套设备全程机械化操作，只需要3名个人就可以全程操作，由于专门为“绿宝石”设计，所以成品茶色泽更绿润，外形更均匀，品质更稳定。通过设计、安装、调试，2014年正式投入使用，使绿宝石加工从单机作业到全自动化的加工，保证了质量、提升了效益、降低了成本（图6–22）。

图6–22 贵茶公司绿茶现代化生产线

图6–23 兰馨茶业公司生产车间

凤冈贵茶公司对单机作业与自动化生产的优劣比较，结果为：① 人力成本上，单机作业至少需要5~10人才能完成作业，而自动化生产只需2人；② 产能产量上，单机作业每天的鲜叶加工量最多为2.5t，自动化生产线每天鲜叶加工量达到10t，是单机作业的4倍；③ 产品品质比较，单机作业产品质量的稳定性不太好，而自动化生产线的产品品质稳定性比单机作业的品质好；④ 节能环保方面，传统单机作业用燃煤作为燃料，自动化生产线采用液化气作为燃料，基本不会产生污染；⑤ 在食品卫生方面，单机作业操作人员需经常裸手去接触茶叶，工具多为竹制品，其卫生条件较差，而自动化生产线中的设备与直接茶叶接触的部分多为不锈钢制品，卫生条件比竹制品好，减少了茶叶在加工过程中被污染的机会。

图6–24 南方嘉木公司清洁化绿茶生产线

图6–25 引进的理条机

总之，遵义的茶叶加工，正紧跟现代科技发展的脚步，与时俱进地前进在不断更新换代的征途上（图6–23至图6–25）。

第四节　遵义茶技术标准体系

茶叶技术标准是为茶叶产地环境、种植技术、病虫害防治、加工技术、包装贮运、产品质量和检验方法等制订的具体技术规范和量化指标。我国已制定茶叶及相关产品质量的国家标准和行业标准等百余项，与世界主要产茶国的茶叶标准比较，我国茶叶标准不仅数量多，涉及范围广，而且整体水平先进，尤其是产品质量要求远远高于国际标准和世界主要产茶国的标准。

一、遵义茶业执行的统一标准

遵义茶叶标准化中执行的标准分为两类：一类必须遵守但不仅限于遵义所用，可称为“统一标准”；另一类仅适用于遵义，称为“专用标准”。

统一标准是指由国家有关部委发布的国家标准、行业标准和由贵州省有关职能部门发布的地方标准，主要包含以下6个方面（由于是通用标准，本书就不予列出）。

（一）管理标准

① **茶叶质量安全市场准入制度**：对企业实行食品生产许可制度，也称为“QS”认证。

② **茶叶良好农业规范（GAP）**：茶场生产全过程的质量安全控制、环境保护和员工健康福利保护方面的管理准则。

③ **地理标志保护产品**：茶叶依法经国家质检总局核准并获得地理标志保护产品或证明商标。按世界贸易组织的定义：“地理标志是指证明某一产品来源于某一成员国或某一地区或该地区内的某一地点的标志。该产品的某些特定品质、声誉或其特点在本质上可归因于该地理来源”。

④ **地理标志证明商标**：茶叶依法在国家工商总局注册并获得保护的地理标志证明商标。

⑤ **出口茶叶质量安全管理**：国家对出口茶叶实行全程质量安全控制的规范性要求。

⑥ **茶叶安全卫生标准**：国家对茶叶安全卫生项目的强制性规范化要求。

（二）种植标准

① **茶树种苗标准**：国家对茶树品种穗条和苗木质量的规范性要求。

② **茶叶产地环境标准**：对茶叶产地的茶园土壤、环境空气和灌溉水等质量的规范性要求。

③ **茶叶种植技术标准**：对茶叶种植过程中各个环节技术的规范性要求。

（三）加工标准

①**茶叶加工场所标准**：对茶叶加工场所基本条件的规范性要求。

②**茶叶加工技术标准**：茶叶加工过程中各个技术环节的规范性要求。中国对茶叶加工技术的要求包括两个层次，无公害茶叶加工技术和有机茶加工技术。

（四）包装、标识、贮运标准

茶叶包装贮运标准：对茶叶产品包装、贮运环节的规范性要求。

（五）销售、检验、服务标准

①**贵州绿茶销售管理标准**：对绿茶销售管理提出的指导性要求。

②**茶叶冲泡品饮标准**：对各类茶叶冲泡品饮方法提出的指导性要求。

③**贵州茶馆业服务标准**：对茶馆业服务的规范性要求。

④**贵州茶馆星级评定标准**：对茶馆星级评定的规范性要求。

⑤**贵州茶青市场建设与管理标准**：对茶青市场建设及管理的规范性要求。

⑥**贵州茶叶产品信息溯源管理标准**：对茶叶产品信息溯源管理的规范性要求。

⑦**茶叶检验标准**：对茶叶产品感官审评和理化检验技术的规范化要求。

（六）产品标准

①**茶叶产品国家标准**：国家对茶叶产品的综合性规范性要求。

②**贵州茶叶产品地方标准**：对贵州省境内生产的主要茶叶产品的综合性规范性要求。

③**贵州茶叶深加工产品标准**：目前只有贵州省质量技术监督局2009年发布的省级地方标准《茶叶籽油》。

除了上述标准之外，还有一类基地标准，就是主要按照上述“茶叶产地环境标准”要求建设的茶叶基地，主要有以下四个层次：一是茶叶标准化基地，即按照标准化要求进行建设和管理并经过相关程序获得认定或认证的一定规模的茶叶产地；二是无公害茶叶基地县，即经农业部批准并验收合格的国家级无公害生产茶叶示范基地县；三是茶叶标准化示范区，即经国家标准化管理委员会批准、由地方政府部门组织实施的，以实施茶叶标准为主，具有一定规模、管理规范、起示范带动作用的标准化生产区域；四是标准茶园，即经农业部批准的按标准化、规模化、产业化要求进行管理的示范茶园。

二、遵义茶业执行的专用标准

为了规范行业行为，促进产业健康发展，在遵义各级政府和茶界同仁的长期共同努力下，产生了一大批专门指导遵义茶产业的标准，即专门为遵义茶叶制定的标准，含省级标准、市级标准、县级标准以及企业标准。

（一）贵州省地方标准

据不完全统计，目前遵义市执行的贵州省地方标准有：

① **余庆苦丁茶贵州省地方标准**：该标准编号为DB52/454—2004，贵州省质量技术监督局2004年4月1日发布，5月1日实施。该标准规定了余庆苦丁茶的命名、产地、品质特征、实物标准样，实验方法、检验规则、标志、标签和包装、运输、贮存。适用于以余庆县境内生长的小叶苦丁茶树（木樨科女贞属粗壮女贞种）的芽叶为原料，按余庆苦丁茶工艺要求加工而成的余庆苦丁茶。

② **湄潭翠芽茶贵州省地方标准**：该标准编号为DB52/478—2005，贵州省质量技术监督局2005年6月14日发布，7月1日实施。该标准规定了湄潭翠芽茶的产地、鲜叶及产品要求、检验方法、检验规则、标识、包装及贮运要求。

③ **凤冈富锌富硒茶贵州省地方标准**：该标准编号为DB52/489—2005，贵州省质量技术监督局2005年12月22日发布，2006年1月1日实施。该标准规定了凤冈天然富锌富硒茶地理标志产品保护范围、术语和定义、鲜叶质量、分级及实物标准样、要求、试验方法、检验规则、标志标签、包装及贮藏运输要求。

④ **凤冈锌硒乌龙茶贵州省地方标准**：该标准编号为DB52/534—2007，贵州省质量技术监督局2007年11月26日发布，12月1日实施。该标准规定了凤冈锌硒乌龙茶的定义、质量安全要求、检验方法、检验规则、标识、包装、运输和贮存。

⑤ **余庆苦丁茶育苗技术规程贵州省地方标准**：该标准编号为DB520329/TCY5.1.23—2013，贵州省质量技术监督局2013年3月1日发布，3月5日实施。该标准规定了小叶苦丁茶（木樨科女贞属粗壮女贞）繁育的苗圃、扦插、苗圃管理、质量要求、检验、包装及运输。适用于小叶苦丁茶的短穗扦插繁育、苗木分级与检验。

⑥ **余庆苦丁茶栽培技术规程贵州省地方标准**：该标准编号为DB520329/TCY5.1.24—2013，贵州省质量技术监督局2013年3月1日发布，3月5日实施。该标准规定了余庆小叶苦丁茶（木樨科女贞属粗壮女贞）苦丁茶栽培基本要求，包括高标准建设茶园、种植、修剪、施肥、耕作、水分管理、病虫害防治。适用于余庆县境内小叶苦丁茶田间密植栽培和庭院栽植。

⑦ **余庆苦丁茶鲜叶贵州省地方标准**：该标准编号为DB520329/TCY5.1.25—2013，贵州省质量技术监督局2013年3月1日发布，3月5日实施。该标准规定了余庆小叶苦丁茶（木樨科女贞属粗壮女贞）鲜叶产地、采摘、分级、检验、运输要求。适用于余庆县境内小叶苦丁茶鲜叶采摘及分级。

⑧ **余庆苦丁茶加工技术规程贵州省地方标准**：该标准编号为DB520329/TCY5.1.26—2013，贵州省质量技术监督局2013年3月1日发布，3月5日实施。该标准规定了余庆苦

丁茶（木樨科女贞属粗壮女贞）加工的加工厂、加工人员、加工设备、散户加工要求及加工工艺。适用于余庆县境内苦丁茶加工。

⑨ **正安白茶贵州省地方标准：**该标准编号为DB52/T835—2013，贵州省质量技术监督局2013年6月25日批准发布，7月25日开始实施。该标准规定了地理标志保护产品正安白茶的保护范围、术语和定义、分类、自然环境和生产加工、质量要求、试验方法、检验规则、标志标签、包装、运输和贮存。适用于国家质检总局批准保护的正安白茶。

⑩ **正安白茶贵州地方标准：**该标准编号为DB52/T835—2015，代替DB52/T835—2013，贵州省质量技术监督局、贵州省农业委员会2015年2月15日发布，3月15日实施。该标准规定了地理标志保护产品正安白茶的保护范围、术语和定义、产品分类和实物标准样、要求、检验方法、检验规则、标志标签、包装、运输和贮存。适用于国家质检总局批准保护的地理标志产品正安白茶。

⑪ **遵义红红茶加工技术规程贵州省地方标准：**该标准编号为DB52/T1001—2015，贵州省质量技术监督局2015年2月15日发布，3月15日实施。该标准规定了“遵义红”红茶加工的术语和定义、加工要求、原料（鲜叶）要求和加工工艺技术要求。适用于“遵义红”红茶的加工。

⑫ **湄潭翠芽茶加工技术规程贵州省地方标准：**该标准编号为DB52/T1002—2015，贵州省质量技术监督局2015年2月15日发布，3月15日实施。该标准规定了湄潭翠芽茶的术语和定义、加工场所要求、原料（鲜叶）要求、机械加工工艺技术要求、手工加工工艺技术要求。标准适用于湄潭翠芽茶的加工。

⑬ **正安白茶加工技术规程贵州省地方标准：**该标准编号为DB52/T1016—2015，贵州省质量技术监督局2015年2月15日发布，3月15日实施。该标准规定了地理标志保护产品正安白茶的术语和定义、加工场所、原料（鲜叶）、工艺流程和加工技术要求。标准适用于国家质检总局2011年第69号公告批准保护的正安白茶的加工。

⑭ **绥阳金银花贵州省地方标准：**该标准编号为DB52/T1060—2015，贵州省质量技术监督局2015年9月16日发布，2016年3月16日开始实施。该标准规定绥阳金银花的地理标志产品范围、术语和定义、自然环境、要求、试验方法、检验规则、标志、包装、运输和贮藏。

⑮ **道真绿茶（道真硒锶茶）贵州省地方标准：**该标准编号为DB52/T1219—2017，贵州省质量技术监督局2017年9月27日发布，2018年3月26日实施。该标准规定了地理标志产品道真绿茶（道真硒锶茶）的保护范围、术语和定义、实物标准样、要求、检验方法、检验规则、标志标签、包装、运输和贮存。适用于国家质检总局根据《地理标志产品规定》批准的地理标志保护产品道真绿茶（道真硒锶茶）。

⑯ **湄潭翠芽茶贵州省地方标准：**该标准编号为DB52/T478—2018，代替DB52/478—2005，贵州省质量技术监督局2018年5月6日发布，11月1日实施。该标准规定了湄潭翠芽茶的术语和定义、分级和实物标准样、要求、试验方法、检验规则及标志标签、包装、运输和贮存。适用于湄潭翠芽茶。

⑰ **遵义红红茶贵州省地方标准：**该标准编号为DB52/T1000—2018，贵州省质量技术监督局2018年5月6日发布，11月1日实施。该标准规定了"遵义红"红茶的术语和定义、分级和实物标准样、要求、试验方法、检验规则及标志标签、包装、运输和贮存。适用于"遵义红"红茶。

（二）遵义市团体标准

① **遵义红袋泡原料茶团体标准：**该标准编号为TB52/ZYCX001.1—2018，遵义市茶叶流通行业协会2018年3月20日批准，3月21日实施。该标准规定了"遵义红"袋泡原料茶的术语和定义、分类与实物标准样品、要求、试验方法、检验规则、标志标签、包装、运输及贮存要求。

② **遵义红袋泡原料茶加工技术规程团体标准：**该标准编号为TB52/ZYCX001.2—2018，遵义市茶叶流通行业协会2018年3月20日批准，3月21日实施。该标准规定了"遵义红"袋泡原料茶加工的术语和定义、加工场所要求、原料（鲜叶）要求和加工工艺技术要求。适用于"遵义红"袋泡原料茶的加工。

③ **遵义绿绿茶团体标准：**该标准编号为TB52/ZYCX002.1—2018，遵义市茶叶流通行业协会2018年3月21日发布，3月22日实施。该标准规定了"遵义绿"绿茶的术语和定义、要求、检验方法、试验规则、标志、包装、运输及贮存要求。适用于"遵义绿"绿茶。

④ **遵义绿绿茶产地环境条件团体标准：**该标准编号为TB52/ZYCX002.2—2018，遵义市茶叶流通行业协会2018年3月21日发布，3月22日实施。该标准规定了"遵义绿"绿茶产地环境条件的术语和定义、产地选择要求、产地土壤质量、环境空气质量和灌溉水要求及评价原则。适用于"遵义绿"绿茶的产地。

⑤ **遵义绿绿茶生产技术规程团体标准：**该标准编号为TB52/ZYCX002.3—2018，遵义市茶叶流通行业协会2018年3月21日发布，3月22日实施。标准规定了"遵义绿"绿茶生产技术的术语和定义、基地选择、园地开垦、茶树种植、土肥管理和病、虫、草害防治，茶树修剪和鲜叶采摘等栽培技术要求。适用于"遵义绿"绿茶生产。

⑥ **遵义绿绿茶加工技术规程团体标准：**该标准编号为TB52/ZYCX002.4—2018，遵义市茶叶流通行业协会2018年3月21日发布，3月22日实施。标准规定了"遵义绿"绿茶加工的术语和定义、加工场所、加工卫生、原料（鲜叶）和加工技术要求。适用于"遵

义绿”绿茶加工。

⑦ **遵义绿绿茶公用品牌使用管理指南团体标准：** 该标准编号为TB52/ZYCX002.5—2018，遵义市茶叶流通行业协会2018年3月21日发布，3月22日实施。该标准规定了“遵义绿”绿茶公用品牌使用申报、标识标志管理和档案管理要求。适用于“遵义绿”绿茶的公用品牌使用管理。

⑧ **遵义绿绿茶冲泡品饮指南团体标准：** 该标准编号为TB52/ZYCX002.6—2018，遵义市茶叶流通行业协会2018年3月21日发布，3月22日实施。标准规定了“遵义绿”绿茶的术语和定义、基本要求、冲泡方法、冲泡时间和次数、冲泡方式、品饮等内容。适用于“遵义绿”绿茶的冲泡品饮。

（三）县级地方标准

① **仡山西施仡佬玉翠道真县地方标准：** 该标准编号为DB520325/T07—2009，道真县质量技术监督局2009年10月1日发布，2010年1月1日实施。该标准规定了仡山西施特种绿茶扁形绿茶仡佬玉翠的术语和定义、茶类、等级、原料（茶青）要求、品质特征、技术要求、试验方法、检验规则、标识标签、包装、运输和贮存。

② **务川仡佬族苗族自治县无公害茶叶综合标准体系务川县地方标准：** 该标准编号为DB520326/T1—2010，务川县质量技术监督局2010年5月20日发布并实施。该标准包含《务川仡佬族苗族自治县无公害茶叶综合标准体系》《务川仡佬族苗族自治县无公害茶叶生产技术规程》《务川仡佬族苗族自治县无公害茶叶茶青市场建设及交易规范》《务川仡佬族苗族自治县无公害茶叶加工规范》《务川仡佬族苗族自治县无公害茶叶销售门店规范》等地方标准。规定了务川县无公害茶叶综合标准体系的结构，确定了标准体系内标准的分类，列出了体系包含的基础标准、生产技术标准、加工技术标准、安全卫生标准、产品标准和销售服务标准。适用于务川县无公害茶叶的生产、加工和管理。

遵义茶产业就是在国家、省、市乃至县级各项标准的指定范畴内依法进行规范操作，既保证了茶产业有序健康发展，又保证了产品质量和安全，维护了消费者的合法权益和行业的信誉。

第五节　茶叶产品质量管理与标准化

一、茶业标准化概述

茶叶标准化就是茶叶产业链全程按照茶业标准进行的活动及过程，包括种植、加工、包装贮运、销售服务、检验（含感官审评）和产品整个系列的管理标准化活动。

上节列举的相对比较完善的茶业标准体系，为遵义茶产业健康发展提供了系统的技术指标和完备的法律依据，给遵义茶产业标准化和茶产品质量管理及食品安全明确了目标。遵义茶业标准化进程是与贵州茶业标准化同步的。贵州省茶叶标准化工作始于20世纪90年代初，1991年编制发布了《茶园密植免耕快速高产栽培技术规程》《红碎茶全转子机初制工艺》等技术规范的省级地方标准和《遵义毛峰》《出口绿茶》《红碎茶》等20余项茶叶产品的省级地方标准，拉开了全省茶业标准化的序幕。20世纪90年代后期，省茶科所、贵州省茶叶产品质量监督检验站在贵州省科技厅、贵州省农业厅、贵州省质量技术监督局的支持下，开展茶叶生产技术综合标准化研究，提出茶叶企业生产全过程的技术标准体系基本框架。同时，随着贵州省政府对茶叶产品定期监督检验的全面开展，针对贵州省茶叶企业标准化基础较差、产品标准较混乱的实际情况，贵州省茶叶产品质量监督检验站及各地技术监督部门对全省茶叶企业产品标准进行不断规范，指导企业编制大量的企业产品标准。进入21世纪，贵州茶叶标准化步入了全面、深入的发展和提升时期。2001—2008年，先后编制发布《贵州绿茶》《湄潭翠芽茶》《凤冈县天然富锌富硒茶》等贵州主导产品省级地方标准，并围绕“湄潭翠芽茶”等各地特色产品，制定覆盖各自产品生产全过程的技术规范体系。2002年制定省级地方标准《贵州省名优茶审评规范》，2004年制定省级地方标准《无公害农产品生产技术规程（茶叶）》，2009年贵州省实施中央财政现代农业发展资金项目，专项推进茶产业标准化建设。2010年《贵州茶叶技术标准规程》出版发行，编制和修订贵州茶叶主要产品、产地环境条件、生产技术规程、加工场所条件、加工技术规程、企业检验要求、绿茶销售管理、产品信息溯源管理、茶青市场建设要求、茶馆业服务要求和茶馆星级标准等34项省级地方标准。收录国家茶叶基础标准、主要行业标准，介绍“欧盟农药残留管理政策”“全球良好农业规范”等国外食品安全标准，列出国家标准化法律法规和相关技术标准名录。2011年11月20日，贵州茶业标准化建设与可持续发展培训会在湄潭核桃坝召开，联合国粮农组织和中国茶叶流通协会专家出席会议，会议由遵义市茶叶流通行业协会组织。会议号召统一思想、树立信心，深刻认识茶叶标准化生产和可持续发展的重要意义；加强质量监控，稳步推进茶叶标准化建设工作；统一质量标准，不断提高茶叶标准化建设水平；加强领导，切实推动茶叶标准化建设迈上新台阶。

近年来，遵义全面推行绿色防控技术，加强源头控制，加强监管，严格抽检，确保茶产品质量安全。2015年3月15日起，新制（修）订的湄潭翠芽、凤冈锌硒茶、正安白茶及“遵义红”四个公用品牌的地方标准开始实施，贯标企业近300家。2018年，湄潭翠芽、“遵义红”红茶等标准再次修订，扩大范围；“遵义红”红茶袋泡茶团体标准制定。新标准中绿茶水浸物达40%以上，超过国标6个百分点。湄潭、凤冈、正安、余庆先后成为国家级农产品（茶叶）出口示范区。全市规划到2020年建成雨林联盟认证茶园6667hm^2，欧标茶园13333hm^2，符合出口需求的基地达到33333hm^2，可提供出口产品5万t以上。有力地推进了标准化进程，保证了茶叶产品的质量和食品安全，提升了遵义茶的信誉。

二、各县（市、区）茶叶产品标准化

在全市统一安排和部署下，各县（市、区）都制定了完善的制度和措施，除了严格执行国家、省、市发布的统一标准外，对已有的专用地方标准（如湄潭翠芽、凤冈锌硒茶、正安白茶、余庆小叶苦丁茶和道真硒锶茶），都针对性地制定使用和管理制度，加强茶叶标准化工作，确保茶叶产品质量和安全。

（一）湄潭县

1. 把好“湄潭翠芽茶”标准关

2005年，贵州省质量技术监督局发布《湄潭翠芽茶》为贵州省地方标准，自2005年7月1日起实施。湄潭县立即以茶业协会为主体，制定《“湄潭翠芽”管理制度》，严把“湄潭翠芽”品牌关，保护“湄潭翠芽”地理标志、注册证明商标，统一包装监制、统一专卖店标识、统一大宗茶批发部标志。一方面规范企业使用“湄潭翠芽”品牌行为，另一方面规范“湄潭翠芽”专卖店管理，“湄潭翠芽”专卖店、旗舰店包装销售的“湄潭翠芽”必须是有资质厂家生产的，对粗制滥造包装“湄潭翠芽”销售的，取消专卖店资格，追回已兑现的政策补贴，对考核不合格或经举报查实不符合相关规定的不予兑现补贴，已兑现的要采取法律手段依法追回。

2. 标本兼治、源流并重，狠抓茶叶质量安全

按照“标本兼治”的原则，采取源头治理、过程监督与市场监管并重的措施，狠抓茶叶质量安全。

一是加强源头管理：实行茶叶质量安全分级培训制度，健全茶园户籍化管理制度，规范茶农对农资、农药的合理使用（图6-26）。建立健全茶叶企业创建、领办茶园示范基地机制，鼓励企业、专业合作社及个体户积极参与“三品一标”（无公害农产品、绿色食品、有机农产品及农产品地理标志）的认定认证工作。科学施肥、施药，整个流程要符合生态有机茶的要求和标准。二是全程把关：在每一个环节

图6-26 生态茶园监控设施（湄潭）

都科学、生态地操作，全程保证茶叶质量的安全。三是着眼长远：不为了眼前利益而破坏生态有机茶发展态势和强劲势头，恪守职业道德，营造出生态种植、科学种植的良好氛围。四是强化检验检测：加大对茶青的随机抽样检测力度，建立抽样检测产品登记备案和公示制度。县市场监督管理局、县茶产业发展中心抽派专人组成茶叶加工质量安全检查组，定期和不定期地开展对各镇茶叶加工质量安全地毯式检查，还经常在全县范围内开展突击性专项大检查。五是强化农资监管查处力度：积极开展集中联合执法大检查，依法查处生产、销售禁用农药等违法行为，引导农资经营单位建立进销台账登记制度，建立健全产品源头追溯制度。六是建立有奖举报制度：对茶叶生产、经营、管理过程中存在的违法违规行为一经查实，给予举报单位或举报人1000元奖励。

3. 确保中央财政现代农业（茶产业）标准化体系建设顺利实施

在实施中央财政现代农业（茶产业）标准化体系建设时，湄潭县实施方案的新要求就是标准化体系建设。成立茶叶标准化体系建设领导小组，由县质监局负责，有关部门参与，建立一套从茶树育苗到栽培、管理、加工、仓储、运输、包装等一体的标准化生产体系，在全县建立育苗、基地、加工的标准化示范点加以培训推广。

采取的措施是：开展专项整治活动全面整治农产品（化肥、农药、添加剂）的生产销售、流通和使用，从源头上加强治理；全县茶青市场配置茶青检测速测设备，安排专人对上市交易的茶青农残进行抽检；茶叶加工企业实行茶青检测收购，对出厂产品进行检测检验后投入市场；进一步完善西南茶城检测中心检测设备，对市场成品茶进行检测把关；质监局、农业局等职能部门开展面上巡回抽检，加大检测和执法力度。

4. 五大举措贯彻新标准

2015年，为推进全省茶叶标准化，由贵州省茶叶办牵头，各市县配合，对“湄潭翠芽”“遵义红”品牌标准进行修订。新的地方标准用科学的技术指标体现了茶叶产品很强的地方特色和竞争优势，代表了本地区茶产业整体形象和实力，对提升产品品质，增强品牌核心竞争力具有积极推动作用。湄潭县及时组织召开“湄潭翠芽”“遵义红”新地方标准宣贯大会，提出贯彻落实新地方标准五大举措：一是要求企业要有主体意识，从贯彻新地方标准是全省茶产业大发展的重要举措、是提升茶叶品牌核心竞争力和推进茶产业转型升级的高度来深刻认识贯彻新地方标准的重要意义；二是要求各镇要进一步广泛宣传，指导茶叶企业深入学习新地方标准，知悉内容，熟练掌握工艺技术，落实到茶叶生产、加工、营销当中；三是以宣贯新地方标准为契机，落实“五统一”措施（统一加工工艺、统一产品标准、统一宣传推介、统一包装监制、统一有偿使用），强化茶叶品牌管理；四是抓住新地方标准的实施，推动大批茶叶加工户实施技改升级，实现清洁化、标准化生产，提升茶叶加工质量；五是结合茶产业发展实际，逐步有序有效推进地方标准的贯彻落实，促进茶产业健康发展。

（二）凤冈县

全县树立“质量安全是凤冈茶叶的生命”观念，为保证茶叶有机品质，建立严格的“从田间到茶杯”质量安全控制体系，形成茶农与茶企自我约束、自我管理、自我监督的质量安全意识到和管理机制。

1. 建立政府检测机构

为了将茶叶产品质量与安全工作落到实处，凤冈县成立了相应的政府检测机构。

① **凤冈县质量技术监督检测中心**：2004年4月组建了“凤冈县质量技术监督检测所”，并于当年12月取得“实验室资质”，资质检测内容涵盖茶叶外形评审、内质评审、理化指标和微生物指标检测。之后“实验室资质”升为“食品检验机构资质”，机构更名为“凤冈县质量技术监督检测中心”，检测内容增设了农残、重金属，这给凤冈县茶叶质量控制起到了技术上的保障作用。

② **凤冈县农产品质量检验检测中心**：其前身是凤冈县农产品质量安全监督检测检验站，是农林畜牧局所属股级事业单位，列入县财政金额预算管理，为全县农产品质量安全提供检验检测服务。2016年中心实验室检验检测机构资质认定（计量认证）进行了全面的论证和考核，获得实验室检验检测机构资质认定证书，取得了农残（有机磷类）农药检测资格。

2. 茶叶质量安全管理日常措施

① **全面建立质量安全监管名录**：一是每年年初对全县茶叶生产企业、茶叶专业合作社和种植大户进行摸底排查核实，实行建档立卡，建立监管名录；二是对监管对象进行分类管理、根据规模、影响、风险等指标将茶叶企业、茶叶专业合作社和种植大户细分为重点监管对象和一般监管对象监管；三是与监管对象签订茶叶质量安全承诺书，签订率达100%。

② **建立和完善“五级防控”的管理体系**：以镇政府（属地管理）、职能部门（农牧局、茶中心、市管局）、村（制定村规民约）、组（划分网格）、茶叶企业或专业合作社（网格的管理）“五级防控”的管理模式，层层落实茶叶产业质量安全责任。

③ **全面推广绿色防控技术，实现“海陆空”立体植保防控**：一是继续加强与贵州大学建立合作关系，为绿色防控提供技术保障和技术支撑；二是加大植保无人机、车载式喷雾器等硬件设施的投入，从“海陆空”实施立体植保的绿色防控；三是通过改善茶园生态环境进行害虫的生态调控，尽量减少化学农药的使用次数，大力推广农业防治、生

图 6-27 黄色诱虫板在凤冈茶园中普遍使用

物防治和物理防治，提倡使用生物农药，提倡合理、安全使用农药。继续鼓励和支持茶叶企业在茶园中安装太阳能杀虫灯、安置诱虫屋、黄板（图6-27），购买高效低残留或生物农药或有机农药，政府也为茶农免费在茶园里大量设置太阳能灭蚊灯等，代替农药进行物理杀虫。凤冈茶园普遍建立“猪—沼—茶—林”循环建园模式，沼液、沼渣和农家肥大量使用。茶园边不允许建设工业厂房，企业必须使用电、沼气等清洁能源和使用不锈钢生产器具，茶叶包装物需符合食品卫生标准。对干物质、农药残留和重金属的检测设置高于国家标准和地方标准。

2012年9月2日，全省茶树病虫害绿色防控现场会在凤冈县召开，是贵州省茶产业发展进程中首次为茶树病虫害防控召开的一次专题会议，会议要求各地做好茶树病虫害绿色防控和农药管理。来自全省植保部门相关负责人参会并参观了凤冈县茶树病虫害绿色防控示范区。

④ **大力实施茶园“天眼”监控工程**：为时时有效地监控和管理茶园动态的情况，对全县集中连片6.67hm²以上的茶园基地安装“天眼”，以“优先实施自有茶园基地的企业、重点实施茶叶专业村、逐步实施茶叶产业带”的逐步实施原则，将全县60%的茶园纳入“天眼”监控范围进行“可视化”管理（图6-28）。

图 6-28 凤冈茶园“天眼”监控

⑤ **加强茶青市场的统一管理和规范运营：**加强有机茶区茶青销售市场统一管理和规范运营，有效防止农药残留超标、来源不明、以目混珠、以次充好的茶青流入市场。由茶叶企业按照收购数量交纳管理费用后将茶青市场委托给合作社实行有偿服务统一管理，茶叶企业、茶农只能在茶青市场内进行茶青的交易，且在交易时茶农必须出示有机茶销售卡后茶企方能收购，坚决杜绝顺路茶、无卡茶和贩子茶。

⑥ **建立以二维码为主的产品追塑体系：**通过过程追溯确保茶叶产品的质量安全。凤冈全县对已有56家规模型企业鼓励和支持全部实行二维码可追溯体系，实现产品有渊可追、有源可查。

⑦ **加大茶青检测的力度和密度：**一是增加抽样检测的密度，每年县农产品质量安全检测中心对规模型企业抽样检测至少6次，其他茶叶加工企业全年抽样检测不少于2次。二是加大田坝茶青市场的管理和抽检力度，田坝村加大对茶青市场速测室的管理力度，严格按照《田坝村村规民约》对茶青交易市场进行管理。三是强化茶叶加工企业自检工作，凡是获得速测仪的茶叶加工企业，在茶青进厂时，必须启动速测仪开展自检工作，并将检测结果上传。凡是没有完成检测任务和未开展此项工作的纳入农产品质量安全“黑名单”管理，在“黑名单”管理期间不享受任何政策补助和支持。

⑧ **宣传贯彻与严管并用：**一是大力宣传，提高茶企、茶农对《凤冈锌硒茶》标准的知晓率，有利于标准的贯彻执行（图6–29）。二是组织培训，聘请加工理论高和实际操作能力强的专业老师，组织茶叶加工企业举办理论和实际操作培训，培养加工技术人员。三是检验检测结果实行“红黑榜”名单公布制度，在茶叶生产加工季节对茶叶产品抽样，分别对抽样产品的农药残留情况、锌硒含量情况进行检测，检测结果向农产品质量安全领导小组报送。对抽检不合格的茶叶企业，将按照《凤冈县农产品质量安全红黑榜名单管理制度（试行）》的相关规定进入黑榜名单并在相关媒体进行公布。四是根据贵州省农委相关要求，全面清理产品包装及标识，制止和杜绝茶叶产品包装和产品标识使用混乱、产品以次充好、包装上夸大功能等乱象，凡还在使用旧版包装的一律要求下架，对劝说不听或有意不执行的没收其上架产品和所有旧版包装。对未取得销售证书而在产品包装上乱贴无公害、绿色、有机等标识误导消费者的，责令产品下架据实重贴标识，对劝说不听或有意不执行的，没收上架产品和所

图6–29 凤冈锌硒茶新标准宣传工作会在田坝召开

有产品标识。

⑨ **建立质量安全有奖举报制度**：一是制定有奖举报制度，包括举报内容、行为、范围，举报的方式、举报电话、举报人的奖励标准等。二是有奖举报制度的宣传，在茶叶集中区域、主要基地制定有奖举报制度标识标牌，让有奖举报制度和内容家喻户晓，人人皆知。三是建立举报保密制度，为了保障举报人人身安全，有效防止被举报人打击报复，对举报人姓名、举报内容进行保密。

⑩ **强制要求企业建立生产台账**：强制要求茶叶生产企业对农业投入品的购买、田间管理、茶青采摘、收购、茶叶加工、茶叶出入库五部分生产过程（环节）信息进行如实记录。对不主动建立生产记录档案或者伪造生产档案记录的企业和合作社，按照《贵州省农产品质量安全条例》《中华人民共和国农产品质量安全法》相关规定，给予责令其限期改正。逾期不改正的，处以500元以上2000元以下罚款。

3. 茶叶质量安全管理专项活动

① **实施凤冈富锌富硒茶地理标志产品保护**：2005年，贵州省质量技术监督局发布《凤冈富锌富硒茶》贵州省地方标准。2006年1月，国家质检总局批准凤冈富锌富硒茶地理标志产品保护申请，各地质检部门开始对凤冈富锌富硒茶实施地理标志产品保护措施。

② **茶叶标准园创建接受农业部督导检查**：2010年7月19日，农业部农技推广中心有关专家到凤冈督导检查茶叶标准园创建情况。督导组认为，凤冈县标准园创建效果明显，走有机路思路创新，在创建过程中达到了高产创建和标准创建，保障产品质量安全和农民增产增收。

③ **召开茶叶产业标准化专题会议**：2012年，凤冈县在永安镇田坝村召开茶叶产业标准化建设大会。会议要求县茶叶产业发展中心、质监局、茶叶办及相关部门要高度重视农业投入品的监控，加大查处力度，搞好生产过程记录，全面成立茶叶专业合作社，严把各个茶叶标准化生产环节，相关科局要迅速研究制定计划和方案，明确专人负责，加大检测力度，确保茶叶品质。

④ **加强“三品一标”的质量认证和管理工作**：为推动全县农产品质量安全上水平，进一步突显凤冈县农产品“绿色、生态、有机”特色，逐步形成凤冈农产品“生产有记录，信息可查询，流向可追踪，质量有保障”的农产品质量安全追溯体系。2015年，县委县政府决定创建国家农产品质量安全县，其中工作之一是要切实抓好农业标准化建设，开展“三品一标”认证申报工作。大力宣传，鼓励并支持茶叶企业、专业合作社及个人争取“三品一标”的质量认定、认证工作。

⑤ **检查监督常抓不懈：**县里成立了督查组、巡查组、执法组、宣传组，狠抓茶园五级防控、“凤冈锌硒茶”公共品牌“五统一”管理、茶青市场规范化交易、茶青和成品茶抽检和成品茶的市场准入和包装规范工作，在全县开展以茶产业为主的农产品质量安全“惊雷行动”，产品质量和安全问题常抓不懈。

（三）正安县

正安县坚持“绿色、生态、有机”的发展理念，注重规划科学化、茶园良种化、生产标准化、茶厂清洁化，探索出一条“畜—沼—茶—林”发展模式，着力打造8万口沼气池大县。同时，全县推行并实施的茶叶标准化体系已成为业内参照标准。正安茶产业逐步构建起“生产有标准，产品有标志，质量有检测，认证有程序，市场有监督”的标准化格局。“正安白茶”于2010年获得国家质检总局地理标志保护后，仍执行贵州绿茶标准，与国家地理标志保护产品这一品牌形象极不相称，也不利于产品的品牌打造和产业发展。经多次讨论并修改、网上征求意见、专家审定，正安白茶贵州省省级地方标准于2013年6月25日批准发布，7月25日开始实施，后又于2015年重新发布并实施，对特色品牌建设、提高产品市场竞争力、带动农特产业发展具有积极的促进作用。正安县专门召开“茶园标准化建设与管理专题会议”贯彻落实。

（四）余庆县

余庆县茶业标准化的路子是实施苦丁茶标准。从2000年开始，由质监局、农业产业化建设办公室负责抓，有关龙头企业配合，探索研究和总结苦丁茶栽培与加工技术，应用科研成果，学习外地经验和有关行业标准，制定苦丁茶地方标准实施和应用。2001年，国家质检总局将余庆县列为全国第三批农业标准化示范区。2001—2003年，承担完成农业标准化示范项目“余庆县苦丁茶农业标准化示范”。制定完成余庆县苦丁茶育苗、栽培、规范技术、苦丁茶鲜叶、加工技术规程、产品标准6个项目，形成余庆苦丁茶综合标准体系。

除上述几县以外，其余产茶县都在茶产业标准化上做了大量工作，如仁怀市香慈茶叶种植专业合作社成立以来，在生产、加工、包装等方面，先后执行了无公害农产品产地认证（WNCP—GZ15—00462）、食品安全国家标准（GB14881）、绿色食品包装通用标准（NY/T658）、贵州茶叶加工场所基本条件（DB52/T630）、食品包装用原纸卫生标准（GB/11680）和雨林联盟可持续农业标准（RA—S—SP—2—V1.3）等，思路与做法基本与上述各县相似。

第六节　茶业标准化成效

遵义市的茶产业标准化，通过多年的努力，取得了丰硕成果，下面所列是其中一部分：

一、国家地理标志保护产品和地理标志证明商标

2004年余庆小叶苦丁茶获准使用国家地理标志保护产品。2006年1月24日，国家质检总局批准由凤冈县质监局组织申报的地理标志保护产品“凤冈县富锌富硒茶”，保护范围符合以贵州省凤冈县政府《关于界定凤冈富锌富硒茶地理标志产品保护范围的函》提出的地域范围为准，为贵州省凤冈县现辖行政区域。2007年湄潭县茶业协会将“湄潭翠芽”注册为地理标志证明商标，商标的注册保护地域为中华人民共和国贵州省湄潭县辖区。2010年9月，“正安白茶”地理标志证明商标通过国家工商总局商标局核准，成功注册。2011年5月，国家质检总局授予正安县“正安白茶”国家地理标志保护产品。2011年12月7日，国家工商总局商标局核准凤冈县茶叶协会组织申报的地理标志证明商标“凤冈锌硒茶”注册，商标专用期自2011年12月7日至2021年12月6日，使用“凤冈锌硒茶”地理标志商标的产品生产地域范围包括全县14个乡镇。2012年，国家质检总局授予余庆县“余庆小叶苦丁茶”地理标志证明商标。2014年11月18日，由凤冈县茶叶协会组织申报的农产品地理标志“凤冈锌硒茶”获农业部准予登记，登记保护范围为：凤冈县所辖永安镇等12个乡镇。2015年，道真绿茶（道真硒锶茶）获国家质检总局“国家地理标志保护产品”。

二、出口茶叶质量安全示范区

出口茶叶质量安全管理是国家对出口茶叶实行全程质量安全控制的规范性要求。执行标准有国家标准《出口茶叶生产企业注册卫生规范》《出口茶叶质量安全控制规范》《出口茶叶种植基地检验检疫备案条件和要求（试行）》；贵州省地方标准《出口茶叶种植基地备案管理办法》《出口茶叶质量安全示范区管理办法（试行）》。经贵州出入境检验检疫局考察评定，贵州省第一个省级出口茶叶质量安全示范区——“贵州·凤冈出口茶叶质量安全示范区”于2010年4月3日在凤冈县挂牌。

三、标准化茶叶基地

茶叶标准化基地是按照标准化要求进行建设和管理并经过相关程序获得认定或认证

的一定规模的茶叶产地。全国对茶叶产地实施三种层次的标准化管理：无公害产地认定、绿色食品产地认证和有机茶产地认证，认定或认证的方式是对茶叶产地环境标准，即对茶叶产地的茶园土壤、环境空气和灌溉水等质量按相应的技术标准进行监测和评价，对符合标准要求的产地予以认定或批准其通过认证。

对茶叶产地环境的技术要求包括三个层次：无公害、绿色和有机。

行业标准有《无公害食品茶叶产地环境条件》《绿色食品产地环境技术条件》《有机茶产地环境条件》；贵州省地方标准有《贵州无公害茶叶产地环境条件》《贵州有机茶产地环境条件》。该标准列出的茶叶产地“立地条件”突出贵州“低纬度、高海拔”的地理优势和“寡日照、多降雨”的气候优势。同时，根据贵州茶园土壤质量检测结果，将贵州无公害茶叶产地土壤的“铅含量”指标定为≤200mg/kg，比行业标准《无公害食品茶叶产地环境条件》规定的≤250mg/kg的要求有较大提高。

（一）无公害茶叶基地县

“无公害茶叶基地县”是经农业部批准并验收合格的国家级无公害生产茶叶示范基地县。

对茶叶产地进行标准化管理的基本要求是无公害标准，建设无公害茶叶基地须达到《无公害食品茶叶产地环境条件》《无公害食品茶叶生产管理规范》标准的技术要求。无公害茶叶示范基地县创建活动的主要内容为：严格产地环境监测和产品质量安全检测，加强标准化生产管理和质量管理，提高经营服务水平，推进基地县茶产业可持续发展水平。

1. 湄潭县

2001年4月，农业部决定实施“无公害食品行动计划”，随后启动首批100个（其中茶叶20个）无公害农产品（种植业）生产示范基地县的创建活动。2002年农业部会同国家认证认可监督管理委员会发布《无公害农产品管理办法》，2003年农业部出台《关于加强无公害农产品（种植业）生产示范基地县管理的通知》。

湄潭县进入首批创建活动的无公害茶叶示范基地县。湄潭县示范规模为：17个茶叶产地，面积6667hm^2，干茶产量2500t，建立并实施5个技术标准，培训、指导技术人员5000人次以上。2003年底农业部组织对全国第一批无公害农产品（种植业）生产示范基地县进行审验和抽查，湄潭县被定为创建合格单位。

2. 余庆县

2003年发布《关于在全国创建第二批无公害农产品（种植业）生产示范基地县和出口示范基地县的通知》，余庆县为进入第二批创建活动的无公害小叶苦丁茶示范基地县。余庆县示范规模为：25个茶叶产地，面积3333hm^2，干茶产量3600t，建立余庆苦丁茶技术标准体系（综合标准体系、育苗技术、栽培技术、鲜叶采摘标准、加工技术规程），培训专业技术人员200人以上。2005年余庆县通过农业部组织的对第二批无公害农产品创建县的审查和验收，成为中国第一个无公害小叶苦丁茶示范基地县。

（二）茶叶标准化示范区

“茶叶标准化示范区”是经国家标准化管理委员会批准、由地方政府部门组织实施的，以实施茶叶标准为主，具有一定规模、管理规范、起示范带动作用的标准化生产区域。1995年国家技术监督局发布实施《农业标准化示范区管理办法（试行）》，同时启动农业标准化示范区创建活动。

1. 余庆县

2001年，国家标准化管理委员会批准建设第三批全国农业标准化示范区，余庆县成为国家级苦丁茶标准化示范区，该示范区示范目标为：小叶苦丁茶现代农业生态观光园区核心区80hm^2，“十三五”末，将辐射带动发展种植苦丁茶1333hm^2。投产后年产量可达2000t，产值1.6亿元，综合产值3亿元。在10个乡镇各建66.7hm^2示范基地，辐射带动2467hm^2苦丁茶产业发展；编制余庆县苦丁茶育苗、栽培技术、苦丁茶鲜叶、加工技术规程、产品标准5个地方标准；苦丁茶育苗成活率从20%提高到90%以上；茶青单产增长率达20%以上；经济效益、社会效益和生态效益显著提高。

园区规划打造的三大目标：一是现代农业之窗，打造苦丁茶高效现代农业之窗；二是宜居养生之地，打造集度假、居住、水上娱乐于一体的宜居养生之地；三是生态观光之园，打造自然水乡为目的生态之园。

整个园区建设结合自身特点，合理进行功能分区及布局，坚持高起点、高标准、高水平的规划要求，使项目区成为科学价值高、具有极大吸引力与品牌效应的现代化、生态化及商业化和独具特色的新型现代生态苦丁茶观光园。现完成种植苦丁茶标准化移栽面积72hm^2；完成配套基础设施人工采摘便道6km、机耕道4km、排灌沟渠3km等，以及路网和园区用水、电等配套设施建设；完成园区隔离带、荷花池、生态停车场、山塘景观等茶园景观打造工程。进行园区茶叶加工厂、冷冰库、综合办公用房和园区茶庄等工程建设。

2. 凤冈县

2007年发布修订版《国家农业标准化示范区管理办法（试行）》，2008年批准建设第六批全国农业标准化示范区，凤冈县成为富锌富硒茶国家级农业标准化示范区（图6-30）。凤冈富锌富硒茶国家农业标准化示范区核心示范区域为永安镇、土溪镇、新建乡、绥阳镇、何坝乡。示范目标：按照标准化、规范化、科学化、产业化的要求建设

5333hm^{2}标准化生产核心示范区；全县茶叶标准化生产面积将达90%以上；制订8个地方标准，建立锌硒茶综合标准体系；培训技术人员3000名；建设茶青交易市场5个；引进2~3家大型茶叶加工企业。

图 6-30 凤冈锌硒茶农业标准化示范区通过国家验收

（三）标准茶园创建示范点

“标准茶园”是经农业部批准的按标准化、规模化、产业化要求进行管理的示范茶园。

实施创建茶园的基本要求为：产地环境条件必须符合《无公害食品茶叶产地环境条件》的要求，茶园应为平地或缓坡，坡度在25°以下，其中坡度为15°~25°的茶园须建立等高梯级园地，土壤pH值4.5~5.5，土层有效深度1m以上，土壤疏松、肥沃，通透性良好。茶园相对集中连片，规模在66.7hm^{2}以上。

根据《全国茶叶重点区域发展规划（2009—2015年）》，农业部在118个重点县（市、区）开展标准茶园创建活动，湄潭县、凤冈县作为全国重点区域发展县开展标准茶园创建工作。

1. 湄潭县

标准茶园创建示范点设在湄潭县永兴镇中华村，实施企业为贵州省湄潭县栗香茶业有限公司。连片示范茶园面积66.7hm^2。创建目标为每公顷单产名优茶450kg以上，大宗茶2700kg以上。实行“四化”：规模化种植、标准化生产、品牌化销售、产业化经营。

2. 凤冈县

标准茶园创建示范点设在凤冈县何坝乡水河村，实施企业为贵州嘉和茶业有限责任公司。连片示范茶园面积66.7hm^{2}以上。创建目标：茶区道路建设5km以上、茶园灌溉用小水窖10口以上，每公顷施商品有机肥1.5t左右，安装太阳能杀虫灯15台以上，对茶园病虫害进行生物防治，使茶叶质量符合农业部《有机茶》的质量标准，节本增效10%以上。茶园丰产期年每公顷产大宗茶达2.25t以上。

四、标准化方面获得的部分成果

2001年，湄潭县获首批“全国无公害茶叶生产示范县”称号。2004年，凤冈县第一张有机产品认证证书颁发，确立了茶叶的主导产业地位及有机产业战略定位。是年，余庆世纪阳光茶业有限公司小叶苦丁茶经农业部茶叶质量监督检验测试中心测试达到有机茶标准后，获有机产品认证证书。2008年，余庆县小叶苦丁茶有限责任公司独花茶园正式通过杭州中农质量认证中心认证，获得有机茶加工证书、中国有机转换产品认证证书、有机茶园转换证书、标志准用证。2009年，"湄潭翠芽"牌茶叶获"国家三绿工程放心茶"中国茶业流通协会推荐品牌。2010年10月，"湄潭县茶产业标准化建设项目"通过贵州省质监局组织贵州省标准化协会、遵义市质监局、贵州省茶科所、贵州省茶叶及茶产品质量检验中心等单位专家进行的考核验收。2011年底，贵茶公司"绿宝石"绿茶通过欧盟414项农药残留、重金属含量等食品安全指标检测，顺利出口德国，一上市便获得众多来自德国和周边国家消费者青睐（图6-31）。2012年9月23日，贵州贵茶（集团）有限公司生产的"绿宝石"与德国格林氏贸易公司正式签订销售327.9万欧元的合同，该订单是贵州省当时为止最大的成品茶出口订单，意味着贵茶"绿宝石"品质得到了欧盟市场认可，贵州茶开始大批量走向国外市场。2014年5月，湄潭县获国家级出口食品农产品（茶叶）质量安全示范区，成为贵州省首个成功创建的国家级食品农产品（茶叶）质量安全示范区。2016年9月19日，贵州怡壶春生态茶业有限公司第二批18.3t价值93.1万美元出口中国台湾的红茶获批通关，是该公司与台湾百船贸易企业有限公司签订的出口贸易总额达2.1亿元的茶叶出口贸易订单合同中的第一单。2016年11月30日，余庆县茶叶协会收到欧陆分析技术服务（苏州）有限公司寄来的鉴定报告书。余庆县茶叶协会"欧陆分析"第一批送检18个茶样中，按照欧美

图6-31 贵茶绿宝石出口德国起运仪式

图6-32 高标准有机茶园

图6-33 凤冈标准化有机茶园

低农残检测标准符合17个茶样，合格率94.44%，意味着余庆茶获欧美市场的“准入证”。欧陆分析技术服务（苏州）有限公司总部设在比利时布鲁塞尔，是全球领先的科学分析和检测检验机构，在全世界30个国家拥有150多个实验室，在茶叶农药残留检测方面检测项目达到475项。2017年4月28日，中国有机大会在凤冈县茶海之心景区召开，环保部有机食品发展中心授予凤冈县“全国有机产品认证示范县”的称号，并与该县签署了战略合作协议。是年，凤冈县有机认证主体覆盖所有乡镇，认证有机农产品企业累计达30家以上，全县有机种植认证规模新增3333hm^{2}以上。2017年10月26日，在云南临沧举办的“第十三届中国茶业经济年会”上，凤冈县获“2017年度中国十大生态产茶县”殊荣。2018年，全市有遵义红、湄潭翠芽、凤冈锌硒茶、正安白茶、余庆苦丁茶、道真硒锶茶6个国家地理标志保护产品，约占全省的13%。到2019年12月底，全市茶园全部都是有效期范围内标准化认定茶园，其中：绿色食品茶园面积5507hm^2，有机茶园面积4110hm^2（图6-32、图6-33）；开展良好农业规范，获UTZ、CMA及雨林联盟等认证面积3130hm^2；可生产出口欧标产品茶园1.48万hm^2。

茶品篇

第七章

遵义的茶叶产品，可以追溯到唐代茶圣陆羽著《茶经》之前，近代较为突出的是中央实验茶场选址湄潭之后生产的产品。本章记述现当代遵义的茶叶产品，包括绿茶、红茶、黑茶、白茶、其他茶及茶产品、再加工茶类产品与综合开发利用茶产品和非山茶科代茶产品。

第一节　绿茶产品

绿茶是遵义主要茶叶产品，有四大区域品牌：出自传统产茶大县湄潭的区域品牌“湄潭翠芽”；出自新兴产茶大县凤冈的区域品牌“锌硒茶”；出自正安的“正安白茶”和出自道真的“硒锶茶”，余庆的“小叶苦丁茶”虽是绿色，但不属于山茶科，属于“非山茶科代茶植物饮料”。各个茶叶基地县都有数量可观的绿茶产量。常见企业品牌有兰馨、栗香、贵州针、遵义毛峰、仙人岭、浪竹、春江花月夜、仡佬银芽等。

遵义所产绿茶以直条形茶（含扁形、针形）、卷曲形茶和颗粒型茶（珠形）三种为主。直条形中的扁形绿茶是外形扁平挺直的绿茶，鲜茶叶经杀青后在锅中边炒边理条，逐渐压扁成形而成，它是以高长的香气和形状为基础，而最突出的特点是扁平挺秀，湄潭翠芽就属扁形茶；卷曲形茶则是外形条索紧结卷曲，绿润显毫的绿茶，毛峰、毛尖属卷曲形茶；颗粒形茶经揉搓成为颗粒形状，“绿宝石”属颗粒形茶。

一、湄潭县

湄潭县绿茶产品众多，自清代以来，绿茶主要有眉尖贡茶、湄潭龙井、玉露、珍眉、湄绿、湄江茶、遵义毛峰、湄潭剑茗、湄潭翠片、贵州银芽茶、夜郎翠片、清江绿、湄潭翠芽等。

（一）历史产品

① **湄潭眉尖茶**：卷曲形茶，形状如眉，香馥味醇。《贵州通志・风土志》（1948年）载：“石阡、湄潭眉尖茶皆为贡品。”

② **湄绿**：1941年4月中央实验茶场试制。是贵州乃至中国西部首次创制的扁平类名优绿茶，以“色绿、形美、味醇、馥郁”四绝著称，奠定此后湄江茶、湄潭翠芽的基础。

③ **湄江茶（湄江翠片）**：扁形高级绿茶。1943年由中央实验茶场以湄潭象山茶园苔茶品种仿西湖龙井创制，能与狮峰极品龙井媲美，曾名“湄潭龙井”，为贵州独特名茶。1943年初夏“湄江吟社”成员苏步青、刘淦芝等诗人第4次诗会“试新茶”的茶即是“湄潭龙井”。1953年春，贵州省省长周林将湄江河名与茶名融在一起命名为“湄江茶”。

1980年，安徽农学院茶业系陈椽教授根据“湄江”茶外观扁平光润，色泽翠绿、埋毫不露；内质香气醇郁，汤色清澈明亮、滋味醇厚鲜爽、回味悠长；冲泡后茶叶成朵，形态美观的特点，将“湄江茶”更名为“湄江翠片”，为绿茶珍品，曾多次获奖并入编《中国名茶研究选集》。

④ **湄潭毛尖：**生产历史迄今已有400多年，1982年被评为全国名茶。湄潭毛尖茶芽尖细如条，白毫特多，色泽鲜绿，品质润秀，香气清嫩，滋味醇厚，回味甘甜，品质优佳，含多酚类化合物高于一般茶叶10%左右，氨基酸含量较高。素以“干茶绿中带黄，汤色绿中透黄，叶底绿中显黄”的“三绿三黄”特色著称。

⑤ **高级武陵春绿茶：**省茶研所研制。外形优美，芽叶完整，汤色碧绿，茶香浓郁，滋味鲜醇，富含有益于人体健康的硒及多种微量元素，具有抗菌抑菌、防癌抗癌的功效。

⑥ **遵义毛峰：**1974年，湄潭茶场以汪桓武、赵翠英为主研制的绿茶新品种。品质特征：外形紧细圆直显锋，色泽翠绿润亮，白毫显露，银光熠熠；内质嫩香持久，汤色碧绿明净，滋味清醇鲜爽，叶底嫩绿鲜活。1983年以来多次获各种奖项。因价廉物美，历来为大众消费者青睐。

⑦ **龙泉剑茗：**湄潭县龙泉山茶场研制。直条形绿茶，采用嫩采芽毫，高温杀青，中温理条，低温做形，加火定型生香，文火烘干。1992年龙泉剑茗获中国西部名茶评比会“陆羽杯”奖，同年获全国首届农业博览会银质奖第一名，为贵州参展9项获奖产品荣誉最高奖项。此后多次获奖，2000年编入《中国名茶志》。

⑧ **贵州针：**属针形绿茶，产于湄潭县核桃坝村，相邻的德隆乡、兴隆乡也有生产。是湄潭20世纪90年代以来开发黔湄系列国家级无性系良种而形成的针型绿茶产品。2004年以来，根据市场需求，“贵州针”又分为“青针（脱毫）”“白针（不脱毫）”两大类，前者进入市场直接饮用，后者经窨花形成高档花茶再饮用。品质特征：外形芽状，毛针白毫显露，青针和炒针光滑；内质香气清香，汤色清澈，滋味醇和，叶底嫩绿明亮，芽型完整。

⑨ **贵州天然富硒茶：**省茶研所研制。品质优异，风味独特，汤色碧绿经久不变，香气鲜浓高而长，滋味浓醇回味甜，叶底绿亮嫩而匀。有机硒含量达1.5~4.0ppm，可有效防治心脏病、高血压、糖尿病及多种癌症，延缓人体衰老，增强视力，消除重金属毒害。

（二）公共品牌产品

湄潭翠芽茶是贵州扁形名优绿茶的典型代表，主要采用湄潭苔茶等中小叶品种国家级良种的单芽至1芽1叶初展优质鲜嫩茶青，按抖、带、搭、扣、拓、抓、拉、推、磨、压10种工艺手法，经摊青、杀青、理条、整形、脱毫、提香、筛选等20多道复杂工序加工而成，既保持了湄江茶、湄江翠片特质，又提升了其“色、香、味、形”品位。产品具有外形扁平光滑，形似葵花籽，隐毫稀见，色泽绿翠，香气清芬悦鼻，栗香浓并伴有新鲜花香，滋味醇厚爽口，回味甘甜，香气清香持久，汤色嫩绿明亮，叶底嫩绿鲜活，富含氨基酸、多酚类化合物、维生素，水浸出物高达43.8%，高出一般茶叶8%左右（详见第四章“第一节 遵义茶品牌建设”）。

（三）企业品牌产品

在区域品牌“湄潭翠芽”下，有众多企业品牌，如：

①兰馨雀舌（湄潭翠芽）：贵州湄潭兰馨茶业有限公司品牌，“贵州十大名茶”之一，“兰馨”商标是“中国驰名商标”。兰馨雀舌（湄潭翠芽）属扁形名优绿茶，主要根据颗粒匀整度分为君度1号、君尚雀舌、君雅雀舌、君品雀舌4种类型。产品精选鲜嫩、匀齐、净透的独芽制作而成，单芽和芽叶长度对等。外形扁平直滑、匀齐、绿润，香气清香持久，汤色嫩绿明亮、鲜明，滋味浓厚、鲜爽，叶底嫩绿、绿软明亮、匀整。富含人体需要的多种微量元素、氨基酸、多酚类化合物、维生素，水浸出物高，具备高级名优绿茶的优良品质，在各类茶叶评比活动中多次获奖（图7–1）。

图7–1 兰馨雀舌

②“栗香”湄潭翠芽：贵州省湄潭县栗香茶业有限公司产品，“栗香”商标是“贵州省著名商标”。“栗香”牌（湄潭翠芽）属扁形名优绿茶，选用优质茶园优良品种福鼎大白茶嫩芽为原料精制加工而成。其外形为独芽，条索扁平光滑，汤色清澈、明亮，滋味鲜爽，香气突出，耐冲泡，品种多样，可沸水冲泡和冷水冲泡，在各类茶叶评比活动中多次获奖（图7–2）。

图7–2 “栗香”湄潭翠芽

③“贵芽”湄潭翠芽：贵州阳春白雪茶业有限公司产品，贵州省名牌产品。“贵芽”原料产自湄潭茶叶名山云贵山。云贵山生态优良，具备优质茶叶生长的所有条件，是湄潭历史上出产贡茶的地方。属扁形名优绿茶，外形美观、色彩绿润、干扁平滑，叶底嫩绿略黄、长短匀整、颗颗独芽可见，汤色黄绿明亮，滋味醇厚爽口，在各类茶叶评比活动中多次获奖（图7–3）。

图7–3 “贵芽”牌湄潭翠芽

④ **“夷州”湄潭翠芽：**贵州省湄潭县茗茶有限公司产品，贵州省名牌产品。“夷州”牌湄潭翠芽是扁形高级绿茶，其原料以金花村当地叶质肥嫩，肥壮匀齐的芽叶，以机制加工为主，手工辅助工序制作。茶叶品质别具一格，冲泡后茶条在杯中扁平秀直，顷刻变成1芽1叶的小花在杯中怒放，散发出清香嫩爽的茶香。

多年来，在“中茶杯”“中绿杯”和各级各类茶产业博览会和各种评奖活动中，湄潭翠芽系列茶叶产品获很多奖项，据不完全统计，湄潭翠芽获“中茶杯”“中绿杯”及名优茶评比活动、茶业博览会等国内外茶叶行业大奖百余次。在“湄潭翠芽”区域品牌之外，湄潭还有不少绿茶产品，如：

① **盛兴曲毫茶：**新创卷曲形绿茶。原名遵义曲毫，贵州湄潭盛兴茶业有限公司于2007年创制，2010年改名为盛兴曲毫。原料为小叶福鼎种、黔湄系列茶树品种的单芽。产品外形条索紧细、卷曲成螺、白毫显露，银绿隐翠，汤色清澈、碧绿，香气清新、幽雅、持久，滋味鲜爽、甘醇，叶底嫩绿、明亮。曾获第八届、第九届“中茶杯”一等奖，第十七届上海国际茶文化节“中国名茶”评比金奖等奖项。

② **贵州银芽：**扁形绿茶，贵州名茶，产于湄潭县核桃坝村茶树良种场。1987年由省茶科所与湄潭县茶叶总公司联合研制。产品外形扁削、挺直，汤色黄绿清澈，滋味醇爽回甜。曾获1993年贵州省科技进步奖、1994年贵州省地方名茶、1998年贵州省科技新产品奖、2004年贵州省茶叶行业知名品牌等奖项或称号。

③ **黔江银钩：**属卷曲形绿茶。1990年由湄潭茶场继“湄江翠片”后研制的又一地方名茶，以其色如白银、形似鱼钩的独特风格而得名，卷曲形绿茶。该产品形似鱼钩，紧结壮实，色泽鲜翠，白毫显露如银；汤色清澈黄绿明亮，香气鲜浓持久，且带花香；滋味鲜醇柔和，浓厚甘爽；叶底嫩绿鲜活。

④ **贵州天然富硒茶：**省茶研所研制。其品质优异，风味独特，汤色碧绿久不变，香气鲜浓高而长，滋味浓醇回味甜，叶底绿亮嫩而匀。有机硒含量1.5~4mg/L，可防治心脏病、高血压、糖尿病及多种癌症，延缓人体衰老，增强视力，消除重金属毒害。

⑤ **贵州眉茶：**湄潭天泰茶业有限公司产品，条形绿茶。该产品外形条索紧直、匀齐、有苗锋，无断碎、色泽绿润、调和一致，净度好；内质高香持久，板栗香型，纯正；汤色清澈，黄绿明亮；滋味浓醇爽口；叶底嫩绿明亮。

⑥ **“三品清”眉尖茶：**新创扁形绿茶。遵义湄潭老村长茶业有限公司于2006年创制，产品经融合各种扁形茶的先进制作技术研制而成。该产品外形扁平直滑、色泽绿中显淡黄，汤色嫩绿、清澈，香气高长、显板栗香味，滋味醇厚、回甘，叶底黄绿、匀亮。主

要销往国内大陆部分市场和台湾地区。

⑦ **贵州珠茶：**属珠形绿茶，又称“圆茶”“圆炒青”。湄潭天泰茶业有限公司2007年研制。该产品外形圆紧结实、色泽绿翠、汤清香高、颗粒匀称、身骨重实，面张稍松，略带盘花茶，稍有白毫，下段茶碎茶极少；内质香气纯正，滋味浓醇，经久耐泡，叶底黄绿明亮，芽叶完整，含芽70%以上，略有嫩单张。

⑧ **贵州绿碎茶：**切细绿茶，省茶研所研制。用绿茶深加工过程中产生的断碎茶、较大叶片、茶末等制成的袋泡茶。该产品色、香、味不减，汤色黄绿明亮，方便城市快节奏的生活方式。

⑨ **“银凤”清江绿：**产于湄潭县马山镇清江村，是1990年由贵州省茶叶公司专家指导研制成功的创新名茶。清江绿属炒青型绿茶，外形紧细，色泽翠绿润亮显毫，汤色碧绿明净，香气鲜醇持久，滋味醇厚甘爽，叶底黄绿柔和。1991年被评为贵州省地方名茶。

二、凤冈县

凤冈主要茶产品是凤冈锌硒茶，其中绿茶占总产量的60%。

（一）公共品牌——凤冈锌硒茶

锌是一种微量元素，人体所需含量及每天所需摄入量都很少，人体正常含锌为1~2g。锌元素对人体性发育、性功能、生殖细胞发育都能起到举足轻重的作用，与人的大脑和智力发育也有关，故有“生命火花”或“婚姻和谐素”之称。硒是人体所需微量元素。全球有40多个国家为属低硒或缺硒区，中国有72%的地区和人口缺硒。人体缺硒会造成肝脏坏死，心肌变性、早衰，生殖机能衰退等一系列病变。硒具有抗氧化、抗衰老、抗辐射、抗病毒、保护视力、提高人体免疫力的作用，因此有“月亮元素”和“抗癌之王”的美称。

凤冈锌硒茶是全国唯一集锌、硒、有机三位一体的天然营养保健茶绿茶，产品条索肥壮秀美，汤色嫩绿，香气高雅，滋味鲜爽醇厚，回甘持久强烈，叶底匀齐成朵，无论茶的色、香、味、形、韵，还是其保健价值，均堪称当代名茶中的新秀（详见第三章“第一节 遵义茶品牌建设”）。

凤冈锌硒茶分为三个层次，其中，有机茶为第一层次；锌硒翠片、锌硒毛峰、锌硒红茶、抹茶、碾茶为第二层次；绿宝石、红宝石、锌硒高绿、乌龙茶、白茶及花茶、黑茶为第三层次。系列产品有：

① **锌硒翠芽：**明前翠芽外形扁平光滑，形似葵花子状，色泽翠绿、埋毫不露、醇香气郁、清香悦鼻、汤色清澈明亮，滋味醇厚鲜爽、回味甘爽持久，叶底明亮鲜活（图7–4）。

② **锌硒雀舌**："雀舌"是翠片延续和发展的另一种品种，其品质特征为外形挺秀、显芽肥壮、汤色嫩绿明亮，香气嫩香，滋味鲜爽柔和，叶底完整、叶芽嫩绿。

图 7-4 凤冈锌硒翠芽

③ **锌硒毛峰**："毛峰"属炒青条形绿茶。其品质特征为外形条索圆直显峰，色泽碧绿润亮，白毫显露，银光闪闪；内质嫩香持久，汤色碧绿明净，滋味清醇鲜爽，叶底嫩绿鲜活。

④ **锌硒绿宝石**：外形墨绿呈颗粒状，似宝石；滋味醇厚回甘，栗香持久，耐冲泡（图7-5）。

图 7-5 凤冈锌硒绿宝石

在区域品牌"凤冈锌硒茶"之下，有众多企业品牌产品，多年来在"中茶杯""中绿杯"和各级各类茶产业博览会和各种评奖活动中，这些名称各异的茶产品，获得了几十次奖项。

（二）企业品牌产品

1."春江花月夜"绿茶

贵州贵茶（集团）有限公司"春江花月夜"牌绿茶是一个系列产品，有以下几种：

① **明前雀舌**：选用凤冈优质福鼎大白茶鲜叶为原料，富含锌硒。清明前采摘，翠片采摘标准为：叶包芽，芽叶长度为1.5cm，通常制500g明前雀舌需要5万个以上芽头。采用传统工艺精制而成。该产品外形显芽肥状，茸毫显露，嫩绿形似雀舌，汤色嫩绿明亮，香气清芳悦鼻，栗香浓，滋味鲜爽柔和，叶底翠绿，犹如春笋般矗立于杯中，让人赏心悦目，心旷神怡。

② **明前翠芽**：选用凤冈优质苔茶为鲜叶原料，富含锌硒，清明前采摘，采摘标准为：1芽1叶初展，长度为1.5cm，制500g翠芽需5万个芽头以上，按西湖龙井生产工艺精制而成。该产品外形扁平光滑，形似葵花籽样，色泽翠绿，埋毫不露，香气馥郁，清芳悦鼻，汤色清澈明亮，滋味醇厚鲜爽，栗香浓，并伴有花香，叶底嫩绿鲜活。

③ **明前翠片**：采用凤冈苔茶1芽1、2叶为原料，清明前采摘，每500g翠片需3~4万个芽头来制作。翠片炒制技术考究，既吸取了西湖龙井的炒制方法，又有其独特之处。该产品外形扁平，隐毫稀见，色泽翠绿，香气高扬，栗香浓郁，带有自然花香。滋味纯正爽口，回味甘甜，汤色黄绿明亮，叶底嫩绿匀整。

④ **明前毛峰**：采用凤冈优良幼嫩的福鼎大白茶1芽1叶（芽苞长于1叶）为原料，

传统工艺精制而成。外形条索圆直显峰，色泽碧绿润亮，白毫显露，银光闪闪，内质嫩香持久，汤色碧绿，滋味清醇鲜爽，叶底嫩绿鲜活，实为绿茶中的精品。

⑤ **明前毛尖**：新创卷曲形名优绿茶，贵州凤冈黔风有机茶业有限公司于2005年创制。选用受原产地保护的凤冈县田坝村天然锌硒有机茶基地的生长健壮良种茶树，以1芽或1芽1叶鲜叶为原料，经传统工艺和现代先进技术精制加工而成，生产原料为福鼎大白茶茶树鲜叶（图7–6）。该产品外形卷曲为螺状，色泽绿润、白毫显露，清香持久，汤色翠绿清澈，滋味醇厚鲜爽，叶底嫩绿明亮。曾多次获国际茶博会、茶文化节、贵州省十大名茶等奖项或称号

图 7–6 春江花月夜牌明前毛尖

2.“春秋”雀舌报春

绿茶类名茶，1994创制。因该茶产于早春时节，形似雀舌鸣啼报春，故而得名。该产品形似雀舌翠绿鲜润，汤色嫩绿明亮，香气清鲜，滋味浓醇鲜爽，叶底全芽肥壮嫩绿鲜活（图7–7）。2005年参加《中华合作时报·茶周刊》主办、北京老舍茶馆协办的“评茶说韵”栏目评茶，受到栏目评委会全体专家一致好评。专家对该茶的赞语是：“良好的高山风貌、丰富的硒含量与优良的加工工艺”。

图 7–7 “春秋”雀舌报春

3. 贵茶绿宝石

贵州名茶，新创颗粒形绿茶，产于贵阳市和遵义市凤冈县。贵阳春秋实业有限公司于2003年创制，2010年产品所有权转让给贵州凤冈贵茶有限公司。该产品外形紧结圆润，呈颗粒状，光亮隐毫，栗香显兼有奶香，芽叶完整，清香透栗香，滋味鲜醇回甘、浓而不涩，叶底完整鲜活，耐冲泡，饮之顿感内在品质独特，如宝石般高贵，故名“绿宝石”。

绿宝石以采摘内含物质比茶芽更为丰富的1芽2、3叶成熟茶青为原料，再加上其独特的技术和工艺，因此成品茶不仅保持了鲜爽宜人的口感，更具有栗香浓郁，滋味厚重、持久耐泡、营养全面的特点，尤以其厚味堪称一绝，冲泡七泡而仍有茶味。因而被茶界专家赞誉为“七泡好茶味”，有《绿宝石七泡歌》：一泡香扑鼻，二泡心舒畅，三泡人微醉，四泡汗微淌，五泡松筋骨，六泡爽精神，七泡忘忧烦，茶香浓依然。2006年起，连续多届获各地国际茶业博览会、国际名茶评比、“中茶杯”金奖和特等奖、“2009年贵州

十大名茶”称号。2012年9月，“贵茶”牌绿宝石茶通过欧盟权威机构监测，与德国格林氏贸易公司签订3万kg价值327.9万欧元的茶叶订单合同，成为贵州省首支绿茶出口品牌。

4.“南方采仙”翠芽

新创扁形绿茶，产于凤冈县。贵州南方茶叶有限公司于1988年创制。原料主要采自黔北、黔中地区福鼎大白茶、龙井43和当地苔茶品种。该产品外形匀整，色泽翠绿，鲜亮，汤色翠绿，清澈透明，清香浓郁，鲜爽甘醇，经久耐泡。曾在中国茶叶流通协会举办的“首届世界（日本）绿茶大赛中国区选样会暨‘蓝天玉叶’杯全国名优绿茶评比”“第十六届上海国际茶文化节‘中国名茶’评选”“第二届世界（日本）绿茶大赛”中获得最高金奖，成为世界绿茶大赛唯一一种连续两届获金奖以上的绿茶。2010年在“第三届中国茶叶产品品牌‘金芽奖’评选”中获中国茶叶优秀品牌奖。

5. 凤冈碾茶、抹茶

碾茶、抹茶属于绿茶中的新兴茶类，抹茶是用碾茶磨成的粉末状产品，主要消费对象为年轻人，消费习惯为快速、便捷。产品特征：① 碾茶外形墨绿或鲜绿、油润、匀净；内质汤色嫩绿明亮、香气（覆盖香或鲜香）显著、滋味鲜醇、叶底嫩匀。② 抹茶外形鲜绿明亮、颗粒柔软、细腻均匀；内质香气（覆盖香）显著、汤色鲜浓绿、滋味鲜醇味浓（图7–8、图7–9）。

图 7–8 凤冈碾茶

图 7–9 凤冈抹茶

三、正安县

1. 正安白茶

白茶是中国茶类中的特殊珍品。主要的特点是白色银毫，芽头肥壮，汤色黄亮，滋味鲜醇可口，叶底嫩匀。基本工艺包括萎凋、烘焙（或阴干）、拣剔、复火等工序，萎凋是形成白茶品质的关键工序。其特色是不炒不揉，工艺天然，最大限度地保留了茶叶的营养成分，同品级的白茶年份越久价值越高。

遵义著名的正安白茶，是采摘茶树白化新梢，经绿茶加工工艺制作而成，本质上属绿茶类，茶业界有人说可称为“白叶绿茶”。所谓“本质上”是从两方面区分：加工工艺上，白茶的特色是不炒不揉，而绿茶的关键工序恰恰是杀青（主要是炒）和揉捻，正安白茶是经过杀青的；在保存时间上，白茶是年份越久价值越高，而正安白茶同普通绿茶一样，是越新越好。正安白茶外形优美、完整匀齐，色泽黄绿相间、鲜香持久；汤色明亮，滋味鲜爽回甘，叶底明亮有光泽（图7–10、图7–11）。在2009年第十六届上海国际茶文化节上，“正安白茶”获3个金奖。企业产品“乐茗香”牌颜如玉白茶、“安绿”牌白茶先后获2009年第十六届和2010年第十七届上海国际茶文化节“中国名茶”金奖，“黔北”牌白茶获2009年第十六届上海国际茶文化节“中国名茶”金奖。2012年12月8日，正安县获特产之乡推荐暨宣传活动组织委员会授予的“中国白茶之乡”称号，成为中国三大“白茶之乡”之一。

图 7–10 正安白茶特级和一级标准样

图 7–11 杯中正安白茶

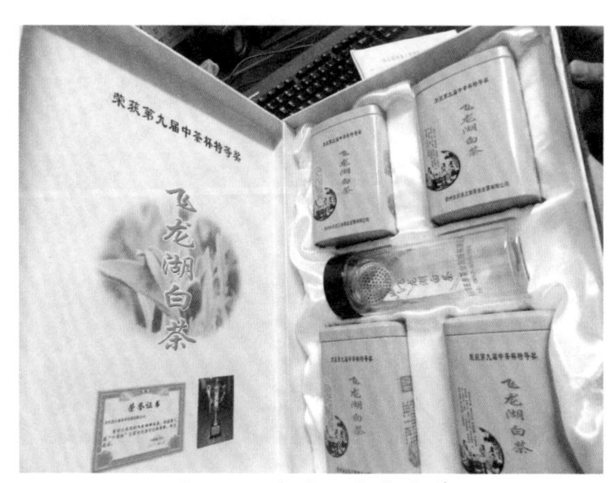

图 7–12 余庆飞龙湖白茶

2. 飞龙湖白茶

与正安白茶相似的，还有余庆县飞龙湖白茶（图7–12），其茶树品种和白茶产品均与正安白茶相同，只是产量低于正安白茶。飞龙湖白茶由余庆县正泰茶业发展有限公司于2011年创制。选用安吉白茶（白叶一号）品种在余庆县飞龙湖区域栽培的春季1芽1叶或1芽2叶初展为原料加工而成。该产品外形条直、壮实、匀整、嫩绿，汤色嫩绿明亮，嫩香持久，滋味鲜醇甘爽，叶底嫩匀、叶白脉翠，氨基酸含量5%以上。主要销往上海、浙江、广东等地。曾获2011年第九届“中茶杯”特等奖、2013年第十届“中茶杯”一等奖。

正安主产绿茶，主要企业品牌产品有：世荣、安绿、天池玉叶、吐香、珍州、乐茗香、黔北、汉珍、怡人、莲花、朝阳等。产品有绿茶、翠芽、毛峰、有机绿茶、毛尖、绿宝石等，多达几十种。

3. 安绿牌安绿翠芽茶

新创生态绿茶。正安县瑞缘茶业有限公司出品，原料采自福鼎大白茶的春季幼嫩芽叶。该产品外形匀齐，汤色淡绿、明亮，滋味鲜爽、回甘。主要销往重庆、福建、山东和省内市场。曾获第八届"中茶杯"一等奖、第十六届和第十七届上海国际茶文化节"中国名茶"金奖等奖项。

4. 吐香翠芽茶

新创扁形绿茶。正安县吐香茶业有限责任公司于2002年创制。产地位于正安县市坪吐香坝，原料为福鼎大白茶的春季幼嫩芽叶。该产品色泽翠绿油润，扁平匀直，汤色黄绿、明亮，清香高长、具冷后香特点，滋味甘醇鲜爽，叶底嫩绿鲜活，芽叶完整黄绿。

曾获2004年第八届国际茶文化研讨会暨首届蒙顶山国际茶文化旅游节"蒙顶山杯"国际名茶金奖，第八届、第九届"中茶杯"一等奖，2011年中国（上海）国际茶业博览会"中国名茶"银奖，2013年第十届"中茶杯"全国名优茶评比一等奖等奖项（图7-13）。

图7-13 正安吐香翠芽

5. 朝阳牌绿茶

① **朝阳翠芽**：系新创扁形绿茶，正安县朝阳茶叶有限责任公司于1993年创制，产于海拔900~1350m的高山茶园，原料为福鼎大白茶良种的春季幼嫩鲜叶。该产品外形扁平、匀整，色泽翠绿，汤色碧绿、明亮，栗香浓郁，滋味鲜爽、醇厚，饮后口留清香、喉吻回甘（图7-14）。曾获第五届、第七届、第八届、第九届"中茶杯"一等奖，2007年首届世界（日本）绿茶大赛中国区选样会暨"蓝天玉叶"杯全国名优绿茶评比、2008年第九届广州国际茶文化博览会、2009年第十六届上海国际茶文化节"中国名茶"等活动金奖。

图7-14 正安朝阳翠芽

② **朝阳雪绿**：正安县朝阳茶叶有限责任公司于2005年创制。该产品条索略卷曲、

略显毫、色泽暗绿、匀整，汤色碧绿、明亮，栗香浓郁，滋味鲜爽、醇厚，饮后口留清香、喉吻回甘。曾获2006年“贵州省优质茶”称号和2010年首届“国饮杯”一等奖。

③ **朝阳绿珠茶：**正安县朝阳茶叶有限责任公司于2005年创制。该产品外形为珠形、色泽翠绿、匀整，汤色碧绿、明亮，栗香浓郁，滋味鲜爽、醇厚，饮后口留清香、喉吻回甘。产品主要销往北京、山东、湖北、四川、重庆等地。曾获2010年首届“国饮杯”一等奖。

6. 世荣牌桴焉茶

绿茶类名茶，正安县桴焉茶业有限责任公司生产。该产品外形紧细扁平、圆直圈曲，色泽绿润、清秀；汤色碧绿清纯，味鲜醇回甘，香气清高持久，具隔夜绿及板栗香。富含硒、锌、铁、锗等元素。以世荣牌桴焉茶商标注册的系列产品有天池玉叶、生态翠芽、高原雪峰、华池玉剑。曾在2006年中国国际茶文化节、2008年第九届广州国际茶文化博览会、2003年第十届上海国际茶文化节、2015年第六届北京茶博会上分别获金奖和银奖等。

四、余庆县

余庆主产绿茶，在清康熙年间余庆县《蒋志》中已有记载。全县绿茶品牌主要有：余庆绿翠、构皮滩、玉河、富源春、茗园春、柏果山、九龙山、凤香苑等近20个商标，多次获“中茶杯”等全国名优茶评比奖，深受消费者喜爱。

① **狮山绿茶：**属炒青绿茶，狮山茶叶公司生产。滋味鲜醇，汤色嫩绿明亮，茶香浓郁，口感独特，抗氧化能力特强，杯中隔夜茶不变黄，硒含量是普通茶叶的4~5倍，属天然富硒茶。

② **构皮滩翠片：**产于贵州余庆乌江流域海拔1000m以上的柏果山云雾缭绕的高山无公害生态基地，依山植茶，以茶为主。制茶技艺代代相传，制茶工艺不断创新，茶叶产品持续开发，盛名不衰。该产品针形、外形扁平嫩绿，香气高爽持久，汤色嫩绿、清澈明亮、入口滋味鲜爽、醇厚回甘，叶底嫩绿明亮、匀齐完整。曾获2007年首届世界（日本）绿茶大赛中国区选样会暨“蓝天玉叶杯”全国名优绿茶评比优质奖、2008年第四届“中绿杯”银奖、2009年中国（上海）国际茶业博览会金奖（图7-15）。

金奖证书 CSTE2009名评字第34号

贵州余庆县构皮滩茶业责任有限公司

你单位选送的构皮滩翠片茶（茶样1000克）经国家茶叶质量监督检验中心专家委员会评审，感官品质优秀，荣获金奖，特授此证。

执行主办：上海市茶叶行业协会

“中国名茶”评审委员会

主任评委：骆少君

2009中国（上海）国际茶业博览会组委会

二00九年[illegible]月[illegible]五日

图7-15 构皮滩翠片金奖证书

③ **柏果山牌翠片：**余庆县新创扁形名优绿茶。2008年由余庆县构皮滩茶业有限责任

公司创制，原名构皮滩翠片，2010年定名为柏果山翠片。原料采自柏果山茶园清明前后10天的福鼎小叶种嫩芽，粗细均匀，无虫芽、病芽、损伤芽。该产品外形似葵花籽、光滑油润、色泽翠绿、裹毫而不外露，香气清纯，汤色清澈、明亮，滋味醇厚鲜爽、回味持久。曾获2007年首届世界（日本）绿茶大会绿茶评比中国区选样会暨“蓝天玉叶”杯全国名优绿茶评比优质奖、2008年第四届“中绿杯”银奖、2010年中国（上海）国际茶业博览会“中国名茶”银奖、2011年第九届“中茶杯”一等奖等奖项。

④ **茗园春牌独花毛峰：**余庆县新创卷曲形名优绿茶。2005年由贵州庆余小叶苦丁茶业股份有限公司创制。加工时间为4月中旬至5月上旬。该产品外形卷曲、紧结，汤色明净，滋味醇厚，叶底嫩绿。曾获2009年“恒天杯”全国名优绿茶评比银奖、2010年首届“国饮杯”一等奖。

五、道真县

道真县所产茶以绿茶为主。精制绿茶有卷曲形茶、扁形茶、颗粒形茶、直条形茶四大类。主要产品有：仡佬玉翠茶、仡佬银芽茶、天地人和茶、工夫绿茶；仡佬茗珠茶、清风绿茶、名士绿茶、云中青绿茶、悠悠然绿茶等。

① **道真硒锶茶——君茶：**产于神秘的北纬30°地带，香气高爽，滋味醇甜，清香持久，汤色清澈碧绿，叶底翠绿，经七泡而色香味不减。每年春天的清明茶全由芽头制成，冲泡时可从明亮翠绿的茶汤中看到根根银针直立向上，几番飞舞之后，团聚一起立于杯底。经中科院地质所和贵州省理化测试分析研究中心定量化验分析，道真芭蕉山土壤是国内罕有的富硒富锶地带，pH值在4.5~6.5之间，适宜茶树生长，茶叶每克含硒1.5~4ppm、锶7ppm，硒锶同具居全国之冠。

② **“仡山西施”牌天地人和茶：**贵州省博联茶业股份公司生产，清明前采摘单芽（特级：早上8~10点采摘），原料为春茶单芽，外形芽叶完整、条索匀整、色泽嫩绿，道真仡佬系列茶产品，香气醇郁，清芳悦鼻，回味甘爽持久，叶底鲜活明亮呈金针状、匀整（图7–16）。

图 7–16 道真仡山西施系列产品

③ **“仡佬山”牌系列绿茶：**道真县宏福茶业发展有限公司生产，以名山白毫和名山早茶叶鲜芽为原料，采用现代化加工技术生产。该产品外形秀美，色泽鲜绿，香高味醇，风味极佳。据西南农业大学食品科学院检测，“仡佬山”牌精品绿茶硒含量2.5mg/kg，锶含

量为7mg/kg，为国内同类产品之首。曾获2003年上海国际茶文化节中国精品名茶博览会绿茶类金奖和第五届“中茶杯”名优茶评定特等奖、2005年国际茶业科学文化研究会举办的第五届国际名茶评比银奖。2003年被评为“中国企业战略论坛人民大会堂会议活动指定用茶”，2004年被中国中轻产品质量保障中心认定为“国家合格评定质量达标放心食品”，2007年在广州国际名优农产品博览会上以300g盒装拍得每盒2380元最高价（图7–17）。

图 7–17 道真仡佬银芽系列产品

④ **仡山茗珠茶**：新创颗粒形绿茶。道真县宏福茶业发展有限公司于2000年创制。原料为名山213号、131号的春夏1芽2叶、1芽3叶及同等嫩度的对夹叶。该产品外形颗粒紧结、滚圆如珠、匀整重实、墨绿光润，香气馥郁，滋味醇浓，叶底叶芽完整。曾获2010年首届“国饮杯”特等奖。

⑤ **洛龙绿茶**：产于国营洛龙茶场。20世纪70年代初开始精制绿茶，有珍眉、秀眉、特珍、贡熙等品种。该产品条索紧结，细长浑圆，显露白毫，贡熙滚圆如豆，色泽油润，通体呈银灰色。含有茶单宁、芳香油、茶酵素、维生素B和G、蛋白质、碳水化合物、纤维素、无机盐果胶质胡萝卜素、色素、咖啡碱、茶多酚、糖酵素等营养成分和钙、磷、铁等微量元素。泡入杯中，芽芽直立，形同翡翠，汤色碧绿，茶味醇厚，芳香扑鼻。

六、务川县

① **翠芽**：务川县自2011年加工茶叶起，就开始加工翠芽，采摘明前单芽制作而成，制作茶叶品种为福鼎大白茶。茶叶外形扁平直，滋味鲜爽，绿汤绿叶。2011年，务川县高原春茶业有限公司选送的“七柱山”牌翠芽获得中国·武汉茶业博览会暨首届武汉茶文化节全国名优茶评比金奖。

② **卷曲毛峰**：采摘1芽1、2叶初展加工制作而成，品种为福鼎大白茶、名山白毫。自2011年开始生产茶叶起就有加工，目前全县有20家企业生产。

③ **毛尖**：原料选用1芽1、2叶初展，茶叶品种为福鼎大白茶。在2011年开始生产，全县只有5家茶企在生产，年产量较低。

④ **珠茶**：采摘1芽2、3叶加工制作而成，主要品种为福鼎大白茶。2011年，务川县高原春茶业有限公司选送的“七柱山”牌黑珍珠获得中国（上海）国际茶业博览会名优

茶评比金奖。2015年，由务川县万壶香茶业有限公司选送的“众口福”珠茶获得2015年贵州春茶斗茶大赛优质奖。

⑤ **龙井：** 龙井茶加工原料选购非常讲究，只选用1芽1叶，品种为龙井43。于2013年初投产，至今只有黄都、涪洋两镇投产，生产龙井茶企业2家，年产干茶20t。

七、播州区

播州区茶产业加工主要以生产绿茶为主，绿茶生产量占全年总生产量的65%，以生产扁平形、卷曲形系列绿茶为主。

① **仿龙井和仿毛峰：** 产于枫香茶场。由枫香茶场引进生产名茶的工艺，按照其1芽1叶的要求，在清明前后茶树新梢叶芽网绽或半绽时采摘试制成功，基本达到名茶的一般标准。该产品在外形、叶色、香味、汤色等方面都与杭州龙井茶相似，并具有独特的板栗香味，为品茗者所肯定。

② **珍眉茶：** 产于枫香茶场。1984年开始生产，分为三个等级。主要采用福鼎大白茶1芽1、2叶茶青为原料，按传统的茶叶制作工艺精制而成。该产品条索紧结，色泽油润，汤色明亮，味道清纯，茶内无红梗红叶，无夹杂物。1979年在贵州省出口茶叶评比鉴定会上，珍眉茶1~4级均被评为出口优质茶。

除上述县（市、区）之外，遵义其他县（市、区）所产茶叶也主要为绿茶，产品性状相差不大，不再一一记叙。

第二节　红茶产品

红茶是世界第一大茶类，是我国继绿茶生产量和销售量之后的第二大类茶，遵义红茶产量也仅次于绿茶居于第二。

一、遵义红茶分类

红茶依制法不同、品质差异，主要分为条红茶和红碎茶两种。

① **条红茶：** 又叫工夫红茶。茶青以1芽2、3叶为主，将茶青放置竹席悬挂室内进行萎凋；20世纪50年代末至60年代初，茶场采用木制揉捻机进行揉捻，4人手推，用明火烘干，与烘青茶法同。

② **碎红茶：** 20世纪70年代以后大量生产，用萎凋槽进行加温萎凋再进行发酵，将揉好的颗料茶发红后进行烘干；烘干分毛火、足火两次进行。先用半自动烘干机烘干，温

度：毛火120~150℃，足火100~110℃。茶叶外形如半粒米大小，内质与红条茶相同。

遵义还产一种甜红茶，详见下述“湄潭县所产红茶”。

二、各县（市、区）所产红茶

（一）湄潭县

① **湄红**：1940年4月中央实验茶场试制的外销工夫红茶。形状细嫩匀齐，色泽润泽，气味清香。中国评茶大师冯绍裘评认：如制造得法，或可胜于祁红。湄红是贵州研制的第一款红茶。

② **黔红**：历史上对贵州红茶的统称，源于湄潭，1940年由中央实验茶场在云南顺宁实验茶厂派员帮助下，试制成功“工夫红茶——湄红”，最早开创贵州红茶市场。20世纪50年代，在湄潭、仁怀、赤水、习水、道真、余庆、凤冈等县均有生产。“黔红”牌号经历了贵州工夫红茶向红碎茶转变的过程。20世纪50年代，针对当时沿海地区红茶出口不足的情况，中国茶叶公司于1951年在仁怀、赤水设立红毛茶技术推广站，传授红毛茶初制技术。至1957年，有湄潭、遵义、仁怀、赤水、习水、道真、余庆、凤冈等县生产工夫红茶。贵州生产的红毛茶均集中于省茶试站，用自制铁木结构机械精制后送往重庆，以“川红”牌号出口苏联及东欧国家。1958年省茶试站改善加工条件首次以精制“黔红”牌号直接经上海口岸出口。

品质特征：条索紧结匀整、色泽乌黑油润、显金毫，香气为浓厚甜香，滋味鲜醇爽滑，汤色红艳明亮，叶底嫩匀明亮（图7-18）。

图7-18 黔红

③ **遵义红**：贵州名茶，属工夫红茶，贵州新创工夫红茶代表性产品。2008年由贵州湄潭盛兴茶业有限公司研制（图7-19）。2015年米兰世博会，“遵义红”与“湄潭翠芽”同获“百年世博”中国名茶金奖。命名至今，先后获得28次各类金奖。

图7-19 遵义红

④ **红碎茶**：红碎茶由湄潭茶场1964年开始生产，与全国同步，是遵义地区传统的出口创汇产品。红碎茶素以香高味醇浓厚著称，深受国内外消费者的好评。20世纪70年代初，国外尤其是欧

美的消费者，对红茶品质更注重内质的浓强鲜，红碎茶成了主导世界茶叶市场的产品，远销美国、英国等十多个国家和地区，全部原籍免检出口。红碎茶外观色泽油润，颗粒紧结、匀称，呈咖啡色。内质香气浓郁，汤色红亮、滋味鲜爽（图7-20）。红碎茶分1、2、3、4共4套样标准，湄潭县生产的红碎茶执行国家第4套样标准。湄潭红碎茶的花色类型多，约占全国统一标准中的四分之三，这种份额全国唯一。湄潭茶场的红碎茶1号上档和2号上档，1983—1991年连续两次获省、部“双优产品”称号。

⑤ **“兰馨”金尖红茶：** 贵州新创工夫红茶代表性产品。由贵州湄潭兰馨茶业有限公司于2004年创制成功。以湄潭地方良种茶树湄潭苔茶的明前独芽或1芽1叶初展为原料加工而成。该产品外形紧细卷曲、色泽乌润，内质香气浓郁高长，滋味醇厚回甘，汤色鲜红明亮、带金圈，叶底红亮、匀整。2009年获中国（广州）国际茶业博览会金奖；2011年获第九届“中茶杯”特等奖；2013年获第十届“中茶杯”红茶一等奖（图7-21）。

图7-20 红碎茶

图7-21 “兰馨”金尖红茶

⑥ **黔茗红：** 贵州省湄潭县黔茗茶业有限责任公司品牌。珠型红茶，入选2015年米兰世博会“金骆驼奖”。原料出自云贵山，产品经多道工序制成。冲泡后汤色金黄透彻，红润如晚霞且明亮，金圈立显；叶底完整舒张呈古铜色，芽叶分明，口感醇厚回甜，甘爽顺滑，香气持久。

⑦ **长相守：** 贵州湄潭沁园春茶业有限公司产品，是一款优质茗花仙子（茶树花）和经典红茶精制而成的健康组合，既有花之香，又含茶之韵。用云贵山优良品种“湄潭一号”茶之优质嫩芽，香气怡人，滋味温和柔长、回甘鲜爽，经久耐泡、香高持久，味醇甘厚。品牌富含诗情，彰显相知相守意境，深受消费者青睐。

⑧ **甜红茶：** 贵州湄潭林圣茶业有限公司与省茶研所专家通过两年的时间，利用野生甜茶和本地茶，通过专利技术，采用特殊的生产工艺，在充分研究甜茶、红茶配方的基

础上于2013年加工出品，发明专利申请已获国家知识产权局受理。不仅保留了红茶的色香味风格，且滋味变得清甜醇爽可口。由于香气滋味的改善，极大地拓展了红茶的饮用人群和应用范围，促进夏秋茶和中、大叶种茶的资源化利用，增加茶农收入。

由于制作红茶的原料几乎都是夏秋茶和中、大叶种，其茶多酚含量较高，在加工过程中不能充分氧化，味道苦涩，导致饮用红茶的人群受到限制，甜红茶解决了这个难题。甜茶的甜味物为二氢查耳酮，甜度为蔗糖的300倍，热量仅为蔗糖的三百分之一。

（二）凤冈县

红宝石：贵州贵茶（集团）有限公司生产。红宝石外形紧结，香气浓强，可闻到浓郁蜜香和干桂圆香，汤色红艳，滋味纯和。具有暖胃养胃、提神消疲、生津清热、利尿降血糖血脂减肥、消炎杀菌、解毒润肺、抗氧化、延缓衰老、舒张血管、有益心脏、抗癌、强壮骨骼等功效（图7-22）。

图 7-22 “贵茶”红宝石

（三）正安县

正安红茶：正安红茶产品有五缘夫红茶、吐香红茶、怡人红茶、朝阳有机红茶、九道红（图7-23）、贵安红红茶、安绿红茶、乐茗香红茶、怡可有机红茶等。其产成品形状主要为卷曲形、珠子形和碎片形。茶树品种以金观音、黄观音为主，其他绿茶品种为辅。

图 7-23 正安“九道红”

（四）道真县

① **道真红茶**：20世纪70年代，洛龙国营农场所产红茶即出口外销。20世纪80年代末，在县城建红茶厂，从玉溪镇各茶场收购茶青加工，一度兴旺，几年后销路不畅而停产。进入21世纪后，道真县宏福茶业发展有限公司等企业重新生产红茶。2014年，贵州武陵山茶业有限公司研制出武陵山牌系列红茶，主要有红宝园、宝园红、西施红，贵州府茗香茶业有限公司产有“道真红”，均在全国名茶评比中获奖。

② **“仡山西施”红茶**：贵州博联茶业股份公司生产，有仡山西施牌朝阳、锦绣、雾里红、云霞等，原料为春茶单芽。外形条索的颜色都是黑色居多，略带金黄色，绒毛较少；汤色金黄色，晶莹剔透；香气清澈的花香、果香，持续悠远；叶底呈金针状、匀整、叶色呈铜色；口感清爽滑润，香气纯高。仡山西施红茶获2009年第八届“中茶杯”一等奖。

③ **仡山西施牌仡山天子工夫红茶**：贵州新创工夫红茶代表性产品。道真县仡山西施茶业有限公司与西南大学于2009年联合创制。原料采自福鼎大白茶、名山（213号、131号）等品种。该产品外形紧结、匀直，汤色红亮，香气馥郁，滋味甜醇，叶底红明。常年产量40t，2009年获第八届“中茶杯”一等奖。

（五）播州区

播州区红茶产业加工区域主要分布在龙坪、团溪、西坪、枫香镇产茶区。生产企业有贵州祥生生态农牧有限公司、遵义兴旺农业科技开发有限责任公司、贵州省遵义市佳之景茶叶有限公司、遵义茗珠农业发展有限公司、枫香茶场。

枫香碎红茶：枫香茶场20世纪80年代为满足国外市场的需要所恢复生产，源于20世纪50—60年代遵义地区红碎茶生产工艺。碎红茶滋味浓厚，汤色红亮。1985—1986年产量都在50t以上，全部出口。2000年以后停产。

（六）仁怀市

① **仁怀工夫红茶**：仁怀市生产红茶时间较早，且比较出名。1951年春，中国茶叶公司西南区公司派干部和技术人员分别到仁怀、金沙、赤水等县建立红茶初制技术推广站，推广红毛茶初制技术，是年制成红毛茶44t，调重庆茶厂精制后销到国外，实际就是仁怀工夫红茶。仁怀县中枢、茅台、文政、高大坪、小湾等地陆续制造工夫红茶。其外形紧细、条索匀直，白毫显露，香气浓烈，汤色红艳明亮，冲泡茶汤还有“冷后晕”，加牛奶后汤色依然红明，被命名为“怀红”，是“黔红”主要原料。1956年，“怀红”代表贵州省名产参加全国农展。1959年“怀红”品质，跃居全区第一。上海进出口商品检验局认为，可与出口名茶“祁红”媲美。《遵义地区志（名产志1989）》载：“仁怀茶叶运往湄潭精制厂加工成精茶出口”。说明湄潭出口的茶叶包含仁怀提供的部分半成品。仁怀工夫红茶含茶多酚类总量19%~23%，氨基酸总量52%、茶叶咖啡2.3%。其外形紧细，条索匀直，白毫显露，香气浓烈，汤色红艳明亮，冲泡茶汤还有“冷后晕”，加牛奶后，汤色依然红明。

② **仁怀小湾香慈红茶**：用2013年从福建林德引种的金观音、金牡丹、梅占等品种在小湾茶场各村民组栽植后采摘茶青加工制成，外形紧细，秀丽披毫，色泽褐黄，汤色呈红亮，香气纯正悠长，醇厚浓郁。

（七）习水县

“鳛国故里”古树红茶：贵州习水县勤韵茶业有限公司用野生大茶树叶为原料自主研发的新产品，分别销往省内外及日本等国际市场，2013年获第三届中国国际茶业及茶艺博览会特等金奖（图7-24）。

图 7-24 “鳛国故里”古树红茶

（八）桐梓县

洛碧庄园红茶：桐梓县洛碧庄园生态茶叶基地产品，距今已有50多年的历史，在20世纪70年代中期曾荣获轻工业部茶叶评比第七名。由于地处高海拔地区，加上科学分化区块分散种植管理，使得茶园内病虫害没有生存空间，无需打任何农药。因其远离污染区，土壤不含有害重金属，再加上科学的生产管理，使得洛碧庄园红茶已获得国家绿色食品认证。

此外，遵义还有余庆独花工夫红茶、正安黔蕊红茶、赤水望云峰红茶等红茶产品（图7-25至图7-28）。

图 7-25 桐梓仙人山红茶

图 7-26 余庆小叶苦丁茶公司独花工夫红茶

图 7-27 正安黔蕊红茶

图 7-28 赤水望云峰望云红

第三节　黑茶产品

黑茶属全发酵茶，采用的原料较粗老。主要有散装黑茶（黑毛茶）和压制黑茶。黑毛茶的褐色油润，滋味醇厚，香气持久，纯而不涩，汤色黄褐、橙黄或橙红，叶底黄褐粗大，条索粗卷欠紧结。黑茶大都压成砖茶，便于长途运输和储藏保管。砖茶分为青砖茶、米砖茶、黑砖茶、花砖茶、茯砖茶和康砖茶等。因产区和工艺的差别，黑茶的称呼不同，云南称普洱茶、四川称康砖、湖北称青砖茶、湖南称砖茶……遵义的桐梓普洱茶、康砖茶，湄潭青砖茶都属此类。20世纪50—70年代，曾为遵义主要的计划产品，主产于习水、赤水、仁怀等地，主销西藏等边疆省区，故又称为"边销茶"或"边茶"。

一、桐梓黑茶（市直企业生产）

① **桐梓普洱茶**：产于贵州桐梓茶厂，属黑茶类砖茶，主要产品有"金龙"牌金尖砖茶和康砖茶两个品种。产品均以边茶作为原料，每100kg原料产成品85kg。产品外形平整圆滑、规格统一、厚薄一致、松紧适度、洒面均匀；色泽棕褐、汤色红亮、香气纯正、滋味纯和；储藏、食用方便。产品内含成分及水浸出物含量各项指标均达到部颁标准。

普洱茶原产于云南省普洱府，以其特殊的发酵工艺享有盛名。1980年，桐梓茶厂在对全国主要普洱茶生产厂家的产品进行品尝、分析、研究、反复试验的基础上，1981年试制，1982年投产，成功地研制出桐梓普洱茶，在贵州省为独家生产经营。该产品既充分吸收了普洱茶的生产制作经验，又具有自己独特的生产工艺，成为国内第一个完全防止茶螨在茶叶中滋生和茶螨排泄物对茶叶污染的厂家。其产品通过国家鉴定为无虫普洱茶，为全国首创。

一般普洱茶原料是大叶茶种，桐梓普洱茶采用的是小叶茶种，加上工艺特别，故口味醇和，不苦不涩，汤色红浓，陈香馥郁，具止渴生津提神醒脑功效，并有降脂减肥、消食解腻作用，适合南方各省以及日本、东南亚等国家和地区消费习惯。

该产品色泽黑润光泽，条索粗壮紧实光整，汤色红浓稍暗，香气醇陈，滋味甘醇爽口，叶底铜褐色。

1983年7月，获商业部优质产品奖，是年，被评为"贵州省优质食品"；1984年被评为"贵州省优质产品"；1985年，通过商业部、贵州省政府复评，保持"部优、省优产品"称号；1988年获首届中国食品博览会银奖。

② **桐梓康砖茶、金尖砖茶**：产于桐梓茶厂，黑茶类压制茶。康砖茶和金尖砖茶都是经过蒸压而成的砖形茶，康砖品质较高，金尖品质较次，两者加工方法相同，不同的只

是原料品质有差异。

桐梓茶厂为商业部边销茶生产定点厂，1972年试产康砖茶成功，1973年进入批量生产，逐渐成为贵州省茶叶生产能力最大的厂家，1991年被国家民委、商业部确定为全国边销茶重点加工企业。

该产品形状端正，棱角整齐，厚薄和大小一致，松紧适度，洒面茶分布均匀，无包心外露和起层脱面现象，叶梗嫩度适中，表面平整、紧实，里茶和面茶无霉烂和夹杂物；色泽棕褐，褐而显润为上。内质香气纯正，无粗气，汤色橙黄，滋味醇厚，叶底棕褐或暗褐色。康砖茶每块净重0.5kg，呈圆角枕形，大小规格为16cm×9cm×6cm；金尖砖茶每块净重2.5kg，也是圆角枕形，大小规格为24cm×19cm×12cm（图7–29）。

图 7–29 桐梓康砖茶

1987年获商业部优质产品奖和贵州省优质产品奖；1988年获首届中国食品博览会银奖。

二、湄潭青砖茶（茯砖茶）

黑茶类压制茶，产于湄潭县，贵州新创青砖茶代表性产品，是湄潭县唯一一家边销茶生产企业——贵州湄江印象茶业有限责任公司，在传承与保护湄潭源自晚清时期的“手筑黑茶”传统工艺基础上，在工艺上进行改良和创新，于2005年创制（图7–30）。该公司现为省内唯一一家具有完整生产线和基地的砖茶生产企业，有黑茶多项知识产权，同时还制定了黑茶企业标准，将“手筑黑茶”申报市级、县级非物质文化遗产保护。原料来源品种为福鼎大白茶、湄潭苔茶、黔湄系列（419号、502号、601号）等。生产时间为春、秋两季。执行标准为国家标准GB/T 9833.9《紧压茶青砖茶》。年产量4000t。主要销往内蒙古及以西安为中心的西北地区。2006年在第二届贵州茶文化节上获优质砖茶“拓展奖”。

图 7–30 湄江印象公司手筑黑茶包装

图 7–31 金花黑茶

茯砖茶有独特的药用价值和保健功效。用特有的发酵工艺使得茶叶中生长“金花”，“金花”所含对人体有益物质超过500多种，口感独特，独具菌花香，是传统茶叶所不具有的（图7–31）。此益生菌种可催化芽叶中各种生化成分发生氧化、聚合、降解、转化、产生对人体有益的小分子活性物质，能平衡人体的代谢机能，增强细胞活力，提高人体免疫功能，功效可媲美野生灵芝。

该产品外形长方形外，紧结平正，厚薄均匀，棱角整齐，砖面光滑，色泽青褐，压印纹理清晰；内质香气纯正，滋味醇和，汤色橙红，滋味香浓，回甘隽永，叶底暗褐粗老。规格有四种：33cm×15cm×4cm，每块重2kg；19cm×12cm×3.5cm，每块重1kg；15cm×9cm×4cm，每块重0.5kg；19cm×12cm×2cm，每块重0.5kg（图7–32）。

图 7–32 茯砖茶

三、凤冈砖茶

凤冈砖茶是以优质黑毛茶或者晒青为原料，经过筛、扇、切、磨等过程，成为半成品，再经过高温汽蒸压成砖。其汤如琥珀，滋味醇厚，香气纯正，独具菌花香，长期饮用砖茶，能够帮助消化，有效促进调节人体新陈代谢，对人体起着一定的保健和病理预防作用。

① **青砖茶**：又称“老青茶”，是以老青茶作原料，经压制而成。成茶外形端正光滑，厚薄均匀，砖面色泽青褐。汤色红黄明亮，具有青砖茶特殊的香味，品饮时无青涩感觉，叶底粗老呈暗褐色。青砖茶饮用时需将茶砖破碎，放进特制的水壶中加水煎煮，茶汁浓香可口，具有清心提神，生津止渴，暖人御寒，化滞利胃，杀菌收敛，补肾，治疗腹泻等多种功效，陈砖茶效果更好。青砖茶的压制分洒面、二面和里茶3个部分。青砖茶面上的一层叫洒面，质量最好；底面的一层叫二面，质量次之；洒面和二面中间夹的一层叫包心茶，又叫里茶，质量较差。青砖茶质量高低决定于鲜叶质量和制茶技术。青砖茶砖面印有“洞庄”、莲花图案或“川”字商标，主要销往内蒙古、新疆、西藏和苏联等远东地区，所以也属“边销茶”。

② **米砖茶**：以红茶的片末茶为原料蒸压而成的一种红砖茶，因其所用原料皆为茶末，所以被称为“米砖茶”。米砖茶成品外形十分美观，棱角分明，纹面图案清晰秀丽，砖面色泽乌亮，冲泡厚汤色红浓，香气纯和，滋味十分醇厚。

③ **黑砖茶**：又被称作“八子”，是以黑毛茶为原料压制而成的。外形为长方砖形，砖面平整端正，四角分明，厚薄一致，花纹图案清晰，色泽黑褐；内质香气纯正，略带松烟的香味，汤色红黄微暗，叶底老嫩尚匀，滋味浓厚中微带些涩味。

④ **花砖茶**：外形为长方形，砖面平整，色泽黑褐，棱角分明，正面边有花纹，花纹图案清晰，色泽乌黑发润；内质香气纯正，稍带松木烟香，汤色红黄，滋味浓厚微涩，叶底老嫩尚匀。花砖茶是以优质黑毛茶作原料，制造工艺与黑砖基本相同。“花砖”名称由来，一是由卷形改砖形，二是砖面四边有花纹，以示与其他砖茶的区别，故名“花砖”。“花砖”历史上叫“花卷”，因一卷茶净重合老秤一千两，故又称“千两茶”。

⑤ **茯砖茶**：也是以黑毛茶为原料，经压制而成的方块砖形茶。由于茯砖茶的加工过程中有一个特殊的工序——发花，要求砖体松紧适度，便于微生物的繁殖活动。烘干的速度不要求快干，整个烘期比黑、花两砖长一倍以上，以求缓慢“发花”。俗称“发金花”，金花生长得越多，代表茯砖茶的品质越好。机制茯砖茶比手筑茯砖茶陈化程度更好。特制茯砖茶砖面色泽黑褐，内质香气纯正且有黄花清香，汤色红黄明亮，叶底黑褐尚匀，滋味醇厚平和。普通茯砖茶砖面色泽黄褐，内质香气纯正，汤色红黄尚明，叶底黑褐粗老，滋味醇和尚浓（图7–33、图7–34）。

图 7–33 贵州黔韵福生态茶业有限公司手筑茯砖茶

图 7–34 茯砖茶泡饮

四、道真黑茶

“仡山西施”黑茶：贵州新创黑茶代表性产品。道真县仡山西施茶业有限公司与西南大学于2009年联合创制。原料采自福鼎大白茶、名山（213、131号）等品种。该产品外形黑润，汤色褐红，香气清香，滋味醇厚、无涩味，叶底黄褐。常年产量40t。2009年获第八届“中茶杯”特等奖。

第四节　其他茶及茶产品

遵义还出产相对少量的其他茶，如基本茶类中的青茶（乌龙茶）和黄茶等，还有一些既不属于基本茶类、也不属于再加工和深加工茶类，难以分类的茶产品，带有鲜明的地方特色。

一、青茶产品

青茶（乌龙茶）属半发酵茶（发酵度为30%~60%），茶叶边缘发酵，中间不发酵。既具有绿茶的清香，又具有红茶的醇厚和天然的花果香味。其基本加工工艺流程为晒青、晾青、摇青、杀青、揉捻、干燥。品质特点是既具有绿茶的清香和花香，又具有红茶醇厚的滋味，外形条索粗壮，色泽青灰有光，内质汤色清澈金黄，滋味浓醇鲜爽，叶底呈绿叶红镶边。

① **贵州青茶：**产于湄潭县。由省茶研所研制。鲜叶要求：叶肉较肥厚的品种，开面叶或同等嫩度的对夹叶。该产品外形呈盘花形，色泽墨绿或褐绿，汤色蜜黄，香气有花果香，滋味醇厚回甘，叶底软亮，绿叶红镶边。

② **凤冈锌硒乌龙茶：**球型青茶类，贵州新创乌龙茶代表性产品，贵州凤冈乌龙锌硒茶业有限公司于2007年创制，填补了贵州乌龙茶产品和标准的空白（图7-35）。选用当地生长的金观音、福鼎大白茶及其他乌龙茶品种驻芽1~3叶、单片叶为原料，春夏秋三季皆产。其加工工艺2008年获国家知识产权局发明专利，2009年锌硒铁观音工艺再获发明专利。

图7-35　凤冈锌硒乌龙茶

该产品外形条索紧结，色泽墨绿油润，带红点；内质香气馥郁高雅，持久不变，有花香；汤色蜜黄艳丽，滋味醇爽，回甘，叶底青绿带红边。

③ **正安青茶（乌龙茶）：**贵州省正安县乐茗香生态有机茶业有限公司、正安天赐生态科技有限公司、正安县金林茶业有限责任公司生产。

二、黄茶产品

黄茶，在加工炒青绿茶时，由于杀青、揉捻后干燥不足或不及时，叶色即变黄，于是产生了新的品类——黄茶。黄茶的品质特点是“黄叶黄汤”，这种黄色是制茶过程中进行闷堆渥黄的结果。

黄茶是遵义地方特色茶，种植历史上千年。北宋·乐史（978年）《太平寰宇记》记载："……播州土生黄茶"；清康熙三十六年（1697年）编撰的《贵州通史》亦有"播州黄茶"从明代起作朝廷"贡茶"的记述。凤冈县有"凤冈黄茶加工工艺"的记载，2018年凤冈销售黄茶200t。

主产于务川县境内的笼笼茶也基本属于黄茶。

笼笼茶：当地老百姓俗称"家茶"，是务川县茶叶存量最多、分布最广、饮用范围最大的茶类，亦是接待贵客嘉宾的上好饮品。春、夏两季采摘后经杀青、揉捻、干燥三道工序，制作过程中较多保留了鲜叶内的天然物质。其中茶多酚、咖啡碱保留鲜叶的85%以上，维生素损失较少。务川笼笼茶煮制方式独特，不像其他茶那样用沸水冲泡，而是采用铜鼎罐、铁鼎罐和砂鼎罐熬制（称"熬茶"）和用铁锅渍茶（称"涨茶"）两种方法。无论是"熬茶"或"涨茶"，始终保持"黄汤黄叶、滋味甘甜"的特点。

三、其他茶产品

① **茗花仙子**：茶树花"茗花仙子"采摘自"贡茶之巅"——湄潭云贵山高端有机茶基地，是贵州湄潭沁园春茶业有限公司研发的茶族新品种，获"贵州十佳旅游产品"称号。茶树花是从茶树上采摘的鲜花，经过特殊加工和技术处理后形成的纯天然绿色茶饮品。该饮品香似龙眼、大枣干，冲泡3分钟后，汤浓，麦香，色橙。滋味独特爽口，微苦甘甜悠长。这样的茶树花与茶树芽、叶同生于一体，并含茶多酚、茶多糖、氨基酸、蛋白质等多种有益成分，有解毒、降脂、降糖、抗衰老、抗癌抑癌、滋补、调节内分泌、养容养颜、减肥和增强免疫力等功效，享"茶树精华""安全植物胎盘"之誉。

② **绥阳县卢项茶**：细长米粒大，满身白芒，具有翠绿、清香、回甜等色香味俱全的特点。浸泡后浓度不大，隔夜不变味，三五日不腐。以玻璃杯沏茶，片片茶叶直立水中，正面透视色泽红润，侧视呈淡绿色，茶汤清澈，芳香优雅，回味悠长。据说清乾隆年间，绥阳县知事曾将卢项茶和银丝面、楠木作为贡品运往北京，故又称"贡茶"，名声历代流传。

③ **赤水珠兰茶**：产于赤水市农村，是贵州省地方历史名茶之一，创制于明代。以当地古茶树的幼嫩芽叶和珠兰籽作原料制成，为黔北一带特别有名的传统自制产品。

④ **赤水野生白茶**：用赤水四洞沟、十丈洞一带深山中生长的一些百年树龄的野生大白茶树，其嫩叶可加工成赤水白茶，白茶具有外形芽毫完整或形态自如花朵，满身披毫，汤色清中显绿，滋味清淡回甘的品质特点。与常说的安吉白茶和正安白茶不同，这种满身披毫的茶在全国不少地方均有出产。

⑤ **赤水青茶**：赤水青茶不是中国六大基本茶类中的“青茶”，纯属地方特产。赤水良好的自然生态立体条件，利于茶叶生长。宝源桓山、官渡均出此茶，叶色浓绿，芽头肥壮且长。茶叶经开水冲泡，汤色晶莹，香味清新，味醇正，回味悠长，为地方名产。洞坝茶和桓山茶，茶质优良，年产仅500kg。

第五节　再加工茶类产品与茶叶综合开发利用

再加工茶类主要指保健茶、花茶和袋泡茶，黑茶也属再加工茶类。

保健茶一般指添加药物的茶类，花茶则是用鲜花窨制过的茶叶。遵义用于窨制花茶的茶坯主要是烘青，还有少量红茶、乌龙茶。用于窨制花茶的鲜花有茉莉花、珠兰花、玫瑰花、栀子花、米兰等。20世纪70—80年代，湄潭县和遵义县生产的茉莉花茶市场份额较大，近年来与迅速发展的绿茶、红茶相比已日渐萎缩。

一、再加工茶类产品

遵义生产再加工茶类的历史，至迟在清代已有文字记载，由平翰、郑珍编撰的《遵义府志》其《卷十七·物产》：“五属惟仁怀产茶，清明后采叶，压实为饼，一饼厚五六寸，长五六足，广三四尺，重者百斤，外织竹筐包之。其课本县输纳，多贩至四川各县。”就说明遵义已有紧压茶作为商品生产。

① **赤水边茶**：又名南边茶、金玉茶，属紧压茶类，是赤水著名的大宗土特产品，传统名茶，已有数百年生产历史。赤水边茶叶片宽大肥厚，其茶汤色泽金黄，味道浓厚，稍有回甜，余味绵长。据《仁怀直隶厅志》载，清代即有采制边茶的历史，多贩至四川各县销售。民国时期，赤水边茶仍保持优势。新中国成立后，为了满足少数民族地区需要，国家重视边茶生产，把赤水列为贵州省边茶重点县之一，并把边茶列为省管二类物资，执行计划收购。收购的边茶，沿用传统制成茶砖，减小体积，便于运输，所以边销茶属于紧压茶、砖茶，专销边疆少数民族地区。

赤水各乡镇均产边茶，主要是黑茶类紧压茶和绿茶类，为贵州省边茶重点产地之一，明清时除尖茶（细芽）外，都叫边茶。尖茶与边茶分开出售，茶叶是出重庆、进西藏的大路商品。

② **枫香六君茶**：产于遵义县枫香茶场，属于医疗保健茶，是以民间流传的防病强身长寿秘方为基础，以枫香龙山茶、杜仲绿叶、野生岩茶、菊花、金银花、麦冬6种原料科学配方，由枫香茶场、省茶科所、贵阳中医学院微量元素研究所共同研制的茶叶新产

品（图7-36）。1988年通过省级鉴定，1990年申请发明专利。

六君茶为袋泡茶，外观呈黑褐色、灰黑色片状，沸水冲泡后汤色黄亮、香味醇和，清凉无怪味。经省级鉴定，质量和卫生指标均符合出口茶叶的商检要求，达到国内先进水平。贵州省科学技术委员会委托贵州省农业厅主持的产品鉴定会认为："本产品的饮用成分具有宜人的香味、色泽，良好的口感。经理化测试，动物试验及临床观察证实，本产品富含多种与人体健康有益的微量元素，具有一定的抑菌、抑癌、减肥、抗衰老作用；具有显著的降低血压、甘油三酯及胆固醇的作用；对防治高血压、抗癌防癌有较好作用；而且可以增强机体免疫功能以及促进性功能，是理想的保健饮用茶"。

1988年12月，六君茶获首届中国食品博览会铜奖。1988年以后，由于宣传力度不够，产品销路受到影响，只能根据订单"以销定产"，年产量仅为1t左右。

③ **茉莉花茶**：用茉莉花窨制炒青茶所得产品，1982年，原遵义县从福建省引进茉莉花苗100余万株，在山盆区打鼓乡落炉村种植4.4hm²，年产花茶50t余（图7-37）。

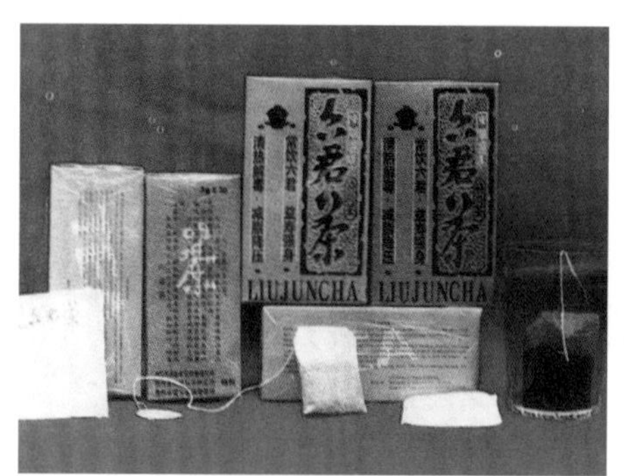

图7-36 遵义县枫香六君茶

图7-37 遵义县茉莉花茶

二、茶叶综合开发利用

随着茶叶内含成分研究的不断深入，遵义对茶叶各种有效成分的提取及相关产品的开发亦广泛开展。采用物理、化学、生物化学等技术从茶叶或茶树鲜花、果实等原料中分离和纯化抽提出其特效成分，开发出新的产品，包括茶多酚系列、茶叶籽油等。既可单独成为产品系列，如茶多酚胶囊或片剂、茶色素胶囊、精炼茶叶籽油等，也可配入其他原料进一步综合加工成以茶叶提取成分为核心的新型药茶或保健茶、茶食品，还可通过生物化学综合深加工技术，利用特殊的酵母和酸化菌研制开发茶叶发酵饮料（如酿茶）。

在茶叶综合开发利用方面，全市走在前列的仍是湄潭县和凤冈县。

（一）湄潭县茶叶综合开发利用

① **陆圣康源牌茶多酚**：贵州引进技术开发的茶叶功能成分产品。茶多酚是茶叶中多酚类物质的总称，又称茶鞣质或茶单宁。主要成分为儿茶素、花色苷类、黄酮类，是形

成茶叶香味的主要成分之一，也是茶叶中保健功能的主要成分，富含营养调节功能成分，具有解毒和抗辐射、防治心血管疾病的功效，被誉为“辐射克星”。2007年，国家级高新技术企业——遵义陆圣康源科技开发有限责任公司引进江南大学“连续逆流浸提、膜分离、反渗透、超临界、柱色谱技术分离纯化、高速离心喷雾干燥、冷冻干燥”等技术和装备，对贵州的茶叶进行综合深度开发，实施科技部“高新技术生产高纯度茶多酚”创新项目（图7–38）。2008年成功开发出“七润”牌茶多酚有机固体饮品——茶多酚系列产品，茶多酚含量≥30%，常年产量300t。已通过“国家有机食品认证”，2011年4月正式投产。产品成分是绿茶中提取的高含量茶多酚和大娄山脉优质矿泉水，茶多酚含量≥500mg/kg，不含任何人工合成化学添加剂。产品已推向上海、北京、海南、深圳等主要市场，仅上海的销售网点就达70多家。

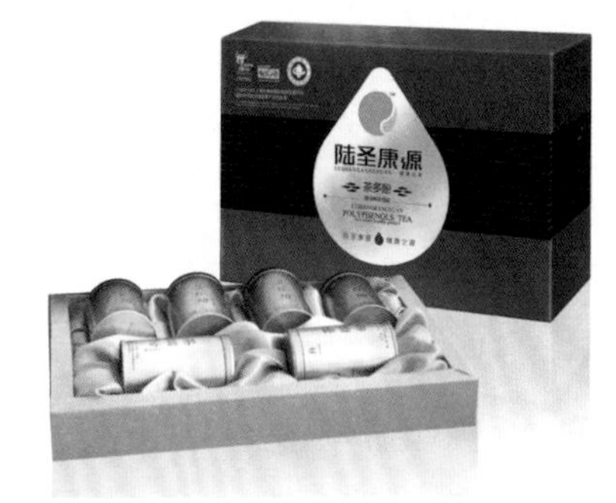

图7–38 陆圣康源茶多酚速溶养生饮品

图7–39 湄潭南方嘉木茶叶籽油

②**“南方嘉木”牌茶叶籽油**：贵州南方嘉木食品有限公司自主开发成功的茶叶成分新产品。据专家多年研究分析，茶叶所含对人类健康有益的物质与元素，如茶多酚、茶氨酸、茶多糖、蛋白质、胡萝卜素、维生素E等几乎同样存在于茶叶籽萃取的油料中（图7–39）。茶叶籽油因含丰富的不饱和脂肪酸及多种营养物质，可与产于地中海沿岸的橄榄油媲美，并在健康成分上有所超越高档食用油。

茶籽源于湄潭“中国茶海”高山无污染原生态茶园，核心技术为“低温低水分压榨—精炼技术”。2008年5月茶叶籽油通过省级新产品鉴定，形成年产3000t茶叶籽油生产线。品质特点：属油酸–亚油酸型木本油脂，不饱和脂肪酸占83%左右，其中油酸占60%左右、亚油酸20%左右、亚麻酸1%左右；富含生物活性成分茶多酚（1%左右）和维生素E（200mg/kg左右）；含有角鲨烯与黄酮类物质，对抗癌、抗炎有积极作用；不含胆固醇、黄曲霉素、添加剂。这种500mL装茶籽油成为湄潭的特色旅游商品，虽然价格高达100元以上，却是游客赠送亲朋的佳品。

2008年9月获贵州省农产品加工特色产品奖，是年通过国家有机食品认证；2008年11月获第十五届中国杨凌农业高新科技成果博览会后稷特别奖；2009年核心技术获贵州省政府优秀新产品、新技术二等奖；是年，产品获中国食品工业协会“优秀项目”奖和“科学技术成果优秀奖”。

2013年9月28日，首届中国茶资源综合开发利用高端论坛会在湄潭召开。与此同时，中国茶叶流通协会茶叶籽利用专业委员会在湄潭成立，标志我国茶叶籽综合开发利用进入高速发展时期。浙江泰谷农业科技有限公司选择贵州茶产业，以茶叶籽油这一全新高端健康食品作为启动，控股湄潭南方嘉木公司，建立贵州泰谷农业科技园。投入巨资进行行业升级改造和科研开发，以树立中国高端茶叶籽油第一品牌为目标，旨在带动贵州茶叶籽油在中国高端食用油领域占有一席之地，实现打造“中国茶油领军品牌”的战略。

（二）凤冈县茶叶综合开发利用

凤冈茶叶的综合开发利用，起步较晚，开发的产品不多，但前景远大。目前，凤冈茶叶综合利用产品主要有茶酒、茶饮料、茶含片及茶枕头等。

1. 茶　酒

1）邵氏茶酒

贵州遵义邵氏农业科技有限公司采用秘制的复合纤维素酶液将凤冈锌硒茶进行彻底分解，大大提高了茶叶的浸提效率，其中茶多酚、茶多糖、茶氨酸、维生素及其特有的锌、硒被充分提取出来制成了营养丰富的茶酒母液；以清雅甘甜的米酒作为基酒，将茶叶的清爽香气和独特滋味充分凸显，茶、酒两香协调，清香怡人，口感舒适，后味爽净。由于茶酒中富集了茶叶的多种营养成分（以茶多酚为例，每千克邵氏茶酒的含量高达1433mg）。

产品功效：有助于提神益思、清心的效果；有助于清除自由基起到美容护肤、延缓皮肤衰老；有助于预防和辅助治疗癌症、心血管等多种疾病；有助于辅助治疗高血压、高血糖；有助于减轻辐射伤害；对减少眼疾、护眼明目均有积极的作用；能够帮助提高机体免疫力；补充人体生长发育所需的多种微量元素。

邵氏茶酒定位为中国高端生态养生酒第一品牌，拥有多项国家发明专利及外观设计专利（图7-40）。邵氏农业科技公司为国内创先掌握茶酒酿造专利技术的企业之一，先后获最具潜力品牌、最受消费者欢迎品牌、五省一市酒类质量检评金奖、酒类饮料消费市场畅销品牌、酒类消费市场诚信经营示范单位、中国知名品牌、十佳旅游商品等权威奖项。联合国（NGO）世界和平基金会授予世界低碳环保绿色循环生态基地、2015全球和平经贸论坛唯一指定大会宴请中外元首嘉宾专供酒荣誉。

图7-40　邵氏茶啤酒

2）文士茶酒

贵州凤冈文士锌硒茶酒开发有限公司所生产“文士茶酒”特点是“低甲醇·富含茶多酚”（图7-41）。分为三类系列：一类为红酒型17°，二类为国际型40°，三类为茶酱型50°。产品纯天然酿造无任何添加成分，17°酒口感独特，生津养颜；40°酒可与高端洋酒媲美，可加冰，加饮料；50°茶香与贵州特有酱香完美结合更具特色。

图 7-41 文士茶酒

经权威机构检测，“文士茶酒”含有机物众多，最主要微量元素有丰富的茶多酚，茶黄素、儿茶素、维生素C、锌、硒，并含有多种人体不能合成的氨基酸。长期饮用具有提神养心，明目抗衰老，助降血压，血脂，降胆固醇，预防动脉硬化等心血管病。

“文士茶酒”达到了茶之柔与酒之刚的有机结合，既得茶之精，亦得酒之魂，它是中国茶文化与酒文化的完美融合，是一种自然生态，品味上层次，内涵丰富的酒中“精品”也是一款为新生代打造的时尚饮品。

“文士茶酒”以茶为原材料生产的产品，为贵州酒类发展开辟了一条新的道路。“文士茶酒”酒色金黄，酒精度与低甲醇工艺符合国际市场需求，有出口前景，也适应了年轻一代消费需求和大健康发展需要。提高了茶产业的附加值，能实现茶叶精深加工，大量使用夏秋茶，实现农业增效、农民增收目标。

2. 茶饮料

1）陆氏茶饮料

凤冈陆氏星锌硒食品开发有限公司所生产的锌硒茶饮系列产品，选用有机茶园生产的优质茶叶为原料，历经原材料预处理→萃取→离心→精滤→超滤→调配→过滤→杀菌→装箱等多道工序，在凤冈县政府茶叶生产管理办公室全程跟踪监督下精制而成。实现从原材料到加工过程的产品质量可追溯，有机、原生态的产品健康属性赢得了广大消费者的喜爱。

2）蜂蜜茶饮料

贵州凤冈七彩农业综合开发有限公司以土家族特有的制作工艺，探索研究试验生产了蜂蜜姜茶、蜂蜜桂花茶，远销广东、北京、四川，近销贵州各地。

① 蜂蜜姜茶（饮料）：属于保健茶，用蜂蜜、生姜、绿茶（凤冈锌硒茶），按重量百分比由以下成分组成：7%~8%传统手工制作的绿茶、7%~8%生姜（老姜）、4%~6%中华蜂蜜，其余为水。属传统工艺加工，易操作控制、经济成分和环境成本低。

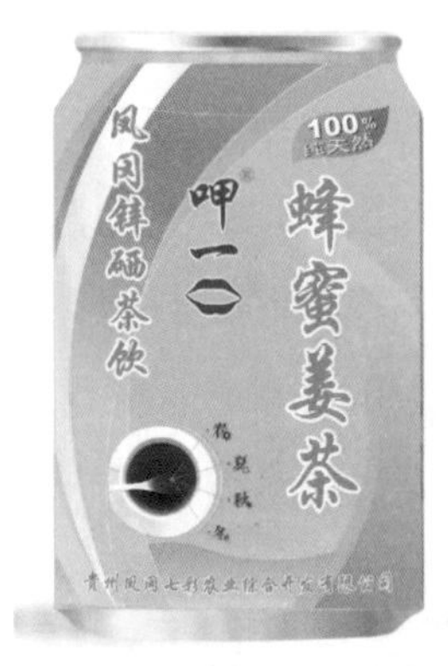

图 7-42 蜂蜜茶饮料

本产品是充分利用生姜中的姜烯、姜辣素和锌硒绿茶里的茶多酚，与中华蜂蜜配制而成，一是生姜具有驱寒健胃、健脾暖胃、防感冒、消炎止咳、缓解头晕症状、温暖身心、有助于减肥等作用；二是蜂蜜能美容养颜，还能促进儿童生长发育；三是茶叶中富含的锌元素，是人体必需的微量元素之一；四是茶叶富含的硒元素，是一种人体生命必需的微量元素。早晨喝蜂蜜姜茶，能提神排毒；晚上喝，能安神助眠（图7-42）。

② **蜂蜜桂花茶（饮料）**：属于保健茶，用蜂蜜、本地桂花、绿茶制备，按重量百分比可计由以下成分组成：7%~8%传统手工制作的绿茶、7%~8%桂花花蕊、4%~6%中华蜂蜜，其余为水。香味馥郁持久，茶色绿而明亮，深受大家喜爱。

蜂蜜能消除疲劳，尤其是熬夜后疲劳，能消除大餐后的积食、润肺等作用，桂花茶以桂花为原料，配以绿茶或红茶后，具有预防和治疗阳气虚弱型高血压病症、眩晕、头晕、腰痛、畏寒肢冷等多种疾病的作用；不但喝起来十分可口，还能美容养颜，缓解皮肤衰老。

3. “凤冈红”锌硒茶含片

风冈陆氏星锌硒食品开发有限公司产品（图7-43）。特点如下：① 天然植物（锌硒茶叶）提取，有机，绿色，无任何残留；② 超浓缩，生物利用度高，一次2片含服，一日2次；③ 锌硒同补，双重功效，中国唯一；④ 快速，有效地补充人体必须微量元素，提高人体自身免疫功能；⑤ 保护神经元素，提高生活质量。

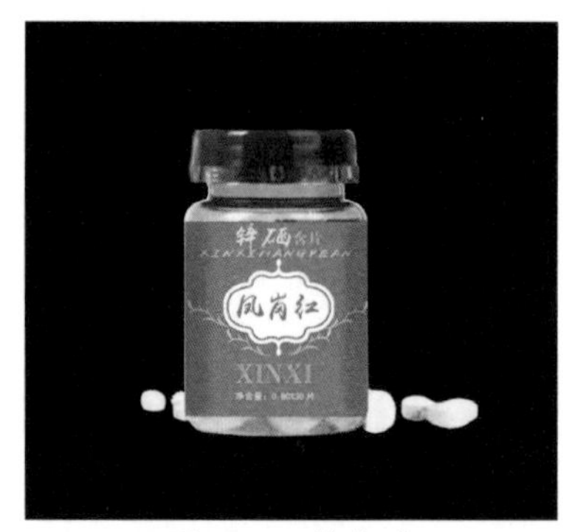

图 7-43 茶含片

4. 陆氏锌硒茶口服液

对人体来说，最关键的是能抗氧化，把人体内产生的过氧化物还原、分解掉，降解和消除自由基，保护细胞膜不受自由基的破坏。有一个调查结果是，患近视眼的人普遍缺硒，“金启晨”一个重要作用是抗癌，它能够激活肿瘤抑制基因，能对受损细胞进行修复，从而提高免疫力（图7-44）。还是一种天然的解毒剂，它能跟一些有毒的金属离子产生拮抗作用，可以达到抵消毒性的效果。

图 7-44 “金启晨”口服液

5. 茶枕头系列产品

贵州省凤冈县茗都茶业有限公司所生产的茗都茶枕分为绿茶枕、花茶枕、U型枕、儿童枕，抱枕、除味包、茶香包等系列产品。茗都绿茶枕从当年凤冈锌硒新茶中筛选出来的黄壳及少许茶梗茶碎片（可直接泡饮）作为材料，采用双层枕套进行填充。内胆内层采用高密度无纺布防止茶渣碎末外漏，外层采用纯棉方格缝衍面料，手感柔软舒适，纯棉吸汗透气，使茶香得到更好的释放，使人犹如置身在大自然中享受睡眠。

产品功效：① 吸异味，吸汗味，新装家居中的有害气味；② 吸湿，吸头汗，富含亲水成分，糖类，多酚类，果胶类，及多孔特性；③ 宁神醒脑，自然芳香疗法，让人不再昏昏沉沉，无任何化学成分香精；④ 杀菌抑菌，抑制枕生螨虫；⑤ 抗辐射；⑥ 改善睡眠质量，自然芳香疗法，放松心情，解除疲劳；⑦ 醒酒，对醉酒后次日出现的头痛有改善缓解；⑧ 辅助降压，绿茶属凉性，头枕绿茶枕有凉血之功效，高血压病人从而得到辅助降压作用。

第六节　非山茶科代茶植物饮料产品

非山茶科代茶植物饮料指以非山茶科植物为原料加工而成的具有类似茶叶饮用或保健功能的产品。其原料一般来自非山茶科植物的根、茎、叶、花、果，常用植物有苦丁茶、老鹰茶、甜茶、藤茶、金银花、绞股蓝、杜仲、银杏等。大部分代用茶的加工只需适当的干燥和整理，遵义各县（市、区）应用较广。

一、苦丁茶

境内有木樨科、冬青科等多种苦丁茶分布，其中以木樨科女贞属和冬青科苦丁茶分布范围最广、资源储量最丰富、饮用习惯最广泛。几乎分布于全市各县（市、区），原全属野生状态。20世纪90年代，余庆、湄潭等地逐步对木樨科苦丁茶进行人工种植，冬青科苦丁茶至今仍为野生状态。

（一）余庆小叶苦丁茶（木樨科苦丁茶）

余庆小叶苦丁茶为地方特产茶，产于余庆县。用木樨科粗壮女贞嫩叶制作，成品茶产品细紧，色泽绿润，香气清纯，汤色绿亮，滋味鲜爽甘甜，叶底翠绿鲜活，具有干茶绿、汤色绿、叶底绿的“三绿”特征（图7–45）。

图 7–45　杯中小叶苦丁

苦丁茶不是茶而胜似茶，是我国一种古老的民间珍稀植物。苦丁茶物名的出现和被人们利用，始于东汉时期，唐以前称皋卢、瓜卢；宋代以后逐渐改称为登、苦登、苦登茶；清代以后才称为苦丁、苦丁茶。现代医学研究证明，苦丁茶含硒、铷、锗、锌、镁等成分，还含熊果酸、熊果醇、苦丁皂苷、茶多酚、葡萄糖醛酸、丹宁、蛋白质、氨基酸和维生素等250多种药用物质和70种挥发油，有降血压、降血脂、降低胆固醇和清热解毒、健胃消积、提神醒脑、明目益思、抗衰老等效果；有防治头痛、牙痛、赤目、肝炎、痢疾、感冒、腹痛、急性肠胃炎等功效；还有防癌抑癌、美容及调节身体机能的作用。苦丁茶有较高的营养价值和极佳的药理保健作用，是一种集保健、药用为一体的代茶饮品，被著名科学家谈家桢教授誉为“绿色金子”。

主产企业有贵州余庆小叶苦丁茶业股份公司、余庆县构皮滩茶业有限责任公司、余庆县七砂绿色产业开发有限责任公司和余庆县狮山香茗茶场等。

余庆县因小叶苦丁先后获全国小叶苦丁茶示范基地县、中国小叶苦丁茶之乡、国家地理标志保护产品等荣誉和资格。余庆小叶苦丁茶多次获各类名特优茶评比会、茶叶博览会、国际茶文化节“中国名茶”评比等奖项。

务川县也产木樨科小叶苦丁，且历史悠久，但多生长于荒山野岭中，少有人工种植。

（二）传统苦丁茶（大叶苦丁茶）

大叶苦丁茶来源为冬青科植物大叶冬青的叶，老嫩均可制作，各县（市、区）均有分布，是一种传统纯天然保健饮料佳品，其成品茶清香味苦而后甘凉，老叶片较普通茶叶大1.5~2倍，叶椭圆形，叶片厚，有革质、无茸毛，鲜叶光泽性强，墨绿色（图7-46）。嫩芽叶制成的茶，外形粗壮，卷曲，无茸毛。冲泡可判明真伪：苦丁茶滋味是先苦，然后有微甘味，耐冲泡。

图7-46 冬青科苦丁茶

苦丁茶含人体必需的多种氨基酸、维生素及锌、锰、铷等微量元素和多酚类、黄酮类、咖啡碱、蛋白质等200多种成分。具有清热消暑、明目益智、生津止渴、利尿强心、润喉止咳、降压减肥、抑癌防癌、抗衰老、活血脉等功效，能降血脂、增加冠状动脉血流量、增加心肌供血、抗动脉粥样硬化。有保健茶、美容茶、减肥茶、降压茶、益寿茶之称。对心脑血管疾病、头晕、头痛、胸闷、乏力、失眠、热病烦渴、痢疾等症状均有较好的防治作用，因此备受中老年人青睐。

大叶苦丁茶在遵义各县（市、区）均有分布和饮用习惯，但多为农家自采自制自用，集市上有零星出售。近年来，对苦丁茶的研究多集中在加工成品茶和茶饮料等营养保健方面，现已成功研制出了袋泡苦丁茶、苦丁茶冲剂、苦丁茶含片、复合型苦丁茶等多种保健食品。

二、金银花茶

金银花茶以金银花为原料，经干燥制作而成，成品为干燥花蕾或初开的花（图7–47至图7–49）。

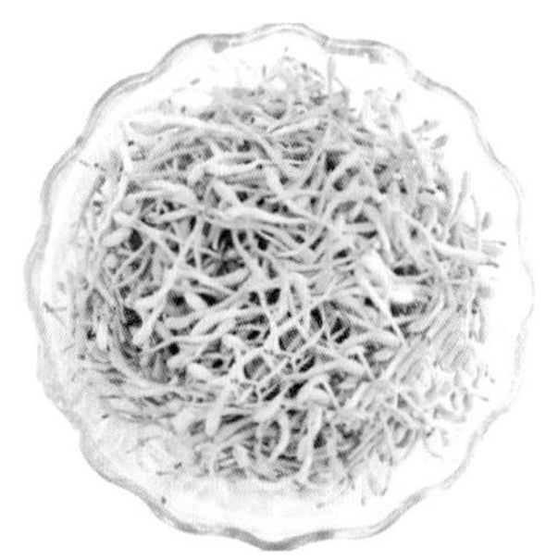

图 7–47 金银花

图 7–48 绥阳金银花绿茶

图 7–49 绥阳金银花红茶

金银花是国务院确定的70种名贵中药材之一，因饱含绿原酸、异绿原酸等多种物质，70%以上的感冒药、消炎中草药中都含有金银花，有中药抗生素、绿色抗菌素之称，属药食兼用型植物。金银花茶入口芳香、甘凉可口，倍受消费者喜爱，畅销国内外市场。金银花茶具有解暑、醒酒、清脑、解渴、清降体内有毒物质、降脂、减肥、美容洁肤、防癌变，预防衰老、延年益寿的效用；降压、降低血清胆固醇，增加冠脉血流量，预防冠心病和心绞痛；抑制脑血栓的形成；改善微循环，清除过氧化脂肪沉积，提高人体耐缺氧自由基，促进人体新陈代谢、调节人体功能、提高免疫力等。

三、杜仲茶

杜仲茶是遵义较早的非山茶科代茶植物之一，主要产于桐梓茶厂、原遵义县枫香茶场和龙坪茶场，是遵义地区1985年来出口创汇的又一茶叶品种。杜仲茶采用名贵中药材杜仲的叶为其基本原料，借鉴韩国生产杜仲叶茶的经验，通过对其样品进行反复研究对比、试制、最后探索出以“绿茶的杀青、普洱茶的发酵”相结合的杀青、揉捻、发酵、烘焙等一整套工艺精制而成。1986年，中国专利局批准桐梓茶厂拥有杜仲茶、杜仲叶茶的专利权。贵州省商业厅、贵州省标准计量局拟定杜仲茶、杜仲叶茶质量检验的企业标准，已公布执行。杜仲茶自问世以来，以其色香醇正、微量元素含量丰富，医疗保健价值高，适合消费习惯而著称，为国内首创。

杜仲茶具有抗衰老的功效，为中老年人防病、健身的饮料，对男女老幼均无副作用。经过贵州省商业厅、贵阳中医学院微量元素研究所、中科院地化所召开鉴定会多方测定认为：杜仲茶开辟了杜仲叶的新用途，符合国家食品卫生标准，保留了杜仲的药用价值，有一定的医疗保健作用。其含钾很高，含钠极低，适宜高血压患者低盐、高钾的饮食原则；有较多的钙镁成分，对预防老年性骨质疏松症及保护心肌有良好作用；有较多易为人体吸收的铁，常服可预防贫血症；锌含量较丰富，有增强肌体免疫力，防治高血压，促进性功能等作用；含有较多的锰，对调节中枢神经功能有重要意义。杜仲茶的成分与一般茶叶不同，不含咖啡因，故常饮也不致失眠，更没有上瘾等副作用。冷饮或冰镇口味更佳，亦可依口味调以菊花、灵芝、蜂蜜、果糖饮用。中科院地化所测定：杜仲茶在有益人体的10种微量元素的含量上全部优于韩国产品，建议投入批量生产。这是原料产地及加工工艺不同决定的。

1987年该产品获“贵州省科技成果三等奖”；1988年获“上海食品博览会”熊猫奖。

四、绞股蓝

绞股蓝是双子叶纲葫芦科多年生草质藤本攀缘植物（图7–50），中药名为七叶胆，遵义各县（市、区）均有分布，务川境内绞股蓝分布广泛，尤以石朝乡最为丰富。

图 7–50 绞股蓝

绞股蓝含多种对人体有益的皂苷、维生素和氨基酸，其活性成分具有降血脂、降血糖、抗肿瘤、抗衰老、保护肝脏及增强肌体免疫功能等作用，对高脂血症、高血压、冠心病等心血管系统疾患和糖尿病、肿瘤等病症具有良好的防治效果，被仡乡苗寨的山民誉为“人参”。

五、老鹰茶

老鹰茶是遵义地方特色茶，几乎各县（市、区）均有，已有300多年历史（图7–51）。老鹰茶泡饮时较清香，成品茶汤色金黄带红，有强烈的樟科植物芳香油味，先涩后甘，初饮者先觉“气味难受”，但常饮后反觉口劲大，滋味浓而杀口。夏天饮用能消暑解渴、提神助兴，最适合在夏季饮用。遵义农村很多地方夏天喜将大叶苦丁茶和老鹰茶混合，农家用较大的锅或盆盛装为凉茶，

图 7–51 老鹰茶

主客随时舀出饮用。老鹰茶具有较强的抗氧化性，夏季高温天气泡茶隔夜不馊。老鹰茶树叶同时可用作生产虫茶的原料。

老鹰茶含人体所必需的氨基酸、还原糖、维生素C、维生素B1、维生素B2、黄酮类以及钙、铁、锌、铜、锰、锶等元素，芳香油和多酚类化合物含量较高。具有消渴去暑、消食解胀、解毒消肿、提神益智、明目健胃、散瘀止痛、止泻、止嗝等功效。《本草纲目》有“止咳、祛痰、平喘、消暑、解渴”的记载。有利于改善造血系统和内分泌系统的功能；其他微量元素如铷、磷、锌等对脑神经和心血管具有保健作用。

六、藤 茶

藤茶俗称茅岩莓茶、端午茶、藤婆茶、山甜茶、龙须茶，多年生藤本植物，遵义境域分布较广，以务川较为突出。用时烧开水泡制，口感略苦，回味甜，性凉，解暑消渴，民间喜在夏天泡饮。据科学考证，藤茶内含17种氨基酸及丰富的维生素C和蛋白质，具有清热润肺、平肝益血、消炎解毒、降血减脂、消除疲劳等功效，尤其对因烟酒过度、油腻过多、肝火过旺引起的身体不适、消化功能障碍，具有独特而灵妙的保健功效。

除作茶饮用外，藤茶还有多种药用功效。若身体的某处有无名肿瘤，只需采摘一把新鲜的藤茶叶，就着山泉水捣烂，敷于患处，肿瘤不出两天即可消除；如小便干涩，只需用凉水泡一杯藤茶饮下，连服3次，难言之隐会殆然全无；藤茶还是一种很好的解酒良药，如遇酒醉，只需摘3~5片鲜嫩的生藤茶叶放于口中细嚼慢咽连渣吞下，酒醉即可快速消除。

七、甜 茶

甜茶，又名多穗石柯，喜阴植物，四季常青乔木，有的树冠高达10m，生长在西南地区海拔800m以上的林地。春季发出嫩叶，生吃嫩叶，有甘甜带微苦味。有关机构检测结果表明，属高糖低热质的药食糖三合一饮品，具有抗衰老，抗癌变，抗过敏，降血压血脂血糖作用，对糖尿病患者有辅助效果。因其所含糖属左旋糖，故糖尿病人可常饮用，且能激活人体的胰岛素，并能改善肠胃，有通气助化效果，降血压的有效率高达百分之八十以上，长期饮用，可增强人体免疫能力，有树上虫草之美誉。其嫩叶呈黄红色，富含人体所需的十余种氨基酸，还含钙、二氢查尔胴、黄胴素、锌、硒等矿物质，营养极为丰富，因含有少量茶多酚，故归属茶类，与苦丁茶同科。可泡4次以上，保存7天不变质，携带方便，可用矿泉水吞服。在酷热的夏季，可将沸水泡出的茶水放入冰箱中冷藏后饮用。

八、银杏茶

银杏又名白果，系银杏科植物，遵义境域均有分布，务川县境内野生银杏资源丰富，分布广泛，被誉为“中国银杏之乡”。银杏茶是用银杏叶子生产而成，产品含有多种药用活性成分，包括银杏内酯和黄酮甙类，以槲皮素、山柰素和水杨梅素为主。黄酮具有保护毛细血管通透性、扩张冠状动脉、恢复动脉血管弹性、营养脑细胞及其他器官的作用，具有调节血管张力、改善血液流变、防止血管内皮细胞损伤等作用，对于治疗高血压、帕金森病、老年性痴呆等疾病有较好的疗效。

务川银杏茶是务川仡佬族苗族自治县银杏开发有限责任公司于2001年创新开发的新型饮料，注册商标为“康友”。

九、五珍茶

五珍茶属保健茶，是原遵义县团溪营林场1984年研制出来的产品。沸水冲泡汤色金黄、清澈见底，饮用具有香醇味甘、无苦无涩、香气四溢、回味悠长等特点和生津清热、降压安神、明目清心的作用。尤其在夏季饮用，能收到消炎解暑、清凉止渴的效果。1985年，该产品经贵州省进出口商品检验局检验，无污染物和任何有害物质。

1988年以来，曾获省“优秀产品”三等奖、北京首届中国博览会铜牌奖、1990年第11届亚运会指定专销产品、“贵州省优秀新产品”奖。远销北京、天津、四川、河南、内蒙古、广东、广西、湖北、香港、澳门等地区，出口日本、新加坡等国。

十、灵芝柿益茶

灵芝柿益茶产于务川县，以野生灵芝等特殊的原料、独特的工艺制作，远销海内外。

灵芝是锗高含量植物，务川灵台山天然野生灵芝品质尤佳，据专家测定，这里的灵芝锗含量比人参高4~5倍。务川引进技术资金和人才开发野生植物资源，灵芝柿益茶问世后，产品显示出独特的健身功效，引起各级科研单位重视。1991年试产试销，即获中国新技术新产品博览会金奖和科技创新奖。由务川灵芝系列产品专营公司开发生产的纯天然保健品——灵芝柿益茶、灵芝益智茗等产品已投入批量生产。

十一、赤水虫茶

赤水虫茶，又名珠茶、茶粉、虫酿茶、长寿茶、神茶，是集动植物之精华于一体的有机天然饮茶，产于赤水市（图7–52）。

虫茶颗粒细圆、色泽黄润；开水冲泡，汤色红褐，香气四溢；喝入口中，醇香甘甜，沁人心脾。经农业部茶叶质量监督检验测试中心检测，“桫龙牌”虫茶含有大量对人体有益的氨基酸、黄酮类、昆虫激素和凝血酶原及数十种微量元素，特别是钙、镁、磷、钾、锌、硒及茶多酚尤为丰富，是一种集营养保健为一体的、老幼皆宜的绿色生态饮品。

图 7-52 赤水虫茶

赤水虫茶是传统出口的特种茶，早在清代，赤水虫茶就远销东南亚一些国家和地区。在历经数百年沧桑岁月的独特的活态传承后，堪称茶中奇葩，名扬遐迩，为茶中极品。用于生产虫茶必不可少的白茶树生长速度十分缓慢，加之产地地域不宽，虫茶本身生物基因转换过程又长。因而，赤水虫茶产量较低，又具有神奇、稀少、珍贵的特点，市场罕见，供不应求，价格昂贵。

虫茶还有奇效的观赏价值。将适量虫茶放入玻璃杯中，倒入90~95℃左右的开水，盖上杯盖，观赏粒粒虫茶缓缓下沉之际释放的一条条血红色细丝，久放两天，杯底长出一朵乳白色蘑菇花，人们称为“茶宝”献福吉祥征兆。虫茶冲泡后汤色红润，口感清洌，香甜可口，余味久长。已出口日本、韩国和销往中国香港、澳门、台湾地区，有“中国茶中奇品”之誉。

十二、金钗石斛养生茶

石斛系兰科石斛属植物，多为金钗石斛、铁皮石斛以及小美石斛。石斛含生物碱（石斛碱）和黏液质淀粉。具有免疫调节人体机能、延缓衰老的作用，被历代医家誉为“滋阴圣品”，百姓称之为“不死之草”。赤水市是贵州省唯一进行规模化种植金钗石斛并开展GAP研究的基地，也是充分利用地道优势资源研制金钗石斛养生茶的主产地。

湄江茶青交

茶贸篇

第八章

茶叶作为关乎国计民生的重要商品之一，从古至今都被历代国家机构重视，古代实行榷茶制的国家垄断、民国时期实行统购统销和新中国成立后从国家派购到逐步放开，经历了漫长历程。据贵州茶史专家管家骝在《贵州产茶史拾遗》中介绍："据《史记·货植列传》记载，汉武帝时，巴郡的茶叶已被运到甘肃武都出卖。而巴郡包括今贵州境有道真、务川、德江、习水之地。"说明早在汉代，遵义茶已经远销外省。

本章记述有遵义茶购销、促销，茶文化传播活动，市场建设与管理，茶叶赋税四节。

第一节　遵义茶购销

一、中华人民共和国成立以前的茶叶购销

（一）传统购销形式

中华人民共和国成立前，遵义的茶叶购销都是个体小规模经营，从各县一些零星记载可见。

历史上的遵义，茶叶交易多为散茶交易，对茶的品类品质划分，多用细茶、粗茶来区别。对茶叶的产地来源，多用地域名或家族姓氏来命名。如凤冈的绥阳茶叶、蜂岩茶叶、安家茶叶、李家茶叶，湄潭的黄家坝茶叶，仁怀的小湾茶叶等。

晚清时期，湄潭随阳山、大庙场等地有十余人专门从事茶叶交易，他们将收购的茶叶进行筛选，细茶贮存积累到一定数量后出售，粗茶则采用蹓板加工后出售。以大庙场、随阳山二地贩茶较多，全县有50余人从事茶业。每人每年经销茶叶之量，大致在50kg以上，全县不过五六十担（每担50kg）。外销茶贩，西路大致在大庙场一带有五六人，其主要去路为遵义火烧舟（今播州区新舟镇）、团溪、遵义城一带；东路亦有5人，主要销售凤冈、绥阳及湄北方面邻县。总数不过15人，每人每年平均销约350kg，全县不过5t。该场（县城）每年约有1000kg余精茶远销他埠。

清朝及民国时期，道真茶叶交易市场主要有土溪场（今玉溪镇）、周盖垭场（今忠信镇）、丁氏坝场（今洛龙镇）等十多个。交易品种仍以绿茶居多，其次有老鹰茶和藤茶。多为民间买回自食，也有商贩收购挑往重庆、南川等地销售后换回盐巴布匹。据民国三十七年（1948年）《贵州通志·风土志》记载："茶……道真产……多贩至四川各县"，说明茶叶交易已具一定规模。

习水县境内自古以来就分布较多的野生大树茶资源，区域内茶叶种植、饮用、生产历史悠久。新中国成立以前，习水县所产销售茶叶历来以边茶为主，明清时期，温水、官渡一带地方茶农，采茶青制茶饼，有的运销四川转西康、西藏等地换马回程，最高数

量曾达150t，在当时已是可观数量。

除了湄潭、习水等茶叶输出县之外，其他各县由于茶产量小，基本上就地消费，一部分通过本地为数不多的茶叶商店出售或杂货店销售之外，就是农村“赶场天”进行提篮销售。

（二）茶马古道

中国古代茶叶交易最兴盛的方式是“茶马互市”，茶马互市始见于唐，成制于宋。它是唐、宋至清代官府用内地的茶在边境地区与少数民族进行以茶易马的一种贸易方式。

图 8-1 茶马古道上的马帮

公元7—19世纪，中国西南部存在着一条偏僻的道路，它由茶叶产地出发，以人背马驮最原始的运载方式，通向喜马拉雅山和南亚次大陆，是中国西南对外经济交流和文化传播的国际通道，史称“茶马古道”。这是一条地道的马帮之路，以“茶马古道”冠名，是因为沿线各民族之间的主要交易方式，是以“汉茶”易“蕃马”为主（图8-1）。

茶马古道主要处在川黔驿道、滇黔驿道、楚黔驿道等官道和其他商道，既贩贵州马，又大量收购储藏茶叶，进行茶叶交易，将贵州所需食盐、棉花、布匹等运入，促进了商贸的发展。

民国《习水县志》载“习水县茶叶远在明清时代，通过‘茶马古道’远销西藏、西康等边疆地区，最高年产量曾达三千担”。北宋大观初年，每年于播州买马50匹，“播州”属于遵义地界。

（三）盐茶古道

1. 仁岸盐茶古道

盐茶交易也是古代的重要交易方式。贵州不产盐，食盐主要由四川以水道运输为主运入。清乾隆年间，四川巡抚黄廷桂将川盐入黔的水道分为永（四川叙永）、仁（贵州仁怀）、綦（四川綦江）、涪（四川涪陵）四大口岸，川盐经四岸入黔后，再由贵州境内的水路和陆路运往各地。川盐入黔，返程以黔茶为代表的贵州土产入川，从而形成独特的盐茶古道。其中的仁岸线，由四川合江溯赤水河，经赤水县城、元厚、土城、二郎滩、马桑坪至茅台，然后陆运至鸭溪、刀靶水，全长409km，是通过遵义的主要盐茶古道。仁岸盐运使沿赤水河岸一带的仁怀、赤水商业十分活跃。茅台名酒的生产运输，始发于这一时期，“蜀盐走贵州，秦商聚茅台”，即当时市场写照。随着农产品的商品化，以赤水大树茶为中心的习水、仁怀、桐梓一带的“黔北茶区”，年外销毛茶不下25t。

2. 湄潭盐茶古道

除仁岸这条线外，至今产茶大县湄潭还保留三条盐茶古道遗址：

① **平定安古道**：明洪武十七年（1384年），彝族土司奢香为报答朱元璋为其镇压了为非作歹的都督马烨，出资出人开山修路，打通黔北通四川的道路供驿差往来（图8-2）。《贵州通志》记载：奢香组织人力“开偏桥、水东，以达乌蒙、乌撒及容山诸境”。乌撒是今贵州威宁，容山是今湄潭境内。这条道东起湘边，西至滇境，由东至西横穿贵州。当初是贵州境内通往四川、云南的军用道路。随历史的变迁，逐渐形成了贵州境内茶叶、马匹等地方物产内入中原交易上贡，外走滇缅、印度等国贸易的茶马古道。乌江边上的石莲明初设有邮传驿站，石莲平定安古道最早作为邮驿通道，太平年景却是盐茶古道。

② **黄沙坎古道**：位于今湄潭县复兴镇观音阁村。随阳山大姓家族的祖籍基本上来自江西，其始祖入黔时间是明初。黄沙坎古道一边是随阳山，一边是七里坝，相隔一道山梁，修建道路方便两地相互往来（图8-3）。黄沙坎古道为全程约2.5km的石板道，路面一些地方用石块竖铺成“人”字形，在快到山坳的地方立有清咸丰三年（1853年）的修路碑。复兴镇随阳山是湄潭古茶区之一，旧时茶叶的销售主要经黄沙坎古道进入马山集市，在马山食盐中转站交换食盐后，沿路将食盐人力运至随阳山。由于随阳山距凤冈县城仅只有5km，因此，清代凤冈食盐运输大都走这条古道。

图8-2 湄潭石莲平定安盐茶古道上的马帮

图8-3 黄沙坎盐茶古道

图8-4 土地垭盐茶古道

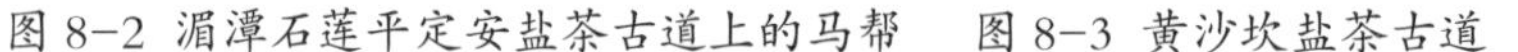

③ **土地垭古道**：土地垭石板道是旧时湄潭盐运的主要通道，亦是县城至西北部乡镇的主要道路（图8-4）。旧时进入湄潭的食盐，一是由涪岸沿乌江航运至袁家渡码头上岸进入湄潭南面市场；二是綦岸的食盐溯綦江上运至桐梓松坎起岸进入盐仓。从清乾隆年间到民国初期，湄潭食盐供应主要靠盐商自己组织挑夫到松坎起运，大户人家还组织马帮贩运。主要线路是翻土地垭古道，进入正安地界到松坎。盐商到松坎必然要将湄潭的土特产诸如茶叶等带到松坎交易，再由各地到松坎的商贾带出销往全国各地。土地垭古

道见证了湄潭数百年的风风雨雨，为旧时湄潭的盐茶互市起到了关键的作用。1941年遵义到铜仁的公路修通，土地垭古道失去原有作用而存留至今。

3. 余庆盐茶古道

余庆也有茶马古道遗迹：康熙《余庆县志》记载，“余庆当楚蜀之孔道”，即余庆是楚（今湖北）通往蜀（今四川、重庆）必经的道路。明万历年间贵州巡抚郭子章认为余庆上通滇云，下接楚沅，实属要津。为维护地方治安和传递公文之便，他在余庆县境内设置了“三驿”，驿站之间靠驿道相通。在古代，民间茶马古道与官方修建的古驿道往往是重合的，亦官亦军亦民。余庆境内古驿道主干线自西北往东南，经松烟、敖溪、大乌江、龙溪、白泥等镇，全长约为70km。但由于历时久远，古驿道损毁较为严重，目前，保存较为完整的主要在松烟、敖溪等镇。松烟境内古驿道约6km，驿道部分已毁，现存多为不规则青石条、青石板铺成。敖溪境内，自西北往东南全长20km余，其中保存较好的约有10km余，留存的驿道皆由青石条、青石板铺成。

（四）遵义边销茶

遵义地区很早就生产边销茶，《遵义府志》载：“五属惟仁怀产茶……其课本县输纳，多贩至四川各县。”这里的“四川各县”主要指川西少数民族地区。《习水县志》载：“习水县的土城明初产茶‘四十引’”“民国时期习水县主要生产边茶……因主销西藏等边疆地区，又称边茶，多属野生。习水县所产茶叶历来以边茶为主”。

虽然历史上遵义茶销往外地比较久远，但总体看来，产业没有形成规模，茶树栽培零星分散，产量少，商品率低，销售方式多为茶农在乡场上赶场时自行兜售。鸦片战争以后，遵义包括茶叶在内的农副产品外销量有所增加，仁怀的茶饼和珠兰香茶行销重庆和泸州等地。

二、中华人民共和国成立以后计划经济时期的茶叶购销

中华人民共和国成立以后，遵义的茶叶购销服从于全国的茶叶流通体制，在国家政策控制下大致可分三个阶段：1949—1952年，从自由购销到政府集中经营的过渡时期；1953—1984年，供销社与商业部门的计划管理时期；1985年茶叶流通市场化改革以后时期。

（一）基本购销政策

新中国成立初期，茶叶生产经营处于恢复发展时期，执行内销服从外销，有计划保证边销（即销边疆少数民族地区），适当安排省内销售政策。1965年前，供求矛盾突出，坚持优先保证出口，适当安排边销。1966年开始的“文化大革命”期间，茶叶被列为统

购物资，春茶期间一律不准上市，但禁而不绝，民间“黑市”交易茶叶依然存在。供销社所购绿茶，只能在公社以上机关与会议等特殊需要，经过审批后凭证购买，农民能在供销社自由购买的，只有从外地购进的由老茶树叶粗制加工成块的“砖茶”。实行内外销统筹兼顾，城市继续凭证限量供应。1974—1983年，实行保证边销、适当增加内销，积极扩大出口政策。1984年以来，除边销茶继续执行指令性计划外，其他茶类放开经营，敞开供应。商业经营体制放开后，遵义茶区茶叶市场交易活跃。

（二）实施过程

1950年，中国土产公司分公司成立，茶叶经营业务归土产公司。

1951年，中国茶叶公司西南区公司派员到贵州设立技术推广站传授红毛茶初制技术，并开始将在湄潭、仁怀、赤水等地收购的红毛茶全部调给重庆茶厂加工精制，拼入“川红”出口苏联和东欧国家。这一时期的茶叶营销，除“国营”外，多为私营商户、商贩承担。是年，遵义茶叶收购量占全省总量的10%。

1952年12月，茶叶收购由土产公司划归中国茶叶公司贵州办事处，贵州省商业厅决定在重点县建立茶叶机构。

1953年春茶上市前，即在湄潭县设立收购站开展茶叶收购工作，相继在遵义、绥阳等16个县设立直属收购站，开展茶叶收购业务，并陆续在全省推开。由供销社代购，按中国茶叶总公司核定茶样，对样定级，依质论价收购。并加强市场管理，防止私商抢购。同时开展南路边茶的生产与收购，桐梓、仁怀、习水、务川、赤水是全国定点的边茶生产基地县。

1954年10月，建立中国茶叶公司贵州省遵义营业处，推进茶叶收购调拨工作。是年，为扶持茶叶生产，保证收购计划完成，供销社采取发放预购定金的经济措施：从当年春茶上市开始，各地供销社就按规定同茶农商定收购数量和价格，签订预购合同，并按收购总值一定比例预付定金，茶农交售茶叶时扣除。预购定金的比例是细茶15%~25%，粗茶20%~40%，并规定交售茶叶1担，优待粮8~16kg。预购办法一直延续到1984年。

1955年实现全行业公私合营后，茶叶市场成为国营主导的市场。

1956年2月，遵义地区成立农产品采购局，茶叶属于五大商品之一，由地区农产品采购局专营。1956年12月24日，国务院规定，茶叶等物资仍由国营公司或委托供销社统一收购。1956年起，国家还对茶叶收购实行优待和奖励政策：收购茶叶实行粮食优待供应，每交售茶叶50kg，外销炒青茶优待粮食14kg，外销红毛茶优待粮食12kg，青毛茶优待粮食10kg，南边茶优待粮食5kg。1961年对茶叶实行奖售政策，每收购茶叶50kg，级内茶奖售粮食12.5kg，南边茶奖售粮食5kg，同年10月12日增加化肥奖售

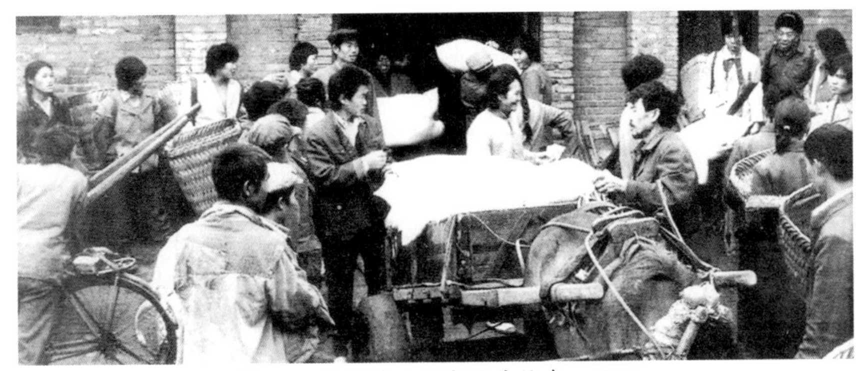

图 8-5 收购茶叶国家奖售粮食、化肥

50kg（图 8-5）。1962 年后，奖售标准适当下调。到 1985 年，仅保留南边茶奖售化肥，其他茶叶奖售停止。

1957 年 8 月 9 日，国务院进一步规定，凡属国家统一收购物资，不是国家指定的商店或商贩，一律不准收购。农民自留部分要卖也只能卖给国家，统一收购办法是由国家规定收购比例。完成收购计划后，允许在国家领导下的自由市场上交易。是年，贵州省人民委员会发布“物资分类管理”规定：第一类为国家统购物资，全部由国家计划收购；第二类为国营商业和供销社统一收购和派购，茶叶属第二类。该方式一直延续近 30 余年。

1959 年 2 月，中央决定对商品实行分三类管理。茶叶属于第二类农产品，实行合同派购政策，由国营商业和供销社统一收购，该项政策一直执行到 1984 年。1959 年全区茶叶收购达 1560t。但在极左思想的影响下，在收购中强调放高额卫星，搞大购大销，茶农放弃茶叶生产，造成大量茶园荒芜，产量大幅下降，货源严重不足。1961 年茶叶又划归新组建的中国茶叶土产进出口公司，由外贸局主管，县以下由供销社代购。在国家计划委员会管理的 14 种商品中，茶叶是其中之一。贵州主要农副产品购留比例：1961—1970 年国家收购 90%，生产队和社员留用 10%。

1958—1962 年，为适应扩大出口的需要，贵州红茶产区扩大，全省收购的红毛茶全部调给湄潭茶叶试验场，参照“川红”加工标准样加工精制，成为“黔红”出口成品茶，调给广东省茶叶公司出口。此期间红碎茶出口量增大，并且时常有催促产品的电报到茶场。湄潭茶场专门成立 60 多人的木工组，制作出口包装箱，以供应和满足出口茶叶产品的包装需要。1962 年全国茶叶会议确定了“保证边销适当增加内销，积极扩大出口”分配原则。为促进多产多收，还实行增加价外补贴 20%，提高奖售标准和增加奖售物资品种。并规定国营农场、垦植场、茶场生产的茶叶，除留下必需的样品和少量自用茶外，必须全部卖给国家，不得在市场上出售。

1971年9月，贵州省发布《关于农村集市贸易管理试行办法》，规定国家实行派购和统一收购的物资，在未完成国家派购和统一收购任务以前，除鲜蛋外，一律不准进入集市贸易。在完成国家派购和统一收购任务后，生产队集体单位出售的，只准卖给国家，社员出售的应优先卖给国家，亦允许进入市场。茶叶属此列。1979年3月，国务院指示，“国家有派购任务的产品，在保证完成派购任务的条件下，可以到集市上出售”。

1982年贵州省政府决定茶由外贸移交供销社经营。1984年6月，国务院批转《商业部关于调整茶叶购销政策和改革流通体制意见的报告》中明确规定：“边销茶继续实行派购，内销茶和出口茶彻底放开，实行议购议销。”文件颁布以后，茶叶流通领域开始允许国营、集体、个体商业及茶农经营茶叶，并且出现了茶叶交易市场。1986年，全区供销社经营品种只有边茶一种属二类商品。

（三）茶叶销售价格

茶叶销售价格，包括内部调拨价、批发价和零售价。1983年前概由省以上物价、供销社（商业）等领导部门审定，1984年起，边销茶仍执行指令性计划价，其余各类茶执行指导性价格。

（四）部分年份收购量

1982年，全区茶叶购进突破500t，仅社队茶场即交售超计划23.5%。国营茶场完成收购计划的155.12%。

1983—1987年，地区供销社系统以扶持乡村茶叶恢复发展生产为基础，以桐梓茶厂的精制加工为依托，实行茶叶经营体制改革，全面推行生产、加工、销售一体化的联合经营。全区茶叶产量上升到近5000t（含国营茶场），供销社收购量达2050t。

1988年，遵义地区供销社系统重点扶持郊区农民发展茶叶生产，垦复荒芜茶园44hm^2，新种茶园8hm^2，全区收购茶叶3181.4t；是年茶叶的收购金额为104万元，占全年农副产品收购总额的30%，成为郊区供销社的支柱商品。全区为发展茶叶生产，提供各种化肥2234t，饼肥4300t；运送生产用煤850t；生产柴油112t；提供资金125万元；举办技术培训13次，参训人员450人（次）。全区通过供销社扶持，垦复荒芜茶园237hm^2；新种茶园128hm^2；帮助组织良种125t；引进优良茶苗1800万余株。

1990年，遵义地区供销社共加工茶叶2423t。

1991年4月，为发展全区茶叶生产，搞好春茶收购，遵义地区供销社分配地区茶叶果品公司茶叶生产扶持肥200t，分配全区科技兴农专项用肥计划1000t，以推动农资科技兴农系列化服务示范点的发展。奖售（换购）化肥结算政策如下：边销茶按收购实际每吨奖肥250kg结算。

1993年，由于农副产品收购普遍下降，遵义地区供销社农副产品纯购进总值比上年下降34.3%，其中茶叶比上年下降44.2%，销售相应减少。

表 8-1　1952—1988 年遵义地区供销社茶叶购进数量统计（单位 /t）

时期	年份	数量	时期	年份	数量
恢复时期	1952年	24.4	第四个五年计划期间	1971年	866.35
第一个五年计划期间	1953年	69.35		1972年	1058.7
	1954年	479.4		1973年	902.7
	1955年	1502.7		1974年	843.2
	1956年	1150.95		1975年	947
	1957年	886.95	第五个五年计划期间	1976年	769.4
第二个五年计划期间	1958年	1097.1		1977年	954.15
	1959年	1559.9		1978年	1116.05
	1960年	1144.6		1979年	1005.6
	1961年	800.25		1980年	1420.8
	1962年	688.6	第六个五年计划期间	1981年	1242.1
调整时期	1963年	1131.3		1982年	1528.25
	1964年	870		1983年	2026.5
	1965年	946.7		1984年	3152.1
第三个五年计划期间	1966年	912.1		1985年	2507.4
	1967年	919.35	第七个五年计划期间	1986年	1925.6
	1968年	723.55		1987年	2040.6
	1969年	24.4		1988年	3181.4
	1970年	839.25			

注：《遵义地区志 供销志》上单位原为“市担”，上表按每市担50千克折算为“吨”。

三、改革开放以来的茶叶购销

1984年茶叶市场放开之后，供销社和商业部门不再统购统销，茶叶企业也从原来的国营农垦茶场、人民公社、生产大队和生产队集体所有的茶场逐步转变为“公司+基地+农户+加工+销售”一条龙模式且多数是私营企业，茶叶销售基本上都在政府相关部门的支持下由企业自主进行。本节通过部分县（市、区）几年的销售情况，可见遵义茶叶购销现状之一斑。

（一）市场拓展策略

助推茶产业发展，一个主要的动力源就是销售，全市茶企和各级政府在狠抓茶产品质量，认真做好食品安全管理工作的同时，都在茶产品销售上下了很大功夫。政府、企业共同努力，主要从三方面拓展市场：

① 鼓励茶企建立自己的销售网络和销售渠道：通过在省外建立销售渠道，即销售点、专卖店、店中店、专柜、代销点等形式销售自己的产品。以2014年为例，据不完全统计，全市在省外有销售点个数360个、其中专卖店185个、店中店47个、代销点519个。2013年4月，为了促进茶叶产业持续健康稳步发展，凤冈县出台政策鼓励茶叶企业积极向外拓展凤冈锌硒茶零售市场，凡是按照县里统一要求的标准在外地开设专卖店的，政府将根据门面大小给予2万~5万元不等的补助。市茶产业发展中心逐年都对销售网络有完整的统计，详见表8-2。

表8-2　2019年遵义市各县（市、区）茶叶销售渠道情况统计表

县（市、区）	茶叶企业建立销售渠道情况										其中进商超系统数	
	省内销售渠道					省外销售渠道					省内/个	省外/个
	销售点/个	其中专卖店/个	店中店/个	专柜/个	代销点/个	销售点/个	其中专卖店/个	店中店/个	专柜/个	代销点/个		
湄潭县	3681	160	1348	112	2061	3273	178	320	135	2640	350	60
凤冈县	3250	260	578	1162	1250	1021	97	104	329	491	833	329
正安县	118	48	11	26	33	42	13	5	9	15	27	8
道真县	7	4	2	0	1	107	3	4	0	100	0	0
务川县	34	29	1	0	4	6	2	0	0	4	0	0
余庆县	186	13	34	22	117	166	1	12	23	130	28	14
播州区	0	0	0	0	0	1	1	0	0	0	0	0
绥阳县	62	11	13	21	17	3	3	0	0	0	0	0
仁怀市	15	4	2	3	6	2	0	0	2	0	2	0
桐梓县	13	1	1	1	10	0	0	0	0	0	0	0
习水县	28	8	0	0	20	33	3	0	0	30	0	0
合计	7394	538	1990	1347	3519	4654	301	445	498	3410	1240	411

数据来源：遵义市茶产业发展中心[只统计数据不全为零的县（市、区）]。

② 通过各种媒体广泛宣传遵义茶：如电视、报纸、户外广告和高速公路广告等。行驶在贵遵、贵黄、贵新等贵州省内高速公路时，遵义地区茶叶品牌广告湄潭翠芽、凤冈锌硒茶、遵义红、栗香、兰馨等公共品牌与企业品牌广告在高速公路上同时亮相（图

8-6）。据不完全统计，遵义茶区每年投入在高速公路广告的费用达2000万元左右，不仅在贵州创下了首例，同时也开了全国同业先河。高速公路广告宣传策略的效果明显，茶叶企业年销售收入的增长幅度体现在销售额上涨上亿元。2013年7月，凤冈县启动锌硒茶车载广告，运用客运车辆的流动性，在100辆出租车、450辆客运车的车身粘贴了"凤冈锌硒茶""锌硒茶乡·醉美凤冈""贵州绿茶·秀甲天下"等标语，宣传凤冈县茶叶产业，这也是首例。2012年4月下旬至2013年4月下旬在《中华合作时报·茶周刊》上开辟为期一年的"名城美·名茶香"系列宣传活动。全市每年的广告宣传活动，市茶产业发展中心逐年都有完整的统计，详见表8-3；

图 8-6 高速公路上的凤冈茶叶广告

表 8-3 2019 年遵义市各县（市、区）重点品牌宣传推介（本级牵头组织）情况统计表

县（市、区）	电视媒体报道/次	电视媒体广告/条	电视媒体广告/次	报刊杂志报道/条	报刊杂志广告宣传/条	网络宣传报道/条	网络广告/条	辖区内高速公路沿线广告牌/块	流动广告（交通工具等流动媒体）/条	辖区内户外广告牌/块	辖区内户内广告牌/块
湄潭县	350	10	1200	400	350	1210	1500	165	520	3200	3100
凤冈县	170	365	1095	970	420	420	1200	23	270	96	520
正安县	186	38	95	42	68	120	135	27	20	22	17
道真县	5	0	0	5	0	10	0	0	10	20	10
务川县	8	25	5	10	25	20	15	2	3	8	40
余庆县	117	6	450	31	2	284	8	18	18	12	5
仁怀市	4	0	0	0	0	12	0	1	1	8	0
桐梓县	8	8	20000	0	0	600	600	0	600	20	5
习水县	2	1	2	1	2	2	2	0	0	4	1
合计	850	453	22847	1459	867	2678	3460	236	1442	3390	3698

注：1. 数据来源：遵义市茶产业发展中心［只统计数据不全为零的县（市、区）］；
2. 本表的宣传、报道及活动，只填写由本级牵头组织的，填报到县。

③ **大力推进电子商务进行市场拓展**：引导企业由传统销售向“互联网+”模式转型，通过产品的快速流通、缩短产品库存期、减少中间环节而获取利润；重点扶持龙头企业引进电商业务，从事网络销售服务；网络营销人才培养；保证产品质量，强化售后服务，提升电子商务的信誉和美誉度。

2015年，由遵义市供销社组建的“遵义供销电子商务有限公司”，与阿里巴巴集团合作建立了“淘宝·特色中国·遵义馆”电商运营平台，于4月下旬开始线上运行；8月1日“淘宝·特色中国·遵义馆”农特产品展示展销中心于开业线下投入运营，有20家名优茶叶企业入馆。2017年，贵州茶界“一节一会”开始正式启动网上茶博会，表明电子商务成为遵义茶叶销售渠道的重要组成部分。

据了解，目前，全市省级以上的龙头企业和部分市、县级龙头企业都有自己电商平台，遵义的茶叶产品已搭上互联网、大数据的时代高速列车进行销售。

④ **“国酒”带“黔茶”的营销模式**：2010年，贵州经典名特优产品经营有限公司国品黔茶运营公司提出以“国酒茅台·国品黔茶”专卖店为载体的“国酒带黔茶”的营销模式，包括国酒与黔茶联姻销售的旗舰店和国酒与黔茶加盟销售的连锁店。成功实施了黔茶品牌抱团闯市场的目的，局部上实现了名酒名茶平台共享、资源共享、网络互通。是年4月28日上海世博会开幕之际，贵州首家“国酒茅台·国品黔茶”旗舰店在上海徐汇区落成开业，日均黔茶销售额逾万元；8月，“国酒茅台·国品黔茶”旗舰店在内蒙古呼和浩特市开业，月均黔茶销售额逾15万余元。“国酒茅台·国品黔茶”联姻专卖系统已接纳贵州正安璞贵茶业有限公司、贵州湄潭兰馨茶业有限公司、遵义陆圣康源科技开发有限责任公司等多家遵义茶企业的名优绿茶产品，涵盖名茶产品及茶多酚、茶饮料等衍生产品。按贵州国品黔茶运营公司的规划，共同在北京、天津、山东等全国市场开设国品黔茶连锁专卖店，实现3年内在全国发展到34家国酒黔茶联姻旗舰店、500家加盟连锁店的规模（图8-7）。

图 8-7 呼和浩特市“国酒茅台·国品黔茶”正安白茶专柜

⑤ **开展各种形式的促销与茶文化传播活动**：从2009年开始的一年一度的盛会——“一节一会”，既是一种茶文化传播活动，也是一次很隆重的促销活动。2014年贵州省政府决定，从2015年起，每年“一节一会”都定点在湄潭中国茶城召开，既是遵义的荣誉，也是绝佳的商机。

⑥ **加大市场建设，创建宽阔的销售平台**：通过多方面的努力，全市茶叶销售取得可

喜成绩，详见表8-4（详见本章“第三节 市场建设与管理”）。

表 8-4 2019 年遵义市各县（市、区）茶叶销售基本情况统计表

县(市、区)	总销售数量 /t	总销售额 / 万元	按销售区域分					
			贵州省内销售		贵州省外销售		出口	
			销售数量 /t	销售额 / 万元	销售数量 /t	销售额 / 万元	销售数量 /t	销售额 / 万元
湄潭县	67525	578864.47	22600.095	298727.64	44444.905	276336.83	480	3800
凤冈县	47053.3	467720	22821.32	289954.4	22531.98	156765.6	1700	21000
正安县	6315.19	60886.26	960.03	13056.71	3778.24	45351.37	1576.92	2478.18
道真县	8241.55	73629.2	1703.6	14878	6520.8	58094.4	17.15	656.8
务川县	2711.4	25003.28	2148.59	22586.236	562.81	2417.044	0	0
余庆县	5480	48900	3240	28290	1866.05	13180	373.95	7430
播州区	2305.3	21634	301.345	989.2	2003.9554	20644.8	0	0
绥阳县	102.86	965	99.06	457	3.8	508	0	0
仁怀市	86	700	36	560	50	140	0	0
桐梓县	30	200	30	200	0	0	0	0
习水县	122.03	1008	15.1	401	106.93	607	0	0
汇川区	32.97	198	0	0	32.97	198		
新蒲新区	39.71	215.3	0	0	39.71	215.3		
合计	140045.3	1279924	53955.14	670100.2	81942.15	574458.3	4148.02	35364.98

（二）产茶县茶叶销售示例——凤冈

凤冈是茶叶大产区，每年春季省内外茶商大量云集，以县内茶青为原料的茶叶产品源源不断输送全国。主要生产锌硒绿茶和锌硒红茶。锌硒绿茶按外形分为卷曲形绿茶、颗粒形绿茶、扁形绿茶。卷曲形绿茶是凤冈的优势产品，该茶具有条索紧结、色泽绿润、汤色明亮、香高持久、滋味鲜爽、叶底鲜活的品质特征。凤冈茶叶生产与销售，目前仍以批发毛茶或订单加工为主；以成品包装茶销售的比率较小，有较大提升空间。

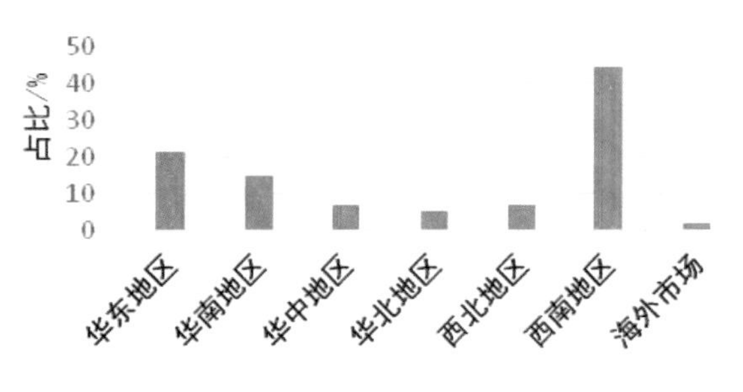

图 8-8 2018 年凤冈茶叶销售区域及比重

① **销售区域：**锌硒绿茶主要销往省内的贵阳、遵义、安顺等地和山东、江苏、浙江、安徽、广东、山西、陕西、四川、重庆等省份，高档名茶主

要销往上海、北京、深圳等大城市，锌硒红茶主要销往福建、广东和香港地区。部分茶叶产品间接或直接出口美国、德国、阿联酋、俄罗斯、蒙古及东南亚国家（图8-8）。

②**专卖店建设：**凤冈茶叶企业以专卖店、产品专柜方式在国内布局分销网络。至2019年底，已设立凤冈锌硒茶销售点省内3250个、省外1021个。

2019年，全年销售47053.3t，销售额467720万元，主要销往北京、上海、江苏、浙江、山东、广东、福建、湖北、湖南、重庆、陕西、甘肃。茶叶出口1700t，出口创汇2.1亿元，主要出口德国、俄罗斯等欧美国家和马来西亚等东南亚国家。

第二节　促销与茶文化传播活动

遵义市举办茶业博览会（以下简称“茶博会”）、茶文化节，组织茶业企业外出参加全国乃至境外的茶产业活动，起到了宣传遵义茶产业、促进销售和传播遵义茶文化的功效。本节所记述遵义市的促销与茶文化活动，包括市级主办及承办上级活动、外出参加活动、学术交流与专题宣传和县级茶文化活动。

一、市级及以上级别茶产业活动

遵义市主办、承办的市级及以上的促销与茶文化传播的会展和文化活动，主要如下。

（一）举办茶博会系列

1. 遵义市首届名优茶品评会暨黔北茶文化研讨会

1999年6月18—19日，“遵义市首届名优茶品评会暨黔北茶文化研讨会”（以下简称“名茶两会”）由遵义市政府主办，湄潭县政府承办。参会人员先后参观考察了大众商贸城茶叶产销市场、浙大西迁历史陈列馆、茶文化书画摄影展览、湄潭建设成果展览、永兴万亩茶海和核桃坝茶叶专业村，观看“茶乡之夏”文艺演出。还举办湄江诗草会和《诗刊》编辑部中国青春诗会贵州湄潭创作会。会议期间，与会人员观看茶艺表演，并举行座谈，重点对遵义和湄潭茶产业发展和茶文化研究提出课题和建议。

活动期间，由国务院学位委员会、中国茶叶学会、中国茶叶协会、省茶科所、四川省农科院茶叶研究所的专家组成“遵义首届名优茶评审会”，对湄潭等七县（市、区）的44件茶样进行严格评审，评选出“湄潭翠芽”等黔北名优茶，湄潭翠芽一级等6个产品分别获奖。

来自京、豫、湘、浙、川等地和贵州省内的专家学者80余人，对黔北茶文化进行研讨，共收到论文20余篇。“名茶两会”招商引资7个项目，资金达1300余万元。上到中央，下到地方省、市、县有关新闻单位对活动进行宣传报道。

2. 贵州首届茶文化节

2005年5月28—29日，由贵州省政府研究室、遵义市政府、贵州省茶叶协会主办，凤冈县承办的“贵州省首届茶文化节”在凤冈县举行，来自省内外的茶叶专家和来宾600多人出席（图8-9）。期间开展贵州省各地企业的茶叶产品展销活动；并举办“贵州省第一届十大名茶评选”，湄潭翠芽、遵义毛峰、湄江翠片、凤冈锌硒茶等被评为“贵州十大名茶”；举行由中华茶界高端人士、省内外茶叶专家参加的“凤冈锌硒有机茶点评会”和“贵州省第二届茶艺茶道大赛”，凤冈锌硒绿茶茶艺表演获一等奖；并到永安田坝村茶园观光等活动。

图8-9 贵州省首届茶文化节（凤冈）

3. 中国西部春茶交易会暨第二届贵州茶文化节

2006年5月18日，由贵州省政府、国家旅游局、中国茶叶学会、中国茶叶流通协会、中国国际茶文化研究会主办，贵州省委宣传部、贵州省文化厅、贵州省旅游局、遵义市委、遵义市政府、贵州省茶叶协会、湄潭县委、湄潭县政府承办的“中国西部春茶交易会暨第二届贵州省茶文化节”在湄潭县开幕（图8-10）。

图8-10 中国西部春茶交易会暨第二届贵州茶文化节

开幕式上，全体人员观看“多彩贵州”大型文艺演出，之后，在“贵州·湄潭西南茶城”举行“中国西部春茶交易会开市剪彩仪式”。是日晚，在茶乡广场举行“湄潭翠芽之夜”品茗晚会，湄潭茶艺队表演“风雅湄江·新茶、采春”。

活动主要内容有第三届西部茶业论坛、“十佳采茶能手”和“十佳制茶能手”大赛、龙舟大赛、书画摄影大赛、茶艺展示、茶叶职业技能大赛、中国西部春茶交易会、第二届“贵州省名优茶”评审、旅游观光、商贸洽谈等。活动期间，中国茶叶学会、中国国际茶文化研究会和中国茶叶流通协会给“中国西部茶海特色经济联合体”“中国·西部茶业论坛”“中国国际茶文化研究会民族民间茶文化研究中心”授牌；贵州省茶叶协会公布2006年“贵州省名优茶”评审结果；上海大世界基尼斯总部向湄潭大川商贸有限公司颁发“基尼斯纪录天下第一最大茶壶”证书；在茶乡广场举行“湄潭翠芽之夜”品茗晚会，宾主一起品香茗、赏茶艺、观焰火，欣赏“风雅湄江·新茶、采春”文艺表演。

5月19日，来自全国各地的近300名茶叶专家、学者、茶叶企业代表参加“第二届中国·西部茶业论坛”，于观亭等12位学者作重点发言。

4. 中国西部茶海·遵义首届春茶开采节

2007年3月31日，由贵州省环保局、遵义市政府、贵州省茶文化研究会、贵州省茶叶协会主办，凤冈县政府、湄潭县政府、余庆县政府、省茶研所承办，务川、正安、道真等县协办的“中国西部茶海·遵义首届春茶开采节”在凤冈县田坝茶区的贵州凤冈黔风有机茶业有限公司院内开幕。

此次活动主题为“生态·环保·茶文化，绿色健康带回家”。活动首次将环境保护宣传教育与茶产业发展有机相结合，是贵州省开展环保公众参与的一次新尝试，是一次以茶兴旅、以文化兴产业的盛会。开幕式结束后，举行了大型文艺演出。来自省内外的专家、客商和新闻单位代表参加“凤冈探秘论坛”等内容为主的多项茶事活动。

5. 中国西部茶海·遵义·茶文化节暨余庆首届旅游节

2008年4月28—29日，由遵义市政府主办、余庆县政府承办的“中国西部茶海·遵义·茶文化节暨余庆首届旅游节”在余庆县城拉开帷幕（图8-11）。开幕式上举行文艺演出，6000多人表演以“苦丁飘香·余庆欢歌”为主题的大型文艺节目。余庆县以承办“中国西部茶海·遵义茶文化节”为契机，举办“余庆首届旅游节”并开展交流活动，展示余庆县的产业特色、旅游资源、民俗风情。“双节”期间，还举办“遵义市第二届春茶开采节余庆采茶大赛”“余庆小叶苦丁茶产品开发与市场营销论坛”等8个系列活动。

图8-11 中国西部茶海·遵义·茶文化节暨余庆首届旅游节

6. 2009中国贵州国际绿茶博览会

图 8-12 2009 中国贵州国际绿茶博览会

2009年7月28—29日，由贵州省政府、中国茶叶流通协会主办，遵义市政府和贵州省农业委员会承办，贵州各市（地、州）政府（行署）、贵州省商务厅、贵州省旅游局、贵州省供销合作社、贵州日报报业集团、贵州省茶文化研究会、贵州省茶叶协会等协办的“2009中国贵州国际绿茶博览会”在遵义市凤凰山会展中心广场举办开幕式（图8-12）。全国有289个茶企参展，其中贵州省茶企204个。

会议以“贵州绿茶·秀甲天下”为主题。会议期间开展茶艺表演、茶类产品展示展销暨经贸洽谈、茶文化展示、广场及湘江河两岸万人品茗、茶乡之旅和贵州茶业发展高峰论坛等活动。此次茶博会开通官方网站“魅力茶博会”，通过该官网可获得茶博会的最新信息，有图文报道、视频展示，也是“贵州绿茶”的展示平台，“通过识茶、访茶、论茶、评茶、问茶”几大板块从知识层面、文化层面、旅游层面展现贵州绿茶独特魅力，专门开通的“网上品茗”板块可以“以茶会友”。

“贵州绿茶高峰论坛”上，中国国际茶文化研究会、中国茶叶流通协会、中茶所、中华全国供销合作总社杭州茶叶研究院、浙大农业及生物技术学院、浙江农林大学茶文化学院，以及贵州省茶叶学会、贵州省茶文化研究会、省茶研所等省内外专家、学者和来自全国22个省份及香港地区的茶商和贵州各产茶重点县的政府官员、茶企业负责人等，就秀甲天下的贵州绿茶之悠久历史、优异品质、发展前景进行论证，并达成贵州产茶历史悠久、贵州绿茶天生丽质和贵州绿茶前程似锦的共识。从29日起，参会人员在全省9个市（地、州）开展茶乡之旅活动。会上公布“2009年贵州十大名茶”，湄潭翠芽、凤冈锌硒茶、春江花月夜明前毛尖、绿宝石等三大品牌分别获“贵州省十大名茶”称号。“遵义红”获“贵州十大名茶”评比特别奖。

7. 第六届中国茶叶经济年会暨2010中国贵州国际绿茶博览会

2010年10月28—30日，由贵州省政府、中国茶叶流通协会、中国国际茶文化研究会联合主办，遵义市政府、贵州省农业委员会承办的“第六届中国茶业经济年会暨2010中国贵州国际绿茶博览会”在遵义市凤凰山会展中心举行（图8-13）。

大会主题是“绿色·共赢·可持续发展”和“贵州绿茶·秀甲天下”。此次茶博会是当时全省作为茶叶生产区所举办的规格最高、规模最大、影响最广的一次全国性茶事盛会。活动以茶叶主产县、茶叶企业集群式参与的形式，展示贵州绿茶的优质、安全、绿色生态优势，整体推介黔茶品牌，提升黔茶的知名度、美誉度和市场竞争力。会期举办第六届中国茶业经济年会主题报告会、茶类产品展示展销及经贸洽谈会、中国茶叶流通协会第四届第四次理事会及行业热点专题研讨、中国茶叶可持续发展论坛、万人品茗、参观考察暨茶乡之旅等活动。大会表彰中国茶叶流通协会评选的“2010年中国茶叶行业年度经济人物”“百强企业”“全国产茶特色县”和“全国产茶重点县”，贵州省茶叶协会宣布“贵州五大名茶”“贵州三大名茶”评选结果，湄潭翠芽、凤冈锌硒茶分别名列第一、第三。在凤凰山广场及湘江河畔举行“万人品茗”活动。展会凸显科技展区看趋势、主题展区看流行、组团展区看特色、紫砂展区看精品、茶艺大赛看时尚、互动体验看营销的六大亮点。境外的印度英格麦卡巴里红茶公司、科特迪瓦贸易总公司2家企业参展、省外60余个县（市、区）政府代表团、110家企业和单位及省内200家规模加工企业参展。茶博会展区总面积超过4000m^2。现场签约11个招商引资项目，合作资金81.4亿元。

图 8-13 第六届中国茶业经济年会暨2010年中国贵州国际绿茶博览会

在2010第六届中国茶业经济年会上，遵义市被授予“中国高品质绿茶产区”称号。

8. 2011年中国·贵州遵义茶文化节

2011年4月18日，由遵义市政府、贵州省总工会、贵州省农业委员会主办，凤冈县政府、遵义市总工会、遵义市农业委员会承办的“2011年中国·贵州遵义茶文化节”在凤冈县永安镇田坝村举行（图8-14）。首先在仙人岭茶圣广场举行茶圣陆羽塑像揭幕仪式、宣读《陆羽塑像记》，宣读完毕后，大家欣赏《茶经》片段朗诵；接着举行“2011年中国·贵州遵义茶文化节”开幕式；开幕式结束后，举行祭茶大典。祭茶大典后，依次举行上千人茶乡体验采茶乐趣采茶体验活动、贵州省首届采茶制茶工技能大赛、凤冈县招商引资签约仪式、贵州贵茶黔凤公司2000t有机绿茶扩建设项目奠基仪式、中国茶业发展高峰论坛、颁奖活动、篝火晚会、百佳茶馆品茗交流活动。

图 8-14 2011 年中国·贵州遵义茶文化节

9.2014第十三届国际茶文化研讨会暨中国（贵州·遵义）国际茶产业博览会

2014年5月28—30日，由贵州省政府、中国国际茶文化研究会、中国茶叶流通协会主办，遵义市政府、贵州省农业委员会承办的“第十三届国际茶文化研讨会暨中国（贵州·遵义）国际茶产业博览会”在湄潭“中国茶城”举行（图8-15）。这次大会主题是“复兴中华茶文化，振兴中国茶产业”。会议期间，分别举行文艺演出、招商引资签约、茶与酒行业高端对话、茶区考察、茶艺大赛、万人品茗、颁奖大会等活动与茶类产品、茶叶机械加工、茶食器皿展示展销。

图8-15 2014年国际茶文化研究会暨中国（贵州·遵义）国际茶产业博览会万人品名活动

活动期间，万人品茗活动将在位于湄潭县城的中国茶城和遵义市城区凤凰山广场2个地点同步举行，在中国茶城设立75个品茗位，在凤凰山广场设立50个品茗位，组织遵义市区茶商、企业参与，供市民、客商品茶、买茶。突出宣传贵州省委、省政府确定的都匀毛尖、绿宝石、湄潭翠芽和遵义红“三绿一红”四大品牌。

10.2015中国（贵州·遵义）国际茶文化节暨茶产业博览会

2014年9月，贵州省政府决定，从2015年起，每年一度的“一节一会”在遵义湄潭县举办。力求以国际茶业盛会的形式，搭建平台、促进交流、增强合作，努力把贵州建成在品种、品质、品牌上具有国内外影响力的茶业大省、茶业强省，强力推动全省茶产业又好又快、更好更快发展。“一节一会”由贵州省政府、中国国际茶文化研究会、中国茶叶流通协会主办，遵义市政府、贵州省农业委员会承办。

2015年5月29日，“一节一会”在湄潭“中国茶城”举行（图8-16）。该届茶博会广邀嘉宾，其中有贵州省直相关部门、各市（地、州）代表团和中国国际茶文化研究会、中国茶叶流通协会同仁以及众多知名专家学者出席，有来自美国、德国、意大利、俄罗斯、韩国、肯尼亚等国家的友人和世界各地的涉茶外宾，全国各地的中国茶叶流通协会会员代表、主要产茶地政府代表团、全国知名茶馆

图8-16 2015中国（贵州·遵义）国际茶文化节暨茶产业博览会（湄潭）

经理、全国70多个茶叶专业市场、省内外有较大影响力的茶叶经销商、茶叶机械生产厂商以及主要新闻媒体记者等参加。

本届会议以“多彩贵州·生态茶香”为主题，突出“生态、绿色、安全”主题，实行“会节同办”，本次活动安排了11项主要内容，包括开幕式、中国茶叶市场发展高峰论坛暨贵州西部农产品交易中心“遵义红、湄潭翠芽”上市仪式、中国茶叶流通协会、中国茶叶市场专业委员会年会、“标准与中国茶叶的未来”论坛、贵州省第六届茶艺大赛、“多彩贵州·最美茶乡”图展、茶业博览、酒类博览、招商引资签约仪式、茶旅一体化参观考察活动、贵州古茶树茶叶品鉴暨茶文化遗产保护与利用高端论坛。

11. 2016中国·贵州国际茶文化节暨茶产业博览会

2016年4月18—21日，2016年“一节一会”在湄潭县、凤冈县、余庆县举行，湄潭县中国茶城为主会场，余庆二龙、凤冈田坝为分会场（图8-17）。

图8-17 2016中国·贵州国际茶文化节暨茶产业博览会（湄潭）

整个活动共设置开幕式、“生态茶乡·心灵之旅”考察、“中国现代茶业从这里走来”高峰论坛、“中国茶叶精深加工暨标准化”论坛、“茶与山地生态旅游·茶与休闲养生”论坛、“东有龙井·西有凤冈”品牌文化交流论坛、“黔茶出山”展示展销、国际茶叶采购商大会、全国手工绿茶制作技能大赛、2016中国茶产业商业模式创新研讨会暨中国茶叶流通协会电商专委会年会、“圣地茶都·万人品茗”活动、百名知名作家书画家摄影家及媒体记者茶乡行等12项子活动。其中全国手工绿茶制作技能大赛是首次在遵义举办。为配合整体活动开展，湄潭县配套建设完成了贵州茶博会展中心、翠芽27°景区；余庆县建设了余庆二龙拉幕会场举办“中国茶叶精深加工暨标准化”论坛；凤冈县建设了田坝仙人岭拉膜会场举办“东有龙井·西有凤冈”品牌文化交流论坛。大会组委会还特别聘请了中国工程院院士、中茶所研究员陈宗懋、当代茶学泰斗张天福等10位国内外知名人士作为贵州茶文化大使，以扩大贵州茶产业及茶文化知名度及影响力。

12. 2017中国·贵州国际茶文化节暨茶产业博览会

2017年4月28—30日，2017年“一节一会”在湄潭县、凤冈县、余庆县同时举行，大会开幕式在湄潭县“茶博会展中心”隆重举行（图8-18）。贵州省市有关领导、中国工程院院士陈宗懋等专家出席，出席大会的来自美国、法国、澳大利亚、印度、德国、非洲、菲律宾等国的外宾多达200多人，参加活动嘉宾多达3000人。开幕式上农业部向贵州省授予“贵州绿茶”农产品地理标志，中国书法家协会向湄潭县赠送“百茶卷”，中国茶叶流通协会常务副会长王庆为2017年全国茶叶加工职业技能竞赛特等奖获得者颁奖。

图 8-18 2017 中国·贵州国际茶文化节暨茶产业博览会（湄潭）国际茶叶采购商大会

此次“一节一会”主题为“醉美茶香·养生天堂”。会期举行了2017年全国茶叶加工职业技能竞赛（升级为国家级二类竞赛）、国际茶叶采购商大会、大扶贫大数据与贵州茶产业高峰论坛、网上茶博会（首次设置）、展示展销、万人品茗、国际茶叶采购商贵州行及茶旅考察、“南方有嘉木”茶文化碑林揭幕、“盛世经典·茶香万里”大型经典朗读会、分会场活动、茶文化活动等。其中凤冈县分会场活动包括了春茶开采节暨祭茶大典、世界瑜伽大会、全国有机农业高峰论坛及“东有龙井、西有凤冈”浙黔两地茶商茶企交流活动等；余庆县开展青山绿水迎宾客、名家齐聚话茶事、茶山情歌飘万里、茶海健身齐相聚、花谷茶香赏雅乐、宝石芬芳秀茶韵等系列活动；正安县开展“正安白茶品牌建设”研讨会和“春茶采茶比赛暨知青茶园观光”活动；道真县开展产品展示、品茗活动、文艺演出、茶艺表演、摄影展及“三幺台”茶席展示等活动；务川县开展制茶大赛和品茗活动；遵义市政府金融办在浙商大酒店开展“金融助推茶产业发展恳谈会”。茶文化活动包括了翰墨书香品人生——中国著名书法家茶乡行活动（现场制作“百茶图”等），“茶乡书香”大型经典诵读活动，《村支书何殿伦》首映仪式，《贵州茶产业发展报告（2016年）》蓝皮书媒体见面会等活动。

本届“一节一会”的一个亮点是首次依托“互联网+”技术同步开展网上茶博会。自3月16号启动以来，网上浏览量已达2300多万人，成交额接近1000万元。活动期间，主办方还将开展网上茶博会砍价、春茶网络茶王评选大赛等活动，并在天猫、微信、京东、苏宁易购、贵州电商云等平台进行销售。

2017年3月16日下午，遵义市商务局牵头、遵义市供销合作社联合社策划执行的“2017中国·贵州国际茶文化节暨茶产业博览会·网上茶博会”启动仪式在贵阳市举行。此次网上茶博会结合国家“互联网+”及贵州省委、省政府提出的“贵州绿色农产品风行天下”战略，以“绿色黔货·风行天下”为主题，依托即将举办的2017“一节一会”，在阿里巴巴（淘宝、天猫）、微信、京东、苏宁易购、茶博会官网、贵州电商云、云上遵义、地标商城、贵州好货源等网上渠道进行茶叶展销，并根据网络销售、网友评比、专家评审，选出今年的贵州春茶网络之星。此次网上茶博会不仅开通了网络设展，还开设“网上拍卖”专区，获得制茶大赛三等奖以上的茶叶产品进行网上公开拍卖，所获得资金用于公益事业。让网友不仅能在网上逛茶博会，还能参与茶业网上拍卖。除此之外，线上线下O2O智慧展区也在茶博会官网上开启。网友通过扫描实体展位上参展企业的二维码，就能进入到该企业的网上展位。不能参与茶博会现场的网友，通过茶博会官网就能实现网络实景浏览、线上购买、抢拍、秒杀贵州春茶活动。4月21日上午，市供销合作社承办的“万人品茗活动”在凤凰山文化广场、遵义纪念公园举行。此次活动是2017年“一节一会”的预备活动，旨在倡导“茶为国饮”，普及茶知识，弘扬茶文化，引导消费者健康饮茶、科学饮茶，营造“知茶、爱茶、饮茶”的良好氛围。活动组织了遵义主要产茶区的117家企业参加，包括“遵义红”和“遵义绿”知名品牌的大部分生产商和经销企业，共设品茗位120个。并由“一节一会”组委会委派110名茶艺师，统一着茶人服，冲泡参展企业今年新出的明前茶，向市民朋友和远道而来的客人现场表演茶艺。参展企业除了展示自己的茶叶，个别企业还有茶器、茶具和茶系列产品展示。同时，现场还举行了书画活动、“生态茶香·养生天堂”图片展、“感恩园丁——我敬老师一杯茶”等主题活动。

13.2018中国·贵州国际茶文化节暨茶产业博览会

2018年5月5—8日，2018年“一节一会”在湄潭县茶博会展中心举行。活动以“多彩贵州·最美茶乡”为主题。相关领导及部门负责人，各市（地、州）中国国际茶文化研究会、中国茶叶流通协会以及知名专家、学者出席，有来自联合国粮农组织政府间茶叶工作组、意大利茶叶协会、美国茶叶协会、肯尼亚茶叶局、茶叶道德合作联盟（ETP）、联合利华、英国川宁，以及俄罗斯、德国、日本、法国等国家和中国台湾的知名茶企负责人及涉茶外宾，全国各地知名的茶叶经销商和茶馆经理、省外部分政府代表团、旅行社负责人以及新闻媒体记者等，共计2000余人齐聚遵义。

开幕式上，中国茶叶流通协会发布贵州茶产业竞争力报告；中国国际茶文化研究会发布贵州茶文化竞争力报告；联合利华（中国）有限公司致辞；中国茶叶流通协会授予遵义市“中国茶叶出口最具竞争力产区”匾牌；中国国际茶文化研究会授予“贵州茶工业博物馆”为“中国茶工业博物馆”匾牌（图8-19）。

图8-19 2018中国·贵州国际茶文化节暨茶产业博览会中国国际茶文化研究会会长周国富同志向湄潭县授予“中国茶工业博物馆”匾牌

大会和论坛活动有：第三届国际茶叶采购商大会暨贵州省茶产业招商引资签约仪式、茶产业高端论坛暨立顿牌“遵义红”新产品发布会、中日韩茶叶企业家交流活动、万人品茗暨贵州绿茶第二届全民冲泡大赛、网上茶博会、展示展销和参观考察活动。

为充分展示贵州省良好的生态环境、美丽迷人的新农村风貌、精心打造的茶旅景区、林茶相间的连片生态茶园基地，在“一节一会”期间，安排了采购商及嘉宾参观考察活动。一是会期集中考察。由执委会组织参会采购商及嘉宾分批分线路对湄潭县境内茶叶基地、茶产业文化、茶旅一体及茶叶生产企业进行考察。二是会后自主考察。由有合作意愿的企业，在集中考察之外自行赴省内各茶区、茶企考察。

14. 第11届中国・贵州国际茶文化节暨茶产业博览会

2019 年 4 月 19 日，2019 年“一节一会”在湄潭县茶博会展中心主会场隆重开幕（图 8–20）。

图 8–20 2019 年第 11 届中国・贵州国际茶文化节暨茶产业博览会（湄潭）

本届大会由贵州省政府、中国国际茶文化研究会、中国茶叶流通协会主办，中共贵州省委宣传部、遵义市政府、贵州省农业农村厅、贵州省商务厅承办。以“黔茶出山风行天下”为主题，于4月18—20日期间陆续开展“春来喜看贵茶绿”系列主题宣传活动启动仪式、第四届国际茶叶采购商大会暨“黔茶出山・风行天下”高端峰会、2019年“穿越茶海”马拉松赛等相关活动。

其中，第四届国际茶叶采购商大会暨“黔茶出山・风行天下”高端峰会包含主旨演讲、中外高端对话、第四届国际茶叶采购商签约仪式、发布《亚洲茶叶国际合作（遵义）宣言》；贵州春茶拍卖暨茶文化展示包括贵州春茶拍卖和茶文化展示；2019年“穿越茶海”马拉松赛包括比赛规模3000人，赛程42.195km；全国职业技能大赛为“遵义红”杯全国手工绿茶制作技能大赛；展示展销组织省内外及部分国外茶叶生产企业和涉茶企业500家以上，在茶博会展中心进行茶及茶系列产品展示展销，在中国茶城设有专馆的遵义市8个县（市、区）及中国茶城近500家经销商自行组织茶叶、茶具、茶文创产品展示展销；国际盆景赏石大会遵义选拔赛及展示；利用“互联网+”开展网上茶博会，包括网上宣传、网上销售、线上线下O2O智慧展区等系列活动。企业产销洽谈活动内容：一是各参会采购商、经销商与贵州省各茶叶企业对接洽谈；二是省内各龙头企业分别对接采购商、经销商到各自企业洽谈、合作。

（二）外出参加或联合主办活动

除在本地主办各种会议和活动外，遵义市还组织企业参加北京、上海、重庆、济南、西安、深圳等主销区茶业活动，积极参加“丝绸之路·黔茶飘香”系列推介活动及北京和上海等春季品茗活动，支持各茶叶主产县到省外主要目标市场的公园、茶城、社区、商业广场等地开展品茗推介。据不完全记载，有以下活动。

1. 第五届中国国际茶业博览会

2008年10月，“第五届中国国际茶业博览会”在北京举办。会议期间，贵州省农业委员会和遵义市政府在北京王府井步行街举办“贵州绿茶·秀甲天下，黔茶精品北京推介暨万人品茗会”。

贵州绿茶获全国17个绿茶金奖中的10个，其中遵义获5个金奖1个银奖。

2. 第九届广州国际茶文化博览会

2008年11月20日，“第九届广州国际茶文化博览会”在广州举办。博览会期间，贵州在广州举办黔茶推介活动，贵州绿茶获博览会的全部14个金奖，贵州寸心草有机茶业有限公司锌硒贡芽、锌硒毛峰和贵州凤冈县仙人岭锌硒有机茶业有限公司“仙竹”茶叶等遵义茶叶获金奖。

3. “贵州绿茶·秀甲天下”万人品茗活动

2009年4月3日，由贵州省农业厅、中国土产畜产进出口有限责任公司主办，为期10天的“贵州绿茶·秀甲天下”万人品茗活动在北京玉渊潭公园拉开帷幕。湄潭、凤冈两大产茶县7家企业组成的代表团参加此次活动，给京城百姓带去了兰馨雀舌、遵义毛尖、湄潭翠芽、绿宝石等名贵绿茶。

4. 首届香港国际茶展

2009年9月14日，“首届香港国际茶展”举行，贵州凤冈黔凤有机茶业有限公司出品的“春江花月夜”、贵州寸心草有机茶业有限公司出品的“寸心草”茶叶，因其香高持久、鲜爽醇厚和新颖的包装，吸引了广大香港市民前来品饮和购买，不到半天工夫，该公司带去的茶叶就销售一空。

5. 第六届中国国际茶业博览会

2009年10月，“第六届中国国际茶业博览会”在北京中国国际贸易中心展览大厅举行，贵州省政府副省长禄智明为贵州展馆解说，中国工程院院士陈宗懋对此给予高度评价。共有10个国家的上百支茶叶参加，名优茶评选绿茶类评出25个金奖，贵州获8个；其中遵义4个：湄潭、凤冈各1个，正安2个。

6. 第二届中国（深圳）国际茶业文化博览会

2009年12月，应“第二届中国（深圳）国际茶业文化博览会”组委会邀请，遵义市12家茶叶企业组团参加（图8–21）。会上，中共遵义市委副巡视员黄天俊代表遵义市作《好山·好水·好茶》的主题演讲，介绍全市茶产业得天独厚的自然优势和发展情况，并邀请广大茶界朋友到遵义投资兴业，品茶论道。

图 8–21 2009 年，第二届中国（深圳）国际茶业文化博览会上黄天俊介绍遵义茶

博览会期间，贵州省农业委员会和遵义市政府共同主办“贵州绿茶·秀甲天下”深圳万人品茗活动，遵义市12家企业向广大深圳市民发放企业宣传资料。

7. 2011 中国·贵州国际绿茶博览会

2011年7月8—10日，由农业部、贵州省政府主办，贵州省农业委员会、贵阳市政府承办的“2011中国·贵州国际绿茶博览会”在贵阳举办。其间，贵州省湄潭县栗香茶业有限公司在品茗推介活动中，近4万人员品尝湄潭茶，现场实现近30万元的销售，与经销商签订近500万元的协议。栗香茶业公司生产的妙品栗香、湄潭翠芽获“2011中国·贵州国际绿茶博览会”指定礼品茶。

此次交易会是全国唯一以农业产业化命题的盛会，交易会聚集参展企业800家。栗香茶业代表湄潭茶叶行业参加此次交易会。

8. 2011年上海、西安茶博会和上海万人品茗活动

2011年依次组织参加3个茶业盛会：中国（上海）国际茶业博览会、上海人民公园万人品茗活动和第五届中国西部国际茶业博览会（西安），按贵州省农业委员会组委会的安排，湄潭、凤冈、余庆的15家茶企分别参加了这3个盛会，在贵州特色展位与各界茶文化爱好者和经销商进行交流，全方位展现了贵州茶产业文化快速发展的蓬勃气势。

9. 2012 中国·贵州国际绿茶博览会

2012年7月13日，由贵州省政府主办、农业部支持，贵阳市政府、贵州省农业委员会承办，贵州各市（地、州）政府、省直有关部门联合协办的“2012中国·贵州国际绿茶博览会”在贵阳国际会展中心拉开帷幕。此届贵州茶博会继续以“贵州绿茶·秀甲天下”为主题，在3天时间里，开展集中展示、交易、品茗、论坛、经贸洽谈、考察、推介等活动。务川县的高原春等7家茶叶企业依次在各自展位上展出企业的招牌茶产品。

10. 2013中国·贵州国际绿茶博览会

2013年8月29日至9月1日，由农业部和贵州省政府主办，贵州省农业委员会和贵阳市政府承办的“2013中国·贵阳国际特色农产品交易会”“2013中国·贵州国际绿茶博览会”在贵阳同期举行。在全省五大品牌的特展区中，遵义占2个。

此届展会分别以“生态贵州·绿色产品”“贵州绿茶·秀甲天下”为主题。遵义市共组织湄潭、凤冈、余庆、正安、仁怀、习水等县（市、区）的36家企业参展，主推湄潭翠芽、凤冈锌硒茶、余庆小叶苦丁茶、正安白茶以及遵义红等。湄潭县国家级龙头企业贵州省湄潭县栗香茶业有限公司在开幕式期间举行《黔茶盛典》首发仪式。

11. 2013中国国际茶业博览会

2013年6月17—19日，“2013中国国际茶业博览会”在北京农业展览馆举行。贵州凤冈县仙人岭锌硒有机茶业有限公司在北京马连道国际茶城开店后，促进公司整体形象的升级，也让“凤冈锌硒有机绿茶”落户北京市民的家中。

12. 2016中国（上海）国际茶业博览会

2016年5月17—22日，遵义市政府组织市政府办、市农委、市茶产业发展中心、市茶协、市茶文化研究会相关负责人、湄潭县分管领导、产茶县茶办主任，组织10家龙头茶企业，组团参加了的中国（上海）国际茶业博览会。

这次参展采用“政府搭台，协会组织（服务），企业唱戏”的参展方式，通过遵义市茶协、市茶文化研究会广泛收集企业需求信息，积极与上海市茶协和上海茶博会展会服务公司多次对接，获得优势展位和首家召开推介会的机会。

遵义市在展会期间第一个召开推荐会，吸引了40余位茶商和解放日报、土豆网、上海有线电视台等8家媒体记者参加，部分人员甚至在会场边一直站着，直到推介会结束。通过精心准备，遵义市的精彩推荐获得广大参会者普遍认可，现场提问不断，参会人员在会议结束后立即赶到遵义展点了解和品尝遵义茶叶，对湄潭翠芽、遵义红、凤冈锌硒茶、正安白茶、余庆小叶苦丁等赞不绝口。

作为贵州省唯一的地州参展单位，高品质的遵义茶获广大茶商和参观市民高度肯定，成为参展现场人员最多的展点之一，现场销售茶叶30余万元。余庆县构皮滩茶业有限责任公司、贵州凤冈县仙人岭锌硒有机茶业有限公司、贵州琦福苑茶业有限公司、贵州金科现代农业发展有限公司等参展企业，分别与上海好成食品发展有限公司、苏州工业园区苏茶网络科技有限公司、上海古峰茶业有限公司等签订意向合作800余万元，众多茶商提出将到遵义实地考察。

通过参加上海茶博会，不仅更好地宣传了遵义的茶业品牌，同时借助这种国际化的展销平台让政府、企业能够更直接、全面地了解市场需求，并通过与全国各地的龙头企业开展交流，学习先进经验，促进遵义市茶产业更好更快发展。

13. 2017北京国际茶业展·马连道国际茶文化展·遵义茶文化节

2017年，遵义市政府中国茶叶流通协会、北京市西城区政府在北京展览馆联合主办了“2017北京国际茶业展·北京马连道国际茶文化展·遵义茶文化节”。期间举办了8场市、县两级茶文化暨茶旅游推介活动，提升遵义茶在北京的知名度。以“圣地茶都·醉美茶香”“游红色圣地品茶香遵义”为主题，搭建533m^{2}的遵义馆，26家企业参展，实现茶叶销售额21.58万元，达成意向订单27个，金额139万元。

主要活动有：

① **新闻发布会**：2017年6月6日在马连道京华茶业大世界四层。内容包括一是中国茶叶流通协会常务副会长发布2017北京国际茶业展情况；二是西城区政府主管副区长发布2017马连道国际茶文化展情况；三是遵义市政府副市长发布遵义茶文化节情况。

② **开幕式**：2017年6月16日在北京展览馆广场。内容包括一是表演遵义市暖场节目、播放遵义市宣传片；二是中国茶叶流通协会、西城区政府、遵义市政府领导分别致辞；三是西城区政府与遵义市政府签署深化友好交流合作备忘录；四是领导宣布开幕；五是巡馆。

③ **专题推介会**：2017年6月16日在北京展览馆报告厅，遵义市电视台主持。内容包括一是播放遵义市、西城区专题宣传片及表演开幕式暖场节目；二是西城区政府领导致辞；三是中国茶叶流通协会领导致辞；四是遵义市政府领导推介遵义茶、遵义酒及遵义旅游；五是湄潭县政府作“遵义红”品牌推介；六是凤冈县政府作“遵义绿”品牌推介；七是西城区专项活动（北京茶叶交易中心推介、北京茶博物馆推介、茶文化大讲堂启动仪式）；八是茶叶评比大赛颁奖典礼；九是考察活动。

④ **遵义茶文化及茶旅游推介活动**：2017年6月17日在马连道茶城广场，遵义市电视台主持。内容包括一是遵义市政府领导致欢迎辞；二是西城区政府领导致辞；三是中国茶叶流通协会领导致辞；四是遵义市旅发委推介遵义茶旅游；五是西城区政府旅游推介；六是中国茶叶流通协会全国精品茶旅路线发布；七是品茗。

⑤ **“马连道杯”全国茶艺表演大赛**：6月18—19日在马连道第3区。内容包括组织3支（市茶文化研究会、湄潭、凤冈各1支）茶艺队伍参加比赛，全部进入决赛，其中湄潭县选送的“遵义红”获金奖。

⑥ **茶叶主产县活动**：一是湄潭县专场，湄潭县政府作湄潭翠芽、遵义红品牌宣传、茶文化展示及茶旅推介等。二是凤冈县专场，凤冈县政府作招商引资推介、开展茶商对

接、品茗、凤冈锌硒茶微信推广等活动。三是正安县专场，正安县政府作正安白茶品牌推介。四是余庆县专场，余庆县政府作“余庆茶·干净茶”推介会暨产销对接会、招商引资推介。五是道真县专场，主题为“神秘仡佬·硒锶茶香”。道真县政府推介，道真县茶产品展示、茶新品发布，茶艺展示，文艺表演等。六是务川县专场，务川县政府作农（茶、旅）产业推介、茶艺展示、招商签约。

（三）学术交流与专题宣传

1. 黔北作家茶乡采风

2009年6月，由遵义市文联、遵义市作家协会牵头，组织作家20人赴湄潭、凤冈、正安、余庆、务川茶区第一线采风（图8-22），撰写文章。作家们进企业、下茶园、观茶艺，了解茶产业开发理念、发展目标、整体思路到已经取得的成果，做了大量记录。采风成果由遵义市作家协会收集整理为《茶说遵义》一书出版。该书收录了反映湄潭、凤冈、正安、余庆、务川等地的茶文化文章、图片共计近百篇作品。

图8-22 遵义市作家协会、遵义市文联组织的正安白茶基地采风

2. “茶国行吟”诗草创作首届笔会（湄潭）

图8-23 2010年6月，“茶国行吟”书画现场

图8-24 2010年6月，“茶国行吟”活动现场

2010年6月10—13日，由遵义市委、市政府主办，湄潭县委、县政府、县政协承办，中国国际茶文化研究会民族民间茶文化研究中心、贵州省茶叶协会、贵州省茶文化研究会、贵州省绿茶品牌发展促进会支持的“茶国行吟”首届笔会暨中国遵义名茶之乡诗草创作交流活动在湄潭举行（图8-23、图8-24）。这次笔会上，来自全市和全省重点产茶县的100余位茶文化专家、作家、诗人齐聚湄潭，围绕茶产业发展，研究茶文化；围绕茶文化、茶景

观、茶人茶事开展以旧体诗、词、赋、楹联、书画为主，新诗、散文、小说、曲艺为辅的诗草创作活动，挖掘和提升全市、全省茶文化内涵，推动茶产业、旅游产业健康发展。

笔会期间，与会专家、作家、诗人感悟20世纪30—40年代中央实验茶场开启中国现代茶叶科研种植以来的深厚历史茶文化，重温“湄江吟社”苏步青、刘淦芝等知名人士创作的经典诗，全程体验领略了中国名茶之乡湄潭茶产业70年风雨历程；参观了浙大西迁历史陈列馆、天下第一大茶壶、永兴万亩茶海、兴隆镇田家沟、湄江核桃坝、绿色食品工业园区、黄家坝邓家寨和鱼泉镇偏岩塘，在感悟了湄潭秀美山水和茶产业给茶乡人民带来的殷实富裕，并在偏岩塘开展现场创作交流活动。

“茶国行吟”笔会共创作旧体诗150余首、新诗14首、对联30余幅、书画140余幅。会后，“茶国行吟”编辑部收到全省各地诗人、作家创作的茶诗词作品、全国著名茶文化专家、茶文化专栏作家林治、张友茂、叶羽晴川和台湾著名茶文化家、台湾中华茶文化研究会创会理事长范增平教授等名人的作品数百件。“茶国行吟”组委会精选部分作品编辑为《茶国行吟》出版。《茶国行吟》收录从未公开出版的湄江吟社的苏步青、刘淦芝等著名学者于20世纪40年代创作的茶诗词，让人在美的氛围中作一次独特的茶文化之旅。

3. 举办学术论坛

1）中国绿茶专家论坛暨茶海之心旅游节

2009年4月25日，由中茶所、中国茶叶学会、贵州省旅游局主办，凤冈县委、凤冈县政府、遵义市旅游局承办。在本次论坛会上，凤冈县政府与中茶所共同签署了“茶产业合作协议”，就“泛珠三角区域茶产业合作”达成共识，共同签署了“泛珠三角区域茶产业合作”之“凤冈宣言”。

2）2011中国茶产业论坛（凤冈）

2011年4月18日，由遵义市政府和贵州省农业委员会主办、凤冈县政府和贵州凤冈生命产业投资管理有限公司承办的“2011中国茶产业论坛”在凤冈县永安镇田坝村茶海之心举行，其主题为“品牌·文化·资本——中国茶产业的遵义机会”。

论坛分专题演讲和互动交流两个环节。

专题演讲有：中国茶道的商业前景；整合、定位、聚集、发力——中国茶企需要做好的几件事；中国茶业进入20时代；茶叶消费的秘密和品牌持续成长之道；茶叶品牌成功链的打造；谁将是中国茶产业的王者和茶叶产业振兴的战略构想。

互动交流中，专家就如何提高茶产业附加值和竞争力、如何制定有机茶产业的行业标准、茶产业如何避免国内的过度竞争并且整合资源和扩大出口、茶饮料是否仍然具有全国茶文化的精髓、如何进一步继承和创新茶文化、如何扩大凤冈锌硒有机茶的品牌影响力进行互动交流。

3）2013中国（湄潭）首届茶资源综合开发利用高端论坛

2013年9月28日，由中国茶叶流通协会主办，湄潭县委、县政府和中国茶叶流通协会茶叶籽利用专业委员会承办的“中国（湄潭）首届茶资源综合开发利用高端论坛”在湄潭举行。这次湄潭首届茶资源利用高端论坛，为茶资源综合利用提供了一个学术讨论、交流沟通和探讨借鉴的平台（图8-25）。来自全国各地的茶专家学者云集湄潭，共话茶产业的发展新路。7位专家学者在论坛大会上分别从各自的研究领域出发，论证茶的药用价值和保健效果，系统地分析全省茶产业的历史、发展和前景，并以中国茶产业发展的现状作为切入点作主题发言，分析湄潭茶产业的优势和发展趋势、论证科技创新对促进中国茶产业转型升级的巨大作用、分析国内外茶叶产销形式等。

会上，湄潭县获“中国茶叶籽产业发展示范县”称号，肖文军教授向贵州泰谷农业科技有限公司授予了“国家植物功能成分利用工程技术研究中心茶叶籽开发利用分中心”牌。贵州省科学技术厅与湄潭县签订《关于共同促进茶叶籽产业发展和茶资源综合利用的科技合作协议》。

此外，还有：2010年“第六届茶业经济年会中国茶叶可持续发展论坛”（正安）、2010年贵州茶业发展高峰论坛（遵义）（图8-26）、2016年“中国现代茶业从这里走来高峰论坛”（湄潭）、2017年“大扶贫·大数据与贵州茶产业高峰论坛”（湄潭）、2019年“黔茶出山·风行天下”高端峰会（湄潭）等论坛。

图8-25 2013中国（湄潭）首届茶资源综合开发利用高端论坛

图8-26 2010年贵州茶业发展高峰论坛

4.“名城美·名茶香”宣传活动（《中华合作时报·茶周刊》）

《中华合作时报》是由中华全国供销合作总社主管、主办的国家级大型经济媒体。《中华合作时报·茶周刊》是《中华合作时报》社和中国茶叶流通协会联合创办、全国公开发行的国内茶产业宣传主流媒体，也是国内第一份公开发行的茶产业宣传专业媒体。为了全方位展示遵义茶产业发展现状，提高遵义茶产业的知名度和美誉度，提升遵义茶叶品牌价值。经遵义市政府与《中华合作时报》社协商，于2012年4月下旬至2013年4月下旬在《中华合作时报·茶周刊》上开辟为期一年的“名城美·名茶香”系列宣传活动。活动由遵义市人民政府主办、遵义市茶叶流通行业协会和贵州省茶叶协会承办，《中华合作时报·茶周刊》“名城美·名茶香”专栏每周刊载1~2篇反映遵义茶产业建设发展的文稿。

市政府办公室下发了《关于做好“名城美·名茶香”系列宣传报道活动的通知》，市、县明确了专人负责宣传报道的文稿组织工作，承办方召集湄潭、凤冈、正安、余庆县政府分管领导及茶产业管理部门负责人，精心组织召开了一次座谈会。会议明确：一是确定了“三个重点、两个兼顾”宣传重点的指导思想，即重点宣传获中国驰名商标的湄潭翠芽、凤冈锌硒有机茶和遵义红，兼顾宣传正安白茶、余庆苦丁茶；二是要加大对企业的宣传力度，重点是对国家级龙头企业和省级龙头企业的宣传，茶产业发展最终要靠企业来实现，提高企业知名度，帮助企业做强做大，达到提升遵义茶叶品牌价值的目的；三是各县根据自身茶叶品牌优势和茶产业发展需要，做好宣传策划方案，要将反映遵义茶产业发展、遵义茶文化、遵义茶叶品牌的茶事活动、典型题材、优秀文章、珍贵资料及时在《中华合作时报·茶周刊》上刊载。

活动围绕“遵义市高品质绿茶产区、贵州绿茶秀甲天下”这个主题，采取新闻报道、人物通讯、小说散文、诗词歌赋等形式，共刊载48期50篇文稿，大力宣传了遵义茶产业的发展，有效推介宣传了遵义茶叶品牌，展示了遵义茶企茶馆美好形象。如《黔茶赋》《绿茶赋》《茶乡湄潭走笔》《凤冈锌硒茶乡赋》《正安白茶》等多篇文稿，用优美的词语歌颂了遵义美丽的生态环境。

二、县级促销与茶文化活动

（一）湄潭县

1. 湄潭茶文化研究

湄潭茶文化研究始于20世纪90年代。自1999年成立全省第一个茶文化社团组织——湄潭县茶文化研究会以来，一批从事茶文化资料挖掘、收集、整理和研究、展示、推广工作的本土爱好者和自觉者，长期致力于湄潭茶文化的研究工作，取得丰硕成绩，并推出《茶的途程》等许多重要成果，受到省内外乃至海外茶文化专家的关注。

20世纪90年代中期，茶文化与浙大西迁文化、红色文化、民俗民间文化作为湄潭县

"四大文化"提出后，茶文化研究者为推进全县茶文化和茶产业发展，围绕本地茶文化传播、茶文化遗产保护与利用和助推茶产业等各方面开始研究。此后，随着茶产业快速发展，茶文化研究也取得丰硕成果，先后出版《茶的途程》《20世纪中国茶工业的背影——贵州湄潭茶文化遗产价值追寻》《茶国行吟》等茶文化图书多部；在《茶博览》《茶世界》《茶周刊》《当代贵州》《西部开发报·茶周刊》等报刊发表茶文化研究文章数百篇。

20世纪90年代末，湄潭县开始举办茶事活动。进入21世纪，湄潭继续举办一系列大规模茶事活动，在全国乃至海外产生广泛影响，茶文化学术交流成为每个茶事活动的一项重要内容。湄潭县举行了各种以茶事为主题的综合文化活动，首先市级及其以上部门主办的活动多数都是在湄潭举行，由湄潭承办，另外还主办该县的活动。主要内容有领导、专家、企业家参与的茶叶论坛；茶园、茶城、茶市的旅游观光；春茶交易、名茶推介与招商引资；制茶技能与茶艺展示；名优茶的评审；书画、摄影展览与文艺演出与茶文化研讨等。影响较大的有1999年6月18—19日举办的"名茶两会"、2001年4月28日举办的"贵州遵义·湄潭首届茶文化艺术节暨经贸活动周"、2004年4月15—16日举办的"农业部定点市场（贵州·湄潭西南茶城）揭牌仪式暨贵州省名优茶评审会"和2006年5月18—19日举办的"中国西部春茶交易会暨第二届贵州省茶文化节"等。

湄潭举办的一系列大规模茶事活动，在全国乃至海外产生广泛影响。

2. 活动回顾

① 成立"湄潭县茶文化研究会"：1999年6月10日，湄潭县茶文化研究会成立，创办《西部茶乡》会刊，组织部分会员开展茶文化与茶经济的研讨会，组织会员和茶文化热心人士对全县茶文化遗产进行普查，参与县里组织的各类茶事活动。

② 举办"4·28"茶艺节：2001年4月28日至5月4日，举办"贵州遵义·湄潭首届茶文化艺术节暨经贸洽谈会"。活动主题是弘扬黔北茶文化、展示湄江茶风情。活动以文化、旅游、商贸、招商为主线。内容有开幕式、文化艺术活动、旅游观光、经贸和招商引资等。

③ 举办西南茶城挂牌仪式：2004年4月15—16日，"农业部定点市场（贵州·湄潭西南茶城）揭牌仪式暨2004年贵州省名优茶评审会"大型茶艺节在湄潭举行。活动由遵义市政府、贵州省农业厅和贵州省茶叶协会联合主办，湄潭县政府承办，省茶科所、湄潭茶场协办。

本次活动的主要内容有："中华人民共和国农业部定点市场（贵州·湄潭西南茶城）"揭牌仪式；2004"贵州省名优茶"评审，湄潭翠芽等茶叶产品被评为"贵州省名优茶"；西部茶海、茶园观光——浏览西部茶海（永兴万亩茶园）、核桃坝生态茶园农庄、打鼓坡茶园等；“茶乡情浓”品茗，宾主在“贵州·湄潭西南茶城”参加品茗活动，观看来自贵阳市、遵义市、黔南州、黔东南州、湄潭茶艺队精湛的茶艺表演；在“贵州·湄潭西南茶城”开展了茶叶交易及商贸洽谈及招商项目推介活动，重点推介湄潭茶叶产业、旅游业、药材种植业等方面的招商引资项目。

④ **组织“中国西部茶业论坛”（贵州·湄潭）**：2001年，湄潭县政府，省茶科所共同倡议组织“中国西部茶业论坛”（贵州·湄潭），以此推动西部大开发中茶叶产业化的形成和发展，使茶业成为湄潭乃至西部的经济支柱产业。中国西部茶业论坛于2001年4月29日举办，大会讨论和通过《中国西部茶业论坛宣言》和《中国西部茶业论坛章程》，推荐选举产生第一届理事会。大会进行学术研究和交流，共收到25篇学术论文，并编辑出版《中国西部茶业论坛文集》。2004年4月16日，来自省内外的茶叶专家学者和茶业界代表在湄潭召开第二次中国西部茶业论坛，与会者立足贵州，面对西部，面向世界，为引导西部（贵州）茶业健康、持续、快速发展，献计献策。2006年5月19日，来自全国各地近300名茶叶专家学者、茶业界代表在湄潭参加了第三次“中国西部茶业论坛”（图8-27）。这次论坛共收到数10篇论文，中国茶界名人姚国坤、邵曙光、林治、黄继仁、于观亭等12名专家学者和茶商在论坛上分别进行交流发言，对西部茶叶产业的发展提出意见。

图8-27 2006年5月中国西部茶叶论坛在湄潭举办

⑤ **撰写茶文化图书**：2007年6月9日，湄潭县茶文化研究会第二届理事会组织会员参与《茶的途程》《到湄潭当农民去》《茶国行吟》等书的撰稿与编辑，参与茶文物的调研和相关茶事活动。

⑥ **举办“中国著名茶文化专家湄江论茶会”**：2005年5月30日，湄潭县举办中国著名茶文化专家湄江论茶会（图8-28）。出席会议的茶文化专家、茶叶经营企业家各抒己见，为湄潭如何做大做强茶叶产业出谋划策。茶界名人吴甲选、林治、于观亭、姚国坤等十多位

图8-28 中国著名茶文化专家湄江论茶

著名茶文化专家、茶叶经营企业家出席论茶会。论茶会上，于观亭分析了湄潭茶的优势，也指出就全国来说，湄潭茶是不发达的，并分析了原因，还对如何提升湄潭茶提出建议。林治以一些成功的例子为做大湄潭茶出了一个“三靠四借”的点子。其他茶文化专家和茶叶企业家也结合自身的经验提出意见。

⑦ **参加“第四届中国国际茶业博览会”（北京）**：第四届国际茶业博览会于2007年10月14—16日在北京举办，湄潭县茶桑事业局组织兰馨、栗香、茗茶、高原春雪、银龙茶业、云贵山有机茶企参加。在这次博览会上，湄潭兰馨雀舌、高原春雪“湄潭翠芽”获金奖，栗香牌“湄潭翠芽”获银奖。

⑧ **参加“第五届中国国际茶业博览会”（北京）**：2008年10月，湄潭组织7家龙头企业参加第五届中国国际茶业博览会（北京），宣传推介湄潭茶产业。参加北京参加王府井万人品茗活动，参加茶叶展销。参加名优茶评审，兰馨公司获2个金奖，盛兴公司获1个优质奖。

⑨ **设立湄潭茶文化研究新成果奖和湄潭茶宣传优秀作品奖**：2009年6月18日，湄潭县委政策研究室在《湄潭县茶产业发展面临的问题及对策措施》中提出设立湄潭茶文化研究新成果奖和湄潭茶宣传优秀作品奖，在巩固成果的基础上开展专题研究，挖掘湄潭茶的历史文化、生态文化、品质文化和营养文化等。采取外请内聘的办法，扩大湄潭茶文化研究队伍。同时，组织开展茶文化活动，编写茶文化乡土教材，打造高品位茶楼，发展和丰富茶文化。

⑩ **参加“2009中国贵州国际绿茶博览会”**：湄潭县38家企业500余人参加2009中国贵州国际绿茶博览会。这次盛会，以县委书记为代表的县领导到场参加推介；以开放式的展厅设计，彰显湄潭人的胸怀、气度和智慧的眼光；以美妙的广告展示，吸引媒体和参会人员。会议为湄潭颁发中国名茶之乡、贵州省十大名茶和遵义红特别奖。

⑪ **参加“第十七届上海国际茶文化节”**：2010年4月15—22日，在贵州省农业委员会的统一组织下，湄潭组织6家规模茶企，参加第十七届上海国际茶文化节，推介湄潭翠芽，宣传“贵州绿茶秀甲天下”品牌。

⑫ **举行“中国茶海·休闲湄潭”品茗茶乡活动**：2010年4月28日，由遵义绿色食品工业园区、兰馨茶业公司等10家企业联合承办的“中国茶海·休闲湄潭”品茗茶乡活动在遵义绿色食品工业园区拉开帷幕。品茶区内，大家一边品茗一边欣赏茶艺表演，而炒茶区也热闹非凡，每一位炒茶师面前都围满了人群，评审则根据炒茶师着装、炒制手法给每一位选手打分。“抖、搭、捺、扣……”在经炒茶师一套制茶专业手法的操作下，新鲜的茶叶在锅中翻滚，经过杀青、揉捻、提香、烘干等炒制程序后，炒茶现场已弥漫

着浓浓茶香，还没尝到味道，大家已经赞不绝口。

⑬ **举办“湄潭茶文化主题书画和茶文物图片展”**：2011年10月24日，为纪念中央实验茶场落户湄潭72周年，在县城茶乡广场举行茶文化主题书画和茶文物图片展。在浙大西迁办学期间，苏步青、江问渔、刘淦芝等浙大“湄江吟社”九君子经常聚在一起。深研茶道，品茗作诗，创作诗词200余首，其中茶诗词60余首。此次展出的书画作品，正是书画家们深挖浙大湄江吟社经典茶诗，感悟先贤心语，领略湄潭茶产业发展70余年风雨历程所创作的。这次展出的茶文物图片，有的是茶学大师们在湄潭工作、学习、研究的标本、手稿、书籍等；有的是20世纪40年代中央实验茶场留下的茶机具；有的是茶场场部、试验站、制茶工厂旧址。

⑭ **参加“2011中国·贵州国际绿茶博览会”**：2011年7月8日，“2011中国·贵州国际绿茶博览会”在贵阳金阳举行，湄潭县组织17家茶业企业百余人参加茶博会。茶博会以“贵州绿茶·秀甲天下”为主题，在产品推介会上，兰馨茶业公司推介“贵州五大名茶—湄潭翠芽”，盛兴茶业公司会推介“中国十大名茶——遵义红”，贵州西部茶城置业股份有限公司推介中国茶城项目建设。在贵州五大名茶湄潭展厅内，兰馨、栗香、怡壶春、沁园春、高原春雪、雅馨、茗盛、阳春白雪、茗茶、伊愫等公司生产的“湄潭翠芽”等系列产品，盛兴茶业公司生产的“遵义红”红茶，陆圣康源公司生产的七润系列产品，南方嘉木公司生产的茶籽油等涉茶产品受到客商青睐。

⑮ **参加“2012中国·贵州国际绿茶博览会”**：2012年7月13日，“2012中国·贵州国际绿茶博览会”在贵阳国际会议展览中心开幕。湄潭县组织兰馨、栗香、天泰、陆圣康源、泰谷、盛兴等17家茶叶企业参加博览会。此次茶博会“湄潭翠芽”展厅主要以黔北民居为主元素，展现“贵州茶业第一县”和“五大名茶第一名”风采，从而进一步推动湄潭茶叶产业发展，提升“湄潭翠芽”品牌知名度。

⑯ **举办“黔台茶文化交流座谈会”**：2012年11月，“黔台茶文化交流座谈会”在湄潭县中国茶城召开。台湾制茶工业同业公会理事长许正清及台湾制茶公司负责人一行21人以及湄潭县制茶业省级龙头企业代表参加座谈会。会上，两岸茶企业交流制茶心得，回顾茶产业发展历程，展望茶产业发展的前景。

⑰ **组建“中国茶城威风锣鼓队”**：2013年4月7日，组建了中国茶城威风锣鼓队。由县公安局特巡警大队、县民兵应急分队等抽调具有良好身体和心理素质的120人组成，乐器有鼓、锣、钹等，鼓又分为帅鼓、将鼓和架子鼓等，有挎鼓表演和架子鼓表演等形式，体现出音响威风、场面威风、舞姿威风、曲艺威风的威风阵势。

⑱ **参加“信阳第21届国际茶文化节暨2013中国（信阳）国际茶业博览会”**：2013

年4月28日至5月2日，湄潭县组织相关部门及栗香公司市场营销团队共20余人，参加信阳第21届国际茶文化节暨国际茶业博览会。湄潭代表团在信阳国际茶城举办“中国茶海·休闲湄潭”贵州·湄潭茶业推介会，邀请中国茶叶流通协会常务副会长王庆、信阳国际茶城董事长李建军以及几十家外地茶叶采购商参会。栗香公司董事长谭书德发言，对企业及产品作了推介。栗香公司举行“遵义·湄潭栗香茶业华中旗舰店”开业活动。

⑲ **举办“美丽湄潭·中国茶海”采风活动**：2013年5月，“美丽湄潭·中国茶海”中国著名音乐家采风活动在湄潭举行（图8-29）。采风团一行20余人先后参观田家沟、核桃坝、万亩茶海、文庙、中央实验茶场、工业园区、阳春白雪、栗香茶业等，还观看制茶过程和茶艺表演。采风期间，召开创作座谈会，对湄潭县的音乐创作及作品进行了指导。

图8-29 “美丽湄潭·中国茶海”摄影家采风活动

⑳ **参加“第七届中国西安国际茶业博览会”**：2013年5月，湄潭组织11家企业代表贵州参加“第七届中国西安国际茶业博览会”。贵州馆设计以“多彩贵州”为主题，突出“贵州绿茶·秀甲天下”，重点围绕“湄潭翠芽”“遵义红”两大品牌，充分凸显湄潭元素。展会有来自云南、贵州等十余省份和老挝、斯里兰卡等国的近300家茶企参展，有2家企业有意向在西安开设“湄潭茶”旗舰店，并对地点进行了考察。

㉑ **举办“美丽湄潭·中国茶海”全国书法展**：2013年7月，遵义市第二届旅发大会活动之一的“美丽湄潭·中国茶海”全国书法展启动，征稿启事在贵州都市报、贵州书艺联盟网、遵义书画网、书法报、书法导报、遵义日报、湄潭县人民政府网和湄潭在线网刊登，面向全国、海内外书法界征稿。7月上旬邀请全国知名书法家对此次书法展进行评审，评一等奖2名，二等奖5名，三等奖10名，入展200幅，同时编辑出版《美丽湄潭·中国茶海全国书法展作品集》，9月在第二届遵义旅游产业发展大会承办地湄潭展出。

㉒ **举办“湄潭县首届‘茶王’及‘传承人’评选活动”**：“湄潭县2013年度茶叶产品‘茶王’及茶叶加工传统工艺‘传承人’评选活动”于8月21日上午落幕，下午在评选现场向各参赛企业和人员宣布“茶王”和“传承人”名单，同时在2013年第二届遵义旅游产业发展大会茶叶综合利用高端论坛上授牌。

2014年5月，举办第十三届国际茶文化研讨会暨中国（贵州·遵义）国际茶产业博览会。2015年始，“一节一会”永久落户湄潭，每一届“一节一会”和重大茶事活动，都举办了茶文化研究的论坛或讲座。

3. 企业茶文化活动

除县里统一组织的活动之外，一些茶企也开展了丰富多彩的茶文化活动。如兰馨公司秉承以传承中国茶文化为己任，向世界传播黔茶文化为使命，努力做好典范和导向作用，为传承传统茶文化、培养茶艺专业人才，提高企业知名度、美誉度，为企业发展创造良好的文化氛围，以文化的感召力引领时代新风尚，创建了兰馨茶书院，于2016年9月正式运行（图8-30）。

图 8-30 兰馨茶书院

茶书院由“三园两基地”构成：三园即兰馨公司众筹项目平台玩家和创客的精神乐园、世界“一味同心”同门的心灵家园、实现爱好传统文化的圆梦园；两基地即传承范增平先生中华茶文化基地、中国传统文化传承实训基地。茶书院由中华茶文化（公益传承茶艺、职业技能茶艺）、传统文化（书法、国画、古筝、古琴、香道、花艺）、七大茶类品鉴会、茶乡游学、读书会、礼仪、瑜伽、禅修、蕙兰瑜伽公益网络读书会、茶与健康公益讲座等多元文化结构组成。以培训讲解、实际操作和基地游学等方式开展学习活动，让茶艺爱好者轻松学习到茶艺技能，做到理论与实践相结合，真正体现茶人精神。茶书院主要项目有：

公益茶艺班——通过授课、品鉴、游学等方式，传播、分享茶知识、茶文化，营造一种优雅的美学空间。

茶艺师联盟与贵州省运营中心——参加全国同步主题茶会（一季一期）、茶学讲师培训、茶艺培训。

“茶与健康”公益讲座沙龙——以茶为媒介，传递健康生活理念，希望更多人能够受到启发，主动去寻觅一种温润而健康的生活方式。

“樊登读书会”遵义第25号驿站——倡导全民阅读，帮助国人养成读书习惯，用读书点亮生活。

（二）凤冈县

1. 茶文化建设

① **茶文化研究与茶文化遗产保护结合：**建立茶文化博物馆，充分挖掘、整理、研究

凤冈茶礼仪、茶故事、茶器具、茶食品、古茶树等一切与茶有关的精神文化和物质文化。

② **开发民俗民间文化**：丰富广场文化，重点打造凤冈“土家油茶茶艺”，凤冈仡佬“罐罐茶”茶艺和凤冈“太极养生茶”茶艺。

③ **普及茶文化知识**：每年精心设计和开展1~2次规模和影响较大的茶事文化活动。每年举办一次“春茶开采节”、中秋品茗会及“五一”“十一”、春节黄金周的万人品茗活动与评选“锌硒茶王”活动。

④ **面向社会开展茶文化、茶艺培训**：营造茶文化氛围；举办茶艺、茶道表演活动，鼓励丰富茶文化氛围；编撰地方茶文化知识普及读本，创办《凤冈茶业专刊》，建设茶文化传播与媒体平台，大力推进茶文化进校园、进机关、进农家、进宾馆、进企业活动，营造凤冈茶文化氛围。

⑤ **将茶文化元素融入城市建设**：纳入县城及重点产茶乡镇城镇规划评审的重点内容。

凤冈县委、县政府每年都要举办各种茶事活动来推动茶叶向高端产品发展，使特色产业与文化旅游有机地结合起来。通过举办贵州省首届茶文化节、中国西部茶海·遵义首届春茶开采节、中秋品茗节、生态文学论坛及凤茶进中南海及人民大会堂等文化活动，宣传“锌硒独具、全国唯一”的公共品质，使凤冈锌硒茶逐渐走出大山，走向世界，也给客商增添了来凤冈投资做茶的信心。

2. 凤冈重大茶事活动

① **祭茶大典及春茶开采节**：春茶开采及祭茶大典是凤冈县一项古老的民间风俗，在每年的农历2月19日举行。自2005年起，凤冈县茶叶协会和凤冈县茶文化研究会发起、恢复并组织举办了春茶开采及祭茶大典等系列茶事活动，使得丰富多彩的民间茶俗得以整理、固化。此后这一传统的民间祭茶风俗，就以固定的时间、规范的程序“仪式”化，延续至今。在每年的农历2月19日这天，“凤冈县春茶开采·祭茶大典”，大家齐聚仙人岭茶圣广场，祭祀茶圣，以祈求丰年（图8-31）。无论是茶农、茶商还是茶人，无论在何方、在何地，都为茶神烧一柱香，敬一杯茶，以表达祝福、祈求风调雨顺、茶叶丰收和国泰民安的美好愿望。在婉转悠扬的古筝之音中，婀娜多姿的“仙女”们在“烟云”之中翩翩起舞，令人恍然进入仙界——仙人岭茶圣广场。依照古法，在经过献果、敬献三牲、宣读祭文、礼拜茶神等仪式后，众人点燃香蜡纸烛，祭拜茶圣后，

图8-31 凤冈春茶开采仪式—祭茶大典

由十二茶仙女引导，方可进入茶园采摘茶叶，由此拉开春茶开采序幕。整个仪式庄严隆重，文化气息浓郁，凸显凤冈地域特色和文化特色，再现中国传统祈福祭茶仪式的独特魅力。经过持续多年的举办，博大精深的茶文化得以保护、传承，影响力不断扩大，祭茶大典及春茶开采节已经形成了品牌效应，吸引了凤冈之外的茶商、茶企和茶人的参与。

② **凤冈锌硒茶品鉴：**为进一步提高凤冈锌硒茶加工水平，引导企业树立标准意识、提高加工技艺，扩大凤冈锌硒茶品牌效应和影响力，营造热爱凤冈锌硒茶、推介凤冈锌硒茶的良好氛围，推动全县茶产业健康持续发展。由凤冈县茶产业发展中心、凤冈县总工会、凤冈县茶文化研究会、凤冈县茶叶协会主办，分别于2013年4月26日和2016年5月26日，在县城静怡轩茶楼举办了两届凤冈锌硒茶品鉴活动。活动要求参加茶企必须取得QS（或SC）认证，茶叶产品执行凤冈锌硒茶省级地方标准，通过司法公证员全程监督，经县内外茶界专家严格认真的现场品鉴，采取感官评审法对选送茶叶的外形、汤色、香气、滋味、叶底进行现场评分，评定一、二、三等奖。最后由评审组专家，对红茶、绿茶的典型茶样，从外形、汤色、香气、滋味、叶底等方面进行详细点评。活动的成功举办，不仅有效增强了县内各茶叶企业的品牌意识，也为凤冈县组织举办各类行业交流活动，起到了很好的导向作用，积极探索茶产业转型升级的新型战略模式。

③ **凤冈锌硒茶茶王大赛：**斗茶，这一民俗与茶叶一起繁衍生息，经久不衰，凤冈县多地均举行过茶王赛。重视“茶王赛”的举办，使之成为评选名优特产品、提高茶叶质量、发展茶叶技术、推动茶叶生产的有效形式。由凤冈县茶叶产业发展中心、凤冈县茶叶协会、凤冈县茶文化研究会，分别在2015年5月4日和2018年5月28日在县城举办了两届茶王大赛。茶王赛大都在每年春季茶叶采制后举行。分为初赛、复赛、决赛三个阶段，先以乡镇为单位进行初赛，再由各乡镇选送的优秀作品进行决赛，第一届收到参赛茶样95支，第二届收到参赛茶样135支，由县内外茶叶专家组成专家组进行评选，并组成大众评委参与，专家进行点评，还举行茶艺表演、茶王拍卖会等活动。

④ **中秋品茗节：**开展中秋品茗活动，是凤冈县茶产业继春茶开采节之后，着力打造的又一重要茶事活动。2007—2019年，该活动已连续成功举办了13届，进一步丰富了凤茶文化内涵、传承了凤茶文化历史、弘扬了凤茶文化精神，提升了凤茶的影响力和知名度。中秋期间，举办品茗大赛、书画展等活动，尤以中秋品茗晚会达到高潮，晚会以品茗和茶艺表演为主体，穿插民乐和文艺节目表演，还有土家油茶、赏月节目等内容。丰富多彩的活动，使传统节日有了另一层独特温暖的意义。

⑤ **重阳节敬老茶会：**由凤冈县老干部局、凤冈县茶叶产业发展中心、凤冈县茶文化研究会、凤冈县茶叶协会主办，贵州聚福轩万壶缘茶业有限公司承办，不夜之侯清茶

馆协办的2018年首届九九重阳节敬老茶会。于2018年10月17日（农历九月初九）在充满浓浓中华茶文化元素的凤冈县不夜之侯清茶馆隆重举行。举办凤冈县重阳节敬老茶会旨在弘扬凤茶文化，传承中华民族尊老敬老的传统美德。在凤冈这片茶香浓郁的土地上，以茶敬老人，以茶敬长辈，已成为锌硒茶乡尊老爱老的一种乡风民俗。特别是每年农历九月初九日，从县城到乡镇乃至村寨都要开展一系列的"重阳节"敬老活动。

3. 凤冈不定期茶事活动

①**"凤冈生态杯"活动**：2003年7月，贵州省青少年田径锦标赛暨遵义市少儿田径运动会在凤冈举行；2003—2005年（农历九月九日重阳节）连续三届"'凤冈生态杯'千人万佛山登山活动"在省级森林公园万佛山举行。

②**参加在北京老舍茶馆"纪念当代茶圣吴觉农诞生108周年纪念会"**：2005年4月8日，凤冈茶企参加北京老舍茶馆"纪念当代茶圣吴觉农诞生108周年纪念会"。会上凤冈锌硒绿茶得到中国工程院院士陈宗懋等国内外茶界知名专家的一致好评。

③**承办"贵州省首届茶文化节"**：2005年5月28—29日，"贵州省首届茶文化节"在凤冈县成功举办。

④**举办中国西部茶海·遵义首届春茶开采节**：2007年3月31日在凤冈举办，活动主题为"生态·环保·茶文化·绿色健康带回家"。旨在宣传推介凤冈锌硒有机茶、原生态茶文化风情和旅游资源。

⑤**凤冈县大力宣传"有机"和"锌硒"**："中国富锌富硒有机茶之乡"的凤冈锌硒绿茶、绿宝石、春江花月夜、龙江翠芽、仙人岭等茶叶产品相继进入中南海、人民大会堂、外交部等十多个中直机关和全国300多家星级酒店。

⑥**外出展示凤冈特色**：2008年3—5月先后在贵阳、广州、北京等地举办"中国茶海之心·遵义凤冈首届生态文学论坛"等，以"绿色凤冈、生态家园"为背景、以"锌硒特色、有机品质"为主题的大型茶事活动。据不完全统计，仅2012—2018年，就参加省内外各类博览会等32次。

⑦**举办知识大赛**：2008年9月，凤冈县举办"凤冈锌硒茶'绿宝石杯'茶知识暨品茗大赛"活动，旨在弘扬凤茶文化、营造茶文化氛围，助推茶产业发展。2009年9月22日晚，举行"仙人岭杯"茶知识竞赛、"仙人岭杯"茶艺之星评比活动和"锌硒绿茶杯"征文比赛颁奖文艺晚会。编辑《茶知识问答300题》，旨在营造茶文化氛围，普及茶文化知识，弘扬有机田园文化。希望能给广大读者提供帮助。

⑧**承办"中国绿茶专家论坛暨茶海之心旅游节"**：2009年4月25—26日，由中茶所、中国茶叶学会、贵州省旅游局主办，凤冈县委、凤冈县政府、遵义市旅游局承办的"中

国绿茶专家论坛暨茶海之心旅游节”在凤冈举行。

⑨ **举办“凤冈锌硒绿茶杯”有奖征文活动**：2009年，举办历时5个月的以有机田园文化为主题，挖掘、整理民族民间文化，丰富生态文明旅游内涵，展示全县“茶产业、茶经济、茶文化、茶旅游”建设成果的“凤冈锌硒绿茶杯”有奖征文活动。

⑩ **凤冈锌硒茶“入驻”贵阳市八家茶馆**：凤冈县茶叶协会与贵阳市熙苑茶馆、灵山茗苑、沁升阁茶艺书画廊等八家茶馆本着“强强联合、互利互惠”的原则，签订协议，决定在贵州共同打造和推荐“凤冈锌硒茶”。

⑪ **参与“黔茶飘香·品茗健康”系列活动**：至今已连续举办了三届，凤冈县把这当作推介凤冈锌硒茶的重要平台。品茗活动现场，阵阵绿茶飘香，展区人头攒动，市民对凤冈锌硒茶情有独钟。

⑫ **开展“凤冈18茶人”及雅号征集活动**：2011年10月，陆续推出古夷州“凤冈18茶人”，首批推出的古夷州“凤冈18茶人”及雅号征集活动，凡是对凤冈茶业有一定贡献的人，均可自荐、他荐和社团推荐，凡被推荐列为古夷州“凤冈18茶人”的（雅号自命）。经县茶叶协会常务理事会表决通过后进行公示，最后正式给予命名。已有夷州茶叟谢晓东、夷州茶痴孙德礼、夷州茶农陈仕友、夷州茶仆任克贤等作为被荐对象。

⑬ **在销区举办茶事活动**：2012年8月3—6日，“凤冈锌硒茶走进山东（济南）”系列活动正式启动。本次活动开创了“茶事活动”在销区举办的先例。10月10日，中央电视台《朝闻天下》、10月25日《新闻联播》以“探访茶海之心、寻找生态发展之路”为题，全方位报道了凤冈茶叶产业的发展。

⑭ **城市形象广告语征集**：2013年3月，历时4个多月的凤冈县城市形象广告语征集工作，组委会从征集到的1200多条广告语中认真评选，“锌硒茶乡，醉美凤冈”脱颖而出，成为凤冈县城市形象广告语（图8-32）。

图8-32 凤冈县城市形象广告语

⑮ **举办茶文化知识及接待服务礼仪规范培训班**：2013年7月29日，凤冈县职工茶文化知识及接待服务礼仪规范培训班在县影剧院开班。授课内容包括凤冈茶文化、本土文化、公共礼仪、茶艺基础知识、餐饮单位食品安全知识等内容。

⑯ **举办“东有龙井·西有凤冈”品牌与茶文化交流论坛**：2015年10月在杭州市西湖区举行“东有龙井，西有凤冈”文化品牌交流论坛，被媒体赞誉为“中国茶界二十一

世纪‘龙凤恋爱’之旅”，与西湖区人民政府在浙江杭州签订了《关于联合开展“东有龙井，西有凤冈”战略合作五年行动纲要》；2016年4月17—19日，2016“东有龙井·西有凤冈”品牌与茶文化交流论坛暨中国瑜伽大会在凤冈县茶海之心景区举办；2017年4月26—30日，2017“‘东有龙井·西有凤冈’浙黔茶业大会暨中国瑜伽大会、中国有机大会”在凤冈县永安镇田坝茶海之心景区举行。

（三）正安县

正安悠久的历史和深厚的文化底蕴，奠定了正安茶文化的文脉，境内各种茶事活动，诸如组团参展、冠名公益、考察交流、创作采风以及培训学习等普遍展开。茶事活动已突破旧有观念，活动场所日益增多，交流传播日益广泛，社会影响不断拓展，彰显了正安茶叶产业浓郁深厚的文化底蕴和魅力。

1. 组团参展

2003—2007年，“朝阳翠芽”参评各项评比，获第五届“中茶杯”一等奖、贵州省名优茶称号、“中绿杯”优质奖、第七届“中茶杯”一等奖；“朝阳翠芽”参加世界绿茶大会在中国选区获金奖，在日本获银奖。

2008年，组团参加了第五届中国国际茶业博览会（北京）、首届中国青年农业成果博览会（江苏昆山市）、第九届广州国际茶文化博览会等，多支正安茶在这些会上获奖多项。

2009年4月16—19日，参加第十六届上海国际茶文化节，获9金1银，成为贵州在此次博览会上的“拿奖王”；10月，参加第六届中国国际茶业博览会（北京），天池玉叶获金奖、吐香翠芽获优质奖。

2010年8月4—10日，企业参加银川农产品博览会；16日，参加第十七届上海国际茶文化节，获6个金奖。

2011年8月，参评第九届“中茶杯”全国名优茶评比，获2个一等奖。

2012年6月1—3日，正安县吐香茶业有限责任公司经理黄恭清，带正安白茶等赴美国拉斯维加斯参加“2012年世界绿茶节”；7月13—15日，璞贵公司等6个茶叶企业参加“2012年中国·贵州国际绿茶博览会”并参与万人品茗活动；11月28—29日，参加中国奢侈品联合会（CLIA）在上海世茂皇家艾美酒店主办的第七届中国奢侈品峰会，“正安白茶”被评为“2012年度最具奢侈品潜力中国品牌”。

2013年5月16—19日，参加中国（重庆）国际投资暨全球采购会推介正安白茶及产品；7月19—21日，参加生态文明贵阳国际论坛2013年年会及展览；8月29日至9月1日，参加2013年中国·贵州国际绿茶博览会，展示正安白茶及茶产品。

2014年1月7—12日，参加由上海对口支援办组织的西部地区特色商品迎春博览会；

1月8—10日，参加在苏州国际博览中心举行的2014中国国际商标·品牌节暨中华品牌博览会；5月28—30日，参加2014中国·贵州湄潭绿茶博览会；5月30日至6月2日，参加第二十一届上海国际茶文化旅游节暨上海茶业·茶乡旅游博览会；8月21—25日，参加2014中国·贵阳国际特色农产品交易会暨绿茶博览会。

2015年5月14—18日，贵州正安璞贵茶业有限公司作为全省为数不多的5家茶企之一应邀参加中国（深圳）国际文化产业博览会；8月，北京新发地中国地理标志产品会展中心召开中国中小商业企业协会地理标志产品专业委员会成立大会，为正安白茶等最具文化底蕴十大地理标志名茶颁奖；11月12—15日，在北京朝阳区国家会议中心参加第十二届中国国际茶业博览会。

2016年，参加了2016中国·贵州国际茶文化节暨茶产业博览会、第十一届贵州旅游产业发展大会、2016中国（上海）国际茶业博览会、北京国际茶业展、2016首届多彩贵州文化艺术节展示篇——灵秀正安周末聚、西安站、兰州站“丝绸之路黔茶飘香”推介活动、2016中国贵州·贵阳国际特色农产品交易会、上海市普陀区百联中环购物广场“第二届遵义生态农特产品上海行”活动和中国（海南）国际热带农产品冬季交易会等多项活动。

2017年4月，组织贵州正安璞贵茶业有限公司等15家茶企参加由遵义市政府、贵州省农业委员会主办在历史红色地域红军山脚下凤凰山广场，遵义纪念公园以“醉美茶香·养生天堂”为主题的“千桌万人”品茗活动，成功举办“一节一会”正安分会场，组织1支炒茶队参加2017年中国技能大赛——茶叶加工职业技能竞赛，县相关部门携天赐等16家本地品牌企业参加“一节一会”湄潭主会场。6月，由贵州正安璞贵茶业有限责任公司等3家茶企携手参加在北京展览馆和马连道茶城举办以“以茶结缘相聚北京城，以诚会友品饮世界茶”为主题的“2017北京国际茶业展·马连道国际茶文化展·遵义茶文化节”，在北京展览馆11号馆成功举办以“茗香飘京城”为主题的“正安白茶”品牌推介会（图8-33）。12月，组团参加以“丝绸之路·黔茶飘香”为主题的深圳茶博会。

图8-33 2017年北京“两展一节”正安白茶品牌推荐会

2018年4月，组织9家茶企参加在遵义市凤凰山广场举行的“贵州茶一节一会”万人品茗暨第二届贵州绿茶全民冲泡大赛；5月，组团参加2018中国·贵州国际茶文化节暨茶产业博览会和遵义市第四届职工技能大赛；6月，正安县吐香茶业有限责任公司等2家茶企在美国内华达州拉斯维加斯会展中心成功参展2018年美国世界茶业博览会，向世界展示正安茶；8月，正安2家茶企在香港会议展览中心参加2018年香港美食博览会暨国际茶展；9月，参加2018上海国际茶业展；10月，贵州正安璞贵茶业有限责任公司等2家参展2018年上海市对口帮扶地区特色商品展销会，正安县朝阳茶叶有限责任公司参加第124届中国进出口商品交易会。

2. 冠名公益

2010年5月10日，贵州正安璞贵茶业有限公司作为赞助商参加全国业余高尔夫球希望赛北京站。2011年12月8—11日，"正安白茶"独家冠名第二届贵州品牌博览会，在贵州省会贵阳形成了"正安白茶"轰动效应。2012年1月28日至2月5日，正安县绿产办出资协办"正安县民间茶文化书画展"；7月，主题为"热爱正安·建设正安"的2012年正安白茶杯"多彩贵州·魅力正安"舞蹈大赛获得圆满成功。2013年，举办"正安白茶杯"贵州城市公共交通之星评选活动。2014年2月，举办别开生面的"马年迎春品茗书画展"，为广大市民提供了弘扬茶文化的盛宴。2015年，正安白茶携手有"单人帆船环球航海中国第一人"之称的艺术家翟墨，以"2015重走海上丝绸之路国际间茶文化交流指定产品"身份全程参与其中，重新感受古代海上丝绸之路的辉煌。

3. 考察交流

2008年1月11—12日，在湄潭县召开的贵州省茶产业发展现场会会上，正安介绍加快茶产业发展的经验；10月10日，正安县政府和中茶所签订技术服务协议。

2010年4月30日，国家茶叶产业技术体系百日科技服务行动暨正安茶产业发展专题讲座在县政协办公楼六楼会议室召开。

2011年3月30日，中央电视台摄制组、陈铎艺术创作室工作员赴正安策划推介正安白茶，推介策划拟定3分钟的艺术宣传篇和7分钟的文化解说篇（图8-34）。艺术宣传篇主要以《白茶恋歌》为主线，以正安青山绿水白茶为背景，展示正安纯美的自然生态、优质的地质条件、高端的白茶产品。2011年11月12日，出席贵州省扶贫资金管理、项目管理、档案管理现场观摩会的代表观摩考察正安县罗汉洞"十里茶廊"；12月11日，正安白茶贵阳旗舰店开业，正安

图8-34 中央电视台原节目主持人陈铎拍摄正安白茶宣传片

白茶品牌发展座谈会在贵阳召开。

2012年7月8—9日，正安基层茶叶干部、茶企负责人、茶叶大户接受国家茶体系中茶所一行四位专家组成的讲师团在正安的课间和田间培训；是年，县绿产办与县气象局共同建立精细化的“茶叶气象防灾减灾保障服务体系”平台，合力共同服务广大茶农。

2013年9月20日，美国客商哈尔·沃洛维茨一行六人到桴焉乡生态茶园和罗汉洞生态茶叶示范园区考察当地茶叶种植情况；11月27日“正安白茶”专场推介活动在仁怀市举行。

2014年4月1—2日，贵州省茶产办到正安县就当年春季茶叶生产、加工和销售现状进行考察。

2017—2018年，随着“正安白茶”品牌知名度的不断提高，茶园面积的不断扩大，茶农因茶增收成效显著，种茶积极性高涨，省内、外各市县都纷纷莅正考察交流学习正安白茶的种植技术、管理方法等。据统计，2018年接待浙江安吉县、河南省、盾安集团和贵州独山县、从江县、溶江县、德江县、务川县等交流考察团十多次。

4. 文化活动

2007、2008年，正安珍州诗社与正安县绿产办数次合作，组织境内诗歌爱好者深入茶叶生产加工企业，深入境内各大茶叶种植基地，进行采风活动。作品在正安县文联主办的《芙蓉江文艺》以及正安珍州诗社主办的《诗族》刊物发表；多篇诗作收录于《茶说遵义》。

2010年6月，正安珍州诗社选派人参加“茶国行吟”首届笔会，有诗作8首收录于《茶国行吟》一书。

2012年7月，举办主题为“热爱正安·建设正安”的2012年正安白茶杯“多彩贵州·魅力正安”舞蹈大赛；7月，“2012年中国·贵州国际绿茶博览会”在贵阳召开，正安县绿产办组织排练的《梦沁白茶》节目代表遵义市参赛，7月18日贵州日报刊载了演出剧照，贵州都市报作了报道，该节目获大赛“优秀奖”；12月24日，由遵义市政府主办，正安县委、县政府承办的“中国白茶之乡（贵州·正安）新闻发布会”在遵义宾馆举行。

（四）余庆县

余庆茶文化传播主要通过大型节庆活动来开展的。

① 举办“中国小叶苦丁茶之乡余庆大型演唱会”：2004年4月18日，中央电视台农业频道《乡村大世界》首次走进贵州、走进余庆，推荐苦丁茶特色产品。活动由余庆县委、县政府和贵州世纪阳光茶业有限公司主办，活动名称为“中国小叶苦丁茶之乡余庆大型演唱会”。中国特色之乡推荐暨宣传活动组委会领队、中国特色之乡推荐暨宣传活动

组委会秘书长、中国茶叶流通协会会长共同为余庆颁发中国小叶苦丁茶之乡、中国小叶苦丁茶示范基地县证牌和证书。新华社、人民日报社、央视农业频道、央视财经频道、西部开发报、贵州日报、贵州电视台、贵州人民广播电台以及遵义市的各家媒体前来采访报道。

② 参加“2009中国贵州国际绿茶博览会”（遵义）：余庆县组织的歌舞节目《爱如苦丁》参加开幕式演出。余庆县还承办“苦丁飘香·余庆欢歌”中国西部茶海·遵义茶文化节暨余庆首届旅游节活动，承办2016年、2017年“一节一会”余庆县分会场系列等活动。

（五）道真县

改革开放后，道真县政府重视各类茶文化活动，并以此茶叶销售，进而促进茶产业发展。

① 举办仡山西施采茶技能大赛：2013年5月，由道真县总工会、县农牧局主办的仡山西施采茶技能大赛在玉溪镇桑木坝村举行，宏福茶叶有限公司、农牧局业余队、关子山茶场等18支参赛队90名采茶女能手纷纷亮出自己的“绝活”。

② 宣传“三幺台”：20世纪80年代，县文化局根据道真的饮茶和宴席以茶待客习俗，编写出相关“三幺台”大宴的文章，在相关报刊上发表。“三幺台”中的茶宴文化，逐渐为全国知晓。1992年，道真县民族事务委员会协助贵州省民委拍摄仡佬族史料风情片，由四川省峨眉电影制片厂拍摄，首次以电影方式到“三幺台”的发源地——三桥镇雷家坝拍摄仡佬族吃茶习俗，在全国各省市传播。1997年10月，道真县成立10周年，县委、县政府专门以仡佬族特有的“三幺台”大宴欢迎贵宾。2001年11月，道真县举办首届仡佬文化节暨经贸洽谈会，在大会场以大气球悬挂茶产品的大幅标语，并以“三幺台”节目、饮食接待中的茶俗、举办茶产品展出等形式促进茶销售。2007年，道真县成立20周年庆祝大会在县城举行，在会期举办各种展览和招商活动，将茶业发展和茶叶销售列为重要内容推荐。2009年，参加2009中国贵州国际绿茶博览会，并以最好的品牌茶参展。

此后贵州省或遵义市举办的茶博会，道真县均由县委或政府主要领导人带队参展，并在会前充分准备，以增加参展效果。除贵州省组织的茶博会外，县内各茶业龙头企业，均有选择地选送产品参加全国性茶博会、评比会，以扩大道真茶业影响，促进销售。2018年，道真县茶企到北京举办茶业发展及茶文化展览，召开推介会，促进道真名优茶销售。

（六）务川县

① 参加“2012中国·贵州国际绿茶博览会”：2012年7月13日，组团赴贵阳参加“2012中国·贵州国际绿茶博览会”，在务川茶展区，来自务川县的高原春等7家茶叶企

业依次在各自展位上展出企业的招牌茶产品，吸引众多领导、媒体和客商的关注、了解务川茶的特色、品尝务川茶的独特滋味。

② **举办"'仡乡茶韵杯'遵义市第四届书法展"**：2012年12月，由务川县和遵义市文学艺术界联合会共同主办的"'仡乡茶韵杯'遵义市第四届书法展"（图8-35），共计收集到全市的参评作品近200幅，内容涉及书写务川历史以来的名家的诗、词、歌、赋、联，最后经专家评审出金奖2件、银奖3件、铜奖5件和60多件入展作品。开幕式上对此次展出作品中获奖作品的作者进行表彰。

图8-35 务川举办"仡乡茶韵杯"遵义市第四届书法展

③ **举办首届绿茶万人品茗活动推介茶产品**：2013年5月，务川县在务星广场举办首届万人品茗活动，弘扬仡佬茶文化，展示务川茶成果，推介当地茶产品。近万人到现场，观看以"茶"为主题的文艺表演，品茶、购茶。当天的万人品茗活动，各茶叶企业卖茶收入达18万元。

（七）播州区

遵义县自2009年开始，在县委、县政府关心支持下，多次组织规模茶叶企业参加省内外茶叶博览会及农产品展示展销会，采茶技能比赛、手工茶制作比赛、万人品茗等活动，大力宣传茶叶产业。历次参加茶文化活动的企业有枫香茶场、龙坪茶场、遵义雲馨有机茶业有限公司、遵义兴旺农业开发科技有限责任公司、遵义上上农业产业有限责任公司、贵州省遵义市佳之景茶叶有限公司等。

（八）仁怀市

仁怀市主要是唯一的省级龙头企业——贵州省仁怀市香慈茶业有限公司为了把优质茶产品推向国内外市场，先后开展了产品市场推介活动、新闻媒体宣传活动、茶文化品鉴活动等，收到了较好的宣传促销效果。

① **茶产品市场推介活动**：自2000年公司起，先后到贵阳、北京、上海、深圳、厦门、沈阳等地，进行茶产品展销，将产品推向了更宽领域的市场。

② **茶产品媒体宣传活动**：利用新闻媒体，先后在仁怀市电视台、贵州省电视台和中央电视台7频道开展宣传，进一步扩大了"香慈"牌小湾茶的知名度和影响力。

③ **茶产品文化品鉴活动**：公司以"生态健康"的理念，以"做健康茶、喝放心茶、

让身体更健康”的核心价值观，向社会各界人士提倡和宣传茶文化。近年来，香慈合作社专门组织销售员，在仁怀市各乡镇开设品茶销售点，让更多市民喝到香慈小湾茶。

2019年遵义市各县（市、区）茶产业组织活动基本情况见表8-5。

表8-5 2019年遵义市各县（市、区）茶产业组织活动基本情况统计表

县（市、区）	牵头组织境内外茶事活动/次	组织品牌企业参加茶事活动家数/家	组织品茗活动/次	推动茶文化六进活动/次	牵头组织境内外茶事活动/次
湄潭县	15	120	4	20	15
凤冈县	32	160	3	15	32
正安县	21	62	12	10	21
道真县	0	10	8	10	0
务川县	3	15	15	5	3
余庆县	2	13	15	6	2
仁怀市	5	1	5	2	5
桐梓县	10	5	0	0	10
习水县	5	2	0	0	5
合计	93	388	62	68	93

注：1. 数据来源：遵义市茶产业发展中心［仅统计数据不全为零的县（市、区）］；
2. 六进活动：进机关、进学校、进军营、进企业、进社区、进乡村。

第三节 市场建设与管理

一、遵义茶市最早记载

明洪武十七年（1384年），朝廷设容山长官司治理湄潭境地，治所设于文家场。容山长官司韩、张二氏每年必须将本地所产之茶叶交播州茶仓，作为播州宣慰使司向朝廷进贡的“方物”，说明今天的黄家坝已是当时重要的茶叶集散地（图8-36）。

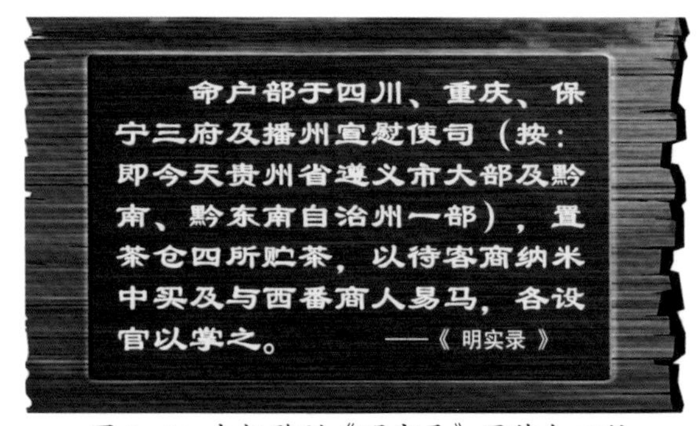

图8-36 木板雕刻《明实录》置茶仓四所

二、遵义传统茶叶市场

1949年前，茶叶交易多属农村在“赶场天”提篮零星交易，集镇则在杂货店、百货店等地销售。1949年后，在茶叶属于国家二类商品派购期间，没有茶叶专卖店和专门的市场。

遵义传统的茶叶市场，只在湄潭较为突出：民国时期及以前，湄潭茶叶主要以茶农和个体经营为主，中央实验茶场建立后，中央实验茶场与个体茶商及茶农均从事茶叶销售。抗战时期，湄潭处于西南大后方，茶园、茶市、茶馆及家庭用茶均有一定规模。据国民政府经济部中央农业所调查资料统计，全县有茶馆152家，平均年销量56.23kg，总销量8850.96kg；家庭用茶63450kg，全县30651户，平均每户每年用茶1.745kg。中央实验茶场《湄潭茶产调查》（1941年4月）载："县城茶行仅有城区南门郭姓一家，有屋面1间，创设于民国十七八年之际。全县有大溪客楼（大庙场）、永兴仁和（随阳山）和兴隆茶行3处。"中华人民共和国成立后，湄潭茶叶的营销经历了由传统的茶农、商贩自主销售到由外贸、供销部门经营再到茶农、企业、茶商自主销售完全市场化的历史过程。计划经济时期，以湄潭茶场、湄潭县外贸站、湄潭县供销社为主经营茶叶销售。

三、现代茶叶交易市场

改革开放以来，特别是1984年国务院批转商业部《关于调整茶叶购销政策和改革流通体制意见的报告》放开茶叶派购之后，形成以传统城乡集贸市场为基础、以批发市场为中心、以收购市场和零售市场为补充的茶叶市场体系。茶叶生产企业、茶农、茶叶经销商自主经营并形成竞争态势。在遵义城区，很早就设置杭州路茶叶街，专卖当地茶叶和全国各地名优茶。之后又在松桃路和延安路交会处设置了"百年老街"，是市、区两级政府重点打造的文化步行街，也是较具特色的精品名茶、茶文化休闲以及民俗特色茶艺、茶文化、古玩字画等文化产品的鉴赏基地。其建筑面积逾1万m^2，长230m，有商铺100余间，总投资5000多万元。"百年老街"的百余家商铺，汇集湄潭翠芽、凤冈锌硒茶、绿宝石等遵义名茶和国内的福建大红袍、安溪铁观音、云南普洱等名茶。遵义市区多条街道上，也出现不少茶叶企业和品牌的专卖店。

产茶大县湄潭建有以湄潭西南茶城、中国茶城为代表的专业茶叶批发市场，已成为带动和辐射湄潭、凤冈、余庆等地茶叶流通的重要市场，市场建设比较突出的是湄潭县和凤冈县。

（一）茶青交易市场

茶青交易市场即茶叶初级产品专业交易市场。为实现产业化分工，最大限度地保护茶农利益、企业增效、提高产品质量，湄潭县自2005年起在主要茶叶生产基地率先建设茶青市场。2005年3月，湄江镇金花村率先建起茶青市场，春茶采摘期间，日交易量达20t，交易额达40万元。之后，湄江镇核桃坝村、兴隆镇龙凤村、庙塘村，永兴镇流河渡村、德隆村、梁家坝村也建起茶青市场。这7个茶青市场按标准设计建设，按规章制度管理，方便了企业和茶农，质量货比三家，价格依质论价，双方的合法利益均得到保护。

2007年，湄潭县有16个茶青交易市场，年交易总额达1亿元。到2009年，湄潭县先后在主要茶叶生产基地共建有19个茶青市场，总投入530多万元，占地面积逾1.2万m²，建筑面积1.9万m²。其中政府投入建设的标准茶青交易市场9个，年交易茶青1.8万t，交易额1.62亿元。主要交易特级、一级的茶青。

茶青市场按每万亩一个和茶农半小时内能进入市场的要求进行规划，按照标准设计进行建设，按照一定的规章制度进行规范管理，市场内水、电、路设施齐备。茶叶盛产季节的每天傍晚时分，茶农把当天刚采摘的鲜嫩茶青拿到市场交易，加工企业和加工专业户到这里收购茶青，及时进入加工环节，保证了茶叶新鲜度和香味（图8-37、图8-38）。2009年以来，在主要茶青市场配置农残速测仪，开展茶青农残检测工作，把好茶青质量关。

除湄潭县外，各主要产茶区相继涌现一些茶青市场，如凤冈县在核心产茶区——被誉为“中国西部茶海第一村”的永安镇田坝村建起茶青交易专业市场。每到茶叶生产旺季，该县核心产茶区田坝村即会吸引全国各地的茶叶客商前来抢购、订购和选购。凤冈现有16间茶青交易市场，分别位于永安等7个乡镇，占地面积28076m³，摊位715个，年交易量8000t，年茶青交易金额达1亿元以上。规划到2020年，建设室内市场50个，摊位1700个。需新建茶青交易市场34间，每间室内摊位达到30个，需用地面积6.7hm²，涉及14个乡镇，覆盖茶园26667hm²。

图8-37 湄潭县核桃坝茶青市场

图8-38 繁忙的湄潭茶青市场

（二）茶叶专业市场

1. 西南茶城

2000年，湄潭县投资5000多万元兴建茶叶专业市场西南茶城，位于湄潭县城南街。占地面积3.5万m²，交易区营业面积11460m²，交易大厅6座，营业房350多间、库房

3200m²，常驻商户130余家，于2001年建成并投入使用。2003年，入驻的茶叶经营户有30多家，其中5家企业建立保鲜库，总库容达220m³，可库存高档名优茶20t。高峰时节每天近1000人交易，产品数十吨，交易额数百万元。茶叶以散茶的形式通过航空和公路运输销往全国各大茶叶批发市场，湄潭及周边县的茶叶产品可通过西南茶城走向全国。

2003年10月，西南茶城获认定为农业部定点市场，这是全国第二个茶叶类定点市场。2004年6月，市场交易区和生活服务区全部竣工，企业和个体经销商入驻经营茶叶和茶叶机具。西南茶城分为市场交易区、生活服务区、茶文化区、生产加工区、科研区、风景旅游区6个部分。茶城建立西南茶城信息中心，开展信息交流和网上交易业务；完善茶叶质量检测方法，杜绝劣质茶叶销售；统一外销茶叶包装，规范经营部标识；加强市场监管，防止压级压价；打击不正当竞争行为，建成“诚信西南茶城”。

图 8-39 湄潭西南茶城

西南茶城是当时全国西南地区茶叶交易集散中心，产品辐射山东、河南、河北、安徽、浙江、江苏、江西、湖南、湖北、广西、广东等11个省份，是贵州省当时茶叶批发市场规模、交易量最大的茶叶产地批发市场（图8-39）。至2011年5月，西南茶城日均交易量达1万kg以上，日交易额130余万元；最高日交易量3万kg，交易额400万元；全年交易量2700t，交易额3.25亿元。

湄潭县一方面对农业部定点市场——西南茶城配套设施予以完善，设立信息中心和质量检测中心，同时根据产业发展需要加紧建设面积更大、功能更全的茶叶综合市场——中国茶城。

2. 中国茶城

图 8-40 湄潭中国茶城

贵州西部茶城置业股份有限公司投资的中国茶城项目位于湄潭县城新区，坐落于湄潭县行政中心西侧，交通四通八达，与湄潭的两条城市主干道——茶城大道、天文大道南北相接，西北角是杭瑞高速入城口，区位交通优势明显（图8-40）。项目总投资10亿元，占地面积23hm²、总建筑面积约52万m^2，其中市场建设部分投资5亿元，建设面积21万m^2；由国家级茶叶市场、标杆住宅、旗舰商业、四星级酒店四部分组成；是全省“五个一百”城市综合体建设项目之一，湄潭县“一城五园”的重要组成部分；第一批省级现代服务业集聚区，遵义市市级创业孵化基地；是继浙江新昌中国茶市、福建安溪中国茶都之后的又一全国性大型茶叶专业交易市场，农业部定点市场，商务部定点出口市场，遵义市唯一指定茶叶专业市场。项目辐射贵州省20万hm^2茶园，带动20万户茶农户均增收3000元以上，解决就业岗位3500个。

中国茶城着力打造一个中心、构建五大平台，即：打造中国最大绿色交易中心，一是建立茶叶冷链物流仓储平台，把物联网技术引入冷链系统，实现对所有茶叶物流的全程、实时监控管理；二是建立电子商务平台，实现茶叶产品交易向电子商务转化，降低物流、资金流和信息流传递成本，通过电子商务平台，让普通消费者可以采购到品质安全、价位合理的贵州茶，推动贵州茶叶走向全国、走向世界；三是建立金融服务平台，对进驻茶城的所有茶叶企业提供金融服务，将存入冷链物流仓储平台的茶叶货物转化成可以融资的货物仓单，银行根据仓单实时提供流动资金给茶商，建成“茶叶银行”；四是建立期货交易平台，引入电子商务等战略合作伙伴，搭建国内首家茶叶期货交易平台，提高茶农抗风险能力，实现订单农业，实现茶叶产业投资多元化，助推贵州茶产业做大做强；五是建立茶旅一体化平台，以贵州茶文化生态博物馆中心馆落户“中国茶城”和打造中华茶俗馆4A级茶文化旅游景区为机遇，实现“市场搭台、文化唱戏”，助推旅游产业化发展，提升茶城品味。

茶城还设置规模庞大的现货交易市场，给来自全国的茶商和消费者提供现货交易平台。2011年4月17日，中国茶城建设项目开工典礼在湄潭县举行，来自北京、上海的专家和贵州省、市领导和湄潭县委、县政府、县人大、县政协主要负责人出席开工典礼。

自市场启动建设以来，已完成13.8m^2交易市场建设，建有保鲜库150个，独立商铺1800余间，形成3个交易组团，入驻茶企及茶配套商户389户。已建成国家茶及茶制品质量监督检验中心中国茶城办事处1个，产品研发中心500m^2，检验检测中心2100m^2，培训及网络信息中心1000m^2。购置设备95台，可年检测标样达到5万余个；年技术培训服务1000次，年培训专业人员200人次；建成LED信息平台2个，为茶叶市场云数据电子商务平台建设奠定了基础；建设省级众创空间1个，为创业者提供工作空间、社交空间、网络空间和资源共享空间；建成专业茶产业平台1个，遵义红、湄潭翠芽两个公共品牌成功上市，线上日交易额达2000万元左右。

2012年6月16日，中国茶城一期工程——建筑面积9万m^2的茶叶交易市场盛大开盘，当天推出的109间铺面抢购一空，第二天加推30间也一并售罄。第一期工程已于2013年9月投入使用。截至当年7月，浙江、福建、云南、四川、广东、广西等省外茶企或茶叶经销商有近800家预约登记，贵阳、都匀、铜仁、遵义、凤冈、湄潭、务川、余庆、正安、道真等县（市、区）、县有近1000家预约登记拟进驻中国茶城。目前已入住商家500余家，市场内直接和间接从业人员2000余人，2018年交易量2.6万t、交易额16.8亿元。

3. 黔茶天下

“黔茶天下”位于凤冈县城南部新区，是凤冈县政府统一规划建成的县内唯一大型茶叶专业交易市场，总建筑面积约26万m^2，总投资近7亿元。已完成会展中心、茶叶市场、宾馆及部分商业长廊和欧风社区的建设。规划到2020年，入驻茶叶企业达到150家以上，实现年交易量1.5万t以上。同时，建设配套的冷藏设施及物流、快递窗口。

凤冈在加强市场体系建设进程中，按照“规模适度、功能完善、突出特色、管理规范”的原则，加快建设“中国·西部有机食品城”，使之尽快发挥辐射带动作用。对接外地客商和省内外主要消费市场，培育“委托代理”队伍，拓宽市场领域。并重点鼓励龙头企业、经营大户、农民经纪人到省内外大中城市建立销售网点，开设专卖店，设立超市专卖柜，构建销售网络，促进茶叶流通。建立健全凤冈茶产业门户网站，定期收集和发布茶叶相关信息。树立现代物流理念，探索建立网上销售平台，拓宽茶叶销售渠道。

四、地方市场管理

各县（市、区）还注重市场管理，如湄潭县注重茶城的管理，提出打造茶城旅游形象，发挥国家级茶城的作用。县茶桑局加强茶城检测中心、信息中心的管理，组织客商制订公约、统一门头、守法经营、开展“文明店”评比活动；县城管局规划落实赶集日的散茶交易区和茶城公共厕所的管理，并成立专门工作组负责赶集日散茶交易区的秩序维护工作；县工商局明确专人负责茶城的交易秩序，会同质监局等部门打击劣质商品；县公安局及时消除茶城的治安隐患，组建茶城治安联防队，维护茶城良好的治安秩序；县旅游局在茶城建立旅游参观接待点，选择商家负责旅游接待工作；县财政局加强茶城的国资管理、防止国有资产流失。相关部门齐心协力，共同把茶城打造成茶产业的一个参观点和旅游点，提升“中国名茶之乡”的形象。

湄潭县、凤冈县还开展茶叶市场专项检查。摸清茶叶经营者主体情况，做到底数清、情况明，并开展教育培训，落实自律制度，规范经营活动。对茶叶市场、专卖店和其他茶叶经营者销售的预包装茶叶进行专项检查。通过检查经营者主体资格是否合法有效、预包装茶叶标签标注是否符合《食品安全法》的规定、经营者是否履行进货查验等自律制度、是否以次充好、以陈充新销售过期变质茶叶等，净化茶叶销售主渠道，严厉打击商标侵权行为。加强对茶叶的抽检，对农残超标、重金属超标、添加有害着色剂、非食品原料的违法经营行为依法进行查处，确保茶叶的质量与安全。

凤冈县加强对“凤冈锌硒茶”地理标志证明商标和凤冈锌硒茶公共茶叶品牌的管理，实施“统一标识管理、统一宣传口径、统一产品包装、统一门店风格、统一技术标准”的“五统一”原则进行管理，由县农业办公室牵头，组织茶协、质监、工商、卫生、环保等部门，定期或不定期联合开展茶叶市场专项检查活动，严厉打击假冒伪劣、以次充好等不正当竞争行为，净化茶叶销售市场。

正安县、余庆县、道真县、务川县、播州区和桐梓县也坚持加强茶叶市场管理，促进市场秩序的建立和完善，为茶产业健康发展保驾护航。

经过20多年的发展，一批茶叶专业市场和综合市场在遵义应运而生，形成有一定规模和影响的茶叶营销市场。茶叶生产中的新生事物茶青市场，已由湄潭发展到省内许多茶叶生产重点县。茶叶的流通形式呈现出多样性的特点，主要有批发市场兼零售、前店后园、前店后厂、茶庄、茶叶连锁店、超市茶叶专柜、集团购买、茶叶配送体系和网上销售。茶馆、茶楼也得到恢复和发展。

第四节　茶叶税赋

一、民国时期以前的茶税

遵义境内自古产茶，产生茶叶交易，朝廷及地方政府随之征收茶叶税赋，茶叶成为国家的重要税源，茶叶税赋多强加于百姓，甚至精确到两、钱、厘，造成民负增重（图8-41）。

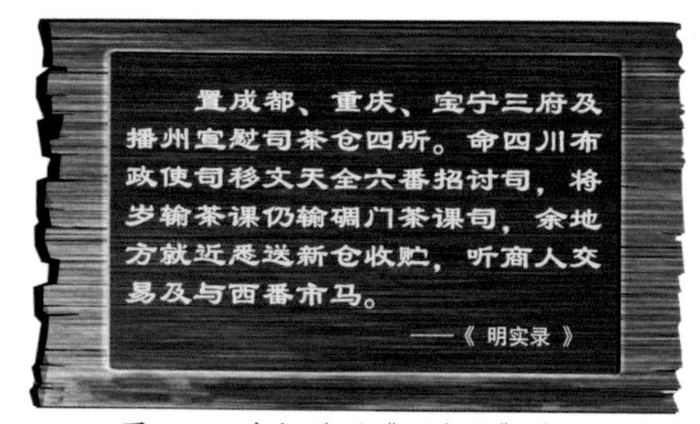

图8-41 木板雕刻《明实录》茶课

以正安县为例：唐建中元年（780年）开始征收茶税，设“茶务”进行流通管制，不久征收茶税停止。唐贞元九年（793年）又复征。唐太和九年（835年），开始实行榷茶，旋改征税。宋初由茶户产茶交官专卖，后改为茶户与商人自行交易，政府抽取一定息钱，后又改为向茶户收租，向商人征税。宋崇宁元年（1102年）蔡京立茶引法，商人运茶贩卖，必须向政府纳税领引，运销数量和地点都有限制。“茶引”是封建社会时期朝廷征税后发给经销商，允许其运销茶叶的凭证，商人领引时按短引和长引分别征税。元初沿用，至元十七年（1280年）实行俵配法，茶税向农户摊征。元二十年（1283年）恢复引制，后又于引外增"茶由"（即发给经营茶叶零售商人的凭证），征收零卖茶税。明清时官茶储边易马，商茶给引征课。清末引制渐废，各省或统收茶税，或过卡抽厘，税率西北重于东南。

图 8-42 清同治年间茶引

清道光二十一年（1841年）由平翰、郑珍编撰的《遵义府志·卷十四·赋税》："正安州年额茶课银二两，申解藩库弹收……仁怀县年额茶课银一两六钱九分三厘八毫，年额茶引税银六十二两五钱，并解藩库弹收""按：《陈志》仁怀茶引税银五十两，茶引二百张，每引载茶一百斤，征银二钱五分。《通志》引税已多十二两五钱，则在雍正乾隆间已增五十引也"，说明已经在征收茶税，且说明了征收数额（图8-42）。

遵義府志 卷十四 賦稅二 三八

正安州

年額茶課銀貳兩申解藩庫彈收 陳志貴州通志檔冊並同

桐梓縣

年額牙帖銀叁兩申解藩庫彈收係新增 檔冊

仁懷縣

年額茶課銀壹兩陸錢玖分叁釐捌毫 陳志貴州通志檔冊並同

年額茶引稅銀陸拾貳兩伍錢並解藩庫彈收 通志貴州

檔冊同正課外平秤銀拾肆兩貳錢伍分引稅外腳力部費硃紙飯食銀貳拾叁兩玖錢伍分俱解司

按陳志仁懷茶引稅銀伍拾兩茶引貳百張每引載茶壹百斤徵銀貳錢伍分通志引稅已多拾貳

图 8-43《遵义府志》茶税页

据清·嘉庆《正安州志》载："正安额载茶课……历系差役征交。"除正额二两之外，"又收添平银八钱、盘费色银三两、解费色银五两。以二两之正额差收交官，已增数倍，额外又收茶叶百斤，此项不论现在茶树之有无，悉照原载册名按户征收。"这段记载说明，正安境内不少农民多以种茶为生，茶税也曾是较长时期官府的主要财政收入之一。

《遵义地区税务志》载：清朝经济税源，遵义各州、县均有……茶树等自然资源，每年均可获取大量的农副产品。农户除种植粮食作物外，亦从事……采茶等（图8-43）。

清代，湄潭境内永兴场为最大集镇，各种商号林立，市场繁荣享誉黔北，集市贸易商品主要有食盐、茶叶、棉纱、布匹等。永兴繁华的集市贸易，成为湄潭的主要税源。清光绪二十五年（1899年），湄潭县在永兴设厘金正局，由知县吴宗周任厘金局长，为湄潭地方税捐征收机构之始。同时在边界要道设有六关三哨，设卡对外出山货土产及入境广货抽收秤厘。永兴场的北部蒲村、白村至随阳山一带，历史以来就盛产茶叶和柞蚕。因此，每逢农历二、七永兴赶集，由北面涌入市场的货物大都以茶叶蚕茧为主。

二、民国时期的茶税

民国元年（1912年11月），北洋政府财政部进行第一次税制管理，即第一次划分国家税和地方税。公布了国家税法和地方税法草案，划为国家税的有17种，其中就包含茶税。

1914年，湄潭成立经征局，对茶叶、蚕茧等交易时均由经征局统一过秤。由此设有"公秤捐"，按茶叶每斤（16两制）价一角征收一分。1939年，茶叶征税按量实行，即每斤征一两。1935年11月，在永兴设省税局；1943年6月，在永兴又设置查征所。

三、中华人民共和国成立以后的茶税

（一）税种变化

中华人民共和国成立以来，茶叶税用过不同的名义征收：

① **货物税**：1950年政务院公布《货物税暂行条例》，遵义专署开征的品目有茶叶等30余个，开征的农业税内即包含有农林特产税，征收范围限于在民国时期已负担农业税的桐、林、茶、果木等。

② **商品流通税**：1952年因大部分重点税目改征商品流通税，2月政务院核准发出税制若干修正通告，税收品目改动，遵义专署自1953年1月起执行。应税货物产制厂商，原纳印花税、营业税以及营业税附加均并入货物税征收，新定税率为2%~50%。遵义专区征收之税目，其税率变化有茶叶等。按贵州省的补充规定，中国茶叶公司在遵义、绥阳、桐梓、仁怀、湄潭、习水、赤水等县（市、区）设立收购站，收购的毛茶，统一由收购站按五日报表起运征收货物税，未设收购站地区，仍按原规定收购起运征收。

③ **农林特产税**：1955年，贵州省规定农林特产税税率为7%，并全部折收现金。

④ **工商统一税**：1961年8月，遵义专区对辖区内各公社、生产大队、生产队和社员在集市上出售自产的农副产品，只就茶叶等8种产品征收工商统一税。

⑤ **工商税**：1973年工商税制改革，将工商统一税及其附加税合并为工商税。据1973—1984年遵义地区征收工商税税目税率表反映，茶叶与烤烟叶、土烟叶的税率为40%。20世纪70年代，湄潭茶叶生产达到巅峰，时湄潭总的税收为3000余万元，其中茶叶就占400余万元。90年代其税收降落到五六十万元。其原因一是品种老化，影响产量和质量，产品和市场难以对路；二是缺乏资金周转。1983年，国务院颁布《关于对农林特产收入征收农业税的若干规定》，规定从1984年起单独开征农林特产税。至此，农林特产税成为一个相对独立的税种。遵义地区对各县（市、区）较为大宗（成林成片）的农林特产进行征收。开征项目及税率：茶叶税率为7%，农林特产税属地方收入，县与区、乡三七分成，一年一定。

⑥ **产品税**：1984年税制改革。将原有工商税一分为四，产品税是其中之一。据1993年遵义地区征收产品税主要税目税率表，毛茶、精制茶和边销茶的税率分别为25%、15%、10%。

（二）茶税减免

1994年，新税制规范了税收管理，统一了税种和税收的立法权，同时停止减免税政策（包括对边销茶产销企业的原税收优惠政策），这给边销茶的收购、加工、销售环节增加了较大的税收负担。一些生产企业要求转产或自行停止生产、不发货或少发货，销售环节退货或取消订货，对边销茶生产供应计划冲击很大，个别不法商贩乘机哄抬物价和以次充好、制售假冒伪劣产品，造成市场脱销和流通秩序混乱。

为此，国家民委与国内贸易部联合向国务院报送了《关于请求减免边销茶收购、加工、经销环节农业特产税、增值税、所得税的紧急请求》，国务院批转有关部门研究处理。财政部下发《关于对收购边销茶原料减征农业特产税问题的通知》，对收购边销茶原料的国家指定的16家定点生产企业，减按10%征收农业特产税（比正常税率降低6%），并从1994年1月1日执行。对按16%税率征收的边销茶原料农业特产税，按10%结算税款，多征收的可从以后征收的税款中抵扣。财政部、国家税务总局下发《关于增值税几个税收政策问题的通知》，其中第二条对16家国家定点生产企业生产的边销茶和经销边销茶单位，免征增值税，并规定从1994年1月1日起执行。遵义的桐梓茶厂属于这16家定点生产企业之一。

贵州省民委2011年申报的贵州湄江印象茶业有限责任公司、贵州省桐梓县金龙茶叶有限责任公司等4家边销茶生产销售企业经国家民委、财政部、国家税务总局批准，“十二五”期间享受国家免征增值税政策。

（三）征收范围

2006年起，全国取消茶叶特产税，茶叶经营过程中涉及的有关税收继续征收。同时，党和政府特别重视“三农”问题，彻底免除农业税。茶叶生产环节中，除购买茶青进行加工的企业需要交纳增值税外，其余的生产者——主要是茶农，不交任何税赋。

《中华人民共和国增值税暂行条例》规定：农业生产者销售的自产农业产品免征增值税。农业生产者包括从事农业生产的单位和个人，农业产品是指农业初级产品。国家税务总局对农业初级产品茶叶的解释：茶叶是指从茶树上采摘下来的鲜叶和嫩芽（即茶青），以及经吹干、揉拌、发酵、烘干等工序初制的茶，包括各种毛茶（如红毛茶、绿毛茶、乌龙茶、白毛茶、黑毛茶等）。

按照这种解释，茶农都是采摘茶青自己初加工，对照该政策都属毛茶，属免税产品。

现在的茶叶制作自动化程度很高，加工出来的毛茶其实就是成品茶，可直接销售给消费者，与精制茶相同。

税法规定对自种、自制、自销的茶叶免税，对买茶青加工制作销售的征税。

国家取消农业特产税后，茶叶生产企业主要缴纳增值税和企业所得税。由于茶叶生产企业类型较多，涉及的纳税计算问题比较复杂，纳税筹划要根据不同类型的企业适用的税收政策来进行。根据不同类型的茶叶生产企业，采用不同的计税基数和征税方式。原则上是，自己种植并加工成毛茶部分，不征税；采购茶青加工成毛茶部分，征收增值税；精制茶环节征收增值税。

（四）茶叶税收管理

近年来，遵义市国税局针对茶叶行业点多面广、生产季节性强、个体户生产销售隐蔽灵活、纳税人多数不具备建账能力等难题，按照“驻茶园、入茶行、探规律、强管理”的思路，对该行业实施专业化、精细化、规范化的茶叶行业税收管理，全市茶叶税收逐年递增。2008年全市茶叶税收110万元，2009年达173万元，2010年更达到了279万元，比2009年增收106万元，增幅达61.27%。如2011年第一季度，全市共入库茶叶行业税收127.11万元，比去年同期增收71.99万元，增长率达130.6%。

近年来，凤冈、湄潭等茶叶产地国税部门从征管、法规等业务部门和税源管理部门抽选人员组成专门的茶叶税收项目管理组，深入茶叶生产地头、茶叶种植园区、茶叶加工厂房，调查了解茶叶生长、茶青采摘、茶叶加工工艺及茶叶品种类型等基本情况，从行业生产经营规律探寻征管规律，使税收管理做到了有的放矢，提高了管理效能（图8-44）。

图8-44 税务人员到凤冈茶叶生产基地开展税收政策宣传

湄潭县税务局采取四项措施加强茶叶税收管理，一是加大税收宣传力度，主动与统战部、工商局、地税局、茶桑局、县工商联，以及茶叶界的代表联系，定期召开茶叶税收管理专题会议。二是印制税收法律、法规、政策宣传资料，到乡镇、村、协会、茶叶大户进行宣传，使广大茶叶经营者了解相关法律法规。三是成立茶叶税收管理领导小组，分组进行调查摸底，全面摸清茶叶行业的基础情况。四是加强对茶叶行业一般纳税人的管理，严格把好税款抵扣关，从源头上管好茶叶税收；对小规模纳税人采取纳税评估、定期约谈，控制企业库存情况和资金流向；个体户采取定额加发票管理，科学核定税收定额；对未办理税务登记的经营者，及时督促办理税务登记证，并纳入定额户管理。

正安县举行中国白茶之乡“品茶论税”税务茶叶企业座谈会，地税、国税、国土、金融、经贸等相关部门、茶叶企业负责人，为正安税收工作出谋划策，为茶产业的发展建言献策。要求茶叶企业守法经营、诚信纳税。税务部门优化税收服务举措，贴身帮扶茶叶企业，深入茶企业开展调研，摸清茶叶行业发展状况和茶企涉税服务需求。采取上门辅导、举办培训班等方式，帮助茶叶加工企业规范财务核算。以专业化评估模式，对精制茶加工行业开展纳税评估，帮助企业降低涉税风险。全县规模以上茶叶生产加工企业建立双向交流机制，结合涉税数据分析、税收政策解析，就茶产业健康发展向茶企提供基础数据和政策建议。

茶具茶泉篇 第九章

茶具在中国茶饮文化中具有重要作用，随着时代变迁、科技发展、茶品的推陈出新和茶饮生活的不断变化，茶具也在不断变化和创新，品种越来越多，质地也越来越精美。遵义的茶具没有十分明显的特点，从材质来分，种类比较繁多。饮茶用水在不少地方却比较讲究，很多地方都有被称为"龙井水"的泉水，往往源自地下砂岩、石缝，水温较为恒定，与周围气温相比则显得冬暖夏凉，口感清甜甘洌，因而很受欢迎。在有的地方，泡茶和饮用水与日常生活的其他用水是分开的，如遵义城区在自来水已经开始普及的20世纪60年代，多数人家都备有两个水缸，一个盛装自来水（当时称"机器水"），用于煮饭和洗涤等，另一个盛装从著名泉井（如红花碗井等）排队等候挑回的井水（当时称为"茶水"）。现在，许多著名泉井均已消失或干涸，自来水也引进家家户户，但人们仍将饮茶用水和其他生活用水予以区分，饮茶用水为桶装矿泉水、纯净水或去山上挑来的泉水。

本章记述遵义的茶具及著名泉井，有遵义茶具、遵义市区著名泉井和各县（市、区）的名泉三节。

第一节　遵义茶具

一、茶具变迁简况

遵义土著多为少数民族，各民族茶具丰富多彩但多已失传。遵义境内农村最广泛、最原始的茶具，要数煤砂锅质地的"茶罐"和本地烧制的土陶壶和土陶碗了。1949年以后至改革开放前，广大农村仍普遍使用土陶茶具，煤砂锅"茶罐"和陶土茶罐，用于炉火上"炖茶"或"熬茶"，土碗用来喝茶。

明代以来，外省迁入贵州的人口急剧增多，来自两湖两广和福建、四川、江西等省份的比重较大，随着人口流动，省外的茶具流入遵义，形成茶具与全国各地相差无几的局面，各种流行于全国的茶具，在遵义几乎都有出现。各地的茶馆，使用的饮茶器具则是瓷器茶具或盖碗，或称盖杯。茶馆冲开水的开水壶则大多为长嘴铜壶、锡壶或铁壶。此后兴起的茶馆最初是白铁皮制作的长嘴茶壶，以后又被铝制茶壶、不锈钢茶壶所取代。城镇则流行陶瓷、搪瓷、玻璃、锑（实际上是铝）等质料的茶壶、茶杯、茶碗、茶缸等，用热水瓶盛装泡茶用的开水，搪瓷茶缸和陶瓷茶杯茶壶曾是20世纪50—70年代最为普及的饮茶用具。

近年来，城镇家用茶具普及到陶、瓷和玻璃、竹木等材质，随着人们物质生活条件的改善，品茶成为一种时尚，经济条件好或茶文化爱好者家中还配备了成套的功夫茶具，质料一般是陶瓷或紫砂。

二、遵义茶具简述

遵义茶具没有比较明显的特点。普通人家日常饮茶时，用具比较简单，但是在茶艺馆喝茶时或是在家待客喝茶时，所用茶具就比较齐全。

茶具的分类一般有按用途分类和按质地分类两种。

（一）按用途分类

有煮水器具、备茶器具、泡茶器具、品茶器具和茶具的辅助用具，遵义没什么特色。

（二）按质地分类

① **煤砂罐：**常用炖茶工具。煤砂锅“茶罐”是较为古老的独特陶制品，能保持茶汤的原滋原味，对茶叶没有破坏性。遵义不少地方过去都是盛产煤砂锅的地方。做煤砂锅的原料，是煤矸石面和黄泥，煤矸石面是用原始的“石碓”或石碾将煤矸石捣碎成粉末，黄泥则是黏性极强的特殊黄泥，煤矸石面和黄泥面按一定比例混合，加水揉搓成干湿适度的泥，用手工或土制“机器”——一个可以旋转的圆形木制平台做成泥坯，再通过晾干、火烧、上釉制成。一般为圆柱形，敞口，有一鸟舌状溢嘴，一耳形把手。底部直径约18cm，高约20cm，罐壁厚度0.8cm左右。罐体多为灰褐色，表面散布银亮釉点。20世纪80年代前遵义农村普遍使用。贵州茶文化生态博物馆馆藏文物——驿茶罐就属于此类茶具（图9-1）。

② **陶土茶具：**常用泡茶、喝茶用具。陶土器具是新石器时代的重要发明，最初是粗糙的土陶，俗称“土碗”，遵义至今居家所用的咸菜坛子仍以土陶质地为主。湄潭高台窑上的土陶生产最早可追溯到明末清初，原料取自本地蕴藏丰富的白泥，土陶茶壶、茶碗销往县内各个集镇以及邻近县的乡场。土陶生产为家族式传承，2018年已经申报为市级非物质文化遗产。随着社会的进步和生活水平提高，土陶器逐步被比较坚实的硬陶和彩釉陶取代（图9-2）。

③ **金属茶具：**一般多为壶状，用于家庭烧水和茶馆给客人加水，多为下大上小的圆台形，有盖和提手，还有一个管状长壶嘴用于给茶杯灌水。传统金属茶壶材料多为铜、铁、锡，20世纪50年代后被铝制品（民间俗称“锑”）取代。20世纪80年代以来，不锈钢制品普及，铝制品业逐渐退出。金属茶具最大的优点就是便于加热，故主要制作加热器具（图9-3、图9-4）。

④ **瓷茶器：**是全国较为流行的茶具（图9-5）。遵义所用此茶具主要为从外购进，本地企业亦试产，质量较差，用者稀少。清朝、民国时期一些讲究人家及茶馆，常用陶瓷茶杯或茶碗沏茶，俗称“盖碗茶”，今天仍有人在用。

⑤ **竹木茶具：**竹木质地朴素无华且不导热，用于制作茶具有保温不烫手等优点。

⑥ **玻璃茶具**：玻璃是现代材质，质地透明，光泽夺目，外形可塑性大，形态各异，用途广泛。

⑦ **紫砂茶具**：是当代比较全国流行的茶具，产于江苏宜兴，遵义也不例外。

图 9-1 驿茶罐(贵州茶文化生态博物馆)

图 9-2 古夷州老茶馆收藏土陶古茶具

图 9-3 黔北金属茶具

图 9-4 古夷州茶馆收藏的金属茶具

图 9-5 琳琅满目的各色茶具

三、遵义传统茶具

传统茶具需要有心人专注收集保护才可以让今人观赏，在遵义各县（市、区）中比较而言，凤冈做得比较早也比较好。

（一）凤冈古茶具材质类型

凤冈保存有大量的古代金属茶器，在凤冈，清代锡茶壶、民国铜茶罐随处可寻。凤冈还保存有大量的木制茶具，凤冈的木制茶椅、茶凳、茶桌、茶柜、茶台，不但数量可观，而且做工也很考究。欣赏这些木制茶具不但可以品茶修性，还可寻觅农耕文化的和谐，如福禄寿喜、渔樵耕读之人生追求，可追思中华上下五千年传统文化的精髓，还能感悟儒、释、道宗教文化的博大精深，又可欣赏古人传统手工的精湛艺术。

（二）凤冈古茶具介绍

凤冈县城有一家收藏古茶具的古夷州老茶馆，收藏了别具一格摆设的茶具、家具

（多与茶有关），一般又有特定的用途和含义。凤冈茶具可谓古朴奇异，且历史久远。就目前发现的历史遗物，都可观至800年前之宋朝遗风，而明清时期留存下来的茶具可说是丰富多彩，仅举几例简述于下。

1. 土陶茶叶罐

实物可观至明代或更早些。20世纪50年代在天桥的漆坪、花坪的彰教坝、琊川的大都等地，先后在仡佬生基坟（当地称苗坟）中出土的土陶罐，其罐中还存有五谷杂粮及茶叶的残渣。其中一苗坟碑文刻“万历元年”字样。此类陶罐多为酱褐色或瓦灰色，高30cm左右，罐底直径逾10cm，腰部直径20cm左右，罐口直径10cm，盖有宝塔形、瓦楞屋顶形，罐身陶塑鱼龙、人面等图案（图9–6）。

图 9–6 宋代瓦顶龙纹茶叶罐

2. 木制多功能茶几

木制保温茶架：可欣赏到明末清初实物。近年在乌江沿岸的老寨子，遗存的仡佬族多功能保温茶几（茶架），其高150cm、宽60cm、厚50cm，茶几由可自由倾倒的内置锡茶壶的木茶桶、装茶叶的雕花抽屉、放茶杯（碗）的木架以及四周的木雕装饰等构成。整个茶几外观浑然一件精雕细刻艺术品，而功能又集盛茶、陈盏、保温、方便倒茶和居家装饰等功能于一身。此类茶几自从保温瓶问世后就逐渐淡出了黔北百姓生活而基本消失殆尽，但在凤冈却幸存了几件明清时期的精品，可谓弥足珍贵（图9–7）。

图 9–7 清代仡佬族多用茶架

3. 木制茶架、茶椅、茶柜

凤冈的木制茶椅、茶凳、茶桌、茶柜、茶架前些年随处可见，年代远至明清近到民国，不但数量可观，而且做工也很考究。在这些木制茶具上，可寻找到农耕文化的各类代表作品，如福禄寿喜、三阳开泰、渔樵耕读等木雕图案，亦可欣赏到古人精湛的制作工艺（图9–8至图9–10）。

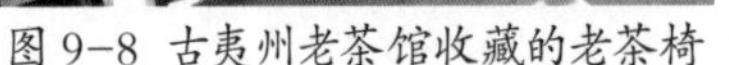
图 9-8 古夷州老茶馆收藏的老茶椅

图 9-9 古夷州老茶馆木制茶柜

图 9-10 木制保温茶架

4. 清代锡茶壶、民国铜茶罐

古夷州茶馆收藏上千件茶器文物，涵盖湘、黔、渝地区的汉、苗、侗、仡佬、土家等民族近千年的茶俗文化历史（图9-11）。

图 9-11 黔北铜茶壶

5. 鸭嘴龙壶

在凤冈境内乌江边一古寨中，偶然发现到一件独特怪异的土陶老茶壶。其外形为扁形提梁、短壶嘴、偏心口，壶身呈圆鼓状，有捏塑的多种装饰图。初见壶时，一农家当作泡咸鸭蛋的罐用，表面布满了灰尘浆物，完全不见本色。壶上捏塑的小人头部和提梁一侧立柱已损坏。问其来历，主人说是从祖上传下来的，不知已传多少代人了，也不知叫啥壶。

经测量，该壶重4.6kg，通高30cm，腹径26cm，顶盖固定，有一偏心小口，直径8cm，壶足径16cm，壶腹上有三道压印陶带环绕。细观壶体为通体青白色釉，壶身上有一对捏塑的鸭嘴龙、一美人鱼、一抱流小人。在土陶装饰中，这样的捏塑像极为少见。

收藏者对其图案作如下浅析：

① **鸭嘴龙**：位于壶体中上部，由对称捏塑而成的两条龙粘烧而成，身长约30cm，龙头大小为3cm×5cm，顶有纵冠，龙眼鼓出，龙鼻高凸，龙嘴呈鸭嘴扁形，各含一个圆形宝珠，龙身遍布鳞甲，有四条四爪龙腿，尾部似爪似翼。

有关这类四爪鸭嘴龙的造型，在中国汉文化的记载中非常少见。在史载中，汉文化的龙，从古而来通过长期演变，至唐宋以后基本定型为虎头、鹰爪、鳞甲披身的雄姿形态为最多，爪的数量定为五爪，俗称五爪龙。凤冈地域发现的该古陶茶壶上龙的形态与四爪，均与汉文化的传统龙迥然不同。

② **人头鱼**：在壶顶盖之龙头与壶嘴间，捏塑有一人头鱼身像横卧着，通长12cm，头部约1cm×1.5cm，面容丰满、耳朵肥硕，高鼻梁，鱼腹宽3cm，身上布满鱼鳞，尾、

鳍轮廓分明。国内与此类似的人头鱼身像报道，曾见于西安半坡仰韶文化遗址出土的彩陶上，有用黑彩描绘的“人面鱼纹图”。关于“人面鱼纹图”的神秘意义，学术界至今争论不休，未曾破译。因此，凤冈这件茶壶上的“美人鱼”意义则非同一般。

③ **抱流人**：在茶壶嘴（又称流）的根部，有一双手抱着壶嘴的捏塑人像，虽然头部被损坏，但仍能肯定是一裸男，身长4.5cm，臂长4cm，腿长5cm，双腿呈前蹬姿势，壶嘴从两胯根部伸出，恰似一幅男童洒尿图。此造型捏塑，亦惟在乌江中下游流域地民间的古陶茶壶上偶有散见。

综上之述，凤冈发现的这件鸭嘴龙陶茶壶，其年代久远毋庸置疑。这怪异的鸭嘴龙（或称扁嘴龙）、横卧的人头鱼、粗犷的抱流人，此三个元素可能是地方土著先民的某种传统崇拜。

奇特的鸭嘴龙或是土著民族约定成俗的图腾崇拜，或是先民们将怪兽、禽嘴、蛇身组合一体，成为多维想象的生活慰藉与力量。龙，可上天，可潜渊，是一切事物的主宰神灵；禽，善戏水，可飞翔，是适应自然的精灵；蛇，藏于草丛，攻于瞬间，是敢于征服众物的小龙。对临水而居的乌江先民来讲，生产生活都离不开大江。大江多变的脾性，亦如变幻莫测的龙。将龙赋予地域性而加以膜拜，正符合江边土民祈求江河宁静，护佑子孙康宁、家道安乐的精神需求。

卧着的人头鱼或是逐水而居民族的另一种心理暗示。以人头与鱼身组合，或是借鱼戏水的超凡能力，寓意征服湍急江流的勇气，或是对被江水吞食者的怀念。鱼又具有超常的繁殖能力，可暗示族群的人丁兴旺。鱼，不但有超强的繁衍能力，且其身形还酷似人类女阴外貌。孩子都是女人所生，女性生殖器自然被视为神秘生殖动力的源泉。将女性生殖器鱼形化，并以画图和塑型的形式加以图腾崇拜，以此祈求多子多孙，祈求子孙如江鱼一样天赋神力，天生具有与江水共存的能力与勇气，正是江边民族与江水共处的亘古追求。

粗犷的抱流人则是男性生殖崇拜的直白表现。男根勃发，是有阳刚魔力之象征，是生殖繁衍必需的最佳状态。塑造男性生殖崇拜，亦有强族壮群的意义，更有暗示族群根脉的延续。在凤冈地域的传统生育习俗中，生了男孩不直说生男孩，而是说生了个带茶壶嘴的，这或许就是当地古老民族生殖观的表白。

凤冈这件鸭嘴龙陶茶壶的发现，对研究凤冈乃至黔北或乌江流域古代先民的图腾崇拜、生育观念、制陶工艺以及饮茶习俗等，都有不可小觑的文物价值和历史价值。

下面是宋代鸭嘴龙壶不同的角度图片（图9-12至图9-14）。

图 9-12 古夷州老茶馆展示的仡佬族扁嘴龙老茶壶（鸟瞰）

图 9-13 古夷州老茶馆展示的仡佬族扁嘴龙老茶壶（正面）

图 9-14 古夷州老茶馆展示的仡佬族扁嘴龙老茶壶（俯视）

第二节 遵义市区著名泉井

水是生命之源，再好的茶叶，好水才现其真味。“名茶还须好水泡”，这是茶圣陆羽的饮茶经验谈。陆羽在《茶经》中提出煮茶用水“山水上、江水中、井水下”，明确了水质与茶汤优劣的相关性。

清代著名书画家、文学家郑板桥写有一副茶联：“从来名士能评水，自古高僧爱斗茶”；清代唐锟《芙蓉杂兴六首》之三也有“扫榻留佳士，烹茶汲远泉”的句子。说明水是品茗的重要一环。

一、遵义泡茶用水

遵义城镇居民，泡茶用水主要有以下几类：天然泉水、桶装纯净水或矿泉水和生活饮用水（自来水）。

① **矿泉水**：遵义市矿泉水生产发展较晚，境内第一家矿泉水厂是凤凰山矿泉水厂，始建于1992年，1993年年底投产。1994年以来，有遵义县枫香镇枫香矿泉水厂、金鼎山镇金鼎矿泉水厂、遵义市官井冰都矿泉水厂、大娄山矿泉水厂、西门沟矿泉水厂、遵义佳乐矿泉水厂等。冰都矿泉水厂生产的“冰都牌”矿泉水，2000年在北京国际精品展销会上获金奖。遵义地区矿泉水产品除满足本地区人民的需求外，还销往全省各地。

② **两城区的泉水**：遵义市区风景秀丽，山水相依，森林覆盖率高，城区地下水蕴藏量丰富。南宋年间遵义建城以后，人们逐渐聚集在湘江河两岸筑室以居，凿地而井。过去，在老城任何地方，掘地三尺便成井泉，蔚为奇观。昔日老城内家家院坝里都有井，直至20世纪60—70年代，当地人称为“小井”。红花冈、凤凰山麓井泉众多，均以某某井称之，如官井、马井、龙井、白沙井、金银井、葡萄井、红花碗井等。这些泉井水质纯净，甘洌可口。用来泡茶，茶杯不起垢；用来煮饭，隔夜饭不馊。人们珍惜山泉水，

筑井储水，水井大多为民众自由集资修建，也有个别独资修建的。形态各异，众彩纷呈，有方形、八角形、圆形，也有长条形，用条石构砌，井上卷拱，美观大方、适用方便。有的还加以美化，如题名刻碑或题诗勒石以记，还有在泉井旁修亭建寺，陈列雕塑，使汲水之地成为一道风景。

水以地名，地因井称，井地联姻，绣出遵义的一道奇特风景。至今遵义不少地名如大井坎、白沙路、官井路、凉水井、洗花井、海风井、龙井沟……都因泉井而得名。奇井，必有奇闻、奇事和一段历史。

二、遵义著名泉井选介

① **葡萄井**：位于文庙北侧（今红花岗水电局和有线电视台），精致美观，环境幽雅，水从井底沙石缝中流出，咕噜噜地往上冒，像一串串水晶葡萄悬挂水中。井边有口10m^{2}余的水塘，塘底和四壁均以青石扣砌，水深1m多。井和塘间有石坝，坝上有石水槽，井水由槽入水塘，葡萄井的四周有几棵大树遮天蔽日，更显这里的清幽。20世纪70年代仍保留原貌，时至今日，葡萄井原址已是高楼林立。

② **龙井**：即今沙盐坡大龙井，位于丁字口北200m左右的龙井沟。龙井水从双荐山麓的溶洞流出，洞口直径约1m，据称该洞直通洗马滩，终年水流不竭。龙井用料石砌成长方形，井前有逾30m^{2}的石坝。井水从溶洞溢进石坝，坝塘的水从坝石槽流进龙井沟内。乡间传说洞中藏有妖怪，雨季时兴风作浪，泉流汹涌而出，常淹没沟边人家。为免其水害，人们用石头雕凿一头卧狮，置于水坝，身长一丈有余，四肢及狮背以铁钉钉牢，以镇妖降魔。《遵义景致》中有“龙井石狮长长睡”一句即指此典故。

1957年，为根治龙井沟水患，提高龙井沟两侧路基，改明沟为暗涵，溶洞之水由此排入丁字口暗沟入湘江边污水沟。今龙井石狮卧于高楼之下，成了镇楼之宝。

③ **官井、马井**：官井位于红花冈北麓老城官井路南端，为石拱大方井，又名南关井，古称南泉，为遵义名泉之一（图9-15、图9-16）。泉水从侏罗系红色石英砂岩中溢出，水清见井底，水质甘甜可口，宜茶饭。1978年取水样分析，pH值6.45，总硬度3.74°dh，矿化度124.21mg/L，水化学类型$SO_4 \cdot HCO_3$-Ca型，水温15℃。据1976—1977年观测资料，最大流量5.122L/s，最小0.186L/s。

据井侧石碑记载，官井已有七百余年历史（当时的遵义称为播州）。著名的《遵义景致》有句：“磨刀溪下官马井，一股洪水对城穿”。井上有庙名南泉寺，其年代也可以追溯到清代初期。从官井往上20m还有一井叫作马井。二井均在官道上，原是由古代进出城的商人、旅客洗涤、饮用所掘，为使人与马不混用，所以一口井叫官井，一口井叫马

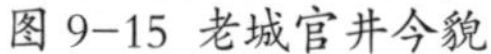

图 9-15 老城官井今貌

图 9-16 社区居委会整修保护起来的官井

井。两井均用石板砌成，据《遵义府志》记载，井水“水味清甘，煮茶最佳”。这一片原本风景旖旎，名人雅士多会于此，为古播览胜的好去处，因年代久远，播州古景现已改建为住宅区，但两井至今仍保存完好。两口古井对遵义的文化传承带来了不小的影响，官井社区也因此而得名。

④ **海风井**：“南关前有海风井，海风一出万古传”讲的是海风井，井在海尔大道东侧。井水源于石崖下之溶洞，砌石为井。井水清澈凉爽，洞风冬暖夏凉，井里青苔如染。川黔古驿道和后来的川黔公路经过井西，井侧原有入遵义南关的石碑坊。据《贵州通志》载：有异人曾在此休息，给乡人说，此井风通南海，若修庙供奉，可消一郡之灾。人信其然，建海风寺于海风井之上。于是，崖上佛阁与石崖泉井，相互辉映，绿树旷野，烟岚浮动，风景极幽，成为郡南名胜。

1929年，海澄法师住持海风寺，倡议集资整修寺庙，时任贵州省主席及地方名士慷慨解囊，使海风寺重放光辉，其事刻于《重修海风井佛阁序》。

新中国成立后，撤除崖上佛阁，恢复了海风井旧貌。绿树成荫，泉井清清，过往行人，喜之于心。

⑤ **红花碗井**：又名红花井，因位于遵义著名山岗——红花冈东北麓而得名（图9-17）。有涓滴泉水从侏罗系红色石英砂岩中渗出流入井内，流量极小，一次仅可盈碗，但取不竭，故又名一碗井。水质极佳，闻名全市，烧开水不起垢，

图 9-17 红花碗井

甘甜可口，宜茶饭。附近居民取汲泉水络绎不绝。1986年5月调查，枯季一小时可装满一担水（约40L），即流量为0.01~0.02L/s。几年前，5~10min可装满一担水，流量为0.05~0.1L/s。取水用瓢或碗，水温14℃。直至20世纪70年代前半期，城区已经普及自来水，老城居民称自来水为“机器水”，用于煮饭和洗衣服等。老城不少居民仍然清晨上山排队等候挑红花碗井的水，回来倒入家中专门准备一口瓦缸，谓之“茶水”，专门用于烧开水泡茶之用。现城市进行大规模的改扩建，导致水脉断流，红花碗井有井无水。

⑥ **白沙井**：遵义名泉，位于双荐山麓螺蛳山下（今白沙路旁）。有文献记载为：“井水甘洌宜茶，为一郡之冠。额题‘白沙井’三字，为清宣统三年（1911年）遵义著名书法家曹欣愚所书。”清人赵懿，饮白沙井水而诗情喷涌：“仄径深深竹，清泉留白沙。炎天正无际，就水沏新茶。”诗成，勒石于白沙井旁（图9-18）。20世纪80年代因城建而井废，留白沙路名于今。

图9-18 白沙井原貌（今已不存）

近年来，两城区的居民，清早起来作为锻炼，经常挑着十多个塑料饮料瓶，到市内的凤凰山（又称“红军山”）排队等着接水，挑回家作饮用水。红花岗的官井南隧道北口和官井北隧道北口亦有人到此接水挑回家饮用。没有时间去接水的家庭，大都饮用当地生产的桶装矿泉水，下表是检验合格的遵义桶装水。

表9-1 贵州省饮用水质检合格产品一览表（遵义部分）

序号	产品名称	生产单位	单位地址
1	冰都天然锶型矿泉水	贵州省遵义冰都天然矿泉水有限公司	遵义市官井路91号
2	盖斯美饮用天然泉水	贵州省遵义市龙脉山天然矿泉有限责任公司	遵义市杭州路民生花园
3	大板水饮用天然泉水	遵义市圣山矿泉水有限责任公司	遵义市红花岗区金鼎镇
4	梓源冰泉	遵义市董酒城水厂	汇川区高坪镇新黔村
5	美星饮用纯净水	5707航空发动机修理厂美星纯净水分厂	遵义市汇川区李家湾
6	凤凰山冰泉饮用天然泉水	遵义凤凰山矿泉饮料有限责任公司	遵义市新蒲镇中桥村
7	白沙清泉饮用天然泉水	遵义市白沙清泉水厂	遵义市新蒲镇中桥村

续表

序号	产品名称	生产单位	单位地址
8	冰极零饮用天然泉水	遵义丹凤山泉水有限公司	遵义市海龙镇贡米村
9	霜月饮用天然泉水	遵义霜月矿泉水厂	遵义市海龙镇
10	海龙清泉饮用天然泉水	遵义市乳制品有限公司	遵义市海龙镇
11	龙泉天然饮用泉水	遵义县龙泉矿泉水厂	遵义县龙坑镇
12	少也天然优质矿泉水	贵州省桐梓县洪源矿泉饮料厂	桐梓县楚米镇八一沟
13	娄山珍藏饮用天然泉水	桐梓县娄山关山泉水厂	桐梓县娄山关南溪口
14	南山饮用天然泉水	桐梓县南山离子水厂	桐梓县娄山关生态乐园
15	球迷饮用纯净水	贵州省习水县球迷饮品有限公司	习水县东皇镇
16	碧露饮用纯净水	湄潭县碧露纯净水厂	湄潭县湄江镇环城路
17	石水山泉	务川自治县石水山泉水厂	务川县都濡镇泽溪村

第三节　各县（市、区）的名泉

遵义是山的家园，水的故乡，处处青山绿水。在喀斯特地貌的广大农村，有许多水质极佳的泉水，因没有文化人去发现和命名，有文字记载的不多。

一、湄潭县

地处贵州山区的湄潭，从古至今无大气污染，水质优良，用于泡茶的水大都来自井水或泉水。

旧时湄潭有“城内三口井，城外三口碑”的民谣。说的是今老县城内有供居民生活用水的水井3口，县城玉泉茶社泡茶取水主要就在民国时期的县政府处。城外的水井水质当数龙井湾水为最佳。湄潭当代诗人刘家骐在外收到母亲寄的湄潭茶后，对家乡的水土及亲人的眷恋油然而生，写下《品茗寄怀》一诗，有：“龙井湾中水，湄潭打鼓茶”的佳句。

①**水洞沟泉水**：泉名，位于湄潭县城西面约5km的地方，常年有一股泉水从半山石洞涌出，远处望去悬挂于山间的一线瀑布颇为壮观，清代就有“千寻瀑布泻飞泉，洞口苍茫别有天”的赞誉。水洞沟在清代就列入湄潭八景之一，名曰“水源洞天”。明清时期，凡是湄潭的文人雅士或外来儒雅皆游此景，并留有大量诗词歌赋。南明时，四川大乱，官任四川夹江知县的官堰人曹椿科弃官回乡，在水源洞左侧修建房屋隐居，此期间在湄潭隐居的钱邦芑、范鑛等南明臣子常来拜会，曹椿则用泉水煮茶招待来访的文人墨客。

②**湄潭碓窝泉**：泉名，位于湄潭县城西2km处，周围青山绿水，井在公路边，翠竹掩映，汩汩流出。出水量较大的涌泉，在方圆百步内共有3处。水质清醇爽甜，属优质饮用水和泡茶用水。

③**观音洞泉水**：泉名，位于湄潭县城南1km处，亦称清虚洞。洞广而深，清康熙年间在洞内修建有石拱桥，桥下清流莹澈。旧时洞外建有接官亭，至今洞内外还保存有数幅清代至民国的摩崖。清同治十三年（1874年）进士安盘金有饮茶的嗜好，在游湄潭清虚洞（今观音洞）时，留下了"诗笺扫苔石，茶鼎听松风"的诗句。观音洞泉水泡茶胜过桶装矿泉水，今县城百姓仍喜欢到此挑水泡茶。

④**流河渡葡萄井**：泉名，位于县城北10km的326国道旁，1940年9月13日竺可桢在日记中记载："乘1935号校车赶永兴，计20km。在中途流河旁之葡萄井略停，其水极清冽，下有气泡，渐上渐大，形如葡萄，故名。"流河渡是一个有数十户人家的集市，由于地处湄潭永兴中段，加之此地有优质的井水，20世纪80年代前，来往的车辆喜欢在此稍停用餐或在茶馆小憩。

⑤**永兴龙井湾**：泉名，位于湄潭县永兴镇。民间对泡茶的泉水以是否"除层"决定水质的好坏，所谓的除层，就是看冲泡后茶汤表面是否有一层"锈油"。旧时永兴集镇周边有7口水井，民国时期，永兴集镇茶馆所用之水均取龙井湾的井水，因为只有龙井湾的井水泡茶才不会出现"锈油"。于是，在晚清至民国时期集镇有专门从事挑水卖的行业，至今在龙井湾水井旁的石壁上至今还存有当年制定的挑水价格："正南路每碗米四挑，正中路每碗米六挑，正西路每碗米二挑"。茶馆店主在后堂均备有石水缸，专门雇人挑水。

⑥**煎茶溪**：1941年前，湄潭县城到遵义靠步行，要经过一个名为梭米孔的地方，旧时商贾每到梭米孔时都喜欢在山下的河流处煨茶小憩，因此该地得名煎茶溪。无独有偶，从沿江渡上岸的客商进入湄潭在茅坪至新场的一段路途中，商贾常在一个小溪流处拣干柴枝烧水煮茶，整理货物，也叫煎茶溪。

二、凤冈县

①**大龙塘**：位于凤冈县绥阳镇一个古地名叫城址的地方，此龙塘基本为圆形，阔逾10m，深逾10m，出水量很大，又背靠多座大山，水源来路方向只有森林没有人家，水质清澈甘冽，水温常年保持在14~15℃左右，冬暖夏凉。龙塘四周有相对平缓的天然石台，取水极为方便，这是当时唐夷州古城水源的重要保障。以大龙塘为龙头，其下方仅在300m内就自然形成了连成串珠状的五个龙塘，这些龙塘均依靠大龙塘水源为主流，但又有独立的自身水源冒出，大批取水、洗物人流，根据各自需要分别选择不同的龙塘。

一般情况下，厨房用水、泡茶用水和直接饮用，都是取自大龙塘的水，这处水源，是由大山森林含吸雨水，经长期地下浸透、沙土过滤、破石隙冒出地表的山泉水，这正是陆羽《茶经》："茶之煮，其水，用山水上，江水中，井水下（此之井水，不是贵州山区天然石隙井之井水，山区之天然石隙井水谓之山水）"之山水。大龙塘四周都是天然岩石，其水从石缝冒出，这又符合《茶经》："其山水，拣乳泉，石池漫流者上"的地质要求。

古夷州大龙塘的水，从古至今都是泡茶用水的最佳选择。在民国时期，绥阳场集上有刘家茶馆、勾家茶馆、黄家茶馆等大小十余家茶馆。每逢赶场天，这些茶馆都要差人到大龙塘来挑几挑水去煮茶待客，如若为了省事，在街后的小水井就地取水煮茶，往往会被茶客当场识出来而指出茶味不好。在街西面背后有个古井名叫马家龙洞，但是各家茶馆都不会就近用那里的水煮茶，怕茶味不甘而影响生意和声誉。

② **龙井**：又名龙泉，位于凤冈县城东北隅，泉水自井底多穴涌出，清澈味甘，大旱不涸，井阔二三丈，井深八九尺。这一潭龙井清泉，远观，天然方塘神工鬼斧一鉴开；近瞧，源头活水石池漫流来。井畔绿荫掩映在碧水池潭中，沁人心脾，如诗如画。泉水潺潺，溢于水槽，注于小溪，蜿蜒北流，滋润良田千亩。井周天然岩石错落成景，并有明清摩崖石刻多处。岩石上古树盘根错节，冠盛蔽日遮天。井前有一古石拱桥，桥上可供游人小憩，桥下流水注入丈余大小的圆形洗涤池，桥旁有一石砌引水渠长年流淌。从古到今，县城人们来龙井挑水洗菜，休闲游玩，从未停息，一派车水马龙之景象。1994年版《凤冈县志》载有"黔中第一泉"之美称，今有"源头活水"之赞誉。清康熙《龙泉县志》将其列入内八景之一，曰："龙湫泻碧"。整个龙井憩园东西宽逾180m，南北长逾240m，今为遵义市文物保护单位。

古老的龙井名叫"五眼塘"，意为塘底有五穴泉窦涌水，汇为一池。1374年8月12日，于今凤冈县城设置龙泉坪长官司治所，"五眼塘"亦更名为龙泉。土司官为义阳江籍安姓世袭，龙井之水源则为安氏族人居权统管。直到明万历二十九年（1601年）废"龙泉坪长官司"改置"龙泉县"，首任知县凌秋鹏令开工筑城，并在龙井筑水关，将其围于城内，为全城百姓之生命水源保障。

清乾隆《四库全书·贵州通志·石阡府·龙泉县》载："龙泉，在城内凤凰山下，泉自洞中流出，大旱不竭，一邑资其灌溉，县之得名以此，城外又有小龙泉，水甘洌，取以烹茶味甚佳。"龙井，龙泉城的命脉之源，上千年灌溉着千亩良田，滋养着全城百姓。

龙井之主源，乃凤凰山千年涵水漫浸涌出。龙井水就是凤凰山之山水，龙泉正是石池漫流之乳泉。用于煮茶，自然为上上品。从古至今，县城人民，依赖它淘米煮饭、烧水泡茶，一日也未曾停息过。

在民国时期，离龙井仅百余米就有一家名气不小的汤家茶馆，其主人就是相中了龙井水泡茶味甚佳的特别之处，毅然背井离家，从四川远涉千里来到龙泉井畔落户，开茶馆为主业营生，得以发家积富传承三代人，名气传遍龙泉地方。直到今日，县城百姓皆知汤家茶馆。十字家处的曾家茶馆，自经营起，主人日复一日地，挑着水桶，行走在那古老的水巷子石板路上，取回龙井清晨之甘泉，用以招待八方茶客。龙井正对面，就是最为古老的马店，是南来北往客商、马贩喂马之场所，这里是用大锅烧茶，免费供商客饮用，还有凤冈人爱吃的油茶稀饭、油茶汤等等，都离不开龙井清泉滋润。今，因自来水便捷，人们渐渐疏远了龙井。不过县城老人们还时常依恋着龙井，常常去观瞻它，吸取它的甘甜。

时至今日，由于人口激增，城市规模急剧扩张，原有井泉不是显得太远，就是水量不够，甚至干涸或被污染不能饮用，诸多原因导致桶装水盛行。现凤冈有获行政许可（通过生产认证）的山泉水生产企业10家，它们分别分布在何坝、进化、天桥等镇，基本覆盖了种茶、产茶乡镇（表9-2）。

表 9-2 凤冈县山泉水获证企业名单

序号	企业名称	生产地址
1	凤冈县森尔矿泉水厂	何坝镇
2	凤冈县玛瑙山山泉水厂	绥阳镇
3	凤冈县绥阳镇营盘山山泉水厂	绥阳镇
4	凤冈县龙泉镇光明山泉水厂	龙泉镇
5	凤冈县龙洞山泉有限公司	何坝镇
6	凤冈县黔龙山饮料有限公司	王寨镇
7	贵州省凤冈县响水岩山泉水有限公司	进化镇
8	凤冈县燕映清天然泉水厂	土溪镇
9	凤冈县津露纯净水厂	进化镇
10	贵州天山龙洞口山泉水有限责任公司	天桥镇

三、仁怀市

① **葡萄井**：位于仁怀市中枢街道葡萄井社区，为昔日仁怀县城郊八景之一。泉水从井底涌出，在水中形成串串水泡，晶莹闪亮，形如葡萄，因而得名。

泉井丈余见方，井壁用大小相同石块镶砌，错落有致，形成漂亮图案，上面阴刻“葡萄井”三字，相传为知县杜诠手书。泉水水量丰裕，水体清澈，冬不枯，夏天涨水不浑，常年水温恒定在18℃左右。系仁怀县城居民数百年主要生活水源，入口清甜。用其泡茶，香味浓郁。

据《仁怀县志》记载，清代初年，仁怀县治在今城南三十里宝峰寺，因水源缺乏，拓展不开，拟另选址重修县城。

清雍正十一年（1733年），知县杜诠途经亭子坝（今中枢街道），见此地一泉水，喷泻如珠，清凉宜人，流量洪大，四季不枯，大喜，乃题奏，获准在此新建县城。雍正十三年（1735年）县城建成，泉井建在新城南门外，故称南门水井。井水除供县城人畜饮水外，还兼附近农田灌溉，造福百姓，所以又称其“福泉”。《遵义府志·山川》记载，“福泉在城南门外，涌泉如珠，其味清冽，灌田百亩。”

葡萄井曾多次维修，加宽加深，增大容量，在中枢街道人饮中发挥了重要作用。

1994年，仁怀县政府拨专款进行修缮，新建了井台、井栏和花坛，铺设了鹅卵石步梯和步道。井栏内壁刻有原外交部副部长、仁怀籍人韩念龙及仁怀市内有名书法家罗建文等人的诗词和书法作品。井台西南建有1m见高的八面形水泥柱，柱上安放赭色天然巨石，巨石南镌刻原贵州省委书记、省长、仁怀籍人周林书写的行书“葡萄井”三个大字，字体飘逸洒脱。

由于环境污染等原因，21世纪以来，葡萄井水质日趋下降，至2009年，已停止饮用，仅作为附近居民洗衣洗菜之用。

历史上描写葡萄井的诗文较多，清末民初仁怀人王谟《葡萄井》“天未雨珠玉，雨无济寒饥。葡萄泛井底，琼瑰满清池。万户望梅渴，千畦润稼肥。何当风雅助，煮茗细评诗。”最为有名，对其描绘有声有色，赞誉有加。

清光绪拔贡张义超《仁城八景·葡萄贯株》“井水盈盈只一泓，葡萄何事要时空，年来已把诗脾沁，日后还叶味道同。荇藻交横微荡漾，墨花涌出总玲珑。始终泡幻原如此，莫艳于今世味浓”也较有影响。

② **喷珠泉：**又名珍珠泉，温水堰。位于仁怀市苍龙办事处龙井社区，仁习公路左侧。

此泉原在一丘烂包田中央，1968年，当地有人集资修水泥石堰将其围筑成井，并修渠将水引出，供附近农户饮用和灌溉。泉井占地约30m^2，泉水澄湛清洌，泉底水草丰茂，不时有水泡冒出，大如鸡蛋，小如米粒，此起彼伏，晶莹夺目。若有人在近拍掌嘻叫，水泡会更多泛冒。井水冬暖夏凉，冬天飘雪冰封季节，总是热气腾腾，故当地人又称此泉为温水堰。因自来水普及，现已极少用此泉作为人畜饮水。

③ **茅台钻孔井：**贵州地质队取水样钻孔而成，位于茅台镇下场口，经地质矿产部门采样测定，其水质已达矿泉水标准，其中偏硅酸30.06mg/L，锶1.81mg/L，恒温21℃，pH值7.15~7.70，中性水，矿化度10.6~10.76mg/L，水质类型属H_2CO_3–NaCa型，饮之口感纯

正、微甜爽口。20世纪80年代末至90年代中，附近农户用此井作为饮用水源。90年代末，有人用此井作茅台牌矿泉水应市，今水源仍为附近农户饮用水源。用此水泡茶，茶味醇厚、茶汤艳亮。

四、其他县（市、区）

遵义其他县（市、区）未见有关井泉的介绍，仅见：

① **余庆中关水厂**：余庆县中关水厂位于白泥镇迎春村青菜沟，水源为环境优雅、宁静清新、远离城市污染天然山泉，实际上为泉水。

② **务川白茶水**：水名，位于务川东，因产白茶而得名。宋代乐史《太平寰宇记》卷一二三载："白茶水，在州东一百七十里，北接黔州黔江县。"

③ **习水县习泉**：位于习水县土城镇幸福村的峡谷中，每日三次涨潮，水质清凉透彻。为弱碱性山泉水，口感甚好，是泡茶的优质矿泉水。

茶饮篇

第十章

茶作为世界三大饮料之一，饮茶形成特殊的一种文化现象，在不同时期、不同地域，往往会呈现不同面貌。本章记述遵义各地的饮茶文化现象，包括茶道与茶艺、各县（市、区）饮茶习俗、茶馆概述、传统茶馆和现当代茶馆几节。

第一节　茶道与茶艺

茶道，就是将茶饮作为一种修身养性之道、品赏茶的美感之道。

茶艺，顾名思义可以简单理解为“泡茶、饮茶之技艺”，但这个“技艺”不能狭义地理解为一般工匠“手艺”，而是一种艺术和精神的享受，是中华茶文化之精粹。

茶艺是一种文化，是指在茶事活动中以茶叶为中心的全部操作形式的总称。茶艺在茶道精神的基础上广泛吸收和借鉴其他艺术形式，并扩展到文学、艺术等领域，形成了具有浓厚民族特色的中国茶文化。

一、遵义茶企（部分）体现的茶道精神

① **湄潭四品君公司**：“清、静、雅、和”就是中国茶文化浓缩的精髓，美称“四品君”。所谓“四品君”即：一品神清；二品心静；三品景雅；四品人和。就是通过品茶做到神清、心静、景雅、人和。

② **湄潭兰馨公司**：“君子若兰，德才双馨”是立企之本、企训和企业魂，是兰馨公司区别于其他企业、兰馨品牌区别于其他品牌的内在气质。兰香，内涵清、幽、远、超；茶道，讲究清、静、雅、和。兰香与茶道神韵相连，精神相通，反映虚怀若谷、心平气和、宁静致远的人生境界。兰馨，取兰香之意，铸品牌之魂；君子若兰，德才双馨，物质与精神和谐，成就永恒之美（图10-1）。

图 10-1　兰馨文化理念——君子若兰，德才双馨

③ **正安璞贵公司品牌内涵**：“璞”，璞玉，未经雕琢的玉石，未加修饰的天然美质表现正安白茶的天然生态，象征白茶的独特外观：“叶底玉白，如玉之在璞”；喻义正安白茶珍贵、稀有（图10-2）。

图 10-2　正安璞贵公司品牌内涵

④ **正安白茶之道**：“上善若水，至境唯白”是正安白茶的广告语。“上善若水”出自老子《道德

经》“上善若水，水善利万物而不争”，水性至柔却能容天下的胸襟和气度；“至境唯白”，所谓：“人生至境是不争，恬静出尘心自宁”，是一种极高的精神追求，体现了崇高的精神境界（图10-3）。

图 10-3 正安白茶之道

二、遵义的茶艺活动

茶道难以用地域来进行区分，茶艺却可以带有鲜明的地方特色和不同茶类的操作技艺，“道”只能意会而不可言喻，“艺”却是一个十分明确的操作过程。遵义的茶艺，可根据不同县（市、区）的地域差别和绿茶、红茶、黑茶等不同茶类而分为很多种。只是不同地域相同茶类的茶艺，有一定的相同或相似之处。

（一）遵义市茶艺表演艺术团与活动

遵义当地的茶艺，除确实属于地方特色的油茶之类外，多数茶艺与全国各地的基本相似。遵义市茶艺表演艺术团是全市茶艺工作者和业余爱好者自愿组合的群众性组织，旨在“整合茶艺人力资源，促进茶文化传播，弘扬中华茶文化”。主要任务是为茶艺行业服务，配合政府主管部门宣传遵义、推介遵义、提升遵义茶产业的品牌效应，推动遵义茶产业的突破，打造茶旅一体的新型生态旅游品牌，以促进茶文化的繁荣发展。艺术团以探讨茶艺知识，以善化人心；体验茶艺生活，以净化社会；研究茶艺美学，以美化生活；发扬茶艺精神，以茶会友；整合茶艺人力资源，促进茶文化传播，弘扬中国传统茶文化为宗旨。通过茶艺表演或展示、茶艺培训、专题讲座、印发宣传资料、编写书籍、竞赛等活动，普及茶艺茶道，促进遵义茶产业的发展等活动和方式，促进遵义茶产业的发展。

（二）举办茶艺培训班

2011年12月26日，根据遵义市委、市政府的统一部署，由市农委、市供销社、市茶叶流通行业协会、中华全国供销合作总社杭州茶叶研究院承办遵义市首期“评茶员、茶艺师”培训班，来自湄潭、凤冈、正安、道真、遵义、桐梓、习水、务川等县，仁怀市及红花岗区、汇川区共122人，参加为期一周的茶艺培训。培训结束经考试合格，由中华全国供销合作总社杭州茶叶研究院颁发“评茶员、茶艺师”相应等级证书。

除政府组织的培训外，民间也存在为数不少的茶艺培训点，如位于遵义市红花岗区红军街城会茶楼的“鸿渐茶艺职业培训中心”，位于人民路的“藏茶馆”等，都有一套完善实用的培训教材，开设泡茶兴趣班、茶艺师职业班，培训内容涉及泡茶、品茗、茶品、茶叶、茶会、茶史、茶书等方面。在遵义市区和产茶大县湄潭、凤冈等地，有不少家庭“茶馆”，如遵义市区的“拙茗坊”等，主营业务不是让顾客饮茶，而是传授茶艺。

（三）湄潭茶道茶艺研究与活动

图 10-4 湄潭茶艺——花苗茶

20世纪90年代，湄潭茶文化界一批有识之士潜心研究茶道茶艺、创作表演茶艺，各种研究论文常见诸于专业学术刊物或其他报刊，各种茶艺表演也常见于茶艺馆和茶文化盛会。湄潭的茶艺创作和表演始于“陆羽茶楼”，之后日臻成熟。先后有十多个茶艺节目在有关茶楼和各种茶文化盛会上表演，不少作品和创作表演者还在各种赛事中获得荣誉（图10-4）。2007年3月27日，由贵州省环保局、遵义市人民政府、贵州省茶文化研究会、贵州省茶叶协会主办的“贵州省十佳茶艺之星大赛”在贵阳举行，经过茶艺表演、知识问答、才艺展示3个环节的角逐，中国西部茶乡艺术团（湄潭文工团）的鄢仁智、湛红、饶颖3名选手分别夺得第一、四、六名，均获“贵州省十佳茶艺之星”称号。是年，在云南省普洱市举行的第四届全国民族茶道茶艺表演大赛中，中国西部茶乡艺术团（湄潭县文工团）茶艺表演队获优秀奖。2007年10月，湄潭茶文化研究会又组织创作10个茶艺表演剧本。

（四）凤冈茶艺活动

① **组建锌硒茶乡艺术团**：2007年12月18日，凤冈县成立一支专业的表演团队——锌硒茶乡艺术团，完全进行市场运作，并承担政府和各单位的演出活动，当地政府除每年拨付艺术团20万元外，对艺术团演出以资助，支持文化产业发展。同时，凤冈县委、县政府制定一系列优惠政策，动员鼓励各类企业、社会团体、机关事业单位和个人联合开发文化产业，从而在该县形成财政投入为主体、社会投入为补充的文化建设投入机制，为文化事业提供保障。

② **茶艺表演获“贵州省茶艺茶道大赛”一等奖**：凤冈锌硒茶乡艺术团表演的《龙泉凤茶的传说》，秀色田园中，在一古朴民居外，龙泉泉水喷洒而出。传说中的仙人（白胡子老人张果老）手持仙人树叶，悠闲自在，一群小孩子像山间的小鸟叽叽喳喳。加上古朴古香的竹茶盘、竹茶杯、竹茶壶等，呈现一幅自然和谐的胜景。

③ **土家油茶情**：凤冈锌硒茶乡艺术团表演的《土家油茶情》（图10-5），获贵州省“甲秀杯”茶艺茶道大赛金奖；2006年成功申报为贵州省非物质文化遗产；2008年亮相星光大道；2010年亮相上海世博会。

④ **军心如茶**：凤冈锌硒茶乡艺术团表演的节目。2011年7月9日，应思南县委、县

政府邀请承办春茶开采节开幕式茶事活动。凤冈县茶海办、凤冈县茶叶协会选送，凤冈县消防大队表演了茶艺《军心如茶》。该节目在“中国贵州第三国际茶业博览”会上贵州第四届茶艺茶道大赛中获二等奖及组委会特别贡献奖；在贵州省第三届茶艺大赛获银奖和特别贡献奖。是年9月25日，参加全国“马连道”杯茶艺表演大赛获二等奖并与全国知名茶专家合影留念（图10-6）。

凤冈县有关人员在遵义市茶艺表演艺术团中发挥了重要作用，艺术团开展茶文化普及活动，编写印刷4万多字的《茶知识读本》和2万多字的《茶文化知识300题汇编》，对传播茶文化起了积极的作用。

图10-5 凤冈锌硒茶乡艺术团表演土家油茶情

图10-6 民俗茶艺《军心如茶》获马连道大赛第二名和组委会特别贡献奖

三、县域茶艺举例

遵义产茶县份较多，茶艺种类繁多，以下仅举两例展示。

（一）凤茶八式——锌硒绿茶待客型茶艺

音乐、话外音：茶，是一杯能喝的唐诗宋词，是一首能唱的琴棋书画。诗仙李白为你心醉，茶圣陆羽为你写经。自唐而下，凤冈虽数易其名，在这1883km²的土地上，却时时弥漫着悠悠茶韵，处处飘逸着袅袅茶香。

第一式：夜郎古甸（侍茶，图10-7）

沧海桑田、浩瀚如烟。一个存世300多年、人文历史悠久的夜郎古国一夜之间神秘消失。斗转星移，光阴似箭，1000多年后，明万历年间，李见田将军路过凤冈休憩品茗时书写的摩崖石刻“夜郎古甸”，成了人们寻找夜郎古国蜕下的鳞片。壶里乾坤大，茶中岁月长，一把茶壶，孕育了黔中乐土———夷州；一曲茶歌，吟唱出锌硒茶乡——凤冈。

图10-7 第一式：夜郎古甸（侍茶）

第二式：天河洗甲（洗杯，图10-8）

摩崖石刻——天河洗甲刻于凤冈县城东北面1km处，为明朝大元帅刘铤所书，寓涤污、祈福、和平之意。凤冈锌硒茶因“锌硒特色、有机品质”，被消费者誉为“中国绿茶营养保健第一茶”。绿茶讲究色绿、香幽、味醇、形美；故精茶杯饮、粗茶壶泡。冲泡名优绿茶应选择晶莹剔透的玻璃杯，并将本来很洁净的杯子冲洗、烫热。就像“天河洗甲”一样，洗去烦恼妄念，留下安然和平，质本洁来还洁去，人美茶真留茶情。

图10-8 第二式：天河洗甲（洗杯）

第三式：飞雪迎春（投茶，图10-9）

凤冈锌硒茶分为：锌硒绿茶和锌硒红茶两大类。锌硒绿茶又分为扁形绿茶、卷曲形绿茶和颗粒形绿茶。飞雪迎春茶，慧心悟茶香。今天为您冲泡的是扁形绿茶中的极品———明前翠芽。采用中投法，取茶3g投入洁净并烫热的玻璃杯中。轻摇数下，闻茶的干香。您一定会闻到凤冈锌硒茶的花香、栗香，

图10-9 第三式：飞雪迎春（投茶）

第四式：太极洞天（润茶，图10-10）

太极洞中的石刻“饮茶图”，栩栩如生地再现了龙泉人煮水、烹茶的文化和茶艺。按“饮茶图”的示意，在玻璃杯中注入少许开水，浸泡片刻，闻茶的湿香。经过高温逼香的茶叶，恰似太极生两仪、两仪生四象、四象生八卦，香气浓郁，沁人肺腑，正如太极鸾书道：天地无私为善积福，圣贤有教修身齐家。

图10-10 第四式：太极洞天（润茶）

第五式：凤鸣高岗（冲水、敬茶，图10-11）

凤冈最早名叫龙泉县，因凤凰常栖息于县城东面的凤凰山上而得名凤冈。用凤凰三点头的手法将开水注入杯中，犹如吉祥美丽的凤凰，开屏点头对各位贵客的到来表示热烈欢迎。茶，是一种生活，与人朝夕相处，与世同生共融。茶，是一种享受，

图10-11 第五式：凤鸣高岗（冲水、敬茶）

茶香飘逸，甘醇清甜。茶是一种境界，承载历史，演绎人生。不论您品饮的体会是生活、享受，还是一种境界，纯朴、好客的凤冈人都真诚地欢迎您。

图 10-12 第六式：茶海之心（观茶、闻香）

第六式:茶海之心(观茶、闻香,图10-12)

问君那来瑞草魁，茶海之心品佳茗。随着开水的注入，片片茶叶如绿色的精灵在杯中翩翩起舞。观茶形，如“雨后春笋”，如“万笔天书”。闻茶香，清幽淡雅，沁人心脾。

图 10-13 第七式：曲水流觞（品茶）

第七式：曲水流觞（品茶，图10-13）

曲水流觞饮酒赋诗，煮水烹茶品茗论道。茶要用心去品，用心去悟。一品滋味，情思爽朗满天地。二品特色，忽如飞雨洒轻尘。三品韵味便得道，何须苦心破烦恼。

图 10-14 第八式：万古徽猷（谢茶）

第八式：万古徽猷（谢茶，图10-14）

“湘竹架厨通泉径，烹茶煮水三足崎。万古徽猷高过石，梅花千树岁寒时。”清康熙年间天隐道崇禅师在凤冈中华山上的茶诗，道出泉茶合璧，禅茶一味的神奇与空灵。

为爱清香频入座，欣同知己细谈心。皓月当空，举杯邀月，喝下这杯甘甜香幽的锌硒茶，一定会为凤冈茶匪夷所思的成就而惊叹，一定会为凤冈人献给世界一杯净茶而敬意。

（二）正安茶艺

2007年9月，正安县委、县政府选送60多名茶人子弟前往贵州省茶叶学校拜师学艺。学成后，这些青年学子传承创新正安生态绿茶茶艺表演。在反复的演出献艺实践中，逐渐形成了较为固定的表演形式。这套茶艺分为八个步骤：

① **冰心去凡尘**：用开水再烫一遍本来就干净的玻璃杯，做到茶杯冰清玉洁，一尘不染。

② **玉壶养太和**：把开水壶中的水预先倒入瓷壶中养一会儿，使水温降至80℃左右。

③ **清宫迎佳人**：用茶匙把茶叶投放到冰清玉洁的玻璃杯中，源于苏东坡诗句：“戏作小诗君勿笑，从来佳茗似佳人”。

④ **甘露润莲心**：在开泡前先向杯中注入少许热水，使之润茶。好的绿茶外观如莲心，清乾隆皇帝曾把茶叶称为“润心莲”。

⑤ **凤凰三点头**：冲泡绿茶时讲究高冲水，在冲水时水壶有节奏地三起三落，喻之为凤凰向客人点头致意。

⑥ **碧玉沉清江**：冲入热水后，茶叶最初浮在水面上，而后慢慢沉入杯底，谓之“碧玉沉清江”。杯中的热水如春波荡漾，在热水的浸泡下，茶芽慢慢地舒展开来，尖尖的叶芽如枪，展开的叶片如旗。此情此景，可谓春波展旗枪。1芽1叶的称为“旗枪”，1芽2叶的称为“雀舌”。在品绿茶之前先观赏在清碧澄净的茶水中，千姿百态的茶芽在玻璃杯中随波沉浮，仿佛是绿色的生命、绿色的精灵在舞蹈。

⑦ **观音捧玉瓶**：茶艺小姐把泡好的茶敬奉给客人，谓之“观音捧玉瓶”，意在祝福好人一生平安。其意源于佛教中观音菩萨的白玉净瓶中的甘露可消灾祛病，救苦救难。

⑧ **慧心悟茶香**：绿茶的茶香清幽淡雅，须用心灵去感悟，方能闻到那春天的气息，以及清醇悠远、难以言传的生命之香。

人生如茶。因为茶是一种精神，是一种笑看风卷云蒸的气度。泡茶、品茶就如同人生的三个阶段——青年、中年、老年，宛如茶之浓、宜、淡，要义在于其过程。人生如茶，将旷达的人生理念与茶之高洁品格完美契合，就是这套茶艺所表现的主题。

（三）正安白茶冲泡

① **备水**：将白茶冲泡所用的沸水倒在玻璃壶中备用。

② **温杯**：倒入少许开水于茶杯中，双手捧杯转旋后，将水倒于盂。

③ **置茶**：用茶匙取正安白茶少许置放在茶荷中，然后向每个杯中投入3g左右白茶。

④ **浸润泡**：提举冲水壶将水沿杯壁冲入杯中，水量约为杯子的四分之一，目的是浸润茶叶使其初步展开。

⑤ **运茶摇香**：左手托杯底，右手扶杯，将茶杯顺时针方向轻轻转动，使茶叶进一步吸收水分，香气充分发挥，摇香约0.5min。

⑥ **冲泡**：冲泡时采用回旋注水法。可以欣赏到白茶叶在杯中上下旋转，加水量控制在约占杯子的三分之二为宜，冲泡后静放2min。

⑦ **奉茶**：用茶盘将刚沏好的白茶奉送到来宾面前。

⑧ **品茶**：品饮正安白茶先闻香，再观汤色。但见杯中上下浮动、玉白透明形似兰花的芽叶，然后小口品饮，茶味鲜爽，回味甘甜，口齿留香。

⑨ **观叶底**：正安白茶冲泡与其他茶不同，除其滋味鲜醇、香气清雅外，叶张的透明和茎脉的翠绿是其独有的特征。观叶底可以看到冲泡后的茶叶在漂盘中的优美姿态。

⑩ **收具**：客人品茶后离去，及时向来宾致意送别，并收取白茶冲泡的茶具。

独自或二三人品茗正安白茶，只要是用玻璃杯，冲茶的水温掌握好就行了。当沸水倒入白茶杯中，你会见到白茶在杯中沉浮，朵朵嫩芽缓缓舒展，摇曳升沉；那蒸腾的氤氲，迷蒙缥缈；举杯品茗，香郁味醇，舌尖上一股淡淡的清香茶韵，细细品尝，真是赏心悦目，如饮醍醐，令人心旷神怡，其乐无穷。

各县（市、区）的各种茶艺，由于数量太多，概不赘述。

下面为凤冈锌硒乌龙茶茶艺流程图（图10–15至图10–20）。

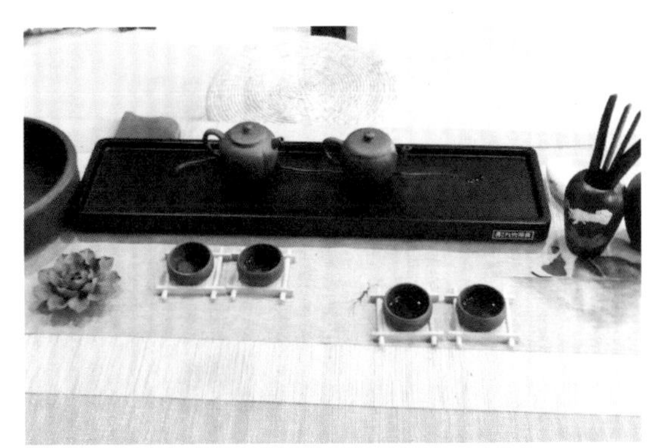

图 10–15 凤冈锌硒乌龙茶茶艺之一：布具

图 10–16 凤冈锌硒乌龙茶茶艺之二：焚香静气

图 10–17 凤冈锌硒乌龙茶茶艺之三：高山流水

图 10–18 凤冈锌硒乌龙茶茶艺之四：三龙护鼎

图 10–19 凤冈锌硒乌龙茶茶艺之五：鉴赏汤色

图 10–20 凤冈锌硒乌龙茶茶艺之六：品悟茶香

第二节　各县（市、区）饮茶习俗

遵义的茶品饮，作为茶文化的一部分，虽然每一个县（市、区）有其自身的方式，但也是大同小异。下面记述的各县（市、区）饮茶方式，一般并不仅限于该县（市、区）。

一、居家饮茶习俗

在遵义人的生活中，茶占有十分重要的地位，不管是富裕之家还是贫家小户，茶都是日常生活与礼俗活动的重要组成部分。

（一）乡 村

遵义农村饮茶就形式来分有罐罐茶、沙茶、泡青茶、盖碗茶等，就茶叶来分以自采家茶自制的炒青茶为主，还有老鹰茶、藤茶、苦丁茶、甜茶等，还有用花椒树叶、小菊花等泡开水代茶以解渴防暑。

煮茶（熬茶）是遵义农村最常见的一种饮用方式，在每一家火炉上一般都煨有一罐茶，即用煤砂锅茶罐装水放火上，待水开后，抓一把茶叶放在茶罐里，边熬边喝，熬茶的水以沙水为佳。或者在饭甑旁边或堂屋八仙桌上放一个老茶壶，是一天之中接触最多的物件了。农村不少地方把喝茶叫“吃茶”，也是那时吃苦丁茶通常的做法。

喝茶的用具：早期农村盛茶的大件是茶缸或茶壶，土陶或砂罐质地；有的人家用的是温瓶（热水瓶），常见竹篓或铁皮外壳；有的人家用瓷盆、锑壶（铝壶），用土陶质地的土碗喝茶。现在农家还是流行锑（铝制品）壶装茶，用饭碗或杯子喝茶。

泡茶的方式常见为两种：将煮饭的大铁锅洗干净后烧开一锅水，从盛茶叶的木桶或竹篓里抓起一把，满锅撒下去，微微熬一会儿就成了；喝热的装入竹壳子温瓶，喝凉的装入茶缸、茶壶，客人来了、自家渴了，舀上一盅很是方便。

平常农家烧茶往往是在早上滤饭以后，烧壶茶水再蒸饭。讲究的人家烧好开水，喝茶时再泡。自家备的茶水，主要是解渴或泡饭，次为敬客。

农民上山劳动，也要带上一罐茶，渴了即饮，以提神醒目。

（二）城 镇

城镇一般不像农村一样用比较大的茶缸、砂罐泡茶。传统的做法是用一个茶壶泡上较浓的茶，谓之“茶膏”，需要时，倒一些茶膏在杯子里，冲一点热水稀释后饮用。过去富裕人家以铜壶或锡壶盛装，冬季加棉布保温，或用陶瓷茶杯、玻璃杯和热水瓶中的开水泡茶。富有人家招待客人或在茶馆饮茶多使用盖碗茶，盖碗茶是用特制的一种上有盖、下有托，中为碗的茶具泡制的茶。其泡制方法与一般泡茶相差不大，泡好后饮时，先将碗盖在茶碗表面轻刮几下，将浮在茶汤表面的茶叶或泡沫刮到一边，然后将碗盖斜盖在碗口上，留出一小缝饮口。以左手托着托盘，右手拇指、中指夹住茶碗，食指轻按碗盖，无名指托住碗底，从饮口处轻饮品尝。不得发出响声，否则会被认为是没有教养的表现。碗盖刮茶还有调节茶汤浓淡的作用，若要茶汤浓些，可用碗盖在水面轻轻刮一刮，使整碗茶水上下翻转，轻刮则淡，重刮则浓。讲究的家庭，尤在书香之家，常备各种各样的茶叶、茶具，随时根据喜好选用。茶具普遍使用有盖的双层保温杯、紫砂杯（壶）之类，一般客人多用大宗绿茶，来了贵客，就请在屋里，泡上湄江、毛峰等名茶，喝得很慢，边喝边聊，这叫品茶。自己平时用的茶又不同，常喝既保健又经济实惠的富硒茶、苦丁茶或碎茶。

二、各县（市、区）饮茶习俗

（一）湄潭县

① **陈茶**：在湄潭民间有种说法叫“新烟陈茶”。烟，指土烟，当地人称“叶子烟”；陈茶，即存放多年的苔茶。陈茶的熬制，和其他地方的“罐罐茶”相似。多在春节和寒冬腊月，每家每户都有一个取暖的火坑，在火坑中放置从山上挖来的大树根（俗称疙篼），一个大树根往往要烧几天。农闲时一家人围在火坑边，男人们用长烟杆吸着土烟，女人们纳着鞋底，小孩们往坑里扔进红苕、土豆。在火坑边上肯定有一茶罐，炖制着酽茶。倒入土碗的酽茶，颜色深红，香气扑鼻。

② **混合茶**：湄潭一些地方的农民，耕种往往要到离家三四里地的地方，并且还要爬坡上坎。因有一日三餐的习惯，起床吃早饭（亦叫“过早”）后，带上中午吃的东西（“晌午”），同时还必须要带上一罐茶。一般家庭主妇烧一锅茶可以供家人喝一两天，这一锅茶是由老鹰茶、苦丁茶和细茶（农家自制的炒青茶）混合而成。这种混合而成的农家茶呈酱红色，口感极好，避暑解渴，能达到两三天不变质的效果。湄潭民间所制的苦丁茶就是“第七章 茶品篇”所说的冬青科大叶苦丁茶。

（二）凤冈县

凤冈茶饮习俗主要有清茶、砂罐茶、油茶3种（油茶应属于“茶食”），经历形成、发展与繁盛各个时期，历时2300年之久。每个时期都与不同民族、不同地区的茶文化融合，在祭祀、宗教、茶饮、蔬食等诸多领域都有不可替代的功用，其习俗涉及祭祀、婚丧嫁娶、庆典及民间说唱音乐活动。

凤冈茶饮主要有清茶和砂罐茶两种。

1. 清　茶

将溪水（或井水）倒入铁锅中，用柴火加热至沸腾，放入自制粗茶，随即舀出盛在罐中或暖水瓶内，呈茶红色泽，可趁热喝，也可冷饮。冷饮时涩中带甜，最具提神解渴功效。

2. 砂罐茶

凤冈饮茶，首推“疙蔸—火铺—砂罐茶”（疙蔸：一般指树木的根系，挖出晾干做柴火）。其方法就是在仡佬民居的屋角，用木板铺成一个能坐10人左右的小楼台，中间用石块砌火炕，烧起疙蔸火，架上铁三角，将一老砂罐（黏土烧制品）置于灶前火塘中火边烘烤。罐烤热后，取适量茶叶放入罐内，并不停地转动砂罐，使茶叶受热均匀。待罐内茶叶“啪啪”作响，叶色转黄，发出焦糖香味时，立即注入冷水半罐用旺火煨。沸腾时，再向罐内加冷水至八分满。再煨，直到又一次煮沸时，略略除去表面泡沫即可用茶杯（或碗）分饮。滋味苦涩，故又谓之“酽茶”，特具暖身、御寒、去乏的作用。砂罐茶煨至浓酽才饮，越酽越好。老人们说，砂罐茶不但提神消食，还有化脂减肥、健体强身、延年益寿之功效。

凤冈农村，一般都是中老年人闲来无事，拿着大烟杆，抽着叶子烟，端着土茶罐，喝着浓酽茶，邀约左邻右舍“吹壳子”（聊天）。这种火铺茶，大人们是不让小孩喝的，怕喝了睡不着觉。从前，凡有“疙蔸—火铺—砂罐茶”的村寨，定有寿星打堆。近年，由于生活习惯的改变，只有个别的高山村寨还保留着这一传统饮茶习俗，而坝子、集镇区域再难寻“疙蔸—火铺—砂罐茶”的踪影。凤冈砂罐茶细分还有烘、烤、煨、焐等区别。

3. 白族“三道茶”

凤冈人常喝白族“三道茶”，也叫“烤茶”，这是饮茶习俗的代表之作，烤茶有清心、明目、利尿的作用，还可消除生茶的寒性。

① **一道茶（苦茶）**：“烤茶”顾名思义是用明火烤制而成的茶叶。主人迎客进门，边交谈边架火煨水。待水开，把专作烤茶用的小砂罐放在火盆上烘热，放入少许茶叶，并执罐不停抖动，待茶叶颜色微黄，飘逸出清幽的茶香时，才冲入少量开水。头道茶水不多，可是味道苦中带香醇。因茶味苦，叫“苦茶”，寓意做人做事“要立业，先要吃苦”。茶学家庄晚芳专门谈到过“烤茶”（图10-21）。

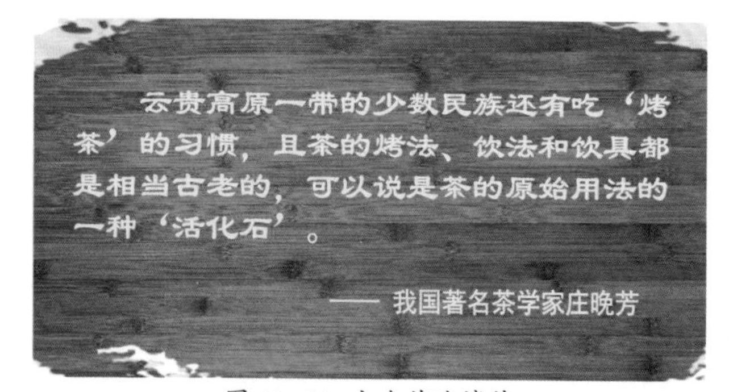

图10-21 庄晚芳谈烤茶

② **二道茶（甜茶）**：品完头道茶，主人便往砂罐内重新注满开水，并加进核桃仁和红糖，此道茶

甜中带香，它寓意为“人生在世，只有吃得了苦，才会苦尽甘来”。

③ 三道茶（回味茶）：在第三道茶水里加入少许蜂蜜、红色花椒以及核桃仁等，这杯茶喝起来甜、酸、苦、辣、麻各味俱全，回味无穷，意思是说：凡是要的多回味，人的一生是不平坦的，酸甜苦辣都很正常。

饮茶者除品尝茶的韵味享受口福之外，饮茶时，还能以各种辅料，备以丰富的糕点，伴以歌舞等，所以，此种饮茶习俗既有味觉、嗅觉的享受，又有听觉、视觉的享受。

4. 大碗茶

更是凤冈茶文化的一道风景。前些年，凤冈各集镇每逢赶场天，在要道路口，大树底下，凉桥上面。除卖糍粑、米粉和摊子酒的外，大碗茶是必有的。人们来到茶棚茶摊前，歇脚解渴，等人谈事，既方便随意又实惠实在，呈现一幅和谐的人文风景。

（三）正安县

正安人喝茶有晨茶、午茶、晚茶、夜宵茶，盖碗茶、老鹰茶、罐罐茶、缸缸茶等，各有千秋，家家户户自煮自喝。喝茶的特色是要“说茶”——如有客人到家，主人给客人倒茶后要说茶，打闹歌当中要说茶。以前长工们在地里干活，主人没叫大伙儿休息，长工们就会唱：“太阳当顶又当斜，没见主人喊吃茶，茶叶还在茶树上，茶罐还在窑罐厂。”

正安炖茶：炖茶是正安县的一种传统的茶饮料。先盛入凉水烧开，将自制的茶叶放入，再炖上几分钟即可。这种茶清香可口，有回味，比铁锅烧的茶好喝。如今生活节奏快了，炖茶多在北京炉上用铝壶或不锈钢水壶烧煮，这样炖出的茶不及用砂罐炖出的茶好喝。以前，市坪乡用来炖茶的工具是凤冈县绥阳场做的砂罐，而安场、凤仪一带则用安场制作的煤砂罐，都是前有嘴后有把，呈坛子形，可以装水1.5kg左右，是正安特制的炖茶工具。

（四）道真县

清茶：道真县饮清茶多用老鹰茶（毛豹皮樟）或藤茶、苦丁茶熬用，色黄味甜，清热解渴；泡茶，习称“盖碗茶”，以绿茶或优质名茶，用开水冲泡。

（五）务川县

1. 讨　茶

黔北仡佬族讨茶是务川的特色。仡佬族人在漫长的岁月里，不但积累了制茶的经验，而且创立了具有民族特色的饮茶方式，名曰“讨茶”。即每逢佳节或宾客来临，主人会在吃饭前“讨”一次茶：先端上核桃、花生、瓜子、水果、酥食、麻饼等食品点心，再沏上一杯浓浓的香茶，主人陪客饮茶叙家常，谈笑风生。每逢办喜事、节日，开宴前也要先“讨茶”。

2. 笼笼茶

当地老百姓也称“家茶”，是务川茶树存量最多、分布最广、饮用范围最大的茶类，特点是“黄汤黄叶，滋味收敛性强”。务川仡佬族人煮制笼笼茶方式独特，不像其他茶那样待水沸后泡茶饮用，而是多用铜鼎罐、铁鼎罐或砂鼎罐、铁锅煮制。用铜鼎罐、铁鼎罐或砂鼎罐煮茶称为熬茶，用铁锅煮茶称为涨茶。

① **涨茶**：又是一种品味，它操作简单，是又快又好的应急茶道。需吃涨茶时，用旺柴火烧开铁锅内的水，然后丢茶叶适量，立即用茅盖（竹编的锅盖）捂住，等闻到茶香后才揭盖，然后用木瓢盛入碗中。这种茶水清黄香甜，口感适中。

② **熬茶**：慢工细活的熬茶是将茶叶、茶干、茶籽合在一起，放入铜鼎罐或砂鼎罐中加上适量的井水，然后将罐挂在火堂上垂下的铁钩上或放于火堂中用于熬煮食物的铁三脚上，用旺火烧开后，又用文火煎熬。整天熬着不断火，水少了再充水。这样烟熏火燎熬出的茶，时间长，茶味浓厚，茶水暗褐红色，气香味苦涩，吃后回甜，做庄稼的人特别喜欢吃这种既提神又祛渴解乏的浓茶。吃茶不用杯，而用大碗吃才痛快。如有客人到家，主人招呼上火铺内角坐下，立即双手递上一碗热茶，但不能装满碗，满碗茶为之不敬。客人就在这烟熏火燎中享受那热情的茶道。如果主客都是乐观人，又会唱山歌，谈笑中会情不自禁地唱起仡乡有《采茶歌》：“……三月采茶是清明，满山都是采茶人。穿红穿白遍山岭，恰似一朵五彩云……”，客人喝了茶唱《谢茶歌》，“吃你茶来谢你茶，谢你富贵永荣华……”。

宾主沉浸在品茶道茶的气氛中，感受生活之快乐。

（六）播州区

旧时多用砂罐熬茶，倒杯碗中饮用。以茶壶泡浓茶汁，称“茶膏”，饮时加开水冲淡。款待贵客则泡盖碗茶，或用瓷杯现泡，农村普遍饮用山野盛产的老鹰茶、苦丁茶。夏日，农户用花椒树叶、小菊花等泡开水代茶以解渴防暑。

（七）桐梓县

① **瓦缸茶**：又称积德茶，也就是“茶俗茶礼”节所说的过路茶，由乐善好施之人所为。置茶者多为老人，先将熬制好的茶水倒入洁净的瓦缸中，放置在路口树荫下或街巷闹市、店铺门前，备有土碗、土杯，免费供给过往行人饮用。

② **砂罐茶**：桐梓人特别喜欢用砂罐熬茶。茶叶多为当地出产，如东山春茶、老鹰茶、苦丁茶、大树茶等。砂罐有单把和提把形两种。砂罐装水后，置于火上烧开，将适量茶叶放入熬数分钟后即可。可用以待客或自饮。

第三节　茶馆概述

茶馆作为茶客饮茶的场所，是茶叶消费和茶文化的重要成分。茶馆与旅栈、饭店同为服务行业，因茶馆是不同阶层休闲消费、信息交流、文化传播的场所，光顾茶馆的客人往往多于旅栈、饭店。

一、茶馆的起源与变迁

茶馆最早的雏形是茶摊。据史料记载，在唐代，遵义境内已有茶水摊，多为义士善举，路人渴了即可到茶水摊喝茶。茶馆与茶摊相比，有经营大小之分和饮茶方式的不同。由于遵义地处黔北，受四川风俗的影响，不少地方都有茶馆。民间的茶楼或茶馆是喝茶者的乐园，也是人们休息、消遣和交际的场所，是群众文化活动的场所。但饮茶有品质上的等级，喝茶者有身份上的区别。一般茶馆内常为两侧置宽1.5尺、长2丈左右的茶凳，在茶凳两边排列可以升降的竹木凉躺椅数十把，中留通道。正堂设八仙桌1张，供说书人用。茶馆的茶具一般选用瓷器盖碗，其上为茶盖，中为茶杯，下为茶船，取其“天、地、人”之意，以茶盖喻天，茶杯喻人，茶船喻地（图10–22）。开水壶大多为长嘴铜壶和锡壶。后堂厢房为开水房，烧开水的灶名七星灶，按茶馆规模，灶分3眼、7眼不等。

图 10–22 瓷器盖碗

茶馆冲泡茶叶通常是红茶，为满足顾客需要也备有绿茶。绿茶是当地1芽2叶或3叶的炒青茶。顾客喝过的茶叶，沥干后称为“过浓茶”。店主每晚要将第二天所卖的茶叶进行加工，称为“回茶叶”，由于收费较低，在回茶叶时还要将部分过浓茶掺和其中。在茶馆的后堂，经常看到用筲箕沥着的过浓茶，这种茶叶质地轻，店主将它混合于炒青茶中以充实一杯茶的数量。冲泡一两开后还浮于杯中水面成团未散的就是过浓茶。

宋代“茶马互市”在贵州兴起后，渐有专门泡茶冲饮的“幺师”和迎送的堂倌，茶楼门厅里有鲜花和字画装饰。到了清代，艺人开始进入茶馆茶楼。抗战时期，到遵义的外省人增多，各色茶馆应运而生。早期茶馆中有以吃早茶、晚茶为主的广式茶馆；以说相声、清唱为主的茶室；专门以喝茶为主的茶馆。1949年后，茶馆基本息业，特别是20世纪50年代开始对私营经济的社会主义改造后到1958年“大跃进”，茶馆基本上全被取缔。直到1978年中共十一届三中全会后的20世纪80年代，传统茶馆茶楼才逐渐得到恢复。首先是各县（市、区）乡镇的老年协会，专为老年人设了茶馆，清闲的老年人几乎每天都聚在一起喝茶，谈天论地，说家常、谈国事、评论现实、回顾过去，集喝茶、休闲、娱乐为一体。20世纪90年代起，茶室林立，现代茶楼陆续出现，与休闲会所融为一体，以饮茶为主体的娱乐消费、信息交流、商务活动和文化传播的茶楼，是茶销售与茶文化结合的高级场所。茶楼以表演茶艺、传播茶文化、交流信息为特色而令人关注。茶楼门面装潢醒目耀眼，室内装修豪华，摆设简洁高雅，门楣上装有茶楼十分雅致的名称标识。

二、茶馆的功能

茶馆不仅饮茶，更重要的是文化活动场所，商务活动、民事纠纷调解、休闲养神、信息交流、文化传播（说书、唱戏）都常在茶馆中进行。

① **商务交易：**茶馆是商务活动场所，民间商务交易活动，多在茶馆进行。民国时期，外埠艺人跑单帮、袍哥闯码头、客商做生意、政客访要人，都要到茶馆打探行情。如湄潭永兴是贵州有名的商业古镇，每逢农历的二、七赶集，集镇都有3天的时间热闹。远近的客商，在赶场的头一天到集镇，将货物放在各自的会馆后，马上到茶馆泡上一杯茶，名为休息，解除旅途疲劳，实际上是打听市场行情，洽谈生意。各种商务活动往往都是在茶馆中进行，在偏二（经济中介人）的撮合下达成协议，包括土地房屋买卖、纳妻收子、烟草黄金交易等，甚至不少政治交易亦在茶馆中进行。因此，帮会成员、流氓地痞、乞丐僧道也频频出没茶馆中。茶馆虽是一个复杂的公共场所，却又是一个值得人们信赖的最安全的地方，茶客们进行各种交易活动，店主、幺师和他人都不干扰不涉足。交易双方往往使用暗语、隐语、手语、黑话进行交流，非线内者难窥其秘。一旦贸然窃取信息或看穿秘密，往往会遭社会的唾弃或惩治。

② **调解纠纷：**茶馆是调解纠纷的场所。家族发生纠纷，地方发生械斗须息事时，发生纠纷的双方一般都不愿找官府解决，而是请帮会头目或社会有威望的人物出面在茶馆调解。调解者则依据社会的道德标准和行为规则，按双方陈述的具体事实进行合理调解。一般输理并服从调解者付茶钱，也有双方都开茶钱的。这种到茶馆借喝茶的形式解决民事纠纷和化解矛盾的形式称为“吃讲茶”，不少地方都是这样。

③ **信息传播：**茶馆是信息传播的中心。由于出没于茶馆的茶客形形色色，各种信息便在茶馆中集中、传播，包括时局、商贸、人际、宗教、迷信、天象、异物等，包括家长里短。经过茶客们的加工、渲染、甚至以讹传讹，把各种信息传播得真真假假，似

是而非，神乎其神。而听众则往往是宁可信其有，不可信其无。因此，不少闲人或懒汉也常混迹其中，非农非商、不文不武、好逸恶劳，一介痞子，或专事帮闲、或无事生非。他们或传言带信、或帮忙跑腿、或探听隐私，求得点滴报偿，聊以打发日子。

④ **休闲养神**：茶馆是一个休息养神的场所。人们很难挣脱物欲的羁绊，为名忙，为利忙，难得忙里偷闲，苦中求乐，到茶馆中去寻求片刻的清闲与宁静。慢慢地呷着清茶，或闭目养神，或听他人侃天侃地。

⑤ **文化娱乐**：茶馆是一个群众娱乐和文化传播的中心。茶馆里常有评书、川戏、花灯、花鼓、莲花落、金钱板、丝弦小调、山歌对唱等活动开展（图10-23）。人们尤其是对评书最为感兴趣。评书在许多地方称“怀书”，意指评书艺人“胸中藏有万卷书”。有的茶馆还为落魄文人设客座，专门写家书、契约、诉状或作中人促成双方买卖。多数茶馆内常常张贴着“莫谈国事”的告示，警示喝茶者不要谈论时政，免惹麻烦。

图 10-23 喝茶听川戏

⑥ **精神寄托**：茶馆同时是劳动者的精神寄托处。如1949年至20世纪80年代前，由于非农业人口与农业人口有明显的差别，集镇附近的农民，为寻求心理的平衡而选择劳作之余坐茶馆。化上几分钱，可躺在凉椅上大呼“发叶子！”（泡茶），或“拿开来！”（掺开水）；可闭目养神，两只耳朵搜索着哄闹的茶馆内自己感兴趣的声音；可看流行的电视节目。集镇居民闲得无聊，也可以漫不经心地到茶馆泡上一杯茶，悠闲地度完一段时光。

第四节　传统茶馆

传统茶馆，主要指中华人民共和国成立前开业的茶馆，但其中有些延续到20世纪70年代。

传统茶馆曾是各地的重要社交场所，是人们休闲、交流、娱乐、传闻、议事的中心，人们闲来无事就要去茶馆里坐坐，听花戏怀书、吹拉弹唱，称蹲茶馆（图10-24）。有人曾用这样一首小诗形容当年来到茶馆里品茶的人的各色

图 10-24 黔北乡场传统老茶馆

姿态：“一坐坐上大半天，一盘象棋定江山，一杯浓茶泯恩仇，一轮弯月伴归程。”传统茶馆是古老传统文化、民俗文化的汇集地和传承地，一些地方习俗和民族传统，在喝茶过程中就能得到展示和传承；是聚集各路宾客的场所；是生意人经常聚会的地方，不论大小买卖只要进了茶馆生意就好谈了；是茶客交心结友的地方，在茶馆能洗涤内心的孤独与烦恼；茶馆能将古老的茶文化，优良的茶叶品质，经三教九流、下里巴人各色人等之口广为传播。

茶馆提壶沏茶的人被称为幺师，是茶馆最为活跃的人物，也称为“茶博士”。在一般人眼里，幺师是茶馆的灵魂。有一个好幺师的茶馆，生意就分外兴隆，人气也分外旺盛。因此，当幺师不仅要有丰富的阅历，要见多识广，而且还要心灵眼快、口齿伶俐、粗通文墨。一个合格的幺师要做到客人一进门时就能凭客人的装扮和气质一眼认准客人的身份，对不同身份的客人，幺师要以不同的礼数施礼问好。在客人未落座前，幺师的问好声不能停止，忽溜忽溜的眼色不能打住，在为客人找好一个与他身份相当的座位后，幺师的这一切才能停下来。还有一点是幺师必须注意的，那就是在替客人找座位时，切忌将不是一个社会档次的人安排到一处，这样，有身份的客人就会不高兴，甚至有人会因此找茶馆的麻烦。因此，一个茶馆在开张前，都把找一个好幺师作为筹备工作的头等大事来看待，没有找到好的幺师之前，茶馆是不会开张的。

客人落座，幺师就开始摆放茶碗，动作熟练的幺师可在手掌到手臂之间一次放上8~10个茶碗，不用一个个摆放，只要顺着桌子走一圈，那茶碗就不偏不倚地放在了每个客人的面前。茶碗放好后，幺师就开始向每个茶碗掺茶水。这时，幺师提着铁制（或铜制、锡制）长嘴茶壶，一只手把着壶把，一只手掌握重心，脚步均匀地转上一圈，每个茶碗里的水就盛上了，而且恰到好处。整个过程轻匀、准确、熟练，无一滴茶水外溢。茶馆不像卖货的店堂规矩那样，顾客只要接了货，就必须当场付账。如遇到客人在喝完茶后不付钱时，店主和幺师是不能直接向客人当面要账的，只能等客人自己主动送来。如果客人一时无钱付账，店主和幺师也不能讥讽嘲笑，否则，要受到喝茶人们的指责。

茶馆就像一个形形色色的万花筒，光怪陆离、无所不有。作为茶馆的老板、幺师以及跑堂的小二，可不能在这些形形色色面前乱了方寸，要坚守自己的行规，只有这样，才能对所发生的一切应对自如。

对于茶馆而言，只要来到茶馆喝茶的都是客，无论是地位显赫的绅士，还是位卑言轻的草民；无论是一掷千金的富豪，还是半天摸不出一个铜板的苦力，茶馆老板都必须以礼相待。来的都是客，全凭嘴一张，相逢开口笑，过后不思量。至于身份不同的这一差别，只能在喝茶的区域（包间）或座次上体现出来。来茶馆的社会上有头有面的人物，自然不会在大堂子里，而要在老板早已为他们准备好的房间里。他们到茶馆，并不只是喝茶消遣，而多是为一些生意之事和地方之事。社会上出现了棘手之事，茶馆就是最为理想的化解矛盾和处理一定大事的场所。

一、遵义城区茶馆

《遵义地区志·商业志》载："据1947年的不完全统计，遵义城里旅栈业有221家，多数都附设茶馆，此外还有大街小巷专营茶馆的100余家"。说明那时遵义的茶馆业比较兴旺。遵义的传统茶馆，都以开茶馆的老板之姓呼之，如在遵义会议会址不远处，有余家茶馆，老城小十字有一家关家茶馆等。

那时的茶馆，是男性中老年经常出入的地方，以平民为主，富豪或有身份的人，一般是不会去的。茶馆里是清一色坐得发亮的黄色竹躺椅，还有黑漆脱落、斑斑驳驳的大方桌、小方凳、小茶几等。茶馆内同样是斑斑驳驳的圆柱上，常挂着茶的价格：香片××，桂花××，毛尖××，玻璃（即白开水）××……明码实价。来喝茶的人，大多穿着长衫，如果是冬天，则长衫的前摆下夹着一个竹烘笼，双手牢牢捏着，一摇一摆地迈进茶馆。于是这里便成为道听途说、家长里短、逸闻轶事的场所。而谈生意或做买卖的，也把这里作为交流场所、讨价还价的地方，也有"莫谈国事"的告示。因茶馆里人多，常有旁观者，故做生意的谈判双方，均将手伸在长衫的下摆里面捏指头，讨价还价，用十个手指代表数目的多寡。这样的"小动作"，不为外人道也。故长衫的妙处，在这里特别充分地显示出来。喝茶者的嘴里，大都叼着一根叶子烟竿，茶馆里充斥着浓烈的烟味，众人便在这云山雾海里喝茶水、嗑葵花子，吹壳子（聊天）。狭窄的地面上，到处是痰、烟灰、瓜子壳、茶叶水，大家便在这污浊的空气、肮脏的环境里打发着岁月。晚上，茶馆有人说"怀书"（即"评书"），说书人伶牙俐嘴，声音清晰而洪亮，吐字异常清楚。记忆超群，能将《说岳》《隋唐》等旧小说讲得异常生动，导致茶馆总是座无虚席，听众全神贯注。

20世纪40年代，在遵义"夜月吴桥真好看"的万寿桥头（今新华桥），有一间别致的"吴苑茶社"，是抗战时期，从外地迁徙来遵义的江苏人吴运治开设的。新老两城的人们，总爱来此消夏。

吴苑茶社，很不同于一般茶馆。它坐落在小巧玲珑的花圃之中，苑内茶桌点点，绿叶纷披，每个圆圆的茶桌均有一簇簇万年青围护，互不干扰，而又彼此顾盼。座椅是吴运治自行设计的，可以自由旋转，人称"逍遥椅"，独具匠心。雪亮的汽灯悬在树间的栏杆之下，通明透亮。茶客还可欣赏茶社聘请来的各种艺人的精彩表演。有京剧清唱，有说评书，还有相声等。炎热的夏夜，来河畔品香茗、听戏曲、看表演，十分惬意。故吴苑茶社的生意极好，每晚座无虚席。

二、湄潭茶馆

湄潭人善饮茶。抗战时期，湄潭处于西南大后方，茶园、茶市、茶馆及家庭用茶均有一定规模。因此，县境内茶馆比比皆是，凡是集镇，无处没有茶馆，当地人称去饮茶为“蹲茶馆”。1942年中央实验茶场《湄潭茶产调查报告》载湄潭全县有茶馆152家，永兴场就有茶馆15家。

湄潭最早的茶楼于1941年初创建，名为“玉泉茶社”，是当时一位浙大教授取名。茶楼最多可容纳茶客120人左右。当街铺面的两大通间设长排竹躺椅4排60座，朱红精漆长条宽凳放置盖碗茶、瓜子盘，属大众化茶客所用（图10–25）。楼上楼下10间全是隔开的单间茶房，供有身份的体面人交友叙情谈事，寻静看书专用。墙壁挂文人字画，干净幽雅，面积大约20m^2，通风采光均好。茶社泡茶之水取城中的地下泉水，茶叶以湄潭苔茶为主。茶楼不设说书，不打麻将、字牌，只提供商务洽谈或朋友聚会聊天，属当时有身份之人的所去之处。

图 10–25 湄潭集镇老茶馆

世界著名理论物理科学家、诺贝尔物理学奖得主、美国哥伦比亚大学教授李政道博士享誉世界后，对抗战期间在永兴攻读于浙大的那一段学生生活记忆犹新，曾提起在永兴茶馆里边喝茶边嗑瓜子边温习功课的情景，回忆到：“我在浙大的学习条件十分艰苦，白天到茶馆看书、做习题，泡上一杯茶，目的是买一个座位，看一天书，茶馆再闹也不管。”

永兴场的兰亭茶社、甘家茶馆、王家茶馆、覃家茶馆等曾名噪一时。永兴茶馆多的原因在于集市贸易的兴旺，旧时的永兴为施秉、石阡、湄潭三县交界的交通要道，商贾挑夫云集。直至20世纪70年代，永兴还有数间骡马店（长途运货的大车住的店）和十余间茶馆。

永兴的茶馆格局大同小异，茶馆大的可容100余人，茶馆大堂两侧放置宽约40cm，长约3m的茶凳，在茶凳两边排列可以升降的竹木凉躺椅，中留通道。茶馆备有香烟、瓜子、干果、糕点等佐茶之物。有档次的茶馆挂有楹联，上书“虽无扬子江中水，却有湄山顶上茶”“炉沸名泉水，器泛湄江茶”之类。作为普通茶馆的群众娱乐和文化传播活动均齐备。

永兴场的茶馆所用的茶碗大都是景德镇生产的瓷器盖碗茶具，也有“天、地、人”之寓意，开水壶大多为长嘴铜壶和锡壶。晚清至民国年间，湄潭兴隆镇水涯子生产的茶具为灰白色，虽然逊色于景德镇的瓷器，却因价廉物美深受周边乡场上开茶馆的老板所喜爱。永兴茶馆所用之水均为龙井湾之井水，茶馆店主在后堂均备有石水缸，专门雇人挑水。

在茶馆中还流传着一些佳话。清朝时，湄潭县玉屏场（今复兴镇）有一家“香三里”茶馆和“醉八仙”酒家，以对联的方式相互招揽顾客的故事，至今广为流传。香三里茶馆对联内容为：“玉盏霞生液，金欧雪泛花；茶香高山云雾质，水甜幽泉霜雪晶；茶亦醉人何须酒，书能香我不必花。”对联的文韵与佳茗的质韵交相辉映，相得益彰，十分精彩。

三、凤冈茶馆

凤冈县城和各场镇都有规模适中的老茶馆，路边有清茶摊。像绥阳、琊川、蜂岩等大集镇上的老茶馆，一般都有五六家，多的十来家，几乎都以老板的姓氏命名如：石家茶馆、曾家茶馆、张家茶馆等。

凤冈老茶馆主要是以老年人和“下里巴人”为服务对象，其景象是市井街民和下里巴人生活依托与精神风貌的缩影。除了具有一般茶馆的文化娱乐项目外，凤冈茶馆的特色把戏人称“赤旁旁”。“赤旁旁”是一种用大竹子劈成两半做成的乐器，边敲打边说唱。

图 10-26 黔北传统街头茶馆

茶馆有室外的和室内的两种。室外的大都在街边，竹椅、条凳若干，白底青花盖碗茶一杯（图10-26）。凤冈茶馆说书，除其他地方茶馆常见内容外，还有专门的唱本，如民国时期新建人编著的《地名歌》，用凤冈地名及人文环境特征编写成歌在茶馆传唱。清光绪年间，何坝人编著的《治家良言》《醒俗歌》等，其方言地道纯朴、通俗易懂，说唱起来朗朗上口，专为在茶馆传唱教化民众的乡土佳作（图10-27）。

图 10-27 凤冈老茶馆唱本醒俗歌

过去的老茶馆，一是开放自由式的，内容丰富，雅俗共赏。茶馆内有零食、酒饮之类，有戏曲、说书之类，个别茶馆也设斗鸡、斗画眉、斗蟋蟀坊；二是服务对象以大众低消费群体为主，价钱相当便宜，出入自由，没有压力。

随着社会的进步，历史上传承千年的老茶馆逐步消亡，特别是黔北地区，传统老茶馆已基本消失殆尽，凤冈也不例外。今天，只有复原老茶馆，才会让人们有机会欣赏过去那种特别的味道，记住乡愁。

四、正安茶馆

明万历年间改土归流后，茶馆就先后在正安州城和境内各较大集市出现，成为不同阶层人士休闲娱乐、信息交流、文化传播的重要场所，光顾茶馆的客人不仅有达官贵人，亦有平民百姓。清代，具有一定规模和档次的茶馆已经遍及县城及交通要道上的重要商贸集镇。民国年间，县城四条主街道都有一定规模的茶馆，一些简易的茶馆则遍布全县城乡。

民国初年，正安城乡茶馆虽然设备简单，但茶馆生意较为红火，往往座无虚席。至抗战爆发，外来人员增多，茶水业相应发展，全县城乡大小茶馆数十家。其中，位于县城的李家茶馆、江家茶馆及安场街上的七贤茶社等大茶馆生意较为兴隆。一段时期，饮茶者还不用付茶资，由富商记账轮流统付。商务洽谈、调解民事纠纷、说书、请川剧玩友坐台打围鼓等普通茶馆常见活动内容是不可缺少的。抗战期间，茶馆还成为宣传鼓动抗日的重要场所。抗战胜利后，茶馆逐年减少，生意不如昔日兴隆。至1951年，县城区经营茶馆的仅有几户。

正安境内茶馆将茶叶叫作“叶子”，茶碗中茶叶多称作“饱”，反之则为“啬”。饮茶叫作“吃茶”。把开水第一次冲进茶碗叫“发叶子”，再向茶碗内冲水则叫“掺茶”，负责“掺茶”的称“掺茶师”。“一道”（一开）、“二道”（二开）是吃茶之常用语，“开”是指掺水时揭开茶盖。“才喝一道”是指时间较短，才掺水一次。二道茶因其色、香、味正佳，因此有“头道水，二道茶”之说。在茶馆讨茶喝，因是别人喝过的茶，故称为“加班茶”。茶碗中所剩之茶水称为“茶母子”。茶馆中饮茶，平时饮茶也是如此，每道茶只能饮一半，倘若“茶母子”太少，掺水后会索然无味。茶馆中还常有人“喊茶钱”，即某人走进茶馆时，熟人便喊“茶钱我这里会了”。喊茶钱的人越多，来人的面子就越大，则连连回称“挨过、挨过”以表达谢意。

境内茶馆内坐凳、茶几、烟具、方桌、长凳与供说书人用八仙桌、茶馆的茶具等，与其他县相似。茶馆冲泡茶叶通常是红茶，为满足顾客需要也备有绿茶。店主每晚“回茶叶”做法同各地茶馆。

正安境内有名的茶馆用水讲究，县城李家茶馆、江家茶馆所用之水均为凤仪门（西门）外甘甜、清洌的锡壶井井水。境内茶馆后堂均备有可储十余挑乃至数十挑水的石水缸，专门雇人挑水。

民国年间，县城的江家茶馆和李家茶馆以及安场的七贤茶社曾名噪一时。

（一）正安江家茶馆

由江氏第六代族人江端麟于清光绪二十一年（1895年）创建，位于正安州德里三甲州城内东门口。该茶馆开业后，州城名流士绅、儒学雅士、文人墨客、平民百姓，不约而同汇聚于此，生意十分红火。其中设施、用具和进行的活动项目与各地茶馆相同。

1931年“九一八”事变爆发，正安的进步学生、有识之士组织讲演队、合唱团，除在街头巷尾宣传抗日外，还借用江家茶馆人多集中之优势，经常到江家茶馆演唱抗日救亡歌曲，宣讲抗日救亡道理，江家茶馆也积极支持配合，竭力提供方便。

江家茶馆由第六代族人创办一直经营到第八代，直到1956年正安县实行公私合营，茶馆改作百货商场止，经营达60年之久。

（二）正安李家茶馆

商号名为“亦乐乎”，在县城国民政府门外，即十字口鼓楼坝的中心位置。

此茶馆于20世纪20年代开办，1956年前为李氏家族经营，1956年后私营改造为集体经营。

李家茶馆从开业起，曾四度迁馆，都处在县城中心位置的临街铺面，具有得天独厚的地理优势，规模最大时有200m^{2}左右，可安放30余张大方茶桌。李家茶馆经营的茶叶主要来自云南、四川、重庆、浙江等地。有云南下关沱茶、成都和重庆沱茶、浙江茉莉花茶、贵州炒青茶和本地茶叶。李家茶馆还同时经营蜡烛、爆竹、海鲜、名酒（如茅台、泸州大曲等）等杂货业务。

李家茶馆在街坊中颇有声望，兼之经营有方，自开茶馆起，不管是新中国成立前还是新中国成立后，茶馆生意一直很红火，茶客经常爆满，一年365天，天天营业。大年初一，免费为茶客提供瓜果甜点。为服务茶馆，还请当时正安的名厨师翁华丰主厨，另外请了帮闲数人。城中的绅士商贾、文人名流、市井百姓、三教九流会聚茶楼，在茶馆里喝茶聊天、谈论生意、打牌娱乐。

值得一提的是，李家茶馆老板李祖庚在新中国成立前曾是哥老会的红旗管事，人称李五爷，有很高的社会声望。抗战时期，时任县长石勋曾延请李祖庚出任联保主任，李祖庚坚辞不受，后推托不过，代理了几个月。就是在新中国成立前，王家烈黔军的旅长简文波（正安人）、地方武装头目谢银清等只要在正安，都必定去李家茶馆喝茶，仍然照样开钱，从未发生纠纷。

新中国成立后，茶馆同样是生意红火，不减当年。干部职工、城镇居民、城郊农民都喜欢去李家茶馆，一直经营到1958年茶馆停业。

（三）安场古镇茶馆

安场古镇的茶馆，多为社会名流所开。有著名的“八大肥”之一的曹绍先的茶馆，有在安场的生意场中出类拔萃的陈家茶馆，有号称“高司令官”的保商队队长高隐达的“七贤茶社”。这几家茶馆，从开张以来一直是生意兴隆，茶客盈门。这几间茶馆的容量都在100~300人。如遇有来自四川的著名评书艺人摆台，店老板就会想方设法在空余位置上加坐，这样，茶客的容量就会增大到400~500人。

安场古镇上的人喜欢去热闹喧哗的茶馆，茶馆里的用茶一般用的都是当地绿茶，只有少量是从重庆购买江南一带的上好茶，茶具也多是些外观典雅、瓷面描有山水素描的青花盖碗和土陶茶盘，茶馆里的壶多为长嘴铜壶。所用的水，都是专门雇人在清泉井里挑的水。为方便，每家茶馆都在天井里备有石水缸，从井里挑的水先在石水缸里沉淀后，再舀进铜壶里用火烧沸，其味清悠纯正。

古镇茶馆的商务洽谈、纠纷调解、信息传播、娱乐功能与各地茶馆相同，只是娱乐时茶客阶层分明：有钱的士绅名流，面前摆上一张小方桌，泡上一壶上好的茶水，悠然自得地听着评书里那些引人入胜的故事；中下层的小商人及自由职业者，十个八个围坐在一张大方桌旁，每人沏上一杯清茶，在评书艺人绘声绘色的表演中忘却苦闷；而那些来自社会最底层所谓“三教九流”，则只能挤站在茶馆的角落，听着他们想听的故事。传统小说中那些流传千古不朽的故事，张扬了一种匡扶正义、惩恶扬善的恢宏正气，潜移默化地影响了人们的生活。

五、仁怀老茶馆

明清年间，茅台因盐运、酒业发展、商贾云集、商贸洽谈、休闲交流的需要，茶馆应运而生。自县城于1735年9月10日迁入中枢后，主要在禹王宫、川会馆、万寿宫几处开设茶馆，后又有陈姓在县府前街开设茶馆，之后又有郑姓在丁字口开设栈房和茶馆。

茶馆设施、用具与进行的活动与各地茶馆无异。茅台气温高，一到夏天，主人还有把茶桌移开，安放竹凉靠椅，椅前放茶几。茶客可悠闲半躺，边听说书，边品茶。一些闲老人，还在茶馆打大贰牌（一种纸牌）打发时光。

民国年间，茅台、中枢茶馆均有多家，且生意兴隆。茅台最早的茶馆在湾子头、黄家大院和猪旺沱地段，比较有名的茶馆有德顺茶馆、王家茶馆、邬家茶馆、川合茶馆等。

六、赤水茶馆

与湄潭相似、赤水茶馆也很多。湄潭因是产茶大县，而赤水靠近长江，与四川接壤，各种习俗近似于四川。四川人流动性较大且多很风趣，茶馆业素来兴旺，赤水自然会受其影响。同时，赤水地势低洼，又濒临赤水河，夏天很热，正适宜河边纳凉喝茶。所以，赤水茶馆业很兴旺。

清代或者更早些，赤水的各场镇就有了茶馆，其设施、用具、礼仪规矩等与各地相似，只是赤水帮派气氛较重，在民事纠纷调解上尤为显著。民事纠纷就到茶馆里“吃大茶”，当事的双方泡上茶，请“码头上”（街坊）的五老四贤、大二五爷上坐，双方说出事情的经过，由五老四贤、大二五爷来评理，谁输了道理，谁开茶钱，赔偿损失。谁不认这个处理，就是跟“码头上”过不去，你的对立面就扩大了，就会成众矢之的。一般“吃大茶”就是这事件的终审判决。

民国时期，赤水的每个场镇都有几家较大的茶馆（图10–28）。这几家茶馆是不同字号的“哥老会”的堂口，即不同字号“哥老会”的办公地方。本堂口的“弟兄伙”就在自己的堂口喝茶，维护本堂口的利益。堂口茶馆没有明显的标志，“弟兄伙”知道就行了。各个字号在这里召集“弟兄伙”商量事务，整顿堂风，接待外码头来的弟兄，茶馆从经济交往的场所变为帮派活动的据点，渗入了政治内容。

图 10–28 赤水石沓沓东门老茶馆

茶馆大门的檐口，挂一盏长条形的“号灯”。堂屋里摆几张乃至十几张方桌。一张桌子配四条长板凳。桌子有上下之分，坐着正面对堂口大门的方位是上方，左二右三，面下方。尊长有辈行之分，排序有大小之别，座位也要按长幼尊卑坐。

有客人进屋，就有“茶倌”接待，茶倌高喊：“有客人来了，请上坐。”马上从肩上取下帕子（擦桌子的毛巾），擦桌子、板凳。摆上茶船、茶碗，随即把开水“面”上半碗醒茶，提着茶壶在下方等待。等客人揭了茶碗盖，再盖上，“逼”（泌）掉头道汤水后再冲开水。

茶倌要看清来人把茶盖放在什么地方，确定来人的目的。如揭开又盖上，没事，吃茶会友；如把茶盖揭开，轮（即斜靠）在茶碗边上，来人是在示意“我惹事了，到码头上来求保护”，茶倌则马上请人升位，到后堂，来人拿出公社印记的大红名片，茶倌马上去通知“舵把子”大爷来见客人；如是客人将火柴盒拉开，抽了几根火柴出来，把火柴头放在外面，则是有命案，必须马上走，堂口的管事马上与大二五爷商量备钱，派人把来人安全送走。这就是袍哥的暗号，茶馆就是联络员。

“哥老会”在1949年后就解散消失了，但茶馆仍存在，生活好了老年人更清闲，坐茶馆的时间更多。现在赤水各场镇都有茶馆，各乡镇的老年协会，为老年人专门设了茶馆，供老年人享用。

第五节　现当代茶馆

现当代茶馆，主要指20世纪90年代以后开业的茶馆。

1999年初春，一家“陆羽茶楼”醒目地出现在湄江东岸，成为湄潭第一家，也是遵义市境内首家现代茶楼。之后，名称各异特色独具的现代茶楼相继展现于遵义各县（市、区）城镇街头。茶楼门面装潢醒目耀眼，室内装修豪华，摆设简洁高雅，文化品位较高，价格亦不菲，却倍受消费者青睐。进出茶楼者多为会享受生活者，进茶楼享受清闲，朋友、同学、同事在一起，或品茗，或聊天，或洽谈要事等。楼主为茶客所泡之茶，根据茶叶的品牌和客人所需而定，可一人一杯，可一室一壶。进入21世纪来，各地发展茶馆业，提升茶馆业的文化品位，引导和促进消费，推进文化服务业的健康发展。茶楼以表演茶艺、传播茶文化、交流信息为特色而令人关注。随着茶文化与茶商贸的不断发展，茶楼从饮之功能，便又朝着以饮为主，茶食兼修；以食为主，食必有茶；以茶为辅、茶菜齐名多种经营形态交相发展着。茶与茶文化之内涵，不断得以开掘；茶与茶商贸之外延，不断广为扩展。高档茶楼为客人提供茶道茶艺表演、餐饮服务、麻将娱乐等，一般茶楼则仅提供麻将娱乐和简餐。

20世纪90年代末，各地露天茶座风靡一时，如遵义城区的湘江河岸、凤凰山麓，湄潭县城湄江河畔，正安县城西门河沿岸，赤水城区沿赤水河岸等。

随着社会的文明与进步，今天遵义城镇的茶楼、茶室，多了些灯红酒绿和阳春白雪，少了些艺人的说唱和下里巴人，但普通茶馆依然经久不衰，生意依然兴隆。

一、现当代茶馆分类

传统茶馆只提供饮茶服务，随着茶文化与茶商贸的不断发展，现代茶馆除沿用以前茶坊、茶楼、茶馆、茶屋等称呼之外，又出现了茶艺馆、茶座、茶苑、茶吧、茶宴馆、茶道馆等。

遵义市的茶馆大体分为四类：一是餐茶馆，即不仅提供喝茶场所，也提供餐饮棋牌娱乐，一般都设有包房，内置麻将机，迎合遵义人打麻将的嗜好。这类茶馆比较多，往往冠以“会所”名称，如遵义红花岗区的红雅苑茶楼、汉文晗会所、香榭大道会所等；二是纯粹喝茶的茶馆，同时提供茶艺表演和各种形式的茶文化传播，如四品君茶艺馆、藏茶馆；三是近年来悄悄兴起的家庭茶艺馆，多开设在私人住宅里，招揽一些茶艺爱好者表演和传授茶艺，如遵义市区的拙茗坊茶艺室；四是露天茶馆，主要是夏季供市民乘凉。后来，又出现文人茶座、音乐茶厅等。2012年，遵义市茶叶流通行业协会、遵义市消费者协会决定举办“2012年度遵义双十佳茶馆茶店”推荐评选活动时，将遵义的茶馆界定为：茶馆是以卖茶水为主要业务的休闲场所，按服务功能可分为演艺茶馆、茶艺馆、餐茶馆。演艺茶馆是以民族茶艺服务，为经营特色体验民族茶艺文化消费的休闲娱乐场所；餐茶馆是提供茶餐，配以茶水，同时具备餐饮和饮茶服务功能的场所。

全市各大茶叶生产加工企业，都在销售门市内设有品茗室，供客人品鉴选购。市区茶叶街的各商家，也欢迎客人入座品茶，除可欣赏茶艺外，还可以喝到工夫茶。

随着城市茶馆茶楼的兴起，茶艺、茶道也日益被人们所认识、所接受。各地几乎都有茶艺表演，且各有特色，不仅在市内同台竞技，而且还赴省外参赛。

二、现当代茶馆选介

（一）获“全国百佳茶馆”中的遵义茶馆茶楼

中国茶叶流通协会和中华合作时报社举办2003—2004年度、2005—2006年度、2007—2008年度全国百佳茶馆推荐活动，遵义市的凤冈县万佛缘茶楼、凤冈县静怡轩茶楼、余庆县和香聚茶楼三家获此殊荣。

图10-29 凤冈万佛缘茶庄

① **凤冈县万佛缘茶庄：**位于凤冈县龙泉镇迎新大道，前身名叫香茗楼，2005年11月更名为万佛缘茶庄。由展示厅、茶艺厅、茶餐厅和休闲区组成，是一家集茶艺、茶水、茶餐为一体的茶楼，装修古朴典雅。茶楼自创的凤冈锌硒绿茶茶艺、凤冈土家油茶茶艺、凤冈太极养生茶道茶艺独具特色。茶楼组成的茶艺表演队多次参加各级各类省茶文化节等活动，受到表彰和好评。在2003—2004年度和2007—2008年度“全国百佳茶馆”推荐活动中，连续两次被评为“全国百佳茶馆”（图10-29）。万壶缘

茶庄的创办，为凤冈县茶文化的宣传推广搭建了平台，先后接待了中国工程院院士陈宗懋先生，中茶所扬亚军所长，中国国际茶文化研究院刘枫、程启坤、林治等茶文化专家，多次作为与重庆等周边地区茶文化茶艺表演交流的平台。承担凤冈县职校茶艺班的实训工作，培训了一批凤冈锌硒茶艺的传播者，被县政府授予“凤冈茶产业发展先进单位”称号。

② **凤冈县静怡轩茶楼**：位于凤冈县城龙凤大道凤凰广场对面。是一家集品茗赏艺、休闲娱乐于一体的茶艺馆。茶楼以弘扬茶文化、传播茶知识、发展茶产业为宗旨，向顾客推出待客型与表演型茶艺、土家油茶茶艺、龙凤呈祥茶艺、少儿茶艺和铜壶茶艺。让您在品饮正宗名茶、欣赏茶艺表演的同时，感受“和、静、怡、真”的茶道精神，体验喝茶所获得的愉悦感。同时提供茶艺培训服务，是当地职业高中茶艺班学生的实训基地。茶楼承接多次大型茶艺表演，为宣传和推介凤冈茶作出贡献。在2007—2008年度“全国百佳茶馆”推荐活动中，被评为“全国百佳茶馆”（图10-30）。

图 10-30 凤冈静怡轩茶楼

③ **余庆县和香聚茶楼**：位于余庆县县城余庆河滨公园广场对面。茶楼以弘扬中国古茶区茶文化传统，促进中华茶文化建设健康发展，陶冶人们的道德精神，加强与国内外茶界朋友的交流与合作为宗旨，门面与内部装修古朴典雅，环境优美。在2007—2008年度“全国百佳茶馆”推荐活动中，该茶楼被评为“全国百佳茶馆”。

（二）获遵义市首届“双十佳茶馆茶店”的茶馆茶店

2012年6月，为激发遵义茶馆业、茶店业创先争优的热情，展示遵义茶馆、茶店品牌形象，推动遵义茶产业健康、可持续发展。遵义市茶叶流通行业协会、遵义市消费者协会决定举办“2012年度遵义双十佳茶馆茶店”推荐活动，对遵义市两城区内从事茶艺馆、餐茶馆、茶店经营的企业或个体以及主要以销售遵义品牌茶叶的直营店或加盟店进行推荐评选。

茶馆申报对象为遵义市两城区内以卖茶水为主要业务的休闲场所，包括演艺茶馆、茶艺馆、餐茶馆；申报条件为经营证照齐全、营业面积达到一定指标、依法经营，遵守食品卫生有关法规、材料真实有效完整；茶馆推荐评审标准为诚信经营、环境典雅、服务优质、卫生达标、特色突出。

整个活动经过开展走访活动、起草推荐活动方案和茶馆推荐标准草案、组织召开座谈会、全方位加强推荐活动宣传发动工作、做好申报资料的收集、审核工作、开发建设茶馆形象展示暨投票网站、组织召开推荐活动专家评议会、加强“十佳茶馆、十佳茶店”的指导服务管理等步骤，最终评出“双十佳茶馆茶店”。

获得遵义特色的首届“十佳茶馆”是红雅苑、中国藏茶馆、湄潭天壶茶廊、湄潭天壶品道厅、汉文晗、香榭大道、四品君茶艺馆、天香百年、金色明珠、天一阁茶楼。

① **红雅苑茶楼：**位于遵义市区老城纪念广场旁；集休闲娱乐、餐饮、功夫茶艺表演为一体；大厅设有雅座，配有扬琴、二胡、古筝表演。2005年5月获贵州省第二届茶艺茶道大赛优秀奖，2006年获贵州省食品工业协会茶叶分会评定的贵州省六佳茶艺馆、贵州省十佳茶艺之星称号（图10–31）。

图 10–31　遵义红雅苑茶楼

② **遵义·中国藏茶馆：**位于遵义市区人民路原市政府广场对面，紧邻市博物馆、图书馆，是在遵义市开办的首家独具特色、颇具品位的茶馆，是黔香村茶文化传播有限公司旗下的一个品牌茶庄。中国藏茶馆环境清幽，格调典雅，馆内设有茶文化品鉴传播多功能大厅，有独具藏族风情、独特中原文化元素的雅阁、包间，其中有以石为基调的主题包间“陋室铭”“爱莲说”等；有以“清明上河图”装饰的专为客人提供挥毫泼墨的“即墨轩”以及装饰高雅的回廊、水景和藏书阁等，正是一室一景一风格，品茶品味品人生的好地方，是遵义最具品位的高档茶文化庄园之一。中国藏茶馆以宣传中国藏茶和十大名茶为主，馆主收集保存在黔的几乎全部精品茶叶和各种土茶的样品，除全国十大名茶外，还有别处罕见的贵州擂茶、棕叶茶、苦柚茶、竹节茶、白茶、乌茶、老鹰茶、苦丁茶、甜茶、虫茶等，高、中、低档，一应俱全。既有茶艺、茶道、茶文化表演，又不时举办独具地方民族特色的文艺会演、茶酒文化、健康生活等讲座，以及音乐沙龙、文学沙龙、书画沙龙等活动，是遵义的一家茶文化综合庄园。黔香村茶文化传播有限公司针对遵义红色旅游文化的发展，配合旅游团队打造红军茶、遵义茶等茶文化。馆里的茶艺师全都是大专以上毕业生，持有茶艺师资格证书，都是经过正规茶文化专业培训的专业人员，她们衣着靓丽、形象端庄、礼貌得体、素质高雅，深受茶客好评。中国藏茶馆是遵义市唯一一家可以专门培训茶艺师和专业茶叶销售人员的培训中心，也是一家以地方文化为鲜明特色的茶馆。馆内有地方文化书阁，收藏展出贵州文化、黔北文化的代表

性作品；有遵义作家书屋、书画家室等。还是遵义市作家协会、遵义市历史文化研究会、汇川区音乐家协会指定的沙龙活动场所（图10-32）。

图 10-32 遵义·中国藏茶馆

③ 湄潭天壶茶廊：位于湄潭天下第一壶茶文化博览园内，公园坐落于素有小江南、中国名茶之乡之称的湄潭县城，集茶文化博物馆、茶文化特色旅游、茶文化特色酒店、茶知识科普、茶文化休闲、茶产品展示、书画欣赏及水上娱乐等为一体，由天下第一壶、天壶茶廊、水上乐园、茶文化广场、茶文化古道及核桃坝生态别墅度假（会议）中心六部分组成。天壶茶廊2010年开业，属于餐茶馆类型，茶叶展示区20m^2；年营业额50万元左右，茶叶及茶文化服务收入占20万元左右。获得茶艺师职业资格14人，有中级茶艺师1人（图10-33）。

图 10-33 湄潭天壶茶廊

④ 湄潭天壶品道厅：位于湄潭县湄江镇塔坪街"天下第一壶"内；2010年开业，营业面积150m^2，属于茶艺馆类型，茶叶展示区10m^2；年营业额35万元左右，茶叶及茶文化服务收入占30万元左右；获得茶艺师职业资格3人，有中级茶艺师2人（图10-34）。

图 10-34 湄潭天壶品道厅

⑤ 汉文晗餐茶馆：位于遵义市区上海路；于2007年开业，营业面积1500m^2，包间数量17间，品茶区500m^2；属于规模较大，茶、酒、咖啡并举的餐茶馆类型；装饰装修以古汉朝风格为主题，美观大方、典雅别致、整齐清洁，盆景、植物配置得当，景象、景观丰富；茶文化氛围浓郁，年营业额300万元，年销售数量500kg，其中遵义茶叶消费占350kg，店内从业人员60人（图10-35）。

图 10-35 汉文晗餐茶馆

⑥ **香榭大道餐茶馆**：位于遵义市区，餐饮旗舰店在红花岗区海尔大道中段南方花苑A栋；于2001年开业，营业面积2000m^2，包间数量25间，属于规模较大、影响力较广的茶、酒、咖啡并举的餐茶馆类型；经营茶叶的品种有10余种，其中遵义绿茶消费量较大；店内从业人员30人（图10–36）。

图 10–36 香榭大道餐茶馆

⑦ **四品君茶艺馆**：位于汇川区成都路，是贵州四品君茶业有限公司为弘扬和推广中国茶文化，宣传遵义茶行业而创建。店面风格与四品君茶叶连锁各店统一，黑底白字的招牌清晰醒目，茶艺馆分为品茗大厅和大小8间包房，营业面积共500m^2，其中品茗大厅约100m^2，年营业额200万左右。店内配置音乐播放设备、古筝、无线网络、银行卡消费设备、保鲜柜（冰柜）等相关设备设施，尽力为顾客提供一个气氛优雅、轻松，设施齐备的消费品茗环境。进入四品君茶艺馆，左上方悬挂着雕刻有名家为四品君公司题写的《四品君记》的乌木匾，下方的两个人许高的玻璃精品柜中展示着珍贵精美的瓷雕与木雕精品，乌红色的展示柜沉稳大气，店内展示各种主营茶产品。四品君茶艺馆在为消费者提供品茗、茶艺表演、产品讲解、销售的服务外，还为消费者提供茶类知识讲座等服务，丰富了自身的服务内容、拓展了本地的客户群体、宣传普及了茶文化及相关茶类知识。店内配置了数套文房四宝，供文人雅士挥毫泼墨（图10–37）。

图 10–37 四品君茶艺馆

图 10–38 天香百年商务会所

⑧ **天香百年商务会所**：位于汇川区宁波路；于2006年6月开业，营业面积2000m^2，包间数量25间，品茶区600m^2；属于规模较大的餐茶馆类型；年营业额260万元，茶叶年销售数量1000kg，其中遵义茶叶消费占800kg，店内从业人员26人（图10–38）。

⑨ **金色明珠茶楼**：位于汇川区宁波路航中旁，于2006年7月开业，营业面积1500m^2，包间数量24间，品茶区500m^2；属于餐茶馆类型；年营业额270万元，其中遵义

茶叶消费占1500kg，店内从业人员22人（图10-39）。

⑩ **天一阁茶楼**：位于遵义市红花岗区老城新街A区1幢4楼；于2008年开业，营业面积900m²，包间数量15间，品茶区30m²；属于餐茶馆类型，装饰装修有一定的茶文化氛围。年营业额100万元，遵义茶叶消费占300kg，店内从业人员15人（图10-40）。

图10-39 金色明珠茶楼

图10-40 天一阁茶楼

（三）各县（市、区）茶馆茶楼茶庄选介

1. 湄潭县

湄潭人善饮的风俗至今长盛不衰，20世纪90年代，湄潭茶楼兴起于县城。据2013年8月统计，全县有茶馆（含茶楼、茶坊、茶室）为280余家，遍布城乡，商务会所、茶庄等高档茶楼在县城林立，仅县城就有上规格上档次的茶楼70余家。

湄潭除了城内高中档茶楼，更多的是露天茶座，在湄江河沿岸就有1000余桌。2元钱一杯茶，消除热天的酷暑，一到夏天，江滨各茶室座无虚席，常出现千人饮茶的壮观场面。赶集天，乡下群众进城镇、乡场坐茶馆，泡杯茶几角钱，憩一憩解解渴，摆摆龙门阵，也是一种精神享受。

2. 凤冈县

凤冈县的万佛缘茶楼和静怡轩茶楼上面已作记述。

① **不夜之侯·清茶坊**：位于凤冈县城，2018年4月正式营业，共投入资金230万元，是凤冈县目前唯一一家规模较大的清茶坊（图10-41）。开业至今，“不夜之侯·清茶坊”始终坚持弘扬凤冈茶文化、传播凤冈茶知识、培育凤冈茶氛围的经营理念，接待茶客上万人次。与团县委联合举办了“青听·悦读”凤冈青年干部读书会、与县茶文化研究会共同协办

图10-41 凤冈不夜之侯·清茶坊

"九九重阳节"敬老茶会。茶坊自创茶艺节目《龙泉茶香溢红楼》参演县中秋品茗晚会，以宣传凤冈锌硒茶为主旨。不夜之侯主题茶艺节目在数次演出中逐渐成熟，多次邀请县领导和县文化界、茶界及县外嘉宾品茗话茶，获得一致好评。

图 10-42 凤冈陈氏茶庄

② 陈氏茶庄（凤冈茶旅一体化景区）：位于凤冈县永安镇田坝村茶海之心景区，基础设施有客房、餐厅、停车场等。茶庄经常开展采茶、制茶、学茶艺茶道、烤全羊（或烤鸡、烤鸭）、篝火晚会、茶乡歌舞表演等活动。客房坐落茶海中央，到此旅游可住乡村宾馆，与茶海共眠，听茶海私语，闻茶海清香，观茶海之美，享其宁静。正所谓融于自然，醉于自然之美。还可揭秘陈氏养生茶，看陈氏养生茶成果，体验采、制养生茶，学茶艺茶道，听土家茶歌，品锌硒香茗，喝土家油茶，吃土家糍粑，购陈氏养生茶商品、金奖绿茶、绿色健康有机商品和民间手工艺品（图10-42）。

图 10-43 凤冈仙人岭茶庄远眺

③ 仙人岭茶庄（仙人阁茶庄）：俗称孙家大院，位于凤冈县永安镇田坝村有机茶区，距县城35kg。基础设施有客房、餐厅、停车场等。到这里旅游可住黔北大木屋，游仙人岭景区，观万顷茶海，体验采、制养生绿茶，品仙人岭牌中国金奖绿茶，览四季玉兰花园，读茶经茶赋，尝茶乡十道菜，游杜氏堰、仙人湖，观茶乡歌舞，闻茶海茶香玉兰花香，赏玉兰诗书画轴。还可享受现代的信息便捷，进行商务洽谈、会务接待、康体健身等（图10-43）。

图 10-44 凤冈古夷州茶馆一角

④ 古夷州老茶馆：在凤冈县城，由一家颇具特色的茶馆——古夷州老茶馆。2008年，在凤冈县政府支持下，有心人汤权自助筹资开办凤冈县茶文化展览中心，又名古夷州老茶馆，向社会公众免费开放已达十余年，有效展示了凤冈乃至黔北周边地域丰富的传统茶文化知识（图10-44）。

3. 正安县

1958年后，境内茶馆因对私改造被取缔。1978年中共十一届三中全会后，茶水行业逐渐恢复。1999年后，正安县城内的现代茶楼陆续出现。其装潢与服务内容与各地相似。20世纪90年代末，县城区的露天茶座风靡一时，各大茶叶生产加工企业在销售门市内设有茶叶品茗室。目前，正安县城的茶楼和各茶叶企业茶叶直销点配备的客人品茗室已达数十家，成为引领正安民众生活时尚的新潮流。

4. 余庆县

余庆县茶馆署名“茶庄”较多，比较著名的有：

① **余庆坊玉河茶庄**：余庆坊玉河茶庄有限责任公司地处余庆松烟镇二龙村。群山环绕，环境优美。酒店与茶山风景完美结合，是以全木材建造的高端木屋茶庄酒店。茶庄茶室以品茗、观景、休闲为主，分别是品茗斋、养心斋。可满足客人的不同需求和自由选择，为客人提供不同茶品，全方位品味余庆茶干净茶的茶文化精粹。有茶园特色的柴火鸡、石磨豆花火锅、当地绿豆粉、糍粑、凉粉，周边景点有李家寨水库、八大水库、星宿岩诗林、他山石刻（图10–45）。

② **兴民茶庄**：位于余庆县河滨南路234号，是余庆兴民茶业发展有限责任公司投资建设的“余庆茶·干净茶”体验店，于2017年4月正式投入运营。店里设有产品展示区、品茶区，主要经营贵州绿茶、遵义红茶、余庆苦丁茶、余庆白茶、余庆黄金芽等余庆地方农特产品，店内还有各种高中低端茶具、茶杯（图10–46）。

图10–45 余庆玉河茶庄

图10–46 余庆兴民茶馆

③ **贤善茶庄**：余庆兴民公司在上海的第一家直营店，地址位于上海南桥镇解放东路1068弄绿地翡翠广场4号楼一楼，主要推出“大美余味”干净茶系列茶产品。苦丁茶、

黄金芽、白茶、绿茶、红茶5个产品严格通过了欧盟476项检测指标，100%达到欧盟标准。同时还推出“贵州印象”系列酒品（图10-47）。

遵义其他县（市、区）也分布有不少的现代茶馆，但装修风格、经营项目和经营产品均大同小异。

图 10-47 贤善茶庄

茶俗篇

第十一章

茶道衍生出的茶礼俗，已经多层面、多维度地融入遵义各民族，特别是苗族、仡佬族、土家族等少数民族的日常生活，并作为一种基本的精神寄托、思想传统和活动内容，普遍地体现在其日常活动中（图11–1、图11–2）。

图 11–1 茶礼

图 11–2 茶俗

各地有各地的礼俗，但相当一部分基本相同。“三茶六礼”，茶为礼先。遵义是茶叶产区，逢年过节或结婚喜庆，普遍以茶、酒为礼。以茶字当头排列茶文化的社会功能有：以茶待客、以茶会友、以茶联谊、以茶代酒、以茶入诗、以茶入艺等。茶是境内每家必备的饮料，不论贫富，每家都备有茶水饮用。“柴米油盐酱醋茶”是家家户户日常生活必需品；“琴棋书画诗酒茶”是文人墨客交往的重要内容；“客来敬茶”是城乡家庭起码的礼仪；以茶会友是茶文化最广泛的社会功能之一。

遵义的茶，不只是作为一种饮料供日常生活饮用或仅限于接待客人，茶已经广泛深入地渗透进各族人民生活的各个方面，成为一种基本而普遍的礼仪。日常生活的许多活动，如迎来送往、婚丧嫁娶、祭祀丧葬等，都与茶紧密相关并用“茶”冠名，已经成为一种根深蒂固的文化传统。

本章记述遵义的茶礼茶俗茶食茶疗等方面的内容，包括待人接物中的茶礼俗，谈婚论嫁中的茶礼俗，祭祀、节日、丧葬、宗教中的茶礼俗、形形色色的茶礼俗与茶地名，茶食茶疗五节。

第一节　待人接物中的茶礼俗

一、普通茶礼俗

① **客来敬茶**：在遵义境域内，茶除了自己饮用外，最主要的用途就是招待客人。无论在城乡，这是最常见、最基本的茶礼俗。农村有句俗语“客到门下，装烟倒茶”。这里的“倒”是遵义方言，意为“斟”。“客人”不仅是“沾亲带故”的人，而是泛指一切来

到家中的人。客人进门后，主人热情招呼第一件事是“请坐”，随即递上香烟（称为“装烟”，客人不抽烟则可婉言谢绝）并斟上一碗（杯）或冲泡一杯茶（斟的茶不带茶叶，泡的茶带有茶叶），双手递与客人，这是最起码的接待。如果客人不止一位，那么敬茶时还要注意先后顺序，应该先敬老辈或长者，后敬年轻的。一般来说，农村待客敬茶主要是斟一杯（或一碗），城镇敬茶主要是泡一杯（或盖碗）。如果是很熟的关系，还可能先问一声“喝什么茶”，说明主人有不同的茶可供选择。

同时还有一些规矩：敬茶要讲文明懂礼貌，斟茶或泡茶时加水不能倒满，有俗语道：“酒满敬人、茶满欺人”，有“茶七酒八”之说，即茶斟到相当于容器的70%，酒斟到相当于容器的80%；要将茶具洗涤干净；要检查茶叶品质是否正常；要用茶勺取出容器里的茶叶，勿直接用手取茶；要用刚沸滚而未老的开水或当天新鲜开水冲泡；要双手恭恭敬敬端杯敬茶，并和颜悦色地说声“请用茶”。主客关系较深时或讲究的主人，还可端出水果、瓜子、糕点之类食物等地方特产款待，客主边饮边吃边聊。当然，主客双方应互相尊敬，主人请坐，客人则应道谢就座。主人端上茶来，客人要立即起身双手接烟、茶，也应温文尔雅轻声地说“谢谢”，而后坐下细细品饮。如果是泡的茶，喝茶不能全喝光，要留一分为底，主人再续，这时可放在一边，不必喝完。切忌坐着不动不哼，更不应拿起茶杯暴饮狂喝，瓜壳果皮随便乱扔，不然有失文明礼貌。

② **以茶会友**：用茶招待朋友并不限于在家里。当今茶馆普及，大家的经济状况也比较宽裕，因此，朋友间有事相商或闲来无事之际，想聚一聚聊聊天等，也可相约去茶馆或到家里喝茶。

③ **以茶代酒**：古诗有“寒夜客来茶当酒”句，应是古人喜用酒待客，但由于“寒夜”没酒，所以只得“以茶代酒”。现代人注重健康，对饮烈性酒比较节制，所以常以茶代酒。烟、酒、茶为交往最常用的物品，故茶与酒同行，但其习性不同。酒性为阳，饮酒助豪情；茶性为阴，品茶添清雅。在高朋满座的宴会上、在依依惜别的场景、在久别重逢之时，均以茶代酒，多了茶的柔情和真实意味，少了酒的辛辣和壮烈。以茶代酒表达对他人的关怀、体贴、宽容、接纳的情怀。

④ **过路茶**：农村一种无偿提供给过路人解渴的茶水，在遵义不少乡村有的人家施茶行善。每逢赶场天，一些妇孺老叟，在路边家门口或大树下设小桌，置广口坛盛茶，桶旁放几个茶杯或木瓢，过往路人可随意取饮或主人主动递上，分文不取。

⑤ **还茶**：在遵义不少地方，人际交往中，人们素来以茶传情、以茶交友，通常在春节拜年、端午节走亲访友活动中，习以送茶为俗。你来我往，均以茶为礼，接受别人的茶食赠予，须得回赠，谓之“还茶”。这一送一还的礼俗中，还有行客拜住客，住客不登

门“还茶”的习俗，住客则以“泡茶”食品回赠，谓之“包杂包”，以此“还茶”，也叫“回茶”。至今有“走得热烘，还的亲热”“走的是亲，还的是情”“礼轻人意重”“接茶为仁，还茶为义”“重茶拜住客，寒茶还行客”之说。

二、各地特色

除了上述遍及全市境域的普通待人接物茶礼俗之外，遵义各县（市、区）在遵循上述普通礼俗的基础上，有一些带有一定特色的区别。

（一）湄潭县

逢年过节或结婚喜庆，走亲串戚总要提上礼品，这礼品亦称为“茶”。亲友回访，也要带上礼品，称为“还茶”。

（二）凤冈县

1. 待客上茶

家里来了客人，须泡茶接待客人，彬彬有礼为客人沏茶、斟茶、端茶、递茶，人们通常叫“上茶”。上茶，是凤冈礼俗之一。为客人上茶的顺序也很讲究，要按长辈、平辈、晚辈依次上茶，然后给自己斟上茶后，端起茶杯对客人说声“请喝茶”。其用左手四指轻托杯底，右手握杯体，双手略向前平伸“上茶”，起身辞别时，也按此肢体动作对饮茶人说慢用。喝茶时，期间有客人入茶席，主人应立即倒掉茶壶中的茶叶，重新烧水更换新茶叶，显现对新客人的尊重和欢迎。待客过程中，还要留意客人杯中茶水，适时给客人添加茶水，客人杯中茶水凉了，要将客人重新换上热茶。宾客与主人喝茶时，禁忌皱眉、说话飞沫、磕响杯盏、吮吸声音等。

2. 敬茶、泡茶的其他规矩

① **浅茶满酒：**以茶待客一般只将茶水冲泡至七八分满，主人敬茶时茶汤不会溢出而显得彬彬有礼，客人品饮前端杯观色、闻香、欣赏茶叶在茶汤中的美妙变化和随意品饮时茶汤也不会溢出。饮茶不宜饮尽，留一两分，意为“给主人余地”。

② **凤凰三点头：**泡茶的基本动作。置茶后，按逆时针方向往杯中注入开水，水量以浸湿茶叶为度，约占容器的五分之一，轻轻摇动茶杯，浸润茶叶。然后将水壶由低到高，连斟3次，称之为“凤凰三点头”，使杯中水恰好达到七八分满，表达主人对客人“三鞠躬”之意。

③ **巡回倒茶：**用一把壶给多人倒茶，因壶中茶汤上下层浓度不一致，故倒出的茶汤先后浓淡差异较大。为使多个杯中茶色泽、滋味、香气基本一致，第一次巡回各斟入四分之一；第二次逆向巡回各追加四分之一；第三次再顺向巡回各斟入四分之一。这种

倒茶法称之为“关公巡城”，能使各个杯中的茶汤色、香、味基本均匀，体现平等待人精神，使饮茶者心灵达到“无我”境界。

④ **捂碗谢茶：**招待客人饮茶时，如果杯中茶仅剩三分之一，就得续水。这时，客人若不想再饮，就会平摊右手掌，手心向上，左手背朝上，轻轻移动手臂，用手掌捂在茶杯之上按一下。其本意为：谢谢你，请不再续水。主人会意，停止续水。

（三）正安县

无论城镇还是乡村，凡来了客人，沏茶、敬茶的礼仪是必不可少的，早已形成饮茶礼俗，历代相沿。当有客来访，可征求意见，选用最合来客口味和最佳茶具待客。以茶敬客时，对茶叶适当拼配也是必要的。主人在陪伴客人饮茶时，要注意客人杯、壶中的茶水残留量，一般用茶杯泡茶，如已喝去一半，就要添加开水，随喝随添，使茶水浓度基本保持前后一致，水温适宜。

（四）余庆县

饮茶不仅是一种生活习惯，也是一种源远流长的传统文化。以茶待客有一套独特的礼节，主客进家坐定后，主人取出茶叶，主动介绍茶叶品种、特点、风味。

① **倒茶：**将小茶杯按主客人数一字排开，提起茶壶来回冲注，切忌倒满后再倒第二杯，以免浓淡不均，每个茶杯不宜注满，半杯左右即可。

② **敬茶：**要将茶杯放在托盘上端出。用双手奉上，茶杯应放在客人右手的上方，如果有多位客人，第一杯应敬给德高望重的长辈，边谈边饮时，要及时给客人添茶水。

（五）道真县

道真各族人民淳朴热情，不论什么人进了家门，总是要奉上几张烟子烟给客人抽，端杯热茶给客人喝。如果有小孩在家，还要令小孩用火给客人把烟点燃。

道真还有一项待客项目就是“吃油茶”。过往行人，一般是短暂停留即走，若客人要坐下谈事，主人必烧“油茶”款待，这是道真各族尤其是仡佬族人民最常见的礼俗。农村家家吃油茶，随时备有“茶羹”，主人先把水烧开，舀起来，向锅中放油把茶羹再煎一下，边揉边倒入开水，撒点芝麻、食盐，几分钟后，一碗热气腾腾的油茶便端到了客人面前。家境好点的，配些糖果、饼干、葵花“下油茶”；家境一般，就烧碗“光油茶”给客人喝。道真人对油茶，不喊“喝”，而喊“吃”，则是多数时候都有佐品“吃”的。

（六）仁怀市

在农村，过路茶极为普遍，大路边的主人，夏天都习惯用陶缸泡一缸茶，除自家食用外，还无偿供给过路人的解渴茶水，施茶行善。冬天，用沙罐煮一壶茶，放置火边，保持适当温度，随时饮用。

现在，不论农村、城镇，客人来了，多用茶杯泡茶。多数人家，都有绿茶、红茶、或乌龙茶，视来客交情或按客人喜好选用。在城镇，如若客人雅致或交往时间较长，也有用工夫茶待客。主客边饮茶边交流。

遵义其他各县（市、区）待人接物的茶礼俗与上述地方大同小异。

第二节　谈婚论嫁中的茶礼俗

婚姻是人生的终身大事，男女结合需要一系列程序才能促成进而组成家庭。这一过程中，各地受地域文化的影响形成了不同的风俗，其中茶与婚俗联系颇多。

一、流行的茶与婚俗

（一）“茶”与“婚”的联系

古人认为：“种茶下子、不可移植，移植不可复生也”。故女子受聘，谓之“吃茶”，聘以茶为礼者，见其从一而终之义，现农村仍有茶树不能移栽，只能种茶籽的说法。所以，很多地方的婚俗都用茶为名，“吃茶”是民间婚俗的别称，吃茶表示结婚，见到女子可不能乱说“吃茶”。如若长辈之间互相探问“你女儿吃茶没有？”那就是问女儿定终身没有。旧时农村不少地方未婚少女是不能随便到人家去喝茶的，因为一喝就意味着同意做这家的媳妇了，故有“好女不吃两家茶”的说法。在遵义广大农村，姑娘谈没有谈过婆家，有没有接受男方聘礼叫“吃没吃茶”，问姑娘在哪里“吃茶”就知道姑娘定没有订婚。媒婆要撮合某门亲事，首先要问的是“姑娘吃茶没有？”

对姑娘的评价通常用针织茶饭四个字，有“针织不熟慢慢学，茶饭不熟慢慢教”之说，其中“茶”包括茶艺与人品两个方面。年轻人谈（即娶）媳妇，主要看女方是否能“烧茶煮饭，挑水拿柴”，似乎烧茶为家庭主妇义不容辞的责任和是否会操持家务的标志。妇女善不善茶，会不会献茶，体现她们是否懂得为妇之道，同时也充分体现了她们的思想、情操、道德、行为是否高尚。故善于烧茶煮饭，挑水拿柴便是家庭主妇必须具备的一种美德和能力。姑娘放人户（找婆家），婆家访问的首先是茶饭的制作手艺。看一户人家经营得好不好，从热茶、肥狗、光院坝三样外观区别，“热茶”说明这户人家生活讲究质量；“肥狗”可以看出这户人家的富裕程度；“光院坝”可看出这户人家的环境卫生搞得好。而这三样，热茶居首。

女方审定男方人品常用请吃油茶宴席的形式，通过男方在油茶宴席中的一系列表现，评判是否知书达礼。

（二）较为普遍的礼俗

在遵义广大农村，传统的婚姻从提亲到结婚，一般要经过漫长的过程，男方要给女方家送三次"人情"（有的地方叫"茶食"），在获得女方家长同意后，才议论男女双方婚事。以后再经过看人户、烧香、开庚等一系列活动，才能把姑娘迎娶夫家。这种婚俗，称之为"三回九转"，是体现女方的尊严（图11–3）。如果媒婆一提就满口承认，那是一件不光彩的事。媒婆和旁人会看不起甚至会怀疑姑娘是不是有啥问题。所以，即使女方非常满意男方，或者男方比女方强多了，女方都要"傲"三回，说明姑娘珍贵。媒人撮合一对新人，要经过三回九转，跑烂几双新布鞋，传递头道茶、二道茶、三道茶……直至拜堂成亲。

图 11–3 "三回九转"婚俗茶礼

"三回九转"是旧时遵义大部分地区的婚俗礼仪，封建社会时期包办婚姻的产物。"三回"一般指：一道茶，亦称头书；二道茶，亦称允书；三道茶，亦称庚书。"九转"即在"三回"基础上完成纳彩、问名、请期、亲迎等六个礼仪程序。"三回"加上"六礼"即为"九转"。一般来说，各地的"三回"大致相同，而"六礼"则有所不同。"三回九转"由于礼节过于繁复，当今多数地方已经淘汰。

在选择对象上，以茶为礼，沿袭至今。三回九转的礼仪过程，每一次茶礼，被统称为"吃茶"。民间提亲或媒人撮合，或男家看上女家便请媒人，需先由媒人带上礼品去女家试探，叫"问茶"。若女家同意可谈婚事，则由女方到男方家来了解情况，称为"看人"，又叫"放信茶"。若女方家同意，男家求婚聘礼称"下茶"，亦称"茶银"，女家受聘称"吃茶"。由媒人将男方家的布匹、衣服之类的东西带上到女方家，叫"吃头道茶"（第一次茶），第二道茶所附的是《允书》，第三道茶是讨《庚书》。如果女方不给生辰八字，男方家就有了后面的"催茶"。

第一回"人情"是上门去讨口风。媒人到女方家后，绕了半天家常，才慢慢告诉女方家长是谁请求做媒，相中的是某姑娘。如果女方的家长没有拒绝，媒婆便会几次到姑娘家去，翻来覆去地夸赞男孩如何勤快、聪明、能干，又把男方的家庭情况介绍一番。这属于婚姻的动议阶段，是男女双方家庭互相摸底，权衡可能性，因此，礼物较轻。

第二回"人情"稍厚些，内容和数量都有所增加，受礼的人扩展到外公外婆、姑爹姨妈、干爹干妈等。但也有一些地方（如播州区虾子、毛坡一带），头回"人情"便兼送女方亲属。第二道茶所附的是《允书》，即男方非常愿意提此亲事。送了二道人情后，媒人经常出入在女方家中，仔细地察言观色，把握女方家的态度，尽量在时机成熟时送第三道人情。

第三回“人情”称为拿话。在与一二回“人情”相隔十多二十天或一两个月，女方开始调动人脉对男方进行暗中访问、考察，认真听取旁人的意见，决定是否进行深入交往。接着媒婆又到女方家，听取女方家长的意见，如果女方家已基本同意，媒人便要求女方家接受男方送头道“礼”，女方的家长没有意见，便“放话”于媒人，由媒人转达男方，可择日看人户了，意味着女方家已基本同意。第三回人情开始普送亲属，如伯、叔、姑、舅等，且为双头礼物。第三道茶所附的是《庚书》,《庚书》写明男方的生辰八字，同时要求女方将生辰八字填上，这称为“讨庚”。婚姻乃一个人的终身大事，因此一般情况下女方是不会马上填写生辰八字的，还需要提出若干条件，由此就有了后面的“催茶”。“催茶”的主要目的是请女方“发庚”，经数次“催茶”得到女方的生辰八字后，才商量选择吉日结婚一事。在结婚之日也同样有头书、礼书、谢书之类礼仪。

三回“人情”每回间隔时间可为数月，短的也在一个月左右。如果双方本来较熟，或一方希望早日结婚，可以通过媒人向对方协商，把三道人情一起送去。但有头面的人家，一般多不愿这样做。

第三道“人情”，如果女方收了，这门亲事就完成了一半。如果不收，就会连前两次的一起退回，这门亲事就不再成立。如果女方发现男方有问题，不同意这门亲事，一般来说，“头、二道人情”是不能马上退回去的。如果马上退回，很伤男方的面子，男方认为是“被方”（侮辱）了，就会“亲家不成成冤家”。因此，在退“人情”时，女方的家长会说：“我家的女儿还小，还留在家里吃几年空饭，好好地教说。”或是：“我家的女儿‘舀不够’（没有甑子高）他家的饭，等她长大点再谈此事”等，只说自己的缺点，既不得罪人又把“人情”退了，即把亲事退了。一般第三道“人情”收了，表示这堂媒基本稳当了，就约期会面。

（三）婚姻程序中的“茶”

除了几次送礼或聘礼称为“茶”之外，在结婚的过程中，不少环节的活动也称为“茶”：

① **放信茶**：举行嫁娶活动，择定佳期良辰以后，要通知亲戚、朋友莅临门庭“吃酒”（赴宴），其重要关系者，主人须备“茶”逐一登门通知，谓之“放信茶”。随着交通、通信事业的发展，放信习俗自20世纪80年代以后渐渐消失无存。

② **洞房茶**：新郎新娘入洞房并坐一块喝交杯茶，以茶代酒，对不会饮酒的新娘尤为适宜。

③ **三朝茶**：女儿出嫁后的第三天，女方家备茶点、果品到婿家，馈赠男方父母，以表示亲家之间的深厚情谊。有的地方约定俗成第九日馈赠，改称“九朝茶”。

④ **亲家茶**：为儿女亲家的交往茶。每逢年过节，男女双方互请一块喝茶和吃饭，表示相互间彼此尊重，从而增进亲情。

⑤ **改口茶**：婚礼上，主持人安排新郎新娘分别向双方父母献茶并改口，将结婚前男女双方叫对方父母为“叔叔”“婶婶”或“伯父”“伯母”的称呼改口为“爸爸”“妈妈”，表示正式成为儿女。双方父母要高高兴兴地给“红包”。这风俗在当今城镇婚礼仪式上尤为普遍。

⑥ **合合茶**：婚礼时，新郎新娘同坐一凳，新郎左手与新娘右手互置对方肩上，新郎右手与新娘左手之拇指及食指合成正方形，置茶杯于当中，亲戚朋友以口凑近吹之。

二、各县（市、区）婚嫁茶俗

遵义各县（市、区）传统礼俗，在普遍遵循“三回九转”礼俗外，基本程序大同小异，仅举几县为例：

（一）湄潭县

旧时女子受男家聘礼多为茶，称“下茶”，亦称“茶银”。三回九转中所去的茶礼，又分干茶、水茶、荤茶、素茶。

（二）凤冈县

凤冈对婚姻各步程序分得很清楚：

第一关，头道茶，称为吃茶，又称开口茶；第二关，二道茶，称为拿茶（又称定亲茶）；第三关，三道茶，称为下茶（又称迎亲茶）。

“茶”的名目繁多，有：

① **露水茶**：20世纪80年代前，称第一道茶为“露水茶”，此俗已自然消失。

② **放茶**：经“望人”“取同意”形式后，倘若双方约定达成婚配意向，则以茶礼交往，男方赠送食品给女方，谓之“放茶”，女方对男方也有婚配意向，接受男方赠送食品，谓之“接茶”。以“放茶”承诺、“接茶”守信，至今仍有“好女不接二茶”之说。

③ **卡门茶**：（“卡”，方言，音ka，念上声。“卡门”即迈步越过门槛的意思），民间男女双方初步确立了婚姻关系，女方允许男方父母及未馆甥（未过门的女婿）走亲戚，或女方接受男方的邀请走访，谓之“踩门枋”，男方须拿茶走访女方，女方须拿“散茶”走访男方，谓之“卡门茶”。

④ **递书茶**：男方须进一步明确婚姻关系，托媒人携带“书子”前往女方征求意见，谓之“拿书子”，媒人须代男方赠送茶叶、糖酒之类的食品，谓之“递书茶”。

⑤ **下聘茶**：男方为进一步形成婚姻关系，须择定期辰，由媒人领着未馆甥携带聘

书、聘茶、聘物（女式衣物）举行下聘仪式，形成婚姻关系，商定装香事宜，谓之“下聘”。其所赠送茶食谓之“下聘茶”，也叫“定亲茶”。

⑥ **派茶**：男女双方确定婚姻关系后，要履行装香订婚、择期结婚礼俗，女方按照族人、亲戚的关系亲疏拟订吃茶计划，规定茶食品名及数量，为男方提供主茶、散茶茶单，谓之“派茶”。

⑦ **装香茶**：通过男到女家下聘形成了婚姻关系，双方按照下聘约定，各自筹备装香工作。男方须按女方所派吃茶对象的“茶单”准备好茶食，届时随同装香礼品，组织装香队伍前往女方举行装香仪式，其中根据茶单所置办的猪蹄膀、条方（猪肋条肉或五花肉）、糖酒等食品，谓之“装香茶”。此俗是凤冈婚娶主要茶礼之一，沿袭至今，其茶食烦琐程度渐渐从简，以茶为“茶”、以茶送“茶”渐渐复古。

⑧ **讨庚茶**：民间男女青年通过举行装香仪式，随后媒人带着男方准备好的“一组茶”前往女方，索取姑娘年庚择定婚期，谓之“讨庚茶”。有的女方家庭有意无意拖延结婚时间，迟迟不发庚书，男方得请媒人带上茶食，一次又一次前往女方急于讨庚，又叫“催书茶”。此俗沿袭古俗“六礼”，是凤冈礼俗之一。20世纪90年代后，这一习俗渐渐淡化，有的在装香时只折写庚书，择定婚期时不再讨庚书了。

⑨ **打发茶**：男方到女方讨回庚书后，男方须按照女方提供的茶单品类及数量置办茶食，随同接亲队伍将茶送到女方，谓之“打发茶”。一般吃“打发茶”的女方族人、亲戚需按身份相对应的价值，置办生活用品之类的“打发”。

⑩ **离娘茶**：姑娘邻近出阁期，女方至亲须熬茶、煮饭邀请姑娘到家里用餐，席间“摆布”姑娘，教导烹饪茶饭的要领和技巧。一般寄语姑娘出阁到婆家以后，要孝敬公婆，团结家人，处理好邻里关系，悉心待客和做人，谓之“离娘茶”。用完茶饭后，得“打发”（赠送）姑娘毛线、布匹之物。

⑪ **拜茶**：结婚时须设案堂屋香火前举行婚礼，习以燃烛，焚香，鸣爆竹，奏乐和参拜天地、双亲，夫妻对拜，组织新郎、新娘在堂前为长辈“下礼”敬酒、敬茶为俗，司礼先生按男方族人、亲戚辈分及年龄，逐一请至堂前受礼，谓之拜堂、周堂、拜茶。行礼过程中，有“男敬酒，女敬茶”之说。

⑫ **笑和茶**：洞房花烛夜，凤冈人习以新郎新娘于洞房摆放茶食，泡茶而“下”为俗，谓之吃“佫食”，互相浇茶水浴沐乾坤，谓之“洁身”，人们通常叫此为“笑和茶”。

⑬ **安床茶**：民间以“净茶”祭祀床神为俗。相传，床神分床公、床婆，因床婆贪酒、床公好茶，人们于是以酒祭祀床婆，以茶祭祀床公。新婚须布置新房，新房须安新床，安新床须择良辰。良辰到，请有福气的配偶进新房，设案摆放茶食，斟茶水、酒水

各一杯置于床前案桌，焚香烧纸祭祀床公、床婆，祈求新郎、新娘天长地久，添人进口，然后锁门闲人不得进出。

⑭ **上早茶**：民间婚娶须行“上茶礼”。婚礼次日早晨，新媳妇用茶盆端出米花、麻饼、酥食及新沏泡的茶水，送给父母享用，父母分别封赠吉语，然后赠送礼物，谓之“上早茶”。新娘于卯时出新房，接过晚辈儿童送来的洗漱用具，洗漱完毕，用娘家“打发”的茶叶、茶食摆放在堂屋的餐桌上，待全家人就座后，新媳妇端茶敬奉尊长，长辈饮之吃之。

⑮ **遮手茶**：结婚过后，新郎的族人、亲戚须做好“茶饭”，请新媳妇到家用餐认亲，新媳妇送鞋为礼，替代送茶之礼，谓之“遮手茶”。今在县境内仍然有人行之此礼。

⑯ **讨茶**：凤冈以新郎、新娘婚后三日回娘家认亲为俗，新郎、新娘来到娘家，娘家族人、亲戚须做好茶饭请“新客”吃饭，饭后回赠新客布料及糯米等物品。之后，娘家组织女性长辈送“新客”回家，新郎、新娘到家后，将糯米做成汤圆，请族人女性长辈陪客就餐，均谓之“讨茶”。

⑰ **回茶**：新郎新娘“讨茶”结束，娘家女性长辈回家时，须给其缝制衣服、包汤圆回赠，谓之“回茶”。

⑱ **退茶**：民间男女订婚后，女方提出退婚，须向男方退回所送茶食、彩礼等礼物，谓之“退茶”；男方提出退婚，男方所送茶食、彩礼等礼物，女方则不退。在凤冈县境内，有“接金还金，接银还银”“只有谑男，没有谑女”的说法。

⑲ **起身茶**：民间哭嫁，一般由母亲开头哭第一声，然后出阁女接着开始嚎啕出人生中的第一句哭嫁词，哭词凄凉、哭调悲泣，表达母亲的操劳之苦。事前哭嫁女还得备好茶水让母亲解渴、摆好茶食让“望哭”人品尝她亲自制作的“茶食”味道，也表达对大家的敬意。

⑳ **开声茶**：民间哭嫁须开声，其形式与上述“起身茶”差不多，不同的是出阁女的母亲已离世，习以亲嫂子、亲叔伯娘开声为俗。出阁女头一天须将自己制作的泡茶赠送给代为开声之人，待开声时另行开声礼。一般这种开声仪式不能在卧室举行，须在堂屋摆放方形餐桌，事先在桌上摆放净茶为离世的母亲烧纸，告诉母亲谁将给自己开声了。礼毕行开声之礼，开声结束，出阁女须将自己制作的鞋和六种茶食送给开声之人，谓之“开声茶”。

㉑ **打堆茶**：出阁女出嫁头一天晚上，父母亲得邀请相邻的九个姑娘陪哭，与出嫁女通宵哭嫁，谓之“打堆”。出阁女哭“十二月茶根由”，帮忙之人用茶盆传出九盘茶食，摆放十二杯茶水，陪哭姑娘得依次“哭答”关于茶的十二个问题；夜深了，出阁女为了表达对九个陪哭姊妹谢意，开始哭“九大碗菜”，哭一碗，厨师用茶盘上一碗菜，厨师得依次上完九碗菜。待出阁女“哭谢”厨师后，出阁女之父母方得招呼“十姐妹”吃茶饭

宵夜，谓之“打堆茶”。

㉒ **哭茶**：历史上的民间哭嫁礼俗中，出阁女要哭三五天，开声哭表养育情怀、花银酒哭表谢打发、起身哭表惜别情意。分老幼哭爹妈、叔伯、哥嫂、姐妹、族人、亲戚；分职业哭为官者、教书人、手艺人等等。哭嫁词中随处可见关于带茶的用语，出阁女以茶根表情结、以茶树表永恒、以茶花表情谊、以茶叶表深厚、以茶色表靓装、以茶水表谢意。这种风情民俗诚挚、哀切、诙谐的哭嫁茶词曾出现在凤冈“老乡姑”的“哭声”中，即兴发挥，将“茶”信手拈来。哭嫁与哭茶习俗，目前在凤冈偶有所闻，濒临消失。

㉓ **冠笄茶**：历史上《礼记·乐记》曰：“婚姻冠笄，所以别男女也”，凤冈则以女嫁而笄，以姑娘出阁前择时梳头开脸，谓之“冠笄”，是凤冈礼俗之一。婚娶时，男方须为冠笄婆派茶，馈赠其物，报其辛劳。出阁女跪着以“哭”行礼，表达对冠笄婆辛劳之情。出阁女“哭冠笄”，诉说男方：提来茶食轻又轻，请来冠婆不尽情；茶轻不由奴家女，礼轻对不起冠笄人……诉说完毕，冠笄婆完成梳头、开脸、配饰整个冠笄工作。事前缝制好布袋，用双线横放于布袋间，倒入茶叶灰烬封住袋口，谓之“开脸包”。冠笄时，冠笄婆两手握住双线头，让粘上茶灰的剪子状线段紧贴脸面，一端以中指和拇指用力来回伸缩“剪”掉出阁女脸面“苦发”，人们叫此为“开脸”，平时称之“扯汗毛”；接着，冠笄婆手持梳子为出阁女理顺长发编织成辫子，再将发辫挽成发髻，戴上拢子，别上发簪，佩戴装饰品，摆放茶食行冠笄礼。礼毕，冠笄婆收起男方“冠笄茶”和“仪式钱”，封赠出阁女好言语，携带姑娘出阁跪在香火前“哭祖”。

㉔ **点烛茶**：婚娶当日，须点燃大红喜烛，举行新郎新娘“拜堂”仪式。相传，点燃红烛后，可观其火焰的程度、焰息烛蒂的多少，能预兆夫妻寿元。因之，民间十分注重两支喜烛的浇制质量和点烛师的选择。一般选定浇烛师，得“提茶”登门拜访，谓之“点烛茶”，待择定浇烛期辰后，由未婚新郎亲自接浇烛师来家中浇制喜烛。浇制完喜烛，由浇烛师代为保管，待点烛时间到，主人须沏泡净茶，由浇烛师斟四杯茶水，摆放茶食和茶杯，焚香烧纸祭拜师祖。礼毕，浇烛师将两支喜烛双手呈递给主人，封赠未婚新郎良言吉语完事。选择点烛师，讲究其品端貌正，财兴丁旺的族中老人从事。

㉕ **发茶**：民间举行“装香”仪式后，男方可以到女方拜年、送端阳节，及其“装香”“结婚”活动中的所派茶食，须由女方逐一送到族人及亲戚家中，谓之“发茶”。

㉖ **开箱茶**：人们常用“安百根田坎，送十里红妆”来形容嫁妆的丰厚。20世纪90年代前，凤冈境内姑娘出嫁时，须打发嫁奁，请木工制作日常所需家具如茶柜、茶箱、茶盆、茶几、茶盒等。其中在制作嫁奁中的茶柜、茶盒、茶箱时，须择良辰吉时举行开箱仪式。主人为开箱备足“小礼”沏泡敬茶，摆放于案。木工“掌墨”师傅口念装金装

银之类的言语，焚烧香纸祭祀之后，手握锯子割开箱柜和木器上端形成箱盖、柜盖、盒盖封闭功能，凤冈人叫此为“开箱”。开箱时，主人得赠予师傅开箱钱，即“利市钱”。此俗是工匠祭祀俗，也是凤冈茶礼俗之一，现已消失无存。

（三）正安县

正安的“三道茶”，即三封“书纸”，格式比较严格（图11-4）。

图 11-4 正安结婚茶礼

“头书”即第一道正规“书纸”，男方多以茶、糖、布为礼，是在姑娘“看人”同意后由男方家委托媒婆交到女方家。同时，男方家还要用红纸折成信封，并在信笺上写上“承蒙不弃，冒昧高攀。薄礼奉上，敬乞海涵”之类的谦词。

“允书”即女方家接受了男方家的礼物后，表示这门亲事可以继续，男方家去的第二封“书纸”。此次，男方家依旧以茶、糖、布为礼。仍然用红纸折成信封，信笺上写上“投递允书，鹊桥银河。薄礼奉上，敬乞允诺”之类的谦词。

“庚书”第三道“书纸”（俗称“讨庚”），男方讨要女方的生辰八字。同样以茶、糖、布为礼，依旧用红纸折成信封，信笺上写上“讨取贵庚，佳偶天成。奉上薄礼，恭望月明”之类的祈盼词。信笺的后面还要写明男方的生辰八字，同时要求女方将生辰八字填上。

经过这几道程序以后，女方就会“发庚”，将女子的年庚生月告知对方，以便男方家择取吉日完婚。但女方家也不乏有态度暧昧、忸怩作态之人，拖着不发庚，遇到这种情况时，便有了“催庚”。“催庚”依然要去“茶”。

姑娘出嫁，在看好“日子”（出嫁的时间）后，舅家或姑母家以及叔、伯父母家都要提前一个月或半个月请待嫁姑娘到家住几天，以便避开家里繁忙的家务，集中精力专注“女红”。其间，还要将米炒黄后再加茶叶和食用油做成米茶，再放入糯米汤圆，通常是由表姐妹们一起陪伴姑娘吃茶，相互谈心事，这种特定的礼节叫“吃茶”。

结婚时，女方要向男方派“茶”，外公外婆、舅爷老表、爷爷叔伯、七姑八姨都在受“茶”之列。此时，男方就得按派“茶”的礼单，准备“茶礼”。结婚那天，押礼先生押着“茶礼”，拿着请书、报书、礼书、谢书四封“书纸”，前往女方完成男方交办的迎亲事务。拜堂成亲后，新娘要为公婆各奉上一杯清茶，改口称“爸、妈”后双手奉上，公婆方给“红包”。进入洞房后，年纪较小的小叔、子侄，若要向新娘讨要“喜钱”，也要双手向新娘奉上热茶，才会得到“喜钱”。

（四）余庆县

婚礼用茶非常讲究，从订婚到结婚的每个环节的礼仪中都离不开“茶”，如：

① **感恩茶**：向父母尊长敬献的“感恩茶”“认亲茶”。

② **订婚茶**：“吃茶”订婚，不分男、女吃了对方的“茶”，不能悔婚，叫“以茶为媒”之说。

③ **哭嫁茶**：姑娘出嫁前“哭嫁”要敬客人的茶。

④ **下茶**：下彩礼时要用茶，迎新娘时，新娘要向公婆敬茶。

⑤ **谢媒茶**：男女举行婚礼后，新婚夫妇双方家长要用茶来谢介绍人，叫“谢媒”。在诸多礼品中，茶叶是必不可少的。

⑥ **退婚茶**：婚姻不成，双方约定退婚，也要用茶。

⑦ **送茶**：新婚后生第一胎儿时，娘家要备各种礼品包括新生儿所需的鞋、袜、衣、帽、背袋等择定良辰，邀请亲朋前往送礼，叫“送茶”。

⑧ **满月茶**：新生儿满月后，要举办酒席，叫“满月茶”。

⑨ **送亲茶**：每至春茶采摘季节，出嫁女要把第一天采来的“头春茶”晒干，送包到娘家，供父母烧油茶，以表孝心。至好亲戚朋友，也常以春茶相送、以增进情谊。

（五）道真县

道真也是在谈婚论嫁中处处以“茶”为名。如：请媒茶与提亲茶、见面茶、放话茶、“烧香茶”、过礼茶等，其含义各县基本相同。

（六）务川县

务川以茶为媒，仡佬民族传承正统，婚嫁之事，必以茶为礼，取其忠贞不移之意。男方求婚聘礼称“发茶”，女家受聘称“吃茶”。两姓初通婚，男方先请媒人到女方“讨口风”，并带初礼叫“素茶”，即“素人情”，含茶叶、白糖等，为女方父母受用。二道礼叫“荤茶”，即“荤素人情”，含猪肉、糖、面条等，为女方祖父母、父母、伯父母、叔父母受用，取得他们的同意。三道礼叫“讨茶”，也叫“装香”，意为订婚，有香烛、火炮、荤素人情、五色布料等，人情扩大到女方外祖父母、舅舅、姑表、姨表等亲戚受用，所谓“三媒六证”。订婚之日，行告祖礼，受礼封赠，两姓正式缔结姻亲。

务川“讨茶”也是务川仡佬族一种姻缘礼仪。意思是女方父母认为自己女儿高贵，男方请媒人上门送茶礼谈亲事，犹如“叫花子”上门“讨茶”。“讨茶”时，男方将备好的荤素人情、五色布料、大小红烛一对、袱包、纸钱、火炮、土香装入十二个茶盆，由媒人带男方子弟前往女方，将人情摆在女方堂屋香龛下的桌面上，举行订婚仪式。仪式开始时，男方要为女方祖先烧纸化钱，点烛放炮。男方子弟先跪拜女方祖先后，再跪拜女方父母、长辈。女方父母边受礼边封赠吉利之话。

“讨茶”后，婚姻一般不得更改。如女子反对包办婚姻，要“退茶”。女子得先观察好男方家路线，自己包点干茶到男方，趁男方父母在家之机，表白自己没有福分服侍二位老人家，你们另选别人，将茶叶放在堂屋桌子上，转身便走。然后两家老人商还“茶银”，即聘金。如果“退茶”时被男方族人当场抓住，就有可能逼迫成亲的危险。

（七）仁怀市

经媒人介绍，如若双方同意订婚，男方要给女方家去聘礼。聘礼分三轮九转，每次必有茶，这聘礼也称作行茶。

结婚当日的礼品中，必备茶。早些年，用自种的茶。现在茶业发达了，男方要在茶叶专卖店买包装精美、质的优良的盒装茶叶，诸如遵义红、小湾茶、都匀毛尖、凤冈锌硒茶等，配以茅台酒、中华烟之类，加上面条等，才成婚礼礼品。

仁怀城乡流行普遍流行洞房茶、合合茶、三朝茶、亲家茶等全市普遍的形式。

第三节　祭祀、节日、丧葬、宗教活动中的茶礼俗

一、茶与祭祀

（一）茶与祭祀简述

祭祀是古代社会中极为常见的一种礼制，在茶叶成为日常生活用品之后，慢慢被吸收到日常礼制（包括丧礼）之中。以茶待客、以茶相赠，最初流行于三国和两晋的江南地区。因此以茶为祭，应在以茶待客之后，大致是两晋以后才逐渐兴起的。至于用茶为祭的正式记载，最早见于梁萧子显《南齐书》中“武帝本纪”载，齐永明十一年（493年）七月诏：“我灵上慎勿以牲为祭，唯设饼、茶饮、干饭、酒脯而已，天上贵贱，咸同此制”，但应不是以茶为祭的开始。在丧事纪念中用茶作祭品，当最初创始于民间。

把茶叶用作丧事的祭品，只是祭礼的一种。我国祭祀活动，还有祭天、祭地、祭祖、祭神、祭仙、祭佛，不可尽言。茶叶用于这些祭祀的时间，大致也和用于丧事的时间相差不多。

民间祭祀祖先、神灵，除酒肉饭菜外，还要有茶。茶是在祭祀前新泡的，不允许任何人先喝，称为“净茶”，两杯（碗）“净茶”摆在祭台上酒杯的两边，因此又称“敬茶”。

（二）各县（市、区）茶祭选介

① **修房造屋**：遵义境域内不少地方修房建屋时，有一仪式叫“祭仙”（称祭鲁班），

其仪式是在祭台上必须有两碗“净茶”，被称为茶祭。房屋建好后的第一件事是请先生写“香火”（即神龛），写好“香火”的神位后，在其下方必须要写上“敬献香、花、灯、水、果、茶、食、宝、珠、衣”的供物名。从择期伐木到竣工落成，始终以茶为礼，表达人对神灵的敬意。

② **凤冈祭茶神**：凤冈有祭茶神的习俗。每年农历二月十九，茶农都要在家中（也有在郊外）设香案祭拜茶神。茶农集中的地方，比如凤冈永安田坝，每年春茶开采前，还要举行隆重的祭茶大典，在祭坛上摆放祭品（猪、羊、茶、果等），祭师宣读祭文，祈祷茶神保佑风调雨顺，宣毕，祭师率众进香。

③ **凤冈摆茶礼**：在祭祖、祭神等祭祀活动中，凤冈习以设案摆茶礼为俗。摆茶礼一般用茶叶、盐巴、大米及糖果等食品共十二样备足为礼，设案摆放，烧钱化纸祈祷顶敬，其摆放食品，谓之“小礼”。

④ **务川以茶祭祀**：仡佬民族敬畏自然，具有祭天朝祖的习俗，祭祀活动中，把茶用作祭礼，祭天、祭地、祭祖宗等，不可尽言，讲究“茶三酒四、茶半酒满”的规矩（图10–5）。以庄严肃穆的虔诚之心，洁具、取水、投茶、煨火，观茶酽后，取三个小瓷杯连同香烛、钱纸、脯等置于祀台上，沏茶七分满即可。行礼以祭祀，杯酒盏茶，怀德感恩，祷告来年风调雨顺、六畜兴旺、平安吉祥。

二、节日活动中的茶俗

茶是诸多祭祀活动中必不可少的供品（图11–5）。送灶神菩萨，腊月二十三日是灶神菩萨的生日，置两碗清茶于灶台上，恭送灶神上天过生日。腊月三十日（即除夕夜），又置两碗清茶于灶台，迎灶神归来。

图 11–5　务川祭祀

逢年过节，主家要净锅烧茶端至堂屋，行三碗净茶敬天地、三碗净茶敬君亲、三碗净茶敬师尊，还有历代高祖、神农、观音、孔子、关圣、文昌、鲁班等位居香火之圣人神仙均要——大碗净茶敬奉。

其中，有的县（市、区）尤为突出：

如正安县境内百姓都有在年节时祭献祖先和各方神灵的习俗，“一茶二酒肉”是主要祭品，茶是第一位的。境内用茶作祭，一般有这样三种形式：在茶碗、茶盏中注以茶水；不煮泡只放以干茶；不放茶，久置茶壶、茶盅作象征。

正安县境内土坪镇华尔山的苗族同胞在每年的农历四月、九月都要各举行一次“茶祭”，祭品是一碗泡有少量糯米饭的茶、五条鱼、五竹篮糯米饭、五碗酒。不放筷子，因为苗族老祖宗吃饭就用手抓。在正安，大凡都有“烧敬茶”的习惯，即大年三十以及正月初一、十五，人们除了早晚要在堂屋供有“天地君亲师”的香火前点香烛外，还要供奉“敬茶”，而且还有相当的礼仪极其讲究。作敬茶很讲究，要把手洗干净，把茶罐洗干净，然后放入茶叶，掺水在大火上熬好后，用茶杯双手端到香火上。一般要从大年三十开始，供到正月十五元宵夜才撤杯，有的人家是每晚上换一次。人们还把一家人有没有人烧香火换水（供奉敬茶）看作这家人有没有子嗣传承的标志。正安民间，还有众多的善男信女，每逢农历每月（一年12个月，闰年13个月）的初一、十五都要供奉“敬茶”，并吃素、不沾肉类和动物油。

务川县讨茶还常见于节日。大年初一，每家每户清晨放鞭炮，也要用三杯净茶，即用好茶和现烧的开水冲泡后，注入三只洁净的茶杯，摆放桌上，同时摆上各种茶点，燃三炷香，烧冥钞，为亡故的亲人“讨茶”。以表示敬意并祈求保佑后人吉祥如意，然后全家人一起“讨茶”，晚10时许还要吃一碗汤圆。

仁怀市城乡流行祭祖茶。正月初一凌晨（子时），各家各户要带上香烛纸钱去泉井取水回家，叫作“银水”，用银水煮茶敬祖宗，称祭祖茶。

三、丧葬活动中的茶俗

在遵义广大农村，凡有红白喜事，第一件大事也是准备茶水，这时茶缸得换大，人来人往，端茶递水是接待的第一个礼仪，重要客人还得主家家长亲自上来。

（一）凤冈县丧葬

凤冈县丧葬需用茶及五谷作陪葬神品。

打墡茶：相传，人死后过了鬼门关走黄泉路，再过奈何桥到孟婆庄。在孟婆庄将生前的善、恶、功、罪进行登记，都得舀迷魂汤喝。为了保持清醒以茶解迷魂汤，可以按照各自的想法在“回阳”簿上注册，早早投胎转世。所以，就有了用茶叶罐装茶叶陪葬的习俗。此俗是凤冈丧葬礼俗之一（其实多县相同），有的习以打墡时撒茶叶为俗，以此寄托哀思，缅怀亲人。

（二）正安县法事敬茶

哪家死了人，要请道士先生做法事，道士先生做法事前的第一件事是叫帮忙先烧碗敬茶。起道场时要在香火下面烧钱纸，然后将敬茶浇少许在钱纸灰上，以示祭奠，进行法事。法事的每一坛都会这样。

“礼莫重于丧祭”，人咽了气到下葬前后，民间祭奠活动五花八门，其中茶礼颇多。在正安，不但祭奠以茶为供品，而且还要用三角形的白布套装上茶叶给死者做个枕头放在棺材里，据说是为了死者便于用茶。老人去世后，还要用阳雀（杜鹃）未开口时的茶（清明前采摘加工的茶，称为“明前茶”）放入嘴里后下葬，传说老人投生后可知道前世所做的事。从此可以看出人们对明前茶的崇拜。

（三）余庆丧葬用茶

余庆丧葬用茶程序十分清楚：

① **请水**：开坛前，先生（道士）做好请水牒文，动用锣鼓响器，到井边祭祀水司真宰，井泉龙神，并请净水烧祭茶，办斋肴。

② **用茶设坛开路**：在亡灵前摆设刀头（猪肉）、白酒、茶叶、水果等，点燃香、蜡烛，为亡魂开路敬，超度亡灵去阴曹地府报到。

③ **用茶叶入棺**：亡人入棺时，用阳雀未开时采摘的茶叶置于亡者口中，寓其吃“迷魂汤”。

④ **用茶上祭（堂祭）**：上祭的礼品中，有一桌素席（素宴）必备茶叶一碗。

⑤ **用茶设歌堂（唱孝歌）**：丧家为了悼念亡魂，人去世当日晚上开始，在丧堂请歌手来唱孝歌，设歌堂用茶叶烧敬茶，敬奉歌手。

⑥ **安葬**：安葬亡人，买山用茶。

（四）道真县丧葬祭礼中的茶俗

成人逝世，丧家即鸣鞭炮知四邻，烧上一大锅油茶，请众人自由舀食，议办丧事；为死者穿洗时，在衣板上缝个小口袋，死者是男性且吃烟的，在小口袋内装米、一匹叶子烟和一勺茶叶，对女性死者和不吃烟男性，只在小口袋内装米和一勺茶叶；死者入棺后，棺木移至堂层搁在高板凳上，用干净水烧碗净茶置于棺下，并点灯燃香，亲朋守灵；亲朋前来悼念，送钱、送米送茶叶；办理丧事期间，除餐餐烧油茶供众人饮吃外，再烧大桶油茶摆放在大桌子上，任人舀食，特别是三更时分，特地烧锅油茶，端出泡巴、饼饼（糕点）、葵花等，请守灵人和道士吃茶“醒瞌睡”；下葬烧“灵屋”，必定抓把茶叶抛撒在灵屋上一同烧掉，让死者在阴间“享受”。

（五）仁怀市丧葬祭祀中的茶礼

仁怀城乡流行下列形式：

① **祭礼茶**：每逢寒食节、七月半、过年节，各家各户敬献先人时，除酒食佳肴外，必斟茶于案前。

② **丧葬茶**：每有家中尊者去世，要做道场为亡魂开路上山，每坛道场皆要用茶作祭品列于案前。

四、宗教活动中的茶俗

在遵义东部六县，也就是茶叶基地县，特别是道真和务川两个仡佬族苗族自治县，流行一种在民间祭祀仪式基础上吸取民间歌舞、戏剧而形成的一种戏曲形式——傩戏。虽说是戏曲形式，其来源却是祭祀。

湄潭的傩戏，在开演之前要先祭拜傩公傩母，祭拜的贡果前要放置两碗净茶，烧香祭拜后才能开演。

① **开坛茶**：凤冈傩戏开始，掌坛师执法时用令牌在案桌上敲三下，然后持卦跪在傩堂前，叙述主人冲傩还愿的原因和说明酬愿事宜后，占卦三次卜意如愿，焚烧钱纸、鸣号三声、口中储备茶水喷洒四方、撒五方大米，随后站在大门坎上敲锣打招呼并念念有词。开坛了，掌坛师须会四海神灵，请傩公、傩婆、和合二仙正神到傩堂中来，须斟茶四杯，待收了邪魔后再倒茶水四杯；傩戏中"踩九州"，须斟八杯茶水，在各环节中，均按事物的变化斟茶水、倒茶水、洒茶水。

② **收坛茶**：法事办完，以茶来谢神、辞神、撤坛收坛，这些傩事活动中，一般斟三杯，须泡"净茶"敬之，以茶来敬奉正直、善良、温和、勇武、凶悍、威严的神灵，以茶来喷洗神器，以茶来和解"戏"中纠葛，主人还要以茶来答谢冲傩先生的辛勤劳动。

清同治二年（1863年），湄潭县高台陶泥坝人韩明善（号通真），虽然自幼苦读，却未能及第，于是回乡学习道教。历时十余年时间撰写并出版集儒、释、道三种不同科仪为一体的教派书籍《三教太极真宗秘旨》，该书将儒、释、道的各种科仪汇聚提炼，最终形成各种场合通用的"三教太极科仪"。在书中规定的各种科仪中"恭焚真香，敬献香茶"为主要的礼仪。

凤冈蜂岩镇有一个以茶命庙名的地方，叫茶庙。庙建于同治年间，毁于民国时期，庙上曾以"红盖头"披挂于茶树祭祀为俗，庙上香烟不断，绿树显红，四季兴隆。庙前、庙后均种植茶，开垦低洼的山地种茶谓之"氹氹茶"（"氹"同"凼"，音"dàng"，遵义方言，指低洼常积水处），田边土角种茶谓之"旮旮茶"或"角角茶"，供给磨坊开支的茶地谓之"磨坊茶"，庙上四季以吃茶油为主谓之"吃素油"，用茶油为主供给香灯油料谓之"茶油灯"或"茶灯"。住庙和尚种茶、摘茶、制茶、卖茶，以此作庙上的经济收入来维持庙上开销，因之而得名"茶庙"。其庙规模虽小，但在清光绪年间曾兴隆一时，现遗址尚存。

第四节　形形色色的茶礼俗与茶地名

除了前三节记述的专门场合的茶礼俗之外，遵义各地在日常生活的各方面都经常离不开与茶有关的礼俗，下面记述的只是其中一部分。

一、形形色色的茶礼俗

（一）境内普遍的茶礼俗

① **乔迁茶**：新建房屋落成以后，亲朋好友应邀备礼前来祝贺，主人请大家喝乔迁茶并享用酒宴，以示庆贺。

② **敬老茶**：凡老人到来，青年人除站起来让座之外，还要老人坐在火塘边，然后敬烟，紧接着就是煮茶倒给老人喝。倒茶时，第一碗自己先喝，以示请老人放心，第二碗才敬献给老人，表示尊敬。老人寿庆，晚辈也要向长辈敬茶。

③ **放信茶**：家庭举行嫁娶、搭梁、钉门等活动，择定佳期良辰以后，要通知亲戚、朋友莅临门庭之下捧场，其重要关系者，主人须备“茶”逐一登门通知，谓之“放信茶”。随着通讯的发展，放信习俗自20世纪80年代以后渐渐消失。

（二）各县地方茶俗

1. 凤冈县

凤冈茶礼俗十分繁复，林林总总，五彩斑斓，在农耕、建筑、饮食、婚姻、生辰、丧葬等活动中，传递着县域大量自然人文信息的茶习俗，夹杂着土著人的淳朴和智慧，乡风浓郁悠远。

① **茶席**：小年初一、大年十五及婚嫁、寿诞、建筑开工、竣工典礼等，均泡制净茶与茶食，或汤圆，或粉食，或粑食，摆放于神龛前的案桌上祭祀，以下“茶食”为主，不兼食其他食物，谓之“茶席”。

② **茶饭**：凤冈的茶饭是茶、酒、饭、菜及“泡”茶的统称，泛指饮食，茶为“茶饭”之首，谓之茶饭。做茶饭仅靠家庭主妇口传心授传承和发扬，而做茶饭之人，往往不能上桌陪客吃茶饭，把做得饭香、菜香、酒香、茶香的女人，褒之曰“茶饭熟”，反则，贬之曰“茶饭粗”。精明灵巧的女人做茶饭，根据食客的年龄、体相乃至社会地位、居住地域风味量身定“煮”，展示娴熟的茶饭烹饪技艺。茶饭，是凤冈茶俗之一，其以茶饭表达感情，以茶饭表现做人之礼，以茶饭传承做人之道。

③ **泡茶**：这里的“泡”茶是指用粮食制作的酥脆零食和糖果等食品，包括米花、麻

饼、荞皮、麻花、麻糖杆、酥食、五仁饼、黄饺、泡果、花生、核桃、瓜子以及季节水果等。招待客人，一般备九种“泡茶”上桌，其以腌米泡油茶、腌米泡甜酒，或沏茶兼食以上食品，因之称谓“泡茶”。“泡茶”的运用很多，往往在结婚、嫁娶、生期、寿辰、节日、冲傩、拜师、谢师及传统灯戏开光、化灯，房屋、交通、开山、动土、竣工庆典等活动中的祭祀尤为浓重。在举行新居落成、小孩满月、婚嫁寿诞活动中，“泡茶”由其活动主人的后家亲戚制作赠送，一是给主人（指姑爷、女婿）供以帮助，二是显摆其富有和豪气。“显摆物”尤以米花为特别，制作时以大方桌挎米花，用大铁锅煎米花，米花形如圆锅状，直径多为60~80cm，寓意大顺、大发。人们通常取紫草捣碎，以茶水调和作颜料浸泡熟糯米粘在米花上端作装饰，按活动性质粘制福、禄、寿、喜；天、长、地、久；三、星、拱、照等字样，以此表达祝福之意，十分大方美观，引人赞不绝口。

④ **嚼茶：**凤冈民间根据喝茶人的年龄，诙谐地称呼经常喝茶的老年人，叫“老茶罐”，称喝茶的年轻人叫“茶罐”或“茶疙铛”。习惯喝茶的人在茶市上买茶，无须烧开水沏泡检验茶叶质量，其以“嚼茶”鉴别茶叶的品质，谓之“告（遵义方言，意为“试”）茶”。最为讲究的是，须用清水漱口，再沐手用指尖拈茶“丢”进嘴里咀嚼片刻试味，吐出茶渣观看茶叶采摘成熟度、采茶季节、炒茶火候、存放茶叶时间等茶叶品质的情况。这一切均在无声无息中进行，见到好茶叶用手语比划，无讨价还价言语，拿着茶叶，付钱走人。

⑤ **吃茶：**民间交际活动中，享受赠予食物者，叫“吃茶”，是凤冈茶礼俗之一。在谈婚论嫁活动中更为突出，有的按照关系亲疏和应该享受赠送礼物的同一家庭成员界定“吃茶”的量，其有“封”主茶、附茶之分，谓之“配茶”，也叫“一组茶”。十分讲究以主茶为“荤茶”、附茶为“素茶”搭配，荤茶为条方、蹄膀，素茶为茶叶、糖果、面条、烟、酒等。荤茶是重茶，素茶为散茶。此俗现已自然淘汰。

⑥ **孃孃茶：**凤冈孃孃茶是对茶馆主人的称谓，也是茶俗之一。县城北面绥阳场，自古以来习以异姓一家为俗，其按年龄大小称谓，尤其对异姓人的老小姑娘不能乱出言子（遵义方言，意为“歇后语”）、乱“涮坛子”（遵义方言，意为“开玩笑”）。茶馆女主人是街上人，下茶馆就称吃“孃孃茶”；其夫同是街上人，谓之吃“姊妹茶”；其夫是男到女家茶馆主的人，则谓之吃“姑爷茶”；茶馆女主人是未婚者，则谓之吃“女儿茶”。

⑦ **敬唢呐茶：**民间结婚、立房、钉门等喜庆活动中，以“吹打”进屋敬“三才”和吹打辞主，主人敬茶表达谢意为俗。此俗是庆典习俗，也是凤冈传统的茶俗之一。

⑧ **壮行茶：**敬茶壮行，是凤冈礼俗之一。亲人挑担远行、离家出征、渔猎出行等辞别家人时，常以敬茶表达惜别之情，谓之“壮行茶”。返家时，家人熬茶表达敬意，为亲人洗尘、谢程，夸赞其远程无畏艰难险阻，勇敢顽强精神，表达平安回家之意。凤冈县

绥阳镇金鸡村黑凼寨艾姓住宅的木瓦房有窗芯镂空、辅壁横屏浮雕图案，这一清代民居板壁装饰可窥见人们敬茶壮行、饯行、洗尘、谢程习俗的影子。

⑨ **封茶**：民间交际互赠礼品习俗，尤以婚姻表达形式尤甚，是凤冈茶礼俗之一。20世纪80年代以前，一般用纸折成包装茶，按半斤一“封”包成两包茶作赠送礼物；后来，沿袭“封”茶这一包装形式，包装糖、饼等赠送礼物，也叫“封”茶；将猪肉按人情亲疏程度计量，顺肋骨割成长块状，谓之“条方”，在“条方”上以红纸条围一圈粘固，也叫“封茶”。衡量其“封”茶的数量，依次称一封、两封、三封、四封等，有的达五六十封，乃至上百封。

⑩ **安茶席**：人们在举行姑娘出阁“讨夜酒”、婚娶招待“送亲客”、建房子“祭仙”、钉门招待“后家”以及宗祠议事等民间活动中，均以“泡茶”食品为主，兼酒水、饭菜，谓之“安茶席”。

2. 务川县

务川仡佬族、苗族等各族人民爱茶、嗜茶、种茶、制茶，与茶结缘、因茶结亲、以茶结交，保存了原生态的民族茶食、茶饮、茶俗、茶事、茶礼，共同创造了绚丽多姿、别具一格的务川茶文化。务川仡佬民族对高树茶，有着独特的茶缘，他们靠茶吃茶，以茶会友，久之成俗。

以茶促和：仡佬民族以和为贵，茶礼成为了仡佬民族的一种日常生活礼仪，具备稳定社会秩序、增进宗族邻里和睦、协调人际关系的功能。茶礼是人伦之礼，人通茶礼是要道。邻里之间，为表达友好通常会打招呼“来我家吃杯茶哇”，以增进情感交流；宗族之内，因矛盾纠纷造成隔阂，通常由族中德高望重的长者评理劝和，矛盾双方将共坐一席，吃茶讲和，以茶泯恩仇。

上述茶礼俗，并不限于所述县（市、区），其中多数是在遵义境内广为流行的。

二、茶与地名

以茶来给地方命名，也属于茶俗之一。遵义的凤冈县比较突出。凤冈的茶地名，口传可追踪至宋代，书籍记载的可查阅至清代。清末时期洪渡河畔的长碛古寨文人，编著了一本茶馆唱本《地名俗歌》，书中主要收录了永安、绥阳一带的大小地名约4000多个，其中以茶命名的就有近30个（图11-6）。

图 11-6 凤冈茶馆地名唱本

凤冈境内许多地方带“茶”的地名，亲切、响亮、永久。在全国第二次地名普查时，县境自然村寨、传统村落及居民点中，夹杂着茶字的地名散落于各地。以茶冠名首的有，茶园、茶店、茶山、茶坪、茶坳、茶湾、茶坡、茶岩、茶涧、茶林、茶土、茶田、茶丘；茶园头、茶坳头、茶湾头、茶凼头、茶林头、茶箐头、茶箐岩、茶果垴；茶腊树、茶腊坪、茶腊顶。以茶树命名的有，茶树坪、茶树湾、茶树坳。以茶籽命名的有，茶籽园、茶籽坳、茶籽湾、茶籽垭。以茶花命名的有，茶花坟、茶花坪。以茶具命名的有，茶盆、茶盘、茶盆田、茶盆土、满茶盆、满茶坪、茶壶嘴、茶盖顶。以形状命名的有，大茶树、咪茶树、老茶湾、老茶岩、老茶坪、老茶林、老茶咀、刺茶坪、茶蜡湾、茶蜡树、米茶园等。以人的行为命名的有，望茶坡、枭茶坡、茶坎坡、打茶坳、打茶垴、茶堡湾等。街道有饮茶、卖茶、制茶活动之地，谓之茶巷、茶巷子、茶市、茶墙、茶市堡、茶坊、茶房、茶馆等，尽管有些地方的茶活动已经消失，带茶字的称谓仍然存在。1982年，凤冈县政府编著的凤冈地名录上，成寨子或居住数十人以上以茶为寨名或地名的几乎涵盖各个区和公社。如龙泉的茶山、六里的茶子园、大都的煎茶溪、花坪的茶花坪、天桥的茶园沟、漆坪的茶顶坳等。凤冈以茶命名的地名或寨子，至少有50个以上，其中居住人口100人以上的就有30来个。

用茶来给地方命名，不止凤冈县一个地方，不少地方也广为存在这种现象。如播州区尚嵇镇乌江北岸有个“茶山村”，旁有“茶山关”，关下乌江渡口称茶山渡，是遵义通往开州（今开阳）、贵阳的要津。茶山关关口高出江面逾300m，渡口两岸高山壁立、悬岩耸峙，此处乌江江面狭窄，水流湍急，因此被历代兵家称为“险渡”。至今仍有“行尽天下路，难过茶山渡”之说。

① **茶花坪：**花坪镇政府驻地，在凤冈县境北部11km，产高树茶，因茶树开花而得名。

② **蜂岩茶园寺：**在凤冈县境南面55km。东靠枫香坪，南邻洞底下，西接任家沟，北抵水田沟。属蜂岩镇桃坪村大土村民组，小地名“茶园沟”。清代乾隆年间建茶园寺。现附近有茶园沟、茶树田等地名。

下述几个茶场也成为带“茶”的地名：

③ **田坝知青茶店：**在凤冈县境西北部38km，中国茶海之心国家AAAA级景区田坝景区管理中心，是永安镇田坝社区驻地。该茶店始名“大园子”，20世纪60年代末至80年代初，铁道部第二工程局的知识青年被派到田坝公社“接受贫下中农再教育”。五六十名男女青年在田坝建起茶厂，种茶逾3hm^2，还设置了制茶的场所。渐渐地，当地人们将这里称著“红茶店”。

④ **花坪知青茶山**：时称“水洞”，在县境东部11km，原属凤冈茶花公社茶花坪大队刘家湾生产小队，现为茶花社区刘家湾村民小组。20世纪60年代末至80年代初，遵义八七厂的知识青年被派到花坪公社，安置在水洞“接受贫下中农再教育”。100多名男女来到这半山坡上，开垦荒地栽种茶叶、生产茶叶。当时刘家湾生产队总人口不足100人，没有“知青”人数多，“知青”在这里生活劳作20多年，“知青茶山”一名渐渐被当地的人们称呼至今。

⑤ **金鸡知青茶厂**：凤冈县绥阳镇金鸡村委会辖地，在县境北部12km。东临堰上和倒流水，西抵公路边稻田后坎山林带，南靠金鸡完小松树林，北接张家店子水沟。20世纪60年代末至80年代初，遵义丝织厂的知识青年来被派到金鸡公社，安置在冲锋大队堰上生产小队“接受贫下中农再教育”。80多名男女来到这里，开垦荒地栽种茶叶，生产茶叶。后来人们就叫这里为知青茶厂。

⑥ **水河知青茶场**：原名“坪上”，现为凤冈县何坝镇水河村委会驻地，在县境西南12km。原水河公社和平大队驻地，时全队人口191人。1975—1979年，先后有凤冈、上海、遵义籍200多名知识青年来到水河公社接受贫下中农再教育，开荒耕地7hm^{2}左右，进行种茶制茶，被人们渐渐称之为“知青茶场”。现已建成“知青文化”观光点。

⑦ **上坝老知青茶场**：位于正安县班竹乡，土壤肥沃，气候独特，常年云雾缭绕，场内及周边无三废污染，是生产名优茶的适宜区。

第五节　茶食茶疗

遵义境内，茶不仅是饮料，饮茶还分清饮与混饮两种，清饮是将茶作为饮料，而混饮就是茶食，基本集中在东部几个茶叶主产县，同时还有将茶叶用于治疗疾病或保健的，即茶疗。

一、茶 食

我国以茶为食，最早应为“晋已降”，记载于宋代蔡襄（1012—1067年）作于宋皇祐（1049—1053年）的重要茶学专著《茶录》（图11-7）。遵义的茶食大体可分为三种：油茶、茶席（三幺台）和其他茶食。

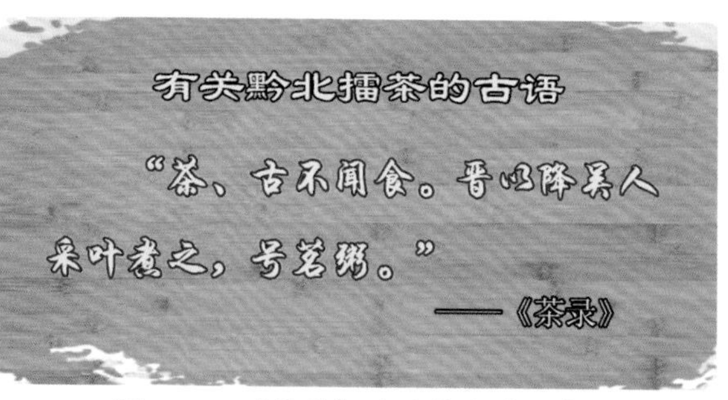

图11-7 《茶录》关于茶食的记载

（一）油 茶

最为普及的茶食是“油茶”，油茶又名油茶汤、油茶稀饭。成品清香味美、充饥提神，烹饪经煨、熬、舂，食用为嚼、啜、喝，可作主食，兼作辅食。喝油茶原是遵义东部各县土家族、仡佬族的传统茶饮习俗，也是仡佬族“三幺台”饮食文化的组成部分，现已广泛地成为当地各族人民的习俗。油茶制作基本过程各县甚至具体到乡镇，都在“大同”之中有外人难以觉察的“小异”。主要步骤有：用猪油或菜油文火炒茶叶；炒芝麻、大米、黄豆等粮食类；炒好并将其破碎后多样合在一起，掺上少量的水，洒点盐，用木瓢背在锅内使劲地来回磨，这是油茶制作最费劲的环节，一直要将锅内的茶叶、大米、黄豆等在文火中边煮边磨边加水，磨成稠糊状，再加上猪油渣；磨好后加水，用旺火烧开后，又用文火慢浸，使茶叶等充分溶烂。这就是油茶成品——油茶汤。可以单吃，也可以配上荞皮、黄饺、馓子、花生、包谷泡、酥食、麻饼等茶点，所配茶点地区差异较大。油茶油而不腻，且余香持久绵长，遵义东部各县，大都将油茶作为一日三餐必不可少的食品。他们在外作客，经常因为没喝油茶而显得精神不振，也有人将其喻为“干劲汤”。

油茶制作程序已经成为一种民族风情浓郁的茶艺文化。以下仅举例介绍。

1. 湄潭油茶

湄潭油茶以茶叶为主要原料，加上一些胡桃肉（核桃肉）、花生米、芝麻、黄豆等作为香料，其制作程序主要有备料、炒制、熬制三个步骤，相应配套的茶点制作分备料、蒸煮、磨制、成形、摊晾、油炸等过程（图11-8）。

图 11-8 油茶飘香

湄潭北部复兴镇随阳山和东部天城镇星联一带，油茶按其质量和其制作过程分简易和精制两种、简易者通常是在农忙时，女主人早上煮饭沥米时将茶叶放入油锅中炒焦，然后将米汤倒入锅中，再舀少量沥起来的半生半熟的米进行熬制，农民把这种制作的油茶作为早餐，既经济又实惠。

精制油茶一般是在有客人来，或者是过节时精心制作，特别是在春节前杀年猪熬油时，几乎家家户户都要制作这种油茶，具体制作方法就是炒茶叶、炒粮食类和熬制茶羹三步，外加制作茶点。这种油茶香味特浓，尤其喝过之后香味绵长，与油茶一道上桌招待客人的还有茶点。一边喝着油茶，品着点心，一边拉着家常，其乐融融。

湄潭县优选工艺创制一种名为朱氏糊的八味快餐油茶，把油茶品料深加工，配以阴米花（糯米蒸熟晒干，食用时用油炸成米花）或馓子包装成小袋，用开水冲调即可，如能用文火熬煮一会儿其口感更佳。这种油茶在传统风味基础上简便化，居家旅游都很适用，成为当地受欢迎的特色小吃。“一口苦，二口夹（涩），三口四口好油茶。”品味时，须慢慢领略，好好享受。可祛寒湿，消疲劳，长精神，添意趣。真是“一碗油茶情意浓，未饮先闻甜爽风，深情厚谊难估算，尽在嫣然一笑中。”

2. 凤冈油茶

凤冈吃油茶的历史在350年左右，养生油茶是凤冈县的特产。凤冈县古有“夜郎古地”之称，追根溯源，凤冈养生油茶传承了唐宋时代的煮茶遗风，风格独具。凤冈人喝油茶，是一日三餐每餐必喝，天天吃，餐餐喝，从不言腻，从不说伤。凤冈土家人至今仍有俗谚曰：“一日不喝油茶汤，干起事来心发慌”“吃碗油茶汤，两脚硬邦邦”。

油茶也是款待宾客的佳肴之一，是款待的最高礼节，遇红白喜事，晚间夜宵必是吃油茶。

凤冈土家油茶制作：

作为地方传统风味小吃，凤冈土家油茶为遵义地区油茶中最具特色者，包括油茶和点心两部分。凤冈油茶制作程序为备料、打茶糕、熬油茶、敬客、吃茶、谢茶六道程序：

第一道：备料——会聚众香为美食

主要原料包括花生米、核桃仁、黄豆、芝麻、脆哨、茶叶、菜籽油等。炒制或油炸好上述原料后放入擂钵捣碎成沙粒或粉状，另将荞皮、米花、黄饺等茶点用油炸脆备用。

第二道：打茶糕——融会众香为一体

用茶籽油将茶叶炸黄，加入适量的水，再放入备好的黄豆、花生等配料，用长柄木瓢在煮着的铁锅内慢慢按压，将煮熟的茶叶压烂与各种配料融为一体，成为糊状的茶糕备用。也可即做即用加水熬成油茶。

第三道：熬油茶——调配众香成佳肴

将菜籽油放入锅内，再放入制好的茶糕轻炒，然后加水煮沸，放入适量的盐、花椒粉，撒上炒熟的芝麻，油茶制作而成（图11-9）。

图 11-9 油茶熬制（用瓢背使劲按压研磨）

图 11-10 凤冈油茶

第四道：敬客——一碗油茶表敬意

将油炸好的荞皮、米花等茶点装入盘内摆放木桌中央，将土陶碗摆放桌子四面，按长辈、老人、客人依序献上油茶（图11-10）。

第五道：吃油茶——茶香入心解醉人

为什么叫“吃”呢？因为油茶是食品而不是饮料，所以要说吃油茶。到凤冈吃油茶千万别客气，一般不得少于三碗，叫“三碗不见外”，否则就有看不起主人之嫌。吃完一碗后应大大方方地把空碗递给主人，主人会马上再为你添上。三碗以后你若吃饱了，则只要把筷子架在碗上或将筷子连同碗一起递给主人，主人就不再给添了。吃油茶是一种生活的享受。闻闻茶香、品品茶味、尝尝茶点。酥脆的茶点爽口，清香的油茶爽心，既能果腹充饥，又能舒气畅神。

第六道：谢茶——再上层楼入佳境

要边吃边啜，边赞美。吃完后更要向热忱好客的主人示谢。若是吃了新娘煮的油茶，吃完最后一碗时，应在碗中放些喜钱（也称为“针线钱”），双手递给新娘以示贺喜。浓浓的油茶香，香酥可口，回味悠长。碗面漂浮绿叶，碗底卧藏新鲜，喝起来烫嘴，吃下去暖心。

2007年5月29日，贵州省政府公布“凤冈土家油茶茶艺”为第二批省级非物质文化遗产。

黄饺和荞皮是凤冈独具的茶点，吃油茶时配上黄饺、荞皮，一则可以提神醒脑，二则特别耐饿。

黄饺的主料是糯米。制作黄饺时，先浸泡糯米十多个小时，然后滤干打成粉并蒸熟，再把蒸熟的粉舀入碓窝中，加豆浆舂烂成坨。把糯米坨取出后，揉成长圆形，切下一大片，用剪刀剪成条形，一般约一尺五寸长。然后把这糯米条编成三角形、五角形或其他形状，晒干或晾干后，黄饺便制成，食用时须用菜油炸泡。制成的黄饺，颜色为土黄色，具有甜香糯的特点。

荞皮的原料是荞麦（图11-11）。将荞麦去壳打粉制作荞麦糊，即水在锅中烧开后，把荞粉撒入锅中，不停地边撒边搅，最后成为糊状，并加盐和花椒粉拌匀；冷却，即加了佐料已成糊状的荞粉，要即时倒入盆中，使它冷却后便于切片；最后是切片刮皮，糊状荞粉冷却后，成圆块状，

图11-11 凤冈油茶——荞皮与米花

放在案板上，用刀切成2寸宽的条状，然后用竹子做的刮刮，刮一层就成一张荞皮，刮一张，取一张，并把荞皮晒干。食用时用油炸泡后，呈浅褐色，又脆又香。

凤冈养生油茶的特点是：一是从用料上可以看出土家油茶是一道纯天然的绿色食品，用料都是植物的果实、种子或叶子，营养丰富、味道鲜美。二是其用油是有机食用菜籽油，有益于人体健康。三是制作土家油茶的关键是要做好茶糕，掌握火候，摁压恰到好处，古有“嘎(方言，意为边压边磨)油茶”之说。四是吃油茶，叫“茶香入心解醉人”，油茶已不只是随便喝的一种饮料更是一种食品。五是吃油茶是一种生活享受，是凤冈土家儿女不可缺少的生活食品。

凤冈油茶待客有两种传说：第一种，清初吴三桂曾带随从到过凤冈县蜂岩镇的安家寨，安家族长曾用油茶招待过吴三桂等人，吴吃过油茶后，大加赞赏，并送族长一金首饰，族长戴在手上，不准任何人动这金首饰。这个传说在民间广为流传。第二种，清末时期，安家寨有一叫安保京的教书先生，他教了多少学生，他自己也不清楚。有一天，寨子里来了十几乘轿子，还有一群清兵，寨子里惊慌了，不知出了什么事。这时从轿中走出一清官，问安保京先生住哪里，并称自己是安的学生，在京城做了官，这次是特地从京城来看望先生的。寨中乡亲听这样说，也就安心了。当晚和第二天，寨中族人都用油茶招待众官兵。用油茶待客，是表示对客人的尊敬，这习俗一直沿袭至今。

2009年7月29日，参加2009中国·贵州国际绿茶博览会的嘉宾近150人，到“茶海之心·凤冈”田坝景区参观，品尝凤冈邀请国内知名厨师指导开发并首次推出的“凤冈生态茶宴”(图11-12)。

图11-12 中国工程院院士陈宗懋(右二)品尝凤冈土家油茶

除土家油茶之外，凤冈油茶有多种做法，如煨油茶、熬油茶、舂油茶、滚油茶等，其原料基本相同，加工方式有所不同，因而口感也有一定区别。

3. 正安油茶

吃油茶也是正安的习俗，其主要制作技艺步骤与各地无异，只是在局部有一些不同，如正安安场油茶又称“馓子油茶”，就是油茶佐餐茶点以“馓子”为主。馓子是先将面粉和水搅拌后反复揉搓，用擀面棒擀成薄片后，以刀切成条，然后放入烧热的菜油里将其炸酥脆的食品，是油茶的佐餐食品。2006年，安场油茶参加遵义市名优小吃评比，获二等奖。此后，安场油茶在遵义市、正安县城便成了人们早餐的主选食品之一，也是待客的佳品。

4. 道真油茶

道真是仡佬族苗族自治县，吃油茶更是每日必有的内容，其制作程序也基本符合上述步骤。

5. 务川油茶

油茶是务川仡佬族人平时喜欢吃的一种餐食，又是待客较为浓厚的一种茶道礼仪。制作过程也与其他县基本相同。只是完成还要用茶煮珍珠丸子或汤圆，意为“圆满”。这种茶有滋有味，丰富多样，又有嚼头，所以称为“吃茶”。今“务川仡族油茶”在城乡都是待客佳品。

（二）茶席“三幺台”

“三幺台”是遵义境内仡佬族、土家族人民在接待宾客和嫁娶、节日宴请、建房、寿庆等重要活动时的宴席，流传于道真、务川两个仡佬族苗族自治县和正安县部分地区。“幺台”是遵义多地的方言，意为结束或完成。“三幺台”就是一次宴席要先后经过三个环节才告结束。

“三幺台”的三个环节依次为茶席、酒席和饭席。古时，仡佬族人家重大民俗活动和节庆时操办宴席，都盛行“三幺台”待客，隆重而热闹，后来逐渐成为春节期间待客方式。现今，只要有贵客来到，仡佬人家都要以“三幺台”招待，表示对客人的尊重。

“三幺台”包含以下内容：

客人到访，要打开堂屋大门迎接。待人接物特别讲究礼节的土家、仡家人，从来是双手递烟，殷勤招待，双手奉茶，客气有加。客人进门，要请来相应辈分的邻居作陪。宾主到齐后，8人1桌（也有10人1桌的），背靠香火，面对大门为上席，左为客人席，右为主人席，下为晚辈席，座次与辈分有约定俗成的规矩，大家依次入座。辈分相同，以年长者坐上位。一般女人、小孩不上桌。待大家坐定，第一台茶席就开始了。

第一台为接风洗尘，称“茶席”。主食是油茶，喝油茶佐以糕点果品、坚果等，一般不少于为9盘，如麻糖杆、苞谷团、酥食（用特制的模具制作的茶点，图11-13）、麻饼、米粑、粽子、泡粑、核桃、花生等。品茶兴浓时，道茶根缘唱茶歌，气氛热烈。

图 11-13 油茶佐餐茶点模具

第二台为八仙醉酒，称“酒席”。以酒为主食，多是自产的熬酒、夹坛酒、玉米酒。下酒菜多为卤菜和凉菜，至少9种以上。有猪耳、香肠、皮蛋、腊肉、卤猪杂、盐蛋、萝卜丝等。各盘拼装为八卦形或莲花状。酒菜上桌后，当地饮酒习惯，凡端杯者，一定要喝三杯，不饮酒者以茶代酒。第一杯为敬客酒，由主人发话，向每一位客人敬酒，说一些欢迎和谦词，先干为敬；第二杯为祝福酒，客人回敬，由客人代表说一些答谢及祝福的话语，然后共同干杯；第三杯为孝敬酒，晚辈向长辈敬酒，晚辈必须等长辈喝完酒后再喝。主、客相互敬酒，并唱酒歌助兴，气氛和睦热烈。待酒将酣，二台席结束，紧接着上第三台席。

第三台为四方团圆，也就是饭席，称“正席”。饭席下饭菜为9碗大菜，当地人叫大菜，俗称“九大碗”。有梭子肉、蒸醉扣、油豆腐、酸菜妈儿、猪蹄膀、樱桃肉、回锅肉、夹沙肉、糯米圆子、灰豆腐酸菜等，另有豆芽、泡菜、萝卜丝、霉豆腐、洋芋片等凉菜，主食为两造饭（“造”，方言，混合的意思）。热烙饭，可口菜，令宾客惬意而满足。饭毕，主人平端或合举筷子，示意“各位慢用”，直到长辈用毕，才相继退席。

三台席的每两台之间，都伴以锣鼓唢呐的“吹打”，这叫“闹席”，即每上和每撤一台席，“吹打”都要吹奏热闹一番。“席”摆在宽敞讲究、供奉香火的堂屋。连续三台，主、客辞席，礼仪结束。

三席幺台，体现仡佬族人真诚厚道的礼仪和善于营造氛围的能力以及丰富的饮食文化。

沿袭至今，“三幺台”已成为仡家人生活中不可或缺的组成部分。每当进入农闲的十冬腊月，修房立屋、结亲嫁女、拜亲访戚、立房、祝寿、重大民俗活动和节庆时操办宴席，都盛行“三幺台”待客，隆重而热闹。这在仡家算是最为盛大的礼仪活动，非“三幺台”不足以显示其隆重和慎重。尤其是春节期间亲朋好友相互拜年，来访者并不提前告知，只在离主人家二三十米远时，燃一挂鞭炮，这是有客人到来的信号，家家户户都会有人出门观看，以便迎接自家客人，这是当地仡家的一种习俗。拜年客越多，鞭炮放得越响，说明主人就越有人缘越有福气，也就越是荣耀越受人尊敬。男主人要打开堂屋大门，热情问候，笑脸相迎；女主人则立刻点火烧茶，准备点心，安排食物；孩子也奉命跑去请左邻右舍，男主人陪客，女主人帮厨。

2007年5月29日，贵州省政府公布“仡佬族三幺台（道真县、务川县）”为第二批省级非物质文化遗产。2014年12月，道真县“仡佬族三幺台习俗”被列为第四批国家级非物质文化遗产名录（图11–14至图11–16）。

图 11-14 “三幺台”第一台：茶席

图 11-15 “三幺台”第二台：酒席

图 11-16 “三幺台”第三台：饭席

（三）其他茶食

除普及的油茶和著名的“三幺台”外，遵义各地的茶食还有不少，多数与油茶有关，如：

1. 湄潭县

①“油茶汤粑”和“油茶稀饭”：以做好的油茶为基础，若吃油茶汤粑，就将糯米粉搓成汤圆，下锅煮熟即成，想吃油茶稀饭，就下糯米或黏米煮熟就可（图11-17）。由于味美可口，操作简单，常有人家办喜事，不摆饭不吃粉，就请吃别有风味的油茶汤粑、油茶稀饭，香味可口。

图 11-17 加工油茶汤粑（汤圆）

② 盐茶蛋：是在煮食鸡蛋时，在锅中放入茶末炒焦后加水和盐放入鸡蛋，一起煮熟后即可食用。茶叶蛋色泽深黄，吃起来十分可口，风味独特。这种吃法遍及遵义各地。

2. 凤冈县

凤冈除油茶稀饭、油茶面条、油茶汤圆、油茶绿豆粉、婚礼专门推出的几道茶食组合吃及哺乳期妇女发奶的鸡蛋甜酒茶之外，还有花样繁多的茶食品，凤冈茶膳，是凤冈人对含茶菜饭及含茶食品的统称。如：

① 茶叶香猪蹄：制作原料，绿茶叶200g，猪蹄2支，生姜50g，生葱50g，花椒30g，食盐2勺，白糖2勺，菜油适量。制作方法，事先将猪蹄清洗干净，剁成小块放入滚水中氽烫后捞出，滤干水分。然后在铁锅中烧热菜油，把白糖搅拌均匀，放入猪蹄用小火翻炒变黄后，倒入冷水，再放生姜片、花椒粉、食盐，盖上锅盖焖炖80min即可。食用方法，起锅后，先将茶叶用猪油酥脆，随同葱花、生姜粒撒入即可食。凤冈茶香猪蹄色黄糯烂，回甘兼咸，具有丰富的微量元素，体能虚弱、腰膝软弱、乳汁不足者均可食用。这种食品的吃法已被人们所认可，2018年4月以“不一样的绿色味道”为题走进中央电

视台7频道《农广天地》栏目。

② **茶香腊排骨**：制作原料，茶叶100g，腊猪排骨500g，糯米200g，生姜20g，大蒜10g，白糖15g，猪油50g。制作方法，取鲜猪排骨洗净，以花椒粉、辣椒粉、甜酒、食盐为原料，将其拌成糊状涂于排骨表面，用柏树枝叶烟熏后，置于通风处晾干备用。制作茶香腊排骨时，烧热猪油煎脆茶叶备用。取煎制茶叶剩下的油液，将白糖混合糯米中搅拌均匀盛于蒸钵，取生姜丝、蒜泥置于上面，再将用清水洗净的腊排骨覆盖糯米之上，然后将蒸钵置于甑内封闭蒸熟取出。食用方法，将酥脆茶叶撒放排骨上即可食。茶香腊排骨飘香溢屋，开胃增欲，滋阴润燥，养胃健脾，温补益气，是凤冈的传统美食之一。

③ **茶叶清蒸饺**：制作原料，嫩茶叶片20g，绿茶叶10g，菠萝15g，生花椒10g，瘦肉500g，生姜15g，葱花15g，鸡蛋1枚，生菜油0.5g，饺皮、食盐适量。制作方法，先将嫩茶叶片、菠萝、鸡蛋、生花椒捣碎，取汁倒入食盆中，放入瘦肉、葱花和生菜油搅拌均匀成馅，再用饺皮包制而成。然后，在锅里的清水中放入茶叶，搁置蒸笼，铺上松针摆放饺子，盖上盖生火蒸至十四五分钟即成。食用方法，用辣椒粉、芝麻、花椒粉、食盐为原料以热菜油“酥”制，加葱花、蒜泥制作成蘸水，可辅以油茶汤，拈饺子蘸辣椒水食。茶叶清蒸饺光泽绿黄，里表细腻，栗香隐味，留齿回甘，具有饱不放筷之感，是凤冈传统美食之一，目前已濒临消失。

④ **茶香蛋**：制作原料，鸡蛋20枚，茶叶40g，八角茴香0.5g，花椒籽10g，生姜片、肉桂皮、老辣椒、酱油、食盐适量，须将茶叶、八角茴香、花椒籽、生姜片、肉桂皮、老辣椒用白色棉布包扎成“香料包”。制作方法，洗净鸡蛋用冷水煮熟后将蛋壳敲裂，然后将“香料包”放入锅中加冷水煮沸，放入鸡蛋和食盐、酱油用文火煮至14~15min，关火盖上锅盖“捂”80~90min即可。食用方法，取鸡蛋去掉蛋壳，蛋黄作火锅调料，辅以排骨烹饪香辣排骨；取蛋黄熬制茶蛋稀饭，还可以作面食、茶蛋稀饭的辅助食品等。煮鸡蛋历史悠久，清代著名文学家袁枚著《随园食单》中写道，“鸡蛋去壳放碗中，就竹箸打一千回蒸之，绝嫩。凡蛋一煮而老，一千煮反而嫩。”凤冈人将这位烹饪学家“煮鸡蛋”发扬光大，添置茶叶制作成四季“茶香蛋”食品，可提神醒脑，消除疲劳，是凤冈传统美食之一。

⑤ **茶蜜竹筒饭**：制作原料，绿茶叶50g，糯米500g，蜂蜜20g，香肠200g，生竹筒10个。制作方法，先用“滚开水”将茶叶泡制十一二分钟，同时取糯米用清水泡制半小时备用；然后将糯米过滤滴干水分，取香肠剁成粒，按量装入竹筒内，再将蜂蜜倒入盛茶水的器皿中，搅拌均匀倒入竹筒密封，置放于木甑内蒸熟即可。食用方法，取出竹筒，筒口朝下，敲击筒底，饭离筒而出盛于碗中，便可辅以泡菜、酱辣椒、菜豆腐食之。20

世纪60—70年代，凤冈野生竹林较为普遍，农民们就地取材削制木筒均用其赶场打酒、打油，“扛”水上坡解渴；在烧制草木灰时，可削制竹筒在“灰堂”中烧竹筒饭充饥。茶蜜竹筒饭中集茶香、米香、竹香为一体，天然细腻，回味无穷，这种食品的做法现已消失无存。

⑥ **醉茶果**：清明节前后，油茶树上挂果，凤冈人称之“茶苞”，有的叫“茶果”。茶苞呈灰白色，大如苹果，小如汤圆，大小不一，内空皮薄，清脆甜味，可生吃。制作方法，先在锅内烧沸水，再将采摘的新鲜茶苞放入锅内烫软即可。然后逐一将茶苞撕成块状，置于通风处散放晾干后，用糯米粉、花椒粉及食盐混合将茶苞片搅拌均匀，再储放于土陶罐内，倒置罐口立放在盛水的钵子里。遵义人称这种土陶罐为“倒酺坛”，罐中之物称“酺菜”。食用方法，一般“酺茶苞”可“酺”至十四五天即可取出，通过蒸熟，辅以干辣椒、菜油、葱花食盐炒作菜吃，或以辣椒粉、生姜粒、蒜泥、食盐、葱花、酱油为佐料拌来吃。

⑦ **酥茶叶**：制作原料，茶叶50g，菜籽油100g，食盐适量。制作方法，先将菜籽油倒入锅内，烧热去生味，熄火。待热油稍冷片刻，再将菜籽油加热后，把茶叶撒入锅内随即以文火翻炒变黄，适量撒入食盐即成。食用方法，起锅后，可以辅以烹饪其他食品，也可以单独拈食。酥茶叶黄中隐绿，松脆可口，唇齿留香，是凤冈传统美食之一。

⑧ **香茶酥**：制作原料，绿茶脆片200g，面粉250g，花椒粉10g，芝麻5g，葱花10g，菜籽油300g，鸡蛋4枚，食盐、白糖适量。制作方法，将鸡蛋清调匀，与绿茶脆片、面粉、花椒粉、芝麻、葱花、食盐、白糖同置盆中，加温水搅拌成糊状，烧热铁锅中的菜籽油，将其放入锅内，稍在锅内作茶叶散开处理，待食物变黄搅动起锅即成。按此做法逐一进行，直到煎完为止。食用方法，起锅后，稍冷即吃。香茶酥存放太久就会产生绵软不脆，得现做现吃，属于“茶零食”。香茶酥色泽金黄，蓬松清脆，香甜可口，回甘无穷，是凤冈风味小吃之一。

⑨ **蛮王粑**：制作原料，鲜嫩茶叶400g，花椒叶400g，面粉500g，芝麻10g，葱花50g，菜籽油400g，鸡蛋8枚，食盐、白糖适量。制作方法，先将面粉、葱花、鸡蛋清、食盐、白糖盛于盆中，用热水掺合拌匀，稍作发酵处理，再用筷子夹着重叠的鲜嫩茶叶、花椒叶粘上面糊，随即撒放芝麻，置放热油中煎黄即成。食用方法，逐一煎之，趁热可吃，也可以辅以晒酱蘸吃，亦作茶汤、稀饭配食，亦作辅料烹饪腊肉、主料炒制香辣粑、配料煮火锅等菜肴。蛮王粑，过去称“麻王粑”，追溯历史，一说夜郎王为蛮王；二说县境内有用敬茶和此类食品祭祀蛮王洞的习俗；三说南方曰蛮、东方曰夷，其有“打蛮子吓好人”“粑粑王，粑粑王，吃了粑粑逛一逛；蛮子吃，蛮王让，人人都说粑粑香”等俗

语；因之，其食品名称应为“蛮王粑”。蛮王粑色泽金黄，酥脆爽口，是凤冈小吃之一。

⑩ **茶酥汤圆**：制作原料，茶叶50g，糯米面500g，白糖100g，芝麻20g，菜籽油500g，猪油20g。制作方法，先将汤圆滚动粘上芝麻，放入烧热的猪油锅中煎熟，起锅放入菜盘。然后烧热猪油，放入茶叶煎黄起锅，撒入汤圆上面即成。茶酥汤圆，色泽金黄，茶叶酥香回甘，汤圆外脆里嫩，香甜可口，是凤冈风味小吃之一。

3. 正安县

大部分地方有吃油茶面、油茶鸡蛋、油茶稀饭、油茶粉、油茶汤圆等。

① **正安炒茶叶黄豆**：正安的一道普通小菜——金色的黄豆和墨绿的茶叶。制作很简单，先分别将黄豆和茶叶用油炒熟，再回锅混合即可，黄绿相间，色香味俱全。

② **正安米茶**：米茶是一种食品，就是将大米淘洗干净，然后放入铁锅里炒至黄斑点后，再放入猪油、茶叶，将茶叶炒酥后，掺水和米一起煮，待煮到熟透而看不见水后，用木瓢揉碎掺水，放盐，待大火煮沸后即可食用。其好处是节约粮食而味道鲜美，是小户人家接待客人的佳肴。来的客人多，又来不及重新做饭时，多掺一瓢水就可以解决问题，有“客来不动嘴，锅里掺瓢水”之说，米茶待客的好处是不用办菜就可接待客人。

③ **道真县**：制好的油茶汤，可与很多食材搭配制成油茶食品，常见的油茶汤圆、油茶鸡蛋、油茶稀饭、油茶馓子、点灯茶（嫩包谷粒经石碓舂烂后放在油茶中煮制的食品）等。

④ **仁怀苗族擂茶**：除油茶这种茶食之外，还有苗族擂茶，比较典型的是仁怀市喜头镇岩后的一个村庄。制作擂茶时，擂者坐下，双腿夹住一个陶制的擂钵，抓一把绿茶放入钵内，用一根约50cm长的木擂棍，频频舂捣、旋转揉搓，边擂边朝擂钵里添些芝麻、花生仁、草药（香草、黄花、香树叶、牵藤草等），待钵中的东西捣成碎泥，茶便擂好。然后，用一把捞瓢，筛滤擂过的茶，投入铜壶，加水煮沸，一时满堂飘香。后来，人们把“擂茶”作为招待贵宾的佳品（图11-18）。

图 11-18 别样风味的苗族擂茶

2000年，苗族擂茶走出了大山。2006年，遵义市政府将“苗族擂茶制作技艺”公布为市级第一批非物质文化遗产名录。2000年9月后，仁怀市政府已把擂茶作为地方特色产品推介，举办了产品展示和工艺表演等活动。

清光绪《湄潭县志·食货志》有擂茶的记载，遵义府志对擂茶的记载更为详细：“擂茶其法以茶芽盏许，入少脂（芝）麻，沙盆中烂研，量水多少煮之，其味极甘腴可爱……今郡人食擂茶者，杂茶芽、鸡苏、脂麻研之，间加胡桃肉、火麻亦可研、先对盛用罂粟，种者非制此，无所用，自鸦片禁行，茶风亦稍衰矣。”

二、茶 疗

成书于汉代的《神农本草》载：“神农尝百草，日遇七十二毒，得荼（茶）而解之”“茶味苦，饮，使人益思、少饮、明目”。明代李时珍著《本草纲目》载茶的医疗保健功效为“茶苦而寒，最能降火，又兼解酒食之毒，使人神思阔爽，不昏不睡”。茶最早是当药用，后来才成饮品。茶叶含600多种化学成分，这些成分，大都具有保健防病的功效。营养成分主要是维生素、氨基酸和蛋白质、矿物质等；药效成分主要是茶多酚、生物碱、糖类化合物、儿茶素等。遵义对茶的利用，除饮用、食用之外，还作为药用，即所谓“茶疗”。

（一）民间常用单方

对茶的药用方面，民间常用治疗方法一般称为“单方”。常见的家庭茶疗单方有：

① **盐茶**：茶叶3g、食盐1g，用开水冲泡5min后服用。每日4~6次，可明目消炎、化痰降火，治疗感冒咳嗽、火眼牙痛等症。

② **糖茶**：茶叶2g、红糖10g，用开水冲泡5min后服用。每日饭后一杯，有和胃暖脾、补中益气之功效。治疗便秘、小腹冷痛、妇女经痛等症。

③ **姜茶**：茶叶5g、生姜10片共煎，饭后饮用。有发汗解表、温肺止咳的功效。治疗流感、伤寒、咳嗽等病症。

④ **蜜茶**：茶叶3g，开水冲泡，待茶水凉后加蜂蜜3mL，服时先搅拌均匀。每隔半小时服用一次。有止渴养血、润益肾之功，治疗咽干口渴、干咳无痰、便秘、脾胃不和症。

⑤ **醋茶**：茶叶3g、陈醋3mL，先用开水冲泡茶叶10min后加醋饮服。每天冲饮3次。有和胃止痢、散淤镇痛之效，治疗胃肠不适引起的腹痛等症。

⑥ **莲茶**：茶叶2g、莲子10g、红糖10g，将莲子浸水加糖煮烂后冲茶饮用，有健胃益肾之功。肾炎、水肿患者天天饮用。

⑦ **菊茶**：用茶叶2g、干菊花2g，用开水冲泡，每饭后饮用，可降热解毒、清肝明目、镇咳止痛和降脂抗衰。

⑧ **奶茶**：茶叶2g、牛奶半杯、白糖10g，先将牛奶和白糖加半杯水煮沸，再放进茶叶冲泡，每日饭后饮服，有消肥健胃，化食除胀和提神明目的功能。

⑨ **苦丁茶**：用苦丁茶5g、麦冬10g，用开水冲泡，常常饮服，有清热解毒、生津止

渴的功能。

⑩ **大海冰糖茶**：胖大海5g、茶叶3g、冰糖适量，用开水冲泡，盖上杯盖，20min后饮服。有清热止咳、润燥通便之功效。适用于干咳、声音嘶哑、咽喉干燥和大便秘结的患者饮用。

⑪ **柿茶**：茶叶3g、柿饼3个、冰糖5g，将柿饼加冰糖煮烂后冲茶服，可理气化痰、益脾健胃，肺结核患者饮用最宜。

⑫ **茶粥**：茶叶6g、大米100g，将茶叶用开水冲泡后滤出茶叶，加淘干净的大米煮成稀粥食用，可和胃消积，治疗胃腹胀闷，消化不良等症。

（二）正安白茶与赤水虫茶的保健作用

① **正安白茶**：检验证实，和绿茶、乌龙茶相比，白茶中茶多酚的含量较高，是天然的抗氧化剂，可以起到提高免疫力和保护心血管等作用。白茶中还含有人体所必需的活性酶，可以促进脂肪分解代谢，有效控制胰岛素分泌量，分解体内血液中多余的糖分，促进血糖平衡。此外，白茶中含有多种氨基酸，具有退热、祛暑、解毒的功效。白茶的杀菌效果也要强过绿茶，多喝白茶有助于口腔的清洁与健康。

② **赤水虫茶**：赤水虫茶又叫长寿虫茶，不但清凉解渴，而且还有很高的保健价值、药用价值。可提神醒脑、解热祛毒、顺气解表、收敛止血、降压祛脂、健脾和胃，长期饮用对治疗消化不良、高血压、高血脂和冠心病效果甚佳。

（三）凤冈茶疗

凤冈对茶的利用可说是相当全面，凤冈民间，古时早有用茶医治疾病的记载。明清时期，茶疗药方难以胜数。在偏远山区，用茶治病比比皆是。如今，民间均还流传着婴儿出世用净茶水洗眼，谓之将来眼清明亮；用茶水给幼儿洗澡，可强健肌肤；成人皮肤无名中毒，用茶叶煎水擦洗，可消肿止痛。前些年，有人割脓疮，亦先用冷茶喷之，再下刀破开的等。

在古时的龙泉（今凤冈），原本有不少载入茶疗药方的医籍典册，仅就明代编著、民国时期重刊的《太极洞经验神方》中（图11-19），用茶为药的方子就有数十个，其方子中含治了内、外、妇、儿各科疾病。又如，清代龙泉回春堂抄本《医疗神方》以及清代龙泉木刻印版《治家良言》《醒俗编》缮本中，亦有多个以茶为药的治病方子（图11-20）。在过去，习称十里无医为绝地的凤冈山区，有这些神奇药方，无疑是一方民众的福音。

20世纪“文化大革命”十年浩劫，很多医籍善本或是被付之一炬。庆幸的是，在民间尚有到几部当地编著的古籍医典，其中有的被载入茶疗神方。凤冈有心人将其中用茶

图 11-19 明代原著民国重刊黔北《太极洞经验神方》

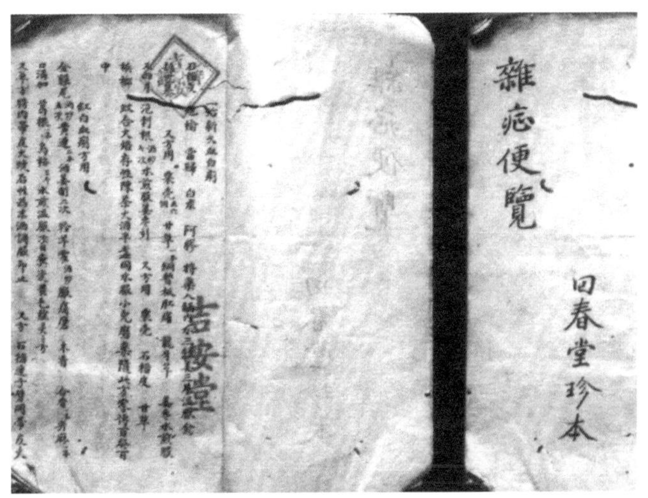

图 11-20 清代凤冈回春堂医籍茶方

入药的医疗方子收集于后，以供世人研究参考（处方来源：民国太极洞《经验神方》、清代龙泉《医疗神方》、清代《治家良言》、清代《醒俗编》、当代《龙泉经验神方》，汤权搜集整理），如：

① **洗三朝**：婴儿出生后，用微热清茶洗脸，连续三天，谓之“洗三朝”，达到去污润肤的目的。

② **荤花气朦**：用兔屎三钱，烧后研末，清茶调服，即好。

③ **绞肠痧方**：盐茶二味，炒过，淬水，服一大碗，如神。

④ **青叙奇方**：白布、水银、茶叶，共为末，布包带在身旁。

⑤ **疯狗咬伤**：以陈茶叶、艾叶、姜水洗。将古坟内石灰调桐油，搽之。服马前子二十一粒，作七次服之，乃愈。

⑥ **打沙气痛**：盐茶二味，炒黄色，滚水吃。

为了进行茶疗知识传播，凤冈编写了《茶知识读本初稿》，对该茶疗保健做了介绍。起到了普及茶疗知识、推广茶疗应用的效果。

蓮台柳浪

茶文篇

第十二章

琴棋书画诗酒茶，茶与文学艺术联系密切，即由茶产生的文学艺术作品和文学艺术作品所反映的茶。包含：茶书、茶诗、茶词、茶赋、茶联、茶灯茶戏、茶歌茶舞、茶与美术书法、茶的故事与传说和茶谚茶谜等，本章记述遵义的这些成果。

第一节　茶　书

遵义的茶产业工作者，在不断开拓前进的过程中，不忘随时回顾历史、总结经验。为此，随时将工作历程和经验教训进行回顾、总结、归纳，撰写了大量的书籍，为后来人提供指导和帮助。下列图书只是其中的一部分：

图 12-1《西部茶乡的画意诗情》

图 12-2《茶的途程》

图 12-3《茶说遵义》（2009）

图 12-4《茶说遵义》（2010）

①《西部茶乡的画意诗情》：石永言著，是介绍湄潭山水风景和历史文化的一本专集，全书5万字，分为湄潭潭畔水如眉、西部茶城、红色乐章、湄潭——“东方剑桥”的摇篮、湄江——水上画廊、秀绝仙谷山神奇百面水、沧桑古镇话永兴和茶乡文化共8章，分别从各方面介绍了湄潭的景色和由来，并配有多幅照片（图12–1）。

②《茶的途程》：中国人民政治协商会议贵州省湄潭县委员会编，是贵州首部地方茶文化文史图书，是由湄潭县政协和湄潭县茶文化研究会组织贵州省部分茶文化专家、学者编写的“象山茶文化”研究系列丛书之一。全书17.8万字，除序章和两篇特载外，设有国茶之源、推开中国现代茶业的大门、中茶所和湄潭茶场引领贵州茶产业发展、当代贵州茶业概览、中国名茶之乡——湄潭、茶礼·茶俗·茶调、茶思·茶语、茶艺·茶事·茶景、茶缘·茶情共9个篇章。展示从1939年中央实验茶场落户湄潭、1940年浙大西迁湄潭直至2008年近70年间沉淀在湄潭的现（当）代茶文化。被中国国际茶文化研究会民族民间茶文化研究中心评定为茶文化研究优秀成果；贵州省茶叶协会、贵州省茶文化研究会确定为贵州省茶文化重点图书；贵州省茶技术茶文化中等专业学校和贵州省湄潭职业高中茶叶专业茶文化重点读物。贵州报业集团《西部开发报·茶周刊》进行了连载（图12–2）。

③**《茶说遵义》**：贵州省遵义市作家协会编，该书由遵义市文联、遵义市作家协会牵头组织作家前往湄潭、凤冈、正安、余庆、道真、务川等县（市、区）进行茶文化采风，撰写文章、结集出版而成。全书收录了反映这些县份的茶文化文章、图片共计近100篇作品，特别注重收集、整理和介绍饮茶、食用茶的风俗（图12-3、图12-4）。

④**《茶国行吟》**：贵州省湄潭县茶文化研究会组织编写，主要内容除3个代序、总题记和后记外，设6章，分别为国色天香话佳茗、茶蕴堪独别、清纯咏尔雅、绿野听琴韵、茶香得佳句、好一壶盛世华夏，收录20世纪40年代“湄江吟社”所作的格律诗和“茶国行吟”活动中，创作的诗词歌赋联、书法绘画等作品100多件（图12-5）。

⑤**《湄潭县茶叶志》**：湄潭县茶产业发展中心编，2012年6月问世，这是全省第一本茶叶志书。《湄潭县茶叶志》本着详今略古，求实存真的原则，上限时间不限，下限止于2011年12月31日，采用编年体和记事本末体相结合，如实记录了湄潭县茶叶事业发展的历史，是一本不可多得的茶叶志书（图12-6）。

⑥**《20世纪中国茶工业的背影——贵州湄潭茶文化遗产价值追寻》**：中国人民政治协商会议湄潭县委员会编，分为价值追寻、产业探究和文化感悟三部分，该书的特色在于特别注重文化遗产的清理和保护意识。收录当代中国、贵州茶文化专家及媒体关于湄潭茶文化遗产价值分析的论文约40篇，对湄潭茶文化遗产的价值进行全面论述（图12-7）。

⑦**《画境诗心——浙江大学湄江吟社诗词解析》**：全书20万字，中国人民政治协商会议湄潭县委员会编。20世纪40年代，落户于湄潭的中央实验茶场和西迁到湄潭的浙大的专家学者刘淦芝、苏步青、钱宝琮、江问渔、王季梁、祝廉先、胡哲敷、张鸿谟、郑晓沧等“九君子”在湄江河畔成立湄江吟社，在1943年内共集会8次，吟咏诗词200余首，但未正式系统整理出版。该书第一次系统收集和整理8次集会中的全部诗词，并作了注释和解析。展示了湄潭茶文化遗产的沧桑变革和人事浮沉，以及让人在美的氛围中作一次独特的茶文化之旅（图12-8）。

图12-5《茶国行吟》

图12-6《湄潭县茶叶志》

图12-7《20世纪中国茶工业的背影》

图12-8《画境诗心》

⑧《黔茶盛典——一颗芽叶的旅程》：该书由贵州省湄潭栗香茶业公司推出，在2013年8月29日中国·贵州国际绿茶博览会上举行首发仪式。这本用书“装”茶、用茶“载”书的创新包装形式吸引众人的目光，成为博览会上的焦点。这本书从外观上看与普通的书没有两样，精美的硬壳封面上还有烫金的设计，封面上写有“迄今为止，这可能是关于茶最另类的一本‘书’……”外形看似一本书，实际上是一个包装盒，只是巧妙地借用了书的外形而已。打开纸盒，里面是由一本189页的书和8盒单独包装的“妙品栗香”特制湄潭翠芽组合而成的茶产品。此外，盒内还装有该款产品栗香茶叶防伪追溯与监管系统的产品身份证。《黔茶盛典》以图片、文字和产品形式整合，回顾全省茶产业5年来发展成就。《一颗芽叶的旅程》用拟人手法将茶喻为姑娘，采用茶姑娘自白的方式，讲述一段黔茶发展的奋斗故事。全篇用事件性手法通过黔茶发生的巨大变化为主线，配以每年贵州茶业的10大新闻事件，全面展示黔茶5年的发展。上海交通大学管理咨询中心主任、营销专家张心忠看完此书电子版样本后，赞誉它为中国首部最特别的“茶书”。“这是一部讲述黔茶产业自信力量上升的一本特别茶书，在这本书里，让我们感受到了黔茶产业走到今天的不易，因为有一群人的坚持，才会让我们看得更高，因为守望，让我们走得更远。”在首发仪式现场，栗香公司战略运营总策划黎小兵告诉记者：“茶与茶文化一直都是相辅相成的，茶离不开文化，茶也因文化而提升了自己的价值。现在的贵州茶企都希望将厚重的茶文化‘溶入’的产品中。”

⑨《凤茶掠影》：由凤冈县茶叶协会会长谢晓东编著，介绍了中国锌硒有机茶之乡、中国重点产茶县、中国特色产茶县、中国名茶之乡凤冈神奇的发展，瞩目的成就，被誉为中国茶叶发展史上的“凤冈现象”。介绍了凤冈人用他们的智慧和勤劳完成了“茶叶改变凤冈”这几乎不可能的任务。完整地书写了凤冈因茶致富的道路，真实记录和反映了凤茶2003—2013年这10年的发展，是一本难得的凤茶“史记”。该书收录了凤冈茶业发展大事记和一些与茶相关的资料，所以，也是一本关于凤冈茶的资料性工具书（图12-9）。

⑩《遵义市茶文化志》：是遵义市地方志办公室编纂委员会根据遵义市政府地方志编纂计划而编纂出版的系列专志之一，包含了大事记、发展历程、产业布局、茶树品种、种植、加工、茶叶产品、茶叶标准化、茶叶购销、茶叶科研与教学、茶叶企业、管理机构、文化活动、茶文化遗产、茶道茶艺茶礼俗、文艺作品、茶文化旅游等篇章，较为全面客观地记述了遵义市茶产业发展和茶文化传播的历史、进程以及现状。该书记述时限从当地茶文化发端伊始至2013年，旨在传承遵义市悠久而独特的茶文化现象，以服务全市的经济社会发展（图12-10）。

图 12-9《风茶掠影》

图 12-10《遵义市茶文化志》

图 12-11 《习水古茶树》摄影作品集

⑪**《习水古茶树》摄影作品集**：是一部由习水籍作家谭智勇主编的摄影作品集。从2017年8—10月，贵州鳛国故里茶业发展有限公司组织摄影师，历时70多天，走遍习水的大山深处，拍摄了600余棵古茶树的近万张照片，精选其中300多张精美图片集结成共287页的《习水古茶树》公开出版发行。该书全面直观展现习水历史悠久的古茶文化和丰富的古茶树资源，让沉寂千年的古树走出大山，引起社会各界的广泛关注，扩大了习水古茶树的社会影响，促进了习水古茶树的保护和开发利用（图12-11）。

⑫**《百年茶运》**：周开迅主编，包含茶叶史话、中国现代茶业开端、茶叶科技推进、茶叶工业化发展、当代茶业崛起、茶叶名镇、名村和专业合作社、协会、茶叶企业、品牌与市场建设、茶叶园区建设、茶叶职业教育、茶文化、党和国家领导人及名人与湄潭茶、茶界人士、茶旅游等篇章，较为全面介绍了贵州第一产茶大县湄潭县茶产业的历史、发展历程和现状（图12-12）。

⑬**《当代茶经》**：《当代茶经》季刊是遵义市农业农村局主管、遵义市茶文化研究会主办，遵义市文化艺术学会承办，遵义市茶产业发展中心协办的一本行业性刊物。设有专题、高端论坛、茶史春秋、茶事探幽、茶人茶事、茶韵悠悠、产业链接、本土茶风、品茗论道、异域茶俗等栏目，刊载有深度的新闻报道和有厚重历史文化内涵的各类专业文章（图12-13）。

⑭**《龙凤茶苑》**：半年刊，凤冈县茶文化研究会、凤冈县茶叶协会主办，自2016年创办以来，已内部发行6期。该刊共设11个栏目，内容涉及有关茶产业政策，重大茶事活动特别报道、茶界高端评说、茶业论坛交流、茶艺茶道、茶人茶事、茶史茶俗，茶韵诗文、龙凤佳话以及地方茶事新闻等（图12-14）。

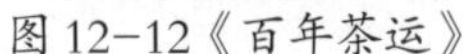
图 12-12《百年茶运》

图 12-13 《当代茶经》

图 12-14 《龙凤茶苑》

第二节 茶 诗

遵义的茶诗，体裁上大体可分为近体诗和新诗，时间上可分为中华人民共和国成立之前和之后。

一、遵义近体茶诗选

（一）中华人民共和国成立以前的近体茶诗

1. 湄潭茶诗典故

湄潭的茶诗兴起于明清时代，隐居于此的南明臣子们“扫叶烹茗，啸歌自适，流连忘归”。

清康熙二十六年（1687年）春，湄潭县令杨玉柱邀同僚闲游湄潭城，一路漫步至湄水桥，皆被春节期间湄江岸上家家户户灯笼楹联所吸引，“彩球高结，鱼虾争戏”的情景，使得同行心旷神怡，沉浸在一片歌舞升平中。再抬眼望去，象山四周茶垄之间，茶姑挥舞灵巧的双手在茶垄上跳跃。触景生情，遂吟出“两岸踏歌声，士女采茶工且艳”的诗句，道出其闻采茶歌的愉悦心情。另据清光绪二十五年（1899年）《湄潭县志》有记载说，这是一首名为《采茶女》诗，是清朝湄潭知县吴宗周所作，全文为“两岸踏歌声，士女采茶工且艳；满城奏箫管，孩童竹马咏而归”。实际上是一副对联，无论是谁所作，都是以湄潭采茶景色为对象的。

2. 凤冈古代茶诗

凤冈古代茶诗不少，但有记载的也不多见，至今所知的有《梅花诗》和《诗清都为饮茶多》（图12-15）：

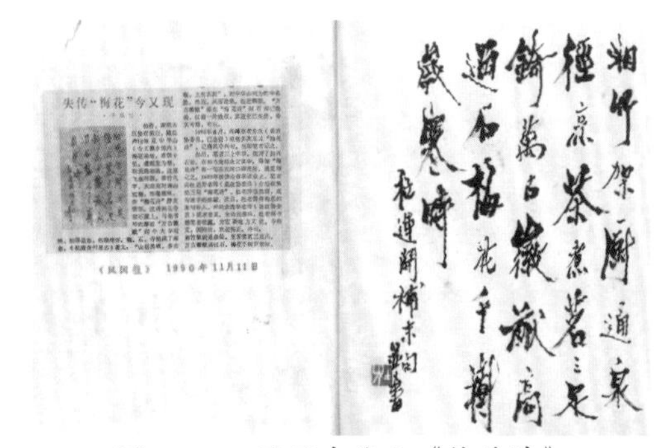
图 12-15 凤冈中华山《梅花诗》

梅花诗

湘竹架厨通泉径，烹茶煮水三足锜。万古徽猷高过石，梅花千树岁寒时。

（清初·中华山天隐和尚）

注：此诗当属凤冈最早的茶诗，刻于凤冈县王寨乡中华山，据传为清康熙初年天隐道崇禅师所书。诗中描绘腊梅绽开时节，中华山寺僧用竹子将山泉水引架至厨房，用三只脚的鼎锅烹煮香茶，人端着香茶，站在寺前大石盘上静观摩崖“万古徽猷”的情景。

诗清都为饮茶多

滔滔清绝咏如何，都为茶能咀嚼多。诗觅源头烹活水，饮酣蒙顶泻悬河。

仙灵通已尘心洗，昏滞雪将俗艳磨。神到毫巅高吐嘱，香回舌本爽吟哦。

津津趣永词俱润，习习风生气倍和。凤饼龙团腴尽咽，金科玉律妙成呵。

饭餐欲少身偏健，酒吸忧伤兴易魔。惟有昌明真益我，赐叨茎露畅赓歌。

注：清咸丰年间，永安回龙进士王荣槐为避“白号军”之扰，居安子屯六年，写下上百首叙事、抒情、描景的诗作，其中有上面这首。此首诗以茶为题，列出蒙顶石花茶、大观龙团凤饼茶、绿昌明蜀茶等几个品种，还道出作者饮茶清心的体会和茶的健体功能。

3. 遵义古代茶诗选

谢钱生惠湄潭茶

白绢斜封待远还，毛尖到手喜开颜。乡园佳味从来好，不用逢人说雁山。

（倪本毅）

注：此诗原载于晚清著名诗人莫友芝等编纂的明清贵州作家的诗歌总集《黔诗纪略》，是清乾隆辛卯举人倪本毅所作。“雁山”指产于浙江省乐清市雁荡山的雁荡毛峰。

太平阳戏

三月阴晴好种瓜，种瓜不了又栽麻。等闲四月闲人少，争比元宵唱“采茶”。

（清·李越，原载《遵义府志·艺文》）

凉　夜

冉冉香传小树花，闲庭风露浩无涯。断灯儿误求爷乳，歉食妻疏到母家。

深夜能陪敕赐丑，荒山暗老石经叉。松头月下难禁渴，汲水亲烹没叶茶。

（清・郑珍，原载《郑珍巢经巢诗集校注》）

叠韵江天暮雪

唇楼冻合波涛立，醉向琉璃世界探。青笠绿蓑人独钓，茶香酒热味曾谙。

辋川图画归舟一，丕局诗情禁体三。顿忆梅花风味到，昔年诗思灞桥南。

（清・黎庶昌，原载《水芙蓉馆鸳鸯迭唱集》）

夏　日

长夏幽居暑不侵，北窗跋脚少人寻。花霄夏月清无赖，书味如池静转深。

来日阴晴占病骨，中年哀乐本童心。小诗成后呼儿写，茗碗重倾细细吟。

（清・赵旭，原载《播川全集》）

清明采茶女

难得清明日日晴，采茶女儿连袂行。相约明朝更须早，灯前梳洗听鸡声。

（清・佚名，原载《遵义府志》）

贩　茶

贩茶少艇系青林，高洞河流几许深。此云符阳无一舍，三江恶浪易惊心。

（清・佚名）

注：此诗原载《增修仁怀厅志》，是反映古代习水茶农偷运茶叶出境的艰辛，说明当时习水县茶叶产销皆旺，“符阳”应指今四川省合江县城。

仁怀风景竹枝词

耕桑有暇便耘麻，每到春来放杏花。恰过清明三月半，村庄儿女采新茶。

（清・卢郁芷）

传衣寺同大错和尚制茶

掇取溪岚莺嘴芽，火中生熟调丹砂。臼声捣落三更月，空外云英片片赊。

陆羽在时钟此好，重灭梁鸿已灭灶。谁能日啖沟中水，舌上莲花从不到。

予今行脚遇赵州，门前之水向西流。不重此茶重此水，欲觅阳羡当何求。

（明·陈启相，原载《黔北明清之际僧诗选》）

山　居

卜得幽居远市城，门无车马自冰清。闲来扫叶供茶灶，谁把葡萄架共撑。

（敏树如相，原载《黔北明清之际僧诗选》）

春日访友夜坐

桃花谿径入云窝，煮茗敲诗兴转多。无限客心话欲尽，一床明月卧烟萝。

（莲月印正，原载《黔北明清之际僧诗选》）

答天虞郑居士（节选）

山居一室两三椽，折脚锅中煮碧连。茶熟不逢佳客至，日高独许老僧眠。

棒驱祖佛浑无迹，喝验龙蛇别有天。断舌英才曾解玉，休将文字谤逃禅。

（语嵩传裔，原载《黔北明清之际僧诗选》）

室中示众（节选）

老僧一室大如斗，住者心安都不走。饭后苦茶吃几杯，等闲莫教沾渠口。

（语嵩传裔，原载《黔北明清之际僧诗选》）

游洞清寺兼寿空明

洞清佳可游，精舍复能幽。花林交响映，炎凉绝应酬。

雨前茶色嫩，庭际竹声遒。正值蟠桃熟，东方经几偷。

（月茎彻字，原载《黔北明清之际僧诗选》）

晚步钵盂庵

泉声何处急，落叶满溪梁。灯影明虚殿，松阴冷日床。

茶烟山翠合，花雨履痕香。回首寒鸦乱，千峰递夕阳。

（清·钱邦芑，原载《黔北明清之际僧诗选》）

茶　税

播州自昔罢茶仓，县帖频催惹断肠。税籍未销牛已卖，落花风里诉斜阳。

（清·陈熙晋，原载《黔诗纪略后编》）

4.“湄江吟社”茶诗选

抗战时期，中央实验茶场落户湄潭和浙大西迁遵义，时任中央实验茶场场长、浙大农学院教授刘淦芝博士与教育家江问渔、苏步青教授共同倡导，成立“湄江吟社”。工余闲暇，邀约到茶场品茗吟诗。他们共9名成员：

苏步青：留日博士，时任浙大数学系教授、系主任。

江问渔：教育家，原江苏省参政，退休后随其子江希明教授寓居湄潭。

王季梁：原美国明尼苏达大学研究员，浙大化学系教授、系主任、师范学院院长、理学院代院长。

祝廉先：浙大中文系教授、系主任。

胡哲敷：浙大中文系教授。

张鸿谟：浙大农学院教授、浙大农场场长。

郑晓仓：浙大教育系教授、系主任、研究院院长、曾代理浙大校长。

刘淦芝：浙大农学院教授、中央实验茶场场长。

钱琢如：浙大数学系教授、著名数学史家、数学教育家。

湄江吟社于1943年2—10月共集会8次，创作200余首诗作，其中第四次集会在湄江饭店，专以“试新茶”为题，限“人”字韵作诗，共创作60余首茶词，是贵州乃至中华茶文化宝库中一颗璀璨的明珠（图12-16、图12-17）。“九君子”爱茶，他们一杯佳茗在手，闻其香，观其色，含英咀华，细啜其味，于静雅淡泊之间，灵感升华，低吟浅唱，以茶寄情，为湄潭的茶山茶海增添深厚的文化内涵。

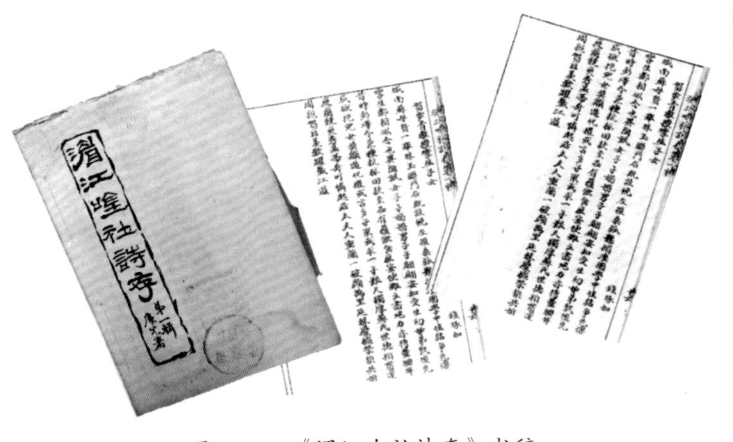

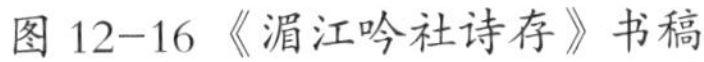

图 12-16《湄江吟社诗存》书稿

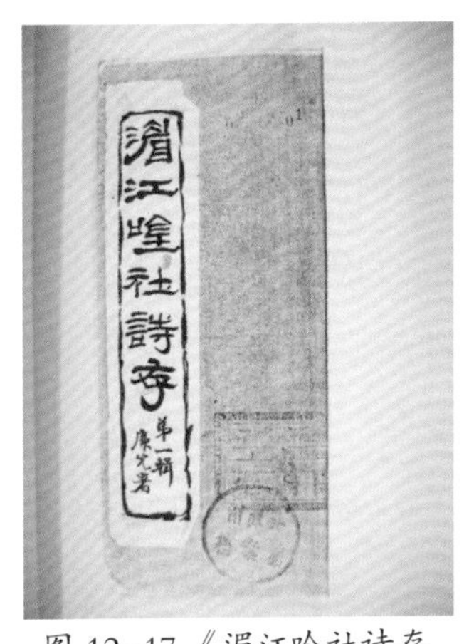

图 12-17《湄江吟社诗存第一辑》

试新茶得“人”字

刘郎河洛豪爽人，买山种茶湄水滨。才高更复嗜文艺，欲为诗社款诗神。
许分清品胜龙井，一盏定教四壁春。钱公喜极急折柬，净扫小阁无纤尘。
大铛小碗尽罗列，呼童汲水燃炉薪。寒泉才沸泻碧玉，一瓯泛绿流芳茵。
浮杯已觉风生肘，引盏更若云随身。岂必武夷生九曲，且效北苑来三巡。
饮景文思得神助，满座诗意咸蓁蓁。嗟予本是天台客，石梁采茗时经旬。
名山一别隔烟海，东南怅望迷天垠。安得乘风返乡国，竹窗一几话公筠。

（王季梁）

试新茶感赋长句得“人”字

座中都是倦游人，云海相望寄此身。梦醒何堪惊文客，诗成多为惜余春。
万山雨霁忽争奕，一室茶香共试新。龙井清泉无恙否，西湖回首总伤神。

（江问渔）

以“咏试新茶”为题，余亦效颦成此一律

玉露初尝一盏新，争夸博士好精神。顿叫诗思清于水，更化愁怀和若春。
风味可能同往岁，品题何必待他人。劝君莫起莼鲈感，三竺双湄亦比邻。

（江问渔）

试新茶得“人”字（五首）

其一

曾闻佳茗似佳人，更喜高僧不染尘。秀撷辩才龙井好，寒斟惠远虎溪新。
赏真应识初回味，耐久还如古逸民。睡起一瓯甘露似，时时香透隔生春。

其二

生耕久旱不生津，检校茶经也快人。老去参军怜渴吻，近来博士喜揺唇。
窗前山好诗俱好，涧底泉新火亦新。佳境每从清苦得，芳甘原属岁寒身。

其三

岭南岭北接烟尘，幸有云山寄此身。细品一杯龙凤饼，闲邀几辈乱离人。
琴中渌水声如沸，茗上春旂色转新。斗酒不辞千日醉，斗茶清兴更无伦。

其四

莫笑年来老病身，依然无处不天真。八叉偶得呕心句，三碗随消渴肺尘。
活水还须煎活火，劳薪慎勿饷劳人。试茶亭上今何似，狐兔纵横长棘榛。

其五

余甘风味剧清纯，曾向苕溪访隐沦。谷雨芳辰挑紫笋，玉川高节伴灵均。
眼生鱼蟹和云搅，旗动龙蛇得水伸。安得令晖供午碗，粲花妙舌不饶人。

（祝廉先）

试新茶（二首）

其一

潇潇寒雨竞三春，先得龙芽信可珍。活舌名泉烹蟹眼，天香国色论佳人。
初尝清液心如醉，细嚼回甘气益醇。何必琼酥方快意，良宵一例慰嘉宾。

其二

龙井名茶何处真，武林峰锁翠云频。忘忧不用求护草，新绿曾经念故人。
清夜一杯权当酒，玉川七碗倍生春。河山锦绣今奚似，话到西湖泪满巾。

（胡哲敷）

试新茶

小集湄滨试茗新，争将健笔为传神。露香幽寂常留舌，茶乳轻圆每滞唇。
不负茶经称博士，更怜玉局拟佳人。来年若返杭州去，方识龙泓自有真。

（张鸿谟）

试新茶

乱世山居无异珍，聊将雀舌献嘉宾。松柴炉小初红火，岩水程遥半旧甄。

闻到银针香胜酒，尝来玉露气如春。诗成漫说增清兴，倘许偷闲学古人。

（刘淦芝）

试新茶得“人”字

诗送落英眉未伸，玉川畅饮便骄人。乳花泛绿香初散，谏果回甘味最真。

旧雨来时虚室白，清风生处满城春。漫夸越客揉焙法，话到西湖总怆神。

（錢琢如）

试新茶分得“人”字（三首）

其　一

客中何处可相亲，碧瓦楼台绿水滨。玉碗新承龙井露，冰瓷初泛武夷春。

皱漪雪浪纤纤叶，亏月云团细细尘。最是轻烟悠扬里，鬓丝几缕未归人。

其　二

翠色清香味可亲，谁家栽傍碧江滨。摘来和露芽方嫩，焙后因风室尽春。

当酒一瓯家万里，偷闲半日麈无尘。荷亭逭暑堪留客，何必寻僧学雅人。

其　三

祁门龙井渺难亲，品茗强宽湄水滨。乳雾看凝金掌露，冰心好试玉壶春。

苦余犹得清中味，香细了无佛室尘。输与绮窗消永昼，落花庭院酒醒人。

（苏步青）

参观中央实验茶场

龙井新茶待客尝，杭州佳味图湄所。寄居湄邑怀故里，犹憎倭寇恨惆怅。

（江问渔，1943年清明节参观湄潭实验茶场题此诗）

订　茶

云封未剪试先猜，何事鸶鸿带雨来。今日君知我最乐，遍山都是茶花开。

（刘淦芝）

（二）中华人民共和国成立以来的近体茶诗选

1.“茶国行吟”近体诗

2010年6月，遵义市委、市政府主办的“茶国行吟”首届诗草创作笔会（湄潭）共创作近体诗150余首，现选部分于下：

湄潭行吟（三首）

其　一

天将湿润赐湄州，处处宜茶品独优。雨吻风揉卅万亩，绿香红碎漫全球。

其　二

九曲盘旋打鼓坡，千层绿浪涌天河。馨香疑是姮娥送，散发湄江韵事多。

其　三

细雨轻飞洒永兴，无边茶海映天青。科研成果新工艺，自有湄江陆羽经。

（陈福桐，遵义人，著名文化人，贵州省文史馆研究馆员、副馆长）

贺茶国行吟（外四首）

山色空濛雨亦奇，行吟茶国始于湄。鱼欢波涌名贤至，雀噪枝摇雅士莅。

执笔赋诗书美景，挥毫作画绘情谊。潜心铸就茶文化，更助黔茗向上移。

茶　颂

嫦娥织锦彩云间，碧毯陈铺御殿前。蝶恋姿飞揉雀舌，蜂缠蹈舞捻毛尖。

热焙绿玉馨香溢，冷泡银芽栗味鲜。朝圣佳茗何处是，黔山水土雾中天。

品茶赏月

三友同相聚，人行草木中。堂中土变贝，朋聚自西东。

品茗曲

绿野听琴韵，湄江品剑茗。河清思海晏，万众庆升平。

茶乡曲

打鼓闻天下，象山绿翠屏。日衔巢万鸟，月揽聚千灵。

赏景伴君悦，品茗叙友情。湄州舒眼望，茶女踏歌声。

（黄天俊）

湄潭茶场春景

万亩茶园一望平，春来摘取近清明。红裳绿鬓翩翩舞，美曼歌声到处闻。

（吴雪俦，湄潭永兴人，著名史学家，原贵州省文史馆副馆长）

茶　客

有客来相聚，清茶敬半杯。随说恭俭让，调侃眼眉飞。

宇宙风云录，人情世故吹。水添三次满，呷品味还没。

（周明荣）

茶海碧波

连宵细雨入湄江，万亩茶丛一夜长。绿满枝头宜醉酒，风揉嫩舌好闻香。

曾经大海波潮涌，不及山乡碧浪扬。搔首犹知音韵浅，为寻诗句断人肠。

（罗章伦）

咏贵州十大名茶（外四首）

湄潭翠芽

山清水秀湄江畔，工艺革新品质优。细采一芽一叶展，杀青几炒几摊揉。

查祥发散锅温降，回润均匀手抖搂。紧细圆直光闪闪，鲜醇滋味久长留。

凤冈锌硒茶

独一无二富锌硒，生态资源天下奇。树密林深腾雾气，山高霞蔚唱天鸡。

清香馥郁久回味，绿润汤明月影移。抵抗病毒明目效，健康长寿胜神医。

“春江花月夜”牌明前毛尖

群山环抱明前采，一叶一芽初展时。操作严格程序顺，加工技艺创识新。

条索紧细色泽绿，滋味鲜醇香气驰。清火提神汤绿亮，优良品质画中诗。

绿宝石

权衡比较选鲜叶，凸显内涵营养丰。形态珠球酬灿烂，茶头肥大育充盈。

芳容久赏风情媚，倩影长观翠羽惊。香气醇浓脱颖至，创新精品远扬名。

天下第一壶

巨壶凌架耸云端，笑傲湄潭火焰山。煮尽普天香叶酽，迎来四海醉馋仙。

（罗庆芳）

咏湄潭翠芽

茶圣妙笔点夷州，湄潭翠芽溯源头。青山绿水润香茗，诸君何妨饮一瓯。

（黄正义）

湄潭茶场

一片郊原绿满瘗，高楼栉比四山青。茶娘歌唱茶山曲，缕缕余音荡湄城。

（高天才，湄潭人，著名华侨，1965 年侨居加拿大）

颂夜郎茶

唐蒙通夷见茶市，一百万年四球茶。黔地县县野茶香，国茶寻踪到夜郎。

（张其生）

咏湄潭大茶壶

壶空阔四海，可容古今事。宁静与致远，尽入此壶中。

（张达伟）

咏湄潭茶文化艺术节

万里迎来商贾家，湄江座上品新茶。清香散发人情味，借客投资天雨花。

（何其荣）

品茗寄怀

衷言于瑞士接慈母寄来湄江茶，喜不自胜，代其赋以志之：

龙井湾中水，湄潭打鼓茶。昨在云岩上，今来天一涯。

香飘舔犊意，杯开爱子花。价值连城璧，珍藏海外家。

（刘家骐）

茶国行吟（二首）

其　一

连宵夜雨洗千山，漫野绿云香带寒。早喜酒都归古播，今欣茶国属湄潭。

其　二

火焰山头大焰飞，煮翻湄水一壶归。此壶可共九州饮，雾气连云接晓晖。

（陈德谦）

赞湄江翠芽

争说饮誉世无双，入口方惊个味长。本草神农知底细，传经陆羽记沧桑。

一壶泡就牂牁味，半盏浓缩世纪香。茶道弯弯云雾里，湄江沃野孕风光。

（竹风）

湄潭茶海

车舟摇浪过茶溟，万亩新芽一色青。山吐白岚浮远黛，风亲翠袖舞华塍。

龙花有意溪边看，布谷还从雨里听。富庶因之怀陆羽，夷州自古享高名。

（秦应康）

湄潭印象（外一首）

依依竹柳数峰青，笼雾含烟湄水澄。两岸茶园铺锦绣，一壶玉液盛豪情。

银芽翠片心脾沁，小伙姑娘歌咏应。缭绕清香诗画景，尘嚣远离好安宁。

茶文化

酌酒敲诗情满怀，赏观茶艺笑颜开。为寻雅趣心安泰，气定神闲顿悟来。

（肖长林）

西来庵品茗晚会（二首）

其　一

清音袅袅听琵琶，仙袂飘飘舞碧纱。雅聚今宵我先醉，充盈五内尽香茶。

其　二

竹露清凉瀹翠芽，茶汤澄澈注青花。含香细品玉川子，沉醉不知何处家。

（芦苇）

茶国行吟品茗晚会即兴——茶海行

青龙飞舞浪连天，茶海今朝非等闲。秋吐绿绦金风染，冬吞白雪玉气涵。

春芽漫放清明梦，翠片荣登宝塔尖。鱼米之乡游不尽，归家日夜醉魂牵。

（张大愚）

咏茶四绝

茶　神

东岗谐隐植茶林，待客敲诗启性灵。龙井沁源开大道，茶经传世演封神。

茶　经

御史神思格物经，山园性状继耕耘。枪旗欣展经风雨，鼻祖开篇百籍新。

茶　诗

饮茗论咏古今彰，两盏三巡细品尝。茅塞顿开诗隽永，个中滋味齿唇香。

茶　情

情思茗兴两相知，扰翠红楼共品时。槛外清高茶有意，一杯一盏咏心诗。

（李思明）

读“湄江吟社”茶诗感怀

山河受虐颜色衰，辟地避居志犹在。慢火烹茗埋忧愤，信笔连句泄襟怀。

春花秋水同入诗，国难家仇皆因爱。词章叠出比风雅，忌为文彩斗诗才。

（岳龙）

茶乡吟（二首）

其　一

太祖如龙游古郡，清江曲岸赏松篁。茶乡独步陆翁忆，扫叶烹茗踏诗行。

其　二

湄江潋滟绕群峦，漫卷柔岚听晓鹃。绿浪轻翻茶海上，村姑玉指似梭穿。

（漆春华）

读“湄江吟社”《试新茶》

晚风吹来半日闲，小聚师友湄江边。试茶泉水炉火旺，吟诗文采激情燃。

幽景夺目念西湖，乱世袭人思重担。情寄家国兴亡事，泼墨茶乡香万年。

（傅治淮）

万亩茶海

万亩纵横卧翠龙，葱茏腾跃待春风。年年谷雨清明后，并吐幽香四野中。

（伍成铭）

天下第一壶

秀丽灵峰一路通，江滨昂首舞霓虹。巍巍傲立湄江岸，莽莽雄居雾霭中。

铁臂削巅成巨柱，巨壶现世矗长空。天堂器具茶乡壮，四海茗翁快意浓。

（苟德良）

天下第一壶

名茶佳酿誉神州，火焰奇壶美景留。头顶蓝天穿雾霭，手摸星斗挽银钩。

品茗饮酒客如蚁，游览观光车似流。万象人间沉眼底，云霞缥缈似瀛洲。

（王永奇）

采春茶（外一首）

黔湄茶海吐新芽，薄雾轻纱掩彩霞。百里江天拂绿浪，农家妹子采春茶。

访茶农

乡村农舍静无声，黄犬眈眈守宅门。借问主人何处去，小姑遥指在茶林。

（李继泽）

茶　海

千峰秀色重重翠，万顷波涛滚滚翻。馥郁迎风香四海，雾绡韵致醉长天。

（李俊香）

湄潭茶艺节有感

自古芬芳誉海涯，饮中佳品首推茶。形如北井青旗叶，状似南山紫笋芽。

破梦一杯开倦眼，搜肠三碗放心花。醇滋厚味无穷韵，香遍城乡亿万家。

（汪桓武）

茶山行永兴茶海

春入湄江春意浓，万亩茶园万里香。雨打枝头含羞露，风揉绿叶润肤霜。

茫茫茶海无边际，阵阵清香溢四方。青山着意缀新绿，碧浪翻波漾春光。

（陈金石）

茶姑乐

万顷茶园翻碧浪，成群艳女采青忙。晚迎红日穿云海，晚送夕阳入画堂。
双手摘来千担绿，一芽奉去万家香。精心焙制创新品，出走国门誉远扬。

（佘敬达）

清晨采茶

星光闪烁月犹明，姑嫂采茶已出门。笑语欢歌穿云雾，鸟儿惊惊绕树林。
露珠滚落湿衫裤，玉手翻飞采茶青。红日东升茶篓满，心花绽放返家行。

（颜学礼）

题湄潭茶海

茫茫茶海欲接天，万众一心脱旧颜。窈窕春风拂落木，晶莹尖叶立枝端。
野花散落碧波里，幽鸟闲行茶垄间。把酒临风坐绿草，红尘万丈我心安。

（汪树权）

品香茶

和风细雨绕堂花，也伴名师品翠芽。意韵偏得学者爱，芬芳总教圣贤夸。
一壶喜庆香千里，满盏丰足乐万家。饮罢琼浆情趣远，群英弄墨展才华。

（黄富华）

“茶国行吟”首届笔会（七律回文诗）

茵从赞景语声欢，茂嫩新茶绿映山。情动客人游胜境，锦生春圃满芽纤。
青青翠叶摇风露，闪闪蓝图定谱弦。云雾绕峰群岭碧，真纯出味美浓鲜。

倒读：

鲜浓美味出纯真，碧岭群峰绕雾云。弦谱定图蓝闪闪，露风摇叶翠青青。
纤芽满圃春生锦，境胜游人客动情，山映绿茶新嫩茂，欢声语景赞丛茵。

（邹贤举）

游狮山茶海

狮山云雾茶，芃芃碧翠芽。离车踏晓露，拾磴上山垭。

茶山如翡翠，绿水映丹霞。鹤发银须叟，特来品细茶。

（安永才）

观茶海（外一首）

茶海无边涌碧涛，漫卷心潮逐浪高。翠染千顷诗欲滴，云动万山兴未消。

欲荡心舟入蓬莱，且借茶女作航标。不信卢仝七碗醉，乘此清风更逍遥。

上茶楼

闲来无事上茶楼，一壶香茗润春秋。雅器精茶人亦美，静室明窗境更幽。

艺舞仙音通神化，道引禅性入清修。淡泊人生宜静养，无求无悔又何愁。

（罗胜明）

湄潭行

湄潭邀友人，茶国举行吟。书香迎墨客，香茗醉远宾。

茶经忆陆羽，诗文论贤臣。词曲三两句，雅趣识诸君。

（肖仕芬）

赞“中国茶叶第一村”核桃坝

中国茶叶第一村，鼎鼎大名何殿伦。茗起核桃香碧浪，绿含生命富硒锌。

劳模殊绩九州震，环保丰功百姓钦。领袖伟人亲切见，风云央视五洲闻。

（马淳善）

2. 其他来源近体茶诗

重访湄潭有感

阔别湄潭四十年，如今两鬓已皤然。地灵人杰今胜昔，稻熟鱼肥茶更鲜。

（李联标）

注：李联标，著名茶学家，本书“人物”部分将介绍其生平事迹。此诗为1984年9月作者在省茶科所45周年庆学术研讨会上题词，刊载于《贵州茶叶》1985年第一期。

题赠贵州省茶科所

长征路上访家乡，百花争艳好风光。赤水沿岸百醇馥，湄潭新茶分外芳。

（陈靖，著名红军作家，1987 年重走长征路，在湄潭品茗题赠省茶科所）

咏湄潭茶

天地精华碧叶藏，柄身大雅不张扬。久融云雾三春色，广储溪峰四季芳。

唯有砂壶知底蕴，犹须玉碗酿奇香。人身快意同茶道，漫品清淳韵味长。

（黄润蓬）

永兴万亩茶海

绿浪滔滔起伏盘，山笼云雾翠烟缠。清香阵阵随风过，一振精神茶海穿。

（罗庆芳）

茶香凤冈

岁岁春来绿凤冈，采茶山野凤凰翔。声声鸣唱迎嘉友，款款深情韵惠芳。

玉水涌泉频闪亮，锌硒含富倍生光。客来登上仙人岭，放眼烟波似海洋。

（黄国碹）

故地重游

雨后秋光映翠园，茶香语熟主人谦。重到双湄寻旧梦，弦歌依稀似当年。

（周本湘，华东师大教授，浙大西迁时在浙大任教）

咏　茶

潇潇柳叶送琴声，江上清风动思情。朝阳亭中茶客满，星落漫江灯火明。

（吴廷柱）

步吴廷柱茶友原韵奉和

湄江碧波伴琴声，一杯清茶无限情。朝阳亭中忘今古，禅心洗净赛月明。

（林治，国内著名茶文化专家）

客　思

独倚窗前孤虫鸣，时把闲情寄汗青。愿得佳人携素手，欲语含羞奉香茗。

（朱兵儒）

采　茶

南国佳人手如酥，香肩荷篓啄春茗。微雨沾衣兆年丰，绿波荡漾载歌行。

远山衔雾朝云腾，茶园万顷代农耕。主人爽朴唯好客，尽取香芽助谈风。

（朱兵儒）

王府井万人品茗

黔北绿茶天下甲，茗香涌进万千家。京城王府游人品，四海五洲赞翠芽。

（黄天俊）

国茶之源

夷播茶园锦绣天，中唐陆圣著经前。神农尝草五千载，化石成晶百万年。

华夏堪称原产地，西南始作古源泉。国茶溯已归何处，黔北娄山壮丽篇。

（黄天俊）

苦丁茶

汤红味重貌平常，先苦后甜回味长。明目清心驱暑热，半杯下肚浑身凉。

（徐文仲）

采茶姑娘

采茶众女上山岗，绿叶丛中现海棠。只顾寻芳穿雾霭，竟忘拭露浸衣裳。

轻歌引至画眉鸟，巧手迎来红太阳。结队而归心带笑，满筐喜悦满筐香。

（徐文仲）

咏湄潭翠芽

翠芽一杯放桌边，清香一股入心田，吹开翠芽呷一口，沁肺清心回味长。

神清气爽开心智，赏景怡心诗兴浓，写出文章甲天下，谁知翠芽是贡茶。

（天祥）

品　茶

身居天涯可相亲，湄茶扬名世人称。玉碗茗茶翠芽冒，青瓷初泛黔北春。

放眼茶浪千层叶，明月困云采茶巾。醉翘轻烟数百里，茶海连绵夜归人。

（唐长青）

论　茶

打鼓茶山赛天庭，试超龙井美名称。雀舌翠芽湄江水，天香国色论佳人。

细观玉漪心被醉，仔嚼茶味气依唇。最爱狂草画茶壶，良宵此刻迎嘉宾。

（唐长青）

茶　道

茶道千年话短长，廉和美名自芳香。修身内省成文化，惜悟境开求大张。

（李达荣）

茶　海

田坝闻名早动心，仙人岭上放歌吟。茫茫茶海翻绿浪，莽莽林原荡鸟音。

稀少锌硒灵地赐，几多技艺补天成。延年益寿功能妙，西部茶乡第一村。

（游平伟）

田坝茶乡

满眼蓬蒿忆旧时，丘陵十里路人稀。如今绿野歌吹海，茗富锌硒九域知。

（张耀裕）

品中南海特供茶

中南一饮醉难收，锌浪硒波卷翠流。问道茶经魂欲驻，馨香入梦锁春秋。

（李传煜）

功夫茶女

婷婷仙女坐堂中，玉手纤纤神妙功。云蒸雾绕娇姿展，品茗梦醉九霄宫。

（王爱民）

茶园美

云飞雾罩雨霏霏，成片茶园露翠微。无数杉林擎绿伞，大千画卷笼香帷。

仙人岭上得仙气，田坝园中话凤飞。我用秃笔留曲意，为添诗意带茶归。

（谭必章）

禅茶瑜伽情

春风播撒满园花，绿海扬波荡翠芽。神往仙临堪赞美，亲情乐道练瑜伽。

（张泽贵）

今日田坝

昔日贫穷一野村，今朝富裕在农民。风情万种引游客，绿韵千重迷众人。

禅意瑜伽通教化，道心茶艺养精神。蜿蜒曲路登高处，一览风光爽气临。

（罗胜明）

观茶海

景致迭来满目收，欣观茶海上高楼。游来四季非同处，最是层林染紫秋。

（张云涛）

茗园美景

凭栏极目望天涯，春色染成一片茶。霞蔚云蒸奇幻境，茗园秀美四方夸。

（李俊明）

茶园富民

端杯翠芽敬神仙，绿色天香细读研。最美青山诗画卷，茶园谱写富民篇。

（龚正祥）

凤茶吟

锌硒特质茶，黔凤蕴奇葩。田坝茗园亮，仙岭泛彩霞。

（谢正祥）

余庆小叶苦丁茶

叶富锌硒味至醇，清凉却暑爽时人。一杯可领云山气，几片能谐盛世春。

莽荡乌江飞绿韵，葱茏苗岭蕴奇芬。人生得饮苦丁秀，五内皆通无垢尘。

（竹风）

咏茶农

乌江两岸看农家，雾里村姑摘嫩芽。片片春心含露韵，茗香四海羽仙夸。

（岳良武）

赞余庆小叶苦丁茶获地域保护身份证

专家学者聚一堂，论证答辩地域商。密种植园熟土茂，野生林地险崖庞。
优良品质连获奖，可贵资源规划昌。地域今朝获保护，乌江余庆喜洋洋。

（罗庆芳）

在余庆品饮苦丁茶

卷曲尖细绣花针，深绿苔藓亮色银。徐缓下沉杯底卧，渐开欲展水中深。
浅啜心静品真味，轻苦甜回悟厚醇。香饮宁神舒畅意，超脱灵动总销魂。

（罗庆芳）

山茶花

十月山风送嫩寒，冰魂玉魄少人看。我来有看茶花意，未识茶花为哪般。

（韩纯忠）

茶　馆

东家茶舍热心肠，接客兰前坐菊旁。竹幅梅图新壁上，满堂挚友话书香。

（刘云顺）

云顶山绿茶

终年云顶浸红霞，翠滴青松伴绿茶。溢出芬芳醉人意，浓情不负走天涯。

（刘尊荣）

采　茶

东升旭日泛朝霞，喜听村姑唱采茶。日朗风清情不尽，同龄歌女正年华。

（刘尊荣）

道真名茶颂

满目青苍系碧天，含珠滴翠斗芳妍。星辰放彩岚烟绕，日月升华身价翻。
沐浴灵山颜色好，加工精细味汁鲜。品牌金奖活商界，极品终归畅宇寰。

（骆庚尧）

春擂茶

村姑依槛春擂茶，相思惹得泪婆娑。娘问女儿有啥事，只因眼内落飞沙。

（穆升凡）

苦尖茶

催芽破冷寒，宿露饮风餐。苦里寻某味，无愁烈火煎。

（陈惠林）

茶　山

兴来邀友上茶山，信步游乡不怕寒。脚踏冰霜存勇气，青枝绿叶傲雪欢。

（王大选）

茶

炉火煎熬色泽黄，声名远播九州香。紫壶嘴里涌流出，待客迎宾日夜忙。

（王大选）

赞九仓小湾茶场

茅尖绿嫩小湾茶，醒脑健脾品味佳。游客一杯称爽品，神仙半盏乐无涯。
得天独厚原生态，养性修身韵晚霞。誉满酒都珍贵品，名扬四海众人夸。

（潘正兴）

采　茶

苗姑采茶云坡上，彩袖双双舞绿装。抢秒争分多采摘，归来新叶满竹筐。

（赵启华）

品　茶

杯中泉水煮毛尖，缕缕清香绕案前。一世沉浮需漫品，人生淡淡应随缘。

（江守忠）

二、新 诗

（一）《茶国行吟》新诗选

“茶国行吟”活动也产生了大量新诗，下面是其一部分：

茶国行吟

中国 有缘人天堂，贵州 后现代模范。遵义 新古典圣地，湄潭 茶文化摇篮。

（范增平，台湾著名茶学家）

好一壶盛世华夏

太多的日月都泡进了这巨壶 湄潭人说，这是一壶湄江、一壶天下 这就是湄潭茶呵

万亩茶园的碧，百里湄江的绿 采茶女儿的翠，文人墨客的雅

全都泡进这壶里，倾出 是一壶乾坤 是两袖潇洒

嗯嗯！好一壶盛世华夏 有胸怀五湖容量 方有壶盛四海之博大

据说茶圣陆羽饮过，连同 他的《茶经》也装进这壶里

曾治民国内忧外患，这壶里呀 有湄潭远祖茶农的智慧 有历代茶科专家的才华

抗战时期，全国茶科机构设于湄潭 湄潭茶，曾统领神州茶科文化

浙大西迁，又迁来 杭州龙井的清香，伴和本土志士的奋发

湄潭茶，内涵了东方日丽月华 壶内是一壶祝福，湄潭人说

一壶江南塞北，一壶云海天涯 一壶科教报国之忧愤 一壶兴黔爱民之汗洒

品这茶，如品诗词 需更上一层楼，放眼天下

饮这茶，如饮信誉 筑巢引凤，湄潭茶城汇聚海内外商家

啊啊！好一把大茶壶 好一壶盛世华夏 好一轮人间日月，照我 照你 照他

（李发模）

采茶姑娘

栖息山冈 一丛一丛的新绿 点亮心事的希望

一双巧手 泛起绿波 拨动心的琴弦

采茶的姑娘 背起竹筐 盈绿的海洋 笑语如歌 素手流云

翻飞的蝶翅 温婉三月的心灵

（屈宁丽）

采茶女

踏上晨露 背着星月 摘回一篓嫩绿的梦 跟星星月亮 悄悄耳语

丰满的青春 茶山上采回的秘密 她知 星星知 月亮知

（张洪波）

采 茶

有毛病好几年，纤纤手指，把自己采进 茶盘

所有的流程都已准备就绪 如同季节等待生命

苏醒或者轮回采茶的少女 谁在云端之上为你 张开双臂如同迎接茶神

群山因你而苍翠 你的羞涩和你的灿烂 明前茶一样停顿在山野 陪同春风步入盛夏

（陈立航）

品 茶

从土地生长出来的神奇植物，用露水滋养起来的绿色植物——茶

在云贵高原 在幽深而神秘的山区 正安

茶树顽强地生存下来 抵抗了多少风霜雨雪 看苍山如海 绿茶如波

在高山、谷坡上 一畦畦、一道道无边无际 柔软如毛发之触觉 细腻似心灵之颤动

整整齐齐，是辛勤修剪 晶莹闪亮，用汗水浇成

亿万年来人类选择了你……

劳作休息时 坐在草地上、蹲在树木下 手捧一杯清茶，慢慢品茗

茶绿，赏心悦目 茶香，沁人肺腑 茶味，清心寡欲 茶心，绵延悠远

一杯超然的意象下肚 去乏解渴，神清气爽

看远方绿色向云雾中蔓延 艰辛顿时化作了收获的甘甜！

（袁可明）

在老茶馆

清水还没有沸腾 而茶馆的大门，已经敞开

我坐在堂屋和老人聊世事无常 有何风雨他没有见过

和女子说起风花雪月 丹砂红痣映照她的雪白肌肤

与兄弟相见 江湖生涯已经遥远 只有大路朝天 谁向左，谁向右边

一壶泉水正烧开 茶叶从树上飞奔而来 它与瓷杯隔着万里 却彼此熟悉，气味相近

是泥土带来清香 是时间 斑驳了古老的木墙

柴火燃尽，人群散去 只有茶水 倒映着我们有时热闹 有时寂寞的脸庞

（庞飞）

茶国行吟

一

现在我开始学会 在你的国度中 与你频频幽会

看一种嫩绿的小小身段 在水乡湄江缓缓绽开 一场压抑了千年的爱情!

等岁月的影子完全化开 所有的紫砂壶不再轻易破碎

那时整个盛世 整个盛世都将畅饮你 无可比拟的清澈与甘美

二

这舌尖上的舞蹈 这颤动的时刻 这片生长在黔北的馥郁绿海

属于一座座白墙黑瓦的村庄 属于那些一起抵抗春寒的兄弟姐妹

或许经常有人从日子中捡到 幸福与回程的音符

但,当诗人从春天的边缘纷至沓来 他们倾其所有 除了惊讶,除了复制

他们永远无法真正回归 一片绿芽掩藏在春天的生命途程

三

这个季节 我只要一种盈盈的舞蹈 盛满尘世的杯盏

我只要一枚沉沉的骨朵 引导我返回失落已久的内心

因为这里是一切果实的起源 是诸多以茶为媒的国度的中心

因为,这高远无穷的清香啊 是我在尘世上唯一闻得见的

是我在所有杂乱无序的相遇中 唯一的相遇

四

当我望着你 我黔北的茶园 我知道我漫不经心地在你附近学会了闲逛

这其实多么重要 愉悦的感觉就这样超过了 一切城市街道传授的普遍经验

今夜当我望着你 没有边际的清新轮廓

仿佛那些流亡大师的身影 在疏离的时光中 清晰地驻足、流连、圆满

当我望着你,黔北的茶园 你知道吗 其实我已经无从远离 其实我再也无路可去

(卓文江)

母亲的那杯茶

在苦难的日子里 那杯茶是母亲熬红的双眼 那玫红色的茶汤 是母亲的希望

在幸福的日子里 那杯茶是母亲绽放的笑靥 那浅绿色的浸泡 舒展母亲紧锁的双眉

无数次仰望 只为那么醇那么美的你的笑 那淡了又浓了的暮色 盛不下一次次的依偎

无数次驻足 在水的世界 是婀娜多姿的舞姿变换 是轻盈飘远的芬芳沉醉

从指尖滑落 茶韵又在舌尖回味 千百次的呼唤

母亲的那杯茶 连同大山人的梦想 在汗水与掌声中 与富裕相随

（周兰香）

茶 魅

清晨，雨雾弥漫 沉睡的叶子 以一种变换的姿态 诠释生命的奇迹

一芽两叶 在沸水中穿透脉络 潜入心尖 如温柔的幸福 仿佛又回到它的根系

在浅酌慢饮中 品味没有色彩的欢乐 没有重量的幸福……

收紧风的牵挂 扯住雨的期盼

舀一汪碧水 让氤氲之气 在清寂之晨使心花安宁绽放

收集季节极致美景 让无暇顾及的心灵 找回春的恩赐

不是错过了岁月 是未能找到品味人生的心境

落花无言，春天刚走不远 唯有清空心绪 才能在灵性的涤荡中

品味出 人生香浓甘醇的精彩

（蒲春燕）

西部大茶海

这些灌木中的珍贵之绿 从湄潭象山和古镇永兴的一隅

以奔涌之势，绵延起伏着 波涛般铺展开来

穿过树林，越过公路 跨过河流，爬上高山

极目放眼是茶园 随山路忽转 还是茶园 翻山越岭的是茶园

依偎于房前屋后的 仍是茶园 身前身后的茶园啊

这些被古代华夏津津乐道 甚至骄傲与自豪的绿叶

它们献出鲜嫩的叶芽 用它们中最精华的部分 禅说生命，清除浮尘

漫山苍郁，遍野葱茏 在每一张春天的笑脸里 都充满它们的内容

越来越多远来的游客和商人 在这片烟波浩渺的绿色中 掩饰不住内心的激动

（曹裕强）

湄乡茶农

朴实的茶农 不稀罕都市的繁华 不羡慕平川的殷实

与傲岸群山相伴 与葱翠林丛为伍 以黄土茶坡结缘

因为 爱恋与勤劳 在心上长出 许许多多的梦

融进了 绿色的血管 于是便有了 绿的歌，绿的梦

每一句话语 每一阵笑声 都有了大山的气魄

日随清泉拔弦弄管 夜合松涛吟赋咏涛

有一天 也成了不老的青山绿荫 也成了长流的绿水清泉

（郑继红）

茶碑·张天福

一张刊载于日本报刊的图片 让你弃医从农

一纸《发展西南五省茶叶》的提案 让你把葱茏岁月 播洒于西南边陲

无论是行走于黔北的山水 还是寄情于故乡的明月

你都以那片香醇的绿叶为翼 舒展鹏程之志

拈指扦茶 翻腕揭盖 闻香品茗 动作如流水行云 澄清茶海风云

成就了无数茶王 也为自己绘了一幅永不褪色的丹青

有人说你是当代的陆羽 有人说你是茶叶界的泰斗

你不置可否 低首 让缭绕的茶雾 把自己封存于精致的传说

（胡静）

注：张天福，1910年生，江苏上海人。茶学家、制茶和审评专家，长期从事茶叶教育、生产和科研工作，晚年致力于审评技术的传授和茶文化的倡导，中央实验茶场的开拓者之一。

（二）其他来源新茶诗选

中国名茶之乡

题记：“1939年，中国筹建了第一个国家级茶业科研生产机构——中央实验茶场”——引自《茶的途程》

在这片温热的土地上，在1939 中国第一个国家级茶叶科研机构产生
中国现代茶业的第一扇大门 从这里轻轻开启
这里，是中国茶业的圣地 这里，是中国绿色航母的导航仪
这里，是中国西南地区的——湄潭
在这片温热的土地上，在1939 中国的茶业精英从四面八方 荟萃于此
他们怀揣浓浓的爱国情结而来 他们为保家卫国而来 来这里，用青春醮着热血
研磨 提炼出令世人青睐的 绿茶 用以兑换军械 狠狠打击外来入侵
当太阳从东方冉冉升起 当天安门广场庄严响起 中华人民共和国国歌
当改革开放的春风吹拂着广袤的大地
在这片温热的土地上，那些 曾经懒于思考的人 走惯了旧路的人 撬开脑门开始学习思索
这里，有起伏的坡地和温热的风，这里，有酸性的土壤赋予的有机质
这里，有前人留下的茶业知识的光辉，拓展茶业 让人世有滋有味
这里山清水秀的特写 是翠芽、针茶、绿茶、红茶“中国名茶之乡”
这艘代表着西南地区的绿色航母 从碧波淌漾的茶海出发
远处，是我们天天看见的那个太阳 正在把新的茶经续写……

（遵义市委宣传部，茶道飘香组诗之一）

中国富锌富硒有机茶之乡

这一声来自遥远地球的呼唤 让一帆淌漾在茶海的舟橹 振奋精神于浩浩青绿
满载富含锌硒的 雀舌报春、明前翠芽、绿宝石……
跨出山门 跨出去，就意味着 跨上了一个高度
这个高度 让曾经那么遥远的未来 热情腾腾 扑面而来
喊一声：“中国富锌富硒有机茶之乡”凤冈 山青水绿了

（遵义市委宣传部，茶道飘香组诗之一）

吐香茶

淡淡的清香 翠翠的美 你宛如鲜翠欲滴的女子 旋转着绿色舞步的婀娜
我爱 爱你远离尘嚣 缘定乡野的 脱俗之美

（遵义市委宣传部，茶道飘香组诗之一）

小叶苦丁茶

一见到你，谦崇的名字 就植进了心里 小！往往与大、满 相对立

一个看重小叶苦丁茶的城市，一个把经济命脉以小字自称的 余庆人

无形之中，让我生出敬重

看着成片满圄的茶园 想着茶尖在手中飞舞的人们 他们满目含翠的眼里

衔接着一种什么样的心事

这种心事 又蕴涵着 一种什么样的哲学意味？——我愿意是茶！

（遵义市委宣传部，茶道飘香组诗之一）

茶海之心畅想曲

无须更多的语言 我的心已融化在仙人岭的晨雾里

一路轻荡 在云贵高原的山间盆地里 茶海之心如一汪碧水 温软绵滑

采茶女如片片娇艳的花瓣 散落在万亩茶海

轻盈的手 上下翻飞 采摘春天 舞动多梦季节 伴着风儿飘荡的还有如歌的岁月

一座茶庄就是一部绚丽的乐章 游客就是那一个个跳动的音符

共同演绎着羽调式《茶海之心畅想曲》悠闲、惬意、逍遥

而我——轻盈的风儿 是一个流连忘返的，休止符

（遵义市政府信息中心，陈传跃）

小湾红茶

你从红土地走来 带着春风的得意 春日的柔情

藏着茶姑的笑 扛着茶伯的皱纹 在缤纷的世界里 追寻

你从历史走来 带着山乡的梦幻 清溪的纯净

走进灯红酒绿 将昏迷唤醒 奉上挚言诤语 缝合撕裂的心

你从礼义中走来 用温馨去拥抱恋人 花前月下 你连接两颗滚烫的心

即便是离开了翠绿的世界 也要去拯救 一颗颗疲惫的心

（母光信）

西部茶歌

一从神农尝百草，茶叶方被人知晓。唐代陆羽著茶经，盛赞黔中茶叶好。

味道醇厚亦清香，名传千里出夜郎。年年名茶作贡品，敬献将相与帝王。

品茶自古遵茶道，修身养性通灵窍。个中融汇佛道儒，廉和敬美自然妙。

茶艺犹似一枝花，讲究沏好一壶茶。红绿青花各有韵，茶水器境均应佳。

茶道怡真是灵魂，茶艺具形犹是身。茶道茶艺融一体，平和敦厚见精神。

改革东风吹凤冈，凤冈处处似仙乡。田坝有个仙人岭，山清水秀好地方。

云蒸霞蔚雨露滋，温度湿度总相宜。空气清新水洁净，土质肥沃富锌硒。

环境最宜茶叶生，芽嫩叶肥翠莹莹。延龄益寿功效好，清心明目亦生津。

一夜西部茶海春潮涌，已是仙人岭茶远近名。曾是深闺未识名门秀，而今五湖四海天涯行。君不见，仙人岭茶质优声誉好，畅销乡镇都市与京城。茶馆茶楼茶吧亲朋好友畅怀饮，小店商场超市琳琅满目令心倾。绿色精品锌硒茶叶人人爱，绿色凤冈花明柳暗胜蓬瀛。一曲茶歌纸短情长难尽兴，莫如与君一道心情舒畅品香茗。

（王祥州）

近人刘昌伟仿唐代元稹作《茶人》：

茶　人

茶。

人生，命运。

品沉浮，知进退。

饮汤里魂，观杯中事。

一支独秀芽，二泉映月水。

溶绿雪身飘舞，清苦尽甘露来。

淘弃沧桑孤闷散，汲啜神韵肌骨轻。

（刘昌伟）

附元稹原作：

一字至七字诗

茶，

香叶，嫩芽。

慕诗客，爱僧家。

碾雕白玉，罗织红纱。

铫煎黄蕊色，碗转麹尘花。

夜后邀陪明月，晨前命对朝霞。

洗尽古今人不倦，将知醉后岂堪夸。

（唐·元稹）

第三节　茶 词

宋代是词的鼎盛时期，以茶为内容的词作也应运而生。宋代文坛大家之一的黄庭坚，是“江西诗派”领袖和书法名家，多有茶诗茶词名世。他的《阮郎归·茶》中的“都濡春味长”就直接称赞务川的茶（图12–18）。

图 12–18　黄庭坚《阮郎归》

阮郎归·茶

黔中桃李可寻芳，摘茶人自忙，月团犀胯斗圆方，研膏入焙香。

青箬裹，绛纱囊，品高闻外江。酒阑传碗舞红裳，都濡春味长。

（宋·黄庭坚）

注：自黄庭坚之后，鲜见描写遵义茶文化的词，直到“茶国行吟”时，才创作了一些茶词。

一、“茶国行吟”茶词选

沁园春·茶

南国西疆，绿野苍茫，换了旧装。看乌江两岸，逶迤起伏；微风逐浪，翠满山岗。纵岭横峰，如潮如海，涛涌波翻竞荡漾。临仙境，吸百川灵气，遍地芬芳。

黔茶如此星光，行界内专家齐颂扬。品兰馨雀舌，毛尖碧雪；锌硒宝石，妙品栗香。陆圣康源，南方嘉木，产业帆船引导航。同心干，为民谋殷实，阔步康庄。

（黄天俊）

沁园春·茶山行

莽莽茶山，渐见新芽，几许嫩香。喜春风一度，潇潇细雨；绿笼枝叶，水满池塘。鸟唱蛙鸣，蝶飞燕舞，草碧花红柳絮扬。风流处，看携男伴女，酬我春光。

当年才到湄江，正游遍茶园志气昂。记南街茶社，呼朋唤友；初尝翠片，醉了儿郎。打鼓坡头，玉虚洞畔，一阕风骚着意狂。何曾想，是修来往世，老来还乡。

（罗章伦）

忆江南·茶乡好

茶乡好，情景画难描。绿水青山嬉水鸟，小舟激浪弄轻涛。游客乐逍遥。

茶乡好，香气满城飘。翠片生津迎客笑，外商购物涌新潮。佳话在今朝。

（敖乐律）

醉桃源·游湄潭（步黄山谷《阮郎归·效福堂独木桥作茶词》原韵）

漫游茶海挂云帆，绿霞山外山。日斜抵达碧波沿，展眸惊象山。

心已醉，梦魂牵，一壶天鼎山。茶源圣地小江南，丹丘山里山。

（娄义钊）

百尺楼·题天下第一壶

天下一茶壶，云水之间立。火焰山熬神味蕴，口透倾星日。

环宇竞来朝，仰望难能及。片片流霞嵌眼眸，浑体吴刚气。

（娄义钊）

临江仙·茶乡韵

茶海悠悠兴碧浪，云蒸雾蔚翩跹。和风细雨柳如烟。轻舟依水榭，梦幻小江南。

文武双征添底蕴，玉壶翘首山巅。千杯万盏品高原。翠芽香几许，独自醉神仙。

（王良昌）

西江月·西来庵品茗吟咏会

队队姮娥起舞，纤纤玉手翻波。盈盈花伞伴茶歌，喜与青山唱和。

雀舌香中人醉，花光影里诗多。轻风阵阵弄婆娑。宛在蓬莱仙阁。

（王道秋）

沁园春·湄潭印象（外一章）

毓秀湄潭，祥瑞钟灵，造化万千。眺千层碧野，光摇彩焕；万顷茶海，露润云淹。

翠羽翻翔，紫砂淑雅，一派馨芳叠浪延。怡心处，谢烟波致爽，香泻义泉。

清凉世界鲜妍，直令得媪翁似少年。惜笔毫行楷，难书胜景；檀宣画卷，愧写新天。

陆羽封杯，清廉罢酒，携手匆匆魂不闲。瑶琳水，注毛峰新绿，醉了英贤。

（娄集林）

江城子·“茶国行吟”偏岩塘笔会

偏岩塘顶树参天，水池边，画楼前，雨过天晴，薄雾照青山。

泉水淙淙流不尽，乌鸭坝，好平川。

凉风吹进画房间，老龙山，水相连，鱼涌碧波，垂钓喜开颜。

墨客骚人添雅兴，挥彩笔，绘佳篇。

（李继泽）

水调歌头·茶乡

垄亩尽滴翠，绿海绕烟岚。茶姑结队携篓，信步进芳园。

倩影欢声笑语，十指纤若玉笋，麻利把芳拈。青山展颜笑，绿水放歌欢。

大茶壶，燃火焰，矗江边。顶天立地，一泓江水把茗煎。

摘尽世间芳菲，煮就一壶浓酽，香气漫人寰。此境是何处？黔北小江南。

（刘天赐）

青玉案·核桃坝（外一章）

仲春二月光影疏，核桃坝，留人处，湄江低回拥翠竹。柔柳新芽，风动游丝，雨歇闲云住。

空山鸟语夕阳暮，茶园无际连乡土。几盏茶杯试玉壶，粉墙青瓦，楼阁花窗，溢香纳富庶。

（张恩勇）

青门引·茶海春色

微云抹远山，晓风弄醒轻寒。无边茶海三月天，重重新绿，暗香胜幽兰。

鹃声隐隐空濛处，芳菲三两点。更有落英翩跹，采茶姑娘歌甜甜。

（张恩勇）

西江月·茶乡之夜（外一章）

桥下锦鳞游泳，岸边闪烁霓虹。心旌荡漾影朦胧，细品茗香涌动。

一任皓魄凝重，已然醉眼惺忪。茶乡夜色美如斯，尽享春花秋梦。

（周国麟）

卜算子·咏茶（外二章）

远上绿丛中，嫩叶鲜无数。吸纳天精与地华，沐浴云山露。
执意献青春，蹈火香醇固。一注温汤底气足，饮誉千秋著。

（竹风）

沁园春·茶乡

莽莽群山，款款清流，绿绿梦魂。有化石一籽，可资求证；古茶三树，可就寻根。
地富锌硒，叶标鲜丽，笃奋青葱垄上人。阳光里、感蓬勃生气，爽朗胸襟。
雀舌频唤知音，且茶道而今品味深。喜天公作美，香淳并俏；能工创秀，素雅独尊。
历数茗优，时评饮誉，谁与黔中试比珍？观茶海，有弄潮人健，劲手播春。

（竹风）

水龙吟·茶韵

莽原谁领风骚？几闻茶韵堪独到。春江晚唱，青峦晨曲，余音漫绕。
翠垄琴台，绿风音象，燃情乡调。纳天然之气，耕人之养，滋月魄，开尘窍。
希冀源于襟抱，与葱茏胆肝相照。紫林蒸雾，碧从涵雨，空濛孵俏。
氧富三山，茗香九宇，适乎天道。拓清淳境界，先天下秀，后人间笑。

（竹风）

西江月·春到茶乡

万物更新春到，春茶喜发新芽。庭前紫燕又安家，户外彩霞高挂。
华夏欣逢盛世，茶姑心里开花。桃红李白绿毛尖，四野飘香如画。

（田泰模）

沁园春·茶国行吟（外三章）

茶国风光，绿意无垠，翠色自长。恰人间二月，万千气象；神州大地，莽莽苍苍。
岭笼轻纱，原腾细浪，采采春芽盈满筐。秋千外，看小桥碧水，溢彩流芳。
天清柳絮飞扬，叹别梦依稀忆故乡。试金瓯承露，品茗论道；伊人何处，在水一方。
灯火阑珊，琼楼几许，燕语呢喃绕画梁。风雅颂，乃古今绝唱，又谱华章。

（曹前军）

阮郎归·茶国即景，步黄庭坚原韵

茶国桃李可寻芳，夷州车自忙。试循芳径往何方，轻风伴雅香。

银漏尽，绛纱囊，翠芽闻外江。梦魂缥缈舞红裳，湄水春意长。

（曹前军）

一剪梅·采茶

月落风静雨初收，邀朋伴友，斜背竹篓。万绿丛中点点红，汗彩凝腮，暗香盈袖。

欲剪春色弄玉手，阳雀声声，歌满山头。谁家少年醉眼看，春意几许，欲骂却羞。

（曹前军）

浪淘沙·茶园

碧水聚河湾，两岸青山。茶园万亩一望宽。绿尽天涯相思处，春色年年。

皓齿清歌传，朝阳如丹。愿作茶娘不羡仙。千里莺啼红映绿，影蝶翩翩。

（郭永其）

西江月·游湄潭茶文化公园（外一章）

象岭玉壶高耸，湄江茶树烟笼。小园揽胜正东风，映月寒潭浪涌。

红九西迁巧种，新村回报情浓，长天落日归飞鸿，大化和谐妙用。

（李达荣）

西江月·湄江茶

翠色清香可口，春光裁剪湄江。摘来和露喜姑娘，龙井西湖怎样？

洗胃清肌益寿，润喉解闷神张。甘醇牛饮搅枯肠，暗助播风诗党。

（李达荣）

临江仙·咏湄江翠片

龙井湄江香翠片，细品各有千秋。平直匀整米瓜图。润油生光，汤色夜明珠。

独厚得天生态境，植株品种良优。味甘香茗板栗熟。齐名金榜，翠片誉神州。

（罗庆芳）

西江月·游茶山

处处山花烂漫，岩泉汩汩流连。湄江百里美天然，真个浓春一片。

遍野欢声笑语，对歌茶女缠绵。龙年恰逢千禧年，正好丰收唱赞。

（王世福）

山坡羊·采茶

云天如盖、峰峦如寨，烟浓景远山河霭。雾遮身、汗湿腮，高冈矮野青涛黛。

垅草坪花红树摆，阴、也要采；晴、也要采。

（王世福）

贺新郎·祝湄潭茶文化研究会成立

湄潭有嘉木，唐蒙误，太白错爱，难达天阙。斯亿年野山独居，仙葩谁来认别？

陆羽喜起舞蜂蝶。改土归流蜀风渐。叶初展，倾倒江淮客。纤手弄，玉毫白。

民族精英移水泽，重求是，苦心追远，独钟翠色。世纪之交有盛会，刷新“湄江吟社”；

群贤毕至织经纬，共谋西南茶邑。万商云集财源茂，货畅其流走海国。华夏昌，我飞跃！

（韩志强）

江城子·茶海春光

无涯茶海碧连天。醒冬眠，嫩芽鲜。和煦春风，拂动涌波澜。

桃李争芳添锦绣，江两岸，柳含烟。

茶姑拂晓步茶园。挎竹篮，露湿衫。笑语欢歌，眼快手不闲。

摘下雀舌千万担，精焙制，上尖端。

（佘敬达）

好事近·普陀品茗

七碗普陀水，正是赏心时刻；晴光，佳茗，锦句，此间汇三绝。

又是东风助春时，嘉木繁新叶。谁识银芽丽质，问壶中岁月。

（刘小华）

浪淘沙·湄江茶赞

百里秀湄江，黔北茶乡。三十年代建茶场。浙大科研精技艺，品质优良。

苍翠满山冈，阵阵清香。名人雅士有遗章。珍品畅销国内外，醉倒友邦。

（陈永平）

十六字令（二章）

茶，解渴生津数翠芽。除烦恼，进驻万千家。

茶，造福时人个个夸。工精品，享誉遍天涯。

（邹贤举）

二、其他来源遵义茶词

临江仙·试新茶

山县寂寥春已半，南郊茶室偏幽。一欧绿泛细烟浮。清香逾玉露，逸韵记杭州。

几日行云何处去，垂扬堪采归舟。天涯底事苦淹留。草青江上路，人老海西头。

（苏步青，此词为“湄江吟社”时作于湄潭）

过龙门·咏雀舌报春

贵罗蒙江清，阳山钟灵，雀舌报春茶中英。窈窕娇小仙境客，秀外惠中。

舍缘喜相逢，欣赏芳容，玉露鲜醇醉似翁，出浴倩影披翠羽，妩媚风情。

（舒玉杰）

注：凤冈锌硒茶春秋牌“雀舌报春”茶于2005年参加《中华合作时报·茶周刊》主办、北京老舍茶馆协办的“评茶说韵”栏目评茶，受到栏目评委会全体专家一致好评。专家对该茶的赞语是：“良好的高山风貌、丰富的硒含量与优良的加工工艺”。我国著名茶文化人舒玉杰老先生当场为其赋词。

采桑子·黔北茶场景观

茶山叠锦轻雷过，浴雨青苍，映日辉光，碧海汪汪是翠冈。

陆翁夸赞《茶经》述，色赛琼浆，味胜甘棠，一啜诗思荡热肠。

（赵西林）

汉宫春·凤冈茶海之心

追梦娄山，访陆公遗迹，茶海茗香。忘情仙人岭上，心去徜徉。
偏陂造化，把菁华、都付茶乡。君不见，云霓生处，灵芽占尽春光。
此乃桃花源也？问柴扉木屋，牧笛茶娘。红尘莫能囚我，欲海茫茫。
心仪更是，玉观音、冰盏琼汤。须七碗，湔清五内，乘兴好赋华章。

（张远益）

鹧鸪天·参观首届春茶开采节感怀

贵州环保绽奇葩，山水园林生态佳。时近清明天气好，盈眸绿海尽抽芽。
舒妙手，采新茶，有机精品质堪夸。把盏春江花月夜，敲诗畅饮乐无涯！

（黄正麒）

采桑子·茶乡

湄潭秀色春天好，柳眉纤纤，分外婵娟，是处芳馨皆茶园。
莺声十里歌相属，手挽画篮，阡陌蜿蜒，遥见农家飘茶烟。

（郭永其）

第四节　茶赋

与遵义茶相关的“赋”，古有黄庭坚著名的《煎茶赋》提到“黔阳之都濡高株”，今有茶产区文化活动产生的新作品（图12-19）。

煎茶赋

汹汹乎如涧松之发清吹，皓皓乎如春空之行白云。宾主欲眠而同味，水茗相投而不浑。苦口利病，解醪涤昏，未尝一日不放箸。而策茗椀之勋者也。

余尝为嗣真瀹茗，因其涤烦破睡之功，为之甲乙。建溪如割，双井如挞，日铸如绝，其余苦则辛螫，甘则底滞。呕酸寒胃，令人失睡，亦未足与议。或曰无甚高论，敢问其次。涪翁曰：味江之罗山，严道之蒙顶，黔阳之都濡高株，泸州之纳溪梅岭，夷陵之压砖，临邛之火井。不得已而去于三。则六者亦可酌兔褐之瓯，瀹鱼眼之鼎者也。

……

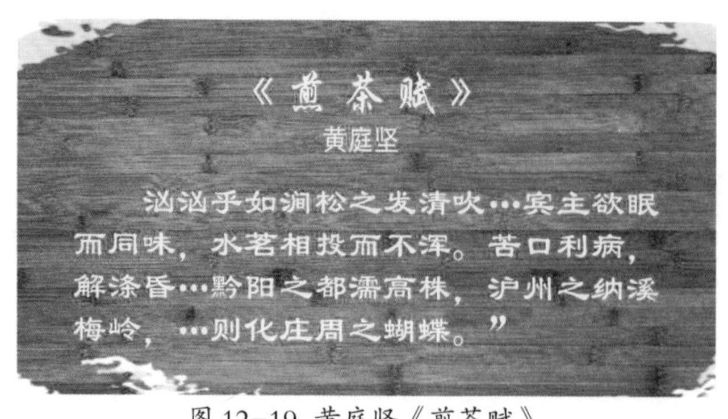

图 12-19 黄庭坚《煎茶赋》

盖大匠无可弃之材，太平非一士之略。厥初贪味隽永，速化汤饼。乃至中夜不眠，耿耿既作，温齐殊可屡歃。如以六经，济三尺法，虽有除治，与人安乐。宾至则煎，去则就榻，不游轩石之华胥，则化庄周之蝴蝶。

（宋·黄庭坚）

遵义的现代茶赋较为少见，现选介几篇于下：

黔茶赋

神州出好茶，黔茶独芬芳。

黔地产茶，历史悠久。汉《华阳国志》“平夷山出茶”有证。唐朝陆羽《茶经》载文，“茶者，南方之嘉木也”。茶在“黔中生思州、播州、费州、夷州……往往得之，其味极佳”。宋黄庭坚《阮郎归》描述，“……酒阑传碗舞红裳，都濡春味长”。《清史稿·茶法》冠以“最”之荣。高海拔、低纬度、寡日照、富锌硒，此乃黔地茶树之特点；原生态、无污染、纯有机、品种良、内质强，这是黔中茶树之共性；造型独特、色香味美、空杯留香、隔夜绽春，断然贵州茶神韵；高香馥郁、鲜爽醇厚、汤色明亮、叶底嫩匀，无疑夜郎茶家珍；展嫩、晶、亮“三色”为佳人，聚香、涩、甘“三清”成上品。此黔茶大乘。

地宠天骄，公园大省。山高林茂，沃野涌泉，丘陵河畔，多雾湿重，气候温和，天性宜茶，处处倩影。晴隆、普安茶籽化石佐证世界古茶树的原生地，习水大茶树、普安“白茶”被誉为茶树活化身。苗寨擂茶，仡佬油茶，侗家罐茶足以论证贵州绿茶悠久历史；“三幺台”“放信茶”“拜年茶”说明黔中茶文化博大精深。务川月兔、湄潭眉尖、贵定云雾、思州银钩、都匀毛尖为历代天子所珍。憾在地理、黔道幽闭，茶不出间，难蜚誉声。

值抗战，浙江大学西迁遵义、湄潭办学七年，苏步青、胡哲敷兴吟社，留神州品茗茶诗之华章，茶诗的航母闪烁华夏茶文化光照后人。国民政府中央实验茶场来黔定居湄水之滨，一代茶圣刘淦芝、张天福、李联标辟象山育种栽茶，启中国现代茶业之先河，贵州茶由是大面积科技问津。

斗转星移，农垦大军创业赴荒山，三百万亩茶园穿珠串玉春常至；欣逢盛世，当代茶农致富挥银锄，千万亿颗翠芽竞绽馨香品质良。茶海湄潭、生态凤冈、珠兰仁怀、桐乡正安、仡乡务川、尹珍故里、瀑乡安顺、铜仁东山、石阡坪山、鱼钩独山、云雾贵定、苗寨雷山、白云深处着青黛，三山五岭叠翡翠。条条茶行，蛟龙出海，玉蟒匍匐；层层茶园，绿浪浩瀚，碧毯陈铺。纳百川宽广胸襟，显冰心一色茶天。横成波，纵成浪，近是涛，远是潮，馨香扑鼻，秀色可餐。挥舞巧手，茶姑织彩锦蝶恋花：指点江山，靓仔绘蓝图黔中好。锌硒宝地，锶微酸壤，青山绿水民居靓，村寨山乡放异彩。

风景这边好，黔茶甲天下。乌江两岸、湄水之滨、田坝沃野、都柳江畔，区域化、规模化、标准化、专业化的步伐正在加快；健康茶、生态茶、有机茶、锌硒茶品牌化的道路已趋成型。茶籽油、茶多酚，茶叶产业链金光闪闪；茶膳食、茶饮料，健康之道呈五彩缤纷。论茶道，贵州绿茶遵义成共识；兴茶事，神州佳茗出产地始真。时雨宜人，百业正兴。天朗茶绿，国强民殷。国茶之源，贵州至尊。

（黄天俊，《茶国行吟》代序二）

注：作者系遵义市委副巡视员，中国国际茶文化研究会民族民间茶文化研究中心副主任、贵州省茶文化研究会副会长，遵义市茶文化研究会会长。

绿茶赋（四言体）

中华泱泱　茶韵汤汤　茶为国饮　源远流长　史溯神农　尔雅有章　仲景临床　经出盛唐

山泉煮茗　册载苏黄　明罢龙团　绿茶独张　清史悠悠　佳木荣昌　民国叶卷　科研微张

丝绸茶马　古道夕阳　斗转星移　盛世茶旺　时雨春阳　千姿绽放　日照庐山　西湖信阳

峨眉武夷　遵义井冈　安溪都匀　蒙顶湄江　洞庭黄山　恩施蒲江　浮梁永川　梵净凤冈

大江南北　九派茫茫　涉农涉庶　吐艳群芳　皇室贡品　雾融清香　美哉绿茶　山水哺养

日月精华　雾涤雨浆　锌硒孕育　傲骨经霜　灵芽吐翠　英姿山冈　丹青掠镜　碧毯成洋

伟哉绿茶　茗品远扬　翠芽龙井　绿宝栗香　毛尖雀舌　眉茶靓汤　滋味甘醇　气鲜高香

一碗润喉　二碗涤肠　三碗破闷　四碗神爽　五碗生津　六碗情扬　碗碗养性　盅盅味长

佳茗佳人　禅茶合张　清静雅和　品茗绝唱　清为其质　质地纯良　静为其性　性温柔刚

雅为其神　神怡心旷　和为其道　道发吉祥　四品一体　物我两忘　壮哉绿茶　大益梓桑

抗衰排老　降脂减肪　明目延年　益寿安康　幸哉绿茶　时逢兴旺　群踵而植　绿满南疆

业荣厂兴　满目琳琅　有机繁育　产品呈祥　贸易欧美　远涉重洋　国人喜悦　国饮提倡

和谐社会　民富国强　绿茶常青　国运恒昌

（黄天俊）

天下第一壶赋

天下茶壶，多若星辰，湄潭茶壶，神州极品。非江西白瓷工艺，非宜兴紫砂大小。立地撑天，峰顶造型。匠心独运，伟岸独尊。湄茶源渊，岁月流韵，近成大器，远涉茶经。清代眉尖为贡品，民国参展榜留名。得中茶所真传，幸浙大授真经。故面积渐广，工艺愈精，名优辈出，产业兴盛。盛誉名茶之乡，独享茶海美名。

盛世民殷，景和春明，政府远瞩，矗壶山顶。壶围百丈，修长千仞，巍巍乎延河宝塔，赫赫乎南海观音。名冠天下第一，职兼多种功能。壶矗江边，山名火焰，焰火煮茶，香飘霄云；壶望象山，美妙绝伦，虹桥玉带，丹青天成；壶襟小镇，造福百姓，晴雨咸宜，休闲即景；壶引天下，商贾云集，惠利双赢，旅游昌盛。正所谓：壶伴江水江伴壶，春催茶绿茶催春。巨壶煮熟九天露，香茶连接五洲情。人联云：盛甘露煮茗百面水，浴春风生财九州人。一弯江月城添彩，半盏香茗碗生春。

美哉！天下第一壶。名载吉尼斯，容醉天下人。茶海标志，茶乡图腾。青山不老，见证和谐社会美景；江水长流，难述能工巧匠功勋。茶壶虽大，盛不下政通人和德治，骈文虽小，方寸间尽显黎民心声。嗟乎！国强民富，巨壶长存。天地无私，四时同春。

（傅治淮）

湄潭翠芽赋

吮天宇之甘霖兮，得以泽润；吸土壤之元素兮，营养丰盈；享岚霭之萦绕兮，得天独厚；居黔北之高原兮，气候适宜。阳雀未啼兮，争春吐芽；茶姑纤手兮，轻拈细采；精工揉制兮，状如雀舌；碧绿铮亮兮，茗之精华。精巧装璜兮，玲珑雅致。馈赠亲友兮，大方得体；陈之雅室兮，耀眼夺目；款待宾客兮，深情厚谊。取纯净之矿泉而沏兮，香气扑鼻；以文火缓缓烹煮兮，其香绕梁不息。初沾唇兮，顿觉味美；细品尝兮，沁膏入脾，使君精神焕发，心旷神怡。邀朋鉴赏兮，啧啧赞美；集市选美兮，众香羞避；赴京华之盛会兮，位居榜首；揽中华之金奖兮，历廿八次。富绅饮之兮，大加鼓励；雅士饮之兮，即兴命笔；商贾考之兮，谓之极品，争相抢购兮，畅销外夷。斯时也，湄潭翠芽，名播五洲，誉满四海，鹤立鸡群，天下无匹！

（贾明文）

凤冈茶赋

若论饮中王，茶叶必可当，香飘海内外，五洲美名扬。史历悠久称国粹，本草古书神药传。倡廉古今可代酒，举礼从来俱用茶。创汇强国功不小，增收富民利千秋。

茶虽山中草，却是草中英。武长英雄智，文引博士文。道人用茶助成仙，雅士凭茶写华章；茶诗美而雅，茶联奇又新，茶道重在讲礼仪；茶人苦且乐，茶事旧有新，茶品且能品人情。

茶叶滋味美，茶叶品种多。绿茶香、红茶鲜、黄茶醇、青茶郁、白茶清、黑茶爽。六大茶类皆兄弟，色香味形各不同。银针茶中极品，龙井名扬中外，瓜片绝无仅有，毛尖淮南第一，铁观音风味独特，普洱茶响誉外帮，碧螺春清香袭人，武夷岩味赛雪梨，祁红滇红红中秀，屯绿婺绿绿中珍，中华大地出好茶，十大名茶仅一斑。

茶为饮中君子，不娇揉造作，不哗众取宠。茶是人间亲朋，“宁可三日无食，不可一日无茶”。可提神，可消食；能治病，能健齿；降压防癌，强身健体，清心明目，生津止渴。杀菌解毒，消烦散闷，除腻驱虫，百利无害。

茶叶做工精，茶叶外形美。细如银针，扁如雀舌，曲如田螺，弯如金钩，拳状片状，块碗状，五花八门，目不暇接。

茶中有雅意，茶中有礼仪，婚前喝茶订姻缘，婚后赠茶表深情。斟茶点点手，礼数心中有；相处有失意，举杯可释怀。

茶山风光好，茶园景至鲜。春上茶山览胜景，素手霓裳如蝶舞，袅袅青烟飞起处，阵阵茶香扑面来；夏上茶山美如画，绿意正浓写梯丘，戴笠农夫汗如雨，提壶村姑送茶忙；秋上茶山心胸阔，天高云淡好抒怀，鸟语茶香添雅趣，清风送爽游兴浓；冬上茶山有奇观，玉瓣金蕊茶花旺，眼中热景心中暖，健步如飞不知寒。

（宋君）

凤冈锌硒茶乡赋

锌硒茶乡，源远流长，曾号龙泉，今名凤冈。地灵人杰，古称“黔中乐土”；物华天宝，今誉“锌硒茶乡”。青山连绵，延接大楼山之南麓；田畴沃野，依傍大乌江之北岸。黔北东门，生态明珠，山水灵秀，喜环境清新，壮茶乡美景；茶海之心，天地灵气，日月精华，育仙叶灵芽，扬茶乡美名。一叶翠碧，浸透漫漫历史，茶圣陆羽赞夷州之茶其味双绝，深闺佳丽见君王，六宫粉黛失颜色；万顷茶海，扬茶乡海，扬起滔滔碧浪，专家聚会赞锌硒茶中国一绝，茶商云集说有机茶品质最佳，绿色品牌出深山，八方扬名领时尚。文化搭台，雅韵升品位；科技当先，标准塑品牌。茶分品类，味究属性，质论高低，锌硒同聚，特色鲜明，凤茶奇绝；天呈光露，地献物质，人循规律，天人合一，高端有机，凤茶崛起。茶美山川茶富民，茶壮精神茶养身。说传统，论茶道，禅茶礼茶谢师茶；承风俗，品茶艺，清茶油茶砂罐茶。朋来敬茶表情意，茶香入心也醉人；闲来品茗求静雅，道引禅性入清修。绿茶纯朴，素面朝天如小家碧玉，鲜活诱人；红茶富丽，温文尔雅如大家闺秀，光彩照人。茶品色香味，人壮精气神。佳茗如斯，佳境如斯，金不换；佳期如茶，等你来。

壮哉茶乡，生态文明铸辉煌历史！

美哉茶乡，绿色理念引领健康时尚！

（罗胜明）

尹珍白茶赋

正安乐俭，峻岭逶迤，纵横溪涧淌珠，奇峤悬瀑泻玉，天赐旖旎妙景，樟松翠叠；环巘[①]箐林莽莽，异兽藏匿。蝶舞芳草萋萋，蜂飞百卉吐艳；风递天籁声声，宛若黔北阆苑。

正安白茶基地，云缭雾绕；斯域绿畴千顷，鸟唱新春。明前薄岚细雨，嫩芽竞生；村姑巧手轻摘，动若梭穿；摊晾杀青，赏春阳之明媚；轻揉慢捻，观悦目之翡翠。

碧泉烹沏，片片翠叶漫舞；色泽绿黄，透爽甘醇之味；叶卧盏底，白茗撩人心脾；凝青山之精华，聚幽谷之灵气，沐悠悠之古风，呈馥郁之神品。始品淡雅撩兴，再品意旷神清，继而恬静遐思，笃而长寿心怡。饮华夏名茶之极品，康体免疫；酹九天天主之长佑，返璞归真。

瞻仰务本，遥祭尹珍，汉之骚风，拂去濮僚愚昧；始设绛帐，润开蛮夷之智。尊上善之若水，君子修己；继先贤之懿绩，君子之品。奉善怀仁，涤心染之尘垢；永享福祉，扬炎黄之厚德。

（佚名）

①："巘"是生僻字，音：yǎn，基本字义"大山上的小山"。

茶神祭

嗟乎：

四海升平　国运隆昌　六合一心　和谐八荒　春和景明　百凤来朝　细雨和风　莽莽苍苍
苍松迎客　翠柳鸣唱　地碧天蓝　绿浪涛涛　神农尊者　遍尝百草　南方嘉木　历尽沧桑
陆羽茶圣　游历百川　著成经传　盛播八方　国饮为茶　华夏首倡　思播夷州　其味极佳
使者为茶　东渡扶桑　性温味甘　远涉重洋　礼仪为茶　循规守道　古国文明　源远流长
人生为茶　清心明目　宜浓宜淡　岁月流觞　世事艰辛　人海茫茫　民生有茶　相得益彰
今有新茶　聚集灵气　致富之路　造福梓桑　锌硒特色　产业运筹　扬我国饮　百业兴旺
岁在丁亥　天佑地护　是以为祭　再铸辉煌

（郭正勇）

茶神祭

丁亥仲春，风和景明，茶芽勃发，万象更新。中国西部茶海，凤冈锌硒佳茗，感苍天之厚赐，思茶神之恩泽，为传承茶之文化，为振兴茶之雄风，××× 特率众在此祭奠茶神。

悠悠岁月，神农日尝百草，得灵茶而解奇毒；孜孜不倦，茶神游历九州，著《茶经》而传百世。茶，南方之嘉木，集天地之精华，汇山川之灵气，祛襟除滞，致清导和，系澡雪心灵，延年益寿之灵物。茶之艺，六美神韵；茶之道，和静怡真；茶之人，精行俭德；茶之博大，聚“儒、道、释”三教思想之精华；茶之精深，同琴棋书画四艺文化之源远；茶之平常，与柴米油盐百姓生活之所需。茶传中华千古之文明，茶兴世界绿色之自然。

乌江滔滔，娄山依然，古之夷州，物产丰富，茶味极佳，誉之为：黔中乐士。斗转星移，流年暗换，今之凤冈，人杰地灵，锌硒奇葩，称之为：有机茶乡。盛世倡国饮，太平思先贤，齐呼：茶神归来兮，归来兮茶神！

苍天在上、厚土在上、先贤在上、茶神在上，茶之恩德，万代感念，永远不忘！

××× 率众伏惟再拜，尚飨！

（谢晓东）

第五节　茶　联

遵义以茶为题的对联较多地出现在茶馆、茶叶生产经营单位、文化艺术场所的门庭、牌匾、厅堂等处，多有对偶工整、联意协调、耐人回味、禅味醇厚的茶联，常给人古朴高雅之美和正气睿智之感。尤其在茶馆，可与茶相互辉映，令人浮想联翩，人们品茶赏对联，颇能增添品茗情趣，提升饮茶的艺术品位和享受层次。

在茶艺、茶道演出时，表演者的行头中也常有几幅茶联，挂在演出现场，颇能起到画龙点睛之效。许多爱茶之人更是把茶联带进卧室，与茶同枕共眠，带着茶联的意境入梦。

一、遵义古代茶联选

寻胜偶携筇，睹红花冈教垒宛在；汲流宜煮茗，此白沙井清泉何如。

——遵义药王庙联，清代蒋京作。

入座品茗，花发莺啼，泉水清纯出凤沼；当窗览胜，林幽木茂，江山佳丽壮龙人。

——凤凰山红楼茶社联，清代吴万钟作。

是过来人，两腋清风供客话；有消遣法，半床明月入诗瓢。

——桐梓茶店林“施茶小引”碑联，清代佚名作者。

两岸踏歌声，士女采茶工且艳；满城奏箫管，孩童竹马咏而归。

——湄潭采茶女联，清代吴宗周作。

相识相知不分东南西北；茶情茶意无论春夏秋冬。

——凤冈茶馆联，清代佚名作者。

这几年学术改良，人不买之乎也者；此一路客商颇广，我来卖酒饭烟茶。

——务川牛塘私塾馆联，清代申铭章作。

疲倦而来，兴奋而去；烦愁可释，抑郁可舒。

——务川城南张家茶馆联，清代陈克明作。

茶品可清心；心清可品茶。

——赤水清心茶社联，清代杜西平作。

二、遵义当代茶联选

品香茗海宴河清吟国泰；赏明月花繁锦簇唱人和。

—黄天俊

国泰民安抚琴赏月迎宾客；人和家裕品茗吟诗聚高朋。

——黄天俊

县称鱼米乡：山蜿蜒而秀，水潆洄而柔，土润湿宜种茶，泉甘洌宜酿酒。鲁叟南下，并重农桑，炊烟处犬吠鸡鸣，鼓打笙吹，融融乐也！早获誉为贵州瑞土。

邑是诗书里：人聪颖有略，情笃厚有仪，政通达以和众，厚渊博以应世。浙大西迁，兼明中外，丛树内科研教读，歌吟弦奏，郁郁文哉！曾媲美东方剑桥。

——游湄潭·陈福桐

金游四海赞许圣贤书院；赤遍五洲心享西部茶乡。

——黄正义

茶山郁郁越岭连天雾沁翠芽香古镇；蒲水清清绕村过坝风吹细浪汇湄江。

——茗沁山乡·张宪忠

茶国茶都开胜景，茶史辉煌一页；行吟行草播馨风，行腔优雅无涯。

——贺“茶园行吟”首次笔会胜利启动·娄义钊

风流韵对，古今茶道拓蓝天碧海；慷慨情联，中外食家承翠露丹丘。

——贺“茶园行吟”首次笔会胜利启动（其二）·娄义钊

浙大西迁，文星荟萃，穷乡僻壤漫青霞，万寨农家圆彩梦；

春风北至，茶道弘扬，萎草荒丘铺碧海，五洲商客逐芳魂。

——读《茶的途程》有悟 · 娄义钊

湄江水面呈春，人间绿梦，孰能争雅争柔、争韵争灵、争盘绕九肠而曲挽楼台亭阁？

火焰山巅擎鼎，天下茶壶，谁可比高比大、比香比魅、比昂扬万古而直斟日月星辰？

——题湄江和天下第一壶 · 娄义钊

茶道怡心，旷达空灵寻顿悟；身勤重德，乐生雅趣共和谐。

——肖长林

何以心留宝地，魂留宝地，情留宝地？乃因绿在茶国，美在茶国，醉在茶国！

——魂系湄潭 · 肖长林

口纳祥云，湄江河畔迎远客；腹承甘露，火焰山巅煮新茶。

——题天下第一壶 · 王道秋

春雨春风春水流，春光焕彩；茶山茶海茶香溢，茶国行吟。

——题"茶国行吟" · 王道秋

日照山头，雾散林间，茶歌十里声声美；春临水畔，花开月夜，雀舌一壶叶叶香。

——陈德谦

横游中外绝无二品；纵览古今只有一壶。

——为天下第一大茶壶牌坊联 · 郭福豪

月照数亭，倒影寒潭，恬也；人行独径，轻歌小调，乐哉。

——郭福豪

登楼望茶海，其广无边，其深莫测，壮哉，似海非海；

侧耳听车潮，其声甚沸，其势如涛，奇也，非潮似潮。

——郭福豪

逢天时，有机茶传播四海情；感地利，寸心草报得三春晖。

——罗胜明

茶山香溢留游客，绿水镜平映巨壶；金山茶海浮薄雾，湄潭翠芽吐暗香。

——汪桓武

乡亲咂烟，妙语横生谈年景；诗友品茶，珠圆玉润话沧桑。

——吴之俊

娄山叠翠，春雨茶垄云深浅；湄江清漪，秋风稻田半青黄。

——吴之俊

茶乡风物拾英，放歌茶酒米，春风万里；湄潭人文集萃，精编诗书画，遗泽千秋。

——吴之俊

义泉古镇，紫砂得意系千家，举盏临风邀日月；

胜境瑶琳，茶海无垠香万里，云游信步话春秋。

——茶乡赞·娄集林

一壶香茗湄江河边恋茶城；半瓮窖酒黄果树下醉瀑乡。

——潘玉陶

赋新诗春风啜茗，淑女起舞茶姑献艺西来庵里传佳话；

诵美文桐叶题诗，妙手挥毫墨客抒情桃花源中继古风。

——潘玉陶

火焰山高茗醉我；西来庵静月迷人。

——李俊香

火焰山，巨壶香飘万里；湄江水，微波影动千家。

——“茶国行吟”·湄潭采风·李达荣

茶海千帆抒绿韵；湄江百里涌诗潮。

——王昌贵

二水颠流福地，酿美酒千坛，览世间无此，真仙境也！

一壶刺破青天，容香茶万担，唯湄邑能是，诚佛界哉！

——秀水茶壶·冯政煜

茶韵连天怡雅客；鳞波盈岸润香茗。

——为中国名茶之乡题联·谢振华

品佳茗，弈棋听琴遗雅韵；饮玉液，谈诗论画醉花荫。

——唐官镛

室雅闲聊能添趣；茗佳细品可清心。

——唐官镛

跃居象山一举成名迎四海；初降湄邑几番点缀誉神州。

——诚待天下·苟德良

茶乡茶香，香飘万里；客座客坐，坐侃千言。

——陈金石

味若兰芝，明目清心迪智慧；色如翡翠，益神养气调阴阳。

——姜文哲

壶伴江水江伴壶；春催茶绿茶催春。

——题天下第一壶·傅治淮

捞月黄沙井空穴来风谁不言痴心妄想；种茶金花村金玉满堂我敢夸美梦成真。

——题金花村（黄沙井）·傅治淮

霞披龙凤露润金花月沐琴岛翠滴核桃坝林茶冈峦茶海歌雅美哉山乡景湄江一墨画；
茶绕庭郭桂缀河沿波起荷塘绿染西来庵江枫瑞鹤农舍果鲜妙乎旅游区夷州几桃源。

——题核金龙旅游景区·傅治淮

研经论道，茶道原通佛道；品茗涤心，凡心即是禅心。

——禅茶一味·汪中行

饮茶能茶寿，愿君多念茶经千遍；滥酒非酒仙，劝汝少行酒令一盅。

——雷雄杰

茶凭雅士邀三口；馆近清江得半朋。

——品月茶馆联（拆字联）·颜登荣

火焰山巅大茶壶倚红日美轮美奂；打鼓坡麓湄江水沏翠芽可口可心。

——王嘉有

田坝翠芽雨来染；凤冈绿茶风送香。

——唐文荣

踏春田坝画丹青；汲水龙泉煮香茗。

——唐文荣

仙人上仙人岭品仙人茗；龙泉煮龙泉茶醉龙泉人。

——唐文荣

山青水绿，虎啸龙吟，贵建和谐，总目标为生态省；
野碧天蓝，花香鸟语，州谋发展，主旋律唱采茶歌。

——刘才万

生者自然，不与鲜花争艳色；报之环境，长为雅室散清香。

——张贵祥

生亦绿，长亦绿，凋亦绿，干亦绿，粉身难改绿；
晒弥香，揉弥香，泡弥香，嚼弥香，碎骨愈生香。

——方补长

数片新芽，沏出云山绮梦；一壶活水，斟来沧海豪情。

——粟济源

品茗翠岭，任毛尖爽口，山无俗染，名茶尽纳天然气；

酿趣春宵，凭笙韵洗心，寨有乐鸣，黔地盛吹绿野风。

——宋永纪

一杯清茶引出骚客诗魂墨韵；满壶翠色倾吐知己旧事陈年。

——李华恩

几千年古饮，性集茶茶，功兼药剂，亲近白丁黔首；

新一代时风，减肥降压，益寿美容，贵为绿色黄金。

——颂余庆苦丁茶·佚名

黔省高山涵秀水，得云遮雾护之利养波光，热济温滋者生境态，幸也；

夜郎宝地品茗茶，尽色翠梢肥者丰条紧索，茸多叶嫩之味清香，妙哉。

——赞贵州好茶·王积义

烦恼不妨吃茶去；悠闲乃可品联来。

——赞贵州好茶（其二）·王积义

田坝锌硒茶中行；一山仙人岭上来。

——学古人也为凤冈田坝题一联·佚名

龙泉清清茗茶香；凤岭峨峨书画室。

——余选华

相伴苦甜细品香茗回味久；常随忧乐笑观人世壮怀宽。

——小叶苦丁茶联，孙启明

吃苦亦为享受但观满座高朋细品苦丁小叶如痴如醉；

喝辣同样舒心且观席前雅士漫饮醇香美酒忘辱忘忧。

——陆德昌出句，孙启明对句

若夸龙井毛尖汤色好；当晓苦丁小叶味回甜。

——何惠文

凤冈茶联（佚名）：

仙岭如画经山圣堂聚灵气；神州似锦云阁烟村飘茶香。

仙在山中静观松涛云海；人来岭上漫论茶道禅心。

礼出义门温良恭让；德承茶道和静怡真。

一壶得真趣；七碗更至味。

人说春姑好；茶是野的香。

为爱鸟声多种树；因留茶香久垂帘。

采摘揉捻功夫出手上；冷热香甜滋味在心中。

人间真味地献灵芽；自然本色天造奇珍。

仙游三山五岳此地得道；茶播九州四海他乡扬名。

清风爽气灵秀聚仙岭；鸿图美景茶香满神州。

锌伴硒锌硒香茗人间佳品；林中茶林茶福地天下奇观。

锌硒同聚唯此独有万顷茶海漾碧浪；禅茶一味挂碍全无百态瑜伽舒芳姿。

品茗福地百鸟朝凤话茶道；养生乐土万象澄怀悟禅机。

一杯春露暂留客；两腋清风几欲仙。

万丈红尘三杯酒；千秋伟业一壶茶。

一壶春露暂留客；两杯锌硒几欲仙。

炉沸夷州凤泉水；器泛锌硒龙江茶。

锌硒名茶迎四海宾客；有机品质送八方健康。

东有龙井绿茶千年史悠久；西看凤冈锌硒万里名远扬。

丹桂飘香传万里；绿茶载誉遍九州。

东边色味评龙井；西面锌硒品凤茶。

两叶能香千里客；一杯可寿五洲宾。

第六节　茶灯茶戏

“花灯”是遵义农村最为普遍的表演艺术，主要在春节期间表演。花灯一般有通常唱法、采茶、折子戏三种表演形式，多数以茶为题，故也称为“茶灯”。茶灯的中心思想是一年四季保清静平安、五谷丰登、发财致富。主要包括四个环节：春倌说春，春倌在一年之首告诉人们24个季节，何时下种，何时催收，祝福新的一年五谷丰登；咪茶与推送，剧中人“土地”为主人家点下茶籽并推送，保主人家一年四季清静平安；采茶，请十二花园姊妹为主人家采摘丰收的茶叶；卖茶，主人家的茶采好后，请唐二去卖。四个环节经花灯艺人巧妙铺垫，把不同内容的情节连在一起，演唱起来十分自然。

茶灯的脚本多数为“采茶调”，形式多为一月一唱，但每月之间的故事却有着内在的联系，把十二个月的内容联起来就是一首叙事长诗。遵义各县（市、区）基本上都有自己的脚本，有的还不止一个，往往是大同小异。

茶灯演出一般是每年农历正月初三出灯，到正月十五或十六日收灯，收灯时举行化灯，化灯之后直至来年春节就不允许再唱。遵义茶叶主产县的茶灯是体现地域特色的民族民间文化，不管是舞姿、道具、场面、唱腔以及音韵和唱词，都有着质朴的艺术感染力和美妙意境，还有丰富的民族造型艺术和服饰文化形式，是研究传统茶文化和民间戏曲的重要素材。

一、茶 灯

（一）湄潭采茶花灯

湄潭花灯以“采茶花灯”为主，脚本是“采茶调”，内容生动活泼，富有知识性和趣味性，曲调优美动听，深受群众的喜爱。表演时一般以俊男扮青衣手执茶篮作采茶舞蹈，男主角手舞足蹈逗“幺妹”，其他人一旁“帮腔”。主人在中途用茶点之类的食品来招待，俗称泡茶。玩灯之人吃了以后，也得要有所表示，就得踩茶或谢茶。

踩茶的形式是在人家户的堂屋中举行，由4~6人提着灯笼，用穿花的步伐演唱。中间有唐二和幺妹，首先是茶头土地从大门处唱起进屋来。唱腔独特，一人唱众人和，唱完一段击一次花灯锣鼓。

采茶花灯有挂牌、送春、茶头土地引灯、打理连霄、踩茶、倒茶、合茶和谢茶等步骤。

① 挂牌（挂牌先师在门外说着进门）：

念：金字牌、银字牌、发枝大权挂金牌，金牌挂在大门上，银牌挂在凤凰台。一不早，二不迟，正给主家送宝时，嘿！来了！来了！真来了！好比桃园来进宝，左边进珍珠，右边进玛瑙，珍珠玛瑙一齐进，主家堂屋装不倒。（进屋）

② 送春（仍从大门进）：

咦！步步登高走起来，阳春三月桃花开，左开一对龙凤宝，右开二座状元台。远看青山雾沉沉，来到贵府开财门，左开一扇文官进，右开二扇武官行。文官进，武官行，朝进黄金夜进银。春季财门春季旺，夏季财门月月兴，秋季财门进五谷，冬季财门过金银。四季财门我打开，风调雨顺国太平。站在门前两边望，门神二将在两旁。左门神，秦叔保，右门神，胡将军，你是唐朝二员将，唐王差你把财门。左脚踏门生贵子，右脚跨门踩麒麟，双双脚儿齐跨进，男增富贵女增荣。男子聪明高官做，女子聪明职位尊。一进堂屋向上望，天地君亲在中央，两边文官和武将，三教香火保安康。一看主人门庭旺，两根中柱顶大梁，大梁本是檀香木，二梁本是紫檀香，三梁四梁说不定，不是枫香是柏杨。

（这时主人倒茶）

民间艺人在演唱中，主人不断倒茶相敬。灯师便唱道：

“咦！主人家，很洒脱，进屋就倒茶来喝。一杯茶，热腾腾，喝了一口暖在心。不提茶来犹自可，提起茶来有根生。

三藏西天去取经，他把茶籽带上身，云南贵州都播尽，沿途都有茶树生。

一年二年长苗架，三年四年采茶青，茶叶先用热锅炒，烧起烈火杀茶青。

趁热慢慢揉和拢，一炒二炒味道深。再用文火轮翻烤，毛尖绿茶香喷喷。

若是贵客临府上，开水冲泡待嘉宾，主人香茗味道好，不冷不热最受吞。

春倌喝了一口茶，顿时止渴又生津。书生喝了这杯茶，提神醒脑记忆深。

厨倌喝了这杯茶，解脂去腻除油荤。咳嗽喝了这杯茶，止咳化痰有精神。

眼疾喝了这杯茶，明目消炎眼神清。感冒喝了这杯茶，解热止痛退病根。

尿急尿频喝这茶，肠道通畅又舒心。累了喝得这杯茶，疲劳消除干劲增。

老公公喝了这杯茶，养身延年老寿星。胖子喝了这杯茶，健美减肥线条伸。”

③ **茶头土地引灯**（春倌下，茶头土地在门外唱）：

花灯以茶头土地（牌灯）引灯，唱腔属民间的“九板十三腔”，多以“哩连箫”的形式唱一年十二月。

唱：八月十五天门开，（从接）理呀理边霄，莲花二小姐哟嗬喂！

茶头土地下凡来。（从接）嘿嘿元宵会呀！庆贺闹元宵哇！

（这是茶头土地开门的唱腔，以下凡两句重复一遍）

东方一朵祥云起，南方一朵紫云开。西方一朵黄云起，北方一朵彩云来。中央一朵红云起，五色祥云脚下踩。

我今下凡无别事，元宵会上引路来。茶头土地前面走，花园姊妹随后跟。

高山打鼓唐大姐，苦竹林内孙二娘。提篮打水兰三姐，江边插柳柳四娘。

摇船过江杜五姐，鸭子过河胡六娘。紧水滩头刘七姐，岩上点灯赵八娘。

新打剪刀柴九姐，飞针走线冯十娘。马上开弓十一姐，回銮转驾十二娘。

（唱到此，变调接唱）

我今开言说一声，门神二人听原因。你是天上二员将，玉帝差你把财门。今晚登门来朝贺，茶头土地贺主人。

（进门）

左脚踏门生贵子，右脚踏门踩麒麟。双双脚儿齐踏进，斗大黄金滚进门。

滚进屋来不滚出，滚进主家一堂屋。

念：茶头土地来到此，再不踩茶等几时。闹灯花子何处去，唐二为何来得迟。（下）

（旁白）喂！你谈的哪个唐二？

答：我谈的是元宵会上那个唐二。

（旁白）：咦！你谈那个唐二扯头大得很，昨天他和闹灯花子赶戏场去了，晓得回来没有，我给你喊一下，唐二！唐二咧，茶头土地喊你踩茶！

④ **打理连霄**（唐二从大门外跳进堂屋）：

（锣响，小旦上场和唐二打理连霄）

（小旦和唐二上，打理连霄，二人并排从大门唱起走向香火，扭上去又扭回来，小旦

双手挽毛巾）

（二人唱）正月踩茶是新咧嘿春、理哟！连罗嗬、理哟！世人不知这根罗生罗嗬！理哟连罗啊！理呀连罗！（以下两句一节。重复唱调。）闲来无事勤耕种，三般田土养黎民。

二月采茶惊蛰天，百花开放在人间。可叹世人迷不醒，迷恋梦中女红颜。

三月采茶是清明，家家户户去挂青。好笑愚痴男和女，收拾打扮进茶林。

四月采茶四月八，静看池中美鱼虾。踩花汉子万般假，好似庭院一昙花。

五月采茶是端阳，叹尽历代的帝王。忠臣良将古来有，来见哪个得久长。

六月采茶暑热天，人间忠孝最为先。可叹父母思儿转，倚门守望泪如泉。

七月采茶七月半，盂阑大会在庙前。古庙老僧发善愿，超渡恶魔苦海边。

八月采茶香喷喷，为人忠正守诚心。世间耕读最为本，嫖赌洋烟最误人。

九月采茶是重阳，普天仙子降道场。仙人发下宏誓愿，要渡众生出迷疆。

十月采茶小阳春，苦海茫茫万丈深。波浪滔滔有彼岸，浪子回头是块金。

冬月采茶雪花飞，遍地鹅毛积成堆。雪里寒风吹大地，劝尔早早悔思归。

腊月采茶得一年，杀猪宰羊盼团圆。劳碌奔波为生计，都为一家吃和穿。

（连霄打完后，唐二用花灯调唱两句，就踩茶。）

唱：连霄打到这时止，还不踩茶等几时。

（锣响后，唐二和小旦踩茶，走花灯步伐，唱踩茶歌。）

⑤ **踩茶**（花灯又分采茶、穿花采茶、倒茶、合茶、谢茶）：

（花灯踩茶和穿花踩茶相结合）

正月踩茶是新春，家家户户喜盈盈。闲来无事茶园进，整枝除草护茶林。

二月踩茶把衣单，百花开放艳阳天。可叹世人迷不醒，怎不早起进茶园。

三月踩茶是清明，家家户户去上坟。只有茶姑忠职守，收拾打扮在茶林。

四月踩茶四月八，闲看池中绿荷花。荷花虽美无心看，早出晚归去踩茶。

五月里来是端阳，清风拂面飘茶香。郎骑白马把坡上，妹在园中踩茶忙。

六月踩茶暑热天，踩茶姑娘满山间。汗透衣衫露玉体，哪管探花痴情男。

七月踩茶秋风凉，家家夜晚制茶忙。郎制香茗妹相伴。一担茶叶成担粮。

八月踩茶各满收，茗茶起运售九州。

九月踩茶值重阳，普天仙子庆贺忙。众仙赴会观天下，敬茶杯杯慢品尝。

十月踩茶小阳春，踩摘茶果进茶林。拾担茶果空九担，担担茶果运回程。

冬月踩茶雪花飞，遍地鹅毛积成堆。培茶翻土何惧苦，依恋茶山迟迟归。

腊月踩茶逢大寒，杀猪宰羊过新年。一年一度巡回转，半年辛苦半年闲。

（这又转成花灯调唱两句）

唱：我今唱到这些止，红灯踩茶正当时。

（众人提灯笼上，与唐二，小旦用穿花的舞步和队开踩茶，一人唱，众人和）

唱：正月踩茶是新年，郎骑白马进茶园。茶叶采起十二担，姊妹双双乐开颜。

（众人唱）红花朵朵开呀！白花朵朵香呀！姊妹啦的踩茶呀哈转回来哟嗬喂。

（以下唱四句，众人接唱调门，音调相同）

二月踩茶茶发芽，姊妹二人去踩茶。大姐踩朵灵芝草，二姐踩朵牡丹花。

三月踩茶茶叶青，姐妹房中织衣襟。大姐织起茶花朵，二姐织的踩茶裙。

四月踩茶麦穗黄，妹妹心中两头忙。忙得遍山茶叶老，忙中无瑕会情郎。

五月踩茶茶叶圆，茶树脚下花蛇盘。见“蛇”不打三分罪，妹在园中盼哥还。

六月踩茶热忙忙。多栽茶树少栽杨。多栽茶树结茶果，栽下杨柳歇阴凉。

七月踩茶秋风凉，裁缝下分做衣裳。大姐做对龙凤宝，二姐做对双凤凰。

八月踩茶中秋节，姊妹踩茶到圆月。粗茶细茶都踩尽，哥到园中月不缺。

九月踩茶是重阳，菊花泡茶满屋香。妹妹举杯劝哥品，味到口中暖心房。

十月踩茶渡大江，脚踏船儿过江洋。收拾茶担下湖广，莫忘给妹买衣裳。

冬月踩茶冬月冬，十担茶籽九担空。只要哥哥情义在，茶空妹妹房不空。

腊月踩茶雪满山，背包打伞讨茶钱。我把茶钱讨过手，欢欢喜喜过新年。

（在穿花踩茶时，唱一段后，其中一人开始打插，俗称扯笑谈。）

（这种插话打诨，故意惹笑取乐。像这样唱一段，又打一次插，整个场子面十分热闹欢乐。）

⑥ **倒茶**（踩茶从正月踩起到腊月后，又从腊月唱起倒回正月来，这叫倒茶）：

（唐二白）：卖茶哟！卖茶哟！（内应）卖的什么茶？（唐二）：有粗茶、细茶、红茶、绿茶、金尖、银尖、毛尖、样样都有。（内）：要细的，不要粗的。（唐二）：粗的卖给谁呀！（内）：没有人要倒了就是。（唐二）：要得，借他们先生的锣鼓，我们倒茶去。

（倒茶唱倒茶调）

倒采茶从腊月唱到正月：

（领唱）：腊月有一个倒采茶，（众接）：哟依哟嗬喂！

（领唱）：牡丹一支，芙蓉山楂花开，柳州小姐倒踩茶！（众接）：得一哟年罗嗬嘿！

（领）：背包只啥！打伞啥！（众）：锦绣花开，野兰花开、开一个讨茶钱呀！

冬月有一个倒采茶，（过门调相同，只后一句不同）开一个九担空呀！

（这中间仍可打插）

九月有一个倒采茶。（过门调）开一个花衣裳呀！

八月有一个倒采茶。（过门调）开一个满屋香呀！

七月有一个倒采茶。（过门调）开一个月儿圆呀！

六月有一个倒采茶。（过门调）开一个歇阴凉呀！

五月有一个倒采茶。（过门调）开一个双凤凰呀！

四月有一个倒采茶。（过门调）开一个花蛇盘呀！

三月有一个倒采茶。（过门调）开一个会情郎呀！

二月有一个倒采茶。（过门调）开一个牡丹花呀！

正月有一个倒采茶。（过门调）开一个回家园呀！

（这又转成花灯调唱两句）

唱：我今唱到这些止，红灯踩茶正当时。

（众人提灯笼上，与唐二，小旦用穿花的舞步和队开踩茶，一人唱，众人和）

⑦ **合茶**（倒茶完毕，又要从正月和腊月，二月和冬月，两个月配合唱一遍，这叫合茶，所唱调门不同，也是一人唱众人和）：

唱：（领）正月里！（众接）单啦咦踩茶唉！

腊月里！（众接）双啦咦踩茶唉！

（幺妹）：哥呀你踩茶咦！（哥）：妹呀你绣花唉！

（领）：金生，银生，（众）龙凤花灯，（领）金开、银开、主人家的时运开呀！（众接）：柳州小姐，踩是踩茶来哟嗬喂！（锣后，两月一段唱，调门相同）

冬月里，单踩茶，二月里，双踩茶。

十月里，双踩茶，三月里，单踩茶。

九月里，单踩茶，四月里，双踩茶。

八月里，双踩茶，五月里，单踩茶。

七月里，单踩茶，六月里，双踩茶。

（这样唱完后，踩茶人道白，谢主人，辞行。）

（道白）：踩茶娘子身穿青，（众）手提花花灯，（领）踩茶之人要起身。（众）主人富贵荣华万万春。（锣停后，其中一人道白）：堂屋中有块石板，一锤打个眼，我们年都没有拜，咱个这么厚的脸，打起锣鼓去看厚脸皮去）。（下）

就这样个踩茶过程结束，若中间加一则闹灯花子的戏，要三四小时，所以一般情况下少用踩茶，都用谢茶。

⑧ **谢茶**（吃过茶点后，一人出场唱一则花灯后，就谢茶）：

唱：唱灯唱到这些止，还不谢茶待几时。（谢茶调）：吃了主人茶哟！嗬哟嗬哟啊喂，要谢主人茶哟！嗬喂！恭贺主家年年发吗！溜溜灯，好不好玩耍，溜溜灯哟！几不好玩耍。（以下唱腔一样）

吃了主人饭，要谢主人饭，恭贺主家财百万。

吃了主人烟，要谢主人烟，恭贺主家发万千。

吃了主人酒，要谢主人酒，恭贺主家年年有。

（二）凤冈茶灯

凤冈民间每年新春佳节花灯戏都涉及到说茶颂茶，基本以茶的话题为主，因此花灯也称茶灯。茶灯以唱茶调、道茶事、跳茶舞、逗茶趣为主要内容，并以借众茶神之力消灾除秽、还愿祈福、送财送宝等为主要功能。凤冈人对茶的钟爱是虔诚而悠久的，人们敬茶为神，顶礼膜拜，茶灯与茶文化历史悠久密不可分，过去凤冈以茶、桐、棕、麻等土特产为主要经济支柱，其中茶最为突出。凤冈茶灯正是植根于这样一个文化生态环境之中，茶灯传承着凤冈人对茶理解和诠释，成为凤冈茶文化最独特有效的载体。

县内茶灯种类很多，东南西北表现式不同，邻近村寨也有相异。

下面是凤冈茶灯的一般模式：

1. 茶灯堂子

凤冈茶灯常以村寨、家族、地域命名，如安家茶灯、李家茶灯，堆子洞茶灯、刘家寨茶灯。茶灯班子亦称为“茶灯堂子”，且有“满堂灯”与“半堂灯”之分。“满堂灯”堂子为22人，负责演茶头大仙1人、唐二仙官1人、丑角1人、旦角1人、春倌1人、12花园姐妹12人，另有乐器手5人，共有牌灯1盏，代表茶灯诸茶神，花灯笼12盏，代表12花园姐妹（也称12娘子），并选灯头1名，相当于总管，负责玩灯期间管理灯堂日常事务，联络灯堂人员和安排出灯收灯诸事；“半堂灯”班子仅有16人，花灯笼仅有6盏，12花园姐妹减少了6人，其余与“满堂灯”一样。灯堂敲打的乐器有马锣子、手鼓、钩锣、锣、钹等。

一般过了正月初二，茶灯堂子便开始扎灯了。扎灯时，要在寨中或族中挑选一户家庭和睦、喜好茶灯的喜庆吉利人家作“灯堂”。“全堂灯”需扎牌灯1盏，牌灯是用竹篾编扎成型，再用皮纸与彩纸裱糊装饰而成的彩色扁盒形灯笼，四周不缀花饰，下绑长竹竿以利出行扛拿。需扎花灯笼12盏（半堂灯只需扎6盏），花灯笼为彩色棱柱形灯笼，扎法与牌灯类似，只是在灯笼顶部和底部加罩，并在四周悬挂彩纸花缀，更加好看。牌灯为茶灯中的主灯，灯内可插两支蜡烛，牌灯上书写着众茶神的牌位，代表着茶灯诸神，在茶灯中处于至高无上的地位。12盏花灯笼，每个花灯笼内仅可插一支蜡烛，代表12花园姐妹，出灯时紧随牌灯其后。

2. 敬灯封神

扎完茶灯，就该挑选黄道吉日出灯了。正式出灯前，茶灯堂子还得举行一场盛大的祭灯仪式，那就是"敬灯封神"，也称"开光点像"。就是以敬灯祭灯的形式，请下牌灯神位上的诸茶神，让茶灯由此具备天人合一、君神一体的无上神通，拥有斩妖除魔、赐福送宝、除秽纳新之威力。正因为此，传言当地众灯戏，如龙灯、狮子灯路遇茶灯，都得停下向茶灯的牌灯敬香敬纸，让茶灯先行。

出灯当晚，灯堂成员先将牌灯、花灯笼都点亮蜡烛，并在灯堂靠右边将牌灯供奉好。供奉时牌灯前需要供桌或供凳1张（根），上放3杯净茶、3炷香、1支烛、1碗刀头。牌灯上还要插香3炷，挂长钱1束。灯头或传人带头举行敬灯封神仪式，仪式中口念祭语，酒斟3巡、祭拜3次，请神下界，并打卦占卜，如打得胜卦，意为神已下凡。接下来又要口念敬词，请求众神扶持茶灯堂子，祈福一方。做完仪式，便标志着众茶神下界，已将其神力附着于牌灯之上，茶灯堂子可以出灯了。

3. 出灯要灯

每过正月初七逢黄道吉日，在做完"敬灯封神"仪式的当晚，茶灯堂子就开始出灯了。玩茶灯也称要茶灯，有"串寨要"和"坐堂要"两种形式。前者主要指茶灯堂子走村串寨，哪家接灯就在哪家要灯；后者则指有许灯愿人家或喜灯人家先预约，提前接走牌灯并敬香纸烛将其供奉于自家堂屋的，茶灯堂子会专门为该户人家要灯还愿、要灯祈福。

茶灯堂子在主家要灯，一要往往是持续五六个小时。按时间先后顺序大致有开财门、丑角念白、旦角走游台、春倌说春、请上香娘子、请茶头大仙与唐二仙官、请采茶娘子、采茶、倒茶、散茶、团茶、推送、关爷扫堂等环节。要灯中会大量采用念白、唱腔、歌舞等形式，环环相扣、节节推进剧情，由此完成一台完整的茶灯戏。戏中除祭神敬圣、送财送宝、除秽祈福等内容，还以插科打诨的方式，在戏曲中调侃逗趣，戏说老百姓的爱情、婚姻及日常生产生活。而茶灯中，最典型的内容莫过于道茶、采茶、倒茶、散茶等与茶事相关的内容，彰显出凤冈民间茶文化历史的悠久与深厚，让人看后回味悠长。其中最典型的几段如下：

① **道茶的根生**：此段为春倌说春剧幕中最典型的说春词。

栀子花儿转转青，又把茶叶表分明。

昔日有个唐三藏，他到西天去取经，什么宝物都不带，专把茶籽带随身。挑起茶籽往前走，挑起茶籽往前行。挑起茶籽雷公山前过，雷公山前好点茶。又怕雷公震茶籽，又怕火闪扯茶根，这回茶籽点不成。挑起茶籽东岳山前过，东岳山前好点茶。又怕东岳霉茶籽，霉了茶籽又不生。挑起茶籽往前走，挑起茶籽往前行，挑起茶籽野猪山前过，野猪山前好点茶，又怕野猪拱茶籽，又怕野猪拱茶林，这回还是点不成。挑起茶籽大河边上过，大河边上好点茶，又怕河水冲茶籽，又怕河沙泥茶根，这回还是点不成。挑起茶籽国母花园过，国母花园好点茶，一十二根为一亩，一十二亩为一园。正月里去摘茶，茶在山中未发芽；二月里去摘茶，茶在山中正发芽。主家有个巧大姐，主家有个巧姑娘，姐妹双双去摘茶。摘回就用烙锅炒，箩筐挼（方言：音ruá，意为揉、搓）。炒两炒、挼两挼，这是主家好细茶。茶是山中灵芝草，水是洞中芙蓉花，宾客吃了说道谢，春倌吃了远传名。

② 采茶调：“采茶”环节，代表茶灯戏进入高潮阶段。采茶中，堂屋中央的桌上摆着13个碗，每碗装上净茶，即一月一碗，加闰月一碗。十二娘子边转边跳采茶舞，并由领头娘子领舞领唱，后面的娘子跟舞跟唱。全调唱词如下：

正月采茶是新年，背包打伞点茶园。点得茶园十二亩，问郎卖得好价钱。

二月采茶茶发芽，姊妹双双去采茶。大姐摘多妹摘少，摘多摘少转回乡。

三月采茶茶叶青，奴在房中织手巾。大姐织起茶花朵，二姐织得采茶衣。

四月采茶茶叶长，姊妹双双两头忙。大姐忙来秧又老，二姐忙来谷吊黄。

五月采茶茶叶团，茶叶脚下老蛇盘。你把茶钱交与我，山神大地管茶园。

六月采茶热茫茫，多栽桑树少栽杨。多栽桑树养蚕子，少栽杨柳歇阴凉。

七月采茶茶叶稀，妹在房中坐高机。哥织一件书房去，妹织一件采茶衣。

八月采茶茶花开，风吹茶花落下来。大姐捡朵头上戴，二姐捡朵怀中揣。

只准戴来不准揣，人多花少散不来。

九月采茶是重阳，菊花造酒满缸香。别人造酒酸甜味，杜康造酒香满缸。

十月采茶雨淅淅，麻风细雨打湿衣。麻风细雨高撑伞，哥在外头受苦些。

冬月采茶过冷冬，十石茶籽九石空。十石茶籽空九石，今年茶籽枉费工。

腊月采茶过大江，脚踏船头走忙忙。脚踏船头忙忙走，卖了细茶转回乡。

闰月采茶又一年，背包打伞讨茶钱，你把茶钱交与我，今年去了万不来。

唱完“十三月采茶调”，即意味着十二花园姐妹已将主家茶叶全部收摘归家了。

③ 倒茶调：紧随“采茶”之后，便是“倒茶”仪式了。寓意将主家多余的茶、不好的茶倒掉，并遵循反向倒茶原则，即由岁尾向岁初倒。十二花园姐妹进行“倒茶”仪式时，边舞边唱“倒茶调”，边将主家堂屋中央桌上茶碗中的净茶倒掉，并坚持“八月不倒，系主家收割之茶；六月不倒，系主家解渴之茶；四月不倒，系主家插秧之茶；正月不倒，系主家待客之茶。”同时“倒茶调”唱法，也有“单月倒”和“双月倒”两种。一

般来讲，如果时间充裕，主家又热情喜客的，就唱单月倒茶调。《倒茶调》唱词如下：

十三月里（指闰月）倒采茶，柳州小姐牡丹一枝茶。插花绣花，绣齐栀子、芙蓉、牡丹一枝花。又一年，背包打伞，锦绣花儿开讨茶钱。你把茶钱哥呀海棠花交与我，今年去了锦绣花儿开呀万不来。

十二月里倒采茶，十一月小姐忙倒茶。郎呀郎采茶，娇绣花，栀子绣牡丹，刘汉戏貂蝉，上栽杨柳下栽桑。春丙阳阳，夏丙阳阳，扬州打马状元郎，头上我爹娘，脚下我贤妻，王亲三拜锦绣花儿开呀双倒茶。

十月里倒采茶，九月小姐双倒茶。郎呀郎采茶，娇绣花，栀子绣牡丹，刘汉戏貂蝉，上栽杨柳下栽桑。秋丙阳阳，冬丙阳阳，扬州打马状元郎，头上我爹娘，脚下我贤妻，王亲三拜锦绣花儿开呀双倒茶。

七月里，倒采茶。柳州小姐牡丹一枝花。插花绣花，绣齐栀子、芙蓉、牡丹一枝花。茶叶稀，奴在房中锦花儿开坐高机。哥织一件哥呀海棠花书房去，妹织一件锦绣花儿开呀倒茶衣。

五月里，倒采茶。柳州小姐牡丹一枝花。插花绣花，绣齐栀子、芙蓉、牡丹一枝花。茶叶团，茶叶脚下锦花儿开老蛇盘，你把茶钱哥呀海棠花交与我，山神土地锦绣花儿开呀管茶园；

三月里倒采茶，二月小姐双倒茶。郎呀郎采茶，娇绣花，栀子绣牡丹，刘汉戏貂蝉，上栽杨柳夏栽桑。春丙阳阳，夏丙阳阳，扬州打马状元郎，头上我爹娘，脚下我贤妻，王亲三拜锦绣花儿开呀双倒茶。

④ **散茶调**：散茶即为卖茶，意指帮助主家把茶卖到各州府县。在散茶剧幕中，十二花园姐妹要边舞边唱《十三月散茶调》，唱词如下：

正月散茶到路旁，三千七百走忙忙，三千七百忙忙走，买些物件送茶娘；

二月散茶到街坊，街坊有个算命娘，将钱就把八字算，这张八字胜高强；

三月散茶到湖北，湖北种些好荞麦，年轻之时容易过，八十老汉受饥寒；

四月散茶到四川，四川有个峨嵋山，峨嵋山上释加佛，阿弥陀佛拜神仙；

五月散茶到海边，海龙海马闹喧喧，海马海龙喧喧闹，飞得过海是神仙；

六月散茶到浙江，浙江扇儿亮堂堂。将钱就把扇儿买，买些扇儿扇凉风。

七月散茶到机房，机房织些好绫罗，将钱就把绫罗买，买些绫罗裁衣裳；

八月散茶到江西，江西白米好浆衣，哥浆一件书房去，妹浆一件散茶衣；

九月散茶到河南，天星地旦在河南。河南有根天星树，早落黄金夜落银。

十月散茶到柳州，柳州苗儿黑油油，柳州苗儿高吊起，柳州苗儿不害羞；

冬月散茶到云南，背包打伞上云南，人人都说云南好，腰中无钱处处难；

腊月散茶到贵州，贵州是个山沟沟，山高也要人行路，水深还有渡船人；

闰月散茶又一年，背包打伞讨茶钱，你把茶钱交与我，今年去了万不来。

耍灯之夜，接灯人家还会奉上香纸烛油来敬灯。同时，还要备上些油茶煮汤圆，油茶下炒米、米花、荞皮、黄饺、炒粉等泡茶，或米酒煮滚团粑等宵夜来招待耍灯人及前来看灯的邻里乡亲。于是，一台除邪扶正、送福纳瑞、添趣斗乐的茶灯戏，又营造出一派邻里和睦，好客闹热的村落风情。

4. 送圣化灯

过了元宵节，万象复苏，春耕在即，该化灯忙农活了。于是，茶灯堂子就要选一黄道吉日化灯。化灯有两个仪式：

①**“送圣”也称“送灯”**：过元宵节逢黄道日，茶灯堂子先在牌灯前的供桌放上米粑12碗、豆腐1块、刀头1碗。再用茅草扎茅船1艘，打清水1盆，由受传弟子带头插上香烛，在每个灯笼上挂长钱1束，再烧纸。茅船要放在供桌下的水盆中，意为辞别茶灯，送走神圣。

②**“化灯”**：化灯选址多在河边或湖边、水渠边、山塘边。如高山无水之处，也可打盆清水替代。化灯当日，茶灯堂子全体成员要化妆着戏服，将牌灯、灯笼、茅船、耍灯用具等一并用稻谷草烧掉。一般情况下，乐器和新做的戏服不烧，但必须要用烟子薰一下，视为已烧过。上妆人员，也在化灯时卸妆。化灯返寨时，忌敲打乐器和大声说话，忌回头看，意为怕惊扰返回仙界的茶灯众神。如惹怒他们，将会重返回人间停留不走而制造麻烦。

事事日新月异，山乡已改新颜。凤冈茶灯和诸多地方灯戏一样，正濒临消亡。而那些古老的茶舞、茶调、茶趣，正是滋养今天凤冈茶的民俗之源。

（三）市级非遗高腔茶灯

作为一种传统民间艺术，凤冈县进化镇沙坝村响水岩茶灯是民间曲艺的突出代表，当地人通过高腔茶灯表达了他们对祖先的感恩情怀，体现了这个地方浓厚的人文情愫，用戏剧展示了当地的人生礼仪、风物人情和民间文学、音乐等艺术，具有社会价值、文化价值、民俗价值，被列为遵义市第四批非物质文化遗产保护（图12–20）。

图 12–20 市级非遗——凤冈进化镇高腔茶灯

沙坝村响水岩茶灯的表演以打击乐器为主，表演者最初是两人，一丑一旦，丑角又称唐二，旦角又称幺妹。“茶灯”中的角色有春倌、开路先锋、十二采茶娘子、茶头大仙（茶头土地神）、唐二仙官（担夫）、关公。“十二采茶娘子”以村童十二人头饰衣裙妆扮，人员少时，可减至二人，手提茶篮，从高到低依次为“大姐”“二妹”……“幺妹”，打击乐组至少8人，计有30余人参与。

茶灯表演时步法各异，边走边唱采茶歌，跳采茶舞，说白话。场外伴奏者，挑灯笼者帮腔，歌声宏亮而悠扬。每唱完一段歌词，需打击乐间奏。

相关乐器有马锣、铜锣、钹（一般一副两用）、鼓，应该注意的是，鼓是凤冈茶灯的灵魂乐器，在演出伴奏中起着指挥作用。

表演时唐二作半蹲状，紧紧围绕幺妹转，两者动作夸张而滑稽。有时也根据场地的需要，也有三人或多人表演的。唐二在椭圆形场内作“撮箕口、门斗转、半边月、耙子路、圆场、半圆场式”的表演，时而穿梭走动，时而作对演唱，唱词风趣，说白逗笑，观众为之捧腹大笑。

表演程序依次为采茶、卖茶、倒茶、谢茶、团茶，每一节都由采茶调配合舞姿完成，两者相互辉映，甚是优美。其唱腔以吼唱为主，高亢激烈之音也体现了当地人的文化艺术风格。制作灯具需用到金竹、斑竹、阳山竹、皮纸、颜料、篾刀、剪刀等。表演全套采茶歌，同时把事先写好的“祭文”焚烧，所有玩灯之人将衣箱道具、锣鼓、剩余钱物从火堆中跨过，表达全村男女老少，诚心诚意玩耍茶灯，敬奉了各类神灵，乞求保佑六畜兴旺，五谷丰登，家家清洁，户户平安。最后，将衣物道具送至下届灯头家中。

（四）正安采茶舞

采茶舞并不是以采茶动作而形成的舞蹈，而是春节玩花灯的一种特有的方式。花灯分唱灯和玩灯，唱灯是主人请去后，以舞蹈和戏剧夹杂着唱到天亮，然后到这一村寨的每家每户玩灯，待主人用鞭炮迎接开财门进堂屋后进行。如果主人只摆上香烛，只进行礼节性的玩灯；如摆上条方（肋条肉）、利食（钱），就要跳采茶舞。采茶舞的方式是三人执灯笼，以锣鼓为音乐穿梭起舞，锣鼓停后边唱采茶歌边舞。

图 12-21 正安仡佬族采茶灯

唱完一段，再循环往复，每段七言四句或八句，称十二月采茶。不管四句或八句，都是以“某月采茶……”开头，唱词优美动听，配以锣鼓，给春节增添了无尽的喜庆。

采茶舞所用的台本基本上就是采茶歌。21世纪初，由正安县文联收集整理，来源于境内市坪乡黑阡坝的《采茶灯戏》(图12-21)，就有茶老嘴1人、财神4人、姑娘8人等众多人物，亦有一定的故事情节和“吐香茶叶长得高，白云缠在半山腰。下雨过后太阳出，十里方圆茶香飘”等表现茶的唱词。该茶灯戏多次赴贵州省市调演，均获好评。

正安采茶舞的一个台本（一月八句，也有一月四句的）：

正月采茶是新春，庆贺诸亲道友们。请坐中堂把宴摆，金童玉女把酒斟。

蒲盘装的龙凤果，玉液琼浆香味馨。香味馨，香味馨，吃了长生不老春。

二月采茶是春分，百草排芽往上生。春雷一动阳光润，万物发生育养青。

修行好比春来草，不见其长日有生。日有生，日有生，久远不退坐莲凳。

三月采茶是清明，家家户户去扫坟。扫尽尘垢参宗祖，保佑儿孙入朝庭。

左右相伴君王主，龙楼凤阁我住定。我住定，我住定，才是得道好美名。

四月采茶四月八，官民朝贺佛菩萨。佛祖修炼善功大，割头了道谁学他。

善男信女听佛法，玄机兴妙真无价。真无价，真无价，得受一贯祖宗拔。

五月采茶是端阳，龙船轰轰办道场。驾船儿郎普开渡，头尾艄公把船掌。

着力划到曲江岸，有功儿女讨封赏。讨封赏，讨封赏，仙衣云鞋登莲邦。

六月采茶热难当，种田农人修整仓。谷子扬花成季放，时节已至收回藏。

三花取顶五谷会，龙吟虎啸入黄房。入黄房，入黄房，万脉归根极乐乡。

七月采茶正立秋，心猿意马牢拴收。恐防遇着迷魂鬼，失落真性地狱囚。

三省吾身当保守，九思自然功成就。功成就，功成就，逍遥快乐步瀛洲。

八月采茶桂花香，诸佛下世架慈航。要度九二原来子，同上灵山伴法王。

大觉金仙来取会，妹妹相逢伴亲娘。伴亲娘，伴亲娘，人人坐定紫金堂。

九月采茶是重阳，怀中佛法紧色藏。王法堂前官严禁，言语慎微莫颠狂。

暗钓贤良证佛榜，万古名标天下扬，天下扬，天下扬，总知修人好风光。

十月采茶降雪霜，伏外故客早回乡。看看三灾八难降，失乡儿女怎躲藏。

罡风一动难抵挡，任是仙人也作忙。也作忙，也作忙，得受玄关无惊慌。

冬月采茶雪飞天，伴道儿郎莫外迁。个个等后龙砂会，收园普度在眼前。

众观时年大改变，愚昧众生看不穿。看不穿，看不穿，他想家财受万年。

腊月采茶雪梅开，伶神儿郎要归来。那时五魔来下界，官员才把天道拜。

诸佛齐赴蟠桃会，功园果满脱圣胎。脱圣胎，脱圣胎，常伴老母永不来。

二、茶戏

作为舞台艺术的茶戏流传不多，主要见于舞台茶艺表演。下面仅举一例：

月圆花好三道茶——凤冈县民间礼俗茶艺表演脚本（创作：杨超、姚秀丽、谢晓东）

音乐：民俗音乐

人物：新郎（男茶艺师），新娘（女茶艺师），伴郎、伴娘（助泡2人）、伴舞（8人）

背景：黔北民居

道具：大门上贴大红色双喜挂图及对联，院子围上竹栅栏，院角有竹林。院中摆放竹桌（正方形）1张（桌上摆放木瓢1个、茶碗7~9个、茶巾2张、长竹筷1双、泡茶配料、茶叶）、竹凳4个、草墩4个。旁边摆放火盆[上面安放三脚架、砂土开水罐、小砂锅（烤茶用）、煮茶罐]。

开场（音乐响起）。

画外音（解说）：在心灵的故土，养生的天堂 —中国西部茶海之心凤冈。这里是凤鸣高岗的地方，古有黔中乐土之称，今有锌硒茶乡之誉！这里是凤凰栖息的地方，漫山林茶相间，满园鸟语花香！这就是贵州省凤冈县——夜郎故地，醉美茶乡。

茶在凤冈人的生活中是不可缺少的生活必需品，有客来敬茶的礼节，更有独特的婚典茶礼。月圆花好三道茶茶艺，展示的就是凤冈民间婚嫁中的茶礼习俗。三道茶即相亲时的问茶、订婚时的下茶、结婚时的合茶。

第一道茶——情窦初开（罐罐茶）

情景表演：优美的凤冈民间乐曲与画外音中，初恋的男青年手提装了茶食的竹篮，一脸幸福，迈动舞步来到女孩家的门前。女孩从屋里舞蹈而出。两人手牵手舞蹈至女孩家堂屋，双双谦让，同坐在堂屋的火坑边。

火坑里，篝火正旺。

男孩取来茶罐，先将茶罐放在篝火上烤热，再从自己带来的竹篮里取了茶叶放入茶罐炙烤，然后注入水放在篝火上煮着。男孩含情脉脉，女孩羞羞答答，他俩爱意连连，演绎着一段甜蜜的爱。

男孩执手取了茶罐放于茶几，又取了茶碗，将浓浓的茶汤注入茶碗，用嘴吹吹热气，献给女孩。女孩在娇羞中很甜蜜地饮（啜）一小口，幸福极了，随后将茶递给男孩。

男孩一饮而尽，挽住女孩舞蹈而下。

画外音（解说）：在凤冈民间的婚俗中，把订婚说成拿茶、受茶、吃茶，订婚的礼品称为茶金，彩礼称为茶礼等，婚礼中要拜茶谢亲友，新娘要泡茶献亲朋好友。俗话说“好女不吃两家茶”，是对美满婚姻的最佳解说。罐罐茶，有着深厚茶文化底蕴，是凤冈人的饮茶习俗。凤冈农村，家家户户都会煮罐罐茶，家家户户都要喝罐罐茶。一般家庭都设有火塘，煨罐罐茶要选用本地砂土茶罐，洗净后装上山泉水放在火塘上烧开。将自制的土茶叶用炭火烤至焦香，然后投入烤热的茶罐中，在滚烫的开水中慢慢熬制，待其小涨移开茶罐，等到茶叶沉淀，茶水变浓时再饮用。罐罐茶，汤色红浓，香气独特，生津解渴。在节日或农闲的日子里，烧一塘旺旺的疙兜火，煨一罐浓浓的老土茶，热恋中的男女围着火塘，喝着酽酽的香茶，说着缠绵的情话。这甜蜜的柔情，渐渐融化、陶醉在这香浓的罐罐茶里。这头道茶犹如情窦初开，热烈，浓酽，正是爱情如火的象征。

第二道茶——爱情甜蜜（煮油茶）

情景表演：欢快热烈的凤冈民间乐曲。

在欢快热烈的凤冈民间乐曲与画外音中，新郎身后紧跟一架盛满礼品的抬盒，舞蹈至新娘家门前，新娘的朋友从屋里出来，将新郎一行迎进堂屋。

新娘在三两个闺蜜相伴下，观看新郎与伙伴们将抬盒里的礼物（茶食果品、米花荞皮等必备）一一展示并摆放在竹桌上。

音乐更加热烈明快。新娘被伙伴们推向茶几前。伙伴们取来茶具一一摆放在茶几（桌）上。新娘开始泡茶。众人注视着新娘泡茶。

画外音（解说）：古代汉族先民认为，茶树只能直播，移栽不能成活，故称茶为“不迁”，在婚姻恋爱中象征坚贞不渝的爱情；茶树多籽，汉族人家传统观念祈求子孙繁盛、家庭幸福，于是多在婚礼中作为聘礼、彩礼。

凤冈世代流传男女订婚以茶为礼的习俗，茶礼成了男女之间确立婚姻关系的重要形式。因茶性最洁，寓意爱情冰清玉洁；茶不移本，表示爱情坚贞不移；茶树多籽，象征子孙绵延繁盛；茶树四季常青，以茶行聘寓意爱情永世常青。茶在凤冈民间婚俗中历来是纯洁、坚定、多子多福的象征。所以定亲时，男方聘礼中茶叶是必不可少的。男方要向女方家纳彩礼，即下茶礼。女子接受了男方下聘的茶礼，称之为吃茶。在定亲当天，女方要用男方聘礼中的茶叶熬制油茶来款待男方的宾客。这第二道茶象征着爱情甜蜜、丰富、圆润，是爱情即将圆满之前的最好演绎。

第三道茶——月圆花好（和合茶）

情景表演：乐曲转入欢快的迎亲调。

多声部画外音：娶新媳妇喽！

画外音中，新郎伴着迎亲抬盒、热烈地抬上舞台。

画外音中，众伴新人舞蹈至茶桌。新郎、新娘开始泡茶。

画外音（解说）：

在凤冈民间，迎亲之日，闹婚礼的青年男女涌进张灯结彩的大门，将在门边迎客的新郎、新娘连推带搡，拉到堂屋里，让新郎、新娘给前来贺喜的宾客捧上放有蜜饯、喜糖、茶水等“茶配”的茶盘，这一礼俗称为“吃新娘茶”，也叫“和合茶”，蕴含着祝福新婚夫妇日后和和美美，合家欢乐。

茶台平铺大红龙凤牡丹图桌布，寓意龙凤呈祥、富贵延年；茶具选用盖碗，象征天地人和、天造地设；茶叶所选之茶是凤冈红茶，加入适量冰糖和桂花，冲泡出来的茶汤红浓艳丽，预示婚后的日子红红火火、甜甜蜜蜜。此外再配以红枣、花生、桂圆、瓜子等茶点佐茶，寓意早生贵子、百年好合。有道是“品饮新娘茶，一生福无涯”。让我们随着新娘敬献的那杯清甜的香茶，细细地品味那份浓浓的甜蜜和满满的幸福。

洞房花烛夜、良辰美景时。月圆花好三道茶头道茶热烈，浓酽；二道茶丰富、圆润；三道茶幸福、圆满。在这个花好月圆的日子里，借这三道茶祝天下有情人终成眷属，祝在座的各位茶友家庭幸福美满！

第七节　茶歌茶舞

上节所述茶灯，指每年春节期间以花灯为载体，以茶为内容的活动。本节所述茶歌，则主要指日常劳动、生活中吟唱的民间茶俗歌谣，是指以茶或茶文化活动为主要对象产生的歌曲、歌谣、小调等，其形式简短，通俗易唱，寓意深刻。内容有农作歌、生活歌、情歌等。有的茶歌，如知识性的十二月采茶调，既可以在日常生活劳动中自由吟唱，也可以作为上节所说的茶灯的脚本。茶歌一般来源于三种渠道：由关于茶的诗词到茶歌，就是由文人的作品转变成歌曲；茶叶生产活动中形成的民谣，文人把民谣整理后，配上乐谱，再返回民间；完全由茶农和茶工自己创作的民歌或山歌。

茶舞，是以茶事活动为主题，人体舞姿摹拟茶事茶情的艺术，主要指包含舞台上表演的舞蹈。

一、茶 歌

（一）民间传统茶歌

日常演唱的采茶歌一般包含：

1. 表达饮茶情趣、描写日常习俗或良好祝愿

湄潭洗马乡采茶歌

头遍采茶发嫩芽，手提篮子头戴花。姐采多来妹采少，采完茶叶早回家。

二遍采茶正当春，采完茶来绣手中。两头绣起茶花朵，中间绣起采茶人。

三遍彩茶忙又忙，丢了篮子去播秧。插得秧来茶又老，采得茶来秧又黄。

正安农作耕耘的薅秧茶歌《送茶歌》

（一）

大田栽秧排对排，望见幺妹送茶来。只要幺妹心肠好，二天送你大花鞋。

（二）

青青茶叶采一篮，竹心芦根配齐全。还有大娘心一片，熬成香茶送下田。

（三）

太阳斜挂照胸怀，主家幺妹送茶来。又送茶来又送酒，这种主人哪里有。

注：正安农村薅秧（薅包谷）有送茶送酒送盐蛋的习俗，农民边薅边唱歌，即《薅草打闹歌》是正安境内广为流传的歌谣。

采茶小唱（务川）

满山茶林绿油油，山村姑娘喜心头。身穿彩裙随风飘，茶篮挂肩上，手儿采茶口儿唱，山村变了样，瓜果甜来禾苗壮，鸟语花香好风光。瓜果甜来禾苗壮，鸟语花香好风光。

满山茶林绿油油，农家姑娘采茶忙。采了一行又一行，装了一筐筐，手儿采茶轻轻唱，茶叶送给亲人尝，歌声飘荡满山岗，茶林一群金凤凰。歌声飘荡满山岗，茶林一群金凤凰。

满山茶林绿油油，农家姑娘采茶忙。采完茶叶仔细想，茶叶为何香，农家姑娘放声唱，富民政策暖心房，如今家乡大变样，感谢共产党。如今家乡大变样，感谢共产党。

姐妹双双进茶园（仁怀）

姐妹正月进茶园，梳整茶树心理甜。盼望丰收好年景，多了收入做嫁奁。

姐妹二月进茶园，新茶脱颖露翠尖。姐姐见了思郎急，妹妹逗姐乐开颜。

姐妹三月进茶园，新叶吐翠清明前。泡杯心茶送郎品，望君早日结良缘。

姐妹四月进茶园，姐有相思妹来连。悄悄送去香慈露，香茗一杯情意绵。

姐妹五月进茶园，风吹茶叶绿浪掀。波波绿浪知人意，姐妹心中火自燃。

姐妹六月进茶园，骄阳似火艳阳天。姐借茶荫添凉意，妹涌情怀看远山。

姐妹七月进茶园，茶山难把牛郎牵。两个山头碰不拢，而今姐妹仍身单。

姐妹八月进茶园，茶叶老熟费熬煎。浓茶杯杯藏心底，茶叶越老味越鲜。

姐妹九月进茶园，风清气朗上山巅。登高寻找远山客，叹茶老熟梦难圆。

姐妹十月进茶园，小阳花开景气鲜。姐姐心中花万朵，妹妹把景揣心间。

2. 描写爱情的茶歌

在采茶调中常常出现对爱情的描写，表达采茶女在封建礼数压抑下对爱情的向往和憧憬，采茶调中也有对爱情的大胆而直率的追求。如：

一月采茶忙忙走，紧紧拉着妹的手。看着情妹忙得很，心中有话难开口。

二月采茶茶叶青，情妹对我起二心。本想挨拢说句话，情妹给我一脚筋。

三月采茶热茫茫，约妹卖茶去赶场。一不注意亲个嘴，那个滋味当吃糖……

注：通俗而不伤大雅，大胆而不失情趣，表现手法轻快而跳跃，把采茶男女的自由恋爱刻画得入木三分。

凤冈《采茶调》

正月采茶是新年，妹提竹篮进茶林；茶树没长新叶子，约会等哥是真情。

二月采茶是春分，茶叶冒尖绿了心，茶叶绿心正好采，哥莫懒惰误人生。

三月采茶是清明，情妹采茶手脚勤，哥若有心来娶我，快快回去请媒人。

四月采茶四月八，你家庚书还未发，催促媒人紧点跑，免得爹妈许别家。

五月采茶是端阳，三回九转见高堂，专等爹妈一句话，秋后就能进洞房。

六月采茶热忙忙，妹等情哥心发慌，六腊不提婚姻事，莫耍奸滑无主张。

七月采茶秋风凉，正是定亲好时光，催促媒人跑紧点，免得爹妈许他乡。

八月采茶桂花香，花花轿子红衣裳，细吹细打过门去，欢欢喜喜进洞房。

九月采茶是重阳，夫妻床上细商量，来年抱个胖娃子，延续香火孝爹娘。

十月采茶霜满天，丈夫当兵上战场，说是三月回家转，扳起手指天天算。

冬月采茶雪茫茫，为妻在家睡冷床，只要你的命根在，再等三年也无妨。

腊月采茶要过年，盼夫回家眼望穿，大年三十得了信，丈夫命丧黄河滩。

正安采茶情歌

情歌茶俗歌有表现大胆、泼辣、直率、热烈的爱情《太阳出来照山岩》：

太阳出来照山岩，情妹给我送茶来。红茶绿茶都不爱，只爱情妹好人才。

喝口香茶拉妹手，巴心巴肝难分手。在生之时同路耍。死了也要同棺材。

湄潭采茶情歌

太阳落岩又落坡，妹在门前等情哥，心想留哥喝杯茶，筛子关门眼睛多。

山歌越唱越好听，毛狐越打越光生，情妹越长越好看，茶树越好越雄心。

注：1959年，遵义地区举行新中国成立十周年文艺调演，湄潭根据民歌改编的《湄江茶歌》获一等奖，并到贵阳演出。

表现含蓄委婉的爱情的《高山顶上一棵茶》

高山顶上一棵茶，不等春来早发芽。两边发的绿叶叶，中间开的白花花。

大姐讨来头上戴，二姐讨来诓娃娃。唯有三姐不去讨，手摇纺车心想他。

道真盘茶情

引子：哥哥想妹装喝茶，几步擂到门坎夹（下），前年相交的妹妹（噻），认咱不认咱？

问：多情哥哥想喝茶，妹妹问哥一句话，何人栽的老茶树，何人摘的嫩芽芽？

答：哥哥想妹想喝茶，妹的问话我来答：盘古栽的老茶树，王母摘得嫩芽芽。

问：多情哥哥想喝茶，妹妹问哥一句话，茶篼拴在岩岩上，妹妹要采啥子茶？

答：多情哥哥想喝茶，妹的问话我来答：茶篼拴在岩岩上，爬上树采老鹰茶。

问：多情哥哥想喝茶，妹妹问哥一句话，茶篼拴在笼笆上，妹妹要采啥子茶？

答：多情哥哥想喝茶，妹的问话我来答：茶篼拴在笼笆上，妹妹要采藤藤茶。

问：多情哥哥想喝茶，妹妹问哥一句话，茶篼挂在园干上，妹妹要采啥子茶？

答：多情哥哥想喝茶，妹的问话我来答，茶篼挂在园干上，妹妹要采园子茶。

问：多情哥哥想喝茶，妹妹问哥一句话，茶树何时生的子，茶树何时发的芽？

答：多情哥哥想喝茶，妹的问话我来答：茶树秋来生的子，茶树春来发的芽。

问：多情哥哥想喝茶，妹妹问哥一句话，手中拿根擂茶棒，你估妹妹做啥茶？

答：多情哥哥想喝茶，妹的问话我来答：手中拿根擂茶棒，擂烂茶梗煮粗茶。

问：多情哥哥想喝茶，妹妹问哥一句话，伸手拿住木瓢把，你估妹妹做啥茶？

答：多情哥哥想喝茶，妹的问话我来答：伸手拿起木瓢把，妹妹要烧熬熬茶。

……

合：哥（妹）想妹（哥）来又想茶，妹妹端来酽油茶，轻轻捏住妹（哥）的手，又解愁来又解乏。

3. 讲述知识或历史典故的茶歌

正安采茶歌

正月采茶是新年，二十四季耍秋拳。刘权敬关游地府，借尸还魂李翠莲。

二月采茶茶发芽，富贵荣华是主家。文官提笔管天下，武官提刀定太平。

三月采茶茶叶青，红娘端酒敬张生。张生拉住红娘手，红娘抿嘴笑吟吟。

四月采茶茶叶长，剪发行孝赵五娘。一时不见磨儿响，房中生下小七郎。

五月采茶茶叶圆，关公月下斩貂蝉。关公斩了貂蝉女，春秋四季万古传。

六月采茶茶叶稀，孟姜女儿送寒衣。寒衣送到长城去，不见奴夫在哪里。

七月采茶秋风凉，韩信追赶楚霸王。霸王追到乌江去，韩信功劳不久长。

八月采茶是中秋，隋炀皇帝下扬州。一心要观琼花景，万里江山一旦丢。

九月采茶是重阳，刘秀十二下南阳。遥骑五马又龙架，二十八宿闹坤阳。

十月采茶小阳春，宋朝员外田子珍。天子要把红灯办，抛别妻子罗会英。

冬月采茶雪飞天，汉朝员外是张骞。斗牛宫中去游转，碎出天棚在人间。

腊月采茶得一年，昔日受苦范龙贤。文官刁匾朝阳县，相子度妻在西天。

注：十二月采茶调中也有借喻历史典故咏古诵今的，充满学问和说教，涉及广泛。

凤冈采茶调中的贩茶

正月贩茶到浙江，三青七白走忙忙，三青七白忙忙走，卖了细茶转回乡。

二月贩茶到街坊，街坊有个算命郎，哥将小妹八字算，这张八字胜高强。

三月贩茶到山东，山东有个孔圣人，内有三千众弟子，外教七十二贤人。

四月贩茶到四川，四川有个峨眉山，峨眉山下有尊佛，手着木鱼保平安。

五月贩茶到黄河，黄河楼前吹玉角，黄河楼上玉角吹，江域五月梅花落。

六月贩茶到福建，福建尽出好福烟，哥抽一口浑浑醉，妹抽一根转仙仙。

七月贩茶到苏州，苏州出的好绫罗，哥将绫罗带回转，与奴缝件采茶衣。

八月贩茶到江西，江西白米好浆衣，哥浆一件长衫子，妹浆一件贩茶衣。

九月贩茶到云南，收拾茶担上云南，人人都说云南好，腰中无钱到处难。

十月贩茶到广东，十担茶叶九担空，十担茶叶空九担，贩茶娘子转回宫。

冬月贩茶到贵州，贵州尽是山沟沟，山高水下出贵子，富贵荣华尽是多。

腊月贩茶又一年，背包打伞讨茶钱，你把茶钱交与我，今年去了等来年。

注：贩茶，有的地方称散茶，即卖茶。凤冈县收集整理有三个版本，唱词叙述了一些地理、气象等知识，也表述到古人沿茶马古道贩卖茶叶的艰辛和商人经商的一些方法与技巧。

凤冈采茶调中的《四书茶》

正月采茶贺元宵，十二姊妹要回朝。贫儿无产，富儿无蛟，桃枝夭夭，其叶真真，巧言念色鲜矣人，梦中哭出东升笋，郭巨埋儿天赐金，董永卖身成葬父，长安杀子为家平。

二月采茶是春分，十二姊妹贺龙天。得不孤，必有林，温故而知新，在明得，在新明，入大庙，每是问，孔夫子，圣聪明，晏平仲，功书文，书中已有这文才，一年四季好安排。

三月采茶是清明，领兵官将要回城。唯仁者，能好人，能恶人，康告曰，作新明，子机不惟改，韩相子，吕洞宾，平城地里去修行，这些都是古人话，才来贵府贺新年。

四月采茶养蚕子，姊妹双双到堂前。举值错诸往，能使往者值，子谓公冶长，颜渊问为邦，丁兰刻木为父母，三餐茶饭为爹娘，甘罗十二为丞相，太公八十遇文王。

五月采茶贺龙庭，姊妹双双得团圆。言固行，行固言，君不得，其使然，有酒食，先生撰，行孝还是赵世女，打虎头将秦玉林，十加佛，真相连，地狱寻母是木连，十二姊妹齐来到，人退金钾马退鞍。

六月采茶是伏天，庆贺元宵到府前，颜渊第十二，子路第十三，孟武百问孝，夫子问颜渊，四支而不见，听之而不闻，提动刘备与关张，杀人放火有焦赞，偷营扎寨是孟良。

七月采茶正立秋，十二姊妹无忧愁。偶寡悔，行寡尤，父母在，不远游，翼善射，凹荡舟，五虎六部新自由，才来四川请能匠，惊动九府十三川，紫英要把杨中斩，来在山中穆桂英。

八月采茶谷正黄，姊妹双双到场忙，炎炎于夏里，子吊而不刚，君使臣，臣使君，家用长，国用臣，沙和尚，与唐僧，行往西天去取经，刘备关张三结义，杀猪斩羊赵义方。

九月采茶是重阳，九天仙女下大江，心内想，三易祥，孟子得见梁惠王，美人造下次美酒，造酒原来是杜康，张果老，魏王祥，好耍还是关夫子，茶头大仙前引路，金银财宝用斗量。

十月采茶正立冬，姊妹双双到堂中，何患无于上乎，夏后似也松，张伯要把石工斩，打见天下逞英雄，范西郎筑在万里墙，逼下妻子孟姜娘，关公要斩刁婵女，独占鳌头楚霸王。

十一月采茶霜雪多，姊妹双双不为多，功乎易端，君上不宽，孔子登东山，楚狂接于歌，并无一与，一举早登科，自从采茶已过后，富贵荣华尽事多。

十二月采茶又一年，庆贺元宵讨茶钱，尧曰咨尔舜，天河言哉曰，白无声焉，万无俗焉，包丞相，日管阳，夜管阴，秦王子魏韩信坝，玉子谓乱点兵，你把茶钱交与我，一年四季保平安。

注：四书茶，主要是从四书中选用的句子组成的，在玩灯时如遇到书香门第要采茶的，并且有些是点名要求采四书茶的，就给采四书茶，上香过后直接就进入采四书茶。

4. 其他传统茶歌谣

民国时期，国民党统治腐败，民众怨声载道。20世纪40年代末，由湄潭老教师卢仰柱先生（新中国成立前进步教员）搜集整理成此歌谣，内容以针砭时弊为主，在民间广为传唱。

茶馆小调（湄潭）

晚风吹来天气燥，东街茶馆真热闹。

咳呀，楼上楼下客满座，茶房开水叫声多。

杯子碟儿丁丁当当，丁丁当当响啊，瓜子壳儿噼哩叭啦，噼哩叭啦地抛。

有的谈天有的吵啊，有的苦恼有的笑。有的谈国事，有的发牢骚。

只有那茶馆老板胆子小，走上前来细声细语说得妙：

诸位先生，生意承关照，国事的意见千万少发表。

谈起国事容易发牢骚，引起了麻烦你我都糟糕。

说不定一个命令，你的差事就撤掉，我的茶馆也贴上大封条。

道真、务川仡佬族茶谣

推磨嘎，押磨嘎，推粑粑，熬油茶。

公一碗，婆一碗，磨子旮旯留一碗。

猫打倒，狗舔碗，幺儿媳妇舔锅铲，心心慌慌脚打闪。

茶山谣

半坡山茶半坡歌，半坡茶影填满河。茶乡小妹蓦回首，隔垄情哥步难挪。

芊芊玉指急飞舞，青青茶芽溢满箩。茶哥茶妹甜甜笑，茶乡茶海情满坡。

（二）现当代茶歌

湄江一派好风光

家乡有条美丽的湄江，河水清清日夜流淌；鱼儿游，鸥鹭翔，两岸一派好风光。琴洲岛上歌声扬，求是园里翰墨香。啊！湄江，高原的水乡，你是多么令人神往的地方。

湄江，湄江，啊……

家乡有条迷人的湄江，明珠闪闪四季飘香。茶山翠，菜花儿黄，山河如今换新装。天门洞开笑声朗，巨壶云中吐芬芳。啊，湄江，可爱的故乡，是你给我幸福，给我力量。

注：此歌由湄潭县委宣传部部长张弘作词，中国八一电影制片厂音乐专家作曲而成。

茶乡之歌（湄潭县县歌）

（一）

情满怀，爱满怀，茶乡山水多气派。看山山起舞，听水水喝彩。天下奇壶吞日月，茶海万顷涌天外。丛丛翠绿原生态，醉人芳香扑鼻来。茶乡山水一幅画，人人都热爱。

（二）

情满怀，爱满怀，茶乡文化多气派。红军留火种，文军育英才。烈士塔上英灵在，文庙圣地外宾来。琴棋书画人才多，大江南北赛擂台。茶乡文化一本书，篇篇都精彩。

（三）

情满怀，爱满怀，茶乡腾飞多气派。路畅通锦绣，队伍一排排。放飞理想视野开，恐后争先浪澎湃。开拓奋发起宏图，民富国强惊世界。茶乡迈步一支歌，唱响新时代。

注：本歌词由三段组成。以对茶乡的“情”和“爱”总贯全词。第一段突出以茶为主的自然山水风光，第二段突出以红军文化和浙大文化为主的文化底蕴，第三段突出湄潭全县上下奋发开拓的精神面貌。全词力求全面反映又重点突出湄潭特色，提升湄潭知名度与美誉度，增加其影响力、竞争力。

欢迎你到茶乡来

远方的朋友，欢迎你到茶乡来。这里的田园风光好，四季如春人人爱。

万亩茶海留个影，好像天仙下凡来。

亲爱的朋友，欢迎你到茶乡来。高原水乡飞灵气，茶乡妹子画中来。

你若有心牵红线，来年再等茶花开。

五洲的朋友，欢迎你到茶乡来。茶壶茗香甘露水，香茗美味飘山外。

茶乡是个好地方，茶歌飞扬多豪迈。

注：此歌由湄潭县永兴人齐天云、王世宽作词，中国八一电影制片厂音乐专家杜兴成作曲而成。

湄潭之歌

你把西湖圣水引来家乡，滋润山川秀丽田园芬芳；

你把东方剑桥神韵唱响，培育天下桃李五洲栋梁。

啊！湄潭，湄潭，可爱的家乡。人杰地灵，万千气象。

你用信仰耕耘沃土村庄，我们在你的怀抱幸福成长。

你把求是精神光大发扬，我们万众一心蓬勃向上。

你把黔北明珠打磨闪亮，我们奔向小康前程宽广。

啊！湄潭，湄潭，美丽的茶乡，遍地宝藏。

你用智慧播种理想希望，我们团结并肩走向辉煌。

注：湄潭县彭旭中作词，中国八一电影制片厂音乐专家杜兴成作曲。

随阳山茶歌

手工制茶难，费力流汗卖价贱。投资一结算，除了锅巴没有饭。

群众有意见，茶叶发展受阻拦。社员日夜盼，机器制茶早实现。

我的家乡在凤冈

我的家乡在凤冈，那是茶叶的故乡，茶生夷州，香飘四海，那里是我的天堂。

我的家乡在凤冈，那是大凤的故乡，龙腾万里，凤舞九州，那里有我的梦想。

我的家乡在凤冈，那是太极的故乡，风生水起，九九归一，那里有我梦的天堂。

我的家乡在凤冈，那是最美的地方，旦复旦兮，光芒万丈，天地万物福寿绵长。

注：《我的家乡在凤冈》由惠子作词，寒音作曲，苏伟演唱。作为凤冈县旅游形象宣传歌曲，此歌2015年录制后，传唱广泛。

绿色畅想曲

龙飞龙泉，凤舞凤冈，云蒸霞蔚托起龙凤呈祥。

茶林翻绿浪，碧树摇春光，绿色风儿飘送醉人的清香。

啊，我们的生态家园，富含锌硒的田庄，

绿山绿水染绿了人的心情，绿诗绿歌唱绿了有机茶乡。

绿色日月，绿色畅想，茶林迎春铺开新诗千行。

字字映春色，行行泛霞光，绿色希望写在百姓的脸上。

啊，我们的和谐家园，绿色铺就的茶乡，

巨凤腾飞抖动着坚实翅膀，绿色理念铸造时代辉煌！

注：《绿色畅想曲》是专门描写凤冈县生态茶业的歌曲，是贵州省首届茶文化节会歌。不仅描写了凤冈锌硒绿茶及美丽的生态环境，还写出了凤冈人民勤劳、热爱生活的品质，曾广为传唱。

白茶恋歌（正安）

为你登上天楼山哎，想看见你会在何方。一杯白茶万里香哎，带我的思念到你身旁。

为你远下芙蓉江，细风吹我穿夕阳。一首恋曲千年唱呀，告别是为了荣归故乡。

为你登上天楼山罗哎，想看见你会在何方。一杯白茶万里香哎，带着我的思念到你身旁。

哎罗喂，哎罗喂，为你远下芙蓉江，细风吹我穿夕阳。

哎罗依哟喂，一首恋曲千年唱呀，告别是为了荣归故乡。

我等你在清风的山上，我的爱在你看到的地方。

有一首恋曲随江流淌，带着你的爱弥漫飘香。

我梦见你在细雨的山上，我的心在你回来的方向。

你等的地方是我的天堂，我准备好幸福等你来品尝。

我准备好幸福等你来品尝。

注：2011年5月，由正安县政府和中央电视台联合摄制的以宣传正安白茶为主题的音乐电视作品《白茶恋曲》连续6天在中央电视台音乐频道（CCTV-15频道）播放。主要以《白茶恋歌》为主线，以正安青山绿水白茶为背景，展示正安纯美的自然生态、优质的地质条件、高端的白茶产品。文化解说篇主要以正安悠久的历史文化和古老的种茶历史为主线，突出正安白茶从无到有，从起步到逐渐步入中国茶业高端市场这一极富传奇色彩的动人故事，集中体现“上善若水，至境唯白”这一文化经典。

小叶苦丁茶之歌（余庆）

啊，乌江，古老的乌江，神奇的江，

中游有个吉祥的地方，芳名和谐称作余庆，吉庆有余我的家乡。

江岸峰峦叠翠，莽莽苍苍，云雾缭绕，万千气象。

在那苍松翠柏间啊，一朵茶花正在绽放飘香。

啊，茶花，鲜艳的花，富丽的花，

小叶苦丁茶是奇葩，雅号誉我“绿色金子”，吉祥余庆是我的家。

宝茶珍稀名贵，爽爽飒飒，曰长寿茶，曰健美茶，

茶博会上拿金牌呀，跻身世界名茶传遍天下。

金银花（绥阳县县歌）

你开在阳光下，名字叫金花；你开在月光下，名字叫银花。

你装点故乡美，你富裕千万家；藤儿青，蔓儿青，满山遍野望无涯。

金银花，金银花，你多情，你无价。

金银花，金银花，醉了我，醉了他。
金银花，金银花，我爱你，你回答。
金银花，金银花，我爱你，我在等你回答！
你春天展枝芽，夏日美如画；你含笑绿丛中，正当好年华。
你清香若人爱，你纯洁谁不夸；天也大，地也大，五湖四海一品花。
金银花，金银花，你多情，你无价。
金银花，金银花，醉了我，醉了他。
金银花，金银花，我爱你，你回答。
金银花，金银花，我爱你，我在等你回答！

注：尹恒斌作词，著名作曲家杜兴成作曲，中国人民解放军空军政治部文工团青年歌唱演员、中国音乐家协会会员曲丹演唱。

二、茶 舞

茶灯是边唱边舞，已经包含舞蹈动作，但动作相对比较简单且不是舞台表演，属于“唱为主、舞为辅”。下面所述茶舞，则主要指以舞为主的舞台艺术，这种形式不及茶灯普遍。

2001年，湄潭凭借茶乡人民的天赋与激情，仅1月半的时间，集体创作排练出湄潭有史以来，千余人参加演出的气势恢宏、情韵舒展的大型歌舞《茶乡情韵》，以一个清香的“茶”字和一个纯情的“情”字，构建了茶乡一部永恒流动的史诗。《茶乡情韵》分为四个乐章：

第一乐章　茶魂篇（15min）

① 混沌初开（5min，无调性音乐）：莽莽苍穹，雷霆万钧，电击长空，暴雨倾盆，山岳震撼，江河翻腾，雨过天晴，鸟语花香，先民聚首，湄江涌潮。

② 茶神莅湄（5min，无调性音乐）：飘然茶神，莅湄驻足，甘露天降，启蒙茶阵，万顷碧波，湄水流香，先民顶礼，万峰膜拜。

③ 茶海神韵（5min，交响音乐）：碧波连天，横无际涯，同泉鸣琴，流水如歌，微雨轻斜，雁阵留影，轻纱朦胧，仙袂无定。

第二乐章　茶情篇（17min）

① 茶乡春早（5min，民乐）：春风习习，晨曦微明，姣鹭引颈，燕子斜飞，茶姑婀娜，剪翡摘翠。

② 茶园情韵（12min）：

茶乡姑娘，男声独唱：俊俏美丽，手巧心灵，乖态爱人，情暖人心（此舞要由小舞台演员向嘉宾献茶）。

茶海飞歌，地方音乐，对唱：彩蝶满园，茶海涌春，茶歌互答，浓情滚滚。

第三乐章　茶趣篇（15min）

① **新茶闹春**（5min，儿童音乐）：老枝连理，连绵成阵，新芽独秀，枝头闹春。

② **壶里乾坤**（5min，带佛教音乐影子）：壶大如宙，装进乾坤，尽写春状，茶道可行。

③ **代酒醇茶**（5min，诙谐的矮人舞音乐）：以茶代酒，君子风流，似醉非醉，似酒非酒。

第四乐章　茶谊篇（6min）通俗联唱

绿色使者，香飘五洲，茶乡人民，情连四海，茶道文化，代代流芳。

第八节　茶与美术、书法、雕塑

遵义还有不少与茶有关的影视、书画、雕塑作品，如2011年5月，正安县政府和中央电视台联合摄制了以宣传正安白茶为主题的音乐电视作品《白茶恋曲》；据湄潭县委宣传部按统计，仅2013—2018年，湄潭县拍摄制作的音视频作品就达20件，如中央电视台7频道拍摄的“湄潭·美丽中国乡村行”专题片、电影《村支书：何殿伦》、纪录片《湄潭旧事》、脱贫攻坚专题片《茶乡战歌》、微电影《一生只等一壶茶》等，其他县（市、区）也拍摄制作了不少音像影视作品。本节举数例介绍遵义与茶有关的美术、书法和雕塑作品。

一、茶　画

（一）中央实验茶场“新八景”国画

浙大在湄潭办学期间，中央实验茶场和浙江教授组成的“湄江吟社九君子”，在湄潭风景名胜原有旧八景之外，又在中央实验茶场一带命名了新八景，贵州省美术家协会会员、湄江书画院院长，画家唐官镛将中央实验茶场新八景作成国画，分别是：

图 12-22　中央实验茶场新八景之隔江挹翠

① **隔江挹翠**：站在中央实验茶场办公大楼（义泉万寿宫）隔江眺望，沿江一带水竹成林，初夏时节老竹展叶嫩竹丛生，雨后初晴，竹林被雨水洗涤得青翠欲滴。众学人遂将此景命名为“隔江挹翠”（图12-22）。

② **紫薇山馆**：茶场昆虫研究室坐落在湄江与湄水河之间。室外有数十株高大的紫薇树，花开季节紫雾弥漫花香遍野，诗人们常常在室内品茗赏花。刘淦芝题名曰“紫薇山馆”（图12-23）。

图 12-23　中央实验茶场新八景之紫薇山馆

图 12-24 中央实验茶场新八景之虹桥夕照

图 12-25 中央实验茶场新八景之倚桐待月

图 12-26 中央实验茶场新八景之柳荫垂钓

图 12-27 中央实验茶场新八景之竹坞听泉

图 12-28 中央实验茶场新八景之杉径午阴

图 12-29 中央实验茶场新八景之莲台柳浪

③ **虹桥夕照**：昆虫研究室与茶场办公室有湄水河相隔，遂用松杉原木搭成一座古朴粗拙的八字便桥，两岸杂树灌木相伴。夕阳西斜，八字桥被落日映得一片枯黄。伫立桥上，但见流水潺潺芳草萋萋。江问渔、苏步青等将此景命名为“虹桥夕照”（图12-24）。

④ **倚桐待月**：沿湄水河溯流而上200m余，一片高大浓荫的油桐树横在眼前，众人将此命名为“倚桐待月”。“倚桐待月”系将《[中吕]普天乐》中“只为你倚门待月”的“门”改为“桐”，一字之别，充分表达了诗人客居湄潭，希望尽早收复失地的愿望（图12-25）。

⑤ **柳阴垂钓**：从“倚桐待月”前行不远的湄水河边，春夏之际，鱼群常结伴游至石鼓塘，此处水深丈余，夹岸柳树成荫，岸边常挤满怡然自得的垂钓者，这便是“柳阴垂钓”（图12-26）。

⑥ **竹坞听泉**：湄水河流经河坎处因岩石阻拦，河水翻流而下，两岸翠竹修长郁郁葱葱。山崖边杂花生树群鸥栖息。月白风清，泉水叮咚。此处名为“竹坞听泉”（图12-27）。

⑦ **杉径午阴**：桐子坡茶园的示范试验地，当时此处有一片杉树林，茶场技工在劳作之余，枕着棕衣或茶篓休憩。苏步青过此颇有感动，即题名为“杉径午阴”（图12-28）。

⑧ **莲台柳浪**：桐子坡山脚东北有一湖，水面万多平方米，湖呈桂花树叶形状，有人曾命名为“桂湖”。湖心有小岛，桂湖最深处有2m以上，湖中广种荷花，荷叶田田，春风吹拂，绿波起伏；夏日艳晴，碧天莲荷，粉红色荷花亭亭玉立。岛上有垂钓者草帽遮阳，静观浮漂，如坐莲台。湖岸及岛上垂柳依依，微风徐徐（图12-29）。

（二）凤冈县古茶画

图 12-30 清代龙泉《美女庭院斗茶图》一

图 12-31 清代龙泉《美女庭院斗茶图》二

遵义可见的与茶有关的古代书画作品，目前仅见凤冈的两幅《美女庭院饮茶图》（图12-30、图12-31）。

在凤冈县一大户人家的老木柜四扇门上，有一组用矿物颜料彩绘的八幅人物绘画，其中就有两幅"美女庭院饮茶图"。这四扇门整体宽128cm，高107cm，每扇门分别在上下两半各绘一幅人物画，每幅画边框为高33cm，宽24cm，画面为传统的彩色矿物颜料绘制，天长日久均不易褪色脱落。

绘画的内容是以大家庭院和琴棋书房为背景的生活瞬间，其中有一幅图为10名美女围坐桌边，桌上放有8个茶盏或茶碗，其中一女子在给另一女子喂茶或是灌茶，另有一小女子手中端着茶盘，盘中放有2个茶盏。另一幅图均为7名美貌女子围坐桌边闲聊，桌上摆放着茶盏茶杯，显得很是悠然自得。从整组板画中多处出现古柏、怪石之景来看，似有《红楼梦》大观园里的影子。

二、书法作品

以茶为主题的书法作品，古代的现基本无法查找，现代的有一些零星作品，如原贵州省省长周林（仁怀人）为湄潭茶场永兴分场题词，原外交部副部长韩念龙（仁怀人）为湄潭茶场题词等；2010年，"茶国行吟"等活动中，也创作了一些作品，如刘枫题"天下第一壶"，张天福题"茶国行吟"和"好山好水出好茶"等（图12-32至图12-44）。

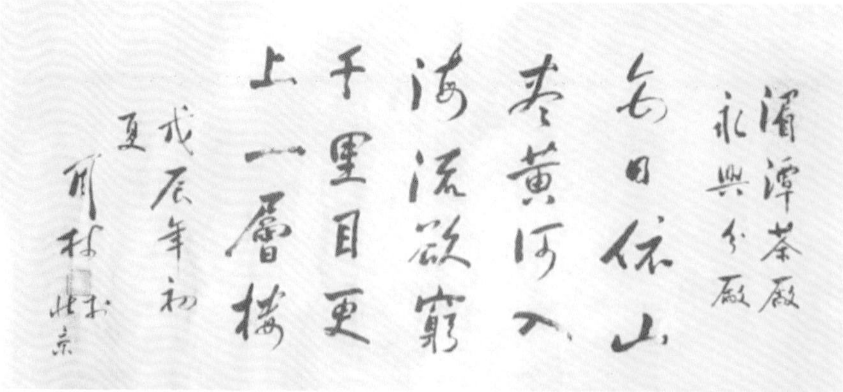

图 12-32 原贵州省省长周林为湄潭茶场永兴分场题词

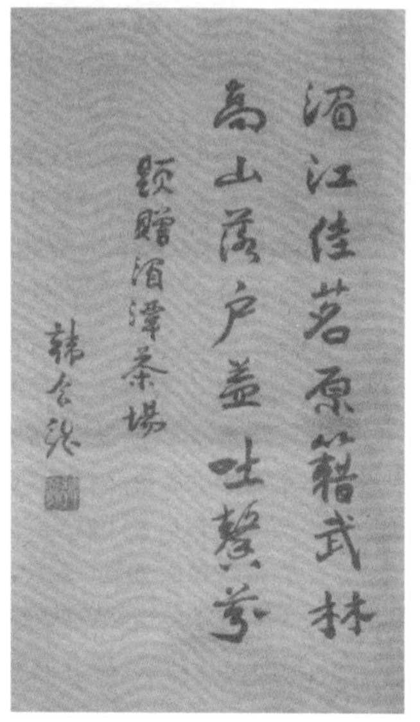

图 12-33 韩念龙为湄潭茶场题词

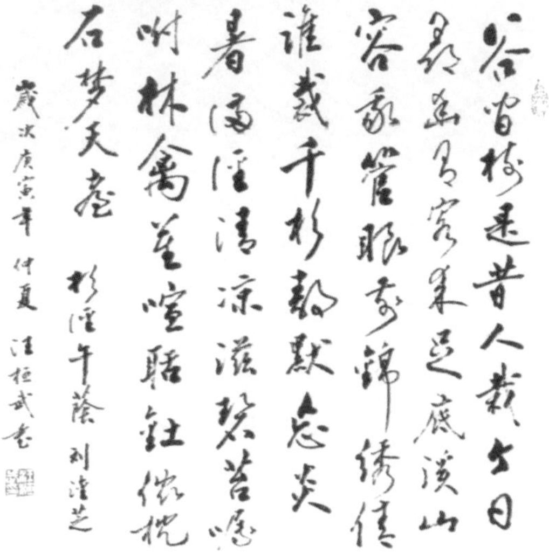

图 12-34 汪桓武书刘淦芝《杉径午阴》诗

图 12-35 中国国际茶文化研究会会长刘枫为“天下第一壶”题词

图 12-36 张天福书“好山好水出好茶”

图 12-37 栗香公司门厅对联

图 11-38 郭建军书对联

图 11-39 王世福书条幅

图 11-40 王道耕书对联

图 12-41 汪桓武书“茶”

图 12-42 张天福书“茶国行吟”

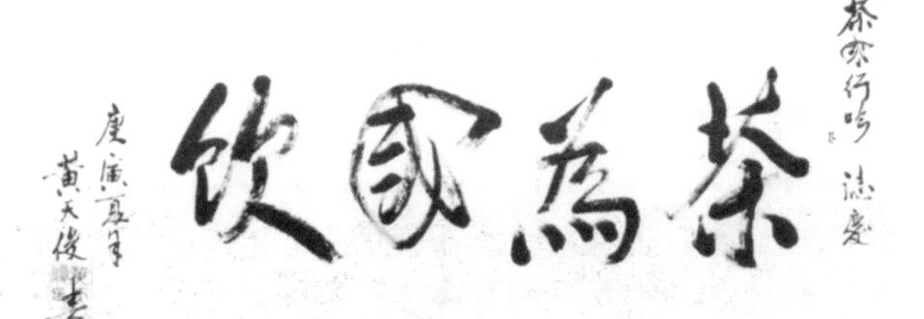

图 12-43 黄天俊书“茶为国饮”

图 12-44 彭富和书“品茶悟道”

三、雕塑作品

与茶有关的雕塑作品主要集中在两个地方——凤冈县和湄潭县阳春白雪公司，凤冈县的主要是传统遗留下来的，而阳春白雪公司则是耗巨资专门打造的文化长廊。下面分别予以介绍。

（一）凤冈茶事古图

凤冈地域传统的饮茶、敬茶方式多种多样，其饮茶、敬茶场所也涉及到生活的众多角落。如今，从遗存下来的一些古老饮茶、敬茶图上可见一斑。

① **镇宅之神敬茶图**：凤冈传统的农家堂屋正中，一般都有一个高约1.8m、宽约2m的祭祀敬神木柜，柜子面板正中常镶嵌40cm×30cm大小的深浮雕敬茶图案。这个图案一般都用白杨木、楠木、梨木等上好材质的木板雕刻而成。图案主要由三个人物像组成，中间为头戴官帽的“长生土地”，右边为右手提茶壶的“瑞庆夫人”，左边为手托元宝的“招财童子”，这三个人物共同组成黔北传统的镇宅之神。意为土地才是永恒长生的，提示主家时时敬重土地，爱护土地，要在祭祀节日，必须用净茶敬奉人们赖以生存的土地，才能迎来五谷丰登、吉庆祥瑞，才会人丁兴旺、财源滚滚（图12-45）。

图 12-45 凤冈古夷州老茶馆展示的黔北清代木雕——敬茶图

② **富贵平安敬茶图**：在凤冈民间，另一种敬茶木雕图为“富贵平安敬茶图”，此类木雕一般镶嵌于茶台茶桌前面正中，长约60cm，高约20m。图案正中为一象腿几案上放一只茶壶象征平安，茶壶两旁刻牡丹图象征富贵，牡丹侧旁又有蜡烛一对寓为祝福，最边上为一对喜鹊闹梅图意为喜在眉梢。整幅木雕意为以茶为媒，祝福主家日日喜在眉梢，一生平安富贵（图12-46）。

图 12-46 凤冈县何坝镇船头“富贵平安敬茶图”

如今，凤冈乡村百姓，大多还传承着每年正月初一清晨，先用非常洁净的铁锅烧一大碗清茶，在堂屋叩拜、敬奉天地后，才可以打开财门（大门）的习俗。

③ **骑马敬茶图**：绥阳镇金鸡村姚家寨的一栋老民居，在其吞口、晒壁上均装有精美的木雕花窗子，其中吞口的一花窗上有一幅“骑马敬茶”深浮雕图案。此图为优质白杨木雕，长约70cm，高约25m，其上雕有四个人物图像，中间一男为图案主角，左边是一男士身骑骏马，右手拉着缰绳，左手举着茶盏，骑马者的后面有一肩搭钱布袋、手握蚊刷的随从。右边是一头包帕子的尖脚妇人站着，左手拿着丝帕，右手提着茶壶，正欲给男士倾倒茶水状，其后面又有一头包帕子的尖脚妇人，双手拿着似盛装干粮茶叶的布袋，故作娇羞状。此图似有“劝君更饮一杯茶，远出阳关念故人”依恋情景（图12–47）。

图 12–47 凤冈县绥阳镇金鸡村民居门上的“骑马敬茶图”

④ **驿站饮茶图**：凤冈何坝镇太极洞的七窍天开洞窟里，有一个后花园，花园中有一组合石雕曰：“富贵花开第一观”。在这组深浮雕中有一幅“驿站饮茶图”，该图画面高约45cm、宽约70cm，图中有一座两重屋檐六角形驿站茶亭，亭内有一茶灶，灶上有一正煮沸的大茶壶，灶的两旁各坐一人。左侧坐着的是穿长衫的官人或商客模样，正在用左手托盏右手揭盖，似要品茗喝茶状。右侧亦为穿长衫的或官或商富态男士，正要用右手端起放在茶灶上的茶盏（图12–48）。

图 12–48 凤冈县何坝镇太极洞“驿站饮茶图”

这个“驿站饮茶图”的人与物画面显得非常宁静气和，两人都显得自在悠闲。这正是凤冈地域从新花铺、甘溪铺、蜂岩铺、桶口铺，直通乌江一线的几个古驿站、古邮铺茶亭景象的缩影。

⑤ **夷州茶神、茶王图：**曾是唐代夷州治所所在地的绥阳镇，民间传承下来一块非常珍贵的木印版，此印版长40cm、宽24cm、厚2cm，乃本地花梨木质，浅浮雕手法刻图成字。此印版刻有两个人物像，其中一人物像为传说中的古夷州“茶神”，其面容慈祥，脸庞丰润，呈盘腿打坐状态，身旁两边雕刻有片片茶叶相互连绵。另一人物像又为传说中的蛮夷之地仡佬茶王“山古”，其脸部肌肉横生，似面恶心狠状，头上还有一对似角非角的凸起，手里拿着号令黄卷，身旁两边亦有多片茶叶相互连绵。印版右侧竖刻有“顶上雨前龙井雀舌毛尖细茶”十二个楷体字（图12-49）。

此块印版古朴老旧，年代久远，木质上乘，其雕刻工艺亦较流畅，观看会让人心旷神怡。一块以茶为背景的木刻印版，能在古夷州故土留存至今，实乃凤冈茶人之幸。

⑥ **仙人岭石雕：**在凤冈县仙人岭，还有巨大的石雕陆羽像和摩崖石刻《茶经》（图12-50、图12-51）。

上述作品均有百年以上历史，不但具艺术观赏价值，更有茶饮文化的浓厚韵味。

⑦ **陆羽塑像：**凤冈仙人岭茶圣广场还有新落成的陆羽雕塑像（图12-52）。

图12-49 凤冈县绥阳镇“古夷州茶神图”

图12-50 仙人岭石雕陆羽像

图12-51 凤冈仙人岭摩崖石刻《茶经》

图12-52 仙人岭茶圣广场陆羽雕塑像

（二）阳春白雪文化长廊

位于湄潭县的贵州阳春白雪茶业有限公司建设的“茶佑中华文化长廊”，有几十组雕塑，详见第十二章“第五节 遵义茶博物馆”。

（三）桐梓陆羽塑像

在桐梓县马鬃乡贵州森航集团打造的马鬃红苗风情景区茶圣广场，也有茶圣陆羽塑像（图12-53）。

图12-53 桐梓茶圣广场陆羽像

第九节　茶的故事与传说

遵义还有一些关于茶的故事与传说。

一、茶树是人变的

流传于黔北地区的传说故事。传说很早以前，村里有个姑娘叫黄妹。这一年，村子里很多人得了热病，痛苦得很。黄妹很着急，外出求医访药，找来了九十九种药，乡亲们服了九十九次也没治好。一天，黄妹来到一座高山，遇见一位长眉老人。黄妹向老人请教，老人说：“办法是有的，远处的青龙山有一条青龙，谁降服了它，就能得到一粒树种。种子长成树，用这种树的叶子煮水喝可以治好病。”黄妹请求老人帮助，获得了用老人的长眉扎成的一条眉鞭，降服了青龙，拿到了宝贵的树种。不过，种子何年何月才能长成树，长出为乡亲们治病的叶子呢？姑娘再次登上高山恳求长眉老人帮助。老人说：“如果有人把种子吞下，立刻就会变成绿树，但永远也不会再变成人了。谁愿意呢？”姑娘流着泪说："只要能治好乡亲们的病，我愿意。"老人说："难为你了！"黄妹拜谢老人回到村里，把树叶煮水能治病的事告诉众乡亲，然后吞下种子，变成了小树。乡亲们摘下这棵树的叶子煮水喝，病很快就好了。后来，人们为了纪念这位小姑娘，根据"人在草木中"的意思，造了一个"茶"字。那长在茶树上的绿叶就叫茶叶了。

二、陆羽得凤茶的传说

流传于黔北地区。唐代饮茶之风盛行，不但百姓喜欢饮茶，官员和文人雅士也无不以茶敬客。京师设有茶市，皇宫内也常举行茶事活动。据说在京讲佛的智稆和尚是陆羽的好友，他嗜茶如命，但对烹茶技艺要求很高，有"非陆羽煮茶而不饮"之誉。代宗皇帝闻之，甚为好奇，遂招陆羽进京，同时邀近臣数人，以讲佛为名，请智稆禅师进宫品茶。按皇上事先秘密安排，一宫女将茶奉送禅师，禅师浅尝。帝问："可好？"答："非也。"另一宫女将茶奉送禅师，禅师浅尝，帝又问："可好？"禅师连赞："好茶！系陆羽所烹。"帝大惊曰："所传不虚矣！"于是，请出陆羽面见禅师，君臣一起谈论茶事。陆羽详细介绍了各地茶叶的品质特点后，皇帝曰："黔中可产好茶？"陆羽回答："黔中思州、播州、费州、夷州产好茶，品味极佳。"于是皇帝命取夷州（今凤冈）贡茶一饼，赐给陆羽。

三、熬熬茶的由来

流传于黔北、黔东地区。传说很久以前，土家山寨有户人家，老两口老来得子，起名小宝，视若掌上明珠。小宝十岁时肚子痛，两三天不吃也不喝，老两口急得团团转。请来土老师，又是卜卦，又是演戏，告诉老两口在香火神位上放土黄豆、糯米、盐、茶叶等祭祀，祖宗高兴，就能保佑小宝平安长大成人。老两口照办了。说稀奇，真稀奇，小宝的病日渐减轻，不几天又蹦蹦跳跳的了。老两口闲聊，老祖宗喜欢的东西，我们何不也尝一尝，看味道如何。说着就把黄豆、糯米、茶叶分别在油锅里炒脆，再一起放入锅中加水煮成稀粥，最后放点盐，喝起来还挺香。老两口心想，难怪神灵喜欢吃，又香又开胃！老两口就这样吃上了，感觉越来越有精神，力气比以前多了几分。这事很快传开，大家都依照两老的方法将黄豆、糯米、茶叶煮粥当茶喝，还给它起了个名叫"熬熬茶"。这种喝法最终成为习俗。

四、"黑妹茶"的故事

1935年3月底，红军主力三万多人已胜利渡江，准备突破国民党四十万大军包围，西出云南，由金沙江北渡入川，战斗十分艰苦。战士们由于连续三月的征战，昼夜不停行军，加上元月至三月的贵州正是最寒冷的季节，战士中突然蔓延起一种叫“窝儿寒”疫病，咳嗽，腹泻不止，又缺医少药，红军连队病号成片，战斗力锐减。这时一名船夫的女儿爬上乌江悬崖峭壁，冒着生命危险，采摘到一种平时只有老鹰才啄吃的叶子，熬得又红又浓，配合柴胡等中草药给红军战士熬煮了一锅土茶。红军战士喝了这种热茶后，遏制住漫延的病情，精神大振，部队重现了生龙活虎的本色，取得了战略转移中具有决定意义的胜利。

因为船夫的女儿常年跟着父亲在船上打鱼摆渡，皮肤被晒得很黑，战士们都亲切地叫她黑妹。黑妹把剩下的茶叶分发给战士们。有的战士把茶叶带到了延安都没舍得吃，当别人问他什么茶那么珍贵时，他自己也回答不出来，于是就把这个故事讲给大家听。大家你一言我一语的议论开了，有的说叫乌江茶、有的说叫红军茶、有的说叫黔茶、有的说叫黑妹茶等等……最后大家都一致同意叫“黑妹茶”，于是，黑妹的故事就在红军中传开了，黑妹茶的名字就一直用到现在。

五、正安白茶的传说

相传尹珍20岁时决心远道求学中原深造，临行前其母为他准备了两竹筒炒茶叶黄豆。尹珍在家仆的陪伴下，爬山涉水，历尽千辛，一路风餐露宿。渴了就喝一捧山泉溪水，饿了就吃一把炒茶叶黄豆，终于来到千里之遥的中原洛阳。尹珍和家仆急切地来到许慎学馆，许慎门生见尹珍二人穿着奇异又劳顿不堪，竟然不让尹珍入内，并不耐烦地紧闭了大门，将尹珍二人拒之门外。又饿又累的尹珍和家仆拿出干粮——炒茶叶黄豆，津津有味地吃起来。炒茶叶黄豆的缕缕清香飘进门内，门生好奇地开门观看究竟，消除了疲劳的尹珍家仆乘其不备，一个箭步冲进大门，与门生发生争执，惊动了许慎先生。许慎得知是千里之外的夜郎国年轻后生前来求学，十分感动，热情接待。尹珍献上家乡之“荼”（古时茶的别称之一），并取出少许茶叶放入壶中。沸水倒入壶中后，只见茶叶沉浮，朵朵嫩芽缓缓舒展，摇曳升沉，千姿百态；那蒸腾的氤氲，迷蒙缥缈；举杯品茗，香郁味醇，舌尖上一股淡淡的清苦茶韵，细细品尝，回味之中甘甜清香。真是赏心悦目，如饮醍醐。许慎连连点头赞赏。据说，这使许慎对“荼”有了更为理性的认识。许慎《说文解字》中的“荼”，就是许慎和尹珍品茗交流的结果。许慎将此饮品名为“草”加“余”，那古“余”字原形为“铲”，意为进展缓慢，从容不迫、悠闲有余谓之“余裕”。“余”字是含有富裕、宽裕意思的。茶之所以与宽余的余字相关，是因为古人常于忙碌之后休息时，多用茶来缓和紧张的情绪，松弛身心。在汉代，茶是稀有之品。以后到了六朝及唐代，茶才渐渐大众化，才称之为茶，也才有了陆羽的《茶经》和“一曰茶、二曰槚、三曰蔎、四曰茗、五曰荈”的称谓。

尹珍拜许慎为师后，潜心学习，苦心攻读，是许慎的得意门生。8年后，尹珍学成返回家乡，在故里毋敛坝（今正安新州）“手建草堂三楹”（今新州务本堂，图12-54），设馆教学，并游学“南中国”，其及门弟子和著录弟子遍布“南中国”，尹珍被人们称为身边的活孔子，“凡属牂牁旧县，无地不称先师”。

图 12-54 正安新州务本堂

六、茶婆婆的传说（道真）

长官司上坝场（今上坝土家族乡）西南面山坡脚下有个邬村坝，坝上现在住的多是胡姓人家。坡上有两个寨子，一个叫上茶园，一个叫下茶园。胡姓祖先300多年前来到这里时，坝上的土地都被先到的人占光了，胡姓祖先只能天天扛着锄头上山开荒种茶。上山顶上要绕过几多弯，翻过几多坎，走到半路已是汗流浃背，口干舌燥，总要靠在一块大石边休息片刻。然而无论上山下山，来到这里时，石头上总是有个茶罐，罐中茶水满满的，人又见不着，喊也无人应，喝下肚里凉悠悠的，顿时精神倍增。天天如此，年年如此。胡姓祖先靠这样接济，逐渐富了起来，便把邬村坝的好田好土买过来，成了永久的主人。

从此，上茶园和下茶园的地名就留下了，胡姓后人就尊这块石头为茶婆土地神，就喊这块石头为茶婆婆，每年都去石前烧香化纸，感谢她的济茶之恩。说也奇怪，人们在远处观望这块石头，活像一个老婆婆坐在那里。

七、喜头擂茶的传说（仁怀）

喜头擂茶属于“茶食”。相传很久以前，在一对年轻夫妇住在喜头边远的岩后，丈夫勤劳朴实，早出晚归，忙于农活。妻子善良贤惠，操持家业。一天，一只美丽的凤凰栖息在他们家门前的一棵树，不停鸣叫，显得十分饥饿难受的样子。善良的妻子将剩下的唯一一碗小米给它吃了。可到了中午做饭的时候，没有米，女子十分焦急，不知所措。这时，一群凤凰衔来了芝麻、花生、南瓜子、茶叶，可惜数量少，不够做饭。女子急中生智，将这些食物一起捣成粉，加入水煮制成汤。丈夫回家饮用后，顿觉清爽，精神倍增，竟忘了饥饿。后来这种制茶工艺逐渐在村里流传开来，成为宴敬贵宾的佳品，人们把这种茶称为“凤栖擂茶”。今喜头镇许多村社仍盛行制作擂茶招待客人的习俗。

八、金银花的传说（绥阳）

从前，小关辅乐的一个小村庄里，住着一对善良的夫妻。这年，妻子生下一对双胞胎女儿，一个取名金花，一个取名银花。两姐妹长大了，又会绣花，又会说话，很得爹妈的疼爱和乡邻的喜欢。她俩长得像花儿一样漂亮，求亲的人几乎把她们家门槛都踏破了。可是，姐妹俩谁也不愿意离开谁，就发誓一辈子不嫁人。忽然有一天，金花生病了，浑身发热，周身起红斑，躺在床上起不来。医生说是热毒病，无药可治，只能等死。银花整天守着姐姐金花，哭得死去活来。没过几天，金花的病更加重了，银花也累得病倒了。她俩对爹妈说：“我们死后，要变成专治热毒病的草药，不能让得这种病的人再死去！”后来，她俩死了，父母把她俩葬在了一起。奇怪的是，她们的坟上什么草都不长，单单生出了一颗带绿叶的小藤。几年过去了，这棵小藤长得非常茂盛，到了夏天先开出了白花，后来变成了黄色和金黄色。这时，人们想起了金花和银花姐妹俩临终前说的话，就采花入药，用来医治热毒病，果然效果非常有效。从此，人们就把这种植物叫作“金银花”。

第十节　茶谚语，茶谜语

一、遵义茶谚语

茶谚指人们在茶事活动中交口相传的、易讲易记而又富含哲理的俗话，是茶叶生产、饮用发展到一定阶段才产生的一种文化成果。平民百姓“早晨开门七件事，柴米油盐酱醋茶。”文人墨客“琴棋书画诗酒茶”，说明茶是寻常人生活的必需品，那么在长期的生产生活实践中，必然会产生许多谚语俗语谜语，如《月令广义》引录的“谚曰：‘善蒸不若善炒，善晒不如善焙’”。

（一）种茶谚语选

细雨足时茶户喜。

一担春茶百担肥。

立夏过，茶生骨。

若要茶，伏里耙。

根底肥，芽上催。

基肥足，春茶绿。

若要肥，泥加泥。

土厚种桑，土酸种茶。

向阳好种茶，背荫好插柳。

茶山不要粪，一年三交钉。

浇肥不埋潭，宁可粪坑满。

茶地晒得白，抵过小猪吃大麦。

若要茶园败，先种番薯后种麦。

桑栽厚土扎根牢，茶种酸土呵呵笑。

稻要地平能留水，茶要土坡水不留。

宁可少施一次肥，不能多养一次茶。

茶树本是神仙草，不要肥多采不了。

拱拱虫，拱一拱，茶农要喝西北风。

惊蛰过，茶脱壳。谷雨茶，满地抓。

秋冬茶园挖得深，胜于拿锄挖黄金。

若要茶，二八耙。（二、八指夏历二月和八月）

若要茶树好，铺草不可少。

若在春草好，春山开得早。

正月栽茶用手捺，二月栽茶用脚踏，

三月栽茶用锄夯也夯不活。

（二）采茶谚语选

头茶荒，二茶光。

不采不发，越采越发。

留叶采摘，常集不败。

头茶不采，二茶不发。

夏茶养丛，秋茶打顶。

三年不挖，茶树开花。

高山茶叶，低山茶子。

茶过立夏，一夜粗一夜。

清明时节近，采茶忙又勤。

采高勿采低，采密不采稀。

春草留一丫，夏茶发一把。

茶籽采得多，茶园发展快。

茶叶好比时辰草，日日采来夜夜炒。

早采三天是个宝，晚采三天变成草。

立夏茶，夜夜老，小满后，茶变草。

（三）喝茶谚语选

早茶晚酒。

茶吃后来酽。

好茶不怕细品。

隔夜茶，毒如蛇。

浓茶猛烟，少活十年。

烫茶伤人，姜茶治病。

淡茶温饮，清香养人。

姜茶治痢，糖茶和胃。

素食清茶，爽口爽心。

酒吃头杯，茶吃二盏。

苦茶久饮，明目清心。

冬饮可御寒，夏饮去暑烦。

平地有好花，高山有好茶。

不喝隔夜茶，不喝过量酒。

午茶助精神，晚茶导不眠。

吃饭勿过饱，喝茶勿过浓。

酒吃头杯好，茶喝二道香。

吃了茶叶子，做事不怕死。

吃碗元宝茶，一年四季大发财。

一碗苦，二碗补，三碗洗洗嘴。

春茶苦，夏茶涩，要好喝，秋露白。

头茶苦，二茶涩，三茶好吃摘勿得。

夏季宜饮绿,冬季宜饮红,春秋两季宜饮花。

空腹茶心慌，晚茶难入寐，烫茶伤五内，温茶保年岁。

（四）茶的保健功能谚语选

茶怡情，酒乱性。

常喝茶，少烂牙。

神农遇毒，得茶而解。

壶中日月，养性延年。

饮茶有益，消食解腻。

好茶一杯，精神百倍。

茶水喝足，百病可除。

苦茶久饮，可以益思。

清晨一杯茶，饿死卖药家。

饭后一杯茶，老来不眼花。

吃饭勿过饱，喝茶勿过浓。

午茶助精神，晚茶导不眠。

药为各病之药，茶为万病之药。

清茶一杯在手，能解疾病与忧愁。

肚子里没有病，喝茶也会胖起来。

吃萝卜，喝热茶，大夫改行拿钉耙。

（五）茶俗谚语选

客到茶烟起。

茶好客常来。

人走茶就凉。

浅杯茶，满杯酒。

龙泉水，夷州茶。（凤冈）

酒满敬人，茶满伤人。

来客无烟茶，算个啥人家。

人熟好办事，烟茶不分家。

好茶不怕细品，好事不怕细论。（湄潭）

宁可一日无粮，不可一日无茶。（道真）

清晨开门七件事，柴米油盐酱醋茶。

茶叶学问学到老，茶名太多记不了。

家穷没菜心不烦，自有好茶泡米饭。

茶泡饭，散疏疏，米汤泡饭当喂猪。

好吃不过茶泡饭，好看不过素打扮。

喝碗油茶干劲汤，上坡干活心不慌。

好茶好饭待远亲，用事用务靠近邻。

君子之交淡如水，茶人之交醇如茶。

冷茶冷饭能吃得，冷言冷语受不得

赶场若不进茶馆，不如莫来把场赶。（湄潭）

千杉万松，一生不空；千茶万桐，一世不穷。

烧香点茶，挂画插花，四般闲事，不宜累家。

油茶汤，荞皮香，鲜美味，传四方。（凤冈永安、进化）

一日无茶，周身软塌，喝了油茶，挑起粪桶满坡爬。（凤冈花坪）

（六）其他关于茶的谚语选

嫩香值千金。

砂土杨梅黄土茶。

高山雾多出名茶。

投茶有序，先茶后汤。

茶七饭八酒加倍。

平地有好花，高山有好茶。

二、茶谜语

以茶或茶事为题材的谜语，有以茶为谜底的，有以茶具为谜底的，也有以某种茶事活动如烹茶为谜底的，还有用茶为谜面，谜底是字、成语和俗语等。

（一）以“茶叶”为谜底的谜语选

出身山中，死在锅中，活在杯中。（打一物。谜底：茶叶）

生在山中，一色相同。到了市场，有绿有红。（打一物。谜底：茶叶）

生在树丫，死在人家。一手执我，逼紧投河。（打一物。谜底：茶叶）

生在山上，卖到山下，一到水里，就会开花。（打一物。谜底：茶叶）

生在山上叶叶多，死在家中炒一窝，肉也没得吃，得点汤来喝！（打一物。谜底：茶叶）

幼时山中发青，大时锅里翻身，干在萝中发闷，湿在水中浮沉。（打一物。谜底：茶叶）

生在世上嫩又青，死在世上被火熏，死后还要被水浸，奴家苦命真苦命！（打一物。谜底：茶叶）

命里苦心里更苦，清明节抛家别祖，炒锅里逃过大火，躲不过没顶水灾。（打一物。谜底：茶叶）

深山沟里一蓬青，玉爪金龙取我心，带到人家来逼死，水底扬花半还魂。（打一物。谜底：茶叶）

生在西山草里青，各州各县有我名，客在堂前先请我，客去堂前谢我声。（打一物。谜底：茶叶）

孔明祭起东南风，周瑜设计用火攻，百万雄兵推落水，赤壁江水都变红。（打一物。谜底：烹茶）

生在青山叶儿蓬，死在湖中水染红。人爱请客先请我，我又不在酒席中。（打一物。谜底：茶叶）

（二）以茶名为谜底的谜语选

风满楼。（打一茶名。谜底：雨前）

十分锐利。（打一茶名。谜底：毛尖）

西部小江南，茶海冒新梢。（打一茶名。谜底：湄潭翠芽）

贵州无处不青葱。（打一茶名。谜底：黔绿）

（三）以茶具茶事为谜底的谜语选

一百零八岁。（打一词。谜底：茶寿）

人间草木知多少。（打一茶具。谜底：茶几）

品茗好去处。（打一电影名或行业名。谜底：茶馆）

颈长嘴小肚子大，头戴圆帽身披花。（打一茶具。谜底：茶壶）

一只无脚鸡，立着永不啼。喝水不吃米，客来把头低。（打一茶具。谜底：茶壶）

铜将军团团围着，铁将军把守三关，火将军当中稳坐，水将军怒气冲天。（打一茶具。谜底：煮水壶）

言对青山说不清，二人地上两分离，三人骑牛牛无角，一人藏在草木里。（谜底：请坐，奉茶）

（四）带“茶”字谜面的谜语选

茗。（打一成语。谜底：名列前茅）

早晨喝茶。（打一官阶。谜底：当朝一品）

喝茶只喝一小口。（打一成语。谜底：浅尝辄止）

除夕茶话会。（打一成语。谜底：聊以卒岁）

一女不喝两家茶。（打一成语。谜底：一字千金）

再三复习。（打唐代一人名。谜底：陆羽）

名茶生何处？（打一电影名。谜底：云雾山中）

茶旅篇

第十三章

近年来，遵义市在大力发展茶产业的同时，大力推动茶旅一体化发展，坚持以茶为媒、茶旅结合，力争打造成为全国知名、贵州一流的生态休闲旅游示范区。各茶叶主产县都将茶旅一体化作为发展方向，特别是2006年以后，各级党委和政府将茶产业发展与茶旅一体化建设作为经济社会发展的重中之重，使全市茶旅一体化一片欣欣向荣。

本章记述遵义市茶旅一体化建设及管理、茶文化旅游景点、浙大与遵义茶、茶文物调查与保护和遵义茶博物馆。

第一节　茶旅一体化建设及管理

一、政策推动

2007年，《遵义市人民政府工作报告》要求："积极发展茶文化、民族民间文化和生态旅游"。2008年，遵义东线乡村茶文化生态旅游正式启动

2009年，遵义市举办第四届贵州旅游产业发展大会。《2009年遵义市人民政府工作报告》提出的主要工作任务是："紧紧围绕'西部茶海'等资源，大力发展茶文化特色旅游，将湄潭——凤冈'百里生态茶园观光长廊'打造成为国内最大的茶业观光风景带……紧紧围绕湄潭核桃坝——龙凤风情茶庄、凤冈永安田坝村等全国农业旅游示范点，加快发展农村观光旅游"。

2010年遵义市政府明确的工作主要任务是继续办好"中国西部茶海·茶文化节"等节会活动，促进茶文化、浙大西迁文化与生态农业、田园风光、休闲度假旅游相互融合，共同发展。

2011年，《遵义市人民政府工作报告》明确"十二五"时期国民经济和社会发展主要目标任务："加快川黔渝旅游'金三角'、黔北渝南和武陵山区等旅游景区开发，突出提升中国茶海等'五大品牌'"。

2012年，遵义市委召开常委会议，重点研究促进旅游产业发展、茶产业发展事宜。重点审议并原则通过《首届遵义市旅游产业发展大会方案》。会议认为，全市自实施文化旅游强市战略以来，依托丰富的旅游资源，大力发展旅游产业，取得了明显成效。提出要着力打造一批精品景区，加快构建特色旅游产品体系，加快转变旅游业发展方式，促进旅游与文化发展。是年，遵义市与贵州省旅游局建立战略合作关系，成功举办全市首届旅游产业发展大会。

2013年，《遵义市人民政府工作报告》安排的主要任务是："全力推进文化旅游产业大发展，加快中国茶海景区建设，支持各地竞相发展文化旅游创新区，打造茶等文化旅

游节。”明确中国茶海是全市“七大旅游品牌”之一。市级财政2013年追加2000万元旅游专项资金，全年共投入4500万元以上对全市进入全省100个旅游景区”建设规划的17个旅游景区规划编制给予补助。在这17个景区中，有湄潭茶海休闲度假景区、凤冈茶海旅游景区、飞龙湖休闲度假旅游景区3个茶叶景区。景区建设将以旅游形象品牌为引领，以建设精品线路和精品景区为重点，发展文化旅游、生态旅游、休闲度假旅游和乡村旅游，推进旅游产业由数量扩张型向效益增长型转变。

2014年，《遵义市人民政府工作报告》提出办好第三届遵义旅游产业发展大会，加快文化旅游发展创新区和重点旅游景区建设，大力发展生态旅游、少数民族文化旅游。加快星级酒店、乡村旅馆、旅游地产等建设和旅游商品开发。

2016年，以承办全省第十一届旅发大会为契机，落实好省支持遵义市旅游业发展的政策措施，创建国家全域旅游示范区，加快推进省级重点旅游景区建设，其中包括湄、凤、余100km茶区木栈道等重点项目。

2017年，《遵义市人民政府工作报告》提出今后五年的目标是深入实施大旅游行动，建成首批国家全域旅游示范区。实施精品景区、精品线路建设工程，打造全国一流的山地特色旅游产品体系精品旅游线路，建成一批旅游交通和游客集散中心等服务设施。大力开发避暑养生、休闲养老等多种旅游新业态新产品，全面提升旅游产业规模化、精品化、市场化、国际化水平。

2018年组建文旅集团，持续推进创A工程，新增AAA级以上景区42个，启动湄潭茶壶景区提升工程，争取国家全域旅游示范区创建通过首批验收。

二、主要活动

2009年4月25—26日，由中茶所、中国茶叶学会、贵州省旅游局主办，凤冈县委、凤冈县人民政府、遵义市旅游局承办的“中国绿茶专家论坛暨凤冈·茶海之心旅游节”在凤冈举行。凤冈县政府与中茶所共同签署“茶产业合作协议”，就“泛珠三角区域茶产业合作”达成共识并签署“泛珠三角区域茶产业合作”之“凤冈宣言”。7月28日，“2009中国贵州国际绿茶博览会”举行包括茶乡之旅在内活动的六项活动；9月25日上午，“第四届贵州旅游产业发展大会”在遵义召开，大会以“弘扬长征文化，发展特色旅游”为主题，以加快特色旅游精品建设，推进旅游产业转型升级，实现资源优势向经济优势转变。

2010年10月29日，贵州省茶乡之旅活动在遵义市启动，这也是2010年“一节一会”的重头戏之一。是日，上百名游客从遵义出发，赴湄潭、凤冈、余庆，感受当地浓郁的绿茶文化。是年，再次举办茶乡之旅并推出六条精品旅游线，囊括全省主要产茶区，其中有两条在遵义，一条就是湄潭经凤冈至余庆，该线路可参观万亩茶海。茶博会结束后“茶乡之旅”继续进行。

2011年4月18日，由遵义市政府、贵州省农业委员会主办，凤冈县和遵义市农业委员会承办的“2011年中国遵义茶文化节”在凤冈仙人岭陆羽广场开幕，来自凤冈田坝的茶农和全国各地的嘉宾一起参与和观看凤冈一年一度的祭茶大典。

2012年10月29日，首届遵义旅游产业发展大会在赤水市开幕。

2013年4月10日，遵义市“直航遵义·醉美之旅”推介会在北京举行。国家旅游局、文化部、北京市旅游协会、北京市海淀区旅游发展委员会、北京市房山区旅游发展委员会、贵州省外宣办、贵州省政府驻北京办事处等单位，40家知名网络媒体和北京市属传统媒体记者，90名北京旅行商、20名航空公司嘉宾、20名各界友好人士，及全市旅游产业发展领导小组办公室成员单位负责出席。是年，相继在上海（7月）、西安（8月）、三亚（9月）、昆明（10月）等地以“红色遵义·人文遵义·醉美遵义”为主题开展了“直飞遵义·醉美之旅”专场宣传推介活动（图13-1）。2013年9月29日，以“红色遵义·醉美茶海”为主题的“第二届遵义旅游产业发展大会”在湄潭县永兴镇“中国茶海”景区主会场召开（图13-2）。大会主要是研究部署全市旅游产业转型升级和推动湄凤余片区旅游产业加快发展。本次大会开展了凤冈醉美乡村旅游文化节、余庆文化旅游节、“美丽湄潭·中国茶海”摄影作品展等活动。在大会期间，参会嘉宾集中考察了重点项目建设推进情况，并参观景区。还举办“中国·湄潭首届茶资源综合开发利用高端论坛”以及美食文化节，书画、摄影大赛等活动宣传和推介遵义旅游资源。

图13-1 遵义市在上海举办“直航遵义·醉美之旅”推介会

图13-2 第二届遵义旅发大会（2013湄潭中国茶海景区）

2016年，召开了两届全市“旅发会”，成功承办了第十一届贵州旅游产业发展大会，增加了遵义市的知名度和美誉度。

遵义的茶旅一体化落脚点在遵义的“茶”和“文化”上，多年来，遵义市在茶旅一体化工作上，大力加强旅游观光茶园建设，加强茶产区基础设施建设，推进茶叶风情小镇、最美茶乡和最美村庄建设，打造茶叶主题公园，积极开展茶博会、茶文化节、旅游节、茶园观光品茗等各类茶文化活动。将茶园建设成旅游景区，将茶产品开发成旅游商品，将茶民俗、茶文化打造成特色旅游产品，为人们提供茶体验茶文化、茶饮食等休闲文化旅游，推动茶产业与旅游业的相互融合，形成了以茶促旅、以旅带茶、茶旅互动一体化的良好局面。

三、部分县（市、区）茶旅一体化简介

（一）湄潭县

明万历二十七年（1599年），贵州巡抚郭子章奏请朝廷于湄地设县治。翌年，郭子章赴湄潭视察，策马湄江畔，见县城江水环绕，城南有二水颠倒流合，弯环如眉，汇为深潭，有感于风景之佳，驰目骋怀，题诗赞道：

湄潭畔水水如眉，九曲纵横似武夷。练练江流来绝域，萧萧雾雨上高枝。

千年行密传珪地，六月淮南献凯时。忆自海龙归马后，山村处处乐雍熙。

兴之所至，郭子章的佳篇，于无意中，为湄潭县名注明来历。

清代西南巨儒郑珍（子尹），青年时代游历湄江，为湄江风光之旖旎感慨万端，当即吟道：

倭行三日到湄潭，几处晴光映翠岚。几处青枫几茅屋，萧疏风景似江南。

郑珍认为在江南才能目睹这样的景色，不期于湄潭得见，欣喜之余，便吟诵出对湄潭的赞歌。这应该是最早将湄潭比喻江南的诗作，湄潭便有“贵州小江南”之称。

湄潭全县有国家级重点文物保护单位浙大西迁办学旧址、红九军团司令部旧址、有AAAA级景区、省级风景名胜区、省级森林公园、全国农业旅游示范点、全国休闲农业与乡村旅游示范点；1家三星级旅游饭店及9家四星级以上酒店，30余家乡村旅舍及200多家农家乐；旅游项目有仙谷山景区、中国茶海景区、中国茶城、国际温泉度假城、滨河景观带景区、龙泉山森林公园景区、天壶豪生酒店、艾尔格林酒店、兰江乡村度假酒店等。

湄潭旅游正形成“九个一”格局：“一山”即龙泉山森林公园，集浙大农学院农验楼、浙大院士林、星级生态度假酒店、儿童乐园于一体的森林公园景区；“一海”即中国茶海休闲旅游景区，该景区属全省100个重点旅游景区之一，集茶海观光、茶文化风情体

验和生态休闲、运动养生、放假游乐、商务会议于一体的AAAA级旅游景区；“一河”即湄江滨河景区，即县城10km滨河景观带；“一泉”即国际温泉度假城，集国际温泉旅游度假酒店、温泉洗浴、旅游度假公寓、配套商业于一体的旅游景点；“一壶”即天下第一壶茶文化博览园，该公园2013年4月已通过国家旅游局AAAA级旅游景区的审核评定；“一城”即中国茶城，属全省100个城市综合体项目之一，集茶叶交易、茶文物展示、星级酒店等茶文化商务休闲于一体的旅游景点；“一馆”即贵州茶文化生态博物馆，该博物馆是获贵州省文物局批准建设的贵州省唯一茶文化生态博物馆，占地逾1000m^2，于2013年9月份第二届遵义旅游产业发展大会召开时投入使用；“一镇”即仙谷山旅游风情小镇，集休闲度假、商务会议、文化体验、健身养生、生态居住、品茗乐购于一体；“一村”即核桃坝茶产业村，核桃坝村被誉为“中国西部茶叶第一村”，村内的“茶生态园”于2011年被评定为国家AAA级旅游景区。

湄潭茶旅一体化具有以下优势：

① **深厚的历史文化底蕴：**湄潭历史悠久，文化厚重，集茶文化、酒文化、长征文化、浙大西迁文化、儒家文化、宗教文化、民俗民间文化、漫画艺术和农耕文化等人文景观为一体，有丰富的旅游价值。

② **著名的茶叶种植基地：**湄潭是中国最古老的茶区之一、西南著名的茶乡、贵州省最大的茶叶种植加工基地县。其生产、科研、品牌、数量、质量在全省均名列前茅，占有优势地位。

③ **独特的茶文化旅游资源优势：**湄潭有多家国家级重点文物保护单位，如浙大西迁历史陈列馆（文庙）、红九军团司令部旧址、万寿宫、西来庵等。全县有国家AAAA级景区“天下第一壶茶文化博览园”和AAA级景区“茶海生态园”、全国休闲农业和乡村旅游示范点——桃花江田园休闲度假区、贵州省十大魅力景区——茶海·湄江景区、省级风景名胜区——湄江风景名胜区、全国农业旅游示范点茶桂风情园。多家高级酒店均以主题景区为目标进行设计建设。

④ **独特的生态环境：**湄潭山川秀丽，气候宜人，桃花江休闲田园、湄江山水画廊、湄江峡谷、百面水天生桥等自然风光令人流连忘返。

为充分发挥当地的旅游优势，湄潭县将旅游发展列为县的四大战略之一，制定《关于实施旅游发展战略的意见》《关于加快乡村旅游业发展的实施意见》等文件，统筹规划和推动全县旅游业发展。开展系列茶事茶艺活动，举行以茶事为主题的综合文化旅游活动。主要内容有专家、企业家参与的茶叶论坛，茶园、茶城、茶市的旅游观光，春茶交易、名茶推介与招商引资，制茶技能与茶艺展示，名优茶的评审，书画、摄影展览与文艺演出，茶文化研讨等。以旅兴茶、以茶兴旅，加强旅游基础设施建设，加快开发茶旅精品线路。突出生态、茶文化、新农村建设等资源优势及特色，把茶产业发展与旅游发展和新农村建设战略结合起来。结合旅游景点布局，在全县现代高效茶业示范区选择交通便利、生态条件优越、环境优美的茶区，新改建主题突出、特色鲜明、规模适宜的茶叶庄园和农家茶庄，开发集采茶、制茶、品茶和吃、住、玩于一体的"农家乐"休闲旅游观光茶园，着重在吸引游客体验"采、制、品、赏、购"茶叶等茶旅一体化系列活动。对符合规划建设的茶叶庄园、农家茶庄予以奖励；对环境美、功能全、服务优且验收达标的茶文化主题馆和生产加工经营茶旅游商品的企业，参照茶叶企业予以奖励或补助，助推茶旅一体化发展，实现旅游发展和新农村建设与茶产业的相互带动，相互促进。

1998年，湄潭被列为"全国第三批生态示范区建设试点县"。2006年3月，被国家环保总局命名为"国家级生态示范区"。先后获"中国名茶之乡""全国经济林建设先进县""全国无公害茶叶生产基地示范县"等称号。湄潭正以茶文化、乡村休闲度假、浙大西迁文化以及自然山水风光为主题，按照生态立县、特色兴县、产业强县、旅游活县发展战略，全力打造"中国茶海、休闲湄潭"旅游品牌。

（二）凤冈县

凤冈的茶旅一体化，具有多方面的优势和特点：

1. 优越的客观条件

凤冈古称夷州，茶圣陆羽在《茶经》中说"黔茶生思州、播州、费州、夷州，往往得之，其味极佳"，对凤冈茶给予很高的评价；凤冈茶文化习俗丰富多彩，油茶、罐罐茶、茶食、茶礼等琳琅满目。1999年，凤冈确立了建设生态家园，开发绿色产业的发展战略，以保护绿水青山为己任，大力实施封山育林、植树造林、飞播造林等林业工程。2003年，又进一步实施营造绿色环境、培育绿色基地、实施绿色加工、打造绿色品牌的四绿工程。至今，全县森林覆盖率达37.3%，属全国绿化造林百佳县。2002年6月，凤冈县被列为"全国第七批生态示范区建设试点县"；2007年，获国家环保总局正式命名"国家级生态示范区"；2008年11月，在第二届中国旅游论坛上，凤冈获全国生态旅游百强县称号并成为中国旅游论坛会员；2010年，凤冈被评为中国低碳生态示范县；2011年，凤冈被授予中国低碳乡村旅游示范地；2014年，凤冈县中国西部茶海景区获国家AAAA级旅游景区、全国休闲农业与乡村旅游示范点，凤冈县获全国休闲农业与乡村旅游示范县；还曾获贵州省十大最美茶乡、全国农业旅游示范点等称号。凤冈也是遵义红色旅游——梵净山—湘西凤凰（张家界）黄金旅游线上的重要节点，随着G56杭瑞高速通车、遵义机场投入运营，外部交通条件已大为改善，旅游热线正在形成。

2. 科学的规划布局

全县将茶产业建设与生态旅游发展相结合，依托“中国富锌富硒有机茶之乡”的生态资源优势和地方民族文化，并通过鼓励和支持建设高雅型生态茶庄、申报全国农业旅游示范点、国家级景区、举办茶事文化旅游活动等形式，挖掘展示传统农耕文化和现代有机田园文化，发展生态文明旅游。在发展旅游的进程中，凤冈县在建设茶海之心旅游景区中摸索出茶旅一体化生态旅游发展模式。以茶区的茶林、花卉等配套栽种美化景区，加强建设旅游步道、观光台、服务中心等基础设施，以原生态“花级”（类似于酒店星级评定）的茶庄为特色。有以花命名的生态型茶庄十多家，均用花卉美化茶庄、茶园，在特定花卉以外，还配植可观花、观果、观叶、闻香的其他植物，将茶庄、茶园建设成为四季可赏的花园。茶庄建筑风格是在保留黔北建筑文化元素的基础上，注入现代人休闲需求功能。无论是建筑风格、住宿、餐饮、旅游标识、停车场、摄影点、游客服务中心、旅游购物点、茶缘林、游客休憩点等旅游设施均按照旅游标准配置，茶艺茶道、茶乡歌舞、采制茶叶、茶庄外部环境以及茶旅体验活动，无处不是力求精细、生态、舒适、美观，并朝着替游客考虑周到的方向努力，使游客愿意长时间居住。设置一观、二闻、三采、四炒、五品、六膳、七娱、八购、九学、十住的体验式休闲旅游，颇受全国各地游客的青睐。在对外宣传上，除完善景区（点）、县主要出入口、县域旅游线主干道和县城旅游指示牌、说明牌、形象广告牌外，重点实施了“十个一”工程，即编制好一张凤冈茶海之心——茶旅一体化旅游导游图；一本凤冈重点景区生态旅游导游词；一部凤冈生态旅游形象片；建好一个凤冈茶海之心生态旅游网站；一本凤冈生态旅游导游图和服务指南；一本凤冈生态旅游文化丛书——玛瑙山官田寨；一张凤冈生态旅游光盘；组建一支茶艺表演队；唱响一支绿色畅想曲；走出一条茶旅一体化的共同营销、宣传路子。同时，出台《茶园建设细则》《景区美化实施方案》《关于建设接待型茶庄的基本要求》《茶庄室内建设方案（细则）》《景区文艺演出三准三不准》《景区车辆管理条例》《关于申报“茶海之心·凤冈”旅行社的基本要求》等行业建设标准。以举办“茶海之心有机田园文化节”活动来统筹全县茶旅节庆、节事活动，助推凤冈生态旅游发展。

3. 丰富的旅游资源

区内的龙泉、穿阡水库、太极洞、文峰塔、玛瑙山古军事洞堡、王寨古墓、万佛山自然保护区（省级森林公园）、永安田坝林茶公园等旅游资源得到开发利用。茶海之心景区开发效果明显，生态环境优美；规划了太极生态养生园、玛瑙茶旅休闲示范区；田坝“九堡十三湾茶园”和“仙人岭茶园”获“中国三十座最美茶园”称号。

4. 多彩的旅游活动

2005年5月28日，首次举办凤冈茶海之心旅游节，之后每年举办一次。已举办茶文化节、春茶开采节、茶海之心旅游节、生态文化采风节、绿茶高端论坛等活动，成功过举办全国山地自行车赛。每年3~4月的春茶开采时节，活动内容随活动主题确定，主要有文艺演出、祭茶大典、绿茶高端论坛、茶与健康研讨、茶艺茶道大赛、贵州名茶评选等。节庆期间，茶界专家、商家齐聚，国内外宾朋云集，是中国西部茶海的文化盛事。

5. 景区建设成就显著

2016—2019年，就完善了交通体系，规划修建了自行车骑行道路、茶区观光栈道、环茶海之心电瓶车观光车道、仙人岭观光索道等基础设施项目（图13-3、图13-4）。建设了茶海之心游客服务中心、智慧旅游系统、茶心谷生态主题酒店、拉幕会场、星级厕所等公共服务设施。建设了祭茶大典广场、仙人湖景点、观海长廊、玻璃吊桥、禅茶瑜伽湿地公园和广场、茶海之心“心”形景观、田坝茶文化一条街立面改造、飞峰坎观光景点、瑜伽凤羽禅院、禅茶瑜伽小镇等系列文化景观。对茶海之心旅游景区实施绿化美化亮化净化和添彩工程，景区品位得到全方位的提升。启动了对茶海温泉项目规划设计，确立了康养、度假、修行主题，丰富茶旅一体内涵，填补了冬季茶旅一体发展的空白。

图13-3 凤冈县“十三五”旅游业发展专项规划项目布局图

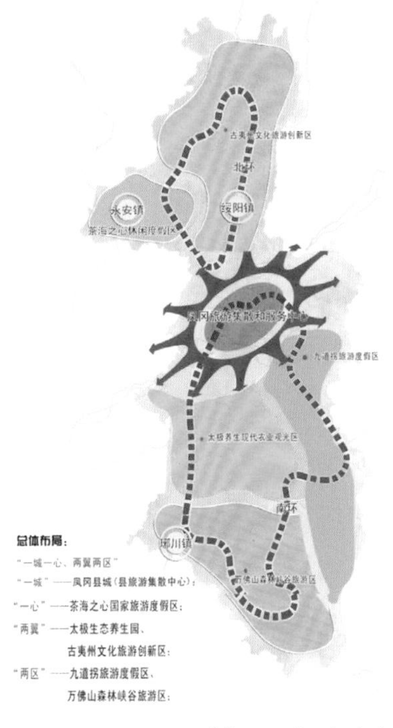

图13-4 凤冈县“十三五”旅游业发展专项规划空间布局图

“多彩贵州网”将凤冈茶旅一体化建设归纳为“五位一体”：

① **茶景一体**：一是景区茶区化，按照每年发展茶叶4万~5万亩的速度，实施景区周边茶园全覆盖工程，让景区变茶区。二是茶区景区化，在茶园配植桂花、紫荆、李树、桃树等，形成林中有茶、茶中有花、茶林相间、茶海花香的独特景观，让茶区变景区。三是景观融合化，在景区景点布局和打造上紧扣茶元素，选择部分土地按祥龙、凤凰、太极等图案种植茶叶，打造人文景观，形成茶区景区融合发展格局。

② **茶旅一体**：一是水利设施，打造人工湖、人工鱼池、人工小河等，有了水利设施既可以用于茶园灌溉，又可以增添景区灵气和观赏性。二是道路交通，加大资金投入，硬化到组到寨到户路，构建外联内通的旅游交通网络。三是网络通讯，加快茶旅景区网络通信设施建设，满足茶园网络化管护、茶产品交易和旅游宣传需要，目前，大部分景区已实现网络通讯全覆盖，茶海之心田坝景区、九龙生态园景区免费WIFI投入使用。四是厂房茶庄一体，打造景观型、生态型、花园型的精致茶庄茶厂，使之既是加工作坊，又是购茶、休闲、食宿、茶艺表演的旅游景观。

③ **茶文一体**：一是刨茶文化根，挖掘以茶为重点的历史民俗文化，收集茶诗、茶歌、茶赋和茶具。二是抓茶文化干，围绕全省“一节一会”做文章，定期举办“东有龙井·西有凤冈”茶文化交流论坛、中国瑜伽大会、春茶开采节、祭茶大典等茶事文化活动，吸引更多游客到凤冈旅游，实现了旅游业井喷式增长。三是壮茶文化枝，开展茶文化进景区、进机关、进社区、进学校、进酒店、进餐馆“六进”活动，形成人人说茶、处处茶影的茶乡氛围。全县所有机关事业单位办公室都配置了茶具，所有旅游景区的打造都融入了茶文化元素。四是结茶文化果，组建锌硒茶乡艺术团，打造了《土家油茶茶艺》《祭茶大典》《OK凤茶》《西部茶舞》等“十大茶戏”，宣传推介凤冈茶文化和旅游资源。

④ **茶品一体**：一是围绕茶叶丰富旅游品牌，紧扣“凤冈锌硒茶”公共品牌，利用茶叶品牌开发旅游品牌。整合相对集中的茶园、相邻村落的特色景观和风土人情，利用茶叶品牌知名度和影响力开发旅游品牌，实现以茶带旅。二是围绕旅游做靓茶叶品牌，围绕“东有龙井·西有凤冈”公共旅游品牌，利用现有景区知名度和影响力开发茶叶品牌，实现以旅促茶。依托“中国西部茶海之心”田坝景区，成功打造了仙人岭、万壶缘茶叶品牌；依托万佛山茶旅景区，成功打造了迎仙峰、云露、黄荆树茶叶品牌；依托太极生态养生园茶旅景区，成功打造了黔雨枝、双塔茶叶品牌；依托玛瑙山茶旅景区，成功打造了绿玛瑙、六池河、夷洲茶叶品牌。

⑤ **茶商一体**：一是打造茶叶产品，打造以茶叶产品为主的旅游商品，开发绿茶、红茶、黑茶、甜茶、乌龙茶等多种产品，推出高、中、低档茶叶旅游商品；延伸茶产业链

条，开发茶疗、茶饮、茶枕等茶叶产品；挖掘民俗茶饮食，推出土家油茶、罐罐茶等民俗饮食和油炸三脆、茶乡混蛋饼、红烧地龙等“茶乡十大特色菜”。二是开发特色商品，围绕区域性茶旅品牌开发旅游特色农副产品，充分满足游客需要。三是共建营销渠道，紧扣景区景点、旅游线路、酒店、茶庄等开设旅游商品展示和营销店，充分展示茶产品和特色旅游商品，来推动茶旅商品市场营销一体化。

根据《凤冈县“十三五”旅游业发展专项规划（2016—2020年）》，凤冈县“茶旅一体化”总体布局为“一城、一心、两翼、两区”，将继续建设（图13-5、图13-6）：凸显县城首位度，建设县城区游客集散中心；倾力打造南北精品旅游环线，构建全景域大旅游景观；奋力打造凤冈三大旅游风情小镇（永安镇、绥阳镇、琊川镇）；快速推进玉龙山宝景旅游景区开发；建设以玛瑙山景区为核心的古夷州文化旅游创新区；建设太极养生和现代观光农业旅游区；建设以九道拐库区为主的水上运动娱乐休闲度假区；建设以万佛峡谷为主的峡谷探险和户外运动旅游区；建设凤冈特色旅游产品（茶旅一体化旅游产品、休闲观光乡村旅游产品）；推介凤冈精品旅游线路，按出游时间整合推出二日游、三日游常规线路；按空间人流动线整合推出南北两大旅游环线；按自驾车出行习惯推出多条可供选择的自驾车线路和建设、评选一批星级茶庄、茶楼、茶馆，配套新增一批接待设施。

图13-5 凤冈生态旅游导游线路图

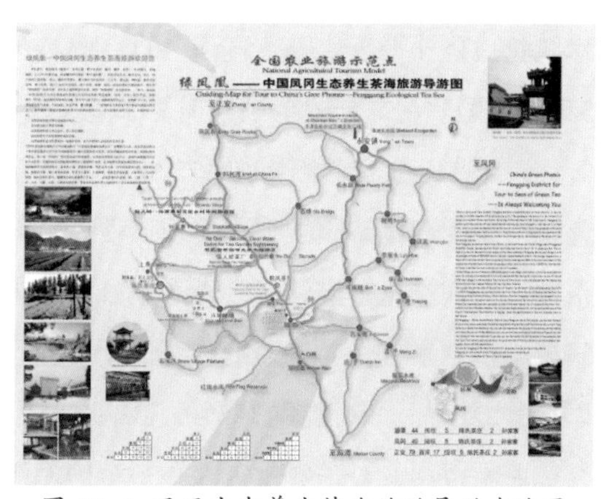

图13-6 凤冈生态养生茶海旅游导游线路图

（三）正安县

2010年3月，经由环境保护部、国家发展和改革委员会、住房和城乡建设部、科学技术部、农业部、中共中央党校及有关行业专家组成的专家评审委员会综合评估，正安县符合《中国绿色名县（市、区、旗）推介指标体系》的要求，经审定，作为“中国绿色名县”予以推介，并颁发中国绿色名县牌匾；是年12月下旬，正安县获中国优秀尹珍文化旅游名县和中国生态观光旅游名县称号。2011年11月，正安白茶产业园被命名为“贵州省级休闲农业与乡村旅游示范点”。截至2018年底，县域19个乡镇中有10个乡镇获得国家级生态乡镇命名，6个乡镇获得省级生态乡镇命名，66个行政村获得各级生态村命名。

正安县按照全县茶园区域分布状况，结合茶区自然景观和人文条件，规划打造六个茶旅一体化园区和一个白茶城。六个茶旅一体化园区：位于安场镇和格林镇交界地的东山茶旅一体化园区；位于和溪镇的双龙茶旅一体化园区；位于桴焉镇的桴焉茶旅一体化园区；位于瑞溪镇的金山茶旅一体化园区；位于凤仪镇和瑞溪镇交界地的罗汉洞茶旅一体园区；位于班竹镇的上坝知青茶场茶旅一体化园区。该六个园区分别围绕茶园八卦图、迷宫茶园、知青文化、傣楼和山水田园等特色进行建设和打造。同时，紧密结合生态、人文、养生、休闲、观光等，通过全新的视角规划和布局，让茶农变单纯的种茶收入为增加旅游服务等收入，延长产业链。截至目前，已成功打造桴焉茶旅一体化园区、罗汉洞茶旅一体化园区、知青茶场茶旅一体化园区和正安白茶城。

（四）余庆县

2003年6月，余庆县被列为全国第八批生态示范区建设试点县。2007年1月，被国家环保总局命名为国家级生态示范区。2005年初，余庆县政府制定《余庆县国家级生态示范区建设试点工作方案》。生态旅游方面已建成共青生态农庄、茶山休闲山庄、花山朝阳洞、方竹水库等旅游景区，开发大乌江风景名胜区旅游项目，完成天然林保护、营林绿化、国土整治、绿色通道和自然保护区建设等8个重点工程，全县森林覆盖率达54.9%。先后获“全国小叶苦丁茶示范基地”“全国绿化模范县”等称号。

近年来，余庆县以松烟镇二龙村为核心，着力打造茶在林中、林在山间、山环水绕、色彩缤纷的现代茶园景观，实现产业发展与旅游度假的深度融合。远看是公园，走近是茶园，松烟二龙茶海景区已经连续八年举办茶海山地自行车赛，松烟镇被称为中国第一骑游小镇。来自世界各地的参赛运动员不仅可以观赏茶海风光，品茗余庆干净茶，还可以尽享青山绿水和清新的空气。2017年5月，二龙茶海景区被国家体育总局授予国家体育产业示范项目，是贵州省唯一一个国家级体育产业示范项目。余庆县在2016年、2017年以承办中国·贵州茶文化节暨茶产业博览会为契机，扩大了茶旅结合的影响，吸引着中外游客。

以花山乡花阡谷为核心的林旅、茶旅项目也正在建设之中。

（五）桐梓县

桐梓县旅游资源丰富，茶旅一体化能促进县域茶产业同旅游产业“共生共荣、协调发展”，并能解决人员就业问题。目前，全县乡村旅游发展迅速，通过打造马鬃乡中岭村、九坝镇天池村、官仓镇人民村3个茶叶休闲避暑健身度假村，打造集茶叶观光、采茶体验、纳凉避暑、休闲健身、自然风景等为一体特色茶旅游度假地。新建茶馆茶楼、茶艺表演、茶叶交易市场，将旅游、餐饮、娱乐、休闲融入一体。马鬃乡茶旅一体化已初具规模，还要进一步挖掘和建设茶旅游，以茶旅游促进全县旅游业的发展。到2020年，重点建设马鬃乡中岭、九坝镇天池、官仓镇仙人山3个茶叶休闲健身度假村。

全市其他县也分别按照自己的具体情况，制定了茶旅一体化规划和进行了一系列工作。

第二节　茶旅景点选介

遵义的茶旅景点主要集中在东部几个茶叶主产县，形成湄潭、凤冈、正安、余庆、道真5县综合旅游区，以茶文化、乡村旅游、历史文化和生态观光、休闲度假为内容。该区属典型的喀斯特地貌，集溶洞、瀑布、溪流、山崖、森林为一体。有湄江山水画廊、百面水、清溪河、九道水、飞龙湖等原生态自然景观；湄潭西部茶海、凤冈茶海之心、余庆小叶苦丁茶园等已成旅游产品和农业旅游目的地；天下第一壶茶文化博览园连接湄潭乡村旅游，形成一条新的旅游热线；以抗战期间浙大西迁遵义、湄潭为主题的红军长征系列；正安尹珍务本堂、凤冈玛瑙山古军事洞堡等景点具有厚重的历史文化内涵，增添了旅游地的文化含量。以公路为主要交通途径，旅游接待、服务设施初具规模。

在茶叶景区标准化建设方面，湄潭天壶公园景区、余庆飞龙湖飞龙寨景区等4个景区已通过评审，获“国家AAAA级旅游景区”称号；茶海之心景区等3个景区启动申报国家AAAA级旅游景区评定工作。

一、湄潭县茶旅景点

（一）中央实验茶场旧址

中央实验茶场位于湄潭县城万寿宫和象山（又名打鼓坡）。旧址所在地为古迹万寿宫，湄江就在旧址旁，江东岸有象山茶园和天下第一壶茶文化博览园可观赏。

（二）中国茶海景区（永兴万亩茶海）

中国茶海景区位于永兴镇，地处326国道线上，距遵义新舟机场40km，边缘设有杭瑞高速出入口，交通极为方便（图13-7）。是中

图 13-7　湄潭永兴“中国茶海”景区大门

国连片最大的茶园，与20世纪60年代这里建成的国内当时最大的三大农垦茶场之一的省级国营湄潭茶场的茶园连片逾2870hm^2，是贵州茶叶种植加工出口的重要基地。已建成中国茶海公园，是开展茶文化生态旅游的最佳景点之一。

中国茶海景区是全省5个100工程重点景区之一，建有国际茶海示范观光基地项目，是集茶海观光、茶文化风情体验和生态休闲、运动养生、度假游乐、商务会议为一体的AAAA级旅游景区。于2013年5月动工，是年9月前完成部分工程后成为第二届遵义旅游产业发展大会主会场。景区建有五星级度假酒店、商务会议中心、体育运动休闲中心、休闲度假村、游客接待中心、观海楼、风情一条街、茶博馆、高尔夫练习场、茶海观光塔、茶海酒店和游客接待中心、旅发大会主会场等。景区核心区域连片茶园超过540hm^2，为茶乡湄潭标志性景观，2010年获"贵州十大魅力旅游景区"的称号。万亩茶海气势磅礴，园内地貌多为低矮丘陵，茶树种植依山顺势，绿野遍地，绵延不尽，数千公顷茶园起伏跌宕，一道道茶行，仿佛一道道海浪，气势恢宏。置身茶海公园，绿涛延绵、茶海扬波，使您为宽广的茶海胸怀所折服，世间万物在此时变得那么渺小。驱车漫游茶海，别有一番情趣：茶园里耕作道交织成网，四通八达，阡陌起伏；车行园中，如荡舟海上，一会儿涌上波峰，一会儿卷入浪底；抬头坡眼看山穷水尽，翻过坳又是柳暗花明。广阔的茶园中散落着十几个小小的村落，那里住着茶场生产队的工人们。村落里一色的砖砌小平房，陈旧的建筑样式，斑驳的标语，有让人回溯到久远的历史。

而徒步这莽莽茶园，又是另一种情致。无论是只身独行，还是邀伴同路，信步游来，心旷神怡。进入园中，抬眼望去，眼前这片茶树之海，真是"巨浪奔涌不闻涛，长风护送不见帆"，前不见尽头，后不见归处，天苍苍，路漫漫；阡陌纵横道路多岐，恍惚间已不知身在何处了！

图 13-8 中国茶海景区——湄潭永兴万亩茶海

2011年7月8日，在首届贵州最美茶乡评选活动中，永兴被评为贵州十大最美茶乡之一（图13-8）。

（三）天下第一壶茶文化博览园

位于湄潭县城中心火焰山山顶，为钢筋混凝土结构，总占地面积逾6万m^2，总建筑面积5000m²。主建筑高48.2m，总高近74m，直径24m，体积28360m³，是目前世界上最大的茶壶实物造型，获上海大世界吉尼斯总部认证“大世界吉尼斯之最”称号，也是湄潭县标志性建筑。巨壶耸立火焰山顶，壶内旅游、休闲、观光功能齐全，射程达20km远的壶顶激光灯在夜空中变换的各种造型，更是公园一绝。

博览园为AAAA级旅游景区，集茶文化博物馆、茶文化特色旅游、茶文化特色酒店、茶知识科普、茶产品展示等为一体，按照国家AAAA级旅游景点标准打造。主要由天下第一茶壶、天壶长廊、水上乐园、茶文化广场及茶文化古道5部分组成，以茶壶为中心向周边拓展，开发为茶文化公园。火焰山山脚是“天壶茶廊”，廊边有5座亭台临水依山而建，山顶是“天壶宾馆”。博览园依山临江，占地面积27hm²，与象山茶园、西南茶城、茶乡广场、中央实验茶场旧址和寒潭映月、朝阳古洞等风景名胜相邻。大茶壶内有商品购物厅、休闲游乐厅、茶文化展厅、餐厅，山上有陆羽塑像、亭阁、花圃、林园，江边有茶亭、游艇、水上娱乐设施。公园集旅游观光、品茶购茶、休闲娱乐、茶艺展示于一体，是以茶文化为重要载体、以茶事活动为主要内容的主题文化公园。

“天下第一壶”既是这把大茶壶的名字，又是它的美誉。这碧水环抱，青山托举的巨壶，既是一件精美的艺术品，又是一座造型独特的建筑。从远处望去，那褐色巨壶巍然矗立于山顶，壶前是一只敞口大茶杯，其高矮大小正好与大壶相得益彰。

大壶从底座到壶顶共14层。底座4层，壶身10层。因大壶外形造型别致逼真，壶内每层面积也大小不一。3、4层为壶肚，最宽，逾410m²；第11层为壶颈，最窄，只有181m²。顺着壶内的步行梯向上攀登，可到顶层，也可乘电梯到壶顶。壶顶外设计有一道很窄的回廊，在回廊上，东可见巍巍群山，南可望青青茶园，西面是远山近水，北面就是弥漫着茶香的高原茶城。环视四周，还可见湄江如一位天生丽质的女子，身裹素裙从西北缓步而来，穿过茶城，顺着火焰山绕一个圈，又向西南渐行渐远而去。在壶上不论远眺何方，都是一幅优美的水墨山水画卷（图13-9、图13-10）。

图 13-9 天下第一壶

图 13-10 天下第一壶夜景

2017年，天下第一壶内“中华茶道馆”开业，是中国首个集中展示各个朝代茶文化的主题馆，中华茶道馆以“秀甲天下茶品质，海纳天下茶文化，诚聚天下爱茶人”为宗旨，让游人了解中国茶文化内涵，成为湄潭茶旅一体化一道靓丽的风景。

（四）象山茶植物博览公园

象山，一个中国现代茶园开启的圣地，一个樱花和茶相间的地方，近年因厚重的茶文化底蕴和美丽景色声誉鹊起，成为贵州省著名的茶旅一体化名山（图13-11）。

图 13-11 象山茶植物博览园

抗战期间，中央实验茶场落户湄潭，首先在象山垦殖了37hm^{2}示范茶园，在与象山毗邻的桐子坡种植来自福建建宁、广东怀集、广西南丹等全国14省166县和近20个茶场的茶籽品种。这不仅开创了湄潭大面积种茶的先河，更是贵州乃至中国西部近代大面积创建新式茶园和茶树品种园的开始，象山茶园因此成了中国第一个现代茶园。

新中国成立后，象山茶园不断拓展，沿道路两旁栽植樱花。如今，象山的樱花已经长成合抱粗的树，花朵也越开越繁，仲春时节，茶丛中数以万株的樱花开了，把象山包裹成一个翠绿粉红相间的世界。唐代诗人李商隐把樱花比美女——山樱如美人；宋代文豪苏东坡喻茶如美人——从来佳茗似佳人。植物王国中，樱花和茶都被誉为“丽姝”，象山“双姝”成为湄潭的一张靓丽名片。象山，因漫山遍野的茶和樱花吸引了越来越多的游客，远道而来看茶山樱花的遵义人、贵阳人、重庆人和其他外地人一年比一年多，一个茶与樱花约会的节日也应运而生。

2015年3月，湄潭县举办了第一个茶山樱花节。期间，还举办了山水湄潭·骑乐无穷环湄江河山地自行车邀请赛、万人徒步赏樱花、我和樱花有个约会——春行茶乡随手拍、特色商品展、舌尖上的湄潭、象山寻宝、集体婚纱、清明采茶、大众品茗、群众展演等活动。2016—2019年，连续在象山举办茶山樱花节。为方便游客零距离亲近茶园中的樱花，象山主要景点新修了木栈道。2016年“一节一会”在湄潭召开期间，于4月20日在象山举行了“中国现代茶业从这里走来”论坛讲座，来自全国各地的专家学者肯定了象山在中国现代茶叶发展史上的重要地位。

（五）云贵山景区

图 13-12 云贵山茶区风光

云贵山，与象山同属于一个山脉，海拔1209m，因山形独特闻名遐迩（图13-12）。在山脚看云贵山，它似一峰匍匐待发的骆驼；在半山看云贵山，它又恰似一头威猛欲搏的卧狮。山上树木葱郁，但最多也最有特色的要数松树，树干高大挺拔，树根盘根错节、古虬苍劲，树皮如鱼鳞、树冠如华盖，大者数人才能合抱。山顶遍布映山红，春末夏初，漫山遍野的映山红怒放，蔚然大观。云贵山奇诡峥嵘的古松石岩，气象万千的流彩云霞，颇有峨眉的秀逸、青城的幽雅、庐山的瑰丽、梵净山的峻峭、金鼎山的空灵。云贵山也是红军长征经过的地方，红军小道、惠民亭碑记录了那一段红色的历史。

自古以来，云贵山就是湄潭著名的风景区，旅游发展极具潜力。云贵山也是湄潭古茶区，重点产茶区，种茶历史悠久。清代，云贵山所产之茶曾作为朝廷贡品，近年来，在云贵山上和相邻的客溪发现1万余丛（株）古茶树群。山上森林茂密，云雾缭绕，生态良好，有生长好茶的自然环境。独特的地理环境，良好的生态条件和历史文化、茶文化、红色文化俱备的优势，云贵山吸引一批茶企业入驻。生态茶叶基地建设、优质茶叶加工、茶树花产品开发……产业链条不断延伸。

“十二五”以来，茶园周边建起了一栋栋小庄园式别墅和茶庄，吸引了一批又一批的重庆游客来此休闲避暑。2016年秋，象山通往云贵山茶区的旅游公路开建，公路两边也栽植樱花树，云贵山与象山连成一片，成为茶旅一体化的著名景区。

（六）永兴历史文化名镇

位于湄潭县东部，湄江河上游，326国道和杭瑞高速公路均由西南向东贯穿镇域及城镇街区，交通便利，是黔北四大商业古镇之一。城镇北向为万亩茶海公园，西向有乌江支流湄江河由北向南穿越。

清乾隆年间，由于永兴的地理位置及其交通条件，商贸和手工业迅速发展，成为湄潭经济商贸中心暨黔北商贸重镇。江西豫章花号客商，集资在永兴街修建万寿宫，作为江西商人会聚洽谈生意、寄存货物的场所。当时永兴没有砖窑生产，于是每个江西来的客商，必须叫运货力夫捎带一块釉砖，附车而至。不带砖者，不准入市。可见其时永兴与江西之间，来往之频繁，贸易之热闹。

万寿宫临街门楼上建有戏台，进门楼通道是天井看台。中间两进为客商住地、库房，最后建玉皇阁，后墙外辟作广场，房柱和部分墙壁均用一尺见方的寿字彩釉砖嵌砌。

清咸丰年间，万寿宫更名江西会馆，湖南客商的三楚会馆、两湖会馆，四川客商的四川会馆，两广商贾的南华宫也先后建立。黔省各地商人见外省客商纷至沓来，也聚集永兴。至清光绪年间，永兴便成赣、湖、川、黔商人会聚和商业角逐之地。故贵州流传着一打鼓、二永兴、三茅台、四鸭溪“四大场”之说，它在全省商贸的位置，仅排在打鼓新场（今金沙县城）之后。

据清康熙《湄潭县志》载：“永兴场，万商辐辏，百货云集，黔省一大市镇也，始自万历年间。”

抗战时期，川黔、湘黔、滇黔、黔桂公路相继开通，浙大一年级师生和国民党中央军委政治部第十七临时教养院1000余人先后迁来，永兴人口大增，需求增加，市场贸易兴旺，各类店铺、货栈充斥逾1000m长的大街和8条横街。中华人民共和国成立前夕，永兴商会下属同业公司有盐业、烟业、酒业、旅栈业等行业组织达12个之多，店铺相连，鳞次栉比。

永兴镇众多的古建筑群和历史遗迹，见证了永兴430年来政治、经济、文化、历史和民俗的演变和发展过程，具有相当丰富的历史价值（图13-13）。特别是历经沧桑依然保留下来的建筑石拱门和浙大永兴分校旧址等文物古迹，是不可多得的宝贵历史文化遗产，是研究永兴商业历史、建筑历史、民俗历史和浙大西迁历史的重要实物，也是开发永兴历史文化旅游的重要资源。2006年永兴镇被贵州省公布为第二批省级历史文化名镇之一。

图13-13 湄潭永兴里村古堡

2013年7月，遵义湄潭县政府申报的永兴镇保护规划获贵州省政府批复，原则同意《湄潭县永兴历史文化名镇保护规划》所确定的保护原则、保护层次及保护范围、保护目标、保护内容、保护重点、保护措施、建设控制要求、主要技术经济指标，核心保护范围用地面积为3.24hm^2。

（七）湄潭翠芽27°景区

2015年，一个以翠芽27°命名的生态宜居、茶旅一体化景区在湄潭的土地上出现，景区位于湄潭县兴隆镇，距湄潭县城10km，占地面积37km²，是国家AAAA级旅游景区，有万花源、坪上生态茶园、鹅公坝科技园、大型精品茶庄、旅居农家、拉膜酒店等旅游景点，50km茶园木栈道、60km观光车道将景区连成一片，是一个集休闲避暑、会务接待、黔北民居风情、茶文化体验、特色餐饮、水上娱乐等项目于一体的大型乡村旅游区。景区有：

① **中国第一座人行飘带桥**：景点占地面积8hm²，整座桥在蓝天白云间轻盈起舞，宛若仙女撒下的黄色飘带，全长520m，重702t，最高处9m，最宽处为7m，可以承受11200人同时在桥面上参观、行走（图13-14至图13-16）。

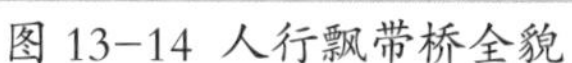
图 13-14 人行飘带桥全貌

图 13-15 人行飘带桥雕梁

图 13-16 人行飘带桥画柱

② **茶叶经济展览馆**：展览馆展示了湄潭县委、县政府通过茶产业发展，使人民生活因茶而富裕、农村因茶而靓丽、城镇因茶而繁荣、社会因茶而和谐的兴盛景象。

③ **农业园区O2O官方体验馆**：体验馆分为四大湄潭功能区（图13-17、图13-18）：一是味道湄潭，采取电子商务与实体销售相结合的模式进行建设，开展现场体验式的湄潭产品展销及服务；二是数据湄潭，运用“湄潭农旅数据库”采集的各类物联网信息，让顾客在线、实时地了解湄潭农旅信息；三是安全湄潭，以湄潭有机绿色无公害茶园农资投入品展示，介绍湄潭茶叶质量安全建设成就；四是工夫湄潭，以湄潭及贵州农特产品、风味小吃的非遗工艺现场展示，将湄潭茶叶、民间特色食品的传统技艺原汁原味地呈现给游客。

④ **物联网中心**：物联网中心占地面积300m²，由分布广泛的现代信息技术基层数据采集点和物联技术信息处理中心构成，是以实现茶业生产管理智能化、可视化，质量全程追溯电子化、产品销售电商化为目的，开创的湄潭现代茶业新模式（图13-19）。

⑤ **蓝色镜面池**：长100m，宽25m，水深10cm。采用循环过滤水科技技术，以保持池水洁净。它就像一面超大的镜子，倒映着茶乡的蓝天（图13-20）。

⑥ **彩色拉膜**：整个景区共有四个彩色拉膜，分别位于景区的东、西、南、北四

个方向，寓意着湄潭人民在县委、县政府的领导下，在生态环境良好、山清水秀的湄潭，喜获丰收、日子过得红红火火（图13-21）。

⑦ **紫微长廊：**不管是在烟尘弥漫的路边还是在幽静清雅的绿林，紫薇都能鲜亮地开放十旬之久，直到霜降草枯。整个景区绿化面积4hm^2，景观池35个，景观木栈道2200m^2（图13-22）。

图13-17 四大功能区之味道

图13-18 四大功能区之工夫

图13-19 物联网中心

图13-20 蓝色镜面池

图13-21 彩色拉膜

图13-22 紫薇长廊

（八）田家沟——中国西部的欧洲农村

田家沟，曾经是贫穷落后的代名词，如今是中国农村中最著名的村庄。2009年9月，出席全国农村精神文明建设工作经验交流会的代表在参观了田家沟后，无不被这里美丽的自然风光、整洁的黔北民居、漂亮的生态田园吸引，于是田家沟有了“中国西部的欧洲农村”赞誉。2011年新春，田家沟村民自编自演的花灯戏“十谢共产党”火遍乡村，迅速传遍神州大地。2011年3月，“两会”召开期间，中央电视台《小崔说事》栏目主持人崔永元对田家沟的两个农民和时任贵州省省长赵克志进行了专栏采访，田家沟又一次引起各界的关注。2012年7月，中央电视台7频道《乡村大世界》栏目组走进田家沟，录制了一期名为《喜迎十八大，我们的新农村》的节目（图13-23）。2017年9月，第三次全国改善农村人居环境工作会议代表参观了田家沟新农村，田家沟再一次向来自全国各地代表展示其新貌。近年来，刘云山、汪洋等党和国家领导人到田家沟视察，使田家沟成为湄潭县知名度最高的村庄。

图13-23 2012年7月，中央电视台七套《乡村大世界》栏目组走进田家沟

2003年以前，田家沟在湄潭都不为人知。是年8月，龙凤至金花公路开始改造，2006年底，以富、学、乐、美“四在农家”为载体的新农村建设在湄潭兴起，田家沟村民率先响应。此后，田家沟依托良好的自然风光发展茶产业，村里生态茶园面积不断扩大，林茶相间，茶园之间木栈道相连。“十二五”期间，田家沟着重打造生态游、茶旅一体游，村子一年一个巨变。域内建设了总面积$5km^2$的自然生态风景区，建有十谢亭、幸福桥、感恩井、百亩生态荷塘、楼台亭榭、别墅山庄。黔北民居与自然景色、生态茶园融为一体，浑然天成，置身其间，若世外桃源。2014年，田家沟引资上亿元在域内打造了“万花源”，分别建有牡丹园、紫薇园、芍药园、茶花园等，种植百万株名花及国内外珍稀植物，配套设置了儿童游乐园和水上游乐园。2016年，“万花源”举办了湄潭首届万人相亲大会，游人穿行于生态茶园和花园中，如置身仙境，使田家沟更集聚了超高的人气。

（九）七彩部落——童话般的村寨

七彩部落原名大青沟，系湄江街道金花村所辖村民组（图13-24）。域内森林覆盖率达80%，林内有千年红豆杉、古茶树，整个村庄被绿色怀抱，生态环境极其优越。

以前，大青沟村民主要靠种植为业。2015年，大青沟村民以土地流转盘活资源，以产权入股发展旅游，组建了金花村大青沟乡村旅游合作社，以此为平台对接并实施政府

图13-24 大青沟七彩部落

扶持的项目。还同步筹建了贵州七彩部落乡村旅游开发有限公司，全组人家以黔北民居、生态茶园、有机稻田等生产生活资源入生态资源股，抱团开发乡村旅游。在旅游合作社的带领下，群众共同经营，利益共享，村民变成了股民，家园变成了景区，政府投入变为扶助，一产变成了三产。短短几个月的时间，一个童话般的世界展现了，大青沟蜕变为远近闻名的七彩部落，一栋栋七彩斑斓的房屋错落有致地展现在翠色欲流的茶园间，就像童话世界，使络绎不绝的游客流连忘返，在这里望得见山、看得见水、记得住乡愁，成为人们休闲娱乐喜爱去的地方。

（十）茶海近邻——八角山

八角山原来是湄潭369个行政村之一，2002年7月撤小村并大村后属于复兴镇随阳山村的一个村民组。

八角山的火爆，源于近年打造的茶景。八角山山形奇特，“远看八个角，近看八个脚”，是观看茶海的最佳地方。八角山的茶园与茶海连接，一望无垠，根本看不清属于村子的茶园边界究竟在哪里？站在八角山顶远眺，4000hm^2茶园尽收眼底（图13–25）。远处可看到观音阁、随阳山。茶海中，点缀着树林，镶嵌着村落，粉白色的黔北民居，红褐色的观海楼以及茶园中奔驰的汽车，全都在茶海的碧波中荡漾。如此大气的茶海景色，任何人都会感到震撼。

图13–25 复兴镇八角山茶园

八角山的出名，还得益于那里世代传承的独领风骚的茶汤。八角山油茶汤茶叶的选择特别讲究，要选用清明过后、谷雨前7天的芽茶，这段时间采摘的茶叶既没有苦涩味、又没有茶梗。作油茶汤的茶叶要来自阳光充裕、土层深厚的黄泥地茶园，又要远离公路，不能有灰尘污染。茶叶采摘回来后用柴火炒熟，再放在簸箕上晒干，直到用手轻轻一捏就会变成粉末。油茶的配料非常丰富，主要有黄饺、花生、麻花、糍粑、黄糕粑、响子、米花、荞皮等等。油茶汤制作要掌握好火候，顺序是先放猪油，待油煎热后，放入黄豆、花生、芝麻、酥麻等材料翻炒至焦黄酥脆，再放入茶叶翻炒，倒入少量的水，用木瓢将黄豆、花生、茶叶等磨细，直至锅中成为羹状，再加入米汤煮沸，一道美味的油茶汤才算成功。

2015年，八角山村民组利用毗邻“中国西部茶海”景区的有利条件，按照政府推动发展与农民自我积极发展的模式，启动茶旅一体化景区建设。村民因地制宜，以茶园为主体，茶产业为支撑，茶食品为特色，油茶汤为品牌，使当地茶食、茶汤声名远播，为游客津津乐道。

（十一）铜鼓井茶旅一体化示范点

铜鼓井茶旅一体化示范点位于抄乐乡落花屯村，距县城18km，204省道穿村而过，距道瓮高速公路2km，交通十分便利。域内有一个面积约20hm^2的湖，湖水来自于几眼山泉，水质优良，清冽甘甜。环湖四周都是森林和茶园，风景秀丽，环境优美。林茶相间，是出产优质茶的地方。

近年来，该村先后投资600余万元改建黔北民居庭院和硬化连户路；建成文体广场、宣传栏和舞台；休闲垂钓中心及环形路；修建了拦河堤和65m长极富民族建筑特色的风雨桥；在陡水桥至铜鼓井沿线安装了太阳能路灯等基础设施；湖水中栽种了一片莲藕。

错落有致的黔北民居环湖而绕，水上廊桥倒影湖面，湖中荷花映日，湖光山色，美不胜收。在山、水和森林之间时隐时现，相互映衬，俨然一幅美丽的田园山水风景画，成为久居闹市的城市人得以亲近自然、吐故纳新的"天然氧吧"，更是休闲度假的清凉胜地。2012年5月，全省茶产业发展大会在湄潭县召开，铜鼓井作为大会的一个参观点，其牧歌般的茶园水韵被客人称道，成为小茶海景区精品旅游线上一颗耀眼的明珠。

（十二）水墨画卷偏岩塘

桃花江流域中段的鱼泉镇新石村偏岩塘，是湄潭农村中最早开发旅游，也是最先通达公交车的村寨（图13-26）。村寨水源丰沛，山上有三个天然山洞，潺潺泉水源源不断流出，流经寨子注入桃花江。偏岩塘依山傍水，环境优美，空气清新，简直是"天然氧吧"。

图13-26 水墨画卷偏岩塘（湄潭）

依托当地得天独厚的水资源和满山茶园，偏岩塘村民建成以采茶、品茶、垂钓、游玩、休闲、美食一体的"度假村"。2000年定为湄潭县垂钓训练基地，2008年5月24日和8月3日，在此举办了全国"老鬼杯"贵州赛区和贵州省第19届"钓协杯"钓鱼比赛。2009年9月，出席全国新农村建设现场会的代表到新石村参观了偏岩塘度假村。

桃花江全境域打造，新石村偏岩塘是其中的重点。如今的偏岩塘，山上茶园飘香，村寨花圃环绕，山麓园林错落，河岸两边铺设了彩色步道和木栈道，在老桥上建造了风雨长廊，夜晚彩灯闪烁，景色如梦如幻。2016年，与其相邻的桃花水寨建成，和偏岩塘构成桃花江境域一幅极其美丽的水墨画卷。2017年9月，第三次全国改善农村人居环境工作会议在湄潭召开，偏岩塘是主要参观点之一。

（十三）核桃坝西部生态茶叶村

核桃坝村在第二章“茶叶名村”已做了记述，今日核桃坝，已建成集种茶、制茶、茶叶贸易、茶园观光、生态旅游于一体的生态茶叶村（图13-27、图13-28）。近百户连片集中的黔北民居新村大街，门窗装饰均以茶壶为标志；三条以樱花、果树为行道树的水泥路通往周边地区。修建了游客接待中心、人工湖等基础设施。1996年、1998年两次被贵州省委、省政府评为小康村，2005年获中央精神文明建设指导委员会授予的全国先进文明村镇称号。中共中央政治局委员、国务院副总理回良玉等党和国家领导人曾到村视察。2007年被国家旅游局评定为全国农业旅游示范点。这里茶中有林，林中有茶，黔北民居依山而建。核桃坝人亦农亦工亦商，仿佛茶叶宜山宜水宜人。2011年7月8日，在首届贵州最美茶乡评选活动中，核桃坝村被评为贵州最美茶乡。

图 13-27 今日核桃坝

图 13-28 湄潭核桃坝百茶墙

（十四）湄潭县红旗山茶旅园区

园区总面积37km^2，核心区位于兴隆镇，距县城8km，距离遵义仅40km，区内有杭瑞、道瓮高速，交通优势明显。园区现有茶园面积逾3333m^2，茶区内正在建设60km的木栈道、50km的观光车道以及观光休闲的大小山塘39个。园区现为国家AAAA级景区，计划投资6.43亿元，打造生态宜居，茶旅一体，体验休闲的AAAAA级景区。按照主次双环，十园多点进行规划布局。主次双环：一条旅游主线，一条旅游支线，串联园区十大主题园和若干个景区节点，南北两片形成两个环状结构，融入了“自驾游+观光车+自行车+步行”多种游览方式。目前，正在按规划建设和提升打造十大主题园：一是时萃城——红旗山入口园区；二是识音谷——唯一国际乌托邦音乐主题园区；三是诗意苑——龙凤村婚庆主题园区；四是十谢村——田家沟美丽乡村园区；五是万花源——花卉主题园区；六是莳树居——养老养生主题园区；七是拾趣园——七彩部落儿童主题乐园；八是世农荟——关子门园区；九是拾茶乡——核桃坝茶禅文化主题区；十是什湄湾——户外拓展运动主题区。

（十五）兰馨茶庄园

庄园位于湄潭县兴隆镇龙凤村坪上村民组，总面积134hm²，距离326国道3km，盘踞湄潭AAAA级景区——翠芽27°景区核心之翠芽一路环线，是贵州湄潭兰馨茶业有限公司基于互联网时代供给侧改革理念，精心打造的茶旅文一体化主题庄园，是贵州首个集茶园定制与管理、茶文化体验与交流、吃住玩游购娱为一体的一二三产融合发展平台（图13-29）。庄园于2016年5月正式启动“1亩茶园”众筹计划及创客茶园众筹计划。

图13-29 兰馨茶庄园

1. 主要做法

①**“一园二翼”强基础：**“一园”指创建一个欧标茶园。“二翼”之一指“茶园变公园”美丽之翼：套种樱花、桂花等观赏树，让茶园更具色彩斑斓之美；修建茶园氧吧体验栈道、观光亭台、户外拓展营地，打造丹青湖休闲区，让茶园变成公园。“二翼”之二指“在线茶园”互联网之翼：公司在茶园里安装360°高清摄像头40套，气象传感器2套，接入光纤电缆各3000m，配置储存器、服务器及监控平台、LED显示屏、在线参观系统等，通过互联网和物联网让兰馨茶庄园成为用户手机端或PC端在线可视化茶园。

② **完善功能促融合：**茶庄园中心功能区征用土地3hm²实施了平场整地及绿化美化工程；新建和装修茶艺轩、茶工坊、味道湄潭、书榭花坊、栖居客栈等功能性建筑4800m²；配套水电工程、道路和广场硬化工程、景观工程等；对厨房、餐厅、娱乐、游购等设施实施填平补齐；连动农民打造旅居农家，改造装修标准客房。通过功能完善，兰馨茶庄园真正把茶山、林地、水体、山庄融合在一起，成为吃、住、玩、游、购、娱“六位一体”的茶旅文结合，一二三产融合发展新平台。

③ **众筹天下谋发展：**兰馨茶庄园在运营和发展上以众筹天下为核心内容，用“互联网+”的思维，推动城市精英与生态茶园有效连接，旨在集聚美丽生态茶园，为天下名士提供专属定制茶园，同时开展第三方管理和综合配套服务，推动以茶为主体，创建一二三产融合发展新模式。一是茶园定制销售模式（C2F）——该模式运用于87hm²茶园

定制销售体系，针对北京、上海、广州、深圳、重庆、天津等地企业家和城市精英人群，以“1亩茶园”合伙计划为抓手，以“您是我的茶园主，我是您的茶管家”为众筹理念，建构农民、企业、消费者崭新合作机制，实现三方共赢。二是预约定制化服务平台——以茶庄园为载体，以茶园主为核心（兼顾机构），展开圈层化、网络化、个性化预约定制化服务，为1300位茶园主及其亲友提供茶庄主题游、养身驻留、休闲度假等文化旅游产品，做大项目旅游综合收入。

2. 主要成效和经验

① **大扶贫**：通过重塑利益联结机制，让农户融入二、三产，拓宽增收途径，让茶农足不出户，却能把茶叶卖到全球。减少流通环节的利差，达到茶农增收、企业增效、用户节支“三赢”效果。

② **大数据**：在线茶园让天涯若比邻，改变用户被动状态，众筹茶园主足不出户，却能感知属于自己的每一颗茶芽的生长，在线参观与互动，黔茶插上互联网翅膀，呈现在全球任何人的面前。

③ **大旅游**：这是庄园做大文旅综合收入的法宝。公园式茶园可满足用户多方需求，把茶园变成寄托情感的梦之园。以茶为主，套种花卉、经果、药材，满足用户的浪漫诉求、休闲诉求、旅游诉求、文化诉求等，实现茶与旅游、文化等多产业互动，做大“茶、旅、文”综合收入！

兰馨茶庄园的积极意义在于：在互联网改变人们生产生活方式，城市化到达一定水平后，都市人群开始向往农村、思念乡愁，老龄化社会生态养老渐成风尚等多重消费侧深刻变化的背景之下，立足茶资源，联手茶农主动变革，对工业反哺农业、城市反哺农村的提法说“不”。高举农业滋养工业、农村滋养城市，生态滋养健康的大旗，加速庄园式发展和一二三产融合发展，引领生态农业、美丽农村、幸福农民持续健康发展崭新效益模式。

二、凤冈县茶旅景点

凤冈茶旅一体营造了依山傍水和一尘不染的环境、田园牧歌和鸟语花香的韵味，使游客仿佛置身仙境，来到一个“沉醉不知归路”的世外桃源。2016—2018年，修建了自行车骑行道路、茶区观光栈道、环茶海之心电瓶车观光车道、仙人岭观光索道等基础设施项目。建设了茶海之心游客服务中心、智慧旅游系统、茶心谷生态主题酒店、拉幕会场等公共服务设施。建设了祭茶大典广场、仙人湖景点、观海长廊、玻璃吊桥、禅茶瑜伽湿地公园和广场、茶海之心“心”形景观、田坝茶文化一条街、飞峰坎观光景点、瑜伽凤羽禅院、禅茶瑜伽小镇等系列文化景观。启动了对茶海温泉项目规划设计，确立了康养、度假、修行主题，丰富茶旅一体内涵，填补了冬季茶旅一体发展的空白。2016年，凤冈县仙人岭茶园和贵茶公司九堡十三湾茶园获全国三十座最美茶园称号，“太极生态养生园—玛瑙山—长碛古寨—茶海之心旅游景区”被列为全国休闲农业与乡村旅游十大精品线路。

（一）凤冈茶文化展览中心

茶文化民俗博览馆。位于县城凤凰广场文化中心，内设民俗文化展室和夷州老茶馆。展室内陈列有茶杯、茶壶、茶罐、茶几、茶凳等古旧茶事用具；有古色古香的家具、窗雕、面具等民间工艺品；有观赏奇石、化石等；有木刻印版、碑刻拓片、匾额楹联、太极洞鸾书、古旧书籍等文物；有现代名人名家题赠的与茶文化有关的书法、绘画作品。夷州老茶馆古旧的家具、茶具配以秘制老茶，其茶艺茶道反映了独特而浓郁的民俗茶文化，展示出茶香飘溢的百姓生活。

（二）田坝村、茶海之心农业旅游示范点

1. 田坝村

田坝村位于凤冈县城北面40km处，是凤冈茶叶第一村，种茶历史已逾百年。1992年，田坝村获全国造林绿化千佳村称号，推行茶旅一体化的生态旅游发展模式，即体验式休闲旅游，整个过程走下来，不仅能欣赏到风景，还能学到不少茶文化。这里的绿除了茶与树的绿，还有人文带来的绿意。村子里有30余处茶庄，伫立窗前，手托茶杯，绿色铺展到视野尽头，这茶就不仅能养身，还能养心。2011年7月，在首届贵州最美茶乡评选活动中，田坝村被评为贵州十大最美茶乡（图13-30）。

图 13-30 人间仙境——凤冈田坝茶区

2. 茶海之心农业旅游示范点

全国农业旅游示范点，位于永安镇田坝村，被誉为西部茶海之心，是富锌富硒有机茶的核心产地。2013年7月，贵州省100个旅游景区建设中期考核组专家一行到凤冈，对中国西部茶海之心景区（以下简称“茶海之心”）规划建设情况进行中期考核，评价到：“茶海之心是一个顶级的茶叶基地、顶级的旅游资源富集区、有着顶级发展热情的开发地。茶海之心茶林相间的景观让人震撼和惊艳，茶旅融合、共同发展、互相促动的产业让人震撼和惊艳。”茶海之心旅游区由下述三个区域组成：

① **茶海之心中心景区（亦称仙人岭生态休闲观光旅游示范区）**：示范区总面积逾330hm^2，主要构成元素为森林、茶园，其中森林面积200hm^2，茶园面积逾130hm^2。示范点于2011年被列为贵州省首批休闲观光旅游示范点，其建设项目同年被列入《贵州省休闲观光旅游专项发展规划》。该景区依托万亩茶海和山水田园生态美景，规划建设成为具有中国茶海特色、国内一流茶海生命产业旅游休闲度假风景区。景区仙人岭生态环境良好，云蒸霞蔚，松涛阵阵、林深树密，茶海流碧、松岗拥翠，林中有茶、茶中有林，空气清新、环境雅静。山洼处人工修造的仙人湖碧波荡漾，夕阳映照，树木、日月倒映在湖面上，水天一派，变幻无穷，为凤冈生态养生茶海旅游胜地。游客置身其处，既可看到茶区林中有茶、茶中有林、林中有树、树中有花的景致，也可感受万亩茶海的浩瀚。仙人岭茶山上，矗立着一座“茶圣”陆羽的雕像，还有摩崖石刻《茶经》，一年一度的祭茶大典和春茶开采节在此举行。“茶圣”四周，是游客服务中心，为让游客全面了解景区情况，在仙人岭接待中心设置景区的总体布局说明图、导游线路图、游客参观须知，公布区内咨询电话和监督投诉电话，修建公共厕所和垃圾箱。在区内的仙紫阁、仙茶房、迎仙台、仙茶阁、仙人岭农庄均可开展文娱表演活动并可购买到“仙人岭”牌系列锌硒有机茶产品。新建的茶海之心观景台雕塑长逾5m，高1.8m，用水泥为主要原料，以树杆、树根融为一体，将巨树倒放，雕刻“中国西部茶海之心”字样（图13-31）。具有新、奇特点，鬼斧神工，深受游客青睐。

图 13-31 凤冈“茶海之心”观景台

景区经20余年的美化打造，集生态养生、观光、体验于一体。休闲活动项目一是观，景区供观的内容包括近观森林茶园、现代清洁化加工、原始手工加工等，远在仙人岭观景怡神（图13-32），观田坝万亩茶海，如画田坝；二是品，可品陆羽《茶经》，品“仙人岭”牌锌硒有机茶，品农家菜肴，在茶庄品茗论道；三是感，祭茶圣感茶仙灵气，品仙人茶，感锌硒茶的独有魅力，采茶制茶感受半是茶人半是仙的真谛。2015年，茶海之心景区被评为中国十佳茶旅线路。

图 13-32 凤冈茶海之心仙人岭全貌

图 13-33 凤冈仙人岭摩崖石刻“凤”

图 13-34 凤冈仙人岭摩崖石刻“仙人岭”

② **太极洞茶旅景区**：景区以茶产业为主导，以太极洞、夜郎古甸摩崖石刻等文物景观和其他农业产业为辅，建成集生态产业、文化产业于一体的农业生态休闲旅游区（图13-33、图13-34）。

③ **玛瑙山茶旅景区**：集中打造集茶文化体验、古军事洞堡文化体验为主的历史文化及生态休闲旅游区。2007年被国家旅游局评定为全国农业旅游示范点，2008年12月26日，被评为国家AAA级旅游景区。

3. 中华茶旅第一镇

凤冈县将永安镇作为“中华茶旅第一镇”进行建设。围绕中华茶旅第一镇的目标定位，按照AAAAA标准，抓好整体布局，充分考虑山、水、田、园、路、茶、房、人与自然景观的融合，体现有层次感的茶文化。

4. 禅茶瑜伽·养生凤冈

禅是佛教虚灵宁静的修持方法，即气定神收，不受外界影响的精神皈依；茶衍生的茶文化更是中华五千年文明的精髓与缩影；瑜伽是一项有着悠久历史的改善人的身体、心性及精神的练习。禅、茶、瑜伽，看似相互无关，实则精神高度契合。禅是修行者的

参禅悟道行为，茶艺茶道是道法自然和寻求心灵质朴的艺术行为；瑜伽本身就有结合、修行的本意。

茶圣陆羽三岁被茶祖甘露禅师收养，进而在禅寺里练得一身采制煮茶的顶级绝技。

“禅茶瑜伽·养生凤冈”是凤冈县立足中华优秀传统文化，结合地域茶文化，量身定做的茶文化旅游品牌。这一文化旅游品牌关注人的健康、注重人的修行、强调人的精神与理念，把人、社会和自然三者合为一体。这个文化旅游主题涉及茶文化探寻、茶艺茶道演绎、瑜伽各流派展示、茶与瑜伽养生论坛、瑜伽产品交易、瑜伽文化演绎交流和瑜伽魅力文化大赛等。2016年开始，凤冈每年定期举办内容丰富、主题各异的中国瑜伽大会。如2016年，结合春茶开采季节，数千中外茶人与瑜伽大师齐聚一堂，共享禅茶一味，共话养生瑜伽。中外“伽人”举办了首届“锌硒茶杯”中国瑜伽竞技大赛、“东有龙井，西有凤冈”第六届全国瑜伽高峰论坛、中国瑜伽全国公开课等。数千“伽人”参与了凤冈县祭茶大典、采茶比赛活动、茶文化论坛，领略了凤冈茶文化、民间茶习俗和非物质文化遗产的巨大魅力，让茶道与瑜伽爱好者在凤冈找到了修行悟道的心灵皈依。是年11月18日，凤冈县与中国瑜伽联盟在北京签署战略合作协议，凤冈成为中国瑜伽行业联盟论坛唯一永久举办地。

2018年，中国国际禅茶瑜伽小镇落户凤冈县茶海之心景区，瑜伽小镇占地15万m^2，设有游客服务中心、凤茶八式广场、美食中心、茶叶销售中心、瑜伽商学院、禅茶书院、茶人馆、瑜伽馆及工作坊等。中外瑜伽大师、馆主、爱好者慕名而至，参加了中国国际禅茶瑜伽小镇隆重的开业仪式和中国瑜伽大会，并纷纷与中国国际禅茶瑜伽小镇签订战略合作协议，各种培训中心、工作坊、瑜伽产品交易中心如雨后春笋争先恐后入驻。短短半年时间，已成功签约50余家茶和瑜伽商家。

三、正安县茶旅景点

① **金山茶旅一体化园区**：位于瑞溪镇瑞溪村，按照规划设计，该项目投资2亿元，打造瑞溪镇金山茶旅一体化景区。建设茶叶种、产、加工、销售，打造迷宫茶园及西双版纳风情园，新建度假酒店、游乐园等休闲、品茶、果园、观光、避暑、旅游为一体的度假山庄。截至2018年底，已投入2000多万元，新种植茶叶逾200hm^2，景观林荫道种植桂花树62500多棵，石榴34hm^2，进行维修公路及新开挖公路共30km。此外，10000棵樱花、20800棵紫薇和水、电、路、讯等基础设施的完善同时进行。

② **桴焉茶旅一体化园区**：该园区由正安县桴焉茶业有限责任公司结合茶园建设进行打造。目前，连片茶园基地180hm^2，已完成园区内所有观光通道、茶园机耕道、人行便

道等逾30km道路基础设施建设。同时，由县林业局结合县的增色添彩工程建设，已完成园区内观光通道绿化工程，种植紫薇10000余棵。

③ **罗汉洞茶旅一体化园区**：依托省级生态茶园示范区、一二三产业融合发展示范点以及自身地理优势，打造的茶旅景点。该园区主要涵盖贵州省正安县乐茗香生态有机茶业有限公司、贵州省正安县怡人茶业有限责任公司等大大小小的茶叶企业种植的近万亩茶园，有十里茶廊之誉。由县政府安排交通和水利部门对园区内的交通、水利等基础设施进行建设。园区主要是以茶园周边农家乐和茶园内休闲体验，以及罗汉洞寺庙观光朝拜为特色。目前，园区内有近10家农家乐，再连接瑞溪镇三把车水上乐园，日接待游客近万人。

④ **知青茶场茶旅一体化园区**：该园区主要由上坝知青部落和知青茶场组成，融入了知青文化和当时知青的劳动成果（图13-35）。知青茶场的前身是贵州省公安厅在班竹乡上坝村征地2000hm^{2}建立的上坝劳改农场，20世纪60年代，上坝劳改农场划归贵州省农业厅，成为国营上坝农场。从1965年开始，陆续有上海、重庆、浙江、河南、山东、广西等外省份及贵阳、遵义等地的知识青年来到该农场上山下乡，规模达到463人，上坝农场最终成了一个知青部落。为遵循以粮为纲，全面发展的方针，派人到县里学习茶叶种植及制作技术，将传统散种茶树连片集中，大面积种植，大规模生产，开始由粮食生产到茶产业的转移。不久，国营上坝农场更名为国营上坝茶场。该茶场积累了知青们的劳动成果，人们叫它知青茶场。知青部落由原知青茶场场部进行管理，是目前保存较为完好的知青部落之一，当游客走进该部落就能感受和体验当年的知青生活，也是保存和运营较为完好的茶场之一。该茶场有近700hm^{2}茶园，《正安县地名志》将上坝知青茶场茶园称为正安新十景之一，命名为碧抹蓝天。该茶场已流转给浙江盾安天赐茶业公司经营，茶叶年产量近1000t，出口欧洲等十多个国家。

图12-35 正安上坝老知青茶场风光

图13-36 正安白茶城

⑤ **正安白茶城**：位于县城田生隧道北侧原弃土场一带，占地29hm^2，总投资10

亿元（图13-36）。全部为仿古建筑，布局有展览馆、接待中心、休闲广场、特产商业街、休闲娱乐综合体等，是提升城市品位的关键工程之一。以白茶文化为主线、仿古建筑风格，兼具茶叶销售、旅游商贸功能、同时包含贵州正安璞贵茶业有限公司总部建设。项目建成后，对正安县白茶产业发展、商贸和旅游、加快城市建设都将起到重要的推动作用。目前，正安白茶城建设也初见成效，璞贵茶业公司总部已入住，临街门面、商品已入住营业，古城风貌韵味十足。

⑥ **正安县生态茶叶示范园区**：该园区位于正安县西北面6km处。于2013年3月开工建设以来，结合园区发展规划，紧紧围绕“三区一集群”的规划定位，不断发展壮大茶叶主导产业，引领和助推二、三产业同步发展，坚定不移地走茶旅一体化道路。按照园区景区化、农旅一体化的要求，突出以茶叶基地建设为基础，同时挖掘园区内民俗民风、民间传说、佛家与农耕文化，完善旅游配套服务设施，开发旅游资源，发展集农家乐、农事体验、科普示范、茶艺表演等于一体的乡村休闲旅游。目前已具有休闲农庄10家、农家乐16家、娱乐场所10家、儿童游乐场5个、休闲观光亭28个、八卦图1个、花卉观赏园1个、樱花大道及傣族楼停正在建设之中。

四、余庆县茶旅景点

① **余庆飞龙湖国家湿地公园**：位于余庆县关兴镇，飞龙湖景区已通过林业部门审批列入全省生态旅游发展规划范围并试运行。余庆县利用飞龙湖国家湿地公园试运行、飞龙湖景区被列入全省生态旅游规划等机遇，借助高水平的策划和规划，找准突破口，以浪水湾景区开发为核心，以点带面拉动飞龙湖景区开发。启动余庆老林河省级森林公园、乌江文化旅游市级产业园的规划工作，打造醉美乌江四色游、敖溪土司文化游、花山苗族风情游和四在农家乡村旅游。

② **松烟二龙茶旅一体化园区**：中国第一骑游小镇——松烟，位于余庆县松烟镇的二龙村，紧邻余湄公路，毗邻飞龙湖、乌江省级风景名胜区、红军强渡乌江战斗遗址等，旅游资源十分丰富，交通便利（图13-37）。核心景区现有茶园470hm^2，花卉苗木200hm^2，规划总面积1467hm^2。计划投资2.5亿元，以二龙茶山为核

图13-37 余庆二龙茶旅一体化园区

心，通过建设标准化茶叶生产基地、景区服务中心、商业休闲区、茶山骑游区、环湖骑游区等项目，打造集“生态、产业、观光、骑游”为一体的休闲度假集散地。通过生态旅游观光农业园区建设，为旅游接待、休闲度假提供观光和餐饮服务，旅游拉动生态观光农业园区内农产品消费、农产品加工和销售。建有接待中心、休闲广场、旅游公厕、观光木栈道、环湖骑游赛道、拉膜会场、管理用房等基础设施，其城郊旅游度假区、现代农业示范区、乡村旅游观光区、农村致富样板区建设项目初具规模。

园区以茶文化为主题，是集生态、绿色、观光、体育健身、餐饮服务为一体的新型乡村旅游示范点。游客在饱览秀丽的山水风光之余，还可体验采茶、制茶、品茗、茶艺茶道、划船、游泳、钓鱼、骑游等悠闲生活，尽享桃花源般的乡村乐趣。这里，白墙红瓦的黔北民居星罗棋布，点缀在青山绿水间；这里，波光潋滟的李家寨水库与连绵起伏的茶园相互辉映，美不胜收；这里，气候宜人，空气清新，环境舒适，是都市游客拥抱自然，陶冶情操的田园旅游度假的理想乐园。

③ **余庆苦丁茶农业生态观光园**：详见第二章“第一节 遵义茶产区分布”。

五、道真县茶旅景点

道真县仡乡茶海茶旅一体化现代高效农业园区：是贵州省第一批现代高效农业示范园区之一，涉及玉溪镇、河口乡共6个行政村，规划面积71.2km^2。园区主导产业茶叶，按照农业园区、旅游景区、新型社区三区融合思路，走茶旅一体化路子，于2012年年底开始正式启动建设。园区围绕现代化示范茶园基地建设，引进滴灌系统和绿色防控体系，实施生态提升工程，套种桂花、樱花、桃、李、杨梅等林木10万多株。引进200个国家级、省级茶树品种，建设万茶荟萃展示园1处。

在“仡山茶海”，道真县一开始就注重了旅游的跟踪和参与，在园区的规划中更加强调旅游要素（图13-38）。总体规划深度融合了茶文化主题，以高端休闲度假产业为核心，打造古朴仡乡、休闲茶海仡佬民俗文化和茶文化体验两条旅游线，布局了仡山十景、茶海十景，依托区块内三条溪流峡谷打造户外休闲为主的休闲谷、茶溪谷、激情谷。确立万亩茶海游览区、茶产业体验区、茶乡旅游度假区、茶叶加工物流区、茶叶营销及文化宣传区、户外拓展区等八大功能板块的布局结构，

图13-38 仡乡茶海茶旅一体化现代高效农业园区

是集茶产业、仡佬民俗文化、生态旅游等为一体的现代农业园区和景区。现已建成景观亭2座，即茶圣亭和观月亭，停车场2个，以及文化长廊、民俗文化村寨、风情茶家乐、文化广场、服务接待设施、观景长廊、茶艺表演展示台和茶叶加工体验区等。

六、桐梓县茶旅景点

在桐梓县马鬃乡，由贵州森航集团打造的马鬃红苗风情景区，景区包括红苗客栈、红苗茶海，景区内有茶园逾2000hm²。景区建设有祭祀广场、状元广场、木栈道、茶趣广场、人生阶梯、茶圣广场、茶道馆等。在这里，游客可以享受高端的客栈式服务，领略农家的苗族风情，购买心仪的苗家饰品，欣赏苗族歌舞，品苗家长桌宴、红苗八大碗等美酒美食，住独具特色的苗寨，感受神秘的苗家文化。景区以红苗民族历史为背景，茶旅产业为载体，以苗岭十二峰对应十大景点：茶圣广场、神龙坛、茶趣园、茶道馆等，于2017年10月10日正式开园。

七、赤水市茶旅景点

赤水市望云峰生态农业观光园位于赤水市大同镇民族村，园区规划面积67hm²，建成面积47hm²，在建20hm²（图13-39）。园区主要有茶园、特色蔬菜基地、金钗石斛基地、休闲旅游区等功能区域，打造茶产业文化、农闲观光旅游为一体的复合型园区。园区通过自制自购模式，吸引游客体验茶叶制作工艺流程，有效带动园区产业发展。经过近几年的发展，得到上级有关部门的充分肯定，2015年被评为遵义市第一批市级现代高效农业示范园区。

图13-39 赤水望云峰娱乐设施滑草

园区在基础设施建设方面正增加投资比重，力争建设完善的农旅配套服务设施，将赤水市望云峰生态农业观光园做强、做大、做精，进一步朝着设施更完善、产业更合理、旅游体验项目更丰富、服务水平更到位前行。

八、其余各县（市、区）茶旅景点

遵义的其他茶叶主产县也按照茶旅一体化思路进行相应的建设工作。如播州区枫香茶场处在革命圣地遵义，距遵义中心城区50km，遵赤高速、208省道穿越全境，是遵义西线红色旅游、生态旅游、民族风情游和乡村旅游重镇（图13-40）。周边有国家AAA级旅游景点枫香温泉；有正在开发的天然溶洞枫香龙岩洞；佛教圣地天宝山看日出；有平正仡佬民族风情山寨；有红军长征苟坝会议会址等著名景点。枫香茶场正在进行茶山园林规划，预期用10年左右时间，建成一个美丽的，集观光、休闲、体验为一体的立体生态茶场。

图13-40 播州区枫香茶场

第三节 浙大西迁湄潭相关旅游资源

抗战时期浙大西迁遵义（含湄潭）办学，在遵义和湄潭都留下了相关的旅游景点。如位于湄潭文庙的浙大西迁历史陈列馆，是全国唯一以抗战时期大学西迁流亡办学为主题的专题陈列馆。

1939年底浙大西迁抵达遵义后，校本部设遵义，因遵义驻地较窄，又不利农业试验，便农学院、理学院与师范学院理科等三部分迁到湄潭。自1940年6月10日，迁到湄潭的院系全部复课。同年秋，创浙大附中于湄潭。湄潭为浙大的分部，一年级分校在湄潭永兴场，遵义成为浙大西迁办学的大本营。

1945年8月，抗战胜利浙大迁回杭州，遵义各界举行浙大复员欢送会，浙大在遵义办学达7年之久。

一、相得益彰

浙大西迁遵义、湄潭办学，对当时浙大的发展和促进遵义的文化教育和经济社会发展，都起到了极大的推进作用，起到了相得益彰的效果。

（一）浙大在遵义的发展

从1940年6月至1946年8月，浙大在遵义办学这几年是浙大历史上发展最快、最辉煌的时期之一。西迁前仅有文理、工、农3个学院16个教学系，学生633人，随校西迁学生460人。西迁后逐年发展，迁返杭州前夕，已有7个学院、27个教学系、4个研究所、5个学部、1个研究室、1个分校、2个先修班、1个附属中学、11所工场，农场有地$20hm^2$，在校学生2243人。

在遵义办学，为国家和民族保全了一大批科学家，共培养了毕业生1857人。这些师生中绝大多数在新中国成立后，成为国家经济和科教文化战线的骨干力量。据不完全统计，当年在湄潭工作和学习，日后被评为两院院士的有54人。1999年，中共中央、国务院、中央军委授予“两弹一星”功勋奖章的功臣中，王淦昌、程开甲就曾在湄潭工作过。

在遵办学期间，在浙大“求是”校训精神指引和激励下，大批著名学者教授云集遵义，他们胸怀报国之志，追求科学真谛，攻坚克难，潜心研究，硕果累累。这一时期是浙大西迁历程中取得教学与科研成果最多的时期，几个学院都有许多重要的研究成果问世。如文学院竺可桢的《二十八宿起源之时代与地点》、张其昀主编的《遵义新志》、张荫麟的《中国史纲》、刘之远的《遵义锰矿》、夏承焘的《词学》、丰子恺的《中国画论》；工学院王国松的电工数学、李寿恒的中国煤炭研究、钱令希的悬索桥理论和余能定理的应用、钱钟韩的工业自动化研究、苏元复的萃取理论和工艺的改进、侯毓汾的活性染料研究、丁绪淮的化工原理；师范学院郑晓沧的教育论著与译作、黄翼的物理心理学、陈立的智力测试与人格测试研究；理学院苏步青、陈建功、钱宝琮、王淦昌、束星北、贝时璋、谈家桢等均有属于科学前沿的重大研究成果，其中王淦昌教授的“关于探测中微子的一个建议”，在国际学术界有划时代的意义。浙大当年的科研成果，如王淦昌的“寻求β射线发射的半衰期与原子序的关系的尝试”“β射线对化学物质的影响”“中子的放射性”“中子与反质子”、卢鹤绂的“重原子核的潜能及其利用”、陈建功的“三角级数”等科研项目，被认为是世界性的重大课题。1942—1945年，中国物理学会曾四次在湄潭召开年会，共宣读论文50余篇。英国科学史家、剑桥大学生物化学教授李约瑟夫妇参加1944年的年会。他先后两次到湄潭参观，一再惊叹浙大为“东方剑桥”。当时他说：“在湄潭可以看到科学研究活动的一派繁忙景象，在那里，不仅有世界第一流的地理气象学家竺可桢教授，还有世界上第一流的数学家陈建功、苏步青等教授以及原子能物理专家卢鹤绂、王淦昌……他们是中国科学事业发展的希望。”此外，苏步青教授的《射线曲线概论》一书，在湄潭成稿，法国著名数学家布拉须凯称他为“东方第一几何学家”。由此，形成了有名的“浙大学派”。在战乱的艰苦条件下取得丰硕的科研成果，使浙大迅速崛起为中国著名高等学府，享誉国内外。

1989年11月，时任浙大校长的路甬祥教授在《浙江大学在遵义》一书的《序》中说：“人民养育了浙大，遵义、湄潭是浙江大学的第二故乡。”

（二）浙大对遵义的贡献

遵义虽属贵州较为发达的地区，但就全国而言依然相对闭塞落后。浙大带来现代科技文明，开阔人们眼界，推动科学知识普及，帮助培训师资，编写辅导期刊，在中、小学兼课等等，推动教育的发展。

浙大还注意科研与当地实际相结合，特别关注贵州和黔北的地方经济、文化建设，科研活动范围涉及自然科学、社会科学所属的多项门类。1940—1946年，全校共进行了72个专题项目的科学研究，其中，直接结合湄潭实际进行研究的有湄潭之气候、湄潭茶树土壤的化学研究、湄潭之五倍子、湄潭动物志、湄潭茶树病害之研究等研究共33个项目，为以后湄潭工农业生产发展作出贡献。对遵义团溪锰矿、刺梨、五倍子等物产的研究，科技成果的推广应用，直接关系地方经济，对黔北乃至贵州经济社会发展，有着重要推动作用和深远影响，

社会科学方面，《遵义新志》《播州杨保考》等著作，开辟了遵义地域文化研究的新途径，现在仍有指导意义。抗战期间，遵义地区经济、社会发展水平，整体上有了相当的提升，浙大的影响即为重要因素之一。

（三）浙大师生的茶乡情缘

浙大西迁办学是浙大校史中最为璀璨的一页，也是遵义地域文化的重要组成部分。七年间，遵义和湄潭人民对浙大人恩深似海，对于遵义和湄潭人民的这份深情厚谊，浙大师生将代代相传，永志不忘。1990年，遵义地区地方志编纂委员会编写了65万字的《浙江大学在遵义》，由浙江大学出版社出版，重温浙大在遵义那段历史。

多年来，为继承和发扬抗战期间浙大迁湄办学的优良传统，缅怀浙大与湄潭的感情，浙大与遵义、湄潭一直保持着多方面的联系和互动。

① **湄潭求是中学**：1990年，因循竺可桢校长“求是”校训，湄潭一中更名为湄潭求是中学，并得到浙大的多方扶持。全国政协副主席、中科院院士、世界著名数学家苏步青先生题写校名。1999年8月，政府抽调全县高中资深教师，迁址326国道窄溪口，组建湄潭求是高级中学，校名由当时的浙大校长、中国工程院院士潘云鹤题写。

② **成立研究会**：2007年12月28日，湄潭县成立中国贵州·湄潭浙大西迁历史文化研究会。研究会聘请中国科学院院士、著名生物学家贝时璋、中国科学院院士、著名核物理学家、“两弹一星”功臣程开甲等31位顾问，浙大校长杨卫为名誉会长，湄潭县政协副主席黄正义为会长，政协副主席周开迅、浙大党政办主任沈文华等23人为副会长。

③ **成立“浙大西迁历史陈列馆”**：详见下述。

二、浙大西迁相关景点

（一）浙大西迁历史陈列馆——湄潭文庙

位于湄潭县湄江镇浙大东路浙大西迁文化广场后面，始建于明万历四十八年（1620

年），明天启二年（1622年）被焚，明天启五年（1625年）复修（图13-41）。文庙建在城东回龙山的五级平台上，从上至下依次布局崇圣寺、大成殿、钟鼓楼、东西庑、大成门、棂星门、月池、状元桥等建筑，历经历史的风雨洗礼，文庙基本保存完好。大成门前是一幅“鲤鱼跳龙门”的高浮雕，檐柱撑拱为镂雕木狮，两边屋檐的镂雕图案及前后槛额口的浮雕装饰犹存。穿过大成门，便是规格石铺就的天井，东西两庑突起一级，为悬山式木结构建筑，前檐为宋漆曲形博风板装饰，天井后部有花草动物浮雕的石砌拜台，两面耸立着9m多高的重檐四角攒尖顶钟鼓楼。沿着拜台两边石阶拾级而上，便到了重檐歇山顶主体建筑大成殿，大成殿面阔22m，进深9.4m，三面带廊，通过大成殿后面的天井，便是崇圣寺。

图13-41 湄潭县浙大西迁历史陈列馆（湄潭文庙）

文庙是湄潭建筑精美、保存完好的古建筑之一，特别是其中的木石雕刻技艺之精湛是不可多得的。近400年来，一直作为全县民众的文化教育圣地，为历代官员、文人、士子祭拜。

浙大西迁遵义、湄潭办学期间，将文庙作分部办公室、图书馆、公共课教室、医务室及竺可桢居室和印度留学生住居。1944年10月，中国科学社年会在此举行，宣读论文30多篇，著名英国学者李约瑟到会致辞；1942—1945年，中国物理学会贵州区年会先后四次在此召开，宣读论文50余篇。至今，其大成门后檐柱正中两柱上有一副对联：“抗日烽火遍九州忆青衿负笈千里来此山明水秀地，报国壮志在四海看红松拔地万株尽为社会栋梁材”便是对那段辉煌而悲壮历史的赞誉。

由于浙大曾在此办学，备受人们敬仰。1990年7月，湄潭县政府与浙大合作在此建成的浙大西迁历史陈列馆开馆，使具有多种文物价值的湄潭文庙得以保护和利用。展厅面积1500m^2，是全国唯一以抗战时期大学西迁流亡办学为主题的专题陈列馆。经1997年、2006年、2011年三次更新充实陈列布展内容，丰富提高陈列布展档次。现基本陈列包括4个展厅、3个部分、8个单元。即前言；第一部分“求是精神——竺可桢”；第二部分“湄江求是”，有名校渊源、西迁历程、深情厚谊、艰难办学、奔赴国难、东方剑桥、深远影响；第三部分“领导关怀”，通过图片、实物、雕塑、视频等陈列布展方式，全面展示浙大西迁历史和在贵州遵义、湄潭、永兴坚持办学七年的历程。是广大民众和青少年学生了解浙大西迁历史文化的一个重要窗口，也成为湄潭旅游景点之一。自1990年7月开馆以来，累计接待来自20多个国家和地区的参观者达300多万人次。

1999年8月，被遵义市政府公布为市级爱国主义教育基地；是年12月，贵州省政府公布为省级重点文物保护单位。2005年6月，被列为浙大求是精神教育基地。2010年，被列为贵州省第四批爱国主义教育基地。2011年，被列为第三批全国免费开放博物馆、纪念馆名单和贵州省国防教育基地。

（二）西来庵

该庵背山面水，飞檐翘角，舒展苍穹，集山、水、树、房一体，体现了明清古建筑的精巧和现代建筑的厚重，具有多种文物研究价值（图13-42）。1940年夏天，浙大西迁到湄潭后，苏步青、祝廉先、钱琢如、郑晓仓等教授在此组织湄江吟社，常于此品茶作诗，留下众多的诗词佳作。现存400年间历代文人墨客歌吟西来庵的诗词歌赋达100余首。

图13-42 湄潭县湄江镇西来庵

2003年10月，西来庵完成第八次维修，是年12月，被公布为遵义市重点文物保护单位。政府予以维修后，实行保护性开发，吸引众多游人来此游览胜景，感受历史文化。

（三）浙大与湄潭“新八景”

浙大在遵义期间，中央实验茶场场长、浙大等九位教授参加的“湄江吟社”，在中央实验茶场园区内，命名“隔江挹翠”等“新八景”。1943年6月13日，《湄潭吟社》第五次集会，吟咏茶场新八景诗共40首如下：

隔江挹翠

连岗曲涧抱城南，佳胜今教次第探。隔岸微风摇绿竹，西山斜日落清潭。
溪光岚彩交明瑟，画境诗心此浑涵。归鹭不知歌舞事，烟云供养独无惭。

（钱琢如）

虹桥残照

仿佛江南旧画桥，绿杨低处坐吹箫。远山漠漠云疑树，曲涧淙淙水似潮。
夹岸新蒲迷药径，绕垣古木护茶寮。夕阳影里扶栏立，鸦背飞霞极目遥。

（王季梁）

湄潭茶场夜月

藤榻凉生几倾杯，娟娟修竹出湄隈。嫦娥亦有娇羞态，放绕疏林缓缓来。

一种清幽画不成，天边螟色映长庚。霞长如带民如染，上缀明珠分外明。

（郑晓沧）

倚桐待月

只为芳心恋月华，欲随丹凤到天涯。桐阴寂寂无消息，雁阵敖敖似怨嗟。

翠袖寒生应少减，繁星彩焕未全遮。遥知海上水轮涌，乍见桥边竹影斜。

（胡哲敷）

莲台柳浪（二首）

其　一

亭亭玉立碧波中，青眼看花异样红。万颗隋珠初过雨，千条吴带正当风。

虔申净土皈依愿，洒遍杨枝造化功。世界清凉安得此，来从色相证空空。

其　二

客儿何处可翻经，照眼莲花朵朵青。居近炎荒无火宅，身如飞絮化浮萍。

池中刻漏波轮动，湖上闻莺画桨停。见说移民新入社，更欣五柳德弥馨。

（张鸿谟）

1. 江间渔（九首）：

隔江挹翠

隔岸看山景不同，好山何必过江东。波心欲撼层岚影，白鹭一双飞碧空。

虹桥夕照

小桥流水路东西，芳草萋萋绿满堤。游客匆惊归去晚，半山斜阳鹧鸪啼。

倚桐待月

为待婵娟夜不归，疏桐影里众星稀。一声长笛来何处，已见青光上翠微。

柳阴垂钓

日午风斜漾绿波，几行垂柳舞婆娑。一竿休问鱼多少，爱此清阴乐趣多。

竹坞听泉（二首）

其　一

淙淙流水当鸣琴，修竹千竿翠影深。一片清音人意远，会心大半是虚心。

其　二

万竹萧萧拂野烟，石床小坐听流泉。栖生倘许终林壑，悦耳聊堪当管弦。
云影乱飘新雨后，樵歌遥答晚风前。清音此日凭谁赏，海上成连去渺然。

紫薇山馆

山馆清幽草木长，紫薇花发满庭芳。茶烟袅袅日将暮，又听农歌到耳旁。

杉径午阴

骄阳那许逞炎威，一径杉阴碧作帏。到此清凉好世界，山禽也愿傍人飞。

莲台柳浪

池上莲花带露开，丝丝细柳拂高台。世人渴望杨枝水，何日翩翩大士来。

2. 祝廉先（九首）：

隔江挹翠

出门一笑画图开，造物何曾费剪裁。人似山阴忙应接，浪摇山影渡江来。

虹桥夕照

夕阳红板影婆娑，疑是蛟龙卧碧波。记得夜深词客过，箫声隐隐小红歌。

柳阴垂钓（二首）

其　一

柳丝散作一溪烟，午倦风凉枕石眠。手把鱼竿浑不觉，游鱼去住尽随缘。

其　二

几人能脱利名鞿，于此垂纶息世机。大树将军余感慨，过江名士似依违。
武昌留得陶公荫，渭水休寻尚父矶。日暮归来赢一笑，试看泼刺锦鳞肥。

倚桐待月

凤鸾来止地终宽，百尺孤桐任所安。抱得鸣琴迟月上，蟾华如水不知寒。

竹坞听泉

万重云影绿黏天，清韵淙淙曲涧边。古调于今成绝响，偶来洗耳听流泉。

紫微山馆

树植枢垣雨露滋，花开官样锦参差。此中合与诗人住，遥接微之与牧之。

杉径午阴

骄阳如火复长空，杉锦漫山气郁葱。化作碧云荫真际，尽教小草隶帡幪。

莲台柳浪

神州遍地是疮痍，为嘱天龙默护持。说法不离师子座，蘸将柳浪洒杨枝。

3. 刘淦芝（九首）：

隔江挹翠

山情水意皆如画，风雨阴晴总自宜。更有依依垂岸柳，暗分余翠到诗眉。

虹桥夕照

斜阳大地铺红锦，溪水桥头送落花。天际珊珊来二鸟，不知野鹭抑昏鸦。

倚桐待月

水声咽石晚凉清，暗暗桐阴点点星。静里浑忘入睡去，醒来满地月光明。

柳阴垂钓

独傍溪涯不计年，微风过处自翩翩。任他漠苑多春色，愿作清阴傍钓眠。

竹坞听泉

蜿蜒荒径临溪水，间坐幽篁听野泉。月上东山银露冷，为贪此调竟忘眠。

紫薇山馆

数间茅屋千竿竹，三两闲禽几树花。不是紫薇当户立，谁知清景属官家。

莲台柳浪

群山屏立侍莲台，一树擎天傍水隈。试看荷花初放日，王孙都向柳阴来。

杉径午阴

（一）

大地骄阳若火焚，忽来杉径满清氛。解衣但觉冷如水，卧向枝间数淡云。

（二）

谷间树是昔人栽，今日寻幽有客来。足底溪山容我管，眼前锦绣倩谁裁。

千杉静默忘炎暑，满径清凉滋碧苔。嘱咐林禽莫喧聒，让侬枕石梦天台。

4. 苏步青（九首）：

紫薇山馆（二首）

其　一

石凳生凉早，雨林润绿肥。不知斜照里，荷笠几人归。

其　二

山篱短短径斜斜，别馆三间树半遮。侵坐绿阴清鸟语，隔溪红日到林花。

云开峦影参差见，雨歇滩声次第加。留客情怀终不俗，茶烟细透碧窗纱。

隔江挹翠

门外沧浪水，清流仍濯足。可怜冷翠微，又隔寒潭曲。

倚桐待月

闲数归鸦尽，无言立钓台。桐阴深浅处，明月过溪来。

虹桥夕照

笛声牛背风，笠影羊肠路。碧润小桥栏，斜阳红又暮。

柳阴垂钓

纶竿兴未孤，柳外唤提壶。少憩寒矶石，此身入画图。

竹坞听泉

泠泠竹坞泉，遮莫出山浊。欲汲却踟蹰，松风吹古乐。

莲台柳浪

池接涟漪涧，柳遮菡萏塘。主人更怜惜，翠叶护鸳鸯。

杉径午阴

春深桐子坡，杉径无人顾。想像午阴长，空山出孤兔。

浙大教授们在湄潭所创作的诗词，为湄潭增添了绚丽多彩的文化内涵，是一笔宝贵的精神财富（图13–43至图13–46）。

图 13–43 湄潭各界欢迎浙大场面

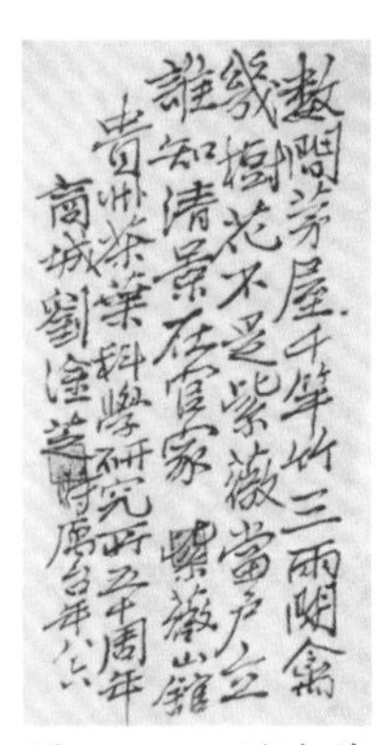

图 13–44 刘淦芝诗作手稿

图 13–45 抗战期间竺可桢一家在遵义

图 13–46 蔡邦华、胡刚复在湄潭文庙合影

第四节　茶文化遗产调查与保护

遵义市的茶文化遗产调查与保护工作，主要是在茶叶基地县湄潭和凤冈进行的，下面分别予以介绍。

一、湄潭县茶文化遗产调查与保护

湄潭历来是贵州乃至全国重要产茶区之一。从南明到民国、从中华人民共和国成立到现在，伴随着湄潭茶业发展，积淀了底蕴深厚的物质和非物质湄潭茶文化遗产资源体系。1999年，湄潭率先成立贵州省最早的县级茶文化研究会，开展湄潭茶文化遗产资源挖掘、收集、整理和研究、展示和茶文化遗产保护工作，取得丰硕研究成果。湄潭县委、县政府为发展茶叶产业，依托湄潭丰厚茶文化底蕴，从20世纪90年代后期开始，举办一系列大规模茶事活动，在全国乃至海外产生广泛影响。

进入21世纪，随着茶产业发展和茶文化挖掘，茶文物保护和利用工作也不断推进。湄潭县茶文化研究会先后开展多次茶文化遗产保护座谈会和论坛，开展全县范围茶文化遗产资源调研、普查。贵州省、市、县政府将16处茶工业旧址申报省级、市级、县级文物保护单位，还保留大量老茶园、古茶树、工业遗址等。

（一）省级非物质茶文化遗产申报

悠久的产茶历史和深厚的茶文化底蕴，演绎出丰富的非物质茶文化遗产。2014年，湄潭县成立非物质文化遗产申报工作领导小组，负责湄潭翠芽、遵义红、湄潭手筑黑茶传统制作技艺相关历史、资料、照片、视频的挖掘、收集、整理和文本的编撰、视频的摄制及项目申报工作。召集县文物管理所、县茶文化研究会等单位，以大量翔实、完整的资料和实物，从四个方面完成省级非物质文化遗产代表性项目名录申报书的编制、修改，并于2014年12月上报。

2015年8月，湄潭翠芽、遵义红、湄潭手筑黑茶三项传统制作技艺同时进入《贵州省第四批非物质文化遗产代表性项目名录》，这在贵州乃至全国都是不可多见的。这标志着湄潭县非物质茶文化遗产保护、茶文化传承工作迈向新的台阶。

（二）茶文物调查活动

1999年，湄潭县茶文化研究会成立，就组织会员开展茶文化文物普查，针对湄潭茶业发展历史进行一系列的调查研究工作。2010年10月，湄潭县茶文化研究会再次组织茶文化研究会会员、文史专家和文物工作者对中央实验茶场及全县各产茶区、制茶工厂等茶文物进行专题调研活动，这也是贵州对茶文化遗产进行真正意义上保护与利用的开端。2011年4月、2013年5月，湄潭县政府组织茶文物调查组，分田野调查和资料收集两个组，以2010年的摸底调查资料为线索，参考全县历史资料，进行实地调查。在田野调查中，发现全县各产茶区的古茶园、古茶树。在湄潭制茶厂，发现大量的全木红茶生产线，不同时期的各种茶叶包装盒及样品。资料收集组分别在茶场档案室、省茶研所陈列室、图书室、档案室和县档案局开展资料收集和人物采访。基本清楚从茶场成立至新中国成立初期的沿革变迁和茶场产品销售情况，收集到珍贵照片和文献资料。调查组对全县茶文物进行勘测和数据登录，拍摄大量照片，绘制相关图纸，建立茶文物档案。编撰出版《茶的途程》《20世纪中国茶工业的背影——贵州湄潭茶文化遗产价值追寻》等茶文化史专题图书。

（三）茶文物调查结果

湄潭县茶文物普查有茶文物（不可移动）专项普查、茶资源综合开发利用情况调研、茶文物调查情况及价值评估、古茶树资源保护情况调研等。茶文物保护与利用调查研究主要内容有：湄潭县茶资源综合开发利用情况的调研（2013年湄潭县政协茶资源综合开发利用调研组）；湄潭县茶文物调查情况及价值评估（2013年湄潭县茶文化研究会）；湄潭县古茶树资源保护情况调研（2014年湄潭县政协古茶树资源保护情况调研组）等。

1. 不可移动茶文物

茶文物（不可移动）专项普查涉及中央实验茶场场部旧址、水府祠、省茶研所办公大楼旧址、湄潭茶场制茶工厂旧址、中央实验茶场象山打鼓坡茶园、桐子坡品种茶园、象山密植免耕茶园、永兴分场综合丰产实验茶园、三队品种茶园等（图13-47）。茶文物普查还对沿江渡、青龙关等盐茶古道和云贵山、湄水沟、客溪、三跳、黎明、打磨垭、小泥坝、随阳山、白筠山院等地古茶树资源进行保护性调研，发现大量散布各地的古茶树群。

图13-47 20世纪湄潭茶场永兴分场制茶工厂

不可移动文物能给人以沉甸甸的历史感。例如湄潭县城南万寿宫、水府祠，是中央实验茶场的办公楼，20世纪30年代末中央实验茶场在这里一亮相，便开启湄潭茶产业的大门，翻开中国近现代茶叶发展史的新篇章。

调查报告还依次对象山茶园、桐子坡茶树母树园、永兴茶树品种园、永兴茶场综合丰产实验园和打鼓坡密植免耕茶园分别作简介、历史沿革考证、自然和人文环境分析、相关研究情况和价值评估，组织相关人员对以上茶园进行实地测绘、采访调查，将这些茶园纳入县级茶文物保护范围，对下一步开发利用做了很扎实的研究工作。这些茶园，在历史上均对贵州茶产业发展起到了一定的作用，见证了贵州茶产业发展的历史。

2. 可移动茶文物

这几次调查，发现较为完整的两套木制红茶生产线，民间木制茶机具，不同时期的各类现代金属茶机具和各种茶叶包装盒、箱及样品、标本、图片、手稿、书画等成千上万件茶工业史物。其数量之大、品种之多、保存之完好，全国罕见。

1）实物性文物

① 湄潭古茶树：生长于兴隆镇庙塘村打木垭，从一个根系长出三根茶树，最大直径为14cm，中为12cm，次为10cm。三根茶树枝干长满疙瘩。在龙井村民组古茶园，最大的一棵古茶树，在离地40cm处被砍掉重新长出枝丫，茶树最大直径18cm。露出土面的根系最大直径16cm，最小直径5cm，还有一被砍掉的根系直径8cm。古茶树是湄潭属于唐代古夷州古老产茶区的一个实物见证（图13-48）。

图 13-48 湄潭兴隆打木垭古茶树

在古茶树保护方面，贵州湄潭兰馨茶业有限公司历经三年，辗转数省份，行程上万千米，筹资150余万元，收集、移栽406株古茶树，在公司总部建成占地2500m²的“古茶树园”（图13-49）。

图 13-49 兰馨古茶树园

图 13-50 20世纪40年代末湄潭桐茶实验场木制红茶生产线

湄潭桐茶实验场扩大茶叶生产加工，制造全木制出口红茶生产线茶机具（图13-50），大量生产红茶和绿茶，使湄潭成为当时中国出口红茶和绿茶的主要原产地，也为贵州乃至全国茶叶科研生产奠定了基石。

② **红茶生产线**：1963年春末夏初，在国家外贸部中国茶叶总公司的统一安排下，全国主要红茶产区纷纷转产分级红茶，省茶科所率先由王正容主持研究试制成功，1964年投入批量生产。1979—1981年，红碎茶初制“揉切分”连续化工艺研究获得成功。1982年，该项研究成果获贵州省二等科技奖，同时获外经部三等科技奖。湄潭茶场生产的工夫红茶、红碎茶经重庆、广州口岸出口，销往英国、美国、突尼斯等十多个国家。茶叶产量不断上升，单凭中央实验茶场遗留下来的那几套制茶机具，远远不能完成生产任务。于是，桐茶试验场招聘60多个木工，组成木工班，复制大型木质制茶机具，形成几套木制红茶生产流水线。

③ **木制揉捻机**：湄潭木制揉捻机最初生产于20世纪50年代，县境内兴隆镇大庙场村、复兴镇随阳山村、永兴镇天棚村、抄乐乡群峰村等有产茶历史的地方均制作使用该机具。各个地方的揉捻机大同小异：大庙场村的揉捻机揉捻盘采用柏香木料，天棚村将揉捻盘改为水泥预制，随阳山村将揉捻盘的齿牙从木制改为铝铸，为减轻揉捻的晃动，揉捻机底部架子，采用笨重木料做成，减少在揉捻机底部加石块防止晃动的程序。动力上最初采用人工推转，进入21世纪后采用电动。

④ **揉捻机动力转盘（大平车）**：木制揉捻机最初为单个人工操作，大集体时期为提高功效，采用水碾作坊“三把车”的动力原理，用水作为动力带动转盘，转盘再带动1~3揉捻机。无水作动力的地方，采用牛拉作为动力。囤子岩、抄乐乡群峰村这两个地方至今还存有当年的揉捻机转盘，是20世纪60年代囤子岩茶叶生产队采用牛拉的方式进行制茶的机具部件。

⑤ **东方红履带式推土机**：永兴茶场至今保留的东方红履带式拖拉机。20世纪90年代初，永兴茶场扩建第九、第十生产队，新购该东方红推土机开垦荒山，这台推土机见证了20世纪永兴茶场开垦茶山的历史。

⑥ **耙犁**：20世纪50年代中期，贵州省湄潭实验茶场在永兴断石桥开垦茶园，将二战退役的一个坦克改装为拖拉机。坦克后已被作为废旧卖掉，当时的耙犁至今保存于永兴茶场。该爬犁见证20世纪永兴茶场最初开垦茶山的历史（图13-51）。

⑦ **压路石碾**：20世纪50年代中期，贵州省湄潭实验茶场在永兴开垦53.3hm^{2}连片茶园，建立几个茶叶生产队，队与队之间相通的是泥石路，到茶山是黄泥路。在修路时，贵州省湄潭实验茶场开垦的工人自制石碾压路。至今石碾保存于永兴茶场五队。该石碾

见证20世纪永兴茶场最初开垦茶山的历史。

⑧ **石质茶碾**：保存于永兴茶场，石质茶碾制作于20世纪60年代中期，主要用于对风选出的茶叶进行碾压，分离出茶梗，再进行风选（图13–52）。

⑨ **红茶出口包装箱**：20世纪70年代，湄潭茶场有木工60余人，他们除了修理木制机具外，还负责制作红茶出口包装箱，几十个工人每天做的包装箱供不应求。现在红茶出口包装箱在湄潭茶场仅存少部分（图13–53）。

⑩ **茶叶包装盒**：各种类型的茶叶包装盒现在保存于湄潭茶场审评室和永兴茶场保管室，大多数是20世纪60—90年代的包装盒，有红茶、绿茶、保健茶、藏茶、湄江茶，包装盒的质地有纸质、铁质，还有芒杆为外形的纸质包装盒。见证了湄潭茶业在那个时期的兴旺（图13–54）。

图 13–51 20 世纪 50 年代开垦永兴茶园使用的耙犁

图 13–53 “黔红”包装箱

图 13–52 20 世纪 60 年代中期使用的石质茶碾

图 13–54 20 世纪 70 年代的包装盒

2）资料性文物——手稿、图书、照片等文字图片类材料

① **刘淦芝手迹**：中央实验茶场首任场长刘淦芝在湄工作期间，留下许多手稿，保存于县档案局。包括1942年浙大农学院学生到中央实验茶场实习，刘淦芝给浙大教授的回复等。

② **李联标手迹**：1942年，浙大农学院学生到中央实验茶场实习，李联标为校方撰写

的红茶、绿茶、龙井茶的制作工艺手稿。手稿原件保存于县档案馆。

③ **蔡邦华手迹**：1943年，浙大农学院学生到中央实验茶场实习，农学院院长蔡邦华给中央实验茶场写的介绍信。手稿原件保存于县档案馆（图13–55）。

④ **何殿伦照片集**：何殿伦是湄潭乃至贵州的一个传奇式人物，一生中曾受到过中央三代领导人的亲切接见（图13–56）。

⑤ **《唐·陆羽<茶经>译释》**：该研究项目由省茶科所邓乃朋研究员经1973—1980年潜心研究和考证，为国内诸多《茶经》译释中不可多得的版本（图13–57）。

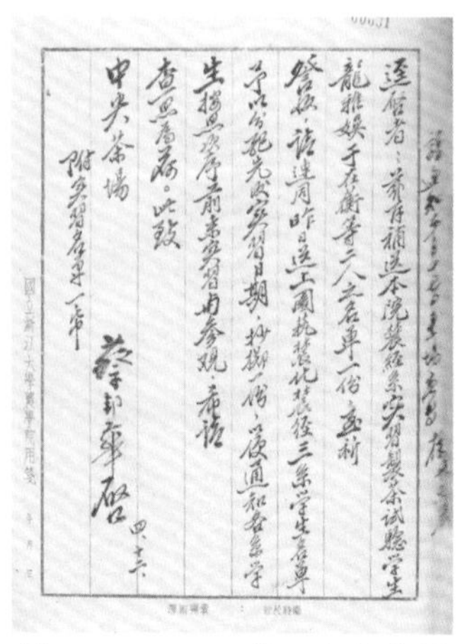
逕啟者：兹保送本院農經系實習製茶試驗學生
龍維娛于在衡等二人 名單一份 至祈
鑒核 [illegible] 三系學生名單
[illegible] 實習日期 抄附一份 並通知各系學
生 [illegible] 前來實習 [illegible] 參觀 希請
查照為荷。此致
中央茶場
附實習名單一份
蔡邦華 啟
四、十六

图13–55 1943年，浙大农学院院长蔡邦华给茶场的信函

图13–56 湄潭茶农典型人物，核桃坝村党支部书记何殿伦

图13–57 省茶科所邓乃朋编著的《茶经注释》

《茶经》是780年陆羽写成的全国及世界上第一部系统总结茶叶的书，完成于距今1200年以前的唐代，又经后人多次翻刻，不可避免会产生错误，某些地方的文字又不便今现代汉语所理解，加上古书均不加标点，常使读为难。邓乃朋参考20多种《茶经》版本及其后的茶书，借助于渊博的学识，针对《茶经》疑难之处，除全面标点外，又加以注释及考证，用现代汉语翻译出，并每章节加以评论，为全国较有科学参考价值且国内较早的《茶经》译本之一。

（四）茶文物保护

1. 调查结论

这次茶文物调查，是对湄潭县茶叶发展历史的一次较为系统性的梳理。通过梳理，考证史料中提及的县内产茶的记载，为不可移动的茶文物保护提供可靠的依据。

从兴隆镇大庙场村云贵山等多处老茶园和遗留下来上百年的古茶树及茶树桩，说明湄潭是古老的产茶区；木制茶机具反映20世纪40—90年代湄潭茶农的智慧；湄潭茶场以木机具为主的红茶生产线，是20世纪50—60年代的产物，机具的规模庞大古老，见证湄潭茶场一个时期茶业的兴旺；红茶出口包装箱及各种茶叶包装盒，说明湄潭茶业在不同时期的辉煌；茶树标本、茶籽化石及茶业工作者进京参会的照片证明科技工作者在全国茶界的地位；刘淦芝、李联标等的亲笔手稿，是中央实验茶场系列工作的见证。

通过这次调查得出：湄潭是古老的产茶区，湄潭的茶文化历史底蕴深厚，是研究中国近现代茶业发展之地。

2. 建　议

对庙塘贺家沟、随阳山、庙塘打木垭、红坪村、打鼓坡等茶园、省茶科所办公楼、茶场医务室、五马槽收青室进行保护；对湄潭茶场红茶萎凋槽、木制红茶生产线、木制风选机、木制揉捻机、畜力大平车、核桃坝自制多用制茶机、树品种样茶揉捻机等各种机具进行收藏保护；对各时期的各种茶叶包装盒、包装箱、包装袋及茶叶样品进行收藏保护；对永兴茶场履带式东方红拖拉机、20世纪50年代开垦茶园的耙犁、20世纪60年代制造的揉捻机、开垦永兴茶园的压路石磙进行收藏保护；对永兴茶场品种园、桐梓坡茶树母树园、永兴茶场综合丰产实验园、打鼓坡密植免耕示范茶园除进行保护外，还需树立茶园简介碑，突出该茶园对全省茶业所起到的作用。

事实上，湄潭县早已对上述地点和文物进行了一定程度的保护。如建于20世纪50年代的湄潭茶厂，其中有不少设备沿用中央实验茶场时所用，工厂虽然破落，但厂内仍保存着成套加工机械与设备。湄潭茶场因是贵州最大的国营农垦茶场，新中国成立后由地方接管，其性质一直属国营企业，茶场的部分车间一直生产到21世纪初。由于湄潭县政府和茶场领导层有意识的保护，沿自中央实验茶场的湄潭茶场得以完整保存至今，其红茶机械化生产线完整无损，占地3hm^2多的厂区依然保存着新中国成立初的风貌，至今依然可以看出工厂当时的辉煌，经过调查，使得重视程度更高、保护更加系统化。

通过几次茶文物普查，不仅见证湄潭自古以来茶业辉煌，更奠定湄潭在中国近现代茶业发展史的重要地位，也为贵州茶文化生态博物馆在湄潭建设，贵州省“一节一会”永久落户湄潭奠定良好基础。茶文物普查，不仅对湄潭茶文化、茶产业发展提升。也对提高贵州茶文化国际知名度及保护水平，提升贵州茶文化影响力，让贵州茶文化走向世界具有重要意义。

2018年4—6月，湄潭县茶文化研究会组织人员开展了中国茶文化资料集成收集工作，对湄潭茶场、省茶科所、档案局的涉茶档案、图片进行扫描整理。共计有数万份资料，多卷本的湄潭茶文化资料集成将由中国海洋大学出版社出版。

二、凤冈县茶文化遗产调查与保护

详见下节“遵义茶文化博物馆”。

第五节　遵义茶文化博物馆

为了在开展茶文化遗产资源挖掘、收集、整理的基础上开展茶文化遗产和文物的展示和保护工作，遵义在湄潭建立了贵州茶文化生态博物馆群。

博物馆群位于湄潭县城，是经贵州省文物局批准建立的贵州省唯一以茶文化生态为主要内容的专题博物馆群，系国家三级博物馆。馆区建设以包容、开放理念，立足湄潭，面向贵州，把全省各茶区茶历史、茶文物、茶元素、茶信息与独具贵州特色的民族民间茶文化、茶文化史、茶叶科研、茶叶生态等有机融合，全面展示贵州茶产销历史、人文、科技、茶礼与茶俗等内容。贵州茶文化生态博物馆包括中心馆、中央实验茶场纪念馆、中国茶工业博物馆等专馆，总占地面积约3.5hm^2，展厅面积逾8000m^2。

一、贵州茶文化生态博物馆群

（一）贵州茶文化生态博物馆中心馆

贵州茶文化生态博物馆中心馆布展在中国茶城，占地面积2600m^2。其陈列展示内容主要包括序厅、茶树起源、古代茶事、历史名茶、中央实验茶场、茶叶农垦、茶叶科研、茶叶供销与外贸、当代茶业、茶礼茶俗10个部分43个单元，主要采用实物、图片、图表、文字、浮雕、场景、多媒体等展陈形式，结合贵州地方建筑元素进行陈列布展，通过多种现代展陈形式对贵州全省茶叶发展历史和茶文化资源进行概要性介绍。中心馆反映全面，涉及面广，突出中央实验茶场在湄潭的这一段辉煌的茶史，是展示贵州茶文化资源的重要平台。

贵州茶文化生态博物馆中心馆2013年9月28日建成开馆，免费向公众开放，2018年9月成功申报为国家三级博物馆。贵州茶文化生态博物馆中心馆的建成布展，对整合贵州茶文化资源，推动贵州茶产业和茶文化旅游发展，提升贵州茶文化品牌价值，以及加强广大人民群众茶文化知识普及和爱国主义教育过程中发挥了很大的作用，是贵州茶旅游推介中一张亮丽的名片（图13-58）。

图 13-58 贵州茶文化生态博物馆中心馆

（二）中央实验茶场纪念馆

中央实验茶场纪念馆位于湄潭县城南万寿宫水府祠，是贵州茶文化生态博物馆馆群中以纪念抗战期间中央实验茶场落户湄潭开启现代茶业为主题的重要专馆。馆区占地面积1260m^2，以文字、图片、绘画、图表、影印、实物和场景复原等展陈形式相结合。陈列展示内容包括前言、抗战时期的中国经济、中国茶叶第一提案、推开中国现代茶叶大门、刘淦芝寓所、李联标寓所、中央实验茶场与浙大、实物陈展共8个部分18个单元，全馆展陈各种图片150余张，各类实物100多件。

中央实验茶场落户湄潭有重要的历史意义，使湄潭在以后数十年的时光里一度成为中国现代茶业科研种植与推广中心之一。中央实验茶场纪念馆的建立，较为完整的反映了抗战时期西南地区茶产业的发展和科研成果，突出了在艰苦环境中坚持科学救国的时代精神。漫步在中央实验茶场纪念馆老旧的房屋里，仿佛回到了往昔岁月，这里的一件件茶文物用鲜活的物证还原了湄潭的茶历史，对梳理贵州茶产业的发展脉络具有重要的意义（图13–59）。

图 13–59 中央实验茶场纪念馆

（三）中国茶工业博物馆

中国茶工业博物馆原名贵州茶工业博物馆，位于湄潭县城白果湾桂花湖畔，是贵州茶文化生态博物馆馆群中一个以展示贵州乃至中国茶工业历史、各个时期各类机具和湄潭茶场制茶工厂历史面貌为主的重要专馆，系贵州省重点文物保护单位。

茶工业博物馆占地面积约3hm^2，馆区分为综合陈列室、贵州茶工业机具馆、贵州红茶出口基地馆、湄潭茶场制茶工厂红茶精制车间、湄潭茶场制茶工厂绿茶精制车间、大型茶叶加工生产设备展厅等。陈列展示内容主要以茶工业机具实物、场景复原为主，辅以文字、图片。全馆展陈实物300余件（套），图片200余幅。陈列实物以湄潭茶场为主，也有来自贵阳羊艾等地茶场的机具。

茶工业博物馆保留有中央实验茶场20世纪40年代研制的两套全木制红茶生产线。1944—1945年期间，中央实验茶场制造了全木制出口红茶生产线机具。此后，使湄潭成为中国出口红茶和绿茶的主要原产地，也为贵州乃至全国茶叶科研生产奠定了基石。这两套全木制红茶生产线是当时最先进的茶叶生产线，机具分为上下两层，楼上楼下联动使用，如今在世界上可谓独一无二，极其宝贵难得，是茶工业博物馆镇馆之宝。

2018年5月，中国国际茶文化研究会授予湄潭县“中国茶工业博物馆”牌匾。馆名亦由贵州茶工业博物馆改为中国茶工业博物馆（图13–60）。

图 13–60 中国茶工业博物馆

（四）象山茶史陈列馆

象山茶史陈列馆位于象山五马槽原湄潭茶场打鼓坡分场场部，是专门展示象山产茶历史的专题陈列馆，馆舍建筑系湄潭县文物保护单位（图13-61）。

图 13-61 象山茶史陈列馆

总占地面积约1000m^2，总建筑面积为520m^2。展示内容分为象山茶史展厅、场景复原展厅和室外展板3个部分。象山茶史展厅以文字、图片为主，文献展示为辅，包括前言、底蕴象山、家国象山、激情象山、美丽象山5个部分；场景复原展厅以实物场景为主，文字、图片为辅，包括打鼓坡分场场部及五马槽连队办公室复原陈列、职工宿舍生活状态复原陈列、收青室复原陈列3个部分；室外展板以文字、图片为主，包括中华茶文化名山——象山名人名茶录（象山概述、名人篇、名茶篇）、贵州茶业第一县——湄潭茶青市场史话2个部分。

1953年，贵州省湄潭实验茶场迎来大发展时期，在复垦改造象山打鼓坡茶园基础上，开始在象山许家坡、石家坡、麻子坡、五马槽及其纵深地带拉开新开“等高条植”茶园序幕。同时在五马槽将原土墙青瓦房用作为收青室。1963—1964年，改扩建为3栋砖木结构的连体建筑，还在对面修建了职工宿舍、收青室（现因损毁拆除），并将湄潭茶场打鼓坡分场场部设于此。当时，其中间1栋用作临时礼堂、会议室和收青室，里面绘有“文革”标语和彩色壁画，有大梁题记；旁边各1栋用作收青室，后改为职工宿舍，外墙也有“文革”标语，现仍依稀可见。2017年4月，湄潭县政府对其进行全面修缮和环境整治，并将其辟为象山茶史陈列馆，对外免费开放。

2015年9月28日，贵州省级非物质文化遗产“湄潭翠芽茶手工制作技艺”传习基地在湄潭正式开放，这也是贵州省首个建成开放的茶类省级非遗传习基地（图13-62）。传习基地开放后，让茶爱好者有了一个感受传统茶文化、体验传统制茶乐趣的好去处，标志着湄潭翠芽茶制作技艺传承和茶类非物质文化遗产保护迈上新台阶，对湄潭县打造文化产业、文化旅游、茶旅一体化发展将起到推动作用。

图 13-62 湄潭翠芽非遗传习基地

二、茶佑中华文化长廊

茶佑中华文化长廊是农业产业化省级重点龙头企业、湄潭翠芽茶传统制作技艺省级非物质文化遗产保护项目申报者——贵州阳春白雪茶业有限公司在其制茶工厂绿化区域内建设的一个茶文化专题长廊。该长廊以史实为基础，简要呈现湄潭茶的历史渊源、近代发展、特殊使命，包含公元前135年溯源、茶佑中华等主题雕塑和大师园人物铜像、名茶基地沙盘等几个单元，以下介绍仅是其中部分。

（一）历史人文浮雕

① **公元前135年中郎将唐蒙通夷**：公元前135年，汉武帝派遣中郎将唐蒙征讨南禹，到达黔北时，发现集市中茶叶交易盛行，唐将军使将茶献给汉武帝。这就说明，贵州北部茶叶交易的历史可以追溯到汉武帝时期，比“武阳买茶”的记载还早76年。

② **茶圣梦游夷州**：茶圣陆羽，世界上第一部茶叶专著《茶经》的作者，因贵州茶品质优异，于是在《茶经》中对贵州茶高度赞美：茶者……黔中生思州、播州、费州、夷州，其味极佳。夷州便是今天的湄潭一带。由于对夷州茶乡的向往，茶圣梦中神游夷州。

③ **贡方物**：方物，地方特产的意思。明洪武七年（1374年），宣慰使司在播州（即今遵义）建茶仓，发展茶业，一方面向朝廷进贡，一方面促进地方经济发展（图13-63）。同期，在湄潭设容山长官司，发展湄潭茶叶，每年都将本地所产茶叶交播州茶仓，作为特产上贡朝廷。

图13-63 博物馆展出的明代播州茶仓

④ **御贡黔北茶**：清光绪十五年（1889年），据《湄潭县志》和《贵州通志》记载：湄潭物产丰富，盛产茶，并被列土特产之前，湄潭眉尖茶因“质细味佳，贵为贡品。”这说明湄潭茶不仅产量大，质量好，而且还是贡品。

⑤ **茶经小品**：《茶经》是世界第一部最全面和影响最深的茶叶专著，其作者陆羽被称为茶圣。茶圣陆羽在茶经中写道：“黔中生思州、播州、费州、夷州……往往得之，其味极佳。”夷州是今湄潭一带，可以看出，茶圣给予湄潭茶极高的赞誉。

（二）茶佑中华主题雕塑

1940年，抗战全面爆发已近三年，前方战争如火如荼，我国的传统出口产品均在战区，国家财力急剧下降。作为大后方湄潭出产的茶肩负着抗战使命，通过唯一国际生命线——史迪威公路及驼峰航线，出口南洋，换成抗战最急需的药品及武器，支持抗战，最终取得抗战胜利。

这是一个严肃而凝重的话题，历史赋予茶叶的神圣使命，将民族大义与湄潭茶紧密相连，湄潭茶人以另一种形式参与了抗战，是一笔宝贵的精神财富。世界上只有一种树叶与一个国家和一个民族的生死存亡有着那么深刻的联系，那就是湄潭茶。

（三）大师园人物铜像

曾在湘潭学习或工作过的大师们，历史的跫音仍在湄潭茶园深处时而响起，因为有这样一批大师，对湄潭茶甚至对中国茶事业做出了卓越的贡献，我们有理由铭记。

① **刘淦芝**：中国十大茶人之一，中央实验茶场首任场长，昆虫专家和诗人，开辟了中国首座标准生态茶园，是省茶科所和贵州现代茶文化开创人。

② **李联标**：中国十大茶人之一，中国茶叶学会和中央实验茶场创建人，茶栽培专家。国内他首先发现野生乔木型大茶树，对研究茶树起源与原产地做出重要贡献。

③ **张天福**：中国十大茶人之一，提出西南五省茶叶提案，中央实验茶场筹建，开创茶叶科学与教育相结合的先河，推动制茶从手工走向机械，被称为中国“茶学界泰斗”。

④ **竺可桢**：浙大校长，中国近代地理学的奠基人，浙大湄潭办学期间引进浙江的制茶工艺，对湄潭茶业发展做出卓越贡献。

⑤ **苏步青**：全国政协原副主席，中国科学院院士，我国近代数学的奠基人，在湄潭期间与浙大另外八名教授成立“湄江吟社”，留下大量与湄潭茶相关的诗句，是中国自唐朝以后的诗歌绝唱。

⑥ **冯绍隆**：致力茶树栽培研究，创造茶树密植免耕技术，使贵州及中国茶产区千家万户茶农受益，对茶叶科技进步和茶产业发展做出杰出贡献，1992年荣获联合国发明创新科技之星奖。

（四）名茶基地云贵山沙盘模型

云贵山地处北纬27°，海拔1280m，是湄潭唯一座高标准有机生态茶叶名山，整个山脉有野生古茶树3万余丛，为黔北最大的野生古茶树天然基因库，曾经是历史名茶眉尖茶的产地，现在是阳春白雪贵芽湄潭翠芽的核心原产地。

“茶佑中华文化长廊”雕塑展示（图13–64至图13–69）：

图13–64 公元前135年中郎将唐蒙通夷

图13–65 茶佑中华文化长廊之1940试制湄江茶

图13–66 茶佑中华文化长廊黔北御茶

图 13-67 茶佑中华文化长廊《茶经》小品

图 13-68 茶佑中华文化长廊刘淦芝塑像

图 13-69 茶佑中华文化长廊云贵山沙盘模型

三、中华茶道馆

中华茶道馆，是中国首个集中展示中国唐、宋、明、清各个朝代和中国台湾地区茶文化，以及日本、韩国茶道茶艺的主题馆。它的建成为湄潭建设茶文化博物馆馆群增添了新的内容，也为把湄潭建成贵州茶文化展示和宣传基地发挥了重要作用。

中华茶道馆位于贵州省湄潭县天下第一壶茶文化博览园，设置在天下第一大壶内，每层设一个展馆，重点展示了中央实验茶场，浙大在湄潭科研、办学和茶史、茶诗；集中展示了贵州各地茶风情、茶俗、茶食、“三绿一红”茶叶品牌和湄潭茶产业的历史与发展。顶楼设置多功能厅，游客可品茶、观看茶艺表演，也可举行高雅音乐茶室，茶诗朗诵、茶文化讲座。

中华茶道馆以秀甲天下茶品质，海纳天下茶文化，诚聚天下爱茶人为宗旨，让游人了解中国茶文化内涵，成为湄潭茶旅一体化一道靓丽风景。2017年开业以来，每天都有众多客人来此游玩品茗。

四、凤冈县茶文化展览中心（茶文化博物馆）

（一）凤冈县茶文化展览中心概况

凤冈县茶文化博物馆实际上就是前面提到的“古夷州老茶馆”，是一间个人收集、政府支持的私人藏馆（图13-70）。馆主人汤权是一位有心人，从1998年起，开始以茶文化为主题的规模性收藏，意在保护和弘扬珍贵的传统茶文化。2008年起，在凤冈县政府支持下，自筹资开办了凤冈县茶文化展览中心，又名古夷州老茶馆，向社会公众免费开放，提供参观交流，较好地展示了凤冈乃至黔北周边地域丰富的传统茶文化知识。

图 13-70 凤冈古夷州茶馆正门

目前，茶文化展览中心展示有罕见的宋元至明清时期土家族、仡佬族传统古旧老茶桌、老茶椅、老茶凳、老茶柜、老茶盘、老茶架及古老的茶文化图雕等上千件；有宋代至明清时期的土陶茶灶、茶甑、茶壶、汤瓶、茶叶罐等数十件；有明清至民国时期的铜茶壶、铜茶罐、瓷茶壶、瓷茶叶罐、锡茶壶、锡茶叶罐、木茶叶罐等上百件；还有与当地茶礼、茶俗、茶食、茶饮、茶疗及茶馆活动等密切相关的其他类器物上百件。

古夷州老茶馆挖掘和再现了土家油茶、古夷州老茶的秘制方法，人们在茶馆里能够品尝到几百年前的茶滋味。各展示厅及休闲屋悬挂的诗、书、画作，有普通作品，也有名家大作。收藏了天下奇书《太极洞鸾书》、世界上最早的陆生植物化石黔羽枝和凤冈第一木雕床。老茶馆还收集了当地民间茶礼、茶疗、茶歌、茶馆唱本等古籍，整理成册的有《凤冈地名歌》《醒俗歌》《戒烟歌》《茶疗药方》等，并在茶馆里公开展示传播。

古夷州老茶馆的上千件茶器文物，涵盖了湘、黔、渝地区之汉、苗、侗、仡佬、土家等民族近千年的茶俗文化历史，是不可多得的地方文化遗产。茶文化展览中心成为贵州乃至毗邻地区唯一以茶文化为内容的专题展示馆，俨然就是一个小型的地方茶文化博物馆，亦是贵州全省屈指可数的几个私人博物馆之一。中国国际茶文化研究会会长刘枫先生，中国著名茶文化学者林治先生等人，先后前来考察、参观。

（二）凤冈茶文化展览中心布局

凤冈茶文化展览中心有6个展示厅，共计近1000m^2。

1. 文化氛围

古夷州老茶馆的布局，不是简单的收集、陈列和摆设，而是巧妙地将茶具、家具（多数与茶有关）和书画按照当地风俗或者中国传统文化、古老传说等进行合理搭配、细心组合成一间间展厅，使人感觉到不是参观陈列馆，而是设身处地进入了一个真实的“老”环境，处处体现出浓郁的地方风俗，带有浓浓的中国传统文化氛围。步入茶馆的大门，右边是陆羽《茶经》，左边是“福”到来的迎宾窗台。在窗台上，一只栩栩如生的木雕蝙蝠正倒悬着迎接客人的到来，寓意着“福”到来。茶馆大门上面雕刻着富贵如意、双蝠双至木雕图案，中绦环板上刻有“早扫考宝，书猪鱼蔬”的警示语，提醒主人要勤耕苦读、和孝洁家。

2. 展厅设置

① **龙凤呈祥展示厅**：表现了较为典型的黔北民居堂屋景致。正壁中间上面是香火，下面是神柜，神柜上中间雕有五福临门，两边对联“彩凤银鸾绕高低，青龙白虎排左右”。从这副对联上可看出，先辈们构建人居环境和谐自然的理念。神柜两边是半圆八仙桌，当地人逢年过节家人团圆，才摆放到堂屋中间合成圆桌，全家人围坐用餐，谓之吃

团圆饭，以示美满团圆。堂屋两边摆放着钱凳，此为平时休闲和迎客之座。当过年时，主人就要将一年所收银圆铜钱，摆放在此凳上，透气透风和清点数目。一是防腐除锈，二是向祖宗道告一年的收获与家底。当有喜庆事务时，则将亲朋所送银钱摆于此凳上，向贺喜宾朋展示。此凳最早为黔中道地域发明流行，世人称“黔凳”，凤冈古为黔中道之南，随年代更替，误称“黔凳”为“钱凳”了。堂屋前壁两边，为宾客茶座，摆放传统的茶椅和茶靠，方便造访客人饮用茶水及瓜果点心（图13-71）。

图 13-71 茶椅、凳组合

② **三阳开泰展示厅**：以雕花神柜为主，配饰有奇石、根艺，重点是展示祭祀木雕文化。这里有四喜闹梅组成的“福”字；有五福捧寿的寓意木雕；有镇宅之神长生土地、瑞庆夫人、招财童子之组合的敬茶图案；墙上挂着黔北土烟杆，巨幅凤冈茶园照片；中间的圆形八仙桌、四方桌均雕刻着花鸟瑞兽等图案，两边亦是“钱凳”组合。另展示有凤冈独有的世界上最早的陆生植物化石黔羽枝，有凤冈地域发现的海洋生物化石、珊瑚类化石、鱼类化石、贝类化石等，有矿物结构纷繁复杂的乌江奇石、原生怪石等。

③ **喜鹊闹梅展示厅**：重点展示古夷州地域的民间民俗传统饮茶器物、生活用具等，尤以仡佬族老物品为其特色。里面摆放的三个茶博架，均出自明清时代或更早，是黔北乌江流域特有的具有装饰效果、又有保温作用及方便使用的多种功能；有雕花老床、雕花茶柜；有百年煨茶罐、铜茶壶、瓷茶壶、茶叶罐。有铜烘笼、暖水壶；有鸦片烟锅、鸦片烟杯；有民间俗歌、茶馆唱本等之木刻印版。其中，清光绪年间凤冈民间自编自唱的《吕祖戒种洋烟歌》拓片为珍贵，此歌是通过说春传唱的方式，劝告人们不要种洋烟（鸦片烟），不要吸洋烟。另有展示的“黔祖罐”和鸭嘴龙茶壶，是宋代时期当地土著人自己制作加工的工艺陶器，极具艺术观赏价值和历史文化价值。

④ **渔樵耕读展示厅**：为整个古夷州老茶馆的核心展示厅，主要展示有清代武举人匾对、福禄寿三星神柜、天下奇书——明代太极洞鸾书、清代刺绣——仡佬族婚俗图等。武举人匾对，是清光绪年间，凤冈武举人任作梅送给他舅父生日及表弟花烛之喜的一套匾额、硬对，匾额上“乔松庇荇”四个大字苍劲流畅，其意为高大的苍松保护幼矮的小草，此说明任作梅中举为乡试第一名后，仍时刻不忘舅父的教育帮助之恩。在匾额下有雕刻精致的神柜，人生的祈福追求都在上面用雕刻的图案尽显眼前；两边是半圆八仙桌。

此厅展示最精华的是太极洞鸾书，其上的“天地无私、为善积福。圣贤有教、修身齐家”十六个字，是由不同的古代人物所组成，每个字的人物是依据字义，选用了历史上的传说或经典故事里的人物刻图，与该字含意相对应。如“天”是哪吒脚踏风火轮的图案，哪吒在封神榜上被封为天神；又如“教”是孟母教子的图案；其他每字都有一个经典的说法。有不少专家学者年后认为，这是天下少有的奇书，堪称人物篆书经典。太极洞鸾书中的十六个字，包含了传统的儒、释、道文化，历史上的经典故事等中华文化精髓。目前，在国内尚未发现第二件，实为稀世珍品。另外，还展示有太极洞百年传世的《经验神方》医书实影本，书中以茶入药的方子就有30多个。

古夷州老茶馆除静态展示传统民俗民间文化外，还动态展示民间山歌，饮茶习俗，茶食制作，以及仡佬茶的传统制作与饮用方法。还挖掘和再现了最具特色的土家油茶、古夷州老茶的秘制方法，人们在老茶馆里能够穿越时空，品到千年前的油茶滋味与土茶原汤，感受到仡佬茶的别样魅力。夷州老茶，是利用本土绿茶为原料，通过仡佬族的秘传方法进行加工而成。其特点是降低了绿茶固有的苦涩寒性，使其更加味甘温和，具有很好的口感和固气养胃效果。饮用时，配食以凤冈民间土法制作的乔皮、米花等茶点，使此茶不但能解渴提神，且富含营养健体。老茶馆里经常有茶客围着漆面斑驳的大木桌，手持竹板，边敲边唱凤冈十二月采茶歌：

正月采茶是新年，哥骑白马进茶园。茶园点得十二亩，长出新茶好卖钱。

二月采茶茶发芽，姐妹双双去摘茶。姐摘多来妹摘少，摘多摘少拿回家……

那是当地仡佬族祖祖辈辈传唱的茶礼茶歌，原生态的古朴悠扬，能击中你神经的每一根末梢。听得你忍不住也去找一个笨拙的大木凳，加入到他们中间，和他们一起歌唱。

（三）凤冈茶文化文物展示

凤冈古夷州老茶馆里收藏有大量的木雕、木制茶椅、茶几、茶架（含保温茶架）和古茶壶，这里再举几例展示（图13-72至图13-75）。

图13-72 清代“九宫格”圆形木茶盘

图13-73 古夷州老茶馆收茶的古茶壶

图 13-74 凤冈茶文化展览中心的展品

图 13-75 古夷州老茶馆收集的茶具

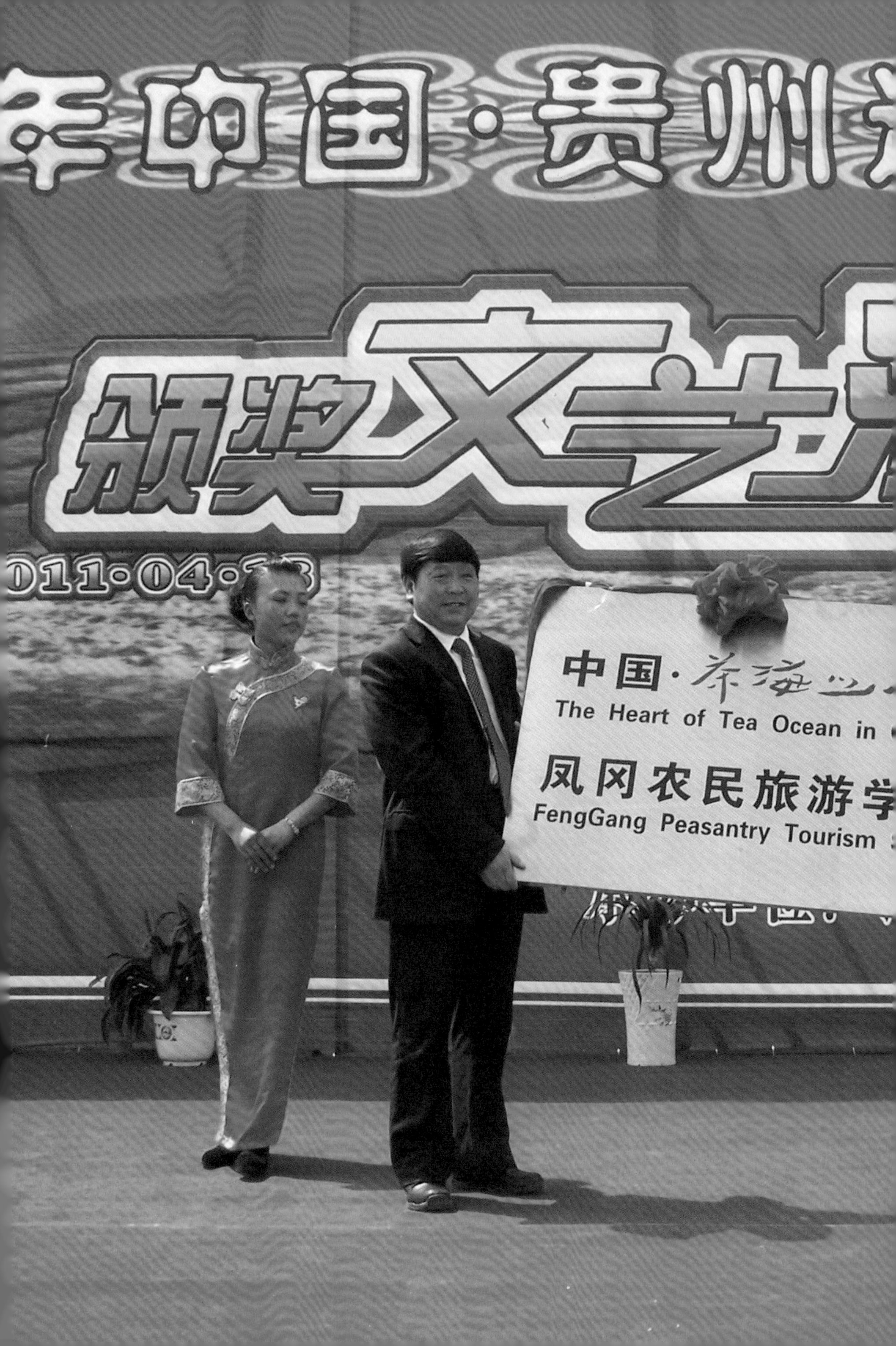

中国·贵州
颁奖文艺
中国·
The Heart of Tea Ocean in
凤冈农民旅游学
FengGang Peasantry Tourism

科教篇

第十四章

茶产业的发展，离不开科技支撑和人才支持。遵义茶产业具有今天的局面，得益于20世纪40年代中央实验茶场在贵州掀开茶叶科学研究和茶学人才培养的先河。本章记述遵义的茶学科学研究、茶学教育和茶产业行业组织等，内容包括：茶学科研机构及其成果、茶学教育、茶业技能培训、茶产业管理机构和茶业行业组织五节。

第一节　茶学科研机构及成果

中国近现代茶叶科技启蒙于20世纪初，奠基于20世纪30年代末，正好在抗战开始前后，中央实验茶场落户湄潭也正是这个时期。而中央实验茶场的创始人张天福、李联标等专家，也属于中国近现代茶叶科技的奠基人。因此，遵义茶叶科技的开端，基本上与中国近现代茶叶科技的奠基同步。

一、茶叶科研机构的沿革

① **中央实验茶场**：1940年2月，中央实验茶场成立，这第一个茶叶科研机构和生产基地建在湄潭，开启了国民政府在贵州设立国家级农业科研机构和中国现代茶业科研种植的先河。1941年，中央实验茶场改为“农林部中央农业实验所湄潭实验茶场”，实验茶场的目的和任务，除主要研究茶叶外，还同时研究粮食作物与油桐、油茶、乌桕等经济林木。据1943年国内有关茶叶机关到湄潭调查了解，当时的中央实验茶场有昆虫室1间、标本室1间、图书室1间、办公室1间、萎凋室1间、炒青室1间、发酵室和烘干室各1间。抗战胜利后，大多江、浙籍科研人员调回南京。湄潭县人民政府成立时，湄潭桐茶实验场只剩9名职员和30余名职工，其中科技人员只有7名，科研设备十分简陋。

② **浙大与中央实验茶场**：浙大农学院设在湄潭，与中央实验茶场相互协作。1941年秋，浙大寿宇等8名应届毕业生，到中央实验茶场工作，成为中央实验茶场专业技术人才（图14-1）。其中曹景熹、寿宇研究成果显著，曹景熹编著《世界茶树害虫一览》、寿宇撰写《湄潭茶产调查报告》，他们的研究成果和调查报告，获蔡邦华、刘淦芝两位博士的肯定。浙大教授

图14-1 民国时期农业部茶叶专业人员

杨守珍曾为中央实验茶场分析茶叶之化学成分，中央实验茶场还聘请浙大教授陈鸿逵博士、梁庆椿博士、副教授杨新美、讲师葛起新、助教姚瑗女士为科学顾问和质量监督，参与调查茶青之病害等工作。

③ **贵州省茶叶科学研究所：** 1949年11月，湄潭桐茶实验场由湄潭县政府接管，是年12月，又由遵义地区行署建设科接管，1950年春，再由贵州省政府军管会农林处接管，更名为贵州省湄潭桐茶实验场，隶属贵州省农林厅（图14–2）。1953年10月改名为"贵州省湄潭实验茶场"，隶属关系未变。1955年，按照全国农业科技工作会议精神，贵州省农林厅将贵州省湄潭实验茶场更名为"贵州省湄潭茶叶试验站"。1962年，省茶试站分别扩建为省茶科所、湄潭茶场，两块牌子、一套人马。在"四清""文革期间"，省茶科所体制几经上下、多头管理。1968年，所内大多科技人员下放，科研工作处于瘫痪状态。1973年9月，省茶科所、湄潭茶场单独建制，省茶科所属县级事业单位，隶属贵州省农业厅。1979—2005年称"贵州省茶叶科学研究所"。所内设栽培、育种、植绿、制茶4个专业研究室和1个情况资料室。2006年划归贵州省农业科学院主管，更名为"贵州省农业科学院茶叶研究所"。2009年，该所主体部分迁往贵阳，由于基地仍在湄潭，科研工作仍多数与遵义相关。

图 14–2 省茶科所办公大楼旧址

④ **贵州省湄潭茶叶农业科技园区：** 国家级茶叶类农业科技园区。2007年经贵州省科技厅批准在湄潭立项建设的省级茶叶农业科技园区。园区突出主导产业为茶叶，总体规划建设三区三园，即从理念上宏观规划打造园区的核心区、示范区和辐射区，集中力量规划建设核心区的茶叶加工产业园、生态园、标准化现代有机茶生产园。承担省级重大科技专项、实施贵州省市县共建科技专项、转化应用科技成果等；通过园区科技培训和技术辐射，带动全县茶农增收致富。2010年12月，经科技部批准升格为贵州湄潭国家农业科技园区，成为贵州继贵阳国家农业科技园区之后第二个国家级农业科技园区，为贵州产学研结合的茶产业科技创新与成果转化孵化基地、促进农民增收的科技创业服务基地、培育现代茶叶企业的产业发展基地、体制机制创新的科学发展试验基地和发展现代茶业的综合创新示范基地。

⑤ **播州区（原遵义县）农业科学研究所**：1977年，原遵义县革命委员会决定建立遵义县农业科学研究所。1978年，迁往新蒲区，从事农业科学技术的试验、示范、推广和良种繁育等工作。1987年，该所改建为遵义县茶树良种苗圃。农牧渔业部门和省、地、县共同投资，隶属遵义县农业局领导，事业单位性质。1998年12月，行政区域划入遵义市红花岗区新蒲镇。

⑥ **各茶叶企业的研究机构**：近年来，由于科技发展对社会经济的影响越来越大，很多企业注意到科学研究对企业生产和产品竞争力的作用至关重要，也相继建立了自己的科研机构，开展茶叶全产业链各环节的研究。

二、科研项目及成果

（一）民国时期

中央实验茶场创办之初，就汇集全国茶叶、昆虫、农业、森林、特作等各方面的知名专家40余人，其中，刘淦芝、张天福、李联标属于中国现代茶叶科技的创始人，在中国现代十大茶人榜上有名。

中央实验茶场在湄潭的许多茶叶研究工作，都具有开创性，对当时湄潭茶叶产业、贵州茶叶经济进行了较为系统的调研，对湄潭的茶叶产品、市场、茶馆、茶区分布、茶园管理等作全面系统调查，为湄潭的茶业发展提供科学依据，对指导全省茶叶发展和确立湄潭今后为贵州茶业第一县打下基础。

① **茶树品种资源调查与全国茶树品种资源征集与比较研究**：贵州茶树品种资源丰富，可供科研、开发和利用的包括地方传统品种（含栽培型和野生型）、培育品种和引进品种等，其中大部分集中在遵义所在的黔北。民国时期，中央实验茶场即开始立足湄潭，面向全省进行茶树品种进行调查。1940年，中央实验茶场技士李联标对湄潭、凤冈、务川等县的茶树品种资源进行调查研究年，李联标还拟定“全国茶树品种征集与鉴定”的研究项目，将调查研究辐射到全国范围。至1948年，共发出征集信函1000余件，收到全国各地寄来茶种270种，分布全国13个省份。经过播种育苗，出土定植成活的茶种163个，8000余个植株，初步掌握了全国茶树栽培品种的类型、分布及其主要特征，总结了茶树育种工作的进展情况，并据此著有《茶树育种问题研究》一书。提出从茶树的叶部进行品种分类：叶面积在45cm^{2}以上为最大叶种，30~45cm^{2}为大叶种，15~35cm^{2}为中叶种，15cm^{2}以下为小叶种。另从茶树叶片的长宽比例分类，叶比值（长宽比）在2.3以下为圆叶种，2.3~3.3之间为长叶种，3.3以上为柳叶种。此项研究工作后由该场徐国桢主持。中央实验茶场留下的湄潭桐梓坡茶树品种园，当时就汇聚了全国100多个品种（图14-3、

图 14-3 中央实验茶场桐子坡茶树品种园

图 14-4 中央实验茶场留下的桐梓坡茶树品种园，汇聚全国 100 多个品种

图14-4）。

新中国成立后，以省茶科所刘其志为主，继续开展遵义乃至贵州茶树品种资源的调查和搜集整理，陆续在全省茶区发现了部分野生、半野生和栽培型茶树资源。其中遵义地区有湄潭苔茶、务川大树茶、仁怀大丛茶和小丛茶、习水团叶大树茶、兔耳茶、鸡嘴茶、柳叶茶、细叶茶等。并在茶树品种资源调查整理上，提出茶树系统分类的建议，按树型、花、果、叶四方面性状分为八级检索，将全国品种资源整理划分为5个亚种、11个变种，57个类型，将全省茶树品种资源整理为3个亚种、7个变种、19个类型，相关资料已汇入中茶所编写的《全国茶树品种志》。

② **云南大叶茶种引植湄潭的适应性观察**：为了观察云南大叶茶在湄潭的生长适应情况及利用云南大叶茶的优良特性作为育种材料选育新品种，共征集云南42个产茶县茶种，育苗与定植25个县。这项研究持续到1963年，将历年观察记载鉴定结果形成总结报告。认为今后在湄潭地区或类似湄潭气候环境条件的茶区，引种云南大叶茶以引进云南凤庆、景东等地区的茶种较宜；播种地以选择有防护林带、土质松软、肥力较高的河谷地区为佳；出苗后以选择其中生长较快、持嫩期较短、抗逆力强的茶苗出栽或存穴，其驯化的可能性就较大。

③ **茶树栽培技术研究**：开展的茶树栽培试验研究和茶树繁殖方面所作的试验研究，主要有无性繁殖方法、插枝种类与时期、扦插与材料之关系、扦插与媒质、扦插与场所之关系、扦插与方法之关系、扦插与处理之关系、分根与时期、分根与材料、分根与贮藏等试验研究项目。

④ **茶树病虫害防治**：开展地面害虫调查，在不同季节采集受害茶树害虫的不同虫态，在中央实验茶场的桐子坡建立养虫室，进行生活史的研究（图14-5）。调研结果写成“湄潭茶树害虫初步调查”，1941年发表于当时国内农业最重要刊物《农报》。浙大病虫害系毕业生曹景熹到中央实验茶场工作，参与湄潭茶树害虫调查和湄潭茶叶产业调查，

1942年编写成《世界茶树害虫一览》，是贵州首次进行的世界茶树害虫名录研究。

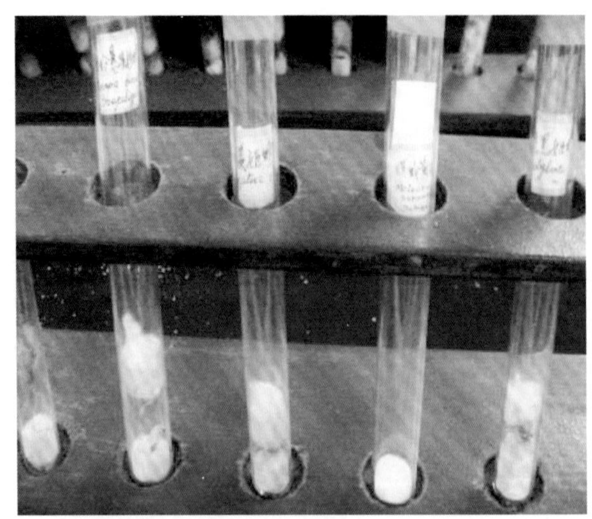

图 14-5 李联标等制作的茶叶害虫标本

⑤ **制茶工艺研究：**中央实验茶场成立后，开始少量的试制外销工夫红茶和绿茶、玉露茶、桂花茶以及品质优异的仿龙井茶，同时开展制茶试验研究，先后开展红茶萎凋帘摊叶量、发酵时间与温度、烘笼摊叶量与时间、绿茶精制加工、红绿茶初制含水量和茯砖茶黄霉菌等试验比较。

⑥ **茶叶产品研制：**试制成功湄红、湄绿、龙井茶，为今天贵州"三绿一红"中的遵义红、湄潭翠芽奠定了基础。还进行了开创性的砖茶金花菌研究并撰写了专著，金花菌的发现确定了徐国桢在茶叶科学界的重要地位。

⑦ **开展茶产调查：**1940年9月至1942年，开展的湄潭茶产调查，对湄潭茶叶总产量、户均产量、亩产量和品种、栽培、茶叶制造、茶价、茶行、茶贩、销路、销量和茶馆及其用茶量、家庭用茶、全县用茶等数据，都做了详细统计。

这些研究成果至今仍对湄潭茶产业的发展产生重要影响（表14-1）。

表 14-1 中央实验茶场科学研究成果

序号	书名	作者
1	《中国近代害虫防治史》	刘淦芝
2	《湄潭茶树害虫初步调查》	刘淦芝
3	《茶树育种问题之研究》	李联标
4	《茯砖茶黄霉菌的研究》	徐国桢
5	《砖茶黄霉菌的发酵作用》	徐国桢
6	《云南大叶茶引植湄潭之适应性观察》	李联标、徐国桢
7	《贵州湄潭茶叶之试制》	祁曾培
8	《湄潭茶产调查报告》	寿宇等
9	《世界茶树害虫一览》	曹景熹
10	《论发展贵州茶叶》	中央实验茶场

（二）中华人民共和国成立以后

中华人民共和国成立以后，原中央实验茶场成为省茶科所，后又改为省茶研所。研究所汇集和造就了一批如夏怀恩、邓乃朋、刘其志、王正容、冯绍隆、吴子铭、张其生、牟应书、汪桓武等茶学家。

省茶科所先后承担国家以及贵州省、厅的多项研究课题。研究的对象从茶树品种资源调查和良种引进与新品种选育、茶树栽培技术、茶树保护与病虫害防治技术、名优茶研制、茶叶加工工艺及加工机具改良整个茶叶产业链各环节以及茶叶史料研究等方面，取得了许多重要科研成果。

1. 茶树品种资源调查、良种引进与培育

① **资源考察**：省茶研所组织科研人员，开展全省地方茶树品种资源的考察工作。考察中，"贵州野生茶树资源调查研究"课题组成员在晴隆县发现了世界上第一粒距今100万年的茶籽化石，并发现贵州山茶属的2个新种。广泛收集省内外茶树品种资源，开展了茶树良种选育工作，通过调查和搜集整理工作，整理出系统资料报送中茶所，被编入《全国茶树品种志》。1965年，刘其志写出《茶树品种调查与鉴定》《茶的起源演化与系统分类的商榷》，首次提出茶树起源时期在新生代第三纪，茶树原产区的中心在云贵高原并提出茶树系统分类的建议；湄潭苔茶的调查及其鉴定认定湄潭苔茶比当地其他品种产量高，适制绿茶，香味纯正，抗寒性强，适应性广；贵州野生大茶树调查对贵州各类大茶树进行较系统的调查研究，对染色体数目、形态大小及结构变异进行研究，发现贵州各类大茶树核型均为2倍体，并在细胞分裂的前中期和早中期首次获得茶树染色体G显带核型；贵州天然富硒茶资源考察与研究涉及全省9个市（地、州），取得1602个监测数据。通过考察研究，找到贵州天然富硒茶及其产地，摸清不同产地富硒茶的含硒水平及茶的品质特征，探索硒元素的分布规律，为进一步研究和开发贵州硒资源积累经验，推动富硒茶基地建设。该项研究成果于1996年获贵州省科技进步四等奖。贵州苦丁茶资源调查及开发研究较系统地调查了贵州苦丁茶资源的主要种类及其分布概况，分析贵州苦丁茶的植物特征、内含成分及其基本适生条件，探索贵州苦丁茶初制工艺及加工技术，研究贵州苦丁茶的品质特征及其形成机理，研究贵州苦丁茶的药用功效及其保健作用，探讨贵州苦丁茶的发展趋势和合理开发利用的措施，该项研究成果于1996年获贵州省农业厅科技成果一等奖。贵州大树茶的核型研究在广泛调查贵州大树茶资源的基础上，采用"去壁低渗法"，对大树茶的核型进行分析，所获得的核型资料，为杂交育种提供可靠性的细胞学依据。该项研究成果于1992年获贵州省科技进步三等奖。

下表省茶研所对贵州茶叶资源考察的主要著作（表14-2）：

表 14-2 贵州茶叶资源考察主要著作

序号	科研成果	主持单位	课题主持人	备注
1	贵州茶树品种资源的调查与分类	贵州省茶叶研究所	刘其志	
2	普白野生大树茶资源的调查报告	贵州省茶叶研究所	林蒙嘉	
3	七舍大苦茶资源调查报告	贵州省茶叶研究所野生茶树资源调查课题组	程咏若	1981 年 10—11 月在兴义县七舍区发现当地称作“七舍大苦茶”的野生大茶树资源。1996 年获贵州科技进步四等奖。
4	皋芦茶引种栽培及贵州资源考察研究	贵州省茶叶研究所，贵州省亚热带作物研究所和丹寨县林业局密切配合	梁远发	1997 年获贵州省农业厅科技成果二等奖。
5	贵州苦丁茶资源调查及开发研究	贵州省茶叶研究所、贵州省农业厅	郑文佳	1991—1994 年完成。1996 年获贵州省农业厅科技成果一等奖。
6	贵州名茶的历史现状调查研究	贵州省茶叶研究所、贵州省农业厅	邓乃朋 张其生 高登祥	1980—1981 年对 9 个贵州历史名茶区进行调查研究。1982 年获贵州省农业厅科技成果二等奖和贵州省政府颁发的二等奖荣誉证书。

② **良种引进**：2006年起，相继从福建、浙江、安徽等省引进乌龙茶、龙井茶、安吉白茶、名山（131号、213号）等品种，在全市各地栽种。试验分析表明，引进品种与当地主推表现优良的无性系福鼎大白茶、黔湄品种之间比较，在抗寒、抗旱、抗病虫及适应性和茶树长势等方面表现良好。

③ **新品种选育研究**：开展茶树良种选育工作，在黔湄系列（419号、502号、601号、809号等）茶树良种的选育上取得丰硕成果，主要引种育种成果见表14-3。

表 14-3 省茶研所茶叶引种育种成果

序号	科研成果	主持单位	课题主持人	备注
1	云南大茶叶引植湄潭的总结报告	贵州省茶叶研究所	刘其志	省茶科所 1939—1963 年向云南广泛搜集茶种，是为了观察大叶茶在湄潭的生长适应情况及利用云南大茶树的优良特性作为育种材料选育新品种，该所先后搜集云南各地茶种 44 种，由刘其志主持，将历年观察记载鉴定结果写出总结报告。
2	湄潭苔茶的调查及其鉴定	贵州省茶叶研究所	刘其志	1965 年，在福州举行的中国茶叶学会品种资源研究会上，被推荐为全国首批几个地方茶树良种之一。

续表

序号	科研成果	主持单位	课题主持人	备注
3	茶的起源演化及分类问题的研究	贵州省茶叶研究所	刘其志	从贵州茶树品种起源调查、收集、整理的40年研究工作中，认为茶树原产地在西南地区，以云贵古陆为中心。
4	茶树良种繁殖示范推广	贵州省茶叶研究所	刘其志	1989年贵州省科技进步奖三等奖。
5	贵州大茶树的核型研究	贵州省茶叶研究所	林蒙嘉 梁国鲁	1987—1992年合作完成。1992年获贵州省科技进步奖三等奖。
6	黔湄419号茶树良种选育	贵州省茶叶研究所	刘其志	1952—1990年完成选育研究。1987年全国农作物品种审定委员会认定为国家级红茶茶树良种GSCT31，即华茶31号。1990年贵州省科技进步奖三等奖。
7	黔湄502号茶树良种选育	贵州省茶叶研究所	刘其志	1952—1987年完成选育研究。1987年全国农作物品种审定委员会认定为国家红茶茶树良种GSCT32，即华茶32号。1991年贵州省科技进步奖二等奖。
8	黔湄601号、701号茶树良种选育	贵州省茶叶研究所	刘其志	1980年贵州省科技成果三等奖。1995年全国农作物品种审定委员会审定为国家级红绿兼制茶树良种，黔湄601号为GS13013，黔湄701号为GS13014。
9	黔湄809号茶树良种选育	贵州省茶叶研究所	李祥明	黔湄809号已先后推广到省内重点产茶县及四川、陕西、广东、广西、重庆的十多个县。

2. 茶树栽培技术研究

开展老茶园改造、茶园系统修剪、合理采摘、茶园条栽技术、茶树剪采、群众茶园生产经验调查总结、国营茶场茶树综合丰产技术等研究，提出常规茶园茶树高产规律及其配套技术，属当时全国先进水平。自20世纪50年代以来，对茶树的栽培开展广泛研究：在密植技术方面，主要有茶树密植免耕快速高产和持续高产稳产技术研究、茶树密植免耕法对提高土壤肥力作用的研究、密植茶树群体与个体调节研究、茶树组合密植研究、密植茶园微域环境观察；在提高产量方面，主要有茶树丰产试验、丰产茶园改造技术研究、低产茶园改造技术研究、茶树组合密植研究；在栽培技术方面，主要有茶树良种短穗扦插育苗法、乌江流域茶叶优质栽培及生态效益研究、优化茶叶自然品质的栽培技术等。主要研究实验成果见表14-4。

表 14-4 省茶研所茶树栽培科研主要成果

序号	科研成果	主持单位	课题主持人	备注
1	茶树综合丰产试验	贵州省茶叶研究所	邓乃朋	1962—1964年在湄潭茶场永兴分场一队3号茶园开展试验，创造中叶苔茶亩产优质鲜叶1058.7kg的记录，为当时贵州最高的茶产记录。

续表

序号	科研成果	主持单位	课题主持人	备注
2	湄潭地区黄壤高产茶园土壤条件调查研究	贵州省茶叶研究所	王庆余 孙继海	1962—1963 年通过湄潭地区 8 块茶园研究，总结提出高产茶园土壤条件的十余项理化指标。1965 年刊发于湖南《茶叶通讯》。
3	茶树密植免耕快速高产和持续高稳产栽培技术研究	贵州省茶叶研究所	冯绍隆 吴子铭 李明瑶	1978 年获贵州省科学大会重大科技成果奖。1984 年被国家科委成果办列为向全国重点推广的农村实用技术成果。
4	茶树密植免耕法对提高土壤肥力作用的研究	贵州省茶叶研究所	吴子铭	1974—1975 年完成。
5	茶树密植免耕快速高产栽培技术规范（贵州省地方标准）	贵州省茶叶研究所	冯绍隆	1987 年获贵州省优秀地方标准三等奖。
6	茶园土壤（贵州省地方标准）	贵州省茶叶研究所	吴子铭 孙继海	1987 年获贵州省优秀地方标准三等奖。
7	茶树组合密植研究	贵州省茶叶研究所	冯绍隆	1978—1989 年完成。茶树组合密植与交换重组法属国内首创。1984 年被国家科委成果办列为农村适用技术成果向全国推广。1989 年获贵州省科技进步三等奖。1992 年获联合国技信息促进系统中国国家分部发明创造科技之星奖。
8	低产茶园改造技术研究	贵州省茶叶研究所、贵州省农业厅	王正容 高登祥	1983—1985 年完成。1986 年获贵州省科技进步四等奖。
9	茶园蓬心土壤肥力效应研究	贵州省茶叶研究所	吴子铭 孙继海	1990 年获贵州省科技进步三等奖。
10	茶园土壤有机质自然平衡作用的研究	贵州省茶叶研究所	吴子铭 孙继海	1981—1986 年完成。1987 年获贵州省科技进步三等奖。
11	坡地茶园非梯化保土增垦植效技术研究	贵州省茶叶研究所、贵州省农业厅土肥站	孙继海 吴子铭	1999 年获贵州省科技进步三等奖。
12	茶树喷施阿斯匹林对茶叶产质量的影响	贵州省茶叶研究所	李明瑶	1988 年获贵州省科技进步三等奖。
13	乌江流域茶叶优质栽培技术及生态效益研究	贵州省茶叶研究所	梁远发	“九五”贵州省农业科技攻关项目。2004 年获贵州省农业厅农业丰收一等奖
14	优化茶叶自然品质的栽培技术研究	贵州省茶叶研究所	梁远发 高农	2000 年获贵州省农业厅科技成果一等奖。2003 年获贵州省科技进步二等奖。

续表

序号	科研成果	主持单位	课题主持人	备注
15	贵州地质环境与茶叶品质关系研究	贵州省地质科研所主持，贵州省农业资源区划办、贵州省茶叶研究所等单位科研人员参加	毕坤	2002年获贵州省农业厅科技成果一等奖。2002年获贵州省科技进步三等奖。
16	茶园根际土壤氮磷钾有益生物群落研究	贵州省茶叶研究所	田永辉	1996—2001年完成。2001年获贵州省农业厅科技成果一等奖，2002年获贵州省科技进步三等奖。

3. 茶园土壤及培肥研究

在茶园土壤及培肥研究方面，20世纪70—80年代，先后开展植物生长刺激素“九二〇”在茶树上的应用、茶园土壤及茶树叶面固氮菌的分离培养、密植免耕对土壤的影响、双行茶园土壤培肥技术、农村低产茶园改造综合技术示范、茶园土壤有机质自然平衡作用研究、茶园蓬心土壤肥力效应、茶树叶面综合营养剂等项目研究。主要项目有：茶园土壤化学成分测定、茶园土壤及培肥研究、茶园蓬心土壤肥力效应研究、茶园土壤有机质自然平衡作用研究、坡地茶园非梯化保土增效垦植技术研究、茶园根际土壤氮磷钾有益微生物群落研究等。茶园根际土壤氮磷钾有益微生物群落研究成果于2001年获贵州省农业厅科技成果一等奖，2002年获贵州省科技进步三等奖。

4. 茶树病虫害防治

对茶树病虫害及其防治进行调查和研究项目有：茶树主要病虫的预测预报试验研究、茶树主要害虫调查和防治研究、茶树病虫病毒资源调查及利用研究、贵州省茶树害虫种类调查、应用草甘膦防除茶园杂草等。省茶科所的相关科研人员还完成《贵州农林昆虫志》和《贵州省动物志》有关茶树害虫部分内容的编写任务。

省茶科所在茶树病虫害中多项成果分别获1989年贵州省首届自然科学优秀论文一等奖、1978年获贵州省科技进步奖、1979年四川省科技进步奖、1979年获贵州省科技三等奖、1983年获贵州省农业厅科技四等奖、1986年贵州省科技三等奖、1989年贵州省农业厅科技三等奖等奖项。主要研究成果见表14-5。

表14-5 贵州病虫害防治科研主要成果

序号	科研成果	主持单位	课题主持人	备注
1	贵州省茶树害虫各类调查	贵州省茶叶研究所	夏怀恩	1979年获贵州省科技成果三等奖。
2	茶树主要病虫害综合防治技术	中茶所主持，贵州省茶叶研究所参加	陈流光	1991—1995年完成。1998年获农业部科技进步三等奖。

续表

序号	科研成果	主持单位	课题主持人	备注
3	茶树害虫生物防治研究	贵州省茶叶研究所	夏怀恩	1978年获贵州省科学大会成果奖。1991年获贵州省科技进步三等奖。
4	茶小绿叶蝉生态特性及综合治理研究	贵州省茶叶研究所	王国华	1998年获贵州省农业科技成果一等奖。
5	茶小绿叶蝉测报及防治技术研究	贵州省茶叶研究所	陈流光	1991年获贵州省科技进步三等奖。
6	侧多食跗线螨发生规律及采用徒长枝研究	贵州省茶叶研究所	王国华	1988年获贵州省农业科技进步四等奖。
7	茶棍蓟马的发生规律与防治技术研究	贵州省茶叶研究所	赵志清	1997年获贵州省农业科技成果二等奖。
8	茶树害虫病毒资源调查及利用研究	贵州省茶叶研究所为主，与武汉大学病毒研究所合作	郑茂材	1982—1985年完成。1989年被获贵州省科协评为首届自然科学优秀论文一等奖。
9	茶白星病病原、发生规律、测报及防治技术研究	贵州省茶叶研究所	陈流光	1990—1993年完成。1994年贵州省科技进步奖三等奖。
10	茶树害虫生物防治研究	贵州省茶叶研究所	夏怀恩	1978年获贵州省科学大会成果奖。
11	茶树害虫天敌调查初报	贵州省茶叶研究所	夏怀恩	1979年获贵州省科技成果三等奖。
12	茶树害虫自然天敌的保护利用研究	贵州省茶叶研究所主持，凤冈县茶叶公司大力协作	夏怀恩	1989年获贵州省科技进步三等奖。

5. 制茶工艺研究

茶叶制作工艺技术研究和产品研制，范围涉及到红茶、绿茶等方面。主要研究项目有炒青绿茶的初制工艺研究、红碎茶研究、贵州小叶苦丁茶多种类品系研究、贵州扁形茶加工新技术研究及利用、不同茶类组合加工技术及经济效益研究、名优高档茶生产机械化工艺技术研究、遵义毛峰的研制、翠芽茶的研制、银芽茶的研制等。主要研究项目见表14-6。

表 14-6 贵州省茶叶研究所茶叶工艺技术研究主要著作

序号	科研成果	主持单位	课题主持人	备注
1	红茶初制热处理研究	贵州省茶叶研究所	王正容 张其生	1960—1962年完成。

续表

序号	科研成果	主持单位	课题主持人	备注
2	分级红茶初制工艺研究	贵州省茶叶研究所	王正容	1963年在湄潭茶场首次试制成功，1964年投入大批量生产，制成贵州第一批出口分级红茶总计210t。比原工夫红茶发酵快，易干燥，要求初制各个工艺过程按分级红茶品质要求严格掌握，确保茶叶品质。
3	发酵叶象与红碎茶品质研究	贵州省茶叶研究所	张其生 王复	1974—1975年，对发酵叶象进行试验比较。实验结果被安徽农学院主编的全国高等农业院校统一教材《制茶学》和华南农大编写的《红茶制造生物化学》等教材采用。
4	红碎茶生产连续化及工艺研究	贵州省茶叶研究所、羊艾茶场主持，贵州省外贸局和贵州省劳动局为协作	王正容 吴兴志	国家外贸部下达项目。1980年获外贸部科技成果二等奖；1982年贵州省科技成果二等奖。
5	眉茶全滚工艺研究	贵州省茶叶研究所	汪恒武	1973—1981年完成。1982年获贵州省农业厅科技成果四等奖。
6	红碎茶不萎凋工艺揉切机组研究	贵州省茶叶研究所	王正容	1983—1985年完成。1986年获贵州省科技进步四等奖。
7	名优高档茶生产机械化工艺技术研究	贵州省茶叶研究所	郑道芳	1993—1995年完成。2011年获贵州省农业厅科技成果二等奖。
8	茶叶企业技术管理综合标准化模式研究	贵州省茶叶研究所	朱福建 崔晓明	贵州省科委软科学项目。1999年获贵州省农业厅科技成果二等奖。

6. 茶叶产品研制

主要有小叶苦丁茶的新技术、新工艺的研究等。主要研究成果见表14-7。

表14-7 省茶研所茶叶产品研制主要成果

序号	科研成果	主持单位	课题主持人	备注
1	遵义毛峰的研制	贵州省茶叶研究所	赵翠英	1974—1976年完成。1982年获贵州省农业厅科技成果四等奖；1983年农业部优质产品奖。
2	遵义毛峰的研制及推广	贵州省茶叶研究所	赵翠英 汪桓武	1974—1995年完成。1995年获贵州省科技进步三等奖。
3	六君茶的研制	贵州省茶叶研究所主持，遵义县枫香茶场参加，省微量元素研究所协作	王复 孙继海	1986—1988年研制成功。1992年贵州省农业厅科技成果一等奖。
4	银芽茶的研制	贵州省茶叶研究所、湄潭县核桃坝茶树良种场和湄潭县茶叶总公司共同完成	汪桓武 何殿伦	1993年获贵州省科技进步四等奖。

续表

序号	科研成果	主持单位	课题主持人	备注
5	山京翠芽茶的研制	贵州省茶叶研究所	王复	1988—1991年研制成功。1993年获贵州省科技进步四等奖。
6	狮山碧针茶的研制	贵州省茶叶研究所、余庆县农业局狮山茶场	何光全	1990年4月开始研制。
7	贵州苦丁茶资源调查与开发研究	贵州省茶叶研究所	郑文佳	1996年贵州省农业厅科技成果一等奖。
8	贵州小叶苦丁茶多种品系研究	贵州省茶叶研究所	郑文佳	2005—2007年完成。2007年获贵州省科技进步三等奖。

7. 制茶机具研究

开展多项茶叶制作机具与设备的研制工作，其中比较突出的成果有：双锅杀青机“黔安40型揉捻机”进行引用与试验测定、通轴式多用炒茶机“CD—9型眉茶多用滚炒机”研制并批量生产、研制“羊艾75—Ⅱ型转子式揉切机”并改进成功“羊艾75—Ⅲ型转子式揉切机”、研制成6CG100型滚筒炒茶机、研制成功羊艾20型和羊艾30型滚切式转子揉切机。参加国家一机部农机研究院、外贸部中茶进出口总公司、商业部茶畜局联合召开的全国大型红碎茶机械现场测试和经验交流会，被批准进行批量生产。研制成功“6CYG—100远红外绿茶多用滚炒机”，经专家鉴定达到国内领先水平。研制成功“6CD—3930红碎茶捣揉机”并完成对比试验。开展“名优高档茶生产机械化工艺技术研究”，该项研究通过制茶工艺技术理论与机械设计原理有机的揉合，在省内四大名优茶类型中选择6个有代表性的名优茶的生产工艺机械化试验，试验定型了一套名优高档茶加工设备，编制6个名优茶的机械化生产技术规范，规范6个名优茶的机械化生产工艺，并在云、贵、川三省逐步得到推广应用。该项研究成果于2011年获贵州省农业厅科技成果二等奖。

8. 茶史研究

茶史研究成果主要有：邓乃朋的《唐·陆羽〈茶经〉译释》《茶的利用之始》《关于“茶经·七之事”中一段记载的真伪》《贵州产茶史》《我国古书中对于茶的论述摘抄》《我国古代茶叶科技史料辑录》《说“诗”中的茶》；张其生的《贵州茶叶科技史料辑录》《贵州茶业大事纪年》；张其生、高登祥、龙明树等完成的《贵州茶业科技史研究》，该项研究成果包括《“贵州茶叶史研究”总结报告》《贵州省茶叶科学研究所所史》《贵州省茶叶科学研究所茶叶科研成果摘要汇编》等。其中多项成果获贵州省农业科技成果一等奖。

20世纪80年代以后，张其生先后参加《贵州省志》《贵州省情》《贵州省土产志》《贵州省科技志》《贵州省农业志》有关茶叶部分的编写；先后完成《贵州茶史初考》《贵州省茶叶科技发展简史》《贵州省茶叶科学研究所所史》等40余部（篇）有关贵州茶叶史料的研究论文。其中“贵州茶叶科技史研究”于1997年获贵州省农业厅科技成果一等奖。

省茶科所还对贵州茶树品种起源等相关问题进行约40年的研究，认为茶树原产地在西南地区，以云贵古陆为中心。同时，以云贵高原为中心，结合各地自然环境，可划分为三大演化生态区：一为云贵高原西南大斜坡，由横断山脉向缅印演化，以云南大叶茶为较原始；二为云贵东南大斜坡，由南北盘江经红水河向两广演化，以黔南乔木大叶的箐茶为原始种；三为云贵高原东北大斜坡，经长江向华东地区演化，以黔川大树茶为原始种。各区演化均有其不同演化规律。根据各地区茶种性状拟定茶树系统分类标准，建议按树形、花果、叶形、芽形4个方面性状划分为亚种、变种、类型和品系。

省茶科所开展贵州名茶的历史与现状调查研究，组成课题组，联合10个专州、市、县农业局和茶场，对都匀毛尖茶、贵定云雾茶、石阡坪山茶、开阳南贡茶、普定朵贝茶、金沙清池茶、大方海马宫茶、织金平桥茶、纳雍姑箐茶9个贵州历史名茶开展调查研究，基本摸清这些地方名茶的茶树品种、生态环境、生产历史、传统的采制方法、产品的品质特点、销售情况等，并针对存在的问题，提出改进建议。该项研究成果于1982年获贵州省农业厅科技成果二等奖和贵州省人民政府颁发的二等奖荣誉证书。之后，张其生继续完成贞丰坡柳茶、独山高寨茶、黄平回龙茶、从江滚郎茶等调查研究。

三、遵义茶叶主要发明专利

遵义茶叶主要发明专利见表14–8：

表14–8 遵义茶叶部分发明专利

序号	专利名称	专利号	分类号 公开号	专利权人	专利类型
1	摩擦式茶叶滚炒机	95215516	A23F3/06	遵义市茶叶机械厂	—
2	一种提高茶籽出油率的榨取方法	270010077972.0	—	金德国	—
3	茶叶包装盒两种（妙品栗香和栗香办公茶）	ZL200930159556.5 ZL200930159557.X	—	湄潭县栗香茶业有限公司 谭书德	—
4	一种黑茶饮料采用微波杀菌的生产方法	20111039814	A23F3/30（2006.01）IRU SVRUSV	湄江印象业有限责任公司	—
5	食品包装盒（6）	ZL201130474380.X	—	湄潭县栗香茶业有限公司 谭书德	—
6	食品包装盒（5）	ZL201130474382.9	—	湄潭县栗香茶业有限公司 谭书德	—

续表

序号	专利名称	专利号	分类号 公开号	专利权人	专利 类型
7	食品包装盒（4）	ZL201130474475.1	—	湄潭县栗香茶业有限公司 谭书德	—
8	食品包装盒（3）	ZL201130474444.6	—	湄潭县栗香茶业有限公司 谭书德	—
9	食品包装盒 （贵州印象）	ZL201230228588.8	—	湄潭县栗香茶业有限公司 谭书德	—
10	食品手提袋 （贵州印象）	ZL201230228614.7	—	湄潭县栗香茶业有限公司 谭书德	—
11	一种套式茶叶包装盒	ZL20112029462.17	—	湄潭兰馨茶业有限公司	—
12	套式茶叶包装盒	ZL201120294620.2	—	湄潭兰馨茶业有限公司	—
13	绿茶加工中鲜叶微波萎凋与摇青新工艺的专用设备	ZL20080068769.1	—	湄潭兰馨茶业有限公司	—
14	连续两次用蒸气进行茶叶杀青的工艺方法及其装置	200910102590.8	CN101897362A	湄潭盛兴茶叶有限公司	—
15	一种红茶的加工工艺	201110119784.6	—	湄潭盛兴茶业有限公司	—
16	一种红茶的发酵工艺	201110119762.X	—	湄潭盛兴茶业有限公司	—
17	红茶联合造型烘干机	201210003761.3	—	湄潭盛兴茶业有限公司	—
18	红茶温、湿度、氧气调控发酵装置	201210003759.6	—	湄潭盛兴茶业有限公司	—
19	一种茶叶萎凋的工艺装置	ZL200920125429.8	—	湄潭盛兴茶业有限公司	—
20	一种茶叶萎凋槽	201120136462.8	—	湄潭盛兴茶业有限公司	—
21	红茶温、湿度、氧气调控发酵装置	201220005572.5	—	湄潭盛兴茶业有限公司	—
22	红茶联合造型烘干机	201220005571.0	—	湄潭盛兴茶业有限公司	—
23	包装盒	201230227261.9	—	湄潭盛兴茶业有限公司	—
24	包装盒（一）	201230227297.7	—	湄潭盛兴茶业有限公司	—
25	一种茶叶杀青后快速冷却的方法	201210234210	A23F3/06 （2006.01）I	怡壶春生态茶业有限公司	—
26	一种用茶叶制备的天然茶叶香精及其制备方法	201010267422	C1189/00: CL1B9/02	遵义陆圣康源科技开发有限责任公司	—
27	富含锌硒乌龙茶生产工艺	200810069019.6	CN101744061A	庄秋生	—
28	一种绿茶的加工方法	200810069041	A23F3/06 （2006.01）I	凤冈春秋茶叶科研所	—
29	标贴（绿宝石）	200830107336	—	凤冈春秋茶叶科研所	外观

四、科技推广与技术服务

省茶科所和湄潭茶场还积极进行科技示范推广和技术服务。20世纪50年代，茶叶科技推广的重点是通过办训练班、办茶校、设制茶点、科技人员下乡蹲点示范等方式，帮助各地建立茶叶技术推广站，传授茶叶加工技术，面上短期服务等，将科学种茶、制茶技术传授给获得土地并组织起来的茶农，进行科技推广和技术服务工作（图14-6、图14-7）。

图 14-6 茶叶种植技术在湄潭县普遍推广

图 14-7 专业技术人员在现场指导茶苗移栽

1960—1979年，省茶科所、湄潭茶场现代茶叶科技推广，以农村蹲点示范和在大型国营茶场搞样板茶园为重点，扶持人民公社集体茶园发展壮大，推广茶树密植免耕速成高产栽培技术和推广红碎茶生产工艺。

20世纪60年代中期至70年代中期，受“文化大革命”影响，不少科技人员遭受政治歧视，有的下放劳动，但科技推广服务工作仍然在艰苦的条件下坚持进行，重点发展农村新茶园，从70年代末期开始将农村低产茶园改造作为推广服务的一项重要工作。

1974年开始，结合茶树密植免耕速成高产栽培技术研究，科技人员采用边试验边示范推广的办法，配合全省茶叶生产大发展的形势，推广以密植免耕速成高产栽培技术为重点的先进技术。到1984年，密植茶园就大面积地推广到省内茶场及全国15个产茶省。

20世纪70年代科技推广和服务的又一个重点是，为适应对外贸易需要，由原分级红茶转产为外形颗粒紧细内质浓强鲜爽的红碎茶，将该所在羊艾茶场试验研究取得的科技成果，及时应用于生产实践。1977—1987年，为省、市、县举办红碎茶技术培训班，并开展大量考察和技术服务工作，使全省红碎茶生产得以迅速发展。

从20世纪80年代初开始，科技推广服务的重点转为茶树良种推广和农村低产茶园的改造技术，以及双行茶园土壤免耕撒施化肥的土壤管理技术。主要推广以深耕、补密、增肥、稳水为中心的综合改造技术，同时推广茶叶采摘、组合密植、病虫防治以及经营管理。推广的制茶工艺包括“红碎茶生产新工艺”和“炒青绿茶初制全滚工艺”。

示范推广工作还有：1981年在湄潭县凤凰山茶场进行的科技示范；1981—1994年在省内进行的“遵义毛峰选采制技术推广”；1988—1990年在羊艾茶场进行的“茶园施用稀土的应用推广”等。

1990—2008年，科技推广的重心转向名优产品的开发以及科技扶贫。帮助指导各级政府规划该地的茶产业建设；帮助指导重点企业研究开发名优产品；开展科技扶贫，帮助指导贫困乡镇、贫困企业发展茶园，兴建茶叶加工厂，开发新产品。

2009年以来，主要开展综合防治试验、建设生态茶园，进行“猪—沼—茶”模式大面积推广；通过热风脱水机研制成功，提高茶叶加工中关键工序的脱水叶质量，降低生产成本；在春茶生产初期，通过改装揉捻机皮带轮，降低转速减少茶叶破损率，提高正茶率；帮助相关企业申报科技部“科技人员服务企业主持项目”及贵州省、市（州、地）每年支持县项目；在湄潭、凤冈、正安等县茶园开展黄色诱虫板诱杀小绿叶蝉、茶棍蓟马效果试验；布置小绿叶蝉行为调控剂示范工作；配合岗位专家在湄潭、凤冈、正安等县开展体系百日科技服务活动；开展茶园抗旱救灾和病虫害防控技术指导工作；到湄潭、余庆、凤冈、正安等县调研茶园旱灾和病虫害情况，并进行现场指导；参加贵州省农科院组织的“四帮四促，科技扶贫”活动；在湄潭县、凤冈县推广应用“优质高产茶园测土配方施肥技术”；推广应用苦丁红碎茶加工技术等新产品、新技术；为栗香茶业公司种子工程储备项目、道真县宏福茶业公司农业产业化经营项目编写可行性研究报告；编撰完成《道真县茶产业发展规划调研报告》《道真县茶产业发展规划》《道真县油茶产业规划》；加强与中茶所、重庆市农科院茶叶研究所、杭州市农科院茶叶研究所、贵州大学、湖南农业大学、安徽农业大学等单位的合作交流；与湄潭、道真等县签订科技服务协议，与栗香茶业等公司签订技术服务合作协议，在湄潭、凤冈等地培训茶农和农技人员并发放技术资料等。

省茶科所建所以来，获科研成果137项。其中，省部级科技成果奖励48项，地厅级科技成果奖励40项。选育茶树新品（株）系20余个，申请新品种权保护20余份，国审品种7个，省审品种2个。这些科技成果在全国推广应用，对推动全国的茶叶科技起到很好的效果。

省茶科所每年都参加各级学术交流，如仅1982—1993年，就派人参加国际学术交流6次，参加全国学术交流28次，主办和参加省内学术交流11次，应邀赴省外参加学术交流5次，邀请国内专家学者到所进行学术指导和交流18次，所内学术交流多次。省茶科所还主办学术刊物《茶情》，不定期编印内部《茶叶科技简报》（1974年改名《茶叶通讯》，1982年更名为《贵州茶叶》）。

目前，省茶研所是贵州省第139国家职业技能鉴定所、贵州省茶叶学会挂靠单位；国家茶叶产业技术体系遵义综合试验站和贵州省茶叶技术创新中心依托单位；贵州省茶叶产业技术体系首席专家依托单位；国家和贵州省茶产业技术创新战略联盟理事单位。结合“12316三农服务热线”、贵州省茶叶标准化技术委员会，面向全省开展茶叶科技培训、科技扶贫与技术服务，服务范围覆盖全省9个市（地、州）重点产茶县，为贵州茶产业的后发赶超和可持续发展提供科技支撑。

第二节　茶学教育

一、民国时期的茶学教育

遵义乃至贵州最早的茶学专业教育始于1943年。1943年秋，中央实验茶场场长刘淦芝、浙大农学院院长蔡邦华等倡议创办“实用职业学校”。是年，贵州省政府批转教育厅文，8月31日，中央教育部批复备案，省拨开办费5万元，湄潭县分担部分款项。初建校于城南塔坪，借民房作校舍，共有教职工22人，为贵州省第六职业学校，由贵州省教育厅和浙大农学院联合管理，教学业务由浙大农学院负责，聘请浙大农学系和中央实验茶场教授做专业教师。设初蚕、初茶两科，招收来自湄潭、凤冈、余庆、遵义、务川等县高小毕业或具有同等学历的学生54人，修业3年。1944年10月，学校迁入新校舍，增设高农1班，录取新生35名。其时有农、蚕、茶3个专业5个班，茶叶为主要专业。茶科分初农班和高农班，学生131人。同时扩大实验基地，新建教学楼1幢，设萎凋室、炒茶室、揉捻室、发酵室、检验室、化验室。抗战胜利后，浙大迁回杭州，省立湄潭实用职业学校迁入原浙大男生宿舍（今湄潭中学校址），职校教师逐渐减少。1949年12月5日，湄潭县政府接管各类学校，职校维持现状。1950年3月，职校与湄潭中学、永兴民生中学合并，创立贵州省立湄潭中学。

贵州省立湄潭实用职业学校的开办，带动黔北正规职业教育的发展，职校以配合贵州省农业建设、计划培养从事农、桑、茶专业技术人才为目的，为贵州省培养100余名茶叶专业技术人才。职业学校办学历时8年，学生有成就者不少。茶叶专科学生刘其志（茶树育种专家）、王正容（制茶专家）、牟应书（茶叶专家）、纪德禄（育种专家）等皆为省茶研所和贵州省茶界著名专家。

二、中华人民共和国成立后的茶学教育

（一）县级以上机构所办学校

1. 遵义职业技术学院茶叶专业

1）历史沿革

遵义职业技术学院是由原遵义农业学校、遵义财贸学校、遵义农业机械化学校、遵义商业技工学校和遵义市农业机械研究所“四校一所”合并组建，教育部备案的全日制普通高等职业院校，2002年4月18日正式挂牌成立（图14-8）。

图 14-8 遵义职业技术学院

1955年贵州省农业厅筹建遵义农业学校于遵义市汇川坝，1956年正式招生，是年9月24日正式开学，学校首批招生专业为茶叶、蚕桑。经贵州省政府批准，教育部批准，遵义农业学校于1958年升格为遵义农专（高等专科学校），面向贵州、广东、广西、四川招收茶叶等专业学生，茶叶大专两个班90余名学生教学地点在湄潭，由省茶试站主要科技人员承担茶叶基础课和专业课教学与实习。

1960年茶业学校停办，茶叶等专业合并到贵州农学院继续完成学历。1963年恢复遵义农业学校，1965年遵义农业学校隶属关系划转至遵义行署，1980年遵义农业学校列为全国重点中等学校。根据当时遵义地区茶产业发展的需要和贵州省农业厅专业调整意见，遵义农业学校于1988年重新开设茶叶专业（中专）并于当年9月开始面向遵义地区招收茶叶专业不包分配学生88、89级两届，之后统招统分93、94级学生两届，共四届近200名学生。2002年“四校一所”合并组建遵义职业技术学院后，2003年正式以学院名誉招生。

2）专业发展及现状

① **专业现状：**建院后，由于面临市场人才需求情况和学生毕业就业需求等环境因素的影响，学院停办原中专层次的茶叶专业，将茶叶专业的主干课程如《茶树栽培技术》《茶叶生产与加工》等课程加入到院农学系的作物生产技术、园艺技术等高职专业和现代

农艺技术中职专业作主干课。2008年在校内建立制茶车间，并经搬迁改建补充制茶设备，可同时容纳30人进行茶叶加工操作。2013年，贵州省、遵义市先后出台“十二五”规划，大力发展茶产业，学院按照“立足黔北，服务城乡，强农兴工，助推三宜”的办学定位，结合师资等优势，向贵州省教育厅申报开设茶叶生产与加工技术高职专业，获批并于同年9月开始招生。2015—2016年，学院先后与贵州省湄潭县鑫辉茶业有限公司、贵州省凤冈县朝阳茶业有限公司、遵义惠泽源农业发展有限公司签订校企合作协议，建立了校外实习（实训）基地；2016年申报并建成省级刘小华技能大师工作室，牵头开展茶叶专业相关职业技能培训鉴定，开展学徒制教学；2017年根据《茶艺》《茶文化》《茶叶审评》等课程的实践教学需要在校内建立茶艺茶评实训室；2017年5月，现代农业系成立了茶叶专业社团，命名为遵义职业技术学院茶文化协会，为全院师生搭建了一个弘扬茶文化、学习茶叶知识和以茶会友的平台。从2015年起，学院每年都承办遵义市中等职业学校技能大赛手工制茶项目比赛，并开展师生职业技能培训和高级评茶员培训班、高级茶艺师培训班，促进教师专业知识和技能的提高，使茶叶专业学生能够持高级评茶员、高级茶艺师职业资格证书进入顶岗实习和踏入社会就业点（图14–9）。

图14–9　遵义市中职学校技能大赛手工制茶项目比赛

② **师资队伍**：学院重视教师队伍建设，注重引进和培养人才，在专业和学识方面加大师资队伍的建设力度，“双师素质”（高校教师和茶叶专业职称）占专任教师比例为45%。现有教授9人、副教授74人、讲师76人、助教95人，其中博士5人、硕士108人。能在茶叶领域中的育苗、栽培、病虫害防治、各类茶叶加工、销售、检验以至茶业人员培养方面承担教学任务。教师先后在《中国野生植物资源》《园艺与种苗》《中文信息》等刊物上发表了“苦丁茶的扦插育苗”“遵义市茶树设施扦插育苗技术探讨”“精细化管理在茶叶种植加工中的应用与推广”等专业论文。

3）专业部分学生成就

① **培养学生数**：合并建院前原遵义农业学校为遵义市以至贵州省其他地区共培养茶叶专业及茶叶方向的学生近600多人，建院后自2013年开设茶叶高职专业以来，共培养茶叶方向毕业生1000余人。

② **专业服务周边情况**：学院注重理论联系实际，强调教师要下基层、下企业锻炼，

还注重服务城乡、服务周边、服务三农。每年除招收全日制学生之外，还面向各产茶县培训茶叶个体户和基层农业技术人员，并组织教师深入基层进行茶叶生产与加工的技术指导。如2008年以来，学院为各县（市、区）培训茶叶个体户近1000人，使他们从传统栽培和加工模式中走出来，有相当大一部分创出了自己的品牌，成立了自己的茶叶公司；2009年以来，学院每年在各县（市、区）开办基层农技人员培训班，共培训基层农技人员1000多人，其中特别是针对茶叶产业大县湄潭、凤冈县、播州区，将茶叶作为新型大产业的正安县、余庆县、道真县、务川县等，对他们的基层农技人员和干部，开设茶叶班5期共400余人。在课程开设方面除校内专家讲授，还聘请校外茶叶行业的专家学者授课；2009年7—8月，组织茶叶专职教师到务川县分水乡等6乡镇进行近400人的茶叶生产与加工培训指导，教师们深入田间地头，最大限度解决了农民迫切需要的先进理念和实惠技术，深受当地老百姓的欢迎；2011年2月，湄潭县随阳山村近万亩的新栽茶树出现地面部分干死现象，学院专业人员在对村民们带到学院的数十捆幼茶树标本进行分析的同时，专门组织人员到实地进行分析研究，为老百姓解决了难题；2018年7月，学院省级刘小华技能大师工作室与遵义师范学院合作开展贵州省非物质文化遗产传承人手工茶技艺培训两期，来自茶叶行业企业的人员96人参加了培训，培训效果得到合作单位的肯定，获得学员们的广泛好评。

总之，学院茶叶专业秉承学院“授就业之能，育创业之才”的办学理念，“践学践行，尚德尚能”的校训，以学历证书与职业资格证书相融通的人才培养模式，注重学生职业能力培养。坚持懂理论、高技能、会管理人才培养目标，继续为遵义市乃至省内外茶产业发展做出贡献。

2. 遵义职业技术学院湄潭分院

为更好地依托地方产业办好职业教育，办好职业教育服务地方产业发展。在遵义市委、市政府的支持和指导下，遵义职业技术学院与湄潭县政府决定联合办学，为遵义茶叶产业培养更多的高技能人才（图14-10）。2013年6月13日，遵义职业技术学院湄潭教学点挂牌仪式在湄潭职业高级中学举行。该教学点设置后，遵义职业技术学院与湄潭县委、县政府及湄潭高级职业中学密切合作，优势互补，共谋发展，重点培养茶专业人才。根据湄潭县与遵义职业技术学院

图 14-10 遵义职业技术学院与湄潭县政府联合办学挂牌仪式

协议，该教学点命名“遵义职业技术学院湄潭分院”，于2013年开始招收茶叶生产与加工技术大专生。2013—2017年，遵义职业技术学院湄潭分院共招收大专班学生190人。

遵义职业技术学院湄潭分院实施工学结合人才培养模式。结合茶叶行业企业，根据职业技能标准构建课程体系，在教学中践行知行合一教学理念，探索产业园区+标准厂房+职业教育的校企合作办学模式。充分利用学校办在园区的地域优势和湄潭厚重的茶文化及茶产业优势，深化教育教学改革，以技能大赛为载体和平台，强化师生实践能力。教学点设置以来，茶叶生产与加工专业大专班学生在各级大赛中取得优异成绩，毕业生受到用人单位一致好评。

3. 遵义县茶叶学校

在“大跃进”的浪潮中，1958年创办遵义县茶叶学校，校址设在枫香茶场内。是年在全县范围招生40名，学习茶叶栽培加工等基础知识。1960年6月毕业，大部分学生留场当工人，成为湄潭茶场茶叶生产管理的骨干。1960年在鸭溪、枫香、泮水招收第二期学生100名，开学一个月后亦因国家经济困难而停办。1966年恢复，秋季在枫香区招收学生50名，又因“文化大革命”的影响，年底解散。

4. 贵州省湄潭茶业学校

1960—1962年，经贵州省教委和贵州省农业厅批准，利用省茶试站技术力量，在省茶试站内挂牌成立贵州省湄潭茶业学校，重点在湄潭及遵义地区招收学员，先后毕业2个班200余人，被分配到省内各茶区工作。后大多数成为贵州省茶叶生产战线上的骨干，其中有的成长为高级科研人员和高级农业管理人才。省茶科所茶树栽培及土壤化肥专家孙继海、茶树品种专家安永政、茶叶专家赵顺碧、周仁明等均系贵州省湄潭茶叶学校毕业学生。

5. 贵州省凤冈县中等职业技术学校

位于凤冈县龙泉镇县府路，创建于1985年。省级重点职校，中央职业教育计算机应用培训基地。学校有教学楼、综合大楼、行政办公楼、艺术楼等设施和教学设备，建有包括茶艺实训室在内的各类实训室18个。

1992年3月，经县教育局同意，学校与龙泉镇柏梓乡政府签订承包柏梓茶场的协议。柏梓茶场20hm^2茶园由凤冈职业高级中学经营管理，柏梓茶场作为校办农场，为职中农学专业学生提供实习实训场所，培养茶叶生产加工、经营管理等人才。1997年校办农场生产出当时凤冈唯一高档茶——凤凰绿雪。

2004年开设茶艺专业。办学方式是经过一年的通识教育后，从幼师班分流出茶艺专业班，经过2年的专业培训后，再送到相关单位就业。茶艺教学班课程设置包含茶文化学、茶艺表演、茶冲泡、茶史及茶叶营销等专业课。2004—2010年先后开办6届茶艺专业共培养茶艺专业学生153人。2008年9月，茶艺班有6名学生在“中国西部茶海·凤冈锌硒茶‘绿宝石’品茗大赛”中获“优秀茶人”称号。2010年茶艺班停办，学校开设茶叶生产与加工专业，课程设置包含茶叶栽培、茶叶加工、茶叶审评、茶病虫病害防识和茶文化学等。该专业当年招生2个班160人，后继三年依次为3、4、5个班。到2017年，该专业有在校生813人。

6. 贵州省湄潭县中等职业学校

贵州省湄潭县中等职业学校是国家级重点职业高级中学、省重点职业高级中学，位于湄潭县湄江镇茶乡北路2号（图14-11）。前身是贵州省立湄潭实用职业学校，由中央实验茶场与浙大联合创建于1943年。抗战胜利后，学校与当时的湄潭中学合并，1949年后职校维持现状。20世纪60年代后期，因历史原因办学曾一度中止。改革开放后，为顺应职业教育发展的需要，1986年8月恢复办学，校名为湄潭县职业高级中学；2013年8月，更名为湄潭县中等职业学校。现有在编在岗教职工112人，高级职称31人，中级职称45人，专业教师74人，双师型教师27人，外聘教师45人。成立了湄潭县茶产业高技能人才培养基地，聘请专家及能工巧匠参与基地工作。设置刘小华评茶技能大师工作室，开展职业技能鉴定人才培养。自2004年开始，作为阳光工程、雨露计划培训基地，将茶叶生产知识送教下乡，先后培训茶农4000余人。

图14-11 湄潭县中等职业学校

学校于2008年开办茶叶生产与加工专业，主要立足贵州，面向全国，服务茶叶生产、加工、管理、营销、茶馆、综合利用，培养能够从事茶园生产管理、茶叶加工茶叶品质检测、涉茶商贸文化领域产品开发及经营管理工作的高素质技能型专门人才。

学校主动服务区域经济发展，以学生就业为导向，按照企中校、校中企、资源共享、生产型实训要求，加强茶叶专业实训基地硬件建设和软件建设，高标准建设茶叶生产与加工专业产教融合、内涵丰富、功能完善，集理论实践一体化教学、技能培训鉴定、企业生产、科研技术服务为一体的实训基地。基地建筑面积4000m^{2}余，能容纳1000人以上培训，是一个集教学、实训、生产、科研于一体，具有示范作用服务于茶叶行业的企业，服务于兄弟学校开放的、公共的茶叶实训基地。基地的建立，成为立足湄潭，服务周边县份，具有先进技术支撑和区域特色的茶叶专业人才培养基地；成为特色鲜明，服务地方经济明显，引领、示范全省茶叶生产与加工专业发展，在贵州省乃至全国具有影响力的品牌专业，已成为遵义市职业院校茶叶专项技能大赛指定举办地。

学校茶叶生产与加工专业现有学生608人，其中大专班学生120余人。该专业开办以来，教学成效显著。学生在各级手工扁形绿茶、卷曲绿茶、工夫红茶、条红茶制作大赛和插花艺术、茶艺技能、茶王大赛中累累获奖，授课教师也多人获奖。

2008年春，学校与北京民族文化艺术职业学校、贵州省经济学校联合办学，同时与兰馨、栗香、盛兴等湄潭县茶叶企业签订学生就业合同，采取订单式培养方式，首次招收三年制茶叶班学生40余人。2009年12月，贵州省农业委员会授予该校"贵州省农业广播电视学校茶叶专业师资培训基地"的牌匾。2018年9月，遵义市政府正式批准同意湄潭县中等职业学校挂牌"遵义茶业学校"，重点发展茶叶职业教育，为全市茶产业培养更多茶叶技能型人才，促进茶产业健康发展。

7. 贵州省茶业技术培训中心

贵州省茶业技术培训中心位于遵义市凤凰山文化广场政务中心4楼，2000年1月由省茶科所与遵义市海威职业技术培训学校共同组建。该中心以为湄潭县茶产业发展培养适用型人才、加快新农村建设步伐为宗旨，开设茶学、电子商务等专业，有数十公顷茶园和茶叶品种达400余种的试验基地和设施完备的大型名优茶加工制作车间。

8. 贵州省农业广播电视学校凤冈茶叶中专班

2009年6月开办，主要服务于凤冈茶产业。该中专班学制两年，主要培养茶叶生产技术、茶叶加工、经营管理技能为一体的应用型、复合型茶叶专业人才。开设公共课程和茶树栽培、茶树病虫害防治、茶叶加工、茶文化概论、茶叶商品与市场、茶叶审评与检测等专业课。招收对象主要为年龄为16~40周岁，文化程度为初中以上的茶叶重点乡镇村、组的干部、返乡农民工、茶叶种植大户成员、茶叶企业员工、复员退伍军人、回乡学生和农技推广人员。

9. 贵州大学茶学院湄潭校区

为适应贵州省茶产业发展需求，落实原贵州省委书记陈敏尔提出的"贵州大学要把科研论文写在大地上"的要求，2016年11月23日，贵州大学茶学院湄潭校区在湄潭县揭牌成立。

贵州大学茶学院湄潭校区由贵州大学与湄潭县共同办学，秉承创新、协调、绿色、开放、共享的发展理念，通过校地合作，依托湄潭茶产业，努力将茶学院建成全国茶叶专门人才培训基地、茶学科学研究高地和茶产业人才培训基地，为贵州茶产业发展培养专业人才。

湄潭校区将以完成学生实践性教学课程为主。2016年茶学院挂牌湄潭中职校，次年派

2014级茶学专业学生29人赴湄潭校区实习，经与湄潭中职校联合办学，发挥了产地优势和技术优势。在当年湄谭实习生中选派3人参加全国手工绿茶比赛，2人获国家级赛事二等奖。

（二）镇、乡茶叶学校

继1943年在湄潭创办贵州省立湄潭实用职业学校后，20世纪50—90年代，湄潭县又先后在永兴镇、抄乐镇群丰村、马山镇、核桃坝村等地创办以茶叶为主的职业学校，在不同时期为当地培养一大批茶叶专业技术人才，对当地茶叶种植加工技术提升和茶业发展发挥了重要作用。

1. 永兴群力茶业中学

1956年，永兴断石桥一带汇聚大量来自各地开垦茶园的工人，其中有部分在校学生。为解决工农子弟的入学，永兴区与茶试站联合在断石桥开办茶业学校。校址几经搬迁，最后落脚于永兴文昌阁。学校为初中，除开设普通初中的基础课外，每周6节茶业专业课。每月中旬及月末放假两天，实行两年制毕业。学校属于经济独立核算单位，结算亏盈，不足部分由区站补贴。学校采取半工半读的方式，学生的劳动收入60%由学生领取，对经济困难的学生进行补贴。1958年学校有3个初中班，学生146名。1958年6月，学校改为永兴茶业中学。

2. 抄乐镇群丰茶叶中学

抄乐镇群丰村是湄潭县最早发展茶产业乡村之一，1954年村民即开始开辟茶园，群丰茶场是湄潭县最早发展的乡村茶场。1958年，群丰茶场为提高当地村民种茶技术，第一次建立以茶为主导内容的中学，命名“群丰茶中”。学校由茶场主办，区完小兼管，面向全区招生，教师5人，3个班。1960年，因闹饥荒，在校学生严重减员，学校停办。

1963年，群丰村第二次举办茶中，命名“抄乐茶中”。由区办、公社兼管，面向全区招生。共3个班，3个教师。茶叶专业课教师长期由贵州省外贸局常住群丰茶场工作队队员和县外贸站技术员担任。1966年春，贵州省外贸局一位姓宋的局长来抄乐茶中视察后，宣布抄乐茶中为贵州省第二间茶叶技术专业学校、并许诺抄乐茶中学生毕业后，由贵州省外贸局统一分配。不久，“文化大革命”开始，许诺未成。1969年，抄乐茶中与观音堂小学合并为初级戴帽中学。抄乐茶中有成片茶园11hm^2，有简易工厂和制茶作坊，茶叶专业课由国家正规茶叶专家任教。学生理论联系实际，有文化又有专业技术，毕业后多为当地茶叶种植和加工技术骨干。

3. 马山镇初级职业中学

马山镇初级职业中学位于清江村。始建于1985年，原名清江中学，后改为清江职业中学。学校开设有茶叶教学班。1989年，修建清江职中制茶厂，学生理论联系实际，既学习茶叶理论知识，又可到职中制茶厂实践。学生毕业后，有的成为当地茶叶种植和加工技术骨干，有的还成为当地茶产业发展带头人。1992年，经县政府批准，改建为湄潭县马山镇初级职业中学。

4. 核桃坝农民文化技术学校

村级农民文化技术学校位于湄潭县湄江镇核桃坝村。1982年创建，与核桃坝小学两块牌子一套班子。主要工作：扫除文盲，推广农村实用技术。1992年，扫除文盲工作完成后，对村民进行农业生产、茶园管理、茶叶生产、加工等方面的技术培训，为核桃坝村实现茶叶专业村、小康村培养实用型人才。1991年7月被评为省级先进学校，是年11月被评为全国农村成人教育先进学校。

在《贵州茶叶职业教育学校分布图》列出的9所学校中，遵义市就占了5所。

第三节　茶业技能培训

除学校全日制学历教育培养茶学人才之外，短期培训也是提高茶产业从业人员业务素质的重要渠道。从形式上主要分为常规技术培训和专题培训两类，常规培训主要以课堂教学加上基地实践为主，也可通过比赛的形式促进学习；专题培训通常是以会代训或者针对具体问题现场培训；从级别上一般分为市级和县级组织的培训。

下面记述的例子是遵义市茶业技能培训的一部分。

一、市级培训举例

（一）常规培训

常规培训主要采用以省茶科所与湄潭茶场为基地或茶场科技人员外出支援的形式进行培训。

遵义的茶业技能培训始于1954年。是年，西南军政委员会农林部在贵州省湄潭实验茶场主办为期半年的茶叶干部训练班，学员来自西南各省。之后，在1955—1957年，相继有：贵州省农林厅在当时的茶试站举办为期一年的主要由茶试站科技人员承担教学和实习的茶叶干部训练班，学员毕业后，由农林厅分配到贵州各茶区工作；遵义地区农业局在湄潭开办茶叶培训班，学员来自遵义地区各县。

1965—1978年，根据中央、国务院有关指示精神，成立各级多种经营办公室，全区主要抓茶叶等品种的生产发展，湄潭等多个县召开茶农代表会，交流茶叶生产、采制技术，累计培训8万多人次。

改革开放后，省茶科所多次为国家及有关省、市、县举办的各类茶叶生产管理培训班培训授课，举办讲座，培养大批茶叶技术人才。如1977—1987年，为省、市、县各级举办红碎茶技术培训班，使全省红碎茶生产得以迅速发展；在湄潭县茶叶局组织茶叶质量安全管理骨干培训班、为务川县茶办组织的农民工技能培训班授课；派出科技人员到湄潭县职业中学茶叶技能班授课等。

（二）对外承担教学业务

如1981年，民政部在都匀茶场举办全国民政系统茶场干部培训班，邀请省茶科所科技人员授课；1982年，贵州省农业厅农场局在山京茶畜场举办化学防治茶园杂草训练班，邀请省茶科所科技人员授课；1985年8月，应云南省红河州邀请，省茶科所派员赴红河州、绿索、金平等5县授课；1986年，在毕节地区5个县10余个茶场举办遵义毛峰采制技术培训。

多年来，省茶科所为适应发展市场经济的需要，应全省各地邀请，参与了各级政府、各类茶叶企业的各种茶叶科技培训和茶文化知识传授；承担安徽农学院、浙江农林大学、西南大学、贵州大学农学院、遵义农校、安顺农校的茶叶专业课程讲授、实习指导和论文答辩评审；参与编写贵州省农业广播电视学校教材等。

（三）现场培训

在集中培训之外，茶叶科技人员还经常根据茶叶生产的需要，亲临生产第一线进行现场培训，解决迫在眉睫的具体问题。

图14-12 省茶研所专家到现场诊断病害

2008年发生凝冻灾害，省茶研所先后派出高中级科技人员参加贵州省科技厅组织的专家小分队，深入灾区开展灾情调研和科技救灾工作，到湄潭、凤冈、余庆等县开展冻害恢复技术与有机茶生产技术培训并现场指导（图14-12）。是年3月19日，与遵义市农业局联合举办2008年遵义市茶叶雪凝灾后恢复生产现场培训会，专家针对低温冻害对茶树生长发育的影响、茶树冻害的分级标准、茶树预防措施、茶树发生冻害后的补救减灾措施等进行理论知识讲解和现场培训。各茶叶主产县的分管副县长、农业局领导、技术干部及种植大户共120人参加培训会。

2008年4月18日，遵义市采茶工技能竞赛在湄潭核桃坝举行。这次竞赛活动由省茶研所协助策划，来自湄潭、凤冈等9个县（市、区）的125名农民采茶工参加竞赛活动。是年，凤冈县永安镇田坝村现场调研专题研讨会在省茶研所召开，贵州省农科院就新农村建设项目向省茶研所下拨专款20万元，抓好凤冈县田坝村社会主义新农村建设试点，将该村建成“猪—沼—有机茶”科技示范园区。

省茶研所科技人员经常到各茶叶主产县开展茶树栽培技术、病虫害防治技术培训。

2011年，省茶研所参与湄潭、凤冈、余庆等地的技术咨询和相关茶叶技术服务工作，对贵州怡壶春生态茶业有限公司、贵州四品君茶业有限公司、贵州湄潭百道茶业有限公司等多家茶叶企业进行茶叶加工技术及茶叶生产指导。

（四）专题培训

① **全市茶叶出口贸易培训会**：为了拓展茶叶销售市场，做大做强遵义茶产业。2011年10月11日，遵义市举办茶叶生产加工出口贸易培训会，要求各县及各企业进一步统一思想，齐心协力开辟一条遵义茶叶出口之路，共同做大做强遵义茶产业（图14-13）。市农委、商务局、银监局、供销社、出入境检疫检验局、海关等部门负责人将分别结合自身职责就有关业务知识作培训讲解。市委、市政府号召大家树立出口意识，不断拓展市场空间；加强生产管理，稳定扩大有机茶园面积；整合茶叶资源，逐步统一质量标准；建立检测机制，保障产品质量。要求各企业集中开展一次专项、全面检测，摸清茶叶质量情况与出口国质量体系的差距，分析农药残留、重金属超标的原因，根据检测结果有针对性地提出今后监控、治理的措施和办法。市直有关部门也加强了对茶叶市场、茶叶加工企业的产品随机抽查和抽检力度，确保有害物质残留不超标。

图 14-13 2011 年茶叶生产加工出口贸易培训会

② **贵州茶业标准化建设与可持续发展培训班**：2011年11月20—21日，由中国茶叶流通协会、遵义市人民政府主办，遵义市供销社、遵义市农委承办的“贵州茶业标准化建设与可持续发展培训班”在湄潭县核桃坝村举行（图14-14）。培训目

图 14-14 2011 年贵州茶业标准化建设与可持续发展培训班

的是使参训人员初步了解掌握可持续发展茶叶的生产与管理规范；了解茶叶标准化生产的基本知识；学习并了解国外茶叶可持续发展的先进管理理念；了解茶叶生产与加工过程中质量安全的控制；及时了解茶叶市场信息从而生产出适销对路的产品。培训内容为聘请国内茶产业专家，针对遵义市茶产业发展现状，作标准化茶园建设与管理、遵义绿茶标准化生产、质量安全控制与可持续发展相关标准解析和遵义红茶标准化生产专题讲座，参观遵义市具有代表性的绿茶、红茶生产加工企业。来自全市7个茶叶基地县的茶业发展管理部门领导和技术人员、部分产茶重点乡镇分管领导和产茶办负责人、重点茶叶生产企业负责人和技术员，以及市供销社、市农委分管领导和相关职能科室负责人共118人参加了培训。

③ 中国茶叶可持续发展——茶叶企业经营管理培训班：2012年10月30日，由中国茶叶流通协会、遵义市政府共同主办，遵义市农委、市供销社、市茶叶流通行业协会共同承办的"中国茶叶可持续发展——茶叶企业经营管理培训班"在遵义市委党校举行（图14-15）。来自遵义市各主要茶叶企业负责人和茶叶主管部门负责人共220人参加本次培训班。本次培训立足于遵义茶产业发展实际，以标准化和品牌化的手段来提高遵义茶叶质量，帮助当地茶企进一步理清茶产业发展思路、规范茶叶生产，确保茶叶品质稳定性，从而有效推进当地茶叶标准化建设的广度与深度，促进遵义茶产业可持续发展。在为期两天的培训会上，授课专家分别为参训学员讲授了中国茶叶品牌营销之路、中国茶产业趋势及战略选择、茶健康、科学饮茶与中国茶产业的未来暨遵义茶产业技术提升工程、2011年全球茶叶产销形势分析、茶产业可持续发展的国际趋势与中国策略、茶叶深加工及茶产品科技创新等课程。据悉，这个班在遵义市几乎每年都要举办。

图 14-15 2012年遵义茶企经营管理培训班

④ **评茶员职业资格培训**：为解决茶叶生产加工企业QS认证难题，提高遵义市茶叶产业的整体影响力和竞争力。2013年10月9日，由遵义市政府主办，市农委、市供销社、遵义市供销合作社联合社、遵义市茶叶流通行业协会承办的全市评茶员职业资格培训开班，这次培训由中华全国供销合作总社杭州茶叶研究院高级评茶师、享受国务院特殊津贴茶叶专家施海根研究员，国家一级评茶师、高级工程师、培训与信息中心赵玉香副主任等3位专家授课，按照国家评茶员职业技能培训大纲要求内容进行授课和考核（图14-16）。培训对象为从事茶叶生产、加工、流通、审评、管理人员；参加课程培训并考核合格者，由国家人力资源和社会保障部中国就业培训技术指导中心授予相应级别职业资格技能鉴定证书。来自遵义市所辖的湄潭、凤冈、正安等9个茶叶主产县的63名学员参加了该市茶叶协会开办的评茶员培训班。经过一周的培训，全部分别获得了初、中、高级评茶员资格。据悉，2011年聘请中华全国供销合作总社杭州茶叶研究院专家来遵进行茶艺师和评茶员培训，参训123人。这种培训平均两年开展一次。

图 14-16 2011 年聘请供销合作总社杭州茶研究院专家
进行“评茶员茶艺师”培训

⑤ **茶叶实用技术培训**：2017年11月28日，遵义市茶产业发展中心在湄潭县湄江镇核桃坝村召开了遵义市茶叶实用技术培训会。湄潭县等6个茶叶主产县茶产业发展中心负责人、市级以上龙头企业生产负责人和播州区、仁怀市茶业企业负责人等共120余人参加了会议。培训会立足问题导向，针对当前茶产品核心竞争力存在的三个方面问题，进行了重点讲解，一是中国六大类茶加工工艺，贵州绿茶、红茶加工技术，质量安全监管，茶园清洁化生产，茶园管护以及茶园绿色防控关键技术与茶园农药残留控制技术等相关知识；二是介绍并分析了近几年发生的茶叶质量安全方面的大事件和存在的问题及

其对中国茶产业的影响和应对措施；三是指出茶叶在抽检、检测中存在的问题，特别是茶农、茶企及合作社在生产中农业投入品安全使用制度、生产档案记录、产品销售台账的建立健全问题。培训会采用室内教学与现场示范相结合方式进行，邀请了黄山毛峰茶业集团有限公司、省茶研所、遵义市农业委员会以及湄潭县茶产业发展中心的6位茶叶专家授课。培训内容涉及茶产业概述、茶叶加工关键技术与品质、茶园田间管护技术、茶叶质量标准体系介绍、茶青质量安全管控、茶园清洁化生产技术、农业项目管理，茶叶加工技术、茶叶绿色防控技术，就茶园病虫害田间动态监测及管护进行了现场示范。通过培训，进一步宣讲了《中华人民共和国清洁生产促进法》《中华人民共和国农产品质量安全法》《贵州省农产品质量安全条例》《农业部禁止使用的高毒、高残留农药规定》等法律法规，发放茶园质量安全监控宣传资料120余份，切实提高了茶叶生产管理者及茶企生产负责人的茶叶质量安全意识。

⑥ **茶叶加工技术标准宣贯培训**：2019年5月20—24日，按照沪遵合作项目有关要求，遵义市茶产业发展中心在湄潭县核桃坝村举办“2019年沪遵合作项目暨全市茶叶加工技术标准宣贯培训”（图14–17）。此次培训来全市14个县（市、区）的120多名学员参加，包括涉及茶产业的专业技术人员、企业加工负责人、企业的推销经理等。

图14–17 遵义茶叶加工技术标准宣贯培训班

培训会上，各县（市、区）与会人员围绕春茶生产、茶叶质量安全管控等方面进行了交流发言，市茶产业发展中心就遵义红地方标准、遵义绿团体标准进行了宣传贯彻，要求企业按标准生产、销售；号召全体参训人员认真学习茶叶生产加工技术及绿色防控等方面的知识，着力提升自身茶叶生产加工水平。市农业农村局安全管理科就质量安全概念、质量管控、茶园农药的使用等作了茶青质量安全管控专题讲解，重点阐述了安全茶叶生产常见误区与策略，让学员在今后的操作中有的放矢。

本次培训主要采取理论授课和实际操作相结合的方式进行，课程涵盖绿茶、红茶加工理论，扁形、直条形、卷曲形、颗粒形绿茶加工和条形红茶加工技术实操培训。通过培训，学员们对加工过程中的注意事项有了深入的了解和掌握，不仅纠正了部分学员长期以来在实际操作中的习惯性错误，还在理论知识的基础上加深了对茶叶加工各个环节的理解和体会，学员们在以后加工生产中能更好地结合自身实际学以致用，提高加工技术水平。

除上述几种形式的茶业技能培训外，还有茶艺培训、制茶大赛、各类茶业职业技能大赛、非遗手工茶技艺传承人培训等各式各样的培训和比赛，都旨在加强茶叶从业人员的业务学习，提高其职业技能，增强其爱岗敬业精神更好地服务于本职工作。

二、县级培训举例

在市级培训之外，各茶叶主产县也经常举办各种类型的茶业技能培训，如湄潭县依托遵义职业技术学院湄潭教学点、贵州大学茶学院湄潭教学点和县境内众多的茶学教育机构，进行经常的、定期或不定期的各类培训，各茶企和茶叶合作社也经常举办培训，如举办湄潭县茶青质量检测员培训班、湄江镇兰江村茶叶种植专业培训、湄潭西河镇乐园村培训班等（图14–18、图14–19）。

图 14–18 湄潭县茶青质量检测员培训班

图 14–19 湄潭湄江镇兰江村农民接受茶叶种植专业培训

凤冈各级各类有教育和培训资质的部门充分利用各自的认知优势和项目优势渗透茶知识培训，助推凤冈茶产业发展。从1985年建校的田坝初级职业中学伊始，三十多年来，涉茶培训机构如雨后春笋般呈现出来。它们分别是：凤冈县委党校、凤冈县茶叶产业发展中心、凤冈县总工会、凤冈县劳动就业培训中心、凤冈县中等职业学校、凤冈县农业广播电视学校、凤冈县崇新中学等。各级学校和培训机构在县委、县政府的统筹安排下，上自茶产业管理知识培训，下至幼儿园学生识茶具、感知茶文化教育；从田间地头的技能培训，到虎帐军营的茶艺大赛；从学历教育到短期培训等，凤冈县的茶产业培训可谓形式多样如火如荼。

全县建立人才保障机制。以县职业技术学校为主阵地，整合相关培训资源，开设茶叶专业班，加大对茶叶管理人员、技术推广人员、乡土人才、茶农的培训力度，培养农村茶叶实用技术人才。坚持对接省内外高等院校，每年招考或选送一批干部、企业高层管理人员、技术业务骨干到省内外院校茶叶专业班学习，提升全县茶叶专业人才队伍技术水平，增强其管理经营能力和技能水平，打造高素质的人才队伍。完善人才引进机制，把全县茶叶人才引进纳入重要科技人才引进范围，着力引进企业管理、市场开拓和茶叶精深加工的复合型高级人才。加强茶文化研究、茶艺茶道表演、种茶制茶能手等特色人才的选拔和培养，丰富茶文化内涵。

如为进一步推进凤冈县服务行业标准化、精细化、专业化、特色化建设，提高行业职工服务接待水平，2013年7月29日，凤冈县举办为期4天的职工茶文化知识及接待服务礼仪规范培训班，授课内容包括凤冈茶文化、公共礼仪、茶艺基础知识等内容。县机关、企事业单位办公室主任或负责对外接待的工作人员、县茶叶加工企业经营管理人员及技术人员和宾馆、酒店等各餐饮服务业经营管理服务人员参加培训。

除湄潭、凤冈县外，其他县也开展了各种形式的茶业技能培训，如正安县获“地理标志保护”后，立即举办“正安白茶地理标志使用培训会”，播州区组队参加“2018年遵义市第四届职工技能大赛·制茶比赛”等，旨在提高茶产业从业人员的思想认识和知识水平，更好地服务于生产实践（图14-20、图14-21）。

图 14-20 正安召开白茶地理标志使用培训会

图 14-21 播州区组队参加 2018 年遵义市第四届
职工技能大赛制茶比赛

贵州省正安县茶叶协会成立大

机构篇

第十五章

第一节　茶产业管理机构

2006年，根据遵义市《关于推进百万亩茶叶工程建设的实施意见》的要求，市里成立百万亩茶叶工程领导小组，协调解决全市工程建设实施过程中的重大问题。要求茶叶主产县成立领导小组，组建专门机构，抽调人员具体抓。各县（市、区）要理顺和规范茶叶管理机构，增加编制人员。已单设茶叶机构的地方，要充实人员，抓好茶业发展；没有单设机构而隶属其他机构管理的，纳入县（市、区）农业统一部门管理；有茶叶生产任务的乡镇，在农推站加挂茶叶工作站牌子，一套人马，两块牌子。按照上述要求，全市各县（市、区）基本上都设置了专门负责茶叶生产的政府职能部门——茶产业发展中心或茶产办，对茶产业进行管理。

一、市级茶叶管理机构

遵义的市级茶叶管理机构为遵义市茶产业发展中心。

1984年前，茶叶属于国家二类物资，主要由供销社系统进行统购统销，至1985年，原遵义地区一直没有专职管理机构抓茶产业工作。

1985年开始成立机构抓茶产业。是年成立遵义地区茶叶技术服务公司，为隶属原遵义地区农业局的正科级财政全额拨款事业单位。1989年，该公司与遵义地区蚕桑技术服务公司合并为遵义地区经济作物站，仍隶属原遵义地区农业局，属正科级财政全额拨款事业单位。1992年又分离成立遵义地区农业局茶叶工作站。

1997年遵义撤地设市，更名为遵义市农业局茶叶工作站，为隶属遵义市农业局的正科级财政全额拨款事业单位。负责全地区茶叶生产技术培训，指导茶园规划、茶叶新技术试验、示范、推广，茶园攻关改造技术方案的拟定、组织实施，茶叶加工工艺的改革、制定标准、名优茶研制等技术业务工作。

2007年更名为遵义市茶叶工作站，隶属关系和级别不变。

2010年，遵义市农业局与市畜牧局、市农机局、市乡镇企业局、市农办（不含扶贫及农发）合并组建遵义市农业委员会，遵义市茶叶工作站为隶属遵义市农业委员会的正科级财政全额拨款事业单位。

2013年，遵义市农业委员会按照遵义市委、遵义市政府《关于进一步加快茶产业发展的指导意见》，经遵义市机构编制委员会报市委常委会批准，将原遵义市茶叶工作站和原遵义市农场管理站合并，成立隶属于遵义市农业委员会的财政全额预算副县级事业单位——遵义市茶产业发展中心。内设综合科、生产科和市场科三个科室，主要服务宗旨是制定全市茶产业发展规划，落实省、市茶产业政策方针，为全市茶业产业发展开展相关服务和管理工作。

2019年，遵义市农业委员会改为遵义市农业农村局，遵义市茶产业发展中心也由隶属于遵义市农业委员会改为隶属于遵义市农业农村局，仍属副县级财政全额拨款事业单位。

二、县级茶叶管理机构

（一）湄潭县

1. 机构沿革

湄潭县产茶作为贵州第一产茶大县，产茶历史长，设立管理机构也相应较早。

1949年11月至1995年7月，全县茶叶生产管理工作属于农业范围，先后由历经变革的县建设科、农林科、农田水利科、农林水利局、经济作物局、农林水电局、农业局、农业局革命委员会、农业局负责。茶叶经营先后由县外贸站、外贸局、供销社专营。

1984年11月，按供销社体制改革精神，湄潭县成立茶叶公司，与该县多种经营实验场为一个核算单位，一套人马，两块牌子。1987年3月，茶叶公司与多种经营实验场分离，实行自负盈亏。

2000年7月，湄潭县茶叶事业局成立，属正科级财政全额拨款事业单位。2002年2月，湄潭县茶叶事业局与湄潭县蚕桑事业局合并为湄潭县茶桑事业局，属正科级财政全额拨款事业单位，内设办公室、茶桑技术推广站、茶叶市场营销管理站和物资管理站等。2010年机构改革又更名为湄潭县茶产业发展中心，属正科级全额拨款事业单位。

湄潭县茶产业发展中心现有编制25人，实有23人；其中研究生学历3人，本科学历9人，大专学历9人；高级农艺师人3人、中级6人、初级3人；高级茶艺师2人，中级茶艺师3人；高级评茶员3人。内设机构为5个：综合股、生产技术股、市场服务股、品牌建设股、茶博会展股。

2. 工作职责

① 宣传贯彻执行县委、县政府关于茶叶、蚕桑产业的政策，为县委、县政府编制产业发展计划，制定发展规划，并负责计划、规划的实施工作；

② 负责茶叶、蚕桑两项生产的新技术、新品种的引进、试验示范和推广；组织从业人员和生产者的技术培训，建立健全茶叶、蚕桑技术档案工作；

③ 按照生产季节认真组织茶叶、蚕桑生产所需物资供应及蚕种的订制和催青工作、

督促指导各站为产前、产中、产后服务，同时严格执行国家春蚕收购政策，组织协调蚕茧收烘、营销工作，切实保护农民、企业的合法权益；

④ 利用产业调整政策，抓好茶叶蚕桑的发展工作，发展新茶园、新桑园，同时加强老茶园、老桑园的管理工作，建立健全茶叶、蚕桑生产管理，完善建卡登记管理工作；

⑤ 负责组织协调茶叶营销管理、执行无公害茶叶质量监测管理、协调有关部门加强茶叶市场的管理、集团建设和无公害茶叶基地县的建设工作；

⑥ 负责全县茶桑系统的财务管理指导监督，为国家投入资金的有效使用、确保国家资金的安全运作，发挥应有的作用。

除湄潭县茶产业发展中心之外，不少乡镇也成立茶桑站，在原蚕桑站基础上设立。如西河乡1992年设立、黄家坝镇1995年设立、洗马乡1996年设立。马山、天城、抄乐等乡镇1999年设立。2011年1月，原属县茶产业发展中心管理的8个乡镇站划归所在乡镇管理。

（二）凤冈县

1. 机构沿革

1982年成立凤冈县茶叶联营公司，为隶属县农业局的股级事业单位；1988年更名为凤冈县茶叶公司，为隶属县政府的副科级事业单位；2002年11月，县政府撤销凤冈县茶叶联营公司，成立凤冈县茶叶事业办公室，县政府明确一名副县级领导干部专抓茶叶产业，并成立茶叶生产领导小组，负责组织、领导、协调全县茶叶生产。

2007年5月，县茶叶事业办公室与县农业局整合，隶属于农业局，名称不变，保留副科级。

2012年2月，县茶叶事业办公室进行机构改革，从县农业局脱离，成为正科级事业单位，列入县财政全额预算管理，更名为凤冈县茶叶产业发展中心。共有4个内设股室，分别为综合股、生产股、项目股和市场股。编制核定人数为19人，在编人数为17人，其中高级农艺师1人，中级农艺师5人，助理农艺师3人，技术员2人，工勤人员4人。

2. 工作职责

负责全县茶叶产业发展的政策研究、拟定；负责全县茶叶产业发展的规划、技术培训和技术指导；负责全县茶叶生产、加工、销售的行业管理，茶叶质量监管，相关情况的统计调查；负责全县茶叶项目库的建立及管理，项目的争取、实施、检查、验收和上报；引导企业进行茶叶新产品、新工艺的开发，茶叶品牌的打造、推介；开展茶事活动，推广茶文化、茶知识；茶产业的宣传报道以及市场拓展工作；完成县委、县政府及业务主管部门交办的其他工作任务。

其间还设置过一个简称“茶海办”的机构：2005年，湄潭、凤冈、余庆三县与省茶研所共同打造中国西部茶海。是年6月21日，凤冈县委、县政府印发《关于成立中国西部茶海工作领导小组的通知》。2008年1月31日，凤冈县委第五次全会作出“关于加快茶叶产业发展的决定”，其中第23条明确：凤冈县茶海办系县政府的常设机构，主要负责组织茶事活动，推介茶文化方面的工作。茶海办在策划、组织、主办茶事活动，凤冈锌硒茶标准的起草和评审、凤冈锌硒茶获贵州十大名茶、三大名茶、中国重点产茶县、中国名茶之乡申报，陆羽圣像塑造、中茶所合作，陈宗懋到凤冈考察等对外交流等方面做了大量工作。2011年11月7日，茶海办撤销。

（三）正安县

1. 机构沿革

中华人民共和国成立以来，正安县的茶产业一直属于农业口管理。从1950年起，管理部门先后有：县政府设建设科、农业科、农业局、经济作物局、蚕桑局、农林水利局、农牧局、扶贫开发办等。

1987年成立正安县茶叶开发公司，是隶属县农业局的副科级财政全额拨款事业单位，1992年升格为正科级财政全额拨款事业单位；1994年成立正安县茶叶事业办公室，为隶属县农业局的副科级财政全额拨款事业单位，1996年升格为正科级事业单位；1998年11月，独立设置正安县扶贫开发办公室、正安县绿色产业办公室，两块牌子、一套人马，为正科级机构，内设办公室、项目股、资金管理股。2006年12月，成立正安县绿产办，为财政全额预算管理正科级事业单位，编制12人，内设综合股和项目技术管理指导股。2013年3月，设立正安县茶产业发展中心，为县农牧局所属财政全额预算管理正科级事业单位，与正安县绿产办合署办公，实行两块牌子、一套人马的管理体制，内设综合股、生产指导股、市场发展股。

2. 工作职责

一是贯彻执行中央、省、市关于农业农村经济和绿色产业发展的方针、政策和法律、法规，为全县绿色产业发展提出建议，为县委、县政府提供绿色产业发展运行情况；

二是研究全县绿色产业发展战略、总体布局和产业政策，参与制定农业农村经济发展规划和年度计划；负责制定全县绿色产业化建设的发展规划和年度计划；负责全县绿色产业发展、经营的组织协调及相关工作；

三是及时反映绿色产业建设工作中的重要情况和问题；对绿色产业发展建设工作的重大问题开展调查研究；配合全县农业农村经济结构调整，参与拟订结构调整规划；参与农村改革的政策研究和试验探索；

四是负责全县绿色产业发展建设工作中招商引资项目的审查、报批、检查和验收工作，协调解决绿色产业工作中的相关问题；

五是负责全县绿色产业发展建设工作中的产前、产中、产后的资金调配和后勤物资调运等方面的协调、管理、指导服务工作；

六是承办县委、县政府绿色产业发展的日常工作和其他工作。

（四）余庆县

1. 机构沿革

1998年成立余庆县茶叶生产办公室，属正科级全额事业单位；2002年撤销县茶叶生产办公室，成立余庆县农业产业化建设办公室，属正科级财政全额拨款事业单位，各乡镇也设立相应的产业办；2005年合并到余庆县农业生产办公室；2008年，余庆县成立县茶叶工作领导小组，县分管农业工作的副县长任组长，为对接省、市茶叶机构，成立余庆县茶叶产业发展中心（余庆县特色产业发展中心），为隶属县农业局的副科级财政全额拨款事业单位，乡镇也设立相应的茶叶办；2012年，根据《中共遵义市委、遵义市人民政府关于进一步加快茶产业发展的指导意见》文件精神，余庆县茶产业发展中心升格为正科级全额拨款事业单位，并在余庆县特色产业发展中心加挂余庆县茶叶产业发展中心牌子。内设机构有综合股、生产指导股、市场发展股，核定事业编制23名，列入县财政全额预算管理。

2. 工作职责

贯彻落实茶叶产业发展政策，编制和制定茶叶产业发展规划并组织实施，争取茶叶产业发展项目资金，抓好茶叶产业生产与加工配套建设、标准化建设与管理，引进、示范、推广茶叶产业新技术，挖掘打造茶叶文化和品牌，做好茶叶及其产品的宣传、推介、开发等工作，开展茶叶培训，提供相关社会服务。

（五）道真县

1. 机构沿革

1983年成立道真县茶叶公司，为隶属县农业局的差额事业单位；1993年该公司更名为道真县茶叶开发公司，为隶属县农业局的财政全额拨款事业单位；2000年撤销该公司，合并到道真县农业局果蔬站；2007年成立道真县茶叶产业化办公室，为隶属县农业局和农牧局的副科级财政全额拨款事业单位；2013年更名为道真县茶产业发展中心，升格为隶属县农牧局的正科级财政全额拨款事业单位。下设3个股室：综合股、生产指导股和市场发展股。现有工作人员11名，本科学历人员5名，其中3人为茶学专业，高级农艺师2名、高级茶艺师3名，中级茶叶加工工2名，二级评茶员2名。

2. 工作职责

为该县茶产业发展提供相关服务，贯彻落实茶产业发展政策，编制和制定茶产业发展规划并组织实施，争取茶产业发展项目资金；抓好茶叶生产与加工配套建设、标准化建设与管理，引进、示范、推广茶叶新技术；挖掘打造茶叶文化和品牌，做好茶叶及其产品的宣传、推介、开发等工作；开展茶旅服务等从业人员的培训等工作；提供相关社会服务。

中心已建成质量安全监测室1个，设施齐全，每年不定期抽检茶青100个样，检测农残情况，确保茶叶产品质量安全。

（六）务川县

1. 机构沿革

2008年成立务川县茶叶产业发展办公室，为县农业局所属财政全额预算管理的副科级事业单位，农牧局长兼任法人代表，核定事业编制5名，并在都濡镇等8个乡镇农业技术推广站加挂茶叶工作站牌子。2013年2月更名为务川县茶产业发展中心，为农牧局（现农业农村局）所属财政全额预算管理的正科级事业单位，事业编制由5名增至10名，其编制结构为管理人员3名，专业技术人员7名。目前，共有9名工作人员，其中高级农艺师2名，中级农艺师2名，助理农艺师3名。

2. 工作职责

贯彻实施茶产业发展政策、编制和制定茶产业发展规划并组织实施，争取茶产业发展资金；抓好茶叶生产与加工配套建设、标准化建设与管理，引进、推广茶叶新技术；挖掘打造茶叶文化和品牌，做好茶叶及其产品的宣传、推介、开发等工作；开展茶旅服务等从业人员的培训；提供相关社会服务。

（七）播州区

1. 机构沿革

原遵义县经济作物站始建于1982年，编制人员9人，为隶属于县农业局的股级单位。主要负责县境内茶叶、蚕桑、烤烟、蔬菜、水果等经济作物的推广、指导、管理等工作，茶叶工作一直由经济作物站负责。到2002年4月，撤销经济作物站，并入县蔬菜产业办公室，主要负责水果、蔬菜的新技术试验示范推广工作。2006年底，县委、县政府为了加大对茶叶产业的发展力度，又恢复县经济作物站，主要负责茶叶、果树等经济作物的发展、技术指导和管理工作。2013年，根据省、市茶产业大会及遵义市委、遵义市政府《关于进一步加快茶产业发展的指导意见》，为促进全县茶产业健康持续发展，组建正科级遵义县茶产业发展中心，编制10人。遵义县茶产业发展中心虽成立，但仍由经济作物站具体抓此项工作。

2. 工作职责

主要负责对全县（市、区）茶产业的发展、指导和管理等工作，拟定全县（市、区）茶产业发展规划及目标，将发展任务规划到乡镇，对乡镇相关部门技术人员进行了业务知识的培训及指导。

除上述茶叶主产县之外的其他县（市、区），一般也有相应的部门负责管理茶叶生产，名称也叫绿产办或茶产业发展中心，都是属于县农业局或农牧局的一个（正、副）科级单位。

第二节　茶业行业组织

除作为政府职能部门的茶业管理机构之外，遵义市及各县（市、区）还成立了不少茶业行业组织，如茶叶学会、茶叶流通协会、茶文化研究会和茶业合作社等，对茶产业的发展起了很好的推进作用。

一、市级茶叶学会协会

（一）遵义市茶叶学会

原为遵义地区茶叶学会，成立于1987年。是一个集科技、生产、加工、经营为一体，跨行业的群众性学术团体，主要进行学术交流、科技服务、技能培训、技术咨询、学术研究、科技考察等活动。

学会下设理事会，由理事长、副理事长、秘书长、副秘书长组成。日常工作由秘书长负责。每年都召开茶叶学会年会，进行工作总结、专题学术交流，安排下一年工作计划。

学会作为党政连接产业界的桥梁和纽带，在茶叶生产、加工、经营、科技推广第一线，为茶产业发展作出贡献。由于各种原因，学会于2005年后未实际开展工作。

（二）遵义市茶叶流通行业协会

位于遵义市汇川区厦门路中段市供销社。成立于2010年10月18日，首批发展会员94个，其中团体会员66个、个人会员28个。会员主要涉及茶叶产业生产、加工、流通、服务等领域，会员主要经济成分有国营、集体、农民合作经济组织和个体私营经济。

协会成立后，负责全市茶叶行业的协调、管理、服务工作，包括边销茶的产销协调、计划管理、储备落实，协调落实各级政府对茶叶生产、流通等各项优惠扶持政策措施；组织推进标准的贯彻实施，开展行检、行评工作，提高行业技术水平和企业管理水平；促进本行业可持续健康稳定发展；宣传、推广和普及茶叶商品知识、宣传茶叶饮用价值，弘扬茶文化。

协会围绕茶叶生产、加工、流通、信息等，举办茶叶知识、茶叶技能和经营管理培训班；组织协会会员参加全省茶叶技能大赛、茶文化交流；组织和参与茶事活动、商务考察；配合中国茶叶流通协会参与《国家职业分类大典》茶叶职业工种的修改；联合市消费者协会开展遵义市首届双十佳茶馆茶店推荐活动。

协会所做部分具体工作：

① **加强完善自身建设，提升协会服务能力：**在加强协会组织队伍建设方面，至2019年会员发展到127个，其中团体会员98个、个人会员29名，聚集了全市茶界骨干和精英；为使协会管理工作更制度化、规范化、科学化，对原订的管理制度进行了修改，确保协会工作有序开展和规范管理。

② **加强茶产业专业人才队伍建：**先后开展职业技能培训，举办茶艺师、评茶员培训班、茶叶企业经营管理培训、茶叶生产加工出口贸易培训、茶叶标准化与可持续发展培训，促进了全市茶产业从业人员的业务素质普遍提高和任职资格大面积提升。如2次茶艺师、评茶员培训班，获初级评茶员证书42人、中级评茶员证书83人、高级评茶员证书12人；初级茶艺师证书24人、中级茶艺师证书18人。

③ **组织各类活动，规范和促进遵义茶行业的发展：**如举办遵义市首届双十佳茶馆茶店评选活动，激发遵义茶馆业、茶店业创先争优的热情，展示了遵义茶馆、茶店品牌形象，促进了遵义茶文化和茶产业健康发展；中国高品质绿茶产区网络域名注册成功，为遵义大力宣传高品质绿茶奠定了坚实的基础；参与中国高品质绿茶产区示范基地评选，使遵义市获中国高品质绿茶产区称号；组织遵义市高品质绿茶示范基地申报及评选，评选出24个茶园为遵义市中国高品质绿茶产区示范基地；发布遵义红袋泡茶、遵义绿社团标准并付诸实施。

④ **参与遵义茶宣传活动：**在《中华合作时报·茶周刊》举办了为期一年的名城美·茗茶香宣传活动，全方位宣传展示了遵义市形象和茶产业发展现状；参与历届“一节一会”执委会办公室工作；承办茶产业商业模式创新、第二届国际茶叶采购商大会和4届遵义城区万人品茗活动；组织遵义茶叶企业参加2016年上海国际茶博会、2017年北京“两展一节”以及省内外有关茶事活动，提升了遵义茶的知名度和美誉度。

协会自2010年成立起，在遵义市民政局和遵义市供销社的领导下，在广大会员的积极参与和支持下，坚持服务为本、立足实际，有了较好的发展，取得了很好的成绩。2012年获遵义市民政局授予中国社会组织AAAA级行业协会和贵州省供销社授予五佳行业协会，提升了新时期供销社社会形象。是中国茶叶流通协会理事单位、贵州省茶叶协会副会长单位、贵州省绿茶品牌发展促进会会员单位、遵义市茶文化研究会副会长单位、中国茶叶流通行业协会深加工及茶食品专业委员会委员单位，为助推遵义市茶产业的发展作出了应有的贡献。

（三）遵义市茶文化研究会

2013年9月，为推动遵义市茶文化挖掘、保护和发展，迎接2014年在遵义召开的第十三届国际茶文化研讨会，遵义市民政局批复遵义市茶文化研究会成立。2014年4月29日在遵义宾馆召开遵义市茶文化研究会成立暨第一次会员代表大会，会议审议通过《遵义市茶文化研究会章程》、财务管理办法、理事会选举办法。会议选举产生了90位理事、41名常务理事，共吸收个人会员223人、单位会员85人。设有秘书处、茶文化编委会和茶馆业协会、培训中心和《当代茶经》编辑部等内设机构。明确了广泛联系市内外茶产业界和茶文化界人士，举办各类茶文化及研究活动，编辑出版茶文化刊物，宣传、普及茶文化，开展茶旅游和茶馆业研究，组织茶文化和茶叶经济职业技术培训等主要协会业务。如2018年12月5日，由研究会技能培训中心主办的名师讲堂开讲，研究会常务副会长、秘书长、国家一级评茶师田维祥作为主讲，为茶友详细介绍我国六大茶类的分类及加工。活动中，田维祥以实物为例介绍茶叶的形状，有片形、颗粒形、卷曲形、针形、扁形等。据研究会技能培训中心执行主任谢亚莉介绍，现在爱茶、学茶的市民越来越多，大家也希望深入了解茶叶，针对这一现状，中心推出了名师讲堂活动，当天是第一讲，接下来陆续邀请国内知名茶专家讲茶，满足大家不断提高的精神文化需求，也以此助力全市茶产业发展。

二、县级茶叶学会协会

（一）湄潭县

① **湄潭县茶文化研究会**：成立于1999年6月，时有会员40余名，为贵州省第一个专事茶文化研究的社团组织。研究会成立伊始，就组织会员开展湄潭茶文化遗产资源挖掘、收集、整理和研究、展示和茶文化遗产保护工作。研究会创办《西部茶乡》会刊并组织会员开展茶文化与茶经济的研讨，参与县政府组织的各类茶事活动。2010年10月，研究会组织茶文化研究会会员、文史专家和文物工作者对中央实验茶场及全县各产茶区、制茶工厂等茶文物进行历时5天的专题调研活动。此次调研活动，发现了大批茶文物，促成了贵州茶文化生态博物馆的创建。研究会编撰出版《茶的途程》《茶国行吟》《20世纪茶工业的背影——贵州湄潭茶文化遗产价值追寻》《百年茶运》等茶文化专题图书，引

起社会和业界关注。

② **湄潭县茶业协会：**成立于2003年4月（挂靠县茶桑事业局），同时召开第一届会员大会产生理事会，时有团体会员30个。2007年8月28日，湄潭茶业协会召开第二次会员大会，大会修改《湄潭县茶业协会章程》，选举产生第二届理事会；2018年，湄潭县茶业协会再次换届，选举会长和秘书长。

开展的主要工作有：做好茶叶质量安全，抓住茶叶基地、茶叶加工、茶叶市场三大环节，高密巡查，严格管理；依法注册湄潭翠芽证明商标，制定湄潭翠芽的地方标准、贵州针茶企业标准；制定湄潭翠芽、遵义红地方标准；着力茶叶标准、茶叶品牌、茶叶推介三大工作，严格标准，维权打假，唱响品牌；带领全体会员严格执行湄潭县第三届茶业协会共同宣言，守住质量安全，维护行业信誉；利用协会资源瞄准北京、上海、山东、广州、西安、湖北等茶叶市场宣传推介，提供市场信息，发挥品牌效应；积极探索网络信息、电子商务、游客导购、专卖店铺推销方式，履行中介职能，服务茶叶行业；汇聚天下茶人实现做大产业、做强品牌的奋斗目标。

协会有广西横县、安徽峨桥、西南茶城三个营销分会，会员企业168家，国家级龙头企业4家，省级5家，市级6家。有48家企业通过QS认证，20家企业通过ISO认证，18家企业通过HACCP认证，6家企业通过有机认证，1家企业通过绿色食品认证，1家企业通过有机茶专柜认证。协会除注册湄潭翠芽证明商标外，还注册西部茶乡、西部茶海、西部公园等商标。

湄潭县除湄潭县茶业协会外，还有湄潭云贵山茶叶协会、湄潭核桃坝茶果公司联合协会、湄潭县永兴流河渡有机茶种植专业协会等，都是带动当地茶产业发展的群众组织，形成企业、协会、农户三者共同利益联结体。

（二）凤冈县

① **凤冈县茶叶协会：**凤冈县茶叶协会成立于2002年10月，现拥有会员232人，其中理事38人，常务理事24人，副会长12人。十多年来，凤冈县茶叶协会秉承为会员服务的宗旨，围绕以茶富民，以茶兴县的目标，根据茶协桥梁纽带，行业自律，反映诉求，茶人之家的四大任务，做了大量卓有成效的工作：一是在国家工商总局成功注册凤冈锌硒茶地理标志证明商标，拟定并推行凤冈锌硒茶公共品牌“五统一”管理办法；二是成功申报并获得中国名茶之乡、中国十大重点产茶县、百年世博中国名茶金奖、贵州十大名茶、贵州三大名茶等称号；三是协助并独立举办茶文化节、春茶开茶节、中秋品茗节、凤冈锌硒茶茶王大赛、凤冈锌硒茶走进山东、走进兰州等茶事活动；四是牵头并筹建了贵州第一尊茶圣陆羽塑像；五是编印并出版了《龙泉话茶》《文化知识300问》《锌硒茶

乡醉美凤冈》《凤茶掠影》《凤冈锌硒茶》等普及读物和书刊。协会先后被授予60周年中国社团管理茶事功勋奖、中国西部百佳基层协会等荣誉称号。

② **凤冈县生态茶业商会**：成立于2015年1月，是凤冈县从事茶叶生产和经营的企业及代表人自发组织，并报经县工商联批准和县民政局登记备案的茶业界非营利性群众组织。现拥有会员100余人，生产性企业80余家，营销企业20余户。商会会员年生产总值达10亿余元。商会在县工商联的领导下，在县茶产业发展中心的指导下开展工作，主要负责全县会员的生产、管理、融资、营销等协调工作。

③ **凤冈县茶文化研究会**：成立于2005年8月，主要工作任务是：挖掘和传承凤冈茶文化历史，传播凤冈茶艺茶道和民间茶文化知识，参与县内外有关凤冈县举办的茶事活动。茶文化研究会从2016年开始，创办的《龙凤茶苑》茶文化刊物。半年刊，现已内部发行6期。该茶文化期刊设11个栏目。内容涉及有关茶产业政策、重大茶事活动特别报道、茶界高端评说、茶业论坛交流、茶艺茶道、茶人茶事、茶史茶俗、茶韵诗文、龙凤佳话以及地方茶事新闻等。

（三）正安县

正安县茶叶协会：成立于2009年5月，是正安县内外从事茶叶生产、加工、流通、科研、教学、监督、管理的法人和自然人自愿结成的地方性、非营利性的经县民政局批准的社团组织。成员主要来自各茶叶企业负责人及社会成员，业务主管单位为正安县茶产业发展中心（县绿产办）。协会是政府与会员、会员与县内外经济、贸易、科研组织的纽带和桥梁，以服务为宗旨，以国内外市场为导向，以诚信经营为准则，引导茶叶消费，努力促进科学技术与生产、流通、企业管理的紧密结合。着力提高全县茶叶质量，增创品牌，拓展国内外市场，促进茶叶产业化经营，为本行业企事业单位及个人提供服务，维护本行业合法权益。

协会的主要工作是接受政府有关部门的委托，组织协调全县茶叶种植、生产、科研和流通等行业经营活动，促进茶叶产业化经营；加强对国内、国外茶叶市场的调查和研究，掌握国内外茶叶行业发展状况和趋势，为政府产业结构调整提供意见和建议；参与编制县域茶产业发展规划；参与制定、修订本行业各类标准，组织有关标准的宣传贯彻活动；开展经营质量行检、行评工作；接受企业委托，指导帮助企业提高生产、经营管理水平；开展专业技术技能和企业管理培训，组织技术技能交流竞赛、推广技术成果应用，提高行业外同行业组织的联系；组织国内外茶叶经营企业之间各种交流活动等。

（四）余庆县

① **余庆县茶叶协会**：成立于2015年8月，理事会员单位13名，团体会员单位5名，

个人会员136名。是余庆县境内从事茶叶种植、加工、流通、商贸、茶馆、茶楼等行业企（事）业单位、个体工商者、相关经济组织及个人为实现共同意愿而自愿组成的行业性、非营利性社会团体。行业主管部门为余庆县茶产业发展中心，接受行业主管单位和社团登记管理机关的业务管理、指导和监督，办公地点在余庆县城。协会的宗旨是团结全县茶叶种植、加工、流通、销售企业和个人，遵守国家法律、法规，贯彻执行党和政府的方针、政策，充分利用当地资源发展和壮大茶叶产业。增强业内的向心力和凝聚力，群策群力，以市场为导向，调整产品结构，努力提高余庆茶叶的产品品质；加强品牌建设和保护，整合文化资源，扩大宣传，搞活流通，引导消费，促进余庆茶产业健康、快速、有序发展。协会职能是接受政府及有关部门授权和委托，承担茶叶生产、加工和商务的部分管理职能，在政府部门与会员之间起桥梁和纽带作用。充分发挥协会的行业服务、行业自律、维护权益、行业协调的作用。

② **余庆县茶文化研究会**：2019年8月成立。

（五）务川县

务川仡佬族苗族自治县茶叶协会：成立于2012年9月17日，该协会的成立，在推进茶叶产业健康持续发展，规范行业管理起到积极作用。

（六）绥阳县

绥阳县茶叶流通行业协会：成立于2013年初。协会的主要业务范围：负责本行业协调、服务、管理工作；普及茶叶商品知识；开展信息交流咨询、组织培训、展览展销、专题讲座、承接政府委托事项；参与编制行业规定；完善和推广标准化体系和质量监督体系建设、规范从业行为；履行社会责任、协调会员关系、维护公平竞争；接受会员委托，为会员提供法律援助、咨询等服务、维护和保护会员利益。

协会宗旨为：发挥协会在政府与会员之间的桥梁纽带作用，在政府业务主管部门的监督指导下，坚持为三农服务，为会员服务，为茶叶行业的健康发展服务。强化自律机制，维护会员合法权益，为全县经济发展、市场繁荣、社会稳定做贡献。

三、茶叶专业合作社

（一）湄潭县

湄潭县各茶叶专业村基本都有茶叶专业合作社，全县现有75个。通过茶农自我参与，自我监督、自我管理，合作社、公司与农户之间实现利益共享、风险共担，普遍形成“公司+合作社+基地+农户”经营模式。即公司负责加工销售，合作社负责基地建设，基地带动农户茶叶种植。

合作社实行理事长负责制，理事长大多由当地有威望的种茶、加工大户担任，在产业带动发展方面有较强引领作用，与茶企业也有良好沟通。湄潭茶叶专业合作社中，较为著名的有抄乐镇落花屯村，复兴镇随阳山村、观音阁村，永兴镇马义村、德隆村，湄江街道金花村大青沟村民组和七味茗香茶叶专业合作社等（图15–1）。

图 15–1 落花屯村茶叶专业合作社

其中，又以落花屯村茶叶专业合作社最为突出。现为国家级示范合作社、贵州省农业产业化经营重点龙头企业、贵州茶行业2017年度最具影响力企业，其做法经验还走进贵州新闻联播。

2012年，由湄潭县供销社领办的贵州省湄潭县富源茶叶专业合作社被中华全国供销合作总社选定为农民专业合作社示范社，是在全国供销社系统范围内按照优中选优的原则选定，全国共有300家农民专业合作社入选，其中贵州8家。

贵州省湄潭县富源茶叶专业合作社由湄潭县供销社和原城关供销社职工共同投资组建，经过2年多的发展，现已拥有茶叶生产基地457hm^2，其中标准化生产基地133hm^2，入社茶农368户，年销售额1897万元，年利润169万元，带动当地农户1000户以上，助农增收1576万元。2011年10月，该专业合作社与中林绿源（北京）茶树花研发中心签订了联合开发和利用茶树花的合作协议，成为贵州首家茶树花原料基地。

（二）凤冈县

凤冈县农业局在田坝村的改革试验试点工作中，针对田坝村已成规模的茶叶产业，在农民自愿的前提下，严格按照《中华人民共和国农民专业合作社法》的规定，引导农民组建农民专业合作社。仅至2010年2月，就组建5个农民专业合作社，即：田坝新村凤冈县一心茶业专业合作社，注册资金161万元，注册成员5人；凤冈县文华茶业农民专业合作社，注册资金346.44万元，注册成员43人；凤冈县同心茶旅一体农民专业合作社，注册资金259.9万元，注册成员8人；凤冈县兴民茶叶专业合作社，注册资金299.88万元，注册成员26人；凤冈县俱进茶庄专业合作社，注册资金400万元，注册成员20人。

凤冈县茶叶专业合作社：成立于2007年10月，是《中华人民共和国农民专业合作社法》颁布实施以来，凤冈县成立的首个农民专业合作社。是一家集茶叶种植、加工、包装、销售、储藏、运输和技术咨询于一体的农业企业，主要生产高中档绿茶和红茶。合作社被凤冈县政府评为“2009—2010年度优秀农民专业合作社”，合作社生产的多款产品先后获省内外五项大奖。2010—2013年，合作社连续三年被评为市级守合同重信用单位；2011年11月，合作社被凤冈县信用创建工作领导小组评为信用农民专业合作社；2012年度被县政府评为茶产业发展工作优秀企业；合作社党支部2013年被评为先进党支部。

（三）正安县

① **贵州正安县锌硒有机白茶农民专业合作社：**成立于2010年1月，是一家领办人以资金入股，农民以劳动力入股的股份制茶叶专业合作社，融茶叶生产资料的供应、茶叶种植、加工、销售为一体，注册资金215万元。合作社有省茶研所技术支撑，技术力量雄厚；有供销系统茶叶流通协会作销售支撑，销售渠道畅通；有无公害茶园193hm^2，其中省茶研所白茶试验示范基地73hm^2。

② **正安县中观干家山茶叶种植农民专业合作社：**成立于2009年12月，是中观镇第一家茶产业农民专业合作社，由中观镇种茶大户发起。合作社立足市场为做大做强茶产业，引导农民科技种茶，树品牌，创名优，走高端，抢市场，积极努力。合作社有社员380户，其中核心社员18户。

③ **正安县黄秧坪茶叶烤烟农民专业合作社：**成立于2009年7月，有个体成员218户。合作社成立以来，着力为成员服务，强化合作社管理，实施品牌战略，探索出一条从小到大，从弱到强的发展之路。合作社工作思路是适应市场变化，创建合作社，强化服务功能，做强合作社。

④ **正安县林溪茶业农民专业合作社：**成立2011年9月，位于正安县土坪镇西北部。加工厂占地820m^2，建筑面积1240m^2，附加茶叶加工设备冷库房。共建设规模化茶叶种植基地5个、茶园逾300hm^2。加入林溪茶业农民专业合作社的有258户，主要产品有白茶、翠芽、竹叶青、毛峰、办公茶等。

（四）余庆县

自《中华人民共和国农民专业合作社法》颁布实施以来，全县经县工商部门注册登记的茶叶类专业合作社累计达82个，注册资金11178.6万元。余庆县花山苗族乡茶叶产销专业合作社是最早建立的茶叶类专业合作社，成立时间为2007年11月15日。合作社统一设立理事会和监事会，统一章程。有注册成员420人，带动茶农15327户，占农村居民总户数的21.2%。全县现有国家级示范社1个、省级示范社1个、市级示范社2个、县级示范社3个。

① **国家级示范社——余庆县玉河茶叶产销农民专业合作社：**注册时间为2009年11月12日，注册资金80万元。合作社现有成员112人，其中农民成员108人、占96.4%；注册商标有余庆绿翠、玉河翠芽等。2009年来，先后获县政府科普工作先进集体、县团

委青年创业示范基地、农业部中国茶叶十大专业合作社、第一批全国农作物病虫害专业化统防统治示范组织、全国农民专业合作社示范社称号；2013年，被评为中国高品质绿茶产区示范基地；2015年，绿茶等品种被认定为贵州省无公害农产品产地；2016年，获遵义市十佳农民专业合作社称号。

② **省级示范社——余庆县回龙村苦丁茶专业合作社**：注册时间为2007年11月25日，注册资金50万元。现有成员525人，其中农民成员523户、占99.6%；主要种植白茶、苦丁茶、绿茶，面积400hm^2；注册商标有构皮滩品牌。先后获遵义市茶叶流通行业协会理事单位、中华全国供销合作总社农民专业合作社示范社、贵州省农民专业合作社示范社称号，2017年12月，获得有机产品认证基地；2018年，获遵义市百佳农民专业合作社示范称号。

此外，还有市级示范社余庆县皇金芽茶业专业合作社、余庆县松烟镇他山茶业专业合作社和县级示范社余庆县野山坡茶叶专业合作社、余庆县水泉茶产业农民专业合作社、余庆县金山茶叶产销农民专业合作社等。

（五）务川县

务川县茶业合作社主要有：黄都镇联丰茶农协会、春味长茶叶专业合作社、雾峰茶叶农民专业合作社、鹿池茶叶产销农民专业合作社、仙龙坪探春茶叶专业合作社等。合作社以成员为主要服务对象，为成员提供茶叶种植、生产、加工、管理、产品销售以及与生产有关的技术、信息等服务。开展工作：①在茶青收购季节，协调覆盖区域内茶叶加工企业与茶农签订茶青收购协议，茶农按协议统一采摘、收购茶青；②督促、指导所覆盖区域成员按标准化要求栽植茶树、管护好茶园，为社员提供栽植、茶树修剪、施肥、培土、病虫害防治技术；③以市场为导向，督促并指导茶叶加工企业生产卫生、安全的茶产品；④协调各方推介、宣传茶产品；⑤协调辖区内茶叶加工企业与茶农在茶青收购期间的矛盾和问题；⑥承担并负责各级政府对辖区内茶农的物资发放，保证使用到位。

（六）播州区

遵义长亚种植专业合作社：成立于2016年6月21日，位于播州区三岔镇高山村，主要从事茶叶生产和经营。现有社员8人，其中专业技术人员2名，技术人员1人，从事茶叶生产40余年，具有丰富的实践经验。合作社以生产安全、优质、高端茶叶为主要目标，带动周边农户共同发展为宗旨。基地生产严格执行国家农产品质量安全要求，未使用任何化学投入品，采取人工除草，每年施油饼和农家肥供茶树生长，通过悬挂粘虫板防虫等措施实现生态化栽培，充分保障茶叶质量安全。

（七）绥阳县

绥阳县大娄山有机茶叶种植专业合作社： 成立于2012年8月。由绥阳县供销社牵头，与6个茶叶种植大户共同发起组建，以县内现有的6个茶园333hm^{2}茶叶基地为依托，吸纳茶农社员32人，吸收社员股金136.4万元（其中县供销社入股51%）。在生产发展方面，以合作社为主体，对现有茶园统一实施更新改造，同时扩大种植规模。对基地的生产实行统一调度，改传统模式茶叶生产为标准化生产，以能人大户为骨干，率先垂范发展有机茶园，加强茶叶技术培训与现场指导，提高茶园管理水平。在加工销售方面，以专业合作社自办的大娄山茶叶加工厂为龙头，由茶厂统一生产、统一包装、统一销售，打造大娄山有机茶叶品牌，以市场为导向，促进茶叶产业化经营。

茶人篇

第十六章

本章介绍遵义的茶人物，包含名人与遵义茶、现当代茶学专家、茶叶企业界人士、制茶大师和茶产业发展或茶文化传播突出贡献者几部分。

第一节　名人与遵义茶

历朝历代，茶叶都与历史上一些重要人物有重要的关联，遵义茶也是如此。不同时期都有一些著名人物与遵义茶结下良缘，并得到他们的关注，为遵义茶文化丰富了人文，增添了光彩。遵义茶业发展更是受到众多科学家、茶叶专家特别青睐，得到各界名人的关注与称赞。湄江吟社苏步青等九君子《试新茶》《湄潭茶场八景》品茶赋诗，李政道茶馆看书，谈家桢重返湄潭怀旧，陈椽命名湄江翠片，陈宗懋任湄潭茶业首席顾问和在余庆开讲座，林治任湄潭县、凤冈县茶文化研究会顾问，施杞到余庆县指导、示范、勉励、推介，张玉娇走进湄潭茶乡等，都与遵义茶业结下深厚情缘。

一、李政道难忘永兴茶馆

世界著名物理学家、诺贝尔物理学奖得主、美国哥伦比亚大学教授李政道，1942—1943年曾就读于浙江大学（贵州湄潭）。数十年后，李政道仍不忘恩师，不忘永兴茶馆。李政道撰文回忆："永兴镇上没有电，晚上只能点桐油灯，每人每月发一斤灯油，拥挤的宿舍里自习，光线很差"。李政道感到很不适应，于是他发现了一个读书的好去处——永兴的街上有几间茶馆，茶馆里聚集着乡间的茶客，喝茶、聊天，浸泡着时间。茶馆里买一杯茶，可以一直坐下去，没人管。李政道常去喝茶，就是买一个座位，找到了看书的好地方。李政道常去的茶社紧挨着大街，光线很好，他喜欢楼上，清静，没人打扰，老板看他是浙大的学生，又有礼貌，常常把靠窗的座位给他留着。李政道在一篇回忆文章中写道："我对浙大是有感情的。因为从贵州到杭州，在束星北、王淦昌先生的启迪下，开始了我的学术生涯。我在浙大的学习条件十分艰苦，物理实验是在破庙里做的，教室和宿舍就在两个会馆里。白天到茶馆看书、做习题，泡上一杯茶，目的是买个座位。看一天书，茶馆再闹也不管。"并将这段青春记忆赠文"求是湄潭受益一生"作纪念。

二、谈家桢盛赞余庆苦丁茶

1986年8月5日，中国科学院院士、上海市茶叶学会名誉理事长、遗传学家，浙江大学（贵州湄潭）教授谈家桢来遵义，由当时的遵义浙大校友会会长（浙大在遵义时谈家桢的学生）陪同到湄潭怀旧。1998年9月，狮达牌苦丁茶在中国杭州茶叶博览会上，谈家桢院士十分青睐余庆小叶苦丁茶，余庆小叶苦丁茶被谈家桢誉为绿色金子。“绿色金子”这一赞誉得到广大茶叶经销商和消费者的认同，对余庆小叶苦丁茶的品牌推广起到了非常重要的作用。

三、陈宗懋任湄潭茶业首席顾问并在余庆开设讲座

2007年10月14—16日，应湄潭县委、县政府邀请，陈宗懋院士首次到湄潭考察。参观了湄潭产茶区，对湄潭茶产业发展提出指导性意见，并接受湄潭县政府聘请，任湄潭县茶产业发展首席顾问。2017年4月，中国工程院院士、中国农业科学院研究员、博士生导师、中国茶叶学会名誉理事长、国际茶叶协会副主席、中国茶叶学科带头人陈宗懋应邀参加2017年“一节一会”，4月29日到余庆分会场，开办贵州干净茶质量安全控制技术培训讲座。陈宗懋院士从当前茶产业中农药残留出现的情况、茶叶质量安全出现的新问题及茶叶质量安全控制等方面详细分析了如何实现干净茶的质量安全控制问题。他认为，余庆县的生态环境很好，居民的房子也非常干净，特别是“干净茶”这个口号非常好。安全问题目前是影响茶叶出口的一个关键，要更好地做到干净茶，还要从选择品种、燃料、包装等方面加强技术推广，加强宣传，堵好每一个漏洞，余庆茶叶的前景将会非常美好。陈宗懋院士对余庆坚定干净茶理念，推动余庆茶出口作出了重要贡献。

四、林治任湄潭县茶文化研究会顾问

2001年7月30日至8月3日，武夷山市六如茶文化研究所所长、中国国际茶文化研究会理事林治为编写《神州问茶》，应湄潭县政府邀请来湄潭考察。林治先后考察了省茶科所、核桃坝、随阳山、八角山、西南茶城及有关茶楼、茶社、露天茶座，对湄潭悠久的产茶历史和党政重视茶产业发展，重视茶文化研究留下深刻的印象。8月1日，林治应邀举办林治茶乡论茶专场茶文化学术讲座。会上，林治受湄潭县茶文化研究会的聘请，任湄潭县茶文化研究会顾问。林治在他编写的《神州问茶》一书中，记载了湄潭茶业、茶文化发展的相关内容。

五、陈椽为“湄江翠片”命名

1980年，中国著名茶学家，安徽农学院茶业系陈椽教授来到湄潭，参观湄潭茶场、省茶科所并品评湄江茶。陈椽教授根据湄江茶外观扁平光润，色泽翠绿、埋毫不露，内质香气醇郁，汤色清澈明亮、滋味醇厚鲜爽、回味悠长，冲泡后茶叶成朵，形态美观的特点，将湄江茶更名为“湄江翠片”。

六、施杞高度评价余庆苦丁茶

1998年8月，在上海召开的首届狮达牌小叶苦丁茶沪上研讨推广会上，中华中医骨伤科学会会长、上海市中医药学会会长、上海市科委中医药专业委员会主任、世界中医骨伤科联合会执行主席、国家科学技术委员会评审委员、全国中医药临床医学专业学位教育指导委员会委员，国家药典委员会委员、上海市新药评审委员会副主任、“九五”国家中医药科技攻关专家委员会委员施杞教授，高度评价余庆小叶苦丁茶，他认为“本品所具有的药效作用有着重要的临床意义……本品极具保健价值，前途光明”。施杞教授十分关注余庆小叶苦丁茶在中医药领域的应用和推广，他对余庆小叶苦丁茶药理方面的认定具有权威性。

七、张玉娇走进茶乡

2001年，经贵州省科协推介，中国科学院生物研究专家张玉娇选中湄潭县洗马乡兰家坝茶园试作为在贵州推广生物杀虫技术的主要试验基地。9月下旬，张玉娇到湄潭作茶叶生物防虫试验，她和助手一起收集第一手资料，试验推广中国科学院葛峰博士主持并研制成功的茶毛虫性信息素引诱剂生物防虫技术。张玉娇介绍：将茶毛虫性信息素引诱剂放置在茶园里，并不与茶叶直接接触，引诱雄毛虫致死或昏迷，使之不能与雌毛虫成功交配，从而达到把茶毛虫控制在不至于危害茶叶生长的数量范围内，保障茶叶健康生长的目的。其防治成本在每亩1元左右。

八、鞠萍在象山拍摄《大手牵小手》栏目儿童舞蹈

2016年“一节一会”在湄潭召开，中央电视台少儿频道著名主持人鞠萍受聘担任贵州茶文化大使。2017年3月27日，鞠萍及其节目编排团队来到湄潭，到象山茶博公园、七彩部落等地，详细了解《大手牵小手》栏目来湄录制室外实景场地准备情况。此后，现场录制了鼓乐迎宾聚茶乡等少儿舞蹈并在中央电视台播出，充分展示了湄潭浓厚的茶艺、茶文化、茶风情。

第二节　现当代茶学专家

20世纪30年代末，中央实验茶场在湄潭创立，多位来自全国各地的著名茶叶专家汇集湄潭。1943年秋，贵州省立湄潭实用职业学校在湄潭创立，培养了一些著名的茶人。新中国成立后，带着中央实验茶场基因的省茶科所、湄潭茶场，吸引来自全国各地的青

年学者，通过几十年的发展，也涌现出众多为贵州乃至全国茶业做出重要贡献的专家学者。改革开放以来，随着湄潭茶叶产业的发展，又涌现出一大批知名的茶叶企业界人士和茶文化研究者。下面选介的仅是其一部分（以出生年份为序）。

一、林 刚

林刚（1891—1979年），浙江平阳人。林学家，中国经济林科研开拓者之一，湄潭油桐、油茶种植组织实施者，中央实验茶场第三任场长，浙江林学院教授。

1931年，中央农业实验所创办，受邀担任技正，主要从事林木栽培、栽植研究。1944年夏，中央实验茶场第二任场长李联标到美国康乃尔大学深造，中央农业实验所委派林刚接替李联标任场长，成为中央实验茶场建立以来第三任场长。当时，中央实验茶场除研究茶叶，还要承担森林、油桐、油茶、乌桕、小麦等研究。林刚擅长油桐、乌桕、油茶研究，经他努力提倡，湄潭县农村除大力发展茶园外，开始广泛栽植油桐树、油茶树。在此后较长一段时间，桐油、油茶成为湄潭农村重要产业，也是广大农户主要经济来源。1946年，中央农业实验所迁回南京，林刚也随之调回。新中国成立后，先后担任林业部广西油桐研究所副所长、研究员，湖北农学院（现长江大学）教授，中国林业科学研究院研究员，浙江林学院教授。

二、朱源林

朱源林（1900—1996年），浙江金华人。林学家、木本植物油料专家，贵州茶叶、经济林科研开拓者之一，中央实验茶场第四任场长。

1939年春，国民政府经济部联合中国茶叶公司，由中央农业实验所派遣茶叶、林作、农作专家到西南各地考察、选址，筹建中央实验茶场。朱源林作为考察筹建组成员，跟随著名茶叶专家张天福、李联标等，辗转西南各地。中央实验茶场建立后，朱源林作为中央农业实验所森林系派驻负责人留场，主持油桐、森林等方面试种和研究。1946年，继刘淦芝、李联标、林刚后担任第四任场长。他担任场长期间，中央实验茶场改名农林部中央农业实验所湄潭实验茶场。新中国成立后，中央实验茶场隶属贵州省农业厅，更名贵州省农业改进所湄潭桐茶改良场，任命朱源林为接管后第一任场长。此期间，象山茶园得到开发，全县茶园面积进一步拓展。1953年，朱源林调贵州省林业厅，负责全省经济林木技术指导。

朱源林是在湄潭中央实验茶场工作最长的专家，时间长达13年，对湄潭茶叶发展贡献显著。著作颇丰，撰有《湄潭茶场的创建和沿革》等专著。

三、刘淦芝

图 16-1 刘淦芝

刘淦芝（1903—1995年），河南商城人，中国著名茶学家、昆虫学家，中国现代茶科学、茶文化开拓者（图16-1）。

20世纪20年代，刘淦芝从清华大学毕业，随即赴法国勤工俭学，之后攻读美国俄亥俄州立农工大学硕士和哈佛大学昆虫学博士学位。20世纪30年代初回国，任安徽祁门茶业改良场病虫害虫研究室主任。1936年任全国经济委员会茶技讨论会会员，主要从事昆虫及茶树害虫研究。

1939年9月，国民政府经济部派遣所属中央农业实验所和中国茶叶公司专家张天福、李联标等人到贵州湄潭，筹建实验茶场，刘淦芝出任首任场长。建场初期，率领员工在象山开垦茶园37hm^2，在桐子坡品种园种植来自福建建宁、广东怀集、广西南丹等14省166县和近20个茶场茶籽品种，开湄潭大面积种茶之先河，也是贵州乃至中国西部近代大面积创建新式茶园和茶树品种园的开始，使湄潭成为当时中国首屈一指的茶叶生产研究基地。中央实验茶场与西迁湄潭的浙大合作，使湄潭茶经济、茶文化赢得较快发展机遇。刘淦芝在湄潭所著《中国近代害虫防治史》和中央实验茶场著《论发展贵州茶叶》等文章在当时和今天都产生重大影响。

刘淦芝担任中央实验茶场场长期间，兼任浙大农学院病虫系教授，促成浙大与中央实验茶场共同组建贵州省立湄潭实用职业学校，为湄潭乃至贵州培养上百名茶叶和蚕桑实用技术人才。刘淦芝还在湄潭建立中国西部首个茶虫实验室，亲自主持茶树害虫研究，写成中国最早的茶树害虫调研报告《湄潭茶树害虫初步调查》和《世界茶树害虫名目》。

刘淦芝非常热衷茶文化和诗词。1943年2月，与著名教育家江问渔等爱好诗词的9名教授创办湄江吟社，留下不少诗作。

1943年秋，河南蝗灾猖獗，国民政府林部特派刘淦芝赴豫治蝗，自此再未能回到湄潭。后来，国民政府派遣他到台湾地区接管茶业和糖业，并出任茶业公司总经理和糖业公司顾问。1989年，贵州省茶科所举办建所50周年纪念活动，刘淦芝从台南来信："当年种的茶桐花木现在不知情况如何，尤其是沿溪八百株桂花……'湄红''湄绿'曾名闻全黔，现在如何？……我一生做事，以湄潭最为愉快、业务重、规模大，师友多也！至今念念不忘怀。"

四、张天福

图 16-2 张天福

张天福（1910—2017年），上海人，祖籍福建福州，著名茶学家、中国茶叶界泰斗、现代茶业开拓者、中国当代十大茶人之一，福建省农业科学院茶叶研究所技术顾问（图16-2）。

1939年春，作为茶叶界唯一代表，张天福在重庆全国生产会议提出《发展西南五省茶叶》提案，引起国民政府高度重视，受到蒋介石、孔祥熙等高层接见。会后，国民政府经济部派遣所属中央农业实验所和中国茶叶公司两家人事、茶叶、特作等专家，联合到四川、西康、云南、贵州考察选址，筹建实验茶场，发展茶叶经济。张天福奉命与中央农业实验所人事股长王涛率考察组艰辛跋涉，先后到四川、云南和贵州多个茶区实地考察。几经比较，最后选定在湄潭创建中央实验茶场。1939年9月，他带领茶学专家李联标、林木专家朱源林等筹建组成员来到湄潭。1940年春，正式成立中央实验茶场，并具体组织实施租地、租房、建房、开荒、植茶、试验、招工、培训等事宜。筹建工作刚刚就绪，1940年夏，他被福建急召回去创建示范茶厂。张天福的提案和亲自到贵州进行实地考察、创建湄潭实验茶场，为湄潭乃至贵州茶产业打下坚实基础，为湄潭和贵州茶业开拓和起步做出不可磨灭的贡献。

新中国成立后，张天福历任福建省崇安茶厂厂长、中国茶叶公司福建省公司技术科长、福建省农业厅茶叶改进处特产处茶叶科科长和副处长等职。长期从事茶叶教育、生产和科研，特别在培养茶叶专业人才、创制制茶机械、提高乌龙茶品质等方面做出突出成就。20世纪90年代，进入耄耋之年的张天福，仍然坚持参加各项茶事活动，致力推广茶文化，贡献卓著。2005年荣获“中华茶寿星”称号，2007年荣获“觉农勋章”和“老茶人贡献奖”，是全国54位获此殊荣老茶人之一。

五、李联标

图 16-3 李联标

李联标（1911—1985年），江苏六合人，中茶所栽培研究室原主任、研究员，茶学家、茶树栽培和育种专家，贵州茶叶科学奠基人，贵州茶叶职业教育之父，中国当代十大茶人之一（图16-3）。

1939年，参与筹建中央实验茶场，先后担任技士、技术室主任、代理场长。在中央实验茶场期间，在确证中国为茶树原产地、开辟中国茶树生态学研究、发展茶树高产栽培、培养茶叶科技人才等方面做出卓越成果。在任中央实验茶场技术室主任时，拟订全国茶树品种征集与鉴定研究项目，先后在全国14个省征集270个地方品种栽植于湄潭桐子坡。1941年，自带行李，步行对湄潭、凤冈、务川、德江四县的茶树地方品种开展调查，在务川县老鹰山岩上首次发现中国野生乔木型大茶树。他根据植物演化历史与古地理、古气候研究成果以及茶树原始形态、生化、细胞学特征，论证茶树应原产于中国西南地区。在中央实验茶场期间，他还倡导职业教育，担任湄潭实用职业学校第一期茶科班主任，为湄潭及贵州茶叶事业培养一大批骨干力量，被誉为贵州茶叶职业教育之父。

新中国成立后，相继任中茶所研究员、栽培研究室主任，全国茶树品种审定委员会副主任，中国茶叶学会常务理事、副理事长、顾问等职务。1963年，主持各种茶树密植试验，探明密植增产科学规律，提出株数、覆盖度、芽密度、种植密度概念及茶树丰产动态概念，对密植增产原理是一个重要发展，并促进20世纪70年代后期密植免耕栽培法的产生。1979年，当选农业部科技委员会委员，主持农业部重点科研项目——茶树品种资源保存利用研究。在他指导下，中茶所和云南省农科院茶叶研究所于1981年共同组成茶树资源调查组，对中国茶属植物分布最集中的西双版纳等16个市（地、州）60个县进行普查，征集茶树资源材料410份。

李联标著作颇丰，主持编写《中国茶树栽培学》，发表《不同生态型茶树引种研究》等论文，丰富了中国茶树种质资源宝库。

离开中央实验茶场后，李联标对湄潭怀有深深眷恋，晚年曾应邀到湄潭回访。1984年9月，李联标第4次也是最后一次到湄潭，出席省茶科所建所45周年纪念活动，并作学术报告。

六、徐国桢

徐国桢（1913—2007年），江苏苏州人，茶学家、真菌学专家，农业教育家，1940—1947年任中央实验茶场技士，其中1944年，场长李联标赴美留学期间，曾代理场长（图16-4）。

图 16-4 徐国祯

在中国茶界，徐国桢被公认为金花菌研究创始人，被誉为中国金花菌之父。在中国茶叶公司任职时，就开始对金花菌试验研究。他挑取少许菌种接种于PDA培养基上，在室温24℃下培养5天，再行单孢分离获单孢菌种，取得初步成果。到湄潭后，负责制茶及茶树育种研究，同时继续开展茯茶金花菌研究。在研究试验中，他发现发花的茯茶，汤色变棕红，滋味变醇和，便确定茯砖茶独特的保健功能主要来自茶中一种金黄色颗粒状菌种黄霉菌（俗称金花）。金花生长好的茶滋味醇和，没有苦涩味或少有苦涩味，更能去油腻、利消化。据此，他把金花有无成为后来判定茯砖茶品质标准——金花普茂（即普遍、茂盛、颗粒大、色泽鲜艳、呈金黄色、不含杂菌）则是上佳茯茶，没有金花则不合格。根据研究，徐国桢撰写了《茯砖茶黄霉菌的研究》《砖茶黄霉菌的发酵作用》等专著。金花菌的发现，确定了徐国桢在茶叶科学界的重要地位。徐国桢从事农业教育和研究工作60余年，主编有《作物栽培学》《农业中专学校管理》等图书，培养出不少在中国茶界、真菌界卓有建树的专家。

徐国桢在中央实验茶场工作期间，还与李联标合著《云南大叶茶引植湄潭之适应性观察》等研究论文，这些研究成果至今仍对湄潭茶叶产业发展产生重要影响。

徐国桢的许多科研成果，得益于在中央实验茶场的工作。离开后，他念念不忘湄潭，把湄潭作为他取得科研成果最重要的地方，多次撰文回忆这段历史。

七、夏怀恩

夏怀恩（1917—2005年），四川新都人，著名茶昆虫学家，省茶科所研究员，两次贵州省劳动模范获得者（图16-5）。

图 16-5 夏怀恩

1953年由四川农业改进所调湄潭茶试站任科研室主任。他终身从事茶树病虫害防治研究并取得突出成就。20世纪50年代中期，贵州省湄潭实验茶场茶毛虫成灾，工人用石灰在茶园杀虫，身体受到伤害很大。为解决虫灾泛滥，他积极探索防治方法，经多次试验，配置成一种土农药，对30多种虫害都有显著效果。这项防治方法不但在省内广泛推广，还被四川、湖南、重庆等地茶场采用。在长期昆虫研究中，收集整理出多种害虫标本，其中确定茶树害虫标本320种，并建成国内茶树害虫与天敌种类最齐全、数量最多的昆虫标本室。20世纪60年代，越南通过中茶所带来茶树“癌症”标本；20世纪70年代，湖南省农科院茶叶研究所病害专家带着溃疡标本来到标本室寻求解答。他鉴定后指出，产生在茶树上的疮疤，不是癌症，也不是溃疡，而是茶枝瘿蚊为害所致。他经多年实践探索，率先于20世纪60—70年代，提出茶树害虫综合防治技术，进而提出天敌保护利用新观念，受到国内同行认可。

1975年11月，中茶所主持的中国南方茶树病虫害座谈会在省茶科所召开，他提出茶树害虫天敌调查研究和保护利用观点，受到与会8省25单位专家学者赞同。1981年，中国昆虫学会在黄山召开自然天敌利用与害虫问题讨论会，他又提出茶树害虫生物防治的另一途径——保护利用自然天敌控制害虫的新论点，受到与会专家学者好评。他探究课题“茶树害虫生物防治研究”“茶网蝽生物防治的研究”分别获1978年贵州省科学大会和1979年四川省科学大会重大科技成果奖；“贵州省茶树害虫种类调查”“茶树害虫天敌调查初报”“茶树害虫自然天敌的保护选用研究”获贵州省科技成果三等奖。历年来，共发表论文22篇，科普文章210余篇。撰写《贵州茶树病虫害防治法》《贵州茶树病虫害防治》等专著，担任《贵州农林昆虫志》茶树害虫部分编写。

1956年、1983年两次获贵州省政府劳动模范称号。先后38次被评为各级农业劳动模范、群英会标兵、先进工作者。

八、邓乃朋

邓乃朋（1918—2002年），天津人，省茶科所研究员，茶叶种植专家、贵州茶史专家，茶文化研究专家（图16-6）。

图16-6 邓乃朋

1953年底，调入省茶试站，历任研究室副主任、茶栽研究室和情报资料室主任、研究员。20世纪60年代初期，被安排到湄潭永兴分场一队3号茶园，主持茶树丰产实验。1962—1964年，在艰苦条件下带领工人致力科研，总结出茶园丰产理论，并创造中叶苔茶每公顷产鲜叶15880.5kg（其中1~2级鲜叶占83%以上）纪录。

1973年，从永兴分场回到科研岗位，转入中国和贵州茶史、茶文化研究，时值“文化大革命”期间，资料搜集难度很大。在极其困难条件下，他潜心搜集考证贵州和中国古代茶史资料。1975年，完成《我国古代茶叶科技史料辑录》；1978年，完成《说“诗”中的茶》；1980年7月，完成《唐·陆羽茶经注释》，此为全国《茶经》之研究时间较早、影响较大、价值较高文本之一。是年，获省科技成果进步奖。1981年，完成《贵州产茶史》，成为贵州茶叶历史经典之作。

1983年调回贵阳，1984年9月，再次回到湄潭，出席省茶科所建所45周年庆祝会暨学术报告会，作题为《饮茶由来》专题报告。

他是为数不多的就读于抗战时期西迁湄潭的浙大农学院，毕业后又长期在湄潭从事茶叶研究的科研人员。在湄潭茶叶种植、丰产和贵州茶史、茶文化研究等方面成果丰硕，其多篇茶叶历史、茶文化专著在贵州茶界颇具影响。晚年从事教学，桃李满天下，是贵州茶叶界科研、教育俱知名的茶学家、茶文化专家。

2002年，邓乃朋因病去世，中国著名茶诗人钱时霖题诗对其表示悼念。诗曰："黔省茶星有邓君，科研教育俱知名；《茶经注释》传佳话，陆学弘扬赖费神。"

九、刘其志

刘其志（1923—2015年），贵州遵义新舟人，高级农艺师，贵州茶树新品种选育开创人、中国茶叶学会茶树品种研究组成员、中国茶树良种审定委员、中国著名茶树育种专家、省劳动模范。享受省政府特殊津贴，曾任省茶科所育种研究室主任。

1941年春，录用为中央实验茶场半工半读练习生，先后得到名师李联标、徐国桢、朱源林等教诲，跟随李联标开展茶树品种调查。李联标离开中央实验茶场后，他接过全国茶树品种征集与鉴定重大研究课题，对茶起源与演化及分布进行研究。此课题涉及中国南方13省270县地方茶种征集与鉴定，为新中国成立后良种选育工作奠定基础。

新中国成立后，被委派负责茶树育种研究。他奔赴全省各地，开展贵州地方茶树品种资源调查、收集、整理与鉴定，初步查明贵州茶树至少有35种群体品种类型，其中代表性的有湄潭苔茶、务川大树茶、仁怀丛茶、石阡苔茶等17个品种类型。调查成果报送中茶所，汇编入《全国茶树品种志》。

20世纪60年代中期，先后发表"湄潭苔茶主要特性的观察与鉴定""茶树品种调查与鉴定""贵州茶树资源现状"等论文。1966年，论文"茶的起源演化与系统分类的商榷"首次明确提出"茶树起源时期在新生代第三纪，茶树原产区的中心在云贵高原"。1979年，发表"贵州茶树品种资源种类与起源"文章。根据贵州地理条件，原有茶树品种资源分布状况，将贵州划分为黔东南古老茶区、黔南苗岭茶区、黔西南乌蒙山茶区、黔北大娄山茶区、黔东北武陵山茶区、乌江中游茶区和黔西高原茶区7个茶树品种生态区系，明确提出"贵州是茶树原产地区之一"观点。1981年，发表"再论茶的起源与原产地"论文，被贵州省科学技术协会评选为优秀论文二等奖。1982年，参与《中国茶树栽培学》撰稿，编写"我国是茶树的原产地"一节，其主要内容包括茶树起源、茶树原产地及其中心地带和茶树原始型与分区演化3部分8000余字。他在20世纪60—80年代发表的3篇有关茶树原产中心在贵州的重大论文，逐渐被茶界所认可。

他在新品种选育研究与繁殖推广方面成果颇丰，部分新品种分别于1990年、1991年分别获贵州省科技进步二、三等奖，个人多次被省茶科所、贵州省农业厅评为先进工作者。

十、王正容

王正容（1925—2003年），四川泸县人，省茶科所原所长、高级农艺师、茶叶专家、贵州茶叶加工带头人。

1941年，考入中央实验茶场培训班，师从李联标做练习生，由一名技工成长为技术助理员。

1947年7月至1948年8月，被中央农业实验所推荐进入中国台湾地区茶叶公司学习，得到中央实验茶场首任场长、时任中国台湾地区茶叶总经理刘淦芝照顾和指点，学习结束返场晋升为技佐。

1949年11月，王正容被指定负责贵州省湄潭桐茶实验场科研工作。为响应整个农业科技工作为当时当地服务方针，他带领科技人员和技工，从湄潭赴安顺、镇远、石阡、仁怀等产茶县开办茶技培训班，推广老茶园更新复壮、采养结合和红绿茶初制加工技术。20世纪50年代中期，贵州省茶叶公司委托湄潭茶试站加工各地红毛茶，王正容主持改造分筛、切茶、抖筛、挥炒等铁木结构精制机具，增加茶叶产量，提高农民收入，使贵州茶叶出口创汇成倍增长。

1960年，省茶试站扩建为湄潭茶场、省茶科所，实行两块牌子、一套人马机制，他被任命为省茶科所副所长。1973年，湄潭茶场和省茶科所分开单独建制，王正容任所长，并担任贵州省茶叶学会副理事长、理事长。

他主持省茶科所工作期间，在红碎茶加工领域和制茶机器改造方面做出显著成绩，在密植免耕栽培、国家级良种选育、病虫害生物防治等方面，研究出具有全国领先水平成果。1963—1977年，为扩大红碎茶出口，他率先在湄潭茶场参与全国性大试验、大改制。

1978年，他接受外经部茶叶进出口总公司委托，组织贵州省外贸、劳改系统科技力量进行立项设计，并参与全国大试验。

1978—1979年，他从改革原有机械入手，以充分发掘利用中小叶种内含物质“揉、切、分”工艺为突破口，取消传统大中型平盘揉捻机重揉打条，用贵州省羊艾农场改进后的转子机搓揉，比原有打条再揉切缩短工时8倍，既保持切细的颗粒茶色泽翠绿特点，也为下步发酵提供可控条件，对提高成茶滋味浓强鲜有了可靠保证。此试验成果被湖南、广西、云南、贵州等省茶场纷纷引用，省茶科所因此连续两次被评为省级先进单位。他主持红碎茶初制揉切分连续化生产工艺研究在国内领先，1982年获贵州省科技成果二等奖、外经部三等奖。

2003年7月1日因长期劳累，心脏病复发辞世，享年78岁。

十一、牟应书

牟应书（1928年—），贵州绥阳人，高级农艺师、茶叶专家，贵州“三绿一红”推广品牌——“绿宝石”创立者。

1946年7月，贵州省立湄潭实用职业学校茶科毕业，在中央实验茶场从事桐茶试验，任实习生、技术员，师从全国著名茶学专家李联标、著名林业专家朱源林等，从事茶树栽培、茶叶加工和油桐育种等研究。新中国成立后，历任湄潭茶场技术股长、队长、技术员、农艺师，永兴茶场场长等职。其间，与场技术人员一起，在中央实验茶场湄潭龙井基础上，创制出新中国成立后贵州第一个名茶品牌湄江茶（后改为湄江翠片）。1983年6月，晋升高级农艺师。1983年8月，调贵州省农业厅组建农工商公司并任副经理，主持全省农垦系统茶叶开发。1984年，任贵州省茶叶品质评审委员会副主任委员、杭州茶叶机械总厂经营技术顾问。1987年，担任《中华传统食品大全·贵州传统食品》编辑委员会委员。

长期从事茶叶种植、加工研究，率先在气温较高的罗甸等县建设上万亩红碎茶生产基地，又在气温适中的印江县等地建设数千亩优质绿茶基地，并指导研制开发梵净翠绿、梵净田峰等省优名茶。1991年退休后，仍指导贫困山区茶叶生产。1994年，在贵阳创办春秋实业公司，研制春秋牌高品质绿茶系列产品。他是贵州茶叶品牌绿宝石创立者，绿宝石成为贵州“三绿一红”著名推广品牌。

十二、林蒙嘉

林蒙嘉（1929—2019年），四川南充人，省茶科所育种教研室主任，茶叶育种专家、野生茶树专家、高级农艺师。

1963年，调省茶科所育种教研室，曾任该室主任。当时，正值国民经济进行调整、巩固、充实、提高阶段，农村产业结构调整，各地茶叶生产开始复苏，新茶区得到发展。在湄潭等产茶区，一批茶园特别是老茶园、低产茶园需要更新，急需一批茶树优良品种。

自20世纪60年代以来，全身心投入茶树选种育苗，先后参与选育出黔湄419~701号等4个全国优良茶树品种，获得贵州省科委二等科技进步奖。这些茶树育种优良品种，在全省得到广泛推广，对推动贵州产茶区茶叶生产发展有突出贡献，使一些乡镇、村茶产业实现跨越式发展，奠定今天贵州产茶大省基础。

20世纪80年代初，参与贵州省组织的由茶叶育种专家参加的对全省野生茶树资源品种调查，发掘普定大树茶、贞丰坡柳茶、务川大树茶、兴义七苦茶等茶树品种资源，撰写论文、试验报告、调查报告10余篇。通过全省野生茶树资源调查，在睛隆发现茶树新种2个。现存放于贵州省茶学所标本室的四球茶茶籽化石，就是他与卢其明等科研人员在晴隆调查茶树品种时发现。四球茶茶籽化石世界罕见，证实中国是茶叶生长故乡，贵州是茶树原生地。

他毕生从事茶叶育种，有多篇茶叶著作面世。主持贵州大树茶的核型研究并发表论文5篇，其中3篇在全国《植物学报》发表，经国家著名专家认可，获贵州省科委科技进步三等奖。在茶叶育种方面也有突出贡献，获1981年贵州省农业厅先进工作者表彰。

十三、郑茂材

郑茂材（1936—1995年），湖北咸宁人，省茶科所原所长、高级农艺师、茶树病毒学专家。

1962年到省茶科所从事茶树病虫及病毒研究。1988年，评聘为高级农艺师，曾任所植保研究室副主任、主任，所学术委员会副主任、主任，担任贵州省茶叶学会理事。1989年，担任省茶科所所长。

20世纪60年代，在植保专家夏怀恩指导下，参加贵州茶区主要病虫害及其天敌调查研究。1973年，主持茶树害虫病毒研究取得丰硕成果。率先从云贵高原19种茶树害虫自然罹病幼虫中，分离出各类病毒22种，其中8种为国内外首次记录、首次报道，填补中国西部茶树害虫病毒研究空白。在研究中，撰写发表多篇文章，其中“云尺蠖的一种核型多角体病毒”“在云贵茶区发现的茶树病虫病毒”“茶树害虫天敌保护利用途径”“贵州茶园及森林害虫病毒记述”等论文分别在《贵州农业科学》《茶叶科学》及其他刊物发表。1989年，中科院武汉病毒研究所主持召开首届全国昆虫病毒学术讨论会，他交流发表有关茶树昆虫病毒资源调查及利用情况。1979年，参与贵州茶树害虫种类调查研究项目，获贵州省科技进步三等奖。

他毕生从事茶树病虫防治及病毒研究，致力推进全省茶园建设。1968年，与所科技人员被派赴桐梓县高桥区红光大队茶场驻点，开展农村新茶园建设和丰产栽培示范。经三年蹲点指导，该茶场成为全地区、全省农业学大寨先进典型和全国先进单位，并向外辐射推动遵义地区和全省乡村茶园大发展，形成20世纪70年代前期茶叶发展高潮。在他和同仁积极帮扶下，历史上不种茶的道真县，发展建立农村社队茶场几十个，茶园面积逾2000hm^2，结束多年来吃茶不产茶历史。

20世纪90年代初，他关注贵州富硒茶资源开发利用，积极参与贵州天然富硒茶资源实地考察研究。1993年，与冯绍隆等科技人员帮助湄潭县建成富硒风味食品厂。1994年，贵州天然富硒茶研究获国家科委和陕西省政府联合颁发的后稷金像奖。他在茶叶领域研究成果突出，多次被贵州省农业厅和各级表彰为先进工作者。

十四、张其生

张其生（1937年—），上海人，高级农艺师、贵州茶叶研制专家，贵州茶文化、茶科技史研究专家。

1957年大学毕业后，分配到贵州省湄潭茶试站从事茶叶加工和茶文史研究、历任制茶组长、科技管理科长、所务委员、所学术委员兼秘书。1987年评聘为高级农艺师，相继聘任为贵州省茶叶协会专家组成员，贵州创新茶叶科技发展研究中心副主任、首席茶文化专家，中国国际茶文化研究会理事、民族民间茶文化研究中心专家组成员，吴觉农茶学思想研究会和湄潭县浙大西迁历史文化研究会成员，担任贵州省茶文化研究会常务理事。

1957—1978年，在从事红茶研究中，完成黔红工夫茶品质研究、分级红茶试制、红碎茶转子揉切机研制，并在湄潭、羊艾、花贡等省内多家国营茶场进行红碎茶试制和推广普及。1974—1976年，参与贵州省红碎茶试验并任组长，在羊艾驻点三年进行机型改革，研制出滚切式转子机及其相应制茶工艺，并在全国测试交流会被推荐为样机。在试验中，提出红碎茶六级发酵叶象控制适度发酵新论点，被全国高等农林院校统编教材《制茶学》以及华南农学院《红茶制造生物化学》收录。

20世纪70年代末，由红茶、名茶研究转入科技管理，经15年努力，完成58万字《贵州茶叶科技史研究》编撰。80年代初，与省茶科所专家主持贵州历史名茶研究，完成省内首次对石阡坪山、贵定云雾、都匀毛尖等9个历史名茶系统调查研究，1982年获贵州省农林科技成果二等奖、贵州省政府二等奖。80年代中期，主持完成贞丰坡柳、独山高寨、黄平回龙、从江滚郎等历史名茶调研，成果分别在《贵州茶叶》发表。90年代，除参与名优绿茶研制，还参与《中国名茶研究选集》《中国名优茶选集》《贵州绿色食品》《企业春秋》编写和自编《贵州名优茶选编》，1996年被《中国名茶志》聘为编委和《贵州卷》主编。1997年，获贵州省科技成果一等奖。

他毕生致力茶文化研究，成果丰硕。20世纪80年代中期，受贵州省农业厅委托承担《贵州省志·农业志》和《贵州省志·科技志》茶叶部分10万余字编写工作，协助遵义地区科委编写有关茶叶科研条目。2010年，参与编写15万字《贵州茶百科全书》。1997年退休后，悉心发掘整理贵州茶文化，先后在《贵州茶叶产业的开发与应用》《湄潭文史资料》《茶叶机械杂志》发表茶文化研究文章10万余字。合著、参编《中国名茶志》《中国茶典》《茶树栽培与茶叶制造》等20余部。撰写茶科研、茶教材、茶文史、茶人物等400余篇600余万字。获贵州省农科院贵州省农业科研突出贡献奖、中国茶叶学会奉献奖、觉农勋章奖和老茶人贡献奖。

十五、冯绍隆

冯绍隆（1938年—），四川德阳人，省茶科所研究员，茶叶专家，茶树密植免耕快速高产综合栽培技术研究主要人员，享受贵州省政府特殊津贴。

1962年，从贵州农学院农学系毕业后，到省茶科所工作，一直从事茶叶栽培研究。相继担任栽培研究室主任、学术委员会副主任、主任等职。1992年晋升研究员。1993年，被聘为西南农业大学教授、贵州省自然科学技术职称评审委员、贵州省科委农学组成员、贵州省植物生理学会副理事长、中国茶叶学会理事。1994年4月，被聘为贵州省政府参事，享受贵州省政府特殊津贴。

从事茶树栽培研究30多年，潜心茶树密植免耕等方面科学研究，成果丰硕。20世纪70年代，与吴子铭、李明瑶主持系统研究，提出一套茶树快速高产稳产新技术——茶树密植免耕，是全国茶树栽培技术的一项重大革新。此研究成果在全国产茶区推广，先后有16个产茶省、1万余人次到湄潭参观取经，14个省茶园推广应用面积逾6.7万hm^2。主持过多项茶领域技术研究，先后在全国刊物发表茶技论文70余篇，多次获全省和全国优秀科技论文奖，有科研成果11项。其中茶树密植免耕快速高产综合栽培技术研究1978年获贵州省科学大会重大科技成果奖，1984年被国家科委列为全国重点成果推广项目；主持茶树组合密植研究，1993年获联合国科技信息促进系统（TLPS）发明创新科技之星奖；主持贵州天然富硒茶研究，1994年获国家科委、陕西省政府联合颁发的后稷金像奖，1996年获贵州省科技进步四等奖。

多次获省茶科所、贵州省农业厅先进工作者及全省先进科技工作者荣誉，并获国家人事部优秀专家称号。1994年11月，以贵州省政府参事名义提出“贵州的富硒食品资源与天然保健农业开发”的建议，受到贵州省政府重视。

十六、吴子铭

吴子铭（1938年—），四川人，研究员，茶园土壤学家，享受贵州省政府特殊津贴。

1962年起，在省茶科所从事茶园土壤研究，先后任栽培研究室副主任、副所长。1998年退休后，组建贵州省创新茶业科技发展研究中心并任主任、贵州省茶叶专家组副组长。

在省茶科所从事科研近30年，在“茶树密植免耕快速高产综合栽培技术研究”项目中，对不同的免耕时间条件下的各种因素进行全面动态研究，不仅为茶树密植免耕高产提供了科学依据，而且发现茶树群体结构在提高土壤肥力上有着特殊作用，从而提出茶园蓬心土壤概念，并立项主持茶园蓬心土壤肥力效应的研究。在“茶园土壤有机质自然平衡作用研究”中，又提出茶树具有自肥作用的论点，从理论到实践都达到国内先进水平，受到中科院院士、著名土壤学家侯光炯教授的肯定，并给予了高度评价。

他的研究成果及其创新学术论点，被中茶所主编的《中国茶树栽培学》和中国土壤研究所主编的《中国土壤》等专著引用，并收入《全国农业科技成果大辞典》。1992年成为贵州省首批国务院颁发的特殊津贴专家，获贵州省农业先进工作者称号，成为贵州省第三届青年联合会会员，中国科技专家委员会成员。

十七、孙继海

孙继海（1938年—），贵州赤水人，茶叶专家，茶树栽培及土壤化肥专家。

1958年遵义农校茶叶专业毕业，到贵州省湄潭茶试站。后任省茶科所副所长、副研究员。毕生从事茶叶科研，主要进行茶树栽培及土壤化肥研究，成果显著，主持和参与多项茶叶科研项目，发表学术论文数十篇，获得多项科研成果奖，4次参加全国性专业学术交流会。

1978—1981年，与吴子铭等以湄潭流河渡茶园为试点，采用深耕、补密、增肥、稳水对原低产老茶园进行综合改造。3年期间，全园茶叶每公顷产量由原来585kg提高到810kg。1981年，此项研究成果在全国茶叶科学技术大会作为重要论文宣读，引起强烈反响。此后，全国不少单位来湄潭参观，贵州省农展馆还将此项成果在全省茶区巡回展出。

1977—1988年，与吴子铭主持茶园蓬心土壤肥力效应研究，前后经历12年，先后整理发表有关研究资料4篇。研究表明，蓬心土壤对茶树有良好影响，根系分布数量占绝对优势，生长力强，土壤成熟快，增强茶树对土壤自肥作用能力，为创造高产、稳产土壤创造条件，同时也为茶园免耕和管理土壤提供理论根据。茶园蓬心土壤肥力效应研究，取得良好生态效益和经济效益，比普通茶园增产1~3成。1990年，获贵州省科技进步三等奖。

担任省茶科所副所长期间，主要负责科技研究，多次组织科研人员到全省茶区举办各种类型科技培圳和茶文化知识讲座。组织省茶科所科研人员应邀承担安徽农学院、浙江农林大学、西南农业大学、贵州大学农学院、遵义农校、安顺农校茶叶专业课讲授，同时为贵州、云南各地茶场、茶叶加工厂举办种植、加工等培训班，培养大批茶叶专业人才。

十八、陈流光

陈流光（1939年—），贵州遵义人，省茶科所植保研究室原主任，茶树病虫专家、高级农艺师、贵州省政府特殊津贴获得者。

1966年，中国农业大学植保系毕业，到湄潭县农业局植保站从事大田病虫防治。

1980年，调省茶科所从事茶园病虫防治研究，历任所植保研究副主任、主任、所务委员。1988年，评聘为高级农艺师。1994年，获贵州省政府特殊津贴。

20世纪80年代中期，加入植保专家夏怀恩主持的茶树害虫自然天敌保护利用研究，参与制定茶树害虫自然天敌保护利用措施，研究成果1989年获贵州省科技进步三等奖。20世纪90年代，对茶园病虫预测预报研究，针对贵州茶园为害较重的茶小绿叶蝉、茶白星病、茶棍蓟马、茶树瘿蚊等病虫，从生物学和生态学等方面进行长期系统调查研究，并把生物统计研究成果用以指导茶叶生产单位进行病虫防治，获得较大经济和社会效益。撰写"茶小绿叶蝉发生规律、测报及防治技术研究"论文，被国际粮农组织收入《农技索引》摘刊。茶小绿叶蝉测报及防治技术研究和茶白星病病原发生规律、测报及防治技术研究两个课题项目分别于1991年、1994年获贵州省科技成果三等奖。

1991—1995年，参与中茶所主持的茶树主要病虫害综合防治技术研究，深入研究黑刺粉虱、茶尺蠖、茶橙瘿螨和茶白星病单项关键防治技术。制备除菌剂用于田间防治黑刺粉虱，研制出抗紫外线茶尺蠖NPA制剂，明确茶白星病病原种类和茶树品种抗茶橙瘿螨机制，建立三虫一病预测模型、动态防治指标、病虫抗药性监测体系和茶园农药使用优化体系。组建一套农药、生防、化防相协调的茶树主要病虫综治体系和编制茶树病虫害防治计算机决策系统软件。这套软件在国内外属首创，在福建、浙江、贵州3个不同生态区62hm^{2}茶园示范应用后推广，1998年获农业部科技成果三等奖。1994—1998年，主持贵州山地茶园常见又难治的茶树病害茶白星病研究，成功研制出60%TC杀菌剂乳油。1999年7月，通过贵州省科学技术委员会组织专家鉴定，达同类研究国内先进水平，1999年获贵州省农业厅科技进步二等奖。

从事茶叶病虫防治研究工作20年来，发表科技论文30余篇。获各类科技成果7项，其中省部级3项，参与《茶树栽培与茶叶制造》等资料编写。为茶区培训大量技术人才，多次被评为贵州省农业系统先进工作者。

十九、刘小华

刘小华（1956年—），贵州湄潭人，高级农艺师，国家一级评茶师，遵义职业学院特聘教授，国家职业技能鉴定考评员，贵州古茶树保护与利用专业委员会专家委员、贵州省茶叶学会副秘书长、遵义市茶叶流通行业协会副会长、湄潭县茶文化研究会副会长、贵州省绿茶品牌发展促进会专家组副组长。

2006年起，任贵州省茶文化茶技术学校、贵州省农广校茶叶培训教师。2008年，受聘湄潭中职校茶叶专业学科教师。涉及茶业以来，参与贵州银芽、湄潭银锋、清江绿等地方特色品种研制、湄潭翠芽研制和产品标准制定。在茶界前辈汪桓武、赵翠英指导下收集整理完成《银芽茶研究》，获贵州省政府科学技术进步奖。

1993年，开始茶文化研究：执行主编《遵义茶业》两期，在《西南农业学报》《茶世界》《贵州茶叶》发表《我国茶叶品牌发展的对策研究——以贵州茶业为例》《"遵义红"从茶的途程中找回历史的辉煌——贵州工夫红茶的恢复》等论文。1998年，发表怎样打好湄潭茶叶这张牌，协助制定湄潭县茶叶发展初期目标。2002年，与贵州省食品工业协会茶叶分会合作起草、制定贵州省名优绿茶地方标准、贵州茶叶审评规范。2006年，担任电视系列片《茶旅天下·贵州篇》策划人。2008年，受邀请赴吉隆坡考察并参加南洋国际茶文化论坛，在《茶周刊》发表马来西亚茶文化考察纪实。提出工夫红茶生产名优化，为遵义红品牌创建提供理论支持。编写和参与编辑《茶叶审评与检验》《茶叶加工》《茶叶商品与市场》等。担任《贵州茶文化》《茶树栽培学》《茶树育种学》《贵州有机茶生产技术》书刊审稿人。

曾获2011年湄潭县委、县政府"十一五"期间对茶产业做出突出贡献专家奖和贵州省茶叶学会、贵州省茶文化研究会、贵州省绿茶品牌发展促进会联合授予"十一五"期间对贵州省茶产业做出突出贡献专家奖。

二十、郑道芳

郑道芳（1961年—），贵州湄潭人，高级农艺师，省茶科所原副所长。中国茶叶学会会员，中国国际名茶评鉴委员会委员，遵义市历史文化研究会茶文化分会专家组负责人，湄潭县茶业协会、县茶文化研究会名誉会长。

1982年到省茶科所，主要从事制茶机械和制茶工艺方面研究。先后参与和主持红碎茶不萎凋工艺及机组选型配套研究、绿碎茶初制工艺技术研究及绿碎茶深加工产品开发、贵州茶产业关键技术研究与产业化示范等贵州省科委年度项目、贵州省农业厅项目、贵州省重大科技专项科研项目研究。主持编制并指导实施2002年《湄潭10万亩茶产业发展规划》、2007年《湄潭县32万亩茶产业发展规划》。参与湄潭凤凰山茶厂建设和多家茶企业服务，指导开发"贵州栗香茶"新产品。

主持编写贵州省农业厅农工商公司贵州省茶树良种繁育基地建设项目可行性研究报告、湄江砖茶厂"2500吨青砖茶加工改扩建项目可行性研究报告"、湄潭茶场"湄江翠片茶新技术应用推广项目可行性研究报告"、湄潭县"现代农业高技术产业化示范工程项目可行性研究报告"及实施方案等。参与或主持制订湄潭翠芽、贵州针茶、都匀毛尖茶等行（企）业标准（体系）。主持贵州省茶叶科技重大专项贵州茶产业关键技术研究与产业化示范项目前期申报材料编写。参与贵州十大名茶和贵州五大（三大）名茶评比，参加2015米兰世博会中国茶文化周组委会在长沙举行的百年世博中国名茶评鉴工作。

从茶科技、茶经济、茶文化方面为全省数十个重点产茶县提供全方位服务。在《贵州茶叶》《茶韵》《贵州日报》《农技服务》等报刊发表多篇茶产业研究论文，并在西部茶业高峰论坛、贵州省茶叶协会、遵义市茶叶学会交流。其中“红碎茶揭揉技术研究及其应用”获贵州省首届青年科学技术大会优秀论文奖。撰写多篇茶文化研究文章，主编和参编《茶学概览》《中国茶经》《贵州茶百科全书》《陆羽茶经注译》。研究成果获贵州省政府科技进步二、四等奖，农业厅科技成果一等奖，湄潭县“十一五”茶产业发展突出贡献奖。

二十一、郑文佳

郑文佳（1969年—），贵州湄潭人，二级研究员，省茶科所副所长。

多年来主持各类科研课题近20项，获科技成果奖8项，授权发明专利7项，出版著作6部，发表文章30余篇。获国务院特殊津贴专家，全国优秀科技工作者，全国优秀茶叶科技工作者。贵州省高层次创新型人才，贵州省优秀青年科技人才，贵州省茶叶学会常务理事秘书长，中国茶叶学会理事，中国茶叶流通协会专家，国家职业技能鉴定高级考评员，遵义市“15851人才精英工程”第一层次人才等荣誉。

第三节　茶业企业界人士

茶叶企业是茶产业的主要部门，遵义茶产业蓬勃发展，茶叶企业也如雨后春笋般迅速增加，一批有志于从事茶叶生产、经营，勇于开拓、敢于创新的企业家也迅速涌现和成长起来，在实现其人生价值的同时，也为茶产业发展壮大发挥了重要作用。下面记述的茶业企业界人士仅是遵义茶企界人士中的一部分。

一、湄潭县茶业企业界人士

（一）金 循

金循（1970年—），贵州湄潭人，贵州湄潭兰馨茶业有限公司董事长，高级工程师。1996年创建湄潭县兰馨制茶厂，从此踏上循茶之路，逐步成长为当今黔茶标志性人物之一。现为贵州省劳动模范、中共中央组织部国家万人计划高层次人才、国家农业农村创业导师、中国茶叶行业2014年度经济人物、贵州省茶叶加工人才基地领衔负责人、遵义市“15851人才精英工程”第一层次人才。兼任社会职务有：贵州省茶文化研究会副会长、贵州省绿茶品牌发展促进会副会长等。先后获国家和省、市、县各级各类表彰22次。

主要经历和成就：优化发展方阵，推动企业做强做大。2001年改制组建贵州湄潭兰馨茶业有限公司，任公司法人代表、董事长至今；2014年主动抱团多家黔茶企业组建贵州黔茶联盟茶业发展有限公司，任董事长兼总经理；2019年与遵义茶业集团改制重组为国有控股混合所有制企业，任新公司总经理。在强化旗舰企业的同时，先后组建贵州省凤冈县田坝魅力黔茶有限公司、贵州湄潭圣心茶酒有限公司、贵州兰馨时尚茶品有限公司等6家全资或控股子公司；贵州湄潭茶叶工程技术研究有限公司、贵州绿循科技有限公司、贵州省湄潭县黔茶大酒店有限公司等5家参股公司。一系列企业主体的搭建，逐步完善了产业发展的实业主体。

强力创制靓茶靓品，推动品牌亮剑。先后打造兰馨、心山、初心山谷、阑珊美人、遵品壹号、贵品会、皇金苔、绿码等136枚商标品牌，其中中国驰名商标1枚，贵州省著名商标3枚，贵州名牌产品2个，相关产品获得国家级、省部级茶叶评比金奖（特一等奖）29次。丰富的产品组合推动企业在市场拓展上取得不俗战绩，获得消费者广泛赞誉。

全力推动科技兴业，为茶产业发展卯足后劲。先后获得30余项国家专利，在茶业全产业链条科技攻关上做出新成就；创立并运用理化指标与感官审评二元结合式拼配法，在茶叶精制拼配技术上取得新突破；与浙大、省茶研所等大学和科研院所长期合作，主持10余项茶叶技术难题攻关，焕发创新活力，在构建产学研合作机制上抓实新举措；首创反租倒包+统一有机肥+统一绿色管理+茶旅一体化发展四步联结法，携手1.2万户茶农打造品种好、生态好、管理好“三好”茶园2000hm^2，构建兰馨茶庄园私人定制模式，在生产、生态、生活“三生”茶园构建上创造新价值。

用心耕耘，践行担当，一步步实现自己亲手描绘的黔茶梦想！

（二）甘济尚

甘济尚（1963年—），贵州贵阳人，贵州贵天下茶业有限责任公司总经理，遵义市茶叶流通行业协会副会长。

2007年，任贵州湄潭盛兴茶业有限公司法人代表和董事长。涉及茶业以来，一直专注茶叶产品新工艺、新产品研发。2008年以来，恢复20世纪40年代湄潭成功试制的黔红，在此基础上不断改进工艺，形成名优工夫红茶产品遵义红。一经问世，即以优良茶叶品质、丰富文化内涵获得市场广泛认可，被茶界人士预测为贵州最具竞争力茶叶品牌。已列入贵州“三绿一红”，打入上海、福建、湖南、吉林、山东等地红茶消费大省，在北京、上海、重庆等大城市建立联营和直销点。

在遵义红产品生产、开发、工艺优化等工作中，参与编制、申报并实施智能控制红茶发酵技术研究、遵义红红茶成套加工技术研究、新型蒸汽连续杀青机中试与应用、高品质红茶示范基地及智能化加工新技术应用与示范、高档红茶加工技术应用示范、遵义红红茶加工技术规程等科研计划实施和贵州省地方标准制定，组织申请专利27项。遵义红茶研制成功，使公司获得国家级龙头企业、中国茶叶行业综合实力百强企业、贵州茶行业最具影响力企业、贵州省大国匠心企业等多项荣誉。

（三）谭书德

谭书德（1964年—），贵州湄潭人，贵州省湄潭县栗香茶业有限公司董事长，高级经济师，贵州省茶叶质量专业委员会副会长。

2001年成立贵州省湄潭县栗香茶业有限公司，在湄潭绿色食品工业园区建立公司总部和集茶叶研发、生产、销售于一体的清洁化、标准化茶叶加工厂。2008年在永兴镇中华村和复兴镇随阳山村建立茶叶加工厂，带动近1.2万户近5万村民种植茶叶，推进这两个村成为全县著名茶叶专业村。2008—2012年，带领公司员工为地震灾区、洪灾区、贫困户、贫困学生捐款、捐物累计价值近50万元，个人交纳特殊党费2000元。脱贫攻坚中，深入一类贫困村复兴镇大桥村、以全产业链的方式，帮育苗选苗、帮种植管理、帮收购加工、帮增收销售，帮助村民增收致富。

带领公司发展成为国家级龙头企业，贵州省创建保护消费者合法权益示范、贵州“三绿一红”十大领军、中国茶行业百强企业，茶叶标准化示范单位，贵州民营企业100强。

任贵州省茶文化研究会、贵州省品牌发展促进会、贵州省茶叶质量专业委员会、湄潭县茶业协会副会长、遵义市茶叶流通行业协会副理事长、湄潭县有机茶专业合作社理事长。

获得多项表彰：2009年、2013年度中国茶叶行业经济风云人物，贵州茶业十大经济风云人物。被誉为“用心做黔茶的‘香气专家’”。

（四）唐弟康

唐弟康（1950年—），经济师，遵义陆圣康源科技开发有限责任公司董事长兼总经理。

2005年10月，唐弟康以遵义华峰公司股东为主体组建遵义陆圣康源科技开发有限责任公司，任公司董事长、总经理。公司与江南大学合作，共同对贵州丰富的茶叶资源进行综合深度开发。2008年10月，年产300t茶多酚生产线建成投产，结束贵州无茶多酚生产企业的历史。是年12月，再投入2.6亿元，建设年产1500t茶多酚项目。

2009年9月，澳大利亚悉尼科技大学医学分子生物学系糖尿病实验室与公司合作开展关于茶多酚对Ⅱ型糖尿病胰岛功能作用和糖尿病并发症作用及机理的研究签订合作协议。

公司有17项自主发明专利，是科技部高新技术生产高纯度茶多酚创新项目实施单位，获贵州唯一一家国家级高新技术企业，主导产品为茶多酚终端系列健康产品。已开发七润系列品牌茶饮品、茶缤纷有机产品系列速溶茶粉、高纯度茶多酚。公司产品已通过美国和欧盟有机产品认证和食品安全、产品质量、环境三种质量管理体系认证。

1990年来，先后获国家科学技术委员会颁发的全国农村青年星火带头人标兵、遵义市委颁发的“贵州省优秀乡镇企业家”、2011贵州茶叶行业经济年度人物等称号，被誉为一个影响美国标准的先行者。

（五）王 静

王静（1982年—），贵州湄潭人，贵州阳春白雪茶业有限公司董事长，2016中国茶叶行业年度经济人物。

2007年，任贵州阳春白雪茶业公司董事长，带领全体员工艰苦创业，使公司得到飞速发展，从做茶叶包装的小作坊成长为贵州知名企业。先后获贵州省农业产业化省级重点龙头企业、贵州“三绿一红”十大领军企业等荣誉。2015—2017年，连续三年跻身中国茶行业百强企业。2016年，获全国茶叶行业十佳成长型企业。拥有实用新型专利4项，外观专利1项，申请发明专利4项。

注重本土茶文化发掘和宣传，组织湄潭翠芽茶制作技艺成功申报列入省级非物质文化遗产代表性项目名录；出资筹建湄潭翠芽非遗传习基地，并作为贵州省茶文化生态博物馆分馆对外展示；在公司建立标准化图书阅览室，鼓励员工学习科学文化知识，强化提高员工素质，营造先进企业文化；建设茶佑中华文化长廊，将企业文化与茶文化有机结合，形成独具一格的阳春白雪茶文化园；实施文化产业带动，建立湄潭县新型农民教学实训、遵义市太阳花栏目采编基地，遵义职业技术学院、贵州大学茶学院实践教学基地；积极组织开展各类茶文化竞赛活动，2014年筹办贵芽杯湄潭翠芽手工制茶大赛，2017年承办全国手工制茶大赛遵义赛区选拔赛。

任中国茶叶流通协会、贵州省绿茶品牌发展促进会、贵州省茶文化研究会副会长。脱贫攻坚中，牵头成立阳春白雪脱贫攻坚工作领导小组，在随阳山建设67hm^{2}茶产业扶贫示范基地，企业被评为全市脱贫攻坚先进集体，个人获全国脱贫攻坚典型人物提名。

（六）李兰东

李兰东（1964年—），贵州湄潭人，贵州高原春雪有机茶业有限公司董事长。

2003年响应县政府实施退耕还茶，涉足茶叶产业，自种茶园4hm^2，并带领当地茶农严格按照有机茶园标准进行管理。2004年，创建湄潭县绿缘抄乐制茶厂，2006年更名绿缘有机茶业有限公司，2007年更名贵州高原春雪有机茶业有限公司。公司持续稳定发展，产品在国内、国际市场得到广泛认可，绿缘牌湄潭翠芽在中绿杯、中茶杯和多地茶业博览会、中国名优绿茶评比中累累获奖。

公司首批通过贵州省质监局QS认证。2009年起，将公司规模扩大，到2012年，车间生产线达到8条，茶叶生产能力每年逾1000t。2013年，公司基地获中国优质绿茶生产基地称号，产品达到欧盟标准，并与贵州贵茶（集团）有限公司签订合作协议。2014年，公司获出口企业卫生备案证书，生产基地获出口种植场备案证书。2015年再次对厂房扩建，引进“红宝石”“绿宝石”标准化、智能化、清洁化全自动生产线。2016年新建抹茶生产线，为公司进一步拓展与贵茶公司业务合作奠定基础。

2017年8月，公司荣获遵义市统一战线聚力大扶贫战略行动十佳奉献奖。

（七）刘福俊

刘福俊（1965年—），贵州湄潭人，贵州省湄潭县黔茗茶业有限责任公司董事长，优秀民营企业创业家，遵义红茶工艺传承人。

16岁初中毕业即到湄潭茶场，一年后因业绩突出提升销售科科长。1995年，停薪留职自谋创业，从事茶叶收购、销售。2000年先后在县城和黄家坝镇搭建起公司雏形，生产一款具有湄潭风情红茶，获遵义市政府特别贡献奖。2011年，将公司转移到湄潭绿色食品工业园区，成立贵州省湄潭县黔茗茶业有限责任公司。借助湄潭得天独厚茶叶资源优势，采取“公司+农户”模式，发展470hm^{2}茶叶基地。为保证茶叶产品质量，严格生产标准，聘请省茶研所及华南农业大学茶学系数名茶叶专家担任公司技术顾问。

在他带领下，公司稳步发展。2008年始，销售量连续增长，产品广销福建、广东、江苏等地，深受广大消费者喜爱。公司相继获贵州省著名商标、省级扶贫、农业产业化省级重点龙头企业、贵州自主创新品牌100强企业、茶叶标准化企业等殊荣。他获中国民营企业协会优秀民营企业创业家和遵义红茶工艺传承人称号。

（八）黄大灿

黄大灿（1970年—），贵州湄潭人，贵州四品君茶业有限公司生产总监、副总经理，贵州湄潭七味茗香茶叶专业合作社理事长，高级制茶技师。

1988年，就职于核桃坝茶厂，担任制茶工人，在老茶人何殿伦教导下，继承和发展制茶技艺，对茶叶生产提出很多不同见解，得到茶业大师们普遍认可。2006年贵州四品君茶业有限公司成立，担任公司生产厂长、生产总监、副总经理，负责公司名优茶生产加工、茶叶基地管理到销售，将公司一步步打造成贵州省农业产业化省级重点龙头企业。

2017年，整合核桃坝48家小微企业组建贵州湄潭七味茗香茶叶专业合作社，任理事长。在他带领下，将茶叶种植、生产、加工、销售集为一体，以建核心茶叶基地，走出口茶叶标准为目标，按照科技兴茶，产业兴县经营理念，实行“专业合作社+龙头企业+

基地+农户经营”模式，打造集观光旅游、培训、研发、交易、物流基地于一体的现代化可持续发展生态体系。

作为合作社理事长，带领合作社以管理企业化、生产标准化、工人技能化、组织合作化、商品品牌化、营销网络化、服务社会化、体系规模化、工厂规范化、主体多样化为创新机制，带动核桃坝村800余户3000余人全部从事茶叶行业，将农田、荒山等变成茶山，成为贵州省著名茶叶专业村。

（九）金德国

金德国（1963年—），贵州湄潭人，贵州省湄潭县天利达食品有限公司、贵州南方嘉木食品有限公司董事长，高级工程师。

2007年，创建贵州南方嘉木食品公司，专门从事茶叶籽油综合开发利用。坚持开拓创新理念，带领公司发展成为占地2hm^2、拥有年产3000t茶叶籽油生产线1条的贵州省农业产业化省级重点龙头企业。先后开发茶叶籽油、茶叶籽油胶囊、茶足爽等系列产品和南方嘉木、七里香牌食用茶叶籽油，外用茶叶籽精油等10余个品种，2008年通过省级新产品鉴定。

2009年，主持研究茶叶籽油低温低水分压榨纯物理精炼技术，经贵州省科技厅鉴定为国内先进技术，获中国高新农业后稷特别奖和贵州省优秀新产品二等奖；2010年，获贵州特色产品三等奖；2011年，获贵州省名牌产品称号；2018年，获得贵州好粮油称号和第十六届中国精品粮油金奖。公司也获全国放心粮油进社区示范工程示范加工企业、贵州省科技型企业、贵州省农产品加工试点示范企业等称号。

个人获多项荣誉：2009年度贵州省优秀新产品、新技术二等奖开发有功人员；中国食品工业协会科学技术带头人；2013年贵州优秀粮食企业家；2016年遵义市“15851人才精英工程”第二层次人才；2017年中国第七届十佳粮油创业风云人物。

任中国粮油协会油脂分会理事；贵州省食品工业协会常务理事；贵州省粮食行业协会理事；遵义市粮食行业协会、市茶叶流通行业协会、市茶文化研究会副会长；市油脂协会会长；湄潭县茶文化研究会专家组成员。

（十）沈文永

沈文永（1978年—），浙江嵊州人，高级经济师，贵州遵义茶叶交易中心有限公司董事长、总经理。

他带领公司主要从事茶叶购销平台交易，品种有遵义红、湄潭翠芽等。公司交易中心现货商城平台已入驻商家267余家，入驻企业及商户已上架商品达2575个；购销交易平台拥有运营中心27家，总经销471家。

自交易中心经营以来，坚持以贸易流通为属性，以交收最大化为目的，以服务实体经济为己任，立足贵州、辐射西南，面向全国。以汇聚天下茶商、共创财富传奇为目标，打造了集茶叶交易、科研检测、金融服务、文化旅游为一体的国内一流茶城，使企业步入和谐、稳定、快速发展新局面。交易中心现已成功引进5家战略伙伴，共同推动市场开发，成效明显。企业先后获贵州省中小企业公共服务示范平台、省级创业孵化示范基地，国家级众创空间、国家高新技术企业、科技型企业等多项荣誉称号。

有多项研发成果：2010年以来，研发和泰速溶工夫茶通过省速溶浓缩茶粉及关键生产技术成果鉴定，并申报国家发明专利；完成出口眉茶拼配关键技术研究项目；完成茶叶深加工研发服务平台建设、有机眉茶项目建设、速溶茶粉关键生产技术集成与应用、年产1万t绿茶及深加工项目、贵州西部茶城建设项目等6个重大项目策划与研究。任中华全国供销合作总社职业技能鉴定指导中心评茶员、贵州省商品现货交易场所发展促进会会长、贵州省绿茶品牌发展促进会副会长。

二、凤冈县茶叶企业界人士

（一）孙德礼

孙德礼（1954年—），雅号“夷州茶痴”，贵州凤冈县仙人岭锌硒有机茶业有限公司董事长、总经理。

1995年任县茶叶公司副经理，1995—2000年下海承包凤冈县永安镇田坝茶厂，2001年创办仙人岭茶厂，2007年更名为贵州凤冈县仙人岭锌硒有机茶业有限公司，在全国各地有数十个专卖门店，年销售额超过数千万元。20多年间，在他的带动和影响下，田坝村发展茶园面积达1333hm^2，经过国家认证的有机茶基地达400hm^2。现1000多户农户户均种茶0.33hm^{2}以上，茶农户种茶收入均上万元，人均增收5000余元，实现茶农致富、财税增收。在送温暖、献爱心和公益事业活动中捐款捐物15万余元。率先成为当地农村科技致富带头人和社会主义新农村建设的领头雁。先后获全国绿化奖章、全国绿化小康户，年年被县林业局评为护林大户，多次受到县里、镇里的表彰和奖励。2005年被中国特产之乡推荐暨宣传活动组织委员会评为优秀企业家；2008年被中国茶叶流通协会评选为中国茶叶行业年度经济人物；2009年被授予贵州省劳动模范称号；2010年获遵义市首届社会主义建设者称号；2011年，孙德礼被评为贵州年度十大茶业经济人物，被誉为敢为人之不敢为的老茶人，并以政协委员的名义，助推打造了百万亩中国西部茶海战略决策的出台。现兼任凤冈县茶叶协会副会长。

茶痴语录：茶予健康者长寿，予贫困者富裕。

（二）陈仕友

陈仕友（1944年—），雅号“夷州茶农”，贵州省凤冈县浪竹有机茶业有限公司法定代表人、董事长。

1982年开始种植茶叶，1986年自建茶树苗圃1hm²，1987—1988年带领当地农民种茶10hm²。1989年自建茶叶加工厂，组建浪竹茶业公司，专职从事茶叶生产、经营工作。对茶树育苗、栽培管理、加工与营销管理都有专长，具有很强的创新意识和敬业精神，诚信度高，为当地有机茶产业的发展做出贡献。经过三十多年的发展，浪竹茶业公司已发展成为集茶叶加工、生态旅游、休闲茶庄于一体的庄园式现代化的农业产业化省级重点龙头企业，浪竹牌商标连续多年被评为贵州省著名商标。

2005年被贵州省政府授予贵州省劳动模范称号；2007年被评为优秀企业家，2011年获“十一五”贵州省茶农类茶产业发展贡献奖。

茶农语录：做茶如做人，品茶如品人生；浪竹，浪迹天涯，刚正不阿；浪竹，茗苑中一支独放异彩的奇葩；细心品味，感悟人生真谛。

（三）陈胜健

陈胜健（1952年—），雅号“夷州茶儒”，贵州野鹿盖茶业有限公司董事长。

2005年到凤冈县投资创办贵州野鹿盖茶业有限公司，建设野鹿盖有机茶园基地逾200hm²，建设大型茶叶加工厂房3座。《贵州日报》先后用让土地迸发力量、贵阳人老陈的凤冈实验、有机农业顺应时代需求大有可为、珍藏自然的秘密、茶是土地的艺术为题予以报道。

公司是贵州省农业产业化省级重点龙头企业。野鹿盖牌商标系列产品红茶、绿茶获贵州省著名商标，获全国科普惠农兴村先进单位奖，获遵义市委、市政府颁发的全市茶园种植大户先进个人奖、凤冈县总工会授予爱员工的优秀厂长（经理）称号。历年来，《贵州日报》《贵州都市报》等新闻媒体、报刊杂志对其事迹多次报道。

三、正安县茶叶企业界人士

（一）宋盛康

宋盛康（1949年—），正安天赐生态科技有限公司总工程师，浙江省农民企业家、农民技师、优秀农业实用技术专家、第四届百名农村科技带头人、“双带”模范村干部、劳动模范、国家星火科技先进工作者。在浙江省农业厅茶叶亿元工程配套技术应用项目中获省农业丰收三等奖。

2011年，宋盛康响应“西部大开发”政策号召，赴贵州省正安县考察，并与当地政府达成合作协议，整体流转正安县上坝农场。是年成立正安天赐生态科技有限公司，注册资金1000万元，在农场原有的设备设施基础上，对其进行现代化改造，更新原有较落后的加工设备，引进国内外先进的茶叶智能化生产流水线与机械化生产设备，提升了生产能力。由于原上坝农场茶园严重缺乏合理有效的管理，茶园普遍产量低下，部分茶园甚至已荒芜。宋盛康实地考察每一块茶园，制定改造措施，当年就完成了333hm^{2}的茶园改造任务，为来年的茶叶生产打下了基础。

2012年，宋盛康与正安县政府签订总投资达5亿元的合作项目，正安天赐生态科技有限公司入驻正安县瑞新工业园区，助推正安县打造国际一流的有机茶生产基地。园区内完成厂房建设1.5万m^2，安装投产全自动扁形茶加工设备48台，乌龙茶及红茶加工设备各1套。

正安天赐生态科技有限公司的成立，不仅为当地茶农解决了做茶难、卖茶难的问题，带动了周边乃至全县范围茶农种茶、做茶积极性，还为正安县茶产业的革新作出贡献。

（二）郭世文、郭世荣

郭世荣，正安县桴焉茶业有限责任公司创始人，现任正安县桴焉茶业有限责任公司党支部书记。

郭世文，2005年4月至今，任正安县桴焉茶业有限责任公司董事长兼总经理，并获国家民营企业“优秀企业创业家”称号。

1988年，郭世荣响应当地党政号召，筹措资金开荒种茶，走村入户发动宣传，组织劳动力用了一个冬春开垦茶园100hm^2，修建公路1.5km。1991年茶园投产，他扩大茶园面积和修建加工厂，经过3个月的苦战，垦荒207km，种茶133hm^2，培植经济林73hm^2，建加工厂3300m^2，修建公路2.5km，形成一定规模的立体式开发茶场。

1999年，郭世荣接受政府的改制方案，买断茶场经营权，承担茶场264万元的银行债务。他对茶园实行茶场加农户的管理机制，对农户进行培训，并免费投放物资给茶农，为茶农增加收入。同时，对茶场内部职工实行岗位责任制，请专家培训茶叶专业生产技术知识。在他的不懈努力下，桴焉生产的绿茶系列产品，以其色、香、味、形吸引了广大消费者，引来北京、山东、浙江等地的客商。

2005年，郭世荣退居二线，将茶场交给其弟郭世文经营管理。

2007年，233hm^{2}生产基地和茶叶加工厂通过有机认证。2008年起相继获国家扶贫龙头企业、全市茶产业发展先进企业、贵州省农业产业化省级重点龙头企业、贵州省工商行政管理局连续五年“守合同、重信用”单位，市、县总工会工人先锋号称号。2013年注册商标“世荣”牌获贵州省著名商标。

他采用“公司+基地+农户+合作社”的合作方式直接带动5000余户农户1.2万余人受益，户均增加年收入4600元以上。2012年企业入驻工业园区，扩大生产规模，投资建厂房、安装了清洁化、标准化、自动化的有机茶生产线、建茶园公路、生产步道、安装茶园杀虫设备115台。目前拥有机茶园面积233hm^2，经济林73hm^2，茶叶加工厂2座，配套设施建筑15300m^2。

四、余庆县茶叶企业界人士

（一）冯 平

冯平（1964年—），余庆县构皮滩茶业有限责任公司法人代表、董事长。

2004年组建成立余庆县构皮滩茶业有限责任公司。先后35次获全国、省、市、县表彰。2004年4月时任全国政协副主席、中华全国供销合作总社理事会主任白立忱到贵州遵义调研时，点名接见了冯平。2010年3月，冯平当选为中华全国供销合作社第五次代表大会代表。2012年7月，获国家人事部、中华全国供销合作总社共同授予劳模称号。2014年11月余庆县五心教育模范评选中，获信心留给自己模范称号。

任贵州省农民合作经济组织联合会副会长、贵州省茶叶协会副秘书长、遵义市茶叶流通行业协会副会长、余庆县茶叶协会副会长。

（二）万在培

万在培（1973年—），贵州省余庆县玉龙茶业有限公司董事长。

2009年成立余庆县玉龙茶业有限公司，任董事长。曾获遵义市星火带头人、十佳青年农民、贵州省乡土拔尖人才等称号。

（三）骆地刚

骆地刚（1974年—），贵州省余庆县凤香苑茶业有限责任公司董事长、法人代表。

2009年10月回余庆县松烟镇创业，从事茶叶行业9年，任贵州省余庆县凤香苑茶业有限责任公司董事长、法人代表，并独资兴办余庆县凤莎生态茶业有限公司，与另外两个合伙人成立玉龙茶业和众和茶业。任松烟镇二龙村名誉村委会主任、余庆县茶叶协会会长等职务。2014年获贵州省茶叶行业十大返乡农民创业之星的称号。

五、道真县茶叶企业界人士

（一）杨志福

杨志福（1953年—），2003年任道真自治县宏福茶业发展有限公司董事长兼总经理，现为该公司顾问。

2003年组建宏福茶业公司，成为全县第一家茶业私营企业。从事茶叶生产开发40多年，积累了丰富的茶叶生产、加工及营销经验，是闻名全遵义市乃至全省的茶叶生产行家。曾担任遵义市茶叶流通行业协会会员、贵州省质量检验协会茶叶专业委员会会员。2004年被中国国情调查研究会授予茶叶高级研究人员荣誉称号，2005年被评为贵州省劳动模范。

杨志福带领公司全体员工制定了公司发展的宏伟规划，向国家工商总局申请注册了仡佬山牌商标。按照请名师、建名园、创名牌、扬名声、争市场的发展战略，与西南大学签订了长期技术咨询合同，聘请西南大学十多位专家学者来县实地分析土壤、气候、环境等多项条件。摒弃了生产低档绿茶的老路，从高起点着手，选择了“公司+基地+农户+科技”的发展形式。以中国茶叶市场高档次需求为目标，拟定高质量引进名优茶苗木建立示范基地，高要求施肥和生产管理，高质量购买名优茶加工机械加工，高标准进行产品包装销售的经营思路，力争以高科技、高投入手段生产、经营名优茶，创造高效益。

2003年以来，公司生产的仡佬山牌仡佬玉翠茶、仡佬银芽茶先后获上海国际茶文化节暨中国精品名茶博览会绿茶类金奖等十多项大奖。他带领公司全体员工瞄准有机食品目标，正在努力实施开发仡佬山富硒富锶有机茶333hm^{2}的宏伟规划。

（二）李宝春

李宝春（1956年—），贵州武陵山茶业有限公司董事长。

2010年经正安县政府招商引资，在正安县注册登记成立贵州省正安县正阳茶叶农资有限公司，任该公司总经理。2013年在道真县委、县政府的鼓励下，又在道真县注册登记成立了贵州武陵山茶业有限公司，任公司董事长。对道真县茶产业发展做出的成绩得到了县委、县政府的肯定，并授予茶叶加工建设工作突出贡献称号。2017年被新华网评为“2017黔茶说”网友最赞的贵州茶人。

六、播州区茶叶企业界人士

穆贵权（1969年—），经济师，遵义上上农业产业有限责任公司董事长。

1992年参加工作，时任遵义县落炉茉莉花茶厂厂长。2004年成立遵义上上农业产业有限责任公司，任公司董事长。1996年任第一届遵义市茶叶学会副秘书长，受聘为遵义县第三批科技特派员，现兼任遵义市紫荆花园林工程有限责任公司总经理。

七、仁怀市茶叶企业界人士

王晓娟（1975年—），仁怀市香慈茶叶种植专业合作社理事长。

小湾茶场是1974年由小湾乡创办的一个集体企业，到20世纪末，由于茶园老化，产品单一，质量低劣，经营不善等原因濒临倒闭。1999年，王晓娟放弃高薪职业，返乡创业承包该场，带领团队，用近20年时间，改造旧茶园近67hm²，新建优质茶园333hm²，改造旧厂房逾1000m²，新建厂房4600m²、加工车间5000m²、冷库150m²，安装数控红绿茶生产线各1条，建成年产鲜叶500t，加工销售200t的生产能力。改善加工工艺，开发了小湾香慈红、独芽红、小湾雀舌、小湾翠芽等红、绿茶新产品。产品远销广东、深圳等市场，颇受消费者欢迎，同时带动周边近82户农户脱贫致富。

由于出色的工作业绩，企业被授予贵州省农业产业化省级重点龙头企业、全国巾帼脱贫示范基地等称号，个人获贵州省三八红旗手、遵义市优秀返乡创业人员、遵义市茶产业发展先进个人等荣誉。

八、习水县茶叶企业界人士

周枞胜（1979年—），贵州习水人，贵州习水县勤韵茶业有限公司总经理。

初中毕业后在福建省华安、安溪等地务工7年，一直从事茶叶加工、管理及销售工作。2005年返乡创业，利用本地丰富的大树茶资源开始探索试制古树茶。2012年成立贵州习水县勤韵茶业有限公司，专业从事习水大树茶资源保护、品种培植、新产品研发及加工销售。自筹资金新建茶叶加工厂2000m²，发展天鹅池国家级自然保护区内和仙源两个示范基地逾200hm²，收购保护大树茶5万余棵。带领公司技术人员针对该县特有的大树茶品种特征和特殊气候，研究大树茶育苗、嫁接和大树茶加工技术，获国家知识产权局授权发明专利3项，实用新型专利4项。利用本地大树茶鲜叶为原料进行反复探索试制，成功开发上市销售金枞丝野生红茶、金枞丝习水大树茶、银枞丝大树白茶和金玉双全大树黑茶等产品。金枞丝红茶获2013年第三届中国国际茶业及茶艺博览会特等金奖，产品销往省内外及日本等市场，深受消费者喜爱，在茶叶市场具有一定的知名度。2015年公司被评为农业产业化市级重点龙头企业。

取得国家高级评茶员、茶叶加工技师等职业资格。先后获遵义市创业青年大赛二等奖、第二届创青春中国青年创新创业大赛贵州赛区二等奖，并代表贵州参加全国青年创业大赛，获第3届贵州省农村青年致富带头人标兵和中国林业产业创新奖等奖项。2016年获贵州省“五一”劳动奖章。

第四节　制茶大师

一、汪桓武

汪桓武（1938年—），湖南长沙人，高级农艺师，茶叶加工专家（图16-7）。

图 16-7　汪桓武

1963年到省茶科所工作，历任省茶科所制茶研究室主任、副所长。

1972—1978年，汪恒武在主持炒青绿茶初制工艺及机具研究项目时，对双锅杀青机和黔安40型揉捻机进行引用与实验测定，建议加工企业把茶叶滚筒机改成多用炒茶机，改变了原来加工时间长、茶叶呈焦黄状的缺憾，提升了茶叶的色香味。这项技术改进稳定和提高了贵州的绿茶品质，解决了茶叶加工过程中既不卫生又损品质的老大难问题。1974年，汪桓武和妻子赵翠英潜心研制出名优茶遵义毛峰。1982年，遵义毛峰获贵州科技成果奖。1984年载入《中国名茶研究选集》。1985年6月，在农业部和中国茶叶学会主持召开的南京首次全国名茶展评会上获第一名，获得部优产品称号及国家科委科技成果博览会金奖。

汪桓武潜心茶树育种，在老茶园改造、新茶园种植、良种苗繁殖等方面，提出搮层茶园春土同沟条基法，解决山地茶园水土流失与利用春土回沟提高肥力问题。在茶树育种上，开展中国古茶树调查和茶树不同品种研究，取得阶段性成果。为推广无性系良种茶种，在遵义、大方、金沙等地开设名优茶加工培训班。参与茶树高额丰产试验、绿肥实验、茶树红紫芽茶成因及其抑制途径研究，在茶区蹲点跑面，做试验、开展科技成果推广、技术服务。常常深入茶叶生产第一线，手把手帮助工人加工茶叶、提高质量，解决生产实际问题，贵州500余家社队茶场都留下他的足迹，深得茶农爱戴和尊重。

科研中不忘撰写，参与制订贵州省地方标准和企业标准20个，参与编写茶叶著作6部，发表科技论文100余篇，获得不同等级科技进步奖5项，2004年获中国茶叶学会奉献奖。退休后，担任安顺市茶叶技术顾问、贵州省食品工业协会茶叶分会专家组专家、贵州省商务厅茶文化节品牌评审委员会专家。担当茶叶加工企业顾问，为中等专科学校茶叶班讲课，开展不同形式茶叶技术培训。书法亦有造诣，湄潭“象山茶博公园”即为其书写。

二、吴贤才

吴贤才（1933年—），湖南洞口人，贵州茶叶研制专家，历任湄潭茶场制茶厂副厂长、厂长。

1949年12月即到贵州省农业改进所湄潭桐茶改良场工作，是新中国成立后首批到湄潭茶场工作的元老。20世纪50年代初期，湄潭茶场制茶工厂设在万寿宫内，茶叶加工全部是手工。吴贤才毕生从事茶叶加工，经历湄潭茶叶加工制造的各个阶段，先后担任制茶组长、车间主任、制茶厂副厂长、厂长。参与和组织工夫红茶、红碎茶、湄潭翠芽、湄潭毛峰等品牌的研制，担任贵州省第二届至第五届茶叶品质评审委员会委员。

吴贤才是湄潭名优茶制作的见证者、经历者和最先研制者。1952年，湄潭茶场为增加出口和创汇，开始研创工夫红茶，吴贤才是研制参与者。1954年工夫红茶研创成功，申领了“黔红”牌商标并由外贸部们统一调拨通过上海，广州口岸出口。1960年，为满足欧美民众对红茶的需求，国家要求生产分级红茶（亦称红碎茶），吴贤才亦参与红碎茶的研制，在全国首家试制成功，出口欧美，苏联市场。1989年，红碎茶1号、2号获部优产品称号。此后，吴贤才参与研制的夷州、湄潭翠芽、湄潭毛峰品牌获贵州省十大名茶和著名品牌称号。连续在第五届、第六届“中茶杯”，全国第二届“中绿杯”评审中获一等奖、金奖。

1992年，吴贤才从湄潭茶场制茶工厂退休，组建民营企业贵州省湄潭县茗茶有限公司，此为湄潭县最早成立的私营茶企业，带动湄潭非公有制涉茶企业纷纷崛起。茗茶公司的成立，推动当地茶产业的发展，也为金花村及周边村农户找出一条致富的门路。

三、叶文盛

叶文盛（1968年—），福建政和人，贵州琦福苑茶业有限公司总经理。

2003年，召集一批武夷山加工乌龙茶、红茶资深技师到贵州创业，选定湄潭投资茶产业，建立湄潭盛兴茶叶加工厂，主要开发针形绿茶、研发红茶。2007年，成立贵州湄潭盛兴茶业有限公司，任总经理。在他带领下，公司不断发展，成为遵义市、湄潭县茶产业发展先进企业；省级、国家级龙头企业；中国茶叶行业百强企业。2013年，独资创办贵州琦福苑茶业有限公司，任总经理。

叶文盛涉及茶业以来，苦心钻研技术，对红茶、乌龙茶加工工艺有着深入研究。在产品创新上，虚心向老茶人、老茶农请教，把正山小种工艺和湄红工艺有机结合起来，探索创新出一套适合湄潭茶叶加工遵义红红茶的工艺。不论是带领盛兴茶业公司，还是带领琦福苑茶业公司，生产出的遵义红红茶均以花果香彰显、滋味醇厚甘甜而闻名全国。

2008年，带领盛兴茶业有限公司生产的遵义红在广州国际茶博会上获得金奖。2015年，带领琦福苑茶业有限公司生产的遵义红在贵州省全省春茶斗茶比赛中荣获红茶类“金奖茶王”。在此基础上，琦福苑茶业公司和湄潭县文物管理所、湄潭县茶文化研究会共同将遵义红传统加工技艺成功申报省级非物质文化遗产。

在红茶生产加工研究上成果显著，获2011年贵州茶业十大经济人物、2014年度贵州省十大制茶能手、遵义红传统工艺非物质文化遗产传承人、贵州省首届民族工艺大师、十佳茶人。

四、刘建辉

刘建辉（1970年—），贵州湄潭人。

多年来一直从事茶树栽培、茶叶生产与加工技术、茶叶销售等方面的工作。1993年在家学习种植茶叶技术，经营管理茶园1.3hm^2，并取得不错的收益；1998年，在贵州湄潭百道茶业有限公司学习手工制茶技术，后在该公司开始学习机械制茶，但一直以研习手工茶为主；2003年在开阳县南龙乡贡禹茶业有限公司任技术总监，给公司的制茶技术带来了质的飞越，期间参加上海茶博会，所制手工翠芽获一等奖，手工毛尖获二等奖，给公司创造了很大的利润空间；2009年在贵州湄潭茗盛茶业有限公司负责茶叶生产与技术指导，第二年制作的遵义红茶获“中茶杯”金奖，手工翠芽获上海国际茶业博览会银奖，在公司开发的一款出口茶黑珍珠红茶，深受外商的喜爱；2014年组建湄潭县绿之源茶业销售有限公司，公司以手工翠芽、手工红茶、手工毛尖为主，公司经常邀请省茶研所的老专家亲临指导，以寻求最佳制茶之技术；2014年6月，受聘湄潭县中等职业学校担任茶城、茶事名师工作室指导教师，定期到学校进行加工技术指导，学生参加各项手工技能大赛获奖率高达98%。

个人获2012年湄潭县制茶工技能大赛二等奖；2013年湄潭县湄潭翠芽加工工艺传承人并获高级评茶员职业资格证书；2014年获遵义市技术能手、贵州遵义茅台杯首届职工技能大赛手工芽茶制作项目一等奖、“贵定云雾贡茶杯”贵州省手工制茶技能大赛暨全国手工制茶大赛贵州选拔赛绿茶（扁形）三等奖；2015年获贵州遵义第二届职工技能大赛“黔茶联盟杯”手工制茶竞赛手工扁形绿茶项目一等奖、“梵净山茶，石阡苔茶杯”2015年贵州省第四届手工制茶技能大赛绿茶（扁形）称号赛项优秀奖、湄潭县第二届（2015）茶评选湄潭翠芽荣获茶王；2016年获全国手工绿茶技能制作大赛三等奖、茶叶加工技师职业资格证书；2018年4月获“中国制茶大师”称号；2019年3月获“贵州茶星大使”称号。

五、陈厚珍

陈厚珍（1920年—），仁怀市鲁班镇人，仁怀翰林传承人。

青年时期开始种茶制茶，老人手工制作的茶叶，远近闻名，深受当地领导，亲友和周边群众喜爱。20世纪50年代曾担任仁怀县鲁班文政茶厂厂长兼制茶技师。在她的带领下，茶园面积发展到133hm^2，茶叶产品质量不断提高。1957—1959年，茶厂分别获贵州省、遵义地区、仁怀县奖励。个人曾代表仁怀县参加遵义地区制茶技艺技能比赛，荣获一等奖。制茶工艺严格，用料讲究。所制茶叶色泽鲜艳，茶香浓郁。今老人虽年事已高，但对制茶手工传统工艺仍爱不释手，常工不辍。每当采茶季节，坚持自己采茶，炒茶、揉茶。所制茶叶很受市场欢迎。老人常言传身教、诲人不倦，努力将自己制茶技艺传授给年轻一代，让技艺永远传承。

第五节　茶产业发展或茶文化传播突出贡献者

遵义丰厚的茶文化底蕴，产生了一批茶文化爱好者，潜心致力于推动茶产业的发展和茶文化挖掘、收集、整理、研究和展示、传播，使遵义茶产业能够得到全社会的了解和关注，茶文化得以彰显和传承。也因此成就一批具有一定知名度和影响力的茶产业发展和茶文化传播突出贡献者，为遵义的茶产业发展和茶文化传播做出了积极贡献。下面只是其中一部分：

一、何殿伦

何殿伦（1929—2008年），贵州湄潭人，全国劳动模范，2005年中国茶业行业十大风云人物。

20世纪60年代，何殿伦带领群众治山治水，使全村成为全国先进典型，1969年获全国劳模称号，受到毛泽东主席的接见。1981年，何殿伦同村里4名党员率先与省茶科所签订茶树短穗扦插繁殖试验合同，引进优良茶树苗木，开发茶园苗圃0.37hm^2，试验获得成功。次年，出土优质茶苗56万株，收入1000元。正是这0.37hm^{2}茶园，使村民看到了希望，改变了核桃坝村的历史。他主持村党支部制订种茶致富方案，将全村荒山荒地统一规划，采取1户带4户，4户带20户，20户带300户的“三步法”，无偿投入5000多元买茶苗送给村民栽种。几年时间，全村在非耕地上新辟良种茶园80hm^2。1987年，村里成立了中国西部首个村级茶树良种场。1989年，中央组织部授予核桃坝村党支部“全国先进基层组织”称号，何殿伦再一次获全国劳动模范和全国农民企业家称号。1992年，何殿伦代表基层党组织出席党的十四大。1995年，他承头创办以茶农入股组建的遵义核桃坝茶叶有限责任公司，出任董事长，提出产、供、销一体，农、工、商联营的经营模式。核桃坝茶叶公司拥有无性系良种茶叶基地300hm^2，年产量200t，产值1500万元，是当时贵州省为数不多的农民自己创办的企业。2004年被评为中国茶叶企业十大风云人物。2005年，他所带领的核桃坝村获“全国创建文明村镇先进村”，被誉为“中国西部生态茶叶第一村”，该村人均茶园0.12hm^2，人均纯收入4200元，其中80%收入源于茶叶，被贵州省委、省政府表彰为小康村。

何殿伦的先进事迹曾多次被中央、省、市多家新闻媒体宣传报道：1988年，《求是》杂志发表署名文章“中国的地表开发起始于核桃坝”，中央政策研究室、国务院农研中心先后有多位正、副主任前来核桃坝村考察总结经验。中央电视台、《人民日报》《贵州日报》等媒体多次报道过何殿伦的先进事迹。此后，以何殿伦为题材，成都电视台摄制了《湄潭老茶农》，贵州电视制作中心摄制了3集电视剧《娄山好汉》。2016年，电影故事片《村支书何殿伦》由贵州省农业委员会、贵州省扶贫办、求是小康杂志社、南方卓越集团、贵州省文联、贵州省电影家协会和湄潭县委、县政府联合摄制，著名表演艺术家高明扮演老年何殿伦。

二、黄天俊

黄天俊（1953年—），贵州仁怀人，遵义市茶文化研究会会长。1993年，任湄潭县委书记时明确提出要将茶产业作为全县的主导产业来培育，成立专门机构、组建茶乡艺术团、抽调专人负责茶产业培育工作。1998年，与景亭福共谋策划修建天下第一壶，并经湄潭县委常委讨论，决定次年在县城火焰山修建。1999年组织举办遵义“名茶两会”和2001年茶文化节，开创贵州茶事活动先河，促进茶叶生产的发展。至2001年底，在黄天俊调任遵义市委副巡视员时，湄潭县茶园面积扩展至逾2333.33hm^2，生产企业发展至20多家，湄潭茶产业雏形渐成。

2005年，按照遵义市委安排，黄天俊主抓百万亩造茶工程，首次提出打造遵义百万亩茶海。经过努力，2010年底全市茶园面积达102万亩，实现建立百万亩茶园基地的目标。随着茶园基地的不断扩大，黄天俊主张引进外地客商投资兴办茶叶加工企业。经过这些年发展，至2019年，全市共注册茶叶加工企业1096家，其中国家级龙头企业5家，省级51家，市级97家。黄天俊还引进投资商，开发建设了西部茶城和中国茶城，把茶叶销售引向规范化管理市场。

为深入挖掘遵义茶文化，在黄天俊的组织下，遵义市、县两级政府先后聘请国内有名的文人墨客深入茶区、深入生活，摄影采风、吟诗作画，编辑出版《茶的途程》《茶说遵义》《茶国行吟》《国茶之源·醉美遵义》等书籍和画册，展示了遵义茶文化的厚重和悠久。湄潭县政府在中国茶城设立的“贵州生态茶文化博物馆”，展现了遵义茶文化悠久的历史。2015年，在黄天俊的积极倡导和努力下，天壶茶道馆被列为中国国际茶文化研究基地。

按照市委、市政府安排，黄天俊多次组织茶叶企业到各大城市宣传和推介遵义的茶叶产品，并于2009年起牵头筹办了多次一年一度规模宏大的“中国（贵州·遵义）国际茶产业博览会”。贵州评选的三大名茶，湄潭翠芽和凤冈锌硒茶在其中。湄潭翠芽先后获得48次金奖，并获得中国驰名商标。2010年遵义被中国茶叶流通协会授予“全国高品质绿茶产区”的称号。并形成了国茶之源、贵州至尊的遵义共识。2014年，遵义被中国国际茶文化研究会授予“圣地茶都”的荣誉称号。

2010年，贵州省茶文化研究会、贵州省茶叶流通协会、贵州省茶产业促进会授予黄天俊“开创贵州茶产业先河”的荣誉奖。

三、田维祥

田维祥（1964年—），贵州湄潭人，大学本科所学专业茶叶、法律，国家一级评茶师。

自1983年入校学茶至今事茶37年，具体负责了湄潭县从2000年不足2000hm^{2}茶园到2012年达到26867hm^{2}茶园，产量从1200t到2.54万t，产值从2300万元到16.55亿元，企业从没有一家市级龙头企业到拥有4家国家级、8家省级和8家市级龙头企业，拥有两件中国驰名商标的发展历程。主持完成湄潭县创建全国首批无公害茶叶生产示范基地县、中国三绿工程茶叶示范县、中国名茶之乡等申报工作和湄潭翠芽茶地方标准起草、证明商标和驰名商标申报工作，均获成功。主持完成首部《湄潭县茶叶志》编辑出版工作，以及湄潭县茶产业“十五”“十一五”“十二五”发展规划，遵义市“十三五”茶产业发展规划。负责牵头完成贵州省茶叶加工技术规范等。

个人先后获湄潭县“十一五”茶产业发展突出贡献奖和贵州省茶产业“十一五”贡献奖。现任遵义市茶文化研究会常务副会长兼秘书长、贵州省茶叶协会副秘书长、中国茶叶流通协会常务理事、贵州省茶产业专家组成员、贵州省茶叶质量评审委员和贵州省茶叶标准化委员会委员等社会职务。

四、周开迅

周开迅（1963年—），四川达州人，贵州、遵义、湄潭茶文化的大力传播者。现为中国茶叶博物馆茶工业文化遗产研究中心常务副主任、中国国际茶文化研究会民族民间茶文化研究中心副主任、贵州省茶文化研究会副会长、贵州古茶树保护与利用专委会副主任委员、贵州茶文化生态博物馆专家委员会主任委员、遵义市茶文化研究会名誉副会长、湄潭县茶文化研究会会长。

2000年后，从事茶文化、浙大西迁文化、地方文化研究和文化遗产保护工作。曾参加贵州茶文化遗产保护与利用论坛、中国现代茶业论坛、中日韩第十四次文化交流会等学术研讨会并发表演讲。主编各类文化、文史图书30余部，其中有茶文化图书《茶的途程》《20世纪中国茶工业的背影——贵州湄潭茶文化遗产价值追寻》《茶国行吟》《贵州茶何以贵》《百年茶运》等。在《茶博览》《茶世界》《茶讯》《贵茶》等报刊发表茶文化研究文章数十篇。2013年主持创建贵州茶文化生态博物馆。曾获贵州茶文化特别贡献奖、十三届国际茶文化研讨会论文三等奖，《追寻历史的跫音》入选贵州茶业十佳美文。

五、谢晓东

谢晓东（1957年—），贵州遵义人，现任中国茶叶流通协会常务理事、贵州省茶叶协会副会长、遵义市茶叶流通行业协会副会长、凤冈县茶叶协会会长，国家一级评茶师、国家高级茶技师，先后获新中国60周年社团管理茶事功勋人物、2011年度中国茶叶行业贡献奖、“十一五”贵州茶产业发展贡献奖、中国西部茶行业百佳基层社会组织优秀带头人、吴觉农贡献奖等荣誉称号。

谢晓东同志是凤冈锌硒茶从孕育、出生、成长到壮大的参与者、推动者、执行者和见证人。他用《凤茶掠影》一书记录了凤茶发展途程；用《凤冈锌硒茶》一书传播了凤茶知识；用执着为凤冈增添了中国名茶之乡、中国十大产茶县等诸多国家级荣誉；用勤劳为凤冈茶获取百年世博中国名茶金奖、贵州三大名茶称号；用心智筹划了春茶开采、中秋品茗、茶知识竞赛、茶王大赛等一系列茶事活动。他撰文《凤茶三问》《致仕言茶》等，关注凤茶可持续发展，提出坚持规模自信、路径自信、品质自信、品牌自信的基础上，以市场为中心，提升茶园管理和茶叶加工技能，唱响凤冈锌硒茶。

中国茶文化专家林治先生为《凤茶掠影》一书作序。序中所述：谢晓东先生把茶业视为一大功德，在他心中，茶是天地人三才化育的灵物，给社会带来祥和，给人类带来健康。他以茶人的胸怀，从茶人的视角，用茶人的深情，不仅成功地成为凤茶振兴的推动者，而且成功地用文字和图片生动地记录了凤茶途程，讲述了凤茶故事。

六、幸育毅

幸育毅（1964年—），贵州遵义人，农艺师，1986年参加工作后一直从事茶叶生产技术及茶产业发展工作。

1986—2000年在第一线从事茶叶工作，走乡串户帮助企业和农户解决生产加工中的技术困难和问题，参与全市茶园建设技术服务指导和新技术新品种引进试验示范及推广。

2001年以来，深入进行茶产业调查调研，开展茶业信息全方位调查，编写茶产业发展有关材料，为实施茶业工程建设发展提供了翔实数据及建议参考。策划并编制完成“九五”至“十二五”全市茶产业及茶园基地建设发展规划，设计打造发展四大产业带和五大产业带构想，为遵义市委、市政府加快推进全市茶产业发展的文件提供第一手材料及建议。编写“茶树母本园培植及短穗扦插育苗技术”等技术材料10余篇，并开展宣传培训及服务指导工作。参与国内国际茶事并做好国内国外领导、专家、学者、企业、新闻媒体莅遵考察投资及对外宣传工作。

在《茶世界》《贵州茶叶》《茶周刊》等多家刊物上发表遵义市茶产业发展优势与现状等文章10余篇；策划及编写《中国茶业年鉴》中“地方茶业——遵义”篇章。2006—2008年，由个人出资、策划、编辑制作《中国茶海》宣传网站，浏览人数近8万人。主持市茶叶工作站主办《实施百万亩茶业工程情况简报》，共编辑发送简报30期。

2011年获“十一五”贵州茶产业发展贡献奖、市茶叶站优秀组织奖、个人优秀组织奖。2011年贵州省质量监督局聘为贵州省茶叶标准化生产专家委员会成员、贵州省茶叶协会聘为第二届理事会专家委员会加工质量组成员。

七、任克贤

任克贤（1963年—），雅号“夷州茶仆”，贵州聚福轩万壶缘茶业有限公司总经理。1992年11月至2002年9月任凤冈县茶叶公司经理；2002年10月至2005年1月任凤冈县茶叶办主任；2005年2月至2012年11月任凤冈县西部茶海领导小组办公室副主任；2005年12月至2013年12月任凤冈县茶叶协会秘书长；2014年任凤冈县茶叶协会副会长；2016年3月任凤冈县茶文化研究会秘书长。兼任贵州省茶叶协会副秘书长、贵州省茶叶学会常务理事、遵义市茶文化研究会常务理事等。其间，先后到贵州大学、西南大学进修茶叶生产技术及茶文化学。1994年主持《凤冈富锌富硒茶研究项目》并完成了凤冈富锌富硒绿茶企业标准，经省茶科所专家评审、县质监局备案发布使用；1999年主持实施《凤冈茶树良种扦插育苗项目》被评为凤冈县农业科技成果二等奖；2000年主持实施《凤冈机制名优茶试制项目》被评为凤冈县农业科技项目课题管理三等奖；2003—2004年参与《凤冈有机茶认证》《凤冈富锌富硒有机茶之乡申报》获成功；2005—2010年参与筹划和组织实施贵州省首届茶文化节、贵州省春茶开采旅游节等多次茶事活动。主持编制《凤冈锌硒绿茶标准体系》《凤冈锌硒乌龙茶》等省级地方标准；领队《凤冈土家油茶情》在云南获第四届全国民族茶艺茶道大赛二等奖、《喜迎亲人进茶乡》茶艺获马连道杯全国茶艺大赛二等奖；编写《龙泉话茶》《凤冈县有机茶生产、加工技术规程》等读本。获国家一级评茶师、中级茶艺师资格；2017年1月获聘贵州省茶叶学会茶叶审评专家。获凤冈县“十一五”茶产业建设先进工作者、凤冈县2016年度茶文化优秀工作者、2016年度贵州茶行业十佳优秀管理者、2017年贵州绿茶首届全民冲泡大赛铜奖。

茶仆语录：一生侍茶，矢志不渝；浓淡随缘、心静如水。

八、汤 权

汤权（1962年—），贵州凤冈人。他爱好摄影、考古及收藏，从1998年起，又爱上地方茶俗文化的探究。在二十来年里，将家庭先后经营照相馆等业务的大部分收入，投入到茶文化探研与茶文物收藏中。自费驾车行驶数十万公里，足迹遍及贵州大部分地域及巴东、湘西等地区，收集地方民俗、民间茶文化器物千余件，累计投入资金数百万元。2008年起，在凤冈县政府支持下，自筹资开办了凤冈县茶文化展览中心，又名古夷州老茶馆，向社会公众免费开放。

近二十年的时间里，潜心研究地方茶俗文化，撰有多篇地方传统茶俗文化文稿在国内媒体书刊上公开发表。如“源远流长的黔北茶文化”“立体解读凤冈锌硒茶”等，获读者好评。因此，2009年被贵州省茶文化研究会授予茶文化研究贡献奖。

九、蒙永红

蒙永红（1968年—），女，布依族，贵州湄潭人，中级农艺师，高级职业经理，中欧国际红茶师、国家高级茶艺师、国家二级评茶员，现任贵州湄潭兰馨茶业有限公司董事兼副总经理，遵义君品兰馨茶业有限公司法人代表兼总经理，兰馨茶书院创始人。2007年，获贵州优秀女企业家称号；2010年，当选遵义市茶叶流通行业协会副会长；2012年，当选中国茶叶流通协会第五届理事会理事；2019年12月庆祝新中国成立70周年十佳影响力企业家（提名奖）。

1999年以兰馨创始人之一、第二大股东的身份，加入兰馨茶业负责兰馨遵义办事处至今。一直秉持“君子若兰·德才双馨”企训和“志存高远·稳中求快”发展理念，着力开拓兰馨茶叶系列产品销售渠道，增加产品和服务附加值，为企业发展创造良好的文化氛围，提高企业知名度、美誉度，增强消费者对企业品牌的信任。

兰馨茶业成为国家级重点龙头企业后，兰馨遵义办事处2014年组建二级法人单位遵义君品兰馨茶业有限公司，蒙永红兼任法人代表和总经理。为适应事业发展需要，君品兰馨又于2016年6月在旗下组建了二级部门兰馨茶书院，担当起兰馨茶业形象再塑、品牌宣传和茶文化传播的社会责任，以文化感召引领时代新风尚，传播、分享中国茶文化。

兰馨茶书院受邀加入中国茶艺师联盟后，由兰馨茶业牵头组建中国茶艺师联盟贵州运营中心和遵义茶艺师分会，蒙永红出任负责人兼秘书长。

近年来先后承担茶文化传播课程有：遵义南方科技技工学校茶文化专题讲座、习水县工会茶文化公益讲座、全国第十期高级演讲师资培训班茶文化公益专题讲座；兰馨茶书院茶文化及茶知识讲座授课20余期受益1000余人次；担任贵州省淑苑文化传媒遵义国家级礼仪培训师师资认证班、遵义第四届ACIC国际注册高级礼仪培训师双证培训班特约礼仪讲师；应邀参加遵义市妇联、市精神文明办、市图书馆主办的“圆梦花开·巾帼书友会”女性综合素质提升活动，担任多期茶文化公益授课讲师，此活动网络观看点击率总数近1230.6万人次，努力帮助大家提升了视野，拓展了知识面。

十、岳 龙

岳龙（1973年—），贵州余庆人，中国茶叶博物馆茶工业文化遗产研究中心副主任，贵州绿茶品牌发展促进会茶文化专委会副主任、茶旅一体化副主任，遵义市茶文化研究会副会长，湄潭县茶文化研究会常务副会长。

1999年，湄潭县茶文化研究会成立时开始涉足茶文化研究，后创办湄潭首家陆羽茶艺馆和自由人茶馆，培训湄潭第一批茶艺师17人。2001年始，多次参与策划组织大型茶事活动。

2006年起，参与组织湄潭茶文化研究，包括湄潭县茶文化遗产田野调查、湄潭县古茶树田野调查，湄潭茶场、省茶研所茶文化遗产调查，参与贵州茶文化生态博物馆展陈大纲编撰。在《茶博览》《贵州茶叶》《西部开发报·茶周刊》等刊物发表个人研究成果论文10余篇，多次文稿入选《盛世兴茶》《20世纪中国茶工业的背影贵州湄潭茶文化遗产价值追寻》《湄潭茶鉴》等专著。

2010年后，受聘天壶迎宾馆、阳春白雪茶业公司茶佑中华长廊、中华茶文化博览园等茶文化建设项目任顾问，并担任贵州茶文化展示专馆总设计师、大型茶文化系列专题片《茶旅天下（贵州篇）》总撰稿人、贵州茶文化生态博物馆专题片《黔茶途程》撰稿人。应邀参加毛尖茶文化节、2011中国苔茶之乡·石阡首届苔茶文化旅游节·苔茶品牌营销国际高峰论坛、贵州茶文化遗产保护与利用论坛等活动，并发表论文。2017年，执笔茶文化专题节目《茶味湄潭》10集，在湄潭电视台和优酷、腾讯视频网络播出。

十一、曹前军

曹前军（1946年—），贵州湄潭人，贵州茶文化生态博物馆专家委员会委员，湄潭县茶文化研究会、县文化遗产研究会专家组成员。

1989年8月，参与由贵州省委、上海电影制片厂摄制出品的电影《贵州人》中湄潭县核桃坝村支书何殿伦带领村民种茶致富片段编剧和前期预演编导；2000年10月，撰写中央电视台、贵州省组织拍摄的《2000年看贵州》系列片《湄潭老茶农》拍摄脚本并参与拍摄，此片获国家电视学会、中央电视台和贵州省委、省政府联合颁发二等奖；2014年，与作家瞿明、傅治淮合作创作40集电视剧《盐茶古道》剧本。

撰写多篇茶文化文章。1993年8月，与诗人、作家李发模、周开迅创作长篇报告文学《五千年不灭的梦》，记述核桃坝村民在村支书何殿伦带领下种茶致富感人事迹，被《遵义文苑》选载。2008年参与《茶的途程》撰稿、编辑和修改。2015年7月，创作出版茶业题材长篇小说《世纪茶缘》。

十二、张宪忠

张宪忠（1957年—），贵州湄潭人，贵州茶文化生态博物馆茶文化专家委员会委员、湄潭县茶文化研究会专家组成员、湄潭县文化遗产研究会副会长。

2008年起开始研究湄潭茶文化，尤其对湄潭茶史产生浓厚兴趣。通过阅读大量历史典籍，确认湄潭境地在唐代隶属夷州和播州的史实，在档案和故纸堆中找出有关湄潭产茶记载及清代赞湄潭茶诗篇。利用工作之余，翻山越岭寻找清康熙《湄潭县志》提及“茶树千丛”的平灵台；寻找南明湖广巡抚胡钦华《客溪山庄记》中“茶百丛”的客溪；经无数次寻找，终于在找到平灵台后，又于2014年3月15日找到易名黑溪的客溪，写下《客溪山庄考察记》。

张宪忠曾参与湄潭县多项茶文物普查和茶文化调研；参与2010年县政协组织的茶文物调查，数年间走遍全县产茶区，撰写上万字《湄潭古茶树资源报告》；参与湄潭茶场、永兴茶场发展史调查，走访数十位当事人，查阅上千份档案资料，为贵州茶博馆展陈提供翔实资料；参与贵州茶文化生态博物馆综合陈列室、中央实验茶场万寿宫展陈设计和撰写《展陈方案》；撰写《黔北茶史初探》；为遵义市茶产业发展中心拍摄《娄山茶源》电视专题片撰稿；参与《茶的途程》《20世纪中国茶工业的背影——贵州湄潭茶文化遗产价值追寻》《湄潭县茶业志》《茶国行吟》《湄潭茶鉴》《百年茶运》等茶书撰写编辑。

十三、曹裕强

曹裕强（1968年—），贵州湄潭人，贵州茶文化生态博物馆专家委员会常务副秘书长、湄潭县茶文化研究会副会长、湄潭县文化遗产研究会秘书长。

2005年始涉足茶文化，撰写和发表茶文化纪实、通讯、论文、诗词等80余篇（首）30余万字，“打开陈列在乡间的茶文化博物馆”“湄潭茶文化遗产资源亮点扫描”“也淡湄潭古茶树资源”等在《中国文物报》《贵茶》《当代茶经》等报刊发表。论文“浅谈湄潭茶文化遗产保护与利用”入选第十三届国际茶文化研讨会，载《盛世兴茶》；茶诗专辑《在湄潭与一片茶叶相遇》由县政协编辑出版。

参与湄潭县茶文化遗产资源调研普查，编制《湄潭县茶文化发展规划》《象山茶博公园茶文化建设项目规划》《湄潭客楼屯生态博物馆建设规划》《湄潭县古茶树保护规划》等。参与“中央实验茶场旧址”申报“省保”和“国保”，湄潭翠芽茶、遵义红茶、湄潭手筑黑茶传统制作技艺申报省级非遗项目。参与贵州茶文化生态博物馆中心馆筹建、布展、撰写展陈大纲，参与中央实验茶场纪念馆、中国茶工业博物馆、象山茶史陈列馆布展及提升并撰写展陈大纲，参与湄潭翠芽非遗传习基地馆展陈等。

参与《中国茶文化资料集成·贵州卷·湄潭分册》资料收集、汇总、整理和编辑；负责画册《黔茶记事》编辑和《湄潭茶·故事》图书文稿征集、审阅、撰稿、编辑等。参与编辑其他茶文化图书6部。

十四、孙玉玲

孙玉玲（1969年—），贵州湄潭人，国家一级、高级茶艺技师，高级茶艺师考评员、湄潭县茶文化研究会会员。

1991年到省茶科所工作。长期从事茶文化推广，公开发表茶文化文章和新闻报道数十篇。积极参与茶艺及茶文化培训工作，培训人员遍布贵州省各市（地、州）、县（市、区）。多次担任茶艺大赛评委和贵州省科技年会主持人，倡导践行茶生活，策划组织并主持各种主题茶会40场，积极推动茶文化进入各阶层。系贵州省茶叶学会茶艺技能专家组成员，省第139国家职业技能鉴定所茶艺授课教师，遵义市级茶艺技能大师工作室领办人，市茶艺技能培训中心副主任，湄潭县高技能人才培训基地茶艺专家组组长。

参与指导茶艺《谢娘茶》，获2015年马连道杯全国茶艺表演大赛三等奖；编创指导茶艺《湄水人家》，获2015年贵州省第六届茶艺大赛团体银奖；茶艺“花开的声音”获2017年首届贵州省岗位精英技能竞赛第一名；茶艺“遵义红”获2017年“马连道”杯全国茶艺表演大赛一等奖；茶艺“归来”获2017年贵州省第六届警察文化艺术周文艺类一等奖和2018年“多彩贵州·黔茶飘香”茶艺职业技能大赛总决赛团体赛金奖。2019年3月，遵义市孙玉玲技能（茶艺）大师工作室挂牌运行。

十五、程泽志

程泽志（1960年—），道真自治县人。高级农艺师、中国茶叶流通协会会员、中国茶叶学会理事、中国管理科学院学术研讨会特约研究员，贵州茶叶学会常务理事、遵义市茶叶学会副理事长。

参加工作近30年，一直从事茶的栽培管理、加工技术和茶叶品牌的开发利用。在冬季茫茫的山原里，在崎岖泥泞的山路上，在茶叶种植现场会、农民技术培训班，到处都留下他的身影和足迹，为发展道真茶叶产业，打造茶叶品牌，一年四季不分节假日，在道真各地山上给农民讲解茶叶栽培技术，举办培训班。是承担茶产业规划、实施项目的中坚力量。为提高道真县茶叶生产管理、加工和生产技术，潜心钻研和掌握茶叶专业基础理论知识和技能，学习与茶产业相关的农学、土肥、植保等相关学科知识。2008年担任主笔编写“道真自治县茶产业规划”“道真自治县高产茶叶建设”“道真自治县低产茶园改造”“道真自治县野生大茶树保护”等项目并上报贵州省农业厅后主持实施；组织编写《有机茶园申请认证》由中茶所认证中心通过转换面积427hm^2；参与编报“中央现代农业发展——茶产业项目”在全县实施；作为首席专家在道真实施贵州省三百工程良种茶树品比园配置生态养殖项目连续5年；按照贵州省农委关于编制上报2009年省级茶产业项目实施方案，编写了“新建母本园并同步配置品比园”“野生大茶树保护”“茶叶新产品开发”等省级项目资料；2013年参与规划仡乡茶海，打造仡乡茶海茶旅一体化现代高效农业示范区。进行多媒体教学培训培训茶农2786人次，编写培训资料5670份发放给种茶农户。为了搞好道真茶产业建设，指导新建面积共40hm^{2}的茶叶苗圃基地5个，全县统一规划新建茶园666.67hm^2。

勤于把实践与理论相联系，撰写的“浅析道真茶叶发展现状及思路”“道真茶园病虫害普查及综合防治技术”“无公害茶园综合防治初探”等专业文章先后在《中国茶叶》《耕作与栽培》《植物医生》《贵州茶叶》《贵州省农业推广资料汇编》等刊物发表。近十年撰写科技论文几十篇在省部级刊物发表。

参考文献

[1] 吴觉农. 茶经述评[M]. 北京：中国农业出版社，1987.

[2] 乐史. 太平寰宇记[M]. 北京：中华书局，2000.

[3] 中国农业出版社. 茶经校注[M]. 北京：中国农业出版社，2006.

[4] 吴宗周，欧阳曙. 湄潭县志[M]. 台北：台湾成文出版社，1974.

[5] 鄂尔泰，靖道谟，杜诠. 贵州通志[M]. 成都：巴蜀书社，2006.

[6] 陈熙晋. 仁怀直隶厅志[M]. 贵阳：贵州省图书馆，2010.

[7] 遵义市地方志编纂委员会. 遵义府志[M]. 成都：巴蜀书社，2014.

[8] 陈宗懋. 中国茶经[M]. 上海：上海文化出版社，1993.

[9] 赵宜霖，游玉堂. 正安州志[M]. 成都：巴蜀书社，2006.

[10] 贵州省政协文史委. 南国茶乡[M]. 贵阳：贵州人民出版社，2003.

[11] 石永言. 西部茶乡的画意诗情[M]. 贵阳：贵州人民出版社，2007.

[12] 王亚兰，张其生. 贵州茶文化[M]. 珠海：珠海出版社，2009.

[13] 中国人民政治协商会议贵州省湄潭县委员会. 茶的途程[M]. 贵阳：贵州科技出版社，2008.

[14] 贵州省遵义市作家协会. 茶说遵义[M]. 贵阳：贵州人民出版社，2010.

[15] 贵州省湄潭县茶文化研究会. 茶国行吟[M]. 北京：中国戏剧出版社，2010.

[16] 湄潭县茶产业发展中心. 湄潭县茶叶志[M]. 遵义：遵义康达彩色印务有限公司内部出版，2012.

[17] 中国人民政治协商会议湄潭县委员会. 20世纪中国茶工业的背影——贵州湄潭茶文化遗产价值追寻[M]. 云南德宏：云南省德宏民族出版社，2012.

[18] 中国人民政治协商会议湄潭县委员会. 画境诗心——浙江大学湄江吟社诗词解析[M]. 云南省德宏民族出版社，2012.

[19] 谢晓东. 凤茶掠影[M]. 北京：北京图书出版社，2014.

[20] 遵义市地方志办公室编纂委员会. 遵义市茶文化志[M]. 北京：中国文史出版社，2016.

[21] 周开迅主编. 百年茶运[M]. 香港：中国文化出版社，2019.

[22] 郑健勇主编. 黔北明清之际僧诗选[M]. 贵阳：贵州民族出版社，2008.

[23] 黄明福. 正安茶话[M]. 北京：中国文史出版社，2014.

[24] 贵州省茶文化研究会. 贵州茶[M]. 贵阳：贵州人民出版社，2009.

[25] 贵州省遵义市地方志编辑委员会. 遵义地区志[M]. 贵阳：贵州人民出版社，1989.

[26] 贵州百科全书编辑委员会. 贵州茶百科全书[M]. 北京：中国大百科全书出版社，2012.

[27] 贵州省仁怀县地方志编纂委员会. 仁怀县志（老版）[M]. 贵阳：贵州人民出版社，1991.

[28] 贵州省赤水县志编纂委员会. 赤水县志（老版）[M]. 贵阳：贵州人民出版社，1990.

[29] 贵州省习水县地方志编纂委员会. 习水县志（老版）[M]. 贵阳：贵州人民出版社，1995.

[30] 贵州省绥阳县地方志编纂委员会. 绥阳县志（老版）[M]. 贵阳：贵州人民出版社，1993.

[31] 贵州省正安县地方志编纂委员会. 正安县志（老版）[M]. 贵阳：贵州人民出版社，1999.

[32] 道真仡佬族苗族自治县志编纂委员会. 道真仡佬族苗族自治县志（老版）[M]. 贵阳：贵州人民出版社，1992.

[33] 贵州省凤冈县地方志编纂委员会. 凤冈县志（老版）[M]. 贵阳：贵州人民出版社，1994.

[34] 贵州省余庆县地方志编纂委员会. 余庆县志（老版）[M]. 贵阳：贵州人民出版社，1992.

[35] 务川仡佬族苗族自治县志编纂委员会. 务川仡佬族苗族自治县志（老版）[M]. 贵阳：贵州人民出版社，2001.

[36] 桐梓县地方志编纂委员会. 桐梓县志（老版）[M]. 北京：方志出版社，1995.

[37] 贵州省遵义县地方志编纂委员会. 遵义县志（老版）[M]. 贵州人民出版社，1992.

[38] 正安县地方志编纂委员会. 正安县志（1978—2007）[M]. 北京：方志出版社，2011.

[39] 道真仡佬族苗族自治县志编纂委员会. 道真仡佬族苗族自治县志（1988—2007）[M]. 北京：方志出版社，2011.

[40] 贵州省湄潭县地方志编纂委员会. 湄潭县志（1978—2007）[M].北京：方志出版社，2011.

[41] 贵州省凤冈县地方志编纂委员会. 凤冈年鉴2009 ~ 2012[M].北京：光明日报出版社，2013.

[42] 贵州日报社. 茶周刊文章及图片[N].西部开发报茶周刊，2012—2017.

注：鉴于上述书刊资料的重复性，以及主要是参考或择要，直接引语较少，本书难以一一注明出处。在此，对上述志书、图书作者和《西部开发报·茶周刊》编辑部以及《遵义日报》社一并表示真诚的感谢。

附录一

遵义茶产业发展大事记

西　汉

扬雄著《方言》云："蜀西南人，谓茶为葭。"汉代蜀，包括今云贵川部分地区，遵义在其中。

东　晋

常璩撰《华阳国志·巴志》云："涪陵郡（辖今重庆市之彭水……和贵州省的道真、正安等县）……无蚕桑，少文学，惟出茶、丹、漆、蜜、蜡。"

唐　朝

建中元年（780年），茶圣陆羽完成茶叶专著《茶经》，在其书中所载："茶之出黔中，生思州、播州、费州、夷州……往往得之，其味极佳。"

北　宋

初期，乐史撰《太平寰宇记》载："夷州、播州、思州以茶为土贡。"

元　代

马端临《文献通考》载："黔阳、源陵，后溪产都濡高株。"都濡即今务川，都濡高株为古代茶名。

明　朝

洪武五年（1372年），播州杨铿归顺明王朝，并贡"方物"，其方物即以马匹、茶叶为主的土特产。

洪武十年（1377年），宣慰使司杨铿受命在播州建茶仓，发展茶业。

洪武十四年（1381年），奢香开容山驿道。《水西文史》载："奢香子阿溪陇弟《太学归来》中有'草海名洋披星走，湄山香茶载月行'的诗句，其中'湄山'即指湄潭之茶山。"

洪武十七年（1384年），设容山长官司治理湄潭境地，治所设于文家场（今黄家坝镇官堰村）。容山长官司韩、张二氏每年必须将当地所产茶叶交播州茶仓，作为播州宣慰使司向朝廷进贡的"方物"。

洪武三十年（1397年）在播州（今贵州遵义）、成都、重庆、保宁建立四大官茶专仓以强化官茶加工、贮藏、调运管理。

清末明初

明朝遗臣钱邦芑、南明兵部尚书程源、云贵总督范鑛等因时局变迁而隐居湄潭，在湄江河畔的琴洲"扫叶烹茗，啸歌自适，流连忘归"。

清　朝

康熙二十六年（1687年）春，湄潭县令杨玉柱与文士韩应时等同僚游湄水桥，见"彩球高结，鱼虾争戏"，美景如画。触景生情，遂吟出"两岸踏歌声，士女采茶工且艳"的诗句。是年，知县杨玉柱主修之《湄潭县志》载："平灵台（今永兴与鱼泉交界处），县北四十里，在马蝗箐。悬崖四面，攀陡甚难……顶上方广十里，茶树千丛，清泉醇秀。"

乾隆年间（1736—1796年），清廷敕封的"威武大将军"——镇远府镇台曹仲，解组（解下印绶，谓辞去官职）后迁湄潭永兴定居，种植大片茶园。

嘉庆二十三年（1818年），张作楠撰《梅簃随笔》云："龙泉县（即今凤冈县）西南两个乡产云雾芽茶。每岁清明后谷雨前，县令发价采办，额定贡茶二十四斛，色味双绝远胜石门芽茶。"

同治三年（1864年），《酉阳直隶州续志》载："至宋，则都濡、洪社，嘉茗独传，黄山谷《答从圣使君书》云：'今奉往黔州都濡月兔两饼，施州八香六饼，试将焙碾尝。'都濡，在刘氏时贡炮也味殊厚……"

同治十三年（1874年），进士安盘金，在游湄潭清虚洞（今观音洞）时，留下"诗笺扫苔石，茶鼎听松风"的诗句。

光绪二十五年（1899年），知县吴宗周主修之《湄潭县志》在"凡例"中提示："物产，湄较他邑为备，除五谷外，以山丝家丝为大宗。又产茶、漆、辣、棓、桐、棬各物，民间均沾其利。"

中华民国

民国十八年（1929年），李世祚修著《桐梓县志》载："溱里后箐数十里皆红油沙地，产茶尤佳，气香味回，均有远贩来。"又云，"夜郎箐顶，重云积雾，爰有晚茗，离离可数，泡以沸汤，须臾揭顾，白气弥缸，蒸气腾散，益人意思，珍比蒙山矣。"

民国二十八年（1939年）9月，国民政府经济部所属中央农业实验所技士张天福、李联标等人到贵阳、安顺、平坝、贵定、遵义、湄潭等地调查选址，确定在湄潭建立"中央农业实验所、中国茶叶公司湄潭实验茶场"筹备处。是年，中央实验茶场叶知水在婺川县西北老鹰山发现10余棵大茶树。

民国二十九年（1940年）1月20日，由国民政府经济部中农所和中国茶叶公司合办的湄潭实验茶场（简称"中央实验茶场"）成立，刘淦芝先生任场长。4月，中央实验茶场编写《茶情》，主稿者为叶知水，1941年主笔为金阳镐。4月12日，中央实验茶场借调云南顺宁实验茶厂技术人员祁振培率技工3人，帮助该场首次试制工夫红茶"湄红"。5月，国立浙江大学（以下简称"浙大"）农学院西迁到湄潭。是年秋，浙大首次对中央实验茶场生产的湄红、湄绿、仿龙井及石阡坪山茶开展茶叶生化成分的分析测试，写成"采摘期对茶叶单宁含量之影响"。是年，中央实验茶场李联标在务川发现大茶树，并作了观察记录。

民国三十年（1941年）4月15日，中央实验茶场特请浙大农学院病虫害系主任陈鸿逵教授、杨新美副教授到该场检查从附近茶农收购的茶青之病害状况，陈鸿逵教授、葛起新助教撰成"湄潭茶树病害之研究"一文。4月，中央实验茶场请浙江杭州西湖茶区邬、郭两位制茶师傅到湄潭帮助创制出"色绿、形美、味醇、馥郁"四绝的湄潭龙井茶，其堪与杭州西湖最佳狮峰龙井相比，浙大竺可桢等八位教授到场参观，对仿制的龙井茶倍加赏识。是年，中国茶叶公司退出合办，中央实验茶场改称"农林部中央农业实验所湄潭实验茶场"，隶属中农所。10月，中央实验茶场开展湄潭茶叶产业情况调研，开创贵州乃至中国西部茶园土壤化学研究之先河。是年，刘淦芝的研究报告"湄潭茶树害虫的初步调查"在《中国农报》第七卷发表。

民国三十一年（1942年）春季，中央实验茶场研制过日本的玉露茶、沱茶和桂花茶。12月，在湄潭实验茶场场长刘淦芝和浙大农经系梁应椿教授指导下，该场技术人员寿宇历时三年完成湄潭茶叶全面调查，撰成《湄潭茶产调查报告》。

民国三十二年（1943年）2月，由江恒源（教育家，随儿子浙大教授江希明旅居湄潭）、祝廉先等发起，苏步青、钱宝琮、王季梁、刘淦芝、胡哲敷、张鸿谟、郑晓沧组成"湄江吟社"。2—11月共集会8次，创作200多首诗词，其中茶诗词60余首，开启现代贵州茶文化新篇章。是年，河南发生严重蝗灾，刘淦芝奉命赴豫治蝗，李联标代理场长。8月，在竺可桢、江恒源、刘淦芝倡导下，创办“贵州省立湄潭实用职业学校”，设茶叶和蚕桑两科，学制2年，共举办2期，李联标为茶科班主任。

民国三十三年（1944年）年初，李联标赴美留学，由中农所派油桐专家林刚（技正、金陵大学学士）接任场长。10月，中农所湄潭实验茶场《论发展贵州茶叶》载：“贵州省年产量在100市担以上有28个县（其中湄潭、仁怀、习水、赤水和绥阳5县在遵义）。”10月27日，英国皇家科学院院士、生物化学家、科学史学家、英国驻华使馆科学参赞李约瑟博士，以驻华科学考察团团长身份到湄潭浙大考察。

民国三十五年（1946年），中农所迁回南京，中央实验茶场更名为“湄潭桐茶实验场”，隶属中农所。

民国三十六年（1947年）7月，中农所湄潭桐茶实验场青年茶叶专业人员王正容和农业部技术推广委员会委托中农所选派全国茶叶主产区10名青年茶叶专业人员赴台湾学习机器制茶技术，历时1年。

民国三十七年（1948年），《贵州通志·风土志》：“仁怀茶多贩至四川各县，又有老鹰茶、苦丁茶、女儿茶、甜茶……石阡茶，湄潭眉尖茶昔皆为贡品，其次如铜仁之东山，贞丰之坡柳，仁怀之珠兰，均属佳品。”

中华人民共和国

1949年11月，湄潭县人民政府成立，湄潭桐茶实验场由湄潭县人民政府接管。12月，湄潭桐茶实验场又由遵义地区行署建设科接管。

1950年春季，贵州省人民政府军管会农林处接管湄潭桐茶实验场，更名为“贵州省湄潭桐茶实验场”，隶属贵州省农业厅。5月，中国土产公司贵州分公司建立，贵州茶叶业务归该公司经营。

1951年3月，中国茶叶公司西南分公司从重庆等地派遣技术和业务人员34人，分别在贵州仁怀（含金沙），赤水设立红茶初制技术推广站，同时委托贵州省桐茶实验场推广红毛茶初制技术。4月，由仁怀、金沙、赤水、湄潭四县生产红毛茶31.6t，调入该茶场统一加工成精制半成品茶，再调往重庆茶厂精制拼配成“川红”，出口苏联及东欧各国。

1952年10月，“贵州省湄潭桐茶实验场”更名为“贵州省湄潭实验茶场”，隶属关系未变。

1953年春夏之交，贵州省人民政府省长周林将湄潭茶场生产的茶叶命名为“湄江茶”。12月，外贸部批准成立中国茶叶公司贵州办事处，先后在湄潭、仁怀、镇远、石阡、安顺5县设收购站，挂牌收购茶叶。1955年，中国茶叶公司贵州办事处升格为中国茶叶公司贵州省分公司。

1954年秋，西南军政委员会农林部在贵州省湄潭实验茶场举办西南茶叶干部训练班，历时半年，由贵州省茶学家夏怀恩、邓乃朋、刘其志、王正容等授课。

1955年1月，“贵州省湄潭实验茶场”更名为“贵州省湄潭茶叶试验站”（以下简称“省茶试站”）。

1956年，贵州对生产外销红、绿茶和内销绿茶的集中产区和改制红茶的地区实行全面的预购业务，每交一担茶叶优待供应粮8 ~ 16kg。10月，农业部副部长、“当代茶圣”吴觉农考察省茶试站。

1958年7月，经贵州省教育厅、贵州省农业厅批准，在省茶试站成立“贵州省湄潭茶业学校”（1962年停办）。12月，省茶试站精制首批“黔红”工夫红茶，直调广东茶叶进出口公司出口。是年，研制外销工夫红茶获得成功，以“黔红”牌单独原箱出口。

1959年1月14日，团中央书记胡耀邦到湄潭视察。

1960年5月，贵州省商业厅在贵阳召开“贵州省1960年外销茶叶加工标准样制样座谈会”，首次研制定“黔红”“黔绿”的加工标准样茶，贵州品牌的“黔红”“黔绿”产品从此问世。是月，省茶试站扩建为贵州省湄潭茶叶科学研究所（以下简称“省茶科所”）和“贵州省湄潭茶场”，两块牌子，一套人马，同隶属省农业厅。20世纪50—70年代，湄潭县在洗马、团林等地相继开辟1万余亩新茶园，兴建10多座红碎茶初制厂。全国外贸、供销、农业三部联合召开的茶叶工作会议把湄潭列为全国年产茶5万担的产茶大县。

1972年1月1日，由省茶科所主办的《茶叶通讯》创刊发行。1978年贵州省茶叶学会成立后，由该所与茶叶学会合办，1983年更名为《贵州茶叶》。

1973年9月，省茶科所和贵州省湄潭茶场单独建制，前者为处级事业单位，后者为处级国营企业，均直属贵州省农业厅。

1974年，由省茶科所汪桓武、赵翠英主持研制成功“遵义毛峰茶”。

1975年11月27日，中国农科院茶叶研究所在湄潭县召开南方茶树病虫座谈会。

1977年6月10日，省茶科所科技人员刘其志、张其生等在道真自治县洛龙乡白岩堂调查发现一株300多年的乔木古茶树。树高12.6m，主干胸围1.15m，枝叶繁茂，每年可采摘鲜叶制成干茶15kg。

1978年12月15日，贵州省茶叶学会在贵阳召开成立大会，学会挂靠省茶科所。12月，省茶科所完成茶树密植和免耕快速高产栽培技术、茶树害虫生物防治研究，获省科学大会成果奖。

1979年4月，原贵州省农业部副部长、“当代茶圣吴觉”农关心贵州茶叶，特派秘书张承春到贵州黔西南、六盘水、遵义等实地考察茶树资源，为编著《茶经述评》收集资料。中国农业科学院茶叶研究所明确了省茶科所育成的黔湄419、502、601、701号等品种适应性强，在贵州的气候条件下生长良好，产量可提高30%以上，制成红碎茶，质量达国家二套样水平。

1980年7月17日，省茶科所野生茶树资源调查课题组成员与贵州省晴隆县农业局卢其明在该县云头大山（海拔1650m）沈家箐的野生茶林里发现疑似茶籽化石一块。1988年10月经中国科学院南京地质古生物研究所鉴定，是距今100万年的四球茶籽化石。该所权威专家郭双兴认定是世界上首次发现的茶籽化石。7月21日，省茶科所研究员邓乃朋完成唐代陆羽《茶经》的译释工作，次年获贵州省科技成果三等奖。

1981年，省茶科所吴子铭、孙继海主持湄潭流河渡公社茶场“低产茶园改造综合技术示范”获得成功。12月，该示范成果在全国茶叶科学技术讲座上作大会交流，贵州省农展馆在省内重点茶区作巡回展出。

1983年6月，省茶科所更名为“贵州省茶叶科学研究所”（仍简称“省茶科所”），仍隶属省农业厅。是年，贵州著名绿茶“遵义毛峰”获农业部优质奖。

1984年11月21—26日，农牧渔业部全国茶树良种审定委员会在福建厦门召开会议，对各省报申的地方品种进行审定。会议认定湄潭苔茶、福鼎大白茶、祁门茶等30个品种为全国茶树优良品种。是年，贵州省茶叶质量评审委员会成立。

1985年2月1日，贵州省茶叶贸易中心成立。3月20日，遵义地区茶叶贸易中心成立。是年，农牧渔业部批转认定湄潭苔茶为国家级地方茶树良种。

1987年1月7—12日，农牧渔业部全国茶树良种审定委员会在杭州召开会议。省茶科所培育的黔湄419、502号茶树品种被茶树良种审定会全票通过认定为新育成的全国茶树优良品种，并经全国农作物品种审定委员会批准分别统一编号为“华茶31号”“华茶32号”；同时，农牧渔业部将此批准为国家级茶树良种，其中黔湄419号位居同时认定的22个优良品种之首。

1988年1月3日，贵州省首个茶农协会暨茶业基金会在湄潭县核桃坝村成立。

1989年12月，中共中央组织部授予中共湄潭县核桃坝村支部“全国先进基层党组织”称号，该村党支部书记何殿伦受到中共中央军委主席邓小平的接见。

1991年，中共中央总书记江泽民视察遵义市，接见中共十四大代表、全国劳模、中共湄潭县核桃坝村支部书记何殿伦，江泽民赞誉他为“黔北伟人”。

1993年3月18日，贵州省茶叶科学研究所研究员冯绍隆主持的茶树组合密植研究，获联合国科技信息促进系统（TIPS）“1992年度发明创新科技之星”奖。

1994年11月9—10日，全国农作物品种审定委员会茶叶专业委员会在北京召开会议，审定通过省茶科所申报的黔湄601、701号等24个品种为全国茶树新良种。

1996年5月16日，经贵州省技术监督局同意，贵州省茶叶产品质量监督检验站建立，挂靠在省茶科所。

1997年12月，省茶科所茶叶文史专家张其生完成《贵州省茶叶科学研究所所史（1939 ~ 1997）》编写工作，由贵州省农业厅编印内部发行。是年，中共余庆县委、县人民政府首次将苦丁茶产业作为该县后续支柱产业。

1998年8月，首届狮达牌苦丁茶沪上研讨会在上海举行，中国医药学会副会长、上海中医药大学校长施杞评价余庆县小叶苦丁茶“极具保健价值，前途光明。”9月，在杭州中国茶叶博览会上，中国科学院院士谈家桢将狮达牌小叶苦丁茶誉为“绿色金子”。

1999年6月18—19日，湄潭县举办“遵义市首届名优茶品评会暨黔北茶文化研讨会”（简称“名茶两会”）。

2000年1月，湄潭县被国家相关部门审定为“全国首批无公害茶叶生产基地达标县”建设单位。12月，“九五”国家重点图书《中国名茶志》由中国农业出版社出版，新华书店发行。其中，“贵州卷”由张其生主编，贵州名茶立条30条。是年，余庆县获贵州省科技厅 贵州省农业厅“贵州省茶叶产业化技术示范工程县”称号。

2001年4月28日，“贵州遵义湄潭首届茶叶艺术节暨商贸活动周”在湄潭举行。4月29日，湄潭县人民政府、贵州省茶叶科学研究所共同倡议组织的“中国·西部茶业论坛”在湄潭举行。5月，贵州省人民政府编制的《贵州省农业结构调整规划》第八章，将小叶苦丁茶作为特色产品发展，发展重点在余庆县。7月30日至8月3日，茶学专家林治到湄潭考察，并受聘任湄潭茶文化研究会顾问。是年，湄潭县正式成为“全国无公害农产品（茶叶）生产示范基地县”。

2002年，狮达牌小叶苦丁茶获农林部授予的“中国名优经济林产品”称号。

2003年5月18日，中共中央政治局委员、国务院副总理回良玉到湄潭县核桃坝茶叶专业村视察。8月，余庆县获中国茶叶流通协会“全国小叶苦丁茶生产示范基地县”称号。是年，“湄潭翠芽”获第五届“中茶杯”全国名优绿茶一等奖。

2004年2月，余庆县获中国特产之乡推荐暨宣传活动组织委员会“中国小叶苦丁茶之乡”称号并颁发证书。4月15日，由贵州省农业厅、贵州省茶叶协会和遵义市人民政府联合主办的“农业部茶叶定点市场（贵州湄潭西南茶城）揭牌仪式暨2004年贵州省名优茶评审会”和“中国西部茶业论坛（湄潭）茶业发展主题会议”在湄潭举行。5月，贵州首个村级茶青交易市场——湄潭县湄江镇金花村茶青交易市场挂牌成立。8月，凤冈县获中国特产之乡推荐暨宣传活动组织委员会“中国富锌富硒有机茶之乡”称号。

2005年4月，凤冈县190hm^{2}生态茶园和黔凤、仙人岭、龙江3家茶叶加工厂，经国家环保总局有机产品认证中心评审，获“有机转换认证”。5月28—29日，由贵州省人民政府研究室、遵义市人民政府、贵州省茶叶协会共同主办，凤冈县人民政府承办的“贵州省首届茶文化节”在凤冈举行。5月，中国茶文化专家林治对凤冈茶产业和茶文化进行考察，并出任凤冈茶文化首席顾问；余庆县获农业部“全国无公害农产品（苦丁茶、绿茶）生产示范基地县”称号。6月14日，贵州省质量技术监督局《贵州省标准发布通告》发布《湄潭翠芽茶》为贵州省地方标准，该标准自2005年7月1日起实施。7月，省茶科所划归贵州省农业科学院，更名为贵州省茶叶研究所（简称“省茶研所”）。8月，余庆小叶苦丁茶获国家质量监督检验检疫总局批准的“中国地理标志保护产品”资格；8月25日，湄潭、凤冈、余庆三县与省茶研所共同发起联合签署《中国西部茶海特色经济联合体章程与合作协议》，共同打造中国西部茶海。12月26日，中国茶叶流通协会复函，同意命名为“中国西部茶海”。2006年3月27日，遵义市人民政府〔2006〕30号批复，同意三县一所建立“中国西部茶海特色经济联合体”。9月，贵州日报报业集团主办的《西部开发报》创刊《西部开发报茶周刊》。10月，《凤冈锌硒茶省级地方标准》通过贵州省质量技术监督局专家团评审，并颁布实施。11月，贵州省农业厅、省茶研所、贵州省茶叶学会联合在湄潭举办“贵州省茶叶产业可持续发展研讨会”。11月13日，在由中国茶叶学会、农民日报社主办的“中国茶业发展县（市）长论坛暨中国茶产业发展政府贡献奖颁奖仪式（浙江萧山）”上，湄潭县人民政府获“中国茶产业发展政府贡献奖”，在获奖12个县中，湄潭在西部地区获奖的两个县中排名第一。是年，湄潭县获“中国三绿工程茶叶示范县”称号。

2006年1月7日，由香港阳光卫视拍摄的《茶旅天下》电视记录片在贵州湄潭茶乡广场开机。对湄潭、凤冈、余庆、正安、道真、务川、遵义等茶区进行为期26天的拍摄。1月24日，“凤冈富锌富硒茶”获国家质量技术监督检验检疫总局批准的“中华人民共和国地理标志保护产品”资格。3月10日，国家环境保护总局正式命名湄潭县为“国家级生态示范区”。4月2—3日，中国茶叶股份有限公司总经理孙月华等一行4人，先后考察湄潭、凤冈茶叶生产，与两县签订合作意向书，湄潭、凤冈成为该公司茶叶基地。5月18日，由贵州省人民政府、国家旅游局、中国茶叶流通协会、中国国际茶文化研究会主办，中共贵州省委宣传部、贵州省文化厅、贵州省旅游局、中共遵义市委、遵义市人民政府、贵州省茶叶协会、中共湄潭县委、湄潭县人民政府承办的“中国西部春茶交易会暨第二届贵州省茶文化节”在湄潭举行。5月30日，贵州省2006年度名茶质量评审会在湄潭举行，全省共选送61个样品，30只茶入围，其中湄潭入围15只，居全省之首。6月8日，香港卫视20集纪录片《茶旅天下·贵州篇》在湄潭茶乡广场举行开机仪式。6月14日，凤冈县永安镇仙人岭茶场“仙人岭”牌翠芽获全国高科技质量监督促进工作委员会“国家质量监督检验合格——全国质量信得过产品”称号。

2007年1月8日，贵州省环保局、遵义市人民政府和贵州省茶文化研究会为举办的“中国贵州环保·茶文化杯诗联书画摄影作品竞赛及首届春茶开采节”在贵阳召开新闻发布会。3月，中共贵州省委、中共贵州省人民政府出台《关于加快茶产业发展的意见》。3月15—27日，由贵州省环保局、遵义市人民政府、贵州省茶叶协会、贵州茶文化研究会主办的“贵州省十佳茶艺之星大赛”在贵阳举行。3月31日至4月1日，由贵州省环保局、遵义市人民政府、贵州省茶文化研究会、贵州省茶叶协会主办，凤冈县人民政府、湄潭县人民政府、余庆县人民政府、贵州省茶叶研究所承办，务川、正安、道真等县（自治县）协办的“中国西部茶海·遵义市首届春茶开采节”在凤冈县举行。4月9日，由中国茶叶流通协会和中国国际茶文化研究会举办的“第四届全国民族茶艺茶道表演大赛”在云南省普洱市举行，凤冈县和湄潭县的两个茶艺表演队分别获铜奖和优秀奖。5月18日，由贵州省人民政府、国家旅游局、中国茶叶流通协会、中国茶叶学会、中国国际茶文化研究会主办，贵州省委宣传部、贵州省文化厅、贵州省旅游局、遵义市委、遵义市人民政府、湄潭县委、湄潭县人民政府承办的“中国西部春茶交易会暨第二届贵州茶文化节”在湄潭开幕。8月，湄潭县茶叶企业中，有17家企业通过国家QS认证。20日，中共湄潭县委、湄潭县人民政府在贵阳举行新闻发布会，给予17家企业每家1万元奖励，加上其他奖项，共奖励企业35万元。10月14—16日，中国工程院院士、国际著名茶学家陈宗懋到凤冈、湄潭考察，为两县茶产业献计献策，接受凤冈县、湄潭县人民政府的聘请，担任两县茶产业发展首席顾问。10月，中共遵义市委、遵义市人民政府印发《关于加快实施百万亩茶业工程的意见》，提出到2010年全市茶园面积达100万亩、茶叶产值8亿元的目标。11月，中共贵州省委办公厅通知要求，2020年全省茶叶发展面积达500万亩，重点支持湄潭、凤冈、余庆、正安、道真等县（市、区）建设一批规模化、标准化和专业化程度较高的茶叶基地。11月7—14日，贵州省农业厅和贵阳市人民政府举办首届“贵州绿茶·秀甲天下”万人品茗活动。湄潭、凤冈等25个茶叶主产县的优秀茶叶品牌参加活动。11月29日，国家环保总局有机食品认证中心，对凤冈县新申报的392hm2有机茶基地及一个有机茶加工厂进行检查评审，符合有机认证标准。11月，《凤冈锌硒乌龙茶》省级地方标准通过专家评审，当年颁布实施。是年，《贵州省茶叶产业发展规划

（2008 ~ 2020）》提出，全省优化茶产业布局。

2008年1月11—12日，贵州省茶产业发展现场大会在湄潭县召开。3月，贵州南方嘉木食品有限公司“‘南方嘉木’茶籽油”“‘南方嘉木’茶籽调和油”获中国质量诚信企业协会、中国品牌价值评估中心“全国AAA级质量信誉跟踪产品”称号。3月中旬至5月底，凤冈县人民政府举办“中国西部茶海·遵义凤冈首届生态文学论坛”活动。4月28日，由遵义市人民政府主办、余庆县人民政府承办的“中国西部茶海·遵义·茶文化节暨余庆首届旅游节”在余庆举行。9月4—5日，中国国际茶文化研究会会长刘枫、副会长兼秘书长沈才士、副秘书长兼学术部主任姚国坤研究员等到湄潭、凤冈等地考察。10月10日，正安县人民政府和中国茶业科学研究所签订技术服务协议。10月16—17日，由贵州省农业厅、遵义市人民政府主办的“贵州绿茶·秀甲天下，黔茶精品北京推介暨万人品茗会”在北京王府井步行街举行。10月27日，遵义市实施百万亩茶业工程推进大会在湄潭召开。11月，凤冈县获中国旅游论坛组织委员会“中国生态旅游百强县”称号。11月14—15日，在福建省武夷山举行的2008年中国茶业经济年会上，中国茶叶流通协会公布2008中国茶叶行业百强企业，遵义的凤冈黔凤公司、余庆七砂公司、湄潭栗香公司入选。12月2日，“中国名茶之乡”评选结果揭晓，湄潭县获“中国名茶之乡”称号。12月，湄潭县政协、湄潭县茶文化研究会组织编写的茶文化图书《茶的途程》出版发行。

2009年3月，人民日报、光明日报、中央电视台、中央人民广播电台等国家级主流媒体齐聚凤冈，对凤冈茶产业进行报道，21日，以“有机茶叶绿了青山富了农”为题在中央电视台新闻联播中播出。4月3日，由贵州省农业厅、中国土产畜产进出口公司主办，为期10天的“贵州绿茶·秀甲天下”万人品茗活动在北京玉渊潭公园拉开帷幕。湄潭、凤冈两县7家企业组成的代表团参加此次活动。4月12日至5月2日，由中国国际茶文化研究会、上海市黄埔区人民政府、上海市茶叶学会主办的“2009上海（豫园）国际茶文化艺术节”“中国元素·茶”活动在上海豫园商城内举行。国内主要茶区的名茶参选。最终，凤冈锌硒茶等名茶入选首批“中国顶尖名茶”。4月25—26日，“中国绿茶专家论坛暨茶海之心旅游节”在凤冈举行。6月，凤冈县首个高香型科技示范园建成。6月17—19日，由遵义市文联、遵义市作家协会牵头，组织作家20人赴湄潭、凤冈、务川、正安茶区第一线采风，撰写文章，结集出版《茶说遵义》。7月28日，由贵州省茶叶协会、贵州省茶文化研究会主办的“2009年贵州十大名茶”评选活动评选出十大名茶，遵义的湄潭翠芽、凤冈锌硒茶、“春江花月夜”牌明前毛尖、绿宝石入选。7月28—29日，由贵州省人民政府、中国国际茶文化研究会、中国茶叶流通协会主办，遵义市人民政府、贵州省农业厅承办的“2009·中国贵州国际绿茶博览会”在遵义市凤凰山国际会展中心举行。8月19日，中国茶叶流通协会发布的“全国茶叶重点区域基地县”名单中，湄潭县、凤冈县榜上有名。9月，由中国茶叶流通协会主办的2007—2008年度“全国百佳茶馆”评选活动在广西壮族自治区南宁市举行。全国有数千家茶馆参加评选。凤冈县万佛缘茶楼、静怡轩茶楼获“全国百佳茶馆”称号。9月14日，为期3天的“首届香港国际茶展”举行，贵州省农业委员会、贵州省商务厅组织全省9个市（州、地）、25个茶叶主产县的40家茶企集体亮相香港国际茶展，一展“贵州绿茶·秀甲天下”的整体形象。凤冈黔凤公司带去的“春江花月夜”、凤冈寸心草茶业公司带去的“寸心草”茶叶不到半天就销售一空。9月25日上午，“第四届贵州省旅游产业发展大会”在遵义召开。10月，凤冈县获中国茶叶流通协会授予的“2009年全国重点产茶县”称号。10月12日，中国茶叶流通协会公布“2009年中国茶叶行业百强企业”评选结果，贵州凤冈黔凤有机茶业有限公司、贵州省湄潭县栗香茶业有限公司、贵州湄潭县盛兴茶叶有限公司榜上有名。10月21日，贵州省质量技术监督局公布，贵州省10年间，有贵州茅台酒等9个产品获准地理保护，其中茶叶4项，遵义有两项，分别是余庆小叶苦丁茶和凤冈富锌富硒茶。10月下旬，在四川省成都市召开的第五届中国茶业经济年会上，中国茶叶流通协会公布2008年全国128个重点产茶县名单中，湄潭县榜上有名并获“全国特色产茶县”称号。12月10—13日，“第二届中国（深圳）国际茶业文化博览会”举行，遵义市12家茶叶企业组团参加。

2010年3月，正安县获中华环保联合会、中国农业生态保护协会“中国绿色名县”称号；23日，由贵州省出入境检验检疫局和凤冈县有关部门组成的验收评定小组，对凤冈出口茶叶质量安全示范区进行验收，并一致同意推荐凤冈县为“中国·贵州凤冈出口茶叶质量安全示范区”。4月3日，“遵义·凤冈春茶开采旅游节”在茶海之心——凤冈县田坝村举行。4月28日，首家“国酒茅台·国品黔茶”联姻专卖系统旗舰店在上海市徐汇区落成开业。6月，在湄潭举办“茶国行吟”首届笔会——中国名茶之乡诗草创作交流活动。8月18日，“国酒茅台·国品黔茶”旗舰店在内蒙古呼和浩特市开业。联姻专卖系统接纳正安璞贵茶业公司、湄潭兰馨茶业有限公司、贵州陆圣康源科技开发有限公司等多家遵义茶企的名优绿茶产品，涵盖名茶产品及茶多酚、茶饮料等衍生产品。9月，余庆小叶苦丁茶获世界华人文化名人协会“世界名茶”奖。10月12日，贵州省茶叶协会、贵州省茶文化研究会和贵州省绿茶品牌发展促进会根据《2010年贵州五大名茶评选活动方案》及实施细则评定依次为：湄潭翠芽、石阡苔茶、凤冈锌硒茶、梵净山翠峰茶与贵定云雾茶瀑布毛峰被评为“2010年贵州五大名茶”，并对其中前三名湄潭翠芽、石阡苔茶、凤冈锌硒茶同时授予“2010年贵州三大名茶”称号。10月29—30日，由贵州省人民政府、中国茶叶流通协会、中国国际茶文化研究会联合主办，遵义市人民政府、贵州省农业委员会共同承办的“第六届中国茶业经济年会暨2010年中国贵州国际绿茶博览会”在遵义市凤凰山会展中心举行。10月，遵义市被中国茶叶流通协会评为中国高品质绿茶产区；凤冈县获中国茶叶流通协会授予的“2010年全国特色产茶县”和中国茶叶学会授予的“中国名茶之乡”称号；余庆县获中国茶叶流通协会授予的“2010年全国重点产茶县”称号。10月30—31日，科技部专家组到湄潭考察湄潭茶叶国家农业科技园区项目申报工作。12月，正安县获中华生态旅游促进会“中国优秀尹珍文化旅游名县”“中国生态观光旅游名县”称号。

2011年2月28日，正安县与浙江天赐生态科技有限公司签订协议，由该公司投资1亿元以上项目落户正安，从事有机绿茶的生产加工和销售。3月初，科技部批准贵州省依托湄潭茶叶农业科技园区建设“湄潭国家农业科技园区”。3月6日，贵州省委副书记、贵州省长赵克志与来自遵义湄潭县田家沟的伍远程、谭世才两位茶农走进中央电视台《小崔会客》节目，节目组安排了一场别开生面的斗茶比赛。4月1日，全国人大常委会副委员长、民盟中央主席蒋树声在省、市领导的陪同下来湄潭参观考察。4月18日，由遵义市人民政府、贵州省总工会、省农业委员会主办，凤冈县人民政府、遵义市总工会、市农业委员会承办的“2011年中国·贵州遵义茶文化节”在中国西部茶海之心——凤冈县永安镇田坝村举行。是日，由遵义市人民政府和贵州省农业委员会主办，凤冈县人民政府和贵州凤冈生命产业投资管理有限公司承办的“2011中国茶产业论坛”在茶海之心——凤冈县永安镇田坝村举行。5月12日，正安白茶获国家质量监督检验检疫总局批准为“国家地理标志保护产品”。5月15—16日，全省茶产业发展大会在湄潭县召开。7月8日，由“中国·贵州国际绿茶博览会”主委会主办、贵州省绿茶品牌发展促进会承办的首届“贵州最美茶乡”颁奖仪式在贵阳大剧院举行。湄潭县核桃坝村、凤冈县永安镇、湄潭县永兴镇等10个乡镇村被授予“贵州最美茶乡”称号。8月，由凤冈县茶叶协会申请的“凤冈锌硒茶”地理标志证明商标经国家工商总局商标局批准，正式注册。10月，在湖北宜昌召开的“中国茶叶流通协会第七届茶业经济年会”上，凤冈县获中国茶叶流通协会授予的“2011年度全国重点产茶县”称号。11月29日，湄潭翠芽获国家工商总局商标评审委员会“中国驰名商标”称号。11月30日，正安白茶被贵州省工商行政管理局评审为“贵州省著名商标”。12月，由贵州贵茶有限公司生产的绿宝石通过欧盟414项指标检测，出口德国。是年，中国茶业区域公用品牌价值评估中，余庆小叶苦丁茶品牌价值3.16亿元人民币。12月23日晚，在贵阳举行的“陆圣康源杯”首届贵州茶业经济年会颁奖晚会上，金循、王晓春、谭书德、唐弟康、叶文盛、孙德礼获“2011贵州茶叶行业年度经济人物”称号。

2012年4月下旬至2013年4月下旬，遵义市人民政府在《中华合作时报·茶周刊》上开辟为期一年的“名城美·名茶香”系列宣传活动。5月27日，正安黔蕊茶业有限公司黔蕊毛尖系列获中国中轻产品质量保障中心授予的“中国知名品牌”称号。6月26日，湄潭国家农业科技园区暨贵州省农业科技园建设启动仪式在湄潭县举行。9月25日，贵州绿茶“贵茶绿宝石”在通过欧盟权威检测机构的农药残留和重金属含量标准后与德国GreensGermanyGmbH公司签订总量3万kg、总额为327.9万欧元的特级“绿宝石”绿茶出口销售合同。10月，湄潭县政协组织出版《20世纪中国茶工业的背影——贵州湄潭茶文化遗产价值追寻》一书。10月10日，中央电视台朝闻天下（行进中国）、10月25日新闻联播以“探访茶海之心、寻找生态发展之路”为题，报道凤冈茶叶产业的发展。10月18日，湄潭县获中国茶叶流通协会授予的“2012年度中国茶叶产业发展示范县”称号。10月18—20日，在福建省福鼎市召开的“第八届中国茶叶经济年会暨第五届中国茶叶流通协作会员代表大会”上，凤冈县获“2012年度中国重点产茶县”称号。10月18日，浙江天赐生态科技公司投资5亿元入驻正安县瑞新工业园区进行茶叶加工等项目建设。10月30日，“遵义市茶叶企业经营管理培训班”在遵义举行开班仪式。12月18日，正安县“‘中国白茶之乡’授牌仪式暨特产扶贫战略研讨会”在人民大会堂举行。12月27日，凤冈县仙人岭、浪竹茶叶获“贵州省著名商标”称号。12月31日，兰馨茶业有限公司注册的“兰馨及图”商标获国家工商总局商标局认定并公布的“中国驰名商标”。是年，正安璞贵茶业有限公司获“2012年度中国最具奢侈品潜力品牌”称号，在2012年中国茶业区域公用品牌价值评估中，正安白茶品牌价值1.06亿元人民币，余庆小叶苦丁茶品牌价值为3.17亿元人民币；道真自治县获中国茶叶流通协会“全国重点产茶县”称号；道真自治县人民政府编制《道真自治县“两带两区”20万亩茶产业发展规划（2012 ~ 2020年）》。

2013年2月1日，凤冈锌硒茶入选贵州自主创新品牌100强。4月28日，湄潭县组团参加信阳第21届国际茶文化节暨国际茶业博览会，在信阳国际茶城举办“‘中国茶海·休闲湄潭’贵州·湄潭茶业推介会”，栗香公司举行“遵义·湄潭栗香茶业华中旗舰店”开业活动。5月10日，在贵州省财政厅举行2013年省级重点现代高效农业示范园区奖励资金公开竞争会议，湄潭县在全省32个省级重点园区中获总评分第一名，获奖金500万元。6月，“贵州贵茶绿宝石”是年第一批出口德国正式起运。6月17—19日，凤冈仙人岭锌硒有机茶业有限公司在北京马连道国际茶城开店。7月9日，第二届贵州最美茶乡评选活动揭晓，湄潭县兴隆镇入选。6月25日，贵州省质量技术监督局发布“地理标志产品正安白茶”的贵州省地方标准，从7月25日实施。8月29日至9月1日，由农业部和贵州省人民政府主办，贵州省农业委员会和贵阳市人民政府承办的“2013中国·贵阳国际特色农产品交易会”“2013中国·贵州国际绿茶博览会”在贵阳举行。遵义市组织36家企业参展。9月3日，全国人大常委会副委员长张平来湄潭，对产业化发展和新农村建设情况进行调研考察。9月，在湄潭建设的全国性大型茶叶交易市场——“中国茶城”竣工开业。9月27日，中国茶叶流通协会主办的茶叶籽利用专业委员会成立大会在湄潭召开。9月28日，由中国茶叶流通协会主办，中共湄潭县委、县人民政府和中国茶叶流通协会茶叶籽利用专业委员会共同承办的“中国（湄潭）首届茶资源综合开发利用高端论坛”在湄潭举行。是年，中国茶业区域公用品牌价值评估中，余庆苦丁茶品牌价值3.34亿元人民币；湄潭组织11家企业（其中湄潭9家，凤冈1家，务川1家，余庆1家）代表贵州参加“第七届西安国际茶博会”；正安县茶叶协会成为中国茶叶流通协会会员单位。

2014年3月1日，湄潭县茶叶企业新增2家农业产业化经营省级重点龙头企业，分别是湄潭县阳春白雪茶业有限公司、雅馨茶业有限公司。是月，怡壶春茶业公司研发的“保鲜茶叶盒”获国家知识产权局“实用新型技术”发明专利。4月，贵州省人民政府办公厅印发《贵州省茶产业提升三年行动计划（2014 ~ 2016年）》，遵义市委、遵义市政府也配套出台《遵义市贯彻落实贵州省茶产业提升三年行动计划实施意见》，提出以湄潭翠芽、遵义红两个省级重点品牌为引领，加快加工转型升级、优化品种结构、构建茶叶质量安全体系、促进茶旅一体化发展等全产业发展思路；10—13日，由中国新华社贵州分社、人民画报社、上海电视台等媒体单位组成的“多彩贵州踏春行”采风团走进湄潭，对湄潭进行为期2天的采访；16日，以“美丽湄潭·中国茶海”为主题的“著名摄影家湄潭采风活动”在田家沟正式拉开帷幕。5月，贵州省出入境检验检疫局向湄潭县授牌“国家级出口茶叶质量安全示范区”，高原春雪有机茶业公司133hm^{2}余茶叶基地产品达到了欧盟标准并生产出口欧盟产品；28—30日，第十三届中国国际茶文化研讨会暨中国（贵州·遵义）国际茶产业博览会在湄潭成功召开。6月5日，由北京雷禾传媒独自拍摄的大型系列纪录片《湄潭旧事》在湄潭开始拍摄。这是一部旨在全方位反映抗战时期浙大西迁湄潭历史的纪录片；13日，遵义职业技术学院与湄潭县政府联合办学挂牌仪式在县职业高级中学隆重举行。8月28日，“中国茶城开市仪式暨贵州湄潭2013茶业展销会”正式拉开帷幕；29日，第二届遵义旅游产业发展大会招商推介暨合作项目签约仪式在湄潭县国际温泉大酒店举行，湄潭成功签约9个项目、签约资金137.1亿元。9月17日，全国人大常委会原副委员长、中科院原院长、浙江大学原校长路甬祥一行来到湄潭，考察调研浙江大学西迁湄潭办学历史以及县教育教学和浙大西迁历史陈列馆的保护情况等；是日，“美丽湄潭·中国茶海”全国书法作品展开展；29日，“第二届遵义旅游产业发展大会”在湄潭中国茶海景区召开。11月24日，中国国际茶文化研究会学术与宣传部部长沈立江一行，来湄研究磋商在湄潭县举行第十三届国际茶文化研讨会有关事宜。是年，湄潭县获全国重点产茶县排位第二、“2014年度中国茶业十大转型升级示范县”排位第三、中国茶文化研究会授予湄潭“中国茶文化之乡”。

2015年4月8日，贵州遵义第二届职工技能大赛“黔茶联盟杯”手工制茶竞赛，卷曲型绿茶组在湄潭中国茶城正式开赛。5月29日，由贵州省政府、中国国际茶文化研究会、中国茶叶流通协会主办，遵义市政府、贵州省农业委员会承办的“贵州茶一节一会”在湄潭“中国茶城”举行。6月7日，正安县获“贵州省农业标准化示范区（示范品种：茶叶）”称号。7月，“正安白茶及图”注册商标被国家工商总局商标局批复认定为驰名商标，这是正安县第一个“中国驰名商标”。8月，“2015重走海上丝绸之路”主题日活动在2015米兰世博会中国馆隆重举行，“正安白茶”作为活动指定茶礼亮相2015米兰世博会中国馆。9月，在全省茶产业发展大会上，湄潭被授予“贵州茶产业第一县”；21日，贵州正安璞贵茶业有限公司在上海股交中心成功挂牌上市。12月，正安获国家认监委批准创建“国家有机产品认证示范县”。是年，正安白茶品牌在中国茶叶区域公用品牌价值评估中品牌价值达3.48亿元；道真绿茶（道真硒锶茶）获国家质量监督检验检疫总局“地理标志产品”保护。

2016年4月，凤冈县公布并在全县实施《凤冈县“十三五”茶产业发展规划》。18—21日，2016年“贵州茶一节一会”在湄潭县、凤冈县、余庆县举行，湄潭县中国茶城为主会场，凤冈田坝、余庆二龙为分会场。12月31日，湄潭县湄江镇核桃坝村、金花村，凤冈县永安镇田坝村入选由中国村社发展促进会特色村工作委员会、农业公园专业委员会、创意乡村产业联盟、《中国村庄》杂志、中国农村博物馆研究院、中国国土经济学会北斗应用创新专委会等联合组成的中国茶产业特色名村研究课题组公布的“北斗发现——第二届‘百佳名村’”。10月7日，道真县获中国茶叶学会第五届“中国名茶之乡”称号。12月，正安县茶产业发展中心获农业部“全国农牧渔业丰收奖（农业技术推广成果奖）”。

2017年4月27日，“贵州茶一节一会”组委会于晚间在遵义湄潭县举行《贵州茶产业发展报告（2016）》绿皮书媒体见面会，《贵州茶产业发展报告》由2015年的“蓝皮书”转变成为2016年的“绿皮书”；28—30日，“2017年贵州茶一节一会”在湄潭县、凤冈县、余庆县举行，大会开幕式在湄潭县茶博会展中心隆重举行。5月31日，习水红茶获国家质量监督检验检疫总局“国家地理标志保护产品”称号。6月17—19日，遵义市与中国茶叶流通协会、北京市西城区政府在北京展览馆联合主办“2017北京国际茶业展·2017北京马连道国际茶文化展·2017遵义茶文化节”（简称“两展一节”），在马连道茶城举行遵义茶文化及茶旅游推介活动和“马连道杯”全国茶艺表演大赛。9月，全国首部省级层面关于古茶树保护的地方性法规——《贵州省古茶树保护条例》正式施行；为贯彻落实省、市关于脱贫攻坚产业扶贫的决策部署，加快遵义市茶产业裂变发展，进一步促进全市茶产业转型升级，助推农业农村经济发展和脱贫攻坚，遵义市政府制定了《遵义市发展茶产业助推脱贫攻坚三年（2017 ~ 2019）行动方案》；14日，第三次全国改善农村人居环境工作会议在湄潭召开，中共中央政治局委员、国务院副总理汪洋莅临会议并作了讲话。是年，湄潭翠芽区域品牌价值提升到102.17亿元，位列区域品牌——茶叶类地理标志产品第9位，获国家农业部评选的“中国优秀茶叶区域公用品牌”，获“中国茶产业扶贫示范县”称号；在全国茶艺比赛中，《遵义红》茶艺表演节目获得全国唯一金奖；湄潭茶叶覆盖全国绿茶、红茶主销区。

2018年3月30日，遵义红在成为党的十九大用茶后再次入选2018年全国两会用茶。5月5—8日，“2018贵州茶一节一会”在贵州省遵义市湄潭县茶博会展中心举行。7月，立顿牌遵义红袋泡茶成功上市，湄潭茶作为其原产地知名度大幅提高。8月2日，在遵义市政府新市级行政中心B区9楼三号会议室召开会议，成立《中国茶全书·贵州遵义卷》编纂工作领导小组和编纂工作委员会，部署资料收集工作，《中国茶全书·贵州遵义卷》编纂工作正式启动。9月7—10日，湄潭县组织茶企参与2018上海国际茶业展；26—28日，遵义组团参加第三届丝绸之路（敦煌）国际文化博览会；10月12—14日，组织5家企业参与“第四届中国·济南茶文化博览会”；12月13—17日，组织7家企业参加“2018中国（深圳）国际秋季茶产业博览会”。10月，余庆县获中国茶叶流通协会“全国百强产茶县”称号。11月15—18日，在“第十四届中国茶业经济年会开幕式暨2018中国茶业品牌盛典”上，湄潭县连续四年蝉联全国第二重点产茶县称号，获“中国茶业品牌影响力全国十强县”“2018中国茶叶县域品牌生态圈排行榜”第三位、“2018中国茶叶县域品牌旅游竞争力”第四位、“2018中国茶叶县域生产竞争力排行榜”第四位的好成绩，为贵州茶业争得了荣誉。11月8—12日，湄潭县茶叶公共品牌湄潭翠芽、遵义红作为唯一的茶叶品牌亮相摩洛哥参加《第二届中阿城市论坛》大会会场，摩方企业代表意向接受了代表团发出的2019年贵州茶博会的邀请。12月，正安县人民政府获国家认监委“国家有机产品认证示范区”称号。

2019年4月19日，以“黔茶出山、风行天下”为主题的“2019中国·贵州国际茶文化节暨茶产业博览会”在遵义市湄潭县茶博会展中心主会场隆重开幕。5月20—24日，遵义市茶产业发展中心在湄潭县核桃坝村举办“2019年沪遵合作项目暨全市茶叶加工技术标准宣贯培训”。

附录二

表一　2019 年遵义市茶叶（按种类）销售基本情况统计表

茶类	总销售数量 /t	总销售额 / 万元	本省销售		省外销售		出口	
			销售数量 /t	销售额 / 万元	销售数量 /t	销售额 / 万元	销售数量 /t	销售额 / 万元
绿茶	109318.36	1082235.4	46742.97	573783.6	60280.47	485890.78	2294.92	22560.98
红茶	18319.95	168683.15	6655.17	92816.59	9811.68	63062.56	1853.1	12804
白茶	3657	19990	247	2830	3410	17160	0	0
黑茶	8750	9015	310	670	8440	8345	0	0
乌龙茶	0	0	0	0	0	0	0	0
黄茶	0	0	0	0	0	0	0	0
紧压茶原料	0	0	0.000	0	0	0	0	0
合计	140045.31	1279923.5	53955.14	670100.19	81942.15	574458.34	4148.02	35364.98

表二　遵义市市级以上龙头茶叶企业名单

序号	企业名称	序号	企业名称
	国家级龙头企业（5 家）		
1	贵州湄潭兰馨茶业公司	4	遵义陆圣康源科技开发有限责任公司
2	贵州省湄潭县栗香茶业有限公司	5	贵州凤冈黔风有机茶业有限公司
3	贵州湄潭盛兴茶业有限公司		
	省级龙头企业（51 家）		
1	贵州省湄潭县静馨茶业有限公司	7	贵州湄潭沁园春茶业有限公司
2	贵州琦福苑茶业有限公司	8	贵州省湄潭县芸香茶业有限公司
3	贵州周以晴生物科技有限公司	9	贵州黔茶联盟茶业发展有限公司
4	贵州省湄潭县黔茗茶业有限责任公司	10	湄潭县落花屯茶叶专业合作社
5	贵州高原春雪有机茶业有限公司	11	湄潭县沁心富硒茶业有限公司
6	贵州湄潭林圣茶业有限公司	12	贵州湄潭回香茶业有限公司

续表

序号	企业名称	序号	企业名称
13	贵州省湄潭县银峰茶业有限责任公司	33	贵州省凤冈县黔雨枝生态茶业有限公司
14	贵州怡壶春生态茶业公司	34	余庆县构皮滩茶业有限责任公司
15	贵州湄江印象茶业有限公司	35	余庆县玉龙茶业有限公司
16	贵州阳春白雪茶业有限公司	36	贵州省余庆县凤香苑茶业有限责任公司
17	雅馨茶业有限公司	37	正安县金林茶业有限公司
18	湄潭县京贵茶树花产业发展有限公司	38	正安县桴焉茶业有限公司
19	贵州贵福春茶业有限公司	39	正安县吐香茶业有限公司
20	贵州四品君茶业有限公司	40	正安县璞贵茶业有限公司
21	贵州南方嘉木食品有限公司	41	正安县天赐生态科技有限公司
22	贵州西部农产品交易中心有限公司	42	正安县银茗香茶业有限公司
23	贵州省凤冈县仙人岭锌硒有机茶业有限公司	43	正安县乐茗香茶业有限公司
24	贵州凤冈贵茶有限公司	44	贵州省正安县怡人茶业有限责任公司
25	贵州寸心草有机茶业有限公司	45	务川自治县鑫隆缘茶业有限责任公司
26	贵州省凤冈县浪竹有机茶业有限公司	46	遵义凤龙茶业有限公司
27	贵州野鹿盖茶业有限公司	47	贵州博联茶业股份有限公司
28	贵州省凤冈县田坝魅力黔茶有限公司	48	贵州茗香茶业发展有限公司
29	贵州聚福轩万壶缘茶业有限公司	49	贵州武陵山茶业有限公司
30	贵州省凤冈县红魅有机茶业有限公司	50	贵州省仁怀市小湾茶场
31	贵州西部茶城置业股份有限公司	51	贵州湄潭百道茶业有限公司
32	贵州省凤冈县茗都茶业有限公司		
市级龙头企业（92家）			
1	赤水市桫龙虫茶饮品有限责任公司	14	凤冈县锌甜茶业有限公司
2	赤水市望云峰生态农业园有限公司	15	贵州省凤冈县绿池河茶旅有限公司
3	贵州省凤冈县夷洲有机茶业有限公司	16	贵州露芽春生态茶业有限公司
4	贵州嘉和茶业有限责任公司	17	贵州凤冈县盘云茶业有限公司
5	贵州省凤冈县玛瑙山茶业有限责任公司	18	贵州古之源科技茶业有限公司
6	贵州省凤冈县福人茶业有限公司	19	贵州省黔馨生态茶业有限公司
7	凤冈县世外茶园有限责任公司	20	凤冈县富祯茶业有限公司
8	贵州凤冈乌龙锌硒茶业有限公司	21	凤冈县秀姑茶业有限公司
9	贵州省凤冈县永田露茶业有限公司	22	贵州省凤冈县翠巅香生态茶业有限公司
10	贵州凤冈县天绿茶业有限责任公司	23	凤冈县茗品茶业有限公司
11	贵州凤冈凤茗泉生态茶业有限责任公司	24	凤冈县海山茶业有限公司
12	凤冈县娄山春茶叶专业合作社	25	贵州省湄潭县茗茶有限公司
13	贵州省凤冈县朝阳茶业有限公司	26	湄潭县聚丰茶业有限公司

续表

序号	企业名称	序号	企业名称
27	贵州省湄潭县庆丰茶叶有限公司	60	道真县茅香坡茶业农民专业合作社
28	贵州省湄潭县名门茶业有限公司	61	道真自治县泰和茶业有限责任公司
29	贵州省湄潭县群峰茶业有限公司	62	道真仡佬族苗族自治县渝信有机茶叶有限公司
30	贵州省湄潭县西山茶业有限公司	63	道真仡佬族苗族自治县银杉茶叶有限公司
31	湄潭县一品缘茶业有限公司	64	贵州京黔草生物科技有限公司
32	湄潭县随缘茶业有限公司	65	务川自治县雾峰茶叶农民专业合作社
33	贵州冉冉茶业有限公司	66	务川自治县绿芸茶业有限责任公司
34	贵州天平农业服务专业合作社	67	务川自治县万壶香茶叶加工厂
35	贵州省湄潭县一丫翠片茶业有限公司	68	务川自治县大树茶业销售有限公司
36	贵州湄江源茶业有限公司	69	务川自治县仙龙坪探春茶叶专业合作社
37	湄潭县广地茶园综合开发有限公司	70	务川仡芽天香茶业有限责任公司
38	湄潭吉泰茶业有限公司	71	务川自治县鹿池茶叶产销农民专业合作社
39	湄潭县绿翠湄香茶叶有限公司	72	贵州金科现代农业发展有限公司
40	贵州省湄潭县鑫辉茶业有限公司	73	务川丰乐茶业有限公司
41	贵州省湄潭县茂芸茶业有限公司	74	贵州省习水县勤韵茶业有限公司
42	贵州茶海大自然茶旅发展有限公司	75	叶文盛茶业有限公司
43	贵州省余庆县香茗茶业有限责任公司	76	贵州省遵义市佳之景茶叶有限公司
44	余庆县正泰茶业发展有限公司	77	遵义市播州区三合镇三社融合发展专业合作社
45	余庆县绿野茶叶加工厂	78	凤冈县苏贵茶业旅游发展有限公司
46	余庆县皇金芽茶业专业合作社（原贵州省贵之缘茶业发展有限责任公司）	79	凤冈县凤鸣春茶业有限公司
47	贵州省绿羽茶业发展有限公司	80	湄潭华山剑茗茶业有限公司
48	正安县林溪茶业农民专业合作社	81	贵州湄江良品茶业有限公司
49	遵义茗香康源茶饮发展科技有限公司	82	贵州箐馨茶业有限公司
50	正安县黔蕊茶业有限公司	83	贵州省湄潭县逸雅茶业有限公司
51	正安县瑞缘茶业有限公司	84	湄潭县永健茶叶有限公司
52	正安县天宝生态茶业有限公司	85	正安县金山茶业有限公司
53	贵州省正安县木耳茶业有限责任公司	86	贵州省务川县马福林茶业有限公司
54	贵州正安山水茶场	87	务川县凤凰春茶业有限责任公司
55	正安县班竹阳光茶叶农民专业合作社	88	凤冈县遵义林仙康茶旅有限公司
56	正安县黄秧坪茶叶烤烟农民专业合作社	89	湄潭县渝黔茶叶有限公司公司
57	道真自治县宏福茶业发展有限公司	90	湄潭县贵州沃丰茶业有限公司
58	道真仡佬族苗族自治县君茶实业有限公司	91	湄潭县遵义林仙康茶旅有限公司
59	道真仡佬族苗族自治县馨海有机茶业有限责任公司	92	余庆县兴民城乡经济统筹发展有限责任公司

后记

《中国茶全书·贵州遵义卷》（以下简称“《贵州遵义卷》”）是遵义市人民政府根据贵州省人民政府安排，在贵州省茶叶流通协会的直接指导下，按照“中国茶全书”系列丛书总编纂委员会的要求，由遵义市供销社、遵义市茶产业发展中心和遵义市地方志编纂委员会办公室牵头，成立《中国茶全书·贵州遵义卷》编纂委员会（以下简称“编委会”，办公地点在遵义市供销社大楼内遵义市茶叶流通协会），在编委会的直接安排下，按照“‘中国茶全书’系列丛书撰稿与编审要求”进行编撰的反映遵义市茶产业发展和茶文化传播的历史、现状的一部学科性全书。

按照“中国茶全书”系列丛书总编纂委员会的安排，“中国茶全书”系列丛书以全国18个产茶省（区）为单位，对各省（区）的茶叶、茶水、茶器、茶文化、茶市场进行全面系统的阐述及描写。贵州省除编纂《中国茶全书·贵州卷》外，在遵义市的首倡下，各地（市、州）也将各编纂一部本地的“茶全书”，《贵州遵义卷》就是这样的背景下产生的。

按照“中国茶全书”系列丛书总编纂委员会的要求，《贵州遵义卷》应该是一部对遵义市茶产业、茶技术、茶文化等进行全面阐述与介绍的大型文化及科学著作，内容以全面、准确、专业为原则。读者主要为大中院校茶叶专业师生、茶叶科技人员、茶文化研究人员、茶产业从业人员以及社会大众对茶产业及茶文化有兴趣的人群，旨在满足其全面了解遵义市茶产业状况和茶文化及茶知识。

为了编纂好《贵州遵义卷》，遵义市人民政府办公室于2018年8月2日，在遵义市新市级行政中心B区9楼三号会议室召开了“《中国茶全书·贵州遵义卷》编纂工作调度会议”（以下简称“会议”）。遵义市委原副巡视员、遵义市茶文化研究会会长黄天俊，遵义市供销社主要和分管负责同志、有关科室负责同志，遵义市茶产业发展中心、遵义市地方志办公室、遵义市发展改革委、遵义市教育局、遵义市民政局、遵义市财政局、遵义市环境保护局、遵义市农委、遵义市水务局、遵义市商务局、遵义市统计局、遵义市林业局、遵义市旅发委、遵义市扶贫办、遵义市国土资源局、遵义市市场监督管理局、国家税务总局遵义税务局、遵义市档案局、遵义市政府金融办分管负责同志，湄潭县、凤冈县、正安县、余庆县、道真自治县、务川自治县、播州区、仁怀市、习水县政府办公室主要负责同志和茶办负责人（未单设茶办的县（区、市）由农业部门主要负责同志）参加了会议。会议由遵义市政府副秘书长许禄荣同志主持，遵义市茶产业发展中心主任田维祥同志传达贵州省政府推进会议精神，遵义市供销社主任李开相同志安排部署《贵州遵义卷》编纂工作，《贵州遵义卷》撰稿人遵义师范学院幸克坚教授对《贵州遵义卷》纲目安排、供稿和图片提供等作说明，遵义市茶文化研究会会长黄天俊做了总结讲话。

会后，各县（区、市）组织了专门工作班子，进行资料的收集、整理、上报工作，并随时根据编委会的要求进行补充，为全书的撰写提供了较为丰富的基础素材。

因为编纂学科性图书必须全面、系统、科学地梳理本学科现有的全部专业知识，最终形成一个纵向上有系统性、横向上有全局性、排列上有层次性的框架条目体系。因此，编委会在对学科现有专业知识进行全面、系统、科学梳理的基础上，在《中国茶全书·贵州卷》目录的基础上，根据遵义市茶产业发展和茶文化传播的实际情况，拟定了《贵州遵义卷》框架目录，并根据资料收集整理的情况，进行了数次修改调整。力求从纵向上尽可能从历史到现状系统地记述遵义茶产业的发展演化，从横向上体现遵义茶产业状况和茶文化活动的总体面貌。基于此，本书共设茶史篇、茶产篇、茶企篇、古茶篇、种植篇、加工篇、茶品篇、茶贸篇、茶具茶泉篇、茶饮篇、茶俗篇、茶文篇、茶旅篇、科教篇、机构篇和茶人篇，共16章70节。附录部分有：大事记、2019年遵义市茶叶销售基本情况统计表、遵义市市级以上龙头茶叶企业名单、编后记和参考资料。

《贵州遵义卷》在资料搜集、整理与编纂工作中，除使用了各县（区、市）提供的基础材料外，还广泛参阅了《遵义府志》《正安州志》《贵州通志》《仁怀直隶厅志》《湄潭县志（清代）》和原《遵义地区志》中的《农业志》《名产志》《财政志》《供销志》《经济管理志》《农牧渔业志》《商业志》和撤地设市以后的《遵义市供销社志》《遵义年鉴》《遵义60年》《遵义名优特产》《遵义市名特资源产品志》等，还参阅了各县（区、市）编写出版的新、旧县志，包含《湄潭县志》《凤冈县志》《正安县志》《余庆县志》《道真仡佬族苗族自治县志》《务川仡佬族苗族自治县志》《遵义县志》《遵义县农业志》《仁怀市志》《绥阳县志》《赤水县志》《桐梓县志》《习水县志》《遵义市（红花岗区)志》《遵义市汇川区（经济技术开发区）志》，采用了其中可用的资料和数据。

除了志书外，还参阅了《茶经述评》《乐史·太平寰宇记》《茶经校注》《2011中国茶叶年鉴》《贵州茶百科全书》《贵州茶文化》《湄潭县茶叶志》《贵州省湄潭县文史资料（第10辑）》《遵义百科全书》《茶国行吟》《茶说遵义》《茶的途程》《西部茶乡的画意诗情》《20世纪茶工业的背影》《画境诗心》《遵义文化纵览》《贵州茶文化生态博物馆中心馆展陈大纲》《贵州茶叶标准技术规程》《凤茶掠影》《正安茶话》《百年茶运》等书籍资料以及个人出版刊载的著述和文章，并参阅了近几年的《西部开发报·茶周刊》，采用了其中可用的资料和数据。《遵义日报》社也提供了大量图片供本书选用。

编委会在近一年的时间里，频频通过召开会议、电话、邮箱等途径与各县（区、市）专门工作班子及有关职能部门和茶叶企业联系，了解、收集和核实资料数据。为保证全书编纂质量，编委会还组织专家对书稿进行审阅。但由于遵义茶产业规模庞大、茶文化活动和现象十分丰富，在搜集、整理、记述中难免有挂一漏万、拾贝遗珠之处。

《贵州遵义卷》结构采用章节目层次，横向分门类排列，纵向顺时贯通，并加凡例、概述、附录、后记，前后呼应。全书采用卷首图片与随文插图相结合，全彩印刷，力求做到图文并茂、知识面广、可读性强。目的是让生于斯、长于斯的遵义人民更多、更好、更全面、更系统地了解本土方兴未艾的茶产业概况以及丰富的、悠久厚重的茶文化，既能展示遵义人民的聪明智慧和非凡的创新创造能力，从中领悟劳动创造历史；又能逐步形成懂茶、爱茶的高雅情趣，为社会主义精神文明建设添砖加瓦；还能激发遵义人民热爱祖国、热爱家乡的思想情感，增强发展自信、跨跃自信、小康自信，更好地为遵义经济社会发展服务。通过茶产品、茶旅游景点和茶文化活动的介绍，更好地宣传遵义、展示遵义，让各地的人们近距离触摸到历史文化名城遵义的美丽与深邃。

《贵州遵义卷》由遵义师范学院红色文化与区域经济研究中心原主任幸克坚教授执笔撰稿，经“中国茶全书”系列丛书总编纂委员会审稿通过，并采用了中国林业出版社的部分修改意见。在本书编撰过程中，还得到各有关方面的部门、单位、企业和人士，特别是贵州省茶叶流通协会的大力支持和悉心指导，同时参考和利用了众多专家、学者的研究成果，以及他们提供的资料、著述、图片等；在印刷出版过程中，还得到中国林业出版社的支持和帮助。在此一并表示诚挚的感谢！

《中国茶全书·贵州遵义卷》编纂委员会

2020年8月